工程测量实用技术手册

张国辉　主编

中国建材工业出版社

图书在版编目（CIP）数据

工程测量实用技术手册/张国辉主编．—北京：中国建材工业出版社，2009.9（2011.8 重印）

ISBN 978-7-80227-548-5

Ⅰ．工… Ⅱ．张… Ⅲ．工程测量—技术手册 Ⅳ．TB22-62

中国版本图书馆 CIP 数据核字（2009）第 119010 号

内 容 简 介

本书应用国家最新标准和规范编写，主要内容包括：水准测量、角度测量、距离测量与直线定向、控制测量、测量误差、大比例尺地形图测绘、地形图的应用、测设的基本工作、工业与民用建筑工程测量、公路工程测量、桥梁隧道工程测量、水利工程测量、园林工程测量、架空输电线路测量、地质勘探工程测量、房产测量、现代测量仪器的应用等。

本书可以作为城市规划、土地规划、工民建、公路工程、桥梁隧道工程、水利工程、房地产工程、园林绿化等专业技术人员的必备工具书。

工程测量实用技术手册

张国辉　主编

出版发行：中国建材工业出版社

地　　址：北京市西城区车公庄大街 6 号

邮　　编：100044

经　　销：全国各地新华书店

印　　刷：北京汇林印务有限公司

开　　本：787mm × 1092mm　1/16

印　　张：37.25

字　　数：947 千字

版　　次：2009 年 9 月第 1 版

印　　次：2011 年 8 月第 2 次

书　　号：ISBN 978-7-80227-548-5

定　　价：75.00 元

本社网址：www.jccbs.com.cn

本书如出现印装质量问题，由我社发行部负责调换。联系电话：(010) 88386906

前　言

工程测量有着悠久的历史，近20年来，随着测绘科技的飞速发展，工程测量技术发生了深刻的变化。城市建设的不断扩大，各种大型建筑物和特种精密建设工程的不断增多，都对工程测量提出了新任务、新课题和新要求，使工程测量的服务领域不断拓宽，有力地推动和促进了工程测量事业的进步与发展。

当今，在经济建设、社会发展及国防军事建设等发展过程中，要求建设许多超长精密隧道工程、大型地下工程、特大桥梁、道路/通信线路、高层建筑、构筑物等林林总总的工程与设施，在它们的勘察规划、施工建设过程中，都要求采用先进的测量仪器设备和测绘技术为其提供保障。新技术、新方法的大量涌现使测量学的知识内涵不断深化。为适应测量技术发展的形势，满足测量专业及专业技术人员的需要，我们依据《工程测量规范》（GB 50026—2007）、《房产测量规范》（GB/T 17986.1—2000）、《水电水利工程施工测量规范》（DL/T 5173—2003）等资料编写了本书。全书共分为十九章，包括：绪论、水准测量、角度测量、距离测量与直线定向、控制测量、测量误差、大比例尺地形图测绘、地形图的应用、测设的基本工作、工业与民用建筑工程测量、公路工程测量、桥梁隧道工程测量、水利工程测量、园林工程测量、架空输电线路测量、地质勘探工程测量、房产测量、现代测量仪器的应用等内容。

本书可以作为城市规划、土地规划、工民建、公路工程、桥梁隧道工程、水利工程、房地产工程、园林绿化等专业技术人员的必备工具书。

本书的编写参阅和借鉴了许多优秀教材、专著和有关文献资料，在此一并致谢。限于编者水平有限，书中难免存在不妥之处，恳请读者和同行给予批评指正。

编者

2009.3

目　录

第一章 绪 论

第一节 测量学概述

1. 测量学的定义

测量学是“研究、测定、描述地球和其他天体的形状、大小、表面形态以及它们的各种变化，确定自然地理要素和人工设施的空间位置及属性”的科学。如果“将测定结果，制成各种地图和建立有关信息系统”，则总称为“测绘学”。

2. 测绘学的分科

主要有以下几类：

（1）普通测量学

是研究地球表面局部区域的形状、大小和起伏变化，用测量仪器和工具，确定这一区域地面点位置的科学。

（2）大地测量学

是研究地球表面大范围地区测绘方法的科学。

（3）工程测量学

工程建设的勘察设计、施工和运营管理各阶段，应用测绘学的理论和技术进行的各种测量工作。

（4）摄影测量学

利用摄影影像信息测定目标物的形状、大小、性质、空间位置和相互关系的测量工作。

3. 普通测量学的任务和作用

（1）测定

是将地球表面局部区域的地面形状、大小、高低起伏的变化情况等（称为“地貌”），以及地面上的天然河流、湖泊、水库、大树等及各种建（构）筑物（称为“地物”），按一定的比例尺测绘成地形图。它是土建工程规划、设计和建设的重要资料和依据。

（2）测设

是利用建设区域的地形图，将拟建设的各建（构）筑物的位置，在图上规划、设计，作出总平面设计图。施工前用测量的方法，将图上各建（构）筑物的位置，标定到地面上，作为施工的依据，工程上称为“定位放线”。它是土建工程施工前的一项重要准备工作。

4. 学习普通测量学的目的

任何土建工程，如兴建房屋、道路（包括铁路和公路）、桥涵、堤坝、码头、机场、跑道、灌溉渠道，以及安装给水、排水、供电、供热、供气等城镇设备管线，从规划、设计到施工，都需要先进行测量工作。

在土建工程施工过程中，需要对工程质量进行检验；土建工程建成后，在使用过程中，需要对某些工程是否变形或变位进行检查；使用期间对工程维护修理，都需借助测量的方法来完成。因此，从事建筑企业专业管理或施工质量监理、检验的技术人员，必须学好普通测量及工程测量学。

第二节 测量工作的实质

仔细观察周围的各种建（构）筑物，或天然的地貌、地物，不难发现它们都是由一些直线或曲线构成的形体。由几何学可知，直线或曲线，又都是由点组成的，比如两点可以连接成一条直线；若干点可以组成一条曲线等。如图 1-1（a）所示，为一幢房屋的平面图。十分明显，如能将围成这一平面图的各直线的交点 1、2、3…定出，依次将相邻两点连接，便可画出这个平面图。

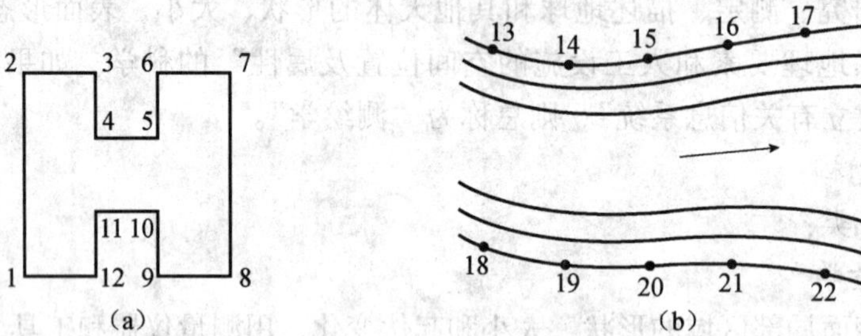

图 1-1 地物特征点

如果需要将图纸上设计好的这幢房屋的平面图，放线到地面上，进行施工，则需先将这些点在地面上放出，钉上桩位，两点相连，即能在施工场地上，标定出这幢房屋的平面位置。

图 1-1（b）是一条天然河流的一段平面图。如先将两岸曲线转弯各点 13、14、15…定出，依次相连各点，即可画出其平面图。

这些点是描绘地物形状的特征点，称为“地物特征点”。

如图 1-2 所示，为一座山头，如将地面起伏变化各点 1、2、3…定出，即可用等高线画出它的平面图。

这些点是描绘地貌变化的特征点，称为“地貌特征点”。

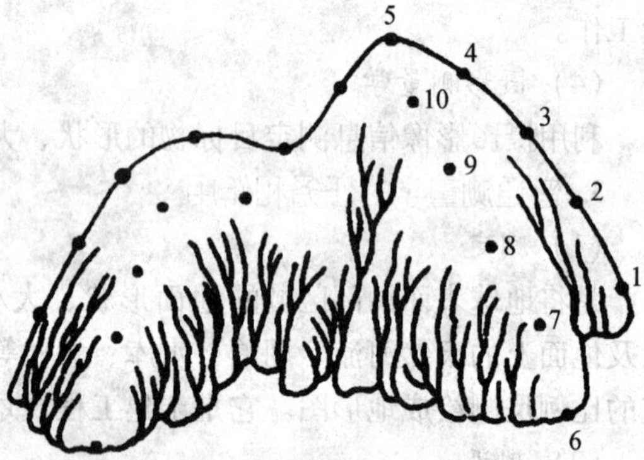

图 1-2 地貌特征点

测量工作实质上就是把要测定或测设的地物或地貌，先归结为一些特征点，用测量的方法将这些特征点的位置测出，或在地面上标定，即可绘出地形平面图，或在地面上定出它们的位置。

第三节 测量工作的基本原则

测量学的主要任务是测绘地形图和施工放样。地形测图通常是在选定的点位上安置仪器，测绘地物、地貌。若只是在一个选定的点位上施测整个测区所有的地物、地貌，则是十分困难甚至是不可能的。如图 1-3 所示，在 A 点只能测绘 A 点附近的房屋、道路、地面起伏等地物地貌，对于山的另一面或较远的地方就观测不到，因此必须连续地逐个设站观测。也就是说测量工作必须按照“先整体后局部”，“先控制后碎部”的原则进行。

图 1-3 控制测量与碎部测量

在图 1-3 中，先在整个测区范围内均匀选定若干数量的控制点，如图中的 A、B、C、D、E、F 点，以控制整个测区。将选定的控制点按照一定方式联结成网形，称为控制网。以较精密的测量方法测定网中各个控制点的平面位置和高程，这项工作称为控制测量。然后分别以这些控制点为依据，测定点位附近地物、地貌的特征点（碎部点），并勾绘成图，如图 1-4所示，这项工作称为碎部测量。在布局上应先考虑整体，再考虑局部；工作步骤是先进行控制测量，再进行碎部测量。

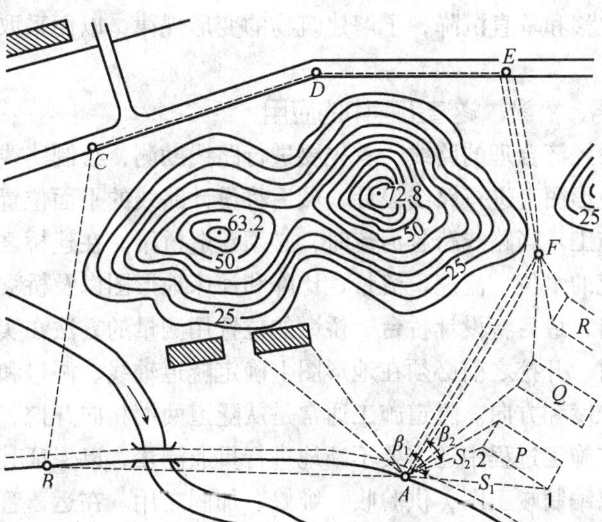

图 1-4 某测区地形图

按照“先整体后局部”，“先控制后碎部”的原则实施测图，由于建立了统一的控制系统，使整个测区各个局部都具有相同的误差分布和精度，尤其对于大面积的分幅测图，不但为各图幅的同步作业提供了便利，同时也有效地保证了各个相邻图幅的拼接和使用。

在图1-4中，控制点A、F附近的建筑物P、Q、R（图中虚线）就是根据控制点A、F及建筑物P、Q、R的设计坐标求出水平角和水平距离，在实地进行测定。建筑物施工放样也必须遵循“先整体后局部”，“先控制后碎部”的原则。先在施工地区布设施工控制网，然后根据控制点和放样数据来测设建筑物的细部点，把图上设计的建筑物位置在实地标定出来。

第四节　测量学的应用

1. 测量学在水利水电建设中的应用

测量工作在水利水电建设中起着十分重要的作用。为了合理开发和利用我国的水资源，治理水旱灾害，必须兴建水利工程。但是，水利工程的规划、设计、施工和运营管理各个阶段都离不开测量工作。

水利工程测量的主要任务如下：

（1）规划设计阶段

运用各种测量仪器和工具，通过实地测量和计算，把小范围内地面上的地物、地貌按一定的比例尺测绘出工程建设区域的地形图；为规划设计提供各种比例尺的地形图和测绘资料。

（2）施工阶段

将图纸上设计好的建筑物的平面位置和高程，按设计要求在实地上标定出来，作为施工的依据；在施工过程中，要进行各种施工测量工作，以保证所建工程符合设计要求。

（3）运营管理阶段

工程完工后，对重要建筑物或构筑物，在建设中和建成以后都需要定期进行变形观测。监测建筑物的水平位移和垂直沉降，了解建筑物的变形规律，以便采取措施，保证建筑物的安全。

2. 测量学在道路、桥梁、隧道工程中的应用

为了确定一条最经济合理的路线，首先要进行路线勘测，绘制路线附近的带状地形图和纵、横断面图，在地形图上进行路线设计，然后将设计路线的平面位置、纵坡和路基边坡标定在地面上以指导施工。当路线跨越河流时，必须建造桥梁。在建桥之前，要测绘河流两岸的地形图，测定河流的水位、流速、流量、比降和河床地形图以及桥梁轴线长度等，为桥梁设计提供必要的资料，最后将设计桥台、桥墩的位置用测量的方法在实地标定。当路线穿过山岭需要开挖隧道时，开挖之前必须在地形图上确定隧道轴线、洞口和竖井的位置，根据测量数据计算隧道的长度和方向。隧道施工通常是从隧道两端相向开挖，这就需要根据测量成果指示开挖方向，在施工过程中还需要不断地进行贯通测量，以保证其平面位置和高程正确贯通。工程竣工后要编制竣工图，供验收、维修、加固之用。在运营管理阶段要定期进行变形观测，确保道路、桥梁、隧道的安全使用。

由此可见，各种工程建设以及工程建设的各个阶段都离不开测量工作，测量工作贯穿于工程建设的始终。作为一名工程技术人员，既要熟练掌握传统的测绘理论与方法，也要努力学习和掌握成熟的测绘新技术。例如，数字测图、全站仪和GPS测量及计算机数据处理等，并能将它们应用到工程建设的生产实践中。只有这样，才能担负起工程规划设计、施工建筑

和运营管理等各个阶段的任务，才能使自己在激烈的市场竞争中立于不败之地。

第五节 地面点位的确定

一、地球的形状和大小

地球的自然表面是很不规则的，其上有高山、深谷、丘陵、平原、江湖、海洋等，最高的珠穆朗玛峰高出海平面 8844.43m，最深的太平洋马里亚纳海沟低于海平面 11022m，其相对高差不足 20km，与地球的平均半径 6371km 相比，是微不足道的。就整个地球表面而言，陆地面积仅占 29%，而海洋面积占了 71%。因此，可以设想地球的整体形状是被海水所包围的球体，即设想将一静止的海洋面扩展延伸，使其穿过大陆和岛屿，形成一个封闭的曲面，如图 1-5 所示，静止的海水面称作水准面。由于海水受潮汐、风浪等影响而时高时低，故水准面有无穷多个，其中与平均海水面相吻合的水准面称作大地水准面，由大地水准面所包围的形体称为大地体。通常用大地体来代表地球的真实形状和大小。

水准面的特性是处处与铅垂线相垂直。同一水准面上各点的重力位相等，故又将水准面称为重力等位面，它具有几何意义及物理意义。水准面和铅垂线就是实际测量工作所依据的面和线。

由于地球内部质量分布不均匀，致使地面上各点的铅垂线方向产生不规则变化，所以，大地水准面是一个不规则的无法用数学式表述的曲面，在这样的面上是无法进行测量数据的计算及处理的。因此人们进一步设想，用一个与大地体非常接近的又能用数学式表述的规则球体即旋转椭球体来代表地球的形状，如图 1-6 所示。它是由椭圆 NESW 绕短轴 NS 旋转而成，旋转椭球体的形状和大小由椭球基本元素确定，即：

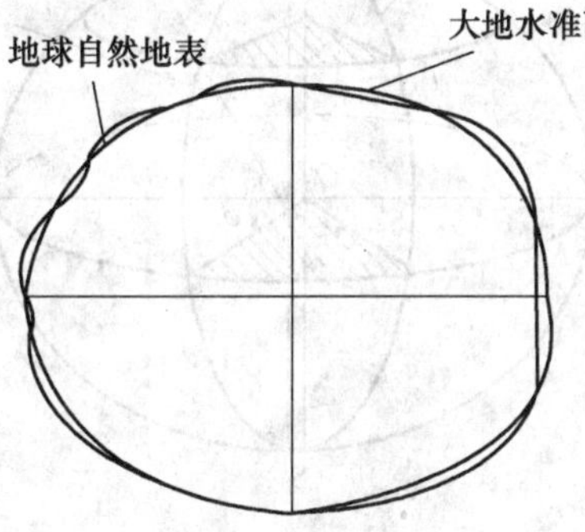

图 1-5 地球自然表面

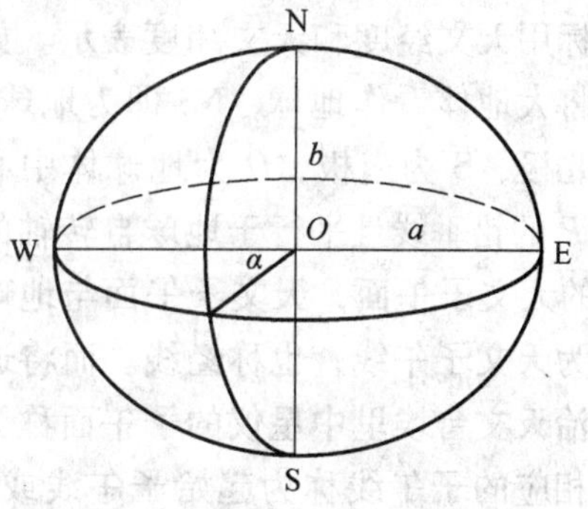

图 1-6 旋转椭球体

1）长半轴——a；

2）短半轴——b；

3）扁率——$\alpha = \dfrac{a-b}{a}$。

某一国家或地区为处理测量成果而采用与大地体的形状大小最接近，又适合本国或本地区要求的旋转椭球，这样的椭球体称为参考椭球体。确定参考椭球体与大地体之间的相对位置关系，称为椭球体定位。参考椭球体面只具有几何意义而无物理意义，它是严格意义上的测量计算基准面。

表 1-1 列出了几个著名的椭球体。我国的 1954 年北京坐标系采用的是克拉索夫斯基椭

球，1980年国家大地坐标系采用的是1975国际椭球，而全球定位系统（GPS）采用的是WGS—84椭球。由于参考椭球的扁率很小，在小区域的普通测量中可将地（椭）球看作圆球，其半径 $R=(a+a+b)/3=6371\text{km}$。

表1-1 世界上著名的椭球体参数

椭球名称	长半轴 a/m	短半轴 b/m	扁率 α	计算年代和国家	备 注
贝塞尔	6377397	6356079	1:299.152	1841 德国	
海福特	6378388	6356912	1:297.0	1910 美国	1942年国际第一个推荐值
克拉索夫斯基	6378245	6356863	1:298.3	1940 前苏联	中国1954年北京坐标系采用
1975国际椭球	6378140	6356755	1:298.257	1975 国际第三个推荐值	中国1980年国家大地坐标系采用
WGS—84	6378137	6356752	1:298.257	1979 国际第四个推荐值	美国GPS采用

二、地面点位置的确定

地面点的位置需用坐标和高程来确定。坐标是指地面点投影到基准面上的位置，高程表示地面点沿投影方向到基准面的距离，根据不同的需要可以采用不同的坐标系和高程系。

1. 地理坐标

当研究和测定整个地球的形状或进行大区域的测绘工作时，可用地理坐标来确定地面点的位置。地理坐标是一种球面坐标，依据球体的不同可分为天文坐标和大地坐标。

(1) 天文坐标

以大地水准面为基准面，地面点沿铅垂线投影在该基准面上的位置，称为该点的天文坐标。该坐标用天文经度和天文纬度表示。如图1-7所示，将大地体看作地球，NS即为地球的自转轴，N为北极，S为南极，O 为地球体中心。包含地面点 P 的铅垂线且平行于地球自转轴的平面称为 P 点的天文子午面，天文子午面与地球表面的交线称为天文子午线，也称经线。而将通过英国格林尼治天文台埃里中星仪的子午面称为起始子午面，相应的子午线称为起始子午线或零子午线，并将其作为经度计量的起点。过点 P 的天文子午面与起始子午面所夹的两面角就称为 P 点的天文经度，用 λ 表示，其值为0°~180°，在起始子午线以东的叫东经，以西的叫西经。

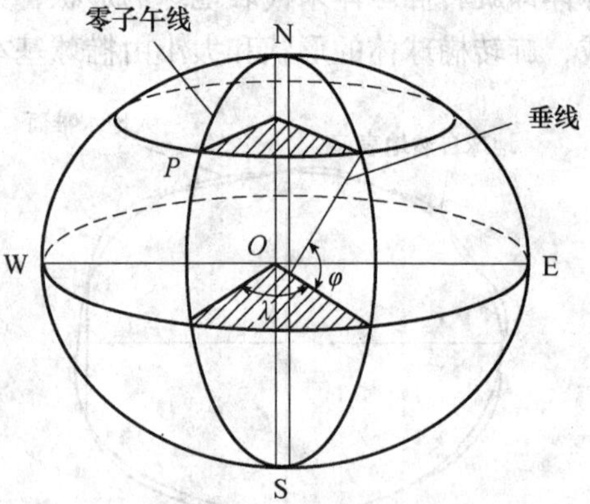

图1-7 天文坐标

通过地球体中心 O 且垂直于地轴的平面称为赤道面，它是纬度计量的起始面。赤道面与地球表面的交线称为赤道，其他垂直于地轴的平面与地球表面的交线称为纬线。过点 P 的铅垂线与赤道面之间所夹的线面角就称为 P 点的天文纬度，用 φ 表示，其值为0°~90°，在赤道以北的叫北纬，以南的叫南纬。

天文坐标（λ，φ）是用天文测量的方法实测得到的。

(2) 大地坐标

以参考椭球面为基准面，地面点沿椭球面的法线投影在该基准面上的位置，称为该点的大地坐标。该坐标用大地经度和大地纬度表示。如图 1-8 所示，包含地面点 P 的法线且通过椭球旋转轴的平面称为 P 的大地子午面。过 P 点的大地子午面与起始大地子午面所夹的两面角就称为 P 点的大地经度，用 L 表示，其值分为东经 0°~180°和西经 0°~180°。过点 P 的法线与椭球赤道面所夹的线面角就称为 P 点的大地纬度，用 β 表示，其值分为北纬 0°~90°和南纬 0°~90°。我国 1954 年北京坐标系和 1980 年国家大地坐标系就是分别依据两个不同的椭球建立的大地坐标系。

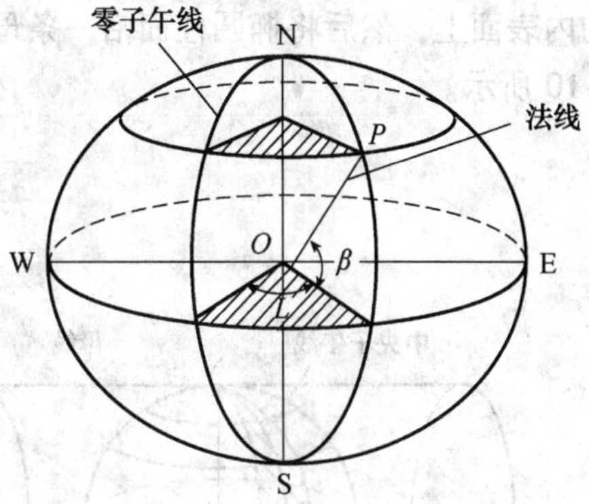

图 1-8　大地坐标

大地坐标（L，β）因所依据的椭球体面不具有物理意义而不能直接测得，只可通过计算得到。它与天文坐标有如下关系式：

$$\left.\begin{aligned} L &= \lambda - \frac{\eta}{\cos\varphi} \\ \beta &= \varphi - \xi \end{aligned}\right\}$$

式中　η——过同一地面点的垂线与法线的夹角在东西方向上的垂线偏差分量；

ξ——在南北方向上的垂线偏差分量。

2. 平面直角坐标

在实际测量工作中，若用以角度为度量单位的球面坐标来表示地面点的位置是不方便的，通常是采用平面直角坐标。测量工作中所用的平面直角坐标与数学上的直角坐标基本相同，只是测量工作以 x 轴为纵轴，一般表示南北方向，以 y 轴为横轴，一般表示东西方向，象限为顺时针编号，直线的方向都是从纵轴北端按顺时针方向度量的，如图 1-9 所示。这样的规定，使数学中的三角函数在测量坐标系中完全适用。

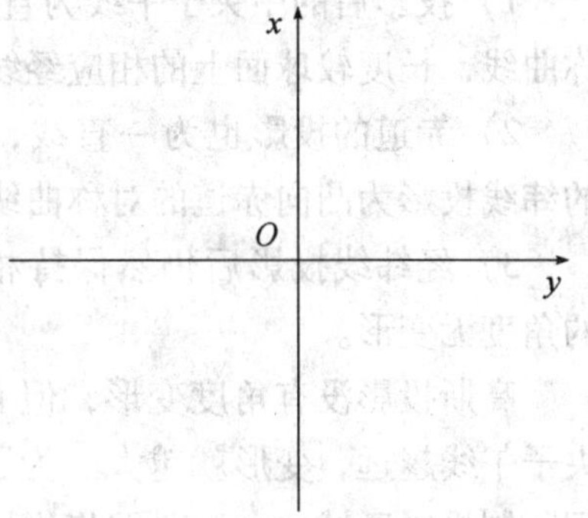

图 1-9　测量平面直角坐标系

（1）独立测区的平面直角坐标

当测区的范围较小，能够忽略该区地球曲率的影响而将其当作平面看待时，可在此平面上建立独立的直角坐标系。一般选定子午线方向为纵轴，即 x 轴，原点设在测区的西南角，以避免坐标出现负值。测区内任一地面点用坐标（x，y）来表示，它们为独立的平面直角坐标系，与本地区统一坐标系没有必然的联系。如有必要可通过与国家坐标系联测而纳入统一坐标系。

（2）高斯平面直角坐标系

当测区范围较大时，要建立平面坐标系，就不能忽略地球曲率的影响，为了解决球面与平面这对矛盾，则必须采用地图投影的方法将球面上的大地坐标转换为平面直角坐标。目前我国采用的是高斯投影，高斯投影是由德国数学家、测量学家高斯提出的一种横轴等角切椭圆柱投影，该投影解决了将椭球面转换为平面的问题。从几何意义上看，就是假设一个椭圆柱横套在地球椭球体外并与椭球面上的某一条子午线相切，这条相切的子午线称为中央子午线。假想在椭球体中心放置一个光源，通过光线将椭球面上一定范围内的物象映射到椭圆柱的内表面上，然后将椭圆柱面沿一条母线剪开并展成平面，即获得投影后的平面图形，如图 1-10 所示。

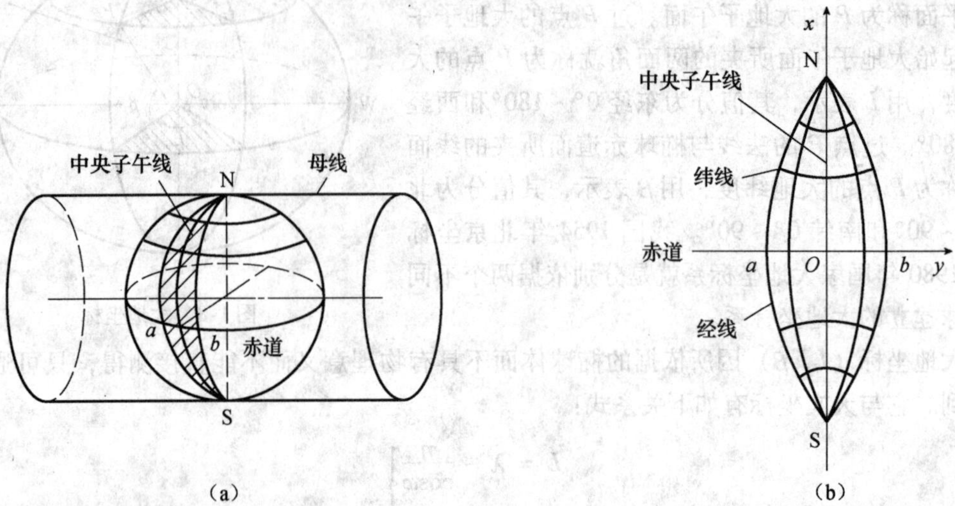

图 1-10　高斯投影概念

该投影的经纬线图形有以下特点：

1）投影后的中央子午线为直线，无长度变化。其余的经线投影为凹向中央子午线的对称曲线，长度较球面上的相应经线略长。

2）赤道的投影也为一直线，并与中央子午线正交。其余的纬线投影为凸向赤道的对称曲线。

3）经纬线投影后仍然保持相互垂直的关系，说明投影后的角度无变形。

高斯投影没有角度变形，但有长度变形和面积变形，离中央子午线越远，变形就越大。为了对变形加以控制，测量中采用限制投影区域的办法，即将投影区域限制在中央子午线两侧一定的范围，这就是所谓的分带投影，如图 1-11 所示。投影带一般分为 6°带和 3°带两种，如图 1-12 所示。

图 1-11　投影分带

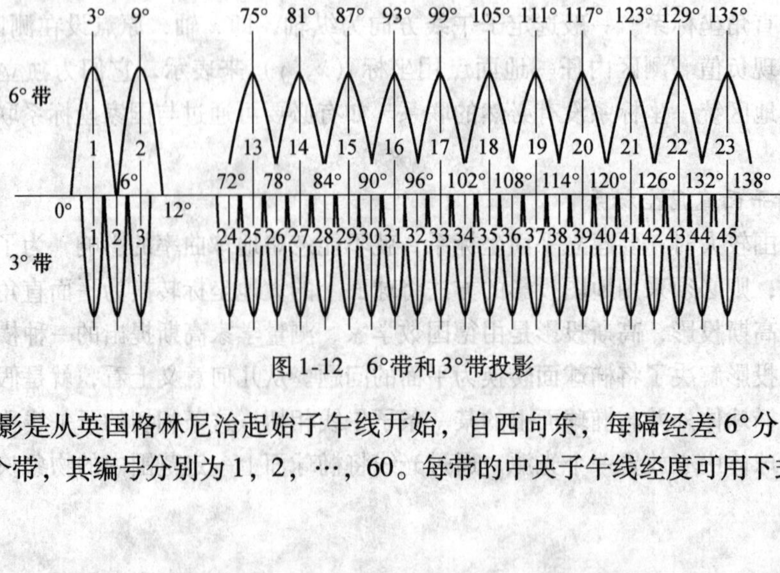

图 1-12　6°带和 3°带投影

6°带投影是从英国格林尼治起始子午线开始，自西向东，每隔经差 6°分为一带，将地球分成 60 个带，其编号分别为 1，2，…，60。每带的中央子午线经度可用下式计算：

$$L_6 = (6n - 3)°$$

式中 n——6°带的带号。

6°带的最大变形在赤道与投影带最外一条经线的交点上，长度变形为0.14%，面积变形为0.27%。

3°投影带是在6°带的基础上划分的。每3°为一带，共120带，其中央子午线在奇数带时与6°带中央子午线重合，每带的中央子午线经度可用下式计算：

$$L_3 = 3°n'$$

式中 n'——3°带的带号。

3°带的边缘最大变形现缩小为长度0.04%，面积0.14%。

我国领土位于东经72°～136°，共包括了11个6°投影带，即13～23带；22个3°投影带，即24～45带。成都位于6°带的第18带，中央子午线经度为105°。

通过高斯投影，将中央子午线的投影作为纵坐标轴，用 x 表示，将赤道的投影作为横坐标轴，用 y 表示，两轴的交点作为坐标原点，由此构成的平面直角坐标系称为高斯平面直角坐标系，如图1-13所示。对应于每一个投影带，就有一个独立的高斯平面直角坐标系，区分各带坐标系则利用相应投影带的带号。

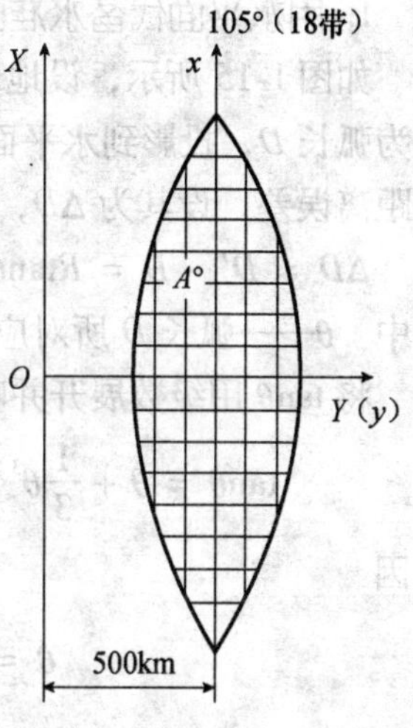

图1-13 高斯平面直角坐标

在每一投影带内，y 坐标值有正有负，这对计算和使用均不方便，为了使 y 坐标都为正值，故将纵坐标轴向西平移500km（半个投影带的最大宽度不超过500km），并在 y 坐标前加上投影带的带号。如图1-13中所示的 A 点位于18投影带，其自然坐标为 $x = 3395451$m，$y = -82261$m，它在18带中的高斯通用坐标则为 $X = 3395451$m，$Y = 18417739$m。

3. 高程

在一般的测量工作中都以大地水准面作为高程起算的基准面。因此，地面任一点沿铅垂线方向到大地水准面的距离就称为该点的绝对高程或海拔，简称高程，用 H 表示。如图1-14所示，图中的 H_A，H_B 分别表示地面上 A，B 两点的高程。我国规定以1950—1956年间青岛验潮站多年记录的黄海平均海水面作为我国的大地水准面，由此建立的高程系称为“1956年黄海高程系”。新的国家高程基准面是根据青岛验潮站1952—1979年间的验潮资料计算确定的，依此基准面建立的高程系称为“1985年国家高程基准”，其高程为72.260m，并于1987年开始启用。

当测区附近暂没有国家高程点可测时，也可临时假定一个水准面作为该区的高程起算面。地面点沿铅垂线至假定水准面的距离，称为该点的相对高程或假定高程。如图1-14中的 H'_A，H'_B 分别为地面上 A，B 两点的假定高程。

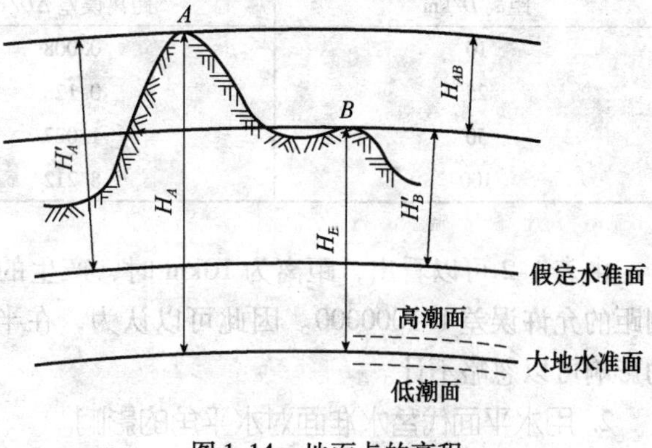

图1-14 地面点的高程

地面上两点之间的高程之差称为高

差，用 h 表示，例如，A 点至 B 点的高差可写为：

$$h_{AB} = H_B - H_A = H'_B - H'_A$$

由上式可知，高差有正有负，并用下标注明其方向。在土木建筑工程中，又将绝对高程和相对高程统称为标高。

三、用水平面代替水准面的限度

当测区范围较小，可以用水平面代替水准面，即以平面代替曲面。这样的替代可使测量的计算和绘图工作大为简化。但当测区范围较大时，就必须顾及地球曲率的影响。那么多大范围内才允许用水平面代替水准面呢？下面就来讨论这个问题。

1. 用水平面代替水准面对水平距离的影响

如图1-15 所示，设地球是半径为 R 的圆球。地面上 A、B 两点投影到大地水准面上的距离为弧长 D，投影到水平面上的距离为 D'，显然两者之差即为用水平面代替水准面所产生的距离误差，设其为 ΔD，则

$$\Delta D = D' - D = R\tan\theta - R\theta = R(\tan\theta - \theta)$$

式中　θ——弧长 D 所对应的圆心角。

将 $\tan\theta$ 用级数展开并略去高次项得：

$$\tan\theta = \theta + \frac{1}{3}\theta^3 + \cdots = \theta + \frac{1}{3}\theta^3$$

又因

$$\theta = \frac{D}{R}$$

则有距离误差

$$\Delta D = \frac{D^3}{3R^2}$$

距离相对误差

$$\frac{\Delta D}{D} = \frac{D^2}{3R^2}$$

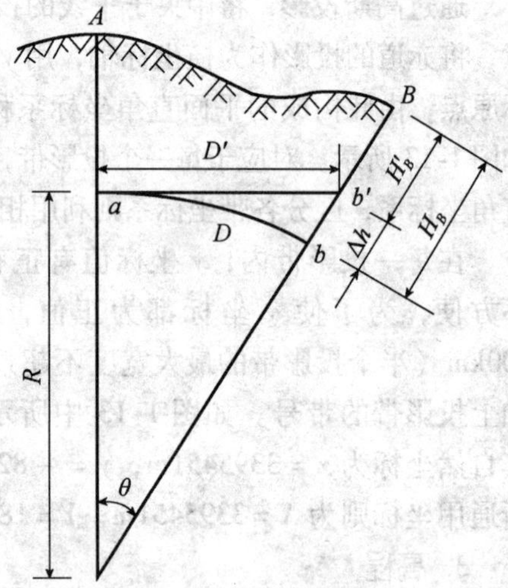

图 1-15　水平面代替水准面的影响

以 $R=6371$km 和不同的 D 值代入上式，求出距离误差和距离相对误差，结果见表 1-2。

表 1-2　地球曲率对水平距离的影响

距离 D/km	距离误差 ΔD/m	距离相对误差 $\Delta D/D$
10	0.008	1:1220000
25	0.128	1:200000
50	1.027	1:49000
100	8.212	1:12000

由表 1-2 可以看出，距离为 10km 时，产生的相对误差为 1:1220000，小于目前最精密测距的允许误差 1:1000000。因此可以认为，在半径为 10km 的区域，地球曲率对水平距离的影响可以忽略不计。

2. 用水平面代替水准面对水平角的影响

从球面三角学可知，球面上三角形内角之和比平面上相应的三角形内角之和多出一个球

面角超 ε，如图 1-16 所示。其值可根据多边形面积求得，即：

$$\varepsilon = \frac{P}{R^2}\rho$$

式中 ε——球面角超，以秒为单位；

P——球面多边形面积；

ρ——206265″；

R——地球半径。

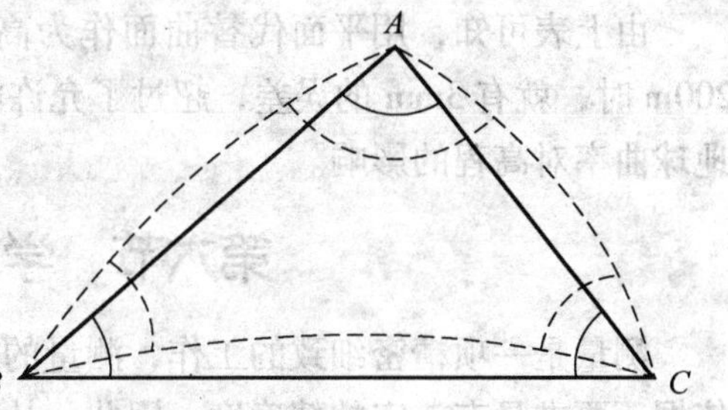

图 1-16 球面角超

把不同的球面多边形面积代入上式，求出球面角超，见表 1-3。

表 1-3 水平面代替水准面对水平角的影响

球面多边形面积/km²	ε/(″)
10	0.05
50	0.25
100	0.51
500	2.54

计算结果表明，当测区范围在 100km² 时，用水平面代替水准面对角度的影响仅为 0.51″，在普通测量工作中可以忽略不计。

3. 用水平面代替水准面对高程的影响

如图 1-15 所示，地面点 B 的绝对高程为该点沿铅垂线到大地水准面的距离 H_B，当用过 a 点与大地水准面相切的水平面代替大地水准面时，B 点的高程为 H'_B，两者的差值为 bb'，此即为用水平面代替大地水准面所产生的高程误差，用 Δh 表示。由图 1-15 可得：

$$(R + \Delta h)^2 = R^2 + D'^2$$

即：

$$\Delta h = \frac{D'^2}{2R + \Delta h}$$

因为水平距离 D' 与弧长 D 很接近，取 $D' = D$；又因 Δh 远小于 R，取 $2R + \Delta h$ 为 $2R$，代入上式得：

$$\Delta h = \frac{D^2}{2R}$$

以 $R = 6371$km 和不同的 D 值代入上式，算得相应的 Δh 值列于表 1-4 中。

表 1-4 水平面代替水准面对高程的影响

距离 D/km	高程误差 Δh/m
0.1	0.0008
0.2	0.003
0.3	0.007
0.4	0.013
0.5	0.020
0.6	0.028
0.7	0.038
0.8	0.050
0.9	0.064

由上表可知，用平面代替曲面作为高程的起算面，对高程的影响是很大的，例如距离200m时，就有3mm的误差，超过了允许的精度要求。因此，即便是距离很短，也不能忽视地球曲率对高程的影响。

第六节　学习测量的注意事项

测量是一项精密细致的工作，测量的成果，是基本建设规划、设计和施工的重要资料和依据，要求具有一定的精确度。因此，从事测量的人员，从学习时开始，必须努力做到以下几点：

1）培养负责、认真、严格、精细的工作作风，养成良好的操作习惯。

2）对测得的每个数据，必须实事求是，精益求精，绝对不容许弄虚作假。

3）测量仪器和工具，多为精密贵重的设备，必须精心爱护，不能疏忽大意，粗心操作。否则将有损于仪器和工具的精度，直接影响施测结果的精确度。严重的还会造成国家财产的损失，测量人员将要负法律责任。

4）尽快熟悉测量仪器及工具的构造、性能，熟练操作技能，不断提高自己的计算和绘图能力，才能更好地完成测量任务。

第二章 水准测量

第一节 水准测量原理

一、水准测量原理

水准测量的原理是利用水准仪提供的水平视线，读取竖立在两个点上的水准尺的读数，通过计算求出地面上两点间的高差，然后根据已知点的高程计算出待定点的高程。

如图 2-1 所示，已知 A 点高程 H_A，欲测定 B 点的高程 H_B，则可在 A、B 两点的中间安置一台水准仪，并分别在 A、B 两点上各竖立一根水准尺，通过水准仪的望远镜分别读取水平视线在 A、B 两点上的水准尺读数。若前进方向是由 A 点到 B 点，则规定 A 为后视点，其标尺读数 a 称为后视读数；B 为前视点，其标尺读数 b 称为前视读数。根据几何学中平行线的性质可知，A 点到 B 点的高差或 B 点相对于 A 点的高差为：

$$h = a - b$$

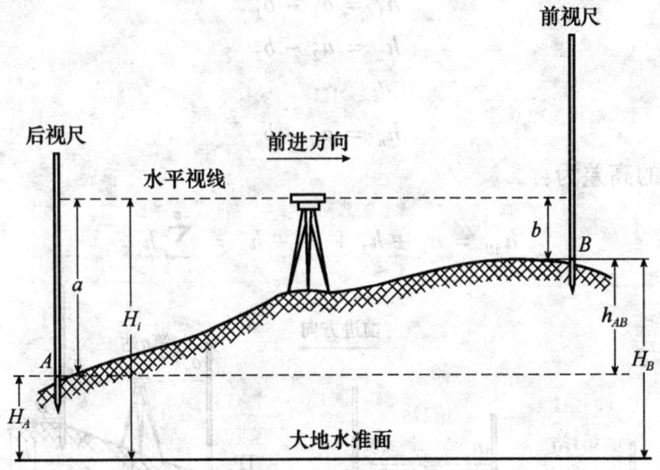

图 2-1 水准测量原理

由上式可知，地面上两点间的高差等于后视读数减去前视读数。当后视读数 a 大于前视读数 b 时，h_{AB} 值为正，说明 B 点高于 A 点；反之，则 A 点高于 B 点，h_{AB} 为负值。

待定点 B 的高程为：

$$H_B = H_A + h_{AB}$$

由视线高计算 B 点高程的方法，在各种工程测量中被广泛应用。由图 2-1 可知，A 点的高程加上后视读数等于水准仪的视线高程，简称视线高，设为 H_i，即

$$H_i = H_A + a$$

则 B 点的高程等于视线高减去前视读数，即

$$H_B = H_i - b = (H_A + a) - b$$

上式特别适用于根据一个后视点的高程同时测定多个前视点的高程的工作。如图 2-2 所示，当架设一次水准仪要测量多个前视点 B_1，B_2，…，B_n 点的高程时，则将水准仪架设在适当的位置，对准后视点 A，读取中丝读数 a，按式 $H_i = H_A + a$ 计算出视线高，然后用水准仪照准竖立在 B_1，B_2，…，B_n 点上的水准尺，并分别读取中丝读数为 b_1，b_2，…，b_n，则可按上式分别计算 B_1，B_2，…，B_n 点的高程。

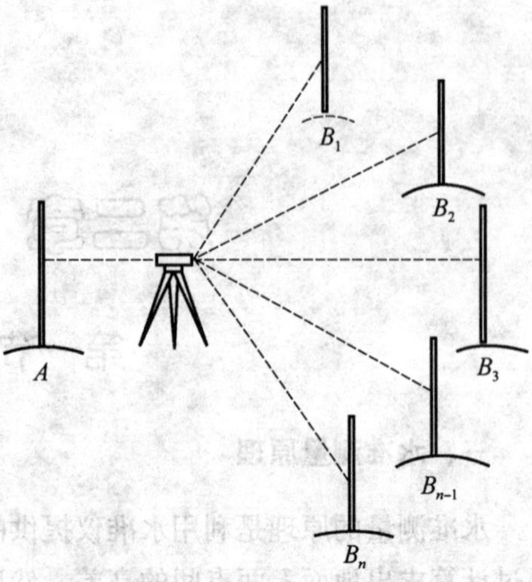

图 2-2　用视线高法计算 B_i 点高程

二、转点、测站

在水准测量工作中，若已知水准点到待定水准点之间距离较远或高差较大，仅安置一次仪器无法测得两点之间的高差。

如图 2-3 所示，设已知点 A 的高程为 H_A，要测定 B 点的高程，必须在 A、B 两点之间连续设置若干个测站。进行观测时，每安置一次仪器观测两点间的高差，称为一个测站；作为传递高程的临时立尺点 1，2，…，$n-1$ 称为转点（TP）。各测站的高差为：

$$h_1 = a_1 - b_1$$
$$h_2 = a_2 - b_2$$
$$\cdots$$
$$h_n = a_n - b_n$$

因此 A、B 两点间的高差为：

$$h_{AB} = h_1 + h_2 + \cdots + h_n = \sum_{i=1}^{n} h_i$$

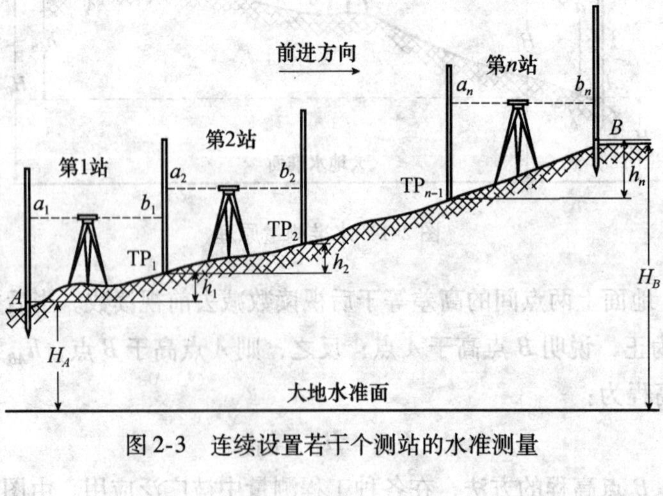

图 2-3　连续设置若干个测站的水准测量

或写成：

$$h_{AB} = (a_1 - b_1) + (a_2 - b_2) + \cdots + (a_n - b_n) = \sum_{i=1}^{n} a_i - \sum_{i=1}^{n} b_i$$

在实际水准测量作业中，可先计算出每一站的高差，然后求和得出 A、B 两点的高差 h_{AB}，再检核高差 h_{AB} 是否计算正确。

第二节 水准测量的仪器和工具

水准仪的类型很多，我国按其精度指标划分为 DS05、DS1、DS3 和 DS10 四个等级，D 和 S 分别为“大地测量”和“水准仪”汉语拼音的第一个字母，字母后的数字 05、1、3、10 等指用该类型水准仪进行水准测量时每 1 千米往、返测高差中数的偶然中误差值，分别不超过 ±0.5mm、±1mm、±3mm、±10mm。一般可省略“D”只写“S”。DS05、DS1 为精密水准仪，主要用于国家一、二等精密水准测量和精密工程测量；DS3 主要用于国家三、四等水准测量和常规工程测量。工程测量中常用的是 S3 型水准仪。

1. S3 型微倾式水准仪

图 2-4 是我国生产的 S3 型微倾式水准仪。它是通过调整水准仪的微倾螺旋使管水准气泡居中而获得水平视线的一种仪器设备。S3 型微倾式水准仪主要由望远镜、水准器和基座三个部分组成，现分述如下。

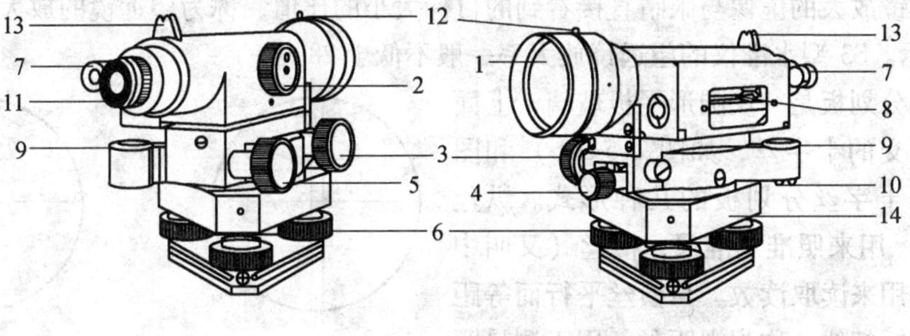

图 2-4 S3 型微倾式水准仪

1—物镜；2—物镜调焦螺旋；3—微动螺旋；4—制动螺旋；5—微倾螺旋；6—脚螺旋；7—管水准气泡观察窗；8—管水准器；9—圆水准器；10—圆水准器校正螺丝；11—目镜；12—准星；13—照门；14—基座

（1）望远镜

望远镜是构成水平视线、瞄准目标并对水准尺进行读数的主要部件。根据在目镜端观察到的物体成像情况，望远镜可分为正像望远镜和倒像望远镜。如图 2-5 所示为倒像望远镜的构造图，它由物镜、物镜调焦透镜、十字丝分划板、目镜等组成。物镜光心与十字丝交点的连线称为望远镜的视准轴，视准轴是瞄准目标和读数的依据。

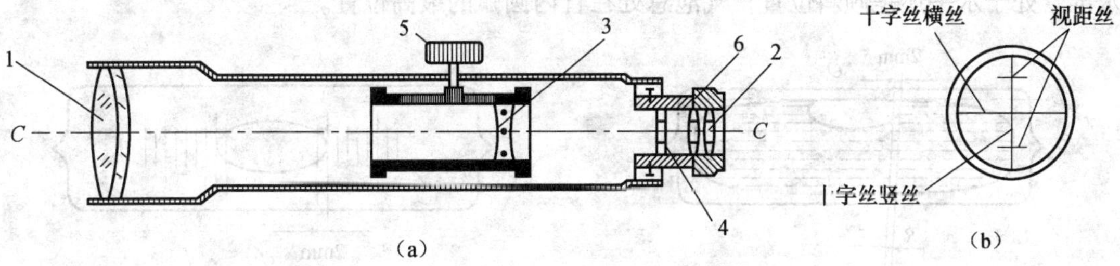

图 2-5 望远镜的结构

1—物镜；2—目镜；3—物镜调焦透镜；4—十字丝分划板；
5—物镜调焦螺旋；6—目镜调焦螺旋

目前微倾式水准仪上的望远镜多采用内对光式的倒像望远镜，其成像原理如图 2-6 所示。目标 *AB* 发出的光线经过物镜和物镜调焦透镜的作用在镜筒内构成倒立的小实像 *ab*，转动物镜调焦螺旋时，物镜调焦透镜随之前后移动，使远近不同的目标清晰地成像在十字丝分划板上；再经过目镜放大，使倒立的小实像放大成为倒立的大虚像 *a′b′*，同时十字丝分划板也被放大。

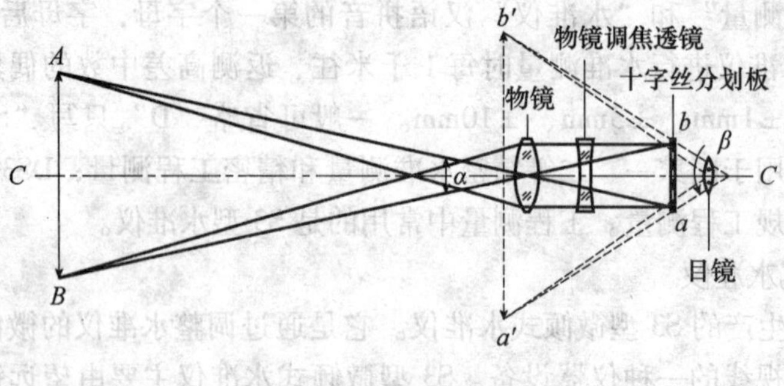

图 2-6　望远镜的成像原理

经望远镜放大的虚像与眼睛直接看到的目标大小的比值，称为望远镜的放大率，通常用 $\nu=\beta/\alpha$ 表示。S3 型水准仪的望远镜放大率一般不低于 28 倍。

十字丝分划板是一块圆形平板玻璃，上面刻有相互正交的十字丝，如图 2-5（b）和图 2-7 所示为十字丝分划板的几种形式。纵丝（也叫竖丝）用来照准水准尺，横丝（又叫中丝）的中间用来读取读数。与横丝平行而等距的上下两根短细线，称为视距丝，用于测量距离。调节目镜调焦螺旋，可使十字丝成像清晰。

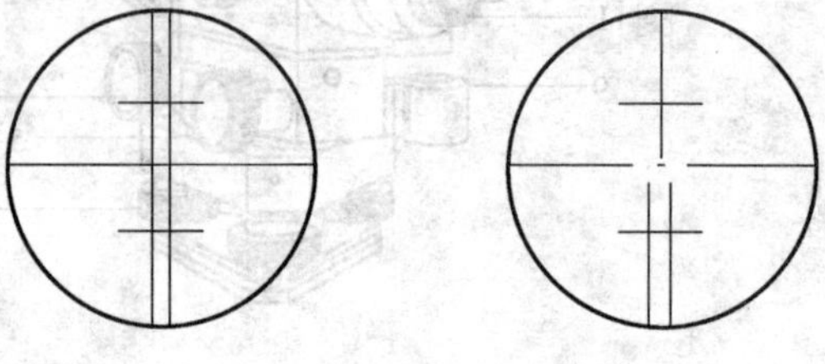

图 2-7　十字丝分划板

（2）水准器

水准器是用来判断望远镜的视准轴是否水平及仪器竖轴是否竖直的装置。通常分为管水准器和圆水准器两种。

1）管水准器

管水准器是一个两端封闭的玻璃管，外形如图 2-8（a）所示。管内装满黏滞性小、易流动的液体（酒精或乙醚），加热封闭冷却后便形成气泡。由于气体比液体轻，因此，无论水准管处于水平还是倾斜位置，气泡总处在管内圆弧的最高位置。

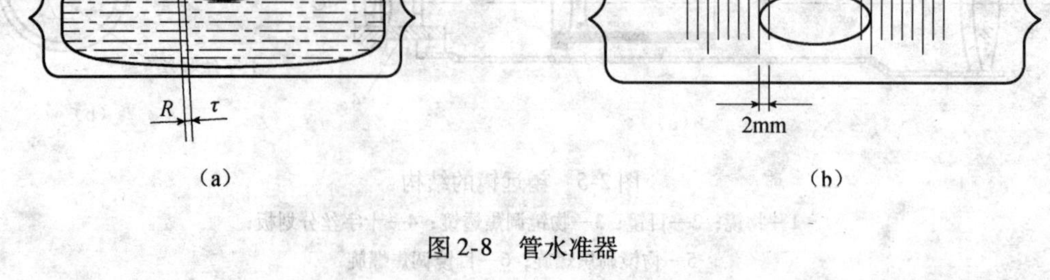

图 2-8　管水准器

水准管壁的两端各刻有数条间隔为 2mm 的分划线，用来判断气泡居中位置，如图 2-8（b）所示。分划线的对称中心 O 即为水准管圆弧的中点，也称为水准管零点。过零点与水准管内圆弧相切的直线 LL 称为水准管轴。当气泡中点与水准管零点重合时称为气泡居中，这时水准管轴 LL 一定处于水平位置。

水准管上 2mm 间隔的弧长所对的圆心角称为水准管分划值，一般用 τ 表示，即：

$$\tau = \frac{2}{R}\rho$$

式中　τ——水准管分划值（″）；

R——水准管内圆弧半径（mm）；

ρ——弧度的秒值，$\rho = 206265''$。

水准管分划值与内圆弧半径成反比，半径愈大，分划值愈小，整平的精度愈高，气泡移动也愈灵活。所以一般把水准气泡移动至最高点的能力，称为水准器的灵敏度。另外灵敏度还与水准管内壁面的研磨质量、气泡长度、液体性质和温度有关。灵敏度愈高，使气泡居中也愈费时间。因此，仪器上的水准管灵敏度要与仪器的精度相匹配。S3 型水准仪水准管分划值一般为 20″。

为了提高水准管气泡居中的精度，S3 型水准仪在水准管上方安置一组符合棱镜，当气泡两端的半边影像经过三次反射后，其影像反映在望远镜的符合水准器的放大镜内，若气泡不居中，气泡两端半边影像错开，当转动微倾螺旋使气泡两端半边的影像吻合时，气泡完全居中，如图 2-9 所示。

2）圆水准器

圆水准器是一个密封的顶面内壁磨成球面的玻璃圆盒，如图 2-10 所示。球面中央刻有小圆圈，圆圈中心为零点，零点与球心的连线为圆水准器轴。当气泡中心与圆水准器零点重合时，气泡居中，圆水准器轴处于铅垂位置。当圆水准器轴偏离零点 2mm 时，其轴线所倾斜的角值称为圆水准器分划值 τ。τ 一般为 8′～10′，因其灵敏度较低，整平精度较差，所以，圆水准器只能用于粗略整平仪器。

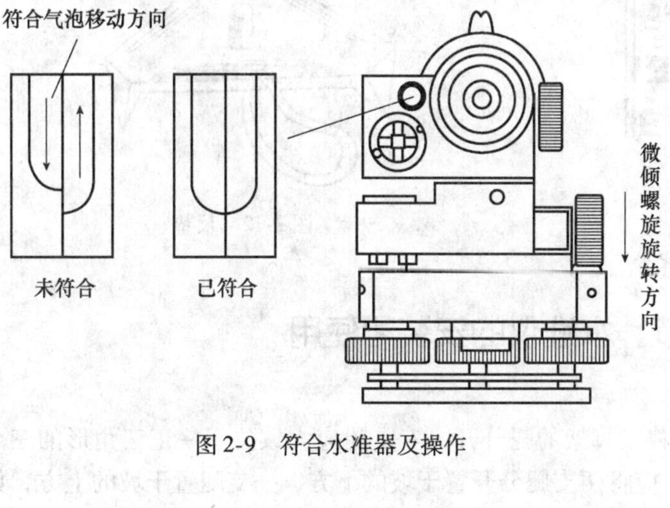

图 2-9　符合水准器及操作

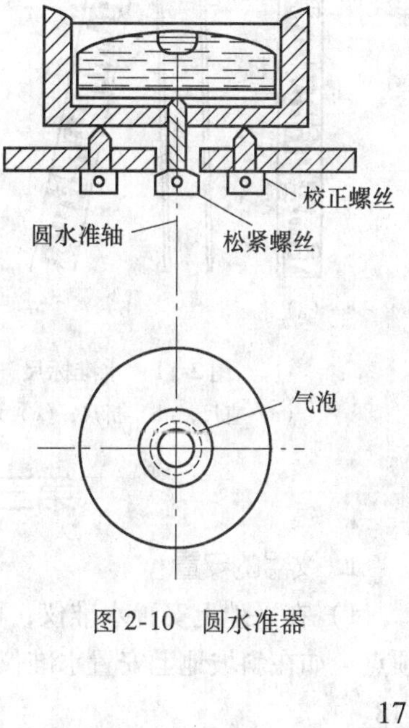

图 2-10　圆水准器

(3) 基座

基座起支撑仪器和连接仪器与三脚架的作用，由轴座、底板、三角压板及三个脚螺旋组成。转动三个脚螺旋可使水准器气泡居中。

2. 水准尺及附件

水准尺是与水准仪配合进行水准测量的重要工具。常用优质木材或玻璃钢、金属材料制成，长度从2~5m不等，根据构造可以分为直尺（双面水准尺）、折尺和塔尺三种，如图2-11所示。

直尺（双面水准尺）多用于三、四等水准测量，一般尺长为3m，如图2-11（a）所示，尺面每隔1cm涂以黑白或红白相间的分格，每分米处皆注有数字。尺子底面钉有铁片，以防磨损。涂黑白相间分格的一面称为黑面尺，另一面为红白相间，称为红面尺。在水准测量中，水准尺必须成对使用。每对双面水准尺其黑面尺底部的起始数均为零，而红面尺底部的起始数分别为4687mm和4787mm。两把尺红面注记的零点差为0.1m，为使水准尺更精确地处于竖直位置，多数水准尺的侧面装有圆水准器。

折尺长一般为3m，折叠处为1.5m，尺面分划值为1cm或0.5cm。因连接处稳定性较差，仅适用于普通水准测量和地形测量。

塔尺长一般为5m，分3节套接而成，可以伸缩，尺底从零起算，尺面分划值为1cm或0.5cm。因塔尺连接处稳定性较差，仅适用于普通水准测量。

尺垫如图2-12所示，用生铁铸成，一般为三角形，中央有一突出的半圆球，水准尺立于半圆球顶部；下有三个尖脚可以插入土中，尺垫通常用于转点上，使用时应踩稳固。

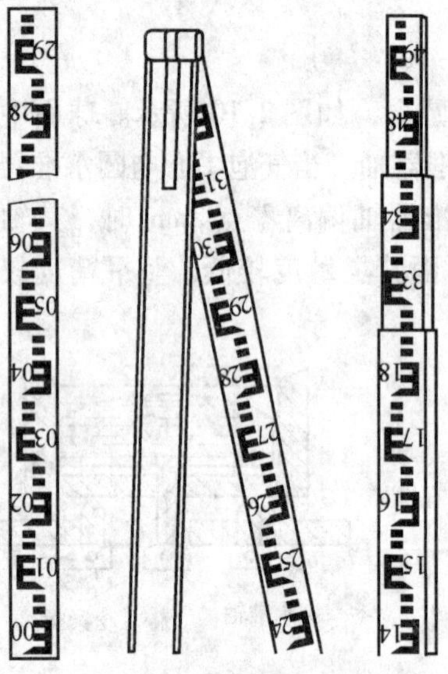

（a）　（b）　（c）

图2-11　水准标尺

（a）直尺；（b）折尺；（c）塔尺

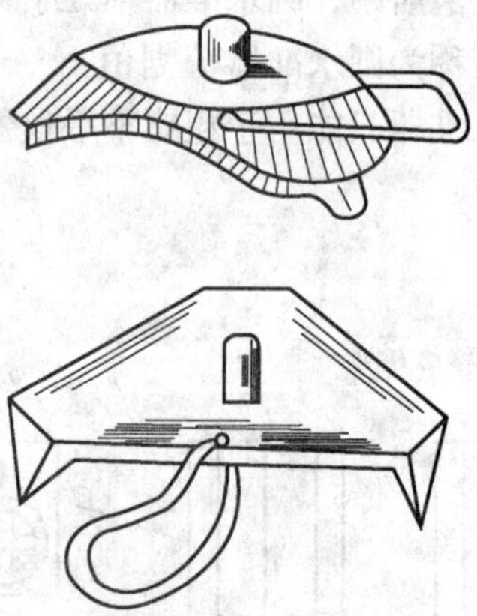

图2-12　尺垫

第三节　水准仪的安装和使用

1. 仪器的安置

1）在平地上安置水准仪，可将三脚架的腿分开，三支腿应大致位于一正三角形的三个顶点。如在斜坡地上安置水准仪，应将两支腿分开置于坡的下方，一支腿置于坡的上方，如

图 2-13 所示，这样安置仪器比较稳定。三脚架摆好后，用脚将三支腿的铁脚踩入土中，并使架头大致水平，在安上仪器后，高度适合观测者的身高，以便于观测。

2）从仪器箱中取出水准仪，用箱中配套的中心固定螺旋，穿过三脚架架头的圆孔，拧入水准仪基座的三角形底板的螺孔中，仪器即固定在三脚架上，松开仪器的固定扳手。

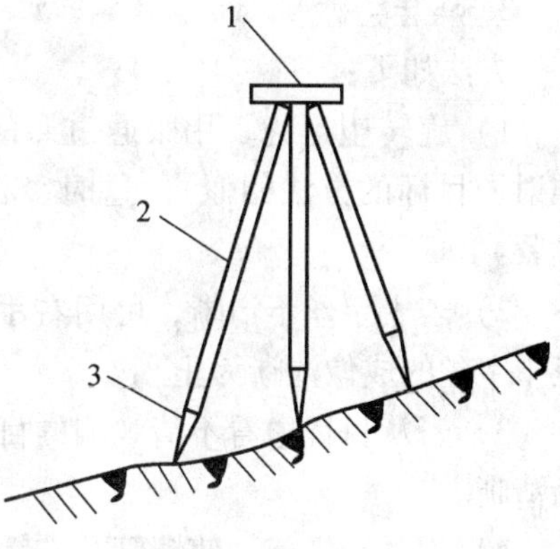

图 2-13 水准仪三脚架的安置

1—三脚架的架头；2—三脚架的腿；3—铁脚

注意事项：

①使用仪器前，开箱时要先观察仪器各部分的装箱位置，如望远镜的目镜和物镜各在箱中的哪一个部位，基座和脚螺旋在箱中的位置等。

②取仪器时要用双手握住仪器的基座，不准抓住仪器的望远镜，猛力拉出仪器箱。

③仪器装上三脚架，中心固定螺旋必须拧紧，但不得用力过大，拧得过死。装好后用手试一试三脚架和仪器是否稳定，防止倾倒，摔坏仪器。

④使用仪器前，必须了解仪器的型号、构造和功能，切不可不懂装懂，对仪器进行胡乱操作，造成仪器的损坏。

⑤若物镜（或目镜）上发现有灰尘或雾气时，不准用嘴吹或用手指擦拭，应用仪器箱中的配套毛刷轻轻刷去灰尘，再用拭镜头纸或配套的麂皮轻轻揩擦。

2. 粗略整平仪器

如图 2-14 所示，用脚螺旋将圆水准器的气泡调到中心圆圈内。方法如下：

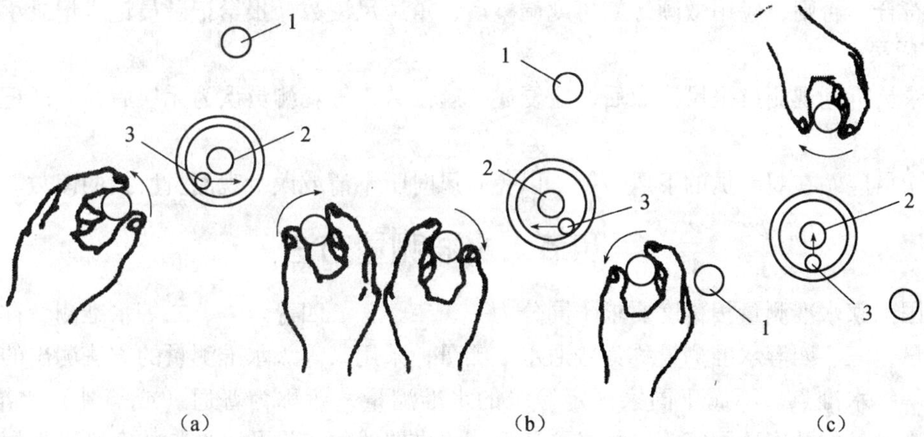

图 2-14 用圆水准器粗略整平仪器

1—脚螺旋；2—中心圆圈；3—气泡

1）如图中的（a）、（b）所示，气泡没有居中。先用一对脚螺旋，按图示的方法，将气泡调到图（c）所示的位置。调平时要记住下述规律：

①两手按相反的方向转动脚螺旋，气泡移动较快。

②气泡移动的方向，总是与左手大拇指旋动的方向一致。

2）气泡调到（c）图的位置后，再用第三只脚螺旋，用左手按上述规律，将气泡调到中心圆圈内，仪器即粗略整平了。

3. 照准目标

方法如下：

1）旋转望远镜，用眼通过照门和准星使与观测目标连成一直线（与步枪射击时，瞄准射击目标的方法相似）。这时，将能从目镜中看到目标。拧紧固定扳手（注意不要拧得过紧）。

2）若十字丝不清晰，可用右手左右旋动目镜调焦螺旋（目镜外罩有滚花的圆环），调至十字丝的成像清晰为止。

3）若从目镜中看不清观测的目标，可用右手旋动镜管上的调焦螺旋，目标的成像可逐渐清晰。

4）用微动螺旋，使镜管左右缓缓转动，直到十字丝的纵丝与观测目标处所立水准尺的中线重合为止。如发现立尺不竖直，应指挥持尺人纠正。

5）检查有无视差现象。视差是指从目镜观测目标时，当眼睛在目镜处上下移动，目标与十字丝交点的像相对晃动的现象。这是由于用调焦螺旋调焦不好，使物镜未能将目标的像投射到十字丝分划板平面所致。视差现象如不消除，将会引起读尺误差。消除的方法是继续用调焦螺旋调焦，直到十字丝和观测目标的像都清晰，视差现象消除为止。

4. 仪器的精确调平

为使望远镜能准确地提供一条水平视线，以满足水准测量的基本要求，应用微倾螺旋，调节水准管的气泡，使气泡的像符合成一抛物线形，仪器便精确地调平了。

5. 读尺

用十字丝横丝，截读水准尺上的读数。初学者必须养成习惯，读尺前后必须检查水准气泡是否符合。否则，应用微倾螺旋再度调整后，重读尺读数，报给记录员记入记录手簿。

6. 记录

记录员听到观测员报尺读数后，应复述一遍读数，等观测员认为无误后，立即记入记录手簿。

记录员应站在观测员的下风一侧，以免有风时听不清或误听观测员所报的读数。

第四节　水准测量方法

我国国家水准测量按精度要求不同分为一、二、三、四等。一、二等水准测量称为精密水准测量，三、四等水准测量称为普通水准测量，采用某等级水准测量的方法测出的高程点称为该等级水准点。不属于国家规定等级的水准测量一般称为普通（或等外）水准测量。普通水准测量的精度比国家等级水准测量低，水准路线的布设及水准点的密度可根据实际要求有较大的灵活性，等级水准测量和普通水准测量的作业原理相同。

一、水准点和水准路线

1. 水准点

为了统一全国的高程系和满足各种工程建设的需要，我国已建立了统一的高程控制网，它是以黄海平均海水面作为高程起算面，称为“1985 年国家高程基准”。水准原点设在青岛，高程为 72.260m。全网分为一、二、三、四共四个等级，低一级控制网依据高一级控制网建立。

在水准测量中，已知高程控制点和待定高程控制点，都称为水准点，记为BM。水准点有永久性和临时性两种。国家等级永久性水准点如图2-15（a）所示，一般用石料或混凝土制成，埋到地面冻土以下，顶面镶嵌不易锈蚀材料制成的半球形标志；也可以用金属标志埋设于稳固的建筑物墙脚上，称为墙上水准点。

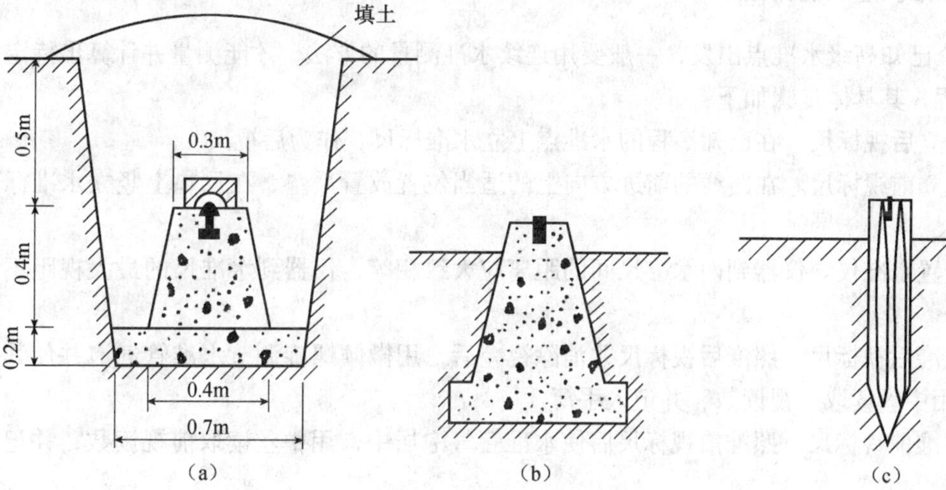

图2-15　水准点

等级较低的永久性水准点，制作和埋设均可简单些，如图2-15（b）所示。

临时性水准点可利用地面上突出稳定的坚硬岩石、门廊台阶角等，用红色油漆标记；也可用木桩、钢钉等打入地面，并在桩顶标记点位，如图2-15（c）所示。

2. 水准路线

水准测量前应根据要求布置并选定水准点的位置，埋设好水准点标石，拟定水准测量进行的路线。水准路线有以下几种形式，如图2-16所示。

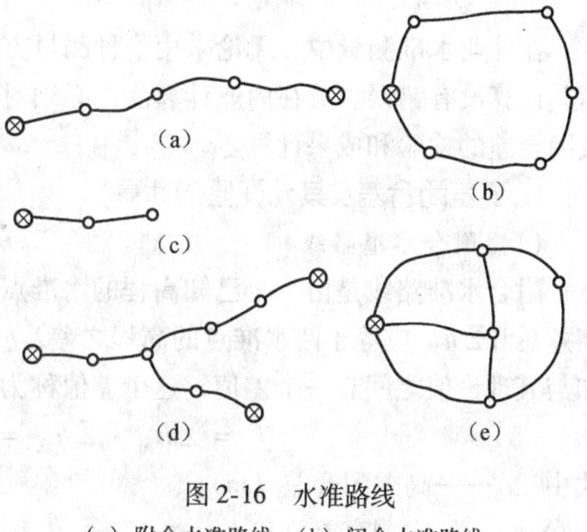

图2-16　水准路线

（a）附合水准路线；（b）闭合水准路线；（c）支水准路线；（d）、（e）水准网

（1）附合水准路线

水准测量从一个已知高程的水准点开始，结束于另一已知高程的水准点，这种路线称为附合水准路线。这种路线可使测量成果得到可靠的检核，如图2-16（a）所示。

（2）闭合水准路线

水准测量从一已知高程的水准点开始，最后又闭合到这个水准点上的水准路线称为闭合水准路线。这种路线也可以使测量成果得到检核，如图2-16（b）所示。

（3）支水准路线

由一已知高程的水准点开始，最后既不附合也不闭合到已知高程的水准点上的水准路线称为支水准路线。这种水准路线不能对测量成果自行检核，因此必须进行往返测，或每站高差进行两次观测，如图2-16（c）所示。

(4) 水准网

当几条附合水准路线或闭合水准路线连接在一起时，就形成了水准网，如图2-16（d）、（e）所示。水准网可使检核成果的条件增多，从而提高成果的精度。

二、水准测量的观测程序

从一个已知高级水准点出发，一般要用连续水准测量的方法，才能测量并计算出待定水准点的高程，其具体步骤如下：

1）竖立后视标尺。在已知高程的水准点上立水准标尺，作为后视尺。

2）竖立前视标尺。在路线的前进方向上的适当位置放置尺垫，在尺垫上竖立水准标尺作为前视尺。

3）安置水准仪。仪器到两水准尺间的距离应大致相等，仪器到水准尺的最大视距不大于150m。

4）照准后视标尺。照准后视标尺并消除视差后，用微倾螺旋调节水准管气泡并使其精确居中，用中丝读取后视读数，并记入手簿。

5）照准前视标尺。照准前视标尺后使水准管气泡居中，用中丝读取前视读数，并记入手簿。

6）迁站。将仪器按前进方向迁至第二站，此时，第一站的前视尺不动，变成第二站的后视尺，第一站的后视尺移至前面适当位置成为第二站的前视尺，按第一站相同的观测程序进行第二站测量。

7）顺序沿水准路线的前进方向观测、记录，直至终点。

三、水准测量的成果处理与计算

在外业水准测量中，无论采用哪种测量方法和测站检核都不能保证整条水准路线的观测高差计算没有错误。故在内业计算前，必须对外业手簿进行检查，检查无误方可进行水准路线闭合差的检验和成果计算。

1. 高差闭合差及其允许值的计算

(1) 附合水准路线

附合水准路线是由一个已知高程的水准点测量到另一个已知高程的水准点，各段测得的高差总和$\sum h_{测}$应等于两水准点的高程之差$\sum h_{理}$。但由于测量误差的影响，使得实测高差总和与其理论值之间有一个差值，这个差值称为附合水准路线的高差闭合差。

$$f_h = \sum h_{测} - \sum h_{理} = \sum h_{测} - (H_{终} - H_{始})$$

式中 f_h——高差闭合差（m）；

$\sum h_{测}$——实测高差总和（m）；

$\sum h_{理}$——高差总和理论值（m）；

$H_{终}$——路线终点已知高程（m）；

$H_{始}$——路线起点已知高程（m）。

(2) 闭合水准路线

由于路线起闭于同一个水准点，因此，高差总和的理论值应等于零，但因测量误差的存在使得实测高差的总和往往不等于零，其差值称为闭合水准路线的高差闭合差。

$$f_h = \sum h_{测}$$

(3) 支水准路线

通过往、返观测，得到往、返高差的总和$\sum h_{往}$ 和$\sum h_{返}$，理论上应大小相等，符号相反，但由于测量误差的影响，两者之间产生一个差值，这个差值称为支水准路线的高差闭合差。

$$f_h = \sum h_{往} + \sum h_{返}$$

闭合差产生的原因很多，如仪器的精密程度、观测者的分辨能力、外界条件的影响等，但其数值必须限定在一定范围内。

在平坦地区，图根水准测量路线的高差闭合差的容许值（mm）一般规定为：

$$f_{h容} = \pm 40\sqrt{L}$$

式中　L——水准路线长度（km）。

在山地，每千米水准测量的测站数超过 16 站时，高差闭合差的容许值（mm）一般规定为：

$$f_{h容} = \pm 12\sqrt{n}$$

式中　n——水准路线的测站总数。

附合水准路线或闭合水准路线长度不得大于 8km，节点间水准路线长度不得大于 6km，支水准路线长度不得大于 4km。在这个长度范围内，若高差闭合差小于容许值，则成果符合要求，否则应查明原因，重新观测。

2. 高差闭合差的调整和高程计算

(1) 高差闭合差的调整

当高差闭合差f_h 在容许值范围之内时，可调整闭合差。附合或闭合水准路线高差闭合差分配的原则是将闭合差按距离或测站数成正比例反号改正到各测段的观测高差上。高差改正数按下式计算：

$$V_i = -\frac{f_h}{\sum L}L_i$$

或

$$V_i = -\frac{f_h}{\sum n}n_i$$

式中　V_i——测段高差的改正数（m）；

f_h——高差闭合差（m）；

$\sum L$——水准路线总长度（m）；

L_i——测段长度（m）；

$\sum n$——水准路线测站数总和；

n_i——测段测站数。

高差改正数的总和应与高差闭合差大小相等，符号相反，即：

$$\sum V_i = -f_h$$

用上式检核计算的正确性。

(2) 计算改正后的高差

将各段高差观测值加上相应的高差改正数，求出各段改正后的高差，即

$$h_i = h_{i测} + V_i$$

对于支水准路线，当闭合差符合要求时，可按下式计算各段平均高差：

$$h = \frac{h_{往} - h_{返}}{2}$$

式中 h——平均高差（m）；

$h_{往}$——往测高差（m）；

$h_{返}$——返测高差（m）。

（3）计算各点高程

根据改正后的高差，由起点高程逐一推算出其他各点的高程。最后一个已知点的推算高程应等于它的已知高程，以此检查计算是否正确。

第五节　水准测量手簿的校核

1. 校核的原理

如图 2-17 所示，后视读数为 a，前视读数为 b，根据上文，每个测站所观测前视、后视两点的高差分别为：

$$h_{A1} = a_1 - b_1$$
$$h_{12} = a_2 - b_2$$
$$h_{23} = a_3 - b_3$$
$$h_{3B} = a_4 - b_4$$

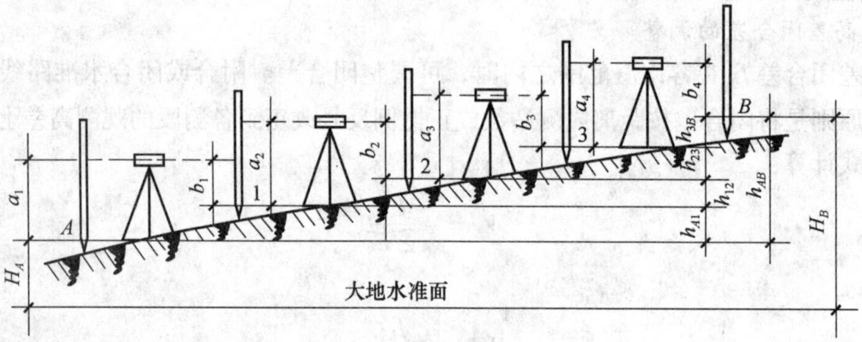

图 2-17　水准测量手簿的校核原理

将以上各式等号的左右两边分别相加：

$$\begin{aligned}\sum h &= h_{A1} + h_{12} + h_{23} + h_{3B} \\ &= (a_1 + a_2 + a_3 + a_4) - (b_1 + b_2 + b_3 + b_4) \\ &= \sum a - \sum b \\ &= h_{AB}\end{aligned}$$

即水准路线首尾两点的高差，为各后视读数之和与各转点前视读数之和的差。

注意中间点的前视读数不能加进去计算。

2. 校核注意事项

1）中间点只有前视读数而无后视读数，在求 $\sum b$ 时，中间点的前视读数应予以剔除，不能加在一起。

2）这一校核，只能检验手簿的计算整理有无错误，但不能鉴别水准测量成果是否有误

（如读尺是否读错等），也不能检查测量结果是否精确。

3）高差法及视线高法测高程，记录手簿的校核原理和方法均相同。

第六节 水准仪的检验和校正

一、水准仪应满足的条件

微倾式水准仪的主要轴线如图2-18所示，它们之间应满足的几何条件是：

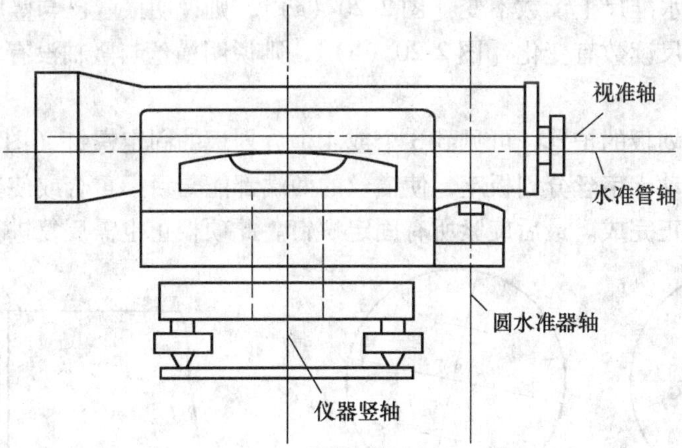

图2-18 水准仪的主要轴线

1）圆水准器轴应平行于仪器竖轴。

2）十字丝的横丝应垂直于仪器竖轴。

3）水准管轴应平行于视准轴。

二、水准仪的检验与校正

1. 圆水准器轴平行于仪器竖轴的检验与校正

（1）检验

旋转脚螺旋使圆水准器气泡居中，然后将仪器上部在水平方向绕竖轴旋转180°，若气泡仍居中，则表示圆水准器轴已平行于竖轴，若气泡偏离中央则需进行校正。

（2）校正

用脚螺旋使气泡向中央方向移动偏离量的一半，然后拨圆水准器的校正螺钉使气泡居中，如图2-19所示。

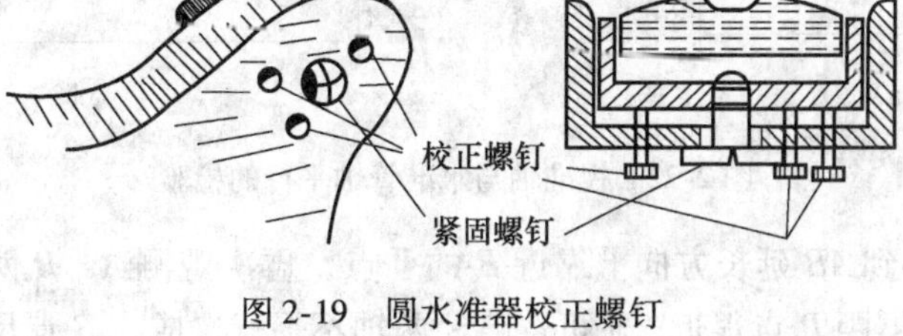

图2-19 圆水准器校正螺钉

上述检验与校正需反复进行，直到仪器上部旋转到任何位置气泡都能居中为止，然后拧紧螺钉。当校正某个螺钉时，必须先旋松后拧紧，以免破坏螺钉。校正完毕时，必须使校正螺钉都处于旋紧状态。

2. 十字丝横丝垂直于仪器竖轴的检验和校正

(1) 检验

在距墙面10~20m处安置仪器，先用横丝的一端照准墙上一固定清晰的目标点或在水准尺上读一个数，然后用微动螺旋转动望远镜，用横丝的另一端观测同一目标或读数。如果目标仍在横丝上或水准尺上读数不变［图2-20（a)］，则说明横丝已与竖轴垂直。若目标点偏离了横丝或水准尺读数有变化［图2-20（b)］，则说明横丝与竖轴没有垂直，应予校正。

(2) 校正

打开十字丝分划板的护罩，可见到3个或4个分划板的固定螺钉（图2-21）。松开这些固定螺钉，用手转动十字丝分划板座，使横丝的两端都能与目标重合或使横丝两端所得水准尺读数相同，则校正完成。最后旋紧所有固定螺钉。此项校正也需反复进行。

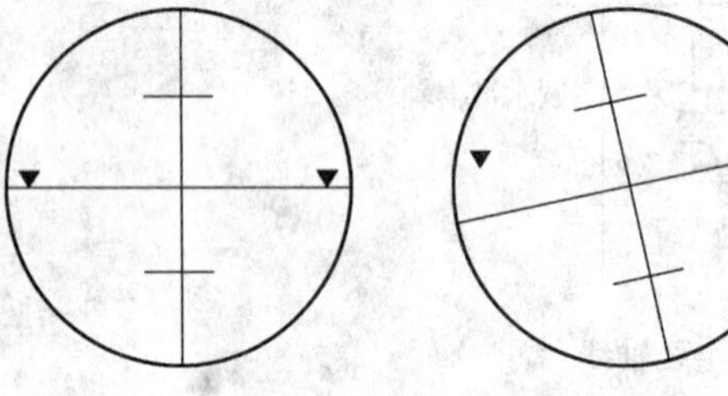

(a)　　(b)

图2-20　十字丝横丝的检验

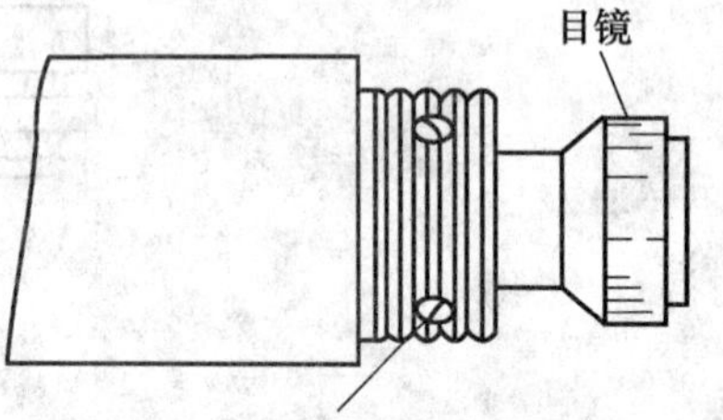

图2-21　十字丝的校正

3. 视准轴平行于水准管轴的检验和校正

(1) 检验

在平坦地面上选定相距40~60m的A，B两点，首先将水准仪置于离A，B等距的Ⅰ点，测得A，B两点的高差［图2-22（a)］，重复测二三次，当所得各高差之差不大于3mm时取其平均值h_{I}。若视准轴与水准管轴不平行而存在i角误差（两轴的夹角在竖直面的投影），但由于仪器至A，B两点距离相等，则由于视准轴倾斜而在前、后视读数所产生的误差δ也相等，因此，所得h_{I}是A，B两点的正确高差。

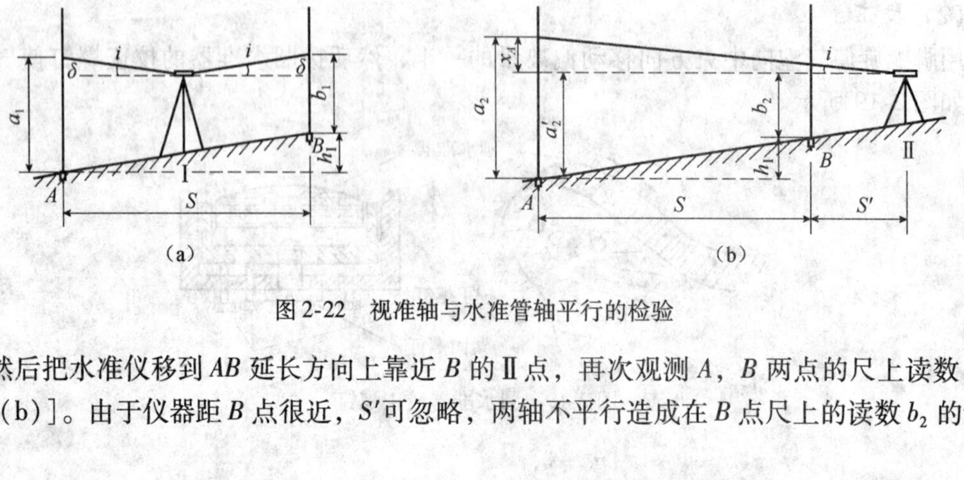

图2-22　视准轴与水准管轴平行的检验

然后把水准仪移到AB延长方向上靠近B的Ⅱ点，再次观测A，B两点的尺上读数［图2-22（b)］。由于仪器距B点很近，S'可忽略，两轴不平行造成在B点尺上的读数b_2的误差也可忽略不计。由图 2-22（b）可知，此时 A 点尺上的读数为 a_2，而正确读数应为：

$$a_2' = b_2 + h_{\mathrm{I}}$$

此时可计算出 i 角值为：

$$i = \frac{a_2 - a_2'}{S}\rho'' = \frac{a_2 - b_2 - h_{\mathrm{I}}}{S}\rho''$$

S 为 A，B 两点间的距离。对 S3 水准仪，当后、前视距差未作具体限制时，一般规定在 100m 的水准尺上读数误差不超过 4mm，即 a_2 与 a_2' 的差值超过 4mm 时应校正。当后、前视距差有较严格的限制时，一般规定 i 角不得大于 20″，否则应进行校正。

（2）校正

为了使水准管轴和视准轴平行，转动微倾螺旋使远点 A 的尺上读数 a_2 改变到正确读数 a_2'。此时视准轴由倾斜位置改变到水平位置，但水准管也因随之变动而气泡不再符合。用校正针拨动水准管一端的校正螺钉使气泡符合，则水准管轴也处于水平位置从而使水准管轴平行于视准轴。水准管的校正螺钉如图 2-23 所示，校正时先松动左右两校正螺钉，然后拨上下两校正螺钉使气泡符合。拨动上下校正螺钉时，应先松一个再紧另一个，逐渐校正。当最后校正完毕时，所有校正螺钉都应适度旋紧。检验校正也需要反复进行，直到满足要求为止。

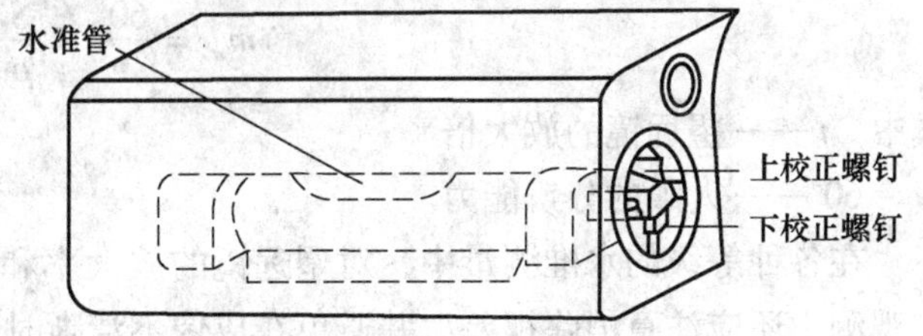

图 2-23　水准管的校正

第七节　水准测量误差及注意事项

测量工作中由于仪器、工具、人、外界条件等因素的影响，使测量成果中都带有误差。为了保证测量成果的精度，测量过程中应杜绝错误，并提出水准测量中应注意的一些事项，从而采取一定的措施消除和减小误差的影响。

一、仪器误差

1. 残余误差

由于仪器校正的不完善，校正后仍存在部分残余误差，如视准轴与水准管轴不平行引起的误差、调焦引起的误差等。观测中可保持前视和后视的距离相等来消除这些误差。

2. 水准尺的误差

水准尺的误差包括分划误差和构造上的误差，构造上的误差如零点误差和接头误差。另外，受其他因素影响造成的尺长变化、弯曲、零点磨损等，都会影响水准测量的成果，所以使用前应对水准尺进行检验。

二、观测误差

1. 气泡居中误差

视线水平是以气泡居中或符合为根据的，气泡的居中或符合凭人眼来判断，也存在判断误差。气泡居中的精度主要决定于水准管的分划值，一般认为水准管居中的误差约为 0.1 分划值，采用符合水准器气泡居中的误差大约是直接观察气泡居中误差的1/2。因此，它对读数产生的误差为：

$$m_\tau = \pm \frac{0.1\tau}{2\rho}S$$

式中　τ——水准管的分划值（″）；

ρ——弧度的秒值，$\rho = 206265''$；

S——视线长。

为了减小气泡居中误差的影响，应对视线长加以限制，观测时应使气泡精确地居中或符合。

2. 水准尺的估读误差

水准尺上的毫米数都是估读的，估读误差与望远镜的放大率及视线的长度有关，通常按下式计算其影响：

$$m_\nu = \frac{60''}{\nu} \times \frac{S}{\rho}$$

式中　ν——望远镜的放大倍率；

60″——人眼的分辨能力。

在各种等级的水准测量中，对望远镜的放大率和视线长的限制都有一定的要求。此外，在观测中还应注意消除视差，并避免在成像不清晰时进行读数。

3. 水准尺不直的误差

水准尺没有立直时，无论向哪一侧倾斜都使读数偏大，并且这种误差随尺的倾斜角和读数的增大而增大。例如，尺有3°的倾斜，读数超过1m时，可产生2mm的误差。为使尺能扶直，水准尺上最好装有水准器。

三、外界条件影响

1. 仪器下沉和水准尺下沉

（1）仪器下沉

在读取后视读数和前视读数之间若仪器下沉了Δ，由于前视读数减少了Δ从而使高差增大了Δ（图2-24）。在松软的土地上，每一测站都可能产生这种误差。当采用双面尺或两次仪器高法时，第二次观测可先读前视点B，然后读后视点A，即以“后前前后”的顺序读数，则可使所测高差减小，两次高差的平均值可消除一部分仪器下沉的误差。用往测和返测时，同样也可消除部分的误差。

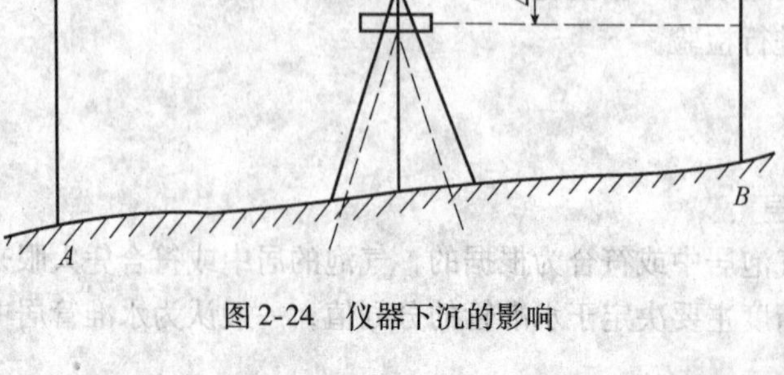

图2-24　仪器下沉的影响

（2）水准尺下沉

在仪器从一个测站迁到下一个测站的过程中，若转点下沉了，则使下一测站的后视读数偏大，使高差也增大。在同样情况下返测，则使高差的绝对值减小。所以，取往返测的平均高差可以减弱水准尺下沉的影响。

当然，在进行水准测量时，应选择坚实的地点安置仪器和转点，转点须垫上尺垫并踩实，以避免仪器和水准尺的下沉。

2. 地球曲率和大气折光的误差

（1）地球曲率引起的误差

理论上水准测量应根据水准面来求出两点的高差（图 2-25），但视准轴是一直线，因此使读数中含有由地球曲率引起的误差 p：

$$p = \frac{S^2}{2R}$$

式中 S——视线长；

R——地球的半径。

（2）大气折光引起的误差

水平视线经过密度不同的空气层被折射后，一般情况下会形成向下弯曲的曲线，它与理论水平线的读数之差，就是由大气折光引起的误差 γ（图 2-25）。实验得出：大气折光误差比地球曲率误差要小，是地球曲率误差的 K 倍，在一般大气情况下，$K = 1/7$，故：

$$\gamma = K\frac{S^2}{2R} = \frac{S^2}{14R}$$

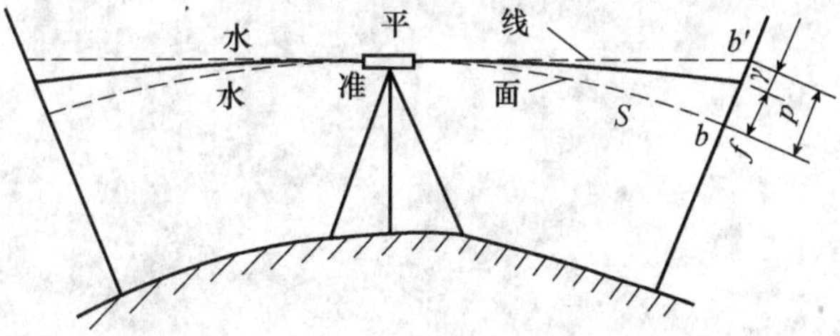

图 2-25 地球曲率和大气折光的影响

所以，水平视线在水准尺上的实际读数位于 b'，它与按水准面得出的读数 b 之差，就是地球曲率和大气折光总的影响值 f。故：

$$f = p - \gamma = 0.43\frac{S^2}{R}$$

当前视、后视距离相等时，这种误差在计算高差时可自行消除，但是离近地面的大气折光变化十分复杂，即使保持前视后视距离相等，大气折光误差也不能完全消除。由于 f 值与视线长度的平方成正比，所以，限制视线的长可以使这种误差大为减小。此外，使视线离地面尽可能高些也可减弱折光变化的影响。

3. 自然环境的影响

除了上述各种误差来源外，测量工作中的影响也会带来误差，如风吹、日晒、温度的变化和地面水分的蒸发等引起的仪器状态变化、视线跳动等。所以，观测时应注意自然环境带来的影响。为了防止日光暴晒，仪器应打伞保护，无风的阴天是最理想的观测天气。

四、水准测量注意事项

水准测量应根据测量规范规定的要求进行，以减小误差和防止错误发生。另外，在水准测量过程中，还应注意以下事项：

1）水准仪和水准尺必须经过检验和校正才能使用。

2）水准仪应安置在坚固的地面上，并尽可能使前后视距离相等，观测时手不能放在仪器或三脚架上。

3）水准尺要立直，尺垫要踩实。

4）读数前要消除视差并使符合水准气泡严格居中，读数要准确、快速，不可读错。

5）记录要及时、规范、清楚，记录前要复诵观测者报出的读数，确认无误后方可记入观测手簿中。

6）不得涂改或用橡皮擦掉外业数据，观测时若所记数据不能按要求更改时，要用斜线划去，另起行重记。

7）测站上观测和记录计算完成后要检核，发现错误或超出限差要立即重测。

8）注意保护测量仪器和工具，装箱时，脚螺旋、微倾螺旋和微动螺旋要在中间位置。

第三章　角度测量

第一节　角度测量原理

角度测量包括水平角测量和竖直角测量，是测量的三项基本工作之一。水平角测量用于确定地面点的平面位置，竖直角测量用于间接测定地面点的高程。经纬仪、电子经纬仪和全站仪是进行角度测量的主要仪器。

1. 水平角的测量原理

水平角是指地面上一点到两个目标点的方向线垂直投影到水平面上的夹角。如图 3-1 所示，设 A、B、C 是三个位于地面上不同高程的任意点，B_1A_1、B_1C_1 为空间直线 BA、BC 在水平面上的投影，B_1A_1 与 B_1C_1 的夹角 β 即为地面点 B 上由 BA、BC 两方向线构成的水平角。

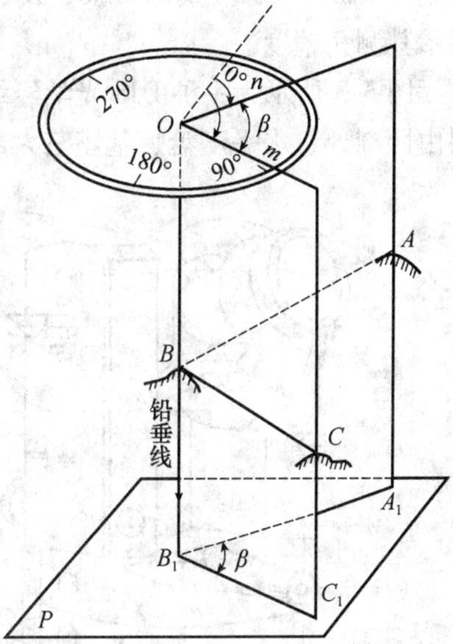

图 3-1　水平角测量原理

为了测量水平角 β，可以设想在过 B 点的上方水平地安置一个带有顺时针刻画、注记的圆盘，称为水平度盘，并使其圆心 O 在过 B 点的铅垂线上，直线 BC、BA 在水平度盘上的投影为 Om、On；这时，若能读出 Om、On 在水平度盘上的读数 m 和 n，水平角 β 就等于 m 减 n，用公式表示为：

$$\beta = 右目标读数\ m - 左目标读数\ n$$

由此可知，用于测量水平角的仪器，必须有一个能安置水平、且能使其中心处于过测站点铅垂线上的水平度盘；必须有一套能精确读取度盘读数的读数装置；还必须有一套不仅能上下转动成竖直面，还能绕沿垂线水平转动的望远镜，以便精确照准方向、高度、远近不同的目标。

水平角的取值范围为 0°～360°。

2. 竖直角的测量原理

在同一竖直面内，测站点到目标点的视线与水平线的夹角称为竖直角。如图 3-2 所示，视线 AB 与水平线 AB' 的夹角 α 为 AB 方向线的竖直角。其角值从水平线算起，向上为正，称为仰角；向下为负，称为俯角。范围为 0°～±90°。

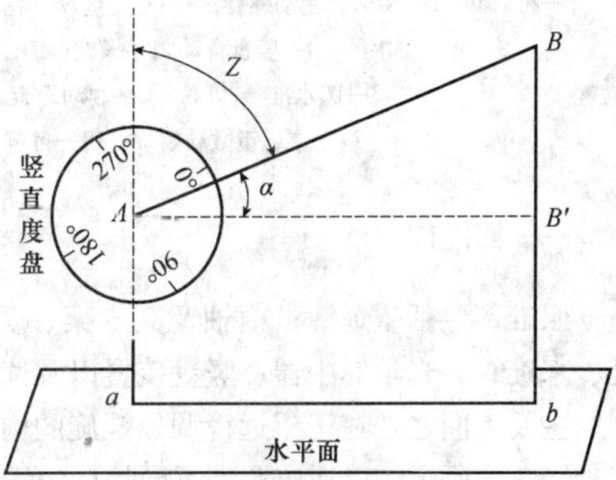

图 3-2　竖直角的测量原理

视线与测站点天顶方向之间的夹角称为天顶距。图 3-2 中以 Z 表示，其数值为 0°～

180°，均为正值。显然，同一目标的竖直角 α 和天顶距 Z 之间有如下关系：

$$\alpha = 90° - Z$$

为了观测天顶距或竖直角，经纬仪上必须装置一个带有刻画和注记的竖直圆盘，即竖直度盘，该度盘中心安装在望远镜的旋转轴上，并随望远镜一起上下转动；竖直度盘的读数指标线与竖盘指标水准管相连，当该水准管气泡居中时，指标线处于某一固定位置。显然，照准轴水平时的度盘读数与照准目标时度盘读数之差，即为所求的竖直角 α。

光学经纬仪就是根据上述测角原理而设计制造的一种测角仪器。

第二节　经纬仪的构造

经纬仪是测量角度的仪器，兼有其他测量功能。根据测角精度的不同，我国的经纬仪系列分为 DJ07，DJ1，DJ2，DJ6，DJ15 等几个等级，D 和 J 分别是大地和经纬仪的意思，数字表示其测角精度。

图 3-3 所示为一种 DJ6 光学经纬仪，图 3-4 所示为一种 DJ2 光学经纬仪。光学经纬仪主要由照准部、水平度盘、基座三大部分组成。

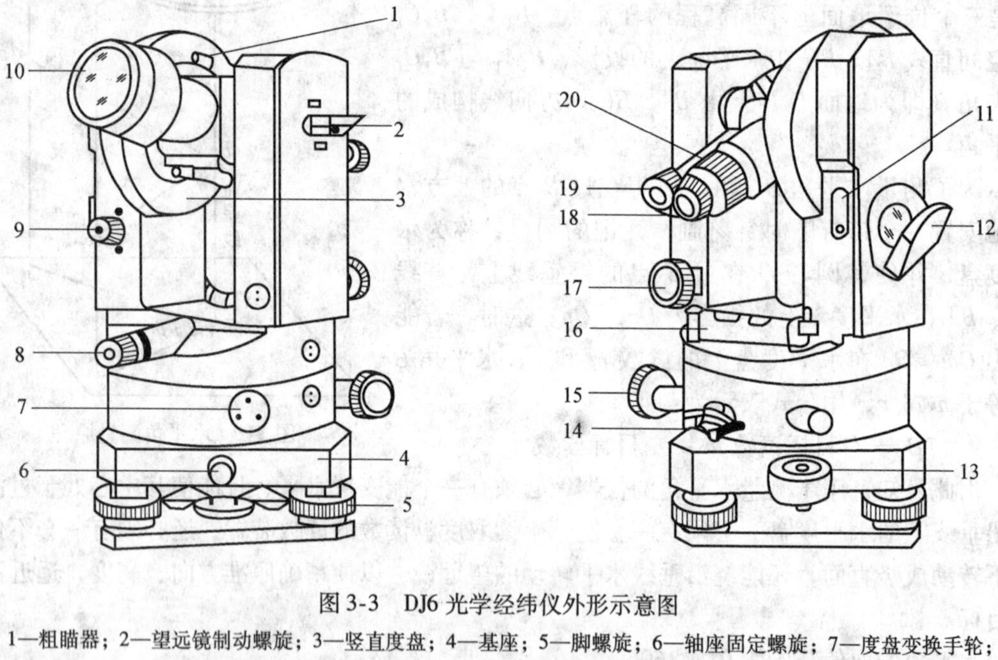

图 3-3　DJ6 光学经纬仪外形示意图

1—粗瞄器；2—望远镜制动螺旋；3—竖直度盘；4—基座；5—脚螺旋；6—轴座固定螺旋；7—度盘变换手轮；8—光学对中器；9—竖盘自动归零螺旋；10—物镜；11—指标差调位盖板；12—度盘照明反光镜；13—圆水准器；14—水平制动螺旋；15—水平微动螺旋；16—照准部水准管；17—望远镜微动螺旋；18—目镜；19—读数显微镜；20—物镜调焦螺旋

一、照准部

照准部包括望远镜、横轴及其支架、竖轴和控制望远镜及照准部旋转的制动和微动螺旋、水准管、光学对中器、竖盘装置以及读数设备等部件。望远镜的构造与水准仪的基本相同，主要不同之处在于望远镜调焦螺旋的构造、位置和分划板的刻线方式。分划板的刻划方式如图 3-5 所示，以适应照准不同目标的需要。

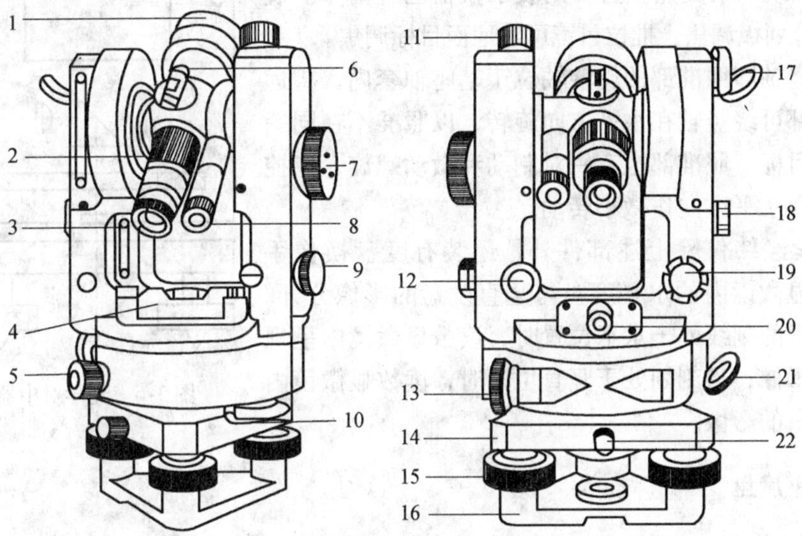

图 3-4 DJ2 光学经纬仪外形示意图

1—物镜；2—望远镜调焦筒；3—目镜；4—照准部水准管；5—照准部制动螺旋；6—粗瞄准器；7—测微轮；8—读数显微镜；9—度盘换像旋钮；10—水平度盘变换手轮；11—望远镜制动螺旋；12—望远镜微动螺旋；13—照准部微动螺旋；14—基座；15—脚螺旋；16—基座底板；17—竖盘照明反光镜；18—竖盘指标水准器观察镜；19—竖盘指标水准器微动螺旋；20—光学对中器；21—水平度盘照明反光镜；22—轴座固定螺旋

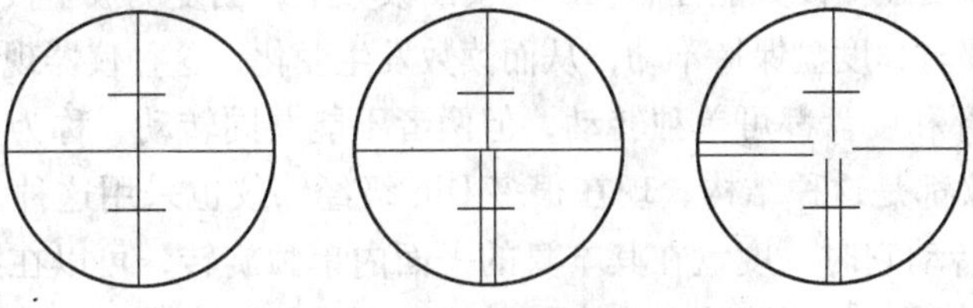

图 3-5 分划板的刻划方式

望远镜与横轴固连在一起，并且横轴水平安置在两个支架上，望远镜可绕其上下转动。在一端的支架上有一个制动螺旋，当旋紧时，望远镜不能转动；另有一个微动螺旋，在制动螺旋旋紧的条件下，转动它可使望远镜作上下微动，便于精确地照准目标。

竖盘装置包括竖直度盘和竖盘自动归零装置，竖盘固定在横轴的一端，随望远镜一起在竖直面内旋转，用来测定竖直角。

读数显微镜是用来读取度盘读数的装置，它装在望远镜目镜的一侧，打开反光镜，光线进入仪器后通过一系列光学组件，使水平度盘、竖直度盘及测微器的分划都在读数显微镜内显示出来，从而可以读取读数。

水准器用来标志仪器是否已经整平。它一般有两个：一个是圆水准器（有的在基座上，有的在照准部上），用来粗略整平仪器；一个是管水准器，用来精确整平仪器，保证照准部在水平面内旋转的精平工作。光学对中器是使仪器中心与地面标志对在一个铅垂线上即对中工作，由目镜、物镜、带刻划的分划板和一块直角棱镜组成，其优点是不受风力的影响，精度较垂球高，它的构造如图 3-6 所示。目镜的视线通过棱镜而偏转 90°，以使其处于铅垂状态，且要保持与仪器的竖轴重合。当仪器整平后，从光学对中器的目镜看去，如果地面点与视场内的圆圈或十字交点重合，则表示仪器已经对中。旋转目镜可对分划板调焦，推拉目镜可对地面目标调焦。

经纬仪竖轴即照准部的旋转轴位于基座轴套内，望远镜连同照准部可绕竖轴在水平方向旋转，以照准不在同一铅垂面上的目标。照准部也有一对制动和微动螺旋，以控制其固定或在水平方向作微小转动。

DJ2 光学经纬仪除上述部件外，还装有度盘换像手轮，将读数显微镜内的水平度盘与竖直度盘的影像分开。当换像手轮上的刻线处于水平位置时，读数显微镜内呈现水平度盘的影像；当刻划处于竖直位置时，读数显微镜内呈现竖直度盘的影像。

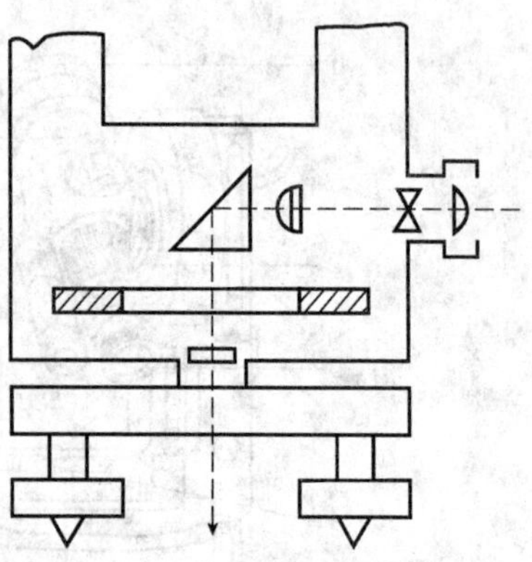

图 3-6　光学对中器的构造

二、水平度盘

水平度盘独立安装在照准部底部外罩内的竖轴外套上。根据照准部与度盘的关系，可分为两类：

一类是照准部和度盘可以共同转动，也可以各自分别转动，这种仪器装有复测结构，因而称作复测经纬仪，它是利用一个复测扳手，使照准部与度盘可以脱开，也可以固连。当复测扳手扳下时，弹簧夹将度盘夹住，则旋转照准部时，度盘也一起转动，因而度盘读数不发生变化，其目的是使水平度盘上读数能控制在所需要的读数上；当复测扳手扳上时，弹簧夹与度盘脱离，则旋转照准部时，度盘保持不动，从而读数发生变化，这种仪器现在已比较少用。

另一类是照准部和度盘都可单独转动，但两者不能共同转动，称为方向经纬仪，精度在 DJ2 级以上的经纬仪都是这种结构，现在很多 DJ6 级经纬仪也采用这种结构。这类仪器有一个度盘变换手轮，转动它时，度盘在其本身的平面内单独旋转，可以在照准方向固定后，任意安置所需的度盘读数。为了防止无意中触动而改变读数，通常都设有保护装置。

三、读数方法

经纬仪的读数装置包括度盘、读数显微镜及测微器等，不同精度、不同厂家的产品其基本结构是相似的，但测微机构及读数方法则差异很大。最常见的读数方法有分微尺法、单平板玻璃测微器法和对径符合读法。

下面分别说明其构造原理及读数方法。

1. 分微尺法

分微尺法也称带尺显微镜法，多用于 DJ6 级仪器，由于这种方法操作简单，不含隙动差，其应用较广。

这种测微器是一个固定不动的分划尺，它有 60 个分划，度盘分划经过光路系统放大后，其 1°的间隔与分微尺的长度相等，即相当于把 1°又细分为 60 格，每格代表 1′，从读数显微镜中看到的影像如图 3-7 所示。图

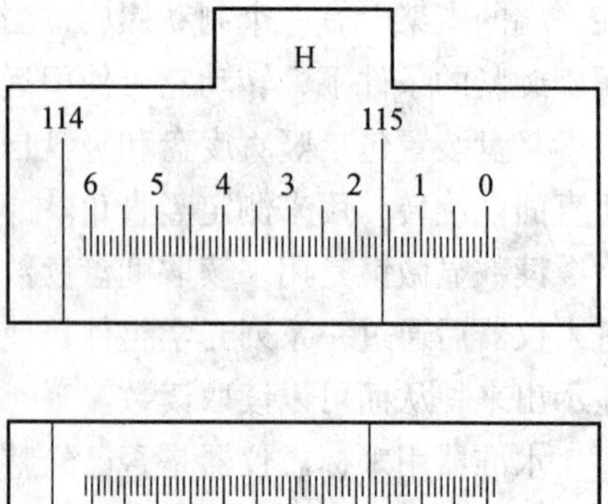

图 3-7　分微尺注读数窗

中，H 代表水平度盘，V 代表竖直度盘，度盘分划注字向右增加，而分微尺注字则向左增加。分微尺的零分划线即为读数的指标线，度盘分划线则作为读取分微尺读数的指标线。从分微尺上可直接读到 1′，估读到 0.1′，图 3-7 中的水平度盘读数为 115°16′18″。

2. 单平板玻璃测微器法

这种测微方法也是用于 DJ6 级经纬仪，由于操作不便，且有隙动差，现已较少采用，但旧仪器中还可见到。度盘影像在传递到读数显微镜的过程中，要通过一块平板玻璃，故称单平板玻璃测微器。在读数显微镜读数窗内，看到的影像如图 3-8 所示。图中下面的读数窗为水平度盘的影像，中间为竖直度盘的影像，上面则为测微尺的影像。水平及竖直度盘不足 0.5°的微小读数都利用测微尺的影像读取。读数时需转动测微手轮，使度盘刻划线的影像移动到读数窗中间双指标线的中央，并根据这指标线读出度盘的读数，这时测微尺读数窗内中间单指标线所对的读数即为不足 0.5°的微小读数。将两者相加即可。如图 3-8 中的读数分别为竖直度盘 92°17′40″，水平度盘 4°11′30″。

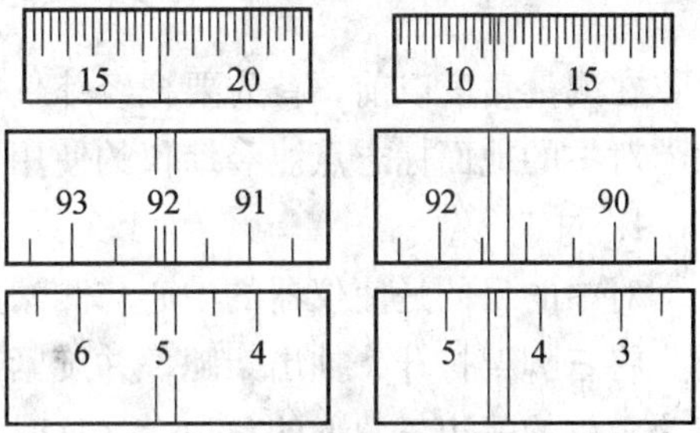

图 3-8 单平板玻璃测微器识读数窗

3. 对径符合法

DJ2 级及精度较高的仪器利用直径两端的指标读数，取其平均值。如图 3-9 所示，其对径两端的刻划线对齐后，相差 180°的 96°40′与 276°40′两条刻划线对齐，由于这两条线注字的像为一正一倒，按正像的数字读取整度数及整 10′的数，再加上不足 10′的分和秒，图 3-9 中的读数即为 96°49′28.0″。上述这种读数方法，在读取 10′数时十分不便，而且极易出错。所以，现在新的仪器产品都改为“光学数字读法”，这种读数方法，在读数显微镜的视场内如图 3-10 所示。中间小窗为度盘直径两端的影像，上面的小窗可读取度数及 10′数，下面小窗即为测微分划尺影像。旋转测微手轮，使中间小窗的上下刻线对齐，可从上面小窗读出度数及 10′数，再从下面小窗的测微尺上读出不足 10′的分和秒。如图 3-10（a）所示的读数为 176°38′25.8″，但图 3-10（b）中，此时上面小窗的 0 相当于 60′，故读数应为 177°00′而不是 176°00′，完整的读数应为 177°03′35.8″。

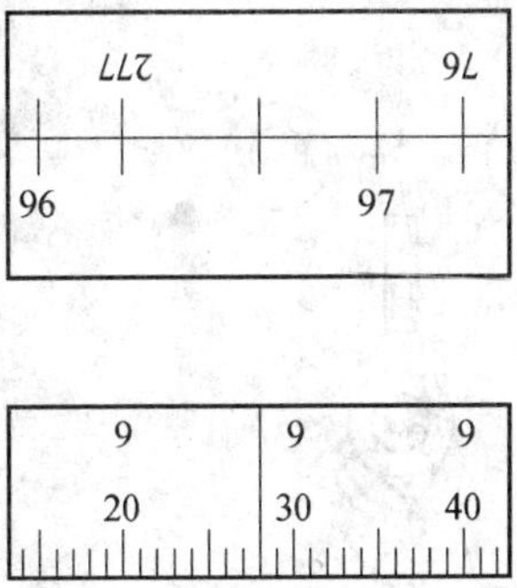

图 3-9 对径符合法读数窗

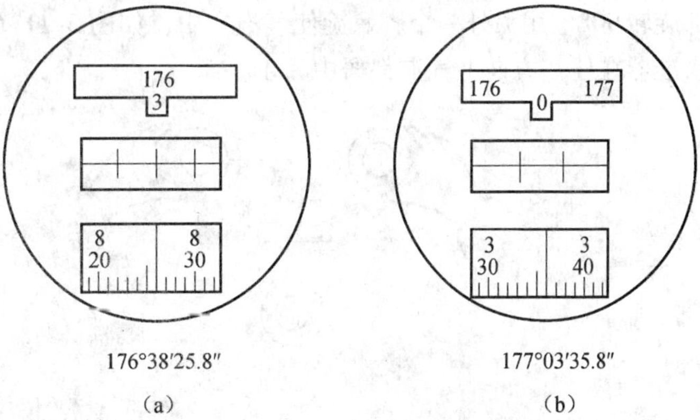

图 3-10 光学数字法读数窗

在使用这种仪器时，读数显微镜不能同时显示水平度盘及竖直度盘的读数，换像手轮上的直线水平时，所显示的是水平度盘读数；而直线竖直时，则显示的是竖直度盘读数。此外，读数时应打开水平度盘或竖直度盘各自对应的进光反光镜。

四、基座

经纬仪的基座与水准仪的基座相似，用来支承仪器，借助中心连接螺旋将仪器与三脚架相连接。基座下部的三个脚螺旋可使基座升降将仪器整平，基座上还有一个轴套固定螺旋，用来将仪器固定在基座上，使用时一定要拧紧该螺旋，以免照准部与基座分离而摔坏。

第三节　经纬仪的使用

在测量角度以前，首先要把经纬仪安置在设置有地面标志的测站点上。所谓测站点，即仪器对中的地面标志点。经纬仪的使用包括对中、整平、瞄准和读数。

1. 对中

对中的目的是使仪器的中心与测站点的标志中心处于同一铅垂线上。在安置仪器以前，首先将三脚架打开，抽出架腿，并旋紧架腿的固定螺旋，然后将三个架腿尽量安置在以测站点为中心的等边三角形的角顶上，这时架头平面应大致水平，且架头中心与测站点中心大致在同一铅垂线上。从仪器箱中取出仪器，用连接螺旋将仪器与三脚架固连在一起。

因为光学对中器的精度较高，且不受风力影响，因此，目前应用较多的是带光学对中器的仪器。使用光学对中器时，首先旋转光学对中器的目镜使其刻线清楚，再伸缩光学对中器长短使测站点清楚，然后一面观察光学对中器一面移动脚架，使光学对中器与地面点大致对准。待仪器精确整平后，再检查对中情况，然后旋松中心连接螺旋平移仪器精确对中。只有在仪器整平的条件下，光学对中器的视线才居于铅垂位置，此时对中才是正确的。

2. 整平

整平的目的是使竖轴居于铅垂位置。整平时要先使圆水准气泡居中即粗略整平，根据圆水准气泡偏移方向，伸缩相关架腿，使圆气泡居中。伸缩架腿时，应先稍微松开架腿的螺旋并伸缩其长度，待气泡居中后，立即旋紧，再利用脚螺旋使管水准器气泡居中即精确整平。如图 3-11（a）所示，精确整平时，可以先使管水准器与两脚螺旋连线方向平行，然后以左手拇指原则，双手以相同速度反方向旋转这两个脚螺旋，使管水准器的气泡居中。再将照准部旋转 90°，用另外一个脚螺旋使气泡居中，如图 3-11（b）所示。这样反复进行，直至管水准器在任一方向上气泡都居中为止。

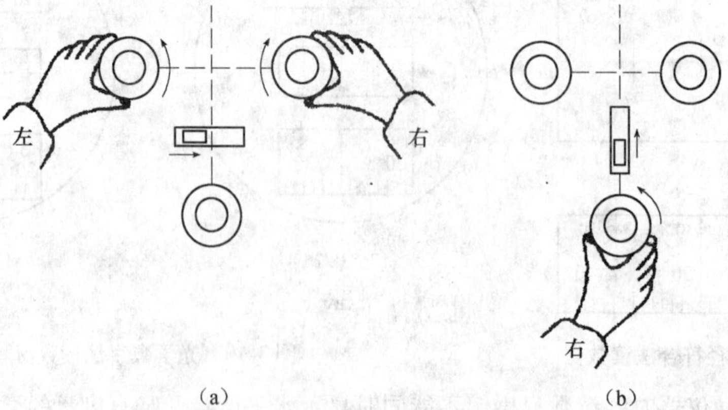

图 3-11　精确整平

整平中，由于脚螺旋的转动，使仪器竖轴位置发生变化，会影响仪器的对中，因此须再次进行对中和整平工作，直到这两项都满足为止。经纬仪的对中和整平工作称为经纬仪的安置。

利用光学对中器法进行经纬仪安置的步骤总结如下：

（1）粗略对中

移动两架腿同时观察光学对中器，使其刻线中心与测站中心大致对准。

（2）粗略整平

伸缩架腿长度，使圆气泡居中。

（3）精确整平

调节脚螺旋，使管水准器的气泡各方向上居中。

（4）精确对中

旋松中心连接螺旋平移仪器，使光学对中器刻线中心与测站中心精确对准。

3. 瞄准

将目镜调焦，使十字丝最清晰，然后利用望远镜上的粗瞄器粗略瞄准目标，旋紧水平制动螺旋和望远镜制动螺旋，进行物镜调焦，消除视差后利用照准部微动螺旋和望远镜微动螺旋用十字丝精确瞄准目标。对于细的目标，宜用单丝照准，使单丝平分目标像；对于粗的目标，宜用双丝照准，使目标像平分双丝，以提高照准的精度。

4. 读数

读数前，打开反光镜，使读数窗内光线明亮，调节读数显微镜的目镜使度盘影像清晰，消除视差，最后按前面所讲的读数方法读数。

第四节 水平角观测

水平角的测量方法，一般应根据测角的精度要求、所使用的仪器以及照准目标的多少而定，工程上常用的有测回法和方向观测法。

一、测回法

测回法适用于观测两个照准目标之间的单角。这种方法要用盘左和盘右两个位置进行观测。观测时目镜朝向观测者，若竖盘位于望远镜的左侧，称为盘左；若竖盘位于望远镜的右侧，则称为盘右。通常先以盘左位置测角，称为上半测回；然后用盘右位置测角，称为下半测回。上下两个半测回合在一起称为一个测回。有时水平角需观测多个测回。

如图 3-12 所示，测量 OA、OB 两方向之间的水平角 β，先将经纬仪安置在测站点 O 上，

图 3-12 测回法观测示意图

并在 A、B 两点上分别设置照准标志（竖立花杆或测钎），因为水平度盘是顺时针注记，故选取起始方向（零方向）时，应正确配置起始读数。其观测方法和步骤如下。

1）使仪器竖盘位于望远镜左边（称盘左或正镜），照准起始目标 A，按置数方法配置起始读数，读取水平度盘读数为 $a_{左}$，记入观测手簿。

2）松开水平制动螺旋，顺时针方向转动照准部照准目标 B，读取水平度盘读数为 $b_{左}$，记入观测手簿。

以上两步骤称为上半测回（或盘左半测回），测得水平角值为：

$$\beta_{左} = a_{左} - b_{左}$$

3）纵转望远镜，使竖盘处于望远镜右边（称盘右或倒镜），照准目标 B，读取水平度盘读数为 $b_{右}$，记入观测手簿。

4）逆时针转动照准部，照准目标 A，读取水平度盘读数为 $a_{右}$，记入观测手簿。

以上 3）、4）两步骤称为下半测回（或称盘右半测回），测得角值为：

$$\beta_{右} = a_{右} - b_{右}$$

上、下两个半测回合称为一个测回，当两个“半测回”角值之差不超过限差（规范规定不应超过 36″）要求时，取其平均值作为一测回观测成果，即

$$\beta = \frac{1}{2}(\beta_{左} + \beta_{右})$$

为了提高观测精度，常需要观测多个测回；为了减弱度盘分划误差的影响，各测回应均匀分配在度盘的不同位置进行观测。若要观测 n 个测回，则每测回起始方向读数应递增 $180°/n$。例如当需要观测 3 个测回时，每测回应递增 $180°/3 = 60°$，即每测回起始方向读数应依次配置在 00°00′、60°00′、120°00′或稍大的读数处。各测回角值之差称为“测回差”，规范规定不应超过 36″。当测回差满足限差要求时，取各测回平均值作为本测站水平角观测成果。表 3-1 为测回法两个测回的记录、计算格式。

表 3-1　水平角观测手簿（测回法）

测站	测回	竖盘位置	目标	水平度盘读数/（° ′ ″）	半测回角值/（° ′ ″）	一测回角值/（° ′ ″）	各侧回平均角值/（° ′ ″）	备注
O	1	左	A	0 03 18	89 30 12	89 30 15	89 30 21	
			B	89 33 30				
		右	A	180 03 24	89 30 18			
			B	269 33 42				
O	2	左	A	90 03 30	89 30 30	89 30 27		
			B	179 34 00				
		右	A	270 03 24	89 30 24			
			B	359 33 48				

表中两个半测回角值之差及各测回角值之差均不超过限差。

二、方向观测法

当一个测站上有三个或三个以上方向，需要观测多个角度时，通常采用方向观测法。方向观测法是以任一目标为起始方向（又称零方向），依次观测出其余各个方向相对于起始方

向的方向值，则任意两个方向的方向值之差即为该两方向线之间的水平角。当方向数超过三个时，须在每个半测回末尾再观测一次零方向（称归零），两次观测零方向的读数应相等或差值不超过规定要求，其差值称“归零差”。由于重新照准零方向时，照准部已旋转了360°，故又称这种方向观测法为全圆方向法或全圆测回法。

1. 观测程序

1）如图3-13所示，在测站 *O* 上安置经纬仪，选一成像清晰的目标 *A* 作为零方向，盘左照准 *A* 点标志，按置数方法使水平度盘读数略大于零，读数并记入手簿表3-2第4栏中。

图3-13 方向观测法示意图

2）顺时针转动照准部，依次照准 *B*、*C*、*D* 和 *A*，读取水平度盘读数并记入手簿第4栏（从上往下记）。以上为上半测回。

3）纵转望远镜，盘右逆时针方向依次照准 *A*、*D*、*C*、*B* 和 *A*，读取水平度盘读数并记入手簿第5栏（从下往上记）。称为下半测回。

以上操作过程称为一测回，表3-2为全圆方向观测法两个测回的记录计算格式。

表3-2 水平角观测手簿（方向观测法）

仪器：××× 测 站：*O* 等级：图根 日期：××年×月×日

天气：× 观测者：×× *Y*＝*B* 开始时间：×时×分

成像：× 记录者：×× 觇标类型：测钎 结束时间：×时×分

测站	测回	目标	水平度盘读数		平均读数/(° ′ ″)	一测回归零方向值/(° ′ ″)	各测回归零方向值/(° ′ ″)	水平角/(° ′ ″)	备注
			盘左/(° ′ ″)	盘右/(° ′ ″)					
1	2	3	4	5	6	7	8	9	
O	1	*A*	0 01 18	180 01 06	(0 01 15) 0 01 12	0 00 00	0 00 00		
		B	39 33 36	219 33 24	39 33 30	39 32 15	39 32 18	39 32 18	
		C	105 45 48	285 45 36	105 45 42	105 44 27	105 44 28	66 12 10	
		D	171 19 30	351 19 24	171 19 27	171 18 12	171 18 06	65 33 38	
		A	0 01 24	180 01 12	0 01 18				
			$\Delta_{左} = +6''$	$\Delta_{右} = +6''$					

续表

测站	测回	目标	水平度盘读数		平均读数/(° ′ ″)	一测回归零方向值/(° ′ ″)	各测回归零方向值/(° ′ ″)	水平角/(° ′ ″)	备注
			盘左/(° ′ ″)	盘右/(° ′ ″)					
1	2	3	4	5	6	7	8	9	
O	2	A	90 02 24	270 02 18	(90 02 18) 90 02 18	0 00 00			
		B	129 34 48	309 34 30	39 34 39	39 32 21			
		C	195 46 54	15 46 42	195 46 48	105 44 30			
		D	261 20 24	81 20 12	261 20 18	171 18 00			
		A	90 02 18	270 02 18	90 02 18				
			$\Delta_{左}=-6''$	$\Delta_{右}=0''$					

2. 外业手簿计算

(1) 半测回归零差的计算

每半测回零方向有两个读数，它们的差值称归零差。如表 3-2 中第一测回上下半测回归零差分别为 $\Delta_{左}=24''-18''=6''$；$\Delta_{右}=12''-6''=6''$，对照表 3-3 中的限差可知不超限。

表 3-3　水平角观测限差

项　目	DJ2 型	DJ6 型
半测回归零差	12″	24″
同一测回 2C 变动范围	18″	
各测回同一归零方向值较差	12″	24″

(2) 平均读数的计算

平均读数为盘左读数与盘右读数 ±180°之和的平均值。表 3-2 第 6 栏中零方向有两个平均值，取这两个平均值的中数记在第 6 栏上方，并加括号。

(3) 归零方向值的计算

表 3-2 第 7 栏中各值的计算，是用第 6 栏中各方向值减去零方向括号内之值。例如，第一测回方向 C 的归零方向值为 105°45′42″ - 0°01′15″ = 105°44′27″。一测站按规定测回数测完后，应比较同一方向各测回归零后方向值，检查其较差是否超限，如表 3-2 中 D 方向两个测回较差为 12″。如不超限，则取各测回同一方向值的中数记入表 3-2 中第 8 栏。第 8 栏相邻两方向值之差即为该两方向线之间的水平角，记入表 3-2 中第 9 栏。一测回观测完成后，应及时进行计算，并对照检查各项限差，如有超限，应进行重测。水平角观测各项限差要求见表 3-3。

第五节　竖直角观测

一、竖盘的构造

为测竖直角而设置的竖直度盘（简称竖盘）安装于望远镜旋转轴（横轴）的一端，其刻划中心与横轴的旋转中心重合，望远镜在竖直面内旋转时，度盘也随之转动。另外有一个固定的竖盘指标，以指示竖盘转动到不同位置时进行读数。

竖直度盘的刻划也是在全圆周上注记为360°，如图3-14所示，注记方向有顺时针和逆时针两种，常用的是顺时针注记。通常在望远镜方向上注以0°及180°，在视线水平时，指标所指的读数为90°的整倍数（始读数）。竖盘读数也是通过一系列光学组件传至读数显微镜内读取。

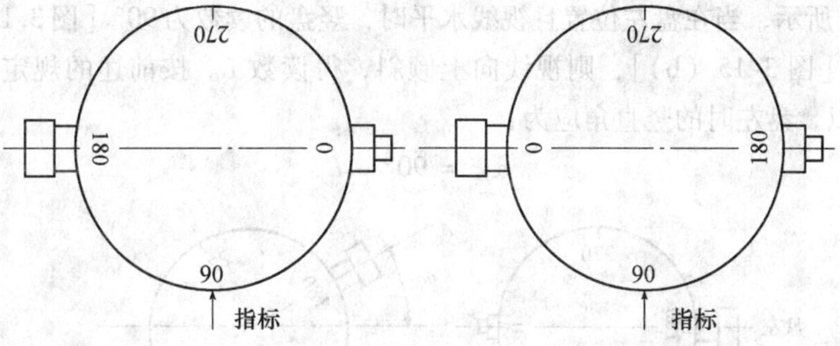

（a）（b）

图3-14 竖盘注记

对竖盘指标的要求是，始终能够读出与竖盘刻划中心在同一铅垂线上的竖盘读数。为了满足这个要求，它有两种构造形式：一种是借助于与指标固连的水准器的指示，使其处于正确位置，较早的仪器都属此类；另一种是借助于自动补偿器，使其在仪器整平后，竖盘指标自动处于正确位置，现在的仪器基本上都采用此装置。

二、竖直角的观测

由竖直角的定义可知，它是倾斜视线与在同一铅垂面内的水平视线所夹的角度，视线上倾（仰角）为正，视线下倾（俯角）为负。由于水平视线的读数是固定的，所以，只要读出倾斜视线的竖盘读数，即可求算出竖直角值。但为了消除仪器误差的影响，同样需要用盘左、盘右观测。其具体观测步骤如下：

1）在测站上安置仪器，对中和整平。

2）以盘左照准目标，如果是指标带水准器的仪器，则必须用指标微动螺旋使水准器气泡居中；若是带竖盘自动补偿器的仪器，则需要打开自动补偿器开关，然后读取竖盘读数 *L*（80°05′30″），记入表3-4中，这称为上半测回。

表3-4 竖直角观测手簿

测站	测点	盘位	竖盘度数/(°′″)	竖直角/(°′″)	平均角值/(°′″)	备注
O	*A*	左	80 05 30	+9 54 30	+9 54 25	
		右	279 54 20	+9 54 20		

3）将望远镜倒转，以盘右用同样方法照准同一目标，使指标水准器气泡居中后，读取竖盘读数 *R*（279°54′20″），记入表3-4中，这称为下半测回。如果是带竖盘自动补偿器的仪器，此步直接照准目标后读取竖盘读数即可。根据需要可测多个测回。

三、竖直角的计算

竖直角的计算方法因竖盘刻划的方式不同而异，但现在已逐渐统一为顺时针方向全圆注记，且在视线水平时的竖盘读数为90°。现以这种刻划方式的竖盘为例，说明竖直角的计算方法。

如图3-15所示，当在盘左位置且视线水平时，竖盘的读数为90°［图3-15（a）］，如照准高处一点 A［图3-15（b）］，则视线向上倾斜，得读数 L。按前述的规定，竖直角应为"+"值，所以，盘左时的竖直角应为：

$$\alpha_{左} = 90° - L$$

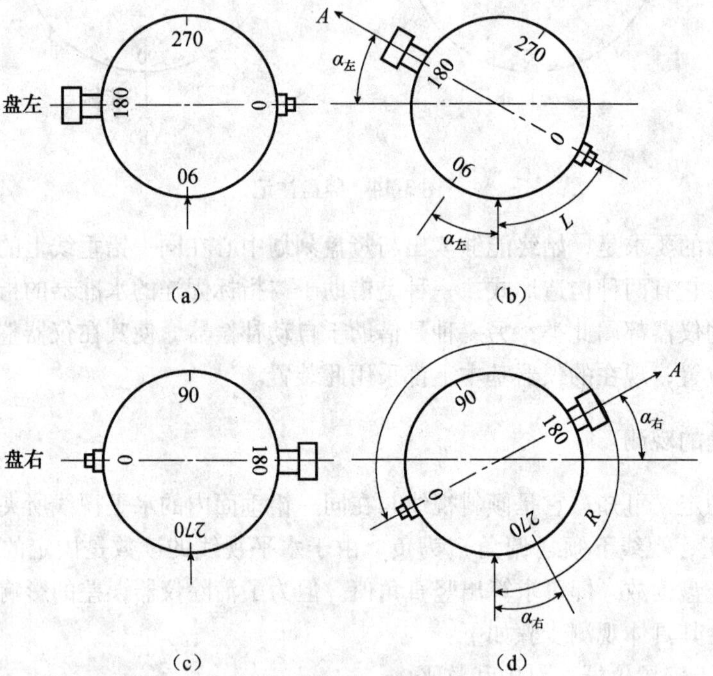

图3-15　竖直角计算示意图

当在盘右位置且视线水平时，竖盘读数为270°［图3-15（c）］，在照准高处的同一点 A 时［图3-15（d）］，得读数 R。则竖直角应为：

$$\alpha_{右} = R - 270°$$

取盘左、盘右的平均值，即为一个测回的竖直角值，即：

$$\alpha = \frac{1}{2}(\alpha_{左} + \alpha_{右}) = \frac{1}{2}(R - L - 180°) \tag{3-1}$$

如果测多个测回，则取各个测回的平均值作为最后成果。观测结果及时记入表3-4所示的手簿中。

四、竖盘指标差

如图3-16所示，如果指标不位于过竖盘中心的铅垂线上，则视线水平时的读数不是90°

的整倍数，而是相差 x，即为竖盘指标差。为求得正确角值 α，需加入指标差改正，即：

$$\alpha_{左} = 90° - L + x \tag{3-2}$$

$$\alpha_{右} = R - 270° - x \tag{3-3}$$

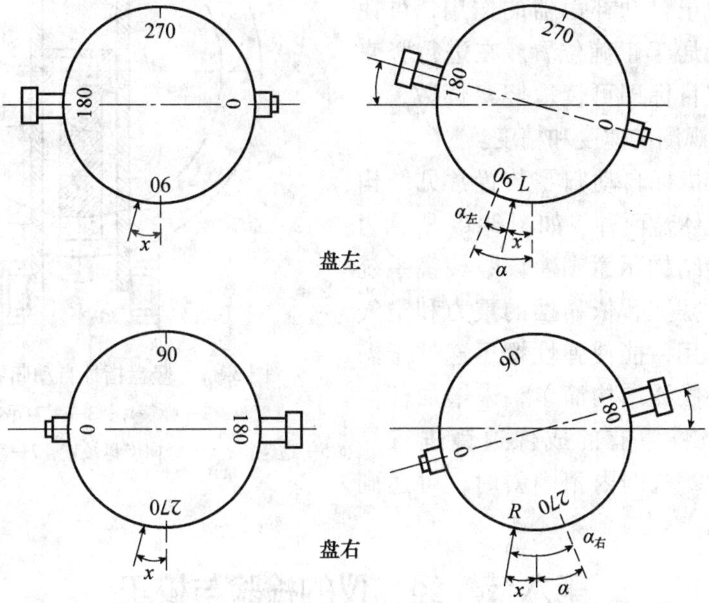

图 3-16　竖盘指标差计算示意图

取平均值得：

$$\alpha = \frac{1}{2}(\alpha_{左} + \alpha_{右}) = \frac{1}{2}(R - L - 180°)$$

上式与式（3-1）完全相同，因此取盘左、盘右结果的平均值时，指标差 x 的影响已自然消除。式（3-2）与式（3-3）分别为加入 x 改正后的盘左和盘右的竖直角，应该相等，则可得：

$$x = \frac{1}{2}[(L + R) - 360°]$$

这就是利用盘左、盘右照准同一目标的读数，按上式求算指标差 x。如果 x 为正值，说明视线水平时的读数大于 90°或 270°，如果为负值，则情况相反。

以上各公式是按顺时针方向注记的竖盘推导的，同理也可推导出逆时针方向注记竖盘刻度的计算公式。

在竖直角测量中，常常用指标差来检验观测的质量，在观测的不同测回中或在观测不同的目标时，指标差的较差应不超过规定的限值。用 DJ6 级经纬仪做一般工作时，指标差的较差要求不超过 25″。

五、竖盘指标自动归零补偿器

在竖直角观测中，为使指标线处于正确位置，每次读数前都必须转动竖盘指标水准管微动螺旋使竖盘指标水准管气泡居中。这就降低了竖直角观测的效率，操作很不方便。

为了克服这一缺点，大部分光学经纬仪均采用竖盘指标自动归零装置代替竖盘指标水准管。当仪器竖轴偏离铅垂线的角度在一定范围内时，由于自动补偿器的作用，可使读数指标线自动居于正确位置。在进行竖直角观测时，瞄准目标即可读取竖盘读数，从而提高了竖直角观测的速度和精度。

经纬仪竖盘指标自动归零装置常见结构有悬吊透镜和液体盒两种。如图3-17所示为悬吊透镜补偿器结构示意图。读数棱镜系统悬挂在一个弹性摆上，依靠摆的重力和空气阻尼盒的共同作用，能使弹性摆迅速处于静止位置。此种补偿器结构简单，未增加任何光学零件，只是将原有的成像透镜进行悬吊，当仪器在±2′范围内稍倾斜时，可达到自动补偿的目的。

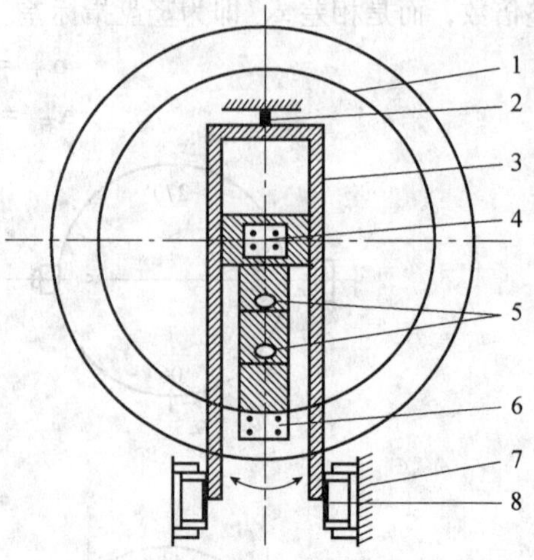

图3-17　竖盘指标自动归零补偿装置

1—直度盘；2—弹簧片；3—垂直吊架；4—转向棱镜；5—透镜组；6—竖向度盘棱镜；7—阻尼盒；8—阻尼器

第六节　经纬仪的检验与校正

测量规范要求，在正式作业前，应对经纬仪进行检验与校正，使之满足作业要求。在经纬仪进行检验校正前，应先进行一般的检视。如度盘和照准部旋转是否灵活，各部位螺旋是否灵活有效；望远镜视场是否清晰；度盘分划线是否清晰；分微尺分划是否清晰；仪器及各种附件是否齐全等。这项检视非常重要，在经纬仪进行检验校正前一定要认真检查。符合检视要求后再进行经纬仪的检验与校正。

一、经纬仪应满足的条件

如图3-18所示，经纬仪的主要轴线有横轴（或水平轴）*HH*；竖轴（或垂直轴）*VV*；望远镜视准轴（或照准轴）*CC*；照准部管水准器轴*LL*。

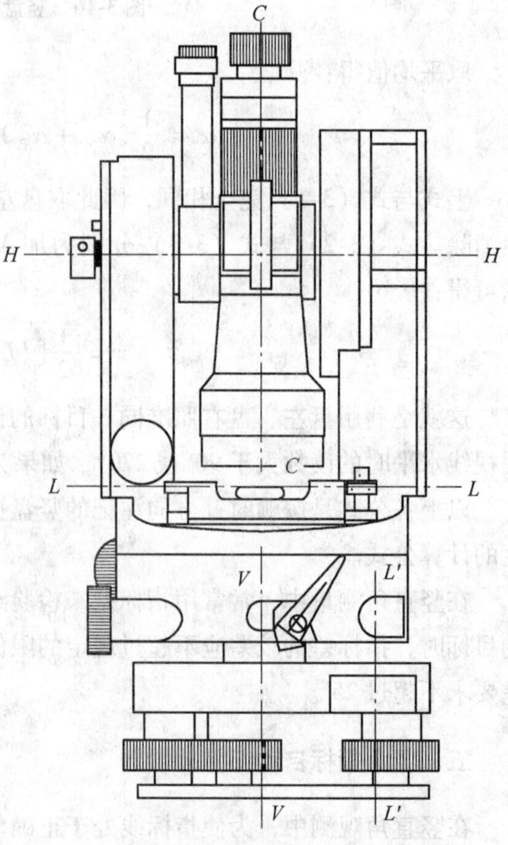

图3-18　经纬仪的主要轴线

为使经纬仪能正确工作，各主要轴线应满足下列条件：

1）竖轴应垂直于水平度盘且过其中心。

2）照准部水准管轴应垂直于仪器竖轴。

3）视准轴应垂直于横轴。

4）横轴应垂直于竖轴。

5）横轴应垂直于竖盘且过其中心。

上述五项条件中，第1）、5）两项仪器出厂时已保证满足条件，作业时只检查2）、3）、4）项。另外，还要对仪器十字丝、指标差及光学对中器进行检验与校正。

二、照准部水准管轴应与仪器竖轴垂直

1. 检验法

1）置经纬仪于平地上，大致安平仪器，放松照准部制动螺旋，转动照准部，使水准管与一对脚螺旋平行。

2）用这对脚螺旋，整平仪器，使水准管气泡居中。

3）将仪器旋转180°，如气泡仍居中，说明轴 $LL \perp VV$。否则，应做校正。

2. 校正法

1）用校正针按校正水准仪水准管的方法，拨动水准管校正螺丝，使气泡退回偏离水准管中心距离的一半。

2）用脚螺旋调平，使气泡回到水准管中心。

3）反复检验、校正，直到满意为止。

3. 校正原理

1）如图3-19（a）所示，由于水准管的支架高低不平，使水准管轴 LL 与仪器竖轴 VV 不垂直，虽调平了 LL，但 VV 仍倾斜，与铅垂线成一交角 α。

2）如图3-19（b）所示，照准部旋转180°后，水准管轴 LL 不再水平，与水平线的交角变为 2α，气泡移向水准管高的一侧。

3）如图3-19（c）所示，用校正针将水准管高的一侧放低，使气泡退回偏离中心距离的一半，水准管轴 LL 的倾斜角也必减少一半，与水平线的交角，也由 2α 改为 α。

4）如图3-19（d）所示，用脚螺旋调平仪器的基座，使气泡再退回偏离中心距离的一半，则竖轴 VV 取铅垂位置，水准管轴 LL 也取水平位置，即 $LL \perp VV$。

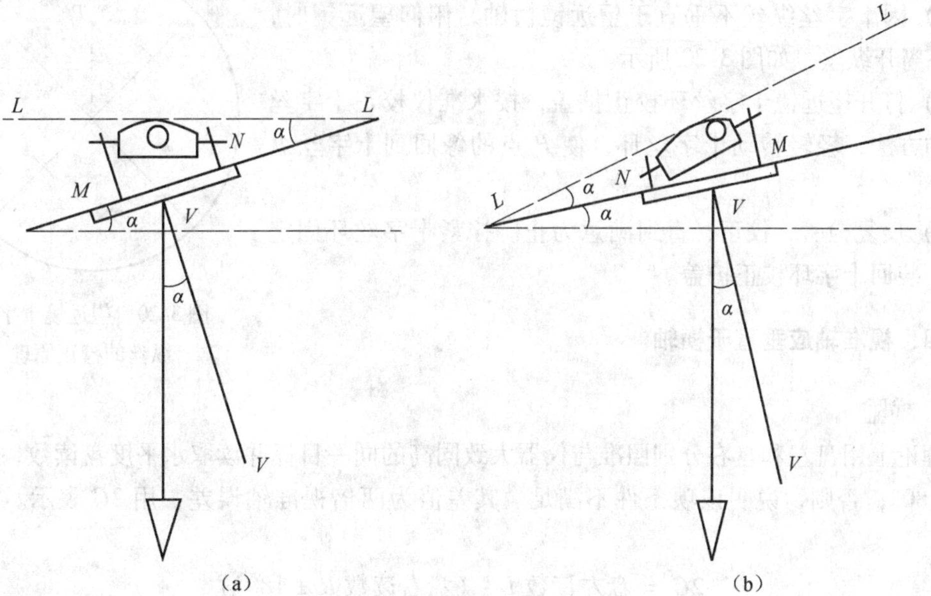

图3-19 照准部水准管轴的校正原理（一）

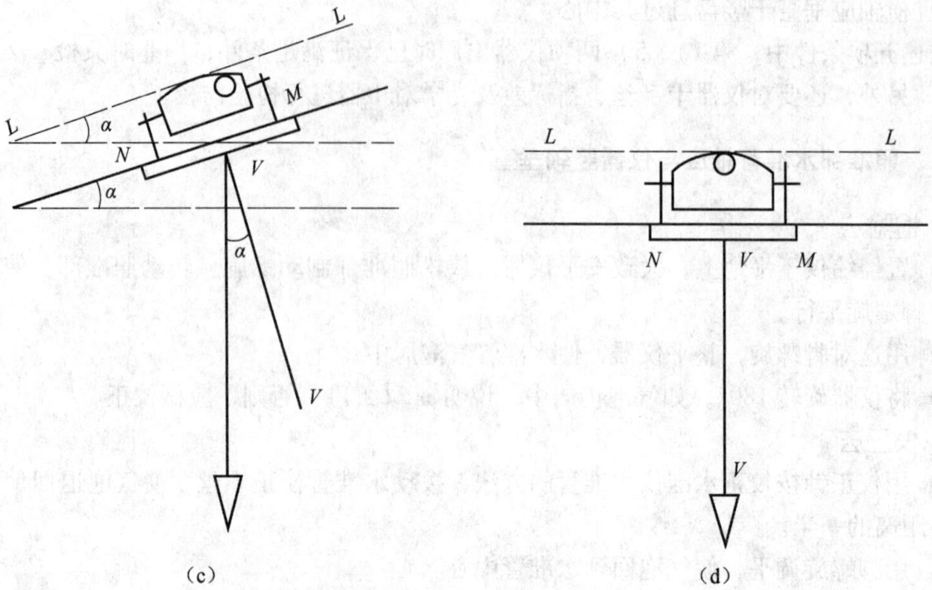

图 3-19　照准部水准管轴的校正原理（二）

三、十字丝纵丝应与望远镜横轴垂直

1. 检验法

1）安置经纬仪于室外地坪，用脚螺旋整平仪器。

2）用十字丝交点照准远处一点 P，拧紧照准部制动螺旋。

3）拧紧望远镜制动螺旋，用望远镜微动螺旋，使镜管缓缓作俯仰转动，如 P 点始终在十字丝纵丝上移动，表示十字丝纵丝与望远镜横轴垂直，否则，应作校正。

2. 校正法

1）因十字丝纵丝不垂直于望远镜横轴，俯仰望远镜时，P 点必离开纵丝，如图 3-20 所示。

2）打开望远镜十字丝环校正护盖，按水准仪校正十字丝横丝的方法，轻轻转动十字丝环，使 P 点的像回到十字丝纵丝上。

3）反复检验、校正，直到满意为止。拧紧十字丝环固定螺丝，装回十字环校正护盖。

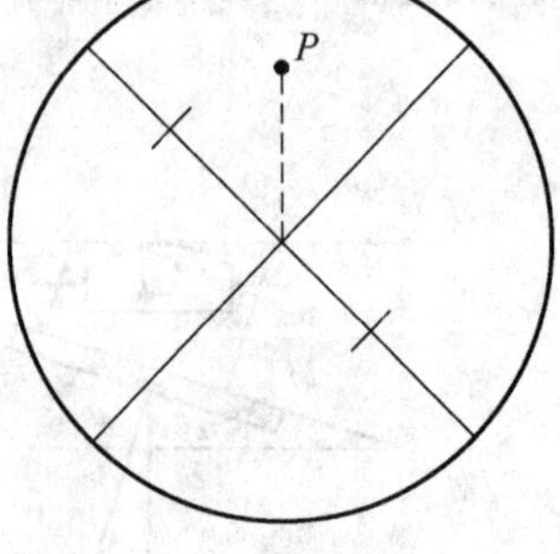

图 3-20　望远镜十字丝纵丝的校正原理

四、视准轴应垂直于横轴

1. 检验

理论上用盘左和盘右分别照准与仪器大致同高的同一目标并读取水平度盘读数，其差值应为 180°；否则，说明该项条件不满足。其差值为两倍视准轴误差，用 $2C$ 表示。计算公式为

$$2C = 盘左读数\ L - (盘右读数\ R \pm 180°)$$

当 $2C$ 绝对值大于 $2'$ 时，应校正。计算的盘左和盘右正确读数应相差 180°，这可作为计

算结果是否正确的检核条件。

2. 校正

在盘右的位置，转动水平微动螺旋使水平度盘读数为正确读数 M，此时，望远镜十字丝交点必然偏离了目标。旋下十字丝分划板护盖，稍微松开十字丝环上、下两个校正螺丝，再用校正针拨动十字丝环的左右两个校正螺丝，松一个，紧一个，推动十字丝环左右移动，使十字丝竖丝精确照准目标。如此反复检校几次，直至符合要求后，拧紧上下两螺丝，旋上十字丝分划板护盖。

3. 检校原理

视准轴是十字丝中心和物镜光心的连线，当视准轴不垂直于横轴时，说明视准轴位置发生了变动，由于物镜光心一般不会变动，所以视准轴位置的变动是由于十字丝中心位置不正确所引起的。

如图 3-21（a）所示，盘左位置时，设十字丝交点在正确位置 K 处，照准与仪器大致同高的目标 P 时，水平度盘读数为 M，当十字丝交点偏离到 K' 位置时，视准轴偏离正确位置一个 C 角，这时，如要照准 P 点，则照准部必须向右转一个 C 角，设度盘读数为 m，显然，m 比正确读数 M 大了一个 C 角，所以有：

$$M_{左} = m_{左} - C \tag{3-4}$$

盘右位置时，指标也转到了右边位置，如图 3-21（b）所示，情况与盘左相反，即：

$$M_{右} = m_{右} + C \tag{3-5}$$

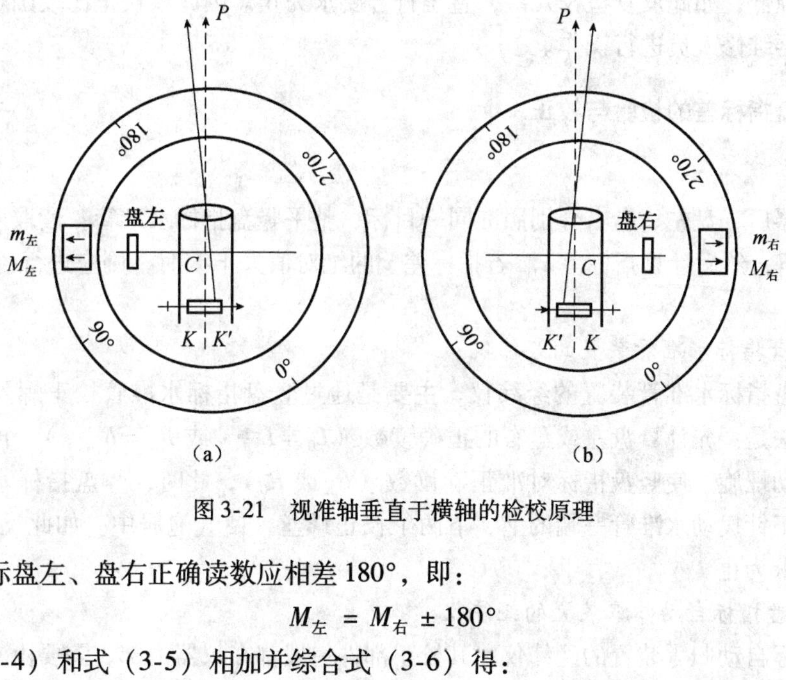

图 3-21　视准轴垂直于横轴的检校原理

同一目标盘左、盘右正确读数应相差 180°，即：

$$M_{左} = M_{右} \pm 180° \tag{3-6}$$

将式（3-4）和式（3-5）相加并综合式（3-6）得：

$$M = \frac{1}{2}(m_{左} + m_{右} \pm 180°)$$

将式（3-4）和式（3-5）相减，得：

$$2C = m_{左} - m_{右} \pm 180°$$

可以看出，取盘左、盘右的读数平均值，可以消除视准轴误差 C 的影响。

五、横轴应垂直于竖轴

1. 检验

如图3-22所示，在离墙壁约20m处安置仪器，盘左照准墙上高处一清晰的照准标志P，固定照准部，然后使望远镜视准轴水平，在墙面上标出十字丝中心点P_1；松开水平制动螺旋，盘右位置再次照准点P，并置平望远镜，在墙上标出十字丝中心点P_2。若P_1、P_2两点重合，则条件满足；否则，说明横轴不水平，倾斜了一个角。设P_1、P_2两点距离为Δ，则有

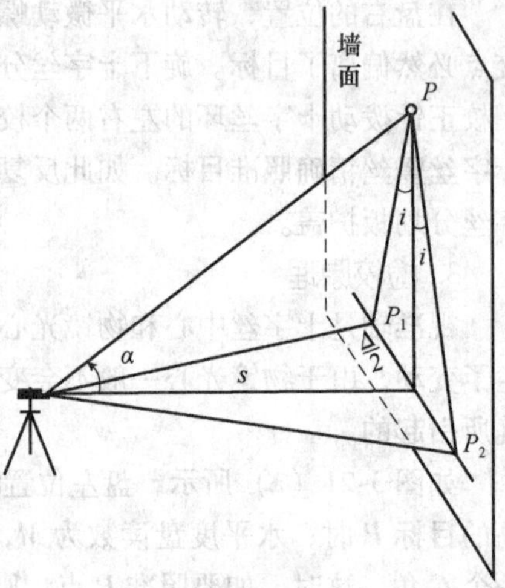

图3-22　横轴垂直于竖轴的检验

$$i = \frac{\Delta \cdot \cot\alpha}{2s} \cdot \rho$$

式中　ρ——206265″；

α——照准高点P的竖直角；

s——仪器中心至墙壁之间的垂直距离（m）。

2. 校正

当i大于±1′时，应进行校正。启开仪器支架一侧的盖板，放松有关压紧螺丝，使横轴一端升高或降低，如此反复检校几次，直至符合要求为止。因此项校正比较困难，通常由技术熟练的仪器维修人员进行操作。

六、竖盘指标差的检验与校正

1. 检验

安置仪器后，盘左、盘右分别照准同一目标，整平竖盘指标水准管，读取两个盘位的竖盘读数L和R，然后计算指标差x。若指标差x的绝对值大于1′时，则应进行校正。

2. 校正

（1）竖盘指标水准管装置的经纬仪

对于竖盘指标水准管装置的经纬仪，主要是通过竖盘指标水准管校正螺丝来消除指标差。具体方法是：先计算盘左或盘右的正确读数（$L_0 = L - x$或$R_0 = R - x$），再转动竖盘指标水准管微动螺旋，使竖盘指标对准正确读数（L_0或R_0），此时，竖盘指标水准管气泡不居中，用校正针拨动水准管一端的上、下两个校正螺丝，使气泡居中。如此反复检校几次，直至符合要求为止。

（2）竖盘指标自动归零装置的经纬仪

竖盘指标自动归零装置的经纬仪，其校正部件一般都在仪器内部，需要由专业仪器维修人员进行维修。在外业测量时，若遇到指标差x超出规定时，也可通过调整十字丝上、下位置的方法来校正指标差x。具体方法是：先求出盘左或盘右的正确读数L_0或R_0，再转动望远镜微动螺旋，使竖盘指标对准正确读数L_0或R_0，此时，望远镜目镜十字丝中心向上或向下偏离了原照准目标。先拧下十字丝分划板护盖，稍微旋松十字丝分划板左、右两个校正螺丝，然后，用校正针拨动上、下两个校正螺丝，一松一紧，直至十字丝中丝精确照准原目标

为止。此项校正应反复进行，使指标差满足要求。

校正时应注意，左右两个校正螺丝不能松得太多，以免引起视准轴误差；若指标差过大，通过调整十字丝上、下位置的方法不能消除时，应交专业仪器维修人员进行维修。

七、光学对中器的检验与校正

1. 检验

检验目的是使光学对中器的视准轴与通过水平度盘中心的铅垂线重合。方法是：整平仪器，在仪器的正下方水平放置一个十字标志，转动仪器基座的三个脚螺丝，使对中器分划板中心与地面十字标志重合，将仪器转动180°，观察对中器分划板中心与地面十字标志是否重合；如果重合，则无须校正；若有偏移，则需进行调整（图3-23）。

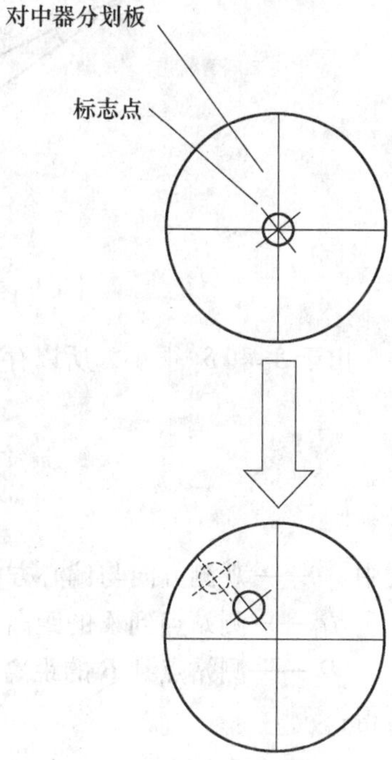

图3-23 光学对中器的检校

2. 校正

将仪器安置在三脚架上并固定好，在仪器正下方放置一个十字标志，转动仪器基座的三个脚螺丝，使对中器分划板中心与地面十字标志重合，将仪器转动180°，并拧下对中器目镜护盖，用校正针调整4个调整螺钉，使地面十字标志在分划板上的像向分划板中心移动一半，重复以上步骤，直至转动仪器到任何位置，地面十字标志与分划板中心始终重合为止。若目标偏离超过2mm时，应交仪器维修人员校正。

第七节 角度测量误差及注意事项

一、角度测量的误差来源

在角度测量过程中，造成测角误差的因素有三种：仪器误差、观测误差、外界条件的影响。

1. 仪器误差

仪器虽经过检验及校正，但总会有残余的误差存在。仪器误差的影响，一般都是系统性的，可以在工作中通过一定的方法予以消除或减小。

仪器误差中的视线不垂直横轴、横轴不垂直竖轴、照准部偏心及竖盘的指标差等对测角造成的误差均可通过取盘左、盘右读数的平均值或取盘左、盘右观测角值的平均值的方法来加以抵消或大大减弱。

2. 观测误差

观测误差主要有：对中误差（测站偏心）、目标偏心、照准误差及读数误差。

(1) 对中误差

对中误差的大小，取决于仪器对中装置的状况及操作的仔细程度，它对测角精度的影响如图3-24所示。设O为地面标志点，O'为仪器中心，OO'的长度为对中时的偏心距e，则实际测得的水平角为β'而不是应测的β，两者差值为：

$$\Delta\beta = \beta - \beta' = \delta_1 + \delta_2$$

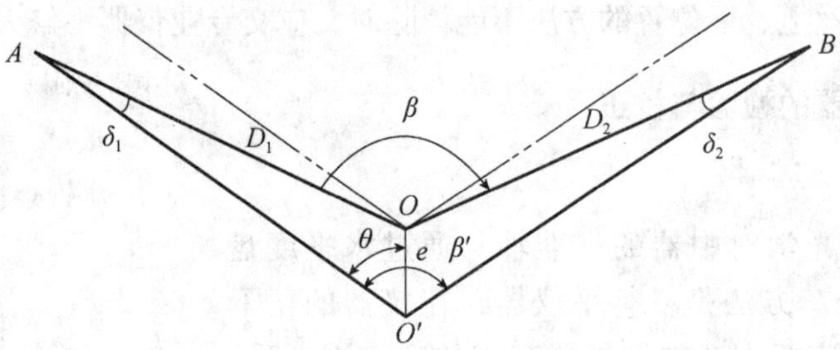

图 3-24　对中误差对测角精度的影响

由于δ_1和δ_2很小，所以存在

$$\delta_1 = e\rho\frac{\sin\theta}{D_1}$$

$$\delta_2 = e\rho\frac{\sin(\beta' - \theta)}{D_2}$$

式中　θ——观测方向与偏心方向夹角；

D_1——测站点到A的距离；

D_2——测站点到B的距离。

可得：

$$\Delta\beta = \delta_1 + \delta_2 = e\rho\left[\frac{\sin\theta}{D_1} + \frac{\sin(\beta' - \theta)}{D_2}\right]$$

当$\beta' = 180°$，$\theta = 90°$时，取$D_1 = D_2 = D$，则$\Delta\beta$有最大值

$$\Delta\beta = \frac{2e}{D}\rho$$

当$D = 100$m，$e = 3$mm 时，$\Delta\beta = 12.4''$；当$D = 50$m，$e = 3$mm 时，$\Delta\beta = 25''$。

可见，边长越短，偏心距e越大，则对测角的影响也越大。所以在测水平角时，边长越短，对中的精度要求越高，对中时越需要仔细。

（2）目标偏心

在测角时，通常都要在地面点上设置观测标志，如花杆、垂球等。造成目标偏心的原因是标志与地面点对得不准，或者标志没有铅垂，而照准的标志上部与地面标志点偏移。

与测站偏心类似，偏心距越大，边长越短，则目标偏心对测角的影响越大。所以在观测角度时，标杆底部要对准地面点并且要竖直，在瞄准时应尽可能的瞄准目标的底部。短边测角时，尽可能用垂球作为观测标志。

（3）照准误差

照准误差大小与人眼的分辨能力、望远镜的放大率有关。人眼的分辨能力一般为 60″，设望远镜的放大率为ν，则照准时的分辨能力为$60''/\nu$。一般 DJ6 型光学经纬仪望远镜的放大倍率ν为 25～30 倍，因此，瞄准误差m_ν，一般为 2.0″～2.4″。另外，瞄准误差与目标的大小、形状、颜色和大气的透明度等也有关。因此，在观测中应尽量消除视差，选择适宜的照准标志，熟练操作仪器，掌握瞄准方法，并仔细瞄准以减小误差。对于粗的目标宜用双丝照准，细的目标则用单丝照准。

(4) 读数误差

对于分微尺读法，主要是估读最小分划的误差；对于对径符合读法，主要是对径符合的误差所带来的影响，所以在读数时宜特别注意。一般读数时应读到最小刻度的1/10。

3. 外界条件的影响

对测量成果产生影响的外界条件很多，如天气的变化、植被的不同、地面土质松紧的差异、地形的起伏，以及周围建筑物的状况等，都会影响测角的精度。有风会使仪器不稳，地面土松软可使仪器下沉，强烈阳光照射会使水准管变形，视线靠近反光物体则有折光影响等。这些情况在测角时应尽量予以避免。

二、角度测量的注意事项

1) 仪器虽经检验、校正，不可避免仍保留一定的残存误差。故测角时，必须采取盘左及盘右两个位置观测，取其平均值作为观测结果。这样可以消除视准轴与水平轴不垂直、水平轴与仪器竖轴不垂直以及仪器度盘的偏心差等引起的误差。

2) 经纬仪对中，应力求准确，特别是当角的边愈短，对中不准所引起的测角误差也愈大，故测量时，对中的偏心差不得超过1mm。

3) 照准目标时，如花杆不垂直引起的目标偏心误差与仪器对中不准确引起的误差性质相同。故测角时，照准目标应力求准确，必须用十字丝交点正对测点的标志（如桩顶小钉的钉头）。花杆只能作指示观测方向，供通过照门、准星，粗略照准目标之用。

4) 根据测角原理的要求，应力求整平仪器，使水平度盘尽可能取水平位置。

5) 测量时，尽可能避开一些不利的外界因素（如大风、雾天、烈日暴晒等天气），以免影响测角精度。

6) 搬站时，垂球应取下置仪器箱内，如挂在仪器上搬动，极易丢失。垂球线应常换，以免施测过程中因断线而丢失垂球。斧头、垂球尖不准用来凿地玩弄，以免损伤刀刃或尖端。

7) 花杆应插稳于土中，以免被风吹倒而摔断。水准尺和花杆不用时，应平放在地上，不得斜靠在墙壁或大树上，以免滑倒摔坏。不准用花杆、水准尺当扁担挑仪器、物品等，更不准当标枪投掷或当武器撕打玩耍。

第四章　距离测量与直线定向

第一节　钢 尺 量 距

一、量距工具

1. 钢尺

钢尺量距的首要工具是钢尺，又称钢卷尺。尺的宽度约 10 ~ 15mm，厚度约 0.3 ~ 0.4mm，长度有 20m、30m、50m、100m 等几种。最小刻画到毫米，有的钢尺仅在零至一分米之间刻画到毫米，其他部分刻画到厘米。在分米和米的刻画处，注有数字注记。钢尺卷在圆形金属盒中或金属尺架内，便于携带使用，如图 4-1 所示。

（a）　　　　　　　　（b）

图 4-1　钢卷尺

（a）钢尺卷在圆形金属盒内；（b）钢尺卷在金属尺架中

钢卷尺由于尺的零点位置不同，有刻线尺和端点尺之分，如图 4-2 所示。刻线尺是在尺上刻出零点的位置；端点尺是以尺的端部、金属环的最外端为零点。

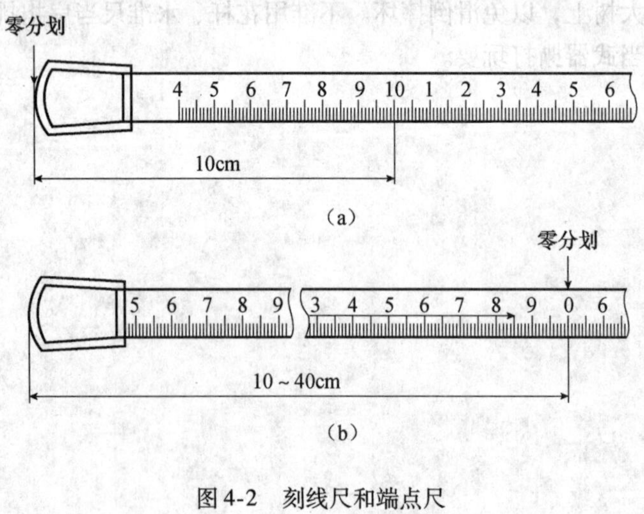

图 4-2　刻线尺和端点尺

（a）端点尺；（b）刻线尺

2. 钢尺量距的辅助工具

钢尺量距的辅助工具有测钎、标杆、垂球等。如图4-3所示，测钎亦称测针，用直径5mm左右的粗钢丝制成，长30～40cm，上端弯成环形，下端磨尖，一般以11根为一组，穿在铁环中，用来标定尺的端点位置和计算整尺段数；标杆又称花杆，直径3～4cm，长2～3m，杆身涂以20cm间隔的红、白漆，下端装有锥形铁尖，主要用于标定直线方向；垂球用于在不平坦地面丈量时将钢尺的端点垂直投影到地面。当进行精密量距时，还需配备弹簧秤和温度计，弹簧秤用于对钢尺施加规定的拉力，温度计用于测定钢尺量距时的温度，以便对钢尺丈量的距离施加温度改正，如图4-4所示。

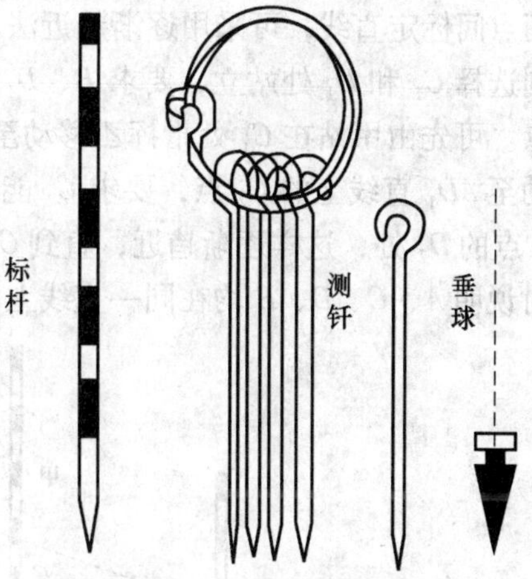

图4-3　辅助工具

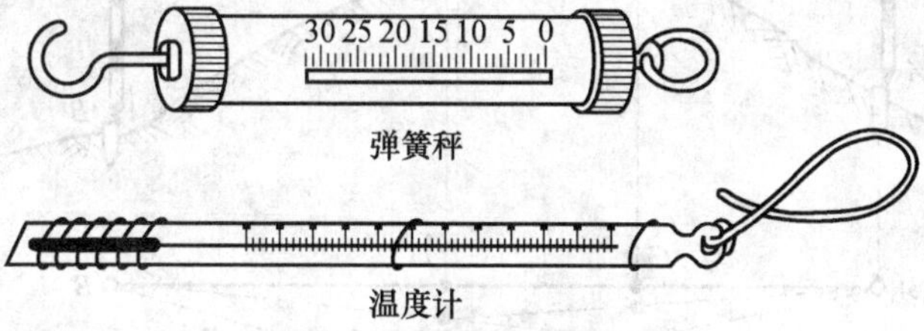

图4-4　弹簧秤和温度计

二、直线定线

当地面两点之间的距离大于钢尺的一个尺段或地势起伏较大时，为方便量距工作，需分成若干尺段进行丈量，这就需要在直线的方向上插上一些标杆或测钎，在同一直线上定出若干点，这项工作被称为直线定线，其方法有以下三种。

1. 两点间目测定线

目测定线适用于钢尺量距的一般方法。如图4-5所示，设A和B为地面上相互通视、待测距离的两点。现要在直线AB上定出1、2等分段点。先在A、B两点上竖立花杆，甲站在A杆后约1m处，指挥乙左右移动花杆，直到甲在A点沿标杆的同一侧看见A、1、B三花杆在同一直线上。用同样方法可定出2点。直线定线一般应由远到近，即先定1点，再定2点。为了不挡住甲的视线，乙应持花杆站立在直线方向的左侧或右侧。

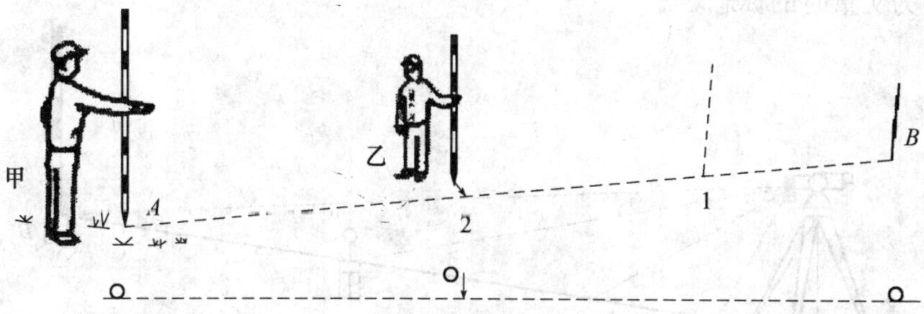

图4-5　目测定线

2. 过高地定线

过高地定线适用于A、B两点在高地两侧，互不通视的量距。如图4-6所示，欲在A、B

两点间标定直线，可采用逐渐趋近法。先在 A、B 两点上竖立标杆，甲、乙两人各持标杆分别选择 C_1 和 D_1 处站立，要求 B、D_1、C_1 位于同一直线上，且甲能看到 B 点，乙能看到 A 点。可先由甲站在 C_1 处指挥乙移动至 BC_1 直线上的 D_1 处，然后由站在 D_1 处的乙指挥甲移动至 AD_1 直线上的 C_2 点，要求 C_2 能看到 B 点，接着再由站在 C_2 处的甲指挥乙移至能看到 A 点的 D_2 处，这样逐渐趋近，直到 C、D、B 在一直线上，同时 A、C、D 也在一直线上，这时说明 A、C、D、B 均在同一直线上。

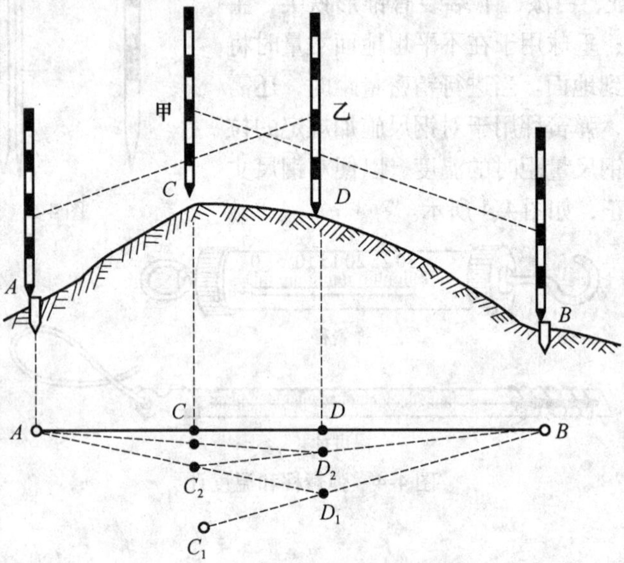

图 4-6　过高地定线

这种方法也可用于分别位于两座建筑物上的 A、B 两点间的定线。

3. 经纬仪定线

当直线定线精度要求较高时，可用经纬仪定线。如图 4-7 所示，欲在 AB 直线上精确定出 1、2、3 点的位置，可将经纬仪安置于 A 点，用望远镜照准 B 点，固定照准部制动螺旋，沿 AB 方向用钢尺进行概量，按稍短于一尺段长的位置，由经纬仪指挥打下木桩，桩顶高出地面约 10～20cm，然后将望远镜向下俯视，将十字丝交点投测到木桩上，并钉小钉以确定出 1 点的位置（也可用桩顶包铁皮划十字线）。同法标定出 2、3 点的位置，小钉（或十字线中心）即为丈量时的标志。

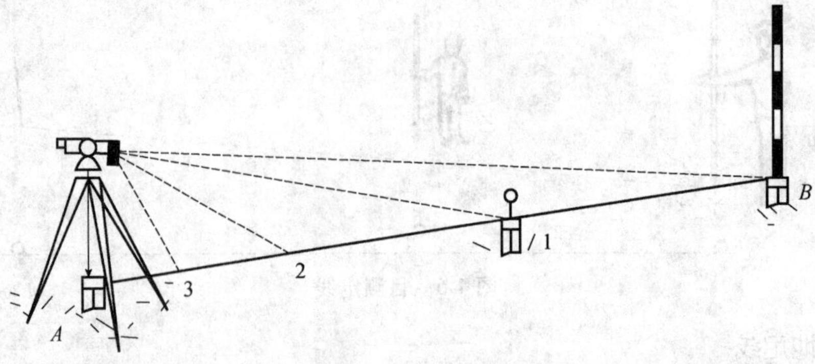

图 4-7　经纬仪定线

三、一般量距方法

钢尺量距一般采用整尺法量距，根据不同地形可采用水平量距法和倾斜量距法。

1. 平坦地面量距方法

在平坦地区，当量距精度要求不高时，可采用整尺法量距，直接将钢尺沿地面丈量，不加温度改正和不用标准弹簧秤施加拉力。量距前，先在待测距离的两个端点 A、B 用木桩（桩上钉一小钉）标志，或直接在柏油或水泥路面上钉水泥钉标志。采用边定线边量距的方法，需 3 人作业。步骤如下：

1）负责定线作业员站在 A 点标杆后面指挥定线。

2）丈量第 1 整尺段。后尺手持钢尺零端，前尺手拿钢尺末端，并带一根标杆及一套测钎（6 根或 11 根），朝 B 点前进，走到约一整尺时竖直持标杆，在定线员的指挥下将标杆移动到 AB 直线上，让标杆自然落下，在标杆尖处的地面作一标志。然后，后尺手将尺的零点对准 A 点，前尺手使尺子通过地上所作的定线标志，前、后尺手拉紧钢尺，前尺手在尺末端处垂直插下一个测钎 1 点，这样量完第 1 整尺段。

3）丈量第 2 整尺段。前、后尺手同时将钢尺抬起（悬空勿在地面拖拉）前进。后尺手走到第 1 根测钎处，前尺手听从定线员指挥重新定点，并丈量第 2 整尺段得 2 点。

4）丈量第 3 整尺段。量第 3 尺段前，后尺手拔起 1 点测钎后，前、后尺手同时将钢尺抬起继续向前走，当后尺手走到 2 点处，前尺手按上述方法定线，前、后尺手配合完成第 3 整尺段的丈量。

如此丈量一直量到最后不足一整尺段为止，如图 4-8 所示，后尺手应对准 4 点，前尺手在 B 点标志处读取尺上刻划值。最后，总计后尺手中测钎数即为整尺段数，设不到一个整尺段的距离为余长 q，则水平距离 D 可按下式计算：

$$D = nl + q$$

式中　n——尺段数；

l——钢尺长度；

q——不足一整尺的余长。

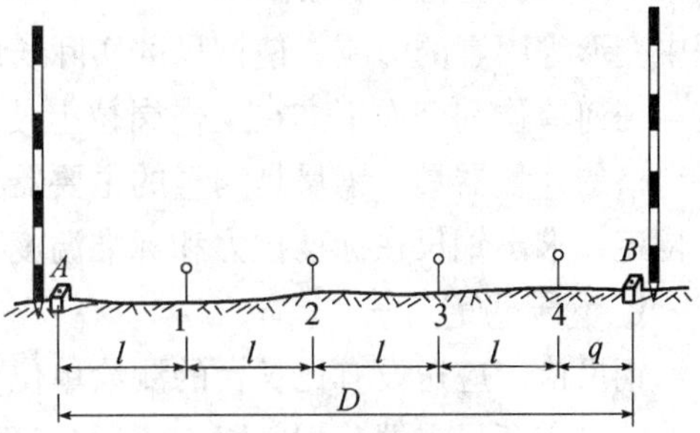

图 4-8　平坦地面量距方法

为了提高量距精度，一般采用往、返丈量。返测时是从 $B \to A$，要重新定线。取往返距离的平均值为丈量结果。

量距的精度以相对误差来表示，通常化为分子为 1 的分子形式。例如某距离 AB，往测时为 185.32m，返测时为 185.38m，距离的平均值为 185.35m，故其相对误差 K 为：

$$K = \frac{|D_{往} - D_{返}|}{D_{平均}} = \frac{|185.32 - 185.38|}{185.35} \approx \frac{1}{3100}$$

平坦地区，钢尺量距的相对误差 K 一般不得超过$\frac{1}{3000}$；在量距的困难地区，其相对误差也不应大于$\frac{1}{1000}$。当量距的相对误差没有超过上述规定时，可取往、返距离平均值作为结果。

2. 倾斜地面量距方法

(1) 分段平量法

如图4-9所示，当坡度较小时，可将尺的一端抬高（但不得超过肩高），保持尺身水平（用目测），用测钎或垂球架投点，分段量取水平距离，最后计算总长。

(2) 沿地面丈量法

如图4-10所示，地面坡度较大，但较均匀时，可沿地面量出倾斜距离L，再测出两点间的高差h或地面倾斜角α，然后计算水平距离D。

$$D = L \cdot \cos\alpha$$

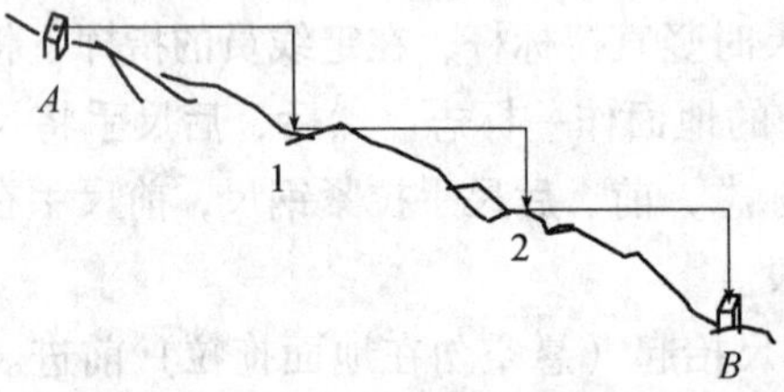

图4-9 分段平量法

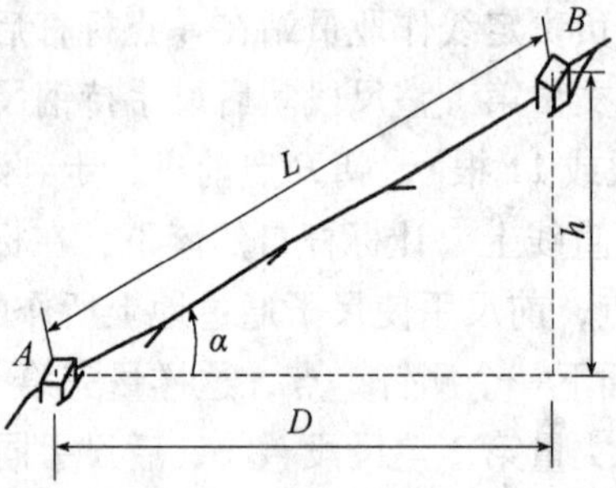

图4-10 沿地面丈量法

四、钢尺检定

钢尺尺面上注记长度（如30m、50m等）叫名义长度。由于材料质量、制造误差和使用中变形等因素的影响，使钢尺的实际长度与名义长度常不相等。我国计量法实施细则中规定：任何单位和个人不准在工作岗位上使用无检定合格印（证）或超过检定周期或经检定不合格的计量器具。钢尺是测量的主要器具之一，为了保证量距成果的质量，钢尺应定期进行检定，求出钢尺在标准拉力和标准温度下的实际长度，以便对量距结果进行改正。

1. 钢尺检定方法

钢尺检定应送设有比长台的测绘单位或计量单位检定。将被检钢尺与标准尺并排铺在平台上，对齐两尺末端分划并固定。用弹簧秤加标准拉力拉紧两尺，在零分划线处读出两尺长度之差，从而求出被检尺的实际长度和尺长方程式。

2. 钢尺尺长方程式

我国钢尺检定规程中规定，检定钢尺的标准温度t_0为+20℃，30m钢尺施加标准拉力为100N(即10kg)。设某钢尺名义长度为l_0，经检定知该尺在标准温度和标准拉力下，其实际长度为l，则尺长改正为Δl，$\Delta l = l - l_0$。

钢尺在使用中，其实际长度l还随拉力和温度变化而改变，在拉力保持不变时，钢尺实际长度l是温度t的函数，描述钢尺在标准拉力条件下，实际长度l随温度t而变化的函数关系式，称钢尺尺长方程式，其一般形式为

$$l_t = l_0 + \Delta l + \alpha \times (t - t_0) \times l_0$$

式中 l_t——钢尺在温度为t℃时的实际长度；

l_0——钢尺的名义长度；

Δl——钢尺的尺长改正，即钢尺在温度t_0时的实际长度与名义长度之差；

α——钢尺的线膨胀系数，即钢尺当温度变化1℃时，其1m长度的变化量，其值一般为$1.15\times10^{-5}\sim1.25\times10^{-5}$；

t——钢尺使用时的温度；

t_0——钢尺检定时的温度（20℃）。

五、钢尺的精密量距

一般方法量距，忽略了尺长误差、外界因素对量距的影响，量距精度一般只能达到1/1000～1/4000。对于精度要求较高的量距，如施工放样中某些部位的测设，常常要求量距精度达到1/10000～1/40000。

当用钢尺进行精密量距时，钢尺必须检定，并得出在检定时的拉力与温度条件下应有的尺长方程式。丈量前应先用经纬仪定线。

如地势平坦或坡度均匀，可测定直线两端点高差作为倾斜改正的依据；若沿线地面坡度有起伏变化，标定木桩时应注意坡度变化处，两木桩间距离略短于钢尺全长，木桩顶高出地面2～3cm，桩顶用“＋”来标示点的位置，用水准仪测定各坡度变换点木桩桩顶间的高差，作为分段倾斜改正的依据。丈量时钢尺拉环一端用弹簧秤牵引，两端尺边紧靠桩顶“＋”字中心，使拉力等于钢尺检定时的拉力（一般30m钢尺拉力为10kg），都对准尺段端点进行读数。如钢尺仅零点端有毫米分划，则须以尺末端某分米分划对准尺段一端以便零点端读出毫米数。每尺段丈量三次，以尺子的不同位置对准端点，其移动量一般在1dm以内。三次读数所得尺段长度之差视不同要求而定，一般不超过2～5mm，若超限，须进行第四次丈量。丈量完成后还须进行成果整理，即改正数计算，最后得到精度较高的丈量成果。

1. 尺长改正 Δl_l

由于钢尺的名义长度和实际长度不一致，丈量时就会产生误差。设钢尺在标准温度、标准拉力下的实际长度为l，名义长度为l_0，则一整尺的尺长改正数为：

$$\Delta l = l - l_0$$

每量1m的尺长改正数为：

$$\Delta l_{米} = \frac{l - l_0}{l_0}$$

丈量D'距离的尺长改正数为：

$$\Delta l_l = \frac{l - l_0}{l_0}D'$$

钢尺的实际长度大于名义长度时，尺长改正数为正，反之为负。

2. 温度改正 Δl_t

丈量距离都是在一定的环境条件下进行的，温度的变化，对距离将产生一定的影响。设钢尺检定时温度为t_0（℃），丈量时温度为t（℃），钢尺的线膨胀系数α一般为1.25×10^{-5}/℃，则丈量一段距离D'的温度改正数Δl_t为：

$$\Delta l_t = \alpha(t - t_0)D'$$

当丈量时温度大于检定时温度，改正数Δl_t为正，反之为负。

3. 倾斜改正 Δl_h

设量得的倾斜距离为D'，两点间测得高差为h，将D'改算成水平距离D需加倾斜改正

Δl_h，一般用下式计算：

$$\Delta l_h = -\frac{h^2}{2D'}$$

倾斜改正数 Δl_h 永远为负值。

4. 全长计算

将测得的结果加上上述三项改正值，即得

$$D = D' + \Delta l_l + \Delta l_t + \Delta l_h$$

相对误差在限差范围之内，取平均值为丈量的结果，如相对误差超限，应重测。

钢尺丈量手簿见表 4-1。

表 4-1　钢尺量距记录计算手簿

尺段	丈量次数	前尺读数/m	后尺读数/m	尺段长度/m	温度/℃	高差/m	温度改正/mm	倾斜改正/mm	尺长改正/mm	改正后尺段长/m
1	2	3	4	5	6	7	8	9	10	11
A-1	1	29.9910	0.0700	29.9210	25.5	−0.152	+2.0	−0.4	+1.5	29.9249
	2	29.9920	0.0695	29.9225						
	3	29.9910	0.0690	29.9220						
	平均			29.9218						
1-2	1	29.8710	0.0510	29.8200	25.4	−0.071	+1.9	−0.08	+1.5	29.8228
	2	29.8705	0.0515	29.8190						
	3	29.8715	0.0520	29.8195						
	平均			29.8195						
2-B	1	24.1610	0.0515	24.1095	25.7	−0.210	+1.6	−0.9	+1.2	24.1121
	2	24.1625	0.0505	24.1120						
	3	24.1615	0.0524	24.1091						
	平均			24.1102						
总和										83.8598

对表 4-1 中 A-1 段距离进行三项改正计算。

尺长改正　$\Delta l_l = \frac{30.0015 - 30}{30} \times 29.9218 = 0.0015(\text{m})$

温度改正　$\Delta l_t = 0.0000125 \times (25.5 - 20) \times 29.9218 = 0.0020(\text{m})$

倾斜改正　$\Delta l_h = -\frac{(-0.152)^2}{2 \times 29.9218} = -0.0004(\text{m})$

经上述三项改正后的 A-1 段的水平距离为：

$$D_{A\text{-}1} = 29.9218 + 0.0020 + (-0.0004) + 0.0015 = 29.9249(\text{m})$$

其余各段改正计算与 A-1 段相同，然后将各段相加为 83.8598m。如表 4-1 中，设返测的总长度为 83.8524m，可以求出相对误差，用来检查量距的精度。

相对误差　$K = \frac{|D_{往} - D_{返}|}{D_{平均}} = \frac{0.0074}{83.8561} = \frac{1}{11332}$

若将平均值保留 3 位小数，则最后结果为 83.856m。

六、钢尺量距的误差分析及注意事项

1. 主要误差来源

（1）尺长误差

用未经检定的钢尺量距，则丈量结果含有尺长误差。这种误差具有系统积累性。即使钢尺经过检定，并在成果中进行了尺长改正，但是还会存在尺长的残余误差。

（2）温度变化的误差

尽管在丈量结果中进行了温度改正，但距离中仍存在因温度影响而产生的误差，这是因为温度计通常测定的是空气温度，而不是钢尺本身的温度。夏季白天日晒致使钢尺的温度大大高于空气温度，相差可达10℃以上，这个温差对于30m钢尺产生的误差将达到：$\alpha l\Delta t = 0.000012\times30\times10 = 0.0036\ (\mathrm{m}) = 3.6(\mathrm{mm})$。

（3）拉力大小会影响钢尺的长度

根据胡克定律，若拉力误差50N，对于30m钢尺将会产生1.7mm的误差。故在精密量距中应使用弹簧秤来控制拉力。

（4）尺子不水平的误差

直接丈量水平距离时，如果钢尺不水平，则会使所量的距离增长。对于30m钢尺，若目估水平而实际两端高差达0.3m时，由此产生的误差为：

$$\Delta D = 30 - \sqrt{30^2 - 0.3^2} = 0.0015(\mathrm{m}) = 1.5\mathrm{mm}$$

（5）定线误差

定线时中间各点没有严格定在所量直线的方向上，所量距离不是直线而是折线，两点间的折线总是比直线长。对于30m长的钢尺，若两端各向相对方向偏离直线0.15m，则将使所量距离增长1.5mm。

（6）钢尺垂曲和反曲的误差

在凹地或悬空丈量时，尺子因自重而产生下垂的现象，称为垂曲。在凹凸不平地面丈量时，凸起部分将使尺子产生上凸现象，称反曲。此类误差与前述尺子不水平误差相似，但影响较大。例如，钢尺中部下垂0.3m，对30m钢尺将产生6mm的误差［因为$30-2\times\sqrt{15^2-0.3^2}=0.006\ (\mathrm{m})$］。

（7）丈量本身误差

包括钢尺刻划对点误差、测钎安置误差和读数误差等。所有这些误差是偶然误差，其值可大可小，可正可负。在丈量结果中会抵消一部分，但不能全部抵消，故仍然是丈量工作的一项主要误差来源。

2. 钢尺量距注意事项

为了保证丈量成果达到预期的精度要求，必须针对上述误差来源，注意以下事项：

1）钢尺应送检定机构进行检定，以便进行尺长改正和温度改正。

2）丈量前要弄清钢尺的刻画注记及零点位置。读数应仔细，防止读尺出错。

3）丈量时应将尺子抬平、拉紧拉直，拉力要均匀，前后尺手要配合好。

4）钢尺前后端要同时对点、插测钎和读数。

5）用测钎标志点位，测钎应竖直插下，并应在钢尺的同一侧插测钎。

6）定线要力求正确，使尺段各分段点均位于测线方向的直线上。

7）需加温度改正时，最好使点温度计测定钢尺的温度。

8）读数应准确无误，记录应工整清晰，记录者应回报所记数据，以便当场校验。

3. 爱护钢尺和使用工具应注意的事项

1）钢尺性脆、容易折断，丈量时严防钢尺扭曲打结。如出现扭曲或打结现象，应细心理直，不得猛拉，以防断裂。

2）钢尺不得在地面上拖拉，以防磨坏尺面；也不得在水中拖拉，以防锈蚀。

3）严防钢尺受车轮碾压，以防折断。当量距越过公路时，要有专人招呼来往车辆暂停，并迅速丈量，以免影响交通。

4）钢尺沾水，应用软布或棉纱擦干。

5）丈量完毕，用软布或棉纱擦拭钢尺，将黏附的尘土擦去，再涂少许凡士林或机油，以防生锈。

6）垂球线要常换，防止丈量时折断，丢失垂球。在草地上丈量，更要注意垂球遗失。

7）不准用垂球尖、斧子刀刃凿打地面，损坏球尖和刀刃。

8）不准用花杆当标枪投掷或做武器打闹嬉戏。

9）收工时，要点清所带工具，防止丢失。

第二节　视距测量

在地面高低起伏较大，直接量距遇到困难时，可采用经纬仪视距法测距。这是一种同时测定两地间的水平距离和高差的间接测量方法，其精度虽不如直接量距，但因操作方便，速度较快，又不受地形起伏的限制，故广泛使用。

视距法测距所用的仪器和工具为经纬仪和视距尺。视距尺是一种漆有黑白相间的、带有厘米分划值的尺子，每分米注有数字。

1. 视距测量原理

（1）视准轴水平时的视距公式

内调焦望远镜的物镜系统是由物镜 L_1 和调焦透镜 L_2 两部分组成（图 4-11），当标尺 R 在不同距离时，为使它的像落在十字丝平面上，必须移动 L_2。因此，物镜系统的焦距是变化的。下面就图 4-11 所示的情况讨论内调焦望远镜的视距公式。

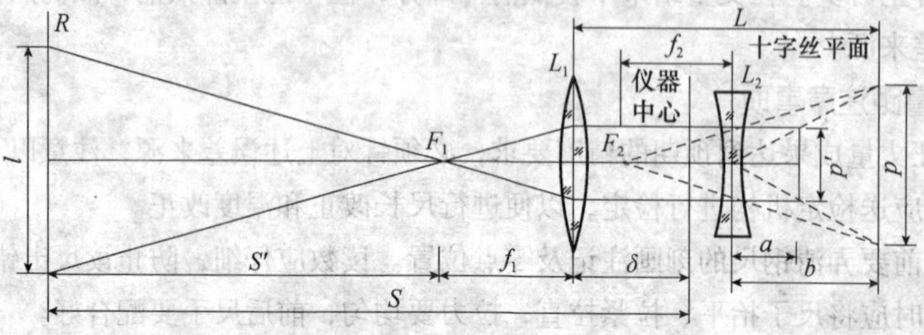

图 4-11　视距测量原理

设望远镜的视准轴水平，并瞄准一竖立的视距尺 R，由上、下视距丝在尺面的两个读数之差，即得到视距间隔。

由透镜 L_1 成像原理可得下式：

$$\frac{S'}{f_1}=\frac{l}{p'} \tag{4-1}$$

式中　l——视距尺上的间隔；

p'——l 经透镜之后的像。

由透镜 L_2 成像原理可得

$$\frac{p}{p'}=\frac{b}{a} \tag{4-2}$$

式中　p'——物（实际是 l 经透镜 L_1 后的像）；

p——p'的像，p 为十字丝分划板上视距丝之间的距离；

a——物距；

b——像距。

因 L_2 为凹透镜，而且作为物的 p'是在光线的出射光一方，由透镜成像公式得：

$$\frac{1}{b}-\frac{1}{a}=\frac{1}{f_2} \tag{4-3}$$

即

$$\frac{1}{a}=\frac{f_2-b}{bf_2} \tag{4-4}$$

将式（4-4）代入式（4-2），得

$$\frac{1}{p'}=\frac{f_2-b}{pf_2} \tag{4-5}$$

将式（4-5）代入式（4-1），得

$$S'=\frac{f_1(f_2-b)}{pf_2}l \tag{4-6}$$

由图 4-11 可见，标尺至仪器中心的距离 S 为

$$S=\frac{f_1(f_2-b)}{pf_2}l+f_1+\delta \tag{4-7}$$

令　$b=b_\infty+\Delta b$。

式中　b_∞——当 S 为无穷大时 b 的值。

代入式（4-7），得

$$S=\frac{f_1(f_2-b_\infty-\Delta b)}{pf_2}l+f_1+\delta=\frac{f_1(f_2-b_\infty)}{pf_2}l-\frac{f_1\Delta b}{pf_2}l+f_1+\delta \tag{4-8}$$

令

$$K=\frac{f_1(f_2-b_\infty)}{pf_2} \tag{4-9}$$

$$c=-\frac{f_1\Delta b}{pf_2}l+f_1+\delta \tag{4-10}$$

则

$$S = Kl + c \tag{4-11}$$

式（4-10）中，Δb 和 l 均随 S 而变，通常设计望远镜时，适当选择有关参数后，可使 $K=100$，且使 $\frac{f_1 \Delta b}{pf_2}l$ 和 $f_1+\delta$ 基本相等，即 c 可忽略不计，于是式（4-11）为：

$$S = Kl = 100l \tag{4-12}$$

（2）视准轴倾斜时的视距公式

如图 4-12 所示，B 点高出 A 点较多，不可能用水平视线进行视距测量，必须把望远镜视准轴放在倾斜位置，如尺子仍竖直立着，则视准轴不与尺面垂直，上面推导的公式就不适用了。若要把视距尺与望远镜视准轴垂直，那是不易办到的。因此，在推导水平距离的公式时，必须导入两项改正：一是对于视距尺不垂直于视准轴的改正；二是视线倾斜的改正。

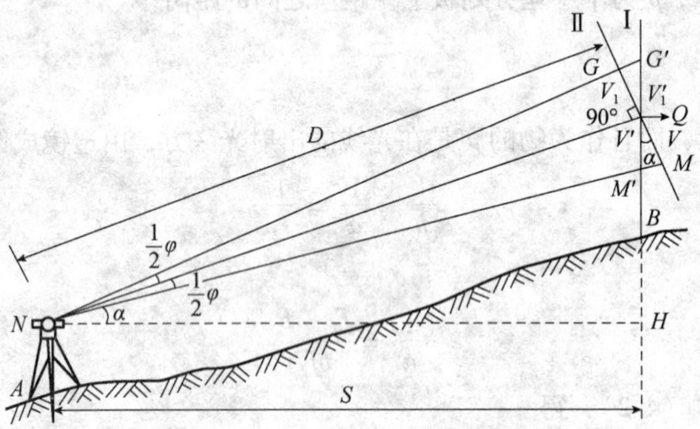

图 4-12　视准轴倾斜

测定倾斜地面线 AB 的水平投影 S 时（图 4-12），在 A 点安置仪器，在 B 点竖立视距尺，望远镜内上、下视距丝和中丝分别截在尺上 M'、G' 和 Q 点。若视距尺安放得与视准轴垂直，则视距丝将分别截在尺上的 M 和 G 两点。因为

$$\angle MQM' = \angle GQG' = \alpha$$

则

$$\angle QMM' = 90° - \frac{1}{2}\varphi$$

$$\angle QGG' = 90° + \frac{1}{2}\varphi$$

由于 $\frac{\varphi}{2}$ 很小，故可以把 $\angle QMM'$ 和 $\angle QGG'$ 当作直角。由图 4-12 可知：

$$V + V_1 = V'\cos\alpha + V_1'\cos\alpha$$

式中，$V+V_1$ 是两视距丝所截竖直视距尺的间隔 l，而 $V+V_1'$ 是假设视距尺与视准轴垂直时两视距丝在尺上的间隔 l_0，因此，上式可写为：

$$l_0 = l\cos\alpha$$

由式（4-12）得出倾斜直线 NQ 的长度为：

$$D = Kl_0 = Kl\cos\alpha$$

将倾斜距离折算成水平距离 S 需乘以 $\cos\alpha$，则

$$S = Kl\cos^2\alpha$$

2. 视距测量作业方法

视距测量作业流程如下：

1）将经纬仪安置在测站 A 上，对中、整平。

2）量仪器高 i。

3）将视距尺竖立于待测点上，用望远镜瞄准视距尺，分别读出上、下视距丝和中丝读数。然后，再读竖盘读数，并将所有读得的数据记入视距测量手簿中（表4-2）。

4）根据上、下视距丝读数，算出尺间隔 t；把竖盘读数换算为竖角 δ，再计算出测点至测站的水平距离和高程。

视距测量记录格式见表4-2。

表4-2　视距测量记录

日期________　测站名称________　仪　器________　观测者________

天气________　测站高程________　仪器高________　记录者________

测点	下丝读数	上丝读数	视距间隔 t	中丝读数	竖盘读数（° ′）	竖角（° ′）	初算高差/m	改正数/m	高差/m	观测点高程/m	水平距离/m
B	2.500	1.500	1.000	2.000	83　11	+6　49	+11.78	-0.58	+11.20	57.74	98.6
C	1.920	0.920	1.000	1.420	94　27	-4　27	-7.74	0.00	-7.74	38.80	99.4

第三节　直线定向

在测量工作中常常需要确定两点平面位置的相对关系，此时仅仅测得两点间的距离是不够的，还需要知道这条直线的方向，才能确定两点间的相对位置，在测量工作中，一条直线的方向是根据某一标准方向线来确定的，确定直线与标准方向线之间的夹角关系的工作称为直线定向。

一、标准方向线

1. 真子午线方向

通过地面上一点并指向地球南北极的方向线，称为该点的真子午线方向。真子午线方向是用天文测量方法或者陀螺经纬仪测定的。指向北极星的方向可近似地作为真子午线的方向。

2. 磁子午线方向

在地球磁场作用下磁针在某点自由静止时其轴线所指的方向（磁南北方向），就是该点的磁子午线方向。磁子午线方向可用罗盘仪测定。

由于地磁两极与地球两极不重合（磁北极约在北纬74°、西经110°附近，磁南极约在南纬69°、东经114°附近），致使磁子午线与真子午线之间形成一个夹角 δ，称为磁偏角。磁子午线北端偏于真子午线以东为东偏，δ 为正；以西为西偏，δ 为负。

3. 坐标纵轴方向

测量中常以通过测区坐标原点的坐标纵轴为准，测区内通过任一点与坐标纵轴平行的方向线，称为该点的坐标纵轴方向。

真子午线与坐标纵轴间的夹角 γ 称为子午线收敛角。坐标纵轴北端在真子午线以东为东偏，γ 为“+”；以西为西偏，γ 为“-”。

图 4-13 为三种标准方向间关系的一种情况，δ_m 为磁针对坐标纵轴的偏角。

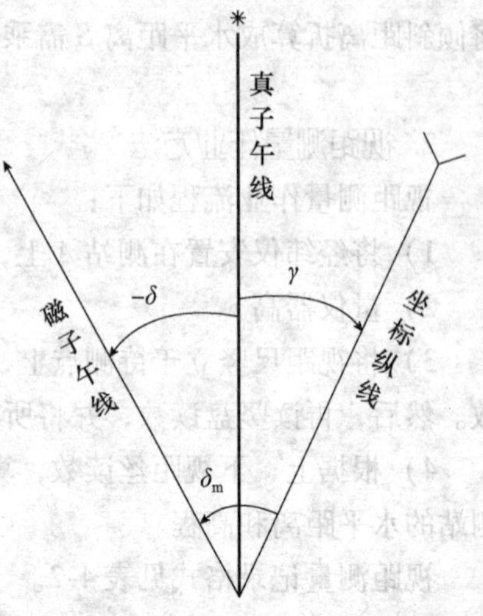

图 4-13　三种标准方向间关系

二、直线表示方法

直线方向通常用该直线的方位角或象限角来表示。

1. 方位角

如图 4-14 所示，由标准方向的北端起，顺时针方向量到直线的水平角，称为该直线的方位角。上述定义中，标准方向选的是真子午线方向，则称真方位角，用 A 表示；标准方向选的是磁子午线方向，则称磁方位角，用 A_m 表示；标准方向选的是坐标纵轴方向，则称坐标方位角，用 α 表示；方位角的角值由 0°～360°。

同一条直线的真方位角与磁方位角之间的关系，如图 4-15 所示，即：

$$A = A_m + \delta$$

真方位角与坐标方位角之间的关系，如图 4-16 所示，即

$$A = \alpha + \gamma$$

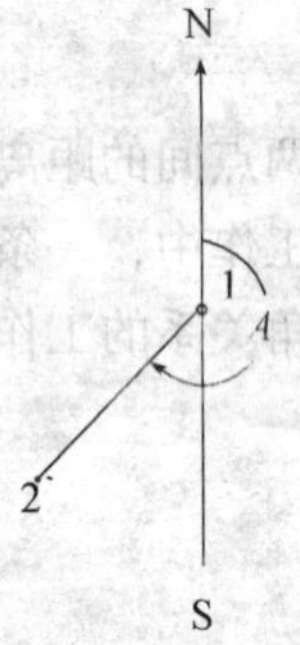

图 4-14　方位角

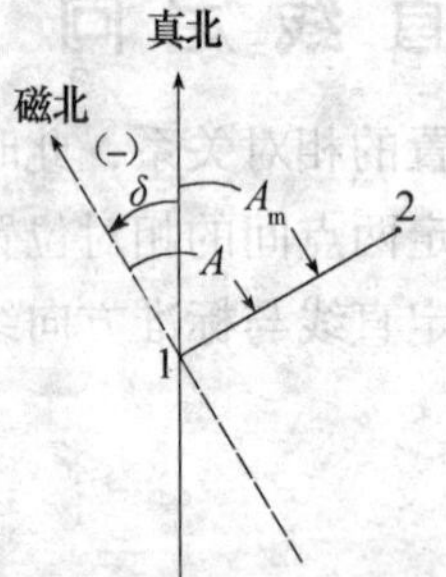

图 4-15　真方位角与磁方位角

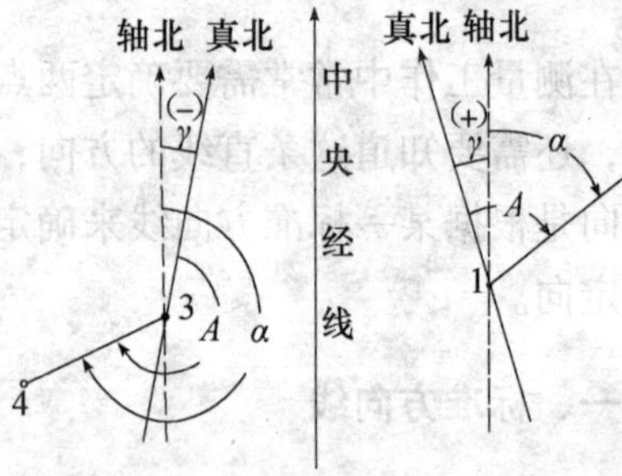

图 4-16　真方位角与坐标方位角

由以上两式可求得坐标方位角与磁方位角之间的关系，即

$$\alpha = A_m + \delta - \gamma$$

式中　γ——子午线收敛角，以真子午线方向为准，中央子午线偏东为正，偏西为负。

图 4-17 中，测量前进方向是从 A 到 B，则 α_{AB} 是直线 A 至 B 的正方位角；α_{BA} 是直线 A 至 B 的反方位角，也是直线 B 至 A 的正方位角。同一直线的正、反方位角相差 180°，即

$$\alpha_{BA} = \alpha_{AB} \pm 180°$$

2. 象限角

由标准方向的北端或南端起，顺时针或逆时针方向量算到直线的锐角，称为该直线的象

限角，通常用 R 表示，其角值从 0°～90°。图 4-18 中直线 OA 象限角 R_{OA}，是从标准方向北端起顺时针量算。直线 OB 象限角 R_{OB}，是从标准方向南端起逆时针量算。直线 OC 象限角 R_{OC}，是从标准方向南端起顺时针量算。直线 OD 象限角 R_{OD}，是从标准方向北端起逆时针量算。用象限角表示直线方向时，除写象限的角值外，还应注明直线所在的象限名称，例如 OA 的象限角 40°，应写成 NE40°。OC 的象限角 50°，应写成 SW50°。

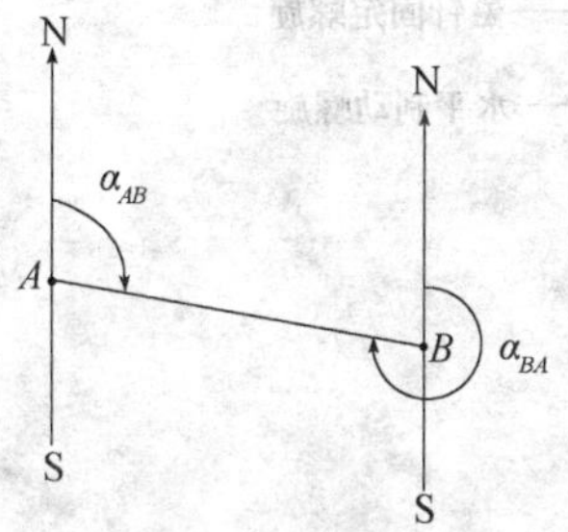

图 4-17　正方位角与反方位角

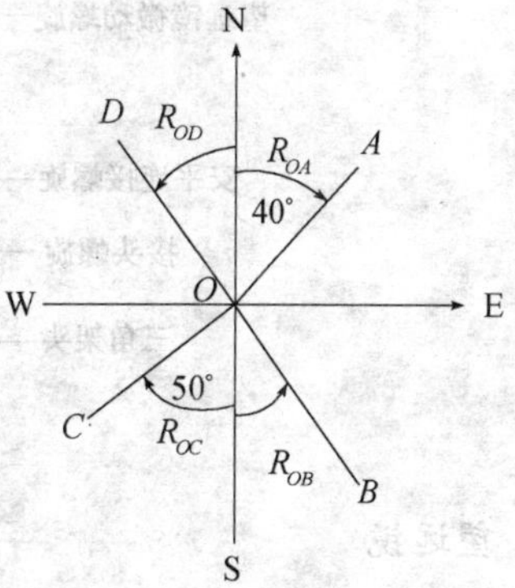

图 4-18　象限角

3. 象限角和方位角的关系

在不同象限，象限角 R 与方位角 A 的关系见表 4-3。

表 4-3　象限角 R 与方位角 A 的关系

象限名称	Ⅰ	Ⅱ	Ⅲ	Ⅳ
R 与 A 的关系	$R=A$	$R=180°-A$	$R=A-180°$	$R=360°-A$

三、罗盘仪的构造和使用

1. 罗盘仪的构造

罗盘仪是测定直线磁方位角与磁象限角的仪器。其构造主要由磁针、刻度盘和望远镜组成，如图 4-19 所示。

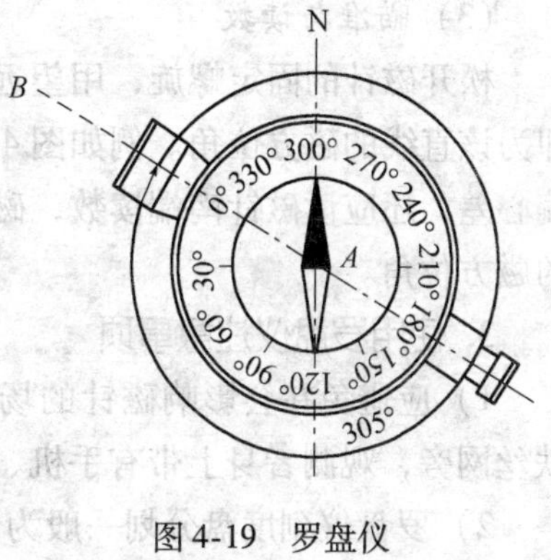

图 4-19　罗盘仪

（1）磁针

磁针为一菱形磁铁，安在度盘中心的顶针上，能灵活转动。为了减少顶针的磨损，不用时，可用固定螺旋使磁针脱离顶针而顶压在度盘的玻璃盖下。为了使磁针平衡，磁针南端缠有铜丝，这是辨认磁针南、北端的基本方法。

（2）度盘

度盘最小分划为 1°或 30′，每 10°做一注记，注记的形式有方位式与象限式两种。方位式度盘从 0°起逆时针方向注记到 360°，可用它直接测定磁方位角，称为方位罗盘仪，如图 4-20 所示。象限式度盘从 0°直径两端起，对称地向左、向右各注记到 90°，并注明北（N）、南（S）、东（E）、西（W），可用它直接测定直线的磁象限角，称为象限罗盘仪。

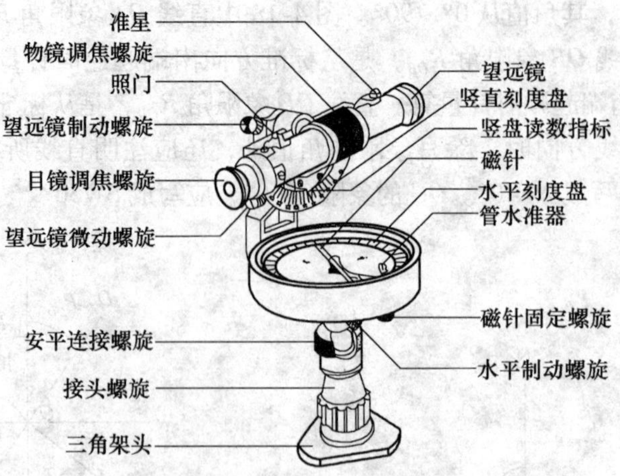

图 4-20　罗盘仪刻度盘

(3) 望远镜

罗盘仪的望远镜多为外对光式的望远镜，物镜调焦螺旋转动时，物镜筒前后移动以使目标的像落在十字丝面上。

2. 罗盘仪的使用

用罗盘仪测量直线的磁方位角步骤：

(1) 对中

把仪器安置在直线的起点，挂上垂球，移动脚架对中，对中精度不超过 1cm。

(2) 整平

左手握住罗盘盒，右手稍松开安平连接螺旋（图 4-20），左手握住罗盘盒，并稍摆动罗盘盒，观察罗盘盒内的两个水准管的气泡，使它们同时居中，右手立即固紧安平连接螺旋。

(3) 瞄准与读数

松开磁针的固定螺旋，用望远镜照准直线的终点，待磁针静止后，读磁针北端的读数，即为该直线的磁方位角。例如图 4-19 磁方位角为 305°。为了提高读数的精度和消除磁针的偏心差，还应读磁针南端读数，磁针南端读数 ±180°后，再与北端读数取平均，即为该直线的磁方位角。

3. 使用罗盘仪注意事项

1）应避免在会影响磁针的场所使用罗盘仪。例如，在高压线下，在铁路上，铁栅栏、铁丝网旁，观测者身上带有手机、小刀等情况，均会对磁针产生影响。

2）罗盘仪刻度盘分划一般为 1°，应估读至 15′。

3）为了避免磁针偏心差的影响，除读磁针北端读数外，还应读磁针南端读数。

4）由于罗盘仪望远镜视准轴与度盘 0°～180°直径不能完全在同一竖直面，其夹角称罗差，各台罗盘仪的罗差一般是不同的，所以不同罗盘仪测量磁方位角结果很不相同。为了统一测量成果，可用下面的方法求罗盘仪的罗差改正数：

首先，用几台罗盘仪测量同一条直线，各台罗盘仪测得磁方位角不同，例如，第 1 台罗盘仪测得该直线方位角为 α_1，第 2 台测得方位角为 α_2，第 3 台测得方位角为 α_3……。

其次，以其中一台罗盘仪测得的磁方位角为标准，例如，假定以第 1 台罗盘仪测得磁方位角 α_1 为标准，则第 2 台罗盘仪所测得方位角应加改正数为（$\alpha_1-\alpha_2$），第 3 台罗盘仪所测得方位角应加改正数为（$\alpha_1-\alpha_3$），其余类推。

5）罗盘仪迁站时和使用结束，一定要记住把磁针固定好，以免磁针随意摆动造成磁针与顶针的损坏。

6）罗盘仪的连接螺旋通常与罗盘仪相连接，装盒时，折为 90°装入，切不可将此连接螺旋卸下或留在三脚架头上。

第四节　坐标正、反算

1. 坐标正算

根据已知点的坐标，已知边长及该边的坐标方位角，计算未知点的坐标的方法，称为坐标正算。

如图 4-21 所示，A 为已知点，坐标为 X_A、Y_A，已知 AB 边长为 D_{AB}，坐标方位角为 α_{AB}，要求 B 点坐标 X_B、Y_B。由图 4-21 可知：

$$\left.\begin{aligned} X_B &= X_A + \Delta X_{AB} \\ Y_B &= Y_A + \Delta Y_{AB} \end{aligned}\right\}$$

其中

$$\left.\begin{aligned} \Delta X_{AB} &= D_{AB}\cos\alpha_{AB} \\ \Delta Y_{AB} &= D_{AB}\sin\alpha_{AB} \end{aligned}\right\}$$

式中 sin 和 cos 的函数值随着 α 所在象限的不同有正、负之分，因此，坐标增量同样具有正、负号。其符号与 α 角值的关系见表 4-4。

表 4-4　坐标增量的正负号

象限	方向角 α	$\cos\alpha$	$\sin\alpha$	ΔX	ΔY
Ⅰ	0°～90°	+	+	+	+
Ⅱ	90°～180°	－	+	－	+
Ⅲ	180°～270°	－	－	－	－
Ⅳ	270°～360°	+	－	+	－

当用计算器进行计算时，可直接显示 sin 和 cos 的正、负号。

2. 坐标反算

根据两个已知点的坐标求算出两点间的边长及其方位角，称为坐标反算。由图 4-21 可知

$$D_{AB} = \sqrt{\Delta X_{AB}^2 + \Delta Y_{AB}^2} = \sqrt{(X_B - X_A)^2 + (Y_B - Y_A)^2}$$

$$\alpha_{AB} = \tan^{-1}\frac{\Delta Y_{AB}}{\Delta X_{AB}} = \tan^{-1}\frac{Y_B - Y_A}{X_B - X_A}$$

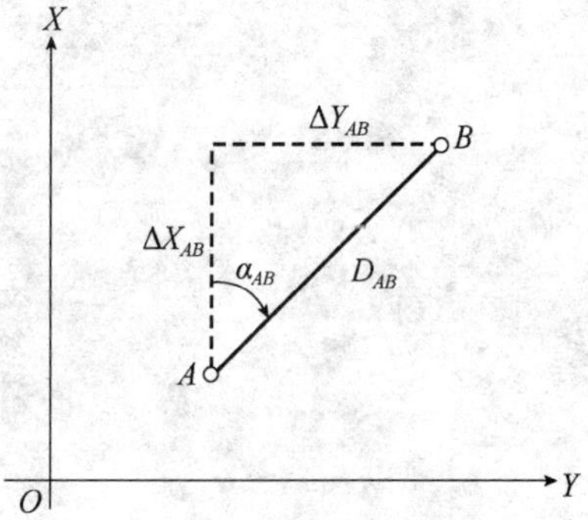

图 4-21　坐标正、反算

注意在用计算器按上式计算坐标方位角时，得到的

角值只是象限角，还必须根据坐标增量的正负，按表 4-4 决定坐标方位角所在象限，再按表 4-5 将象限角换算为坐标方位角。

表 4-5　坐标方位角与象限角的换算关系

直线方向	由坐标方位角推算象限角	由象限角推算坐标方位角
北东，第Ⅰ象限	$R=\alpha$	$\alpha=R$
南东，第Ⅱ象限	$R=180°-\alpha$	$\alpha=180°-R$
南西，第Ⅲ象限	$R=\alpha-180°$	$\alpha=180°+R$
北西，第Ⅳ象限	$R=360°-\alpha$	$\alpha=360°-R$

第五章 控制测量

第一节 控制测量概述

在工程规划设计中，需要一定比例尺的地形图和其他测绘资料，工程施工中也需要进行施工测量。为了限制误差的累积和传播，保证测图和施工的精度及速度，测量工作必须遵循“从整体到局部，由高级到低级，先控制后碎部”的原则。即先进行整个测区的控制测量，然后再进行碎部测量。控制测量的实质就是在测区内选定若干个有控制作用的控制点，按一定的规律和要求布设成几何图形或折线，测定控制点的平面位置和高程。

在全国范围内建立的控制网，称为国家控制网。它采用精密测量仪器和方法，依照《国家三角测量和精密导线测量规范》（国家测绘总局1974年版）、《全球定位系统（GPS）测量规范》（GB/T 18314—2009）、《国家一、二等水准测量规范》（GB/T 12897—2006）和《国家三、四等水准测量规范》（GB/T 12898—2009）施测，按精度分为四个等级，即一、二、三、四等，按照“先高级后低级，逐级加密”的原则而建立。它是全国各种比例尺测图的基本控制，并为确定地球的形状和大小提供研究资料和信息。

城市（厂矿）控制网是在国家控制网的基础上，为满足城市（厂矿）建设工程需要而建立的不同等级的控制网，以供城市和工程建设中测图和规划设计使用，也是施工放样的依据。

在小范围（面积一般在15km^{2}以下）内建立的控制网称为小区域控制网，它是为满足大比例尺测图和建设工程需要而建立的控制网。小区域控制网应尽可能与国家或城市控制网联测，若不便联测，也可以建立独立控制网。直接为测图建立的控制网称作图根控制网。高等级公路的控制网，一般应与附近的国家或城市控制网联测。

测定控制点平面位置的工作，称为平面控制测量；测定控制点高程的工作，称为高程控制测量。

一、平面控制测量

在传统测量工作中，平面控制通常采用三角网测量、导线测量和交会测量等常规方法建立。现今，全球定位系统GPS也成为建立平面控制网的主要方法。

1. 三角网测量

三角网测量是在地面上选定一系列的控制点，构成相互连接的若干个三角形，组成各种网（锁）状图形。通过观测三角形的内角或（和）边长，再根据已知控制点的坐标、起始边的边长和坐标方位角，经解算三角形和坐标方位角推算可得到三角形各边的边长和坐标方位角，进而由直角坐标正算公式计算待定点的平面坐标。三角形的各个顶点称为三角点，各三角形连成网状的称为三角网（图5-1），连成锁状的称为三角锁（图5-2）。

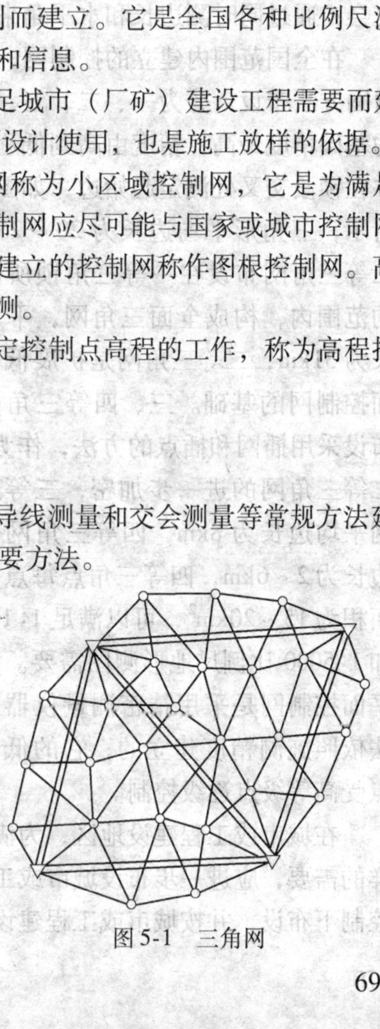

图5-1 三角网

按观测值的不同，三角网测量可分为三角测量、三边测量和边角测量。

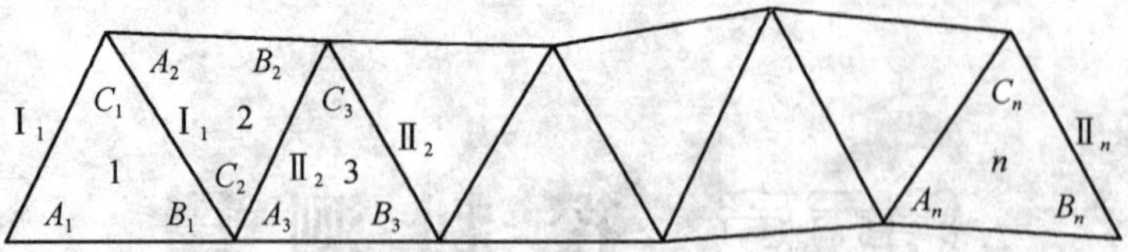

图 5-2　三角锁

2. 导线测量

导线是一种将控制点用直线连接起来所形成的折线形式的控制网，其控制点称为导线点，点间的折线边称为导线边，相邻导线边之间的夹角称为转折角（又称导线折角或导线角）。其中，与坐标方位角已知的导线边（称为定向边）相连接的转折角，称为连接角（又称定向角）。通过观测导线边的边长和转折角，依据起算数据经计算而获得导线点的平面坐标，即为导线测量。导线测量布设简单，每点仅需与前、后两点通视，选点方便，特别是在隐蔽地区和建筑物多而通视困难的城市，应用起来很是方便灵活。

3. 交会测量

交会测量是利用交会定点法来加密平面控制点的一种控制测量方法。通过观测水平角来确定交会点平面位置的工作称为测角交会；通过测边来确定交会点平面位置的工作称为测边交会；通过同时测边长和水平角来确定交会点的平面位置的工作称为边角交会。

在全国范围内建立的控制网，称为国家平面控制网。我国原有国家平面控制网主要按三角网方法布设，分为一、二、三、四等四个等级。其中，一等三角网作为低等级平面控制网的基础精度最高，精度由高到低逐级降低。一等三角网由沿经线、纬线方向的三角锁构成，并在锁段交叉处测定起始边，如图 5-3 所示，三角形平均边长为 20 ~ 25km。二等三角网布设在一等三角锁所围成的范围内，构成全面三角网，平均边长为 31km，二等三角网是扩展低等平面控制网的基础。三、四等三角网的布设采用插网和插点的方法，作为一、二等三角网的进一步加密，三等三角网平均边长为 8km，四等三角网平均边长为 2 ~ 6km，四等三角点每点控制面积为 15 ~ 20km²，可以满足 1∶10000 和 1∶5000 比例尺地形测图需要。国家平面控制网是采用精密测量仪器和方法依照施测精度建立的，它的低等级点受高等级点逐级控制。

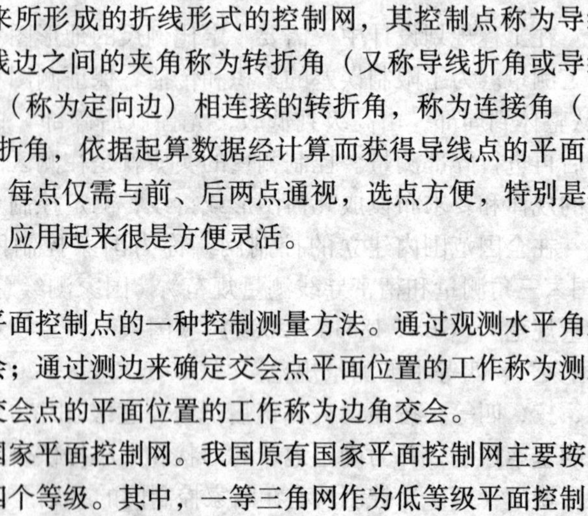

图 5-3　国家平面控制三角网

在城市或工程建设地区，为满足 1∶500 ~ 1∶2000 比例尺地形测图和城市工程建设施工放样的需要，应进一步布设城市或工程平面控制网。城市或工程平面控制网是在国家控制网的控制下布设，并按城市或工程建设范围大小布设成不同等级的平面控制网，分为二、三、四等三角网或三、四等导线网和一、二级小三角网或一、二、三级导线网。城市三角测量和导线测量的主要技术指标见表 5-1 和表 5-2。

表 5-1 城市三角测量的主要技术指标

等级		平均边长/km	测角中误差/″	起始边边长相对中误差	最弱边边长相对中误差	测回数			三角形最大闭合差/″
						DJ1	DJ2	DJ6	
二等		9	1	≤1/250000	≤1/120000	12	—	—	3.5
三等	首级	4.5	1.8	≤1/150000	≤1/70000	6	9	—	7
	加密			≤1/120000					
四等	首级	2	2.5	≤1/100000	≤1/40000	4	6	—	9
	加密			≤1/70000					
一级小三角		1	5	≤1/40000	≤1/20000	—	2	4	15
二级小三角		0.5	10	≤1/20000	≤1/10000	—	1	2	30

表 5-2 城市导线测量的主要技术指标

等级	导线长度/km	平均边长/km	测角中误差/″	测距中误差/mm	测距相对中误差	测回数			方位角闭合差/″	相对闭合差
						DJ1	DJ2	DJ6		
三等	14	3	1.8	20	≤1/150000	6	10	—	$3.6\sqrt{n}$	≤1/55000
四等	9	1.5	2.5	18	≤1/80000	4	6	—	$5\sqrt{n}$	≤1/35000
一级	4	0.5	5	15	≤1/30000	—	2	4	$10\sqrt{n}$	≤1/15000
二级	2.4	0.25	8	15	≤1/14000	—	1	3	$16\sqrt{n}$	≤1/10000
三级	1.2	0.1	12	15	≤1/7000	—	1	2	$24\sqrt{n}$	≤1/5000

注：n 为测站数。

直接供地形测图使用的控制点，称为图根控制点。图根点的密度（包括高级点）取决于测图比例尺和地物、地貌的复杂程度。平坦开阔地区图根点的密度可参考表 5-3 的规定。在有困难地区、山区，表中规定的点数可适当增加。

表 5-3 平坦地区图根点的密度

测图比例尺	1:500	1:1000	1:2000	1:5000
图根点密度/（点/km^2）	150	50	15	5

至于布设何级别的控制网作为首级控制，应根据城市或工程建设的规模来确定。中小城市一般以四等网作为首级控制网。面积在 15km^2 以下的小城镇，可用小三角网或一级导线网作为首级控制。面积在 0.5km^2 以下的测区，图根控制网可作为首级控制。

平面控制测量方法的选择应因地制宜，既满足当前需要，又兼顾今后发展，做到技术先进、经济合理、确保质量、长期适用。

4. GPS 测量

GPS 测量是以分布在空中的多个 GPS 卫星为观测目标来确定地面点三维坐标的定位方法。20 世纪 80 年代末，全球卫星定位系统（GPS）开始在我国用于建立平面控制网，现今，GPS 已成为建立平面控制网的主要方法。应用 GPS 定位技术建立的控制网称为 GPS 控制网，按其精度分为 A，B，C，D，E 五个不同精度等级的 GPS 控制网。在全国范围内，已建立了国家（GPS）A 级网 27 个点、B 级网 818 个点。

二、高程控制测量

高程控制主要通过水准测量方法建立，而在地形起伏大、直接进行水准测量较困难的地区以及图根高程控制网，可采用三角高程测量方法建立。

在全国范围内采用水准测量方法建立的高程控制网，称为国家水准网，它是全国范围内施测各种比例尺地形图和各类工程建设的高程控制基础。国家水准网遵循从整体到局部、由高级到低级、逐级控制、逐级加密的原则分四个等级布设。国家一、二等水准网采用精密水准测量建立，是研究地球形状和大小、海洋平均海水面变化的重要资料。国家一等水准网是国家高程控制网的骨干；二等水准网布设于一等水准网内，是国家高程控制网的基础；国家三、四等水准网为国家高程控制网的进一步加密，为地形测图和工程建设提供高程控制点。

以国家水准网为基础，城市高程控制测量分为二、三、四等，根据城市范围的大小，其首级高程控制网可布设成二等或三等水准网，用三等或四等水准网做进一步加密，在四等以下再布设直接为测图用的图根水准网。水准点间的距离，一般地区为 2 ~ 3km，城市建筑区为 1 ~ 2km，工业厂区小于 1km，一个测区至少设立三个水准点。城市各等级水准网测量的主要技术要求见表 5-4。

表 5-4　水准测量的主要技术指标

等级	每千米高差全中误差/mm	路线长度/km	水准仪型号	水准尺	观测次数		往返较差、附合或环线闭合差	
					与已知点联测	附合或环线	平地/mm	山地/mm
二等	2	—	DS1	因瓦	往返各一次	往返各一次	$4\sqrt{L}$	—
三等	6	≤50	DS1	因瓦	往返各一次	往一次	$12\sqrt{L}$	$4\sqrt{n}$
			DS3	双面		往返各一次		
四等	10	≤16	DS3	双面	往返各一次	往一次	$20\sqrt{L}$	$6\sqrt{n}$
五等	15	—	DS3	单面	往返各一次	往一次	$30\sqrt{L}$	—

注：L 为附合路线或环线的长度，单位为 km。

在小区域范围内建立高程控制网，应根据测区面积大小和工程要求，采用分级建设的方法。一般情况下，是以国家或城市等级水准点为基础，在整个测区建立三、四等水准网或水准路线，用图根水准测量或三角高程测量测定图根点的高程。

三、控制测量的一般作业流程

控制测量作业流程包括技术设计、实地选点、标石埋设、观测和平差计算等主要步骤。

在常规的高等级平面控制测量中，若某些方向因受地形条件限制而不能使相邻控制点间直接通视时，必须在选定的控制点上建造测量标。当采用 GPS 定位技术建立平面控制网时，因为不要求相邻控制点间通视，所以选定控制点后不需要建立测量标。

控制测量的技术设计主要包括确定精度指标和设计控制网的网形。在测量工程实践活动中，控制网的等级和精度标准需根据测区范围大小和控制网的用途来确定。若范围较大时，为了既能使控制网形成一个整体，又能相互独立地进行工作，必须采用“从整体到局部，分级布网，逐级控制”的布网原则；若范围不大，则可布设成同级全面网。设计控制网网形时，首先应收集测区的地形图、已有控制点成果及测区的人文、地理、气象、交通、电力等技术资料，然后进行控制网的图上设计。在收集到的地形图上标出已有的控制点的位置和待工作的测区范围，依据测量目的对控制网的具体要求，结合地形条件在图上设计出控制网的网形，且选定控制点的位置。然后到实地踏勘，以判明图上标定的已有的控制点是否与实地相符，并查明标石是否完好；查看预选的路线和控制点点位是否合适，通视是否良好；若有必要可作适当的调整并在图上标明。最终根据图上设计的控制网方案到实地选点，确定控制点的最适宜位置。实地选点的点位一般应满足的条件为：点位稳定，等级控制点应能长期保存；便于扩展、加密和观测。经选点确定的控制点点位，要进行标石埋设，并将它们在地面上固定下来，绘制点之记图。

控制网中控制点的坐标或高程是由起算数据和观测数据经平差计算得到的。控制网中只有一套必要起算数据（三角网中已知一个点的坐标、一条边的边长和一边的坐标方位角；水准网中已知一个点的高程）的控制网称为独立网。如果控制网中多于一套必要起算数据，则这种控制网称为附合网。控制网中的观测数据按控制网的种类不同而不同，有水平角或方向、边长、高差以及三角高程的竖直角或天顶距。观测工作结束后，应对观测数据进行检核，保证观测成果满足要求，然后进行平差计算。对于低等级控制网（例如图根控制网）允许采用近似平差计算。

第二节 导 线 测 量

一、导线的布设形式

导线测量是建立局部地区平面控制网的常用方法。特别是在地物分布较复杂的建筑区，通视条件较差的隐蔽区、居民区、森林地区和地下工程等的控制测量。

根据测量任务在测区内选定若干控制点，组成的多边形或折线称导线，这些点称导线点。观测导线边长及夹角等测量工作称导线测量。

根据测区的条件和需要，导线可布设成下列三种形式：

1. 闭合导线

导线从一点出发，经过若干点的转折，最后又回到起点的导线，称为闭合导线。

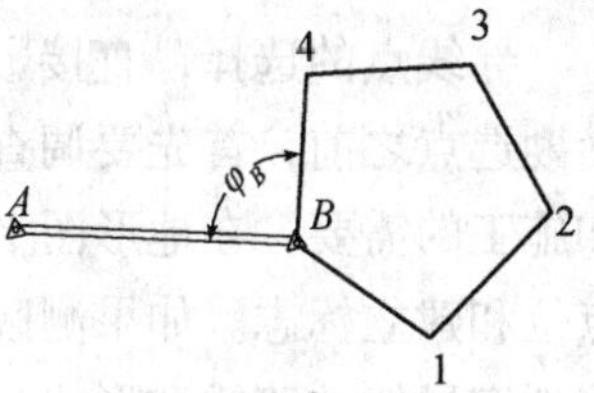

图 5-4 闭合导线

如图 5-4 所示，导线从已知的高级控制点 B 出发，经过 1，2，3，4 点，最后又回到起点 B，形成一个闭合多边形，测量连接角 φ_B 及闭合导线内角。因 n 边闭合多边形内角和应满足理论值 $(n-2)\times180°$，故可检核观测成果。

2. 附合导线

布设在两个已知高级点间的导线，称为附合导线。

如图5-5所示，导线从一高级控制点 B 和已知方向 BA 出发，经过1，2，3点的转折，最后附合到另一高级控制点 C 和已知方向 CD 上。测量连接角 φ_B 与 φ_C 及附合导线的折角，此种导线布设形式，也具有很好检核观测成果的作用。

3. 支导线

由一已知点和一已知方向出发，既不附合到另一已知点，又不回到原起点的导线，称为支导线。如图5-6所示，B 为已知控制点，测量连接角 φ_B 及1，2点的折角，由于支导线缺乏检核条件，不易发现错误，故不得多于4条边，总长度不得超过附合导线长的一半。

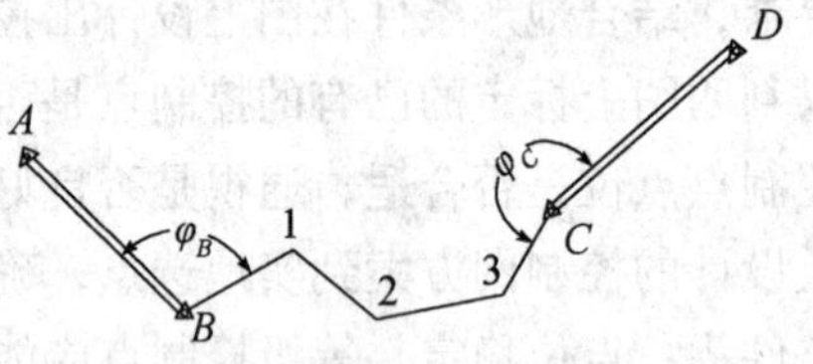

图5-5　附合导线

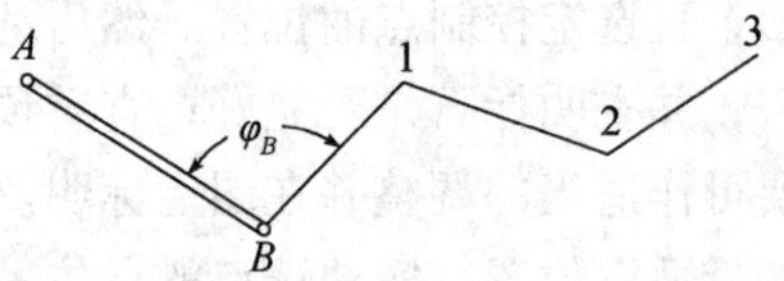

图5-6　支导线

导线测量的等级与技术要求用导线测量方法建立小地区平面控制网，通常分为一级导线、二级导线、三级导线和图根导线等几个等级，其主要技术要求见表5-5。

表5-5　各级钢尺量距导线主要技术指标

等级	测图比例尺	附合导线长度/m	平均边长/m	往返丈量较差的相对中误差/mm	测角中误差/″	导线全长相对闭合差 K	测回数		方位角闭合差/″
							DJ2	DJ6	
一级		3600	300	≤1/20000	≤±5	1/10000	2	4	$\pm 10\sqrt{n}$
二级		2400	200	≤1/15000	≤±8	1/7000	1	3	$\pm 16\sqrt{n}$
三级		1500	120	≤1/10000	≤±12	1/5000	1	2	$\pm 24\sqrt{n}$
图根	1:500	500	75	≤1/3000	±20	1/2000		1	$\pm 60\sqrt{n}$
	1:1000	1000	120						
	1:2000	2000	200						

注：n 为边数。

二、导线测量的外业工作

导线测量的外业工作包括：踏勘选点，建立标志；测边和测角。

1. 踏勘选点，建立标志

导线点的选择，直接影响到导线测量的精度和速度以及导线点的使用和保存。因此，在踏勘选点之前，首先要调查和收集测区已有的地形图及高等级控制点的成果资料，依据测图和施工的需要，在地形图上拟定导线的布设方案，然后到野外现场踏勘、核对、修改、落实点位和建立标志。如果测区没有以前的地形资料，则需要现场实地踏勘，根据实际情况，直接拟定导线的路线和形式，选定导线点的点位及建立标志。选点时，应注意以下几点：

1）相邻点间要通视良好，地势较平坦，便于量边和测角。

2）点位应选在土质坚实，视野开阔处，以便于保存点的标志和安置仪器，同时也便于碎部测量和施工放样。

3）导线边长应大致相等，相邻边长度之比不要超过三倍，其平均边长根据测量的要求应符合表5-5的规定。

4）所选导线点必须满足观测视线超越（或旁离）障碍物1.3m以上。

5）路线平面控制点的位置应沿路线布设，距路中心的位置宜大于50m且小于300m，同时应便于测角、测距、地形测量和定线放样。

6）在桥梁和隧道处，应考虑桥隧布设控制网的要求；在大型构造物的两侧应分别布设一对平面控制点。

7）导线点要有足够的密度，便于控制整个测区。

确定导线点的位置后，应根据需要做好标志。在沥青或碎石路面上，也可用顶上刻有“十”字的大铁钉代替；若导线点为短期保存，只要在地面上打下一个大木桩，在桩顶钉上一个小钉作为导线点的临时标志，如图5-7所示；若导线点需要长期保存，就要埋设桩顶刻凿“十”字的石桩或在桩顶上端预埋刻有“十”字的钢筋混凝土桩，如图5-8所示。

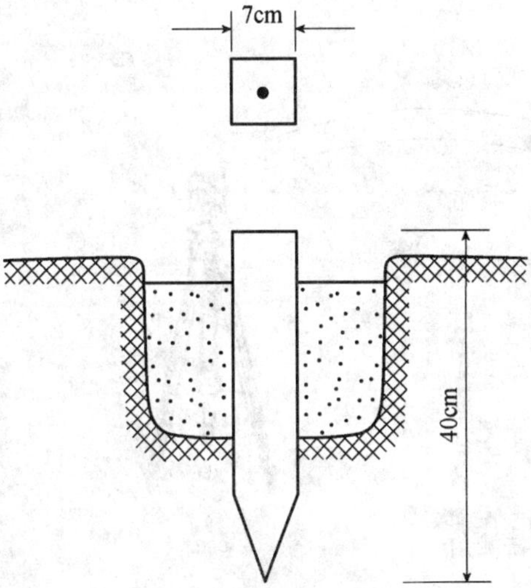

图5-7 图根导线点的埋设

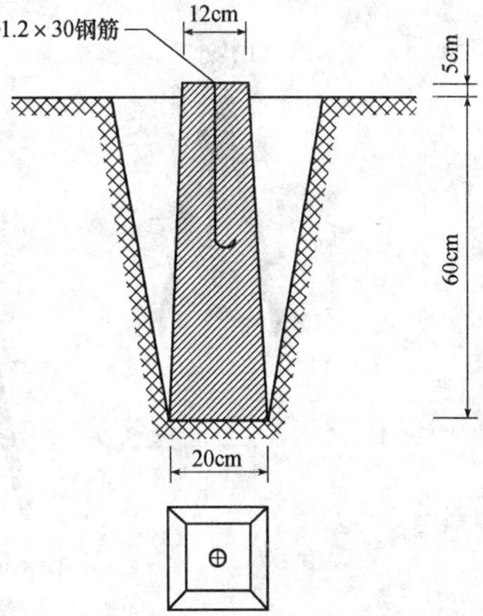

图5-8 等级导线点的埋设

为了避免混乱，导线点要分等级统一编号，以便于测量资料的统一管理。为了在使用时利于寻找，可以在点位附近的房角、电线杆等明显地物上用红漆标明指示导线点与该明显地物的方向和距离；并绘制选点略图，即“点之记”，在“点之记”上应注记地名、道路名、导线点编号以及导线点至最近的明显地物点的距离，最少两个以上，以便于今后寻找和使用。

2. 边、角观测和定向

（1）测边

导线边长可用电磁波测距仪或全站仪单向施测完成，也可用经检定过的钢尺往返丈量完成，但均要符合规定。量距时，若平均尺温与检定时的温度相差大于10℃，则应进行温度改正；若尺面倾斜大于1.5%，则应进行倾斜改正。

(2) 测角

导线的转折角有左、右之分，以导线为界，按编号顺序方向前进，在前进方向左侧的角称为左角，在前进方向右侧的角称为右角。对于附合导线，可测其左角，也可测其右角（在公路测量中，一般是观测右角），但全线要统一。对于闭合导线，可测其内角，也可测其外角，若测其内角并按逆时针方向编号，其内角均为左角，反之均为右角。角度观测采用测回法。各等级导线的测角要求，均应符合规定。对于图根级导线．一般用J6级光学经纬仪测一个测回，盘左、盘右测得角值的较差不大于40″时，取平均值作为最后结果。

当测角精度要求较高、导线边长较短时，为了减少对中误差和目标偏心误差，可采用三联脚架法进行作业。

如图5-9所示，经纬仪置于导线点2时，在导线点1、3上安置与观测仪器同型号的三脚架和基座，基座上插入照准用的觇标。导线点2测角完毕后，将经纬仪照准部和3点上的觇标自基座上取出并互相对调，将1点的三脚架连同觇标搬迁到4点，然后在3点上又进行角度观测……这样依次向前，直至测完全部转折角为止。

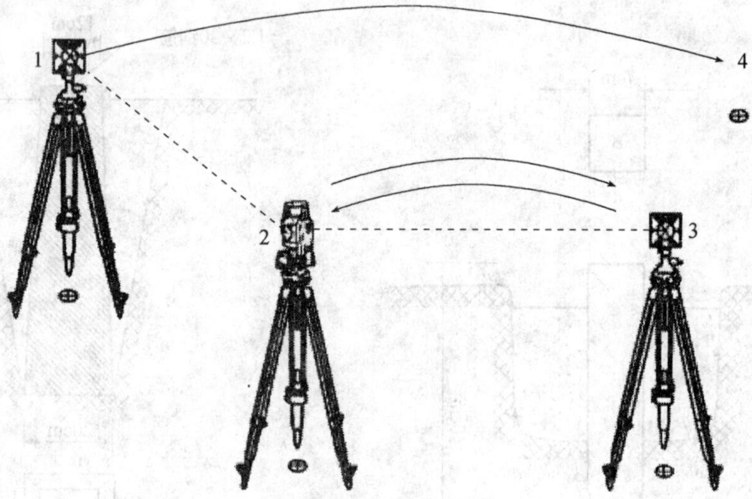

图5-9　三联脚架法测角

(3) 定向

为了控制导线的方向，在导线起、止的已知控制点上，必须测定连接角，该项工作称为导线定向，或称导线连接测量。定向的目的是为了确定每条导线边的方位角。

导线的定向有两种情况，一种是布设独立导线，只要用罗盘仪测定起始边的方位角，整个导线的每条边的方位角就可确定；另一种情况是布设成与高一级控制点相连接的导线，先要测出连接角，再根据高一级控制点的方位角，推算出各边的方位角。连接角要精确测定。

三、导线测量的内业计算

导线测量外业结束后，就要进行导线内业计算，其目的就是根据已知的起始数据和外业观测成果，通过误差调整，计算出各导线点的平面坐标。

计算之前，首先要对外业观测成果进行全面检查和整理，观测数据有无遗漏，记录计算是否正确，成果是否符合限差要求；然后绘制导线略图，并把各项数据标注在略图上，如图5-10所示。

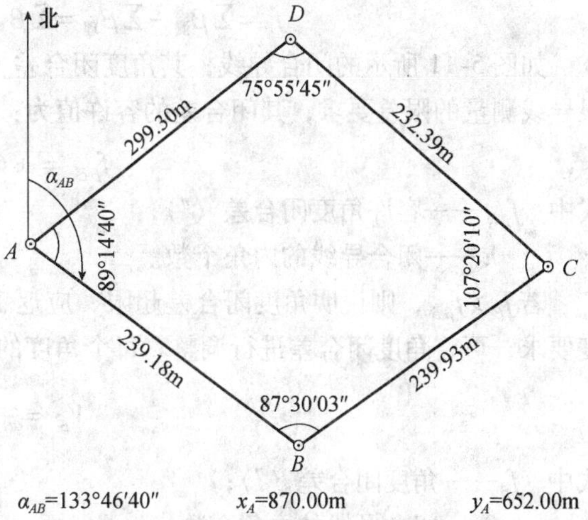

图5-10 闭合导线略图

1. 闭合导线计算

闭合导线是由折线组成的多边形，必须满足多边形内角和条件及坐标条件，即从起算点开始，逐点推算各待定导线点的坐标，最后推回到起算点，由于是同一个点，故推算出的坐标应该等于该点的已知坐标。

现以图5-10所示的图根闭合导线为例，介绍闭合导线计算步骤，可参见表5-6。

表5-6 闭合导线坐标计算表

点号	观测角/(° ′ ″)	改正数/″	改正后角值/(° ′ ″)	坐标方位角/(° ′ ″)	边长/m	坐标增量计算值/m $\Delta x'$	坐标增量计算值/m $\Delta y'$	改正后坐标增量/m Δx	改正后坐标增量/m Δy	坐标/m x	坐标/m y	点号
1	2	3	4	5	6	7	8	9	10	11	12	13
A										870.00	652.00	A
				133 46 40	239.18	+0.06 −165.48	+0.02 +172.69	−165.42	+172.71			
B	87 30 03	−9	87 29 54							704.58	824.71	B
				41 16 34	239.73	+0.07 +180.17	+0.02 +158.18	+180.24	+158.20			
C	107 20 10	−10	107 20 00							884.82	982.91	C
				328 36 34	232.39	+0.06 +198.38	+0.02 −121.04	+198.44	−121.02			
D	75 55 45	−10	75 55 35							1083.26	861.89	D
				224 32 09	299.30	+0.08 −213.34	+0.03 −209.92	−213.26	−209.89			
A	89 14 40	−9	89 14 31							870.00	652.00	A
				133 46 40								
B												B
Σ	360 00 38	−38	360 00 00		1010.60	−0.27	−0.09	0	0			
辅助计算	$f_\beta=+38''$ $f_{\beta容}=\pm60\sqrt{4}=\pm120''$ $f_\beta\leqslant f_{\beta容}$				$f_x=-0.27$（m） $f_y=-0.09$（m）			$f_D=\sqrt{f_x^2+f_y^2}=0.28$（m） $K=\dfrac{f_D}{\sum D}=\dfrac{0.28}{1010.60}\approx\dfrac{1}{3600}$				

（1）*在表中填入已知数据*

将导线略图中的点号、观测角、边长、起始点坐标、起始边方位角填入表5-6中。

（2）*计算、调整角度闭合差*

由平面几何知识可知，n边形闭合导线的内角和的理论值应为：

$$\sum\beta_{理}=(n-2)\times180°$$

在实际观测中，由于误差的存在，使实测的内角和$\sum\beta_{测}$不等于理论值$\sum\beta_{理}$，两者之差称为闭合导线的角度闭合差f_β。即

$$f_\beta = \sum\beta_{测} - \sum\beta_{理} = \sum\beta_{测} - (n-2)\times180°$$

如图5-11所示的闭合导线，其角度闭合差$f_\beta = 360°00'38'' - 360°00'00'' = +38''$。根据图根导线测量的限差要求，其闭合差的容许值为：

$$f_{\beta容} = \pm 60\sqrt{n}$$

式中 $f_{\beta容}$——容许角度闭合差（″）；

n——闭合导线的内角个数。

若$f_\beta > f_{\beta容}$，则说明角度闭合差超限，应返工重测；若$f_\beta < f_{\beta容}$，则说明所测角度满足精度要求，可将角度闭合差进行调整。每个角度的改正数用V_β表示，则有

$$V_\beta = -\frac{f_\beta}{n}$$

式中 f_β——角度闭合差（″）；

n——闭合导线的内角个数。

角度闭合差的调整原则是：将f_β反符号平均分配到各观测角中，如果不能均分，则将余数分配给短边的夹角。调整后的内角和应等于理论值$\sum\beta_{理}$。

（3）计算各边的坐标方位角

从图5-10中可以看出，推算方位角的路线方向为：北$A \to AB \to BC \to CD \to DA \to A$北，根据起始边的已知坐标方位角及调整后的各内角值，按下列公式计算各边坐标方位角。

$$\alpha_{前} = \alpha_{后} + 180° \pm \beta$$

在计算时要注意以下几点：

1）上式中$\pm\beta$，若β是左角，则取$+\beta$；若β是右角，则取$-\beta$。

2）计算出来的$\alpha_{前}$，若大于360°，应减去360°；若小于0°，则加上360°，即保证坐标方位角在0°~360°的取值范围内。

3）起始边的坐标方位角最后推算出来，其推算值应与已知值相等，否则推算过程有错。

（4）坐标增量闭合差的计算与调整

如图5-11所示，根据已推算出的坐标方位角和相应边的边长，按下式计算坐标增量，即

$$\left.\begin{aligned}\Delta x'_i &= D_i\cos\alpha_i\\ \Delta y'_i &= D_i\sin\alpha_i\end{aligned}\right\}$$

根据闭合导线的定义，闭合导线纵、横坐标增量之和的理论值应为零，即

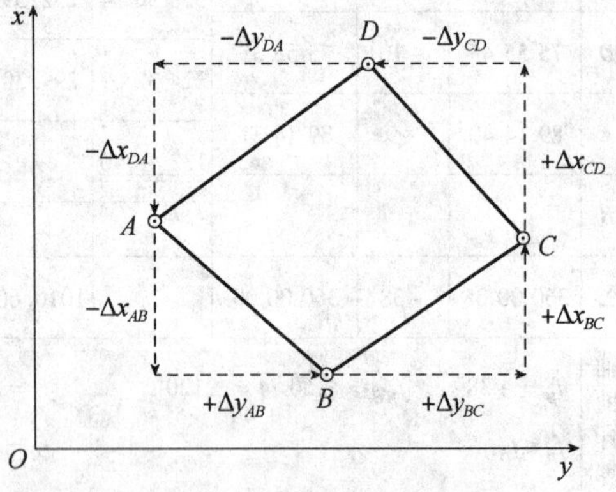

图5-11 闭合导线理论闭合差

$$\left.\begin{aligned}\sum\Delta x_i &= 0\\ \sum\Delta y_i &= 0\end{aligned}\right\}$$

实际上，测量边长的误差和角度闭合差调整后的残余误差，使纵、横坐标增量的代数和不能等于零，则产生了纵、横坐标增量闭合差，即

$$\left.\begin{aligned}f_x &= \sum\Delta x'_{测}\\ f_y &= \sum\Delta y'_{测}\end{aligned}\right\}$$

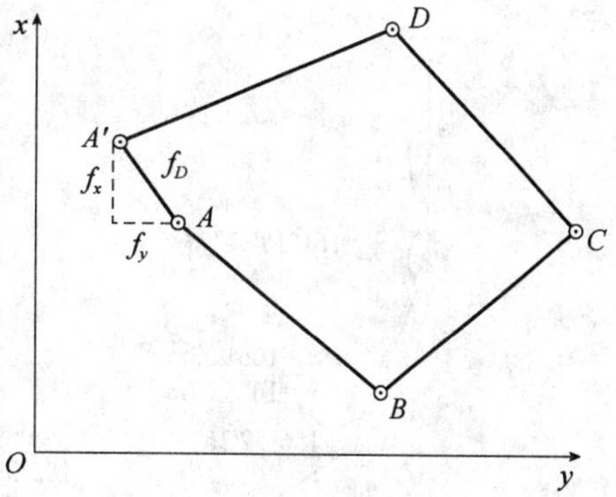

图 5-12 闭合导线坐标闭合差

由于坐标增量闭合差的存在，使导线不能闭合，如图 5-12 所示，AA'这段距离f_D称勾导线全长闭合差。按几何关系得

$$f_D = \sqrt{f_x^2 + f_y^2}$$

顾及导线愈长，误差累积愈大，因此衡量导线的精度通常用导线全长相对闭合差来表示，即

$$K = \frac{f_D}{\sum D} = \frac{1}{\frac{\sum D}{f_D}}$$

式中 $\sum D$——导线边长总和（m）。

对于不同等级的导线全长相对闭合差的容许值$K_{容}$可查阅导线测量的相关规定。若$K \leqslant K_{容}$，则说明导线测量结果满足精度要求，可进行调整。坐标增量闭合差的调整原则是：将f_x、f_y反符号按与边长成正比的方法分配到各坐标增量上去，将计算凑整残余的不符值分配在长边的坐标增量上，则坐标增量的改正数为：

$$\left.\begin{aligned} v_{\Delta x_i} &= -\frac{f_x}{\sum D}D_{ij} \\ v_{\Delta y_i} &= -\frac{f_y}{\sum D}D_{ij} \end{aligned}\right\}$$

式中 $v_{\Delta x_i}$——第i边的纵坐标增量（m）；

$v_{\Delta y_i}$——第i边的横坐标增量（m）；

$\sum D$——导线边长总和（m）。

为作计算校核，坐标增量改正数之和应满足下式，即

$$\left.\begin{aligned} \sum v_{\Delta x} &= -f_x \\ \sum v_{\Delta y} &= -f_y \end{aligned}\right\}$$

改正后的坐标增量为

$$\left.\begin{aligned} \Delta x_{ij} &= \Delta x'_{ij测} + v_{\Delta x_{ij}} \\ \Delta y_{ij} &= \Delta y'_{ij测} + v_{\Delta y_{ij}} \end{aligned}\right\}$$

(5) 导线点坐标计算

根据起始点的已知坐标和改正后的坐标增量，即可按下列公式依次计算各导线点的坐标，即

$$\left.\begin{aligned} x_{前} &= x_{后} + \Delta x_{ij} \\ y_{前} &= y_{后} + \Delta y_{ij} \end{aligned}\right\}$$

用上式最后推算出起始点的坐标，推算值应与已知值相等，以此检核整个计算过程是否有错。

2. 附合导线计算

附合导线的坐标计算步骤与闭合导线相同。由于两者布置形式不同，从而使角度闭合差和坐标增量闭合差的计算方法也有所不同。

如图 5-13 所示，附合导线中B、C为已知控制点，AB、CD为已知方向，B、C之间布设一附合导线。图中观测角为左角。

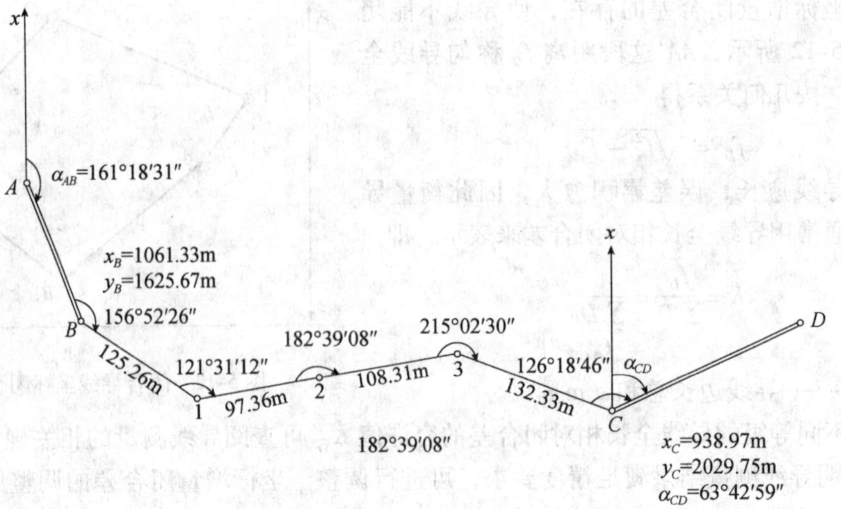

图 5-13　附合导线略图

(1) 角度闭合差计算

由于附合导线两端方向已知，则由起始边的坐标方位角和测定的导线各转折角，就可推算出导线终边的坐标方位角。但测角带有误差，致使导线终边坐标方位角的推算值 $\alpha'_{终}$ 不等于已知终边坐标方位角 $\alpha_{终}$，其差值即为附合导线的角度闭合差 f_β，即

$$f_\beta = \alpha'_{终} - \alpha_{终} = \alpha'_{始} + \sum \beta_{测} - n \times 180° - \alpha_{终}$$

式中　$\alpha'_{始}$——附合导线的起算边方位角（°）；

$\alpha_{终}$——附合导线的终边方位角（°）；

f_β——方位角闭合差（″）；

n——附合导线的折角个数。

如图 5-13 的附合导线，已知起算边 AB 的方位角 $\alpha_{AB} = 161°18'31''$，终边 CD 的方位角 $\alpha_{CD} = 63°42'59''$，五个观测角的总和 $\sum \beta = 802°24'02''$，则

$$f_\beta = 161°18'31'' + 802°24'02'' - 5 \times 180° - 63°42'59'' = -26''$$

附合导线方位角闭合差容许值的计算和调整与闭合导线相同。

(2) 坐标增量闭合差计算

附合导线各边坐标增量代数和的理论值，应等于终、始两已知点的坐标之差。若不等，其差值为坐标增量闭合差，即

$$\left.\begin{aligned} \sum \Delta x_{理} &= x_{终} - x_{始} \\ \sum \Delta y_{理} &= y_{终} - y_{始} \end{aligned}\right\}$$

由于推算的各边坐标增量代数和与理论值不符，二者之差即为附合导线纵、横坐标增量闭合差。

$$\left.\begin{aligned} f_x &= \sum \Delta x_{测} - \sum \Delta x_{理} = \sum \Delta x_{测} - (x_{终} - x_{始}) \\ f_y &= \sum \Delta y_{测} - \sum \Delta y_{理} = \sum \Delta y_{测} - (y_{终} - y_{始}) \end{aligned}\right\}$$

附合导线全长闭合差、全长相对闭合差和容许相对闭合差的计算，以及坐标增量闭合差的调整，与闭合导线相同。附合导线的计算过程，可参见表 5-7。

表 5-7 附合导线坐标计算表

点号	观测角/(° ′ ″)	改正数/″	改正后角值/(° ′ ″)	坐标方位角/(° ′ ″)	边长/m	坐标增量计算值/m Δx′	Δy′	改正后坐标增量/m Δx	Δy	坐标/m x	y	点号
1	2	3	4	5	6	7	8	9	10	11	12	13
A												A
				161 18 31								
B	156 52 26	+5	156 52 31							1061.33	1625.67	B
				138 11 02	125.26	+0.02 −93.35	−0.02 +83.52	−93.33	+83.50			
1	121 31 12	+5	121 31 17							968.00	1709.17	1
				79 42 19	97.36	−0.02 +17.40	−0.01 +95.79	+17.42	+95.78			
2	182 39 08	+6	182 39 14							985.42	1804.95	2
				82 21 33	108.31	+0.02 +14.40	−0.01 +107.35	+14.42	+107.34			
3	215 02 30	+5	215 02 35							999.84	1912.29	3
				117 24 08	132.33	+0.03 −60.90	−0.02 +117.18	−60.87	+117.46			
C	126 18 46	+5	126 18 51							938.97	2029.75	C
				63 42 59								
D												D
Σ	802 24 02	+26	802 24 28		463.26	−122.45	+404.14	−122.36	+404.08			

$\alpha'_{CD}=\alpha_{AB}+n\times180°+\sum\beta=63°42'33''$

$f_\beta=\alpha'_{CD}-\alpha_{CD}=-26''$　　$f_x=\sum\Delta x'-(x_C-x_B)=-0.09\text{m}$　　$f_D=\sqrt{f_x^2-f_y^2}=0.10\text{m}$

$f_{\beta容}=\pm60\sqrt{n}=\pm134''$　　$f_y=\sum\Delta y'-(y_C-y_B)=+0.06\text{m}$　　$K=\frac{f_D}{\sum D}=\frac{0.10}{463.26}\approx\frac{1}{4600}$

3. 支导线计算

由于电磁波测距仪和全站仪的发展和普及，测距和测角精度大大提高，在测区内已有控制点的数量不能满足测图或施工放样的需要时，可用支导线的方法来代替交会法来加密控制点。

由于支导线既不回到原起始点上，又不附合到另一个已知点上，故支导线没有检核限制条件，也就不需要计算角度闭合差和坐标增量闭合差，只要根据已知边的坐标方位角和已知点的坐标，由外业测定的转折角和转折边长，直接计算出各边方位角及各边坐标增量，最后推算出待定导线点的坐标。

如图 5-14 所示，为一支导线，所有的起算数据都已标在图中，其计算过程见表 5-8。

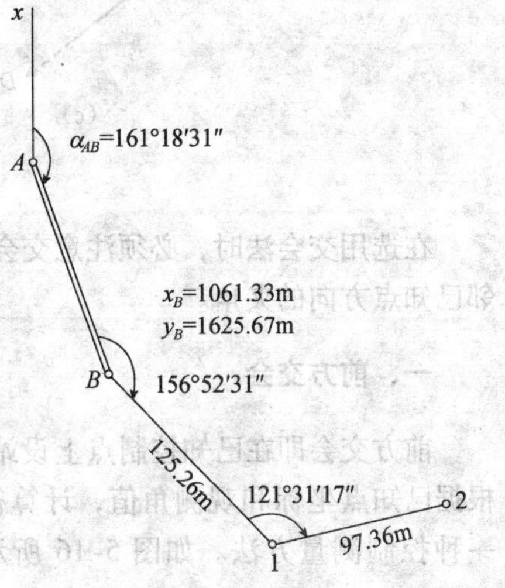

图 5-14 支导线略图

表 5-8 支导线计算表

点号	观测角/(° ′ ″)	坐标方位角/(° ′ ″)	边长/m	坐标增量/m Δx	Δy	坐标/m x	y	点号
1	2	3	4	5	6	7	8	9
A								A
		161 18 31						
B	156 52 31					1061.33	1625.67	B
		138 11 02	125.26	−93.35	+83.52			
1	121 31 17					967.98	1709.19	1
		79 42 19	97.36	+17.40	+95.79			
2						985.38	1804.98	2

第三节　交会定点测量

在进行平面控制测量时，如果导线点的密度不能满足测图和工程的要求，则需要进行控制点的加密。控制点的加密，可以采用导线测量，也可以采用交会定点法。如图 5-15 所示，根据测角、测边的不同，交会定点可分为测角前方交会［图 5-15（a）］；测角侧方交会［图 5-15（b）］；测角后方交会［图 5-15（c）］；测边交会［图 5-15（d）］等几种方法。

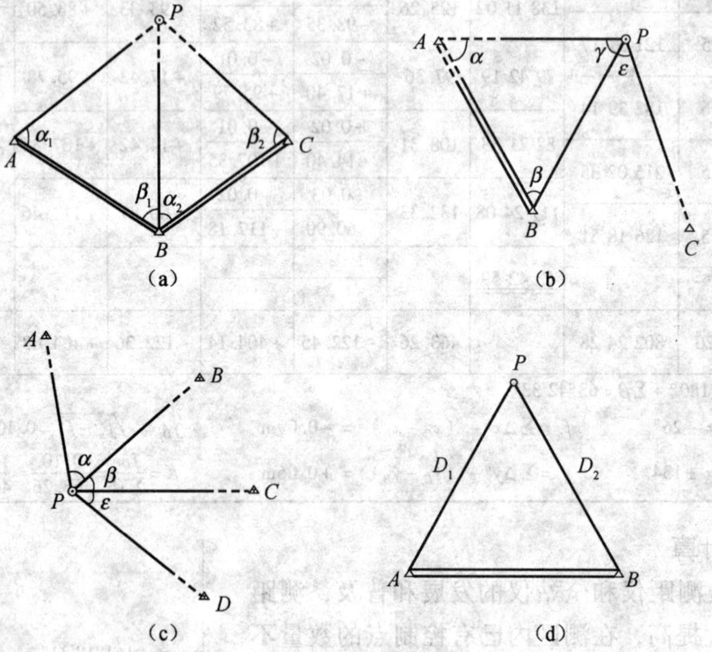

图 5-15　各种交会图形

在选用交会法时，必须注意交会角不应小于 30°或大于 150°，交会角是指待定点至两相邻已知点方向的夹角。

一、前方交会

前方交会即在已知控制点上设站观测水平角，根据已知点坐标和观测角值，计算待定点坐标的一种控制测量方法。如图 5-16 所示，在已知点 A（x_A，y_A），B（x_B，y_B）上安置经纬仪（或全站仪）分别向待定点 P 观测水平角 α 和 β，便可以计算出 P 点的坐标。为保证交会定点的精度，在选定 P 点时，应使交会角 γ 处于 30°～150°之间，最好接近 90°。

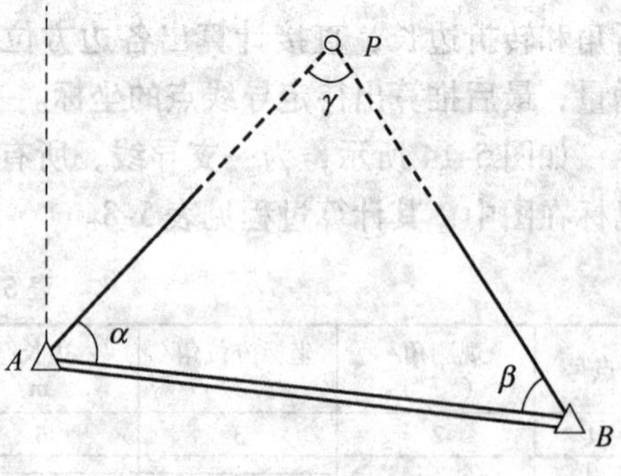

图 5-16　前方交会

通过坐标反算，求得已知边 AB 的坐标方位角 α_{AB} 和边长 S_{AB}，然后根据观测角 α 可推算出 AP 边的坐标方位角 α_{AP}，由正弦定理可求出 AP 边的边长 S_{AP}。最终，依据坐标正算公式，即可求得待定点 P 的坐标，即

$$\left.\begin{aligned} x_P &= x_A + S_{AP}\cos\alpha_{AP} \\ y_P &= y_A + S_{AP}\sin\alpha_{AP} \end{aligned}\right\}$$

当△ABP 的点号 A（已知点）、B（已知点）、P（待定点）按逆时针编号时，可得到前方交会求待定点 P 的坐标的一种余切公式，即

$$\left.\begin{aligned} x_P &= \frac{x_A\cot\beta + x_B\cot\alpha + (y_B - y_A)}{\cot\alpha + \cot\beta} \\ y_P &= \frac{y_A\cot\beta + y_B\cot\alpha - (x_B - x_A)}{\cot\alpha + \cot\beta} \end{aligned}\right\}$$

若 A，B，P 按顺时针编号，则相应的余切公式为

$$\left.\begin{aligned} x_P &= \frac{x_A\cot\beta + x_B\cot\alpha - (y_B - y_A)}{\cot\alpha + \cot\beta} \\ y_P &= \frac{y_A\cot\beta + y_B\cot\alpha + (x_B - x_A)}{\cot\alpha + \cot\beta} \end{aligned}\right\}$$

在实际工作中，为了检核交会点的精度，通常从三个已知点 A，B，C 上分别向待定点 P 进行角度观测，分成两个三角形利用余切公式解算交会点 P 的坐标。若两组计算出的坐标的较差 e 在允许限差之内，则取两组坐标的平均值作为待定点 P 的最后坐标。对于图根控制测量，两组坐标较差的限差规定为不大于两倍测图比例尺精度，即

$$e = \sqrt{(x'_P - x''_P)^2 + (y'_P - y''_P)^2} \leqslant 0.2M(\text{mm})$$

式中　M——测图比例尺分母。

二、后方交会

如图 5-17 所示为后方交会基本图形。A，B，C，D 为已知点，在待定点 P 上设站，分别观测已知点 A，B，C，观测出 α 和 β，然后根据已知点的坐标计算出 P 点的坐标，这种方法称为测角后方交会，简称后方交会。

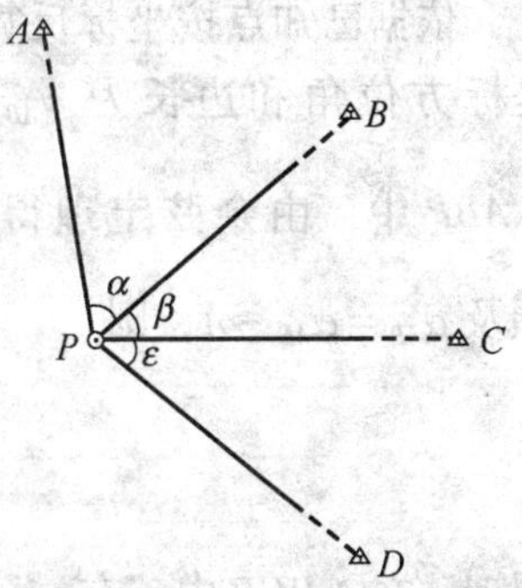

图 5-17　后方交会

后方交会的计算方法有多种，现只介绍一种，即 P 点位于 A，B，C 三点组成的三角形之外时的简便计算方法，可用下列公式求得。

$$\begin{aligned} a &= (x_A - x_B) + (y_A - y_B)\cot\alpha \\ b &= (y_A - y_B) - (x_A - x_B)\cot\alpha \\ c &= (x_C - x_B) - (y_C - y_B)\cot\beta \\ d &= (y_C - y_B) + (x_C - x_B)\cot\beta \end{aligned}$$

$$k = \tan\alpha_{BP} = \frac{c - a}{b - d}$$

$$\Delta x_{BP} = \frac{a + bk}{1 + k^2}$$

$$\Delta y_{BP} = k\Delta x_{BP}$$

$$x_P = x_B + \Delta x_{BP}$$

$$y_P = y_B + \Delta y_{BP}$$

为了保证 P 点的坐标精度，后方交会还应该用第四个已知点进行检核。如图 5-17 所示，在 P 点观测 A，B，C 点的同时，还应观测 D 点，测定检核角 $\varepsilon_{测}$。在算得 P 点坐标后，可求出 α_{PB} 与 α_{PD}，由此得 $\varepsilon_{计} = \alpha_{PD} - \alpha_{PB}$。若角度观测和计算无误时，则应有 $\varepsilon_{测} = \varepsilon_{计}$。

但由于观测误差的存在，使 $\varepsilon_{计} \neq \varepsilon_{测}$，二者之差为检核角较差，即

$$\Delta\varepsilon = \varepsilon_{测} - \varepsilon_{计}$$

$\Delta\varepsilon$ 的容许值可用下式计算：

$$\Delta\varepsilon_{容} = \pm \frac{M}{10^4 \times S_{PB}}\rho$$

式中 M——测图比例尺分母。

如果选定的交会点 P 与 A，B，C 三点恰好在同一圆周上时，则 P 点无定解，此圆称为危险圆。在后方交会中，要避免 P 点处在危险圆上或危险圆附近，一般要求 P 点至危险圆距离应大于该圆半径的 1/5。

三、测边交会

测边交会又称三边交会，是一种测量边长交会定点的控制方法。如图 5-18 所示，A，B，C 三个已知点，P 为待定点，A，B，C 按逆时针排列，a，b，c 为边长观测数据。

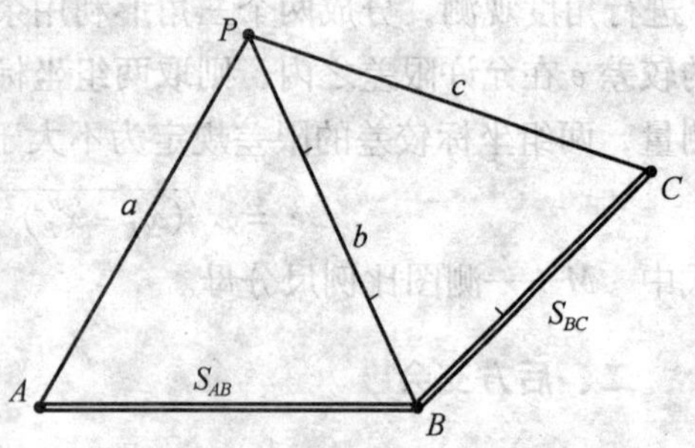

图 5-18　平面测边交会

依据已知点按坐标反算方法，反求已知边的坐标方位角和边长为 α_{AB}，α_{CB} 和 S_{AB}，S_{CB}。在 $\triangle ABP$ 中，由余弦定理得：$\cos A = \dfrac{S_{AB}^2 + a^2 - b^2}{2aS_{AB}}$，顾及 $\alpha_{AP} = \alpha_{AB} - A$，则

$$\left.\begin{aligned} x'_P &= x_A + a\cos\alpha_{AP} \\ y'_P &= y_A + a\sin\alpha_{AP} \end{aligned}\right\}$$

同理，在 $\triangle BCP$ 中，有：$\cos C = \dfrac{S_{CB}^2 + c^2 - b^2}{2cS_{CB}}$，顾及 $\alpha_{CP} = \alpha_{CB} + C$，则

$$\left.\begin{aligned} x''_P &= x_C + c\cos\alpha_{CP} \\ y''_P &= y_C + c\sin\alpha_{CP} \end{aligned}\right\}$$

根据此两式计算出待定点的两组坐标，并计算其较差，若较差在允许限差之内，则可取两组坐标值的算术平均值作为待定点 P 的最终坐标。

四、极坐标法

在图 5-17 中，在已知点 A 上测出水平角 α 和水平距离 D_{AP}，在 B 点上测出水平角度和水平距离 D_{BP}，则

$$\alpha_{AP} = \alpha_{AB} - \alpha$$
$$\alpha_{BP} = \alpha_{BA} + \beta$$

由 A 点计算 P 点坐标：

$$x_P = x_A + D_{AP}\cos\alpha_{AP}$$

$$y_P = y_A + D_{AP}\sin\alpha_{AP}$$

由 B 点计算 P 点坐标：

$$x_P = x_B + D_{BP}\cos\alpha_{BP}$$

$$y_P = y_B + D_{BP}\sin\alpha_{BP}$$

求得 P 点两组坐标之差若在限差之内，取平均值作为最后的结果。

有光电测距仪或全站仪时，用极坐标观测法求点的坐标极为方便。各种全站仪，本身带有程序，观测完毕，测点坐标即可获得。

第四节 三、四等水准测量

三、四等水准测量，除了应用于国家高程控制网的加密外，还能够应用于建立小区域首级高程控制网。三、四等水准测量的起算点高程应尽量从附近的一、二等级水准点引测，若测区附近没有国家一、二等水准点，则在小区域范围内可采用闭合水准路线建立独立的首级高程控制网，假定起算点的高程。三、四等水准测量及等外水准测量的精度要求列于表5-9。

表5-9 水准测量的主要技术要求

等级	路线长度/km	水准仪型号	水准尺	观测次数		往返较差、附合或环线闭合差	
				与已知点联测	附合或环线	平地/mm	山地/mm
三	≤50	DS1	因瓦	往返各一次	往一次	$12\sqrt{L}$	$4\sqrt{n}$
		DS3	双面		往返各一次		
四	≤16	DS3	双面	往返各一次	往一次	$20\sqrt{L}$	$6\sqrt{n}$
等外	—	DS3	单面	往返各一次	往一次	$30\sqrt{L}$	—

注：L 为往返测段、附合或环线的水准路线长度（km）；n 为测站数。

三、四等水准测量一般采用双面尺法观测，其在一个测站上的技术要求见表5-10。

表5-10 水准观测的主要技术要求

等级	水准仪的型号	视线长度/m	前后视较差/m	前后视累积差/m	视线离地面最低高度/m	黑红面读数较差/mm	黑红面高差较差/mm
三	DS1	100	3	6	0.3	1.0	1.5
	DS3	75				2.0	3.0
四	DS3	100	5	10	0.2	3.0	5.0
等外	DS3	100	大致相等	—	—	—	—

1. 三、四等水准测量的观测程序和记录方法

（1）三等水准测量每测站照准标尺分划顺序

1）后视标尺黑面，精平，读取上、下、中丝读数，记为（1）、（2）、（3）；

2）前视标尺黑面，精平，读取上、下、中丝读数，记为（4）、（5）、（6）；

3）前视标尺红面，精平，读取中丝读数，记为（7）；

4）后视标尺红面，精平，读取中丝读数，记为（8）。

三等水准测量测站观测顺序简称为“后—前—前—后”（或黑—黑—红—红），其优点

是可消除或减弱仪器和尺垫下沉误差的影响。

(2) 四等水准测量每测站照准标尺分划顺序

1) 后视标尺黑面，精平，读取上、下、中丝读数，记为 (1)、(2)、(3)；

2) 后视标尺红面，精平，读取中丝读数，记为 (4)；

3) 前视标尺黑面，精平，读取上、下、中丝读数，记为 (5)、(6)、(7)；

4) 前视标尺红面，精平，读取中丝读数，记为 (8)。

四等水准测量测站观测顺序简称为“后—后—前—前”(或黑—红—黑—红)。

下面以三等水准测量一个测段为例介绍双面尺法观测的程序（四等水准测量也可以采用），其记录与计算参见表 5-11。

表 5-11 三、四等水准测量观测手簿

测站编号	测点编号	后尺 下丝 / 上丝 / 后距 / 视距差 d/m	前尺 下丝 / 上丝 / 前距 / Σd/m	方向及尺号	标尺读数/m 黑面	标尺读数/m 红面	K 加黑减红/mm	高差中数/m	备注
		(1)	(4)	后	(3)	(8)	(14)		
		(2)	(5)	前	(6)	(7)	(13)		
		(9)	(10)	后—前	(15)	(16)	(17)		
		(11)	(12)					(18)	
1	BM_1-Z_1	1.691	1.137	后 01	1.523	6.309	+1		
		1.355	0.798	前 02	0.968	5.655	0		
		33.6	33.9	后—前	+0.555	+0.651	+1		
		−0.3	−0.3					+0.5545	
2	Z_1-Z_2	1.937	2.113	后 02	1.676	6.364	−1		
		1.415	1.589	前 01	1.851	6.637	+1		$K_{01}=4.787$m
		52.2	52.4	后—前	−0.175	−0.273	−2		$K_{02}=4.687$m
		−0.2	−0.5					−0.1740	
3	Z_2-Z_3	1.887	1.757	后 01	1.612	6.399	0		
		1.336	1.209	前 02	1.483	6.169	+1		
		55.1	54.8	后—前	+0.129	+0.230	−1		
		+0.3	−0.2					+0.1295	
4	Z_3-BM_2	2.208	1.965	后 02	1.878	6.565	0		
		1.547	1.303	前 01	1.634	6.422	−1		
		66.1	66.2	后—前	+0.244	+0.143	+1		
		−0.1	−0.3					+0.2435	
每页校核	$\Sigma(9)=207.0$ −) $\Sigma(10)=207.3$ $=-0.3$ 总视距 $=\Sigma(9)+\Sigma(10)=414.3$ (m)			$\Sigma[(3)+(8)]=32.326$ −) $\Sigma[(6)+(7)]=30.819$ $=+1.507$		$\Sigma[(15)+(16)]$ $=+1.507$		$\Sigma(18)=+0.7535$ $2\Sigma(18)=+1.507$	

2. 测站计算与校核

(1) 视距计算

后视距离：(9) = [(1) - (2)] × 100

前视距离：(10) = [(4) - (5)] × 100

前、后视距差：(11) = (9) - (10)

前、后视距累积差：本站 (12) = 本站 (11) + 上站 (12)

(2) 同一水准尺黑、红面中丝读数校核

前尺：(13) = (6) + K_1 - (7)

后尺：(14) = (3) + K_2 - (8)

(3) 高差计算及校核

黑面高差：(15) = (3) - (6)

红面高差：(16) = (8) - (7)

校核计算：红、黑面高差之差 (17) = (15) - [(16) ±0.100]

或 (17) = (14) - (13)

高差中数：(18) = [(15) + (16) ±0.100]/2

在测站上，当后尺红面起点为4.687m，前尺红面起点为4.787m时，取+0.100；反之，取-0.100。

(4) 每页计算校核

1) 高差部分

每页上，后视红、黑面读数总和与前视红、黑面读数总和之差，应等于红、黑面高差之和，还应等于该页平均高差总和的两倍，即

对于测站数为偶数的页：

$$\Sigma[(3)+(8)]-\Sigma[(6)+(7)]=\Sigma[(15)+(16)]=2\Sigma(18)$$

对于测站数为奇数的页：

$$\Sigma[(3)+(8)]-\Sigma[(6)+(7)]=\Sigma[(15)+(16)]=2\Sigma(18)\pm 0.100$$

2) 视距部分

末站视距累积差值：末站(12) = Σ(9) - Σ(10)

总视距 = Σ(9) + Σ(10)

3. 成果计算与校核

在每个测站计算无误后，并且各项数值都在相应的限差范围之内时，根据每个测站的平均高差，利用已知点的高程，推算出各水准点的高程。至此完成了三、四等水准测量的整个过程。

4. 等外水准测量

等外水准测量，是用于工程水准测量或测定图根控制点的高程。其精度低于四等水准测量，故称为等外水准测量（也叫五等水准测量）。

第五节　三角高程测量

1. 三角高程测量原理

三角高程测量原理是根据两点间的水平距离及竖直角应用三角学公式计算两点间的高差。三角高程测量主要用于测定图根控制点之间的高差，尤其在测区进行三角高程测量的先决条件为两点间水平距离已知，或用光电测距仪测定距离。如图5-19所示，欲测定A、B两点间的高差，安置经纬仪于A点，在B点竖立标杆。设仪器高为i，标杆高度为v，已知两点间平距为D，望远镜瞄准标杆顶点M时测得竖直角为α，从图中看出高差h_{AB}公式为

$$h_{AB} = D\tan\alpha + i - v$$

已知A点高程为H_A，则B点高程H_B公式为：

$$H_B = H_A + h_{AB}$$

上述三角高程公式推导是假设大地水准面是平面，事实上，大地水准面是曲面，因此，还应考虑地球曲率对高差的影响。当距离大时，地球曲率的影响不可忽视，从图5-20中看出高差值应增加c，c称球差改正。另外，由于大气折光的影响，测站望远镜观测目标顶点M的视线是一条向上凸的弧线，使α角测大了，从图中看出高差值中应减少γ，γ称气差改正。

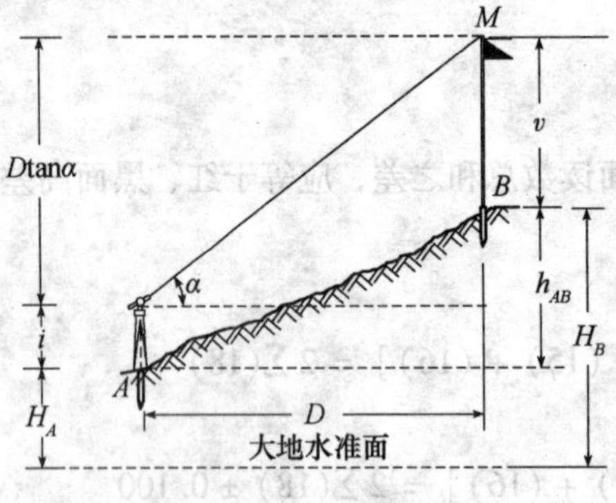

图5-19　三角高程测量原理

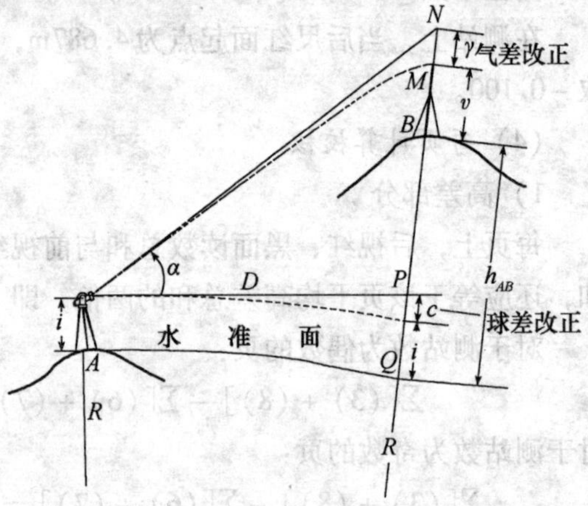

图5-20　三角高程测量原理（长距离）

从图5-20中看出：

$$h_{AB} = NP + PQ - NB$$

上式中：$NP = D\tan\alpha$，$PQ = i + c$，$NB = v + \gamma$，代入后得：

$$h_{AB} = D\tan\alpha + i + c - (v + \gamma)$$

即

$$h_{AB} = D\tan\alpha + i - v + (c - \gamma)$$

上式为三角高程测量计算公式，式中（$c-\gamma$）即为球差与气差两项改正。

球差改正c为：

$$c = \frac{D^2}{2R}$$

式中　R——地球曲率半径；

D——两点间水平距。

大气垂直折光影响使视线变弯曲，其曲率半径 R' 为变量，设 $K=\frac{R}{R'}$，称为大气垂直折光系数，它受地区高程、气温、气压、季节、日照、地面覆盖地物和视线超过地面的高度等诸多因素的影响。通常认为 $R'=7R$，将其代入折光系数公式得

$$K=\frac{R}{R'}=\frac{R}{7R}=0.14$$

仿照式 $c=\frac{D^2}{2R}$ 可写出气差改正的公式

$$\gamma=\frac{D^2}{2R'}=\frac{D^2}{2\times 7R}=0.14\frac{D^2}{2R}$$

从式 $h_{AB}=D\tan\alpha+i-v+(c-\gamma)$ 看出：球差改正 c 恒为正，气差改正 γ 恒为负。球差改正与气差改正合在一起称为两差改正 f，即

$$f=c-\gamma=\frac{D^2}{2R}-0.14\frac{D^2}{2R}=0.43\frac{D^2}{R}$$

因此，三角高程测量计算式可写为：

$$h_{AB}=D\tan\alpha+i_A-v_B+f$$

可以看出，当 D 越长，两差改正越大，当 $D=1\text{km}$ 时，$f=6.7\text{cm}$。因此，三角高程测量一般采用往返观测，又称对向观测，取往返平均值可以消除两差的影响。因为

由 A 站观测 B 点：

$$h_{AB}=D\tan\alpha_A+i_A-v_B+f$$

由 B 站观测 A 点：

$$h_{BA}=D\tan\alpha_B+i_B-v_A+f$$

往返取平均得：

$$h=\frac{1}{2}(h_{AB}-h_{BA})=\frac{1}{2}(D\tan\alpha_A-D\tan\alpha_B)+\frac{i_A-i_B}{2}+\frac{v_A-v_B}{2}$$

从上面公式可看出两差自动消除了。

2. 三角高程测量观测与计算

(1) 三角高程测量观测

在测站上安置经纬仪（或全站仪），量取仪器高 i，在目标点上量实标高，或安置棱镜，量棱镜高 v，仪器高 i 与目标高 v，用皮尺量，取至厘米。

用正倒镜中丝观测法或三丝观测法（上、中、下三丝依次瞄准目标）观测竖直角。注意正倒镜瞄准目标时，目标成像应位于纵丝左、右附近的对称位置。竖直角观测测回数与限差按表 5-12 规定。

表 5-12 竖直角观测测回数与限差

项目	四等、一、二、三级导线		图根导线
	DJ2	DJ6	DJ6
测回数	1	2	1
各测回竖直角互差	15″	25″	25″
各测回指标差互差	15″	25″	25″

(2) 三角高程测量的计算

三角高程测量往测、返测根据前文介绍计算。往返高差较差的容许值 $\Delta h_{容}$，对于四等光电测距三角高程测量规定为：

$$\Delta h_{容} \leqslant \pm 40\sqrt{D}(\text{mm})$$

式中 D——两点间的水平距离（km）。

图根三角高程测量对向观测两次高差的校差，城市测量规范规定应小于或等于 0.4×D（m），D 为边长，以 km 为单位。

如图 5-21 所示的三角高程测量控制网略图，在 A，B，C，D 四点间进行了三角高程测量，构成了闭合线路。已知 A 点的高程为 450.56m，已知数据及观测数据注于图 5-21 上。计算列于表 5-13 和表 5-14 中。

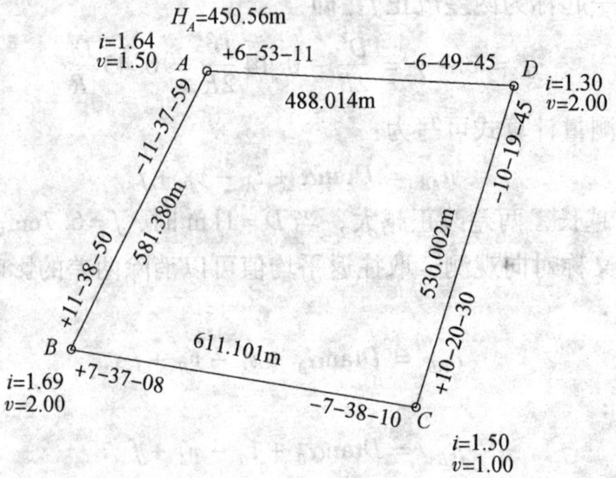

图 5-21 三角高程测量控制网略图

表 5-13 电磁波三角高程测量高差计算

起算点	A		B		…
待求点	B		C		…
往返测	往	返	往	返	…
观测高差 h'	−119.69	+119.84	81.743	−81.93	…
仪器高 i	1.64	1.69	1.69	1.50	…
棱镜高 v	1.50	2.00	2.00	1.00	…
两差改正 f	0.02	0.02	0.02	0.02	…
单向高差	−119.53	+119.55	81.43	−81.41	…
平均高差	−119.54		+81.42		…

表 5-14 三角高程测量高差调整及高程计算

点号	水平距离/m	计算高差/m	改正值/m	改正后高差/m	高程/m
1	2	3	4	5	6
A					450.56
B	581.380	−119.54	−0.01	−119.55	331.01

续表

点号	水平距离/m	计算高差/m	改正值/m	改正后高差/m	高程/m
C	611.101	+81.42	−0.01	+81.41	412.42
D	530.002	+97.26	−0.01	97.25	509.67
A	488.014	−59.11	0.00	−59.11	450.56
Σ	2210.497	+0.09	−0.05	0	
高差闭合差及容许闭合差	$f_h = +0.03\text{m}$ $f_{h容} = \pm 25\sqrt{2.21} = \pm 0.037\text{m}$				

由对向观测所求得高差平均值，计算闭合或附合线路的高差闭合差 f_h 的容许值，对于四等光电测距三角高程测量来说同四等水准测量的要求，在山区为：

$$f_{h容} = \pm 25\sqrt{\sum D_i}\,(\text{mm})$$

式中 D_i——相邻两点之间的边长。

第六章　测 量 误 差

第一节　测量误差及其分类

一、测量误差产生的原因

引起测量误差的原因很多，概括起来有仪器误差、观测者和外界条件的影响三个方面。

1. 仪器误差

测量工作是通过仪器进行的，而任何一种仪器都具有制造工艺上的局限性，尽管仪器通过检验和校正，但都会有一些剩余误差，使观测结果的精度受到一定的限制。例如水准仪的视准轴难以绝对平行于水准管轴，水准尺有分划误差等。当然，不同类型的仪器具有不同精度，使用不同精度的仪器引起的误差大小也不相同。

2. 观测者的影响

观测者是通过自身的感觉器官来进行工作的，由于人的感觉器官鉴别能力有一定的局限性，使得在安置仪器、瞄准、读数等方面都会产生误差。此外，观测者的技术水平、熟练程度和工作态度也会直接影响观测成果的质量。

3. 外界条件的影响

由于观测时所处的外界自然环境与仪器所要求的标准状态不一致，引起测量仪器和被测物体本身的变化，这些环境因素与温度、湿度、风力、日照、气压、振动、电磁场、空气的透明度、空气的含尘量、大气折光等有关，必然使观测结果带有误差。

通常把观测误差来源的三个方面称为观测条件，观测条件的好坏与观测成果的质量有着密切的联系。一般情况下，观测误差的大小受观测条件的制约。观测条件好时，误差就小，所获得的观测结果的质量就高；反之，误差就大，观测结果的质量就低。因此，评定观测结果的质量高低，应根据观测条件的好坏和观测误差的大小进行综合考虑。

在测量中，除了误差之外，有时还可能发生错误。例如测错、读错、算错等，这是由于观测者的疏忽大意造成的。例如，一个三角形三个内角和的理论值等于180°，为了确定该三角形的形状，只要测量其中的任意两个内角，第三个内角就可以用180°减去已测得的两个内角和求得。因此确定一个三角形形状的必要观测个数为2，但是如果测某个内角时经纬仪对中对错了点，则测得的内角就存在粗差，因没有检核条件，则该粗差不可能被发现，也不可能被消除。如果测量了第三个内角，则第三个内角就是多余观测，这时三个内角之和就构成了一个检核条件，若存在粗差，测量成果必然超过限差要求，因此，粗差可以通过多余观测来发现，并通过重新观测含有粗差的观测量来消除。只要观测者仔细认真地作业并采取必要的检核措施，错误就可以避免。

测量仪器在使用前都应进行检验和校正，操作时必须严格按照规范的要求进行。一般认为，当严格按照规范的要求进行测量工作时，系统误差和粗差是可以消除的，即使不能完全消除，也可以将其影响减到最小。

二、测量误差的分类

观测误差按其性质，可分为系统误差、偶然误差和粗差。

1. 系统误差

系统误差是由仪器制造或校正不完善、观测员生理习性、测量时外界条件、仪器检定时不一致等原因引起的。在同一条件下获得的观测列中，其数据、符号，或保持不变，或按一定的规律变化。系统误差在观测成果中具有累计性，对成果质量影响显著，应在观测中采取相应措施予以消除。

2. 偶然误差

偶然误差的产生取决于观测进行中的一系列不可能严格控制的因素（如湿度、温度、空气振动等）的随机扰动。在同一条件下获得的观测列中，其数值、符号不定，表面看没有规律性，实际上是服从一定的统计规律的。随机误差又可分两种：

1）误差的数学期望不为零，称为随机性系统误差。

2）误差的数学期望为零，称为偶然误差。

这两种随机误差经常同时发生，需根据最小二乘法原理加以处理。

3. 粗差

粗差是指由一些不确定因素引起的误差。国内外学者在粗差的认识上还未有统一的看法，目前的观点主要有以下几类：

1）将粗差看作与偶然误差具有相同的方差，但期望值不同。

2）将粗差看作与偶然误差具有相同的期望值，但其方差相差巨大。

3）认为偶然误差与粗差具有相同的统计性质，但有正态与病态的不同。

以上的理论均是建立在把偶然误差和粗差均看作是属于连续型随机变量的范畴。还有一些学者认为粗差属于离散型随机变量。

当观测值中剔除了粗差，排除了系统误差的影响，或者与偶然误差相比系统误差处于次要地位后，占主导地位的偶然误差就成了研究的主要对象。从单个偶然误差来看，其出现的符号和大小没有一定的规律性，但对大量的偶然误差进行统计分析，就能发现其规律性，误差个数越多，规律性越明显。

例如，在相同的观测条件下，对358个三角形的内角进行了观测。由于观测值含有偶然误差，致使每个三角形的内角和不等于180°。设三角形内角和的真值为 X，观测值为 L，其观测值与真值之差为真误差 Δ，用下式表示为：

$$\Delta = L_i - X \qquad (i = 1,2,\cdots,358)$$

由上式计算出358个三角形内角和的真误差，并取误差区间为0.2″，以误差的大小和正负号分别统计出它们在各误差区间内的个数 V 和频率 V/n，结果列于表6-1中。

表 6-1　偶然误差的区间分布

误差区间 dΔ/″	正误差		负误差		合计	
	个数 V	频率 V/n	个数 V	频率 V/n	个数 V	频率 V/n
0.0~0.2	45	0.126	46	0.128	91	0.254
0.2~0.4	40	0.112	41	0.115	81	0.226
0.4~0.6	33	0.092	33	0.092	66	0.184
0.6~0.8	23	0.064	21	0.059	44	0.123
0.8~1.0	17	0.047	16	0.045	33	0.092
1.0~1.2	13	0.036	13	0.036	26	0.073
1.2~1.4	6	0.017	5	0.014	11	0.031
1.4~1.6	4	0.011	2	0.006	6	0.017
1.6 以上	0	0	0	0	0	0
	181	0.505	177	0.495	358	1.000

从表 6-1 中可看出，最大误差不超过 1.6″，小误差比大误差出现的频率高，绝对值相等的正、负误差出现的个数近于相等。通过大量实验统计结果证明了偶然误差具有如下特性：

1）在一定的观测条件下，偶然误差的绝对值不会超过一定的限度。

2）绝对值小的误差比绝对值大的误差出现的可能性大。

3）绝对值相等的正误差与负误差出现的机会相等。

4）当观测次数无限增多时，偶然误差的算术平均值趋近于零，即

$$\lim_{n\to\infty}\frac{[\Delta]}{n}=0$$

上述第四个特性说明，偶然误差具有抵偿性，它是由第三个特性导出的。

掌握了偶然误差的特性，就能根据带有偶然误差的观测值求出未知量的最可靠值，并衡量其精度。同时，也可应用误差理论来研究最合理的测量工作方案和观测方法。

第二节　衡量精度的标准

衡量观测值精度高低必须建立一个统一衡量精度的标准，主要有：

1. 中误差

先来考察下面的例子。

甲、乙两人，各自在相同精度条件下对某一三角形的三个内角观测 10 次，算得三角形闭合差 Δ_i 如下：

甲：+30，-20，-40，+20，0，-40，+30，+20，-30，-10

乙：+10，-10，-60，+20，+20，+30，-50，0，+30，-10

上列数据单位均为秒，哪个观测精度高？

我们很自然地可以想到，甲、乙两人平均的真误差有多少？按真误差的绝对值总和取平均，即

$$\theta_{甲}=\frac{\sum|\Delta|}{n}=\frac{30+20+40+20+0+40+30+20+30+10}{10}=24''$$

$$\theta_{乙}=\frac{\sum|\Delta|}{n}=\frac{10+10+60+20+20+30+50+0+30+10}{10}=24''$$

用平均误差衡量结果是：$\theta_{甲}=\theta_{乙}$。但是，乙组观测列中有较大的观测误差，乙组观测精度应该低于甲组，但计算平均误差 θ 反映不出来，所以平均误差 θ 衡量观测值的精度是不可靠的。

根据数理统计推导可知：某组观测值的中误差 m 可用下式计算

$$m=\pm\sqrt{\frac{[\Delta\Delta]}{n}}$$

式中 $[\Delta\Delta]$ ——各偶然误差平方和；

n——偶然误差的个数。

m 表示该组观测值的误差，表示任意一个观测值的中误差，并非一组观测值的平均误差，m 可以代表该组中任何一个观测值的误差。根据数理统计推导可知，偶然误差与其出现次数的关系呈正态分布，其曲线拐点的横坐标 $\Delta_{拐}$ 等于中误差 m，如图 6-1 所示，这就是中误差的几何意义。

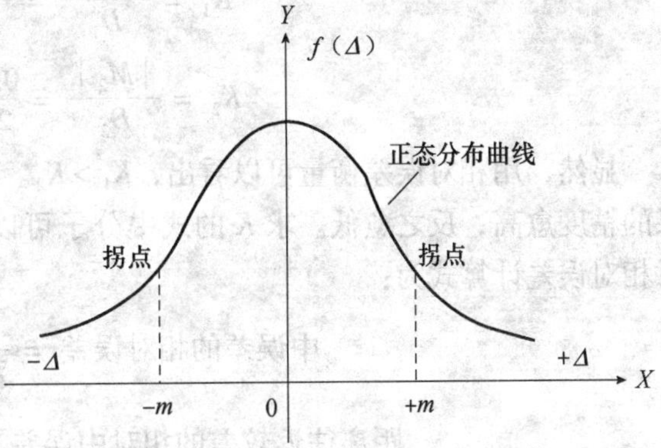

图 6-1 偶然误差呈正态分布曲线

上述例子用中误差公式计算得：

$$m_{甲}=\pm\sqrt{\frac{[\Delta\Delta]}{n}}=\pm\sqrt{\frac{7200}{10}}=\pm27''$$

$m_{甲}=\pm27''$，表示甲组中任意一个观测值的误差。

$$m_{乙}=\pm\sqrt{\frac{[\Delta\Delta]}{n}}=\pm\sqrt{\frac{9000}{10}}=\pm30''$$

$m_{乙}=\pm30''$，表示乙组中任意一个观测值的误差。甲组观测值的精度较乙组高。

当观测值的真值未知时，首先计算多次观测值 l_1，l_2，l_3，…，l_n 的算术平均值。即

$$x=\frac{l_1+l_2+\cdots+l_n}{n}=\frac{[l]}{n}$$

此时，用来衡量观测值中误差的计算公式，根据推导为

$$m=\pm\sqrt{\frac{[vv]}{n-1}}$$

上式又称贝塞尔公式。式中 v 为观测值的似真误差，即各观测值 l_i 与算术平均值 x 之差：

$$v_1=l_1-x,\quad v_2=l_2-x,\quad \cdots,\quad v_n=l_n-x$$

$[vv]$ 为似真误差的平方和，即

$$[vv]=v_1^2+v_2^2+\cdots+v_n^2=\sum_{i=1}^{n}v_i^2$$

2. 相对误差

对于衡量精度来说，有时单靠中误差还不能完全表达观测结果的质量。例如，测得某两

段距离，第一段长100m，第二段长200m，观测值的中误差均为±0.02m。从中误差的大小来看，两者精度相同，但从常识来判断，两者的精度并不相同。第二段量距精度高于第一段，这时应采用另一种衡量精度的标准，即相对误差。

相对误差是误差的绝对值与观测值之比，在测量上通常将其分子化为1的分子式，即

$$K = \frac{|m|}{D} = \frac{1}{\frac{D}{|m|}}$$

式中 K——相对误差。

上例中：

$$K_1 = \frac{|m_1|}{D_1} = \frac{0.02}{100} = \frac{1}{5000}$$

$$K_2 = \frac{|M_2|}{D_2} = \frac{0.02}{200} = \frac{1}{10000}$$

显然，用相对误差衡量可以看出，$K_1 > K_2$。相对中误差愈小，即分母愈大，说明观测结果的精度愈高，反之愈低。求K的式中分子可以用中误差、距离往返较差、闭合差等，此时相对误差计算式为：

$$中误差的相对误差 = \frac{|中误差|}{观测值的最或然值}$$

$$距离往返较差的相对中误差 = \frac{|距离往返较差|}{往返观测值的平均值}$$

$$坐标闭合差的相对中误差 = \frac{|坐标闭合差|}{观测值的最或然值}$$

相对中误差常用在距离与坐标误差的计算中。角度误差不用相对中误差，因角度误差与角度本身大小无关。

3. 极限误差

由偶然误差的第一特性可知，在一定的观测条件下，偶然误差的绝对值不会超过一定的限度。由数理统计和误差理论可知，在大量等精度观测中，偶然误差绝对值大于一倍中误差出现的概率为32%；大于两倍中误差出现的概率仅为4.6%；大于三倍中误差的出现的概率仅为0.3%。因此，在实际测量中观测次数很有限，绝对值大于2m或3m的误差出现机会很小，故取两倍或三倍中误差作为容许误差（多采用2m），即

$$\Delta_{容} = \pm 2m \quad 或 \quad \Delta_{容} = \pm 3m$$

如果观测值超出了上述限值的偶然误差，可视该观测值不可靠或出现了错误，应舍去不用。

第三节 误差传播定律

当对某量进行了一系列的观测后，观测值的精度可用中误差来衡量。但在实际工作中，往往会遇到某些量的大小并不是直接测定的，而是由观测值通过一定的函数关系间接计算出来的。例如，水准测量中，在一测站上测得后、前视读数分别为a，b，则高差$h=a-b$，这时高差h就是直接观测值a，b的函数。当a，b存在误差时，h也受其影响而产生误差，这就是所谓的误差传播。阐述观测值中误差与观测值函数中误差之间关系的定律称为误差传播

定律。

本节就以下四种常见的函数来讨论误差传播的情况。

1. 倍数函数

设有函数

$$Z = kx$$

式中，k 为常数，x 为直接观测值，其中误差为 m_x，现在求观测值函数 Z 的中误差 m_Z。

设 x 和 Z 的真误差分别为 Δ_x 和 Δ_Z，由上式知它们之间的关系为：

$$\Delta_Z = k\Delta_x$$

若对 x 共观测了 n 次，则：

$$\Delta_{Z_i} = k\Delta_{x_i} \qquad (i = 1,2,\cdots,n)$$

将上式两端平方后相加，并除以 n，得

$$\frac{|\Delta_Z^2|}{n} = k^2\frac{|\Delta_x^2|}{n}$$

按中误差定义可知，$m_Z^2 = \frac{|\Delta_Z^2|}{n}$，$m_x^2 = \frac{|\Delta_x^2|}{n}$，所以，上式可写成

$$m_Z^2 = k^2 m_x^2$$

或

$$m_Z = km_x$$

即观测值倍数函数的中误差，等于观测值中误差乘倍数（常数）。

2. 和差函数

设有函数

$$z = x \pm y$$

式中，x，y 为独立观测值，它们的中误差分别为 m_x 和 m_y，设真误差分别为 Δ_x 和 Δ_y，由上式可得

$$\Delta_z = \Delta_x \pm \Delta_y$$

若对 x，y 均观测了 n 次，则

$$\Delta_{z_i} = \Delta_{x_i} \pm \Delta_{y_i} \qquad (i = 1,2,\cdots,n)$$

将上式两端平方后相加，并除以 n 得

$$\frac{[\Delta_z^2]}{n} = \frac{[\Delta_x^2]}{n} + \frac{[\Delta_y^2]}{n} \pm 2\frac{[\Delta_x\Delta_y]}{n}$$

上式中 $[\Delta_x\Delta_y]$ 的各项均为偶然误差。根据偶然误差的特性，当 n 越大时，式中最后一项将趋近于零，于是上式可写成

$$\frac{[\Delta_z^2]}{n} = \frac{[\Delta_x^2]}{n} + \frac{[\Delta_y^2]}{n}$$

根据中误差定义，可得

$$m_z^2 = m_x^2 + m_y^2$$

即观测值和差函数的中误差平方，等于两观测值中误差的平方之和。

3. 线性函数

设有线性函数

$$z = k_1x_1 \pm k_2x_2 \pm \cdots \pm k_nx_n$$

式中，x_1，x_2，…，x_n 为独立观测值，k_1，k_2，…，k_n 为常数，则 z 的中误差为

$$m_z^2 = (k_1m_1)^2 + (k_2m_2)^2 + \cdots + (k_nm_n)^2$$

4. 一般函数

设有一般函数

$$z = f(x_1, x_2, \cdots, x_n)$$

式中，x_1，x_2，…，x_n 为独立观测值，已知其中误差为 m_i（$i=1$，2，…，n）。

当 x_i 具有真误差 Δ_i 时，函数 z 则产生相应的真误差 Δ_z，因为真误差 Δ 是一微小量，故将上式取全微分，将其化为线性函数，并以真误差符号"Δ"代替微分符号"d"，得

$$\Delta_z = \frac{\partial f}{\partial x_1}\Delta_{z_1} + \frac{\partial f}{\partial x_2}\Delta_{z_2} + \cdots + \frac{\partial f}{\partial x_n}\Delta_{z_n}$$

式中，$\frac{\partial f}{\partial x_i}$是函数对 x_i 取的偏导数并用观测值代入算出的数值，它们是常数，因此，上式变成了线性函数，按式 $m_z^2 =$（k_1m_1）^{2} +（k_2m_2）^{2} + … +（k_nm_n）^{2} 得

$$m_z^2 = \left(\frac{\partial f}{\partial x_1}\right)^2 m_1^2 + \left(\frac{\partial f}{\partial x_2}\right)^2 m_2^2 + \cdots + \left(\frac{\partial f}{\partial x_n}\right)^2 m_n^2$$

上式是误差传播定律的一般形式。前述的几个函数都可看作上式的特例。

第四节　等精度观测值的平差

平差是对一系列观测值采用适当而合理的方法，消除或减弱其误差，求得未知量的最可靠值，并评定测量成果的精度。通常我们把求得的未知量的最可靠的值，称为最或然值，它十分接近于未知量的真值。

1. 求未知量的最或然值

设对某未知量进行了 n 次等精度观测，其真值为 X，观测值为 l_1，l_2，…，l_n，相应的真误差为，Δ_1，Δ_2…，Δ_n，则

$$\begin{aligned}\Delta_1 &= l_1 - X \\ \Delta_2 &= l_2 - X \\ &\vdots \\ \Delta_n &= l_n - X\end{aligned}$$

将上式取和再除以观测次数 n 便得

$$\frac{[\Delta]}{n} = \frac{[l]}{n} - X = x - X$$

式中 x 为算术平均值，显然 $x = X + \frac{[\Delta]}{n}$。

根据偶然误差第四个特征，当 $n\to\infty$ 时，$\frac{[\Delta]}{n}\to 0$，因此

$$x = \frac{[l]}{n} \approx X$$

即当观测次数 n 无限多时，算术平均值 x 就趋向于未知量的真值 X。当观测次数有限时，可以认为算术平均值是根据已有的观测数据所能求得的最接近真值的近似值，称为最或是值或

最或然值，以它作为未知量的最后结果。

2. 等精度观测值的评定精度

(1) 观测值的似真误差

根据中误差定义式计算观测值中误差的m，需要知道观测值l_i的真误差Δ_i，但是真误差往往不知道。因此，在实际工作中多采用观测值的似真误差或改正数来计算观测值的中误差。用v_i（$i=1, 2, \cdots, n$）表示观测值的似真误差，或称观测值的最或然误差，而改正数则与误差符号相反。

$$\begin{aligned} v_1 &= l_1 - x \\ v_2 &= l_2 - x \\ &\vdots \\ v_n &= l_n - x \end{aligned}$$

等式两端分别取和 $[v] = [l] - nx$

因为 $x = \frac{[l]}{n}$，　　所以 $[v] = 0$

即观测值的似真误差代数和等于零。上式可作为计算中的校核，当$[v]=0$时，说明算术平均值及似真误差计算无误。

(2) 用似真误差计算等精度观测值的中误差

计算公式为

$$m = \pm\sqrt{\frac{[vv]}{n-1}}$$

上式推导如下：

$$\Delta_i = l_i - X$$

$$v_i = l_i - x$$

以上两个等式相减得：

$$\Delta_i - v_i = x - X$$

令$\delta = x - X$，代入上式并移项后得

$$\Delta_i = v_i + \delta$$

以上n个等式两端分别自乘得

$$\Delta_i\Delta_i = v_iv_i + 2v_i\delta + \delta^2$$

上式有n个取和得

$$[\Delta\Delta] = [vv] + 2\delta[v] + n\delta^2$$

因为

$$[v] = 0$$

所以

$$[\Delta\Delta] = [vv] + n\delta^2$$

等式两端分别除以n得

$$\frac{[\Delta\Delta]}{n} = \frac{[vv]}{n} + \delta^2$$

式中 $\delta = x - X = \frac{[l]}{n} - X = \frac{[l-X]}{n} = \frac{[\Delta]}{n}$

上式平方得

$$\delta^2=\frac{[\Delta]^2}{n^2}=\frac{1}{n^2}(\Delta_1^2+\Delta_2^2+\cdots+\Delta_n^2+2\Delta_1\Delta_2+2\Delta_1\Delta_3+\cdots)$$

$$=\frac{[\Delta\Delta]}{n^2}+\frac{2}{n^2}(\Delta_1\Delta_2+\Delta_1\Delta_3+\cdots)$$

由于 Δ_1，Δ_2，…，Δ_n 为偶然误差，故非自乘的两个偶然误差之积 $\Delta_1\Delta_2$，$\Delta_1\Delta_3$…仍然具有偶然误差性质，根据偶然误差的第四个特性，当 $n\to\infty$ 时，上式等号右端的第二项趋于零。因此得

$$\delta^2\approx\frac{[\Delta\Delta]}{n^2}$$

上式代入式 $\frac{[\Delta\Delta]}{n}=\frac{[vv]}{n}+\delta^2$ 得

$$\frac{[\Delta\Delta]}{n}=\frac{[vv]}{n}+\frac{[\Delta\Delta]}{n^2}$$

顾及中误差公式，上式可写为

$$m^2=\frac{[vv]}{n}+\frac{m^2}{n}$$

$$nm^2=[vv]+m^2$$

$$m=\pm\sqrt{\frac{[vv]}{n-1}}$$

3. 等精度双观测值的较差计算中误差

在边长观测中，一般采用往返观测，因此出现等精度双观测列，例如

$$l'_1\text{和}\,l''_1,\qquad l'_2\text{和}\,l''_2,\qquad \cdots,\qquad l'_n\text{和}\,l''_n$$

相应双观测列之差：

$$d_1=l'_1-l''_1,\qquad d_2=l'_2-l''_2,\qquad \cdots,\qquad d_n=l'_n-l''_n$$

如果观测是绝对正确的，那么每个差 d 都等于 0，即 d 的真值为 0。因此，d_1，d_2，…，d_n 可以认为是各差的真误差。按真差求中误差得

$$m_d=\pm\sqrt{\frac{[dd]}{n}}$$

根据前文介绍可知，两等精度观测值之差 d 的中误差为一个观测值中误差 m 的 $\sqrt{2}$ 倍，故

$$m_d=m\sqrt{2}$$

$$m=\frac{m_d}{\sqrt{2}}=\pm\sqrt{\frac{[dd]}{2n}}$$

第五节　不等精度观测值的平差

1. 权的概念

在不等精度观测中，因各观测的条件不同，所以各观测值具有不同的可靠程度。在求未知量的可靠值时，就不能像等精度观测那样简单地取算术平均值，因较可靠的观测值应对最后的结果产生较大的影响。

各不等精度观测值的不同可靠程度，可用一个数值来表示，该数值称为权，用 p 表示。

“权”是权衡轻重的意思。观测值的精度高，可靠性强，则权也大。例如，对某一未知量进行两组不等精度观测，但每组内观测值是等精度的。设第一组观测了 4 次，观测值为 l_1，l_2，l_3，l_4；第二组观测了 2 次，观测值为 l'_1，l'_2。这些观测值的可靠程度都相同，则每组分别取算术平均值作为最后的观测值。即

$$x_1 = \frac{l_1 + l_2 + l_3 + l_4}{4}; \qquad x_2 = \frac{l'_1 + l'_2}{2}$$

两组观测合并，相当于等精度观测 6 次，故两组观测值的最后结果应为

$$x = \frac{l_1 + l_2 + l_3 + l_4 + l'_1 + l'_2}{6}$$

但对 x_1，x_2 来说，彼此是不等精度观测。如果用 x_1，x_2 来计算，则上式计算实际是

$$x = \frac{4x_1 + 2x_2}{4 + 2}$$

从不等精度观点来看，观测值 x_1 是 4 次观测值的平均值，x_2 是 2 次观测值的平均值，x_1 和 x_2 的可靠性是不一样的，用 4 和 2 表示 x_1 和 x_2 相应的权，也可用 2 和 1 表示 x_1 和 x_2 相应的权，分别代入上面公式，计算 x 结果是相同的。因此“权”可看作是一组比例数字，用比例数值大小来表示观测值的可靠程度。

2. 权与中误差的关系

观测结果的中误差愈小，其结果愈可靠，权就愈大。不等精度观测值的权与该组观测值的中误差有关。设对某量进行一组不等精度观测，设各观测值为 l_1，l_2，…，l_n，其相应的中误差为 m_1，m_2，…，m_n，各观测值的权为 p_1，p_2，…，p_n，则权的定义公式为

$$p_i = \frac{\mu^2}{m_i^2} \quad (i = 1,2,\cdots,n)$$

式中，μ 为任意常数。从式中可看出权与中误差的平方成反比。

例如，不等精度观测值 l_1，l_2，l_3，其相应的中误差为 $m_1 = \pm 2''$，$m_2 = \pm 4''$，$m_3 = \pm 6''$，按上式计算各观测值的权为

当 $\mu = m_1$ 时：$p_1 = 1$　　$p_2 = \frac{1}{4}$　　$p_3 = \frac{1}{9}$

当 $\mu = m_2$ 时：$p_1 = 4$　　$p_2 = 1$　　$p_3 = \frac{4}{9}$

当 $\mu = m_3$ 时：$p_1 = \frac{1}{4}$　　$p_2 = \frac{9}{4}$　　$p_3 = 1$

由此可见，权是一组比例数字，μ 值确定后，各观测值的权就确定了。μ 值不同，各观测值的权数值也不同，但权之间的比例关系不变。

等于 1 的权称为单位权，而权等于 1 的观测值称为单位权观测值，单位观测值的中误差称为单位权中误差，上例中 $\mu - m_1$ 时，$p_1 = 1$，即 l_1 为单位权观测值，l_1 的中误差 m_1 称为单位权中误差。

在实际工作中，通常是在观测值中误差求得之前，需先确定各观测值的权。这时可按获得各观测值的实际情况，根据权的定义原理，确定各观测值的权。例如水准测量中，水准路线愈长，测站数愈多，观测结果的可靠程度愈差，精度愈低。因此，通常取水准路线长度 L_i 或测站 n_i 的倒数为观测值 l_i 的权，即

$$p_i = \frac{c}{L_i}$$

或

$$p_i = \frac{c}{n_i}$$

式中 c——任一大于零的常数。

3. 不等精度观测值的最或然值——加权平均值

在不等精度观测中，各观测值具有不同的观测精度，最后的结果（即最或然值）用简单的算术平均值公式计算显然不合理，因精度较高的观测值，在最或然值中应占有较大的比例。设对某一量进行 n 次不等精度观测，观测值分别为 l_1，l_2，…，l_n，各观测值的权为 p_1，p_2，…，p_n，顾及各观测值在精度上的差异，测量上应取加权平均值作为该量的最或然值，即

$$x = \frac{p_1 l_1 + p_2 l_2 + \cdots + p_n l_n}{p_1 + p_2 + \cdots + p_n} = \frac{[pl]}{[p]}$$

或

$$x = x_0 + \frac{p_1 \delta_1 + p_2 \delta_2 + \cdots + p_n \delta_n}{p_1 + p_2 + \cdots + p_n} = x_0 + \frac{[p\delta]}{[p]}$$

式中，x_0 是 x 的近似值，$\delta_i = l_i - x_0 (i = 1, 2, \cdots, n)$。

不等精度观测的似真误差为 $v_i = l_i - x_i$，代入下式：

$$[pv] = [p(l_i - x)] = [pl] - [p]x$$

将 x 代入，上式为

$$[pv] = 0$$

因此，$[pv]=0$ 可作为计算的检核。但应说明：计算过程如果取位不够，$[pv]$ 将不会严格等于0。接近于0也可，它不影响最终精度的计算。

4. 不等精度观测值的精度评定

(1) 单位权中误差

单位权中误差与观测值中误差的关系式如下：

$$\mu^2 = p_1 m_1^2 = p_2 m_2^2 = \cdots = p_n m_n^2$$

$$n\mu^2 = [pm^2]$$

$$\mu = \pm\sqrt{\frac{[pm^2]}{n}}$$

当 n 足够大时，中误差 m_i 可由真误差 Δ_i 代替，故

$$\mu = \pm\sqrt{\frac{[p\Delta\Delta]}{n}}$$

当真误差 Δ_i 未知时，可先求各观测值的似真误差 v_i（$v_i = l_i - x$），再根据 v_i 计算单位权中误差 μ 为：

$$\mu = \pm\sqrt{\frac{[pvv]}{n-1}}$$

(2) 观测值中误差

各观测值的权 p_i 为

$$p_i = \frac{\mu^2}{m_i^2}$$

即

$$m_i^2 = \frac{\mu^2}{p_i}$$

观测值中误差 m_i 为：

$$m_i = \mu\sqrt{\frac{1}{p_i}}$$

(3) 加权平均值的中误差

不等精度观测的平均值为：

$$x = \frac{p_1 l_1 + p_2 l_2 + \cdots + p_n l_n}{p_1 + p_2 + \cdots + p_n}$$

设已知观测值的中误差为 m_1，m_2，…，m_n，加权平均值的中误差为：

$$m_x^2 = \frac{p_1^2}{[p]^2}m_1^2 + \frac{p_2^2}{[p]^2}m_2^2 + \cdots + \frac{p_n^2}{[p]^2}m_n^2$$

$$= \frac{1}{[p]^2}(p_1^2 m_1^2 + p_2^2 m_2^2 + \cdots + p_n^2 m_n^2)$$

根据权定义式，即 $p_i m_i^2 = \mu^2$，代入上式得

$$m_x^2 = \frac{1}{[p]^2}(p_1\mu^2 + p_2\mu^2 + \cdots + p_n\mu^2)$$

$$= \frac{1}{[p]^2}(p_1 + p_2 + \cdots + p_n)\mu^2$$

$$= \frac{1}{[p]^2}[p]\mu^2$$

$$= \frac{\mu^2}{[p]}$$

因此加权平均值中误差 m_x 为：

$$m_x = \frac{\mu}{\sqrt{[p]}}$$

第七章　大比例尺地形图测绘

第一节　地形图的基本知识

一、地形图比例尺的种类

地形图上任一线段的长度 d 与地面上相应线段的实际水平距离 D 之比，称为地形图的比例尺。按表示方法的不同，比例尺又分为数字比例尺、图式比例尺和复式比例尺三种形式。

1. 数字比例尺

数字比例尺即在地形图上直接用数字表示的比例尺，地形图比例尺通常用分子为 1 的分数式 $1/M$（或 $1:M$）来表示，其中“M”称为比例尺分母。显然有

$$\frac{1}{M}=\frac{\text{图上距离}\,d}{\text{实地水平距离}\,D}=\frac{1}{\dfrac{D}{d}}=1:M$$

式中，M 越小，比例尺的值就愈大，图上所表示的地物、地貌越详尽；相反，M 越大，比例尺的值就越小，图上所表示的地物、地貌越粗略。如数字比例尺 1∶500 > 1∶1000。通常称 1∶500、1∶1000、1∶2000、1∶5000 的地形图为大比例尺地形图；称比例尺为 1∶1 万、1∶2.5 万、1∶5 万、1∶10 万的地形图为中比例尺地形图；称比例尺为 1∶20 万、1∶50 万、1∶100 万的地形图为小比例尺地形图。

我国规定 1∶1 万、1∶2.5 万、1∶5 万、1∶10 万、1∶25 万、1∶50 万、1∶100 万 7 种比例尺地形图为国家基本比例尺地形图。地形图的数字比例尺通常写在地形图南图廓的下方正中处。公路、铁路、城市规划和水利设施等各种工程建设的规划设计和施工通常使用大比例尺地形图。

中比例尺地形图由国家专业测绘部门负责测绘，目前均用航空摄影测量方法成图，小比例尺地形图一般由中比例尺地形图缩小编绘而成。

1∶500 和 1∶1000 的大比例尺地形图一般用平板仪、经纬仪、全站仪或 GPS 测绘；1∶2000和 1∶5000 的地形图一般由 1∶500 或 1∶1000 的地形图缩小编绘而成。若测图面积较大，也可用航空摄影测量方法成图。

例如，在 1∶1000 的大比例尺地形图中，实地水平距离为 75m，则图上长度为

$$d=\frac{D}{M}=\frac{75\text{m}}{1000}=75\text{mm}$$

如果已知图上长度为 100mm，则实地水平距离为

$$D=Md=1000\times100\text{mm}=100\text{m}$$

2. 直线比例尺

如图 7-1 所示，直线比例尺又称图示比例尺。使用数字比例尺，应用时要经常进行计

算，为了直接而方便地进行图上与实地相应水平距离的换算、减少由于图纸伸缩引起的误差，常在地形图图廓下方绘制一直线比例尺，用以直接量度图内直线的实际水平距离。

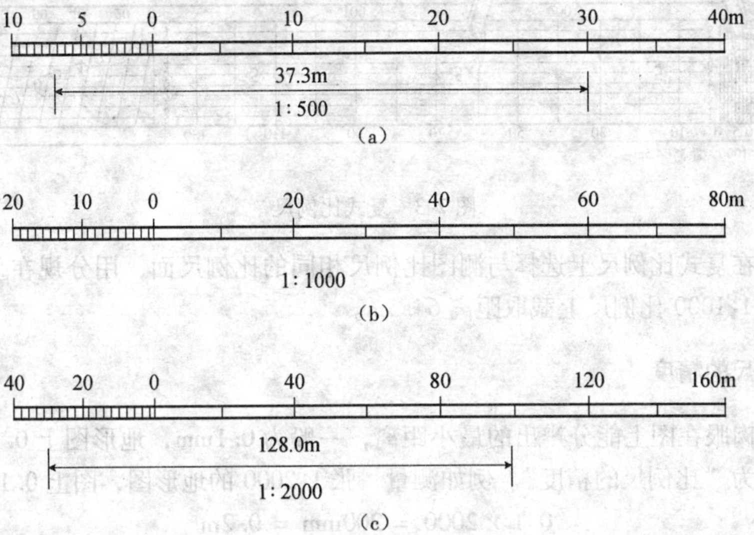

图 7-1 直线比例尺

直线比例尺是在图纸上画出两条间距为 2mm 的平行直线，再以 2cm 为基本单位，将直线等分为若干大格，然后把左端的一个基本单位分成十等份，以量取不足整数部分的数，在小格和大格的分界处注以 0，其他大格分划上注以 0 至该分划按比例尺计算的实际水平距离。图 7-1 中（a）、（b）、（c）分别表示 1∶500、1∶1000、1∶2000 三种比例尺。

使用时，先将两脚规的脚尖对准地形图上要量测的两点，然后将两脚规移到直线比例尺上，使右脚尖对准零点右边一个适当的整分划线，使左脚尖落在零点左边的毫米分划小格内以便读数，如图 7-1（a）所示，右脚尖对准 30m 分划线上。左脚尖落在左边 7.3m 分划线上，则该线段所表示的实际水平距离为 30m + 7.3m = 37.3m。

直线比例尺换算距离的速度较快，但它仅能估读到最小格值的十分之一，换算距离的精度较低，故只能作为一般的量算工具。如地形图下方所绘制的直线比例尺，可供用图时量算距离之用。

图式比例尺的优点是：量距直接方便而不必再进行换算；比例尺随图纸按同一比例伸缩，从而明显减小因图纸伸缩而引起的量距误差。地形图绘制时所采用的三棱比例尺也属于图式比例尺。

三棱比例尺属于直线比例尺，如图 7-2 所示，可用于地形图的绘制。

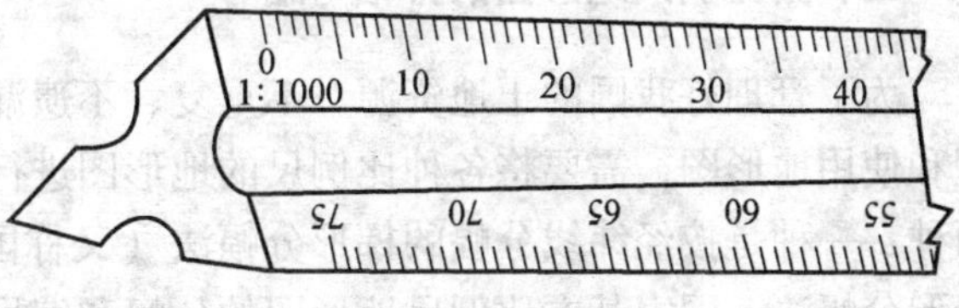

图 7-2 三棱比例尺

3. 复式比例尺

如图 7-3 所示。为了提高量测精度，可使用复式比例尺，复式比例尺又称为斜线比例尺，它是直线比例尺的一种扩展，可以减少读数误差，其最小分划值为直线比例尺的十分之一，可估读到最小分划值的百分之一，是大比例尺地形测图中常见的工具，它弥补了直线比例尺精度不高的缺点。通常制作在受温度影响较小的金属板上。

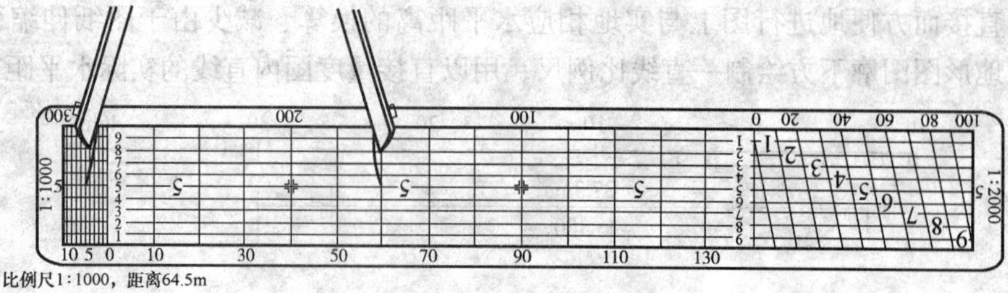

图 7-3　复式比例尺

使用时，在复式比例尺上选择与测图比例尺相同的比例尺面，用分规在上面截取距离，图 7-3 中是在 1:1000 比例尺上截取距离 64.5m。

二、比例尺的精度

根据人的肉眼在图上能分辨出的最小距离，一般为 0.1mm，地形图上 0.1mm 所代表的实际长度，称为“比例尺的精度”。例如测量一张 1:2000 的地形图，图上 0.1mm 代表

$$0.1 \times 2000 = 200\text{mm} = 0.2\text{m}$$

0.2m 即为该图比例尺的精度。因此测绘 1:2000 的地形图，量距精度只需达到 0.2m 即可，小于 0.2m 的长度即可忽略不量。否则即使测出，图纸上也反映不出来。大比例尺地形图比例尺的精度，见表 7-1。

表 7-1　大比例尺的精度

比例尺	比例尺精度/m
1:5000	0.5
1:2000	0.2
1:1000	0.1
1:500	0.05

可见比例尺越大，其精度也越高，它所能表示的地物、地貌也越详尽，但测量时所需人力、物力及时间也越多。因此对测图比例，应根据工程规划和设计的需要，合理选用适当的比例尺，做到测图精度既能满足工程要求，也可避免不必要的耗费。

三、大比例尺地形图的分幅与编号

为了管理好我国的土地资源，不重复、不遗漏地测绘地形图，同时也为了能更科学的管理和使用地形图，需要将各种比例尺的地形图进行统一的分幅和编号。地形图分幅的方法有两种：一种是按经纬线分幅的梯形分幅法（又称国际分幅法）；另一种是按坐标网格分幅的矩形分幅法。国家基本比例尺地形图的分幅和编号采用前者，工程建设大比例尺地形图的分幅和编号采用后者。

1. 梯形分幅和老图号的编号方法

(1) 1:100 万比例尺地形图的分幅及编号

1:100 万比例尺地形图的分幅及编号采用的是国际通用的分幅编号法。它是我国基本比例尺地形图分幅与编号的基础。它是将整个地球表面用子午线分成 60 个 6°的纵列，由经度 180°起，自西向东用阿拉伯数字 1～60 编排列号。同时由赤道起分别向南、北直至 88°止，

按纬差4°分成横列，每列依次用序号 A、B、C、D…V 表示。这样，每幅1:100万地形图就是由经差6°和纬差4°的经纬线所分成的梯形图幅。显然每幅图的编号就是由该幅图所在的横列字母和纵列行号数所组成。为了区分南北两半球，故在编号前应加注 N 或 S 予以区别。由于我国的疆域整体位于北半球，故编号时省去了 N。

随着纬度的增高，地形图面积迅速缩小。因此，规定在纬度 60°~76°之间双幅合并，即每幅图经差 12°，纬差 4°。在 76°~88°之间四幅合并，即每幅图经差 24°，纬差 4°。纬度 88°以上单独为一幅。

（2）1:50 万、1:25 万、1:10 万地形图的分幅与编号

1:50 万、1:25 万、1:10 万地形图的分幅与编号，都是在 1:100 万地形图的分幅和编号的基础上，分别加上各自的代号而成，如图 7-4 所示。

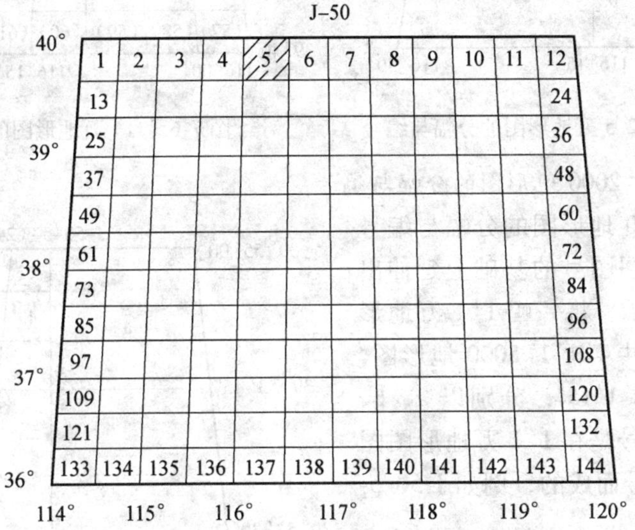

图 7-4　1:10 万地形图的分幅与编号

将一幅 1:100 万比例尺地形图分为 4 幅 1:50 万比例尺地形图，则每幅的经差为 3°，纬差为 2°，分别用 A、B、C、D 表示。

将一幅 1:100 万地形图分为 4 行 4 列，共 16 幅 1:25 万地形图，经差 1°30′，纬差 1°，从左至右，从上至下依次以［1］、［2］、［3］、…、［16］为代号。

将一幅 1:100 万地形图分为 12 行 12 列，共 144 幅 1:10 万地形图，经差 30′，纬差 20′，从左至右，从上至下依次以 1、2、3、…、144 为代号。

每幅 1:50 万地形图包括 4 幅 1:25 万地形图，36 幅 1:10 万地形图；每幅 1:25 万地形图包括 9 幅 1:10 万地形图。但它们的图号之间没有直接的联系。

（3）1:5 万、1:2.5 万、1:1 万地形图的分幅与编号

1:5 万、1:1 万地形图的分幅与编号都是从 1:10 万地形图的图号基础上延伸出来的；1:2.5万地形图的分幅与编号是从 1:5 万地形图的图号基础上延伸出来的。

将一幅 1:10 万地形图分为 2 行 2 列，共 4 幅 1:5 万地形图，经差 15′，纬差 10′，分别以 A、B、C、D 为代号，其编号是在 1:10 万地形图图号后加上各自的代号而成的，如图 7-5 所示。

将一幅 1:5 万地形图分为 2 行 2 列，共 4 幅 1:2.5 万地形图，经差 7′30″，纬差 5′，分别以 1、2、3、4 为代号，其编号是在 1:5 万地形图图号后加上各自的代号而成的，如图 7-5 所示。

将一幅1:10万地形图分为8行8列，共64幅1:1万地形图，经差3′45″，纬差2′30″，分别以（1）、（2）、（3）、…、（64）为代号，其编号是在1:10万地形图图号后加上各自的代号而成的，如图7-6所示。

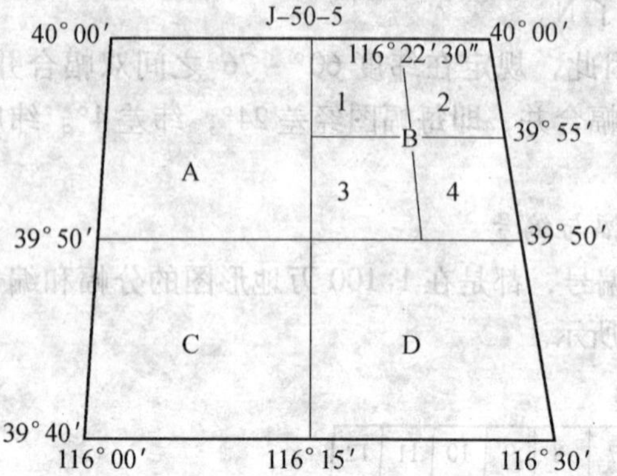

图7-5　1:5万、1:2.5万地形图的分幅与编号

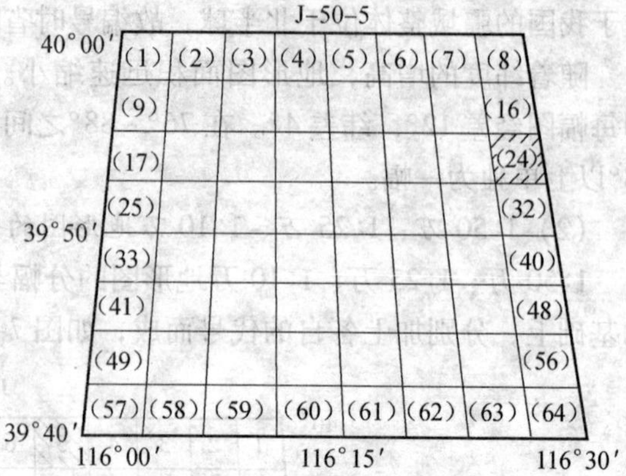

图7-6　1:1万地形图的分幅与编号

（4）1:5000、1:2000地形图的分幅与编号

1:5000、1:2000地形图的分幅与编号都是在1:1万地形图图号的基础上延伸出来的。如图7-7所示，将一幅1:1万地形图分为2行2列，共4幅1:5000地形图，经差1′52.5″，纬差1′15″，分别以a、b、c、d为代号，其编号是在1:1万地形图图号后加上各自的代号而成的，例如J-50-5-(24)-b。

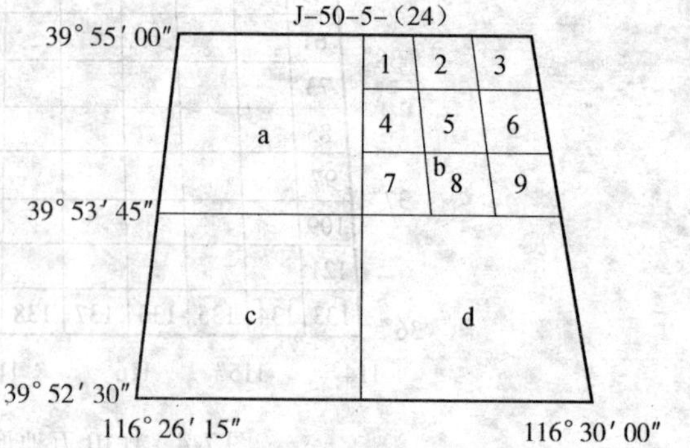

图7-7　1:5000、1:2000地形图的分幅与编号

将一幅1:5000地形图分为3行3列，共9幅1:2000地形图，经差37.5″，纬差25″，分别以1、2、3、…、9为代号，其编号是在1:5000地形图图号后加上各自的代号而成的。

表7-2为各种比例尺地形图的分幅与编号。

表7-2　各种比例尺地形图的分幅与编号

比例尺	图幅大小		分幅方法		基本地形图的编号方法	
	经差	纬差	分幅基础	分幅数	代号	举例（北京）
1:100万	6°	4°			纬列A～V 经列1～60	J-50
1:50万	3°	2°	1:100万	4	A、B、C、D	J-50-B
1:25万	1°30′	1°	1:100万	16	[1]～[16]	J-50-[3]
1:10万	30′	20′	1:100万	144	1～144	J-50-5
1:5万	15′	10′	1:10万	4	A、B、C、D	J-50-5-B

续表

比例尺	图幅大小		分幅方法		基本地形图的编号方法	
	经差	纬差	分幅基础	分幅数	代号	举例（北京）
1∶2.5万	7′30″	5′	1∶5万	4	1、2、3、4	J-50-5-B3
1∶1万	3′45″	2′30″	1∶10万	64	(1)～(64)	J-50-5-(24)
1∶5000	1′52.5″	1′15″	1∶1万	4	a、b、c、d	J-50-5-(24)-b
1∶2000	37.5″	25″	1∶5000	9	1～9	J-50-5-(24)-b-6

2. 国家基本比例尺地形图新的分幅和编号

1991年1月，国家测绘总局审查通过了国家基本比例尺地形图分幅编号的新方法。1992年12月，我国发布了《国家基本比例尺地形图新的分幅和编号》（GB/T 13989—1992）的国家标准，自1993年3月起实施。新测和更新的基本比例尺地形图，均按GB/T 13989—1992进行分幅和编号。新的分幅和编号有以下特点：经、纬差没有改变，但划分方法不同，即全部由1∶100万地形图逐次加密划分而成；另外，过去的列、行现在改为行、列。

1∶5000地形图列入国家基本比例尺地形图系列，基本比例尺地形图增至8种。编号在1∶100万地形图编号后加上比例尺代码，再加上相应比例尺的行、列代码。

表7-3为我国基本比例尺代码。表7-4为各种比例尺地形图的分幅和编号。

表7-3　我国基本比例尺代码

比例尺	1∶50万	1∶25万	1∶10万	1∶5万	1∶2.5万	1∶1万	1∶5000
代码	B	C	D	E	F	G	H

表7-4　各种比例尺地形图的分幅和编号

比例尺	图幅大小		分幅方法				基本地形图的编号
	经差	纬差	分幅基础	行数	列数	分幅数	举例
1∶100万	6°	4°	1∶100万	1	1	1	J50
1∶50万	3°	2°	1∶100万	2	2	4	J50B001002
1∶25万	1°30′	1°	1∶100万	4	4	16	J50C002004
1∶10万	30′	20′	1∶100万	12	12	144	J50D009010
1∶5万	15′	10′	1∶100万	24	24	576	J50E021012
1∶2.5万	7′30″	5′	1∶100万	48	48	2304	J50F036045
1∶1万	3′45″	2′30″	1∶100万	96	96	9216	J50G060080
1∶5000	1′52.5″	1′15″	1∶100万	192	192	36864	J50H180160

3. 矩形或正方形分幅和编号

大面积测图时，矩形或正方形图幅的编号，一般采用坐标编号法，见表7-5。即由图幅西南角的纵、横坐标（用阿拉伯数字，以千米为单位）作为它的图号，表示为“$x-y$”。1∶5000、1∶2000地形图，坐标取至1km；1∶1000的地形图，坐标取至0.1km；1∶500的地形图，坐标取至0.01km。例如，西南角坐标为$x=82600$m，$y=48600$m的不同比例尺图幅号为：1∶2000，82—48；1∶1000，82.6—48.6；1∶500，82.60—48.60。对于较大测区，测区内有多种测图比例尺时，应进行统一编号。

表7-5　矩形或正方形分幅及面积

比例尺	矩形分幅		正方形分幅		
	图幅大小/cm×cm	实地面积/km×km	图幅大小/cm×cm	实地面积/km×km	一幅1∶5000图所含幅数
1∶5000	50×40	5	40×40	4	1
1∶2000	50×40	0.8	50×50	1	4
1∶1000	50×40	0.2	50×50	0.25	16
1∶500	50×40	0.05	50×50	0.0625	64

小面积测图，可采用自然序数法或行列编号法。自然序数法是将测区各图幅按某种规律，如从左到右、自上而下用阿拉伯数字顺序编号。行列编号法是从左到右、从上到下给横列和纵列编号，用“行列”表示图幅编号，例如A—2、B—3、…、C—4、D—1等。

另外，在地形图的正上方标上图名，图名一般以本幅图内最著名，最重要的地名来命名。在地形图的左上方标明接合图表，用以标明本幅图周围图幅的图名或编号。在地形图的左下方还应标明地形图所采用坐标系统、高程系统、测绘方法和时间等。

4. 三北方向线

在中小比例尺地形图的下图廓外偏右处，绘有真子午线、磁子午线和坐标纵轴线这三个北方向线之间的角度关系图，称为三北方向线。绘制时真子午线应垂直下图廓边，如图7-8（a）所示。在该图幅中，磁偏角为9°50′（西偏）；坐标纵轴线偏于真子午线以西0°05′；而磁子午线偏于坐标纵线以西9°45′。利用该关系图，可以对图上任一方向的真方位角、磁方位角和坐标方位角进行换算。

5. 坡度比例尺

在中小比例尺地形图的下图廓外偏左处，绘有坡度比例尺，如图7-8（b）所示，用于图解地面坡度和倾角。它按下式制成。

$$i = \tan\alpha = \frac{h}{dM}$$

即

$$d = \frac{h}{iM}$$

式中　i——地面坡度；

α——地面倾角；

h——两点间的高差；

d——两点间的水平距离；

M——测图比例尺分母。

使用时利用分规量出相邻点的水平距离，在坡度比例尺上即可读取地面坡度 i。

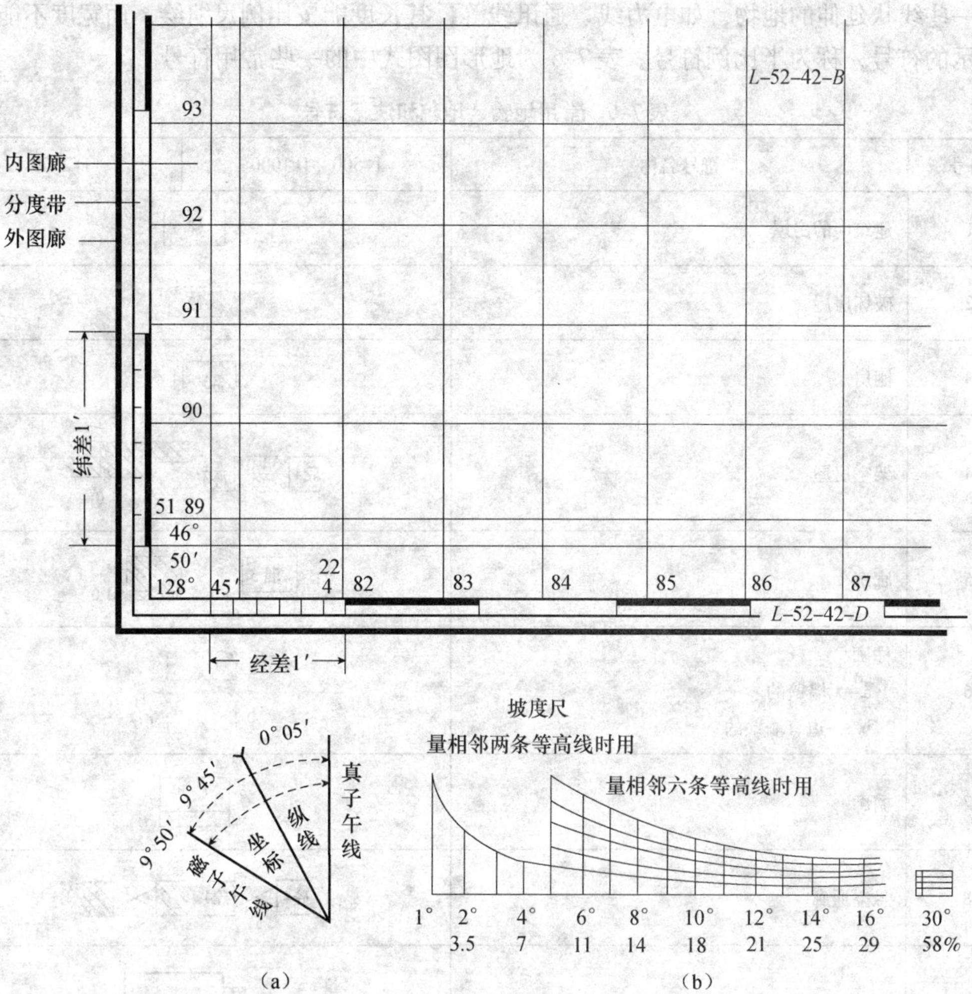

图 7-8　地形图的图廓和图廓外注记

第二节　地物表示方法

地形是地物和地貌的总称。地物是地面上天然或人工形成的物体，如湖泊、河流、房屋、道路、桥梁等。

地面上的地物与地貌，应按国家测绘总局颁发的《国家基本比例尺地图图式》中规定的符号表示在图形中。图式中的符号分为地物符号、地貌符号和注记符号三种。其中地物符号分为比例符号、非比例符号、半比例符号和地物注记四种。

1. 比例符号

地面上的建筑物、旱田等地物，如能按测图比例尺并用规定的符号缩绘在图纸上，称为比例符号。

2. 非比例符号

有些地物，如导线点、消火栓等，无法按比例尺缩绘，只能用特定的符号表示其中心位置，称为非比例符号。

3. 半比例符号

一些线状延伸的地物，如电力线、通讯线等，其长度能按比例尺缩绘，而宽度不能按比例表示的符号，称为半比例符号。表7-6为地形图图式中的一些常用符号。

表7-6　常用地物、地貌和注记符号

编号	符号名称	1:500　1:1000	1:2000
1	建筑中的房屋		
2	破坏房屋		
3	棚房	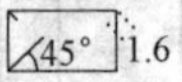	
4	架空房屋	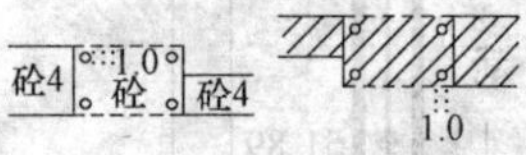	
5	廊房	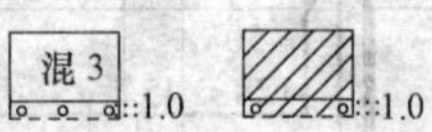	
6	柱廊 a. 无墙壁的 b. 一边有墙壁的	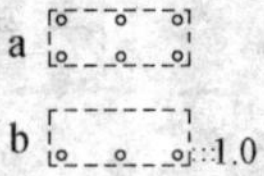	
7	檐廊	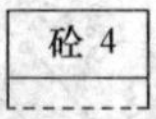	
8	悬空通廊	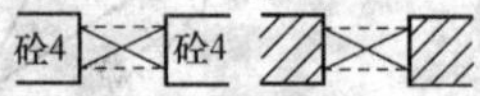	
9	台阶	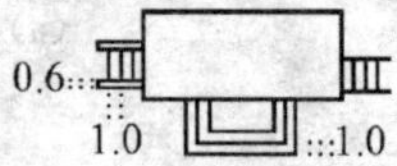	
10	门墩 a. 依比例尺的 b. 不依比例尺的	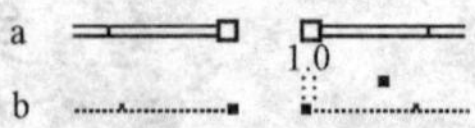	
11	门顶	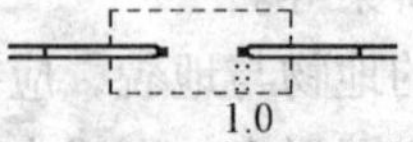	
12	支柱（架）、墩 a. 依比例尺的 b. 不依比例尺的	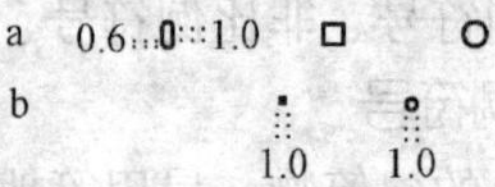	
13	打谷场、球场	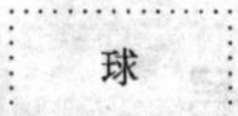	

续表

编号	符号名称	1∶500　1∶1000	1∶2000
14	旱地	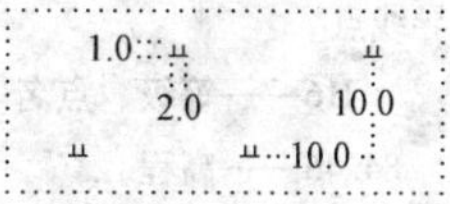	
15	花圃	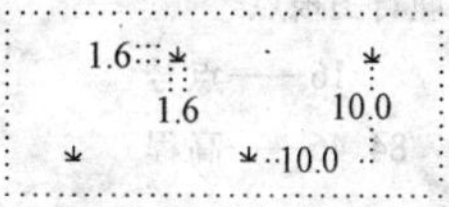	
16	菜地	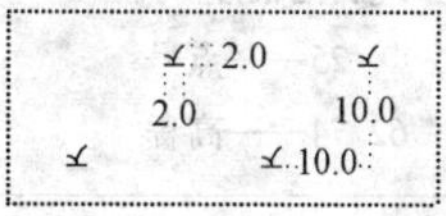	
17	苗圃	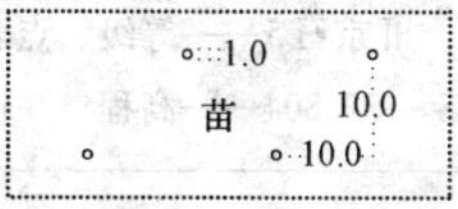	
18	稻田、田埂	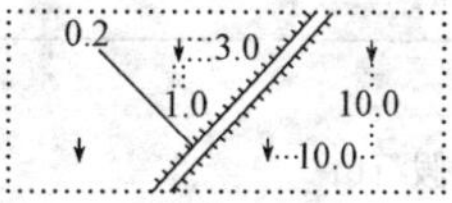	
19	灌木林 a. 大面积的 b. 独立灌木丛 c. 狭长的	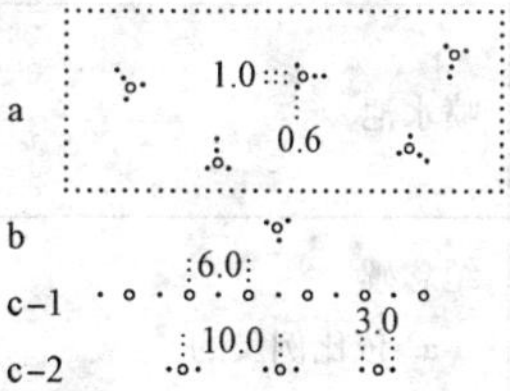	
20	乡村路 a. 依比例尺的 b. 不依比例尺的	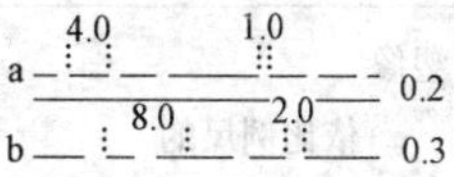	
21	小路	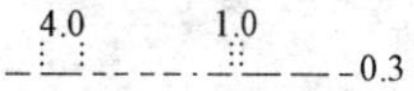	
22	内部道路	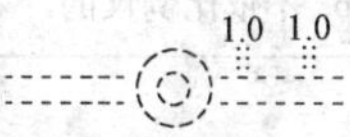	
23	阶梯路	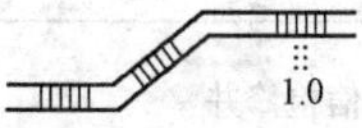	
24	三角点 凤凰山——点名 394.468——高程	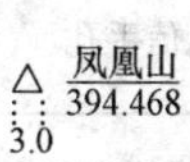	

续表

编号	符号名称	1∶500　1∶1000	1∶2000
25	导线点 I16——等级、点名 84.46——高程	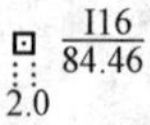	
26	埋石图根点 16——点号 84.46——高程	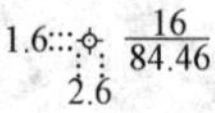	
27	不埋石图根点 25——点号 62.74——高程	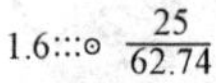	
28	水准点 Ⅱ京石5——等级、点名、点号 32.804——高程	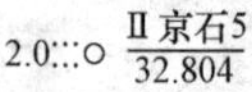	
29	加油站	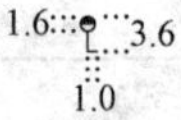	
30	假石山		
31	喷水池		
32	纪念碑 a. 依比例尺的 b. 不依比例尺的	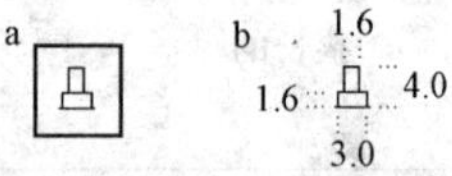	
33	塑像 a. 依比例尺的 b. 不依比例尺的	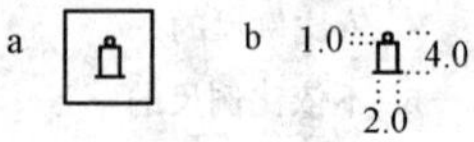	
34	亭 a. 依比例尺的 b. 不依比例尺的	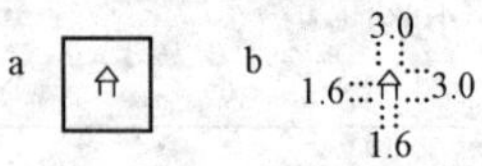	
35	旗杆	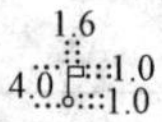	
36	电信检修井 a. 电信入口 b. 电信手孔	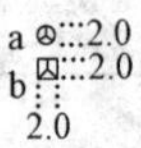	
37	电力检修井	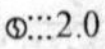	

续表

编号	符号名称	1:500　1:1000	1:2000
38	独立树 a. 阔叶 b. 针叶	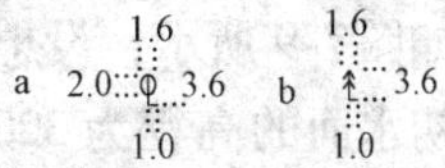	
39	围墙 a. 依比例尺的 b. 不依比例尺的	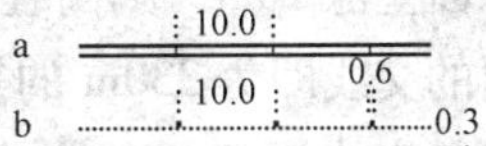	
40	栅栏、栏杆	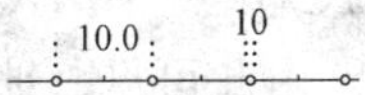	
41	篱笆	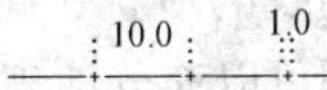	
42	活树篱笆·	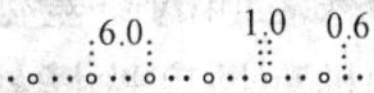	
43	陡坎 a. 未加固的 b. 已加固的	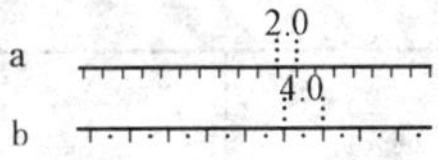	
44	地类界、地物范围线		
45	等高线 a. 首曲线 b. 计曲线 c. 间曲线	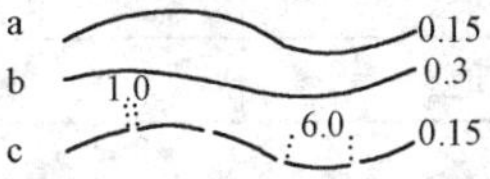	
46	等高线注记	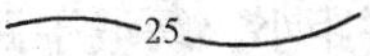	
47	一般高程点及注记 a. 一般高程点 b. 独立性地物的高程	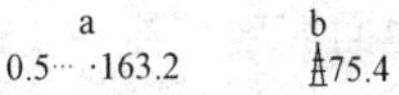	

4. 地物注记

对地物用文字或数字加以注记和说明称为地物注记，如建筑物的结构和层数、桥梁的长宽与载重量、地名、路名等。

测定地物特征点后，应随即勾绘地物符号，如建筑物的轮廓用线段连接，道路、河流的弯曲部分需逐点连成光滑的曲线；消火栓、水井等地物可在图上标定其中心位置，待整饰时再绘规定的非比例符号。

第三节　地貌表示方法

地貌是指地表的高低起伏状态。它包括山地、丘陵和平原等。在图上表示地貌的方法很多，而测量工作中通常用等高线表示地貌，本节讨论等高线表示地貌的方法。

1. 等高线概念、等高距、等高线平距、坡度及等高线分类

地面上高程相同的各相邻点所连成的闭合曲线，称为等高线。

实际上水面静止时湖泊的水边缘线就是一条等高线，如图7-9所示，设想静止的湖水中有一岛屿，起初水面的高程为320m，因此高程为320m的水准面与地表面的交线就是320m的等高线。若水面上涨10m，则高程为330m的水准面与地表面的交线即为330m的等高线，依此类推。把这些等高线沿铅垂线方向投影到水平面上，再按比例尺缩绘于图上，便得到该岛屿地貌的等高线图。由此可见，地貌的形态、高程、坡度决定了等高线的形状、高程、疏密的程度。因此，等高线图可以充分地表示地貌。

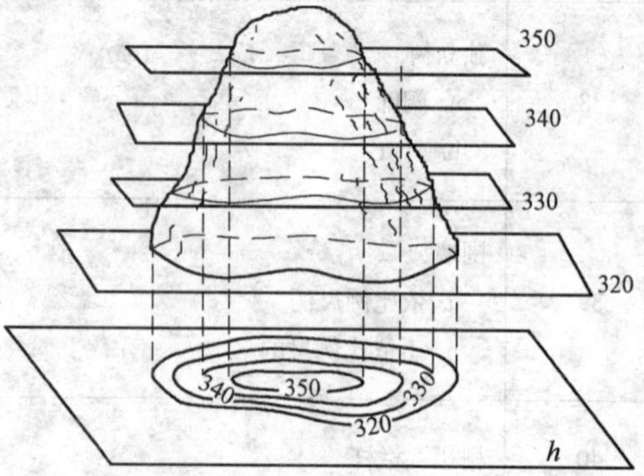

图7-9　等高线概念

相邻等高线之间的高差称为等高距，一般用 h 表示，图7-9中 $h=10$m。一般按测图比例尺和测区的地面坡度选择基本等高距，见表7-7。在同一幅地形图上，等高距是相同的。

表7-7　地形图的基本等高距　　m

地形类别	比例尺		
	1:500	1:1000	1:2000
平地	0.5	0.5	0.5或1
丘陵地	0.5	0.5或1	1
山地	0.5或1	1	2
高地	1	1或2	2

相邻等高线之间的水平距离称为等高线平距，一般以 D 表示。等高线平距随地面坡度而异，陡坡平距小，缓坡平距大，均坡平距相等，倾斜平面的等高线是一组间距相等的平行线。

令 i 为地面坡度，则

$$i = \frac{h}{D} = \frac{h}{dM} \qquad i = \tan\alpha = \frac{h}{dM}$$

式中　h——等高距；

d——图上距离；

D——实地距离；

M——图比例尺。

坡度用角度表示，即 α，坡度还常用百分率或千分率表示，即 i，上坡为正，下坡为负。

等高线的分类：按规范规定的基本等高距描绘的等高线称为首曲线，线粗0.15mm的实线。为了便于读图，每隔四条首曲线加粗的一条等高线称为计曲线，如图7-10所示，线粗0.3mm实线。在计曲线的适当位置注记高程，注记时等高线断开，字头朝向高处。在个别地方，为了显示局部地貌特征，可按1/2基本等高距用虚线加绘半距等高线，称为间曲线，线粗0.15mm长虚线。按1/4基本等高距用虚线加绘的等高线，称为助曲线，线粗0.15mm短虚线。

2. 几种典型地貌的等高线图

地貌尽管千姿百态，变化多端，但归纳起来不外乎由山丘、洼地、山脊、山谷、鞍部等典型地貌组成，如图 7-11 所示。

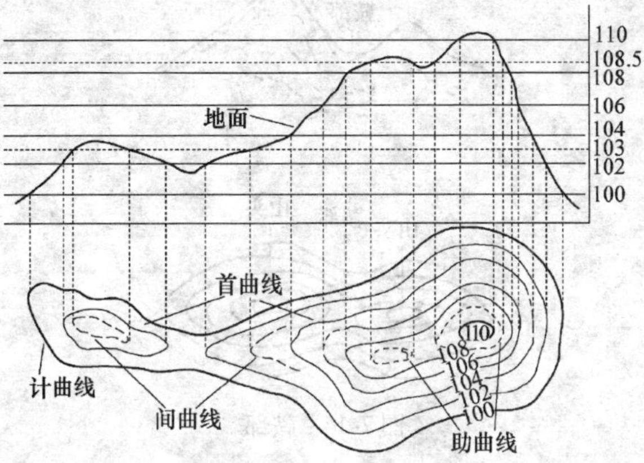

图 7-10　等高线的分类

图 7-11　各种典型地貌

(1) 山头和洼地

从图 7-12 可知，山头和洼地（凹地）的等高线都是一组闭合的曲线，内圈等高线高程较外围高者为山头，反之为洼地，也可加绘示坡线（图中垂直于等高线的短线），示坡线的方向指向低处，一般绘于山头最高、洼地最低的等高线上。

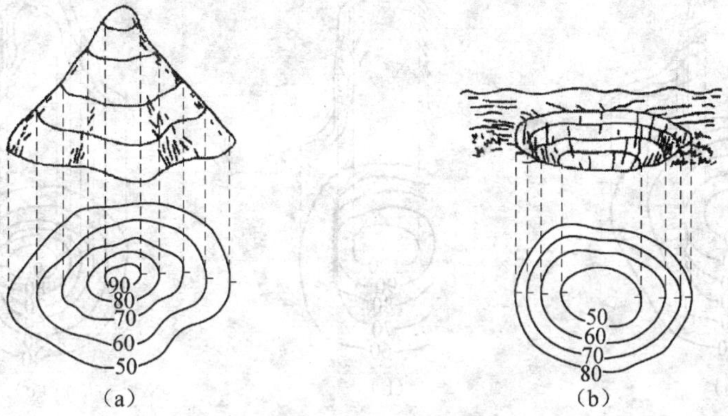

图 7-12　山头和洼地

(a) 山头；(b) 洼地

(2) 山脊和山谷

如图 7-13 所示，沿着一个方向延伸的高地称为山脊，山脊的最高棱线称为山脊线或分水线。山脊的等高线是一组凸向低处的曲线。两山脊之间的凹地为山谷，山谷最低点的连线称为山谷线或集水线。山谷的等高线是一组凸向高处的曲线。地表水由山脊线向两坡分流，或由两坡汇集于谷底沿山谷线流出。山脊线和山谷线统称为地性线，地性线对于阅读和使用地形图有着重要的意义。

(3) 鞍部

山脊上相邻两山顶之间形如马鞍状的低凹部位为鞍部，其等高线常由两组山头和两组山谷的等高线组成，如图 7-14 所示。

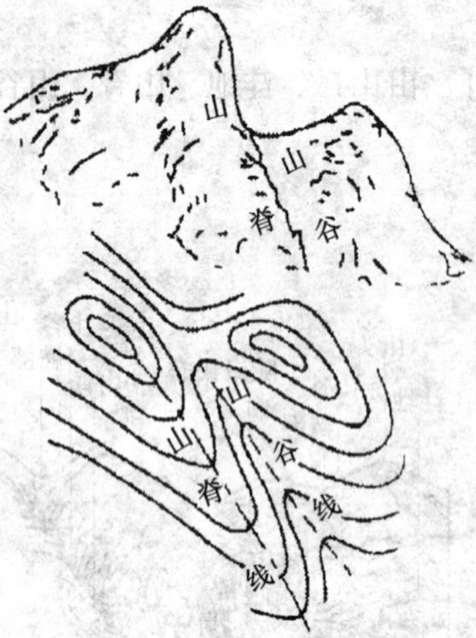

图 7-13　山脊与山谷

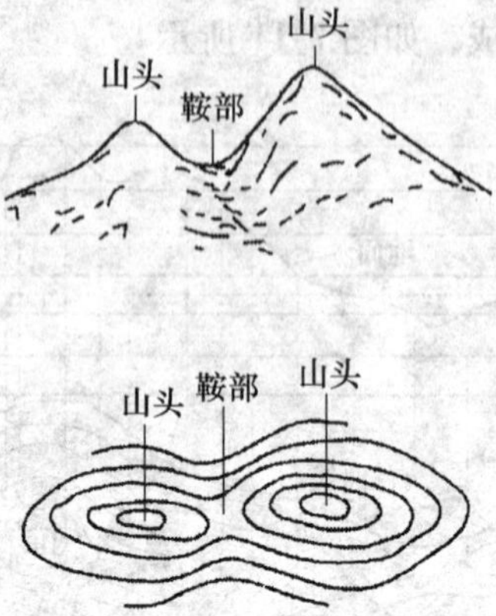

图 7-14　鞍部

（4）陡崖和悬崖

近似于垂直的山坡称陡崖（峭壁、绝壁）；上部凸出，下部凹进的陡崖称悬崖。陡崖等高线密集，用符号代替，图 7-15（a）表示土质陡崖，图 7-15（b）表示石质陡崖。悬崖上部等高线投影到水平面时，与下部等高线相交，俯视看隐蔽的部分等高线用虚线表示，如图 7-15（c）所示。

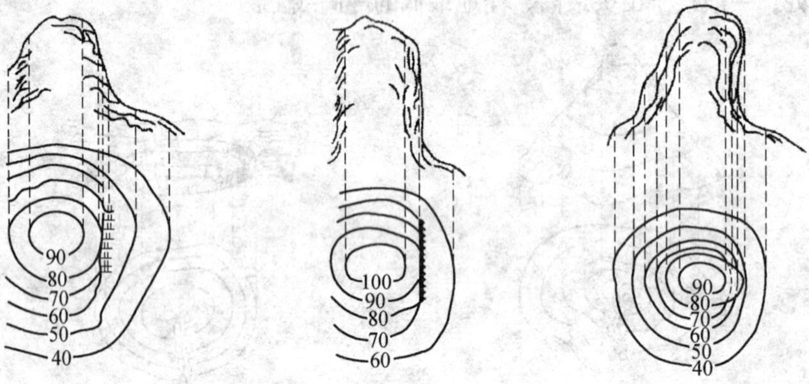

图 7-15　陡崖与悬崖

（5）冲沟

冲沟是指地面长期被雨水急流冲蚀，逐渐深化而形成的大小沟堑。如果沟底较宽，沟内应绘等高线。如图 7-16 所示。

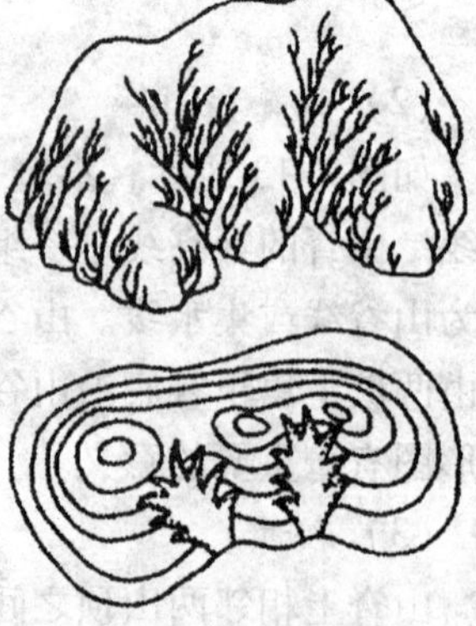
图 7-16　冲沟

3. 等高线的特性

掌握等高线的特性，才能合理地显示地貌，正确地使用地形图。其特性有：

（1）等高性

同一条等高线上各点的高程都相等。

（2）闭合性

每条等高线（除间曲线、助曲线外）必须闭合，如不能在同一图幅内闭合，则在相邻其他图幅内闭合。

（3）非叠交性

等高线只在陡崖、悬崖处重叠或相交。

（4）密陡疏缓性

在同一张地形图上，等高线密处（平距小）为陡坡，疏处（平距大）为缓坡。

（5）正交性

等高线应垂直于山脊线或山谷线。

第四节　测图前的准备工作

在控制测量结束后，以控制点为测站，测出各地物、地貌特征点的位置和高程，并按规定的比例尺缩绘到图纸上，按《国家基本比例尺地图图式第1部分：1∶500，1∶1000，1∶2000地形图图式》规定的符号，勾绘出地物、地貌的位置、大小和形状，即成地形图。地物、地貌特征点通称为碎部点；测定碎部点的工作称为碎部测量，也称地形图测绘。

1. 图纸准备

测绘地形图应选用优质绘图纸。对于临时测图，可直接将图纸固定在图板上进行测绘。

近年来，各测绘部门已广泛采用聚酯薄膜代替传统的绘图纸。聚酯薄膜具有透明度好、伸缩性小、不怕潮湿等优点，聚酯薄膜图纸的厚度一般为0.07～0.1mm，测绘地形图应选用热定型处理后的聚酯薄膜图纸，其伸缩率小于0.2‰，并可直接在测绘原图上着墨和复晒蓝图，使用保管都很方便。如果表面不清洁，还可用水清洗。缺点是易燃、易折和易老化，故使用保管时应注意防火、防折。

2. 绘制坐标方格网

聚酯薄膜图纸分空白图纸和印有坐标方格网的图纸。印有坐标方格网的图纸有两种规格：一种为50cm×50cm的正方形分幅，另一种为40cm×50cm的矩形分幅。

聚酯薄膜图纸空白图纸一般是按千克销售的，宽度分为两种：一种为1.2m，另一种为1.0m，其长度和质量有关。使用时要按照要求进行裁剪。为了把控制点准确地展绘在图纸上，应先在图纸上精确地绘制10cm×10cm的直角坐标方格网，然后根据坐标方格网展绘控制点。坐标方格网的绘制常用对角线法、坐标格网尺法或用AutoCAD软件绘制。

（1）对角线法

如图7-17所示，用对角线法绘制坐标方格网的方法是：用检验过的直尺先将图纸的对角相连，对角线交点为*M*点，以*M*为圆心，取适当长度为半径画弧，在对角线上分别画出*A*、*B*、*C*、*D*四点，连接这四点成一矩形*ABCD*。从*A*、*B*两点起，各沿*AD*、*BC*每隔10cm定一点；从*A*、*D*两点起，各沿*AB*、*DC*每隔10cm定一点，连接对边的相应点，即得坐标方格网。

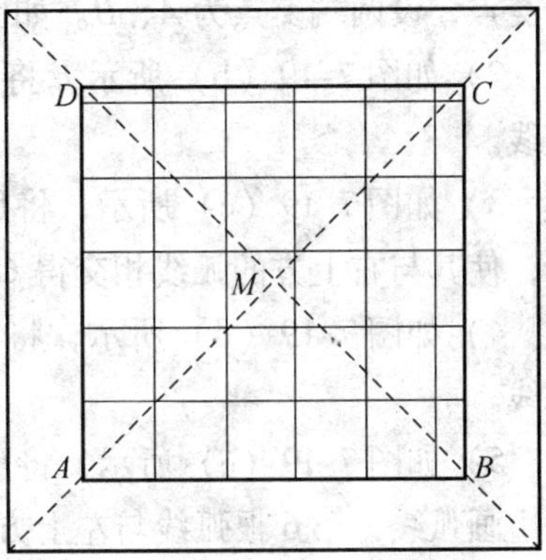

图7-17　绘制坐标方格网示意图

（2）坐标格网尺法

坐标格网尺是一种轴承钢特制的金属直尺，图7-18为五四型格网尺，适用于绘制50cm×50cm及以下的方格网。尺子上有6个间隔10cm的方孔，每个方孔中有一个斜面。尺子左端的起始孔的斜面上刻有一条细刻划线，是零点的指标线。其余各孔及尺子右末端的斜边均是以零点为圆心，各以 10cm、20cm、30cm、40cm、50cm 及 70.711cm 为半径的短弧线。而 70.711cm 则是 50cm ×50cm 正方形对角线的长度。

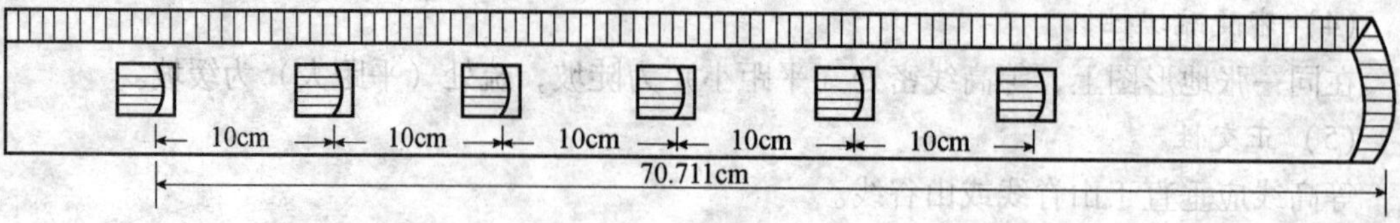

图 7-18　坐标格网尺

用坐标格网尺绘制方格网的方法如图 7-19 所示。

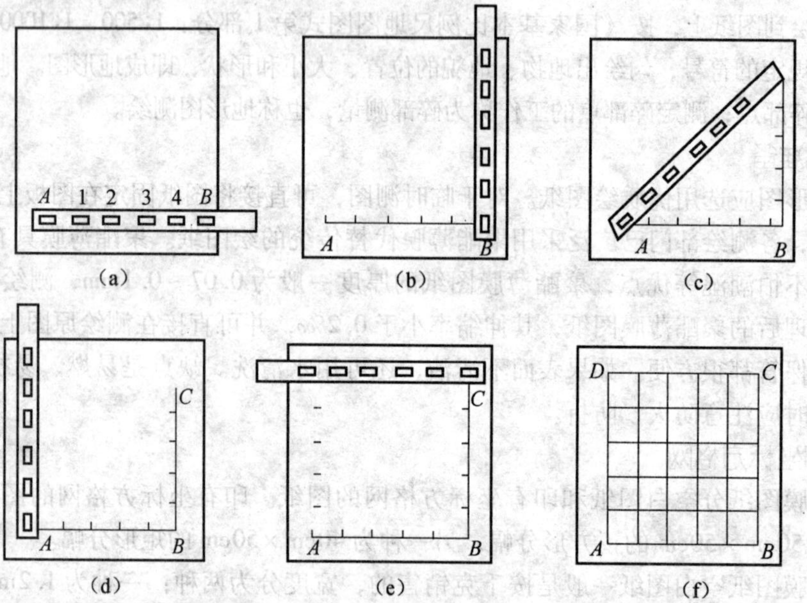

图 7-19　用坐标格网尺绘制坐标方格网

1）首先确定图幅在图纸中的位置，然后平行于图纸下边缘，将 4H 绘图铅笔削尖，沿尺边画一条直线。将尺子的零点对准直线左端适当位置，沿各孔画与直线相交的弧线，得 6 个交点，设两端交点为 A、B。如图 7-19（a）所示。

2）如图 7-19（b）所示，将尺子零点对准 B，目估使尺子垂直于 AB，沿各孔斜边画弧线。

3）如图 7-19（c）所示，将尺子零点对准 A，并沿对角线放置，以尺子末端斜边画弧线，使其与右上方的弧线相交得 C 点。

4）如图 7-19（d）所示，将尺子零点对准 A，目估使尺子垂直于 AB，沿各孔斜边画弧线。

5）如图 7-19（e）所示，将尺子零点对准 C，目估使尺子与图纸上边缘平行，沿各孔斜边画弧线，第 6 根弧线与左上方的弧线相交得 D 点。

6）连接 A、B、C、D 各点，即得边长为 50cm 的正方形。再连接正方形两对边的对应分点，即得边长为 10cm 的坐标方格网。如图 7-19（f）所示。

如有大量图幅需要绘制坐标方格网时，可利用工作效率和精度较高的坐标展点仪或使用CASS软件中的“绘图处理/标准图幅50cm×50cm”或“标准图幅50cm×50cm”命令，直接生成坐标方格网图形。

方格网绘好后，必须立即进行严格检查，以保证控制点展绘的精度。规范规定：方格边长与理论长度（10cm）之差应小于图上0.2mm；图廓边、图廓对角线的长度与其理论值之差应小于图上0.3mm；网格线粗与刺孔应小于0.1mm。若超过限差规定，应重新绘制。

3. 控制点展绘

展绘控制点时，应先根据该控制点的坐标，确定其所在的方格，如图7-20所示，控制点C的坐标为$x_C=1352.136\text{m}$，$y_C=961.007\text{m}$，由其坐标值可知C点的位置在$lmnp$方格内。C点与此方格西南角坐标差为$\Delta x=52.136\text{m}$，$\Delta y=61.007\text{m}$。然后用1∶1000比例尺从p和n点各沿pl、nm线向上量取52.136m，得a、b两点；从p、l两点沿pn、lm量取61.007m，得c、d两点；连接ab和cd，其交点即为C点在图上的位置。同法，将其余控制点展绘在图纸上，并按《国家基本比例尺地图图式第1部分：1∶500，1∶1000，1∶2000地形图图式》的规定，在点的右侧画一横线，横线上方注点名，下方注高程。如图7-22所示的A，B，…，E各点。

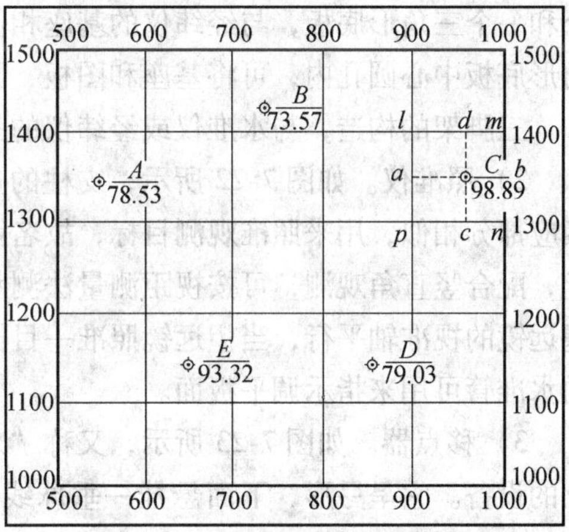

图7-20　控制点展点示意图

控制点展绘完成后，必须进行校核。其方法是用比例尺量出各相邻控制点之间的距离，与控制测量成果表中相应距离比较，其差值在图上不得超过0.3mm，否则应重新展点。

第五节　测图仪器的构造和使用

平板仪是测地形碎部常用的仪器。由于它测图时无须测水平角，并可将碎部点在实地直接测绘到图纸上，十分便捷。

1. 平板仪测图的原理

如图7-21所示，欲测定地面上的A、B、C三点，可在B点上水平安置一个装有三脚架的图板，将B点铅垂投影到板面固定的图纸上，得一点b。设有两个竖直的平面V_1及V_2，分别包含AB及BC两方向线，量得AB及BC的水平距离，用比例尺在两竖直平面与图纸交迹上，定出ab及bc之长，即可在图上定出a、c两点。显然图纸上的$\angle abc$，与实地A、B、C三点所构成的水平角$\angle ABC$必相等。实地的A、B、C三点，即图纸上测定的a、b、c三点。

图7-21　平板仪的测图原理

1—竖直平面；2—平板仪

2. 平板仪的种类及构造

平板仪是根据上述测图原理制成的仪器，有大平板仪和小平板仪两种。

(1) 大平板仪

大平板仪由平板、照准仪、移点器和方框罗盘组成。

1）平板。包括图板、基座和三脚架三部分，供在野外测图时，水平安置图板，实地测绘碎部点之用。

图板为方形木板，一般尺寸为60cm×60cm，厚3cm。基座用金属制成，顶部圆盘上装有三个螺旋，可将图板与基座连接在一起。圆盘下有固定螺旋及微动螺旋各一个、脚螺旋三个和一个三角形底板，与经纬仪的基座相似。将三脚架架头的中心固定螺旋，拧入基座的三角形底板中心圆孔内，可将基座和图板，固定在三脚架上。

三脚架的构造，与水准仪或经纬仪的三脚架相同。

2）照准仪。如图7-22所示，支柱的上部有望远镜、竖直度盘，构造和功能与经纬仪的相应部分相似，用来照准观测目标，故名照准仪。望远镜内十字丝分划板上，同样也有视距丝，配合竖直角观测，可按视距测量法测水平距离和高差。支柱装于一直尺上，直尺的边与望远镜的视准轴平行，当望远镜照准一目标后，沿直尺的边即可画出测定的方向线。直尺上的水准管可用来指示调平板面。

3）移点器。如图7-23所示，又称“对点器”，是用来将地面上的点，铅直投影到图板上的设备。它呈弓形，下面悬挂一垂球线，当垂球尖端正对地面的点位时，上部水平杆尖端，也在同一铅垂线上，故根据该端点，即可在图纸上定出A的投射点a。

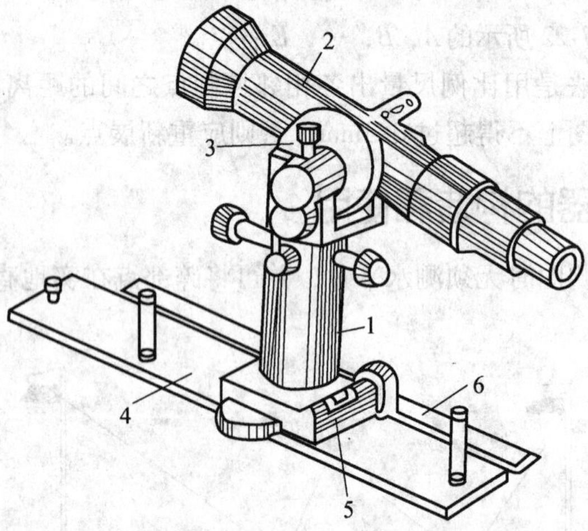

图7-22 平板仪的照准仪

1—支柱；2—望远镜；3—竖直度盘；4—直尺；5—水准管；6—平行尺

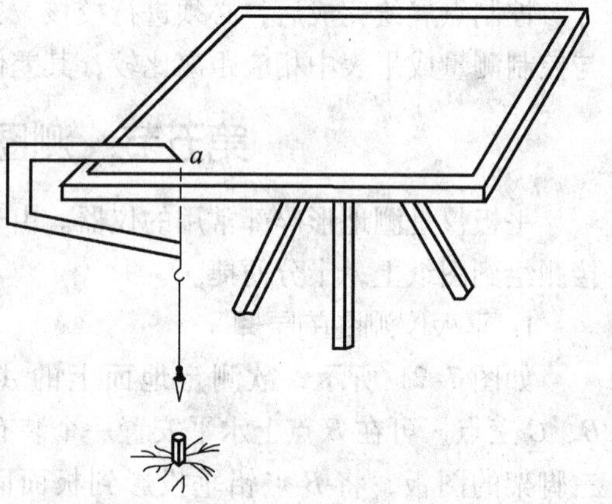

图7-23 平板仪的移点器

4）方框罗盘。如图7-24所示，在一长方形的盒内，装一磁针及固定磁针的杠杆装置，与罗盘仪相似，用来测定测图的方向。当磁针北端正对罗盘的北向刻画时，罗盘盒的长边亦取南北方向。沿边画线，即为南北方向线。

此外，大平板仪还附有水准管（图7-25）或圆水准器，用来配合照准仪直尺上的水准管，指示图板是否整平。

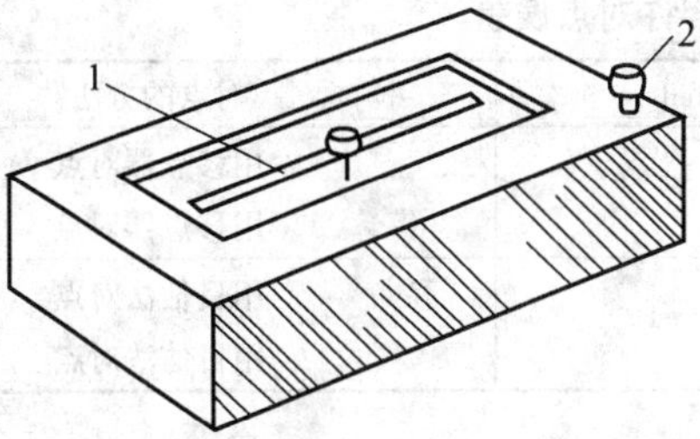

图 7-24　平板仪的方框罗盘

1—磁针；2—杠杆装置

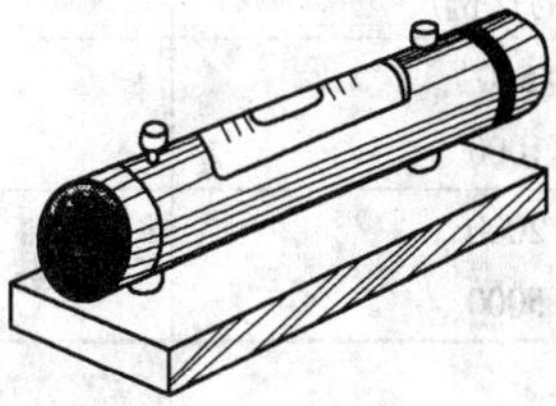

图 7-25　大平板仪的水准管

(2) 小平板仪

小平板仪的组成与大平板仪相同，但构造较简单，图板较小，仪器较轻便，价格也较低廉。

小平板的照准仪，如图 7-26 所示，又称“测斜照准仪”。直尺上有刻画，两端各装一可竖直竖立的觇板，一端为“接目觇板”，上有上、中、下三个觇孔；另一端为“接物觇板”，中有一长形窗孔，在孔中心线位置处装有一根细线。照准目标时，用眼通过觇孔，使接物觇板上的细线与目标重合，沿直尺边画出的线即为照准目标的方向线。直尺上也装有小水准管，可作整平图板之用。移点器与大平板的移点器相同，只是较灵巧轻便。图板下装有一个螺母，可拧入装于三脚架架头的连接螺旋上，架头有球窝结构的接头装置，供整平时调平图板之用，故小平板不设基座和脚螺旋。

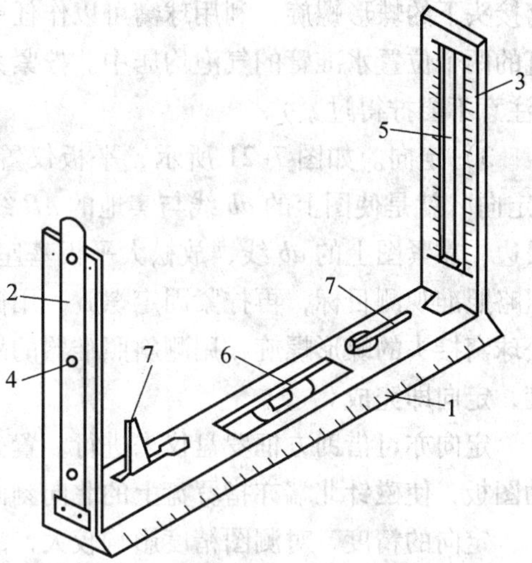

图 7-26　小平板仪的照准仪

1—直尺；2—接目觇板；3—接物觇板；4—觇孔；5—细线；6—水准管；7—调平偏心板

3. 平板仪的安置

将图板装于三脚架上，张开三脚架的腿，安放平板仪于测站上。安置平板仪较安置经纬仪或水准仪复杂，因为要同时兼顾对点、整平和定向三个方面的要求，而这三方面要求，又常彼此矛盾、制约，初学的人常顾此失彼。如能注意下述要点，也能较快安好仪器。

(1) 初步安置

安置平板仪时，先用目估，使平板上测图的方向，大致与实地方向一致。同时挂上移点器，使其上端指测图上的测站点，慢慢移动仪器，使下端悬挂的垂球大致指测站上的木桩，并使图板也大致水平，称为“初步安置”。

(2) 精确安置

进一步按下述步骤，“精确安置”平板仪。

1）对点。如图 7-23 所示，缓缓移动脚架，使移点器上端仍指图上的测站点，而下端垂球尖亦对准测站桩位的中心。这时要注意不改变图板初步安置的方向，板面也仍大致水平。

为了加速对点工作，可根据测图比例尺，对点偏离桩的中心，容许有一定偏差，见表 7-8。

表 7-8 平板仪测图容许对点误差

测图的比例尺	容许对点误差/mm	对点的方法
1:500	2.5	用移点器对点
1:1000	5	用移点器对点
1:2000	10	用目估法对点
1:5000	25	用目估法对点

2）整平。置照准仪于图板的一侧，在垂直方向上，置另一水准管于图板的另一侧。如为大平板，可用基座的三个脚螺旋，仿经纬仪整平仪器的方法，使两个水准管的气泡均居中，图板即整平。如为小平板仪，用测斜照准仪，分别取互相垂直的两个位置，轻轻放松球窝接头下的蝶形螺旋，利用球窝可以作任一方向的调平活动，用两手缓缓调平板面，使在垂直的两个位置水准管的气泡均居中。拧紧大平板的架头中心固定螺旋，或小平板的蝶形螺旋（注意不要拧得过紧）。

3）定向。如图 7-21 所示，平板仪置于测站 B 点上，对点、整平完毕，应进行定向。“定向”就是使图上的 ab 线与实地的 AB 线，同位于一铅垂平面内。定向时可置照准仪的直尺边，靠紧图上的 ab 线，放松大平板基座上的固定螺旋，缓缓转动图板，用照准仪望远镜粗略照准观测目标，再拧紧固定螺旋，用微动螺旋精确照准目标 A。如用小平板仪，则先放松球窝接头的蝶形螺旋，用测斜照准器的觇孔及接物觇板上的细丝照准目标 A，拧紧蝶形螺旋，定向即完成。

定向亦可借助方框罗盘仪来进行。置方框罗盘的一边，紧靠图上的正北方向线，缓缓转动图板，使磁针北端亦指罗盘上的北向刻画线，图板定向亦即完成。

定向的精度，对测图精度影响较大，故在安置平板仪的对点、整平和定向三项工作中，定向为主要项目，测图时应力求准确。用前述方法定向后，必须作校核检查，可找一与 AB 方向线大致垂直的另一已测定的点，置照准仪于 B 点后，再观测实地的该测点，如测得该点的新位置与图上原位置，偏离不超过 0.8mm，则认为定向准确。否则，应重作定向，经检验至合格为止。

4. 用平板仪测定地面点位的方法

常用的方法有下述两种：

（1）放射线法

如图 7-27 所示，测站为 B 点，图上已测绘 b、c 两点，现欲测定 1、2 等点在图上的位置。可置平板仪于测站 B 点上，对点、整平，并根据地面上的 BC 方向线及图上的 bc 线定向完毕。在点 1 及点 2 处立尺，用照准仪置于 b 点左侧，照准 1、2 等点的立尺，拉开照准仪直尺上的平行尺，使紧靠图上 b 点（如为小平板，在照准测点时，就应使照准仪的直尺边紧靠 b 点，可在 b 点插一根大头针，使尺边靠紧针壁，施测比较方便）。沿尺边画 $b1$ 及 $b2$ 方向线，测出地面上 $B1$ 及 $B2$ 的水平距离，用比例尺在图上 $b1$、$b2$ 方向线上，即可定出 1、2 点在图上的位置。

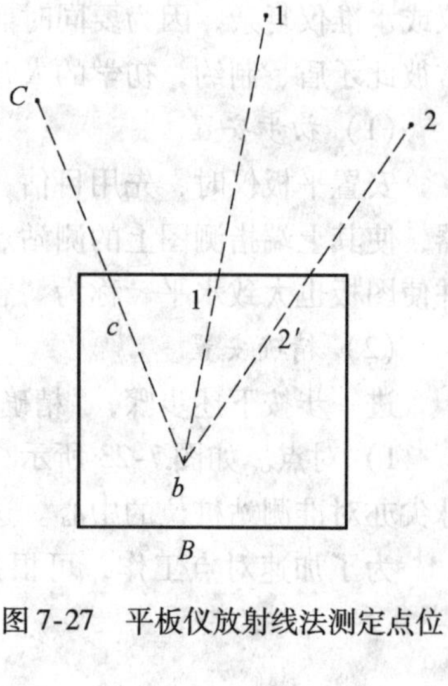

图 7-27 平板仪放射线法测定点位

此法又称极坐标法，由图7-27可见，测点的确定，是根据数学极坐标原理，以 *bc* 为基准线，根据测点方向线与 *bc* 的夹角，及测点与 *B* 点的水平距离来测定的。

（2）前方交会法

如图7-28（a）所示，先在测站上安置平板仪，按 *AB* 及图上的 *ab* 线对点、整平、定向完毕。欲测定 *P* 点在图上的位置，置照准仪于图上 *a* 点左侧，照准地面上的 *P* 点，画方向线 *aP*。移仪器于 *B* 点如图7-28（b）所示，仍以 *BA* 及 *ba* 线对点、整平、定向完毕，置照准仪于 *b* 点左侧，照准 *P* 点后又画一方向线 *bP*，前后两方向线交会于 *P* 点，即为地面上 *P* 点在图上的位置。

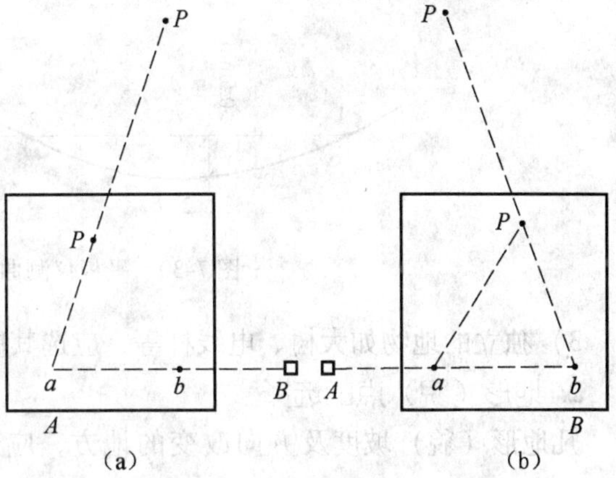

图7-28　平板仪前方交会法测点位

此法的优点是不需要量测站到测点间的水平距离。缺点是同一测点，要在两个测站上各观测一次，画出两根方向线交会得出测点，如测点较多，图上的方向线更多，容易混淆，也易使交会错误。故一般只在量距有困难或有障碍的情况下，测定点位又不多时，才用这种方法。

第六节　大比例尺地形图的碎部测量

一、选择碎部点

碎部点是地物或地貌的特征点，测碎部时碎部点的选择若恰到好处，不仅能使勾绘出的地形图较好地反映实地情况，还可省时省力，完成测图任务。

1. 地物点的选择

下列各种地物点，应选择进行测绘：

1）人工建造的建（构）筑物的轮廓线转折点，由于一般建（构）筑物平面多为规则的几何图形，如图7-29所示的房屋，只需选择1、2两角点为碎部点，将它测定，然后用钢尺量出23、34及15各边的长度，即可用几何作图，将这座房屋的平面绘出。

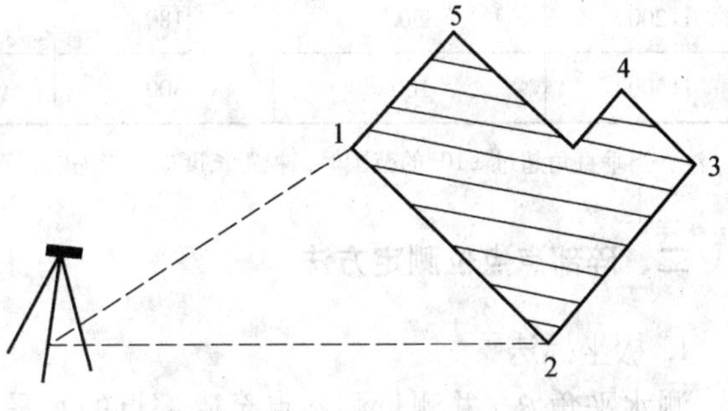

图7-29　平板仪测房屋的碎部点

2）对轮廓线为曲线的地物，如道路、河流、土地的边界等，如图7-30所示，应在转弯处适当选点。但一般测图规定，凡轮廓线在图上反映凸凹不超过0.5mm的，可将该段曲线当直线看待。反之，必须适当选择凸凹点作碎部点。如图中点2偏离13连线超过图上尺寸0.5mm，点2应作碎部点测出；但点4偏离35连线不超过图上尺寸0.5mm（或1∶500测图上小于1mm时），即可视345线为直线（此图为使学生看清这一关系，夸大作图），点4可不测定。实测时，选点立尺（俗称“跑点”），持尺人可根据比例尺大小，在实地目估这种凸凹程度，而确定是否选择为碎部点。例如施测一1:1000 的地形图，当凸凹点偏离不超过 $0.5\times1000=500\text{mm}=0.5\text{m}$ 时，该点即可舍去，不必测定。

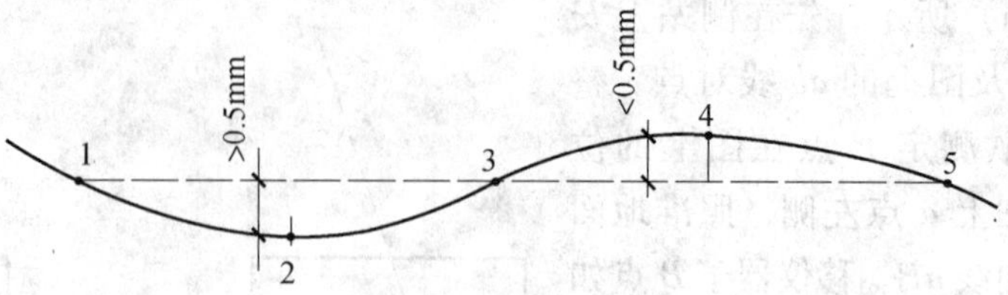

图 7-30　平板仪测曲线地物的碎部点

3）独立的地物如大树、电线杆等，应选其中心点为碎部点。

2. 地形（貌）点的选择

凡地形（貌）坡度及方向改变的地方，应选点测定。如坡脚、山峰顶、山脊、山谷、鞍部、断崖等起伏变化处，都要适当选择碎部点。选点时要特别注意断崖处立尺的安全。

平坦地区或地形无显著变化的地区，应根据视距要求，见表 7-9，适当选择碎部点。如高差不大，不便勾绘等高线的地区，可在该地区测图中心，用小圆点表示测点，在点旁注出该点的高程。

表 7-9　碎部点的最大间距和最大视距

测图比例尺	地貌点最大间距/m	最大视距/m			
		主要地物点		次要地物点和地貌点	
		一般地区	城市建筑区	一般地区	城市建筑区
1:500	15	60	—	100	70
1:1000	30	100	80	150	120
1:2000	50	180	120	250	200
1:5000	100	300	—	350	—

注：当垂直角超过 ±10°的范围时，视距长度应适当缩短；平坦地区成像清晰时，视距长度可放长 20%。

二、碎部点点位测定方法

1. 极坐标法

测水平角 β，并测量测站点至碎部点的水平距 D，即可求得碎部点的位置。如图 7-31 所示，测 β_1，并测量 D_1，即可确定点 1 的位置；测 β_2，并测量 D_2，即可确定点 2 的位置。

2. 直角坐标法

当地面较平坦，待定的碎部点靠近已知点或已测的地物时，可测量 x、y 来确定碎部点。如图 7-32 所示，由 P 沿已测地物丈量 y_1 定一点，在此点上安置十字方向架，定出直角方向，再量 x_1，便可确定碎部点 1。

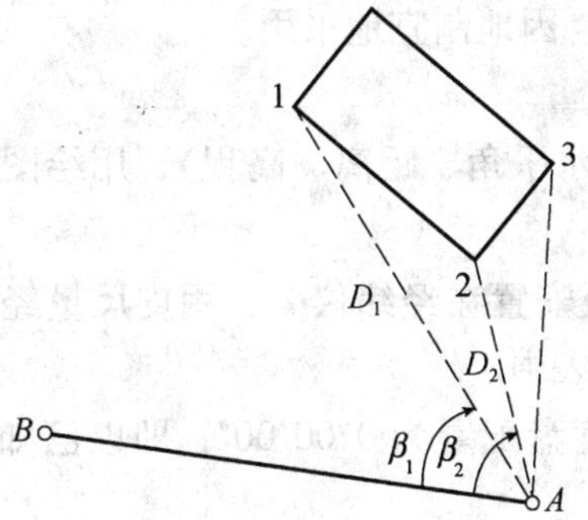

图 7-31　极坐标法

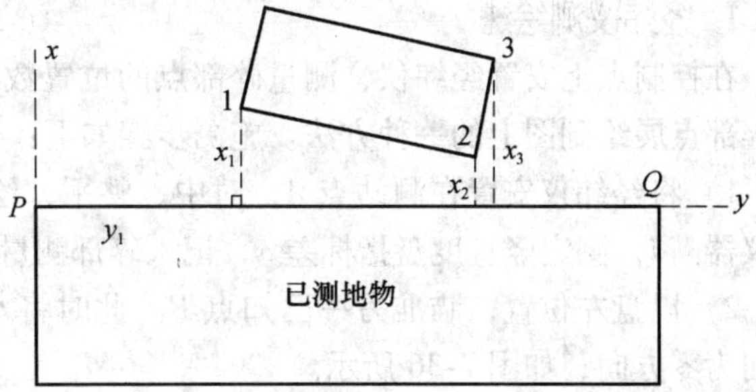

图 7-32　直角坐标法

3. 方向交会法

当地物点距控制点较远，或不便于量距时，如图 7-33 所示，欲测定河对岸的特征点 1、2、3 等点，先将仪器安置在 *A* 点，经过对中、整平、定向后，瞄准 1、2、3 各点，并在图板上画出各方向线；然后将仪器安置在 *B* 点，再瞄准 1、2、3 各点，同样在图板上画出各方向线，同名各方向线交点，即为 1、2、3 各点在图板上的位置。

4. 距离交会法

当地面较平坦，地物靠近已知点时，可用量距离来确定点位。如图 7-34 所示，要确定点 1，通过量 *P*1 与 *Q*1 距离，换为图上的距离后，用两脚规以 *P* 为圆心，*P*1 为半径作圆弧，再以 *Q* 为圆心，*Q*1 为半径作圆弧，两圆弧相交便得点 1；同法交出点 2。连 12 两点便得房屋的一条边。

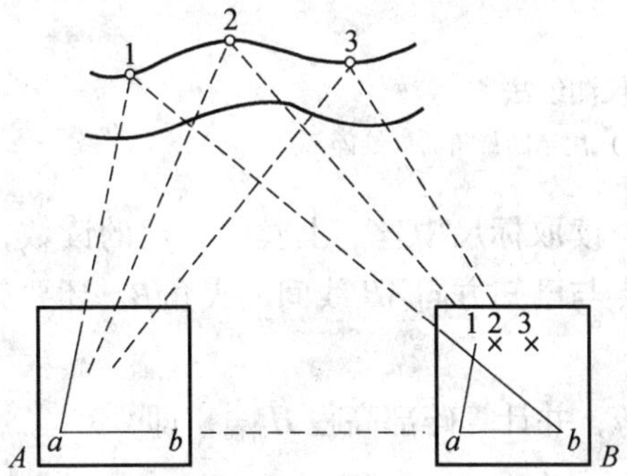

图 7-33　方向交会法

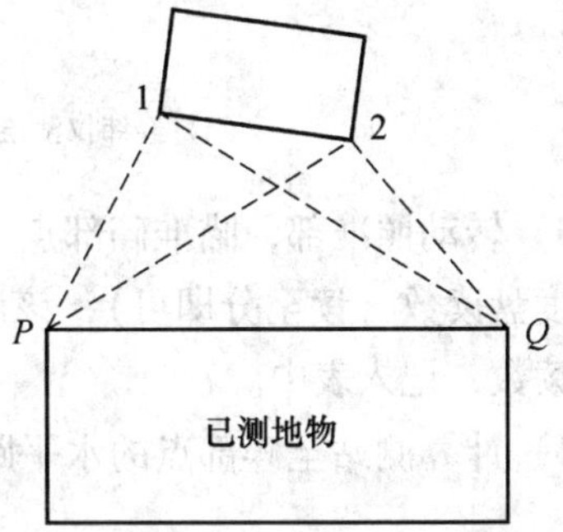

图 7-34　距离交会法

5. 方向距离交会法

实地可测定控制点至未知点方向，但不便于由控制点量距，可以先测绘一方向线，由临近已测定地物用距离交会定点。如图 7-35 所示，从测站 *A* 测绘 1、2 的方向线，再从 *P* 点量 *P*1、*P*2 的距离，以 *P* 点为圆心，*P*1 为半径画圆弧交 *A*1 方向线得点 1；同法，以 *P* 点为圆心，*P*2 为半径画圆弧交 *A*2 方向线得点 2。

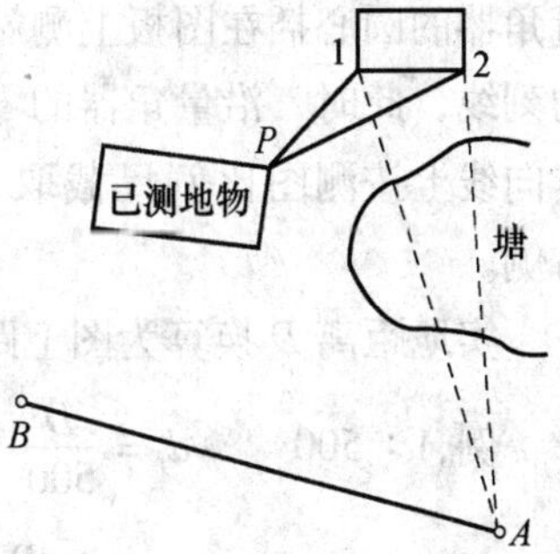

图 7-35　方向距离交会法

三、碎部测量方法

碎部测量的方法有多种，现介绍较常用的几种。这些方法各有其优缺点，应结合人力、现有仪器和天气等情况，因地制宜地采用。

1. 经纬仪测绘法

在控制点上安置经纬仪，测量碎部点的位置数据（水平角、距离、高程），用绘图工具把碎部点展绘到图上的一种方法。施测步骤如下：

1）将经纬仪安置在测站点 A，对中、整平，绘图板安置在经纬仪旁，用皮尺量经纬仪的仪器高 i，测定竖直度盘指标差 x，记入碎部测量记录表中。

2）以盘左位置，瞄准另一已知点 B。此时将水平度盘配置为 0°00′00″，即以已知点 B 方向为零方向，如图 7-36 所示。

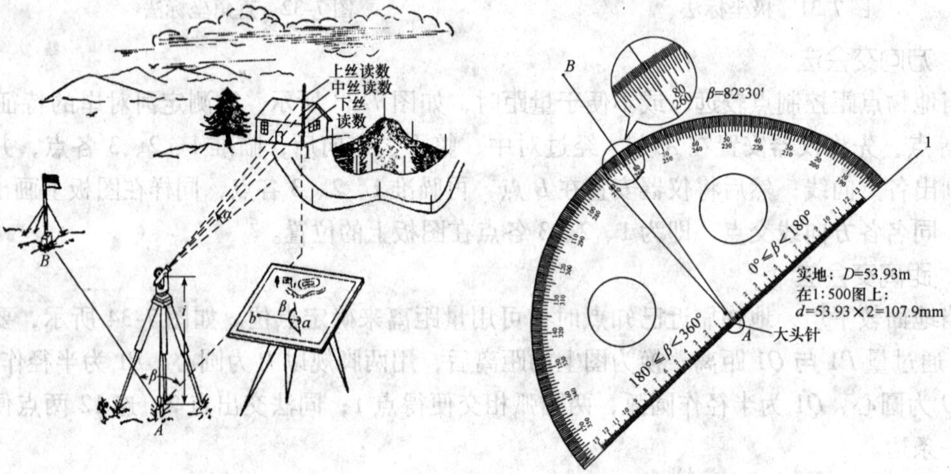

（a）　　　　　　　　　　　　（b）

图 7-36　经纬仪测绘法

（a）经纬仪测绘法测量碎部点；（b）用半圆量角器展绘碎部点

3）转动照准部，瞄准碎部点上所立的尺子，读取标尺中丝、上丝、下丝的读数，并读水平度盘读数（读至分即可），该读数即为碎部点与已知方向 AB 线间的夹角 β。还要读竖直度盘读数，记入表中。

4）计算测站至碎部点的水平距离 D 及高差 h，并计算碎部高程 $H_{碎部}$，即

$$H_{碎部} = H_{测站} + h$$

5）展绘碎部点：由经纬仪测出碎部点与已知方向间的夹角，以及测站点至碎部点的距离，用量角器和比例尺将碎部点位展绘在图纸上，并注明其高程。展点时，绘图员用小针将量角器的圆心插在图板上测站点 a，转动量角器，使图上 ab 方向线正好对准量角器口角值的刻线，此时，沿量角器的零方向线（量角器的直尺边线）便是碎部点 1 的方向线。在此方向线上按测图比例尺截取 d_{A1} 距离，便得到点 1 在图上位置，将其高程 H_1 注于点位的右侧。

实地距离 D 换算为图上距离 d 的简便算法：

例，1∶500　$d = \dfrac{D}{500} = \dfrac{D \times 1000}{500} = D \times 2(\text{mm})$（$D$ 以 m 为单位）

例，1∶2000　$d = \dfrac{D}{2000} = \dfrac{D \times 1000}{2000} = \dfrac{D}{2}(\text{mm})$（$D$ 以 m 为单位）

本例图中 A1 实际距离 $D=53.93\text{m}$，测图比例尺 1∶500，按公式很容易算得图上距离 $d=107.9\text{mm}$，然后按量角器直径边的毫米分划展绘碎部点。

展绘碎部点用量角器，在精度方面损失较大，如有可能，直接用 AutoCAD 来绘图可大大提高精度，并可获得数字化的成果。

经纬仪测绘法利用光电测距仪进行测距，以此代替经纬仪视距法。

2. 小平板仪配合经纬仪测绘法

该法的特点是将小平板仪安置在测站点上，描绘测站至碎部点的方向，而将经纬仪安置在测站旁，测定经纬仪至碎部点的距离与高差，最后用方向距离交会的方法定出碎部点在图上的位置。施测步骤如下：

（1）安置小平板仪

小平板仪安置在测站点上，进行对点、整平和定向。对点时要用对点器。整平是用照准器上的水准器，当在两个互相垂直定方向气泡居中时，表示测图板水平。定向是使图板处于正确方位，用长盒罗盘可作粗定向，精确定向必须使用已知边定向，使图上已知边与相应实地边长在同一竖面内，操作时照准器直尺靠已知边 ab，松开图板中心螺旋，转动图板，使照准器瞄准地面点 B，然后固定图板。对点、整平、定向三步工作互相有影响，需反复调试才行。

（2）安置经纬仪

经纬仪安置在测站旁 2～3m 处，如图 7-37 所示，要便于测量碎部点。经纬仪整平，并量仪器高 i，量仪器高时注意应从望远镜横轴中心量至测站 A 标桩顶水平面的竖直距离，量至厘米，这样便于计算测站至碎部点的高差。

为了将经纬仪位置标定在小平板上，此时要用小平板的测斜照准器直尺边贴靠测站点 a，然后瞄准经纬仪中心或所悬挂的垂球线，用铅笔绘出该方向线，在此方向线上量取测站点 A 至经纬仪中心的水平距离，按测图比例尺在图纸上标出经纬仪的位置 a'。

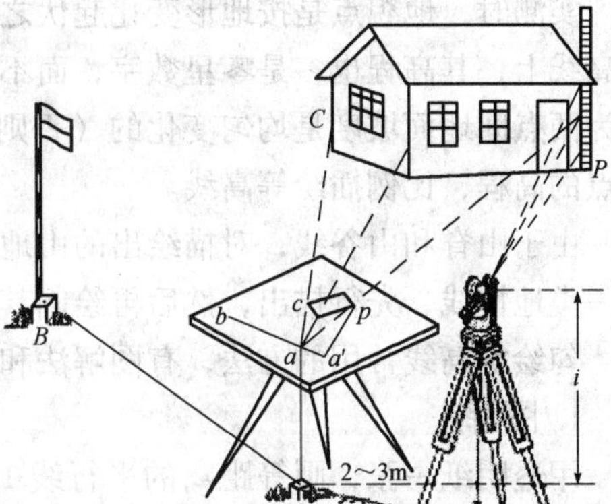

图 7-37　小平板仪配合经纬仪测绘法

（3）观测

观测时，各施测人员的工作如下：

1）持尺员。在碎部点上竖立视距尺。

2）经纬仪观测员。经纬仪整置后，瞄准视距尺，读取上、中、下丝的尺上读数，把竖盘指标自动归零开关打开（老式 J6 级仪器要使竖盘指标水准管气泡居中），读竖盘读数。

3）记录计算员。根据上、下丝读数计算尺间隔，根据读竖盘读数计算竖角值。然后按公式计算平距 D 及高差 h，最后计算测点高程。

4）掌板员。将照准器的直尺边紧靠测站点所立小针，瞄准视距尺绘出方向线，如图 7-37所示的 ap 线，然后以经纬仪的点位 a'为圆心，以平距 D 为半径（按测图比例尺缩小的长度），用圆规画弧与 ap 相交于 p 点，即为所测碎部点的图上位置，随即以针刺出其点位，并将高程注记于点的右旁。

上述展碎部点用圆规作图，精度不高。

同法测其他碎部点，掌板员应在实地依据碎部点位和高程，对照地物勾绘出地物轮廓，对地貌绘出地性线、低层曲线和变化较大的等高线，其他等高线可在室内插绘。

掌板员在测绘过程中要时常检查和防止平板变向，注意相邻测点的位置和高程是否与实地相符，遇不符的要及时通知司经纬仪者及时重测修正。还应注意掌握测点的疏密程度，如漏失主要碎部点，应指挥立尺员补测。立尺不能到达的主要碎部点，可用图解交会法测定。认为图上应增设测站的地方，应指挥立尺员进行选设。

在第一站测完，进行第二站施测时，首先应检查前一站所测绘主要地物地貌是否正确，可用照准仪瞄方向的方法来检查。

第七节　地形图的绘制

一、地物的描绘

地物要按照地形图图式规定的符号表示。房屋轮廓需用直线连接起来，而道路、河流的弯曲部分要逐点连成光滑曲线。不能依比例绘制的地物，应按规定的符号表示。

二、等高线的勾绘

实测时，地貌点是按地形变化起伏之处，选点立尺，因此，测出的碎部点常不在欲测的等高线上，其高程也多是零星数字，而不是等高距的整倍数。故根据碎部点勾绘等高线时，认为两点间地面坡度是均匀变化的（否则跑尺员将在中间地形变化处选点立尺）。故可按相邻点的高程，比例插绘等高线。

由于山脊和山谷线，对描绘出的山地地貌是否真实影响较大，故勾绘等高线时，应先将这一类地性线，先行描出，然后再绘制其他等高线。

勾绘等高线常用的方法，有图解法和目估法两种。

1. 图解法

用透明纸一张，画等距离的平行线 10 根，依次注明 0，1，2，…，9，如图 7-38 所示。例如欲在 a、b 两点间插绘等高距为 2m 的等高线，设已测得两点的高程，点 a 为 221.60m，点 b 为 228.30m，可将透明纸复在底图上移动，使底图上的 a 点位于 1.60m 处，同时 b 点位于 8.30m 处，如图所示。则 ab 连线与平行线 2、4、6、8 各线的交点，即应为等高线 222.00、224.00、226.00、228.00 必经过之点。用针尖凿出各点，移去透明纸，底图上留下的针孔即为上述各高程点，与相邻同高程的点相连，即可描绘出需要的各等高线。

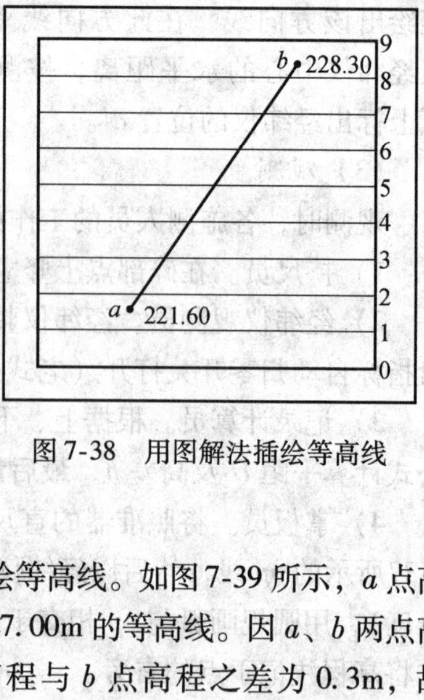

图 7-38　用图解法插绘等高线

2. 目估法

有经验的测绘人员，常会根据测点位置及高程，目估插绘等高线。如图 7-39 所示，a 点高程为 127.50m、b 点高程为 126.70m，欲在其间插绘高程为 127.00m 的等高线。因 a、b 两点高差为 0.80m，可将 ab 连线目估分为八等份。又 127.00m 高程与 b 点高程之差为 0.3m，故

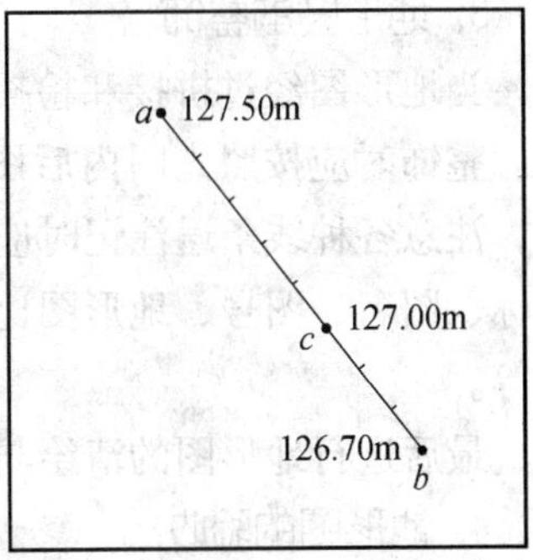

图 7-39　用目估法插绘等高线

127.00m 的等高线，必经过图中距 b 点三等份的 c 点（目估）。

目估法较便捷，但精度不如图解法。实际工作中勾绘等高线工作量很大，只要精细一些，用目估法勾出的等高线，仍能满足要求，故测绘地形图时多采用这种方法。

三、地形图的拼接、检查与整饰

当测图面积大于一幅地形图的面积时，要分成多幅施测，由于测绘误差的存在，相邻地形图测完后应进行拼接。拼接时，如偏差在规定限值内，则取其平均位置修整相邻图幅的地物和地貌位置。否则，应进行检查、修测，直至符合要求。

1. 地形图的拼接

地形图拼接时，若地物和等高线的接边差小于表 7-10 规定值的 2 倍时，两幅图可以拼接，若超过此限值，则需到实地检查，补测修正后再进行拼接。拼接方法为：用宽 5cm 的透明纸，先蒙在左图幅的接图边上如图 7-40 所示，将接图边、坐标格网、地物、地貌等用铅笔描绘在透明纸上，然后再将透明纸蒙在右图幅接图边上，使透明纸与底图上坐标格网对齐，同样用铅笔描绘地物、地貌。若偏差在规定限值内，则取其平均位置绘在透明纸上，并以此修改相邻图幅的地物和地貌位置。

表 7-10　地形点点位中误差

地区类别	点位中误差/mm	相邻地物点间距中误差/mm	等高线高程中误差（等高距）			
			平地	丘陵地	山地	高山地
城市建筑区、平地、丘陵地	0.5	0.4	1/3	1/2	2/3	1
山地、高山地和施测困难的街区内部	0.75	0.6				

2. 地形图的检查

为保证成图质量，在地形图测完后，还必须进行全面的自检和互检，检查工作一般分为室内检查和野外检查两部分。

（1）室内检查

室内检查的主要内容为检查图根点的观测、记录和计算有无错误；闭合差及各种限差是否符合规定限值；符号运用是否恰当，等高线勾绘有无错误；图边拼接误差是否符合限差要求等。如发现问题，到野外进行实地检查、修改。

（2）野外检查

在野外将地形图对照实地地物、地貌进行查看，检查时应查明地物、地貌取舍是否正确，有无遗漏；等高线是否与实际地貌相符；图中使用的图式和注记是否正确等。如必要时应用仪器设站检查，检查时可在原已知点设站，重新测定测站周围部分地物和地貌点的平面位置和高程，看是否与原测点相同。若误差不超过表 7-10 规定的中误差的 $2\sqrt{2}$ 倍，即视为符合要求，否则应对照实地进行改正，若错误较多，退回原作业组，进行修测或重测。仪器检查量一般为整幅图的 10% ~20%。

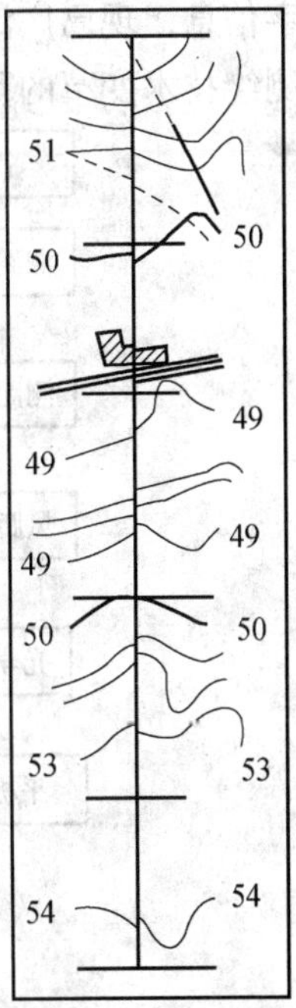

图 7-40　地形图拼接

3. 地形图的整饰

当地形图经过拼接和检查后，还应进行最后的清绘和整饰工作，使图面更加清晰、美观。整饰时应按照先图内后图外的顺序。图上的地物、地貌均按规定的图式进行注记和绘制，注意各种线条遇注记时应断开，最后按图式要求绘内、外图廓和接合图表，书写方格网坐标、图名、图号、地形图比例尺、坐标系、高程系和等高距、施测单位、绘图者及施测日期等。

最后进行地形图的清绘与整饰工作，使图面更加合理、清晰、美观。

4. 地形图的验收

各种工作结束后，将地形图和有关资料一齐上缴，上缴的资料如下：

1）控制点和图根点的展点图、水准线路图、点之记、观测与计算手簿、成果表。

2）地形原图、图例簿、图幅结合表、接边纸。

3）技术设计书、质量检查验收报告、技术总结等。

根据上缴的图纸资料，经有关部门验收合格并评定质量后，将铅笔原图着墨清绘，经晒蓝图后交付使用。

第八节　大比例尺数字化测图

随着电子技术、计算机技术的发展和全站仪的广泛应用，逐步构成了野外数据采集系统，将其与内业机助制图系统结合，形成了一套从野外数据采集到内业制图全过程的、实现数字化和自动化的测量制图系统，人们通常称之为数字化测图（简称数字测图）或机助成图。

如图7-41所示，数字化测图是以计算机为核心，在外连输入输出设备硬件、软件的条件下，通过计算机对地形空间数据进行处理而得到数字地图。这种方法改变了以手工描绘为主的传统测量方法，其测量成果不仅是绘制在图纸上的地图，还有方便传输、处理、共享的数字信息，现已广泛应用于测绘生产、城市规划、土地管理、建筑工程等行业与部门，并成为测绘技术变革的重要标志。

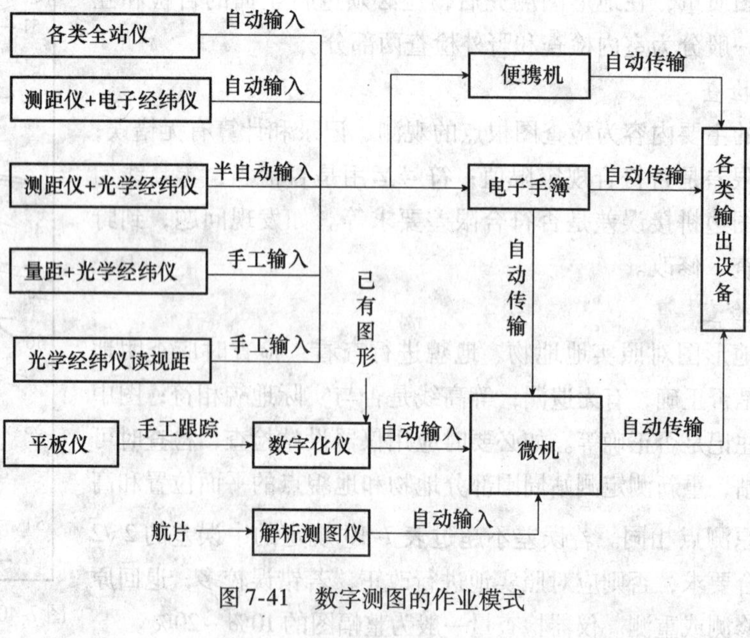

图7-41　数字测图的作业模式

1. 数字化测图的原理和特点

(1) 数字化测图的基本思想

传统的地形测图（白纸测图）是将测得的观测值用图解的方法转化为图形，其转化过程几乎都是在野外实现的，图形信息承载量少，变更修改极为不便，劳动强度较大，难以适应当前经济建设飞速发展的需要。而数字化测图则不同，它希望尽可能缩短野外的作业时间，减轻野外劳动强度，将大部分作业内容安排到室内去完成，把大量的手工作业转化为电子计算机控制下的机械操作，图上内容可根据实际地形、地物随时变更与修改，而且不会损失应有的观测精度。

数字化测图就是将采集的各种有关的地物、地貌信息转化为数字形式，经计算机处理后，得到内容丰富的电子地图，并可将地形图或各种专题图显示或打印出来。这就是数字化测图的基本思想。

(2) 数字化测图的特点

1）点位精度高。

传统的测图方法，其地物点的平面位置误差主要受展绘误差、测定误差、测定地物点的视距误差和方向误差、地形图上地物点的刺点误差等影响。实际的图上点位误差可达到 ±0.47mm（1∶1000 比例尺）。其地形点的高程测定误差（平坦地区视距为 150m）也达 ±0.06m，且随着倾角的增大，误差也急剧增大。无论怎样提高测距和测角的精度，传统的图解测图方法精度仍变化不大。

而数字化测图则不同，全站仪的测量数据作为电子信息可自动传输、记录、存储、处理和成图。在这全过程中原始测量数据的精度毫无损失，从而获得高精度的测量成果（距离在 300m 以内时测定地物点误差约为 ±15mm，测定地形点高程误差约为 ±18mm）。在数字测图中，野外采集的数据精度毫无损失，也与图的比例尺无关。

2）改进了作业方式。

传统的作业方式主要是人工记录、绘图。数字化测图则使野外测量达到自动记录、成图，出错的概率小，绘制的地形图精确、规范、美观，同时也避免了因图纸伸缩带来的各种误差。

3）图件更新方便。

采用数字化测图能克服白纸测图连续更新的困难。当测区发生大的变化时，可随时补测，始终保持图面整体的可靠性和现势性。

4）增加了地图的表现力。

可绘制各种比例尺的地形图，也可分层输出各类专题地图，满足不同用户的需要。

5）可作为 GIS 的信息源。

数字化测图能及时准确地提供各类基础数据更新 GIS 的数据库，保证地理信息的可靠性和现势性，为 GIS 的辅助决策和空间分析发挥作用。

2. 数字化测图的作业过程

大比例尺数字化测图一般经过野外数据采集、数据编码、数据处理和地图数据输出四个阶段。

(1) 野外数据采集

采用全站仪进行实地测量，将野外采集的数据自动传输到电子手簿或计算机中。一般每个点的记录通常有点号、点的三维坐标、点的属性及点与点的连接关系等。

（2）数据编码

测点的属性是用地形编码表示的，有编码就知道它是什么点，图式符号是什么。反之，野外测量时知道测的是什么点，就可以给出该点的编码并记录下来。

（3）数据处理

数据处理分数据的预处理、地物点的图形处理和地貌点的等高线处理。数据预处理是检查原始数据，删除出错信息代码的过程。预处理后生成点文件，再形成图块文件：与地物有关的点记录生成地物图块文件；与地形有关的点记录生成等高线图块文件。图块文件生成后可进行人机交互方式下的地图编辑。

（4）地图数据输出

人机交互编辑形成的图形文件可以用磁盘存储或通过绘图仪绘制各类地图。

3. 数字化测图的软件

随着大比例尺数字测图方法的普及和日益广泛的应用，我国从20世纪80年代初由几十家单位研制开发出了一大批性能优越、操作简便的大比例尺数字测图的软件。较有代表性的如南方测绘仪器公司的CASS内、外业成图系统，广州开思SCS成图系统，武汉瑞得RDMS数字测图系统，清华三维新技术开发公司研制的EPSW电子平板测图系统等。

4. 数字化测图的发展前景

数字化测图的发展大致经历了两个阶段：

1）第一阶段用全站仪或电磁波测距仪配合经纬仪测量，电子手簿记录，同时需画人工草图。室内将测量数据直接由记录器传输到计算机，再由人工按草图编辑图形文件，绘图机绘制数字地形图。

2）第二阶段开发了智能化的外业采集软件，它不仅作单点的点位记录，而且记录成图所需的全部信息，由于自动化程度高，减少了键入数据的工作量。

特别是电子平板测图系统，给数字测图提供了新的发展机遇。它可以在野外实时成图和图形编辑，计算机的显示屏上所显即所测，测量出现的错误在现场可及时进行纠正，从硬件意义上讲，完全替代了图板、图纸等绘图工具。

随着科技水平的进一步提高，自动化程度更高的作业模式有全站仪自动跟踪测量模式和GPS—RTK测量模式。这些技术将在今后的工程建设中得到更广泛的应用。

第八章　地形图的应用

第一节　地形图的基本应用

一、在图上确定某点的高程和坐标

1. 在图上确定某点的高程

在图上可根据等高线的高程确定某点的坐标。若该点在等高线上，点的高程就等于该等高线上的高程；若该点在两等高线之间，可采用内插法确定该点的高程。如图 8-1 所示，欲求 N 点的高程，先通过 N 点作相邻等高线的近似公垂线 bc，量出 bN、bc 的长度精确至 0.1mm，则 N 点的高程 H_N 用下式计算。

$$H_N = H_b + \frac{bN}{bc} \times h$$

式中　H_b——b 点的高程；

h——等高距。

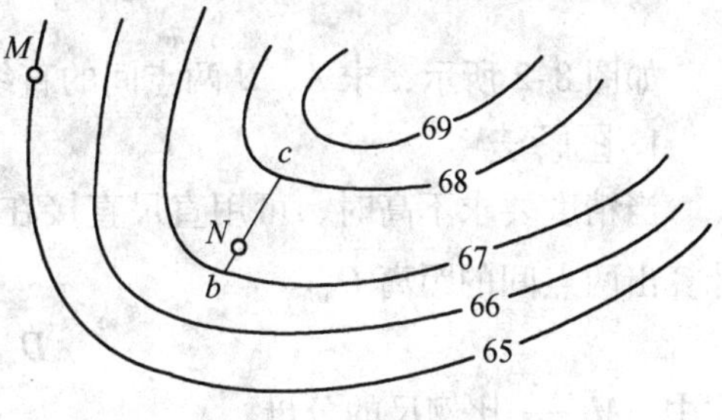

图 8-1　求点的高程

若量出 $bc = 9.9$mm，$bN = 3.1$mm，等高距 h 为 1m，$H_b = 67$m，则

$$H_N = 67 + \frac{3.1}{9.9} \times 1 = 67.31(\text{m})$$

当精度要求不高时，也可用目估内插法确定待定点的高程。

2. 在图上确定某点的坐标

点的坐标是根据地形图上标注的坐标格网的坐标值确定的。如图 8-2 所示为 1∶1000 的地形图，现要求出图上 A 点的坐标（x_A，y_A）。首先根据 A 点在图上的位置及周围的坐标网点 $abcd$ 绘出坐标方格（方格边长为 10cm × 10cm），过 A 点作 ef 平行 ad，gh 平行 ab，然后在图上量取长度 ae 和 ag 精确至 0.1mm，则 A 点的坐标为

$$\left.\begin{aligned} x_A &= x_a + ae \times M \\ y_A &= y_a + ag \times M \end{aligned}\right\}$$

式中　M——地形图比例尺的分母；

x_a，y_a——a 点的坐标值。

若量取 $ae = 30.5$mm，$ag = 72.0$mm，又已

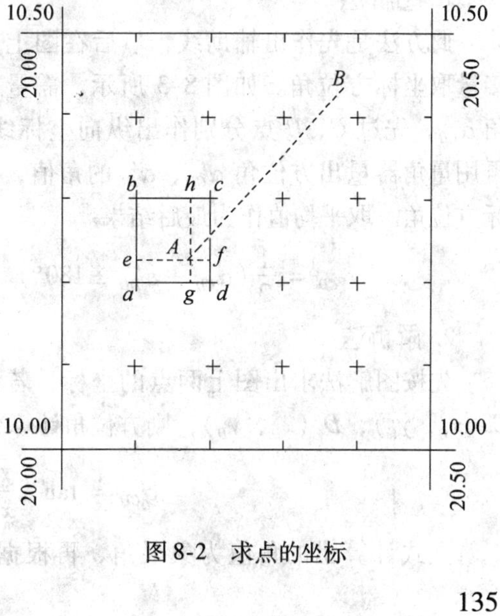

图 8-2　求点的坐标

知 $x_a=10200\text{m}$，$y_a=20100\text{m}$，则 A 点的坐标为

$$x_A = 10200 + 0.0305 \times 1000 = 10230.5(\text{m})$$
$$y_A = 20100 + 0.0720 \times 1000 = 20172.0(\text{m})$$

考虑到图纸有伸缩，A 点的坐标可按下式计算。

$$\left.\begin{aligned} x_A &= x_a \times ae \times \frac{l}{ab} \times M \\ y_A &= y_a \times ag \times \frac{l}{ad} \times M \end{aligned}\right\}$$

式中 ab，ad——在图中实际量出的长度，精确至0.1mm；

l——坐标方格的边长；

其他符号含义同前。

二、在图上确定两点间的直线距离

如图8-2所示，求 A、B 两点间的直线距离，可采用下述两种方法。

1. 图解法

当精度要求不高时，可用直尺直接在图上量出 A、B 两点间的距离 d_{AB}，再根据比例尺计算出两点间的距离 D_{AB}。

$$D_{AB} = d_{AB} \times M$$

式中 M——比例尺的分母。

2. 解析法

先求出图上两点的坐标，再用两点间的距离公式计算出两点间的直线距离。

如图8-2所示，求出坐标 A（x_A，y_A）和 B（x_B，y_B）后，则用下列公式计算。

$$D_{AB} = \sqrt{(x_B - x_A)^2 + (y_B - y_A)^2}$$

三、在图上确定某直线的坐标方位角

1. 图解法

此方法是先作出辅助线，然后在图上用量角器直接量取坐标方位角。如图8-3所示，需量出坐标方位角 α_{CD}，先过 C、D 点分别作出纵向坐标线的平行线，再用量角器量出方位角 α'_{CD}、α'_{DC} 的角值，即正、反坐标方位角。取平均值作为最后结果。

$$\alpha_{CD} = \frac{1}{2}(\alpha'_{CD} + \alpha'_{DC} \pm 180°)$$

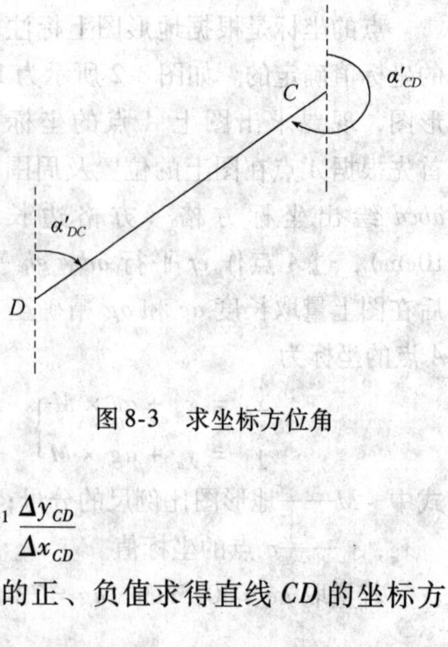

图8-3 求坐标方位角

2. 解析法

先按图解法求出图上两点的坐标，若两点坐标为 C（x_C，y_C），D（x_D，y_D），则方位角计算公式为

$$\alpha_{CD} = \tan^{-1}\frac{y_D - y_C}{x_D - x_C} = \tan^{-1}\frac{\Delta y_{CD}}{\Delta x_{CD}}$$

上式计算出的角值为象限角，再根据 Δx_{CD} 和 Δy_{CD} 的正、负值求得直线 CD 的坐标方

位角。

四、确定图上某直线的坡度

地面上的坡度是该直线两端点的高差与其水平距离之比。确定某直线的坡度，可先在地形图上求出两端点的高差 h，再用上述求距离的方法求出该直线的水平距离 D，则该直线的坡度 i 为

$$i = \frac{h}{D}$$

坡度 i 通常用百分率（%）或千分率（‰）表示。

如图 8-1 所示，欲求直线 MN 的坡度，已知 $H_M = 65\text{m}$，$H_N = 67.31\text{m}$，则 $h = 2.31\text{m}$，又知 $D_{MN} = 85.45\text{m}$，则直线 MN 的坡度 $i = 2.70\%$。

如果直线是跨越几条等高线，而且相邻等高线之间的平距不等，则表示地面坡度不均匀，所求得的坡度是两点间的平均坡度。

五、确定图上任意区域的面积

在工程建设中，常需要在地形图上量测一定区域范围内的面积。量测面积的方法较多，常用到的方法有图解几何法、坐标解析法和求积仪法等。在地形图上量算面积是地形图应用的一项重要内容。

1. 图解几何法

当所量测的图形为多边形时，可将多边形分解为几个三角形、梯形或平行四边形，如图 8-4（a）所示。用比例尺量出这些图形的边长，按几何公式算出各分块图形的面积，然后求出多边形的总面积。

当所量测的图形为曲线连接时，如图 8-4（b）所示，则先在透明纸上绘制好毫米方格网，然后将其覆盖在待量测的地形图上，数出完整方格网的个数，然后估量非整方格的面积相当于多少个整方格（一般将两个非整方格看做一个整方格计算），得到总的方格数 n；再根据比例尺确定每个方格所代表的图形面积 S，则得到区域的总面积 $S_{总} = nS$。

也可以采用平行线法计算曲线区域面积，如图 8-4（c）所示，将绘有间距 $d = 1\text{mm}$ 或 2mm 的平行线组的透明纸或透明膜片覆盖在待量测的图形上，则所量图形面积等于若干个等高梯形的面积之和。此法可以克服方格网膜片边缘方格的凑整太多的缺点。如图 8-4（c）中所示的平行虚线是梯形的中线。量测出各梯形的中线长度，则图形面积为：

$$S = d(ab + cd + ef + \cdots + yz) \qquad (d\text{ 为平行线间距})$$

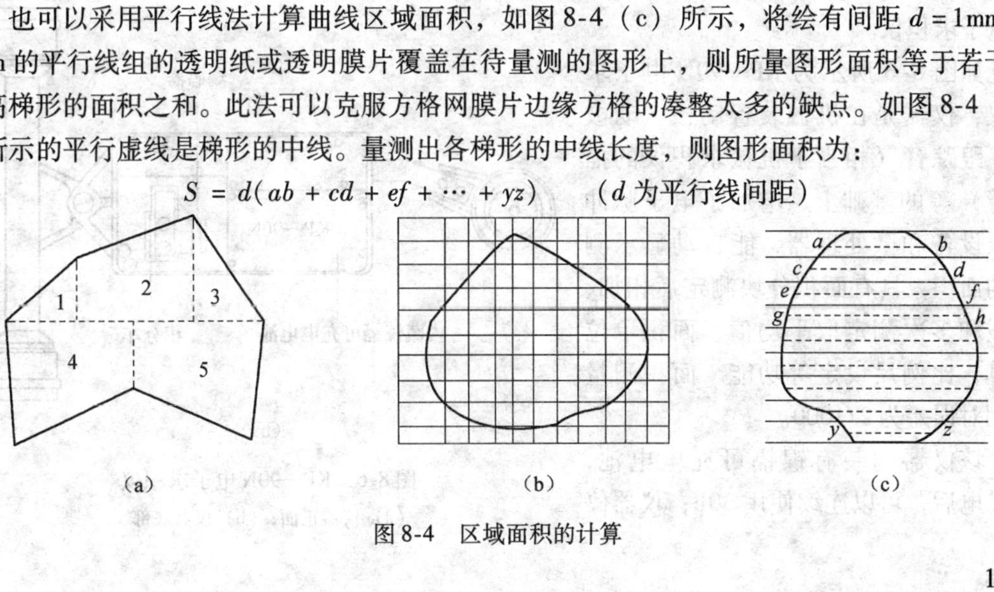

图 8-4　区域面积的计算

2. 坐标解析法

坐标解析法是根据已知几何图形各顶点坐标值进行面积计算的方法。当图形边界为闭合多边形，且各顶点的平面坐标已经在地形图上量出或已经在实地测量，则可以利用多边形各顶点的坐标，用坐标解析法计算出图块区域面积。在图8-5中，1，2，3，4为多边形的顶点时，其平面坐标为已知，分别为1（x_1，y_1），2（x_2，y_2），3（x_3，y_3），4（x_4，y_4），则该多边形的每一条边及其向y轴的坐标投影线（图中虚线）和y轴都可以组成一个梯形，多边形的面积A就是这些梯形面积的和或差，即可按下式计算出图形的区域面积：

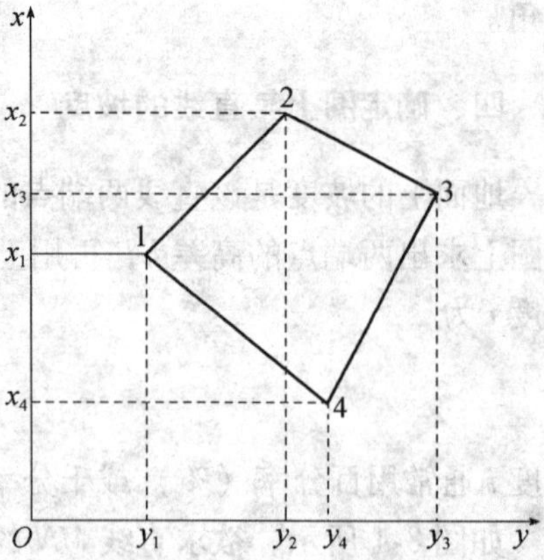

图8-5　坐标解析法面积量算

$$A = \frac{1}{2}[(x_1 + x_2)(y_2 - y_1) + (x_2 + x_3)(y_3 - y_2) - (x_3 + x_4)(y_3 - y_4) - (x_4 + x_1)(y_4 - y_1)]$$

$$= \frac{1}{2}[x_1(y_2 - y_4) + x_2(y_3 - y_1) + x_3(y_4 - y_2) + x_4(y_1 - y_3)]$$

对于任意的n边形，可以写出按坐标计算面积的通用公式

$$A = \frac{1}{2}\sum_{i=1}^{n} x_i(y_{i+1} - y_{i-1})$$

事实上，也可以按将各点向x轴投影来计算区域面积。

3. 求积仪法

求积仪是一种专门供图上量算面积的仪器，其优点是操作简便、速度快，适用于任意曲线图形的面积量算，并能保证一定的精度。

求积仪有机械求积仪和电子求积仪两种。在此简单介绍一种使用较多的电子求积仪。

如图8-6所示为KP—90N电子求积仪，仪器是在机械装置动极、动极轴、跟踪臂（相当于机械求积仪的描迹臂）等的基础上，增加了电子脉冲记数设备和微处理器，能自动显示测量的面积，具有面积分块测定后相加、相减和多次测定取平均值，面积单位换算，比例尺设定等功能。面积测量的相对误差为2/1000。

该仪器内装有镍镉可充电电池，充满电后，可以连续使用30h；仪器停

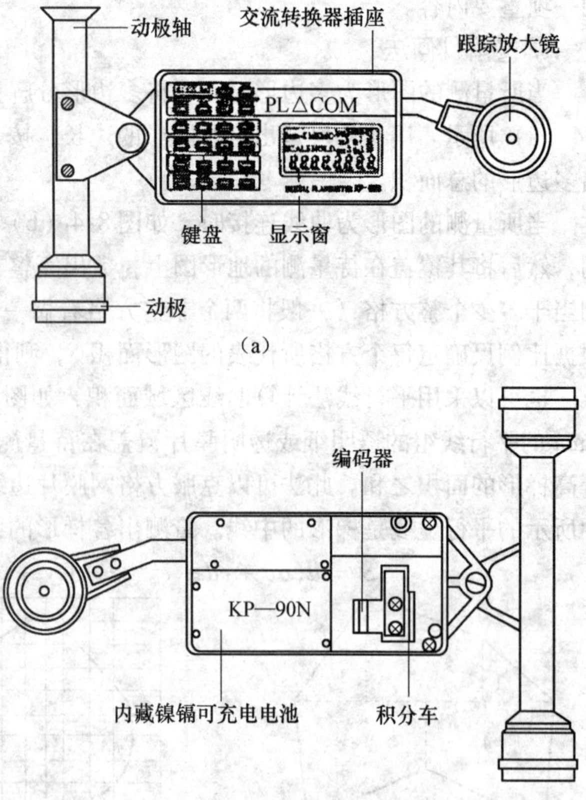

图8-6　KP—90N电子求积仪
（a）仪器正面；（b）仪器底部

止使用5min后，将自动断电，以节约电源；仪器配有输出电压为5V、电流为1.6A的专用充电器，可以使用电压为100～240V的交流电为电池充电。

仪器面板上设有22个键和一个显示窗（图8-7），其中显示窗上部为状态区，用来显示电池、存储器、比例尺、暂停及面积单位；下部为数据区，用来显示量算结果和输入值。其中，ON：打开电源；OFF：关闭电源；SCALE：设定图纸的纵、横向比例尺。仪器允许所测图形的纵、横向比例尺不相同，这对测量纵断面图的面积非常有用。如果已经测量了面积，则完成比例尺的设置后，显示窗中的面积值将自动转换为新设比例尺下的面积值。自动断电或关闭电源，设置的比例尺仍被记忆。UNIT1：面积单位键1；UNIT2：面积单位键2。仪器有米制（km^2，m^2，cm^2）、英制（acre，ft^2，in^2）和日制（町、反、坪）三种面积单位制，它们在状态区按列排列。每按一次UNIT1键，将按米制→英制→日制的顺序循环选择。选定了单位制后，每按一次UNIT2键，则在已选定的某个单位制内循环，如选择的是米制，则在$km^2 \rightarrow m^2 \rightarrow cm^2$内循环。0～9：数字键；START：测量启动键；HOLD：测量暂停键。按HOLD键，显示窗中的"HOLD"字符被显示，当前的面积量算值被固定，并暂时停止面积测量，此时移动跟踪放大镜，显示的面积值不变；当要继续量算面积时，再按HOLD键，面积量算再次开始，该键主要用于分块量算面积。MEMO：测量结束和记忆键（存储）。面积量算结束后，按MEMO键，则将显示窗中显示的面积量算值存储在仪器的存储器中，此时显示窗中的"MEMO"字符被显示。仪器有10个存储器，最多可存储10个面积量算值。AVER：计算平均值键。按AVER键，可以对存储器中的面积量算值取平均值。C/AC：清除键，清除存储器中记忆的全部面积量算值。

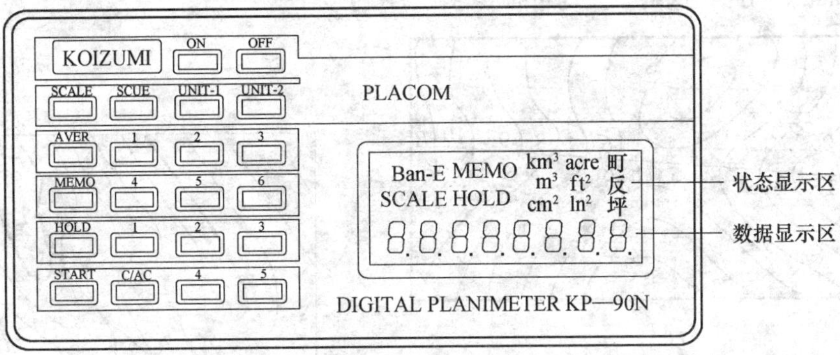

图8-7　KP—90N电子求积仪面板

第二节　地形图在工程设计中的应用

1. 根据地形图绘制指定方向的断面图

在工程设计中，经常要了解在某一方向上的地形起伏情况，例如公路、隧道、管道等的选线，可根据断面图设计坡度，估算工程量，确定施工方案。如图8-8所示，绘制*AB*方向的断面图方法如下：

1）在*AB*线与等高线交点上标明序号，如图8-8（a）中的1，2，…，10各点。

2）如图8-8（b）所示，绘一条水平线作为距离的轴线，绘一条垂线作为高程的轴线。

3）将图8-8（a）中1，2，…，10各点距*A*点的距离量出，并转绘于8-8（b）图的距离轴线上。转绘时，一般情况下断面图采用的距离比例尺与8-8（a）图上用的比例尺一致，必要时也可按其他适宜比例尺展绘。

4）在图 8-8（b）的高程轴线上，按选定的高程比例尺及 AB 线上等高线的高程范围，标出 66 ~ 72m 高程点。为了突出地形起伏，选用高程比例尺为距离比例尺的 5 倍或 10 倍。

5）在图 8-8（b）上，横坐标上 A，1，2，…，10，B 各点的高程，在纵坐标上按高程比例尺取点，即得断面上的点，其中第 5 点高程是通过内插得到的。

6）将所得断面上相邻各点以圆滑曲线相连，即得 AB 方向的断面图。

2. 按规定坡度在地形图上选定最短路线

进行铁路、公路、管道等设计时，均有一定的限制坡度，为了线路的经济合理，可以在地形图上按规定坡度选择最短路线。方法如下：如图 8-9 所示，设自 A 点（高程 38.0m）向山头 B 点（高程 45.56m）修一条路，其允许之最大坡度 i 为 8%，地形图比例尺为 1∶1000，等高距 h 为 1m，则路线跨过两条等高线所需的最短距离 D 可用坡度公式 $i=\frac{h}{D}$ 导出，$D=\frac{h}{i}=\frac{1}{0.08}=12.5\text{m}$，化为图上长 $d=\frac{12.5\text{m}}{1000}=12.5\text{mm}$。以 A 为圆心，d 为半径画弧交 39m 等高线于 1 点；再以 1 点为圆心，d 为半径画弧交 40m 等高线于 2 点；以此类推得 3，4，5，6，7 点。另外以同样方法可得到 1′，2′，…，7′点。至此两条路线均尚未到达 B 点。但是，由于 B 点高程为 45.56m，与 7 或 7′点所在等高线高程之差为 0.56m，按 8% 坡度所需的最短实地距离是 $\frac{0.56}{0.08}=7\text{m}$，相应图上距离为 7mm，而图上 $7'B$ 与 $7B$ 量得距离都大于最短距离 7mm，因此，这两条路均符合要求。

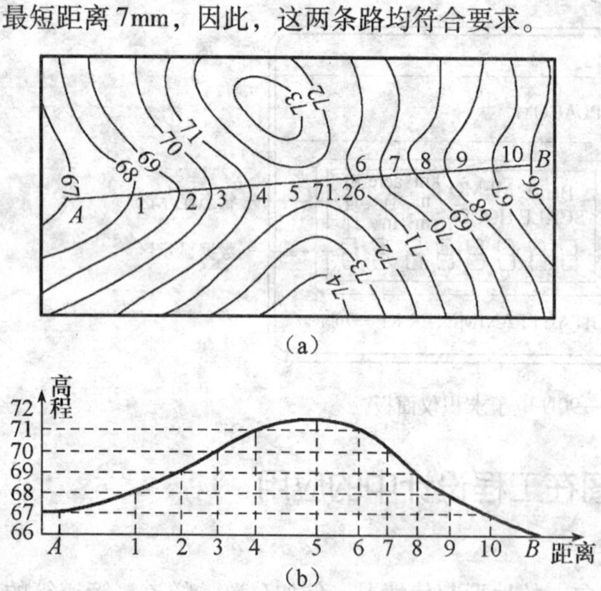

图 8-8　绘制 AB 方向的断面图

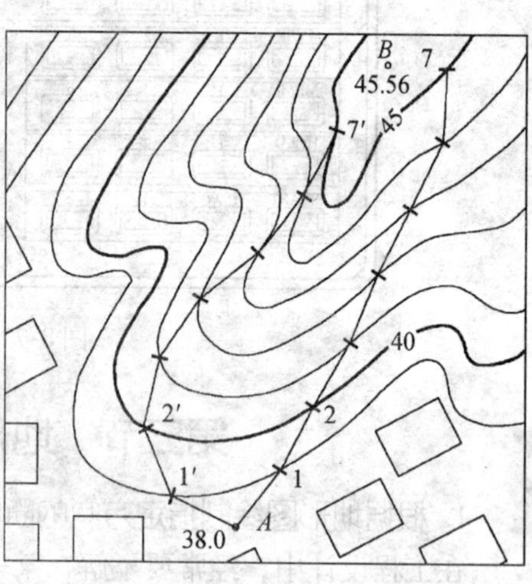

图 8-9　在地形图上选线

按上述方法选择路线，仅从坡度不超过 8% 来考虑，实际选线时，尚需考虑其他因素，如对地质条件、工程量大小、农田占用等问题作综合分析，才能最后确定路线。

3. 在地形图上确定汇水面积

在公路、铁路的勘测设计中，遇有跨越河流、山谷或深沟时，需要修建桥梁和涵洞。桥梁的跨度、涵洞的孔径与水流量有关；水库设计中，水坝位置、坝的高度与水库蓄水量有

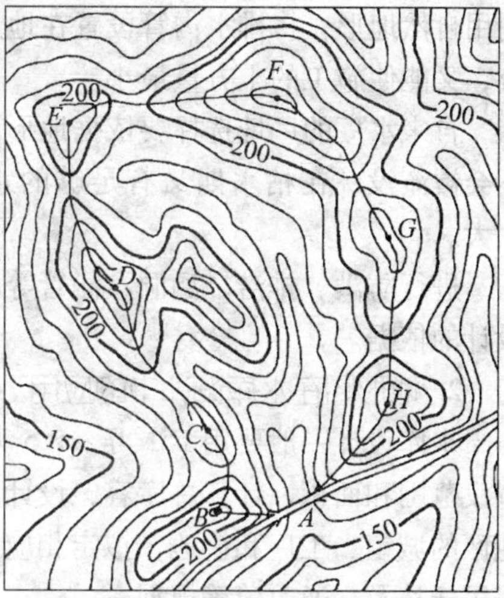

图 8-10　在地形图上确定汇水面积

关。水量的大小又与该区域内汇集雨水和雪水的地面面积的大小有关。某处能汇集到雨（雪）水的范围，该范围的面积称为汇水面积，其大小与该地区的降雨（雪）量，就可为工程设计提供有关水量的依据。

为了确定汇水面积的范围，需在地形图上画出汇水面积的边界，这个边界实际上是一系列分水线即山脊线的连线。汇水面积边界线的特点是：边界线是通过一系列山脊线联系各山头及鞍部的曲线，并与河道的指定断面形成闭合环线。如图 8-10 所示，*A* 处为公路跨越山谷的一座桥，桥的设计应考虑通过 *A* 处的流量，该处的汇水面积界线为从桥的西端起，经 *B*，*C*，*D*，*E*，*F*，*G*，*H* 回到桥的东端，形成汇水面积界线。

第三节　地形图在工程建设中的应用

工程建设一般分为规划设计、施工、运营三个阶段。在规划设计时，必须有地形、地质和经济调查等基础资料，其中地形资料主要是地形图。

1. 地形图在城市规划中的应用

在进行城市总体规划时，根据城市用地范围大小，一般要选用 1∶2.5 万或 1∶1 万或 1∶5000 比例尺的地形图。在详细规划阶段，为了满足房屋建筑和各项工程编制初步设计的需要，还要选用 1∶2000 和 1∶1000 比例尺的地形图。

在平原地区进行规划设计时，按规划原理和方法，可以比较灵活地布置建筑群体。但在山地和丘陵地，建筑用地要随着地形特点，例如沿河谷、沟谷一侧或两侧布置建筑群成带状，山坡上大约沿等高线布置，随地形陡缓而变化。要使绝大部分建筑有良好的朝向，有较好的日照与通风，应避免大挖大填。过量地改变原有地貌，将导致自然环境的破坏，致使地下水、土层结构、植物生态及地区景观剧烈变化，不利于生态平衡。

通风与日照是布置建筑物应考虑的重要问题，利用地形达到自然通风是最佳选择。在设计时要结合地形，参照当地气象资料加以研究。在迎风坡，应将建筑物布置成平行等高线或与等高线斜交；在背风坡，可布置一些通风要求不高或不需通风的建筑。日照效果，在平地是和地理位置、建筑物朝向与高度有关；而在山区，日照效果除和上述因素有关外，还和周围地形、建筑物处于向阳坡或背阳坡、地面坡度大小等因素有关，因此，应结合地形具体分析研究。

另外，建筑物的占地问题，建筑物的集中和分散布置问题等，都要取得省地、省工、通风和日照的好效果。一些不宜建筑的地区，如陡坡、冲沟、空隙地、边缘山坡以及由人为采石、取土形成的洼地等，都要分别情况，因地制宜地加以利用。

对地形图上地形进行分析，根据地面坡度与水流方向进行排水设计。例如在 0.5% ~ 1% 地面坡度的地段，排除雨水是方便的。在地面坡度较大的地区内，可根据地形分区排水。由于雨水及污水的排除是靠重力在沟管内自流的，因此，排水沟管应有适当的坡度，同时要利用自然地形，将排水沟管设置在地形低处或顺山谷线处，这样，既能使雨水和污水畅通自流，又能使施工的土方量最小。

自来水厂的厂址选择要依据地形图确定位置，如在河流附近时，要考虑在洪水期内厂址不会被淹没，在枯水期又有足够的水量；水源离供水区不应太远，供水区的高差也不应太大。

进行防洪、排涝、涵洞、涵管等的工程设计时，经常需要在地形图上确定汇水面积作为设计的依据。

2. 地形图在水库设计中的应用

水库设计一般要用1∶1万～1∶5万比例尺的地形图，以解决下述重要问题：确定水库的淹没范围和面积，计算总库容，设计库岸的防护工程，确定沿库岸落入临时淹没和永久浸没地区的城镇、工厂和耕地，拟定相应工程防护措施，设计航道和码头位置，制定库底清理、居民迁移及交通改建等规划。

在初步设计阶段，还要使用1∶1万或1∶2.5万的地形图，准确选择坝轴线的位置。坝轴线选定以后，还要利用1∶2000或1∶5000地形图研究与水利枢纽相配套的永久性建筑物、交通运输线路等。施工设计阶段，还要利用1∶500或1∶1000地形图，详细设计工程各部分位置与尺寸。

3. 地形图在公路铁路建设中的应用

在公路铁路建设中，首先要在中、小比例尺地形图上进行选线，提出可能的几种方案，然后再到实地踏勘。对于大的桥梁和隧道，首先应在1∶2.5万或1∶5万比例尺地形图上研究，然后再到实地进行踏勘，了解地形、地质和水文情况，提出比较方案。之后，还要有1∶500～1∶5000桥址地形图，如果没有还要着手自行测绘，以便进行主体工程和附属工程的设计。

第四节　地形图在平整土地中的应用

在建筑工程中，除了要进行合理的平面布置外，往往还要对原地貌进行必要的改造，以便改造后的场地适于布置各类建筑物，适于地面排水，并满足交通运输和敷设地下管线的需要等。工程建设初期总是需要对施工场地按竖向规划进行平整；工程接近收尾时，配合绿化还需要进行一次场地平整。在场地平整施工之中，常需估算土（石）方的工程量，即利用地形图按照场地平整的平衡原则来计算总填、挖土（石）方量，并制定出合理的土（石）方调配方案。通常使用的土方量计算方法有方格网法与断面法。

一、方格网法

方格网法适用于高低起伏较小，地面坡度变化均匀的场地。如图8-11所示，欲将该地区平整成地面高度相同的平坦场地，具体步骤如下。

1. 绘制方格网

在地形图上拟建工程的区域范围内，直接绘制出2cm×2cm的方格网，如图8-11所示，图中每个小方格边对应的实地距离为2cm×M（M为比例尺的分母）。本图的比例尺为1∶1000，方格网的边长为20m×20m，并进行编号，其方格网横线从上到下依次编为A，B，C，D等行号，其方格网纵线从左至右顺次编号为1，2，3，4，5等列号。则各方格点的编号用相应的行、列号表示，如 A_1，A_2 等，并标注在各方格点左下角。

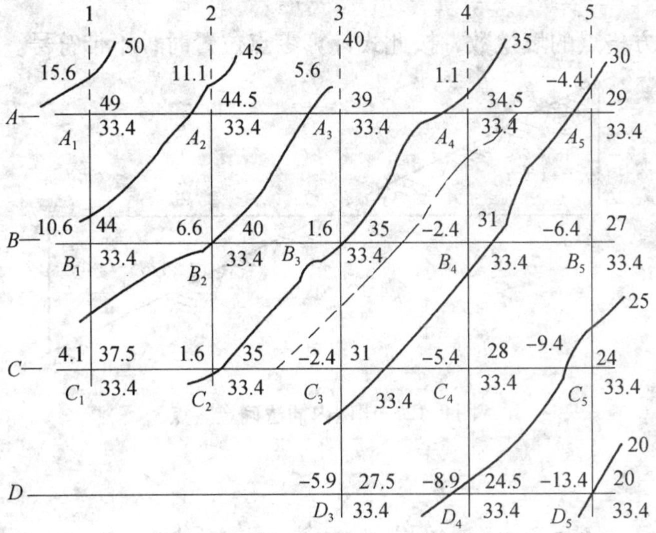

图 8-11 场地平整土石方量计算

2. 计算方格网格点的地面高程

依据方格网各格点在等高线的位置，利用比例内插的方法计算出各点的实地高程，并标注在各方格点的右上角。

3. 计算设计高程

根据各个方格点的地面高程，分别求出每个方格的平均高程 H_i（i 为 1，2，3，…，表示方格的个数），将各个方格的平均高程求和并除以方格总数 n，即得设计高程 $H_{设}$。

本例中，先将每一小方格顶点高程加起来除以 4，得到每一小方格的平均高程，再把各小方格的平均高程加起来除以小方格总数即得设计高程。经计算，其场地平整时的设计高程约为 33.4m，并将计算出的设计高程标在各方格点的右下角。

4. 计算各方格点的填、挖厚度（即填挖数）

根据场地的设计高程及各方格点的实地高程，计算出各方格点处的填高或挖深的尺寸，即各点的填挖数

$$填挖数 = 地面点的实地高程 - 场地的设计高程$$

填挖数为“+”时，表示该点为挖方点；填挖数为“-”时，表示该点为填方点。

并将计算出的各点填挖数填写在各方格点的左上角。

5. 计算方格零点位置并绘制零位线

计算出各方格点的填挖数后，即可求每条方格边上的零点（既不需填也不需挖的点）。这种点只存在于由挖方点和填方点构成的方格边上。求出场地中的零点后，将相邻的零点顺次连接起来，即得零位线（即场地上的填挖边界线）。零点和零位线是计算填、挖方量和施工的重要依据。

在方格边上计算零点位置，可按图解几何法，依据等高线内插原理来求取。如图 8-12 所示，A_4 为挖方点，B_4 为填方点，在 A_4，B_4 方格边上必存在零点 O。设零点 O 与 A_4 点的距离为 x，则其与 B_4 点距离为 $20-x$，由此得到关系式

$$\frac{x}{h_1} = \frac{20 - x}{h_2}$$

式中　h_1，h_2——方格点的填挖数，按此式计算零点位置时，不带符号。

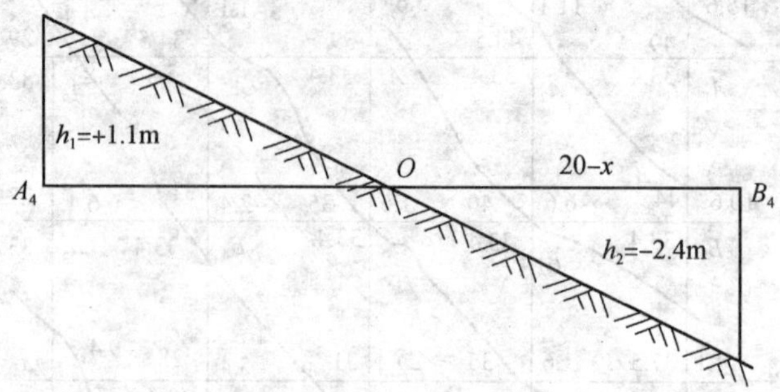

图 8-12　比例内插法确定零点

则有

$$x = \frac{h_1}{h_1 + h_2} \times 20 = \frac{1.1}{1.1 + 2.4} \times 20\text{m} = 6.3\text{m}$$

即 A_4，B_4 方格边上的零点 O 距离 A_4 为 6.3m。用同样的方法计算出其他各方格边的零点，并顺次相连，即得整个场地的零位线，用虚线绘出。

6. 计算各小方格的填、挖方量

计算填、挖方量有两种情况：一种为整个小方格全为填（或挖）方；其二为小方格内既有填方，又有挖方，其计算方法如下：

首先计算出各方格内的填方区域面积 $A_{填}$ 及挖方区域面积 $A_{挖}$。整个方格全为填或挖（单位为 m^3），则土石方量为

$$V_{填} = \frac{1}{4}(h_1 + h_2 + h_3 + h_4) \times A_{填} \quad 或 \quad V_{挖} = \frac{1}{4}(h_1 + h_2 + h_3 + h_4) \times A_{挖}$$

方格中既有填方，又有挖方，则土石方量分别为

$$V_{填} = \frac{1}{4}(h_1 + h_2 + 0 + 0) \times A_{填} \qquad (h_1, h_2 \text{ 为方格中填方点的填挖数})$$

$$V_{挖} = \frac{1}{4}(h_3 + h_4 + 0 + 0) \times A_{挖} \qquad (h_3, h_4 \text{ 为方格中挖方点的填挖数})$$

7. 计算总填、挖方量

用上面介绍的方法计算出各个小方格的填、挖方量后，分别汇总以计算总的填、挖方量。一般来说，场地的总填方量和总挖方量两者应基本相等，但由于计算中多使用近似公式，故两者之间可略有出入。如相差较大，说明计算中有差错，应查明原因，重新计算。

二、断面法

断面法是以一组等距（或不等距）的相互平行的截面将拟整治的地形分截成若干“段”，计算这些“段”的体积，再将各段的体积累加，从而求得总的土方量。

断面法的计算公式如下：

$$V = \frac{S_1 + S_2}{2} \times L$$

式中　S_1，S_2——两相邻断面上的填土面积（或挖土面积）；

L——两相邻断面的间距。

此法的计算精度取决于截取断面的数量，多则精，少则粗。

断面法根据其取断面的方向不同主要分为垂直断面法和水平断面法（等高线法）两种。

1. 垂直断面法

如图8-13（a）所示，$ABCD$ 是计划在山梁上拟平整场地的边线。设计要求：平整后场地的高程为67m，AB 边线以北的山梁要削成1∶1的斜坡。分别估算挖方和填方的土方量。

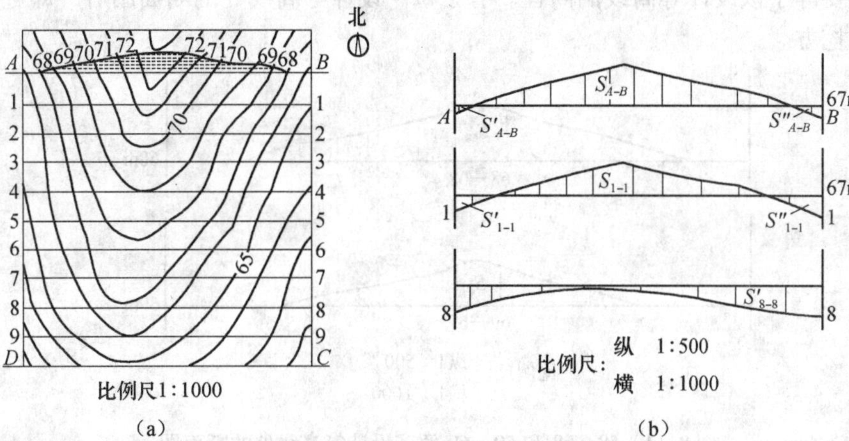

图8-13　垂直断面法

（a）1∶1000地形图局部；（b）$A—B$，1—1，8—8三个断面图

（1）$ABCD$ 场地部分

根据 $ABCD$ 场地边线内的地形图，每隔一定间距（本例采用的是图上10cm）画一垂直于左、右边线的断面图，图8-13（b）为 $A—B$，1—1和8—8的断面图（其他断面省略）。断面图的起算高程定为67m，这样一来，在每个断面图上，凡是高于67m的地面和67m高程起算线所围成的面积即为该断面处的挖土面积，凡由低于67m的地面和67m高程起算线所围成的面积即为该断面处的填土面积。

分别求出每一断面处的挖方面积和填方面积后，根据上式即可计算出两相邻断面间的填方量和挖方量。例如，$A—B$ 断面和1—1断面间的填、挖方量为：

$$V_{填} = V'_{填} + V''_{填} = \frac{S'_{A-B} + S'_{1-1}}{2} \times L + \frac{S''_{A-B} + S''_{1-1}}{2} \times L$$

$$V_{挖} = \frac{S_{A-B} + S_{1-1}}{2} \times L$$

式中　S'，S''——断面处的填方面积；

S——断面处的挖方面积；

L——$A—B$ 断面和1—1断面间的间距。

同法可计算出其他相邻断面间的土方量。最后求出 $ABCD$ 场地部分的总填方量和总挖方量。

(2) *AB* 线以北的山梁部分

首先按与地形图基本等高距相同的高差和设计坡度，算出所设计斜坡的等高线间的水平距离。在本例中，基本等高距为1m，所设计斜坡的坡度为1:1，所以设计等高线间的水平距离为1m，按照地形图的比例尺，在边线 *AB* 以北画出这些彼此平行且等高距为1m的设计等高线，如图8-13（a）中 *AB* 边线以北的虚线所示。每一条斜坡设计等高线与同高的地面等高线相交的点，即为零点。把这些零点用光滑的曲线连接起来，即为不填不挖的零线。在零线范围内，就是需要挖土的地方。

为了计算土方，需画出每一条设计等高线处的断面图，如图8-14所示，画出了68—68和69—69两条设计等高线处的断面图（其他断面省略）。在画设计等高线处的断面图时，其起算高程要等于该设计等高线的高程。有了每一设计等高线处的断面图后，即可计算出相邻两断面的挖方。

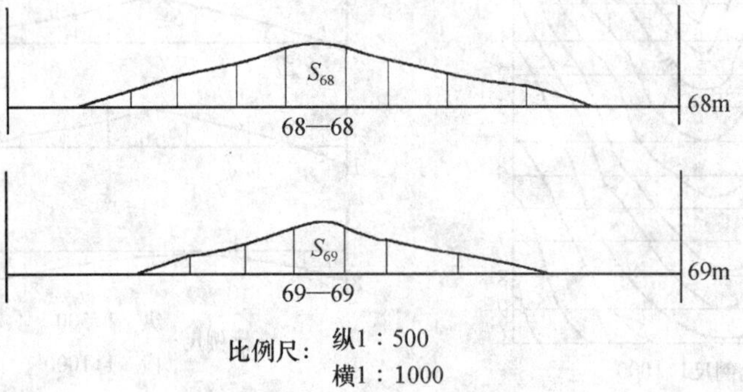

图8-14 68—68和69—69两条设计等高线处的断面图

最后，第一部分和第二部分的挖方总和即为总的挖方。

2. 等高线法（水平断面法）

当地面高低起伏较大且变化较多时，可以采用等高线法。此法是先在地形图上求出各条等高线所包围的面积，乘以等高距，得各等高线间的土方量，再求总和，即为场地内最低等高线 H_0 以上的总土方量 $V_{总}$。如要平整为一水平面的场地，其设计高程 $H_{设}$ 可按下式计算：

$$H_{设} = H_0 + \frac{V_{总}}{S}$$

式中 H_0——场地内的最低高程，一般不在某一条等高线上，需根据相邻等高线内插求出；

$V_{总}$——场地内最低高程 H_0 以上的总土方量；

S——场地总面积，由场地外轮廓线决定。

当设计高程求出以后，后续的计算工作可按方格网法进行。

若在数字地形图上，利用数字地面模型来计算平整场地的挖、填方工程量，则更为方便。先在场地范围内按比例尺设计一定边长的方格网，提取各方格顶点的坐标，并插算各点相应的高程，同时，给出或算出设计高程，求算各点的挖、填高度，按照挖、填范围分别求出挖、填土（石）方量，这种方法比在地形图上手工画图计算更为快捷。

第五节 地形图的野外应用

地形图是野外调查的工作底图和基本资料，任何一种野外调查工作都必须利用地形图。所以野外用图也是地形图应用的重要内容，识读地形图是用图者必备的技能。在野外使用地形图需按准备、定向、定站、对照、填图的顺序进行。

1. 准备工作

（1）器材准备

调查工作所需的仪器、工具和材料，如罗盘仪、卷尺、标杆、直尺、三角板、三棱尺、量角器等。

（2）资料准备

根据调查地区的位置范围与调查的目的和任务，确定所需地形图的比例尺和图号，准备近期地形图以及与之匹配的最新航片。

（3）技术准备

对收集的各种资料进行系统的整理分析，供调查使用。在室内阅读地形图和有关资料，了解调查区域概况，明确野外调查的重点地区和内容，确定野外工作的技术路线、主要站点和调研对象。

2. 地形图的定向

在野外使用地形图，首先要进行地形图定向。地形图定向就是使地形图上的东南西北与实地的方向一致，就是使图上线段与地面上的相应线段平行或重合。常用方法如下：

（1）用罗盘仪定向

借助罗盘仪定向，可依磁子午线或图廓南北方向线标定，方法如下：先将罗盘仪的度盘零分划线朝向北图廓［图 8-15（a）］，并使罗盘仪的直边与磁子午线重合，转动地形图使磁针北端对准零分划线，这时地形图的方向便与实地的方向一致了。

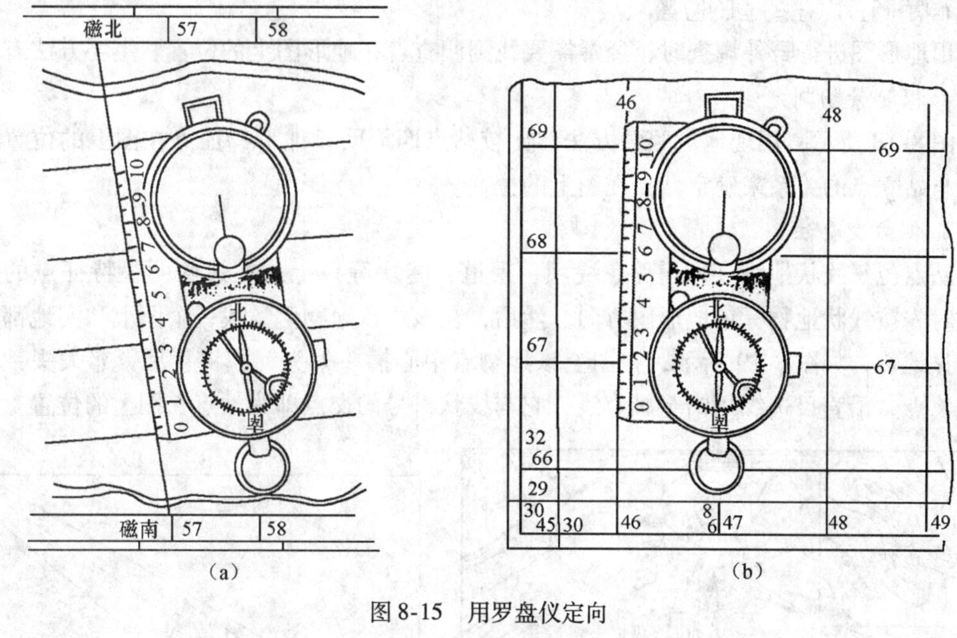

（a）　　（b）

图 8-15　用罗盘仪定向

也可将罗盘仪的度盘零分划线朝北，使罗盘仪的直边与图廓南北线重合［图 8-15（b）］，然后转动地形图使磁针北端对准磁偏角值，则地形图的方向即与实地的方向一致了。因为磁偏角有东偏和西偏之别，所以在转动地形图时要注意转动的方向，其规则是：东偏向西（左）转，西偏向东（右）转。

（2）用直长线状地物定向

先在图上找出一条直长的线状地物，如道路、渠道、土堤等，观测者立于线状地物上，如图8-16所示，用一直尺贴放在图上对应线状地物上，然后转动地形图，沿直尺边瞄准，当直尺与地面相应线状地物方向一致时，则地形图方向已标定。

(3) 按方位物定向

如图8-17所示，首先，确定站立点在图上的位置（如图中桥的一头），然后，根据方位物（三角点、独立树、水塔、烟囱、道路交点、桥涵等）进行地形图定向。做法是先将直尺贴放在图上的站点和某一方位物的连线上，然后转动地形图，当直尺照准线通过地面的相应方位物（图中三角点）时，则地形图已定向好。

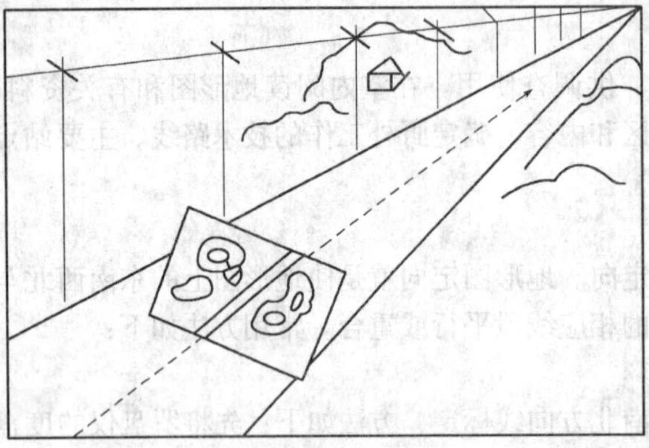

图8-16 用线状地物定向

图8-17 按方位物定向

3. 确定站立点在图上的位置

利用地形图进行野外调查时，经常需要找到调查者在地形图上的位置。主要方法有：

(1) 根据景物判定法

如图8-18所示，用现地对照的方法，比较站点四周明显地形特征点在图上的位置，再依它们与站立点的关系来确定站点在图上的位置。

(2) 侧方交会法

若站点位于线状地物（如道路、堤坝、渠道、陡坎等）上或在过两明显特征点的直线上，这时先按线状地物标定地形图方向。然后，在该线状地物侧翼找一个图上和实地都能辨认的明显地物，如图8-19所示，在图上该地物点中心插一大头针，将直尺紧靠大头针并瞄准该地物点，沿直尺边缘用铅笔画直线，它与线状符号的交点即为站点在图上的位置。

图8-18 根据景物确定站立点位置

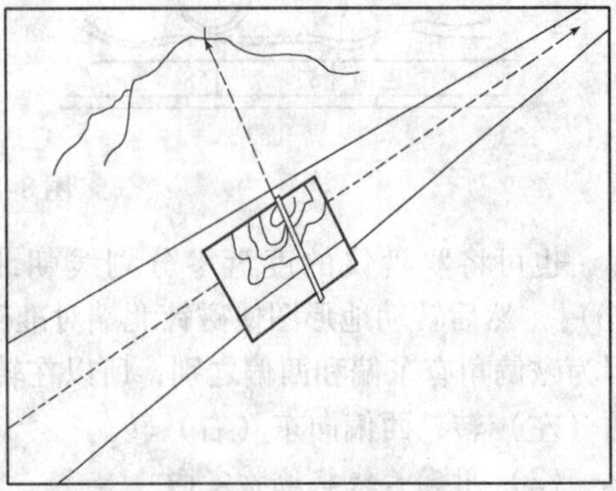

图8-19 侧方交会确定站立点

(3) 后方交会法

用罗盘仪标定地形图方向，选择图上和实地都有的两个或三个同名目标，在图上目标定位点上竖插一根大头针，使直尺紧靠大头针转动，照准实地同名目标，向后绘方向线，用同样方法照准其他目标，画方向线，其交点就是站点的图上位置，如图 8-20 所示。

图 8-20　后方交会确定站立点

还有一种后方交会法，即用透明纸后方交会法。首先在站点上置平图板，在图板上放一张透明纸，在透明纸上，由站点向三个地面目标描绘方向线。然后，将透明纸蒙在图纸上，转动透明纸，使三条方向均通过图上的对应目标点，此时将透明纸上的站点用针刺到图上，此点就是所求站立点在图上的位置。

4. 实地对图、填图和图上设计的标定

(1) 实地对图

确定了地形图的方向和站点的图上位置后，再将地形图与实地地物、地貌进行对照读图，即依照图上站点周围的地理要素，在实地上找到相应的地物与地貌。图与实地对照的方法是：由左向右，由近及远，由点到线，由线到面。先对照主要明显的地物地貌，再以它为基础依相关位置对照其他一般的地物地貌。再按这些地物的分布情况和相关位置逐点逐片地对照其他地物。

地貌对照时，可根据地貌形态，山脊走向，先对照明显的山顶、鞍部，然后从山顶顺岭脊向山麓、山谷方向进行对照。若因地形复杂某些要素不能确定时，可用直尺切于图上站点和所要查找目标的符号定位点上，按视线方向及距站点的距离来判定目标地物。

目标地物到站点的实地距离可用简易测量方法，如步测、目测或手持 GPS 测距的方法测定。

(2) 填图

在对站点周围地理要素认识的基础上可以进行实地填图，就是将调查对象用规定的符号和注记填绘在地形图上。例如，实地的区划线、地类线等如何在地形图上标绘，这些都是野外调查与规划设计人员必须掌握的技术。

森林资源清查中的区划线，土地利用调查中的地类线，造林规划设计中的林班线等，在图上一般未绘出，要持图到实地进行勾绘，这种填图工作一般精度要求不是很高。但是，如果用图者方法不当，不够认真，极易搞错。

1) 利用现有地物地貌目估勾绘

如果区划线是利用地性线划分，如山脊线、山谷线、河岸线等，一般目估勾绘可以保证勾绘准确。但是，勾绘地类线，当它不与地性线重合时，除目估外，还需采取一些辅助措施。在图上多找几个已知点，根据已知点的相互关系，分析判断待定点的方位，再加上目估或步量的方法，最后确定待定点的位置。如图 8-21 所示，欲在图上勾绘村东水稻田的地类线（虚线部分），可以从小路与河岸线交点处步量到 *A* 点的距离可标定 *A* 点；从村东一房屋南缘的延长线步量到 B 点的距离可标定 B 点；再从小路转弯点顺小路步量到 C 点的距离可标定 C 点；最后连 A，B，C 三点在图上的位置，便得到地类线。

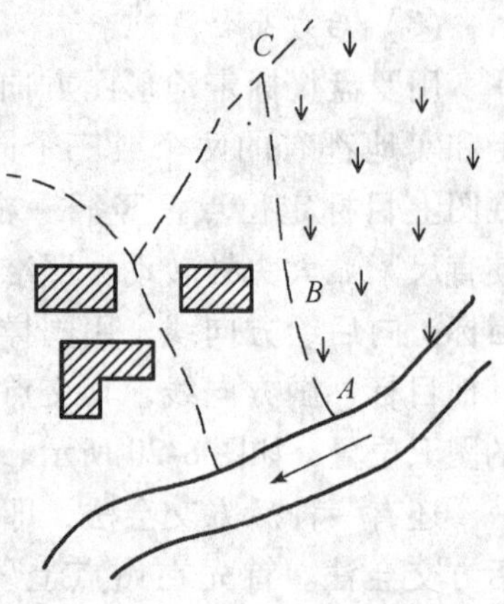

图 8-21　利用地物地貌目估勾绘

2）用罗盘仪设站观测勾绘

当地形特征点不明显或很稀少时，可用罗盘仪后方交会法设站，如图 8-22（a）所示，在待定点 P 安置罗盘仪，观测在图上可辨认的地面上三个目标的磁方位角，然后换算为反方位角，用量角器与直尺，在地形图上做图，由方向线 ap，bp，cp 相交得 p 点［图 8-22（b）］，即为所求测站点。在测站点 p 用罗盘仪测量地类界的转折点的方位角及视距，最后，用量角器与直尺在地形图上作图勾绘出地类界。

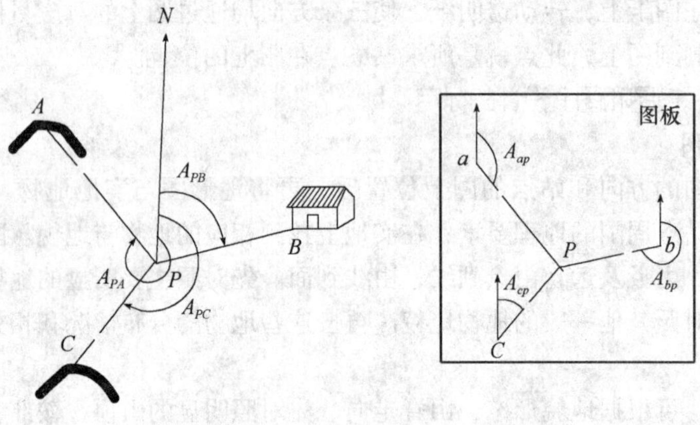

（a）　（b）

图 8-22　罗盘仪后方交会法设站

（3）把图上设计标定到实地

1）引点法

从一个已知点（图与实地均能找到的地形点）出发，如图 8-23 中桥头 Q 点，用极坐标法，即用罗盘仪测设磁方位角，视距法测设距离，在实地标定未知点 A。在森林资源清查中，经常要在地形图公里格网的交点处（如图中 A 点）设样地点，首先在图中量 AQ 的磁方位角，然后换算为反磁方位角。在实地找到桥梁，在桥头 Q 点安置罗盘仪测设 QA 磁方位角，在视线方向量得 QA 距离便得 A 点。

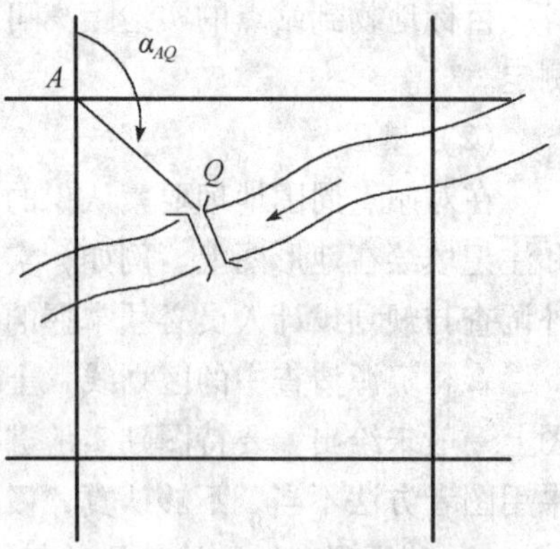

图 8-23　引点法确定未知点 A

2）罗盘仪交会法

欲求的 A 点若与现有地物距离较远，可用交会法定 A 点，通常应选 3 个地物点进行交会。

5. 地形图修测

地形图更新周期长，为了满足调查与规划的需要，必须对原有地形图进行补测添上新增的地物，这个过程称修测。修测的方法主要有：

(1) 距离交会法

为了测定新地物点，利用附近2～3个旧地物点，量新旧地物距离，然后在图上用图规进行距离交会，如图8-23所示。交会角最好在30°～120°之间，所利用的旧地物点必须具有明显的外轮廓，并经校核位置准确，在图上标绘后，再实量新地物长或宽，以资检核。

(2) 支距法

当新旧地物距离较近时，可以利用支距法，如图8-24中新地物栅栏距公路较近，可由栅栏拐点向公路作垂线，量 y_1，再由垂足往东量至路交叉点 O 得距离 x_1，根据 x_1，y_1 在地形图作图绘栅栏拐点，同法便测绘出栅栏另一点。

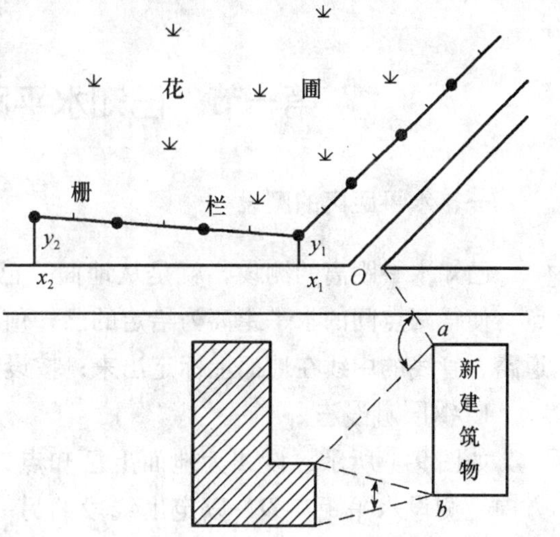

图8-24 地形图修测

(3) 设站法

当直接利用旧地物测设新地物有困难时，需用各种方法增设测站点，设站的方法有：利用旧地物点距离交会法，平板仪后方交会法，经纬仪后方交会法、前方交会法、侧方交会法以及全站仪法等。根据地形条件和设备状况选用。

后方交会法是比较方便的一种方法，首先将透明纸固定在平板上，把测站点标在透明纸上；然后，过测站点向选择的3个地面目标画3条方向线；最后将透明纸蒙在地形图上，使3个方向线通过3个相应的地物，用针将交点刺入地形图，即为所求测站点。如果用经纬仪观测的后方交会角，用量角器和直尺画在一张透明纸上，然后用相同方法求得测站点。

(4) 透绘法

当某区域内地物变化很大，则可以在测区内选一测站，将新旧地物一并观测。外业结束后，将观测结果绘在一张透明纸上，将透明纸蒙在原图上，使旧地物完全重合，然后将新地物透绘到原图上。

第九章 测设的基本工作

第一节 已知水平距离、水平角度的测设

一、水平距离的测设

已知水平距离的测设，就是从地面一已知点开始，沿给定的方向，定出直线上另外一点，使得两点间的水平距离为给定的已知值。例如，在施工现场，把房屋轴线的设计长度、道路、管线的中线在地面上标定出来；按设计长度定出一系列点等。

1. 钢尺测设法

如图 9-1 所示，设 A 为地面上已知点，D 为设计的水平距离，要在地面上沿给定 AB 方向上测设水平距离 D，以定出线段的另一端点 B。具体做法是从 A 点开始，沿 AB 方向用钢尺边定线边丈量，按设计长度 D 在地面上定出 B'点的位置。若建筑场地不平整，丈量时可将钢尺一端抬高，使钢尺保持水平，用吊垂球的方法来投点。往返丈量 AB'的距离，若相对误差在限差以内，取其平均值 D'，并将端点 B'加以改正，求得 B 点的最后位置。改正数 $\Delta D = D\text{-}D'$。当 ΔD 为正时，向外改正；反之，向内改正。

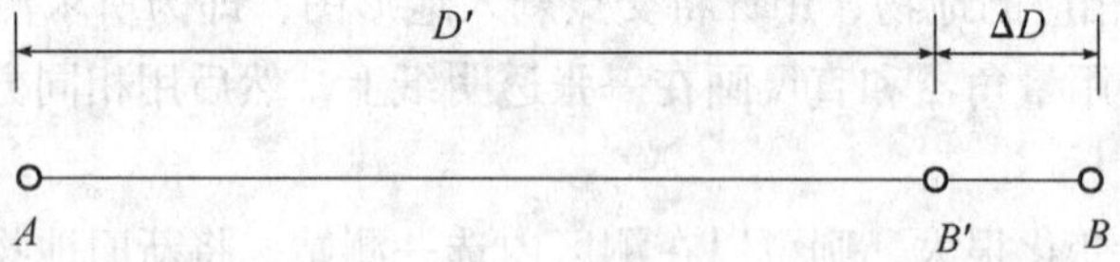

图 9-1 用钢尺测设水平距离

若测设精度要求较高，可在定出 B'点后，用经过检定后的钢尺精确往返丈量 AB'的距离，并加尺长改正 Δl_1 温度改正 Δl_t 和倾斜改正 Δl_h 二项改正数，求出 AB'的精确水平距离 D'。根据 D'与 D 的差值 $\Delta D = D - D'$，沿 AB 方向对 B'点进行改正。故设计的水平距离有下列等式成立。

$$D = D' + \Delta l_1 + \Delta l_t + \Delta l_h$$

2. 电磁波测距仪测设法

由于电磁波测距仪的普及，目前水平距离的测设，尤其是长距离的测设多采用电磁波测距仪或全站仪。如图 9-2 所示，安置测距仪于 A 点。瞄准 AB 方向，指挥装在对中杆上的棱镜前后移动，使仪器显示值略大于测设的距离，定出 B'点。在 B'点安置反光棱镜，测出竖直角 α 及斜距 L（必要时加测气象改正），计算水平距离。

$$D' = L\cos\alpha$$

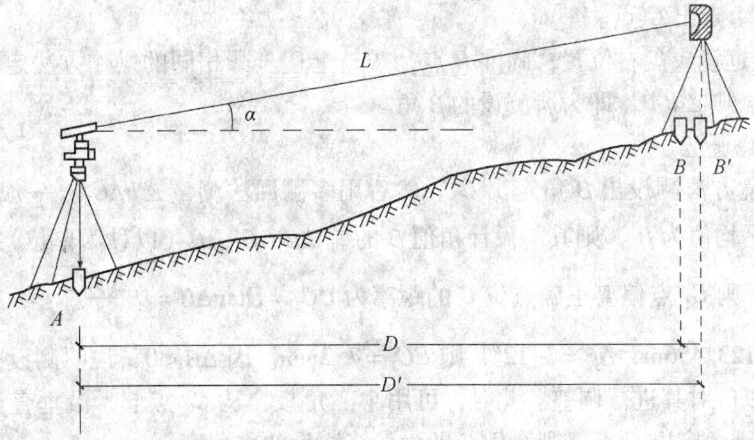

图 9-2　测距仪测设水平距离

求出 D' 与应测设的水平距离 D 之差 $\Delta D = D - D'$。根据 ΔD 的符号在实地用钢尺沿测设方向将 B' 改正至 B 点，并用木桩标定其点位。为了检核，应将反光镜安置于 B 点，再实测 AB 距离，其不符值应在限差之内，否则应再次进行改正，直至符合限差为止。若用全站仪测设，仪器可直接显示水平距离，测设时，反光镜在已知方向上前后移动，使仪器显示值等于测设距离即可。

二、水平角的测设

水平角测设的任务是根据地面已有的一个已知方向，将设计角度的另一个方向测设到地面上。水平角测设的仪器是经纬仪或全站仪。

1. 正倒镜分中法

如图 9-3 所示，设地面上已有 AB 方向，要在 A 点以 AB 为起始方向，向右侧测设出设计的水平角 β。将经纬仪（或全站仪）安置在 A 点后，其测设工作步骤如下：

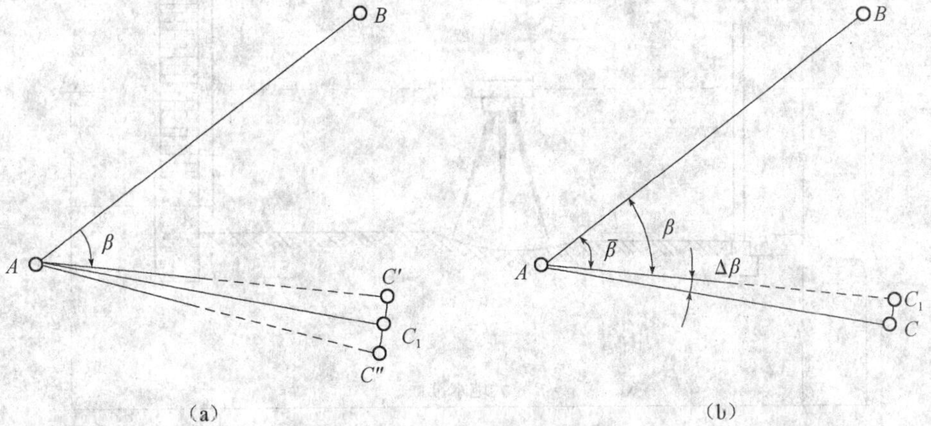

图 9-3　水平角的测设方法

(a) 正倒镜分中法；(b) 多测回修正法

1）盘左瞄准 B 点，读取水平度盘读数为 L_A，松开制动螺旋，顺时针转动仪器，当水平度盘读数约为 $L_A+\beta$ 时，制动照准部，旋转水平微动螺旋，使水平度盘读数准确对准 L_A+

β，在视线方向上定出 C' 点。

2）倒转望远镜成盘右位置，瞄准 B 点，按与上述步骤相同的操作方法定出 C''；取 C'，C''的中点为 C_1，则 $\angle BAC_1$ 即为所测设的 β 角。

2. 多测回修正法

先用正倒镜方法测设出 β 角定出 C_1。然后用多测回法测量 $\angle BAC_1$（一般 2 ~ 3 测回），设角度观测的平均值为 β'，则其与设计角值 β 的差 $\Delta\beta = \beta' - \beta$（以秒为单位），如果 AC_1 的水平距离为 D，则 C_1 点偏离正确点位 C 的距离为 $CC_1 = D\tan\Delta\beta = D\dfrac{\Delta\beta''}{\rho''}$。

假若 D 为 123.456m，$\Delta\beta = -12''$，则 $CC_1 = 7.2\text{mm}$。因 $\Delta\beta < 0$，说明测设的角度小于设计的角度，所以应对其进行调整。此时，可用小三角板，从 C_1 点起，沿垂直于 AC_1 方向的垂线向外量 7.2mm 定出 C 点，则 $\angle BAC$ 即为最终测设的 β 角度。

第二节　已知高程的测设

在施工放样中，经常要把设计的建筑物第一层地坪的高程（称 ±0 标高）及房屋其他各部位的设计高程在地面上标定出来，作为施工的依据。这项工作称为测设已知高程。

1. 测设 ±0 标高线

如图 9-4 所示，为了要将某建筑物 ±0 标高线（其高程为 $H_{设}$）测设到现有建筑物墙上。现安置水准仪于水准点 R 与某现有建筑物 A 之间，水准点 R 上立水准尺，水准仪观测得后视读数 a，此时视线高程 $H_{视}$ 为：$H_{视} = H_R + a$。另一根水准尺由前尺手扶持使其紧贴建筑物墙 A 上，则该前视尺应读数 $b_{应}$ 为：$b_{应} = H_{视} - H_{设}$。因此操作时，前视尺上下移动，当水准仪在尺上的读数恰好等于 $b_{应}$ 时，紧靠尺底在建筑物墙上画一横线，此横线即为设计高程位置，即 ±0 标高线。为求醒目，再在横线下用红油漆画“$\overline{\blacktriangle}$”，并在横线上注明“ ±0 标高”。

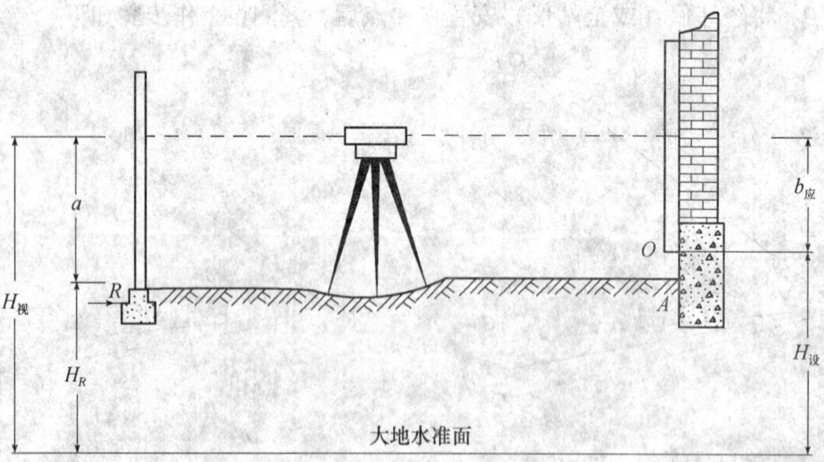

图 9-4　测设已知设计高程

2. 高程上下传递法

若待测设高程点，其设计高程与水准点的高程相差很大，如测设较深的基坑标高或测设高层建筑物的标高，只用标尺已无法放样，此时可借助钢尺，将地面水准点的高程传递到在坑底或高楼上所设置的临时水准点上，然后再根据临时水准点测设其他各点的设计高程。

如图 9-5 所示，是将地面水准点 A 的高程传递到基坑临时水准点 B 上。

在坑边木杆上悬挂经过检定的钢尺，零点在下端，并挂 10kg 重锤，为减少摆动，重锤放入盛废机油或水的桶内，在地面上和坑内分别安置水准仪，瞄准水准尺和钢尺读数（如图 9-5 中 a，b，c 和 d 所示)，则

$$H_B + b = H_A + a - (c - d)$$

即

$$H_B = H_A + a - (c - d) - b$$

H_B 求出后，即可以临时水准点 B 为后视点，测设坑底其他各待测设高程点的设计高程。

如图 9-6 所示，是将地面水准点 A 的高程传递到高层建筑物上，方法与上述相仿，任一层上临时水准点 B_i 的高程为：

$$H_{Bi} = H_A + a + (c_i - d) - b_i$$

H_{Bi}求出后，即可以临时水准点 B_i 为后视点，测设第 i 层高楼上其他各待测设高程点的设计高程。

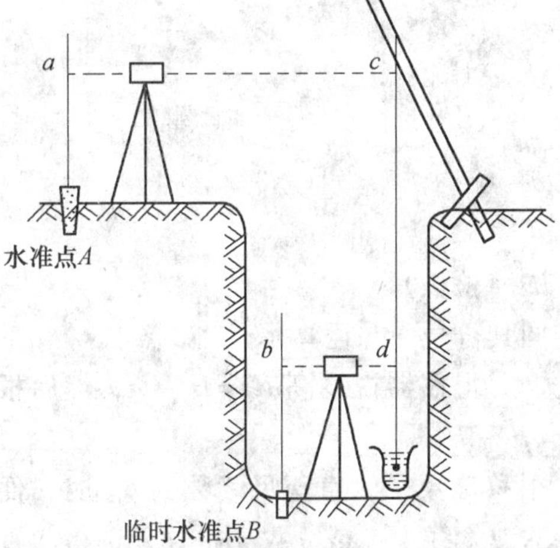

图 9-5　测设基坑临时水准点

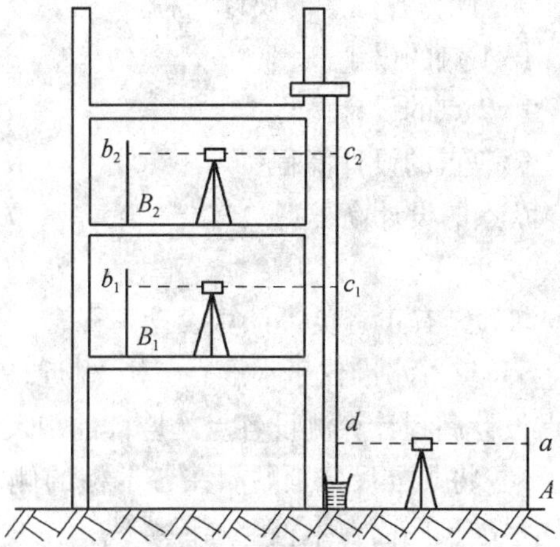

图 9-6　高程传递

第三节　已知坡度直线的测设

在平整场地、铺设上下水管道及修建道路等工程中，需要在地面上测设给定的坡度线。坡度线的测设是根据附近水准点的高程、设计坡度和坡度线端点的设计高程，用高程测设的方法将坡度线上各点的设计高程，标定在地面上。测设方法有水平视线法和倾斜视线法两种。

1. 水平视线法

如图 9-7 所示，A、B 为设计坡度线的两端点，其设计高程分别为 H_A 和 H_B，AB 设计坡度为 i，在 AB 方向上每隔距离 d 定一木桩，要求在木桩上标定出坡度为 i 的坡度线。施测方法如下。

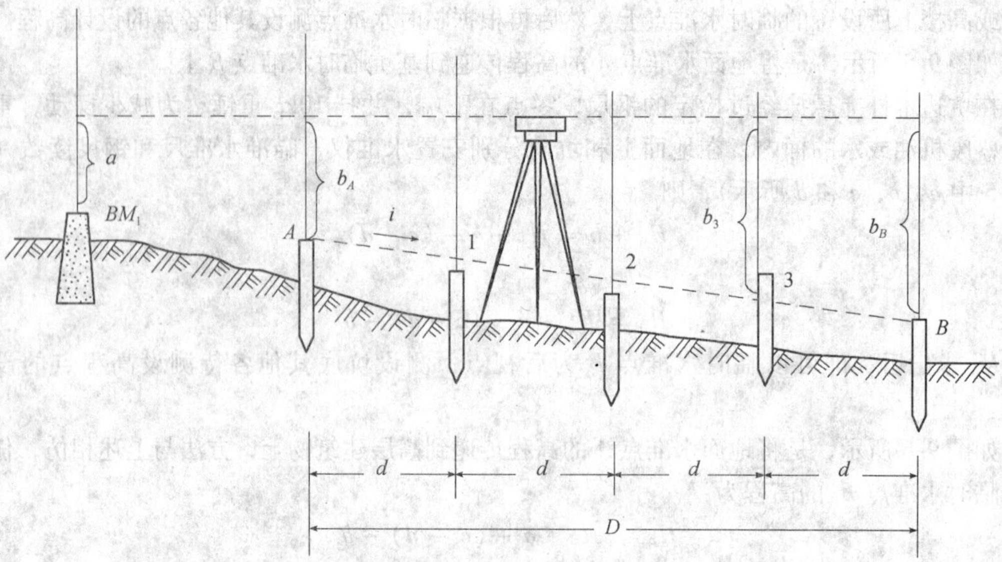

图 9-7　水平视线法测设坡度线

1）沿 AB 方向，定出间距为 d 的中间点 1、2、3 的桩点位置。

2）计算各桩点的设计高程。

第 1 点的设计高程：　　$H_1 = H_A + id$

第 2 点的设计高程：　　$H_2 = H_1 + id$

第 3 点的设计高程：　　$H_3 = H_2 + id$

B 点的设计高程：　　$H_B = H_3 + id$

或　　$H_B = H_A + iD$（检核）

坡度 i 有正有负，计算设计高程时，坡度应连同其符号一并运算。

3）安置水准仪于水准点 BM_1 附近，后视读数 a，得仪器视线高 $H_i = H_1 + a$，然后根据各点设计高程计算测设各点的应读前视尺读数 $b_{应} = H_i - H_{设}$。

4）将水准尺分别贴靠在各木桩的侧面，上、下移动尺子，直至尺读数为 $b_{应}$ 时，便可利用水准尺底面在木桩上画一横线，该线即在 AB 的坡度线上。或立尺于桩顶，读得前视读数 b，再根据 $b_{应}$ 与 b 之差，自桩顶向下画线。

2. 倾斜视线法

如图 9-8 所示，AB 为坡度线的两端点，其水平距离为 D，设 A 点的高程为 H_A，要沿 AB 方向测设一条坡度为 i 的坡度线，则先根据 A 点的高程、坡度 i_{AB} 及 A、B 两点间的距离计算 B 点的设计高程，即

$$H_B = H_A + i_{AB}D$$

再按测设已知高程的方法将 A、B 两点的高程测设在相应的木桩上。然后将水准仪（当设计坡度较大时，可用经纬仪）安置在 A 点上，使基座上一个脚螺旋在 AB 方向上，其余两个脚螺旋的连线与 AB 方向垂直，量取仪器高 i，再转动 AB 方向上的脚螺旋和微倾螺旋，使十字丝的横丝对准 B 点水准尺上等于仪器高 i 处，此时，仪器的视线与设计坡度线平行。然后在 AB 方向的中间各点 1、2、3、4 的木桩侧面立尺，上、下移动水准尺，直至尺上读数等于仪器高 i 时，沿尺子底面在木桩上画一红线，则各桩上红线的连线就是设计坡度线。

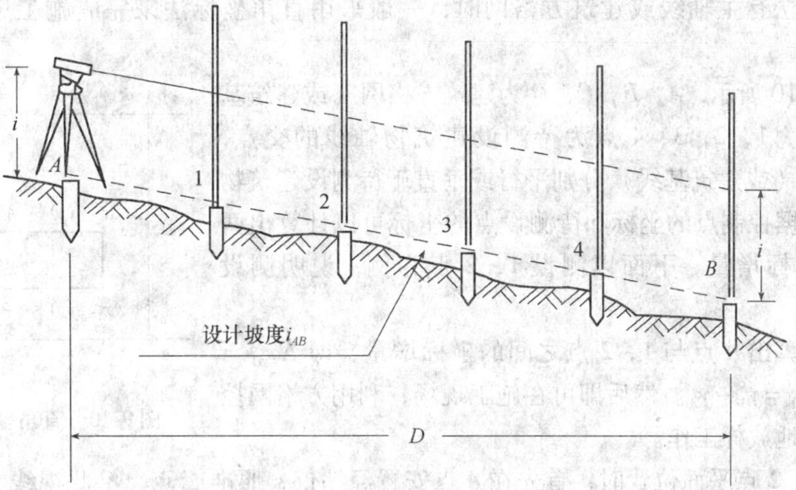

图 9-8　倾斜视线法测设坡度线

第四节　平面点位的测设

点的平面位置的测设是根据已布设好的施工控制点的坐标和待测设点的坐标，反算出测设数据，即控制点和待测设点之间的水平距离和水平角，再利用上述测设方法标定出设计点位。

根据所用的仪器设备、控制点的分布情况、测设场地地形及测设点精度要求等条件，点的平面位置的测设放样方法一般有极坐标法、直角坐标法、角度交会法、距离交会法、十字方向法和全站仪坐标测设法等几种，其中，使用最为方便的是极坐标法。

1. 极坐标法

极坐标法是根据控制点、水平角和水平距离测设点平面位置的方法。在控制点与测设点间便于钢尺量距（或电子测距）的情况下，采用此法较为适宜，而利用测距仪或全站仪测设水平距离，则没有此项限制，且工作效率和精度都较高。

如图 9-9 所示，A（x_A，y_A），B（x_B，y_B）为已知控制点；1（x_1，y_1），2（x_2，y_2）点为待测设点。根据已知点坐标和测设点坐标，用坐标反算方法计算出测设数据，即：D_1，D_2；$\beta_1=\alpha_{A1}-\alpha_{AB}$，$\beta=\alpha_{A2}-\alpha_{AB}$。

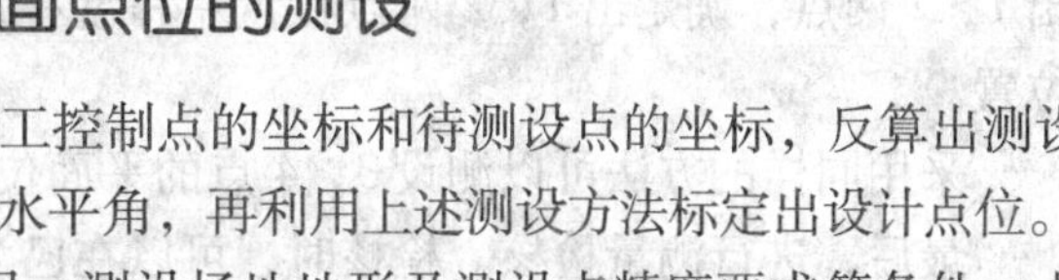

图 9-9　极坐标法测设点的平面位置

测设时，经纬仪安置在 A 点，后视 B 点，取盘左位，并置度盘为零，按盘左、盘右分中法测设水平角 β_1，β_2，定出 1，2 点方向，沿此方向测设水平距离 D_1，D_2，则可在地面标定出设计点位 1，2 两点。

最后进行检核。检核时，可以采用丈量实地 1，2 两点之间的水平边长，并与 1，2 两点设计坐标反算出的水平边长进行比较。务必达到进度要求，否则，需重新放样。

如果待测设点的精度要求较高，可以利用前述的精确方法测设水平角和水平距离。

2. 直角坐标法

直角坐标法是根据直角坐标的基本原理所形成的一种测设点位的工作方法。通常，当建筑场地已建立有主轴线或建筑方格网时，一般采用直角坐标法来完成施工场地上的测设工作。

如图9-10所示，A，B，C，D为建筑方格网（或建筑基线）控制点，1，2，3，4点为待测设建筑物轴线的交点，建筑方格网（或建筑基线）分别平行或垂直于待测设建筑物的轴线。根据控制点的坐标和待测设点的坐标可以计算出两者之间的坐标增量。下面以测设1，2点为例，说明测设方法。

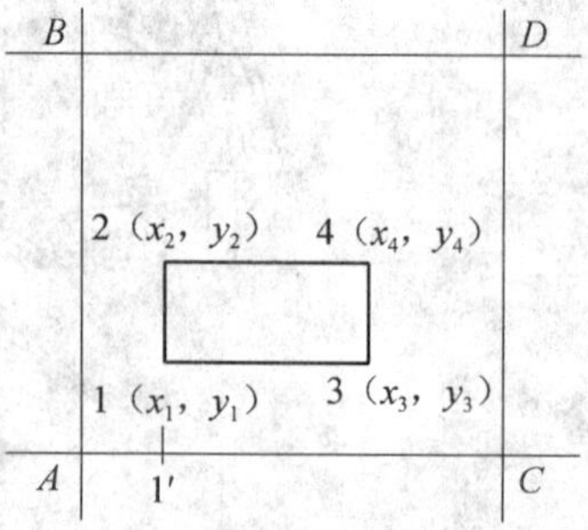

图9-10　直角坐标法放样

首先计算出A点与1，2点之间的坐标增量，即$\Delta x_{A1} = x_1 - x_A$，$\Delta x_{y1} = y_1 - y_A$。然后即可在施工现场，利用方格网控制点进行实地放样工作。

测设1，2点平面位置时，首先在A点安置经纬仪，照准C点，沿此视线方向从A向C方向测设水平距离Δx_{y1}定出1′点。再安置经纬仪于1′点，盘左照准C点（或A点），测设出90°方向线，并沿此方向分别测设出水平距离Δx_{A1}和Δx_{12}定1，2两点。同法以盘右位置再定出1，2两点，确定出1，2两点在盘左和盘右状况下测设点的中点，即为所需放样点的平面位置。

采用同样的方法可以测设3，4点的平面位置。

最后，进行测量检核。检核时，可以在已测设好的点平面位置上架设经纬仪，检测各个角度是否符合设计要求，并丈量各条边长。务必达到所需质量标准。

3. 角度交会法

角度交会法是在两个控制点上分别安置经纬仪，根据相应的水平角测设出相应的方向，并根据两个方向交会定出点位平面位置的一种放样方法。此法适用于测设点离控制点较远或量距有困难的情形。

如图9-11所示，首先，根据控制点A，B和测设点1，2的坐标，反算测设出数据β_{A1}，β_{A2}，β_{B1}和β_{B2}角度值。然后，将经纬仪安置在A点，瞄准B点，利用β_{A1}，β_{A2}角值按照盘左盘右分中法，定出$A1$，$A2$方向线，并在其方向线上的1，2两点附近分别打上两个木桩（俗称骑马桩），桩上钉小钉以表示此方向，并用细线拉紧。然后，在B点安置经纬仪，同法定出$B1$，$B2$方向线。根据$A1$和$B1$，$A2$和$B2$方向线可以分别交出1，2两点，即为所求待测设点的位置。

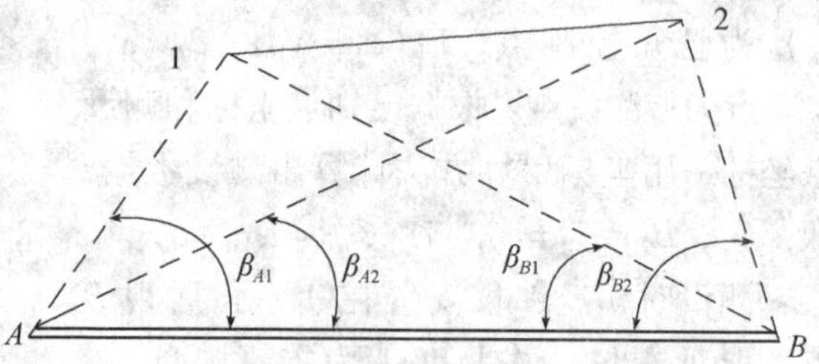

图9-11　角度交会法

当然，也可以利用两台经纬仪分别在A，B两个控制点同时设站，测设出方向线后标定出1，2两点。

检核时，可以采用丈量实地1，2两点之间的水平边长，并与1，2两点设计坐标反算出的水平边长进行比较。

4. 距离交会法

距离交会法是从两个控制点利用两段已知距离进行交会定点的方法。当建筑场地平坦且便于量距时，用此法较为方便。

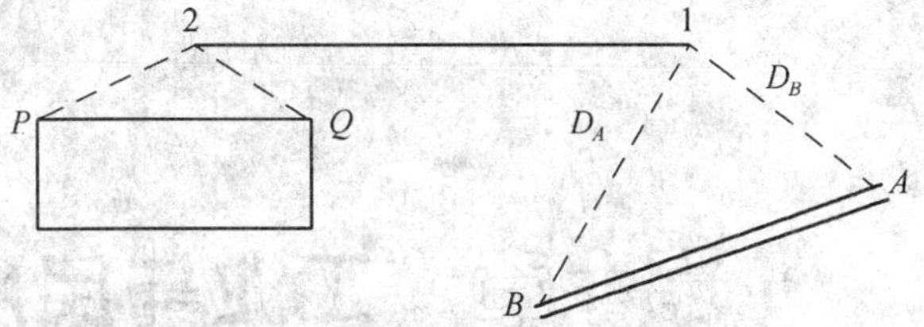

图 9-12　距离交会法

如图 9-12 所示，A，B 为控制点，1 点为待测设点。首先，根据控制点和待测设点的坐标反算出测设数据 D_A 和 D_B，然后用钢尺从 A，B 两点分别测设两段水平距离 D_A 和 D_B，其交点即为所求 1 点的平面位置。

同样，2 点的位置可以由附近的地形点 P，Q 交会出。

检核时，可以实地丈量 1，2 两点之间的水平距离，并与 1，2 两点设计坐标反算出的水平距离进行比较。

5. 十字方向线法

十字方向线法是利用两条互相垂直的方向线相交得出待测设点位的一种方法。如图 9-13 所示，设 A，B，C，D 为一个基坑的范围，P 点为该基坑的中心点位，在挖基坑时，P 点会遭到破坏。为了随时恢复 P 点的位置，则可以采用十字方向线法重新测设 P 点。

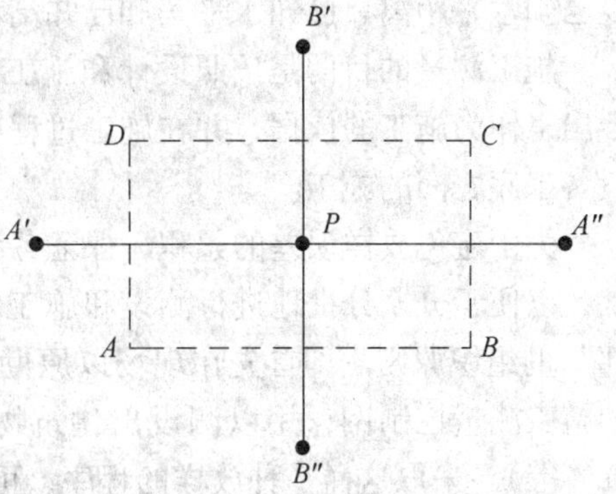

图 9-13　十字方向线法

首先，在 P 点架设经纬仪，设置两条相互垂直的直线，并分别用两个桩点来固定。当 P 点被破坏后需要恢复时，则利用桩点 A'、A''和 B'、B''拉出两条相互垂直的直线，根据其交点重新定出 P 点。

为了防止由于桩点发生移动而导致 P 点测设误差，可以在每条直线的两端各设置两个桩点，以便能够发现错误。

6. 全站仪坐标法

全站仪不仅具有测设精度高、速度快的特点，而且可以用它直接测设点的位置。同时，全站仪在施工放样中受天气和地形条件的影响较小，因此在生产实践中应用广泛。

全站仪坐标测设法，就是根据控制点和待测设点的坐标定出点位的一种方法。首先，将仪器安置在控制点上，使仪器置于菜单模式下的放样模式，输入控制点的坐标，以建立好测站，再输入后视方向点的坐标并照准后视方向，以完成后视方向的设置；然后即可指挥立镜人持反光棱镜立在待测设点附近；用望远镜照准棱镜，按坐标测设功能键，全站仪显示出棱镜位置与测设点的坐标差，根据坐标差值，移动棱镜位置，直到坐标差值等于零（也可以显示出角度方向差与距离差），此时，棱镜位置即为测设点的点位。

为了能够发现错误，在每个测设点位置确定后，可以再测定其坐标作为检核。

第十章　工业与民用建筑工程测量

第一节　建筑工程施工测量概述

建筑工程测量是依据设计图中建筑物的设计尺寸，计算出建筑物各轴线点与施工控制点之间的角度（或方位角）、水平距离、高差等数据，并将这些轴线特征点逐一标定在施工现场，以指导施工人员施工，其属于测设的范畴，又称“施工放样”。它的主要工作方法有测设已知水平距离、已知水平角和已知高程等几种。

施工测量的目的是按照设计和施工的要求将设计的建（构）筑物的平面位置在地面标定出来作为施工的依据，并在施工过程中进行一系列的测设工作，以衔接和指导工程建设阶段各工序之间的施工。

为了避免放样误差的累积，保证各种建筑物、构筑物、管线等的相对位置能满足设计要求，以便于分期分批地进行测设和施工，施工测量必须遵循“由整体到局部、先控制后细部”的组织原则。即首先在现场以原勘测设计阶段所建立的测图控制网为基础，建立统一的施工测量控制网，用以测设出建筑物的主轴线，然后再定出建筑物的各个部分（基础、墙体等）。采取这样一种放样的程序，可以避免因建筑物众多而引起放样工作的紊乱，并且能严格保持所放样各元素之间存在的几何关系。例如，放样工业建筑物时，首先应放出厂房主轴线，再确定机械设备轴线，然后根据机械设备轴线，确定设备安装的位置。

施工测量应贯穿于整个施工过程中。从场地平整、建筑物定位、基础施工，到建筑物构件的安装等工序，都必须进行施工测量，才能使建筑物、构筑物各部分的尺寸、位置符合设计要求。其主要内容如下：

1）建立施工测量控制网。

2）建筑物、构筑物的细部放样。

3）检查、验收。每道施工工序完工之后，都要通过测量检查工程各部位的实际位置及高程是否与设计要求相符合。

4）变形监测。伴随着施工的进行，测定建筑物在水平和竖直方向产生的位移，收集整理各变形监测资料，作为鉴定工程质量和验证工程设计、施工是否合理的依据。

施工测量与工程施工的工序密切相关。测量人员应了解设计的内容及其对测量工作精度上的要求，熟悉图上的尺寸数据，了解施工的全过程，并掌握施工现场的情况，使施工测量工作能够与工程施工密切配合。

放样工作是多种多样的，放样的方法也很多，故在实际工作中，必须根据施工场地的具体情况，灵活选用放样方法。而且，定线放样是整个施工活动的一个组成部分，必须与施工组织计划相协调，在精度和进度方面满足施工的需要，尽可能地避开施工的干扰，并确保成果的质量。

施工测量的特点如下：

1）施工测量是直接为工程施工服务的，它必须与施工组织计划相协调，测量人员应与设计、施工部门密切联系，熟悉图纸上的尺寸和高程数据，了解施工的全过程，随时掌握工程进度及现场的变动，使测设精度与速度满足施工的需要。

2）测设的精度主要取决于建筑物或构筑物的大小、性质、用途、建材和施工方法等因素。一般高层建筑物的测设精度应高于低层建筑物；自动化和连续性厂房的测设精度应高于一般厂房；钢结构建筑物的测设精度应高于钢筋混凝土结构、砖石结构的建筑物；装配式建筑物的测设精度应高于非装配式建筑物。

3）施工现场各工序交叉作业，运输频繁，地面情况变动大。因此，测量标志从形式、选点到埋设均应考虑便于使用、保管和检查，如标志在施工中被破坏，应及时恢复。

第二节　建筑场地上的施工控制测量

一、施工控制网的特点及布设要求

1. 施工控制网的特点

布设施工控制网，应根据建筑总平面设计图和施工地区的地形条件来确定。在大中型建筑施工场地上，施工控制网多用正方形或矩形网格组成，称为建筑方格网。在面积不大、又不十分复杂的建筑场地上，常布设成一条或几条基线进行施工控制。

一般来说，施工阶段的测量控制网具有以下特点。

（1）控制的范围小，控制点的密度大，精度要求高

工程施工场区范围相对较小，则控制网所控制的范围就比较小。如一般的工业建筑场地通常都在 $1km^2$ 以下，大的场地也在 $10km^2$ 以内。在这样一个相对狭小的范围内，各种建筑物的分布错综复杂，若没有较为密集的控制点，是无法满足施工期间的放样工作的。

施工测量的主要任务是放样建筑物的轴线。这些轴线的位置，其偏差都有一定的限值，其精度要求是相当高的，故施工控制网的精度就较高。

（2）控制网点使用频繁

在施工过程中，控制点常直接用于放样。随着施工层面的逐层升高，需经常地进行轴线点位的投测，由此，控制点的使用是相当频繁的，从施工初期到工程竣工乃至投入使用，这些控制点可能要用几十次。这样一来，对控制点的稳定性、使用时的方便性，以及点位在施工期间保存的可能性等，就提出了比较高的要求。

（3）易受施工干扰

现代工程的施工，常采用交叉作业的施工方法，使得工地上各建筑物的施工高度彼此相差很大，妨碍了控制点间的相互通视。因此，施工控制点的位置应分布恰当，密度应比较大，以便在放样时可有所选择。

2. 施工控制网的布设要求

依据控制网的特点，它的布设应作为整个工程施工设计的一部分。布网时，必须考虑到施工程序、方法以及施工场地的布置情况。为了防止控制点的标桩被破坏，所布设的点位应画在施工设计的总平面图上。

在建筑总平面图上，建筑物的平面位置一般用施工坐标系来表示。所谓施工坐标系，就是以建筑物的主要轴线作为坐标轴而建立起来的局部坐标系。如工业建设场地通常采用主要

车间或主要生产设备的轴线作为坐标轴来建立施工坐标系。故在布设施工控制网时，应尽可能将这些轴线包括在控制网内，使它们成为控制网的一条边。

当施工控制网与测图控制网的坐标系不一致时（因为建筑总平面图是在地形图上设计的，所以，施工场地上的已有高等级控制点的坐标是测图坐标系下的坐标），应进行两种坐标系间的数据换算，以使坐标统一。其换算方法为：在图 10-1 中，设 xOy 为测图坐标系，AQB 为施工坐标系，则 P 点在两个系内的坐标 x_P，y_P 和 A_P，B_P 的关系式为：

$$x_P = x_Q + A_P\cos\alpha - B_P\sin\alpha$$

$$y_P = y_Q + A_P\sin\alpha + B_P\cos\alpha$$

或在已知 x_P，y_P 时，求 A_P，B_P 的关系式为：

$$A_P = (x_P - x_Q)\cos\alpha + (y_P - y_Q)\sin\alpha$$

$$B_P = -(x_P - x_Q)\sin\alpha + (y_P - y_Q)\cos\alpha$$

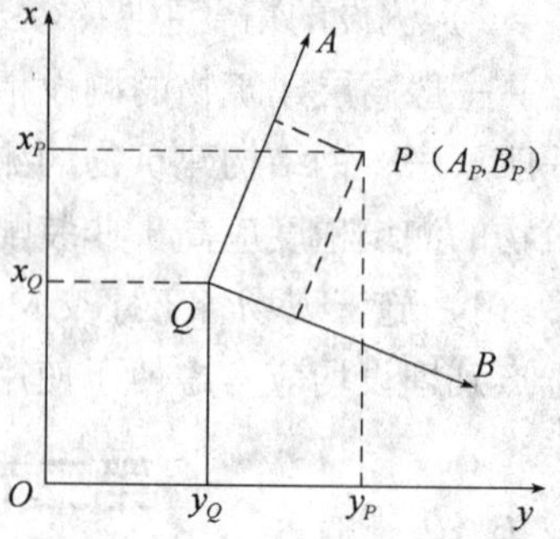

图 10-1　施工与测量坐标系的关系

以上各式中的 x_Q，y_Q 和 α（施工坐标系的纵轴与测图坐标系纵轴的夹角）由设计文件给出或在总平面图上用图解法量取。

二、建筑方格网

1. 建筑方格网的布置

如图 10-2 所示，在大型的建筑场地上，由正方形或矩形的格网组成的建筑场地的施工控制网，称为建筑方格网。建筑方格网的布置，应根据建筑设计总平面图上各种建筑物、道路、管线的分布情况，并结合现场地形情况拟定。

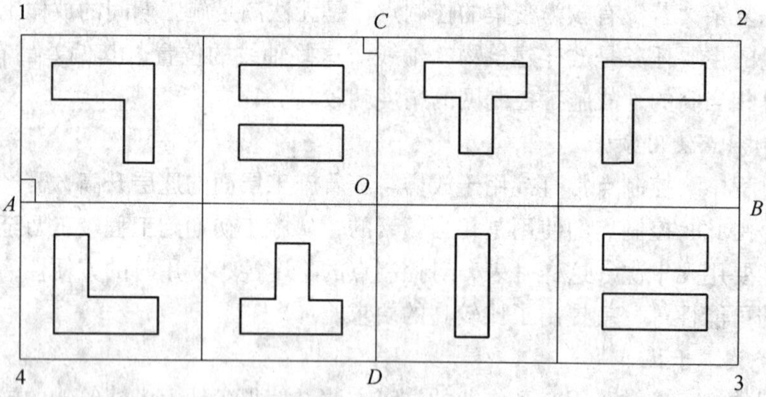

图 10-2　建筑方格网

布置建筑方格网时，先要选定两条互相垂直的主轴线，如图 10-2 中的 AOB 和 COD，再全面布设格网。当建筑场地占地面积较大时，通常是分两级布设，首级为基本网，先测设十字形、口字形或出字形的主轴线，然后再加密次级的方格网。当场地面积不大时，尽量布置成全面方格网。

方格网的主轴线，应布设在整个建筑场地的中央，其方向应与主要建筑物的轴线平行或垂直，并且长轴线上的定位点不得少于 3 个。主轴线的各端点应延伸到场地的边缘，以便控制整个场地。主轴线上的点位，必须建立永久性标志，以便长期保存。

当方格网的主轴线选定后，就可根据建筑物的大小和分布情况加密格网。方格网的转折角应严格为90°，相邻格网点要保持通视，点位要能长期保存。

建筑方格网的主要技术要求，可参见表10-1的规定。

表10-1　建筑方格网的主要技术要求

等级	边长/m	测角中误差/（″）	边长相对中误差
一级	100～300	5	≤1/30000
二级	100～300	8	≤1/20000

2. 建筑方格网的测设

（1）主轴线的测设

由于建筑方格网是根据场地主轴线布置的，因此在测设时，应首先根据场地原有的测图控制点，测设出主轴线的三个主点。

如图10-3所示，Ⅰ、Ⅱ、Ⅲ三点为附近已有的测图控制点，其坐标已知；A、O、B三点为选定的主轴线上的主点，其坐标可算出，则根据三个测图控制点Ⅰ、Ⅱ、Ⅲ，采用极坐标法就可测设出A、O、B三个主点。

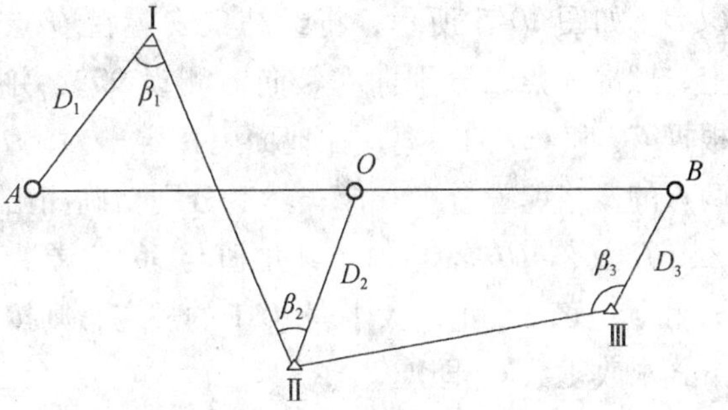

图10-3　主轴线的测设

测设三个主点的过程：先将A、O、B三点的施工坐标换算成测图坐标；再根据它们的坐标与测图控制点Ⅰ、Ⅱ、Ⅲ的坐标关系，计算出放样数据β_1、β_2、β_3和D_1、D_2、D_3，如图10-3所示；然后用极坐标法测设出三个主点A、O、B的概略位置为A'、O'、B'。

当三个主点的概略位置在地面上标定出来后，要检查三个主点是否在一条直线上。由于测量误差的存在，使测设的三个主点A'、O'、B'不在一条直线上，如图10-4所示，故安置经纬仪于O'点上，精确检测$\angle A'O'B'$的角值β，如果检测角β的值与180°之差，超过了表10-1规定的容许值，则需要对点位进行调整。

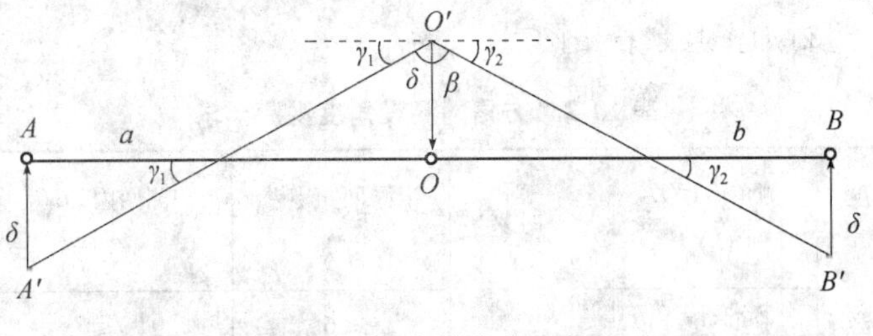

图10-4　主轴线的调整

调整三个主点的位置时，应先根据三个主点间的距离a和b按下列公式计算调整值δ，即

$$\delta = \frac{ab}{a+b} \times \left(90° - \frac{\beta}{2}\right) \times \frac{1}{\rho}$$

式中　$\rho = 206265''$。

将A'、O'、B'三点沿与轴线垂直方向移动一个改正值δ，但O'点与A'、B'两点移动的方向相反，移动后得A、O、B三点。为了保证测设精度，应再重复检测$\angle AOB$，如果检测结果与180°之差仍旧超过限差时，需再进行调整，直到误差在容许值以内为止。

除了调整角度之外，还要调整三个主点间的距离。先丈量检查AO及OB的距离，若检查结果与设计长度之差的相对误差大于表10-1的规定，则以O点为准，按设计长度调整A、B两点。调整需反复进行，直到误差在容许值以内为止。

当主轴线的三个主点A、O、B定位好后，就可测设与AOB主轴线相垂直的另一条主轴线COD。如图10-5所示，将经纬仪安置在O点上，照准A点，分别向左、向右测设90°；并根据CO和OD的距离，在地面上标定出C、D两点的概略位置为C'、D'；然后分别精确测出$\angle AOC'$及$\angle AOD'$的角值，其角值与90°之差为ε_1和ε_2，若ε_1和ε_2大于表10-1的规定，则按下式求改正数l，即

$$l = L\varepsilon/\rho$$

式中　L——OC'或OD'的距离。

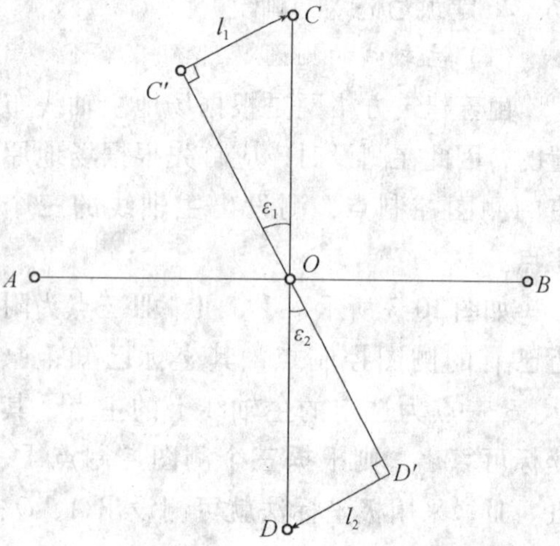

图10-5　测设另一条主轴线COD

根据改正数，将C'、D'两点分别沿OC'、OD'的垂直方向移动l_1、l_2；得C、D两点。然后检测$\angle COD$，其值与180°之差应在规定的限差之内，否则需要再次进行调整。

（2）方格网点的测设

采用角度交会法定出格网点。其作业过程如图10-2所示：用两台经纬仪分别安置在A、C两点上，均以O点为起始方向，分别向左、向右精确地测设出90°角，其角度观测应符合表10-2中的规定。在测设方向上交会1点，交点1的位置确定后，进行交角的检测和调整，同法测设出主方格网点2、3、4，这样就构成了田字形的主方格网。主方格网测定后，以主方格网点为基础，进行加密其余各格网点。

表10-2　方格网测设角度观测要求

等级	仪器精度等级	测角中误差（″）	测回数	半测回归零差（″）	一测回内2C互差（″）	各测回方向较差（″）
一级	1″级仪器	5	2	≤6	≤9	≤6
	2″级仪器	5	3	≤8	≤13	≤9
二级	2″级仪器	8	2	≤12	≤18	≤12
	6″级仪器	8	4	≤18	—	≤24

三、建筑地基

建筑基线的布置也是根据建筑物的分布、场地的地形和原有控制点的状况而选定的。建筑基线应靠近主要建筑物，并与其轴线平行或垂直，以便采用直角坐标法或极坐标法进行测设。建筑基线主点间应相互通视，边长为 100～300m，其测设精度应满足施工放样的要求，通常可在总平面图上设计，其形式一般有 3 点“一”字形、3 点“L”字形、4 点“T”字形和 5 点“十”字形等几种，如图 10-6 所示。为了便于检查建筑基线点有无变动，布置的基线点数不应少于 3 个。

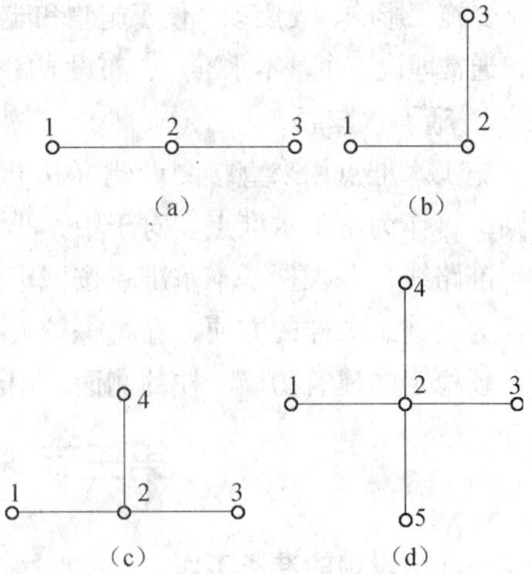

图 10-6　建筑基线布设形式

(a)“一”字形；(b)“L”字形；(c)“T”字形；(d)“十”字形

建筑基线的测设有以下几种方法。

1. 根据已有的测量控制点测设基线主点

其测设与建筑方格网主轴线的主点测设相同。在建筑总平面图上依据施工坐标系及建筑物的分布情况，设计好建筑基线后，便可在图纸上利用图解方法计算出各主点的施工坐标，然后将其转化为各自对应的测量坐标，再根据附近已有的勘测控制点，选用适当的放样方法进行测设数据的计算。一般用极坐标法完成实地测设，最后对其测设结果进行检校，定出建筑基线的主点位置。具体测设时，也可用全站仪进行。

2. 根据建筑红线测设建筑基线

在城市建筑区，建筑用地的边界一般由城市规划部门在现场直接标定，如图 10-7 中所示的 1，2，3 点即为地面标定的边界点，其连线 12 和 23 通常是正交的直线，称为“建筑红线”。通常，所设计的建筑基线与建筑红线平行或垂直，因而可根据红线用平行推移法测设建筑基线 OA，OB。在地面用木桩标定出基线主点 A，O，B 后，应安置仪器于 O 点，测量角度 $\angle AOB$，看其是否为 90°，其差值不应超过 ±24″。若未超限，再测量 OA，OB 的距离，看其是否等于设计数据，其差值的相对误差不应大于1/10000。若误差超限，需检查推移平行线时的测设数据。若误差在允许范围内，则可适当调整 A，B 点的位置，测设好基线主点。

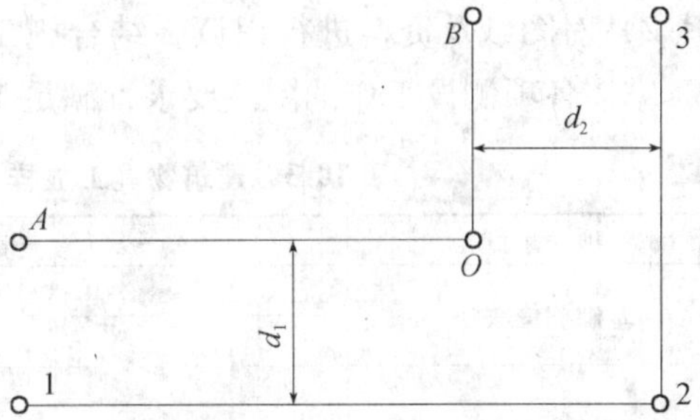

图 10-7　建筑红线测设建筑基线

四、高程控制测量

建筑场地高程控制点的密度，应尽可能满足在施工放样时安置一次仪器即可测设出所需的高程点，而且在施工期间，高程控制点的位置应稳固不变。对于小型施工场地，高程控制网可一次性布设，当场地面积较大时，高程控制网可分为首级网和加密网两级布设，相应的水准点称为基本水准点和施工水准点。

1. 基本水准点

基本水准点是施工场地高程首级控制点，用来检核其他水准点高程是否有变动，其位置应设在不受施工影响、无震动、便于施测和能永久保存的地方，并埋设永久性标志。在一般建筑场地上，通常埋设三个基本水准点，布设成闭合水准路线，并按城市四等水准测量的要求进行施测。

2. 施工水准点

施工水准点用来直接测设建（构）筑物的高程。通常可以采用建筑方格网点的标桩加设圆头钉作为施工水准点。对于中、小型建筑场地，施工水准点应布设成闭合水准路线或附合水准路线，并根据基本水准点按城市四等水准点或图根水准测量的要求进行施测。

为了施工放样的方便，在每栋较大的建筑物附近，还要测设 ±0.000 水准点，其位置多选在较稳定的建筑物墙、柱的侧面，用红漆绘成上顶为水平线的“▽”形。

第三节　民用建筑施工测量

一、测设前的准备工作

民用建筑一般指住宅、学校用房、办公楼、医院、商店、宾馆、饭店等建筑物，有单层、低层、多层和高层建筑之分。由于类型不同，其测量方法和精度要求也就不同，但放样程序基本相同。一般为建筑物定位、放线、基础工程施工测量、墙体工程施工测量等几步。

当在施工场地上布设好施工控制网后，即可按照施工组织设计所确定的施工工序进行施工放样工作，将建筑物的位置、基础、墙、柱、门、窗、楼板、顶盖等基本结构的位置依次测设出来，并设置标志，作为施工的依据。施工放样的主要过程如下：

1）准备资料，如总平面图、基础平面图、轴线平面图及建筑物的设计与说明等。

2）对图纸及资料进行识读，结合施工场地情况及施工组织设计方案制订施工测设方案，掌握各项测设工作的限差要求，满足工程测量技术规范（表 10-3）。

表 10-3　建筑物施工放样、轴线投测和标高传递的允许偏差

项　目	内　容		允许偏差（mm）
基础桩位放样	单排桩或群桩中的边桩		±10
	群桩		±20
各施工层上放线	外廓主轴线长度 L(m)	$L \leqslant 30$	±5
		$30 < L \leqslant 60$	±10
		$60 < L \leqslant 90$	±15
		$90 < L$	±20
	细部轴线		±2
	承重墙、梁、柱边线		±3
	非承重墙边线		±3
	门窗洞口线		±3
轴线竖向投测	每层		3
	总高 H(m)	$H \leqslant 30$	5
		$30 < H \leqslant 60$	10
		$60 < H \leqslant 90$	15
		$90 < H \leqslant 120$	20
		$120 < H \leqslant 150$	25
		$150 < H$	30

续表

项　　目	内　　容		允许偏差（mm）
标高竖向传递	每层		±3
	总高 H(m)	$H \leqslant 30$	±5
		$30 < H \leqslant 60$	±10
		$60 < H \leqslant 90$	±15
		$90 < H \leqslant 120$	±20
		$120 < H \leqslant 150$	±25
		$150 < H$	±30

3）按照测设方案进行实地放样，检测及调整等。设计资料和各种图纸是施工测设工作的依据，在放样前必须熟悉。通过查看建筑总平面图可以了解拟建的建筑物与测量控制点及相邻地物的关系，从而制订出合理的建筑物平面位置的测设方案和相应的测设数据。由图 10-8 可知，拟建建筑物与左侧已有建筑物是对称的，且两建筑物的相应轴线相互平行且尺寸相同，两建筑物外墙皮间距为 18.00m，拟建的建筑物的底层室内地坪 ±0.000 的绝对高程为 42.50m，据此可确定出拟建建筑物的测设定位方案，并可相应计算出此平面定位方法的各点的测设数据。

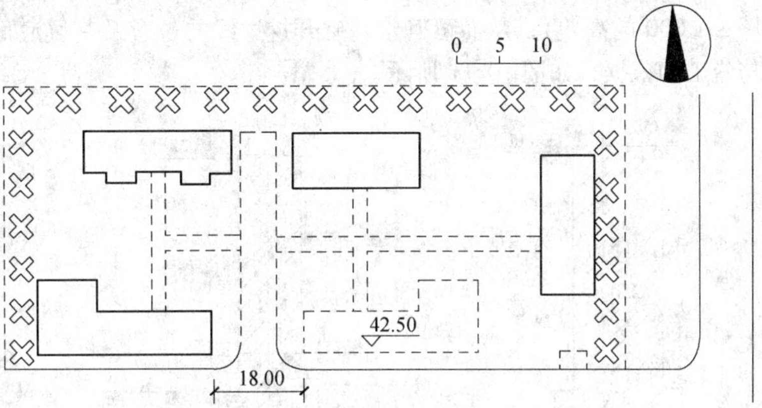

图 10-8　建筑总平面图（单位：m）

1. 测设前的准备工作

首先，在建筑平面图中查取拟建建筑物的总尺寸及内部各定位轴线间的关系。图 10-9 所示为该拟建建筑物底层平面图，从中可查得建筑物的总长、总宽尺寸和内部各定位轴线尺寸，据此可得到建筑物细部放样的基础数据。

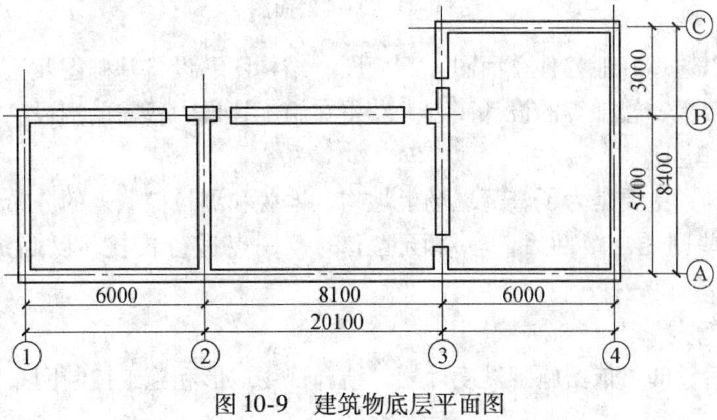

图 10-9　建筑物底层平面图

基础平面图给出了建筑物的整个平面尺寸及细部结构与各定位轴线之间的关系，以此可确定基础轴线的测设数据，图 10-10 所示为该建筑物的基础布置平面图。

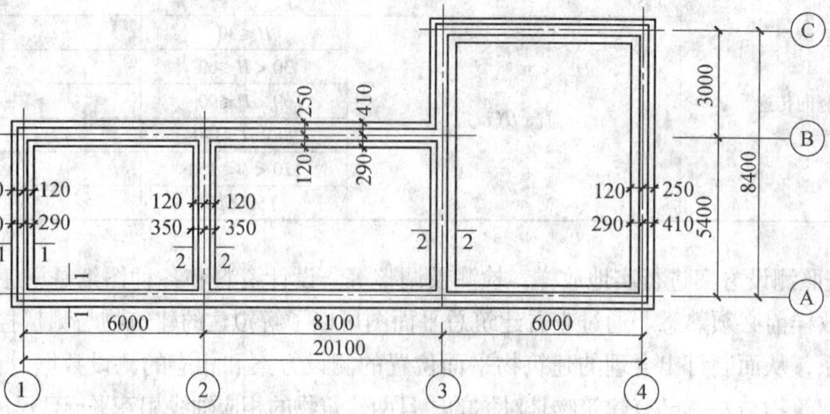

图 10-10　建筑物基础平面图

基础剖面图给出了基础剖面的尺寸（边线至中轴线的距离）及其设计标高（基础与设计底层室内地坪 ±0.000 的高差），从而可确定基础开挖边线的位置及基坑底面的高度位置。它是基础开挖与施工的依据，如图 10-11 所示。

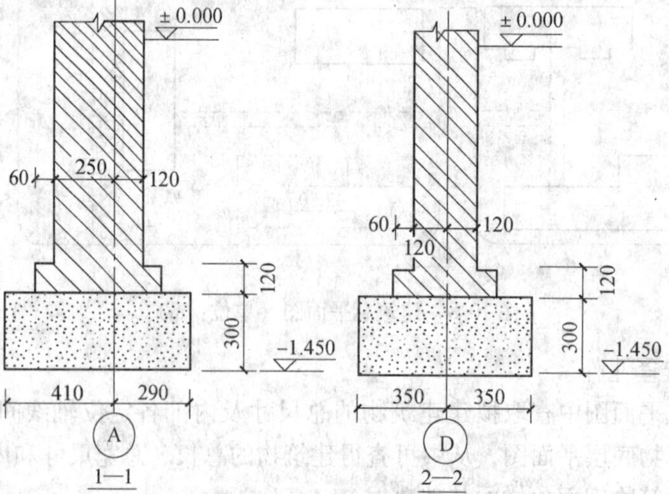

图 10-11　基础剖面图

另外，还可以通过其他各种立面图、剖面图、结构图、设备基础图及土方开挖图等，查取基础、地坪、楼板、楼梯等的设计高程，获得在施工建设中所需的测设高程数据资料。

2. 现场实地踏勘

现场实地踏勘，主要是为了查清现场上地物、地貌和测量控制点的分布情况，以及与施工测设相关的一些问题。踏勘后，应对场地上的控制点进行校核，以确定控制点的现场位置。

3. 制订测设方案

资料查清楚后，即可依据施工进度计划，结合现场地形和施工控制网布置情况，编制详细的施工测设方案，在方案中应依据建筑限差的要求，确定出建筑测设的精度标准。

4. 计算测设数据并绘制测设草图

编制出测设方案后，即可计算出各测设数据，并绘制测设草图且将计算数据标注在图中（图 10-12）。从图 10-12 可知，拟建建筑物的外墙面距定位轴线为 0. 250m，故 1—1 轴距离现有建筑物外墙的尺寸为 18. 250m，A—A 轴距离测设的基线 *mn* 的间距为 3. 250m，按此数据进行实地测设方可满足施工后两建筑物南墙面平齐的设计要求。

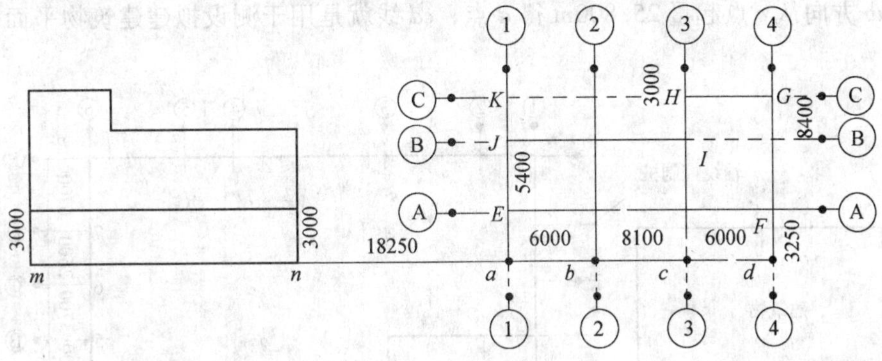

图 10-12　建筑物测设草图

二、建筑物的定位和放线

在建筑物的定位和放线过程中，普遍采用了全站仪。在使用全站仪的过程中，必须根据定位和放线的精度选择使用全站仪。

1. 建筑物的定位

建筑物四周外廓主要轴线的交点决定了建筑物在地面上的位置，称为定位点或角点，建筑物的定位就是根据设计条件，将这些轴线交点测设到地面上，作为细部轴线放线和基础放线的依据。由于设计条件和现场条件不同，建筑物的定位方法也有所不同，下面介绍三种常见的定位方法。

(1) 根据控制点定位

如果待定位建筑物的定位点设计坐标是已知的，且附近有高级控制点可供利用，可根据实际情况选用极坐标法、角度交会法或距离交会法来测设定位点。在这三种方法中，极坐标法通用性最强，是用得最多的一种定位方法。

(2) 根据建筑方格网和建筑基线定位

如果待定位建筑物的定位点设计坐标是已知的，且建筑场地已设有建筑方格网或建筑基线，可利用直角坐标法测设定位点，当然也可用极坐标法等其他方法进行测设。但直角坐标法所需要的测设数据的计算较为方便，在使用全站仪或经纬仪和钢尺实地测设时，建筑物总尺寸和较大角的精度容易控制和检核。

(3) 根据与原有建筑物和道路的关系定位

如果设计图上只给出新建筑物与附近原有建筑物或道路的相互关系，而没有提供建筑物定位点的坐标，周围又没有测量控制点、建筑方格网和建筑基线可供利用，可根据原有建筑物的边线或道路中心线，将新建筑物的定位点测设出来。

具体测设方法随实际情况的不同而不同，但基本过程是一致的，就是在现场先找出原有建筑物的边线或道路中心线，再用全站仪或经纬仪和钢尺将其延长、平移、旋转或相交，得到新建筑物的一条定位轴线，然后根据这条定位轴线，用经纬仪测设角度（一般是直角），用钢尺测设长度，得到其他定位轴线或定位点，最后检核四个大角和四条定位轴线长度是否与设计值一致。下面说明其具体测设的方法。

如图 10-13 所示，先用钢尺沿已有建筑物的东、西墙，延长一段距离 l 得 a、b 两点，用木桩标定。将经纬仪安置在 a 点上，照准 b 点，然后延长该方向线 14. 240m 得 c 点，再继续沿 ab 方向从 c 点起量 25. 800m 得 d 点，cd 线就是用于测设拟建建筑物平面位置的建筑基线。

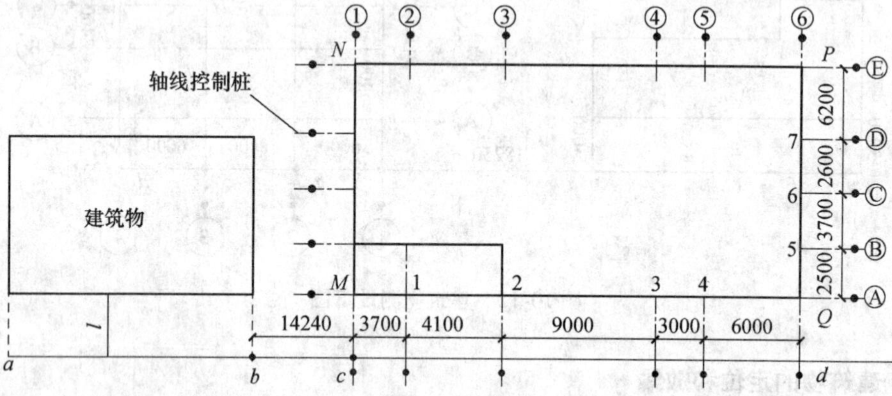

图 10-13　建筑物的定位和放线

将经纬仪分别安置在 c、d 两点上，后视 a 点并转 90°沿视线方向量出距离 $l+0.240$m，得 M、Q 两点，再继续量出 15. 000m 得 N、P 两点。M、N、P、Q 四点即为拟建建筑物外轮廓定位轴线的交点。最后还要检查 NP 的距离是否等于 25. 800m，$\angle PNM$ 和 $\angle NPQ$ 是否等于 90°，误差分别在 1/5000 和 40″之内即可。

2. 建筑物的放线

建筑物的放线，是指根据现场上已测设好的建筑物定位点，详细测设其他各轴线交点的位置，并将其延长到安全的地方做好标志。然后以细部轴线为依据，按基础宽度和放坡要求用白灰撒出基础开挖边线。

（1）测设细部轴线交点

如图 10-13 所示，在 M 点安置经纬仪，照准 Q 点，把钢尺的零端对准 M 点，沿视线方向拉钢尺分别定出 1，2，3，…各点，同理可定出其他各点。测设完最后一个点后，用钢尺检查各相邻轴线桩的间距是否等于设计值，误差应小于 1/3000。

（2）引测轴线

在基槽或基坑开挖时，定位桩和细部轴线桩均会被挖掉，为了使开挖后各阶段施工能准确地恢复各轴线位置，应把各轴线延长到开挖范围以外的地方并作好标志，这个工作称为引测轴线，具体有设置龙门板和轴线控制桩两种形式。

1）龙门板法

①如图 10-14 所示，在建筑物四角和中间隔墙的两端，距基槽边线约 2m 以外，牢固地埋设大木桩，称为龙门桩，并使桩的一侧平行于基槽。

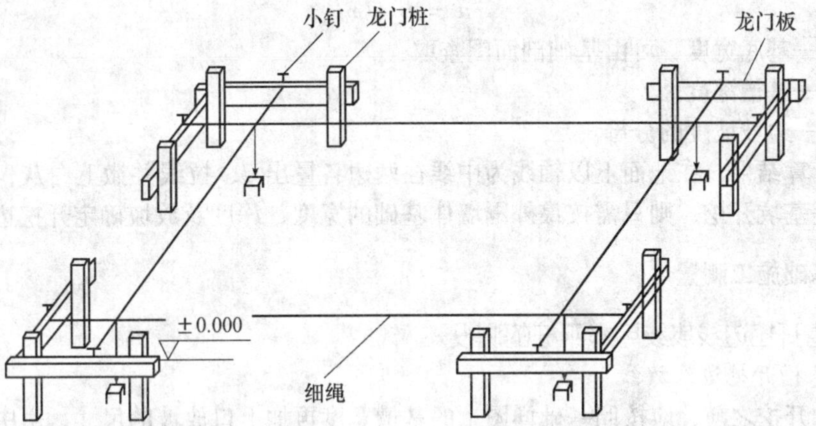

图 10-14　龙门桩与龙门板

②根据附近水准点，用水准仪将 ±0.000 标高测设在每个龙门桩的外侧上，并画出横线标志。如果现场条件不允许，也可测设比 ±0.000 高或低一定数值的标高线，同一建筑物最好只用一个标高，如因地形起伏大用两个标高时，一定要标注清楚，以免使用时发生错误。

③在相邻两龙门桩上钉设木板，称为龙门板。龙门板的上沿应和龙门桩上的横线对齐，使龙门板的顶面标高在一个水平面上，并且标高为 ±0.000，或比 ±0.000 高或低一定的数值，龙门板顶面标高的误差应在 ±5mm 以内。

④根据轴线桩，用经纬仪将各轴线投测到龙门板的顶面，并钉上小钉作为轴线标志，称为轴线钉，投测误差应在 ±5mm 以内。对小型的建筑物，也可用拉细线绳的方法延长轴线，再钉上轴线钉，如事先已打好龙门板，可在测设细部轴线的同时钉设轴线钉，以减少重复安置仪器的工作量。

⑤用钢尺沿龙门板顶面检查轴线钉的间距，其相对误差不应超过 1/3000。

恢复轴线时，将经纬仪安置在一个轴线钉上方，照准相应的另一个轴线钉，其视线即为轴线方向，往下转动望远镜，便可将轴线投测到基槽或基坑内。也可用细线绳将相对的两个轴线钉连接起来，借助于垂球，将轴线投测到基槽或基坑内。

2）轴线控制桩法

由于龙门板需要较多木料，而且占用场地，使用机械开挖时容易被破坏，因此也可以在基槽或基坑外各轴线的延长线上测设轴线控制桩，作为以后恢复轴线的依据。即使采用了龙门板，为了防止被碰动，对主要轴线也应测设轴线控制桩。

轴线控制桩一般设在开挖边线 4m 以外的地方，并用水泥砂浆加固。最好是附近有固定建筑物或构筑物，这时应将轴线投测在这些物体上，使轴线更容易得到保护，但每条轴线至少应有一个控制桩是设在地面上的，以便今后能安置经纬仪来恢复轴线。

（3）撒开挖边线

先按基础剖面图给出的设计尺寸，计算基槽的开挖宽度 $2d$，如图 10-15 所示。

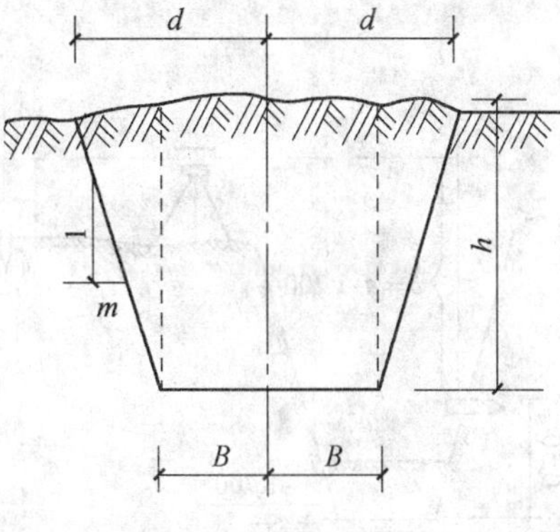

图 10-15　基槽宽度

$$d = B + mh$$

式中 B——基底宽度，可由基础剖面图查取；

h——基槽深度；

m——边坡坡度的分母。

根据计算结果，在地面上以轴线为中线往两边各量出 d，拉线并撒上白灰，即为开挖边线。如果是基坑开挖，则只需按最外围墙体基础的宽度、深度及放坡确定开挖边线。

三、基础施工测量

1. 基槽开挖边线放线与水平桩的测设

(1) 基槽开挖边线放线

在基础开挖之前，应按照基础详图上的基槽宽度再加上口放坡的尺寸，由中心桩向两边各量出相应尺寸，并作出标记；然后在基槽两端的标记之间拉一细线，沿着细线在地面用白灰撒出基槽边线，施工时就按此灰线进行开挖。

(2) 测设水平桩

为了控制基槽开挖深度，在即将挖到槽底设计标高时，用水准仪在槽壁上测设一些水平的小木桩（图 10-16），使木桩的上表面离槽底设计标高为一固定值（如 0.500m），用以控制挖槽深度。为了施工时使用方便，一般在槽壁各拐角处和槽壁每隔 3 ~ 4m 处均测设一水平桩，水平桩可作为挖槽深度、修平槽底和打基础垫层的依据。水平桩高程测设允许误差为 ±10mm。如图 10-16 所示，假设槽底设计标高为 -1.700m，按图中所列数据，测站上应有的前视读数为 a +1.200（a 为后视读数），此时打水平桩，则水平桩的标高即为 -1.200m。施工时，自水平桩面向下量取 0.500m 即为槽底的设计位置。

2. 基础施工测量

(1) 垫层中线的测设

基础垫层浇注后，根据龙门板上的轴线钉或轴线控制桩，用经纬仪或用拉绳挂垂球的方法（图 10-17），把轴线投测到垫层面上，并用墨线弹出墙中心线和基础边线，作为砌筑基础的依据。由于整个墙身砌筑均以此线为准，所以要进行严格校核。

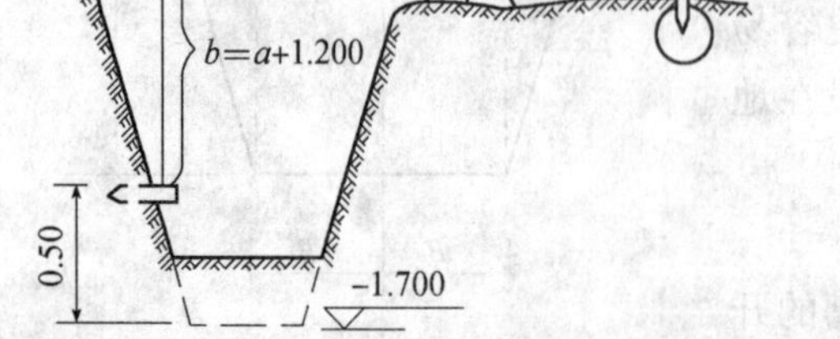

图 10-16 测设水平桩（单位：m）

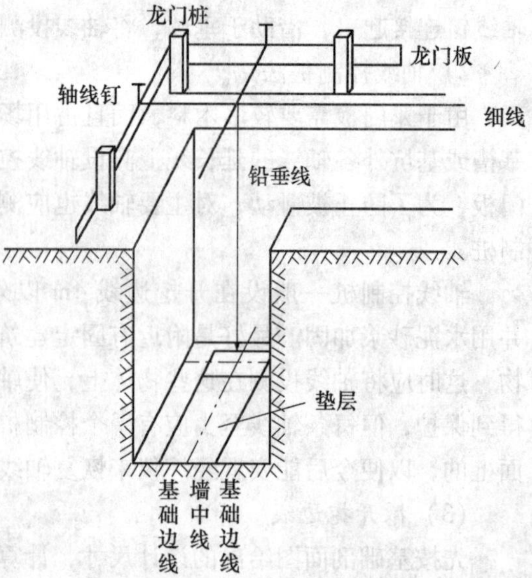

图 10-17 基础垫层中线的测设

（2）基础墙标高的控制

基础墙是指 ±0.00 以下的墙。当墙中心线投在垫层上，用水准仪检测各墙角垫层面标高后，即可开始基础墙的砌筑。基础墙的高度是用基础皮数杆控制的。

皮数杆用一根木杆制成，在杆上按照设计尺寸将砖和灰缝的厚度，分皮一一画出，每五皮砖标注上皮数（基础皮数杆的层数从 ±0.000 向下注记），并标明 ±0.000、防潮层和需要预留洞口的标高位置等，如图 10-18 所示。立皮数杆时，可先在立杆处打一木桩，用水准仪在木桩侧面定出一条高于垫层标高某一数值（如 10cm）的水平线；然后将皮数杆上标高相同的一条线与木桩上的水平线对齐，并用大铁钉把皮数杆与木桩钉在一起，作为基础墙砌筑标高的依据。

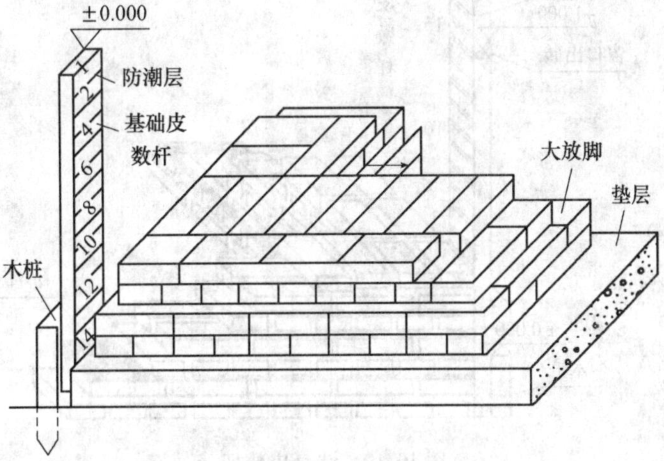

图 10-18　基础墙标高的控制

当基础墙砌到 ±0 标高下一皮砖时，要测设防潮层标高，允许误差为≤ ±5mm。有的防潮层是在基础墙上抹一层防水砂浆，也作为墙身砌筑前的抹平层。

基础施工结束后，应检查基础面的标高是否符合设计要求。可用水准仪测出基础面四角和其他轴线交点是否水平，其高程与设计高程相比较，允许误差为 ±10mm。

四、墙体施工测量

1. 首层楼房墙体施工测量

（1）墙体轴线测设

基础工程结束后，应对龙门板或轴线控制桩进行检查复核，以防基础施工期间发生碰动移位。复核无误后，可根据轴线控制桩或龙门板上的轴线钉，用经纬仪法或拉线法，把首层楼房的墙体轴线测设到防潮层上，并弹出墨线，然后用钢尺检查墙体轴线的间距和总长是否等于设计值，用经纬仪检查外墙轴线四个主要交角是否等于90°。符合要求后，把墙轴线延长到基础外墙侧面上并弹线和作出标志，作为向上投测各层楼墙体轴线的依据。同时还应把门、窗和其他洞口的边线，也在基础外墙侧面上作出标志。

墙体砌筑前，根据墙体轴线和墙体厚度，弹出墙体边线，照此进行墙体砌筑。砌筑到一定高度后，用吊锤线将基础外墙侧面上的轴线引测到地面以上的墙体上。如果轴线处是钢筋混凝土柱，则在拆柱模后将轴线引测到桩身上。

(2) 墙体标高测设

墙体砌筑时，其标高用墙身皮数杆控制。如图 10-19 所示，在皮数杆上根据设计尺寸，按砖和灰缝厚度画线，并标明门、窗、过梁、楼板等的标高位置。杆上标高注记从 ±0.000 向上增加。

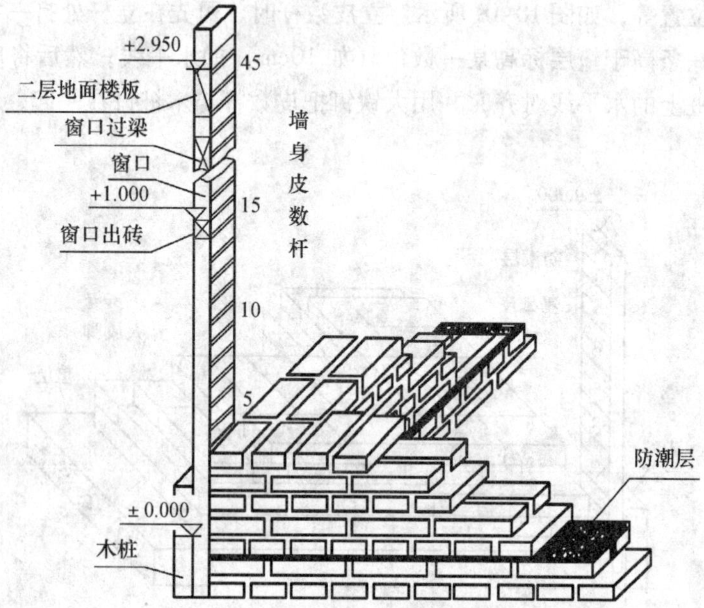

图 10-19 墙身皮数杆

墙身皮数杆一般立在建筑物的拐角和内墙处，固定在木桩或基础墙上。为了便于施工，采用里脚手架时，皮数杆立在墙的外边；采用外脚手架时，皮数杆应立在墙的里边。立皮数杆时，先用水准仪在立杆处的木桩或基础墙上测设出 ±0.000 标高线，测量误差在 ±3mm 以内，然后把皮数杆上的 ±0.000 线与该线对齐，用吊锤校正并用钉钉牢，必要时可在皮数杆上加两根斜撑，以保证皮数杆的稳定。

墙体砌筑到一定高度后（1.5m 左右），应在内、外墙面上测设出 +0.5000 标高的水平墨线，称为“+50 线”。外墙的 +50 线作为向上传递各楼层标高的依据，内墙的 +50 线作为室内地面施工及室内装修的标高依据。

2. 二层以上楼房墙体施工测量

(1) 墙体轴线投测

每层楼面建好后，为了保证继续往上砌筑墙体时，墙体轴线均与基础轴线在同一铅垂面上，应将基础或首层墙面上的轴线投测到楼面上，并在楼面上重新弹出墙体的轴线，其相对误差不得大于 1/3000，检查无误后，以此为依据弹出墙体边线，再往上砌筑。在这个测量工作中，从下往上进行轴线投测是关键，一般多层建筑常用吊锤线法。

(2) 墙体标高传递

多层建筑施工中，要由下往上将标高传递到新的施工楼层，以便控制新楼层的墙体施工，使其标高符合设计要求。标高传递一般可有以下两种方法。

1）利用皮数杆传递标高。一层楼墙体砌完并建好楼面后，把皮数杆移到二层继续使用。为了使皮数杆立在同一水平面上，用水准仪测定楼面四角的标高，取平均值作为二楼的地面标高，并在立杆处绘出标高线。立杆时将皮数杆的 ±0.000 线与该线对齐，然后以皮数杆为标高的依据进行墙体砌筑。如此用同样方法逐层往上传递高程。

2）利用钢尺传递标高。在标高精度要求较高时，可用钢尺从底层的 +50 线起往上直接丈量，把标高传递到第二层，然后根据传递上来的高程测设第二层的地面标高线，以此为依据立皮数杆。在墙体砌到一定高度后，用水准仪测设该层的 +50 线，再往上一层的标高可以此为准用钢尺传递，依次类推，逐层传递标高。

（3）框架结构吊装测量

近年来我国高层建筑越来越多地采用装配式钢筋混凝土框架结构。如图 10-20 所示，以梁、柱组成框架作为建筑物的主要承重构件，楼板置于梁上，此种结构形式为框架结构建筑物。若柱、梁为现浇时，要严格校正模板的垂直度。校核方法是首先用吊锤法或经纬仪投测法，将轴线投测到相应的柱面上，定出标志；然后在柱面上（至少两个面）弹出轴线，并以此作为向上传递轴线的依据。在架设立柱模板时，把模板套在柱顶的搭接接头上，并根据下层柱面上已弹出的轴线，严格校核模板的位置和垂直度。按此方法将各轴线逐层传递上去。

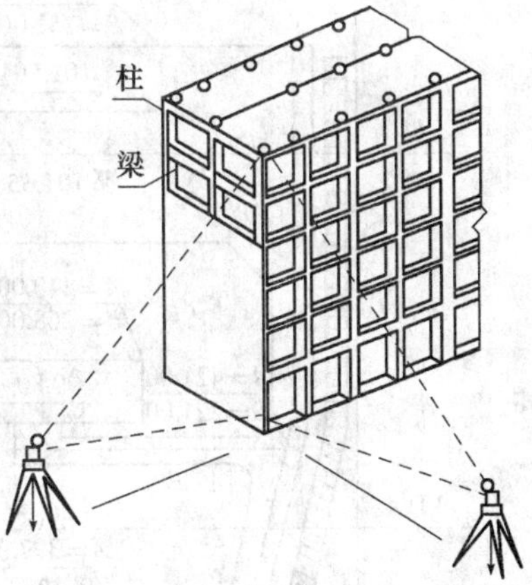

图 10-20　框架结构吊装测量

框架结构建筑物的构件吊装中，柱的观测和校正是重要的环节，它直接关系到整个结构的质量。此外还应注意以下几点：

1）随着工序的进展，荷载的变化对每根柱均需重复多次校正和观测垂直偏移值。

2）多节柱分节吊装时，要确保下节柱的位置正确，否则可能会导致上层形成无法矫正的累积偏差。

在施工测量中，由于高层建筑的体形大、层数多、高度高、造型多样化、建筑结构复杂、设备和装修标准高，因此，在施工过程中对建筑物各部位的水平位置、轴线尺寸、垂直度和标高的要求都十分严格，对施工测量的精度要求也高。为确保施工测量符合精度要求，应事先认真研究和制订测量方案，拟定出各种误差控制和检核措施，所用的测量仪器应符合精度要求，并按规定认真检校。

第四节　工业厂房施工测量

一、编制厂房矩形控制网测设方案

工业建筑同民用建筑一样，在施工测量之前，首先必须做好测设前的准备工作，如熟悉设计图纸、现场踏勘等，然后结合施工进度计划，制订出测设方案，并绘制测设草图。

厂房矩形控制网的放样方案，是根据厂区平面图、厂区控制网和现场地形情况等资料制订的。在确定主轴线点及矩形控制网的位置时，必须保证控制点能长期保存，且要避开地上和地下管线，并与建筑物基础开挖边线保持 1.5 ~4m 的距离。距离指示桩的间距一般等于柱子间距的整数倍，但应不超过所用钢尺的长度。如图 10-21 所示为某工业建筑厂区平面图及厂区方格网。为进行厂区内合成车间的施工，可布设如图 10-22 所示的厂房矩形控制网 P，Q，R，S 的测设草图，其 4 个角点的设计位置距离厂房轴线向外 4m，由此可计算出 4 个控制点的设计坐标，并计算出各点测设数据且标注于测设草图 10-22 上。

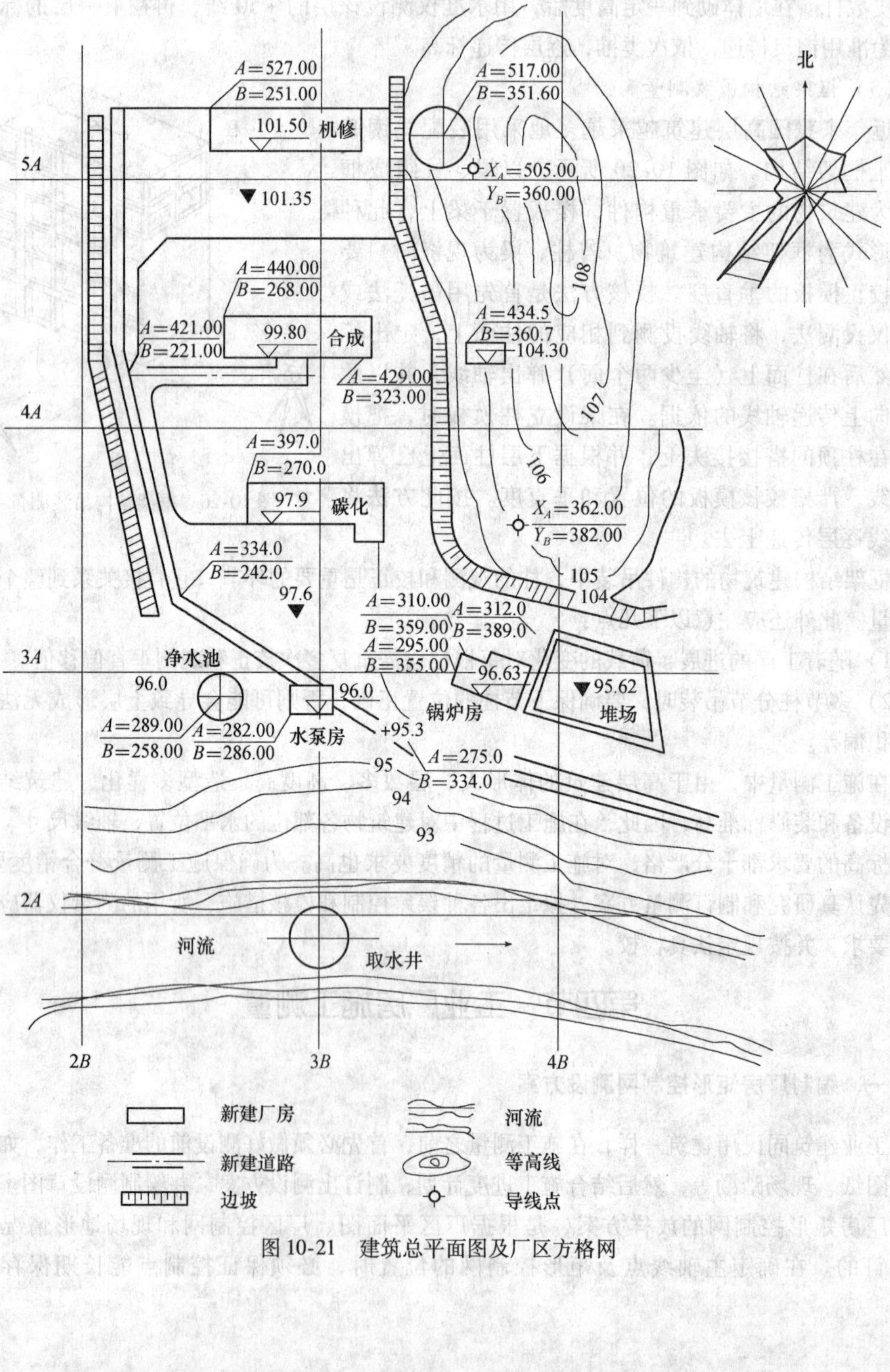

图 10-21　建筑总平面图及厂区方格网

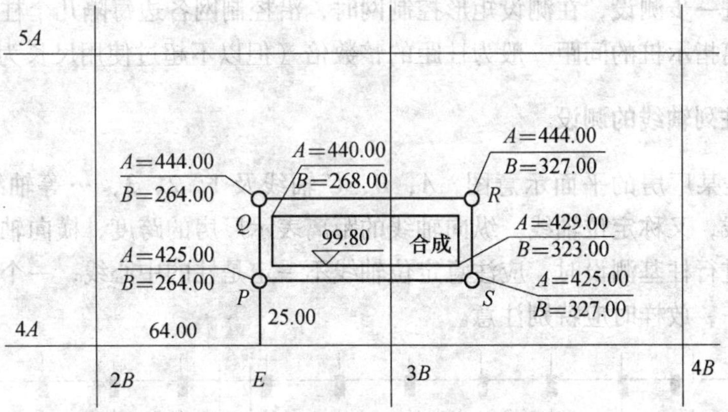

图 10-22　合成车间矩形控制网测设草图

二、厂房控制网的测设

厂区已有控制点的密度和精度往往不能满足厂房施工放样的要求，因此对于每幢厂房还应建立独立的厂房控制网，作为厂房施工测量的基本控制。厂房控制网大多为矩形状，故又称厂房矩形控制网。

对于中、小型厂房，可建立单一厂区矩形控制网，如图 10-23 所示，*A*、*B*、*C*、*D* 为矩形控制网的角点，测设方法是：首先根据厂区已有的控制点定出长边上的 *A*、*B* 两点，然后以 *AB* 边为基线再测设 *C*、*D* 两点，最后在 *C*、*D* 处安置仪器，检查角度，并丈量 *CD* 边长进行检查。

对于大型工业厂房或系统工程，首先根据厂区已有的控制点定出矩形控制网的主轴线，然后根据主轴线测设矩形控制网，如图 10-24 所示。主轴线端点应布置在开挖范围以外，并埋 1 ~ 2 个辅助点桩。测设方法是：先测设长轴 *AOB*，然后以长轴为基线测设 *COD*，并进行方向改正，使两条主轴线严格垂直，误差 ±3″ ~ ±5″。以 *O* 点为起点，精密量距法确定主轴线端点 *A*、*B*、*C*、*D* 的位置，量距精度不低于 1/30000。然后测设矩形控制网其他各点，在 *A*、*B*、*C*、*D* 分别安置经纬仪，都以 *O* 点为后视点，测设直角，交会出 *E*、*F*、*G*、*H* 角点，最后再精密丈量 *AH*、*AE*、*BG*、*BF*、*CH*、*CG*、*DE*、*DF*，精度要求与主轴线相同，若量得角点位置与角度交会定点位置不一致，则应调整。

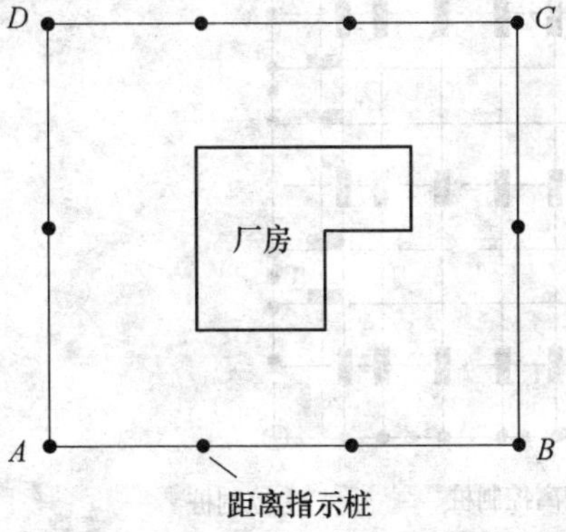

图 10-23　中小型厂房矩形控制网测设

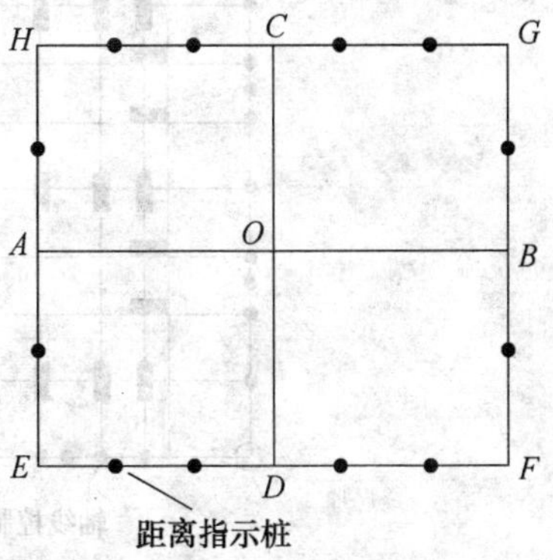

图 10-24　大型厂房矩形控制网测设

为了以后进一步测设，在测设矩形控制网时，沿控制网各边每隔几个柱子间距应设置距离指示桩，距离指示桩的间距一般为柱距的整数倍（但以不超过使用尺长为限）。

三、厂房柱列轴线的测设

图 10-25 是某厂房的平面示意图，*A*，*B*，*C* 轴线及 1，2，3，… 等轴线分别是厂房的纵、横柱列轴线，又称定位轴线。纵向轴线的距离表示厂房的跨度，横向轴线的距离表示厂房的柱距。在进行柱基测设时，应注意定位轴线不一定是柱的中心线，一个厂房的柱基类型很多，尺寸不一，放样时应特别注意。

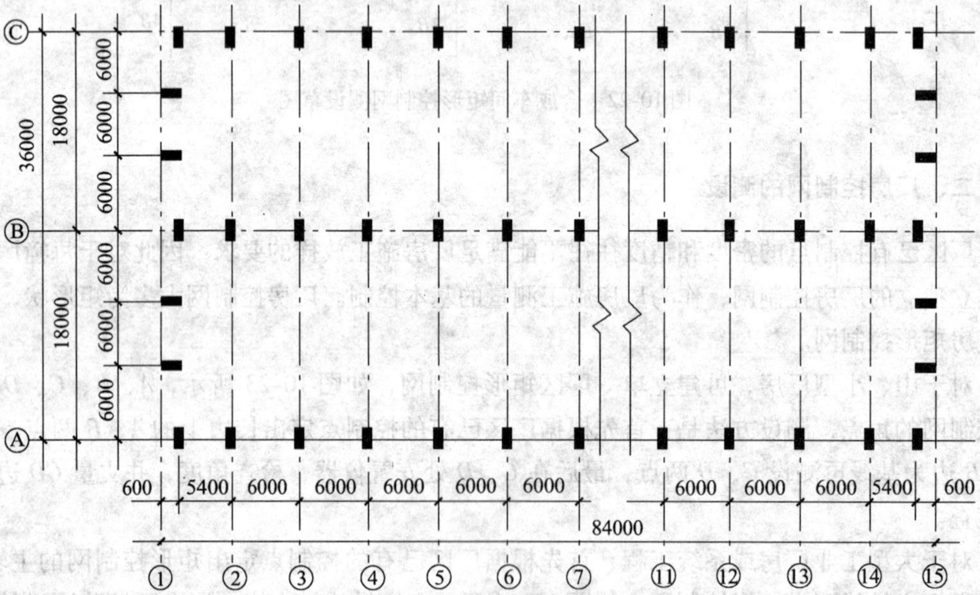

图 10-25　厂房平面示意图

在厂房控制网建立以后，即可按柱列间距和跨距用钢尺从靠近的距离指标桩量起，沿矩形控制网各边定出各柱列轴线桩的位置，并在桩顶上钉入小钉，作为桩基放线和构件安置的依据，如图 10-26 所示。

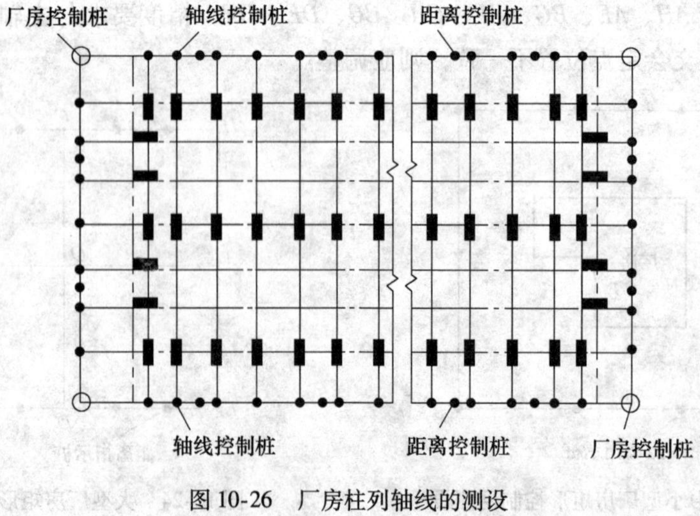

图 10-26　厂房柱列轴线的测设

四、厂房基础施工测量

1. 混凝土杯形基础施工测量

(1) 柱基定位放线

采用与测设外轮廓轴线角点桩相同的方法，依据轴线控制桩交会出各柱列轴线上柱基的中心位置。然后在离柱基开挖边线约 0.5 ~ 1.0m 处的轴线方向上定出 4 个柱基定位桩，钉上小钉标示柱轴线的中心线，供修坑立模之用，如图 10-27 所示。在桩上拉细线绳，并用特制的“T”形尺，按基础详图的尺寸和基坑放坡宽度 a，进行柱基及开挖边线的放线，用虚线标示出基坑开挖边线的实地位置，如图 10-28 所示。同法可放出全部柱基。

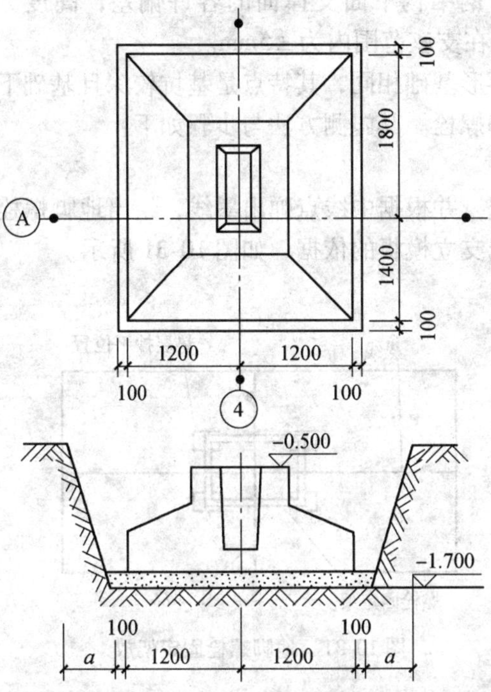

图 10-27　柱基定位

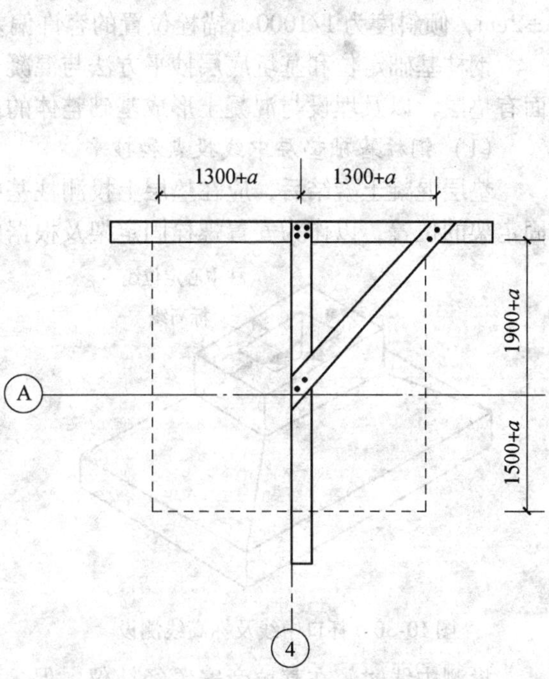

图 10-28　用“T”形尺进行柱基及开挖边线放线

(2) 基坑抄平

当基坑开挖到一定深度，快要挖到柱基设计标高（一般距基底 0.3 ~ 0.5m）时，应在基坑的四壁或者坑底边沿及中央打入水平桩和垫层标高木桩，如图 10-29 所示，并在木桩上引测同一高程的标高，以便根据标点拉线修整坑底和打垫层。其标高容许误差为 ±5mm。

图 10-29　基坑抄平测量

(3) 基础模板的定位测量

垫层打好后，根据柱基定位木桩，用拉线、吊垂球的方法在垫层上放出基础中心线，并按照柱基的设计尺寸弹墨线标出柱基位置，作为柱基立模和布置钢筋的依据。立模时其模板上口还可由坑边定位桩直接拉线，用吊垂球的方法检查模板的位置是否正确竖直。然后在模板的内壁引测基础面的设计标高，并画线标明，作为浇筑混凝土的依据。在立杯底模板时，应注意使实际浇筑的杯底顶面比原设计的标高略低 3 ~ 5cm，以便拆模后填高、修平杯底。

(4) 杯口中线投点与抄平

在柱基拆模之后，根据矩形控制网上柱子中心线端点桩，在杯口顶面投测柱中心线，并绘“▼”标志标明，以备吊装柱子时使用（图 10-30）。中线投点一般有两种方法：一种是将仪器安置在柱中心线的一个端点，照准另一个端点而将中线投到杯口上；另一种是将仪器置于中线上的适当位置，照准控制网上柱基中心线两端点，采用正倒镜法进行投点。

同时，为了修平杯底，还须在杯口内壁测设某一标高线，用“▼”标志标明，其一般比杯形基础顶面略低 10cm，且与杯底设计标高的距离为整分米数，以此来修平杯底。

2. 钢柱基础施工测量

对于钢结构柱子基础，顶面通常设计为一平面，通过锚栓将钢柱与基础连成整体。施工时应注意保证基础顶面标高及锚栓位置的准确。钢结构下面支撑面的容许偏差，高度为 ±2cm，倾斜度为 1/1000，锚栓位置的容许偏差，在支座范围内为 ±5mm。

钢柱基础定位和基坑底层抄平方法与混凝土杯形基础相同，其特点是基坑较深且基础下面有垫层，以及埋设与混凝土形成基础整体的地脚螺栓。其施测方法与步骤如下：

(1) 钢柱基础垫层中线投点和抄平

垫层混凝土凝结后，应在垫层上投测柱基中线，并根据中线点弹出墨线，绘出地脚螺栓固定架的位置，以作为安置螺栓固定架及根据中线支立模板的依据，如图 10-31 所示。

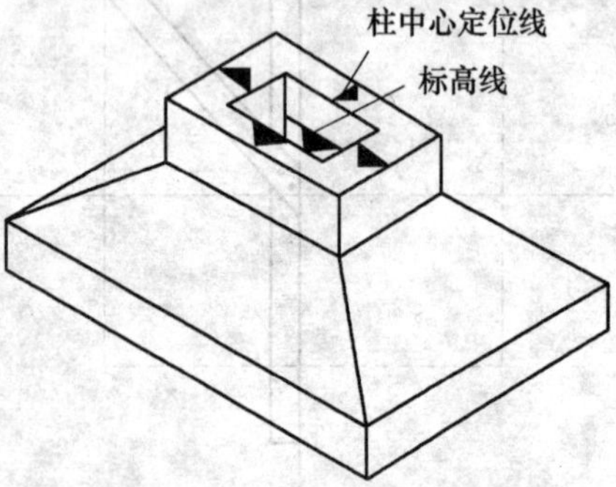

图 10-30 杯口中线及标高线测设

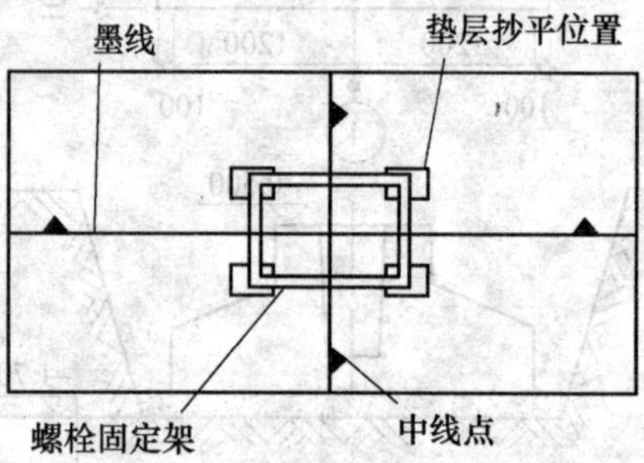

图 10-31 地脚螺栓固定架放

投测中线时，在基坑旁安置经纬仪，保证视线能看到坑底，然后照准矩形控制网基础中心线的两端点，用正倒镜法，将仪器中心导入中心线内，而后进行中线点的投点，并在垫层面上作标志。

螺栓固定架位置在垫层上绘出后，即可在固定架外框 4 个角落测设标高，以便用来检查并修平垫层混凝土面，使其符合设计标高，便于固定架的安装。如基础过深，可从地面上直接引测基础地面标高，标尺不够长时，可采用悬吊钢尺的方法测设。

(2) 地脚螺栓固定架中线投点与抄平

1) 固定架的安置

固定架一般是用钢材制作，用以锚定地脚螺栓及其他埋设件。如图 10-32 所示，根

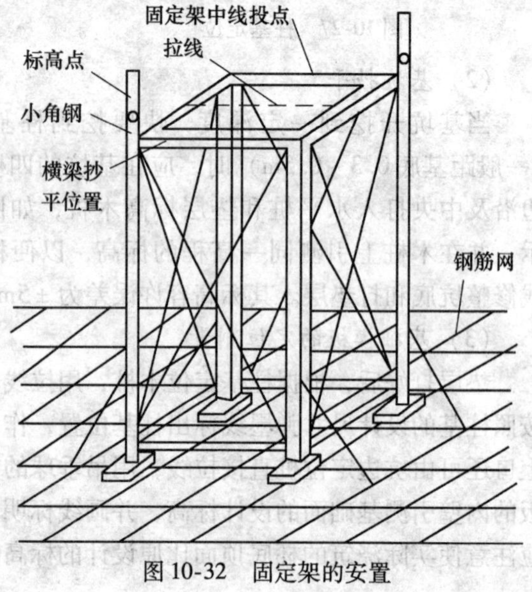

图 10-32 固定架的安置

据垫层上的中心线和所画的位置将其安置在垫层上，然后依据垫层上测定的标高点，进行地脚抄平，将高的地方的混凝土打去一些，低的地方垫以小块钢板并与底层钢网焊牢，使其符合设计标高。

2）固定架抄平

固定架安置好后，测出4根横梁的标高，以检查固定架高度是否符合要求，其容许偏差为±5mm，但不应高出设计标高。满足要求后，将固定架与底层钢筋网焊牢且加焊支撑钢筋。

3）中线投点

投点前，应对矩形控制边上的中心端点进行检查，然后根据相应两端点，将中线投测在固定架横梁上，并刻绘标志。其中线投点偏差（相对于中线端点）为±1～±2mm。

（3）地脚螺栓的安装与标高测量

根据垫层上和固定架上投测的中心点，把地脚螺栓安放在设计位置。为了测定地脚螺栓的标高，在固定架的斜对角处焊两根小角钢（图10-32），在其上引测同一数值的标高点，并刻绘标志，其高度应比地脚螺栓的设计标高稍低一些。然后在角钢上两标点处拉一细钢丝，以定出螺栓的安装高度。待螺栓安装好后，测出螺栓第一螺纹的标高。地脚螺栓的高度不应低于其设计标高，容许偏高5～25mm。

（4）支立模板与浇筑混凝土时的测量工作

钢柱基础支模阶段的测量工作与混凝土杯形基础相同。特别之处在于，在浇灌基础混凝土时，为了保证地脚螺栓位置及高度的正确，应进行看守监测，若发现其变动应立即通知施工人员及时处理。

3. 混凝土柱子基础及柱身、平台施工测量

当基础、柱身及其上面的各层平台采用现场捣制混凝土的方法进行施工时，为了配合施工，一般应进行以下施工测量工作。

（1）基础中线投点及标高测设

当基础混凝土凝固拆模后，即可根据矩形控制网边线上的柱子中心线端点桩，将中心线投测在靠近杯底的基础面上，并在露出的钢筋上测设出标高点，以供进行柱身支立模板时确定柱高及对正中心之用，如图10-33所示。

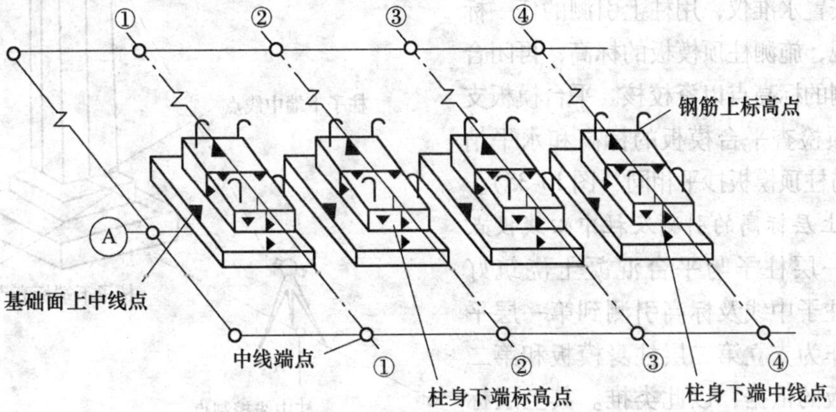

图10-33　柱基础投点及标高测量

(2) 柱身垂直度测量

柱身模板支好后，必须检查柱子的垂直度。若现场通视困难，可采用平行线投点法来检查柱子的垂直度，并将柱身模板校正。其施测过程为：先在柱子模板上端根据外框量出柱子中心点，然后将其与柱身下端中心点相连，并在模板上弹出墨线（图 10-34）。其次再根据柱中线控制桩 A，B 测设 AB 的平行线 $A'B'$，其间距一般为 1 ~ 1.5m。将仪器安置于 B'，照准 A'并在柱上由一人水平横放木尺，使其零点对正模板中心线，纵转望远镜仰视木尺，若十字丝正好对准 1m 或 1.5m 处，则柱子模板垂直，否则应将模板向左或向右移动，直至十字丝正好对准 1m 或 1.5m 处为止。

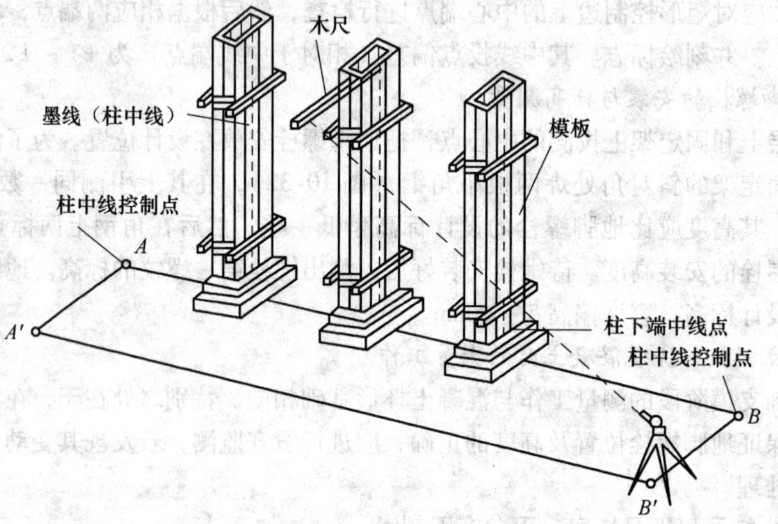

图 10-34 柱身模板校正

(3) 柱顶及平台模板抄平

柱子模板校正好后，应选择不同行、列的二三根柱子，从柱子下面已测好的标高点，用钢尺沿柱身向上量距，引测一个高程数据相同的点在柱子上端模板上。然后在平台模板上安置水准仪，用柱上引测的任一标高点作后视，施测柱顶模板的标高，再闭合于另一引测的标高点以资校核。平台模板支好后，必须检查平台模板的标高和水平情况，方法与柱顶模板抄平相同（图 10-35）。

(4) 上层标高的引测及柱中心线投点

在第一层柱子与平台混凝土浇筑好后，需将柱子中线及标高引测到第一层平台上，以作为支立第二层柱身模板和第二层平台模板的依据，以此类推。其上层标高的引测可根据柱子下端标高点用钢尺沿柱身向上量距标点得到。而上层柱顶中线

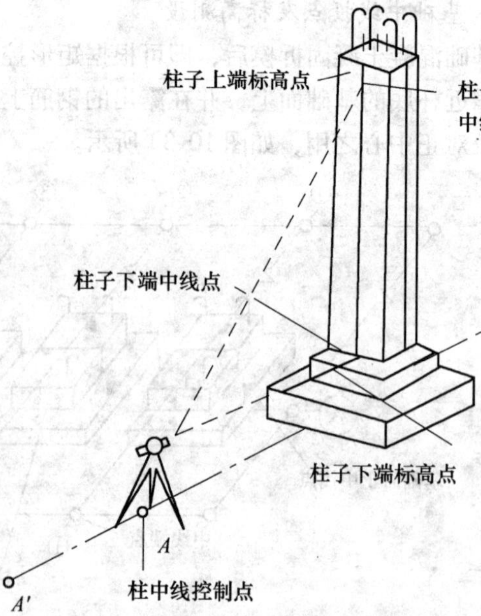

图 10-35 柱子中线及标高引测

的引测，可用经纬仪轴线投测方法进行，其方法一般是将仪器安置于柱中线控制点上，照准柱子下端的中线点，仰视向柱子上端投点，并作标记（图 10-35）。若安置位置与柱子间距过短，不便于投点时，可将中线端点 A 用正倒镜法延长至远端的 A' 点，然后安置仪器于 A' 在投点。其标高的引测偏差为 ±5mm；纵横中心线投点偏差，投点高度 5m 以内时为 ±3mm，5m 以上时为 ±5mm。

五、厂房预制构件安装测量

在装配式工业厂房的构件安装测量中，精度要求较高，特别是柱的安装就位是关键，应引起足够重视。

1. 柱的安装测量

柱的安装就位及校正，是利用柱身的中心线、标高线和相应的基础顶面中心定位线、基础内侧标高线进行对位来实现的。故在柱就位前须做好以下准备工作。

（1）柱身弹线及投测柱列轴线

如图 10-36 所示，在柱子安装之前，首先将柱子按轴线编号，并在柱身三个侧面弹出柱子的中心线，在每条中心线的上端和靠近杯口处画上“▶”标志。根据牛腿面设计标高，向下用钢尺量出 -60cm 的标高线，并画出“▼”标志，以便校正时使用。

如图 10-37 所示，在杯形基础上，由柱列轴线控制桩用经纬仪把柱列轴线投测到杯口顶面上，并弹出墨线，用红油漆画上“▶”标志，作为柱子吊装时确定轴线的依据。当柱子中心线不通过柱列轴线时，还应在杯形基础顶面四周弹出柱子中心线，仍用红油漆画上“▶”标志。同时用水准仪在杯口内壁测设一条 -60cm 标高线，并画“▼”标志，用以检查杯底标高是否符合要求。然后用 1∶2 水泥砂浆放在杯底进行找平，使牛腿面符合设计高程。

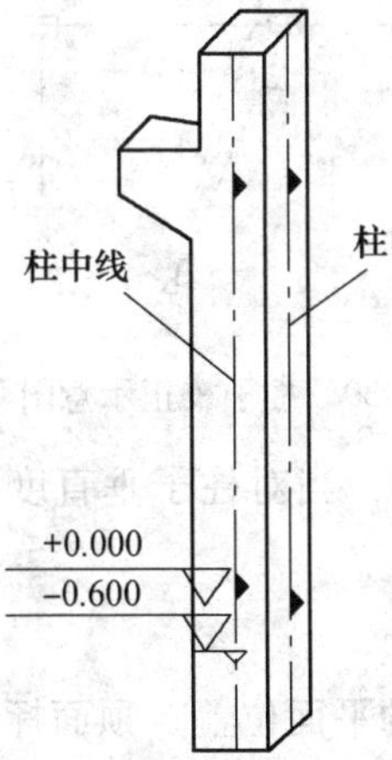

图 10-36　柱子弹线示意图

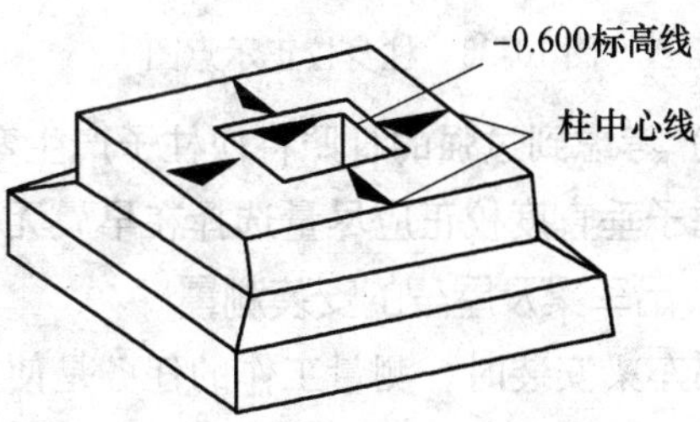

图 10-37　杯口弹线示意图

（2）柱子安装测量的基本要求

1）柱子中心线应与相应的柱列中心线一致，其允许偏差为 ±5mm。

2）牛腿顶面及柱顶面的实际标高应与设计标高一致，其允许偏差为：当柱高 ≤5m 时应不大于 ±5mm；柱高 >5m 时应不大于 ±8mm。

3）柱身垂直允许误差：当柱高 ≤5m 时应不大于 ±5mm；当柱高在 5～10m 时应不大于 ±10mm；当柱高超过 10m 时，限差为柱高的 1‰，且不超过 20mm。

2. 柱子安装时的测量工作

柱子被吊装进入杯口后，先用木楔或钢楔暂时进行固定。用铁锤敲打木楔或者钢楔，使柱脚在杯口内平移，直到柱中心线与杯口顶面中心线平齐。并用水准仪检测柱身已标定的标高线。

然后用两台经纬仪分别在相互垂直的两条柱列轴线上，相对于柱子的距离为1.5倍柱高处同时观测，如图10-38所示，进行柱子校正。观测时，将经纬仪照准柱子底部中心线上，固定照准部，逐渐向上仰望远镜，通过校正使柱身中心线与十字丝相重合。

柱子校正时的注意事项如下：

1）校正用的经纬仪事前应经过严格校正，因为校正柱子垂直度时，往往只用盘左或盘右观测，仪器误差影响很大。操作时还应注意使照准部水准管气泡严格居中。

2）柱子在两个方向的垂直度都校正好后，应再复查平面位置。看柱子下部的中心线是否仍对准基础的轴线。

3）为了提高工作效率，一般可以将经纬仪安置在轴线的一侧，与轴线成10°左右的方向线上（为保证精度，与轴线角度不得大于15°），一次可以校正几根柱子，如图10-39所示。当校正变截面柱子时，经纬仪必须放在轴线上进行校正，否则容易出现差错。

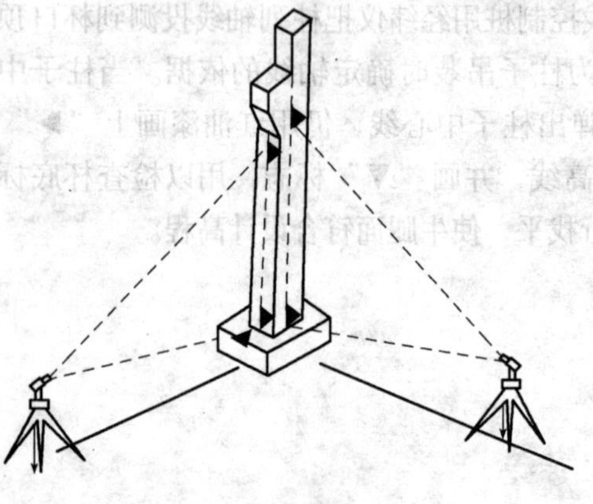

图10-38　柱身校正示意图

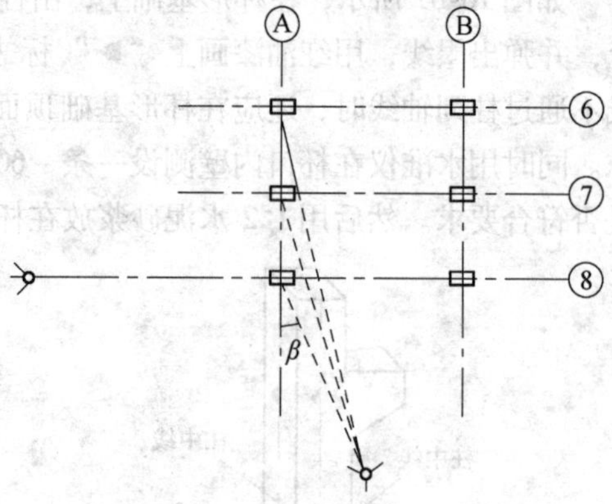

图10-39　柱子校正示意图

4）考虑到过强的日照将使柱子产生弯曲，使柱顶发生位移，当对柱子垂直度要求较高时，柱子垂直度校正应尽量选择在早晨无阳光直射或阴天时校正。

3. 吊车梁及屋架的安装测量

吊车梁安装时，测量工作的任务是使柱子牛腿上的吊车梁的平面位置、顶面标高及梁端中心线的垂直度都符合要求。屋架安装测量的主要任务同样是使其平面位置及垂直度符合要求。

（1）准备工作

首先在吊车梁顶面和两端弹出中心线，再根据柱列轴线把吊车梁中心线投测到柱子牛腿侧面上，作为吊装测量的依据。投测方法如图10-40所示，先计算出轨道中心线到厂房纵向柱列轴线的距离e，再分别根据纵向柱列轴线两端的控制桩，采用平移轴线的方法，在地面上测设出吊车轨道中心线A_1A_1和B_1B_1。将经纬仪分别安置在A_1A_1和B_1B_1一端的控制点上，严格对中、整平，照准另一端的控制点，仰视望远镜，将吊车轨道中心线投测到柱子的牛腿侧面上，并弹出墨线。

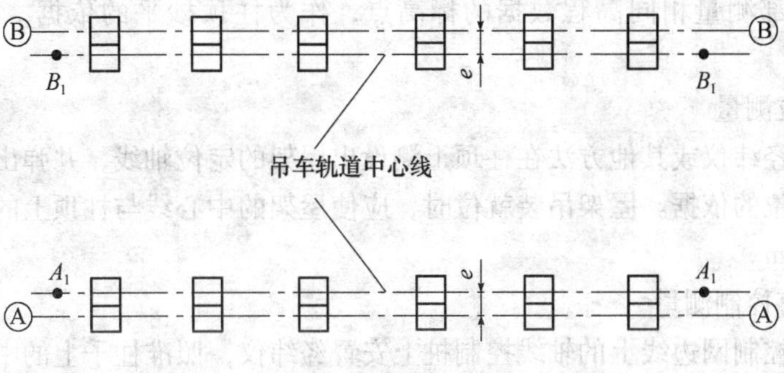

图 10-40　吊车梁中心线投测示意图

同时根据柱子 ±0.000 位置线，用钢尺沿柱侧面量出吊车梁顶面设计标高线，画出标志线作为调整吊车梁顶面标高用。

(2) 吊车梁吊装测量

如图 10-41 所示，吊装吊车梁应使其两个端面上的中心线分别与牛腿面上的梁中心线初步对齐，再用经纬仪进行校正。校正方法是根据柱列轴线用经纬仪在地面上放出一条与吊车梁中心线相平行的校正轴线，水平距离为 d。在校正轴线一端点处安置经纬仪。固定照准部，上仰望远镜，照准放置在吊车梁顶面的横放直尺，对吊车梁进行平移调整，使吊车梁中心线上任一点距校正轴线水平距离均为 d。在校正吊车梁平面位置的同时，用吊垂球的方法检查吊车梁的垂直度，不满足时在吊车梁支座处加垫块校正。

在吊车梁就位后，先根据柱面上定出的吊车梁设计标高线检查梁面的标高，并进行调整，不满足时用抹灰调整。再把水准仪安置在吊车梁上，进行精确检测实际标高，其误差应在 ±3mm 以内。

(3) 屋架的安装测量（图 10-42）

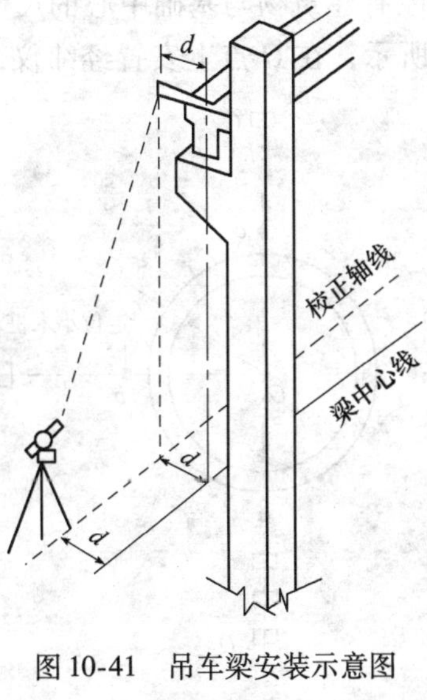

图 10-41　吊车梁安装示意图

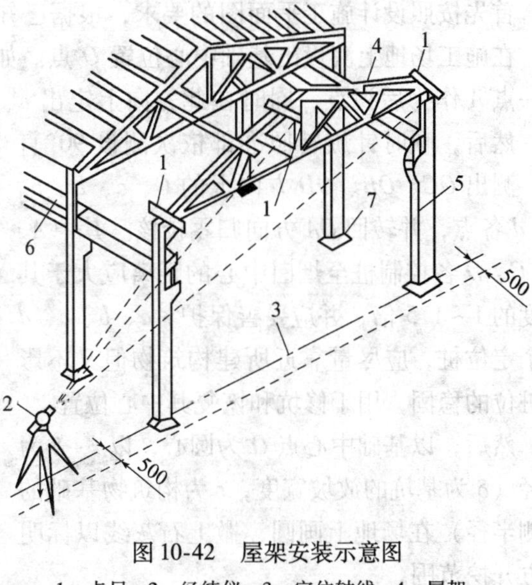

图 10-42　屋架安装示意图

1—卡尺；2—经纬仪；3—定位轴线；4—屋架；5—柱；6—吊木架；7—基础

1）柱顶抄平测量

屋架是搁在柱顶上的，安装之前，必须根据各柱面上的 ±0.000 标高线，利用水准仪或钢尺，在各柱顶部测量相同高程数据的标高点，作为柱顶抄平的依据，以保证屋架安装平齐。

2）屋架定位测量

安装前，用经纬仪或其他方法在柱顶上测设出屋架的定位轴线，并弹出屋架两端的中心线，作为屋架定位的依据。屋架吊装就位时，应使屋架的中心线与柱顶上的定位线对准，其允许偏差为 ±5mm。

3）屋架垂直控制测量

在厂房矩形控制网边线上的轴线控制桩上安置经纬仪，照准柱子上的中心线，固定照准部，然后将望远镜逐渐抬高，监测屋架的中心线是否在同一竖直面内，以此进行屋架的竖直校正。当监测屋架顶有困难时，也可在屋架上横放三把 1m 长的小木尺进行监测，其中一把安放在屋架上弦中点附近，另外两把分别安放在屋架的两端，使木尺的零刻划正对屋架的几何中心，然后在地面上距屋架中心线为 1m 处安置经纬仪，监测三把尺子的 1m 刻划是否都在仪器的竖丝上，以此即可判断屋架的垂直度。

也可用悬吊垂球的方法进行屋架垂直度的校正。屋架校至垂直后，即可将屋架用电焊固定。屋架安装的竖直容许误差为屋架高度的 1/250，但不得超过 ±15mm。

六、烟囱施工放样

烟囱是典型的高耸构筑物，其特点是基础小、筒身高、抗倾覆性能差，其对称轴通过基础圆心的铅垂线，因而施工测量的工作主要是严格控制其中心位置，确保主体竖直。按施工规范规定：筒身中心轴线垂直度偏差最大不得超过 110mm；当筒身高度 $H>100$m 时，其偏差不应超过 $0.05H\%$，烟囱圆环的直径偏差不得大于 30mm。其放样方法和步骤如下：

1. 烟囱基础施工测量

首先按照设计施工平面图的要求，根据已知控制点或原有建筑物与基础中心的尺寸关系，在施工场地上测设出基础中心位置 O 点。如图 10-43 所示，在 O 点上安置经纬仪，任选一点 A 作为后视点，同时在此方向上定出 a 点，然后，顺时针旋转照准部依次测设 90°直角，测出 OC、OB、OD 方向上的 C、c、B、b、D、d 各点，并转回 OA 方向归零校核。其中 A、B、C、D 各控制桩至烟囱中心的距离应大于其高度的 1~1.5 倍，并应妥善保护。a、b、c、d 四个定位桩，应尽量靠近所建构筑物但又不影响桩位的稳固，用于修坑和恢复其中心位置。

然后，以基础中心点 O 为圆心，以 $r+\delta$ 为半径（δ 为基坑的放坡宽度，r 为构筑物基础的外侧半径）在场地上画圆，撒上石灰线以标明土方开挖范围。

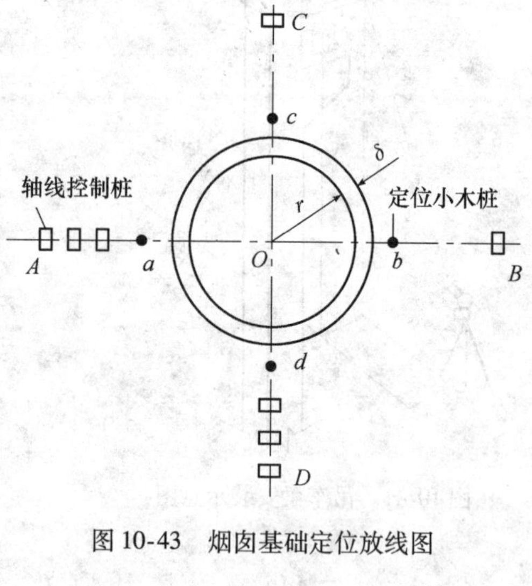

图 10-43　烟囱基础定位放线图

当基坑开挖快到设计标高时，可在基坑内

壁测设水平桩，作为检查基础深度和浇筑混凝土垫层的依据。

浇筑混凝土基础时，应在基础中心位置埋设钢筋作为标志，并在浇筑完毕后把中心点 O 精确地引测到钢筋标志上，刻上“+”字，作为筒体施工时控制筒体中心位置和筒体半径的依据。

2. 烟囱筒身施工测量

(1) 引测筒体中心线

筒体施工时，必须将构筑物中心引测到施工作业面上，以此为依据，随时检查作业面的中心是否在构筑物的中心铅垂线上。通常是每施工一个作业面高度引测一次中心线。具体引测方法是：先在施工作业面上横向设置一根控制方木和一根带有刻度的旋转尺杆，如图10-43所示，尺杆零端铰接于方木中心。方木的中心下悬挂质量为 8～12kg 的垂球。平移方木，将垂球尖对准基础面上的中心标志，如图 10-44 所示，即可检核施工作业面的偏差，并在正确位置继续进行施工。

筒体每施工 10m 左右，还应向施工作业面用经纬仪引测一次中心，对筒体进行检查。检查时，把经纬仪安置在各轴线控制桩上，瞄准各轴线相应一侧的定位小木桩 a、b、c、d，将轴线投测到施工面边上，并作标记，然后将相对的两个标记拉线，两线交点为烟囱中心线。如果有偏差，应立即进行纠正。

对高度较高的混凝土烟囱，为保证精度要求，可采用激光经纬仪进行烟囱铅垂定位。定位时将激光经纬仪安置在烟囱基础的“+”字交点上，在工作面中央处安放激光铅垂仪接收靶，每次提升工作平台前和后都应进行铅垂定位测量，并及时调整偏差。

(2) 筒体外壁收坡的控制

为了保证筒身收坡符合设计要求，除了用尺杆画圆控制外，还应随时用靠尺板来检查。靠尺形状如图 10-45 所示，两侧的斜边是严格按照设计要求的筒壁收坡系数制作的。在使用过程中，把斜边紧靠在筒体外侧，如筒体的收坡符合要求，则垂球线正好通过下端的缺口。如收坡控制不好，可通过坡度尺上小木尺读数反映其偏差大小，以便使筒体收坡及时得到控制。

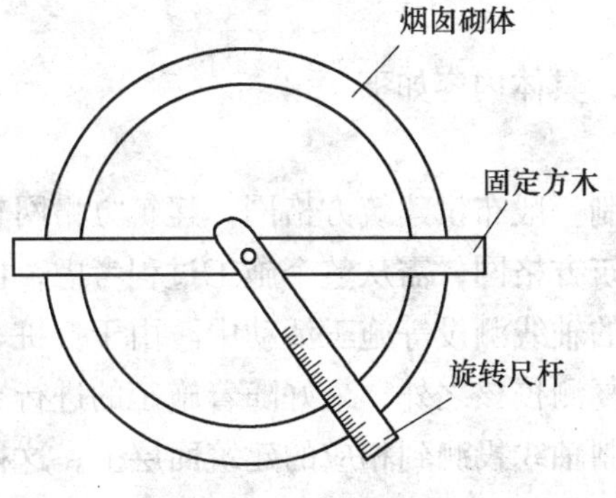

图 10-44　旋转尺杆

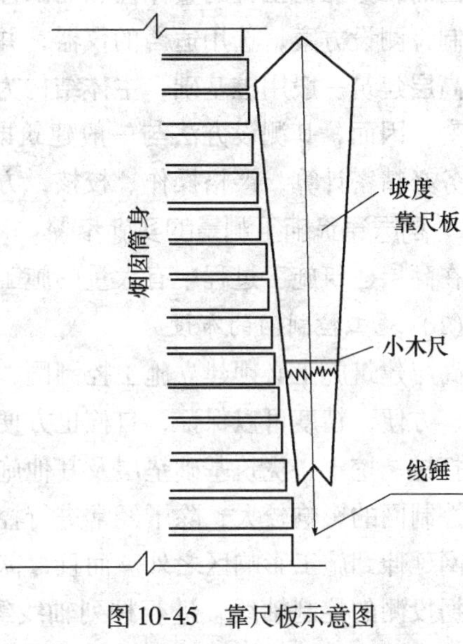

图 10-45　靠尺板示意图

在筒体施工的同时，还应检查筒体砌筑到某一高度时的设计半径。如图 10-46 所示，某高度的设计半径 $r_{H'}$ 可由图示计算求得。

$$r_{H'} = R - H'm$$

式中 R——筒体底面外侧设计半径；

m——筒体的收坡系数。

收坡系数的计算公式为：

$$m = \frac{R - r}{H}$$

式中 r——筒体顶面外侧设计半径；

H——筒体的设计高度。

(3) 筒体的标高控制

筒体的标高控制是用水准仪在筒壁上测出 +0.500m（或任意整分米）的标高控制线，然后以此线为准用钢尺量取筒体的高度。

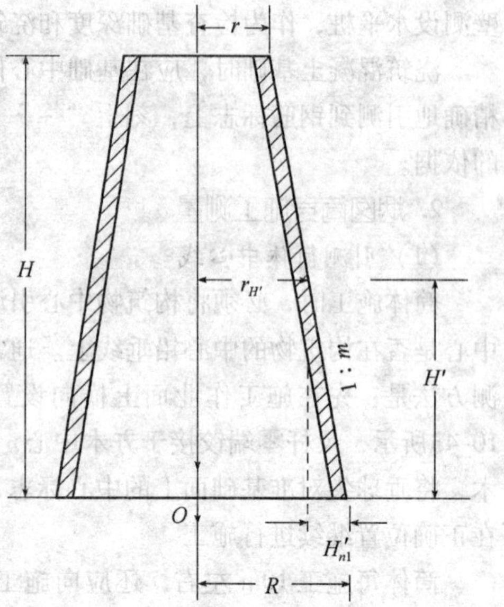

图 10-46　筒体中心线引测示意图

第五节　高层建筑施工测量

1. 高层建筑施工测量的特点

由于高层建筑的层数多、高度高、结构复杂、设备及装修标准高，特别是高速电梯的安装要求最高，因此，在施工过程中对建筑各部位的水平位置、垂直度及轴线位置尺寸、标高等的测设精度要求均十分严格。总体的建筑限差有严格的规定，对质量检测的允许偏差也有严格要求。如层间标高测量偏差和竖向测量偏差均要求不超过 ±3mm，建筑全高 H 测量偏差和竖向偏差不应超过 $3H/10000$，且 $30\text{m} < H \leqslant 60\text{m}$ 时，不应超过 ±10mm；$60\text{m} < H \leqslant 90\text{m}$ 时，不应超过 ±15mm；$H > 90\text{m}$ 时，不应超过 ±20mm。

另外，由于高层建筑工程量大，且多设地下工程，分期施工，工期长，施工现场变化大，因而，为保证工程的整体性和局部性施工的精度，进行高层建筑施工测量之前，必须谨慎地制订测设方案，选用适当的仪器，并拟出各种控制和检测的措施以确保放样精度。

高层建筑一般用桩基础，主体结构为现浇框架结构工程，而且平面、立面造型新颖又复杂多变，因而，其测设方法与一般建筑既有相似之处，又有独特的地方。按测设方案实施时，务必精密计算，严格操作、校核，方可保证测设质量达到规定的建筑限差要求。

2. 高层建筑施工测量的实施步骤

在高层建筑施工过程中有大量的施工测量工作，具体内容如下。

(1) 施工控制网的布设

高层建筑施工必须建立施工控制网，其平面控制一般布设建筑方格网，建筑方格网较为实用、方便，精度可以保证，自检也方便。布设建筑方格网，需从整个施工过程考虑，以应用于打桩、挖土、浇筑基础垫层及其他施工工序中的轴线测设等施工活动中。由于打桩、挖土对控制网的影响较大，除了经常进行控制网点的复测校核之外，最好随着施工的进行，将控制网延伸到施工影响区之外。而且，需及时将控制轴线投测到相应的建筑面层上，这样便可根据投测的控制轴线，进行柱列轴线等细部放样，以用于绑扎钢筋、立模板和浇筑混凝土。为了将高层建筑的空间位置测设到实地，同时为了简化设计点位的坐标计算，便于在现场进行细部放样，布设的控制网轴线应严格平行于建筑物的主轴线或道路的中心线，且必须与建筑总平面图相配合，以便在施工过程中能够保存最多数量的方格控制点。

建筑方格网的实施流程，与一般建筑场地上控制网的实施过程一样，首先在建筑总平面图上设计，然后依据高等级测图点将其测设到现场，最后进行校核调整，以确保精度。

高层建筑施工中，高程的测设工作量在整个测量工作中占的比例很大，且是施工测量中的重要部分。正确而周密地在现场布置好水准高程控制点，能在很大程度上使立面布置、管道敷设和建筑施工得以顺利进行。施工场地上的高程控制需达到施工的质量要求，其高程控制点必须与国家水准点或城市水准点联测，场区的外部水准点高程系应与城市水准点的高程系统一，因为要由城市向建筑场区敷设许多管道和电缆等。

一般施工场区的高程控制用三、四等水准测量方法进行施测，且应把建筑方格网的方格点纳入到高程系中，以保证高程控制点密度，满足工程建设高程测设工作所需。所建网型为附合水准或闭合水准。

(2) 高层建（构）筑物主要轴线的定位和放线

软土地基区的高层建筑的基础常用桩基，桩基础的作用在于将上部建筑结构的荷载传递到深处承载力较大的持力层中，分为预制桩和灌注桩两种，一般采用钢管桩或钢筋混凝土方桩。高层建筑基础的特点是：基坑较深，且位于市区，施工场地不宽畅；建筑定位大都是根据建筑方格网或建筑红线进行。由于高层建筑的上部荷载主要由桩承受，所以对桩位的定位精度要求较高，一般规定，根据建筑物主轴线测设桩基和板桩轴线位置的允许偏差为20mm，对单排桩则为10mm。沿轴线测设桩位时，纵向（沿轴线方向）偏差不宜大于3cm，横向偏差不宜大于2cm。位于群桩外周边上的桩，测设偏差不得大于桩径或桩边长（方形桩）的1/10；桩群中间的桩不大于桩径或边长的1/5。故在定桩位时须依据建筑施工控制网，先定出控制轴线，再按设计的桩位图标示尺寸逐一定出桩位，实地控制轴线测设好后，务必进行校核，检查无误后，方可进行桩位的测设工作。

施工控制网一般都确定一条或两条主轴线。因此，在建筑物放样时，按照建筑物柱列线或轮廓线与主控制轴线的关系，依据场地上的控制轴线逐一定出建筑物的轮廓线。对于目前一些几何图形复杂的建筑物，可以使用全站仪进行建筑物的定位。具体做法是：通过图纸将设计要素如轮廓坐标、曲线半径、圆心坐标及施工控制网点的坐标等识读清楚，并计算各自的测设要素，然后在控制点上安置全站仪建立测站，按极坐标法完成各点的实地测设。将所有建筑物轮廓点定出后，再行检查是否满足设计要求。

总之，根据施工场地的具体条件和建筑物几何图形的繁简情况，可以选择最合适的方法完成高层建筑物的轴线定位。

轴线定位之后，即可依据轴线来测设各桩位或柱列轴线上的桩位。桩的排列随着建筑物形状、基础结构的不同而异。最简单的排列是格网形状，此时只要根据轴线，精确地测设出格网的4个角点，进行加密即可测设出其他各桩位。有的基础则是由若干个承台和基础梁连接而成。承台下面是群桩，基础梁下面有的是单排桩，有的是双排桩，承台下的群桩的排列，有时也会不同。测设时一般是按照“先整体、后局部，先外廓、后内部”的顺序进行。

测设出的桩位均用小木桩标示其位置，且应在木桩上用中心钉标示桩的中心位置，以供校核。其校核方法一般是：根据轴线，重新在桩顶上测设出桩的设计位置，并用油漆标明，然后量出桩中心与设计位置的纵、横向两个偏差分量 δ_x，δ_y。若其偏差值在允许范围内，即可进行下一工序的施工。

桩的平面位置测设好后，即可进行桩的灌注施工，此时需进行桩的灌入深度的测设。一般是根据施工场地上已测设的 ±0.000 标高，测定桩位的地面标高，依据桩顶设计标高、设计桩长，计算出各桩应灌入的深度，进行测设。同时可用经纬仪控制桩的铅垂度。

（3）高层建筑物的轴线投测

当完成建筑物的基础工程后，为保证在后期各层的施工中其相应轴线能处于同一竖直面内，应进行建筑物各轴线的投测。进行轴线投测前，为保证投测精度，首先需向基础平面引测各轴线控制点。因为，在采用流水作业法施工中，当第一层柱子施工好后，马上开始围护墙的砌筑，这样原有建立的轴线控制标桩与基础之间的通视即被阻断。因而，为了轴线投测的需要，必须在基础面上直接标定出各轴线标志。

当施工场地比较宽阔时，可采用经纬仪引桩投测法（又称外控法）进行轴线的投测。按此方法分别在建筑物纵轴、横轴线控制桩（或轴线引桩）上安置经纬仪（或全站仪），就可将建筑物的主轴线点投测到同一层楼面上，各轴线投测点的连线就是该层楼面上的主轴线，据此再依据该楼层的平面图中的尺寸测设出层面上的其他轴线。最后进行检测，确保投测精度。

当在建筑物密集的建筑区，施工场地狭小，无法在建筑物轴线以外位置安置仪器时，多采用内控法。施测时必须先在建筑物基础面上测设室内轴线控制点，然后利用垂准线原理将各轴线点向建筑物上部各层进行投测，作为各层轴线测设的依据。

首先，在基础平面上利用地面上测设的轴线控制桩测设主轴线，然后选择适当位置测设出与建筑物主轴线平行的辅助轴线，并建立室内辅助轴线的控制点。室内轴线控制点的布置视建筑物的平面形状而定，对一般平面形状不复杂的建筑物，可布设成“L”形或矩形。内控点应设在角点的柱子附近，各控点连线与柱子设计轴线平行，间距约为0.5~0.8m，且应选择在能保持垂直通视（不受梁等构件的影响）和水平通视（不受柱子等影响）的位置。内控点的测设，应在基础工程完成后进行，先根据建筑物施工控制网点，校测建筑轴线控制桩的桩位，看其是否移位变动，若无变化，依据轴线控制桩点，将轴线内控点测设到基础平面上，并埋设标志。一般是预埋一块小铁皮，上面划十字丝，交点上冲一小孔，作为轴线投测的依据。为了将基础层上的轴线点投测到各层楼面上，在内控点的垂直方向上的各层楼面预留约 300mm × 300mm 的传递孔（也叫垂准孔），并在孔周围用砂浆做成 20mm 高的防水斜坡，以防投点时施工用水通过此孔流落到下方的仪器上。其投测仪器现在为激光铅垂仪。

激光铅垂仪是一种供铅垂定位的专用仪器，适用于高层建筑、水塔、烟囱等工程施工中的铅直定位测量，主要进行铅垂线的轴线点位传递。仪器使用方便、铅垂定位精度高、速度快。仪器上装有上、下两只半导体激光器，可用来上、下对点进行点位传递。其中，下激光器利用下对点系统用激光束对准底面基准点，快速直观，然后利用上激光器通过上垂准望远镜发射激光以向上投点，完成点位的向上传递（也可以向下投点完成轴线点的向下传递）。如图 10-47 所示，投测时，安置仪器于测站点（底层轴线内控点上），进行对中、整平，在对中时，打开对点激光开关，使激光束聚焦在测站基准点上；然后调整三脚架的高度，使圆水准气泡居中，以完成仪器对中操作；再利用脚螺旋调置水准管，使其在任何方向都居中，以完成仪器的整平；最终进行检查以确认仪器严格对中、整平，此时可将对点激光器关闭。同时在上层传递孔处放置网格激光靶，对其照准，打开垂准激光开关，会有一束激光从望远镜物镜中射出，并聚焦在靶上，激光光斑中心处的读数即为投测的监测值。这样即将基础底层内控点的位置投测到上层楼面，然后依据内控点与轴线点的间距，在楼层面上测设出轴线点，并将各轴线点依次相连即为建筑物主轴线，再根据主轴线在楼面上测设其他轴线，完成轴线的传递工作。按同法逐层上传，但应注意，轴线投测时，要控制并检校轴线向上投测的竖直偏差值在本层内不得超过 ± 5mm，整栋楼的累积偏差不超过 ±20mm。同时还应用钢尺精确测量投测的轴线点之间的距离，并与设计的轴线间距相比较，其相对误差对高层建筑而言不得低于 1/10000。否则，必须重新投测，直至达到精度要求。图10-47（a）、图 10-47（b）为向上投点，图 10-47（c）为向下投点。

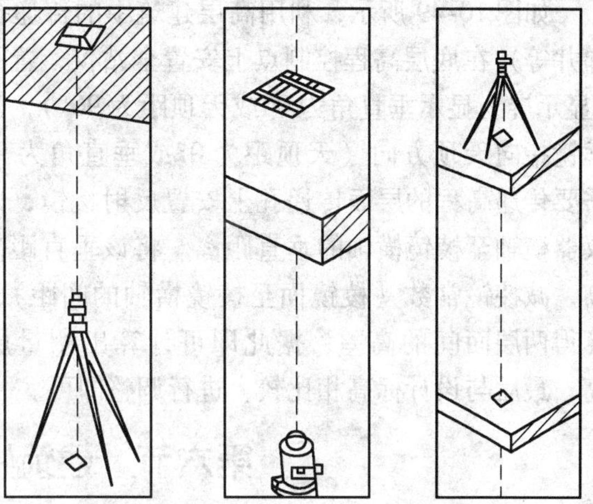

图 10-47　内控法轴线投测

（a）、（b）向上投点；（c）向下投点

（4）高层建筑物的高程传递

高层建筑施工中，要由下层楼面向上层传递高程，以使上层楼板、门窗、室内装修等工程的标高符合设计要求，楼面标高误差不得超过 ± 10mm。传递高程的方法有以下几种。

1）利用皮数杆传递高程

皮数杆上自 ±0.000 标高线起，门窗、楼板、过梁等构件的标高都已标明。一层楼砌筑好后，则可从一层皮数杆一层一层往上接，这样就可以把标高传递到各楼层。在接杆时要注意检查下层杆位置是否正确。

2）利用钢尺直接测量

若标高精度要求较高，可用钢尺沿某一墙角自 ±0.000 标高处起直接测量，把高程传递上去。然后根据下面传递上来的高程立皮数杆，作为该层墙身砌筑和安装门窗、过梁及室内装修、地坪抹灰时控制标高的依据。

3）悬吊钢尺法（水准仪高程传递法）

根据高层建筑物的具体情况也可用水准仪高程传递法进行高程传递，不过此时需用钢尺代替水准尺作为数据读取的工具，从下向上传递高程。如图 10-48 所示，由地面已知高程点 A 向建筑物楼面 B 传递高程，先从楼面上（或楼梯间）悬挂一支钢尺，钢尺下端挂重锤。监测时，为了使钢尺稳定，可将重锤浸于一盛满油的容器中，然后在地面及楼面上各安置一台水准仪，按水准测量方法同时读取 a_1，b_1 及 a_2 读

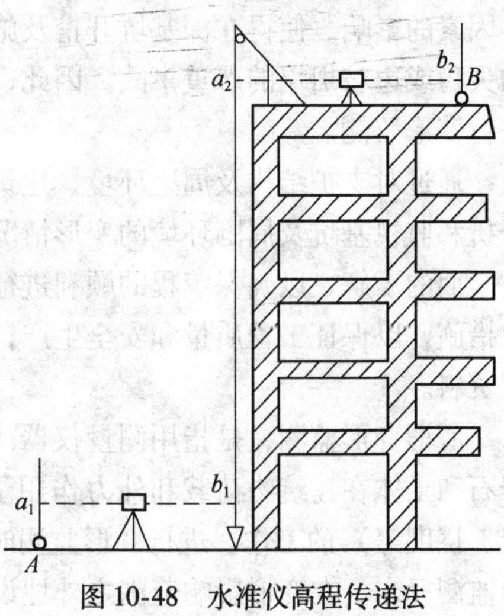

图 10-48　水准仪高程传递法

数，则可计算出楼面 B 上设计标高为 H_B 的测设数据 $b_2 = H_A + a_1 - b_1 + a_2 - H_B$，据此可按照测设已知高程的测设方法测设出楼面 B 的标高位置。

4）全站仪天顶测高法

如图 10-49 所示，利用高层建筑中的传递孔（或电梯井等）在底层高程控制点上安置全站仪，置平望远镜（显示屏上显示垂直角为 0°或天顶距为 90°），然后将望远镜指向天顶方向（天顶距为 0°或垂直角为 90°），在需要传递高程的层面传递孔上安置反射棱镜，即可测得仪器横轴至棱镜横轴的垂直距离。将该垂直距离加仪器高，减棱镜常数（棱镜面至棱镜横轴的间距），就可以算得两层面间的高差，据此即可计算出测量层面的标高，最后与设计标高相比较，进行调整即可。

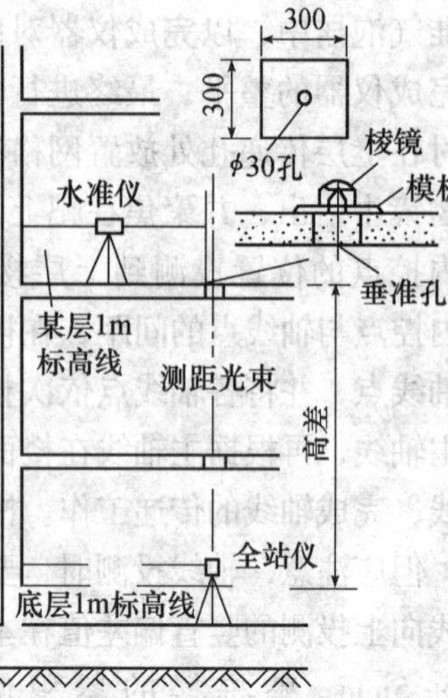

图 10-49　全站仪测距法传递高程

第六节　建筑物的变形观测

一、变形监测概述

1. 变形监测的意义和特点

建筑物在施工过程和使用期间，因受地基的工程地质条件、地基处理方法、建（构）筑物上部结构的荷载等多种因素的综合影响，将引起基础及其四周地层发生变形，而建筑物本身因基础变形及其外部荷载与内部应力的作用，也要发生变形。这种变形在一定的范围内，可视为正常现象，但超出某一限度就会影响建筑物的正常使用，会对建筑物的安全产生严重影响，或使建筑物发生不均匀沉降而导致倾斜，或造成建筑物开裂，甚至造成建筑物整体坍塌。因此，为了建筑物的安全使用，研究变形的原因和规律，在建筑物的设计、施工和运营管理期间具有重要意义。

另外，在建筑物密集的城市修建高层建筑、地下车库时，往往要在狭窄的场地上进行深基坑的垂直开挖，这就需要采用支护结构对基坑边坡土体进行支护。由于施工中许多难以预料因素的影响，使得在深基坑开挖及施工过程中，可能产生边坡土体较大变形，造成支护结构失稳或边坡坍塌的严重事故。因此，在深基坑开挖和施工中，也应对支护结构和周边环境进行变形监测。

通过对支护结构及周边环境、建筑物实施变形监测，可得到相对应的变形数据，因而可分析和监视基坑及周围环境的变形情况，才能对基坑工程的安全性和对周围环境的影响程度有全面的了解，以确保工程的顺利进行。当发现有异常变形时，可以及时分析原因，采取有效措施，以保证工程质量和安全生产，同时也为以后进行建筑物结构和地基基础合理设计积累资料。

所谓变形监测，是指用测量仪器或专用仪器测定建（构）筑物及其地基或一定范围内岩石和土体在建筑物荷载和外力作用下随时间变形（包括垂直位移、水平位移、倾斜、裂缝、挠度等）的工作。进行变形监测时，一般在建筑物或基础支护结构的特征部位埋设变形监测标志，在变形影响范围之外埋设测量基准点，定期测量监测标志相对于基准点的变形量，并从历次监测结果的比较中了解变形随时间变化的情况。其特点是：通过对变形体的动态监测，获得精确的监测数据，并对监测数据进行综合分析，及时对基坑或建筑物施工过程中的异常变形可能造成的危害作出预报，以便采取必要的技术措施，避免造成严重后果。

2. 建筑物变形监测的内容及技术要求

（1）变形监测的内容

深基坑施工中，变形监测的内容包括：支护结构顶部的水平位移监测；支护结构的垂直位移监测；支护结构倾斜监测；邻近建筑物、道路、地下管网设施的垂直位移、倾斜、裂缝监测等。

在建筑物主体结构施工中，监测的主要内容是建筑物的垂直位移、倾斜、挠度和裂缝监测。

变形监测要求及时对监测数据进行分析判断，对深基坑和建筑物的变形趋势作出评价，起到指导安全施工和实现信息施工的重要作用。

（2）变形监测等级及精度要求

变形监测的精度要求取决于该建筑物设计的允许变形值的大小和进行变形监测的目的。若监测的目的是为了使变形值不超过某一允许值从而确保建筑物的安全，则监测的中误差应小于允许变形值的1/20～1/10；若监测的目的是为了研究其变形过程及规律，则中误差应比允许变形值小得多。依据规范，对建筑物进行变形监测应能反映1～2mm的沉降量。建筑变形测量的等级划分及其精度要求见表10-4。

表10-4　建筑变形测量的级别、精度指标及其适用范围

变形测量级别	沉降观测 观测点测站高差中误差/mm	位移观测 观测点坐标中误差/mm	主要适用范围
特级	±0.05	±0.3	特高精度要求的特种精密工程的变形测量
一级	±0.15	±1.0	地基基础设计为甲级的建筑的变形测量；重要的古建筑和特大型市政桥梁等变形测量等
二级	±0.50	±3.0	地基基础设计为甲、乙级的建筑的变形测量；场地滑坡测量；重要管线的变形测量；地下工程施工及运营中变形测量；大型市政桥梁变形测量等
三级	±1.5	±10.0	地基基础设计为乙、丙级的建筑的变形测量；地表、道路及一般管线的变形测量；中小型市政桥梁变形测量等

监测的周期取决于变形值的大小和变形速度，以及监测的目的。通常监测的次数应既能反映出变化的过程，又不遗漏变化的时刻。在施工阶段，监测频率应大些，一般有3天、7天、半个月3种周期；到了竣工营运阶段，频率可小一些，一般有1个月、2个月、3个月、半年及一年等不同的周期。除了系统的周期监测以外，有时还应进行紧急监测。

二、建筑物及深基坑垂直位移监测

建筑物及深基坑的垂直位移监测是采用精密水准测量的方法进行的，为此应建立高精度的水准测量控制网。其具体做法是：在建筑物的外围布设一条闭合水准环形路线，再由水准环中的固定点测定各测点的标高，这样每隔一定周期进行一次精密水准测量，将测量的外业成果进行严密平差，求出各水准点和沉降监测点的高程（最或然值）。某一沉降监测点的沉降量即为首次监测求得的高程与该次复测后求得的高程之差。

1. 水准基点的布设及高精度水准网的建立

水准基点是固定不动且作为沉降监测高程基点的水准点。它是监测建筑物地基及深基坑变形的基准，一般设置3个水准点构成一组，在每组3个水准点的中心位置设置固定测站，测定3点间的高差，用以判断水准基点的高程本身有无变动。在布设时必须考虑下列因素：

1）根据监测精度的要求，应布置成网形最合理、测站数最少的监测环路。如图10-50所示为某建筑场区水准网的布设。

2）在整个水准网里，应有4个埋设深度足够的水准基点作为高程起算点，其余的可埋设一般地下水准点或墙上水准点。施测时可选择一些稳定性较好的沉降点，作为水准线路基点与水准网统一监测和平差。因为施测时不可能将所有的沉降点均纳入水准线路内，大部分沉降点只能采用安置一次仪器直接测定，因为转站会影响成果精度，所以，选择一些沉降点作为水准基点极为重要。

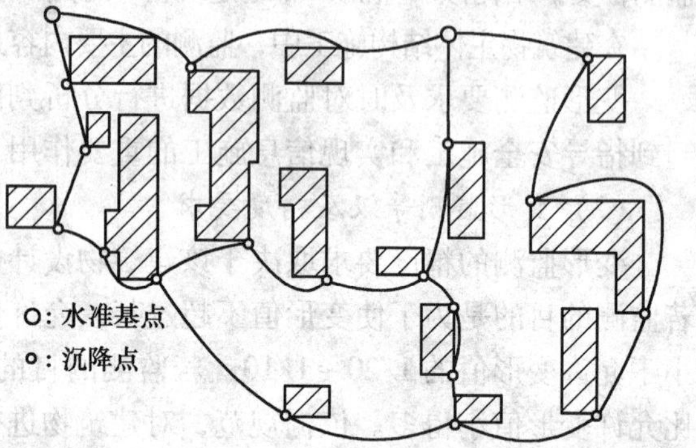

图10-50　水准网的布设

3）水准基点应根据建筑场区的现场情况，设置在较明显而且通视良好、安全的地方，且要求便于进行联测。

4）水准基点应布设在拟监测的建筑物之间，距离一般为20～40m，一般工业与民用建筑物应不小于15m，较大型并略有振动的工业建筑物应不小于25m，高层建筑物应不小于30m。总之，应埋设在建筑物变形影响范围之外、不受施工影响的地方。

5）监测单独建筑物时，至少布设3个水准基点，对建筑面积大于5000m^{2}或高层建筑，则应适当增加水准基点的个数。

6）一般水准基点应埋设在冻土线以下0.5m处，设在墙上的水准基点应埋在永久性建筑物上，且离开地面高度约为0.5m。

7）水准基点的标志构造，必须根据埋设地区的地质条件、气候情况及工程的重要程度进行设计。对于一般建筑物及深基坑沉降监测，可参照水准测量规范中二、三等水准的规定进行标志设计与埋设；对于高精度的变形监测，需设计和选择专门的水准基点标志。

2. 沉降监测点的布设

沉降监测点是设立在变形体上、能反映其变形特征的点。沉降监测布设的监测点的位置及数量，应根据建（构）筑物荷载大小、基础形式、结构特征及地质条件以及支护结构形式、基坑周边环境等因素确定。一般可根据下列几方面布设：

1）监测点应布置在深基坑及建筑物本身沉降变化较显著的地方，并要考虑到在施工期间和竣工后能顺利进行监测的地方。

2）深基坑支护结构的沉降监测点应埋设在锁口梁上，一般间距10～15m埋设一点，在支护结构的阳角处和原有建筑物离基坑很近处应加密设置监测点。

3）在建筑物四周角点、中点及内部承重墙（柱）上均需埋设监测点，并应沿房屋周长每间隔10～12m设置一个监测点，但工业厂房的每根柱子均应埋设监测点。

4）由于相邻建筑及深基坑与周边环境之间相互影响的关系，在高层和低层建筑物、新老建筑物连接处，以及在相接处的两边都应布设监测点。

5）在人工加固地基与天然地基交接和基础砌筑深度相差悬殊处，以及在相接处的两边都应布设监测点。

6）当基础形式不同时，需在结构变化位置埋设监测点。当地基土质不均匀，可压缩性土层的厚度变化不一或有暗浜等情况时需适当埋设监测点。

7）在振动中心基础上也要布设监测点，对烟囱等刚性整体基础，应不少于3个监测点。

8）当宽度大于15m的建筑物在设置内墙体的监测标志时，应设在承重墙上，并且要尽可能布置在建筑物的纵横轴线上，监测标志上方应有一定的空间，以保证测尺直立。

9）重型设备基础的四周及邻近堆置重物之处，有大面积堆荷的地方，也应布设监测点。

沉降监测点应埋设在稳固，不易被破坏，能长期保存的地方。其埋设点的标高位置，一般在室外地坪+0.500m较为适宜，但在布置时应根据建筑物层高、管道标高、室内走廊、平顶标高等情况来综合考虑。点的高度、朝向等要便于立尺和监测。同时还应注意所埋设的监测点要避开柱子间的横隔墙、外墙上的雨水管等，以免所埋设的监测点无法监测而影响监测资料的完整性。

设备基础、支护结构锁口梁上的监测点，可将直径20mm的铆钉或钢筋头（上部锉成半球状）埋设于混凝土中作为标志（图10-51）。墙体上或柱子上的监测点，可将直径20~22mm的钢筋按图10-52的形式设置。

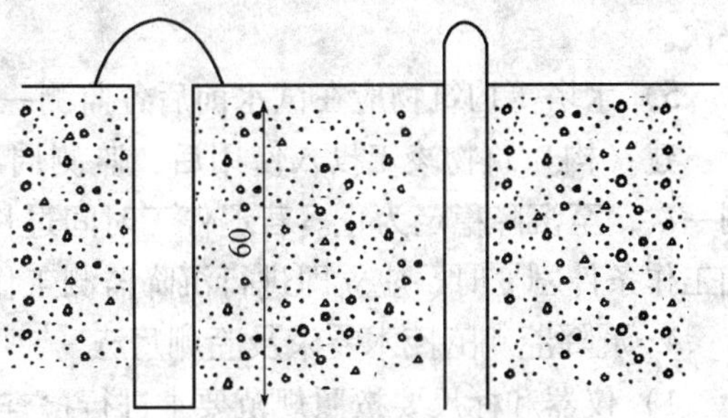

图10-51　设备基础沉降监测点的埋设

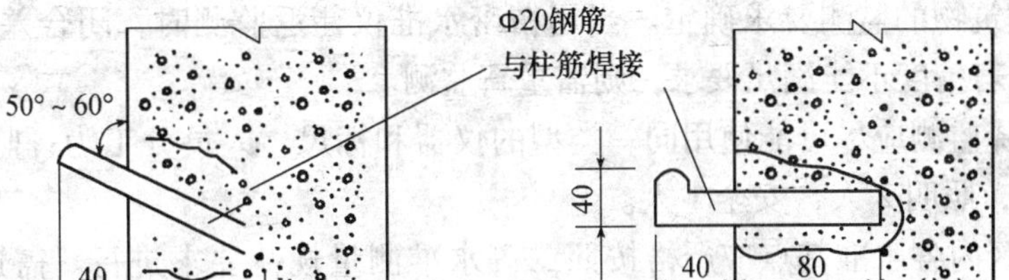

图10-52　墙体沉降监测点的埋设

在浇筑基础时，应根据沉降监测点的相应位置，埋设临时的基础监测点。若基础本身荷载很大，可能在基础施工时产生一定的沉降，即应埋设临时的垫层监测点，或基础杯口上的临时监测点，待永久监测点埋设完毕后，立即将高程引测到永久监测点上。

3. 沉降监测的周期确定

沉降监测的周期应根据建（构）筑物的特征、变形速率、监测精度和工程地质条件等因素综合考虑，并根据沉降量的变化情况适当调整。施工期间的沉降监测次数不得少于4次，以得出荷载与沉降量的关系。对沉降监测时间的安排，一般可参照下面几点进行确定：

1）深基坑开挖时，锁口梁会产生较大的水平位移，沉降监测周期应较短，一般每隔1～2d监测一次；浇筑地下室底板后，可每隔3～4d监测一次，直至支护结构变形稳定为止。当出现暴雨、管涌，变形急剧增大时，要加密监测。

2）工业建筑物包括装配式钢筋混凝土结构、砖砌外墙的单层或多层的工业厂房。

①各柱上的沉降监测点在柱子安装就位固定后进行第一次监测。

②屋架、屋面板吊装完毕后监测一次。

③外墙高度在10m以下者，砌到顶时监测一次；外墙高度大于10m者当砌到10m时监测一次，以后每砌5m监测一次。

④土建工程完工时监测一次。

⑤桥式起重机试运转前后各监测一次，桥式起重机试运转时，应按最大设计负荷监测，最好将桥式起重机满载后，在每一柱边停留一段时间，再进行监测。

3）民用建筑物及其他工业建筑物主体结构施工时，每安装完毕一层楼后，应进行一次监测，结构封顶后每两个月左右监测一次，房屋完工交付使用前再监测一次。

4）楼层荷重较大的建筑物（如仓库或多层工业厂房），应在每加一次荷重前后各监测一次。

5）水塔等构筑物应在试水前后各监测一次，必要时在试水过程中根据要求进行监测。

建（构）筑物竣工投入使用后，监测周期视沉降量大小而定，一般可每3个月左右监测一次，至沉降稳定为止。若遇停工时间过长，停工期间也要适当监测。遇特殊情况，使基础工作条件剧变时，应立即进行沉降监测工作，以便掌握沉降变化，采取必要的预防措施。

4. 沉降监测的技术要求及监测方法

1）仪器和标尺要按照规范要求进行检查。水准基点要联测检查，以便保证沉降监测成果的正确性。

2）每次沉降监测工作，均需采用环形闭合方法或往返闭合方法进行检查，闭合差大小应根据不同的建筑物的监测要求确定。当用精密水准仪往返监测时，闭合差为$\pm 0.3\sqrt{n}$mm（n为测站数），若精度不能满足要求，则需重新监测。

3）每次沉降监测应尽可能使用同一类型的仪器和标尺，人员分工为：监测1人，记录1人，立尺2人，照明2人，安全1人。

4）施工场区内各水准基点应严格按照二等水准测量规范要求进行。需连续进行监测，且全部测点需连续一次测完；并需按规定的日期、方法和既定的路线、测站进行监测。

5）在建筑施工或安装重型设备期间、仓库进货阶段进行沉降监测时，必须将监测时的施工进展、进货数量、分布情况等详细记录在附注栏内，以算出各阶段作用在地基上的压力。

5. 沉降监测的成果整理

（1）整理原始监测数据记录

每次监测结束后，应检查记录中的数据和计算是否正确，精度是否合格，如果误差超限则需重新监测。然后调整闭合差，推算各监测点的高程，列入成果表中。

（2）计算沉降量

根据各监测点本次所监测高程与上次所监测高程之差，计算各监测点本次沉降量和累计沉降量，并将监测日期和荷载情况记入监测成果表。

(3) 绘制沉降曲线

为了更清楚地表示沉降量、荷载、时间三者之间的关系，还需绘制各监测点的时间与沉降量关系曲线图以及时间与荷载关系曲线图，如图 10-53 所示。

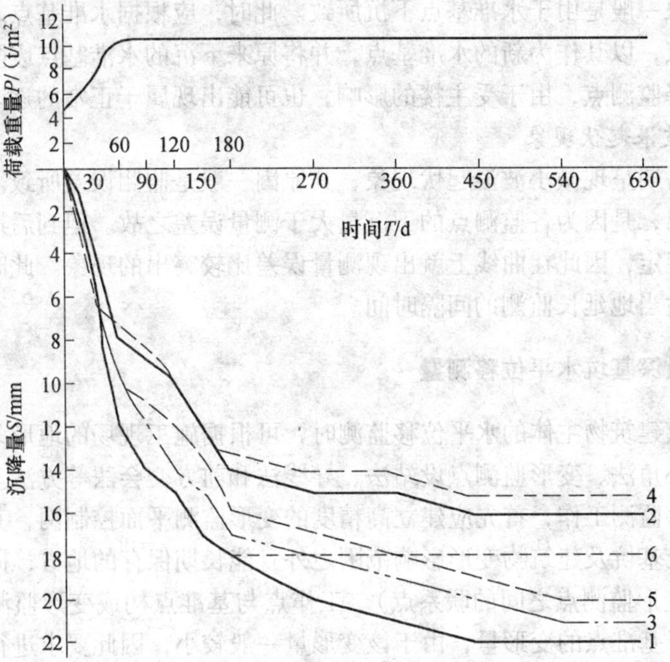

图 10-53　沉降曲线图

时间与沉降量的关系曲线是以沉降量 S 为纵轴，时间 T 为横轴，按每次监测日期和相应的沉降量的比例画出各点的位置，再将各点依次连接起来，并在曲线一端注明监测点号码。

时间与荷载的关系曲线是以荷载重量 P 为纵轴，时间 T 为横轴，根据每次监测日期和相应的荷载画出各点，然后将各点依次连接起来所形成的曲线图。

(4) 沉降监测提交的资料

1) 沉降监测（水准测量）记录手簿。

2) 沉降监测成果表。

3) 监测点位置图。

4) 沉降量、地基荷载与延续时间三者的关系曲线图。

5) 编写沉降监测分析报告。

6. 沉降监测中常遇到的问题及其处理

(1) 曲线在首次监测后即出现回升现象

在第二次监测时即发现曲线上升，至第三次后，曲线又逐渐下降。出现此种现象，一般都是由于首次监测成果存在较大误差所引起的。此时，应将首次监测成果作废，而采用第二次监测成果作为首次测量成果。

(2) 曲线在中间某点突然回升

出现此种现象，其原因多半是因为水准基点或沉降监测点被碰所致，如水准基点被压低，或沉降监测点被撬高。此时，应仔细检查水准基点和沉降监测点的外形有无损伤。如果多数沉降监测点均出现此种现象，则水准基点被压低的可能性很大，此时可改用其他水准点作为水准基点来继续监测，并另外埋设新的水准基点以替代被压低的水准基点。如果只有一个沉降监测点出现此现象，则多半是该点被撬高，此时则需另外埋设新点替代。

(3) 曲线自某点起逐渐回升

出现此种现象一般是由于水准基点下沉所致。此时，应根据水准基点之间的高差来判断最稳定的水准基点，以其作为新的水准基点，并将原来下沉的水准基点废除。但是，需注意埋在裙楼上的沉降监测点，由于受主楼的影响，也可能出现属于正常的逐渐回升的现象。

(4) 曲线的波浪起伏现象

曲线在监测后期呈现微小波浪起伏现象，其原因一般是监测误差所致。曲线在前期波浪起伏之所以不突出，是因为各监测点的下沉量大于测量误差之故。但到后期，由于建筑物下沉极微或已接近稳定，因此在曲线上就出现测量误差比较突出的现象。此时，可将波浪曲线改成水平线，并适当地延长监测的间隔时间。

三、建筑物及深基坑水平位移测量

进行深基坑及建筑物主体的水平位移监测时，可根据施工现场的地形条件，一般选用基准线法、视准线小角法、变形监测点设站法、导线法和前方交会法等方法。

实施水平位移监测工作，首先应建立高精度的变形监测平面控制网，其基准点通常埋设在稳定的基岩上或基坑及建筑物变形影响范围之外且能长期保存的地方，同时还应布设工作点（是基准点与变形监测点之间的联系点）。工作点与基准点构成变形监测的首级网，用来测量工作点相对于基准点的变形量，由于该变形量一般较小，因此要求进行高精度监测。其次，应在监测对象上埋设变形监测点，与监测对象构成一个整体。变形监测点与工作点构成变形监测的次级网，该网用来测量变形监测点相对于工作点的变形量。水平位移同沉降监测一样，也必须进行周期性的监测工作。一般来说，首级网的复测间隔时间长，但次级网复测间隔时间短，因为后者的变形量较大，经常对变形监测点进行监测，便可依据其坐标的变化量，反映出基坑或建筑物主体的空间位置的变化。

1. 基准线法

在基坑开挖或打桩过程中，常常需要对施工区周边进行水平位移监测。基准线法的原理是在与水平位移相垂直的方向上建立一个固定不动的铅垂面，测定各变形监测点相对于该铅垂面的距离变化，从而求得水平位移量。

进行深基坑监测，如图10-54所示，可在支护结构的锁口梁轴线两端基坑的外侧分别设立两个稳定的工作点 A 和 B，两工作点的连线即为基准线方向。锁口梁上的变形监测点应埋设在基准线的铅垂面上，偏离的距离不大于2cm。监测点标志可埋设16~18mm的钢筋头，顶部锉平后，划上“十”字标志，一般每8~10m设置一个变形监测点。监测时，将精密经纬仪安置于一端工作点 A 上，瞄准另一端工作点 B（即后视点），此视线方向即为基准线方向。通过量测监测点 P 偏离视线的距离，即可得到监测点水平位移偏距，通过两次偏距的比较来发现该点的水平位移量。

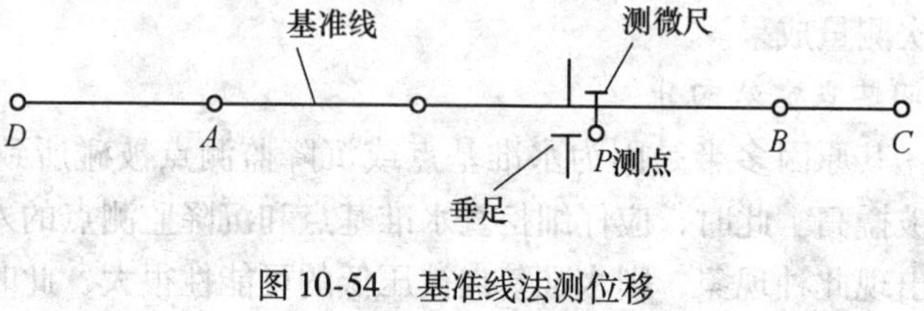

图10-54　基准线法测位移

该方法方便直观，但要求仪器架设在变形区外，并且测站与变形监测点距离不宜太远。

2. 视准线小角法

用小角法测量水平位移同基准线法相类似，也是沿基坑周边建立一条轴线（即一个固定方向），通过测量固定方向与测站至变形监测点方向的小角变化 $\Delta\beta_i$，并测得测站至变形位移点的距离 D，从而计算出监测点的位移量 $\Delta_i=(\Delta\beta_i/\rho)\ D$（式中，$\rho=206265''$）。如图 10-55 所示，将精密经纬仪安置于工作点 A，在后视点 B 和变形监测点 P 上分别安置监测觇牌，用测回法测出 $\angle BAP$。设第一次监测值为 β_1，后一次为 β_2，计算出两次角度的变化量 $\Delta\beta=\beta_2-\beta_1$，即可计算出 P 点的水平位移量 Δ_P。其位移方向根据 $\Delta\beta_i$ 的符号确定。

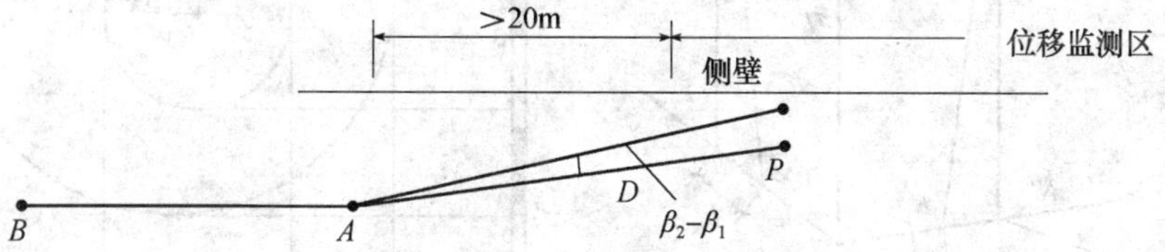

图 10-55　视准线小角法测位移

此法也要求仪器架设在变形区外，并且测站与位移监测点距离不宜太远。

3. 变形监测点设站法

此法将仪器架设在变形监测点上，通过测得测站上两端固定目标的夹角变化，就可计算出变形监测点的水平位移量 $\Delta_i=\dfrac{S_1S_2}{S_1+S_2}\times\dfrac{\Delta\beta_i}{\rho}$。

该法虽然克服了视准线小角法的缺陷，但监测时每设一站，只能测得该站本身的位移量，在有较多变形监测点时，就需架设许多站，这样就增加了外业的工作量。

建筑物水平位移监测方法与深基坑水平位移的监测方法基本相同，只是受通视条件限制，工作点、后视点和校核点一般都应设在建筑物主体的同一侧（图 10-56）。变形监测点设在建筑物上，可在墙体上用红油漆作标记“▼”，然后按前面两种方法监测。

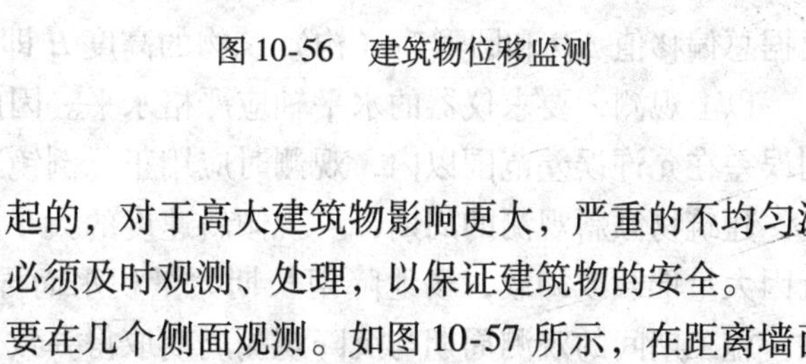

图 10-56　建筑物位移监测

四、建筑物的倾斜观测

基础不均匀的沉降是建筑物倾斜所引起的，对于高大建筑物影响更大，严重的不均匀沉降会使建筑物产生裂缝甚至倒塌。因此，必须及时观测、处理，以保证建筑物的安全。

对需要进行倾斜观测的一般建筑物，要在几个侧面观测。如图 10-57 所示，在距离墙面大于墙高的地方选一点 A，安置经纬仪，分别用正、倒镜瞄准墙顶一固定点 M，向下投影取其中点 N，并作标志。过一段时间，再用经纬仪瞄准同一点 M，向下投影得 N'点。若建筑物沿侧面方向发生倾斜，M 点已移位，则 N 与 N'点不重合，于是量得水平偏移量 a。同时，在另一侧面也可测得偏移量 b，以 H 代表建筑物的高度，则建筑物的倾斜度 i 为：

$$i=\sqrt{\frac{a^2+b^2}{H}}$$

当测定圆形建筑物，如烟囱、水塔等的倾斜度时，首先要求顶部中心 O' 点对底部中心 O 点的偏心距，如图 10-58 所示中的 OO'。其做法如下：

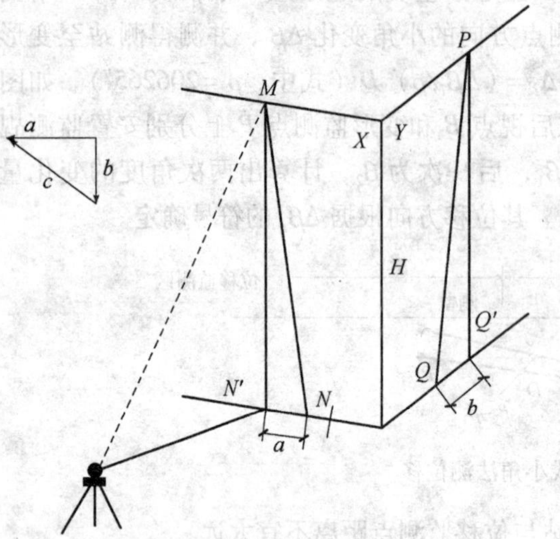

图 10-57　建筑物的倾斜观测

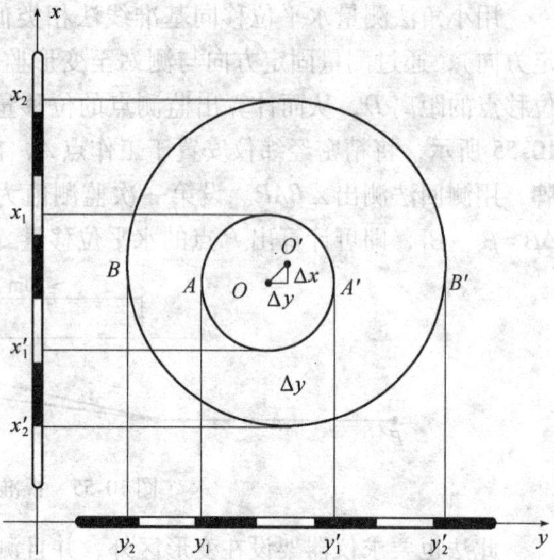

图 10-58　圆形建筑物的倾斜观测

在烟囱底部边沿平放一根标尺，在标尺的垂直平分线方向上安置经纬仪，使经纬仪距烟囱的距离不小于烟囱高度的 1.5 倍。用望远镜瞄准顶部边缘两点 A、A' 及底部边缘两点 B、B'，并分别投点到标尺上，得读数 y_1、y_1' 及 y_2、y_2'，则横向倾斜量：

$$\Delta y = \frac{y_1 + y_1'}{2} - \frac{y_2 + y_2'}{2}$$

同法再安置经纬仪及标尺于烟囱的另一垂直方向，测得底部边缘和顶部边缘在标尺上投点读数为 x_1、x_1' 及 x_2、x_2'，则纵向倾斜量：

$$\Delta x = \frac{x_1 + x_1'}{2} - \frac{x_2 + x_2'}{2}$$

烟囱的总倾斜量为：

$$\Delta D = \sqrt{\Delta x^2 + \Delta y^2}$$

根据总偏移值 ΔD 和圆形建（构）筑物的高度 H 即可计算出其倾斜度 i。

以上观测，要求仪器的水平轴应严格水平。因此，观测前仪器应进行检验与校正，使观测误差在允许误差范围以内，观测时应用正、倒镜观测两次取其平均数。

建筑物倾斜观测的周期，可视倾斜速度的大小，每隔 1～3 个月观测一次。如遇基础附近因大量堆载或卸载，场地降雨长期大量积水而导致倾斜速度加快时，应及时增加观测次数。施工期间的观测周期与沉降观测周期取得一致。倾斜观测应避开强日照和风荷载影响大的时间段。

五、挠度和裂缝监测

1. 挠度监测

建筑物在应力的作用下产生弯曲和扭曲时，应进行挠度监测。对于平置的构件，至少在两端及中间设置 3 个沉降点进行沉降监测，可以测得在某时间段内 3 个点的沉降量，分别为

h_a，h_b，h_c，则该构件的挠度值为：

$$\tau = \frac{1}{2}(h_a + h_c - 2h_b)\frac{1}{S_{ac}}$$

式中　h_a，h_c——构件两端点的沉降量；

h_b——构件中间点的沉降量；

S_{ac}——两端点间的平距。

对于直立的构件，至少要设置上、中、下3个监测点进行位移监测，利用这3个点的位移量可求出挠度大小。在这种情况下，把在建筑物垂直面内各不同高程点相对于底点的水平位移称为挠度。

挠度监测的方法常采用正垂线法，即从建筑物顶部悬挂一根铅垂线，直通至底部，在铅垂线的不同高程上设置测点，借助坐标仪表量测出各点与铅垂线最低点之间的相对位移。如图10-59所示，任意点N的挠度S_N按下式计算：

$$S_N = S_0 - \bar{S}_N$$

式中　S_0——铅垂线最低点与顶点之间的相对位移；

S_N——任一测点N与顶点之间的相对位移。

2. 裂缝监测

当基础挠度过大时，建筑物就会出现剪切破坏而产生裂缝。建筑物出现裂缝时，除了要增加沉降监测的次数外，还应立即进行裂缝监测，以掌握裂缝的发展趋势。同时，要根据沉降监测、倾斜监测和裂缝监测的数据资料，研究和查明变形的特性及原因，用以判定该建筑物是否安全。

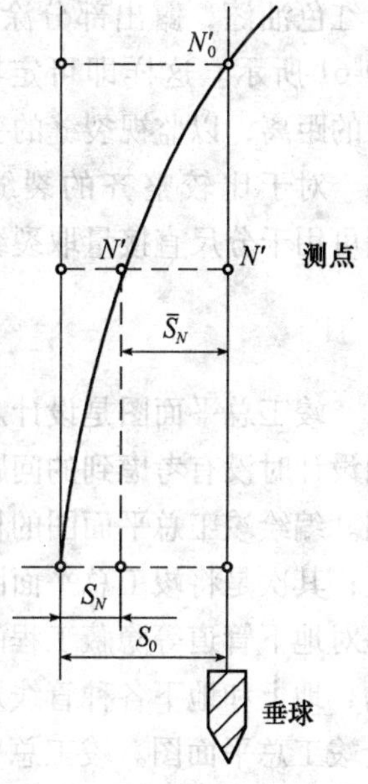

图10-59　直立构件挠度监测

当建筑物多处发生裂缝时，应先对裂缝进行编号，然后分别监测裂缝的位置、走向、长度及宽度等。

对于混凝土建筑物上裂缝的位置、走向及长度的监测，应在裂缝的两端用红色油漆画线作标志，或在混凝土表面绘制方格坐标，用钢尺测量。

根据裂缝分布情况，在裂缝监测时，应在有代表性的裂缝两侧各设置一个固定的监测标志，然后定期量取两标志的间距，即可得出裂缝变化的尺寸（长度、宽度和深度）。如图10-60所示，埋设的监测标志是用直径为20mm，长约80mm的金属棒，埋入混凝土内

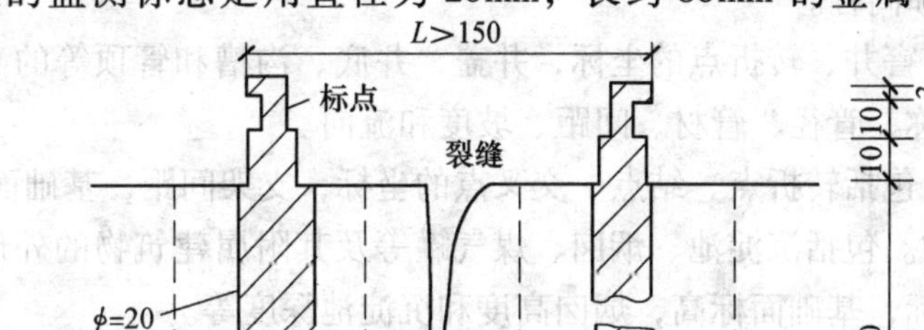

图10-60　埋设标志测裂缝

60mm，外露部分为标志点，其上各有一个保护盖。两标志点的距离不得少于150mm，用游标卡尺定期测量两个标志点之间的距离变化值，以此来掌握裂缝的发展情况。

墙面上的裂缝，可采取在裂缝两端设置石膏薄片，使其与裂缝两侧固联牢靠，当裂缝裂开或加大时，石膏片也裂开，监测时可测定其裂口的大小和变化。还可以采用两铁片，平行固定在裂缝两侧，使一片搭在另一片上，保持密贴。其密贴部分涂红色油漆，露出部分涂白色油漆，如图10-61所示。这样即可定期测定两铁片错开的距离，以监视裂缝的变化。

对于比较整齐的裂缝（如伸缩缝），则可用千分尺直接量取裂缝的变化。

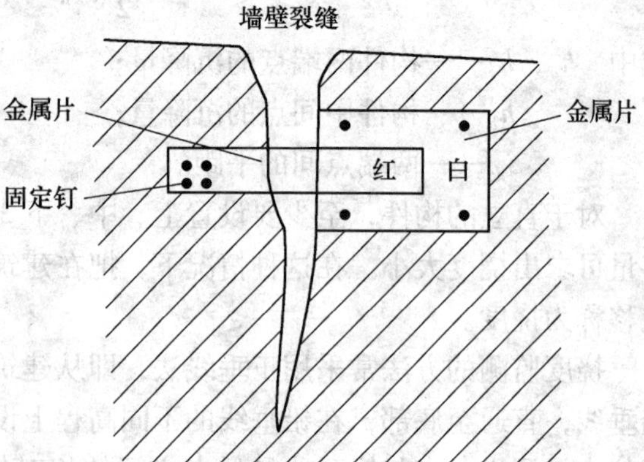

图10-61　设置两金属片测裂缝

第七节　竣工总平面图的编绘

竣工总平面图是设计总平面图在施工后实际情况的全面反映。由于在施工过程中可能会因设计时没有考虑到的问题而使设计有所变更，所以设计总平面图不能完全代替竣工总平面图。编绘竣工总平面图的目的，首先是把变更设计的情况通过测量全面反映到竣工总平面图上；其次是将竣工总平面图应用于对各种设施的管理、维修、扩建、事故处理等工作，特别是对地下管道等隐蔽工程的检查和维修；同时还为企业的扩建提供了原有各项建筑物、构筑物、地上和地下各种管线及交通线路的坐标、高程资料。通常采用边竣工边编绘的方法来编绘竣工总平面图。竣工总平面图的编绘，包括室外实测和室内资料编绘两方面的内容。

1. 竣工测量的内容

在每一个单项工程完成后，必须由施工单位进行竣工测量。提出工程的竣工测量成果，作为编绘竣工总平面图的依据。其内容包括以下各方面：

1）工业厂房及一般建筑物。包括房角坐标、各种管线进出口的位置和高程，并附房屋编号、结构层数、面积和竣工时间等资料。

2）铁路与公路。包括起终点、转折点、交叉点的坐标，曲线元素，桥涵、路面、人行道等构筑物的位置和高程。

3）地下管网。窨井、转折点的坐标，井盖、井底、沟槽和管顶等的高程，并附注管道及窨井的编号、名称、管径、管材、间距、坡度和流向。

4）架空管网。包括转折点、结点、交叉点的坐标，支架间距，基础面高程等。

5）特种构筑物。包括沉淀池、烟囱、煤气罐等及其附属建筑物的外形和四角坐标，圆形构筑物的中心坐标，基础面标高，烟囱高度和沉淀池深度等。

竣工测量完成后，应提交完整的资料，包括工程的名称、施工依据和施工成果，作为编绘竣工总平面图的依据。

2. 竣工总平面图的编绘

竣工总平面图上应包括建筑方格网点、水准点、建（构）筑物辅助设施、生活福利设施、架空及地下管线、铁路等建筑物或构筑物的坐标和高程，以及相关区域内空地等的地形。有关建筑物、构筑物的符号应与设计图例相同，有关地形图的图例应使用国家地形图图式符号。

建筑区地上和地下所有建筑物、构筑物绘在一张竣工总平面图上时，往往因线条过于密集而不醒目，为此可采用分类编图。如综合竣工总平面图、交通运输总平面图和管线竣工总平面图等。比例尺一般采用1∶1000。如不能清楚地表示某些特别密集的地区，也可在局部采用1∶500的比例尺。

当施工的单位较多，工程多次转手，造成竣工测量资料不全，图面不完整或与现场情况不符时，需要实地进行施测，这样绘出的平面图，称为实测竣工总平面图。

3. 竣工总平面图的附件

为了全面反映竣工成果，便于日后的管理、维修、扩建或改建，下列与竣工总平面图有关的一切资料，应分类装订成册，作为总图的附件保存。

1）建筑场地及其附近的测量控制点布置图、坐标与高程一览表。

2）建筑物和构筑物沉降与变形监测资料。

3）地下管线竣工纵断面图。

4）工程定位、放线检查及竣工测量的资料。

5）设计变更文件及设计变更图。

6）建筑场地原始地形图等。

第十一章　公路工程测量

第一节　公路测量概述

公路测量通常称公路勘测，业务包括勘察与测量，依据公路技术标准的高低和地形复杂的程度，公路勘测分一阶段勘测与两阶段勘测。

1. 一阶段勘测

一阶段勘测主要是针对路线方案比较明确、修建任务比较急、技术等级比较低的公路，在现场参照图上设计方案，在现场一次定测。

2. 两阶段勘测

（1）初测

为公路的初步设计提供带状地形图和有关资料的踏勘测量，称为初测。初测阶段的任务是：在指定的范围内布设导线；测量各方案的带状地形图和纵断面图；收集沿线水文、地质等相关资料。为纸上定线、编制比较方案、初步设计提供依据。

导线一般应敷设为附合导线。对于一般公路，方位角闭合差为 $\pm 30''\sqrt{n}$（n 为测站数），距离相对闭合差为 1/2000。带状地形图的比例尺一般选择为 1∶2000。带状地形图的宽度视道路的等级和要求不同而异，一般为规划道路中线左右两侧各 100～200m。

在带状地形图上确定公路中线及交点位置称为“纸上定线”。

（2）定测

根据选定方案进行的中线测量、纵横断面测量等详细测量，称为定测。定测阶段的任务是：在选定设计方案的路线上进行中线测量、纵断面和横断面测量以及局部地区的大比例尺地形图的测绘等，为路线纵坡设计、工程土石方量计算等道路的技术设计提供详细的测量资料。

第二节　圆曲线主点计算与测设

一、圆曲线测设元素的计算

如图 11-1 所示，已知路线中线交点（JD）的偏角为 α 和圆曲线的半径为 R，要计算的圆曲线的元素有：切线长 T、曲线长 L、外矢距 E 和切线长度与曲线长度之差（切曲差）D。各元素可以按照下式计算。

$$
\left.\begin{aligned}
&\text{切线长}:T = R\tan\frac{\alpha}{2}\\
&\text{曲线长}:L = R\alpha\frac{\pi}{180^\circ}\\
&\text{外矢距}:E = \frac{R}{\cos\frac{\alpha}{2}} - R = R\left(\sec\frac{\alpha}{2} - 1\right)\\
&\text{切曲差}:D = 2T - L
\end{aligned}\right\}
$$

二、圆曲线主点里程的计算

如图 11-1 所示。一般已知交点 JD 的里程，是从前一直线段推算而得，然后再由交点的里程推算其他各主点的里程。由于路线中线不经过交点，所以圆曲线的中点、终点的里程必须从圆曲线起点的里程沿着曲线长度推算。根据交点的里程和曲线测设元素，就能够计算出各主点的里程。

$$\left.\begin{aligned} ZY\text{点里程} &= JD\text{点里程} - T \\ YZ\text{点里程} &= ZY\text{点里程} + L \\ QZ\text{点里程} &= YZ\text{点里程} - \frac{L}{2} \\ JD\text{点里程} &= QZ\text{点里程} + \frac{D}{2}(\text{校核}) \end{aligned}\right\}$$

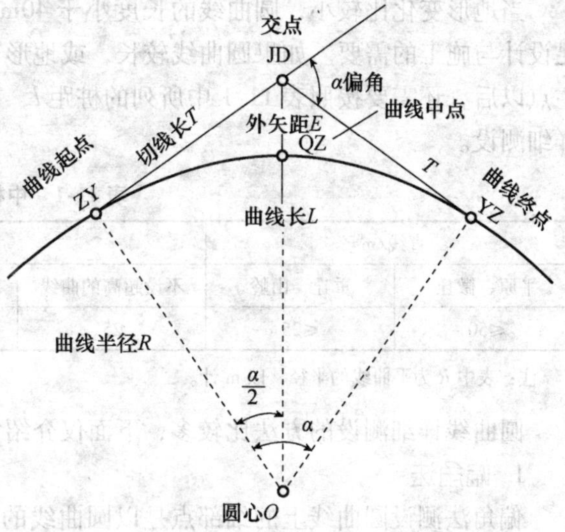

图 11-1 圆曲线示意图

三、圆曲线主点的测设

如图 11-2 所示，圆曲线元素及主点里程计算无误后，即可进行主点测设，其测设步骤如下。

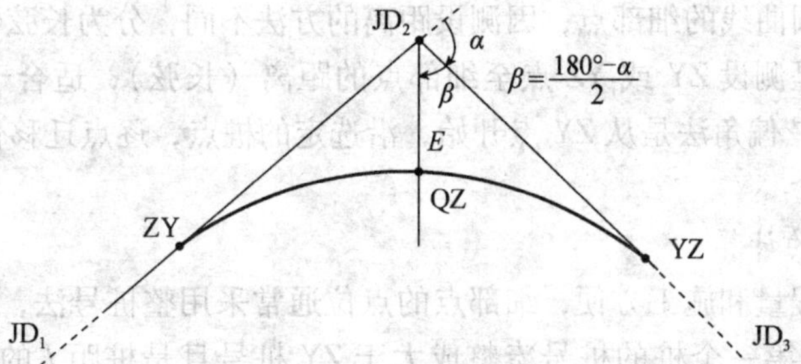

图 11-2 圆曲线主点测设示意图

1. 测设圆曲线起点（ZY）和终点（YZ）

安置经纬仪在交点 JD_2 上，后视中线方向的相邻点 JD_1，自 JD_2 沿着中线方向量取切线长度 T，得曲线起点 ZY 点位置，插上测钎；逆时针转动照准部，测设水平角 $(180° - \alpha)$ 得 YZ 点方向，然后从 JD_2 出发，沿着确定的直线方向量取切线长度 T，得曲线终点 YZ 点位置，也插上测钎。再用钢尺丈量插测钎点与最近的直线桩点距离，如果两者的水平长度之差在允许的范围内，则在测钎处打下 ZY 桩与 YZ 桩。如果误差超出允许的范围，则应该找出原因，并加以改正。

2. 测设圆曲线的中点（QZ）

经纬仪在交点 JD_2 上照准前视点 JD_3 不动，水平度盘置零，顺时针转动照准部，使水平度盘读数为 β $[\beta = (180° - \alpha)/2]$，得曲线中点的方向，在该方向从交点 JD_2 丈量外矢距 E，插上测钎。同样按照以上方法丈量与相邻桩点距离进行校核，如果误差在允许的范围内，则在测钎处打下 QZ 桩。

四、圆曲线的详细测设

当地形变化比较小，圆曲线的长度小于40m时，只要测设圆曲线的三个主点就能够满足设计与施工的需要。如果圆曲线较长，或地形变化比较大时，则在完成测定三个圆曲线的主点以后，还需要按照表11-1中所列的桩距 l，在曲线上测设整桩与加桩。这就是圆曲线的详细测设。

表11-1　中桩间距

直线/m		曲线/m			
平原、微丘	重丘、山岭	不设超高的曲线	$R>60$	$30<R<60$	$R<30$
≤50	≤25	25	20	10	5

注：表中 R 为平曲线的半径，以m计。

圆曲线详细测设的方法比较多，下面仅介绍常用的三种方法。

1. 偏角法

偏角法测设圆曲线上的细部点是以圆曲线的起点ZY或终点YZ作为测站点，计算出测站点到圆曲线上某一特定的细部点 P_i 的弦线与切线 T 的偏角——弦切角 Δi 和弦长 C_i 来确定 P_i 点的位置。按照整桩号法测设细部点时，该细部点就是圆曲线上的里程桩。可以根据曲线的半径 R 按照表11-1来选择桩距（弧长）为 l 的整桩。R 越小，则 l 也越小。

用偏角法测设圆曲线的细部点，因测设距离的方法不同，分为长弦偏角法和短弦偏角法两种。长弦偏角法是测设ZY或YZ点至细部点的距离（长弦），适合于用经纬仪加测距仪（或用全站仪）；短弦偏角法是从ZY点开始，沿选定的桩点，逐点迁移仪器进行测设，适合于用经纬仪加钢尺。

（1）测设数据的计算

为便于计算工程量和施工方便，细部点的点位通常采用整桩号法，从ZY点出发，将曲线上靠近起点ZY的第一个桩的桩号凑整成大于ZY桩号且是桩距 l 的最小倍数的整桩号，然后按照桩距 l 连续向圆曲线的终点YZ测设桩位，这样设置桩的桩号均为整数。按照整桩号法测设细部点时，该细部点就是圆曲线上的里程桩。

如图11-3所示，P_1 为圆曲线上的第一个整桩，它与圆曲线起点的弧长为 l_1（$l_1<l$），P_1 点以后各相邻点之间的弧长为 l，圆曲线的最后一个整桩到圆曲线的终点的弧长为 l_{n+1}。若 l_1 对应的圆心角为 φ_1，$\varphi_1=\frac{l_1}{R}\times\frac{180°}{\pi}$，$l$ 对应的圆心角为 φ，$\varphi=\frac{l}{R}\times\frac{180°}{\pi}$。$l_{n+1}$ 对应的圆心角为 φ_{n+1}，同时，弦切角是同弧所对应的圆心角的一半，可以按下式计算（角度单位为度）。

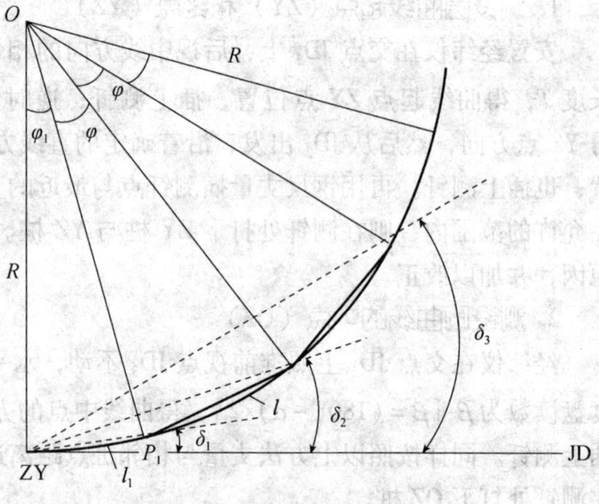

图11-3　偏角法详细测设圆曲线

1）长弦偏角法

$$\left.\begin{aligned}\varphi_i &= \varphi_1 + (i-1)\varphi \\ \delta_i &= \frac{\varphi_i}{2} \\ C_i &= \varphi_i \times \frac{\pi}{180^\circ} \times R\end{aligned}\right\}$$

2）短弦偏角法

第一个点：

$$\left.\begin{aligned}\delta_1 &= 180^\circ - \frac{\varphi_1}{2} \\ c_1 &= 2R\sin\frac{\varphi_1}{2}\end{aligned}\right\}$$

其余各点：

$$\left.\begin{aligned}\delta &= 180^\circ - \varphi \\ c &= 2R\sin\frac{\varphi}{2}\end{aligned}\right\}$$

根据最后一个整桩再一次测设终点，以作检核。

$$\left.\begin{aligned}l_{n+1} &= L - l_1 - (n-1)l \\ \varphi_{n+1} &= \frac{l_{n+1}}{R} \times \frac{180^\circ}{\pi} \\ c_{n+1} &= 2R \times \sin\frac{\varphi_{n+1}}{2} \\ \delta_{n+1} &= 180^\circ - \frac{\varphi + \varphi_{n+1}}{2}\end{aligned}\right\}$$

（2）测设方法（根据图 11-3 和表 11-2、表 11-3）

表 11-2　圆曲线细部点长弦偏角法测设数据（$R = 120$m）

曲线里程桩桩号	相邻桩点间弧长 l_i/m	偏角 δ_i/（°′″）	弦长 c_i/m
ZY　K3 +091.05	8.95	0　00　00	0
P_1　+100.00		2　08　12	8.95
P_2　+120.00	20.00	6　51　41	28.88
P_3　+120.00	20.00	11　41　10	48.61
P_4　+120.00	20.00	16　27　39	68.01
YZ　K3 +175.52	15.52		82.74

表 11-3　圆曲线细部点短弦偏角法测设数据（$R = 120$m）

曲线里程桩桩号	相邻桩点间弧长 l_i/m	偏角 δ_i/（°′″）	相邻桩点弦长 c_i/m
ZY　K3 +091.05	8.95	0　00　00	8.95
P_1　+100.00		177　51　48	
P_2　+120.00	20.00	170　27　03	19.98
P_3　+120.00	20.00	170　27　03	19.98
P_4　+120.00	20.00	171　31　13	19.98
YZ　K3 +175.52	15.52		15.51

1）长弦偏角法，具体测设步骤如下。

①安置经纬仪（或全站仪）于曲线起点（ZY）上，瞄准交点（JD），使水平度盘读数设置为0°00′00″。

②水平转动照准部，使度盘读数为2°08′12″，沿此方向测设弦长 $C_1=8.95\text{m}$，定出 P_1 点。

③再水平转动照准部，使度盘读数为6°54′41″，沿此方向测设弦长 $C_2=28.88\text{m}$，定出 P_2 点。以此类推，测设 P_3，P_4 点。

④测设至曲线终点（YZ）作为检核，水平转动照准部，使度盘读数为 =20°10′00″。在方向上测设弦长 $C_{YZ}=82.74\text{m}$，定出一点。此点如果与YZ不重合，其闭合差一般应按如下要求：半径方向（路线横向）不超过0.1m；切线方向（路线纵向）不超过 $L/1000$（L 为曲线长）。

2）短弦偏角法，具体测设步骤如下。

①安置经纬仪（或全站仪）于曲线起点（ZY）上，瞄准交点（JD），使水平度盘读数设置为0°00′00″。

②水平转动照准部，使度盘读数为2°08′12″，沿此方向测设弦长 $C_1=8.95\text{m}$，定出 P_1 点。

③将仪器安置在 P_1 点，后视ZY点，再逆时针水平转动照准部，拨角170°27′03″，沿此方向测设弦长19.98m，定出 P_2 点。以此类推，在 P_2 点后视 P_1 点定出 P_3 点，在 P_3 点后视 P_2 点定出 P_4 点。

④在 P_4 点后视 P_3 点测设至曲线终点（YZ）作为检核。

2. 切线支距法

切线支距法又称直角坐标法，是以圆曲线的起点ZY（对于前半曲线）或终点YZ（对于后半曲线）为坐标原点，以切线 T 为 x 轴，以通过原点的半径为 y 轴，建立独立坐标系，按照圆曲线上特定点在直角坐标系中的坐标（x_i，y_i）来对应细部点 P_i。

（1）测设数据的计算

如图11-4所示，细部点的点位仍采用整桩号法，则该点坐标可以按下式计算。

$$\left.\begin{aligned}\varphi_1 &= \frac{l_1}{R}\times\frac{180°}{\pi}\\ \varphi &= \frac{l}{R}\times\frac{180°}{\pi}\\ \varphi_i &= \varphi_1+(i-1)\varphi\\ x_i &= R\sin\varphi_i\\ y_i &= R(1-\cos\varphi_i)\end{aligned}\right\}$$

（2）切线支距法测设步骤

1）安置仪器在交点位置，定出JD到ZY和JD到YZ两条直线段的方向，如图11-4所示。

2）自ZY点出发沿着到JD的方向，依次水平丈量 P_i 点的横坐标 x_i，得到在横坐标轴上的垂足 N_i。

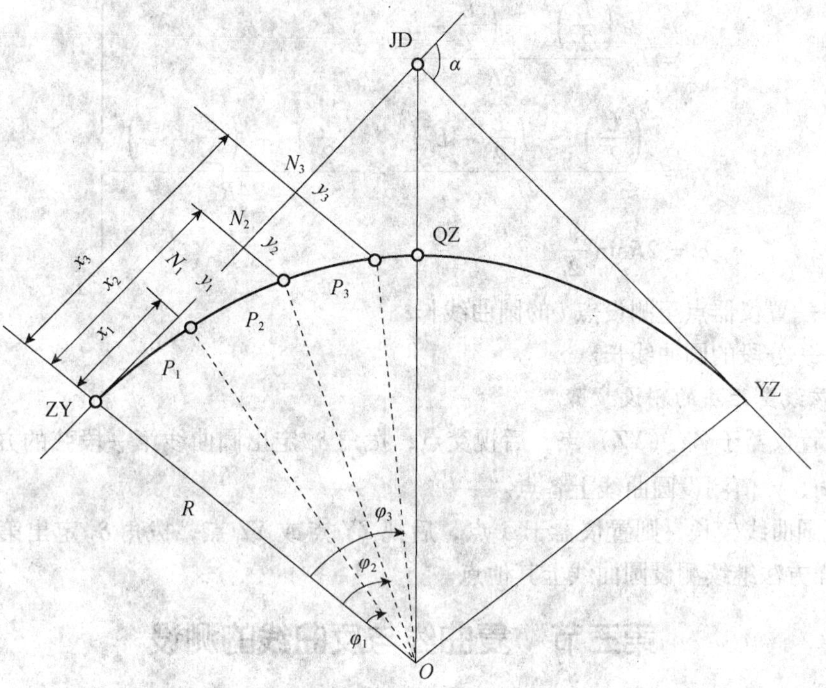

图 11-4　切线支距法详细测设圆曲线

3）在各个垂足点上用经纬仪标定出与切线垂直的方向，然后在该垂直方向上依次量取对应的纵坐标，就可以确定对应的 P_i 点。

4）在该曲线段的放样完成后，应量取各个相邻桩点之间的距离与计算出的弦长 C 进行比较，如果两者之间的差异在允许的范围之内，则曲线测设合格，在各点打上木桩。

5）同样方法可以进行从 YZ 点到 QZ 点之间曲线段的细部点的测设工作，完成后应进行校核。

该方法适用于平坦开阔地区，各个测点之间的误差不易累积。

3. 弦线支距法

弦线支距法又称“长线支距法”，也是一种直角坐标法。此法以每段圆曲线的起点为原点，以每段曲线的弦长为横轴，垂直于弦的方向为纵轴，曲线上各点用该段的纵横坐标值来测设。实际工作中，先可以是 ZY 至 YZ 之间的距离，也可以是任意的，图 11-5 中以 ZY 至 A，A 应根据实地需要选择。

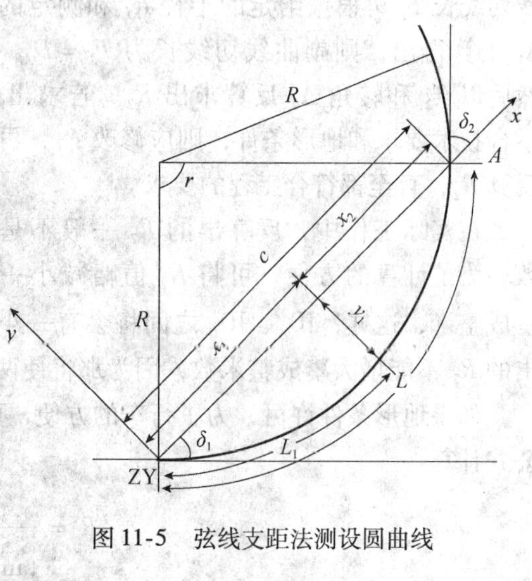

图 11-5　弦线支距法测设圆曲线

（1）测设所需数据的计算

测设所需数据的计算公式如下。

$$\left.\begin{aligned} x_i &= L_i \frac{\left(\frac{L}{2}\right)^3 - \left(\frac{L}{2} - L_i\right)^3}{6R^2} \\ y_i &= \frac{\left(\frac{L}{2}\right)^2 - \left(\frac{L}{2} - L_i\right)^2}{2R} - \frac{\left(\frac{L}{2}\right)^4 - \left(\frac{L}{2} - L_i\right)^4}{24R^3} \\ c &= 2R\sin\frac{r}{2} \end{aligned}\right\}$$

式中　L_i——置仪器点至测设点 i 的圆曲线长；

L——分段的圆曲线长。

（2）弦线支距法的测设步骤

1）安置仪器于 ZY（YZ）点，后视交点，拨角 δ_1 定出圆曲线第一段弦的方向，在弦的方向上按 x_i、y_i 值测设圆曲线上各点。

2）若圆曲线较长，则置仪器于 A 点，后视 ZY 点或 YZ 点，拨角 δ_2 定出第二段弦的方向，按同样方法继续测设圆曲线上其他点。

第三节　复曲线与反曲线的测设

1. 复曲线的测设

复曲线是由两个或两个以上互相衔接的同向单曲线（主要是圆曲线）所组成的曲线(图 11-6)。这种曲线，通常是在地形条件比较复杂地段，一个单曲线不能适合地形的情况下采用。在布设复曲线时，必须先决定或计算出其中一个重点单曲线的半径，这个曲线称为主曲线，然后在满足主曲线的测设要求下，再根据已有条件决定其余副曲线的半径。实际应用中，两个互相衔接的同向单曲线半径可以是相同的，也可以是不同的。

如图 11-6 所示，设 JD_A、JD_B 为相邻两交点，AB 为公切线，GQ 为主曲线和副曲线相衔接的公切点，它将公切线分为 T_1 和 T_2 两段。其中主曲线切线长 T_1 可根据给定的半径 R_1 和测定的转角 Δ_1 正算得出，则副曲线切线长为 $T_2 = D_{AB} - T_1$。然后以 T_2 和转角 Δ_2 反算求出 R_2。若求出的 R_2 不合技术要求和地形条件，则应修改 R_1，再重新反算 R_2，直至都符合工程的要求。

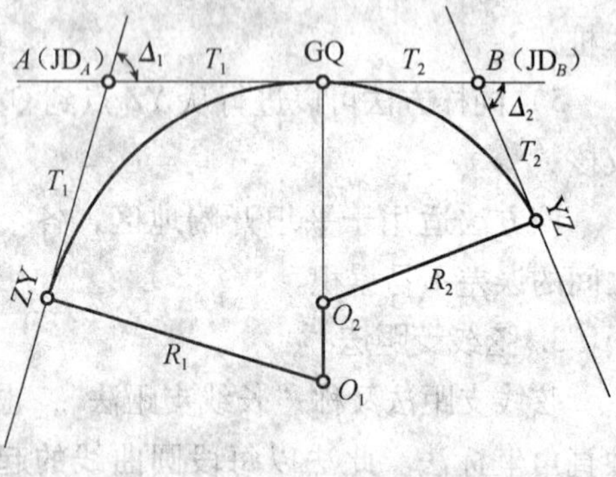

图 11-6　复曲线测设

在实际工作中，反算出的 R_2 一般不是整米数，为了计算的方便，可将 R_2 值略减小一些而凑成整米，这样，JD_A、JD_B 之间将会有一小段直线，这在道路工程中是允许的。但是反算出的 R_2 不能增大凑成整米数，因为那将使两个曲线重叠，这在工程中是不允许的。

如果地形条件许可，为了行车的方便，可以使 $R_1 = R_2 = R$，那么此时的 R 值可用下面的公式计算：

$$R = \frac{D_{AB}}{\tan\frac{\Delta_1}{2} + \tan\frac{\Delta_2}{2}}$$

复曲线测设时，可按圆曲线主点计算和测设的方法，先将主曲线和副曲线的主元素计算出来，然后将仪器分别安置在 A 点和 B 点上进行实地测设，并推算各主点的桩号。

2. 反向曲线的测设

反向曲线是由两个方向相反的圆曲线组成的（图 11-7）。在反曲线中，由于两个圆曲线方向相反，为了行车的方便和安全，一般情况下，均在前后两段曲线之间加设一过渡直线段，并且长度不小于 20m。

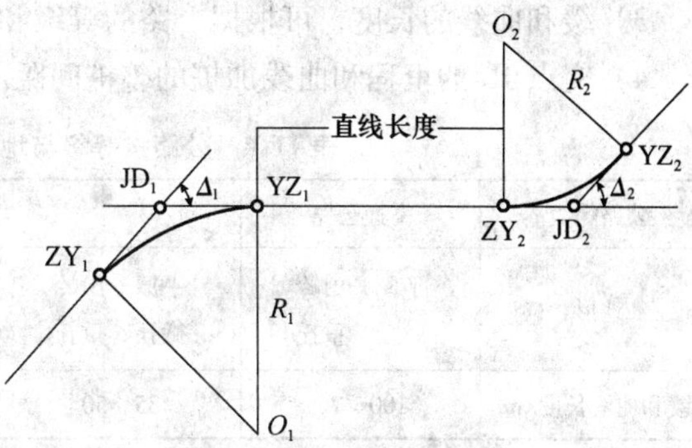

图 11-7　反向曲线

测设反曲线时，先测出两转折点间的距离 D_{12} 和转折角 Δ_1、Δ_2，根据设计选定的半径 R_1，计算并测设出 JD_1 曲线的主点。然后用（D_{12}—T_1—直线长度）作为 T_2，并根据此值和转折角 Δ_2，反算出 R_2。最后再由 R_2 计算出第二段曲线的主元素并测设曲线。

第四节　缓和曲线的测设

为了行车更安全、舒适，在一些设计行车速度较快、圆曲线半径较小的曲线段，常要求在曲线和直线之间设置一段半径由无穷大逐渐变化到圆曲线半径的曲线，这种曲线称之为缓和曲线。国内、外目前基本采用回旋曲线的一部分作为缓和曲线。如图 11-8 所示，带有缓和曲线的圆曲线共由三部分组成，即第一缓和曲线段 ZH ~ HY、圆曲线段（即主曲线段）HY ~ YH、第二缓和曲线段 YH ~ HZ。依此可知，整个曲线共有五个主要点，即：

直缓点（ZH）：由直线进入第一缓和曲线的点，即整个曲线的起点。

缓圆点（HY）：第一缓和曲线的终点，从这点开始进入圆曲线。

曲中点（QZ）：整个曲线的中间点。

圆缓点（YH）：圆曲线的终点，进入第二缓和曲线的起点。

缓直点（HZ）：第二缓和曲线的终点，进入直线段的起点，它也是整个曲线的终点。

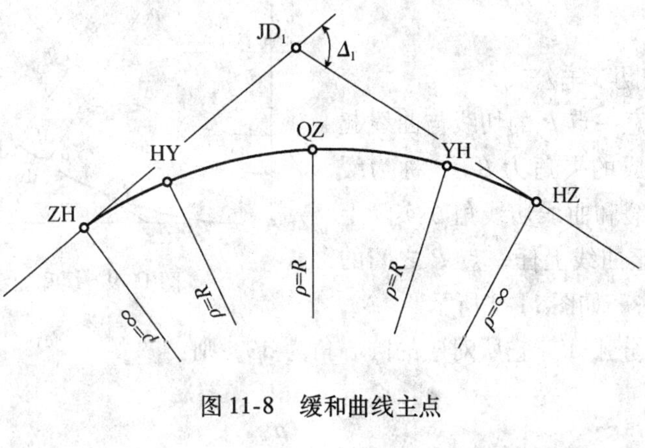

图 11-8　缓和曲线主点

一、缓和曲线的特征及曲线方程

对于某一缓和曲线我们已知的数据有：

1）路线的转角 Δ；

2）根据公路的等级和地形状况确定的圆曲线半径 R；

3）缓和曲线的长度，可根据公路的等级和地形情况依表 11-4 查得；

4）交点 JD 的里程和曲线加桩的整桩间距。

表 11-4　公路按等级与地形规定缓和曲线的长度

公路等级	高速公路	一	二	三	四
地形	平原　山岭 微丘　重丘	平原　山岭 微丘　重丘	平原　山岭 微丘　重丘	平原　山岭 微丘　重丘	平原　山岭 微丘　重丘
缓和曲线长度/m	100　70	85　50	70　35	50　25	35　20

1. 回旋曲线的特征和方程

缓和曲线是回旋曲线的一部分，回旋曲线的几何特征是：曲线上任何一点的曲率半径 ρ 与该点到曲线起点的长度 l 成反比。即：

$$\rho = \frac{c}{l}$$

式中　c——比例参数。我国公路设计规范规定 $c=0.035V^3$，V 为设计的行车速度，以 km/h 计。

在缓和曲线的起点 $l=0$，则 $\rho=\infty$。在缓和曲线的终点（与圆曲线衔接处），缓和曲线的全长为 l_h，缓和曲线的半径 ρ 等于圆曲线的半径，即：$\rho=R$。故上式可写成：

$$\rho l = Rl_h = c = 0.035V^3$$

$$l_h = 0.035\frac{V^3}{R}$$

可知，设计的行车速度愈快，缓和曲线的长度应愈长；设计的圆曲线半径愈大，则缓和曲线的长度就可以相应缩短一些；而当圆曲线半径 R 达到一定的值以后，就可以不设置缓和曲线了。

2. 缓和曲线的切线角公式

缓和曲线上任意一点 P 的切线与曲线起点 ZH 的切线所组成的夹角为 β，β 称为缓和曲线的切线角。缓和曲线切线角 β 实际上等于曲线起点 ZH 至曲线上任一点 P 之间的弧长 l 所对圆心角 β。如图 11-9 所示。

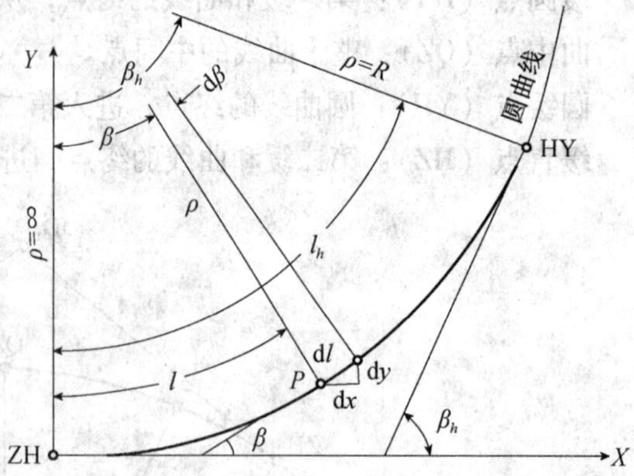

图 11-9　缓和曲线切线角

在 P 点取一微分弧 dl，它所对应的圆心角为 dβ，则：

$$\mathrm{d}\beta = \frac{\mathrm{d}l}{\rho}$$

将公式 $\rho l = Rl_h = c = 0.035V^3$ 代入上式得

$$\mathrm{d}\beta = \frac{\mathrm{d}l}{\rho} = \frac{l\mathrm{d}l}{Rl_h}$$

将上式积分：

$$\beta = \int_0^l \mathrm{d}\beta = \int_0^l \frac{l\mathrm{d}l}{Rl_h} = \frac{l^2}{2Rl_h}$$

$$\beta = \frac{l^2}{2Rl_h}$$

当 $l = l_h$ 时，缓和曲线全长 l_h 所对的切线角称为缓和曲线角，以 β_h 表示。

$$\beta_h = \frac{l_h}{2R} \times \frac{180°}{\pi}$$

3. 缓和曲线上任一点 P 坐标的计算

如图 11-9 所示，以缓和曲线起点 ZH 为原点，以过该点的切线为 x 轴，垂直于切线的方向为 y 轴。则任一点 P 的坐标可写为：

$$\mathrm{d}x = \mathrm{d}l\cos\beta$$
$$\mathrm{d}y = \mathrm{d}l\sin\beta$$

式中 $\mathrm{d}x$、$\mathrm{d}y$——纵横坐标微量。

将 $\cos\beta$、$\sin\beta$ 按级数展开：

$$\cos\beta = 1 - \frac{\beta^2}{2!} + \frac{\beta^4}{4!} - \frac{\beta^6}{6!} + \cdots$$

$$\sin\beta = \beta - \frac{\beta^3}{3!} + \frac{\beta^5}{5!} - \frac{\beta^7}{7!} + \cdots$$

将上式代入 $\mathrm{d}x$、$\mathrm{d}y$ 式中，再经积分整理后得：

$$\left.\begin{aligned} x_p &= l - \frac{l^5}{40R^2 l_h^2} \\ y_p &= \frac{l^3}{6Rl_h} \end{aligned}\right\}$$

上式称为缓和曲线的参数方程。

当 $l = l_h$ 时，即得缓和曲线的终点坐标值：

$$\left.\begin{aligned} x_h &= l_h - \frac{l_h^3}{40R^2} \\ y_h &= \frac{l_h^2}{6R} \end{aligned}\right\}$$

二、缓和曲线主点元素的计算及测设

1. 圆曲线的内移和切线的增长

在圆曲线和直线之间增设缓和曲线后，整个曲线发生了变化，为了保证缓和曲线和直线相切，圆曲线应均匀地向圆心方向内移一段距离 p，称为圆曲线内移值。同时切线也应相应地增长 q，称为切线的增长值。

在公路建设中，一般采用圆心不动，圆曲线半径减少 p 值的方法，即使减小后的半径等于所选定的圆曲线半径，也就是插入缓和曲线前的半径为 $R + p$，插入缓和曲线后的圆曲线半径为 R。增加的缓和曲线的一半弧长位于直线段内，另一半则位于圆曲线段内。如图 11-10所示。

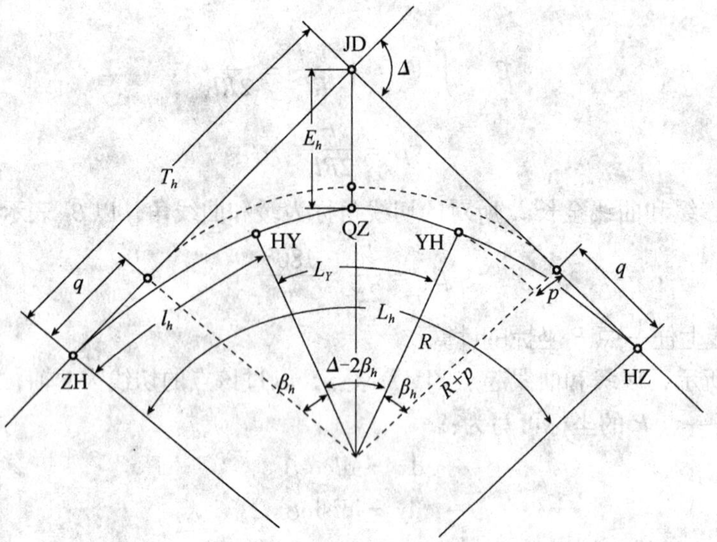

图 11-10 缓和曲线测设

由图 11-10 可推导得，圆曲线内移值 p，从图中可看出

$$p = y_h - (R - R\cos\beta)$$

$\cos\beta$ 展开级数（取前两项）代入上式，整理后得

$$p = \frac{l_h^2}{24R}$$

切线的增长值 q，从图可看出为

$$q = x_h - R\sin\beta$$

$\sin\beta$ 也用展开级数代入上式，整理后得

$$q = \frac{l_h}{2} - \frac{l_h^3}{240R^2}$$

从上式可以看出，当圆曲线半径足够大时，公式的第二项极小，可忽略不计，此时，切线的增长值约为缓和曲线的一半。

2. 缓和曲线主点元素以及里程的推算

（1）缓和曲线主元素的计算

1）切线长

$$T_h = (R + p)\tan\frac{\Delta}{2} + q$$

2）主曲线（圆曲线部分）长

$$L_Y = R(\Delta - 2\beta_h)\frac{\pi}{180°}$$

3）曲线全长

$$L_h = L_y + 2l_h$$

4）外矢距

$$E_h = (R + p)\sec\frac{\Delta}{2} - R$$

5）切曲差

$$J_h = 2T_h - L_h$$

为了便于计算，将上列公式稍做些演变：

切线长 T_h：

$$T_h = (R+p)\tan\frac{\Delta}{2} + q$$

$$T_h = R\tan\frac{\Delta}{2} + \left(p\tan\frac{\Delta}{2} + q\right) = T + t$$

即缓和曲线的切线长 T_h 等于圆曲线的切线长 T 加尾数 t。

主曲线线长 L_Y：

$$L_Y = R(\Delta - 2\beta_h)\frac{\pi}{180°}$$

$$= R\Delta\frac{\pi}{180°} - 2\beta_h\frac{\pi}{180°} = L - 2\left(\frac{l_h}{2R}\times\frac{180°}{\pi}\right)\frac{\pi}{180°} = L - l_h$$

即缓和曲线的主曲线线长 L_Y 等于圆曲线长 L 减缓和曲线长 l_h。

曲线全长 L_h：

$$L_h = L_Y + 2l_h = (L - l_h) + 2l_h = L + l_h$$

即曲线全长 L_h 等于圆曲线长 L 加缓和曲线长 l_h。

外矢距 E_h：

$$E_h = (R+p)\sec\frac{\Delta}{2} - R = \left(R\sec\frac{\Delta}{2} - R\right) + p\sec\frac{\Delta}{2} = E + e$$

切曲差 D_h：

$$J_h = 2T_h - L_h = 2(T+t) - (L + l_h) = (2T - L) + (2t - l_h)$$

$$J_h = J + d$$

圆曲线半径 R 和缓和曲线的长度 l_h 是根据公路的等级和地形状况确定的；路线的转角 Δ 是实际测量得到的，据此可按上述公式计算所需的测设元素。如有公路曲线测设用表，首先查取圆曲线的切线长 T，外矢距 E，切曲差 J，然后再加缓和曲线的尾加数表 t、e、d 便得缓和曲线的切线长 T_h，外矢距 E_h，切曲差 J_h。

（2）缓和曲线主点里程的计算

直缓点 ZH 里程：

ZH 里程 = 交点 JD 里程 − 切线长 T_h

缓圆点 HY 里程：

HY 里程 = 直缓点 ZH 里程 + 缓和曲线长 l_h

曲中点 QZ 里程：

QZ 里程 = 缓圆点 HY 里程 + 主曲线长 $L_y/2$

圆缓点 YH 里程：

YH 里程 = 曲中点 QZ 里程 + 主曲线长 $L_y/2$

缓直点 HZ 里程：

HZ 里程 = 圆缓点 YH 里程 + 缓和曲线长 l_h

为了检查计算的正确性，可用下式计算 HZ 里程：

$$\text{HZ 里程} = \text{JD 里程} + \text{切线长 } T_h - \text{切曲差 } J_h$$

三、带有缓和曲线的曲线的详细测设

带有缓和曲线的圆曲线各主点测设完毕后，为满足设计和施工的需要，也应在曲线上每隔一定的距离测设一个加桩，和圆曲线一样，带有缓和曲线的曲线也采用整桩号法测设曲线的加桩。测设加桩常采用切线支距法和偏角法。

1. 切线支距法（直角坐标法）

切线支距法是以缓和曲线的起点 ZH 或终点 HZ 为坐标原点，以过原点的切线为 x 轴，过原点且垂直于 x 轴的方向为 y 轴。缓和曲线和圆曲线的各点坐标，均按同一坐标系统计算，但分别采用不同的计算公式，如图 11-11 所示。

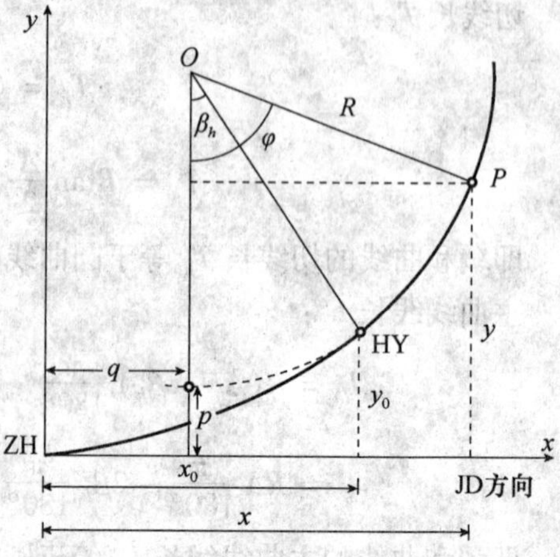

图 11-11　切线支距法测设缓和曲线

在缓和曲线段任一点 i 的坐标按下式计算。

$$\left.\begin{aligned} x_i &= l_i - \frac{l_i^5}{40R^2 l_h^2} \\ y_i &= \frac{l_i^3}{6Rl_h} \end{aligned}\right\}$$

式中　l_i——缓和曲线上任一点 i 至曲线起点或终点的曲线长。

对于圆曲线段部分，各点的直角坐标仍和以前计算方法一样，但坐标原点已移至缓和曲线起点，因此原坐标必须相应地加 q、p 值，即

$$\left.\begin{aligned} x &= R\sin\varphi + q \\ y &= R(1 - \cos\varphi) + p \end{aligned}\right\}$$

式中　φ——$\varphi = \frac{l}{R} \times \frac{180°}{\pi} + \beta_h = \left(\frac{l}{R} + \frac{l_h}{2R}\right)\frac{180°}{\pi}$；

l——圆曲线上任一点至 HY 点或 YH 点的曲线长；

l_h——缓和曲线长。

实际工作中，缓和曲线和圆曲线各点的坐标值也可由曲线表查出，曲线的设置方法和圆曲线的切线支距法测设方法完全相同。

2. 偏角法（极坐标法）

偏角法的测设方法实际是一种极坐标法，它利用一个偏角 Δ 和一段距离 C 来确定曲线上某点，如图 11-12 所示。和切线支距法一样，以缓和曲线的起点 ZH 或终点 HZ 为坐标原点，以过原点的切线为 x 轴，过原点且垂直于 x 轴的方向为 y 轴。曲线上某点 P 至曲线的起点（ZH 点或 HZ 点）的距离为 C_i，P 点和原点的连线与坐标轴的 x 轴之间的夹角为 Δ_i。它们可

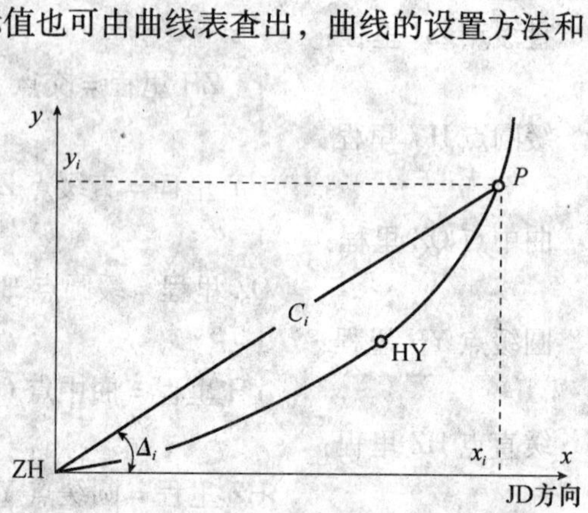

图 11-12　偏角法的测设缓和曲线细部

以通过切线支距法求出的点的坐标 P（x_i、y_i）来进行计算。

由于弦长 C 是逐步增加的，且距离较大，所以一般可以采用光电测距仪或全站仪进行测设，将仪器安置在 ZH 点或 HZ 点，以度盘 0°00′00″照准路线的交点 JD。转动照准部，依次测设 Δ 角和相应的弦长 C_i，钉桩，即可分别得到曲线上各点。

第五节　初测阶段的测量

初测是根据勘测设计任务书，对方案研究中确定的一条主要道路及有价值的比较道路，结合现场实际情况予以标定，沿线测绘大比例尺带状地形图并收集地质、水文等方面的资料，供初步设计使用。道路初测中的测量工作主要包括：选点插旗、导线测量、高程测量、带状地形图测绘。

一、选点插旗

根据方案研究阶段在已有地形图上规划的道路位置，结合实地情况，选择道路交点和转点的位置并插旗，标出道路走向和大概位置，为导线测量及各专业调查指出行进方向。选点插旗是一项十分重要的工作，一方面要考虑道路的基本方向；另一方面要考虑导线测量、地形测量的要求。

二、导线测量

1. 初测导线的外业工作

初测导线是测绘道路带状地形图和定线、放线的基础，导线应全线贯通。导线的布设一般是沿着大旗的方向采用附合导线的形式，导线点位应尽可能接近道路中线位置，在桥隧等工点还应增设加点，相邻点位间距以 50～400m 为宜，相邻边长不宜相差过大。采用全站仪或光电测距仪观测导线边长时，导线点的间距可增加到 1000m，但应在不长于 500m 处设置加点。当采用光电导线传递高程时，导线边长宜在 200～600m 之间。

铁路和公路初测导线的水平角观测，习惯上均观测导线右角，应使用不低于 DJ6 型经纬仪或精度相同的全站仪观测一个测回。两半测回间角值较差的限差：J_2 型仪器为 15″，J_6 型仪器为 30″，在限差以内时取平均值作为导线转折角。

导线的边长测量通常采用光电测距，相邻导线点间的距离和竖直角应往返观测各一测回，距离一测回读数 4 次，边长采用往测平距，返测平距仅用于检核。检核限差为 $2\sqrt{2}m_D$，m_D 为仪器标称精度。采用其他测距方法时，精度要求为 1/2000。

由于初测导线延伸很长，为了检核导线的精度并取得统一坐标，必须设法与国家平面控制点或 GPS 点进行联测。一般要求在导线的起、终点及每延伸不远于 30km 处联测一次。当联测有困难时，应进行真北观测，以限制角度测量误差的累积。

当前，随着测量仪器设备的发展，在铁路和公路道路平面控制测量中，初测导线越来越多地使用 GPS 和全站仪配合施测。从起点开始沿道路方向直至终点，每隔 5km 左右布设 GPS 对点（每对 GPS 点间距 300～400m），在 GPS 对点之间按规范要求加密导线点。用全站仪测量相邻导线点间的边长和角度，之后使用专用测量软件进行导线精度校核及成果计算，最终获得各初测导线点的坐标。若条件允许，在对点之间的导线点，也可全部使用 RTK 施测。

2. 初测导线的成果检核

《工程测量规范》（GB 50026—2007）中对一般公路初测导线的主要技术要求见表11-5。在《公路勘测规范》（JTG C10—2007）中，对不同等级公路测量的各项技术指标均有明确要求，具体应用时，可查阅有关规定。

表 11-5　一般公路初测导线的主要技术要求

导线长度/km	边长/m	仪器精度等级	测回数	测量中误差（″）	测距相对中误差	联测检核	
						方位闭合差（″）	相对闭合差
≤30	400～600	2″级仪器	1	12	≤1/2000	$24\sqrt{n}$	≤1/2000
		6″级仪器		20		$40\sqrt{n}$	

注：表中 n 为测站数。

（1）导线方位角闭合差

1）两端与国家控制点联测。对于两端与国家控制点联测的附合导线，如图 11-13 所示，其方位角闭合差为：

$$f_\alpha = \alpha'_{CD} - \alpha_{CD} = \alpha_{AB} + n \times 180° - \sum\beta - \alpha_{CD}$$

式中　α'_{CD}——根据导线转折角推算出的导线终止边的坐标方位角；

α_{AB}，α_{CD}——导线起始边和终止边的坐标方位角；

β——导线转折角（右角）；

n——导线观测角的个数，包括连接角。

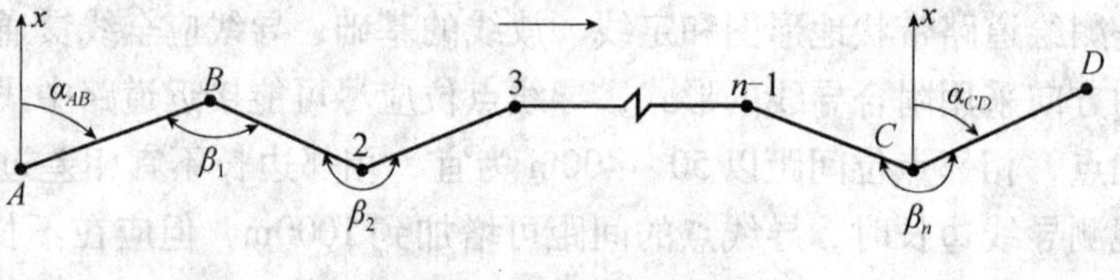

图 11-13　初测附合导线

2）两端测真北。对于两端测真北的延伸导线，如图 11-14 所示，其方位角闭合差为：

$$f_\alpha = A_{AB} + n \times 180° - \sum\beta - A_{CD} + \gamma$$

式中　A_{AB}，A_{CD}——进行真北观测得到的起始边 AB 和终止边 CD 的真方位角；

γ——子午线收敛角。

$$\gamma = \frac{1}{R}\tan\phi = \frac{y_C - Y_A}{R}\tan\phi$$

式中　ϕ——两真北观测点 A 点和 C 点的平均纬度；

l——两真北观测点的横坐标差 $l = y_C - y_A$；

R——地球的平均半径，$R = 6371\text{km}$。

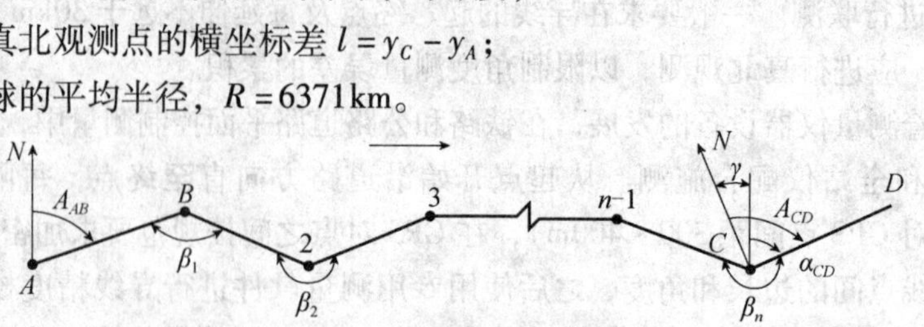

图 11-14　初测延伸导线

3）一端与国家控制点联测，另一端观测真北。当导线一端与国家控制点联测，另一端只观测真北时，仍采用以上两式计算方位角闭合差。但式中 $A_{AB}=\alpha_{AB}$，l 为真北观测点与该带中央子午线的横坐标差，ϕ为其北观测点的纬度。

（2）导线长度闭合差

国家控制点或其他高级控制点一般采用高斯坐标，当初测导线与高级控制点联测进行校核时，应首先将导线测量成果化算到大地水准面上，然后再归化到高斯投影面上，才能进行校核。

设导线在地面上的实际长度为 D，改化到大地水准面的长度 D_0 可按下式计算：

$$D_0 = D\left(1-\frac{H_m}{R}\right)$$

式中　H_m——导线的平均高程；

R——地球的平均半径。

再改化到高斯平面上，可按下式计算

$$D_g = D_0\left(1+\frac{y_m^2}{2R^2}\right)$$

式中　y_m——导线两端点横坐标实际值（高斯坐标减去带号及附加值 500km）的平均值。

初测导线是用坐标增量计算导线长度闭合差的，因此，应该将导线坐标增量总和进行量和改正。两次改化后的坐标增量总和按下式计算：

$$\left.\begin{aligned}\sum\Delta x_g &= \sum\Delta x\left(1-\frac{H_m}{R}+\frac{y_m^2}{2R^2}\right)\\ \sum\Delta y_g &= \sum\Delta y\left(1-\frac{H_m}{R}+\frac{y_m^2}{2R^2}\right)\end{aligned}\right\}$$

式中　$\sum\Delta x_g$，$\sum\Delta y_g$——量化改正后的纵、横坐标增量总和；

$\sum\Delta x$，$\sum\Delta y$——实测的导线纵、横坐标增量总和。

求出改化后的坐标增量总和之后，计算闭合差进行校核。

另外，还要注意所用的高级控制点是否位于同一高斯投影带内。若不在同一投影带，则应进行坐标换带计算，把邻带控制点的坐标换算为同一带的坐标，之后再进行校核计算。

三、高程测量

初测高程测量的任务：一是沿道路布设水准点构成道路的高程控制网；二是测定导线点和加桩的高程，为地形测绘和专业调查使用。初测高程测量通常采用水准测量或光电测距三角高程测量方法进行。

1. 水准点高程测量

道路高程系宜采用“1985 年国家高程基准”。水准点应沿线布设，一般间距为 1～2km，并设在距道路中心线一定范围内，每延伸不远于 30km 处应与国家水准点或相当于国家等级的水准点联测，构成附合水准路线。采用水准测量时，以一组往返观测或两组并测的方式进行；采用光电测距三角高程测量时，可与平面导线测量合并进行。导线点应作为高程转点，高程转点之间及转点与水准点之间的距离和竖直角必须往返观测。

2. 导线点高程测量

在水准点高程测量完成后，进行导线点与加桩的高程测量。无论采用水准测量还是光电测距三角高程测量方法，测量路线均应起闭于水准点，导线点必须作为转点（转点高程取至毫米，加桩高程取至厘米）。水准测量时，采用单程观测；光电测距三角高程测量时，只需单向测量；其中，距离和竖直角可单向正镜观测两次，也可单向观测一测回。

若采用光电测距三角高程测量方法，同时进行水准点高程测量、导线点与中桩高程测量，导线点与中桩高程测量宜在水准点高程测量的返测中进行。

道路初测中，高程测量的主要技术要求见表 11-6。

表 11-6 初测线路高程测量限差

项 目		往返测高差不符值	附合路线闭合差	检 测
水准点	水准测量	$30\sqrt{K}$	$30\sqrt{L}$	$30\sqrt{K}$
	光电测距三角高程测量	$60\sqrt{D}$	$30\sqrt{L}$	$30\sqrt{D}$
加桩	水准测量		$50\sqrt{L}$	100
	光电测距三角高程测量		$50\sqrt{L}$	100

注：K 为相邻水准点间水准路线长度；L 为附合水准路线长度；D 为光电测距边的长度；K，L，D 均以 km 为单位。

四、带状地形图测绘

道路的平面和高程控制建立之后，即可进行带状地形图测绘。测图常用比例尺有 1∶1000，1∶2000，1∶5000，应根据实际需要选用。测图宽度应满足设计的需要，一般情况下，平坦地区为导线两侧各 200～300m，丘陵地区为导线两侧各 150～200m。测图方法可采用全站仪数字化测图、经纬仪测图等。

第六节 定测阶段的测量

一、定线测量

常用的定线测量方法有：穿线放线法、拨角放线法、导线法三种。当相邻两交点互不通视时，需要在其连线或延长线上测设出转点，供交点、测角、量距或延长直线时瞄准使用。现将几种方法分述如下。

1. 穿线放线法

穿线放线法其基本原理是根据初测导线和初步设计的线路中的相对位置，图解出放样的数据，然后将纸上的线路中心放样到实地。相邻两直线延长相交得线路的交点（或称转向点），其点位用 JD 表示。具体测设步骤如下。

（1）量支距

图 11-15 为初步设计后略去等高线和地物的带状平面图。C_{47}，C_{48}，…，C_{52} 为初测导线点，JD_{14}，JD_{15}，JD_{16} 为设计线路中心的交点。所谓支距，就是从各导线点作垂直于导线边的直线，交线路中心线于 47，48，…，52 等点，这一段垂线长度称为支距，如 d_{47}，

d_{48}，…，d_{52}等。然后以相应的比例尺在图上量出各点的支距长度，便得出支距法放样的数据。

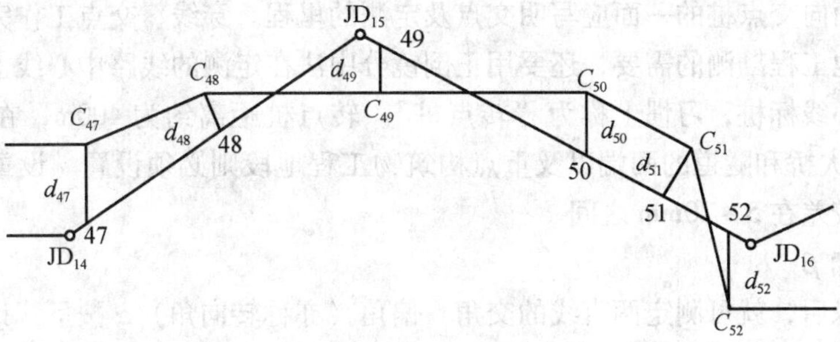

图 11-15　穿线放线法

(2) 放支距

采用支距法放线时，将经纬仪安置在相应的导线上，例如导线点C_{47}上，以导线点C_{48}定向，拨直角，在视线方向上量取该点上的支距长度d_{47}，定出线路中心线上的 47 号点，同法逐一放出 48，49，…各点。为了检查放样工作，每一条直线边上至少放样三个点。

(3) 穿线

由于原测导线、图解支距和放样的误差影响，同一条直线段上的各点放样出来以后，一般不可能在同一条直线上。由于线路本身的要求，必须将它们调整到同一直线上，这项工作称为穿线。如图 11-16 所示，50，51，52 为支距法放样出的中心线标点，由于图解数据和测设工作的误差，使测设的这些点位不严格在一条直线上，这时可用经纬仪或全站仪视准法，定出一条直线，使之尽可能靠近这些测设点，该项工作称为穿线。根据穿线的结果得到中线直线段上的 A、B 点。

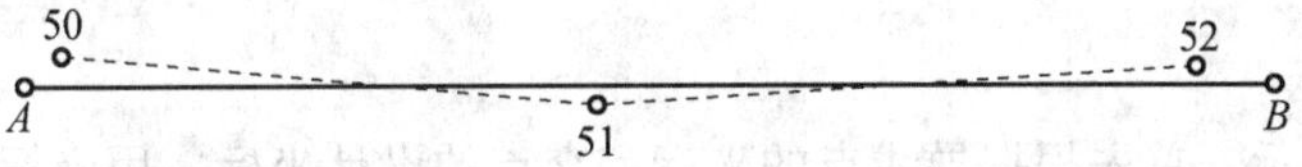

图 11-16　穿线

(4) 测设交点

当相邻两条直线在实地放出后，就要求出线路中心的交点。交点是线路中线的重要控制点，是放样曲线主点和推算各点里程的依据。

如图 11-17 所示。测设交点时，可先在 49 号点上安置全站仪，以 48 号点定向，用正倒镜分中的办法，在 48 至 49 直线上设立两个木桩 a 和 b，使 a、b 分别位于 51 至 50 延长线的两侧，称为骑马桩，钉上小钉，并在其间拉一细线。然后安置仪器于 50 号点。延长 51 至 50

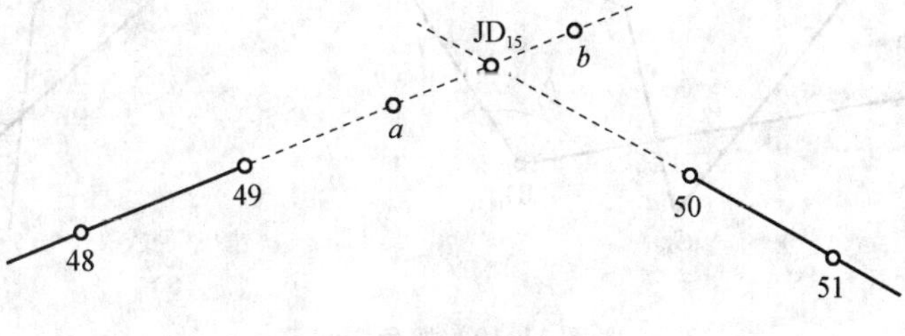

图 11-17　测设交点

直线，在仪器视线与骑马桩间的细线相交处钉交点桩。钉上小钉，表示点位。同时在桩的顶面用红油漆写明交点号数，以便寻找点位及标记里程。在曲线外侧，距交点桩的30cm处，钉一标志桩，面向交点桩的一面应写明交点及定测的里程。穿线、交点工作完成后，考虑到中线测定和其他工程勘测的需要，还要用正倒镜分中法在定测的线路中心线上，于地势较高处设置线路中心线标桩，习惯上称为“转点桩”。转点桩距离约为400m，在平坦地区可延长至500m。在大桥和隧道的两端以及重点构筑物工程地段则必须设置。设置转点时，正倒镜分中法定点较差在5~20mm之间。

(5) 测交角β

中桩交点以后，就可测定两直线的交角。偏角（亦称转向角）α按下式计算。

$$\alpha_{左} = 180° - \beta_{右} \qquad \beta_{右} < 180°$$

或

$$\alpha_{左} = \beta_{右} - 180° \qquad \beta_{右} > 180°$$

推算的偏角α取至10″，当$\beta_{右}<180°$，推算的偏角α为右转角，反之为左转角。如图11-18所示。

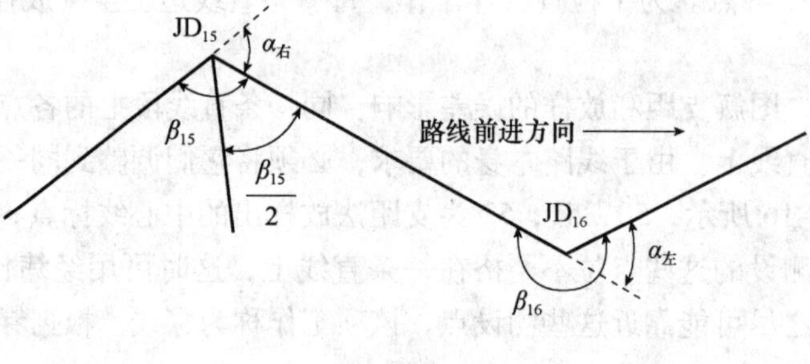

图11-18　路线转角的定义

2. 拨角定线法

如图11-19所示，首先根据导线点的坐标和交点的设计坐标，用坐标反算方法计算出测设数据，用极坐标法、距离交会法或角度交会法测设交点。拨角放线时首先标定分段放线的起点JD_{13}，这时可将经纬仪置于C_{45}点上，以C_{46}定向，拨β_0角，量取水平距离L_0，即可放样JD_{13}。然后迁仪器于JD_{13}，以C_{45}点定方向，拨β角，量取，L_1定交点JD_{14}。同法放样其余各交点。

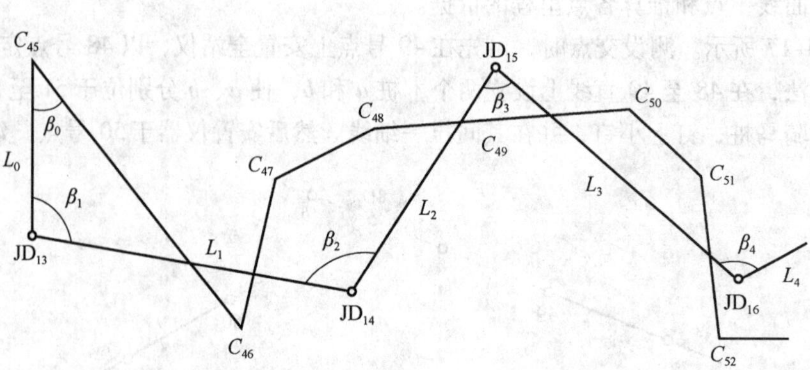

图11-19　拨角定线

为了减少拨角放线的误差积累，每隔5km，将放样的交点与初测导线点联测，求出交点的实际坐标（或设计坐标）进行比较，求得闭合差。若方向和坐标闭合差超过±（1/2000），则应查明原因，改正放样的点位。

3. 导线法

当交点位于陡壁、涤沟、河流及建筑物内时，人往往无法到达，不能将交点标定于实地。这种情况称为虚交，此时可采用全站仪导线法、全站仪自由设站法或用GPS-RTK实时动态定位的方法进行。

4. 转点的测设

路线测量中，当相邻两交点互不通视时，需要在其连线或延长线上定出一点或数点以供交点、测角、量距或延长直线时瞄准之用。这样的点称为转点，其测设方法如下。

（1）*在两交点间设转点*

如图11-20所示，设JD_5、JD_6为相邻两交点，互不通视，ZD′为粗略定出的转点位置。将经纬仪置于ZD′，用正倒镜分中法延长直线JD_5—ZD′于JD_6'。如果JD_6'与JD_6重合或偏差f在路线容许移动的范围内，则转点位置即为ZD′，这时应将JD_6移至JD'_6，并在桩顶上钉上小钉表示交点位置。

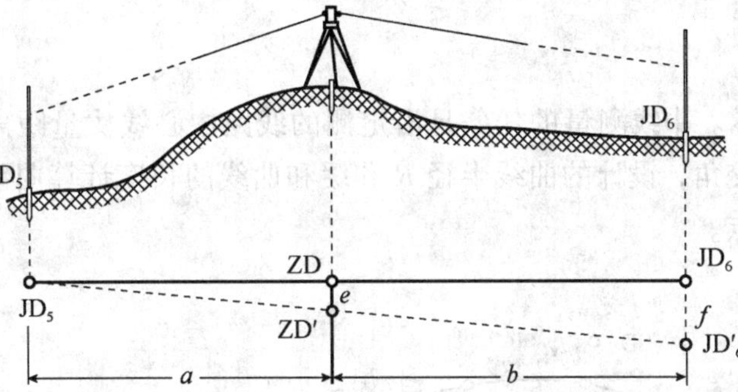

图11-20　在两个不通视交点测设转点

当偏差f超过容许范围或JD_6不许移动时，则需重新设置转点。设e为ZD′应横向移动的距离，仪器在ZD′用视距测量方法测出a、b距离，则

$$e=\frac{a}{a+b}\cdot f$$

将ZD′沿偏差f的相反方向横移e至ZD。将仪器移至ZD，延长直线ZD_5-ZD看是否通过JD_6，或偏差f是否小于容许值。否则应再次设置转点，直至符合要求为止。

（2）*在两交点延长线上设转点*

如图11-21所示，设JD_8、JD_9互不通视，ZD′为其延长线上转点的概略位置。仪器置于ZD′，盘左瞄准JD_8，在JD_9处标出一点；盘右再瞄准JD_8，在JD_9处也标出一点，取两点的中点得JD_9。若JD_9'与JD_9重合或偏差f在容许范围内，即可将JD_9'代替JD_9作为交点，ZD′即作为转点。否则应调整ZD′的位置。设e为ZD′应横向移动的距离，用视距测量方法测量出a、b距离，则

$$e=\frac{a}{a-b}\cdot f$$

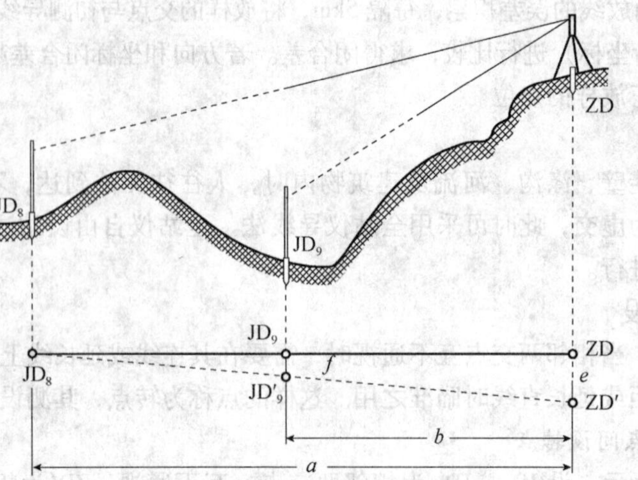

图 11-21　在两个不通视交点延长线上测设转点

将 ZD′沿与 f 相反方向移动 e，即得新转点 ZD。置仪器于 ZD，重复上述方法，直至 f 小于容许值为止。最后将转点和交点 JD_9 用木桩标定在地上。

二、中线测量

如图 11-22 所示。中线测量的任务是沿定测的线路中心线丈量距离，设置百米桩及加桩，并根据测定的交角，设计的曲线半径 R 和缓和曲线的长度计算曲线元素，放样曲线的主点和曲线的细部点。

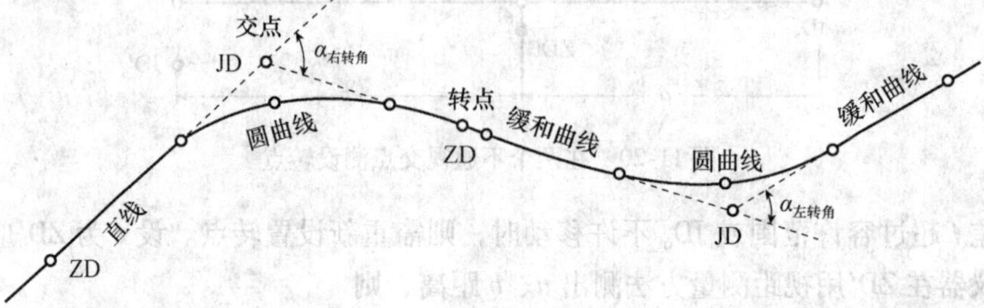

图 11-22　路线中线

1. 里程桩及桩号

在路线定测中，当路线的交点，转角测定后，即可沿路线中线设置里程桩（由于路线里程桩一般设置在道路中线上，故又称中桩），以标定中线的位置。里程桩上写有桩号，表达该中桩至路线起点的水平距离。如果中桩距起点的距离为 1234. 56m，则该桩桩号记为 k1 +234. 56，如图 11-23（a）所示。

中桩分整桩和加桩两种，如图 11-23 所示。路线中桩的间距，不应大于表 11-7 的规定。整桩是按规定间隔（一般为 10m、20m、50m）桩号为整倍数设置的里程桩，如百米桩、千米桩均属于整桩。加桩分为地形加桩、地物加桩、曲线加桩与关系加桩，如图 11-23（b）和图 11-23（c）所示。

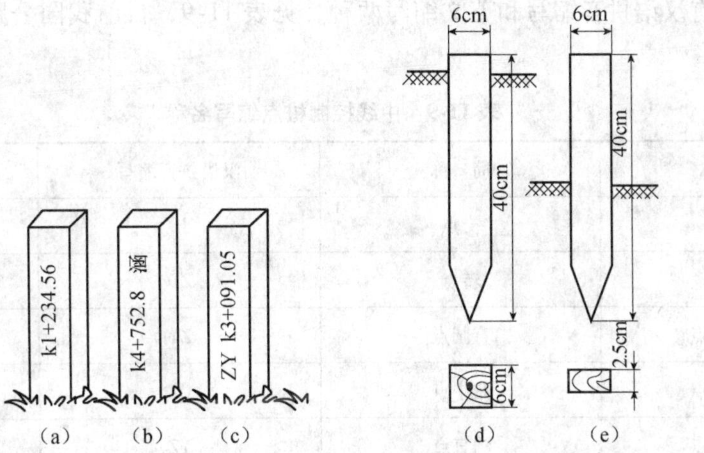

图 11-23　里程桩

表 11-7　中桩间距

直线/m		曲线/m			
平原、微丘	重丘、山岭	不设超高的曲线	$R>60$	$30<R<60$	$R<30$
≤50	≤25	25	20	10	5

注：表中 R 为曲线半径，以米计。

地形加桩是指沿中线地面起伏变化处，地面横坡有显著变化处以及土石分界处等地设置的里程桩。

地物加桩是指沿中线在拟建桥梁、涵洞、管道、防护工程等人工构建物处，与公路、铁路、田地、城镇等交叉处及需拆迁等处理的地物处所设置的里程桩。

曲线加桩是指在曲线交点（如曲线起、中、终）处设置的桩。

关系加桩是指路线上的转点（ZD）桩和交点（JD）桩。

钉桩时，对于交点桩、转点桩、距路线起点每隔500m处的整桩、重要地物加桩（如桥、隧位置桩）以及曲线主点桩，均应打下断面为6cm×6cm的方桩［图11-23（d)］，桩顶露出地面约2cm，并在桩顶中心钉一小钉，为了避免丢失，在其旁边钉一指示桩［图11-23（e)］。交点桩的指示桩应钉在圆心和交点连线外离交点约20cm处，字面朝向交点。曲线主点的指示桩字面朝向圆心。其余里程桩一般使用板桩，一半露出地面，以便书写桩号，字面一律背向路线前进方向。中桩平面桩位精度应符合表11-8的规定。

表 11-8　中桩平面桩位精度

公路等级	中桩位置中误差/cm		桩位检测之差/cm	
	平原、微丘	重丘、山岭	平原、微丘	重丘、山岭
高速公路，一、二级公路	≤±5	≤±10	≤10	≤20
三级及以下公路	≤±10	≤±15	≤20	≤30

在书写曲线加桩和关系加桩时，应先写其缩写名称，后写桩号，如图11-23所示。曲线

主点缩写名称有汉语拼音缩写和英文缩写两种，见表11-9，目前我国公路主要采用汉语拼音的缩写名称。

表11-9　中线控制桩点缩写名称

标志名称	简　称	汉语拼音缩写	英文缩写
转角点	交点	JD	IP
转点	转点	ZD	TP
圆曲线起点	直圆点	ZY	BC
圆曲线中点	曲中点	QZ	MC
圆曲线终点	圆直点	YZ	EC
公切点	公切点	GQ	PCC
第一缓和曲线起点	直缓点	ZH	TS
第一缓和曲线终点	缓圆点	HY	SC
第二缓和曲线起点	圆缓点	YH	CS
第二缓和曲线终点	缓直点	HZ	ST

2. 断链处理

中线丈量距离，在正常情况下，整条路线上的里程桩号应当是连续的。但是当出现局部改线，或者在事后发现距离测量中有错误，都会造成里程的不连续，这在线路中称为“断链”。

断链有长链与短链之分，当原路线记录桩号的里程长于地面实际里程时为短链，反之则叫长链。出现断链后，要在测量成果和有关设计文件中注明断链情况，并要在现场设置断链桩。断链桩要设置在直线段中的10m整倍数上为宜，桩上要注明前后里程的关系及长（短）多少距离。

三、水准测量

定测阶段的水准测量也称为线路的纵断面测量，它是根据基平测量中设置的水准点，施测中线上所有中桩点的地面高程，然后按测得的中桩点高程和其里程（桩号）绘制纵断面图。纵断面图反映沿中线的地面起伏情况，它是设计路面高程、坡度和计算土方量的重要依据。

纵断面测量一般都采用间视水准测量的方法，间视点的标尺读数需要读到cm，路线水准闭合差不应超过$\pm 50\sqrt{L}$mm（L为路线长的千米数）。

在纵断面测量中，当线路穿过架空线路或跨越涵管时，除了要测出中线与它们相交处（一般都已设置了加桩）的地面高程外，还应测出架空线路至地面的最小净空和涵管内径等，这些参数还需要注记在纵断面上。线路跨越河流时，应进行水深和水位测量，以便在纵断面图上反映河床的断面形状及水位高。

四、横断面测量

定测阶段的横断面测量，是要在每个中桩点测出垂直于中线的地面线，地物点至中桩的距离和高差，并绘制成横断面图。横断面图反映垂直于线路中线方向上的起伏情况，它是进行路基设计、土石方计算及施工中确定路基填挖边界的依据。

横断面施测的宽度，根据路基宽度及地形情况确定，一般为中线两侧各测 15 ~ 50m。地面点距离和高差精度为0.1m。检测互差限差应符合表11-10 的规定。

表11-10　横断面检测互差限差

公路等级	距离/m	高差/m
高速公路，一、二级公路	$\leqslant L/100+0.1$	$\leqslant h/100+L/200+0.1$
三级及以下公路	$\leqslant L/50+0.1$	$\leqslant h/50+L/100+0.1$

注：1. L 为测点至中桩的水平距离（m）。

2. h 为测点至中桩的高差（m）。

横断面测量应逐桩施测，其方向应与路线中线垂直，曲线段与测点的切线垂直。

整个横断面测量可分为：标定横断面方向、施测横断面和绘制横断面（绘制横断面图见“五、纵横断面图的绘制”）。现分述如下。

1. 标定横断面方向

(1) 直线段横断面方向的测设

在直线段上，横断面方向可利用经纬仪测设直角后得到，但通常是采用十字方向架来测定。

方向架的结构如图11-24（a）所示，它是由相互垂直的照准杆 aa'、bb'构成的十字架，cc'为定向杆，支撑十字架的杆约高1.2m。

工作时，将方向架置于中线桩点上，以方向架对角线上的两个小钉，瞄准线路中心的标桩，并固定十字架，这时方向架另一个所指方向即为横断面方向，如图11-24（b）所示。

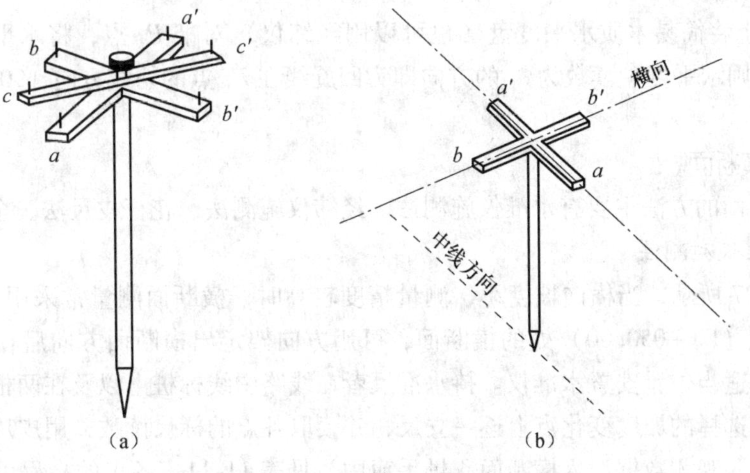

图11-24　使用方向架测设直线的横断面方向

（2）圆曲线横断面方向的测设

在曲线段上，横断面的方向与该点处曲线的切线方向相垂直，标定的方法如下。

方向架法：如图 11-25 所示，将方向架置于 ZY 点，使照准杆 aa' 指向交点 JD，这时照准杆 bb' 方向指向圆心。旋松定向杆 cc'，使其照准圆曲线上的第一个细部点 P_i，旋紧定向杆 cc' 的制动钮。将方向架置于 P_i 点，使照准杆 bb' 指向 ZY 点，这时定向杆 cc' 所指的方向就是圆心方向。

（3）缓和曲线横断面方向的测设

若要用方向架在缓和曲线上标定横断面方向，可在方向架的竖杆上套一简易木质水平度盘，这样便能使其根据偏角关系来标定横断面方向，标定方法如图 11-26 所示，P_1、P_2 为回旋线上的两点，若要测设 P_1 点的横断面方向，则先要计算出回旋线在 P_1 点的切线角 β_1 为：

$$\beta_1 = \frac{l_1^2}{RL_h} \times \frac{90°}{\pi}$$

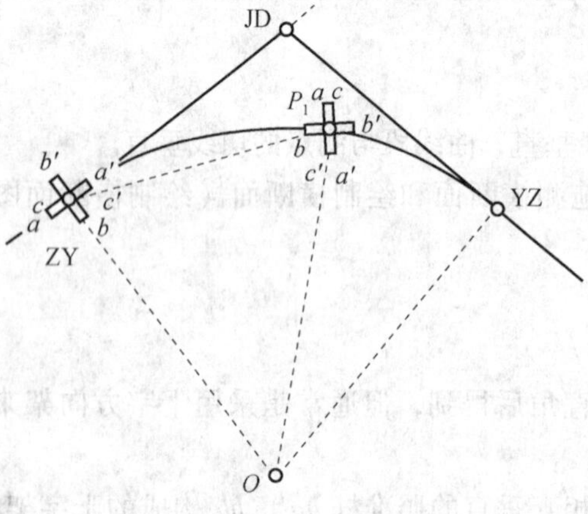

图 11-25　在圆曲线上测设横断面方向

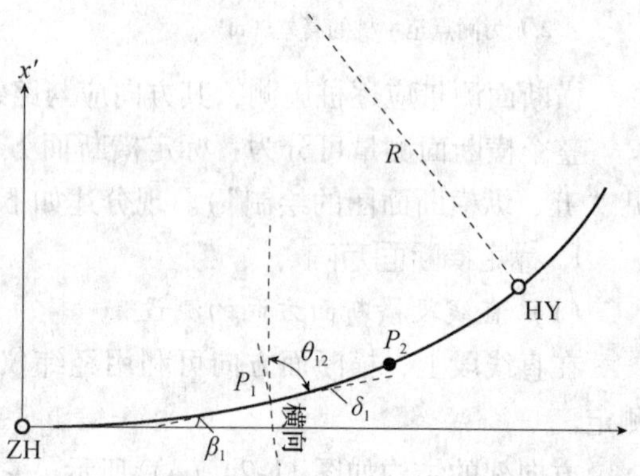

图 11-26　用方向架在缓和曲线上标定横断面方向

根据坐标计算公式计算出 P_1、P_2 点在图示独立坐标系中的坐标（x_1'，y_1'）、（x_2'，y_2'），由此求出弦线 P_1P_2 与 P_1 点切线的水平夹角 δ_1 为：

$$\delta_1 = 90° - \beta_1 - \theta_{12}$$

在 P_1 点上将简易木质水平度盘（也可以用经纬仪）对准 P_2 点，将水平度盘读数配置为 0°00′00″，则水平度盘读数为 δ_1 的方向即为回旋线在 P_1 点的切线方向，$90° + \delta_1$ 方向即为横断面方向。

2. 施测横断面

施测横断面的方法主要有水准仪施测法、经纬仪施测法、花杆皮尺法、全站仪法等。

（1）水准仪施测法

如图 11-27 所示，当横向坡度小，测量精度较高时，横断面测量常采用水准仪施测法，欲测中心标桩（k0 + 050.00）处的横断面，可用方向架定出横断面方向后在此方向上插两根花杆，并在适当位置安置水准仪。持水准尺者在线路中线标桩上以及在两根花杆所标定的横断面方向内选择的坡度变化点上逐一立尺，并读取各点的标尺读数，用皮尺量出各点的距离，然后将这些观测数据记入横断面测量手簿中，见表 11-11。各点的高程可由视线高程推算而得。

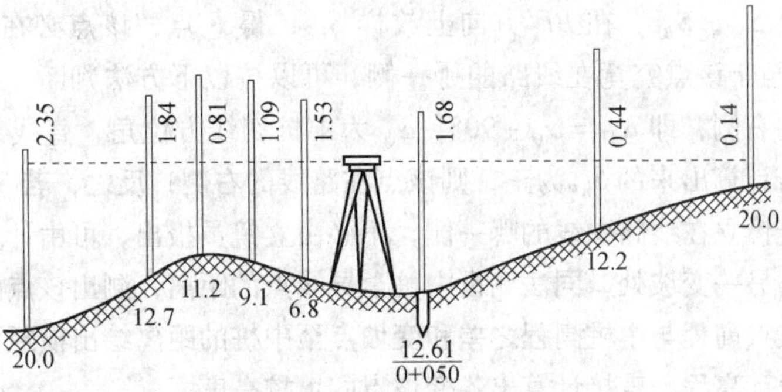

图 11-27　水准仪施测法

表 11-11　横断面测量记录

前视读数/距离（左侧）					后视读数/桩号	前视读数/距离（右侧）	
2.35/20.0	1.84/12.7	0.81/11.2	1.09/9.1	1.53/6.8	1.68/0+050	0.44/12.2	0.14/20.0

如果横断面方向上坡度较大，一次安置仪器不能施测线路两侧的坡度变化点时，可用两台水准仪分别施测左右两侧的断面。

水准仪施测横断面的精度较高，但在横向坡度大或地形复杂的地区则不宜采用。

(2) 经纬仪施测法

当横向坡度变化较大时，横断面的施测常采用经纬仪进行。首先在欲测横断面的中线桩点上安置经纬仪，并用钢尺量出仪器高，然后照准横断面方向，并将水平方向制动。持尺者在经纬仪视线方向的坡度变化点上立尺。观测者用视距测量的方法读取视距读数，中丝读数，垂直角 α；并计算出各个地形特征点与中桩的平距和高差。

(3) 花杆皮尺法

当横断面精度要求较低时，多采用花杆皮尺法。

(4) 全站仪法

1) 全站仪对边测量

在中桩测设后，移动反光棱镜到大致的横断面方向上某变坡点 F' 处，全站仪照准反光棱镜后，读出水平读盘读数，计算机即可计算出导线点至立镜点的坐标方位角，如图 11-28 所示，A 为中桩，B 为导线点。由于 A、B 点的坐标已知，α_{BF}、α_{AF} 可以计算得出，则 F 点的坐标为

$$\left.\begin{aligned} x_F &= x_A + S_{AF}\cos\alpha_{AF} = x_B + S_{BF}\cos\alpha_{BF} \\ y_F &= y_A + S_{AF}\sin\alpha_{AF} = y_B + S_{BF}\sin\alpha_{BF} \end{aligned}\right\}$$

把 S_{AF}、S_{BF} 看作是未知数，解方程得

$$\left.\begin{aligned} S_{AF} &= \frac{(x_B - x_A)\sin\alpha_{BF} - (y_B - y_A)\cos\alpha_{BF}}{\sin(\alpha_{BF} - \alpha_{AF})} \\ S_{BF} &= \frac{(x_B - x_A)\sin\alpha_{AF} - (y_B - y_A)\cos\alpha_{AF}}{\sin(\alpha_{BF} - \alpha_{AF})} \end{aligned}\right\}$$

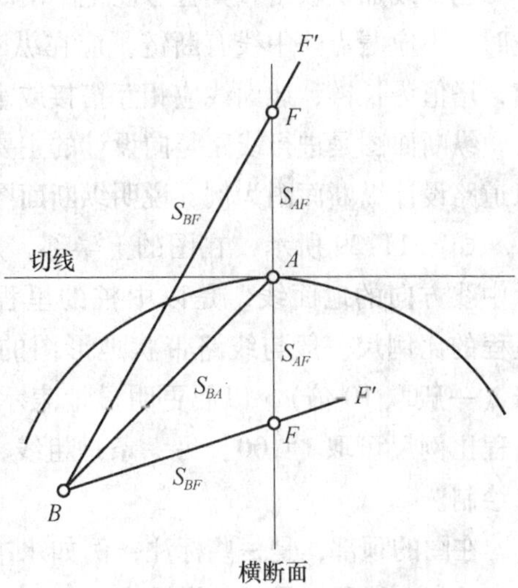

图 11-28　全站仪对边测量

由计算机算出 S_{AF}、S_{BF}，在 BF' 方向上放样 S_{BF}，得 F 点，该点必在 A 点的横断面上。定 F 点高程 H_F，至于该点究竟在线路的哪一侧，可以按以下方法判断：在计算 S_{AF} 时，α_{AF} 始终取前进方向的右侧，即 $\alpha_{AF}=\alpha_Q+90°$，α_Q 为中桩切线方位角，直线部分则为该直线的方位角。这样，若计算出来的 S_{AF} 为正，则该点在路线的右侧；反之，若 S_{AF} 为负，则在线路左侧。因此，反光镜立在线路中线的哪一侧，不必由立镜员报出，可由计算机自动判断。再移镜至该横断面的另一变坡处，同法测设中桩至导线点的距离，测出该点的高程。最后，可根据断面上各变坡点高程与中桩高程之差和变坡点至中桩的距离绘出横断面图，也可根据横断面上各变坡点设计高程，直接计算出各变坡点的填挖高度。

横断面测量虽然操作比较简单，但是工作量较大，而且测量是否准确，对于整个线路设计有着重要的影响，因此，作业中必须加强责任心，结合地形选择适当的仪器和工具，确保要求的测量精度和进度。另外，作业中要加强检测。

2）全站仪直接测量

全站仪直接测量的操作方法与经纬仪施测法相同，其区别在于全站仪是使用光电测距的方法测定地形特征点与中桩的平距和高差。这种方法适合于任何地形条件。

五、纵断面图的绘制

1. 纵断面图的绘制

纵断面图是以中桩的里程为横坐标，以中桩的地面高程为纵坐标绘制的，展绘比例尺，里程（横向）比例尺应与线路带状地形图的比例尺一致，高程（纵向）比例尺通常比里程（横向）大10倍，如里程比例尺为1:1000，则高程比例尺为1:100。纵断面图应使用透明的毫米格纸的背面自左至右进行展绘和注记，图幅设计应视线路长度、高差变化及晒印的条件而定。纵断面图包括图头、图尾、注记、展线四部分。图头内容包括高程比例尺和测图比例尺。设计应注记的主要内容（如桩号、地面高、设计高、设计纵坡、平曲线等），因工程不同也不一样。

当中线加桩较密，其桩号注记不下时，可注记最高和最低高程变化点的桩号，但绘地面线时，不应漏点。中线有断链，应在纵断面图上注记断链桩的里程及线路总长应增减的数值，增值为长链，地面线应相互搭接或重合；减值为短链，地面线应断开。

纵断面图是进行线路竖向设计的主要依据。不同的线路工程其具体内容有所不同，下面以道路设计纵断面图为例，说明纵断面图的绘制方法。

如图11-29所示，在图的上半部，从左至右绘有两条贯穿全图的线，一条是细线，表示中线方向的地面线，是以中桩的里程为横坐标，以中桩的地面高程为纵坐标绘制的。里程的比例尺一般与线路带状地形图的比例尺一致，高程比例尺则是里程比例尺的若干倍（一般取10倍），以便更明显地表示地面的起伏情况，例如里程比例尺为1:1000时，高程比例尺可取1:100。另一条是粗线，表示带有竖曲线在内的纵坡设计线，根据设计要求绘制。

在图的顶部，是一些标注，例如水准点位置、编号及其高程，桥涵的类型、孔径、跨数、长度、里程桩号及其设计水位，与某公路、铁路交叉点的位置、里程及其说明等，根据实际情况进行标注。

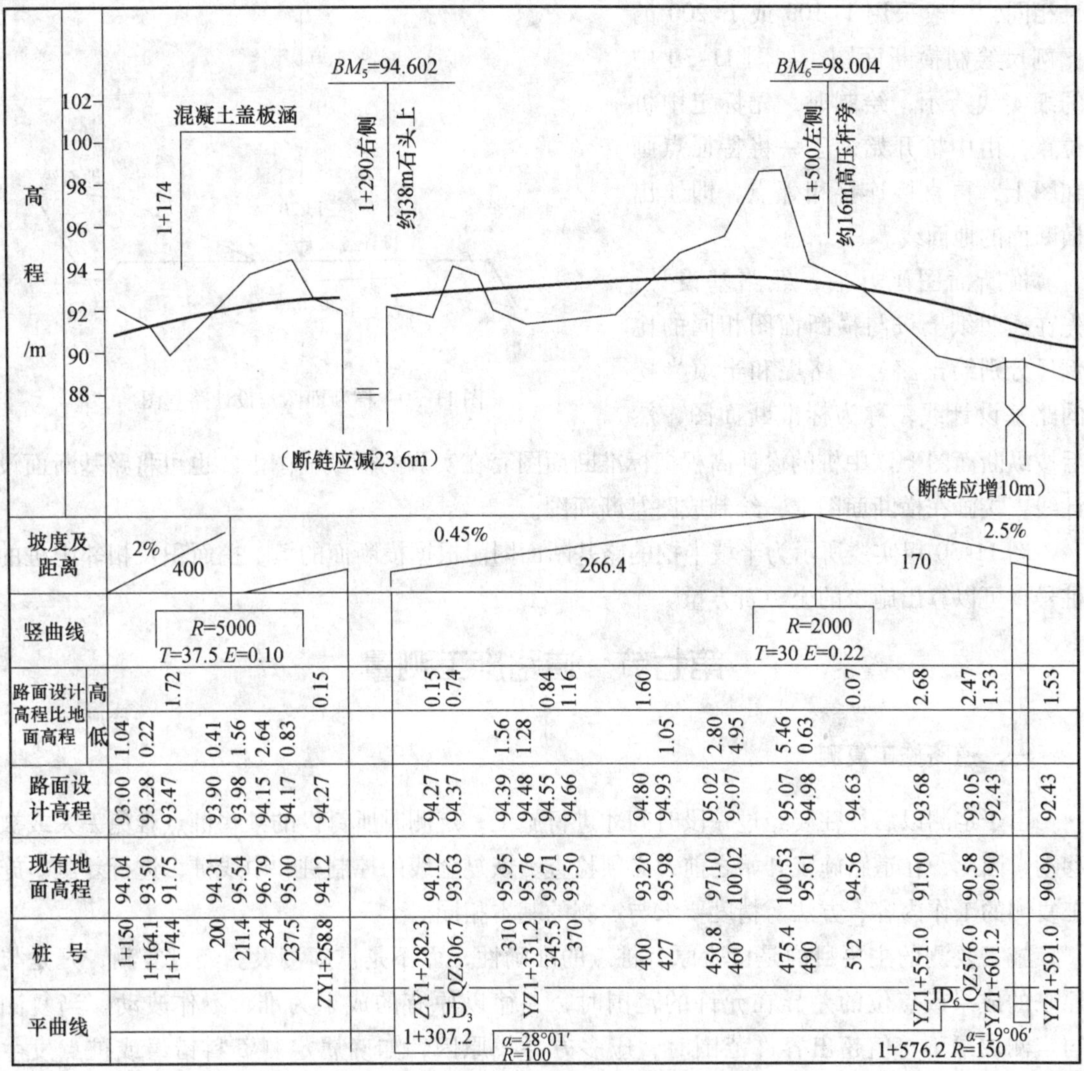

图 11-29　道路纵断面图

图的下部绘有七栏表格，注记有关测量和纵坡设计的资料，自下而上分别是平曲线、桩号、地面高程、设计高程、设计与地面的高差、竖曲线、坡度及距离。其中平曲线是中线的示意图，其曲线部分用成直角的折线表示，上凸的表示曲线右偏，下凸的表示曲线左偏，并注明交点编号和曲线半径，带有缓和曲线的应注明其长度，在不设曲线的交点位置，用锐角折线表示；里程栏按横坐标比例尺标注里程桩号，一般标注百米桩和千米桩；地面高程栏按中平测量成果填写各里程桩的地面高程；设计高程栏填写设计的路面高程；设计与地面的高差栏填写各里程桩处，设计高程减地面高程所得的高差；竖曲线栏标绘竖曲线的示意图及其曲线元素；坡度栏用斜线表示设计纵坡，从左至右向上斜的表示上坡，下斜的表示下坡，并在斜线上以百分比注记坡度的大小，在斜线下注记坡长。

2. 横断面图的绘制

根据横断面测量得到的各点间的平距和高差，在毫米方格纸上绘出各中桩的横断面图。水平方向表示距离，竖直方向表示高程。为了便于土方计算，一般水平比例尺应与竖直比例尺相同，一般采用1∶100或1∶200的比例尺绘制横断面图。如图11-30中的细实线所示，绘制时，先标定中桩位置，由中桩开始，逐一将特征点画在图上，再直接连接相邻点，即绘出横断面的地面线。

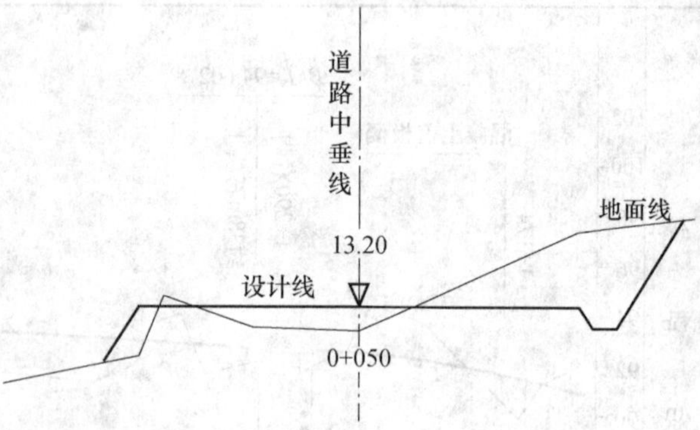

图11-30　横断面图与设计路基图

横断面图画好后，经路基设计，先在透明纸上按与横断面图相同的比例尺分别绘出路堑、路堤和半填半挖的路基设计线，称为标准断面图，然后按纵断面图上该中桩的设计高程把标准断面图套在实测的横断面图上。也可将路基断面设计线直接画在横断面图上，绘制成路基断面图。

图11-30粗实线所示为半填半挖的路基断面图。根据横断面的填、挖面积及相邻中桩的桩号，可以算出施工的土、石方量。

第七节　道路施工测量

一、道路施工复测

由于定测以后往往要经过一段时间才进行施工，定测时所钉设的某些桩点难免丢失或被移动，因此，在道路施工开始之前，必须检查、恢复全线的控制桩和中线桩，进行复测。施工复测的工作内容、方法、精度要求与定测的基本相同。

施工复测的主要目的是检验原有桩点的准确性，而不是重新测设。经过复测，凡是与原来的成果或点位的差异在允许的范围时，一律以原有的成果为准，不作改动。当复测与定测成果不符值超出容许范围时，应多方寻找原因，如确属定测资料错误或桩点发生移动，则应改动定测成果，且改动尽可能限制在局部的范围内。复测与定测成果的不符值的限差如下。

1）交点水平角：高速及一级公路为±20″，二级及以下公路为±60″，铁路为±30″。

2）转点点位横向差：每100m不应大于5mm，当点间距离超过400m时，最大点位误差应小于20mm。

3）中桩平面桩位精度应符合表11-8的规定。

4）中桩高程限差为±10cm。

施工复测后，中线控制桩必须保持正确位置，以便在施工中经常据以恢复中线。因此，复测过程中还应对道路各主要桩撅（如交点、直线转点、曲线控制点等）在土石方工程范围之外设置护桩。护桩一般设置两组，连接护桩的直线宜正交，困难时交角不宜小于60″，每组护桩不得少于3个。根据中线控制桩周围的地形条件等，护桩按图11-31所示的形式进行布设。对于地势平坦、填挖高度不大、直线段较长的地段，可在中线两侧一定距离处，测设两排平行于中线的施工控制位，如图11-32所示。

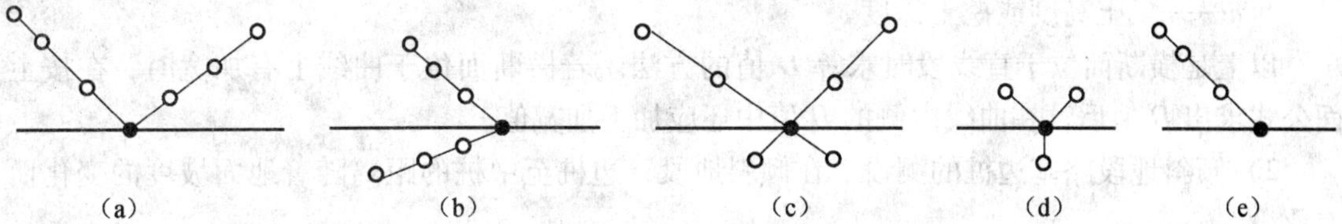

图 11-31　护桩设置示意图

图 11-32　平行法护桩

二、路基放样

1. 路基边桩的测设

路基边桩测设就是在地面上将每一个横断面的路基边坡线与地面的交点用木桩标定出来。边桩的位置由两侧边桩至中桩的距离来确定。边桩测设的方法很多，常用的有图解法和解析法。

（1）图解法

在地势比较平坦的地段，如果横断面测绘精度较高，可以在路基横断面设计图上直接量取中桩到边桩的水平距离，然后到实地在横断面方向用皮尺量距进行边桩放样。

（2）解析法

1）平坦地段路基边桩的测设。填方路基称为路堤，挖方路基称为路堑，分别如图 11-33（a）、（b）所示。

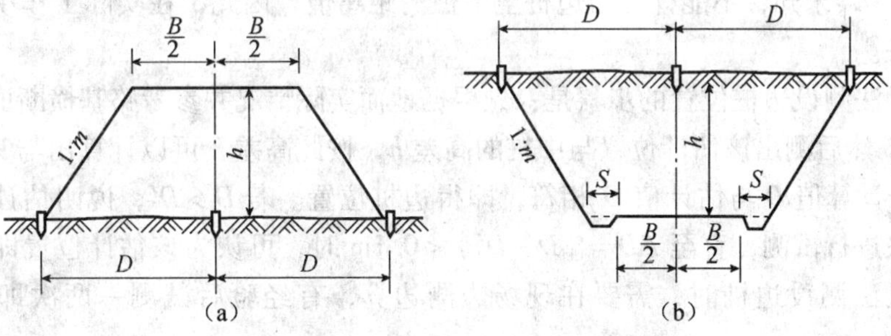

图 11-33　路堤、路堑

路堤边桩至中桩的距离为：

$$D = B/2 + mh$$

路堑边桩至中桩的距离为：

$$D = B/2 + S + mh$$

式中　B——路基设计宽度；

S——路堑边沟顶宽；

m——路基边坡坡度的倒数；

h——填土高度或挖土深度。

以上是横断面位于直线段时求算 D 值的方法。若横断面位于曲线上有加宽时，在按上面公式求出 D 值后，在曲线内侧的 D 值中还应加上加宽值。

2）倾斜地段路基边桩的测设。在倾斜地段，边桩至中桩的距离随着地面坡度的变化而变化。

如图 11-34 所示，路堤边桩至中桩的距离为

$$\left.\begin{aligned}&\text{斜坡上侧}\quad D_{上} = B/2 + m(h_{中} - h_{上})\\&\text{斜坡下侧}\quad D_{下} = B/2 + m(h_{中} + h_{下})\end{aligned}\right\}$$

如图 11-35 所示，路堑边桩至中桩的距离为

$$\left.\begin{aligned}&\text{斜坡上侧}\quad D_{上} = B/2 + S + m(h_{中} + h_{上})\\&\text{斜坡下侧}\quad D_{下} = B/2 + S + m(h_{中} - h_{下})\end{aligned}\right\}$$

式中，B，S，m，$h_{中}$（中桩处的填挖高度）为已知；$h_{上}$，$h_{下}$ 为斜坡上、下侧边桩与中桩的高差，在边桩未定出之前为未知数。

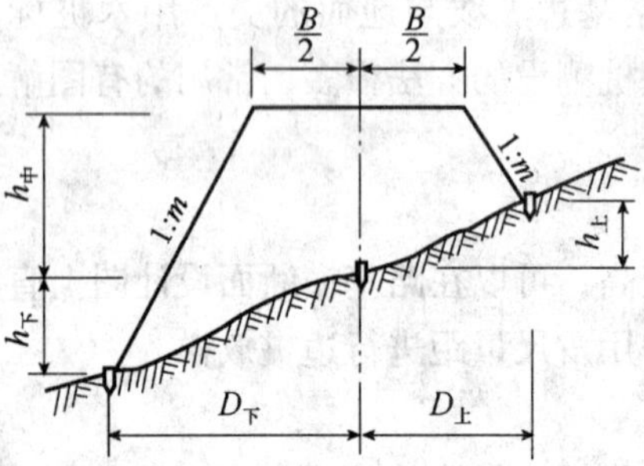

图 11-34　斜坡地段路堤边桩测设

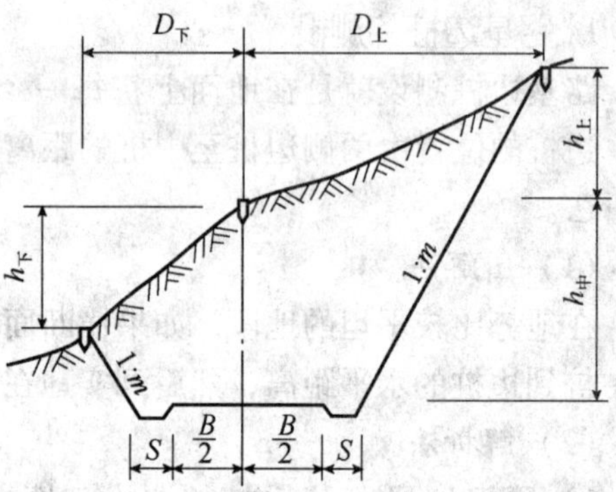

图 11-35　斜坡地段路堑边桩测设

由于 $h_{上}$，$h_{下}$未知，不能计算出边桩至中桩的距离值，因此，在实际工作中采用逐点趋近法测设边桩。

逐点趋近法测设边桩位置的步骤是：先根据地面实际情况并参考路基横断面图，估计边桩的位置 D'，然后测出该估计位置与中桩的高差 h，按此高差 h 可以计算出与其相对应的边桩位置 D。若计算值 D 与估计值 D'相符，即得边桩位置。若 $D > D'$，说明估计位置需要向外移动，再次进行试测，直至 $\Delta D = |D - D'| < 0.1\text{m}$ 时，可认为该估计位置即为边桩的位置。逐点趋近法测设边桩时，需要在现场边测边算，有经验后试测一两次即可确定边桩位置。

逐点趋近法测设边桩时，若使用全站仪，利用其对边测量功能，可同时获得估计位置与中桩的高差和水平距离，较之使用尺子量距、水准仪测高差的测设速度快，并且可以任意设站，一测站测设多个边桩，工作效率较高。

2. 路基边坡的测设

边桩测设后，为保证路基边坡施工按设计坡率进行，还应将设计边坡在实地上标定出来。

（1）挂线法

如图 11-36（a）所示，O 为中桩，A，B 为边桩，CD 为路基宽度。测设时，在 C，D 两

点竖立标杆，在其上等于中桩填土高度处做 C'，D' 标记，用绳索连接 A，C'，D'，B，即得出设计边坡线。当挂线标杆高度不够时，可采用分层挂线法施工，如图 11-36（b）所示。此法适用于放样路堤边坡。

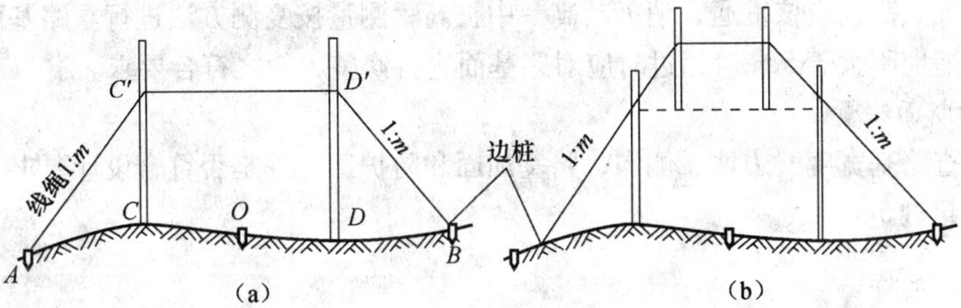

图 11-36　挂线法测设边桩

（2）边坡样板法

边坡样板按设计坡度制作，可分为活动式和固定式两种。固定式样板常用于路堑边坡的放样，设置在路基边桩外侧的地面上，如图 11-37（a）所示。活动式样板也称活动边坡尺，它既可用于路堤，又可用于路堑的边坡放样，图 11-37（b）所示的是利用活动边坡尺放样路堤的情形。

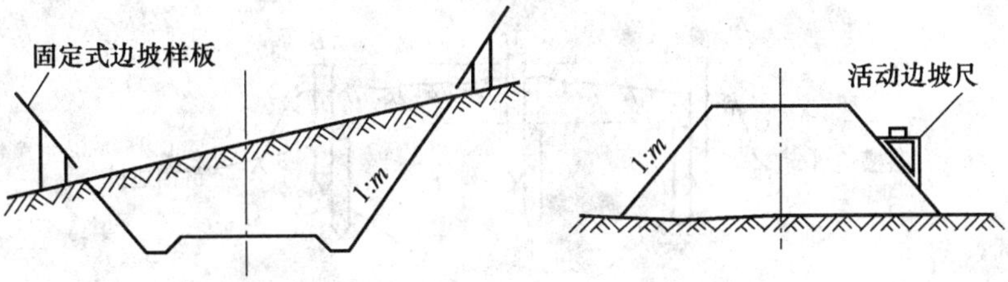

图 11-37　边坡样板法测设边坡

（3）插杆法

机械化施工时，宜在边桩外插上标杆以表明坡脚位置，每填筑 2～3m 后，用平地机或人工修整边坡，使其达到设计坡度。

3. 路基高程的测设

根据道路附近的水准点，在已恢复的中线桩上，用水准测量的方法求出中桩的高程，在中桩和路肩边上竖立标杆，杆上画出标记并注明填挖尺寸，在填挖接近路基设计高时，再用水准仪精确标出最后应达到的标高。

机械化施工时，可利用激光扫平仪来指示填挖高度。

4. 路基竣工测量

路基土石方工程完成后应进行竣工测量。竣工测量的主要任务是最后确定道路中线的位置，同时检查路基施工是否符合设计要求。其主要内容有：中线测设、高程测量和横断面测量。

（1）中线测设

首先根据护桩恢复中线控制桩，并进行固桩，然后进行中线贯通测量。在有桥涵、隧道的地段，应从桥隧的中线向两端贯通。贯通测量后的中线位置，应符合路基宽度和建筑限界的要求。中线里程应全线贯通，消灭断链。直线段每50m、曲线段每20m测设一桩，还要在平交道中心、变坡点、桥涵中心等处以及铁路的道岔中心测设加桩。

（2）高程测量

全线水准点高程应该贯通，消灭断高。中桩高程测量按复测方法进行。路基面实测高程与设计值相差应不大于5cm，超过时应对路基面进行修整，使之符合要求。

（3）横断面测量

主要检查路基宽度、边坡、侧沟、路基加固和防护工程等是否符合设计要求。横向尺寸误差均不应超过5cm。

三、路面放样

1. 路面放样

在铺设公路路面时，应先把路槽放样出来，具体放样方法如下。

从最近的水准点出发，用水准仪测出各桩的路基设计标高，然后在路基的中线上按施工要求每隔一定的间距设立高程桩，用放样已知高程点的方法，使各桩桩顶高程等于将来要铺设的路面标高。如图11-38所示。

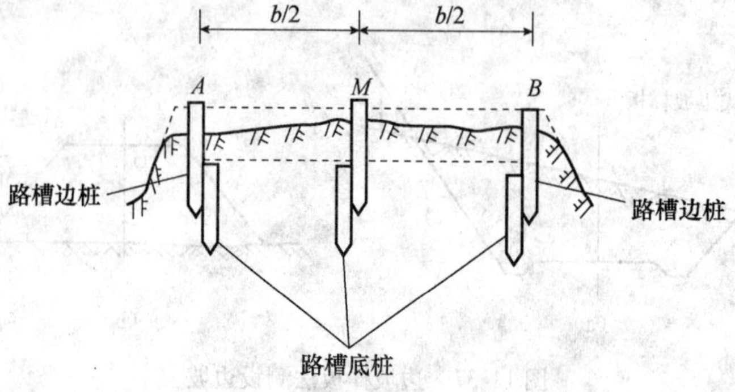

图11-38　路槽放样示意图

用皮尺由高程桩（M桩）沿横断面方向左、右各量路槽宽度的一半，钉出路槽边桩A、B，使其桩顶标高等于铺设路面的设计标高。在A、B、M桩旁边挖一小坑，在坑中钉一木桩，使桩顶的标高符合路槽底的设计标高，即可开挖路槽。

2. 路拱放样

所谓路拱就是在保证行车平稳的情况下，为有利于路面排水，使路中间按一定的曲线形式（抛物线、圆曲线）进行加高，并向两侧倾斜而形成的拱。

（1）抛物线形式的路拱放样

如图11-39所示。抛物线的方程为：

$$x^2 = 2py$$

当$x=0.5B$时，$y=f$（f为路拱高），将$x=0.5B$代入$x^2=2py$得

$$2p = \frac{B^2}{4f}$$

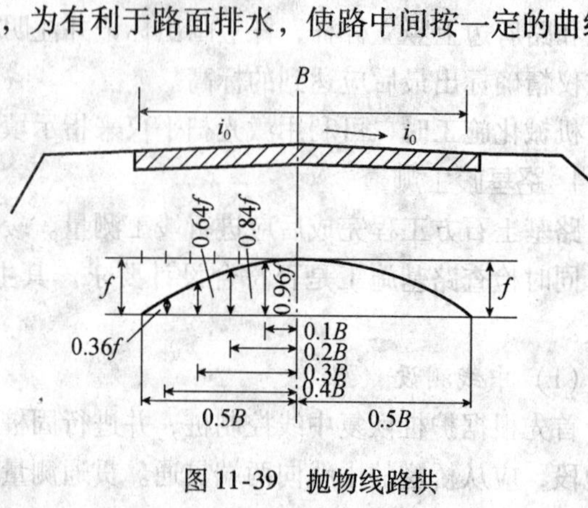

图11-39　抛物线路拱

该路拱的抛物线方程为

$$y = \frac{x^2}{2p} = \frac{4f}{B^2} \times x^2$$

f 可按路拱坡度 i_0 确定：$f = Bi_0/2$（i_0 为横坡坡度）。

放样方法如下。

从中桩沿横断面方向，左、右分别量取 x_1、x_2、x_3 等分别打桩，使桩顶高为 y_1、y_2、y_3 等。

（2）圆弧路拱的放样

如图 11-40 所示。圆弧路拱是在两个斜面中间用圆弧连接的路拱。

从图 11-40 中可以看出：圆曲线的曲线长 $L = 2i_0R$。

通常情况下 $L = 2.0\text{m}$，则圆曲线的半径 $R = 1/i_0$。

外矢距　$E = \frac{T^2}{2R} = \frac{1}{2} \times i_0^2 R \left(T = \frac{1}{2}L \right)$

拱矢高　　$f = \frac{1}{2} \times i_0^2 B$

式中　R——圆弧半径；

f——拱矢高；

B——路面宽度；

E——外矢距；

i_0——路面的横坡度。

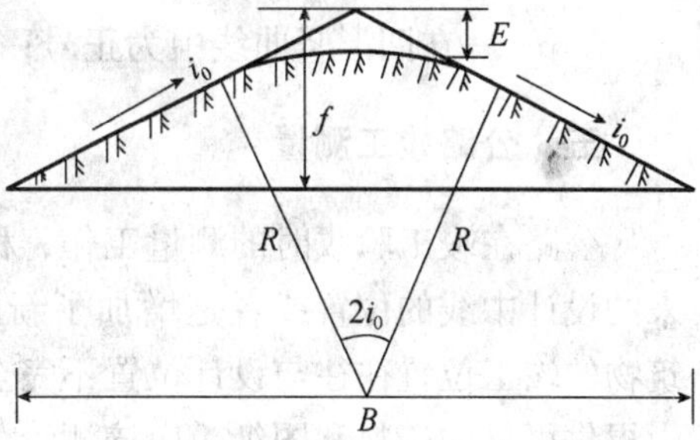

图 11-40　圆弧路拱

这样，我们就可以将路拱做成模板，用模板进行放样。

四、竖曲线的测设

在路线纵坡变更处，为了行车的平稳和视距的要求，在竖直面内应以曲线衔接，这种曲线称为竖曲线。竖曲线有凸形和凹形两种，如图 11-41 所示。

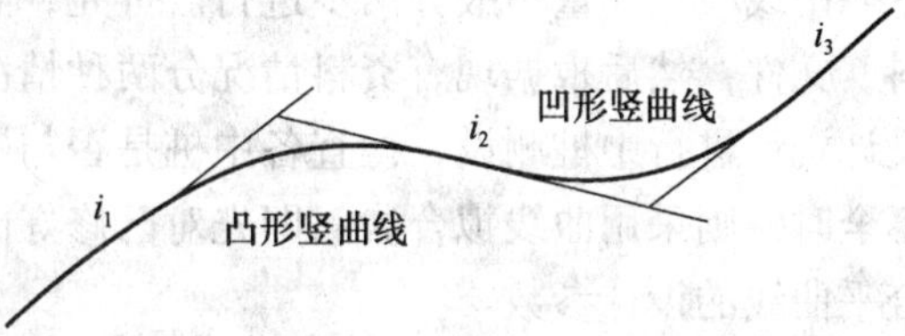

图 11-41　竖曲线

竖曲线一般采用圆曲线，这是因为在一般情况下，相邻坡度差都很小，而选用的竖曲线半径都很大，因此，即使采用二次抛物线等其他曲线，所得到的结果也与圆曲线相同。

如图 11-42 所示，两相邻纵坡的坡度分别为 i_1，i_2，竖曲线半径为 R，则曲线长：

$$L = \alpha R$$

由于竖曲线的转角 α 很小，故可认为

$$\alpha = i_1 - i_2$$

于是

$$L = R(i_1 - i_2)$$

$$T = R\tan\frac{\alpha}{2}$$

因 α 很小，$\tan\frac{\alpha}{2} \approx \frac{\alpha}{2}$，则切线长

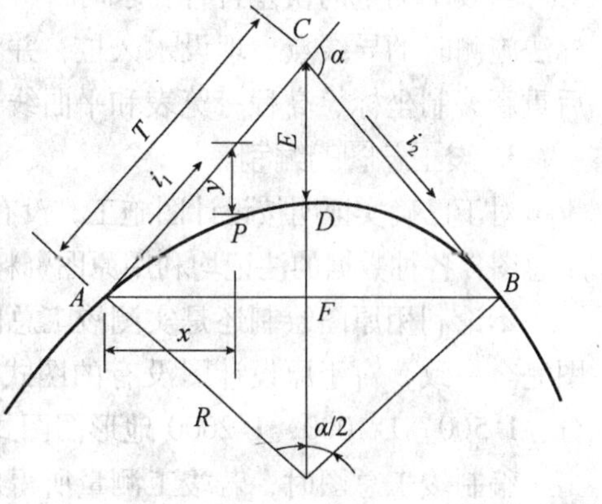

图 11-42　竖曲线测设元素

$$T = R\frac{\alpha}{2} = \frac{L}{2} = \frac{1}{2}R(i_1 - i_2)$$

又因为 α 很小，可以认为 $DF \approx E$，$AF \approx T$，根据 $\triangle ACO$ 与 $\triangle ACF$ 相似，可以列出

$$R : T = T : 2E$$

外距

$$E = \frac{T^2}{2R}$$

同理可导出竖曲线上任一点 P 距切线的纵距（亦称高程改正值）的计算公式为

$$y = \frac{x^2}{2R}$$

式中 x——竖曲线上任一点 P 至竖曲线起点或终点的水平距离；

y——在凹形竖曲线中为正号；在凸形竖曲线中为负号。

五、公路竣工测量

公路在竣工验收时的测量工作，称为竣工测量。在施工过程中，由于修改设计变更了原来的设计中线的位置或者是增加了新的建（构）筑物，如涵洞、人行通道等，使建（构）筑物的竣工位置往往与设计位置不完全一致。为了给公路运营投产后改建、扩建和管理养护中提供可靠的资料和图纸，应该测绘公路竣工总图。

竣工测量的内容与线路测设基本相同，包括中线竣工测量，纵、横断面测量和竣工总图的编制。

1. 中线竣工测量

中线竣工测量一般分两步进行。首先，收集该线路设计的原始资料、文件及修改设计资料、文件，然后根据现有资料情况分两种情况进行。当线路中线设计资料齐全时，可按原始设计资料进行中桩测设，检查各中桩是否与竣工后线路中线位置相吻合。当设计资料缺乏或不全时，则采用曲线拟合法。即先对已修好的公路进行分中，将中线位置实测下来并以此拟合平曲线的设计参数。

2. 纵、横断面测量

纵、横断面测量是在中桩竣工测量后，以中桩为基础，将道路纵、横断面情况实测下来，看是否符合设计要求。其测量方法同前。

当竣工测量的误差符合要求时，应对曲线的交点桩，长直线的转点桩等路线控制桩或坐标法施测时的导线点，埋设永久桩，并将高程控制点移至永久性建筑物上或牢固的桩上，然后重新编制坐标、高程一览表和平曲线要素表。

3. 竣工总图的编制

对于已确实证明按设计图施工，没有变动的工程，可以按原设计图上的位置及数据绘制竣工总图，各种数据的注记均利用原图资料。对于施工中有变动的，按实测资料绘制竣工总图。

不论利用原图绘制还是实测竣工总图，其图式符号、各种注记、线条等格式都应与设计图完全一致，对于原设计图没有的图式符号、可以按照《国家基本比例尺地图图式第 1 部分：1∶500，1∶1000，1∶2000 地形图图式》设计图例。

编制竣工总图时，若竣工测量所得出的实测数据与相应的设计数据之差在施工测量的允许误差内，则应按设计数据编绘竣工总图，否则按竣工测量数据编绘。

第八节　地下管线施工测量

一、施工前的测量工作

1. 熟悉图纸和现场情况

施工前，要收集管道测量所需要的管道平面图、纵横断面图、附属构筑物图等有关资料，认真熟悉和核对设计图纸，了解精度要求和工程进度安排等，还要深入施工现场，熟悉地形，找出各交点桩、里程桩、加桩和水准点位置。

2. 恢复中线

管道中线测量时所钉设的交点桩和中线桩等，在施工时可能会有部分碰动和丢失，为了保证中线位置准确可靠，应进行复核，并将碰动和丢失的桩点重新恢复。在恢复中线时，应将检查井、支管等附属构筑物的位置同时测出。

3. 测设施工控制桩

在施工时中线上各桩要被挖掉，为了便于恢复中线和附属构筑物的位置，应在不受施工干扰、引测方便、易于保存桩位的地方，测设施工控制桩。施工控制桩分中线控制桩和附属构筑物控制桩两种，如图 11-43 所示。

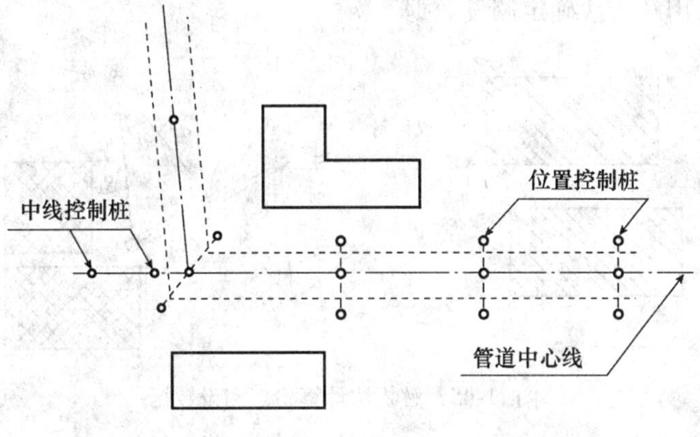

图 11-43　管道控制桩设置

4. 加密施工水准点

为了在施工过程中引测高程方便，应根据原有水准点，在沿线附近每 100 ~ 150m 左右增设一个临时水准点，其精度要求由管线工程性质和有关规范确定。

二、管道中线测量

管道的起点、转向点、终点等通称为管道的主点。主点的位置及管道方向是设计时确定的。管道中线测量就是将已确定的管道中线位置测设于实地，并用木桩标定。

管道中线测量的任务是：测设管道的主点、中桩测设、管道转向角测量以及里程桩手簿的绘制。

1. 管道主点的测设

(1) 主点测设数据的准备

测设之前，应准备好主点的测设数据，根据实际情况和工程的精度要求不同，数据准备可采用图解法和解析法。

1）图解法

当管道规划设计图的比例较大，管道主点附近有较为可靠的地物点时，可直接从设计图上量取数据。

如图 11-44 所示，A、B 为原有管道的检修井，1，2，3 为设计管道的主点，欲用距离交会法在地面上测定主点的位置，可依比例尺在图上量出 S_1，S_2，S_3，S_4，S_5，即为主点的测设数据。图解法受图解精度的影响，一般用在对管道中线精度要求不太高的情况下。

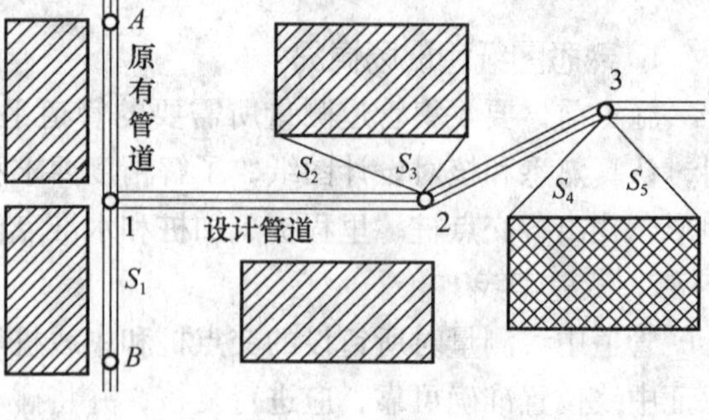

图 11-44　图解法计算主点测设数据

2）解析法

当管道规划设计图上已给出管道主点坐标，而且主点附近有测量控制点，可以用解析法求出测设所需数据。如图 11-45 所示，A，B，C，…为测量控制点；1，2，3，…为管道规划的主点。根据控制点和主点的坐标，可以利用坐标反算公式计算出用极坐标法测设主点所需的距离和角度，如图中的 α_1，S_1，α_2，S_2，…，以供测设时使用。在管道中线精度要求较高的情况下，均采用解析法确定测设数据。

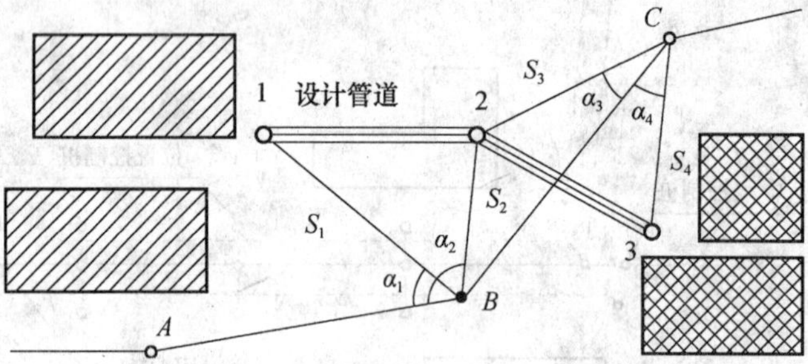

图 11-45　解析法计算主点测设数据

（2）主点的测设

管道主点测设是利用上述准备好的数据，采用直角坐标法、极坐标法、角度交会法和距离交会法等将管道主点在现场确定下来。具体测设时，各种方法可独立使用，也可相互配合。

主点测设完毕后，必须进行校核工作。校核的方法是：通过主点的坐标，计算出相邻主点间的距离，然后实地进行量测，看其是否满足工程的精度要求。

在管道建筑规模不大且无现成地形图可供参考时，也可由工程技术人员现场直接确定主点位置。

2. 中桩测设

为了解管线的走向，测量管道沿线的地形起伏以及管线的长度，需从管道的起点开始，沿中线设置整桩和加桩，这项工作称为中桩测设。从起点开始，按规定每隔某一整数设置一桩，这种桩叫整桩。整桩间距可视地形的起伏情况和工程性质而定，当地势起伏较大，整桩间距为 20m、30m；当地势较为平坦，整桩间距可放宽到 50m，但最长不超过 50m。除整桩外，在整桩间如有地面坡度变化以及重要地物（铁路、公路、桥梁、旧有管道等）都应增设加桩。

整桩和加桩的桩号是它距离管道起点的里程，一般用红油漆写在木桩的侧面。例如某一加桩距管道起点的距离为3154.36m，则其桩号为3+154.36，即公里数+米数。不同管道起点的规定不尽相同，给水管道以水源为起点；排水管道以下游出水口为起点；煤气、热力等管道以来气方向为起点；电力、电讯管道以电源为起点。

中桩之间距离一般可采用钢尺丈量，为提高精度、避免错误应丈量两次，量距精度要求高于1/1000。

3. 管道转向角测量

管道改变方向时，转变后的方向与原方向之间的夹角称为转向角（或称偏角），以α表示。转向角有左、右之分，如图11-46所示，偏转后的方向位于原来方向右侧时，称为右转向角；偏转后的方向位于原来方向左侧时，称为左转向角。欲测量图11-46中2点的管道转向角，可在2点安置经纬仪，先用盘左瞄准1点，纵转望远镜，即在原方向的延长线上读取水平度盘的盘右读数a，然后转动望远镜照准3点，读取盘右读数b，两次读数之差（$b-a$）即为转折角$\alpha_{右}$。为了消除误差，可用盘右先瞄准1点，同法再观测一次，两次的均值作为最后的结果。也可采用测定路线前进方向的右侧角β来计算与确定。

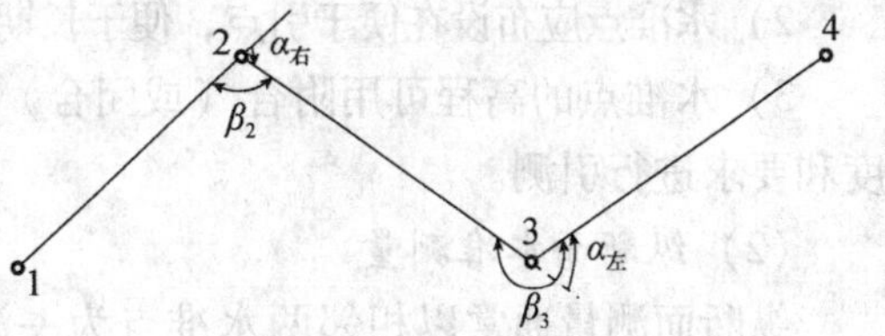

图11-46　管道中的转折角

如果管道主点位置均用设计坐标时，转向角应以计算值为准。如果实际值与计算值相差超过限差时，应进行检查与纠正。

有些管道转向角要满足定型弯头的转向角要求，如给水管道使用铸铁弯头时，转向角有90°，45°，22.5°，11.25°，5.625°等几种类型。与管道主点之间的距离较短时，设计管道的转向角与定型弯头的转向角之差不应超过1°~2°。排水管道的支线与干线汇流处不应有阻水现象．故管道转向角应小于90°。

4. 绘制管线里程桩图

在中桩测设和转向角测量的同时，应将管线情况标绘在已有的地形图上，如无现成地形图，应将管道两侧带状地区的情况绘制成草图，这种图称为里程桩图（或里程桩手簿），里程桩手簿是绘制纵断面图和管道设计的重要参考资料。

如图11-47所示。里程桩图一般绘制在毫米方格纸上，图中以50m为整桩距，0+000为管道的起点。0+075为管道的转折点，转向后的管线仍按原直线方向绘制，只是在转向点上画一箭头表示管道的转折方向，并注明转向角角值的大小（图中转向角角值61°）。0+216和0+236是管道与公路交叉时的加桩。0+284.7是管道与渠道的交叉点。其他均为整桩。

带状地形图的宽度一般以中线为准，左、右各20m，如遇建筑物，则需测绘到两侧建筑物，并用统一图示表示。测绘的方法主要用皮尺以距离交会法或直角坐标法为主进行，也可用皮尺配合罗盘仪以极坐标法进行测绘。

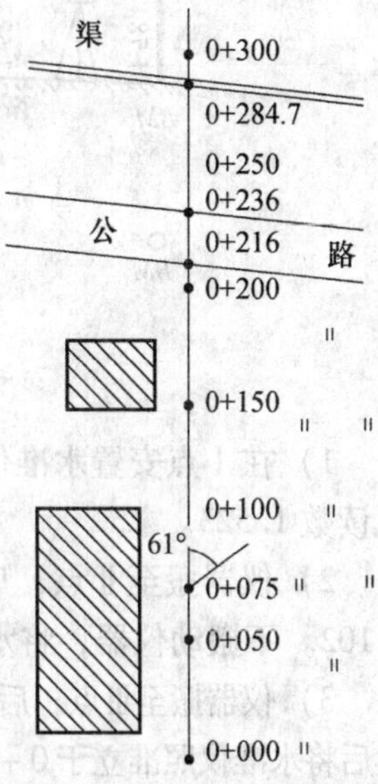

图11-47　管线里程桩图

三、管道纵横断面测量

1. 纵断面图的测绘

纵断面图测量的主要任务是根据水准点的高程，测出中线上各桩的地面高程，然后根据这些高程和相应的桩号绘制纵断面图。纵断面图表示了管道中线方向的地面高低起伏和坡度陡缓情况，是设计管道纵坡的主要资料，也是设计管道埋深和计算土石方量的主要依据。

(1) 水准点的布设

为了满足纵断面图测绘和施工的精度，在纵断面测量之前，应先沿管道方向布设足够的水准点。水准点的布设和测量精度要求如下：

1) 一般在管道沿线每隔 1 ~ 2km 设置一永久性水准点，作为全线高程的主要控制点，中间每隔 300 ~ 500m 设置一临时性水准点，作为纵断面水准测量和施工时引测高程的依据。

2) 水准点应布设在便于引点，便于长期保存，且在施工范围以外的稳定建（构）筑物上。

3) 水准点的高程可用附合（或闭合）水准路线自高一级水准点，按四等水准测量的精度和要求进行引测。

(2) 纵断面水准测量

纵断面测量通常以相邻两水准点为一测段，从一个水准点出发，逐点测量各中桩的高程，再附合到另一水准点上，进行校核。

实际测量中，由于管道中线上的中桩较多且间距较小，在保证精度的前提下，为了提高观测速度，一般应选择适当的管道中桩作为转点，在每一测站上，除测出转点的前、后视读数外，还同时测出两转点之间所有其他中桩点，这些点统称为中间点。由于转点起传递高程的作用，故转点上读数应读至毫米，中间点读数只是为了计算本点的高程，读数至厘米即可。

图 11-48 表示从水准点 BM_1 到 0 + 200 水准测量的示意图，其施测方法为：

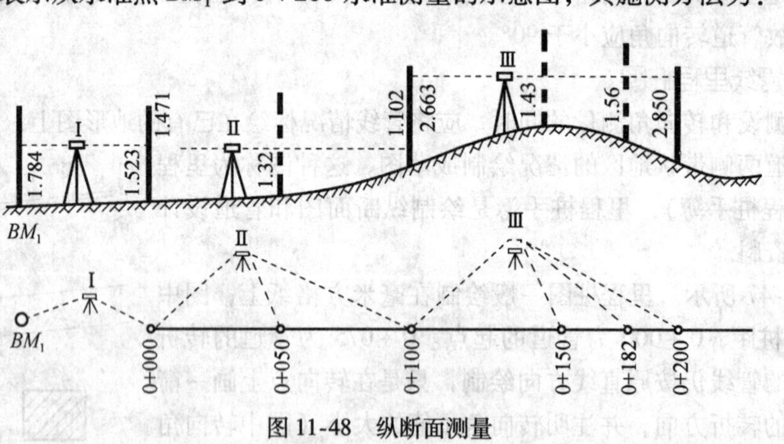

图 11-48 纵断面测量

1) 在Ⅰ点安置水准仪，后视水准点 BM_1，读取后视读数 1.784；前视 0 + 000，读取前视读数 1.523。

2) 仪器搬至Ⅱ点，后视 0 + 000，读取后视读数 1.471；前视 0 + 100，读取前视读数 1.102。不搬动仪器，将水准仪照准立于 0 + 050 上的水准尺，读取中间视读数 1.32。

3) 仪器搬至Ⅲ点，后视 0 + 100，读取后视读数 2.663，前视 0 + 200，读取前视读数 2.850。然后将水准仪照准立于 0 + 150 和 0 + 182 上的水准尺，分别读取中间视读数 1.43 和 1.56。

4) 按上述方法依次对后面各站进行观测，直至附合到另一水准点为止。

观测完成后，应对水准路线闭合差进行检查，对于一般管道，其闭合差的限差为 $\pm 50\sqrt{L}$mm；对于重力自流管道，其闭合差的限差为 $\pm 40\sqrt{L}$mm。如闭合差在容许范围内，一般不需要进行高差闭合差调整，而直接计算各中桩点的高程，转点高程用高差法计算，中间点的高程采用仪器高差法求得。表 11-12 为图 11-48 的记录手簿。

表 11-12　管道纵断面水准测量记录手簿

测站	测点	水准尺读数/m			视线高程/m	高程/m	备注
		后视	前视	中间视			
Ⅰ	BM_1	1.784			130.526	128.742	水准点
	0+000		1.523			129.003	BM_1 = 128.742
Ⅱ	0+000	1.471			130.474	129.003	
	0+050			1.32		129.15	
	0+100		1.102			129.372	
Ⅲ	0+100	2.663			132.035	129.372	
	0+150			1.43		130.60	
	0+182			1.56		130.48	
	0+200		2.850			129.185	
⋮	⋮	⋮	⋮	⋮	⋮	⋮	

（3）纵断面图的绘制

纵断面图一般绘制在毫米方格纸上。绘制时，横坐标表示管道的里程，常用的里程比例尺有 1∶5000、1∶2000 和 1∶1000 几种；纵坐标则表示高程，为了明显表示地面起伏，一般可取高程比例尺比里程比例尺大 10 或 20 倍，例如里程比例尺用 1∶1000 时，高程比例尺则取 1∶100 或 1∶50。

纵断面图分为上、下两部分。图的上半部绘制原有地面线和管道设计线；下半部分则填写有关测量及管道设计的数据。图 11-49 所示为管道的纵断面图。

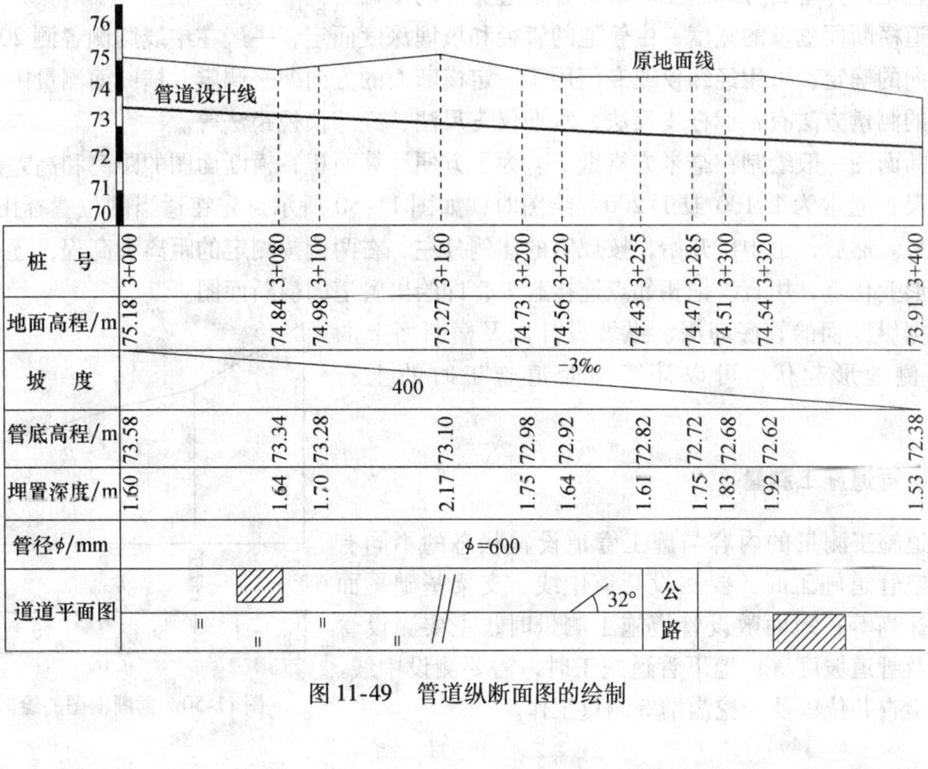

图 11-49　管道纵断面图的绘制

管道纵断面图绘制步骤如下：

1）打格制表。在方格纸上绘制与地形相适宜的纵、横坐标以及填写数据的表格。

2）填写数据。在坐标系下方的表格内填写各桩的里程桩号、地面高程等资料。

3）绘地面线。首先确定最低点高程在图上的位置，使绘出的地面线处在图上的适当位置。依各中桩的里程和高程，在图上按纵、横比例依次定出各中桩地面位置，用实线连接相邻点位，即可绘出地面线。

4）标注设计坡度线。依设计的要求，在坡度栏内注记管道设计的坡度大小和方向。一般用斜线或水平线表示，从左向右向上斜（/）表示上坡，向下斜（\）表示下坡，水平线（–）表示平坡。线上方注记坡度数值（以千分比表示），下方注记坡长（水平距离）。不同的坡段以竖线分开。

5）计算管底设计高程。依据管道起点的设计高程、工程的设计坡度以及各中桩之间的水平距离，推算出各管底的设计高程，填写入管底高程栏。要计算某中桩的高程，可根据已设计的坡度和两点间的水平距离，从起点的设计高程计算该点的设计高程。即：

某点的设计高程 = 起点高程 + 设计坡度 × 起点至该点的距离

6）绘制管道设计线。根据起点的设计高程以及设计的坡度，在图的上半部依比例绘制管道设计线。

7）计算管道埋深。地面实际高程减去管底设计高程即是管道的埋深，将其填入埋置深度栏。

8）在图上注记有关资料。将一些必要的资料在图上注记。如该管道与旧管道的连接处，与公路、其他建（构）筑物的交叉处等。

2. 横断面图的测量

在中线各整桩和加桩处，垂直于中线的方向，测出两侧地形变化点至管道中线的距离和高差，依此绘制的断面图，称为横断面图。横断面反映的是垂直于管道中线方向的地面起伏情况，它是计算土石方和施工时确定开挖边界等的依据。

管道横断面测量的宽度，由管道的管径和填埋深度而定，一般在中线两侧各测 20m。横断面方向的确定，可用经纬仪或专门用于测定横断面的方向架来测定。横断面测量中，距离和高差的测量方法有：标杆皮尺法，水准仪皮尺法，经纬仪视距法等。

横断面图一般绘制在毫米方格纸上。为了方便计算面积，横断面图的距离和高差采用相同比例尺，通常为 1∶100 或 1∶200。绘图时，如图 11-50 所示，先在适当的位置标出中桩，注明桩号。然后，由中桩开始，按规定的比例分左、右两侧按测定的距离和高程，逐一展绘出各地形变化点，用直线把相邻点连接起来，即绘出管道的横断面图。

依据纵断面的管底埋深、纵坡设计以及横断面上的中线两侧地形起伏，可以计算出管道施工时的土石方量。

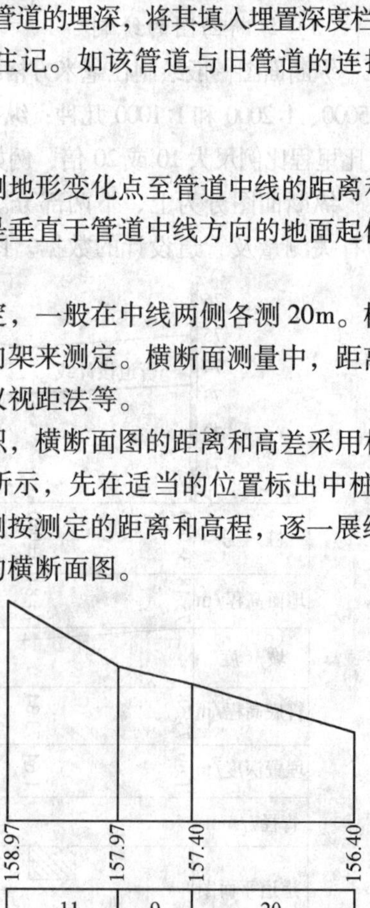

图 11-50　横断面图的绘制

四、管道施工测量

管道施工测量的内容与施工管道设置状态的不同有关。架空管道施工时，要测设管道中线、支架基础平面位置及标高等；地面敷设管道施工测量时，主要测设管道中线及管道坡度等；地下管道施工时，需要测设中线、坡度、检查井位以及开挖沟槽等测量工作。

现以地下管道全线开挖施工为例说明管道施工测量。

1. 中线检核与测设

管道施工之前，应先熟悉有关图纸和资料，了解现场情况及设计示意图。对必要的数据和已知的主点位置应认真查对，然后再进行施工测量工作。

管道勘测设计阶段在地面已经标定了管道的中线位置，但是由于经历时间的变化，主点、中点标志可能移位或丢失，因此，施工时必须对中线位置进行检核。若主点标志移位、丢失或设计变更，则需要重新进行管道主点测设。

勘测时中线桩一般比较稀疏，施工时则需要适当加密中线桩。

2. 标定检查井位置

检查井是地下管道工程中的一个组成部分，需要独立施工，因此应标定其位置。标定井位一般用钢尺沿中线逐个进行，并用大木桩加以标志。

3. 设置施工控制桩

管道施工期间，中线上各桩将被挖掉，为了便于恢复中线和检查井的位置，应在施工开挖沟槽外不受施工破坏、引测方便、易于保存的地方设置施工中线控制桩和检查井控制桩。如图 11-51 所示，主点控制桩可在中线的延长线上，设置两个控制桩。检查井控制桩可在垂直于中线方向两侧各设置一个控制桩或建立与周围固定地物之间的距离关系，使井位可以随时恢复。

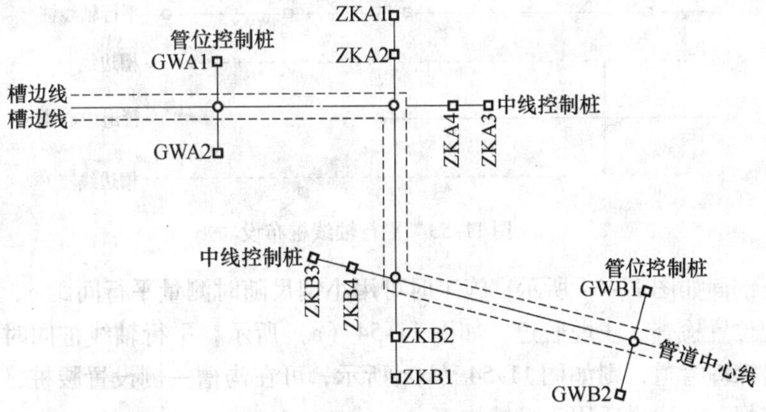

图 11-51 主点控制桩布设

4. 槽口放线

管道施工槽口宽度与管径、埋深以及土质情况有关。施工测量前应查看管道横断面设计图，如图 11-52 所示，沟槽口宽度首先决定槽底宽度 b，该值大小主要取决于管径、挖掘方式和敷设容许偏差等因素；土质情况主要考虑边坡稳定；埋深则由设计图上取得。于是，当地面横向坡度比较平缓时［图 11-52（a）］，开挖槽口宽度可按下列公式计算

$$B = b + 2mh$$

式中 b——槽底宽度；

h——中线上的挖土深度；

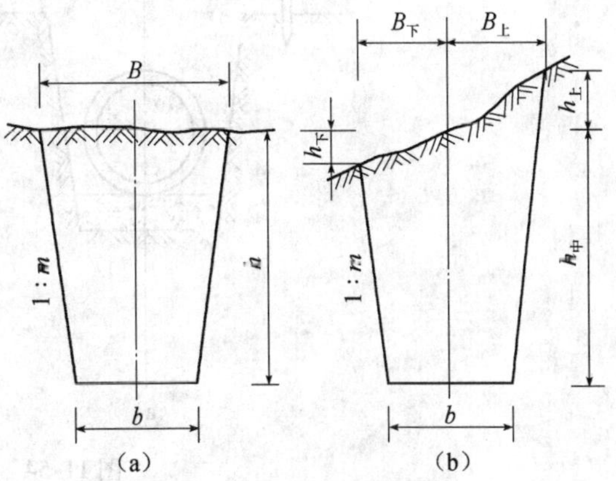

图 11-52 槽口边线

m——管槽边坡坡度的倒数。

当地面横向高低不同时［图 11-52（b）］，开挖槽口宽度按下列公式计算

$$\text{斜坡上侧} \quad B_{上} = \frac{b}{2} + m(h_{中} + h_{上})$$

$$\text{斜坡下侧} \quad B_{下} = \frac{b}{2} + m(h_{中} - h_{下})$$

$$B = B_{上} + B_{下}$$

沟槽口宽度 B 计算出来后，即可以中线为准，向两侧分别测设开挖边界，即为沟槽开挖边线。

5. 施工测量标志的设置

管道施工时，为了随时恢复管道中线及检查施工标高，一般在管线上要设置专用标志。常用方法如下。

（1）平行轴线桩法

当施工管道管径较小、埋深较浅时，在管线一侧设置一排平行于管道中线的轴线桩，如图 11-53 所示，平行间距 a 的大小与管径和埋深有关，以不受施工影响和方便测设为准。

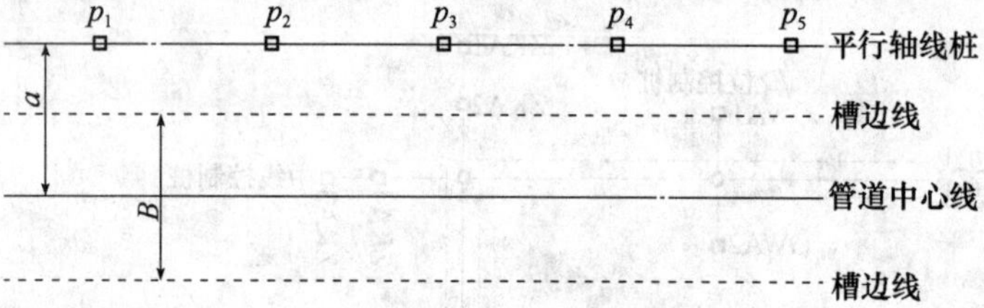

图 11-53　平行轴线桩布设

管道施工剖面如图 11-54 所示，施工时可用小钢尺随时测量平行间距 a，恢复和检查中线位置。高程位置检查、浅埋管道，如图 11-54（a）所示，平行轴线桩同时可以作为高程测设依据。若深埋管道，则如图 11-54（b）所示，可在沟槽一侧设置腰桩，测出高程作为高程测设的依据。该法也适用于机械施工。

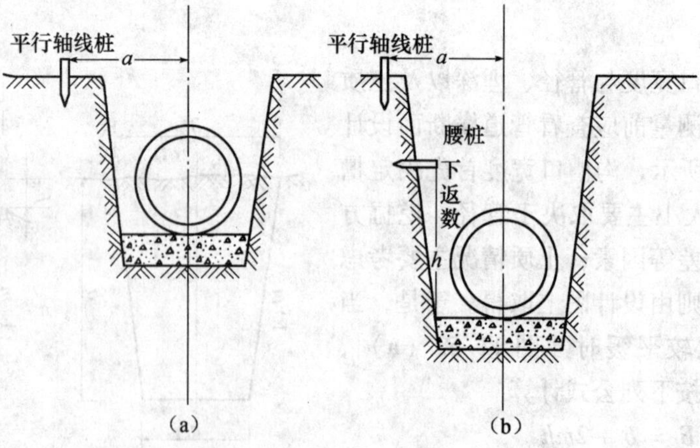

图 11-54　管道施工剖面图

（2）坡度板、坡度钉法

当施工管道管径较大、管沟较深时，沿管线每隔 10 ~ 20m 设置跨槽坡度板，如图 11-55 所示。坡度板应埋设牢固，顶面水平。根据中线控制桩，用经纬仪将中线投测到坡度板上，并钉上小钉，作为中线钉。在坡度板侧面注上该中线钉的里程桩号，相邻中线钉的连线，即为管道中线方向，在其上悬挂垂线，即可将中线位置投测到槽底，用于控制沟槽开挖和管道安装。

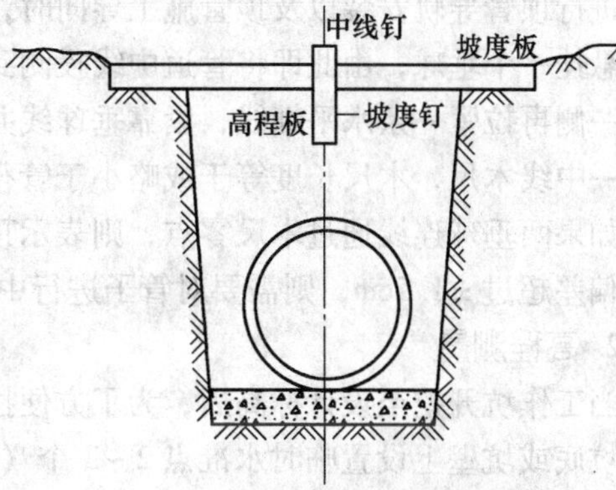

图 11-55　坡度板控制管道施工剖面图

为了控制管沟开挖深度，可根据附近水准点测出各坡度板顶端高程。板顶高程与管底高程之差就是开挖深度。由于各处挖深不同，不便记忆，于是在坡度板上设置高程板，用于调节各处挖深使之一致或为一整数（即下返数），然后在高程板上钉设坡度钉，由坡度钉向下量下返数（即为管沟底）。

五、顶管施工测量

当管道穿越铁路、公路、江河或重要建筑时，为了避免因开挖沟槽而影响正常的交通运输或需要大量拆迁建筑物，多采用顶管施工的方法。为此，需要有相应的测量方法为顶管施工服务，这就是顶管施工测量。随着机械化施工程度的提高，这种施工方法已被广泛的采用。

顶管施工如图 11-56 所示，在管线一端或两端挖好工作坑，在工作坑内安放导轨，并将管道放在导轨上，然后一边从管内挖出土方，一边将管道沿管道中线方向向前顶进，直至贯通。顶管施工测量工作的主要任务是控制好顶管的中线方向、高程和坡度。

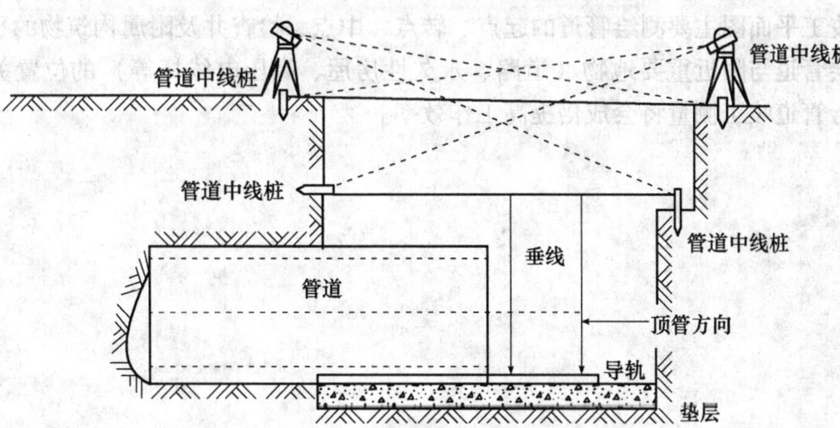

图 11-56　顶管施工工作坑剖面图

1. 中线测量

顶管工作坑开挖前，应将管道中线桩设置在拟开挖工作坑两端，然后以此进行工作坑长、宽放样并开挖。随着工作坑开挖深度的增加，在地面中线桩上无法进行坑底中线测设时，可使用经纬仪进行中线投测，在两端坑壁上打桩，如图 11-56 所示，建立坑壁中线桩。

进行顶管导轨安装以及顶管施工导向时，用细绳连接两坑壁上的中线桩，并在细绳近两端各悬挂一个垂球，由此即将管道中线投测到坑底，用于导轨安装；顶管施工导向是在两垂球线一侧再拉紧一条水平细线，紧靠垂球线并直指顶管工作面。这时在管道前端内用水准器放平一中线木尺，木尺长度等于或略小于管径，木尺上的分划是以尺的中央为零向两端增加的。如果两垂球连线通过木尺零点，则表示顶管在中线上；如不与零点重合，则有偏差。若左右偏差超过 ±1.5cm，则需要对管子进行中线校正。

2. 高程测量

当工作坑开挖至设计标高后，为了方便控制管道，按设计高程和坡度进行顶管施工，需要在坑底或坑壁上设置临时水准点 2 ~ 3 个（以便相互检核）。

顶管时的高程和坡度测设是将水准仪安置于工作坑内，以临时水准点为后视点，在管内待测点竖一根小于管径的标尺为前视，将测得的高程与设计高程进行比较，其偏差超过 ±1cm时，需要对管子进行校正。当施工要求不高或工作坑内仪器工作不便，在条件容许时，也可采用塑料软管用静力水准的方法对顶进端高程与设计高程比高。

在顶管过程中，为保证施工质量，每顶进 0.5m 就需要对管子进行一次中线测量和高程测量。其限差：横向为 ±1.5cm；高程为 ±1.0cm。

顶管施工距离小于 50m 时，一端施工即可。当距离较长时，应两端相向施工，或每隔 100m 设一工作坑，采用分段对向顶管施工方法，贯通误差不得大于 ±3cm。

对于采用套管的顶管施工，施工精度可适当放宽。

当顶管距离较长、管径较大并采用机械化施工时，可用激光指向仪进行导向。

六、竣工测量

管道竣工测量包括管道竣工平面图和管道竣工纵断面图的测绘。管道竣工纵断面图的测绘，在回填土之前进行，用水准测量方法测定管顶的高程和检查井内管底的高程，距离用钢尺丈量。竣工平面图主要测绘管道的起点、转点、中点、检查井及附属构筑物的平面位置和高程，测绘管道与附近重要地物（道路、永久性房屋、高压电线杆等）的位置关系。使用全站仪进行管道竣工测量将会成倍提高工作效率。

第十二章　桥梁隧道工程测量

第一节　桥梁施工测量

道路通过河流或跨越山谷时需要架设桥梁，城市交通的立体化也需要建造桥梁，如立交桥、高架桥等。桥梁按其主跨距长度大小通常可分为四类，见表12-1。

表12-1　桥梁涵洞按跨径分类

桥涵分类	多孔跨径总长 L/m	单孔跨径 L_k/m
特大桥	$L>1000$	$L_k \geqslant 150$
大桥	$100 \leqslant L \leqslant 1000$	$40 \leqslant L_k \leqslant 150$
中桥	$30<L<100$	$20 \leqslant L_k<40$
小桥	$8 \leqslant L \leqslant 30$	$5 \leqslant L_k<20$
涵洞	—	$L_k<5$

不同类型的桥梁其施工测量的方法和精度要求不相同，但总体而言，其内容大同小异，主要有以下几方面。

1）对设计单位交付的所有桩位和水准点及其测量资料进行检查、核对。

2）建立满足精度与密度要求的施工控制网，并进行平差计算；已建好施工控制网的要做复测检查。

3）定期复测控制网，并根据施工的需要加密或补充控制点。

4）测定墩（台）基础桩的位置。

5）进行构造物的平面和高程放样，将设计标高及几何尺寸测设于实地。

6）对有关构造物进行必要的施工变形观测和施工控制观测，尤其在大型和特大型桥梁施工中，塔柱和梁悬拼（浇）的中轴线及标高的施工控制是确保成桥线形的关键。

7）测定并检查施工结构物的位置和标高，为工程质量的评定提供依据。

8）对已完工程进行竣工测量。

桥梁施工测量的目的是把图上所设计的结构物的位置、形状、大小和高低，在实地标定出来，作为施工的依据。施工测量将贯穿整个桥梁施工全过程，是保证施工质量的一项重要工作。

一、桥梁施工控制网的技术要求

桥梁施工开始前，必须在桥址区建立统一的施工控制基准，布设施工控制网。桥梁施工控制网的作用主要用于桥墩基础定位放样的主梁架设，因此，必须结合桥梁的桥长、桥型、跨度，以及工程的结构、形状和施工精度要求布设合理的施工控制网。

桥梁施工控制网分为施工平面控制网和施工高程控制网两部分。

在建立控制网时，既要考虑三角网本身的精度，即图形强度，又要考虑以后施工的需要。所以在布网之前应对桥梁的设计方案、施工方法、施工机具及场地布置、桥址地形及周围的环境条件、精度要求等方面进行研究，然后在桥址地形图上拟订布网方案，再现场选定点位。点位不能位于淹没或土质松软的地区，且应选在施工范围以外。

控制网应力求满足下列要求：

1）控制网的图形应具有足够的强度，使测得的桥轴线长度的精度能满足施工要求，能方便地增设插点。在满足精度和施工要求的前提下，图形应力求简单。

2）为使控制网与桥轴线连接起来，在河流两岸的桥轴线上应各设一个控制点，控制点距桥台的设计位置也不应太远，以保证桥台的放样精度。

3）控制网的边长一般在0.5～1.5倍河宽的范围内变动。由于控制网的边长较短，可直接丈量控制网的一条边作为基线。基线长度不宜小于桥轴线长度的0.7倍，一般应在两岸各设一条，以提高三条网的精度及增加检核条件。通常丈量两条基线边、两岸各一条。

4）控制点均应选在地势较高、土质坚实稳定、便于长期保存的地方。通视条件要好。

5）桥梁施工的高程控制点即水准点，每岸至少埋设三个，并与国家水准点联测。水准点应采用永久性的固定标石，也可利用平面控制点的标石。同岸的三个水准点，两个应埋设在施工范围以外，以免受到破坏；另一个应埋设在施工区内，以便直接将高程传递到所需要的地方；同时还应在每一个桥台、桥墩附近设立一个临时施工水准点。

二、桥梁施工平面控制网

1. 桥梁施工平面控制网的基本要求

（1）平面控制网的布设形式

随着测量仪器的更新，测量方法的改进，特别是高精度全站仪和GPS的普及，给桥梁平面控制网的布设带来了很大的灵活性，也使网形趋于简单化。

桥梁三角网的基本图形为大地四边形和三角形，并以控制跨越河流的正桥部分为主。图12-1为桥梁三角网最为常见的图形。（a）种图形适用于桥长较短而需要交会的水中墩、台数量不多的一般桥梁的施工放样；（b）、（c）、（d）三种图形的控制点数多、图形坚强、精度高，适用于大型、特大桥；（e）为利用江河中的沙洲建立控制网的情况。

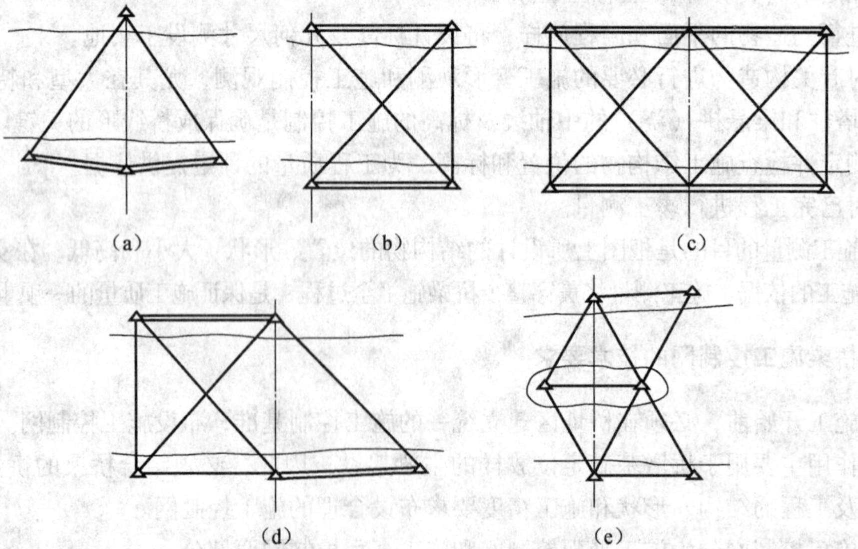

图12-1　桥梁施工平面控制网的基本形式

特大桥通常有较长的引桥，一般是将桥梁施工平面控制网再向两侧延伸，增加几个点构成多个大地四边形网，或者从桥轴线点引测敷设一条光电测距精密导线，导线宜采用闭合环。

对于大型和特大型的桥梁施工平面控制网，自20世纪80年代以来已广泛采用边角网或测边网的形式，并按自由网严密平差。全站仪普及后，施工通常采用坐标放样和检测，在桥轴线上设有控制点的优势已不明显，因此，在首级控制网设计中，可以不在桥轴线上设置控制点。20世纪90年代至今，由于GPS全球卫星定位系统的出现，用GPS测量大型和特大型的桥梁施工平面控制网已成为现实。

（2）桥梁控制网的精度确定

桥梁施工控制网是放样桥台、桥墩的依据。若将控制网的精度定得过高，虽能满足施工的要求，但控制网施测困难，既费时又费工；若控制网的精度过低，则很难满足施工的要求。目前常用的确定控制网的精度有两种：按桥式、桥长（上部结构）来设计；按桥墩中心点位误差（下部结构）来设计。

1）按桥式确定控制网的精度。按桥式确定控制网精度的方法是根据跨越结构的架设误差（它与桥长、跨度大小及桥式有关）来确定桥梁施工控制网的精度。桥梁跨越结构的形式一般分为简支梁和连续梁。

2）按桥墩放样的容许误差确定平面控制网的精度。在桥墩的施工中，从基础至墩台顶部的中心位置要根据施工进度随时放样确定，由于放样的误差使得实际位置与设计位置存在着一定的偏差。

在桥墩的施工放样过程中，引起桥墩点位误差的因素包括两部分：一部分是控制测量误差的影响，另一部分是放样测量过程中的误差。它们可用下式表示。

$$\Delta^2 = m_{控}^2 + m_{放}^2$$

式中　$m_{控}$——控制点误差对放样点处产生的影响；

　　　$m_{放}$——放样误差。

进行控制网的精度设计，就是根据桥墩点位误差的实际施工条件，按一定的误差分配原则，先确定 $m_{控}$ 和 $m_{放}$ 的关系，再确定具体的数值要求。

（3）平面控制网的坐标系统

1）国家坐标系。桥梁建设中都要考虑与周边道路的衔接，因此，平面控制网应首先选用国家统一坐标系统。但在大型和特大型桥梁建设中，选用国家统一坐标系统时应具备的条件是：桥轴线位于高斯正形投影统一3°带中央子午线附近；桥址平均高程面应接近于国家参考椭球面或平均海水面。

2）抵偿坐标系。由计算可知，当桥址区的平均高程大于160m或其桥轴线平面位置离开统一的3°带中央子午线东西方向的距离（横坐标）大于45km时，其长度投影变形值将会超过25mm/km（1/4万）。此时，对于大型或特大型桥梁施工来说，仍采用国家统一坐标系统就不适宜了。通常的做法是，人为地改变归化高程，使距离的高程归化值与高斯投影的长度改化值相抵偿，但不改变统一的3°带中央子午线进行的高斯投影计算的平面直角坐标系统，这种坐标系称为抵偿坐标系。所以，在大型桥梁施工中，当不具备使用国家统一坐标系条件时，通常采用抵偿坐标系。

3）桥轴坐标系。在特大型桥梁的主桥施工中，尤其是桥面钢构件的施工，定位精度要求很高，一般小于5mm，此时选用国家统一坐标系和抵偿坐标系都不适宜，通常选用高斯正形投影任意带（桥轴线的经度作为中央子午线）平面直角坐标系，称为桥轴坐标系，其高程归化投影面为桥面高程面，桥轴线作为 x 轴。

2. 桥梁三角网

(1) 桥梁三角网的外业

桥梁三角网布设好后，就可进行外业观测与内业计算。桥梁三角网的外业主要包括角度测量和边长测量。

由于桥轴线长度不同，对桥轴线长度的精度要求也不同，因此三角网的测角和测边精度也有所不同。在《公路勘测规范》中，三角测量的技术要求应符合表 12-2 的规定。

表 12-2　三角测量的技术要求

等级	测角中误差 (″)	起始边长相对中误差	三角形闭合差 (″)	测回数		
				DJ1	DJ2	DJ6
二等	≤ ±1.0	1/250000	≤3.5	≥12	—	—
三等	≤ ±1.8	1/150000	≤7.0	≥6	≥9	—
四等	≤ ±2.5	1/100000	≤9.0	≥4	≥6	—
一级	≤ ±5.0	1/40000	≤15.0	—	≥3	≥4
二级	≤ ±10.0	1/20000	≤30.0	—	≥1	≥3

(2) 桥梁三角网平差与坐标计算

桥梁控制网通常都是独立的自由网。由于对网本身点的相对位置的精度要求很高，所以即使与国家网或城市网进行联测，也只是取得坐标间的联系，平差时仍按独立的自由网处理。

桥梁三角网的平差方法通常采用条件观测平差。对于二、三等三角网可采用方向平差，三等以下一般采用角度平差，视情况还可采用近似平差方法。

对于边角网的边长，一般采用光电测距仪测定。因此，边长中误差可根据仪器给出的标称误差得到。即

$$m_s = \pm (a + b \times 10^6 \times D)\text{mm}$$

式中　a——固定误差；

b——比例误差系数；

D——所测边长。

由于在一般情况下，角度观测的精度是相同的，通常取角度的权为 1，此时单位权中误差 $\mu = m_\beta$，因此各边长的权可由下式确定：

$$P_{s_i} = \frac{m_\beta^2}{m_{s_i}^2}$$

桥梁控制网通常采用独立的平面直角坐标系，以桥轴线方向作为纵坐标 x 轴，而以桥轴线始端控制点的里程作为该点的 x 值。这样，桥梁墩、台的设计里程即是其 x 坐标值，给以后的放样计算带来方便。

三、桥梁施工高程控制

1. 桥梁施工高程控制网的布设

（1）高程控制网的精度

桥梁高程控制网的起算高程数据是由桥址附近的国家水准点或其他已知水准点引入。这只是取得统一的高程系统，而桥梁高程控制网仍是一个自由网，不受已知高程点的约束，以保证网本身的精度。

放样桥墩、台高程的精度除受施工放样误差的影响，控制点间高差的误差亦是一个重要的影响因素，因此高程控制网必须要有足够高的精度。对于水准网，水准点之间的联测及起算高程的引测一般采用三等。跨河水准测量中当跨河距离小于800m时采用三等，大于800m则应采用二等。

（2）水准点的布设

水准点的选点与埋设工作一般都与平面控制网的选点与埋石工作同步进行，水准点应包括水准基点和工作点。水准基点是整个桥梁施工过程中的高程基准，因此，在选择水准点时应注意其隐蔽性、稳定性和方便性。在布设水准点时，对于桥长在200m以内的大、中桥，可在河两岸各设置一个。当桥长超过200m时，由于两岸联测起来比较困难，而且水准点高程发生变化时不易复查，因此每岸至少应设置两个水准点。

在桥梁施工过程中，单靠水准基点难以满足施工放样的需要。因此，在靠近桥墩附近再设置水准点，通常称为工作基点。这些点一般不单独埋石，而是利用平面控制网的导线点或三角网点的标志作为水准点。

2. 跨河水准测量

为了确保两岸水准点之间高程的相对精度，跨河水准测量的精度至关重要，所以它在桥梁高程控制测量中精度要求最高。根据跨河水面宽度的不同，采用单线过河或双线过河。一般说来，跨河水面宽度在300m以下时，可采用单线过河；超过300m则须采用双线过河，且应构成水准闭合环。

跨河水准测量的具体要求，在国家水准测量规范中都有明确的规定，见表12-3。

表12-3　跨河水准测量的技术要求

方　法	等级	最大视线长度 D/km	单测回数	半测回观测组数	测绘高差互差限差/mm
直接读尺法	三	0.3	2		8
	四	0.3	2		16
光学测微法	三	0.5	4		$30D$
	四	1.0	4		$50D$
经纬仪倾角法或测距三角高程法	三	2.0	8	3	$24\sqrt{D}$
	四	2.0	8	3	$40\sqrt{D}$

注：D为最大视线长度。

水准测量开始作业之前，应按照国家水准测量规范的规定，对用于作业的水准仪和水准尺进行检验与校正。水准测量的实施方法及限差要求亦要按规范规定进行。

3. 水准测量及联测

桥梁高程控制网应与路线采用同一个高程系统，因而要与路线水准点进行联测，但联测的精度可略低于施测桥梁高程控制网的精度，因为它不会影响到桥梁各部高程放样的相对精度。

在进行跨河水准测量前，应对两岸高程控制网按设计精度进行测量，并联测将用于跨河水准测量的临时（或永久）水准点。同时将两岸国家水准点或部门水准点的高程引测到桥梁施工高程控制网的水准点上来，并比较其两岸已知水准点高程是否存在问题，以确定是否需要联测到其他已知高程的水准点上。但最后均采用由一岸引测的高程来推算全桥水准点的高程。

第二节　直线桥梁施工测量

1. 桥轴线测定

（1）直接丈量法

桥梁位于干涸或浅水或河面较窄的河段，有良好的丈量条件，宜采用直接丈量法测量桥轴线长度。这种方法设备简单，精度可靠、直观。由于桥轴线长度的精度要求较高，一般采用精密丈量的方法。具体步骤如下：

1）清理桥轴线范围内场地。

2）经纬仪置于桥轴线一控制桩上，定出轴线方向，每隔一整尺距离钉设一木桩，木桩要钉牢，不能有丝毫晃动。

3）用水准仪测出相邻桩顶间的高差，据此计算倾斜改正。为了检核，一般应测量两次。第二次可放在丈量结束后进行，以检查丈量过程中木桩是否有变动。

4）应使用检定过的钢尺。丈量时用弹簧秤施以标准拉力。每一尺段可连续测量三次，每次读数时应稍为变更钢尺的位置，读数读至0.1mm。三次测量的结果，其较差不得大于限差要求，取其平均值。

5）在丈量距离的同时应测量温度一次。

6）计算每一尺段的尺长、温度及倾斜改正，求得改正后的尺段长度。然后将各尺段长度求和，得到桥轴线测量一次的长度。

7）一般应往返丈量至少各一次，称为一测回。根据丈量精度要求，可测数测回。桥轴线长度取数测回的平均值。

8）计算桥轴线长度中误差：

$$m = \pm \sqrt{\frac{[vv]}{n(n-1)}}$$

相对中误差

$$K = \frac{m}{L} = \frac{1}{L/m}$$

式中　v——桥轴线平均长度与每次丈量结果之差；

n——丈量次数；

L——桥轴线平均长度。

(2) 光电测距法

光电测距具有作业精度高、速度快、操作和计算简便等优点，且不受地形条件限制。目前公路工程大多使用中、短程红外测距仪，测程可达3km。测距精度一般优于 $\pm(3+2\times10^{-6}D)$ mm。

使用红外测距仪能直接测定桥轴线长度。但若桥墩的施工要采用交会法定位，则可将桥轴线长度作为一条边，布设成双闭合环导线，如图 12-2 所示。

在布设导线时，应考虑导线点的位置尽可能选在高处，以便于对桥墩进行交会定位及减少水面折光对测距的影响，而且使交会角尽可能接近90°。

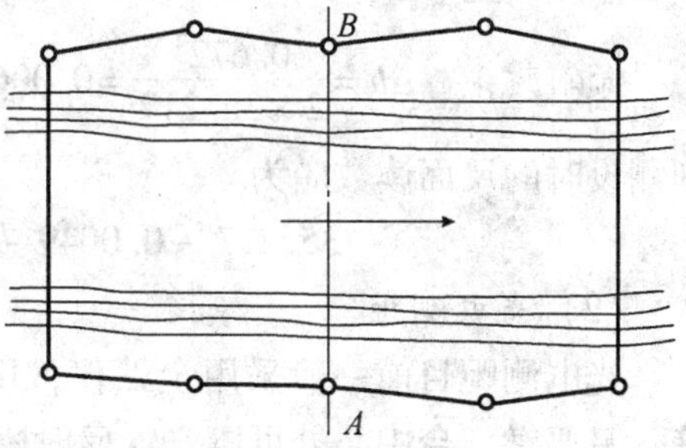

图 12-2　双闭合环导线

(3) 三角网或边角网法

特大桥桥轴线的测定一般采用三角测量的方法。选点时将桥轴线作为三角网的一条边长，再精确测定三角网的 1~2 条边长（称为基线），观测所有角度后，即可解算桥轴线长度。近年来由于光电测距仪的广泛应用，精密测定边长已不困难，因此可在三角网的基础上加测若干边长，称为边角网，其精度一般优于三角网，但外业工作量及平差工作的难度都比三角网大。

2. 直线桥梁的墩、台定位

在桥梁施工测量中，测设墩、台中心位置的工作称为桥梁墩、台定位。

直线桥梁的墩、台定位所依据的原始资料为桥轴线控制桩的里程和桥梁墩、台的设计里程。根据里程可以算出它们之间的距离，并由此距离定出墩、台的中心位置。

如图 12-3 所示，直线桥梁的墩、台中心都位于桥轴线的方向上，已经知道了桥轴线控制桩 A、B 及各墩、台中心的里程，由相邻两点的里程相减，即可求得其间的距离。墩、台定位的方法，可视河宽、河深及墩、台位置等具体情况而定。根据条件可采用直接丈量、光电测距及交会法。

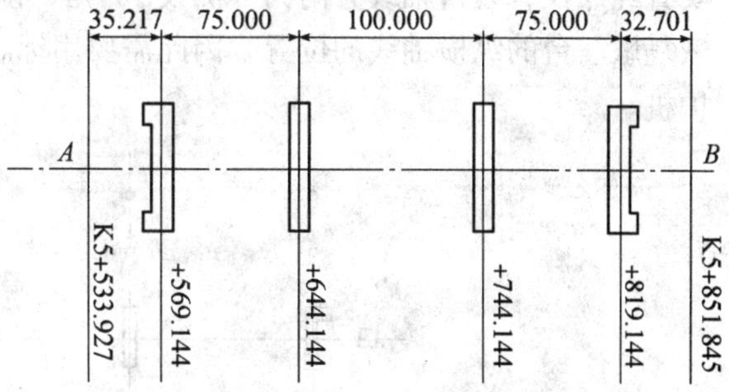

图 12-3　直线桥梁墩、台布置图

(1) 直接丈量

当桥梁墩、台位于无水河滩上，或水面较窄，用钢尺可以跨越丈量时，可采用钢尺直接丈量。丈量所使用的钢尺必须经过检定，丈量的方法与测定桥轴线的方法相同，结合现场情况，先进行尺长和温度等各项改正，算出测设时的尺面长度，然后按这一长度从起点开始，沿已知方向定出终点位置，因此，测设时各项改正数的符号与丈量时恰好相反。

如图 12-3 所示，桥轴线控制桩 A 至桥台的距离为35.217m，在现场概量距离后，用水准测量测得两点间高差为0.672m，测设时的温度为30℃，所用钢尺经过检定，其尺长方程式为

$$l = 50\text{m} - 0.007\text{m} + 0.000012\times(t-20℃)(\text{m})$$

三项改正数为：

尺长改正　$\Delta l=\frac{-0.007}{50}\times 35.217=+0.0049$（m）

温度改正　$\Delta l_t=-0.000012\times(30-20)\times 35.217=-0.0042$（m）

倾斜改正　$\Delta h=\frac{0.672^2}{2\times 35.217}=0.0064$（m）

则测设时的尺面读数应为

$$35.217+0.0049-0.0042+0.0064=35.2241(\text{m})$$

（2）光电测距

光电测距目前一般采用全站仪，用全站仪进行直线桥梁墩、台定位，简便、快速、精确，只要墩、台中心处可以安置反射棱镜，而且仪器与棱镜能够通视，即使其间有水流障碍亦可采用。

测设时最好将仪器置于桥轴线的一个控制桩上，瞄准另一控制桩，此时望远镜所指方向为桥轴线方向。在此方向上移动棱镜，通过测距以定出各墩、台中心。这样测设可有效地控制横向误差。为确保测设点位的准确，测后应将仪器迁至另一控制点上再测设一次进行校核。

（3）直线桥梁墩、台纵横轴线测设

在测设出墩、台中心位置后，尚需测设墩、台的纵横轴线，作为放样墩、台细部的依据。所谓墩、台的纵轴线，是指过墩、台中心，垂直于路线方向的轴线；墩、台的横轴线，是指过墩、台中心与路线方向相一致的轴线。

在直线桥上，墩、台的横轴线与桥轴线相重合，且各墩、台一致，因而就利用桥轴线两端的控制桩来标志横轴线的方向，一般不再另行测设。

如图 12-4 所示，墩、台的纵轴线与横轴线垂直，在测设纵轴线时，在墩、台中心点上安置经纬仪，以桥轴线方向为准测设 90°角，即为纵轴线方向。由于在施工过程中经常需要恢复墩、台的纵横轴线的位置，因此需要用标志桩将其准确标定在地面上，这些标志桩称为护桩。

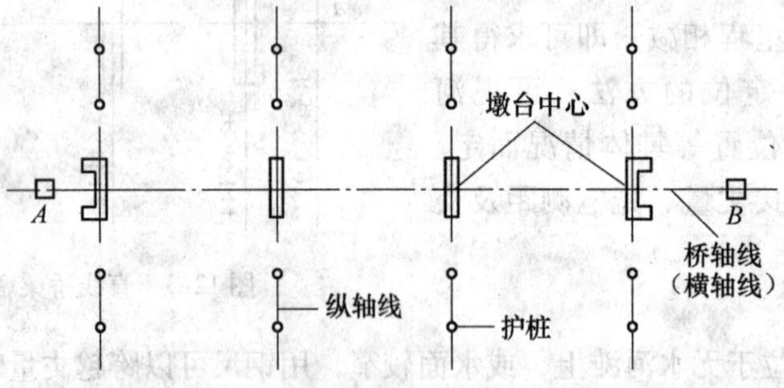

图 12-4　用护桩标定墩、台纵、横轴线位置

为了消除仪器轴系误差的影响，应该用盘左、盘右测设两次而取其平均位置。当采用光电测距仪进行测设时，亦可采用极坐标法进行定位。

第三节　普通桥梁施工测量

1. 普通桥梁施工测量的主要内容

目前最常见的桥梁结构形式，是采用小跨距等截面的混凝土连续梁或简支梁（板），如大型桥梁的引桥段、普通中小型桥梁等。普通型桥梁结构，仅由桥墩和等截面的平板梁或变截面的拱梁构成，其施工测量的主要工作内容如下。

1）基坑开挖及墩台扩大基础的放样；

2）桩基础的桩位放样；

3）承台及墩身结构尺寸、位置放样；

4）墩帽及支座垫石的结构尺寸、位置放样；

5）各种桥型的上部结构中线及细部尺寸放样；

6）桥面系结构的位置、尺寸放样；

7）各阶段的高程放样。

在现代普通桥梁建设中，过去传统的施工测量方法已较少采用，常用的方法是全站仪二维或三维直角坐标法和极坐标法。

用全站仪施工放样前，可以在室内将控制点及放样点坐标储存在全站仪文件中，实地放样时，只要定位点能够安置反光棱镜，仪器可以设在施工控制网的任意控制点上，且与反光棱镜通视，即可实施放样。在桥梁施工测量中，控制点坐标是要反复使用的，应利用全站仪的存储功能，在全站仪中建立控制点文件，便于测量中控制点坐标的反复调用，这样不但可以减少大量的输入工作，更可以避免差错。

2. 桥梁下部构造的施工测量

桥梁下部构造是指墩台基础及墩身、墩帽，其施工放样是在实地标定好墩位中心的基础上，根据施工的需要，按照设计图，自下而上分阶段地将桥墩各部位尺寸放样到施工作业面上，属施工过程中的细部放样。下面将其各主要部分的放样介绍如下。

（1）水中钢平台的搭设

水中建桥墩，首先要搭设钢平台来支撑灌注桩钻孔机械的安置。

1）平台钢管支撑桩的施打定位，平台支撑桩的施工方法一般是利用打桩船进行水上沉桩。测量定位的方法是全站仪极坐标法。施工时仪器架设在控制点上进行三维控制。一般沉桩精度控制在：平面位置 ±10cm，高程位置 ±5cm，倾斜度 1/100。

2）平台的安装测量，支撑桩施打完毕后，用水准仪抄出桩顶标高供桩帽安装，用全站仪在桩帽上放出平台的纵横轴线进行平台安装。

（2）桩基础钻孔定位放样

根据施工设计图计算出每个桩基中心的放样数据，设计图纸中已给出的数据也应经过复核后方可使用，施工放样采用全站仪极坐标法进行。

1）水上钢护筒的沉放。用极坐标法放出钢护筒的纵横轴线，在定位导向架的引导下进行钢护筒的沉放。沉放时，在两个互相垂直的测站上布设两台经纬仪，控制钢护筒的垂直度，并监控其下沉过程，发现偏差随时校正。高程利用布设在平台上的水准点进行控制。护筒沉放完毕后，用制作的十字架测出护筒的实际中心位置。精度控制：平面位置 ±5cm；高程 ±5cm；倾斜度 1/150。

2）陆地钢护筒的埋设。用极坐标法直接放出桩基中心，进行护筒埋设，不能及时护筒埋设的要用护桩固定。护筒埋设精度：平面位置偏差 ±5cm；高程 ±5cm；倾斜度 1/150。

（3）钻机定位及成孔检测

用全站仪直接测出钻机中心的实际位置，如有偏差，通过调节装置进行调整，直至满足规范要求。然后用水准仪进行钻机抄平，同时测出钻盘高程。桩基成孔后，灌注水下混凝土前，在桩附近要重新抄测标高，以便正确掌握桩顶标高。必要时还应检测成孔垂直度及孔径。

(4) 承台施工放样

用全站仪极坐标法放出承台轮廓线特征点，供安装模板用，通过吊线法和水平靠尺进行模板安装。安装完毕后，用全站仪测定模板四角顶口坐标，直至符合规范和设计要求。用水准仪进行承台顶面的高程放样，其精度应达到四等水准要求，用红油漆标示出高程相应位置。

(5) 墩身放样

桥墩墩身形式多样，大型桥梁一般采用分离式矩形薄壁墩。墩身放样时，先在已浇筑承台的顶面上放出墩身轮廓线的特征点，供支设模板用（首节模板要严格控制其平整度），用全站仪测出模板顶面特征点的三维坐标，并与设计值相比较。直到差值满足规范和设计要求为止。

(6) 支座垫石施工放样和支座安装

用全站仪极坐标法放出支座垫石轮廓线的特征点，供模板安装。安装完毕后，用全站仪进行模板四角顶口的坐标测量，直至符合规范和设计要求。用水准仪以吊钢尺法进行支座垫石的高程放样，并用红漆标示出相应位置。待支座垫石施工完毕后，用全站仪极坐标法放出支座安装线供支座定位。

(7) 墩台竣工测量

全桥或标段内的桥墩竣工后，为了查明墩台各主要部分的平面位置及高程是否符合设计要求，需要进行竣工测量。竣工测量的主要内容如下。

通过控制点用全站仪极坐标法来测定各桥墩台中心的实际坐标，并计算桥墩台中心间距。用带尺丈量拱座或垫石的尺寸和位置以及拱顶的长和宽。这些尺寸与设计数据的偏差不应超过 2cm。

用水准仪进行检查性的水准测量，应自一岸的永久水准点经过桥墩闭合到对岸的永久水准点，其高程闭合差应不超过 $\pm 4\sqrt{n}$mm（n 为测站数）。在进行该项水准测量时，应测定墩顶水准点、拱座或垫石顶面的高程，以及墩顶其他各点的高程。

最后根据上述竣工测量的资料编绘墩台竣工图、墩台中心距离一览表、墩顶水准点高程一览表等，为下阶段桥梁上部构造的安装和架设提供可靠的原始数据。

3. 涵洞施工测量

涵洞属小型公路构造物，进行涵洞施工测量时，利用路线勘测时建立的控制点就可进行，不需另建施工控制网。

涵洞施工测量时要首先放出涵洞的轴线位置，即根据设计图纸上涵洞的里程，放出涵洞轴线与路线中线的交点，并根据涵洞轴线与路线中线的夹角，放出涵洞的轴线方向。

放样直线上的涵洞时，依涵洞的里程，自附近测设的里程桩沿路线方向量出相应的距离，即得涵洞轴线与路线中线的交点。若涵洞位于曲线上，则采用曲线测设的方法定出涵洞与路线中线的交点。依地形条件，涵洞轴线与路线有正交的，也有斜交的。将全站仪安置在涵洞轴线与路线中线的交点处，测设出已知的夹角，即得涵洞轴线的方向，如图 12-5 所示。

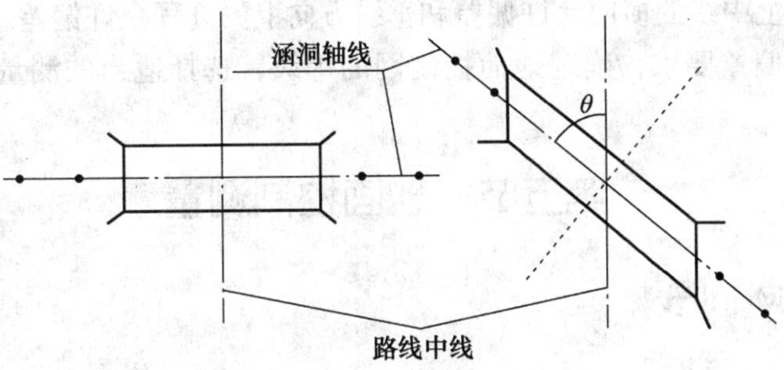

图 12-5　涵洞轴线测设

在路线两侧涵洞的施工范围以外，将涵洞轴线用大木桩标志在地面上，每侧两个。自涵洞轴线与路线中线的交点处沿涵洞轴线方向量出上、下游的涵长，即得涵洞口的位置，涵洞口要用小木桩标志出来。

涵洞细部的高程放样，一般是利用附近的水准点用水准测设的方法进行。

涵洞施工测量的精度要比桥梁施工测量的精度低，在平面放样时，应控制涵洞的长度，保证涵洞轴线与公路轴线保持设计的角度；在高程控制放样时，要控制洞底与上、下游的衔接，保证水流顺畅。对人行通道或机动车通道，保证洞底纵坡与设计图纸一致，不积水即可。

第四节　地下工程测量概述

地下工程测量指地下工程在规划、设计、施工、竣工及经营管理各阶段所进行的测量工作，包括铁路隧道、道路隧道、城市地下铁道、地下防空建筑群、地下电站、水工隧洞、航运隧道、舰艇掩蔽隧洞、飞机掩蔽隧洞、地下油库、地下仓库、地下工厂等的工程测量。它的主要任务是要保证地下工程在预计范围内的贯通。

1. 地下工程测量的工作内容

1）在地面建立施工测量的平面和高程控制网。

2）伴随施工进展，将地面的平面位置和高程传递到地下的联系测量。

3）建立地下平面和高程控制的地下导线和地下水准。

4）指导隧道开挖方向、放样洞体几何形状和安模定位、确定隧道坡度等施工测量工作。

5）测绘竣工图。

2. 地下工程与地面的贯通方式

根据地形条件，地下工程一般通过平洞、竖井或斜井与地面相通，如图12-6所示。为了加快施工进度，可在两个洞口相向开挖。长隧道施工时还要在两洞口间增设井口以缩短相向开挖距离，增加掘进工作面。

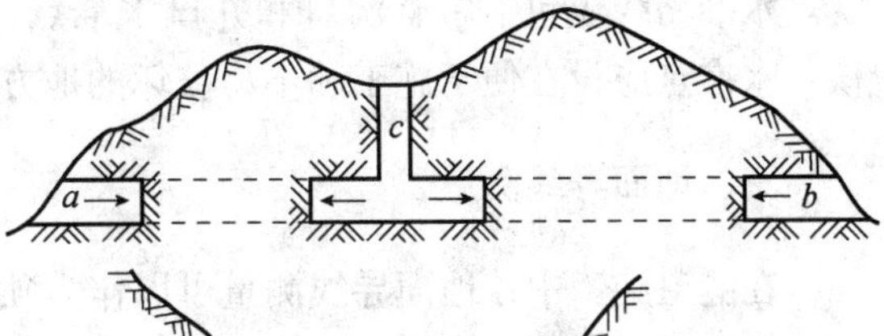

图 12-6　地下工程贯通方式
a，b，d—平洞；c—竖井；e—斜井

3. 地下施工测量的精度

地下施工测量的精度主要指相向开挖

的隧道，在贯通面上中线的横向允许偏差和垂线方向上的高程允许偏差。测量工作应根据不同地下工程的允许偏差要求，确定地面控制网的等级，选择适当的测量仪器和合理的观测方法。

第五节　地面控制测量

一、地面控制网布设步骤

1. 收集资料

主要资料包括施工地区的大比例尺地形图；地下工程所在地段的线路平面图；地下工程的设计断面图、平面图；施工技术设计；周边控制点资料；该地区水文、气象、地质及交通运输等方面的资料。

2. 现场踏勘

初步分析收集的资料后，对地下工程穿越地区进行详细勘察，了解地下工程两侧地形，特别注意工程的走向、地形与施工设施的布置情况。

3. 选点布网

根据大比例尺地形图先在图上选点，然后到实地标定，也可直接到现场踏勘选点。要注意充分利用已知控制点。选点时注意以下几点：

1）在隧道的进出口，斜井与平洞的标桩位置，竖井的附近，曲线的起点、终点及交点处选点。

2）控制点要选在稳定、牢靠的地方，不受施工影响。

3）每个洞口至少有三个控制点，确保洞内导线测量有足够的起始和检测数据。

4）相邻点要通视，避免造高标。

二、地面控制网布设形式和要求

地面控制包括平面控制和高程控制。对于地形复杂的山区通常采用三角锁、边角网、GPS网的布设形式；对于城市地铁、地下人防等工程采用导线更为方便。地面导线尽可能沿隧道中心线方向布设，为减少测角误差对隧道横向贯通精度的影响，导线点不宜布设太多，可按照城市一级或二级导线的精度敷设。地面高程控制点采用三、四等水准测量方法进行测定。水准路线应包括所有洞口和井口水准点，每个洞口或井口应设置两个水准点，以便检核；水准点应设在便于施工和不易破坏的地方。

三、地面导线测量

在隧道施工中，地面导线测量可以作为独立的地面控制，也可用以进行三角网的加密，将三角点的坐标传递到隧道的入口处。我们这里讨论的是第一种情况。

在直线隧道，为了减少导线量距对隧道横向贯通的影响，应尽可能将导线沿着隧道中线敷设，导线点数不宜过多，以减少测角误差对横向贯通的影响。在有横洞、斜井和竖井的情况下，导线应经过这些洞口，以利于洞口投点。

为了增加检核条件，提高导线测量精度，一般导线应使其构成闭合环线，可采用主、副导线闭合环，如图12-7所示。其中副导线只观测水平角不测距，导线边不宜短于300m，相邻边长之比不应超过1∶3。表12-4为地面导线测量主要技术要求。

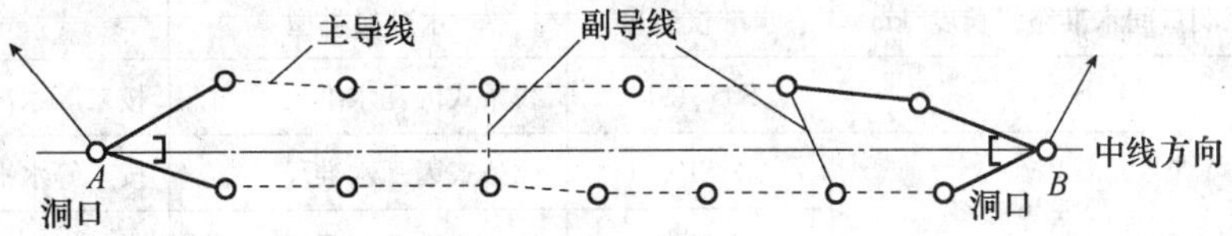

图12-7　主、副导线闭合环

表12-4　地面导线测量主要技术要求（公路隧道）

两开挖洞口间长度/km		测角中误差/（″）	边长相对中误差		导线边最小边长/m	
直线隧道	曲线隧道		直线隧道	曲线隧道	直线隧道	曲线隧道
4～6	2.5～4.0	±2.0	1/5000	1/15000	500	150
3～4	1.5～2.5	±2.5	1/3500	1/10000	400	150
2～3	1.0～1.5	±4.0	1/3500	1/10000	300	150
<2	<1.0	±10.0	1/2500	1/10000	200	150

四、地面GPS测量

采用GPS定位技术建立隧道地面平面控制网已普遍应用，它只需在洞口布出点。对于直线隧道，洞口点应选在隧道中线上。另外，再在洞口附近布设至少2个定向点，并要求洞口点与定向点间通视，以便于全站仪观测，而定向点间不要求通视。对于曲线隧道，除洞口点外，还应把曲线上的主要控制点（如曲线的起、终点）包括在网中。GPS选点和埋石与常规方法相同，但应注意使所选的点位的周围环境适宜GPS接收机测量。图12-8为采用GPS定位技术布设的隧道地面平面控制网方案。该方案每个点均有三条独立基线相连，可靠性较好。GPS定位技术是近代先进方法，在平面精度方面高于常规方法，由于不需要点位间通视，经济节省，速度快，自动化程度高，故已被广泛采用。

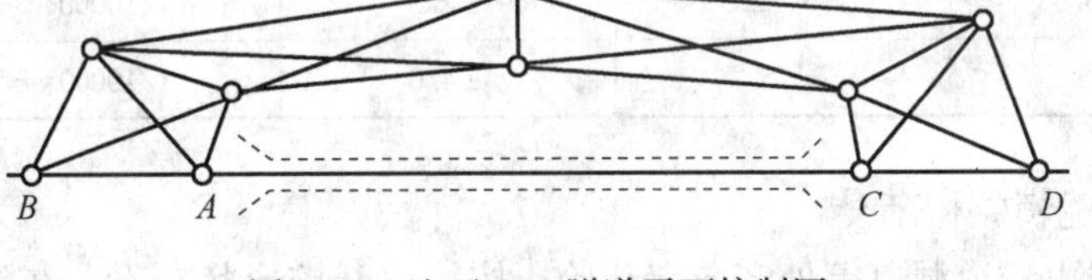

图12-8　地面GPS隧道平面控制网

五、地面水准测量

隧道地面高程控制测量主要采用水准测量的方法，利用线路定测时的已知水准点作为高程起算数据，沿着拟定的水准路线在每个洞口至少埋设两个水准点，水准路线应构成闭合环线或者两条独立的水准路线，由已知水准点从一端测至另一端洞口。

水准测量的等级，不单取决于隧道的长度，还取决于隧道地段的地形情况，即决定于两洞口之间的水准路线的长度。见表12-5。

表 12-5 水准测量的等级及两洞口之间水准路线的长度

测量等级	两洞口间水准路线长度/km	水准仪型号	水准尺类型	备 注
二	>36	S05，S1	线条式因瓦水准尺	按二等水准测量要求
三	13～36	S1	线条式因瓦水准尺	按二等水准测量要求
		S3	区格式木质水准尺	按三、四等水准测量要求
四	5～13	S3	区格式木质水准尺	按三、四等水准测量要求

目前，光电测距三角高程测量方法已广泛应用，用全站仪进行精密导线三维测量，其所求的高程可以代替三、四等水准测量。

第六节 地下控制测量

一、地下导线测量

隧道洞内平面控制测量，通常有两种形式：当直线隧道长度小于1000m，曲线隧道长度小于500m时，可不作洞内平面控制测量，而是直接以洞口控制桩为依据，向洞内直接引测隧道中线，作为平面控制。但当隧道长度较长时，必须建立洞内精密地下导线作为洞内平面控制。

地下导线的起始点通常设在隧道的洞口、平坑口、斜井口，而这些点的坐标是通过联系测量或直接由地面控制测量确定的。地下导线的等级的确定取决于隧道的长度和形状，见表12-6。

表 12-6 地下导线的等级的确定

等级	两开挖洞口间长度/km		测角中误差/（″）	边长相对中误差	
	直线隧道	曲线隧道		直线隧道	曲线隧道
二	7～20	3.5～20	±1.0	1/10000	1/10000
三	3.5～7	2.5～3.5	±1.8	1/10000	1/10000
四	2.5～3.5	1.5～2.5	±2.5	1/10000	1/10000
五	<2.5	1.5	±4.0	1/10000	1/10000

1. 地下导线的特点和布设

1）地下导线由隧道洞口等处定向点开始，按坑道开挖形状布设，在隧道施工期间，只能布设成支导线形式，随隧道的开挖而逐渐向前延伸。

2）地下导线一般采用分级布设的方法：先布设精度较低、边长较短（边长为25～50m）的施工导线；当隧道开挖到一定距离后，布设边长为50～100m的基本导线；随着隧道开挖延伸，还可布设边长为150～800m的主要导线。如图12-9所示，三种导线的点位可以重合，有时基本导线这一级可以根据情况舍去，即直接在施工导线的基础上布设长边主要导线。长边主要导线的边长在直线段不宜短于200m，曲线段不短于70m，导线点力求沿隧道中线方向布设。对于大断面的长隧道，可布设成多边形闭合导线或主副导线环，如图12-10所示。有平行导坑时，应将平行导坑单导线与正洞导线联测，以资检核。

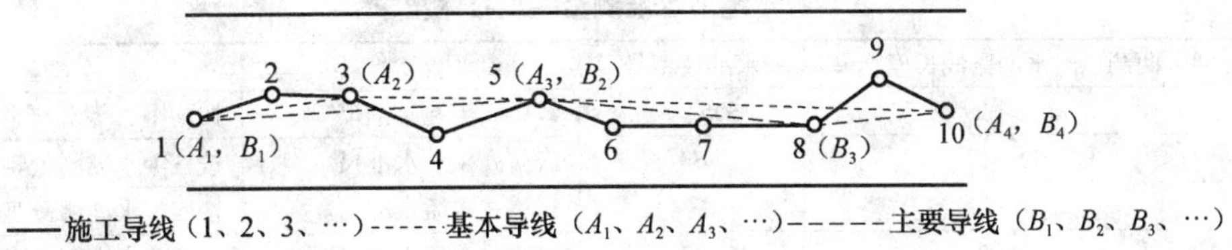

图 12-9　分级布设地下导线

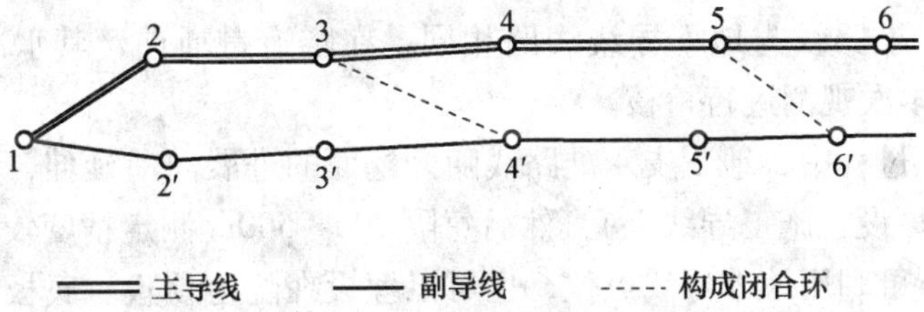

图 12-10　主副导线环

3）洞内地下导线点应选在顶板或底板岩石等坚固、安全、测设方便与便于保存的地方。控制导线（主要导线）的最后一点应尽量靠近贯通面，以便于实测贯通误差。对于地下坑道的相交处，也应埋设控制导线点。

4）洞内地下导线应采用往返观测，由于地下导线测量的间歇时间较长且又取决于开挖面进展速度，故洞内导线（支导线）采取重复观测的方法进行检核。

2. 地下导线观测及注意事项

1）每次建立新导线点时，都必须检测前一个“旧点”，确认没有发生位移后，才能发展新点。

2）有条件的地段，主要导线点应埋设带有强制对中装置的观测墩或内外架式的金属吊篮，并配有灯光照明，以减少对中与照准误差的影响，这有利于提高观测精度。

3）使用 2″全站仪观测角度，施工导线观测 1～2 测回，测角中误差为 ±6″以内；控制长边导线观测左、右角两测回，测角中误差为 ±5″以内，圆周角闭合差 ±6″以内。边长往返两测回，往返测平均值小于 7mm。

4）对于布设如图 12-10 所示的主副导线环，一般副导线仅测角度，不测边长。对于螺旋形隧道，由于难以布设长边导线，每次施工导线向前引伸时，都应从洞外复测。对于长边导线（主要导线）的测量宜与竖井定向测量同步进行，重复点的重复测量坐标与原坐标较差应小于 10mm，并取加权平均值作为长边导线引伸的起算值。

二、地下水准测量

地下水准测量应以通过水平坑道、斜井或竖井传递到地下洞内水准点作为起算依据，然后随隧道向前延伸，测定布设在隧道内的各水准点高程，作为隧道施工放样的依据，并保证隧道在高程（竖向）准确贯通。

地下水准测量的等级和使用仪器主要根据两开挖洞口间洞外水准路线长度确定，参见表 12-7 有关规定。

表 12-7　地下水准测量主要技术要求

测量等级	两测口间水准路线长度/km	水准仪型号	水准尺类型	备　注
二	>32	S05、S1	线条式因瓦水准尺	按精密二等水准测量要求
三	11~32	S3	区格式木质水准尺	按三等水准测量要求
四	5~11	S3	区格式木质水准尺	按四等水准测量要求
五	<5	S3	区格式木质水准尺	按五等水准测量要求

1. 地下水准测量的特点和布设

1）地下洞内水准路线与地下导线线路相同，在隧道贯通前，其水准路线均为水准支线，因而需往返或多次观测进行检核。

2）在隧道施工过程中，地下支水准路线随开挖面的进展向前延伸，一般先测定精度较低的临时水准点（可设在施工导线上），然后每隔 200~500m 测定精度较高的永久水准点。

3）地下水准点可利用地下导线点位，也可以埋设在隧道顶板、底板或边墙上，点位应稳固、便于保存。为了施工方便，应在导坑内拱部边墙至少每隔 100m 埋设一个临时水准点。

2. 观测与注意事项

1）地下水准测量的作业方法与地面水准测量相同。由于洞内通视条件差，视距不宜大于 50m，并用目估法保持前、后视距相等；水准仪可安置在三脚架上或安置在悬臂的支架上，水准尺可直接立在洞内底板水准点（导线点）上，有时也可用倒尺法顶立在洞顶水准点标志上，如图 12-11 所示。

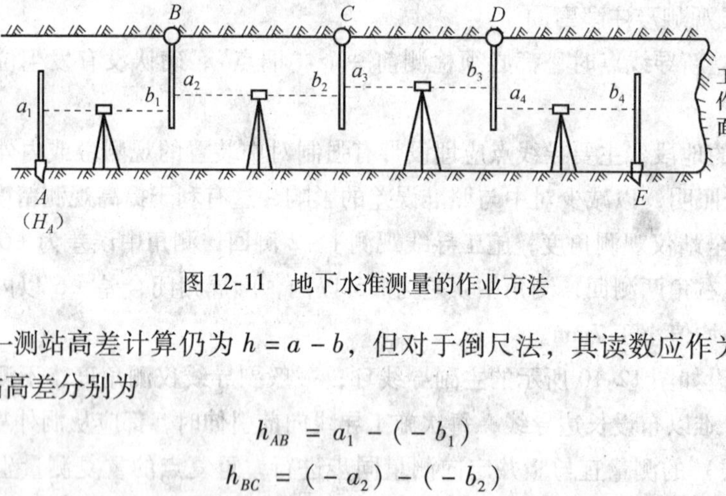

图 12-11　地下水准测量的作业方法

此时，每一测站高差计算仍为 $h=a-b$，但对于倒尺法，其读数应作为负值计算，图 12-11 中各测站高差分别为

$$h_{AB}=a_1-(-b_1)$$
$$h_{BC}=(-a_2)-(-b_2)$$
$$h_{CD}=(-a_3)-(-b_3)$$
$$h_{DE}=(-a_4)-b_4$$

则

$$h_{AE}=h_{AB}+h_{BC}+h_{CD}+h_{DE}$$

2）在开挖工作面向前推进的过程中，对布设的支水准路线，要进行往返观测，其往返测不符值应在限差以内，取平均值作为最后成果，用于推算各洞内水准点高程。

3）为检查地下水准点的稳定性，还应定期根据地面近井水准点进行重复水准测量，将所得高差成果进行分析比较。若水准标志无变动，则取所有高差平均值作为高差成果；若发现水准标志变动，则应取最后一次的测量成果。

4）当隧道贯通后，应根据相向洞内布设的支水准路线，测定贯通面处高程（竖向）贯通误差，并将两支水准路线联成附合于两洞口水准点的附合水准路线。要求对隧道未衬砌地段的高程进行调整。高程调整后，所有开挖、衬砌工程均应以调整后高程指导施工。

第七节　竖井联系测量

为了加快隧道的工程进度，除了在线路上开挖横洞斜井增加工作面外，还可以用开挖竖井的方法增加工作面。此时为了保证相向开挖隧道能准确贯通，就必须将地面洞外控制网的坐标、方向及高程，经过竖井传递至地下洞内，使地面和地下有统一的坐标与高程系统，作为地下控制测量的依据，这项工作称为竖井联系测量。其中将地面控制网坐标、方向传递至地下洞内，称为竖井定向测量。

一、竖井定向测量

如图 12-12 所示。对于山岭隧道或过江隧道以及矿山坑道，由于隧道竖井较深，一井定向大多采用联系三角形法进行定向测量。

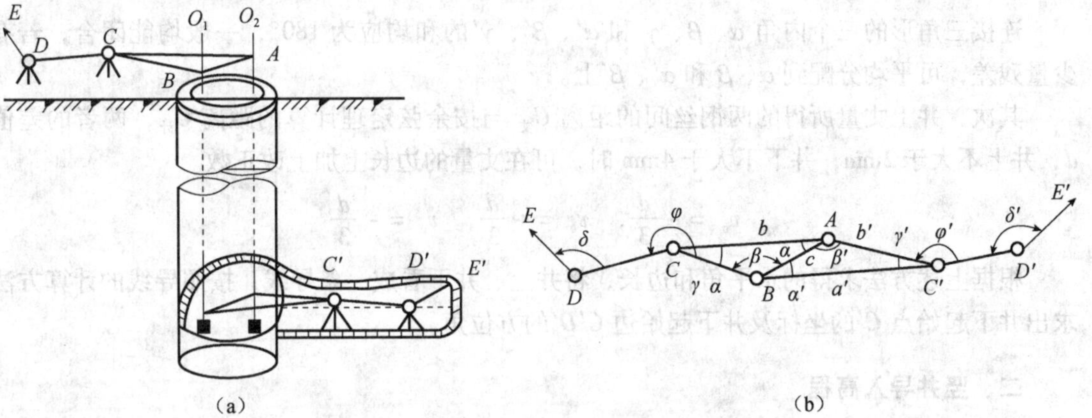

图 12-12　一井定向联系三角形法示意图

图 12-12 中，地面控制点 C 为连接点，D 为近井点，它与地面其他控制点通视（图中 E 方向），实际工作中至少有两个控制点通视。C'为地下连接点，D'为地下近井点，它与地下其他控制点通视（图中 E'方向）。O_1、O_2 为悬吊在井口支架上的两根细钢丝，钢丝下端挂上重锤，并将重锤置于机油桶中，使之稳定。

1. 联系三角形布设

按照规范规定，对联系三角形的形状要求是：联系三角形应是伸展形状，三角形内角 α（α'）及 β（β'）应尽可能小，在任何情况下，α（α'）角都不能大于3°；联系三角形边长 $\frac{b}{a}\left(\frac{b'}{a'}\right)$ 的比值应小于 1.5；两吊锤线的间距（O_1 至 O_2）应尽可能选择最大的数值。

2. 投点

所谓投点，就是在井筒中悬挂重锤线至定向水平，然后利用悬挂的两钢丝将地面的点位坐标和方位角传递到井下。

3. 联系三角形测量

一般使用 J2 级经纬仪或全站仪观测地面和地下联系三角形角度 α（α'）、δ（δ'）、φ（φ'）各 4～6 个测回；测角精度：地面联系三角形控制在 ±4″以内，地下联系三角形应在 ±6″以内；使用经检定的具有毫米刻画的钢尺在施加一定拉力悬空水平丈量地面、地下联系三角形边长 a、b、c 和 a'、b'、c'，每边往返丈量 4 次，估读至 0.1mm；边长丈量精度为 $m_S=\pm0.8$mm；地面与地下实量两吊锤间距离 a 与 a'之差不得超过 ±2mm，同时实量值 a 与由余弦定理计算值之差也应该小于 2mm。

4. 内业计算

(1) 解算三角形

在图 12-12（b）中，在三角形 ABC 和三角形 ABC'中，可按正弦定理求 α'、β'和 α、β 角，即

$$\sin\alpha=\frac{a\sin\alpha}{c}\qquad \sin\beta=\frac{b\sin\gamma}{c}$$

$$\sin\alpha'=\frac{a'\sin\alpha'}{c'}\qquad \sin\beta'=\frac{b'\sin\gamma'}{c'}$$

(2) 检查测量和计算成果

连接三角形的三个内角 α、β、γ 和 α'、β'、γ'的和均应为 180°，一般均能闭合，若有少量残差，可平均分配到 α、β 和 α'、β'上。

其次，井上丈量所得的两钢丝间的距离 $C_{丈}$ 与按余弦定理计算的距离 $C_{计}$，两者的差值 d，井上不大于 2mm，井下不大于 4mm 时，可在丈量的边长上加上改正数。

$$v_a=-\frac{d}{3},\quad v_b=+\frac{d}{3},\quad v_c=-\frac{d}{3}$$

根据上述方法求得的水平角和边长，将井上、井下看成一条导线，按照导线的计算方法求出井下起始点 C'的坐标及井下起始边 $C'D'$的方位角。

二、竖井导入高程

通过洞口或横洞传递高程时，可由洞口外已知高程点，用水准测量的方法进行传递与引测。当地上与地下用斜井联系时，按照斜井的坡度和长度的大小，可采用水准测量或三角高程测量的方法进行传递高程。在传递高程之前，必须对地面上起始水准点的高程进行检核。

1. 水准测量方法

在传递高程时，应该在竖井内悬挂长钢尺或钢丝（用钢丝时井上需有比长器）与水准仪配合进行测量，如图 12-13 所示。

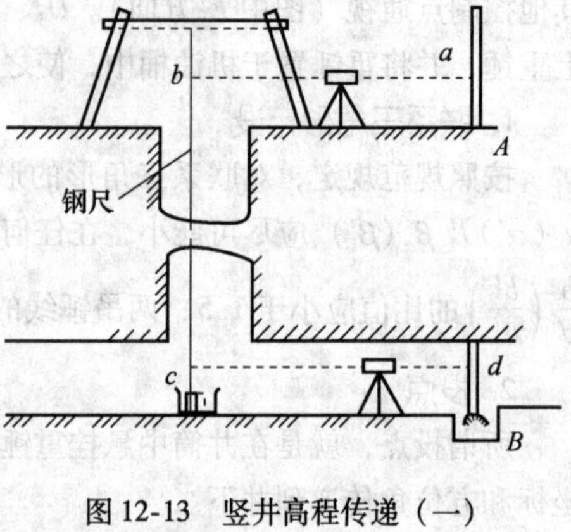

图 12-13　竖井高程传递（一）

首先将经检定的长钢尺悬挂在竖井内，钢尺零端朝下，下端挂重锤，并置于油桶里，使之稳定。在井上、井下各安置一台水准仪，精平后同时读取钢尺上读数 b、c，然后再读取井上、井下水准尺读数 a、d，测量时用温度计量井上和井下的温度。由此可求取井下水准点 B 的高程 H_B 为：

$$H_B = H_A + a - (b - c + \sum \Delta l) - d$$

$$\sum \Delta l = \Delta l_d + \Delta l_t + \Delta l_p + \Delta l_c$$

$$\Delta l_d = \frac{\Delta l}{L_0} \times (b - c)$$

$$\Delta l_t = 1.25 \times 10^{-5} \times (b - c) \times (t - t_0)$$

$$\Delta l_p = \frac{L(P - P_0)}{EF}$$

$$\Delta l_c = \frac{\gamma}{E} \times l\left(L - \frac{1}{2}\right)$$

式中　H_A——地面近井水准点的已知高程；

Δl_d——尺长改正数；

Δl_t——温度改正数；

Δl_p——拉力改正数；

Δl_c——重力改正数；

Δl——钢尺经检定后的一整尺的尺长改正数；

L_0——钢尺名义长度；

t——井上、井下温度平均值，t_0 为检定时温度（一般为20℃）；

γ——钢的单位体积重量，即 $7.8\mathrm{g/cm^3}$；

E——钢的弹性系数，等于 $2 \times 10^6\mathrm{kg/cm^2}$；

F——钢尺的横断面积；

l——$l = (b - c)$。

注意：如果悬挂是钢丝，则（$b-c$）值应在地面上设置的比长器上求取；同时，地下洞内一般宜埋设2~3个水准点，并应埋在便于保存、不受干扰的位置；地面上应通过2~3个水准点将高程传递到地下洞内，传递时应用不同仪器高，求得地下洞内同一水准点高程互差不超过5mm。

2. 光电测距仪与水准仪联合测量法

当竖井较深或其他原因不便悬挂钢尺（或钢丝），可用光电测距仪代替钢尺的办法，既方便又准确地将地面高程传递到井下洞内。当竖井深度超过50m以上时，尤其显示出此方法的优越性。

如图12-14所示，在地上井架内架中心上安置精密光电测距仪，装配一托架，使仪器照准头直接瞄准井底的棱镜，测出井深 D，然后在井上、井下分别同使用1台水准仪，测定井上水准点 A 与测距仪照准头中心的高差（$a-b$），以及井下水准点 B 于棱镜面中心的高差（$c-d$）。由此可得井下水准点 B 的高程 H_B 为

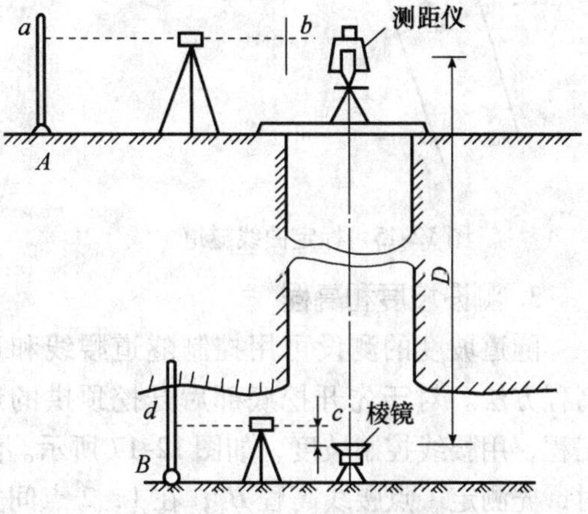

图12-14　竖井高程传递（二）

$$H_B = H_A + a - b - D + c - d$$

式中　H_A——地面井上水准点已知高程；

a、b——井上水准仪瞄准水准尺上的读数；

c、d——井上水准仪瞄准水准尺上的读数；

D——井深（由光电测距仪直接测得）。

注意：水准仪读取 b、c 读数时，由于 b、c 值很小，也可用钢卷尺竖立代替水准尺。本法也可以用激光干涉仪（采用衍射光栅测量）来确定地上至地下垂距 D。这些都可以作为高精度传递高程的有效手段。

第八节　隧道施工测量

隧道施工测量工作包括：测设隧道中心线；测设隧道断面及测设隧道坡度和高程。

1. 测设隧道中心线

隧道开挖过程中，每隔20m设置一组中线桩来标明开挖方向，控制开挖断面形状。每组中线桩由三个点组成，点之间距离相距约1.5m。开挖前利用目测挂在三点的垂线，定出工作面中线。

对于曲线隧道中心线的测设，当改变方向后的隧道尚未开挖时，如图12-15所示，可安置仪器于转角点 E，瞄准 D，右转 α 角在已开挖洞内标定出1，2点。开挖时，用1，2，E 三点串线定出工作面中心线。

2. 测设隧道断面

隧道开挖时可用支距法测设断面，如图12-16所示。断面的起拱线，腰线、轨面和垫层面之间的尺寸由设计图提供。起拱线到拱顶各点的纵距 b，b_1，b_2，b_3，横距 a，a_1，a_2 可用图解法在设计断面图上获得，腰线 a'、底拱宽 a''及各线高度均由设计图获得。测设时以中线和起拱线为基线，用支距法按上述数据开挖断面。衬砌时，拱模位置由起拱线高程和中心线进行控制。

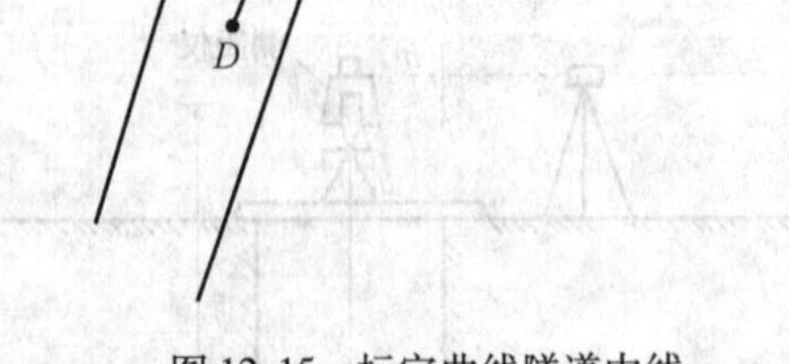

图12-15　标定曲线隧道中线

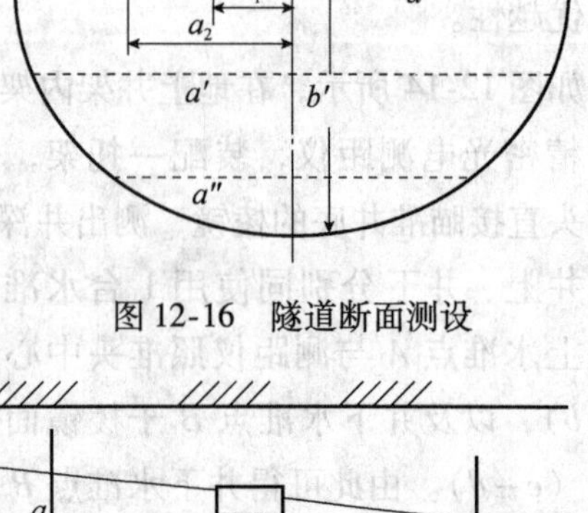

图12-16　隧道断面测设

3. 测设坡度和高程

隧道坡度的测设可用控制隧道腰线和顶部高程方法。对于先开挖底部后开挖顶拱的地下工程，用腰线控制坡度，如图12-17所示。测设时，先测定1点腰线高程 H_1；在1，2点间安置水准仪，瞄准立尺点1，得读数 a。根据设计坡

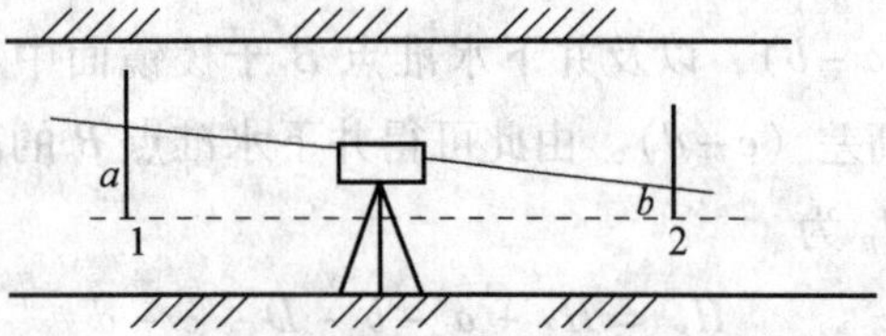

图12-17　测设腰线

度 i 及 1，2 点间的水平距离 D，计算两点应有高差 h_{12} 为：

$$h_{12} = D_i$$

在 2 点立尺时水准尺读数为 b

$$b = a \pm h_{12}$$

此时，在水准尺底部画线，标出 2 点腰线位置。然后过 1，2 点弹线到边墙上标志出隧道的腰线。对于先开挖拱顶的隧道，坡度用测设在拱顶的高程点控制。定测时倒立尺的零端即为拱顶高程。

第九节　隧道贯通误差的测定与调整

隧道贯通后，应及时地进行贯通测量，测定实际的横向、纵向和竖向贯通误差。若贯通误差在允许范围之内，就认为测量工作达到了预期目的。但是，由于存在贯通误差，它将影响隧道断面扩大及衬砌工作的进行。因此，应该采用适当的方法将贯通误差加以调整，从而获得一个对行车没有不良影响的隧道中线，并作为扩大断面、修筑衬砌以及铺设钢轨的依据。

1. 测定贯通误差的方法

（1）延伸中线法

采用中线法测量的隧道，贯通后，应从相向测量的两个方向各纵向贯通面延伸中线，并各钉一临时桩 A、B，如图 12-18 所示。

丈量 A、B 之间的距离，即得到隧道实际的横向贯通误差。A、B 两临时桩的里程之差，即为隧道的实际纵向贯通误差。

（2）坐标法

如图 12-19 所示，采用洞内地下导线作为隧道控制时，可由进测的任一方向，在贯通面附近钉设临时桩 A，然后由相向开挖的两个方向，分别测定临时桩 A 的坐标，这样，可以得到两组不同的坐标值（x_A'，y_A'）、（x_A''，y_A''），则实际贯通误差为（$y_A' - y_A''$），实际纵向贯通误差为（$x_A' - x_A''$）。

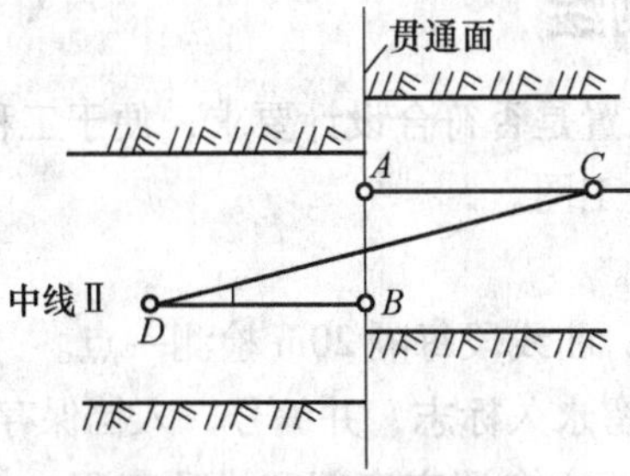

图 12-18　延伸中线法调整贯通误差

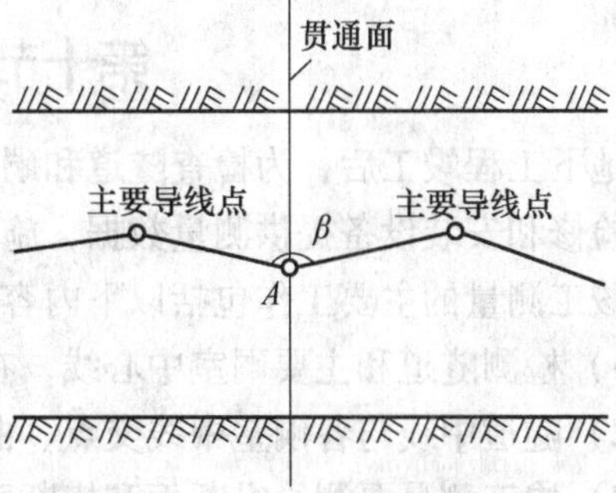

图 12-19　坐标法测定贯通误差

在临时桩点 A 上安置经纬仪测出夹角 β，以便计算导线的角度闭合差，即方位角贯通误差。

（3）水准测量法

由隧道两端口附近水准点向洞内各自进行水准测量，分别测出贯通面附近的同一水准点的高程，其高程差即为实际的高程贯通误差。

2. 贯通误差的调整

隧道中线贯通后，应将相向量方向测设的中线各自向前延伸一段适当的距离。如贯通面附近有曲线始点（或终点）时，则应延伸至曲线以外的直线上一段距离，以便调整中线。

调整贯通误差的工作，原则上应在隧道未衬砌地段上进行，不再牵动已衬砌地段的中线，以防减少限界而影响行车。对于曲线隧道还应注意不改变曲线半径和缓和曲线长度，否则需上级批准。在中线调整以后，所有未衬砌的工程，均应以调整后的中线指导施工。

直线隧道中线调整可采用折线法调整，如图 12-20 所示。如果由于调整贯通误差而产生的转折角在 5′以内时，可作为直线线路考虑。当转折角在 5′~25′时，可不加设曲线，但应以转角 α 的顶点 C、D 内移一个外矢距 E 值，得到中线位置。

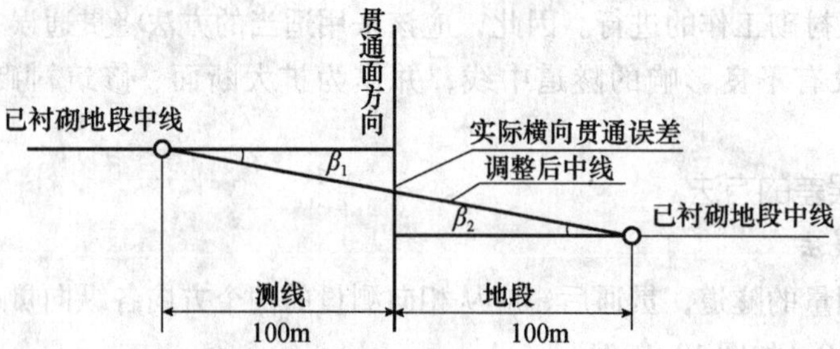

图 12-20　折线法调整贯通误差

各种转折角的内移量见表 12-8。当转折角大于 25′时，则以半径为 4000m 的圆曲线加设反向曲线。

表 12-8　各种转折角 α 的内移外矢距 E 值

转折角 α/（′）	5	10	15	20	25
内移外矢距 E 值/mm	1	4	10	17	26

第十节　竣工图的测绘

地下工程竣工后，为检查隧道和硐室主要构筑物的位置是否符合设计要求，便于工程使用中检修和安装设备提供测量数据，施工单位必须提供竣工图。

竣工测量的主要工作包括以下内容：

1）检测隧道和主要硐室中心线，在直线段每隔 50m，曲线段每隔 20m 检测一点。

2）隧道中线与各硐室中线交点、曲线交点、终点应留永久标志，并编号，入档保存。

3）竣工测量要测绘纵断面和横断面图。纵断面沿中线方向测定底部和拱顶高程，每隔 10~20m 测定一点，绘制纵断面图，并套绘设计坡度线比较。隧道和硐室应测定横断面，直线隧道每隔 10m、曲线隧道每隔 5m 测定一个断面。横断面测量可用支距法，测量时以中线为纵轴，起拱线为横轴，分别量出起拱线至拱顶的纵距和横距，还要量出起拱线和底部的纵距和到腰线的距离，如图 12-21（a）所示。横断面测量也可采用极坐标法，如图 12-21（b）所示。

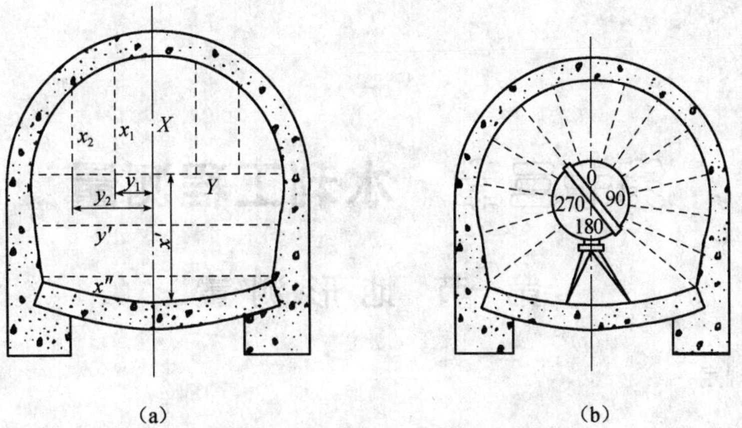

图 12-21　隧道横断面测量

4）地下工程竣工后，还应提交有关施工测量的各种数据和图表资料，如地面控制测量外业资料与成果表、地下导线测量资料、贯通测量资料、施工测量中重大技术问题记录、地下工程平面图、纵断面图、横断面图及技术总结等，并装订成册作为技术档案保存。

第十三章　水利工程测量

第一节　地 形 测 量

一、一般规定

1）施工阶段的地形测量一般在施工场地范围内进行，主要用于场地布置、土地征购、工程量计算、建基面验收，以及场内交通的新建、改建工程等。

2）测图比例尺除建基面验收应采用1:200外，其他可根据工程性质、设计及施工要求在1:500~1:2000范围内选择。

3）精度要求较低的地形图可按小一级比例尺地形图的精度施测，或采用小一级比例尺地形图放大。

4）地形测量所采用的平面坐标系统、高程系统应与施工测量采用的平面坐标系统、高程系统一致。在远离工程枢纽的测区，也可采用国家的或独立的平面坐标系统，但高程系统宜与施工区的高程系统一致。

5）同一测区相同比例尺地形图不得采用两种基本等高距，地形图基本等高距的选择见表13-1。

表13-1　地形图的基本等高距

地形类型	地面倾角/(°)	基本等高距/m			
		1:200	1:500	1:1000	1:2000
平地	<2	0.2	0.5	0.5，1	1
丘陵地	2~6	0.5	0.5，1	1	1
山地	6~25	0.5	1	1	2
高山地	≥25	—	1	2	2

6）地形图上地物点相对于邻近图根点的点位中误差与等高线及高程注记点相对于图根点的高程中误差要求见表13-2。

表13-2　地形图精度规定　　mm

地形图上地物点点位中误差		等高线高程中误差基本等高距		高程注记点高程中误差基本等高距
平地、丘陵地	山地、高山地	平地、丘陵地	山地、高山地	±1/3
±0.5	±0.75	±0.5	±1	

注：森林、隐蔽等特殊困难地区，可将表中的规定放宽0.5倍。

7）图廓格网线和控制点展点误差不应超过图上±0.2mm，图廓对角线和控制点间的长度误差不应超过图上±0.3mm。

8）地形图可采用正方形或矩形分幅。

二、图根控制测量

1）图根点测量宜在施工区各等级控制网点下进行。

2）图根点的精度以相对于邻近控制点的中误差来衡量。其中，点位中误差不应超过图上 ±0.1mm；高程中误差不应超过测图基本等高距的 ±1/10。

3）图根点的密度根据地形、采用的仪器和测量方法确定，其基本要求见表 13-3。

表 13-3　每幅图图根点数量要求

测图比例尺	每幅图图根点数量/个	
	采用测距仪、全站仪测量	采用平板仪、经纬仪测量
1∶200	3	6
1∶500	4	8
1∶1000	5	10
1∶2000	5	15

4）图根点平面位置可在施工区各等级平面控制点上采用各种交会法、各种类型的导线及光电测距坐标法等方法测量，也可采用 GPS 测量。

5）图根点的高程可采用光电测距三角高程测量或 GPS 测量。

三、地形图的测绘要求

1）地形图应真实反映地貌、地物形状。采用图解法成图、数字化成图或坐标法成图时，地物点、地形点最大视线长度要求见表 13-4。

表 13-4　测量地物点、地形点的最大视线长度要求　　m

测图比例尺	图解法成图				数字化成图或坐标法成图	
	视距最大长度		光电测距最大长度		光电测距最大长度	
	地物点	地形点	地物点	地形点	地物点	地形点
1∶500	—	70	80	150	400	600
1∶1000	80	120	160	250	600	800
1∶2000	150	200	300	400	800	1000

2）地形点的密度根据地形、地物变化的复杂程度确定，一般为图上 1～3cm。地形点的高程注记一般记至分米，当基本等高距为 0.5m 时应注记至厘米。

3）1∶200 比例尺的建基面竣工地形测量应注意以下几点：

①测站点或图根点的点位中误差不应超过图上 ±0.15mm。

②测图方法宜采用全站仪坐标法或经纬仪加钢尺量距法，不得采用视距法。

③碎部点测绘应符合下列规定：

a. 在建基面开挖到设计高程、浮渣清理干净后及时进行。

b. 当量距的倾角大于 3°时，应在距离中加入倾斜改正值。

c. 施测范围宜超出开挖边线 2～3m。

d. 建基面上的重要地物（如钻孔、断层、深坑、挖槽等）均应测绘在图上。

e. 超过60°的斜坡可用示坡线表示。地形变化复杂地段应加密测点。

f. 图上应绘出建筑物填筑分块线，并需注明工程部位名称及分块号。

四、数字化成图

1）数字化成图的数据采集主要有两种方法：

①用全站仪采用坐标法或光电测距仪配经纬仪在野外采集。

②通过现场摄影测量，用坐标量测仪、解析测图仪或全数字地面摄影测量系统在室内采集。

③原有地形图的数字化。

2）数字化测图的图根控制测量应遵守上述“二、图根控制测量”的规定，但图根点的密度可适当放宽，每幅图的图根点数不宜少于3点。

3）数字化成图用全站仪或光电测距仪配经纬仪在野外采集数据时，应根据不同的地形、地物在现场输入属性编码，也可以在现场绘制草图，待数据处理时再输入属性编码。当采用数字化成图或坐标法成图时，其光电测距最大视线长度要求见表13-4。

4）通过摄影测量和原有地图数字化采集数据时应执行《1:500　1:1000　1:2000地形图航空摄影测量数字化测图规范》（GB/T 15967）和《1:500　1:1000　1:2000地形图数字化规范》（GB/T 17160）的规定。

5）数据采集所生成的数据文件应及时存盘备用，其数据文件的格式应满足绘图软件的要求。

6）数字化成图的数据处理应使用经过检验的软件。

7）数字化成图的地形图应将各种不同类型地形、地物、控制点等要素分层存放。

8）数字化成图输出的地形图应进行现场调绘、检查。当因测点密度不够而造成的地形图等高线失真时，应对测点密度不够的部位进行补测。

五、水下地形测量

1）水下地形测量应满足工程的施工设计、工程量计算及竣工验收的要求。

2）平面坐标系统和高程系统、图幅分幅和等高距的选择应与陆地上地形图一致，便于相互衔接。

3）测深点定位可根据不同情况选择以下条件：

①测角前方交会法。交会边长度不大于1km，交会角α宜在20°～150°之间，交会方向不少于3个。

②自动跟踪全站仪极坐标法。适用于水面较宽、精度要求较高的水域。

③GPS实时差分定位方法。适用于范围广阔的江、河、湖泊，定位中误差不应超过±1m。

4）水深测量应符合下列规定。

①根据水深和流速选择测深工具。常用的测深工具有：

a. 测深杆。一般用于水深小于5m、流速小于1m/s的水域。

b. 测深锤。一般用于水深小于15m、流速小于2m/s的水域。

c. 铅鱼式测深锤。一般用于水深小于20m、流速小于3m/s的水域。锤重一般为

15～20kg。

d. 回声测深仪。一般用于水深大于3m、流速大于3m/s、面积较大的水域。

②测深点宜按断面布设，断面方向应与水流方向（或岸线）垂直，断面间距一般为图上1～3cm。测点间距宜为图上1～2cm。测点密度：河道纵向稍稀，横向稍密；中间可稍稀，岸边应稍密。

③测深点的高程中误差：水深小于等于20m时，高程中误差为±0.2m；水深大于20m时，高程中误差为±0.01H（H为水深值，单位为“m”）。

④测深前应对所选择的测深工具进行检查校正。当使用回声测深仪测深时，测前和测后均应对测深仪进行检查校正。

5）水下地形图宜采用数字化成图方法。

6）水下地形图上应标明水边线高程和测绘日期。

第二节　金属结构与机电设备安装测量

1. 一般规定

1）水电水利工程金属结构与机电设备安装测量工作内容包括：测设安装专用网或安装轴线与高程基点；安装点的放样；安装竣工测量等。

2）金属结构与机电设备安装轴线和高程基点应埋设稳定的测量标志，一经确定，在整个施工过程中不宜变动。

3）安装放样点测量限差见表13-5。

表13-5　安装放样点测量限差　　m

	安装测量项目	测量限差			
		平面	垂直度	高程	水平度
压力钢管	始装节管口中心定位	±5		±5	
	与蜗壳、阀门伸缩节等有连接的管口中心定位	±10		±10	
	其他管口中心定位	±15		±15	
平面闸门	主轨与反轨定位	±2	±2		底坎±2
	侧轨定位	±3	±2		
弧形门、人字门	弧形门定位	±2		±2	底坎±2
	人字门定位	±2	±2	±3	
水轮发电机	座环安装中心定位	±3		±3	±0.2
	机坑里衬安装及蜗壳安装中心定位	±10		±5	±0.5

注：1. 测量限差均相对于安装轴线和高程基点而言。

2. 当工程要求高于本表时应遵守有关技术文件规定。

4）应根据安装测量精度要求选择相应的测量仪器设备及配套器具。

2. 安装专用控制网、安装轴线点及高程基点的测设

1）大坝、厂房、船闸、机组和各种泄水建筑物的金属结构与机电设备安装的安装专用控制网或安装轴线点及高程基点均应由等级控制点进行测设，相对于邻近等级控制点的点位（平面和高程）限差为±10mm。

2）安装专用控制网或安装轴线应随着安装部位逐渐形成及时分层布设，测设之前应对起算点的稳定性进行检测，并根据安装测量的精度要求进行精度估算，确定布设方案。

3）在安装项目较多且各安装结构单元之间相对精度要求高的部位，应布设安装专用控制网。对其他相对独立的结构单元宜布设安装轴线。

4）安装专用控制网内及安装轴线点间相对点位限差应不超过 ±2mm。高程基点间的高差测量限差应不超过 ±2mm。

5）对于每一个独立的安装单元，安装轴线点不得少于 3 点，高程基点不得少于 2 点。

6）独立安装单元的距离测量或竖直传高时用的钢带尺必须是经过检定的。对于超过钢尺整尺段长度而又无法分段丈量的水平距离，可以采取高精度测距仪或全站仪用“差值法”进行测量。

3. 安装点的放样

1）安装点线的测放必须以安装轴线和高程基点为基准，组成相对严密的局部控制系统。

2）方向线测设时后视距离必须大于前视距离，宜用具有细、直、尖特点的测针等工具作为照准目标。经纬仪或全站仪投点应采用正倒镜两次定点取平均值。

3）测量距离 30m 以内宜采用钢带尺量距，测量时每次读数估读至 0.1mm。钢带尺量距值必须进行倾斜、尺长、温度、拉力及悬链改正。距离测量相关技术要求见表 13-6。不便用钢带尺量距或量距超过 30m 时，宜采用测距仪或全站仪“差值法”施测，其仪器的测距标称精度不得低于 ±(3m +2mm/km)。

表 13-6 钢尺距离测量的技术要求

测量时拉力	温度读记/℃	距离测量次数/次	同测次测量		边长测量相对精度
			读数次数/次	较差/mm	
与鉴定钢带尺时相同	1.0	2	2	1	1∶10000

4）铅垂投点的顶底点传递限差见表 13-7。

表 13-7 顶底点传递限差

高度/m	限差/mm
≤20	±1.0
20～40	±1.5
≥40	±2.0

5）安装点的高程测量应根据金属结构与机电设备安装设计对高程的精度要求，采用满足精度要求的水准测量方法。

6）高精度的水平度测量应使用在底部装配有球形接触点的因瓦水准尺或钢板尺。钢板尺应镶嵌在木制或铝合金型材中，并装有安平水准器。

7）刻划安装点标志的误差应小于 0.3mm。

4. 安装放样点的检查

1）每次放样完成后，必须对放样点之间的相对尺寸关系进行检核，并与前一次的放样点进行比对。

2）宜采用与放样时不同的方法对放样点进行检核，其检核较差应不超过相应放样限差的$\sqrt{2}$倍。

第三节　渠道测量

渠道一般分为灌溉渠道、排水渠道和引水渠道三类。渠道工程包括渠首、渠道、渡槽、倒虹吸、涵洞、节制分水闸、桥等一系列配套建筑物。在勘测设计阶段的主要测量内容有踏勘、选线、中线测量、纵横断面测量以及相关的工程调查工作等。其主要目的是计算工作量、优化设计方案、为工程设计提供资料。在施工管理阶段，需进行施工测量。施工测量应按设计和施工的要求，测设中线和高程的位置，以作为工程细部测量的依据。施工测量的精度，应以满足设计和施工要求为准。渠道测量的内容主要包括：渠道及配套建筑物平面位置的测定、渠道纵断面高程测量、渠道横断面高程测量三部分。

一、选线测量

1. 踏勘和初测

踏勘的目的是为了通过实地调查和简单测量，通过分析、比较，确定一个最优方案或几个较优方案作为初测的依据。

初测的主要任务是沿踏勘确定的渠道线路测绘中线两侧宽约100～200m的带状地形图，以供“纸上定线”用。地形图比例尺一般为1/5000～1/2000，等高线间距0.5～1.0m。

2. 渠道和堤线选线的一般原则

渠道和堤线中线的选择好坏将直接影响到工程的质量、进度、费用和效益等重要问题。为了解决问题，提高经济效益，选线时应考虑以下几个方面：

1）选线应尽量短而直，力求避开障碍物，以减少工程量和水流损失。

2）灌溉渠道应尽量选在地势较高地带，以便自流灌溉，扩大灌溉面积；排水渠应尽量选在排水区地势较低的地方，以便增大汇水面积。

3）中线应选在土质较好、坡度适宜的地带，以防渗漏、冲刷、淤塞、坍塌。

4）要避免经过大挖方、大填方地段，渠道建筑物要少，尽量利用旧沟渠，以便达到省工、省料和少占耕地的目的。

5）因地制宜、综合利用。灌溉渠道以发展农田灌溉为主，也应适当考虑综合利用。

具体选线时，必须通过深入、细致的调查研究，根据当时当地的具体情况，全面、正确地加以对待。

3. 布设水准点

实地选线之前，通常先沿计划渠线布设足够数量的水准点，作为全线的高程控制。沿渠布设水准点的间距以1～2km为宜。水准点的位置一般选在渠线附近，便于引测和不受施工影响处。渠线长度在10km以内的小型渠道，一般可按等外水准测量的方法和精度要求施测。对于大型渠道，则应按三等或四等水准测量的方法和精度要求进行。

4. 实地选线

实地选线的任务则是把已经过“纸上定线”或者已在踏勘中确定了渠道走向的渠道中心线恰当地选定在实地上。通常是从渠道引水口开始，根据选线条件选定渠道中心线和一系列转折点，设立标志，以便后续测量工作的进行。

二、中心导线测量

渠道和堤线选线测量之后，需进行渠道控制测量，包括平面控制测量和高程控制测量。渠、堤的平面控制宜用中心导线的形式布设，高程测量宜沿中心导线点进行。

1. 导线点布设

导线点的位置应满足以下要求：

1）导线点应选择在开阔的地方，以利于测角、量边和细部测量。

2）导线点应选在稳固的地方，以便安置仪器和保存点位。

3）导线边长最长不超过400m，最短不短于50m，当地形平坦，视线清晰时，亦不应长于500m。

4）附合于两高级点间的电磁波测距中心导线长度不超过50km；电磁波测距附合高程路线的长度：四等不超过80km，五等不超过30km。

5）导线点应尽量靠近渠、堤中心线的可能位置。此外，在与道路、大沟相交处，严重地质不良地段和沿途重要建筑物附近，均应设置导线点。

设计阶段，应在施工区外适当留设水准点。为便于恢复已测量过的路线和施工放样的需要，均应在中心导线上及其附近埋设一定数量的标石。平面和高程控制的埋石点宜共用，并利用中心导线的转折点和公里桩。埋石点的间距可在表13-8中选择。

表13-8　平高控制埋石点的间距

阶段		平面控制点	高程控制点
规划阶段		每隔3~5km埋设2坐标石	应联测平面控制点的埋石点
设计阶段	线路上	每隔3~5km埋设2坐标石	每隔1~3km埋设1坐标石
	主要建筑物处	每处埋设2坐标石	每处埋设1坐标石

2. 导线测量实施

1）精度要求作为中心导线起、闭点的点位，其中误差相对于邻近基本平面控制点不应大于±1m，高程中误差相对于邻近基本高程控制点不应大于±0.05m。渠、堤测量的中心导线点及中心线桩的测量精度，应符合表13-9的规定。

表13-9　中心导线点及中心线桩的测量精度

点的类别	对邻近图根点的点位中误差/m	对邻近基本控制点的高程中误差/m
	平地、丘陵地、山地、高山地	平地、丘陵地、山地、高山地
中心导线点或中心线桩	±2.0	±0.1

注：1. 中心导线点及中心线桩对本渠道渠首的高程中误差不应大于±0.1m。

2. 仅考虑规划阶段的需要时，测量精度可放宽半倍。

2）测量方法。中心导线宜用电磁波测距导线施测。中心导线点的平面位置和高程以及纵断面里程的施测可一次完成。中心导线上所有各点，除施测标顶、桩顶高程外，还应施测地表高程。

3）中心导线点的编号。中心导线点的编号可用里程加控制点号的方法。不在渠、堤中心线上的点，仅需编控制点点号，不加里程。转折点的编号应为TP_1，TP_2，TP_3，…，TP_n。

三、中线测量

当中线的起点、转折点（交点桩）、终点在地面上标定后，接着就沿选定的中线测量转角，测设中桩，定出线路中线或实地选定线路中线平面位置，这一过程称为中线测量。中线测量的主要内容有：测设中线交点桩、测定转折角、测设里程桩和加桩。如果中线转弯且转角大于6°，还应测设曲线的主点及曲线细部点的里程桩等。

1. 测设中线交点桩

测定中线交点桩有两种情况。

1）中线的起点、转折点（交点桩）和终点桩在踏勘选线时已选定了位置并已埋设。

2）交点桩在选线时没有实地埋设，只在图纸上确定了交点桩的位置。

测定交点桩的位置及坐标可采用极坐标法、直角坐标法、方向交会法或距离交会法，并作好点之记。由于定位条件和现场情况的不同，测设方法应根据具体情况合理选择。

2. 测定转折角

渠道或管道中线的转折角大于6°的情况下应在转折点（交点）上架设仪器测定转折角。如图13-1所示，JD_1、JD_2、JD_3交点桩，JD_1处的转折角为α_1，即AB的延长线和BC线的夹角。JD_2处的转折角为α_2，JD_3处的转折角为α_3。将经纬仪置于JD_1点上，对中整平，倒镜（盘右）后视A点，度盘置0°00′00″，照准部不动倒转望远镜（盘左）得AB的延长线，松开照准部，向BC（JD_2）方向转动照准部，使水平度盘读数改变α_1即得BC（JD_2）方向，同法可测得其他转折角。

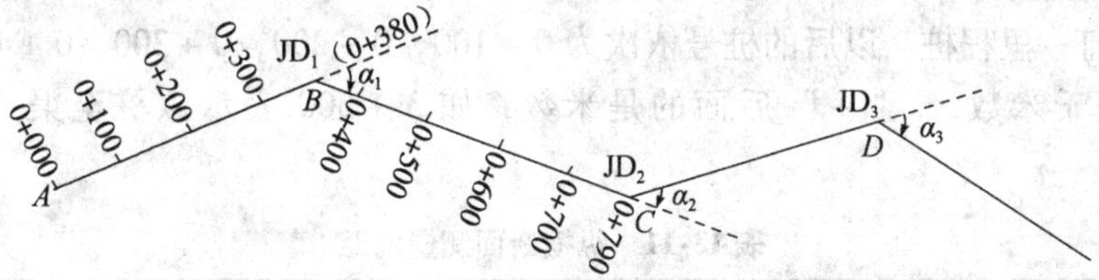

图13-1 渠道（堤线）中线示意图

从路线前进方向看，路线向右偏转折角称为右偏角，向左偏称为左偏角。图13-1中，沿A、B、C、D，α_1、α_3为右偏角，α_2为左偏角。左偏角α_2用上述方法测定其角值$\alpha_2 = 360° - L$，式中L为照准前视方向的水平度盘读数。

转折角的观测精度要求见表13-10。

表13-10 转折角测量精度表

仪器	转折角测回数	测角中误差	半测回差	测回差
J2	2个“半测回”	30″	18″	—
J6	2个测回	30″	—	24″

3. 圆曲线的测设

渠、堤圆曲线上的点可用偏角法、切线支距法和极坐标法测设，圆曲线测设应符合下列要求：

1）沿曲线桩丈量的曲线距离与理论计算的距离比较，其不符值应不大于曲线长度的

1/1000。

2）测设曲线的横向误差应不大于0.2m。

另外，测设曲线的工作非常繁重，费时较多。因此，在曲线测设中应注意下列几点。

①当交角为6°时，“切曲差”与曲线长度之比，即$\frac{2T-L}{L}\approx\frac{1}{1088}$，亦即在量距允许误差之内。即使曲线半径为500m，曲线长度亦仅52.36m. 外矢距$E=0.69\text{m}$，对于渠、堤定线和上方量计算影响很小，可以忽略不计。因此，无论是选线测量还是定线测量，当交角小于6°时，均可不测曲线，也不计算曲线长度。

②当交角为12°时，若测设曲线的半径$R=500\text{m}$，则$L=104.72\text{m}$，$\frac{2T-L}{L}\approx\frac{1}{272}$，$E=2.75\text{m}$。因此，当交角为6°～12°时，定线测量中应测设曲线起点、中点和终点，并计算曲线长度L，这样可以使曲线桩距在50m之内。

③当交角大于12°时，定线测量中，曲线桩一般为计算土石方量的横断面中心桩，曲线的测试工作不能简化。并且规定：$L\leqslant100\text{m}$时，测设曲线起点、中点、终点，计算曲线长度；$L>100\text{m}$时，按50m间距测设曲线桩，计算曲线长度。

4. 测设里程桩和加桩

当渠道（堤线）路线选定后，首要工作就是在实地标定其中心线的位置，并实地打桩。中心线的标定可以利用花杆或经纬仪进行定线。为了便于计算渠道线路长度和绘制纵横断面图，应按表13-11要求沿中线每隔50m、100m、1000m打一木桩标定中线位置，这一木桩称为整数桩，整数桩的桩号都是以起点到该桩的水平距离进行编号。起点桩的桩号为0+000，若每隔100m打一里程桩，以后的桩号依次为0+100，0+200，0+300，0+400等。“+”前面的数字是千米数，“+”后面的是米数，如3+500表示该桩至渠道起点的距离为3500m。

表13-11　纵横断面测量间距

阶段	横断面间距/m		纵断面点间距/m	
	平地	丘陵地、山地	平地	丘陵地、山地
规划	200～1000	100～500	200～1000	100～500
设计	100～200	50～100	100～200	50～100

注：纵断面点间距的基本点距同横断面间距，特殊部位应加点。

渠、堤中心线上，除在地面设置五十米桩、百米桩、千米桩等整数桩以外，还应在下列地点增设加桩，并用木桩在地面上标定。

1）中心线与横断面的交点。

2）中心线上地形有明显变化的地点。

3）圆曲线桩。

4）拟建的建筑物中心位置。

5）中心线与河、渠、堤、沟的交点。

6）中心线穿过已建闸、坝、桥、涵之处。

7）中心线与道路的交点。

8）中心线上及其两侧（横断面施测范围内）的居民地、工矿企业建筑物处。

9）开阔平地进入山地或峡谷处。

10）设计断面变化的过渡段两端。

上述加桩一律按对起点的里程进行编号，如在距起点352.1m处遇有道路，其加桩编号为0+352.1。每个点既要测出里程，又要测出桩顶高和地面高。无论是整数桩或是加桩均用直径5cm、长30cm左右的木桩打入地下，应注意露出地面5~10cm。桩头一侧削平，并朝向起点，以便注记桩号，桩号可用红漆注记在木桩上。注记形式如图13-2所示。

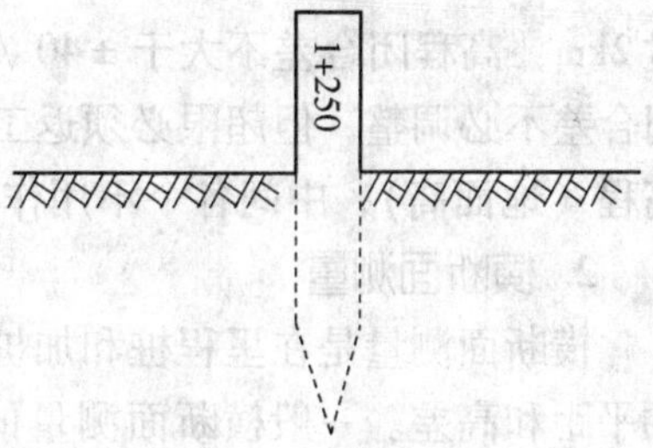

图13-2　里程桩注记图

加桩和部分整数桩可与中心导线一同测定，也可先测中心导线后测设加桩。其高程可用图根级附合水准（少数点亦可用间视法施测）、电磁波测距三角高程方法测定。测量中误差应符合表13-9的规定。

在中线测量过程中，如遇局部改线、计算错误或分段测量，均会造成里程桩号的不连续，这种现象称为断链。桩号重叠称长链，桩号间断称短链。发生断链时，应在测量成果和有关文件中注明，并在实地打断链桩，断链桩不宜设在圆曲线上，桩上应注明路线来向和去向的里程及应增减的长度。一般在等号前后分别注明来向、去向的里程，如3+870.42、3+900，短链29.58m。

所测渠道或堤线较长时应绘出草图，作为设计时参考。草图的绘制方法：用一条直线表示中线，在中线上用小黑点表示里程桩的位置，点旁写桩号。转弯处有箭头指出转角方向，注明转角度数。沿线的地形、建筑物、村庄等用目测勾绘下来并注记地质、水位、植被等情况（图13-3），以便为绘制断面图和设计、施工提供参考。

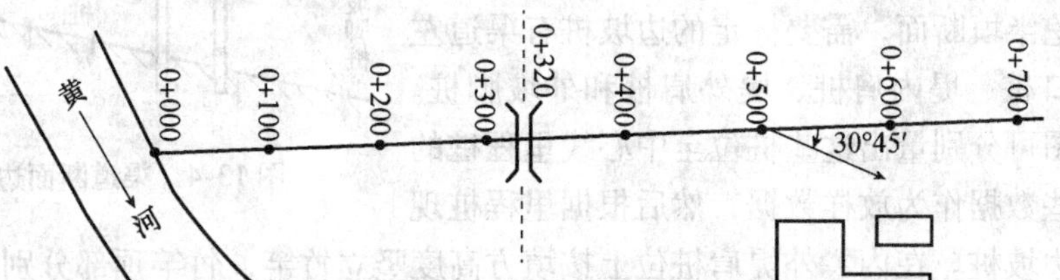

图13-3　渠道中线测量草图

山丘地区的中线测量除用上述方法确定外，还应概略确定中线的高程位置。具体作业方法如下：

从渠道的起点开始，用皮尺或绳尺大致沿山坡等高线向前量距，按设计要求规定的里程间隔打一木桩，在打木桩时用水准仪测量其高程。

四、纵横断面测量

渠道纵横断面测量是为了了解渠道沿线一定宽度范围内的地形情况，为渠道设计、施工提供基本资料。

1. 纵断面测量

纵断面测量实际就是用渠道沿线已有的水准点测定中线各里程桩和加桩的高程。一般将渠线分成若干段，每段分别与邻近两端点的水准点组成附合水准路线。附合路线长度应不超过2km，高程闭合差不大于$\pm 40\sqrt{L}$mm，L为路线以千米计的长度，测站视距不超过150m。闭合差不必调整，但超限必须返工。相邻各桩距离不远、差不大时，可一站测定多个桩点的高程（地面高），中间各个不用作传递高程的桩点称点间视。

2. 横断面测量

横断面测量是在里程桩和加桩位置上，测定垂直于渠线方向的各坡度变化点对桩位地面的平距和高差。一般横断面测量的宽度依渠道宽度大小而定，多为10～50m。横断面测量时，可采用目估法或用十字架标定与渠道垂直的断面方向，然后从里程桩或加桩起，左右两侧分别采用平置法、水准仪法或经纬仪法测量相邻地面点的平距和高差。

3. 纵横断面图的绘制

纵断面图可依据里程桩和加桩的高程绘制，纵向表示高程，横向表示里程。为了反映地面起伏情况，高程比例尺通常要比平距比例尺大10倍至20倍。常用比例尺高程为1:100，1:200或1:500；平距为1:1000，1:2000或1:5000。具体绘制步骤与其他线路的纵断面图基本一致。除了地面线和设计线外，图标部分自上而下依次为设计坡度、地面高程、设计高程、挖深、填高、里程等栏目。

横断面绘制不需要图标。为计算面积方便，图上平距和高程通常采用同一比例尺，一般为1:100，1:200。绘制横断面图时，先在适当位置标定桩点，并注上桩号和高程；然后以桩点为中心，横向代表平距，纵向代表高差，根据所测成果标出各断面点的位置，直线连接各点即可。

4. 施工断面放样

渠道施工前要标定渠道设计断面边坡与地面的交点，并设立施工坡架，为施工提供依据。图13-4所示为一个半挖半填断面，需要标定的边坡桩有渠道左右两边的开口桩、堤内肩桩、堤外肩桩和外坡脚桩。根据横断面图可分别量出这些桩位至中心线里程桩的距离，将这些数据作为放样数据，然后根据里程桩现场标定这些边坡桩。在内、外堤肩桩位上按填方高度竖立竹竿，竹竿顶部分别系绳，绳的另一端分别扎紧在相应的外坡脚桩和开口桩上，形成一个渠道边坡断面，称为施工坡架。

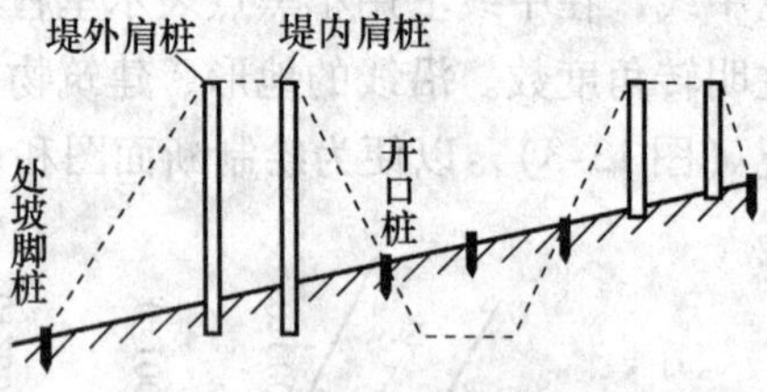

图13-4 渠道断面边坡放样

施工坡架每隔一定距离设置一个，其他里程只需设置开口桩和外坡脚桩，并用灰线分别将各开口桩和坡脚桩连接起来，表明整个渠道的填挖范围。

五、横断面面积与土方计算

渠道纵横断面图绘制完成后，就可进行土方计算。

1. 确定填挖断面

计算土方量之前，应绘制标准断面图。标准断面图既可直接绘在横断面图上，又可制成模片进行套绘。标准模片的制作是根据渠底设计宽度、深度和渠道内外坡比，在透明的聚酯薄膜上绘制成的。标准断面绘成后，即可将标准断面套在横断面图上。套绘方法是根据纵断面图上各里程桩的设计高程，在横断面图上表示出来，作一标记。然后将标准断面的渠底中点对准该标记，渠底线应与毫米纸的方格网线平行，这样即套绘完毕。地面线与设计断面线（标准断面线）所围成的面积即为挖方或填方面积，在地面线以上的部分为填方，在地面线以下的部分为挖方（图 13-5）。

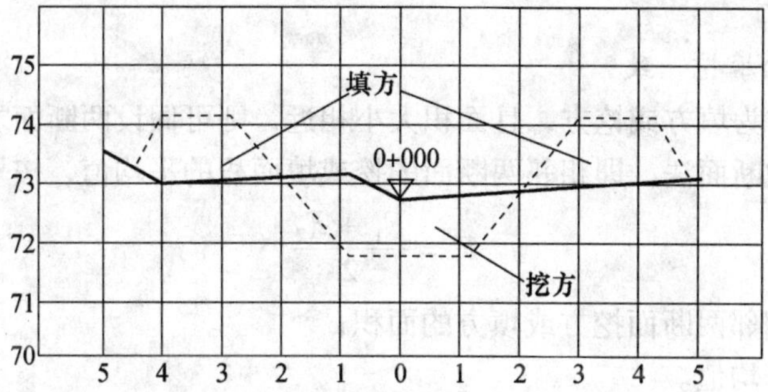

图 13-5　套绘标准断面图

2. 填挖横断面面积的量测

（1）积距法

如图 13-6 所示，按单位宽度 b（通常用 1m 或 2m）把横断面分成若干个梯形与三角形条块，每个条块的近似面积为其平均高度，h_i 乘以宽度 b，即

$$F_i = h_i b$$

则横断面面积为

$$F = bh_1 + bh_2 + bh_3 + \cdots + bh_n = b\sum_{i=1}^{n} h_i$$

当 $b = 1\text{m}$ 时，则 F 在数值上等于各个小条块平均高度之和 $\sum h_i$。

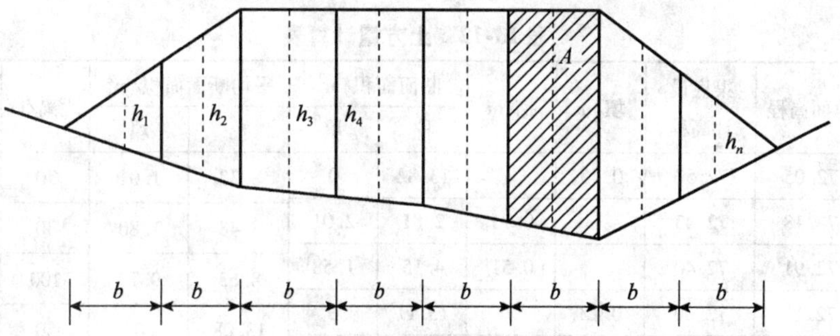

图 13-6　积距法计算横断面面积

（2）坐标法

当要求量算精度较高时，其横断面面积计算一般采用解析法。先算得设计线与地面线所围成面积的各转点坐标（图 13-7），按顺时针编号，则断面即可按下式计算。

$$\left.\begin{aligned} F &= \frac{1}{2}\sum x_i(y_{i+1} - y_{i-1}) \\ F &= \frac{1}{2}\sum y_i(x_{i-1} - x_{i+1}) \end{aligned}\right\}$$

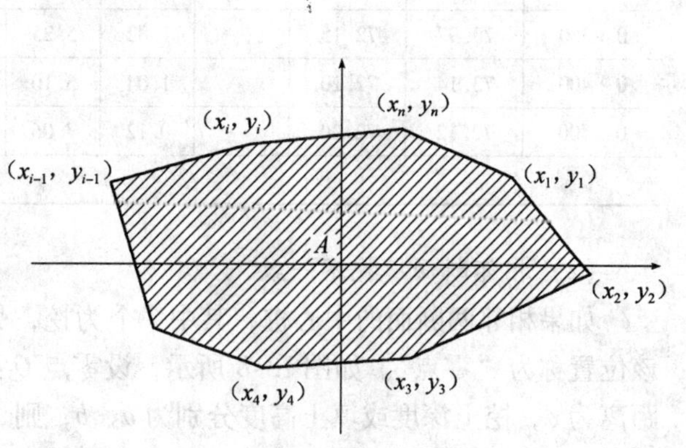

图 13-7　坐标法计算横断面面积

式中　F——横断面面积；

x_i、y_i——横断面各转折点相应坐标。

3. 土方量计算

（1）相邻两断面填挖一致

若相邻两断面均为填方或挖方，且面积大小相近，则可假设两断面之间为一棱柱体，其体积计算可采用平均断面法，即相邻两断面的挖或填面积的平均值，按下式计算。

$$F = \frac{F_1 + F_2}{2}$$

式中 F_1、F_2——相邻两断面挖方或填方的面积；

F——平均值。

则两断面间的挖（填）土方量为：

$$V = Fd$$

式中 d——相邻两断面之间的水平距离（m）。

若相邻两断面均为填方或挖方，而面积相差甚大．则与棱台更为接近。其计算公式为：

$$V = \frac{1}{3}(F_1 + F_2)d\left(1 + \frac{\sqrt{m}}{1 + m}\right)$$

式中 $m = \frac{F_1}{F_2}$，且 $F_2 > F_1$。

如表 13-12 所示，计算土方量时，是将纵断面图上各里程桩的地面高程、设计高程、填挖量及各断面的填挖方面积分别填入表内，然后求取相邻两断面挖方或填方面积的平均值，填入表内，平均断面面积乘以两断面间的水平距离即为挖方或填方量，分别填入表中相应栏内。

表 13-12　土方量计算表

桩号	地面高程	渠底设计高程	填/m	挖/m	断面面积/m²		平均断面面积/m²		距离/m	体积/m³	
					挖	填	挖	填		挖	填
0+000	72.05	72.50	0.45		13.82	0	8.32	1.01	70	582.4	70.7
0+070	73.18	72.43		0.75	2.81	2.01	3.48	1.80	30	104.4	54
0+100	72.91	72.40		0.51	4.15	1.58	8.63	0.79	100	863	79
0+200	72.17	72.30	0.13		13.11	0	13.08	0	50	654	0
0+250	72.13	72.25	0.12		13.05	0	12.22	0	50	611	0
0+300	72.11	72.20	0.09		11.38	0	8.32	0.63	50	416	31.5
0+350	73.97	72.15		1.82	5.25	1.25	5.18	1.18	50	259	59
0+400	73.14	72.10		1.04	5.10	1.10	6.08	1.21	100	608	121
0+500	72.12	72.00		0.12	7.06	1.32					
							总计			4097.8	415.2

（2）相邻断面填挖不一致

如果相邻两断面的中心桩，其中一个为挖，另一个为填，则应先找出不填不挖的位置，该位置称为“零点”。如图 13-8 所示，设零点 O 到前一里程桩的距离为 x，相邻两断面间的距离为 d，挖土深度或填土高度分别为 a、b，则

$$\frac{x}{d - x} = \frac{a}{b}$$

即

$$x = \frac{ad}{a + b}$$

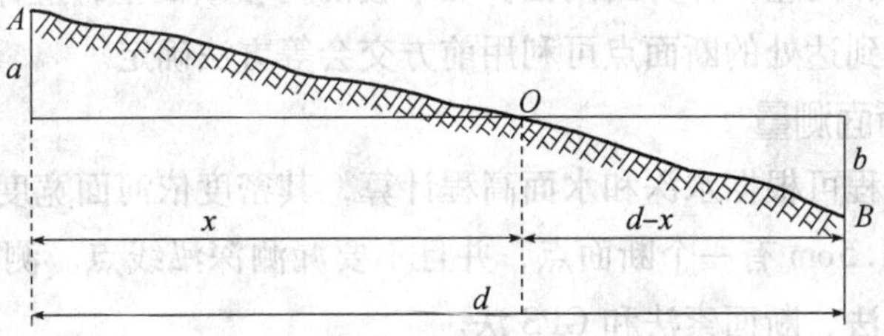

图 13-8　确定零点桩位置的方法

第四节　河道纵横断面测量

一、河道横断面图的测绘

1. 断面基点的测定

断面基点是指代表河道横断面位置并用作测定断面点平距和高程的测站点。在进行河道横断面测量之前，首先沿河布设一些断面基点，并测定它们的平面位置和高程。

（1）平面位置的确定

通常利用已有地形图上的明显地物点作为断面基点，对照实地按序号打桩标定，不再另行测定其平面位置。对于无明显地物可作断面基点的横断面，可利用支导线测量这些基点的平面位置，并将它们展在地形图上。

在无地形图利用的河道上，可沿河的一岸每隔 50 ~ 100m 布设一个断面基点，所有基点尽量与河道主流方向平行并编号，如图 13-9 所示，相邻基点间测距。为便于测绘水下地形图，在转折点上观测水平角按导线计算各断面点的坐标。

（2）高程的测定

按照等外水准测量从邻近的水准点引测断面基点和水边点的高程。如果沿河没有已知水准点，可先沿河按四等水准要求每隔 1 ~ 2km 设置一个水准点。

2. 横断面方向的确定

在断面基点上安置经纬仪，照准与河岸主流垂直的方向，倒转望远镜在本岸标定一点作为横断面后视点，如图 13-10 所示。在实地测量中，可测定相邻断面点连线和河道主流方向的夹角，便于在平面图上标出横断面方向。

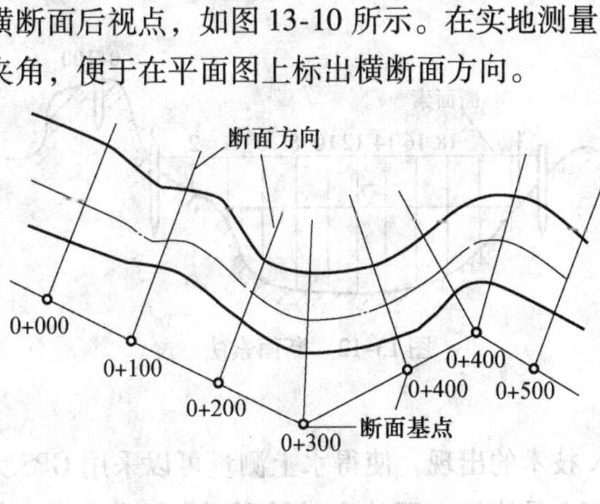

图 13-9　河道横断面基点的布设

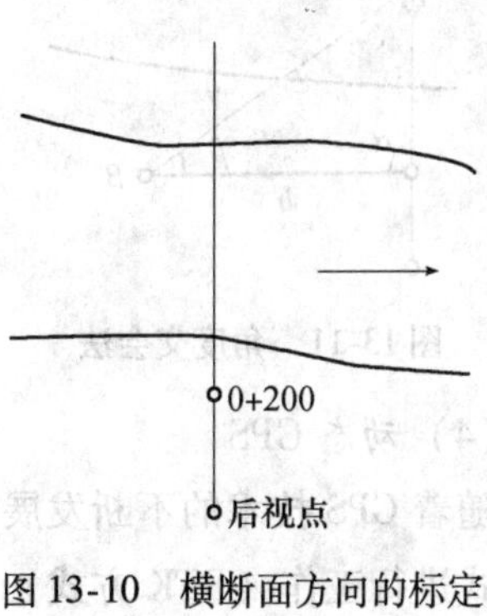

图 13-10　横断面方向的标定

3. 陆地部分横断面测量

在断面基点上安置经纬仪，照准断面方向，用视距法依次测定水边点、地形变换点和地物点至测站点的平距和高差，计算出高程。在平缓的均坡断面上，应保证图上 1 ~ 3cm 有一个断面点。对于不可到达处的断面点可利用前方交会等方法确定。

4. 水下部分横断面测量

水下断面点的高程可根据水深和水面高程计算，其密度依河面宽度和设计要求而定，通常应保证图上 0.5 ~ 1.5cm 有一个断面点，并且不要漏测深泓线点。测定点位平面位置方法有视距法、角度交会法、断面索法和 GPS 法。

（1）视距法

当测船到达测点时，竖立标尺或棱镜，向断面基点发出信号，双方各自同时进行有关测量和记录，确保观测成果与点号相符。断面基点可用经纬仪测视距、竖直角和中丝读数，利用全站仪直接测定距离、高程，测船位置测定水深，并将所测水深按点号转抄到测站记录手簿中。

（2）角度交会法

由于河面较宽或其他原因不便进行距离测量时，可以采用角度交会法测定水深点至基点的距离，如图 13-11 所示。由断面基点量出一条基线 b，测定基线与断面方向的夹角 α。将经纬仪安置在 B 点，照准断面基点并置水平度盘为 $0°00'00''$。当测船到达测点发出信号后，读取水平角 β，然后按下式解算测点到断面基点的距离。

$$D = \frac{b\sin\beta}{\sin(\alpha + \beta)}$$

（3）断面索法

如图 13-12 所示，先在断面方面靠两岸水边打下定位桩，在两桩间水平拉一条断面索，以一个定位桩作为断面索零点，从零点起每隔一定间距系一布条，在布条上写明其至零点的距离。沿断面索测深，根据索上的距离加上定位桩至断面基点的距离即水深点至基点的距离。

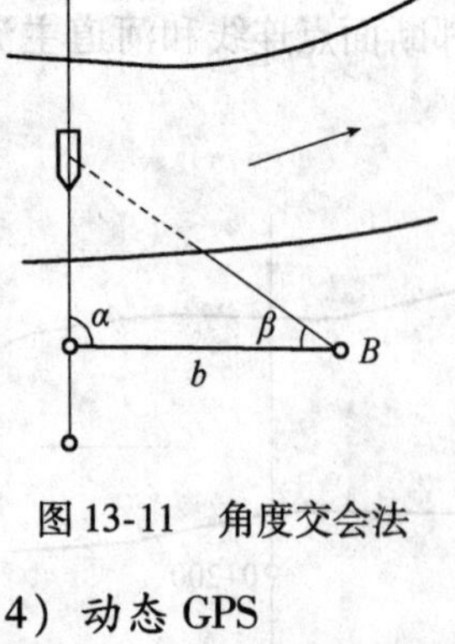

图 13-11　角度交会法

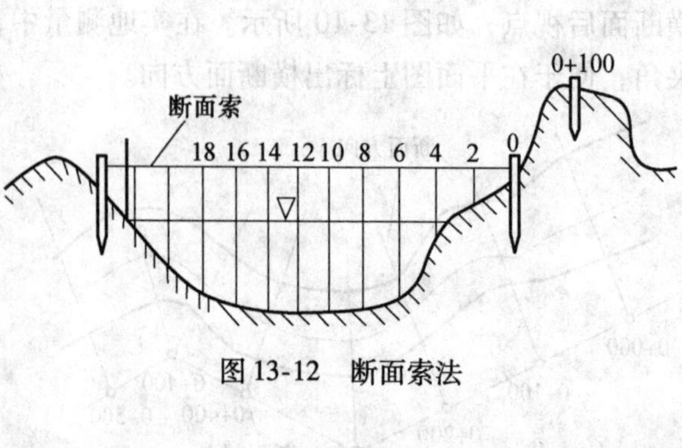

图 13-12　断面索法

（4）动态 GPS

随着 GPS 技术的不断发展，特别是 RTK 技术的出现，使得水上测量可以采用 GPS 无验潮方式进行工作（RTK 方式）成为可能。RTK 是能够在野外实时得到厘米级定位精度的测量方法，它采用了载波相位动态实时差分方法。水深测量的作业系统主要由 GPS 接收机、数字化测深仪、数据通信链和便携式计算机及相关软件等组成。测量作业分三步来进行，即测前的准备、外业的数据采集测量作业和数据的后处理形成成果输出。

RTK 高程用于测量水深，其可信度是备受关注的问题。在作业之前可以把使用 RTK 测量的水位与人工观测的水位进行比较，判断其可靠性，实践证明 RTK 高程是可靠的。为了确保作业无误，可从采集的数据中提取高程信息绘制水位曲线（由专用软件自动完成），根据曲线的圆滑程度来分析 RTK 高程有没有产生个别跳点，然后使用圆滑修正的方法来改善个别错误的点。

利用 RTK 技术进行水深测量，使得水深测量这项工程变得简单、方便、快捷、轻松、高效、经济。

5. 横断面图的绘制

河道横断面图横向表示平距，比例尺一般为 1∶1000 或 1∶2000；纵向表示高程，比例尺一般为 1∶200 或 1∶100。绘制时应当注意：左岸必须绘在左边，右岸必须绘在右边。在横断面图上绘出工作水位线，调查了洪水位的地方应绘出洪水位线，如图 13-13 所示。

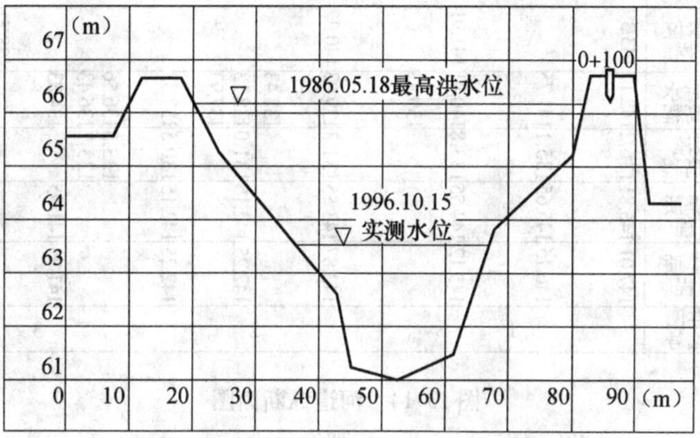

图 13-13 河道横断面图

二、河道纵面图的编制

河道纵断面图是利用已收集到的河流水下地形图、横断面图和水文、水位资料进行编制的。根据各个横断面的里程桩号及河道深泓点、岸边点、堤顶点等的高程绘制而成。横向表示河长，比例尺为 1∶1000 ~ 1∶10000；纵向表示高程，比例尺为 1∶100 ~ 1∶1000。

河道纵断面的内容可根据设计工作的需要具体确定。一般包括河流中线自河流上游或下游起算的累计里程、河流沿深泓点的断面上的左右岸边点、左右堤顶的高程、同时水位和最高洪水位；沿河流两岸的居民地、工矿企业；公路、桥梁、铁路的位置及顶部高程；其他水利设施和建筑物关键部位的高程；沿河两岸的水文站、水位站、支流和入口，两岸堤坝；河流中的险滩、瀑布和跌水等。在图中还应注明河道各部分所在的图幅编号等，如图 13-14 所示。

水平比例1:1000　垂直比例1:200

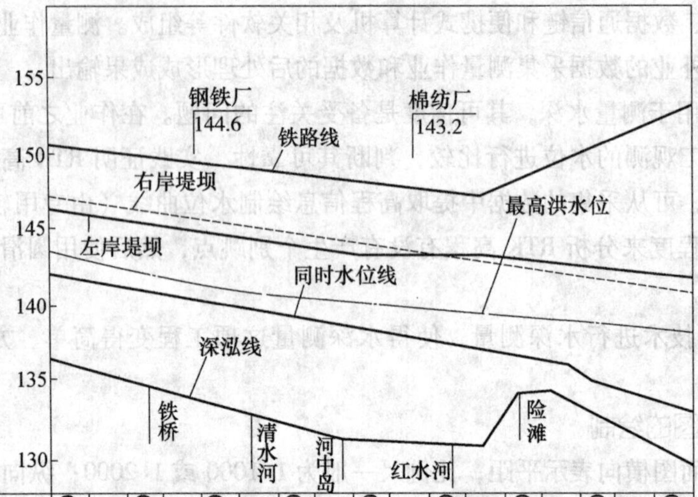

深泓线里程/m	0+000	0+200	0+400		0+600		0+800			1+000		1+200			1+400		1+600
断面及水位点编号	横8	横7	横6	水5		横5		水4	水3	横4	横3		水2	水1	横2		横1
洪水位高程	143.39		141.91			140.22										138.51	
同时水位高程	142.17	141.75	140.81	139.53		139.03		138.43	138.13	137.93	137.33		136.56	136.43	134.83		133.33
深泓点高程	136.2	135.1	133.8			131.3			131.0		130.5		133.5	133.7			130.1
左堤顶高程	146.81	145.65	144.55			143.55			142.15		142.15				141.95		140.85
右堤顶高程	147.01	146.15	145.12			143.87			142.25		142.25				141.75		140.36
所在图幅编号			1						2						3		

图 13-14　河道纵断面图

第五节　水位测量和水深测量

水面高程就是水位，测深时的水面高程称为工作水位，水下地形点的高程就是测深时的水位减去水深求得的，水深是指水面至水底的垂直距离。但是河流的水位受各种因素影响而时刻变化，为了准确反映一个河段上的水面坡降，需要测定该河段上各处同一时刻的水位，这种水位称为同时水位或瞬时水位。由于大量降水或融雪影响，河水超过滩地或漫出两岸地面时的水位，称为洪水位。

1. 水位测量

(1) 工作水位测量

如果作业时间短，河流水位比较稳定，可以直接测定水边线的高程作为计算水下地形点高程的起算数据。如果作业时间较长，河流水位变化不定时，则应设置水尺随时进行观测，以保证提供测深时的准确水面高程。

(2) 同时水位测定

为了了解河段上的水面坡降，必须测定同时水位。对于较短河段，为了测定其上、中、下游各处的同时水位，可由几个人约定同一时间分别在这些地方打下与水面齐平的木桩，再用四等水准测量从邻近的已知水准点引测确定各桩顶的高程，即得各处的同时水位。

在较长河段上，各处的同时水位通常由水文站或水位站提供。如果各站没有同一时刻的直接观测资料，可根据水位过程线和水位观测记录，按内差法求得同一时刻的水位。

(3) 洪水调查测量

洪水位一般通过测定洪水痕迹高程来确定。洪水调查测量应选择适当河段进行，在选择河段时应注意以下几点：

1）调查河段应当稍长，两岸最好有古老村落和若干易受洪水浸淹的建筑物。

2）当为了满足某一工程设计需要进行洪水调查时，所调查河段应尽量靠近工程地点。

3）为了确保洪水流量推算的正确性，所调查河道应比较顺直，各处断面形状相近，有一定落差。同时应考虑无大的支流汇入，无分流和严重跑滩现象，不受建筑物大量引水、排水、阻水和变动回水的影响。

4）在弯道处，由于水流受离心力的影响，凹岸水位往往高于凸岸水位而出现横比降。在调查时应在两岸多调查一些洪水痕迹，取两岸洪水位的平均值作为标准洪水位。

2. 水深测量

水深测量的目的是利用水位与水深的差值求得水下地形点的高程。水深测量的常用工具有测深杆、测深锤和回声测深仪等。

测深杆一般用长6～8m，直径5cm左右的竹竿制成。从杆底端起，以不同颜色相间标出每分米分划，整米处也标记。底部有一直径10～15cm的铁制底盘，用来防止测深时测杆下陷影响测深精度。一般测深杆使用在水深5m以内，流速和船速不大的情况下。测深锤也称水坨，由重约4～8kg的铅锤和10m左右的测绳组成。铅锤底部有一凹槽，测深时槽内涂上牛油，可以验证测锤是否到底，也可粘取水底泥沙判明水底泥沙性质。测绳以分米为间隔，整米处扎以皮条。测深锤适用于水深15m以内，流速为1m/s的河道测深。

回声测深仪是根据超声波能在均匀介质中匀速直线传播，遇到不同介质面发生发射的特性设计制造的一种测深仪器。测深仪可根据声波在水中的传播速度和声波传播时间自动转换为水深，并可以数字或图像形式表示。假设声速 v，往返时间 t 和水深 h 的关系为：

$$h = \frac{vt}{2}$$

回声测深仪种类很多，按照使用要求不同，可分为便携式和固定式。按照显示方式可分为直读式和记录式。在使用时要注意以下两个主要问题：

(1) 水温影响改正

考虑声速随温度变化，在测深时应进行水温改正。一般采取调整电机转速，使测深时的转速 n 适应于现场水温下的声速 v，达到自动改正以求得正确水深的目的。

(2) 换能器的安置

由于水中气泡能阻止和吸收超声波，为避免气泡干扰，换能器应固定在离开船头约为船长1/3～1/2处，并浸入水面0.5m左右。此时在所测水深中应加入换能器的吃水深度。

第六节　大坝的放样

在诸多水工建筑物中，最主要的建筑物为大坝。大坝按坝型可分为土坝、堆石坝、混凝土重力坝、拱坝等。虽然这些坝的建筑材料、类型各不相同，施工放样的精度要求也不一样，但施工放样的基本方法相同。本节以土坝和拱坝为例说明施工放样的方法和步骤。

一、土坝的施工放样

土坝具有可就地取材、施工简便的特点。建筑土坝时的施工放样其内容包括：坝轴线的测设，坝身控制测量，清基开挖线、坡脚线的放样，坝体边坡线的放样及修坡桩的测设等。

1. 坝轴线的测设

对于中、小型土坝的坝轴线位置，一般由工程设计和勘测人员组成选线小组，根据坝址的地质和地形情况，经过方案比较，在现场直接选定。

当坝轴线的两端点在地面确定后，应埋设永久性标志。为了防止施工时端点被破坏，可用经纬仪将其向两端延长到不受施工干扰、易于保存的地方。

2. 坝身控制测量

坝轴线是土坝施工放样的主要依据，但是，要进行土坝的细部放样时，在施工干扰较大的情况下，仅有一条轴线是不能满足施工需要的，因此，还必须进行坝身控制测量。坝身控制测量包括平面控制测量和高程控制测量。

（1）平面控制测量

1）平行于坝轴线的控制线的测设

如图13-15所示，M、N是坝轴线的两个端点，M'、N'是轴线上的引桩。将经纬仪设置在M点，照准N点，固定视线，向河床两侧平坦的地面上定出A、B两点。测设时应分别在坝轴线的端点A、B安置经纬仪，定出坝轴线的两条垂线CF和DE，在垂线上按规定的轴距（如5m、10m、20m、30m等）用钢尺丈量出各平行控制线距坝轴线的距离，得各平行线的位置a，b…点，然后用木桩在实地标定。在B点安置经纬仪的方法与A点安置经纬仪测设基本相同。同理可定出a'，b'，…点，aa'，bb'，…直线即为坝轴线AB的平行线，把各平行线延长到两边山坡上，并埋设标志。

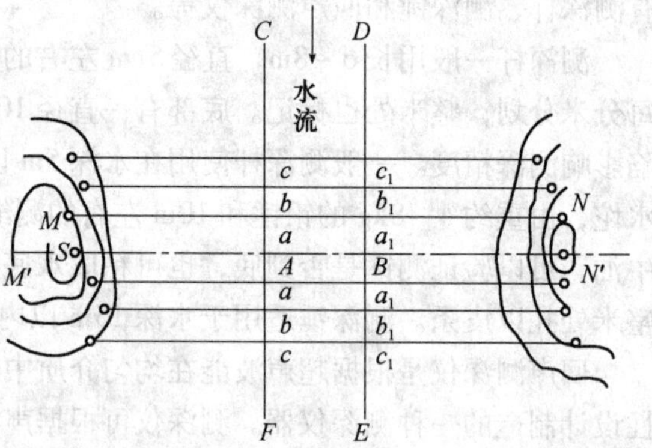

图13-15　轴线平行线测设图

2）垂直于坝轴线的控制线的测设

垂直于坝轴线的控制线一般按每隔10～20m设置。通常是将坝轴线上与坝顶设计高程一致的地面点作为坝轴线里程桩的起点，称为零号桩。其桩号为0+000，从零号桩起，每隔一定距离分别设置一条垂直于坝轴线的直线。

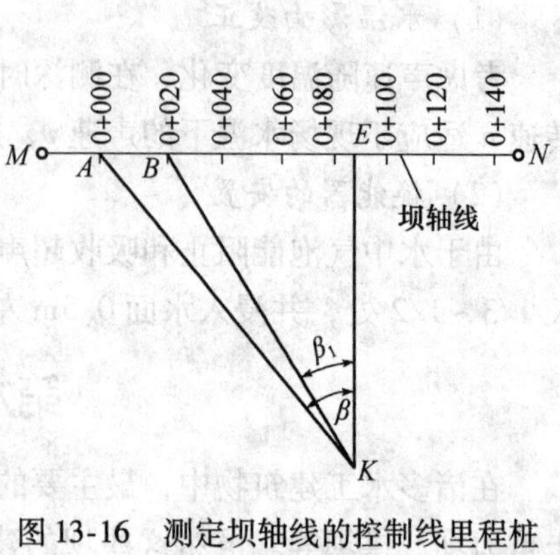

图13-16　测定坝轴线的控制线里程桩

测定零号桩的方法，如图13-16所示，在坝轴线端点M附近安置水准仪，后视水准点上的水准尺，得读数为a，则零号桩上的应有读数b可按下式计算，即

$$b = (H_0 + a) - H_{顶}$$

式中　b——零号桩上水准尺的读数（m）；

H_0——水准点的高程（m）；

$H_{顶}$——坝顶的设计高程（m）。

在坝轴线的另一个端点 N 上安置经纬仪，照准 M 点，固定照准部，扶尺员持水准尺在经纬仪视线方向沿山坡上、下移动，当水准仪中丝读数为 b 时，则该立尺点即为坝轴线上零号桩的位置。

零号桩位置确定后，可沿坝轴线由 0+000 起按选定的距离（图 13-16 中为 20m）丈量，并顺序钉里程桩，其桩号依次为 0+020，0+040，…，直至另一端坝顶与地面的交点为止。当地面坡度较陡，直接丈量里程有困难时，可用交会法测设出适当位置 P，该点应位于下游或上游便于测距的地方，在 E 点测设垂直线 EK，并精确丈量 EK 距离。观测水平角 β，计算 AE 的距离为：

$$\overline{AE} = \overline{EK} \cdot \tan\beta$$

如果要测设 0+020 的里程桩，可用下式算得 β_1 角，即

$$\beta_1 = \arctan\frac{\overline{AE} - 20}{\overline{EK}}$$

再用两台经纬仪，分别安置于 K 和 N 点。设在 N 点的仪器照准 M 点，固定照准部；设在 K 点的仪器测设角 β_1；两台仪器视线的交点即为 B 点。其他里程桩可按上述方法放样。

在各里程桩上分别安置经纬仪，照准坝轴线上较远的一个端点 M 或 N，照准部旋转 90°，即可得到一系列与坝轴线垂直的直线。将这些垂线也投测到围堰上或山坡上，用木桩或混凝土桩标志各垂直线的端点。这些端点桩称为横断面方向桩，它们是施测横断面以及放样清基开挖线、坝坡面的控制桩。

（2）高程控制测量

用于土坝施工放样的高程控制，除在施工范围外布设三等或四等精度的永久性水准点外，还应在施工范围内设置临时性水准点。临时性水准点应布置在施工范围内不同高度的地方，以便安置 1~2 次仪器就能放出需要的高程点。临时水准点应根据施工进度及时设置，并与永久水准点构成附合或闭合水准路线，按等外精度施测。

3. 清基开挖线的放样

清基开挖线就是坝体与地面的交线。为了使坝体与地面紧密结合，在坝体填筑前，必须清除坝基自然表面的松散土壤、树根等杂物。在清理基础时，为了不超量开挖自然表土、节省人力物力，测量人员应根据设计图，结合地形情况放出清基开挖线，以确定施工范围。

放样清基开挖线，一般可用图解法量取放样数据。如图 13-17 所示点在坝轴线上的里程为 0+080，A、C 为坝体的设计断面与地面上、下游的交点，量取图上 BA、BC 的距离为 d_1、d_2。放样时，在 B 点安置经纬仪，定出横断面方向，从 B 点分别向上、下游方向测设 d_1、d_2，标出清基开挖点 A 和 C。用上述方法定出各断面的清基开挖点，各开挖点的连线即为清基开挖线，如图 13-18 所示。由于清基开挖有一定的深度和坡度，所以应按估算的放坡宽度确定清基开挖线。当从断面图上量取 d_i 时，应按深度和坡度加上一定的放坡长度。

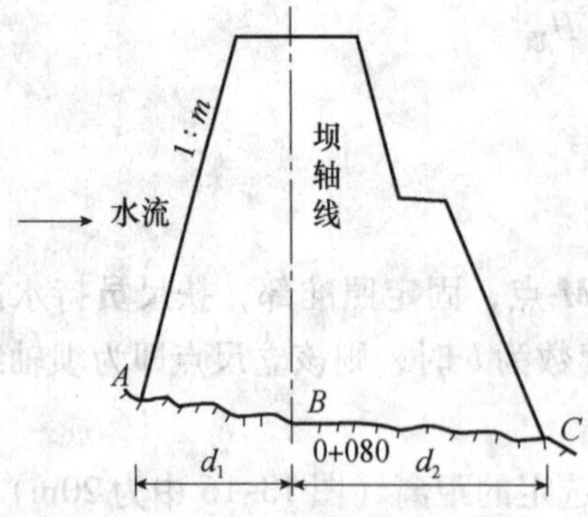

图 13-17　图解法放样清基开挖点的数据

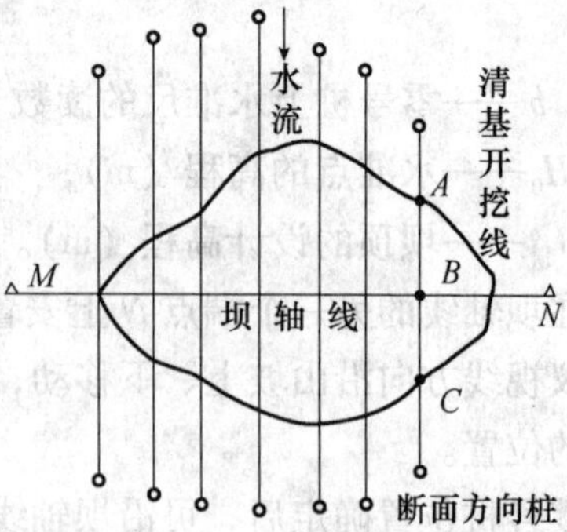

图 13-18　标定清基开挖线

4. 坡角线的放样

清基以后，应放出坡角线，即坝体与地面的交线，以便填筑坝体。下面介绍两种放样方法。

（1）平行线法

坝身控制测量时，设置平行于坝轴线的直线，其与坝坡面相交处的高程可按下式计算，即

$$H_i = H_{顶} - \frac{1}{m}\left(d_i - \frac{b}{2}\right)$$

式中　H_i——第 i 条平行线与坝坡面相交处的高程（m）；

$H_{顶}$——坝顶的设计高程（m）；

d_i——第 i 条平行线与坝轴线之间的距离，简称轴距（m）；

b——坝顶的设计宽度（m）；

$\frac{1}{m}$——坝坡面的设计坡度。

各条平行线与坝坡面相交处的高程经计算后，即可在各平行线上用高程放样的方法测设 H_i 的坡角点，具体的施测方法与测定轴线上零号桩位置的方法相同。

各个坡脚点的连线，即为坡体的坡角线。但是，为确保坡面碾压密实，一般坡脚处填土范围应当大一些，多余的填土部分称为余坡，余坡的厚度取决于土质及施工方法，一般为 0.3～0.5m。

（2）趋近法

清基完工后，先恢复坝轴线上各里程桩的位置，并测定桩点地面高程；将经纬仪安置于各里程桩上，定出各断面方向；在断面方向上的坡脚点附近（可根据设计断面预先估计距离）立尺。用视距法测定立尺点的轴距 d' 及高程 H'_A。如图 13-19 所示。图中 A 点到 B 点的轴距 d 可按下式计算，即

$$d = \frac{b}{2} + m(H_{顶} - H'_A)$$

式中　b——坝顶设计宽度；

m——坝坡面设计坡度的分母；

$H_{顶}$——坝顶设计高程；

H'_A——立尺点 A' 的高程。

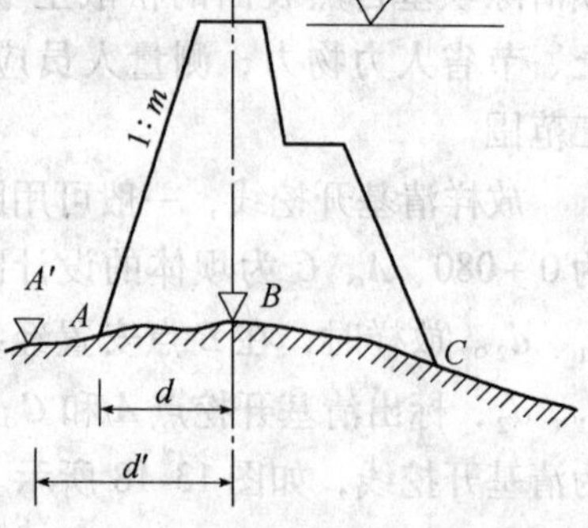

图 13-19　趋近法标定坡脚点

若计算的轴距 d 与实测的轴距 d' 不等，说明该立尺点 A' 不是该断面的坡脚点。应在断面方向移动立尺点的位置，重复上述的观测计算。经几次试测，直至实测的轴距与计算的轴距之差在容许范围内为止，这时的立尺点即为坡脚点。按上述方法，施测其他断面的坡脚点。

5. 坝体边坡线的放样

坝体坡角线放出后，即可在坡角线范围内填土，土坝施工时是分层上料，每层填土厚度约0.5m，上料后即进行碾压，为了保证坝体的边坡符合设计要求，每层碾压后应及时确定上料边界。各个断面上料桩的标定通常采用轴距杆法或坡度尺法。

（1）轴距杆法

根据土坝的设计坡度，按上式计算坝坡面不同高程点至坝轴线的距离，该距离为坝体筑成后的实际轴距。放样上料桩时，必须加上余坡厚度的水平距离为 $\Delta d_i = d_{轴} - d_i$，据此可定出上料桩的位置。随着坝体增高，轴距杆可逐渐向坝轴线移近，如图13-20所示。

（2）坡度尺法

坡度尺是根据坝体设计的边坡坡度用木板制成的直角三角形尺。例如，坝坡面的设计坡度若为 $i=1:2$，则坡度尺的一直角边长为1m，另一直角边应为2m，即构成坡度为1:2的坡度板。在较长的一条直角边上安装一个水准管。放样时，将绳子一头系于坡脚桩上，另一头系在坝体横断面方向的竹竿上，将三角板斜边靠着绳子，当绳子拉到水准气泡居中时，绳子的坡度即等于应放样的坡度，如图13-21所示。

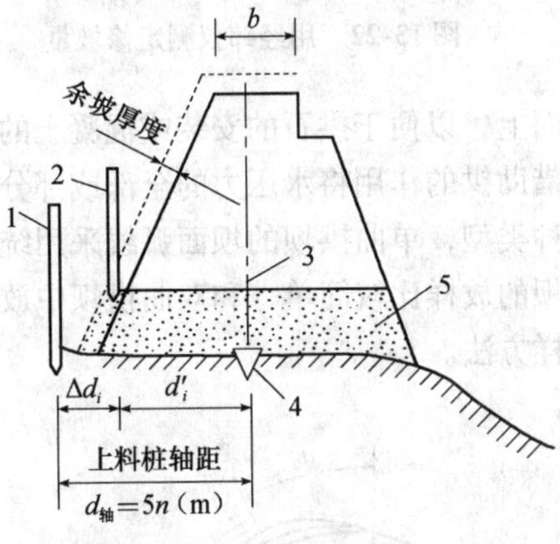

图13-20　轴距杆法放样上料桩

1—轴距杆；2—上料桩；3—坝轴线；4—里程桩；5—第一层填土

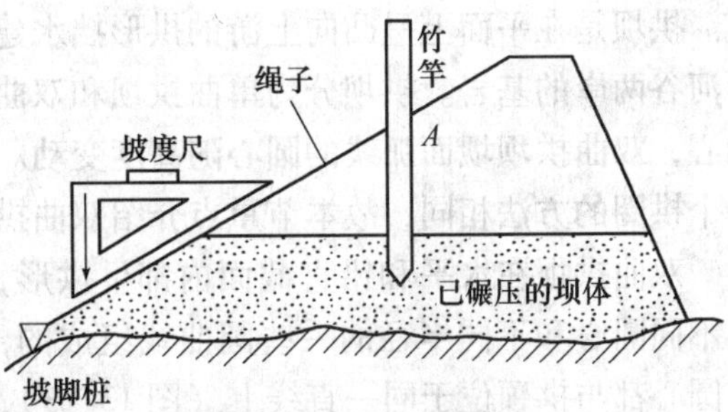

图13-21　用坡度尺放样边坡

6. 修坡桩的测设

坝体修筑到设计高程后，要根据设计的坡度修整坝坡面，修坡是根据标明削去厚度的修坡桩进行的。修坡桩常用水准仪或经纬仪施测。

（1）水准仪法

在已填筑的坝坡面上，钉上若干排平行于坝轴线的木桩。木桩的纵、横间距都不易过大，以免影响修坡质量。用钢卷尺丈量各木桩至坝轴线的距离，并计算桩的坡面设计高程。

用水准仪测定各木桩的坡面高程，各点坡面高程与各点设计高程之差即为该点的削坡厚度。

(2) 经纬仪法

首先依据设计坡度计算出坡倾角。例如，当坝坡面的设计坡度为 $i = 1:2$ 时，则坡面的倾角为：

$$\alpha = \arctan\frac{1}{2} = 26°33'54''$$

在填筑的坝顶边缘上安置经纬仪，量取仪器高度 i。将望远镜视线向下倾斜 α，此时视线平行于设计坡面。然后，沿视线方向每隔几米树立标尺，设中丝读数为 v，则该立尺点的修坡厚度为：

$$\delta = i - v$$

若安置经纬仪地点的高程与坝顶设计高程不符，则计算削坡量时应加改正数，如图 13-22 所示。此时，实际修坡厚度应按下式计算，即

$$\delta' = (i - L) + (H_{测} - H_{设})$$

式中 i——经纬仪的仪器高（m）；

L——经纬仪的中丝读数（m）；

$H_{测}$——安置仪器的坝顶实测高程（m）；

$H_{设}$——坝顶设计高程（m）。

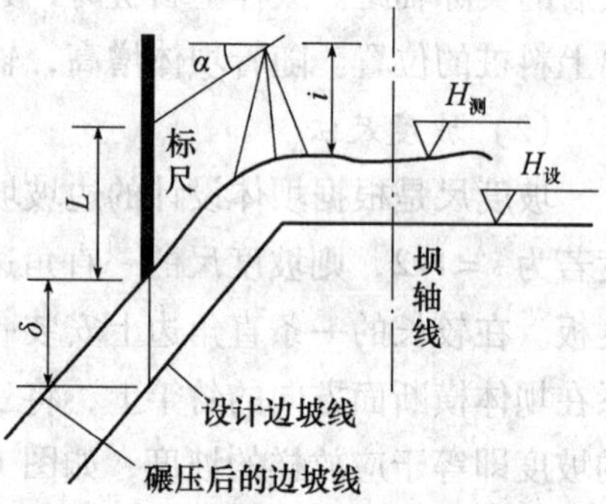

图 13-22　用经纬仪测定修坡量

二、拱坝的施工放样

拱坝的放样主要是把设计好的拱圈弧线标定在地面上，以便于拱石的安装或混凝土的浇筑。拱坝是在平面上呈凸向上游的拱形挡水建筑物，借助拱的作用将水压力的全部或部分传给河谷两岸的基岩。拱坝分为单曲拱坝和双曲拱坝两种类型，单曲拱坝的坝面弧线采用统一圆心，双曲拱坝坝面弧线的圆心随高度变动。单曲拱坝的放样比较简单，和双曲拱坝中放样一个拱圈的方法相同，故本节重点介绍双曲拱坝的放样方法。

双曲拱坝在水平和铅直截面内都呈拱形，是由不同圆心和不同半径的一些圆曲线组成的，所有圆心都与拱顶位于同一直线上（图 13-23），这条直线称为拱坝中心线。因为一般河谷都上宽下窄，所以，这些圆曲线所对的中心角及其半径总是按高程从上往下逐渐减小，对应的圆心也因设计半径的减小离坝体越近。

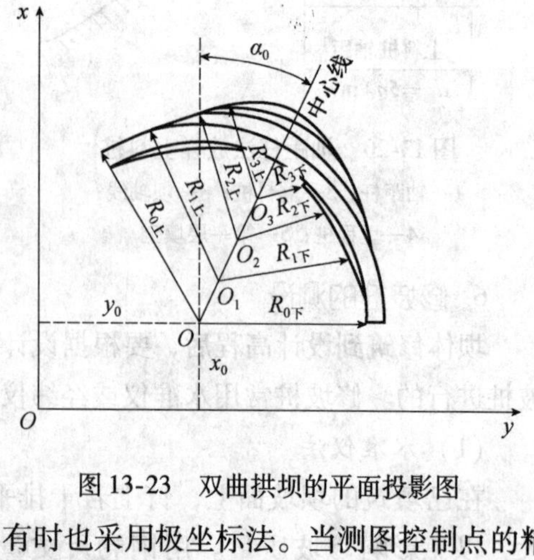

图 13-23　双曲拱坝的平面投影图

拱坝在浇筑前，首先要整体清基，河谷两侧的清基开挖线是各层坝端与山坡交点的连线。在施工中，拱坝是按高程分层、分段和分块浇筑，放样任务就是分层、分段放出每块立模线的位置。拱坝的放样常用前方交会法；如果量距方便，有时也采用极坐标法。当测图控制点的精度和密度能满足放样要求时，可以直接依据这些控制点按测图坐标进行放样；反之，则按测

图坐标重新布设。放样的方法和步骤介绍如下：

1）从设计图上量取拱坝中心线的方位角 α_0 和离坝最远圆心的坐标 x_0，y_0，依此作为推算其他曲线点坐标的起算数据。其中，α_0 一般应量取中心线上两点的坐标进行反算求得。

2）根据离坝最远圆心对应的半径与其他圆心对应的半径之差，以及中心线的方位角计算出其他圆心的坐标，即

$$\left.\begin{aligned} x_i &= x_0 + (R_0 - R_i)\cos\alpha_0 \\ y_i &= y_0 + (R_0 - R_i)\sin\alpha_0 \end{aligned}\right\}$$

3）将每层拱圈从中心线向两边分成若干个相同的等份（图 13-24），每等份的大小视具体要求而定（如分块大小、放样精度），两端可能不足一等份。根据各等分角边（半径）与中心线的夹角计算出各角边的方位角。

4）根据各圆心坐标、相应设计半径和方位角计算曲线各等分点上下游面的坐标。

5）根据坐标反算出各曲线点与相邻控制点间的方位角和边长，在相应控制点上安置经纬仪，按方位角进行前方交会（或采用极坐标法）放出曲线点，在实地标定出拱圈的位置。

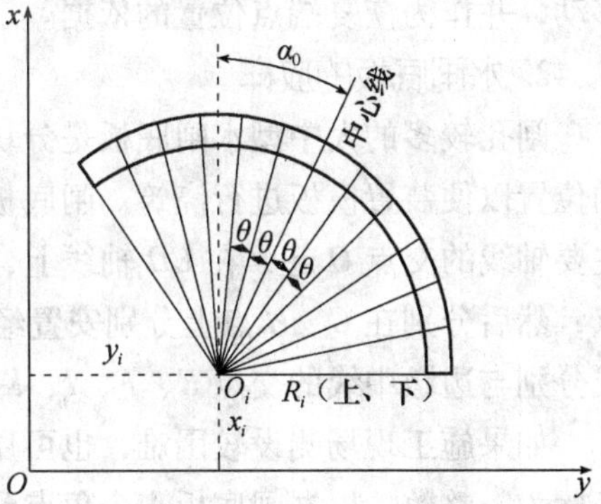

图 13-24　将圆心角等分计算放样坐标

第七节　水闸的施工放样

在水利水电工程中，为了达到泄水和挡水的目的，常在大坝上设置水闸，图 13-25 是三孔水闸的平面位置示意图。水闸是由闸门、闸墩、闸底板、两边侧墙、闸室上游防冲板和下游溢流面等结构物所组成。由于水闸一般建在土质地基上，因此通常以较厚的钢筋混凝土底板作为整体基础，闸墩和两边侧墙就浇筑在底板上，与底板接成一个整体。

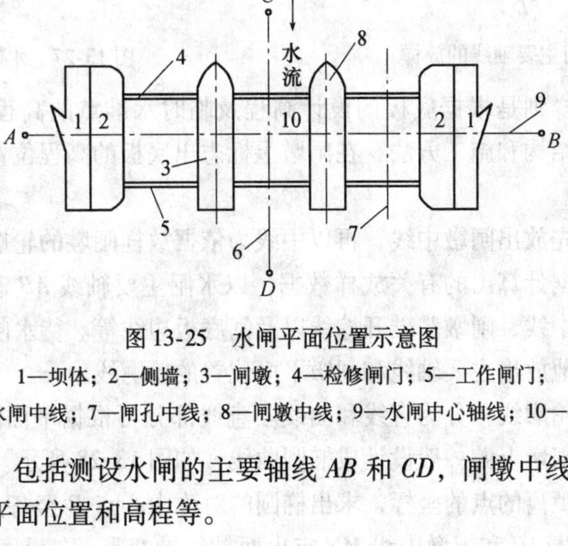

图 13-25　水闸平面位置示意图

1—坝体；2—侧墙；3—闸墩；4—检修闸门；5—工作闸门；

6—水闸中线；7—闸孔中线；8—闸墩中线；9—水闸中心轴线；10—闸室

水闸的施工放样，包括测设水闸的主要轴线 AB 和 CD，闸墩中线、闸孔中线、闸底板的范围以及各细部的平面位置和高程等。

1. 水闸主要轴线的放样

水闸主要轴线的放样，就是在施工现场标定轴线端点的位置。如图 13-26 所示的 A、B 和 C、D 点的位置。

主要轴线端点的位置，可从水闸设计图上量出坐标，然后将施工坐标换算成测图坐标，利用测图控制点进行放样。对于独立的小型水闸，也可在现场直接选定。

主要轴线端点 A、B 确定后，应精密测设 AB 的长度，并标定终点 O 的位置。在 O 点安置经纬仪，测设出 AB 的垂线 CD，其测设误差应小于 10″。主轴线测定后，应向两端延长至施工影响范围之外，每端各埋设两个固定标志以表示方向。其目的是检查端点位置是否发生移动，并作为恢复端点位置的依据。

2. 水闸底板的放样

闸孔较多的大中型水闸底板是分块浇筑的，底板放样的目的首先是放出每块底板立模线的位置以便装置模板进行浇筑。闸底板的放样，如图 13-26 所示，根据底板的设计尺寸，由主要轴线的交点 O 起，在 CD 轴线上，分别向上、下游各测设底板长度的一半，得 G、H 两点，然后分别在 G、H 点上分别安置经纬仪，测设与 CD 轴线相垂直的两条方向线。两方向线分别与边墩中线的交点 E、F、I、K，即为闸底板的 4 个角点。

如果施工现场测设较困难，也可用水闸轴线的端点 A、B 作为控制点，同时假设 A 点的坐标为一整数，根据闸底板 4 个角点到 AB 轴线的距离及 AB 的长度，可推算出 B 点及 4 个角点的坐标，通过坐标反算求得放样角度，即可在 A、B 两点架设经纬仪，用前方交会法放样 4 个角点。如图 13-27 所示。

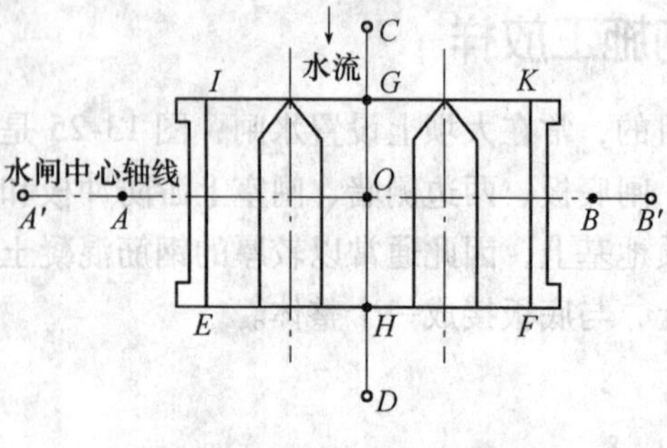

图 13-26 水闸主要轴线的放样

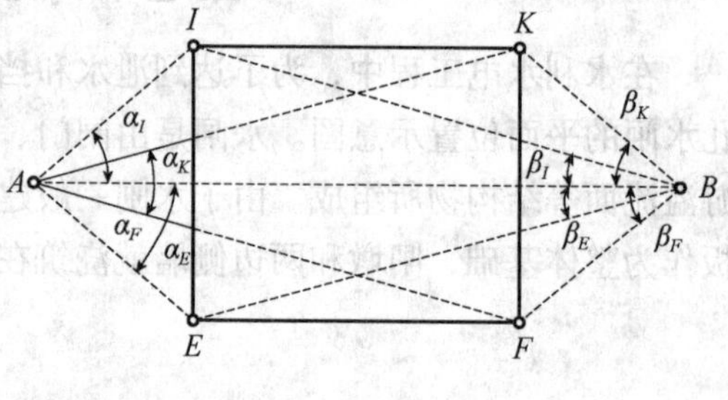

图 13-27 水闸底板的放样

闸底板的高程放样则是根据底板的设计高程及临时水准点的高程，采用水准测量的方法，根据水闸的不同结构和施工方法，在闸墩上标志出底板的高程位置。

3. 闸墩的放样

闸墩的放样，是先放出闸墩中线，再以中线为依据放样闸墩的轮廓线。

放样时，首先根据计算出的有关放样数据，以水闸主要轴线 AB 和 CD 为依据，在现场定出闸孔中线、闸墩中线、闸墩基础开挖线以及闸底板边线等。待水闸基础打好混凝土垫层后，在垫层上再精确地放出主要轴线和闸墩平面位置的轮廓线。

闸墩平面位置的轮廓线，分为直线和曲线。直线部分可根据平面图上设计的有关尺寸，用直角坐标法放样。闸墩上游一般设计成椭圆曲线，如图 13-28 所示。放样时，应根据计算出的曲线上相隔一定距离的点的坐标，求出椭圆的对称中心点 P 至各点的放样数据 β_i 和 l_i。根据已标定的水闸轴线 AB 和闸墩中线 MN 定出两轴线的交点 T，沿闸墩中线从 T 点测设距

离 L 定出 P 点，在 P 点安置经纬仪，以 PM 方向为后视用极坐标法放样 1、2、3 点等。由于 PM 两侧曲线对称，左侧的曲线点也可按上述方法放出。施工人员根据测设的曲线立模。闸墩椭圆部分的模板，可根据需要放样出曲线上的点，即可满足立模的要求。

闸墩各部位的高程，根据施工场地布设的临时水准点，按高程放样在模板内侧标出高程点。随着墩体的增高，可在墩体上测定一条高程为整米数的水平线，并用红漆标出来，作为继续往上浇筑时量算高程的依据，也可用钢卷尺从已浇筑的混凝土高程点上直接丈量放出设计高程。

4. 下游溢流面的放样

为了减少水流面通过闸室下游时的能量，常把闸室下游溢流面设计成抛物面。溢流面的纵剖面是一条抛物线，因此，纵剖面上各点的设计高程是不同的。抛物线的方程式注写在设计图上，根据放样的要求和精度，可选择不同的水平距离。通过计算求出纵剖面上相应点的高程，才能放出抛物面，其放样步骤如下：

1）如图 13-29 所示采用局部坐标系，以闸室下游水平方向线为 x 轴，闸室底板下游高程为溢流面的起点，该点称为变坡点，也就是局部坐标系的原点 O。通过原点的铅垂方向为 y 轴，即溢流面的起始线。

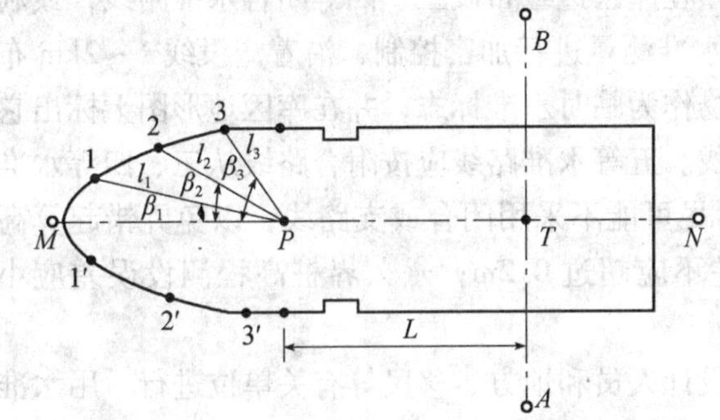

图 13-28　用极坐标法放样闸墩的曲线部分

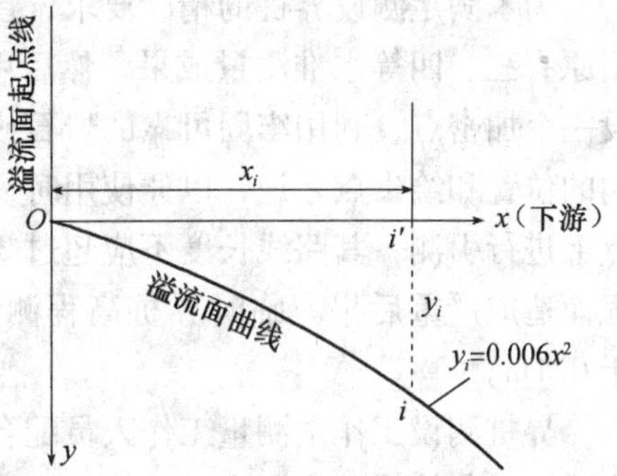

图 13-29　溢流面局部坐标系

2）沿 x 轴方向每隔 1～2m 选择一点，则抛物线上各相应点的高程可按下式计算。

$$H_i = H_0 - y$$

或

$$y_i = 0.007x$$

式中　H_i——i 点的设计高程（m）；

H_0——下游溢流面的起始高程（m），可从设计的纵断面图上查得；

y_i——与 O 点相距水平距离为 x_i 的 y 值，即高差（m）。

3）在闸室下游两侧设置垂直的样板架，根据选定的水平距离，在两侧样板架上作一垂线。再用水准仪按放样已知高程点的方法，在各垂线上标出相应点的位置。

4）将各高程标志点连接起来即为设计的抛物面与样板架的交线，该交线就是抛物线。施工人员根据抛物线安装模板，浇筑混凝土后即为下游溢流面。

第八节　水库淹没界桩的测设

水库淹没界桩的测设是确定水库淹没界线时对移民线、土地征用线、土地利用线、水库清理线等各种水库淹没、防护、利用界限进行测设的工作的总称。这些界线以设计正常蓄水位为基础，结合浸没、坍岸、风浪影响等因素综合确定，根据需要测设其中的一种、几种或全部。测设水库淹没界桩的目的是为了动员库区淹没范围内的居民拆迁和调查经济损失。

在建坝开始时，必须根据设计提供的淹没高程，在实地标定出淹没线的位置。由于回水影响，库区淹没高程从大坝开始往上逐渐增大，也即淹没线并非一条等高线。为了简化测量工作，设计人员应通过回水演算，从坝址开始往上，将其划分为若干梯级，每个梯级用一个平均淹没高程进行淹没界桩的测设。小型水库一般可将水库中水面当成平面，只用一个高程去标定淹没界桩。

淹没界桩分永久界桩和临时界桩。界线通过厂矿区或居民点时，在进出处各测设一个永久桩，内部每隔若干米测设一个临时桩，主要街道标出界线通过的实际位置。大片农田及经济价值较高的林区，一般每隔 2 ~ 3km 测设一个永久桩，再以临时桩加密到能互相通视。只有少量庄稼的山地，可只测设临时桩显示界线通过的位置。经勘察确定不予利用的永久冻土地、大片沼泽地、陡峭坡地等经济价值很低的地区，可不测设界桩。界桩编号一般由年度、类别和桩号组成，如“90 土 - 永 7”，即表示 1990 年土地征用永久桩 7 号；“90 人 - 100”，即表示 1990 年移民线临时界桩 100 号。

为了满足测设界桩的精度要求，首先必须在库区边缘布设三、四等闭合水准路线，或利用原有三、四等水准测量成果，然后用五等水准测量进行加密控制，沿着淹没线 1 ~ 2km 布设一个加密点，利用牢固可靠的岩石或建筑物作为临时水准标志，并在库区地形图上标出它们的位置和绘出点之记，以便使用时易于查找。五等水准路线应按附合路线从三、四等水准点上进行引测，其路线长度不应超过 30km，尽可能不采用闭合或支路线，以免弄错起算高程而造成严重后果。临时界桩高程测设误差不应超过 0.2m；永久界桩高程测设误差应小于 0.1m。

界桩测设工作由测量工作人员配合水库设计人员和地方、移民等有关单位进行。用水准仪或经纬仪按设计高程在实地标定。假设欲定界桩 P 的高程为 H_P，附近有水准点 BM，其高程为 H_B，其测设方法如下所述。

1. 水准仪测设法

在 BM，P 两点之间安置水准仪，BM 点立水准尺，读取后视读数 a，计算前尺读数 $b = H_B + a - H_P$。则指挥扶尺人员沿坡面移动水准尺，当读数为 b 时，该点为欲定界桩 P 点。

2. 经纬仪测设法

1）如图 13-30 所示，在水准点上立尺，在尽量接近界桩高程的地方安置经纬仪（最大允许视距为 250m)，用反觇法求取仪器的水平视线高程：$H_i = H_B + v_B - D_B \tan\alpha_B$；算出界桩与水平视线的高差 $h = H_P - H_i$。

2）当 h 为负时，使经纬仪视线水平，根据水平视线指挥标尺移动至中丝截尺等于 $|h|$ 时，立尺点即为界桩位置。

3）当 h 为正时，根据高差 h 估计界桩的概略位置，在此位置立尺，测定其平距 ($D'_P = kl\cos^2\alpha_P$) 和高差 ($h'_P = D'_P \tan\alpha_P - v_P$)。若 h'_P 等于 h（相差不超过 ±0.05m)，则此立尺点为界桩位置。否则，以所测平距 D'_P、截

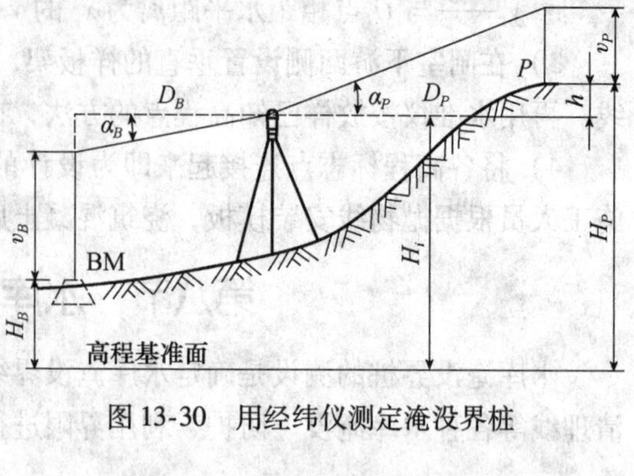

图 13-30 用经纬仪测定淹没界桩

尺 v_P 和所需高差 h 按下列公式计算

$$\alpha_{计} = \arctan \frac{h + v_P}{D'_P}$$

计算竖直角，使竖盘置数等于 $\alpha_{计}$，指挥标尺移动至中丝截尺等于 v_P 时，又观测平距 D''_P 和高差 h''_P；若 h''_P 仍不等于 h 则以 D''_P 代入上式重新计算 $\alpha_{计}$，重新安置竖盘指挥标尺移动（中丝截尺仍为 v_P）和测定高差，如此反复，直至测得立尺点高差等于 h 为止（相差不超过 ±0.05m），在立尺点上设立界桩。

4）用盘左盘右再次测定视距、截尺和竖直角，求出界桩地面高程，量取桩顶至地面高差，一一记入观测手簿。

第九节　水利工程施工期变形监测

1. 一般规定

1）施工期变形监测的项目包括边坡监测、堆石体监测、结构物监测和基础稳定性监测。

2）各监测项目监测点测量中误差见表 13-13。

表 13-13　变形监测点测量中误差　　mm

监测项目	监测点测量中误差	
	平　面	高　程
边坡监测	±（3～5）	±（3～5）
堆石体监测	±5	±5
结构物监测	根据相应的设计要求	
基础稳定性监测		±3

注：监测点测量中误差均相对于工作基点而言。

3）变形监测的基准点、工作基点，宜利用施工测量控制网中较为稳定的三角点和水准点，也可建立独立的、较为稳定的基准点、工作基点（平面和高程），其施测精度不应低于四等网的精度要求。

4）变形监测观测周期按设计要求执行。遇特殊情况（汛期、雨季、异常变化、特殊要求等）应适当加密观测。首次应连续观测两次，并取其平均值作为初始值。

5）监测工作实施前应编写专业技术设计报告，按技术要求进行施工与观测作业。观测所用的测量仪器设备应按照要求进行检定和检校。

2. 选点与埋设

（1）基准点、工作基点的选点与埋设应遵守的要求

1）基准点必须建立在变形区以外稳固的基岩或坚实土基上。若基准点选在土基上，对土基基础应进行基础加固处理。工作基点宜靠近观测区，其位置的选择应注意使其与监测点构成对观测精度有利的观测图形并有较好的通视条件。

2）平面控制基准点、工作基点应建造具有强制归心标盘的混凝土标墩。

3）垂直位移的基准点至少要布设一组，每组不少于 3 个固定点，应埋设不锈钢或铜质水准标心。

4）标石结构按照《混凝土坝安全监测技术规范》（DL/T 5178）进行设计。

（2）监测点的布置与埋设应遵守的要求

1）监测点应选埋在变形幅度大、变形速率快的部位，以能正确反映变形体的变形为原则进行布设。监测点标石应与变形体牢固结合，宜建造具有强制归心标盘的混凝土标墩，并在旁边埋设水准标心。

2）滑坡监测点应沿滑坡走向布设；高边坡的监测点应呈断面布设。

3）土石围堰变形监测点的密度应根据变形特征和设计要求确定：在河床深槽地段宜隔20~30m布设一点，在一般地段宜隔50~80m布设一点。

4）山体或建筑物裂缝监测点应埋设在裂缝的两侧，标志的形式应根据要求进行专门设计。

5）采用视准线法观测时，中间监测点标石埋设不得偏离两端点准直线方向±20mm。

3. 水平位移观测

1）根据监测项目的形体和地形条件，水平位移可采用前方交会法、视准线法、精密全站仪坐标法进行观测。

2）采用前方交会法观测的技术要求见表13-14。

表13-14　前方交会法观测的技术要求

精度要求/mm	测角前方交会			测边前方交会			边角前方交会			
	测角中误差/（″）	交会边长/m	交会角/（°）	测距中误差/mm	交会边长/m	交会角/（°）	测角中误差/（″）	测距中误差/mm	交会边长/m	交会角/（°）
±3	±1.0 ±1.8	≤200	30~120 60~120	±2	≤500	70~100	±1.8	±2	≤500	40~140 60~120
±5	±1.8 ±2.5	≤250	40~140 60~120	±3	≤500	60~120	±2.5	±3	≤700	40~140

3）采用视准线法（活动觇牌法和小角度法）观测的技术要求见表13-15。

表13-15　视准线法观测的技术要求

精度要求/mm	活动觇牌法				小角度法				
	视准线长度/m	测回数	两次照准读数差/mm	测回间方向值之差/mm	视线长度/m	测回数	测角中误差/（″）	半测回读数差/（″）	测回差/（″）
±3	≤300	3	3.5	3.0	≤500	3	1.0	3.5	2.5
±5	≤500	3	5.0	4.0	≤600	3	1.8	4.5	3.0

4）视准线观测之前，应测定活动觇牌的零位差、固定觇牌同轴误差，按《国家三角测量规范》（GB/T 17942）的要求对经纬仪（视准仪）进行检验校正。

5）活动觇牌法一测回的观测程序如下：

①在视准线一端点安置经纬仪或视准线仪，在另一端点上安置照准标志，在监测点上安置活动觇牌。仪器凉置15min后精确整平，盘左位置后视另一端点，精密照准标志后固定照准部。

②司仪员指挥司觇员旋转微动螺旋，使活动觇牌标志中心与视准线重合后，通知司觇员

读数一次。

③司觇员根据司仪员指令再一次旋转活动觇牌微动螺旋，当听到司仪员读数指令时再读数一次。

④纵转仪器望远镜，盘右位置精确照准端点标志后固定照准部。

⑤按上述“②”和“③”操作获得盘右位置时的两次读数。

6）固定觇牌小角度法观测时可不变换水平度盘位置。若观测方向的垂直角不超过 ±1°，可不进行盘右观测，一测回观测程序如下：

①在视准线一端点上安置经纬仪，在另一端点上安置照准标志，在监测点上安置固定觇牌。凉置仪器 15min 后整平仪器并精确照准另一端点标志，读取水平角读数。

②旋转仪器水平微动螺旋照准监测点上的固定觇牌标志中心，读取水平角读数。

③反方向旋转水平微动螺旋使视准线离开固定觇牌标志，再顺时针旋转水平微动螺旋，精确照准固定觇牌标志中心，读取水平角读数。

④旋转仪器水平微动螺旋照准端点标志，读取水平角读数。

7）固定觇牌小角度法观测，当观测方向垂直角超过 ±1°时，应进行盘左和盘右位置观测。当观测方向垂直角超过 ±3°时，每测回间应重新整平仪器。

8）采用精密全站仪坐标法观测时，各测回均应后视起始方向，其技术要求见表 13-16，观测时温度、气压的读取与输入以及使用特制觇牌的要求，应遵照有关规定。

表 13-16　精密全站仪坐标法观测的技术要求

精度要求/mm	最大边长/m	测距中误差/mm	测角中误差/(″)	测回数	
				盘左	盘右
±3	700	±2	±1	2	2
±5	1000	±3	±1	3	3

注：照准 1 次测坐标 4 次为一测回。

4. 垂直位移观测

1）对于边坡、堆石体、建筑物的基础的垂直位移观测，宜采用国家二等水准测量进行，每测站高差中误差为 ±0. 15mm，往返附合较差或环线闭合差为 $\pm 0.6\sqrt{n}$（n 为测站数）。

2）对于有些只需要采用三、四等水准测量就可以达到监测目的的项目，可以采用能满足相应精度要求的光电测距三角高程测量方法进行观测。

第十四章　园林工程测量

第一节　园林测量概述

广义的园林工程是指园林建筑设施与室外工程，包括山水工程、道路桥梁工程、假山置石工程、园林建筑设施工程等。其中山水工程主要指园林中改造地形，创造优美环境和园林意境的工程，如堆山叠石、建造人工湖、驳岸、跌水、喷泉等。道路工程主要指园林中的主园路、次园路、游步道、园桥等。园林建筑设施工程包括游憩设施（亭、廊、榭、厅、阁、斋、轩、园椅、园凳、园桌等）、服务设施（餐厅、酒吧、摄影部、售票部等）、公共设施（电话、导游牌、路标、停车场、标志物及果皮箱、饮水站等）、管理设施（大门、围墙、办公室、变电室、垃圾处理场等）。

在园林工程的各项建设中，测量工作具有重要作用。在其整体规划设计之前，需有规划地区的地形图作为规划设计的基本材料，如地物的构成、地貌的变化、植被分布以及土壤、水文、地质等状况。借助这些基本材料完成设计之后，施工前和施工中需要借助于各类测绘仪器，应用测量的原理与方法将规划设计的内容准确地放样到地面上（测设）。工作结束后，根据需要有时还须测绘出竣工图，作为以后维修、扩建的依据。

园林工程测量按工程的施工程序，一般分为规划设计前的测量、规划设计测量、施工放线测量和竣工测量四个阶段。

1. 规划设计前测量

规划设计前测量主要是将园林规划设计用地测绘成图，为规划设计提供依据。当某一规划设计用地要进行规划设计之前，必须了解掌握该用地的形状大小、地物地貌等分布情况。因此，规划设计前的测量主要是将规划用地测绘成所需比例尺地形图。测绘地形图可按前面学过的测绘方法进行测绘。在进行控制测量时，当测区现场仍保存着过去测绘地形图的测量控制点时，测量中仍可使用原有控制点。当测区过去的测量控制点已被破坏、丢失时，必须重新进行控制测量工作，具体测量工作可按前面学过的知识进行。

2. 规划设计测量

规划设计测量是指测绘符合各单项工程特点的工程专用图，如道路和渠道设计用的带状地形图、纵横断面图等。

3. 施工放样测量

施工放样测量是根据设计和施工的要求，将图纸上规划设计好的内容测设到实地上，作为施工的依据。如渠道和道路设计中的各中心桩填挖数、各边桩的实地位置等。园林工程施工放样按内容可分为土建工程和绿化工程两大部分。土建工程部分包括给排水、电信等管线项目，假山、湖池、园路、花坛、门洞等景观设施，亭、廊、台、架等建筑小品。绿化工程部分主要是各种绿化植物种植点的测设。与上述土建工程放样比较，绿化工程放样的精度比土建工程低。

4. 竣工测量

竣工测量是各项园林工程施工完毕后所进行的验收测量。竣工测量一方面是检查工程施工质量是否达到设计目的要求，另一方面是将验收测量所得的资料成果进行存档，为工程运行管理和以后扩建提供依据。

第二节　平整土地测量

园林建设中，常将原来高低不平的地面，平整成按设计要求的比较平坦或具有一定坡度变化的斜面，用于铺装广场、运动场地和较平缓的种植地段，如草坪等。在平整场地的过程中，主要的工作是土方计算。它可以为设计提供必要的数据，又是进行工程投资预算和施工组织设计等项目的重要依据。园林场地平整前首先要对平整地区进行测量，但在有大比例尺地形图的地区，应尽可能在图上进行平整土地的设计与计算，然后进行放样，以便施工。园林场地平整因施工条件、规格与要求各异，根据当地的实际情况，可以采用不同的测量方法。最常用的是方格水准测量法、断面法、等高面法等。

一、方格水准测量法

方格水准测量是在待平整土地上先建立方格网，然后用水准测量的方法求出每一方格各桩点的地面高程，然后定出设计高程与填挖高、计算土方，最后根据施工图进行施工放样。这种方法适用于地形起伏不大或地形变化比较规律需要平整面积较大的地区。

1. 建立方格网

方格网的布设，通常是在地块边缘用标杆定出一条基准线，在基准线上，每隔一定距离打一木桩，如图 14-1 中的 A，B，C…；然后在各木桩上作垂直于基准线的垂线（可用经纬仪测设，用卷尺根据勾股定理及距离交会的方法来作垂线），延长各垂线，在各垂线上按与基准线同样的间距设点打桩，这样就在地面上组成了方格网。方格网的大小是根据地块、地形、施工方法而定的。一般人力施工采用 10m × 10m ~ 20m × 20m；机械化施工可采用 40m × 40m ~ 100m × 100m。为了计算方便，各方格点应对照现场绘出草图，并按行列编号。如图 14-1 所示，第一个方格左上角的桩号为 A_1，第二个方格左上角的桩号为 A_2，第 16 个方格的右下角的桩号为 E_5。

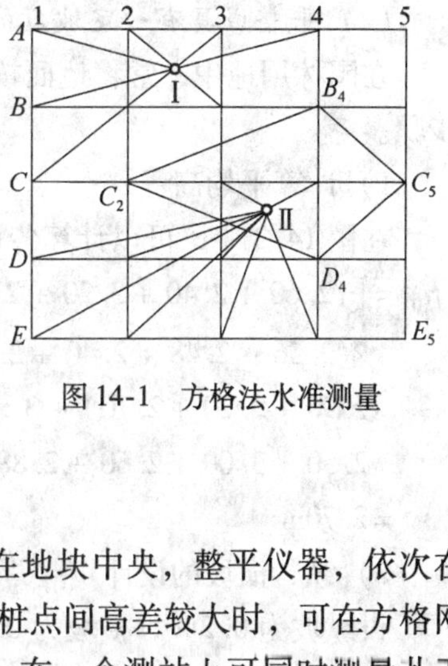

图 14-1　方格法水准测量

2. 测量各方格网点的高程

如图 14-1 所示，若方格网范围不大，将仪器大约安置在地块中央，整平仪器，依次在各方格点上立标尺，测量其桩点地面高程。如果面积较大或桩点间高差较大时，可在方格网内测设一条闭合水准路线。如图 14-1 中的Ⅰ，Ⅱ为测站点，在一个测站上可同时测量若干个桩点的地面高程。利用 C_2，B_4，C_5，D_4 等桩点构成闭合水准路线。根据需要引测水准点的高程到 C_2（或其他）桩顶，或假定 C_2 桩顶的高程，测量后按等外水准测量的方法推算 B_4，C_5，D_4 等桩顶的高程。然后将转点的高程加后视读数获得视线高程，用每站的视线高程分别减去各桩点的前视读数，即得各桩点的地面高程。若方格点正处在局部凹凸处，可在附近高程有代表性的地面立尺。如附近无水准点，可假定某一方格点的桩顶高程作为起算高程。水准尺的读数可读至厘米。

3. 计算设计高程

根据平整土地的要求不同，计算设计高程的方法也不同。

(1) 平整成水平地面

为了使填方与挖方的土方量平衡，先将每一方格 4 个角点高程相加除以 4 得每一方格的平均高程，再将全部方格的平均高程相加除以方格总数，即得设计高程。如图 14-2 中，桩号 (1), (10), (11), (9), (3) 各点为角点，(4), (7), (6), (2) 为边点，(8) 为拐点，(5) 为中点；如果已求得各桩点的地面高程为 H_i ($i=1, 2, \cdots, 11$)，设计高程可按下式计算：

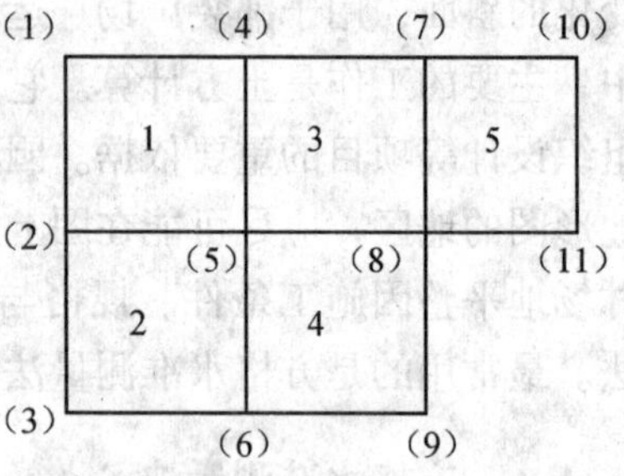

图 14-2　地面设计高程计算

设各个方格的平均高程为 $\overline{H_i}$ ($i=1, 2, \cdots, 5$)

$$\overline{H_1} = 1/4(H_1 + H_4 + H_5 + H_2)$$

$$\overline{H_2} = 1/4(H_2 + H_5 + H_6 + H_3)$$

$$\vdots$$

$$\overline{H_5} = 1/4(H_7 + H_{10} + H_{11} + H_8)$$

地面设计高程 H_0 (即设计高程) 为：

$$H_0 = 1/(4\times5)(\sum H_{角} + 2\sum H_{边} + 3\sum H_{拐} + 4\sum H_{中})$$

式中，$\sum H_{角}$, $\sum H_{边}$, $\sum H_{拐}$, $\sum H_{中}$ 分别为各角点、各边点、各拐点和各中点高程总和，前面的系数是因为各角点参与一个方格的平均高程计算，各边点参与两个方格的平均高程计算，其余类推；如有 n 个方格可得：

$$H_0 = 1/4(4\times n)(\sum H_{角} + 2\sum H_{边} + 3\sum H_{拐} + 4\sum H_{中})$$

(2) 平整成具有一定坡度的地面

在园林用地中，常将地面按一定需要平整成具有一定坡度的斜平面。仅举例说明其设计步骤。

1) 计算平均高程

在图 14-3 中，可以计算各点的平均高程：

$$H_0 = [(2.60 + 2.40 + 3.20 + 2.60 + 3.60) + 2(2.56 + 2.48 + 2.40 + 2.48 + 2.70 + 2.90 + 3.20 + 2.70) + 3\times2.40 + 4(2.60 + 2.50 + 3.00 + 2.60 + 2.88)]1/(4\times11)\text{m} = 2.70\text{m}$$

2) 纵、横坡的设计

设纵坡为 0.2%，横坡为 0.1%，则得纵向每 20m 坡降值为 20m × 0.2% = 0.04m；横向坡降值为 20m × 0.1% = 0.02m。

3) 计算各桩点的设计高程

首先选择零点即填挖边界点。其位置一般选在地块中央的桩点上，如图 14-3 中的 d 点，并以

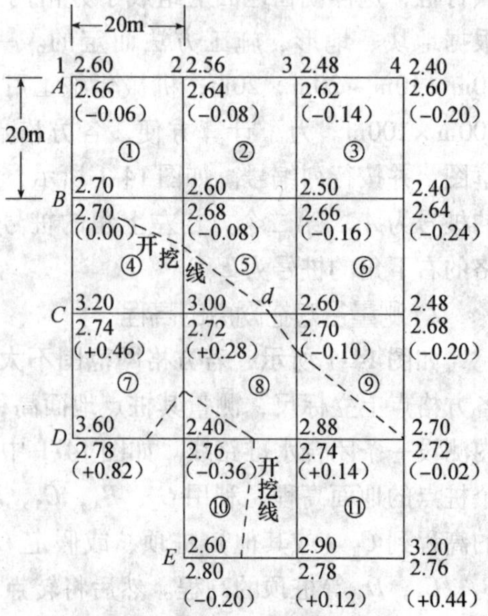

图 14-3　平整成一定坡度地面

地面的平均高程为零点的设计高程。这样无论将地块整成向哪个方向倾斜的平面，它的总填挖方量仍然平衡。零点确定后，根据纵、横方向及坡降值计算各桩点的设计高程，如图 14-3所示。

4）计算施工量、确定开挖线

各桩点的施工量为：

$$\text{施工量}\ h = \text{桩点地面高程} - \text{设计高程}$$

相减得正数为挖深，得负数为填高。将各桩点的施工量标注在各桩点的下方，即设计高程的下方。各方格边上施工量为零的各点的连线，即为开挖线。零点位置可以目估定位，也可按比例计算决定，计算公式如下：

$$x = \frac{l}{h_1 + h_2} \times h_1$$

式中　x——零点距离填（挖）方格点的距离；

l——方格边长；

h_1，h_2——方格两边的填挖数，h_1，h_2 取绝对值计算。

5）计算土方量

通过计算各桩点的施工量，可确定各桩点的填挖量。因挖方量应与填方量相等，计算土方量公式为：

$$V_{\text{挖}} = S(\sum h_{\text{角挖}}/4 + \sum h_{\text{边挖}}/2 + 3\sum h_{\text{拐挖}}/4 + \sum h_{\text{中挖}})$$

$$V_{\text{填}} = S(\sum h_{\text{角填}}/4 + \sum h_{\text{边填}}/2 + 3\sum h_{\text{拐填}}/4 + \sum h_{\text{中填}})$$

式中　h——各桩点的施工量；

S——一个方格的面积。

如图 14-3 的填、挖土方量分别为：

$$V_{\text{填}} = 400[(0.44 + 0.82)/4 + (0.12 + 0.46)/2 + (0.28 + 0.14)]\text{m}^3 = 410\text{m}^3$$

$$V_{\text{挖}} = 400[(0.06 + 0.20 + 0.20)/4 + (0.08 + 0.14 + 0.24 + 0.02 + 0.20)/2 + 3 \times 0.36/4 + (0.08 + 0.16 + 0.10)]\text{m}^3 = 426\text{m}^3$$

在平整成具有一定坡度的地面中，如果零点位置选择不当，将影响土方的平衡，一般当填、挖方绝对值差超过填、挖方绝对值平均数的10%时，需重新调整设计高程，进行验算。

二、断面法

在地面起伏较大的地区，可用断面法在地形图上进行填挖土方量的估算，此法计算简便且能迅速取得填挖土方量。如图 14-4（a）所示，*ABCD* 为计划在山梁上平整场地的边线，其设计高程为 67m。

用断面法估算土方量时可分以下几步进行：

1. 选择计算的断面位置

根据 *ABCD* 场地边线内的地形图，每隔一定间距（图中为 10m），从左到右画出垂直于左右边线的等距平行线 1—1，2—2，…，9—9。

2. 绘制断面图

根据画出的平行线，分别绘出断面图。各平行线的起算高程均为67m，如图14-4（b）所示。

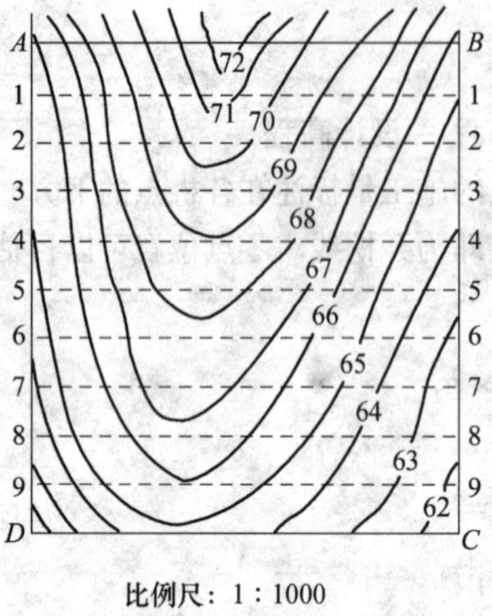

（a）

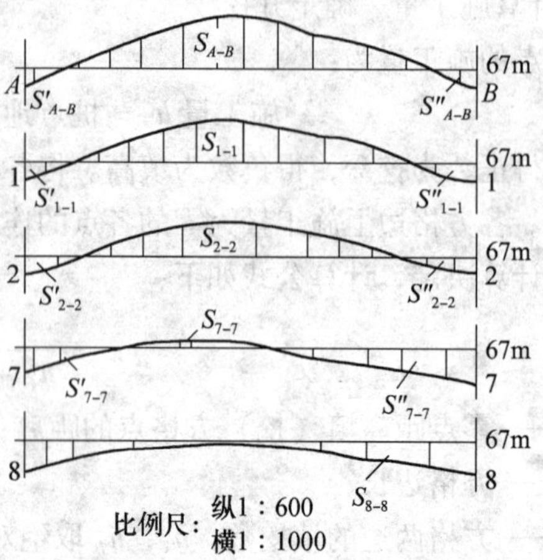

（b）

图14-4 断面法估算土方量

3. 计算每个断面的填挖面积

高于67m的地面与67m等高线所围成的面积为该断面处的挖土面积，低于67m的地面与67m等高线所围成的面积为该断面处的填土面积。

4. 计算土方量

土方的计算一般采用平均断面法，分别计算两相邻断面间的填、挖方量。

$$V_{A-1} = (S_{A-B} + S_{1-1})/2 \times L$$
$$V'_{A-1} = (S'_{A-B} + S'_{1-1})/2 \times L$$
$$V''_{A-1} = (S''_{A-B} + S''_{1-1})/2 \times L$$

式中 S——断面处挖方面积；

S'和S''——断面两边分别填方的面积；

L——两相邻横断面的间距。

用上述公式可计算每相邻两断面间的填、挖土方量，最后求出*ABCD*场地部分的总挖方量和填方量。

如果没有待平整区域的地形图，可以用仪器现场实测断面图。方法是在待平整的土地边缘或中间设置一条基线，在基线上按一定桩距设置桩号，用水准测量的方法测定其高程，在每个桩号上安置仪器，测出横断面方向上每个坡度变化点与桩号之间的水平距离和高差，最后绘出各个桩号的横断面图，计算方法同上。

第三节 园林建筑物定位

园林建筑物定位，就是将建筑物外廓的各轴线交点（简称角桩），测设到地面上，作为基础放样和主轴线放样的依据。根据现场定位条件的不同，可选择以下方法。

1. 利用“建筑红线”定位

在施工现场如果有规划管理机关设定的“建筑红线”，则可依据此“红线”与建筑物的位置关系进行测设。

如图 14-5 所示，在花店施工现场有规划管理部门设定的“建筑红线”AB，则可依据此“红线”与花店的位置关系进行测设，测设方法如下：

1）图上查取相应距离从平面图上，查得花店轴线 MP 上的 P 点与 A 点间的距离 AP、花店的长度 PQ。

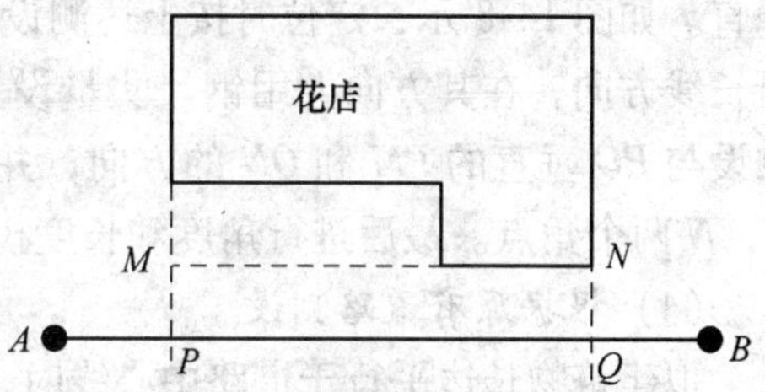

图 14-5　利用建筑红线定位

2）定基点 P，Q 在桩点 A 安置经纬仪，照准 B 点，在该方向上用钢尺量出 AP 和 AQ 的距离，定出 P，Q 两点。

3）放样花店将经纬仪分别安置在 P 和 Q 两点，以 AB 方向为起始方向精确测设 90°角，得出 PM 和 QN 两方向，并利用此两方向线用钢尺丈量出花店各放样点。

4）校核检查∠MPQ 和∠NQP 盘左盘右半测回角值之差应在 1′以内，距离丈量误差应在 1/2000 以内，精度符合，即在现场进行调整；否则，应重新测设。

2. 依据与原建筑物的关系定位

在规划设计过程中，如规划范围内保留有原建筑或道路，一般应在规划设计图上予以反映，并给出其与拟建新建筑物的位置关系，则可依据此关系进行测设，具体方法有以下几种。

（1）平行线法

此法适用于新旧建筑物长边平行的情况。如图 14-6 所示，先用细线绳沿着已有的建筑物的两端墙皮延长出相同的一段距离得 A，B 两点，分别在 A，B 两点安置经纬仪，以 AB 或 BA 为起始方向，测设出 90°角方向，在其方向上用钢尺丈量定出 M，M'和 N，N'4 个角的角点。对角度和长度进行检查，与设计值相比较，角度误差不超过 1′，长度误差不超过 1/2000。

（2）延长直线法

此法适用于新旧建筑物短边平行的情况。拟建筑物与已有建筑物在一条直线上。如图 14-7 所示，按上法用细线绳测设出 C'，D'两点，在 C'点安置经纬仪，延长直线 $C'D'$，在延长线方向上用钢尺丈量，定出 P'和 Q'两点；将经纬仪分别安置在 P'和 Q'两点上，以 $P'C'$和 $Q'C'$为起始方向，测设出 90°角方向线，并在该方向线上用钢尺丈量，定出拟建筑物 M，P 和 N，Q 4 个角点，最后校核角度和长度，精度同上。

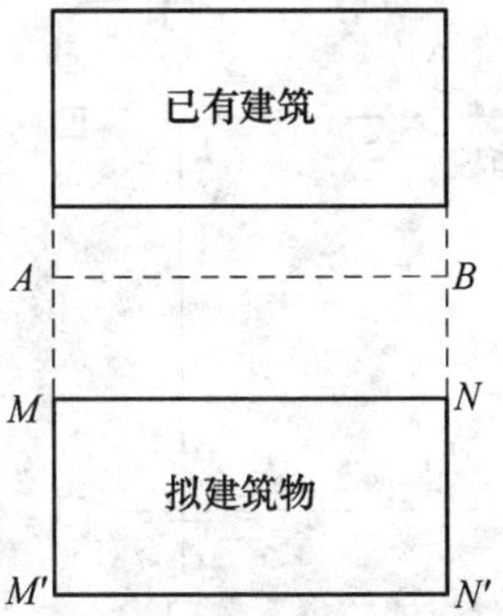

图 14-6　用原有建筑物平行线法定位

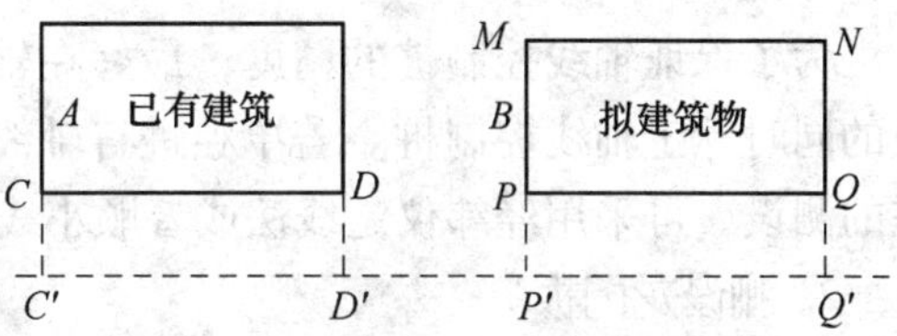

图 14-7　拟建筑物与已有建筑物在一条直线上

（3）直角坐标法

此法适用于新旧建筑物的长边与短边相互平行的情况。拟建筑物与已有建筑物长边互相垂直。如图 14-8 示，定位时按上述测设方法测设出 P'点；安置经纬仪于 P'点，测设 $P'P$ 的沿长线方向，在其方向上用钢尺丈量设置 P，Q 两个角点；分别在 P，Q 两点安置经纬仪，测设与 PQ 垂直的 PM 和 QN 的方向，并在其方向线上用钢尺丈量 PM 和 QN 的长度，即得 M，N 两个角点。最后进行角度和长度校核。

（4）根据原有道路测设

拟建筑物长边平行于道路中心线时多用此法。如图 14-9 所示，首先按上面介绍过的方法定出路中心线 A，B 两点，分别在 A，B 点上安置经纬仪，以 AB 和 BA 为起始方向，测设出 90°角方向，再在其方向线上用钢尺丈量，定出拟建筑物 4 个角点 C，E 和 D，F，并按上述介绍的方法进行角度和长度校核。

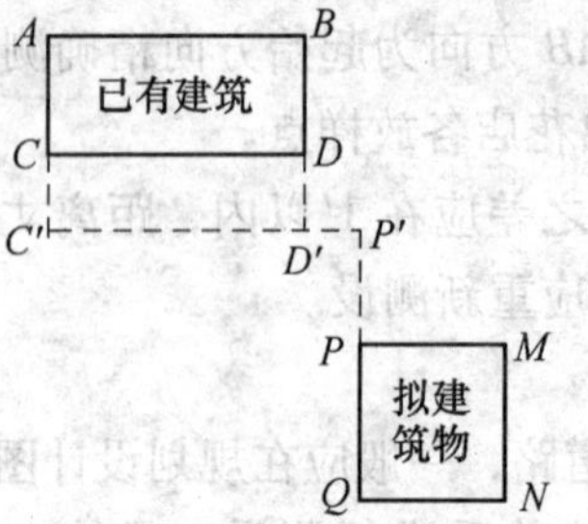

图 14-8　与已有建筑物长边互相垂直

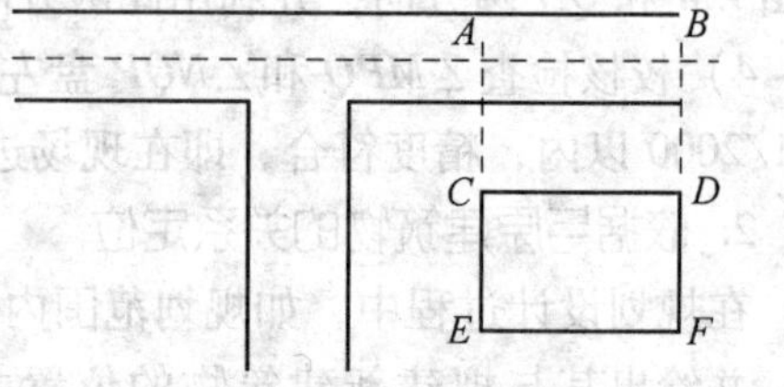

图 14-9　拟建筑物长边平行道路中心线

第四节　园林建筑主轴线测设

在建筑物定位之后，定位出的外轮廓轴线即为建筑物的细部测设提供了平面控制的基础。外轮廓轴线确定后，可以通过距离的测设定位建筑物内部轴线与外轮廓轴线的交点，并桩钉，称为边桩；进而，可以详细测设建筑物内部各轴线交点的位置，并桩钉，称为中心桩。再根据各桩点的位置和基础设计平面图标注的尺寸确定基槽开挖边界线。

在基槽开挖的过程中，各轴线的桩点将被破坏。所以，为了方便地恢复各轴线的位置，一般都把轴线延长到安全地点，并做好标志。延长轴线的方法有两种：轴线控制桩法和龙门板法。由于控制桩和龙门板是进行施工放样的控制基础，因此必须进行验桩。

1. 测设轴线控制桩

如图 14-10 所示，轴线控制桩又称为引桩或保险桩，一般设置在基槽边线外 2～3m，不受施工干扰而又便于引测的地方。当现场条件许可时，也可以在轴线延长线两端的固定建筑物上直接作标记。

为了保证轴线控制桩的精度，最好在轴线测设的同时标定轴线控制桩。若单独进行轴线控制桩的测设，可采用经纬仪定线法或者顺小线法。

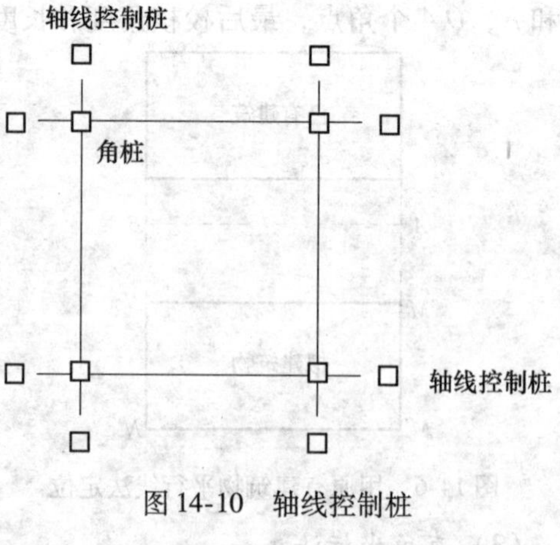

图 14-10　轴线控制桩

2. 测设龙门板

如图 14-11 所示，在园林建筑的施工测量中，为了便于恢复轴线和抄平（即确定某一标高的平面），可在基槽外一定距离钉设龙门板。

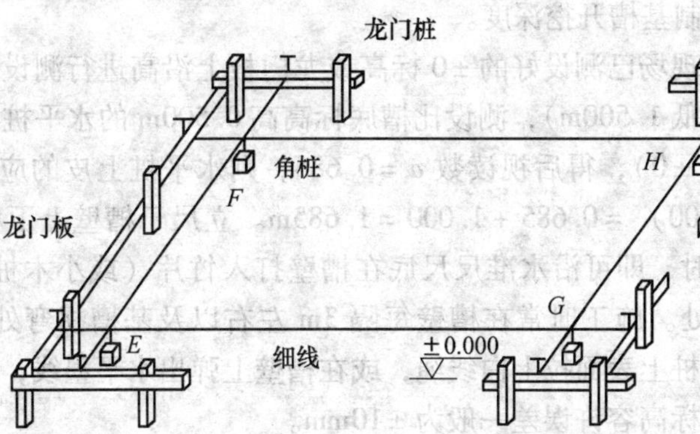

图14-11 龙门桩与龙门板

钉设龙门板的步骤如下：

(1) 钉龙门桩

在基槽开挖线外1.0~1.5m处（应根据土质情况和挖槽深度等确定）钉设龙门桩，龙门桩要钉得竖直、牢固，木桩外侧面与基槽平行。

(2) 测设±0标高线

根据建筑场地水准点，用水准仪在龙门桩上测设出建筑物±0标高线，若其现场条件不允许，也可测设比±0稍高或稍低的某一整分米数的标高线，并标明之。龙门桩标高测设的误差一般应不超过±5mm。

(3) 钉龙门板

沿龙门桩上±0标高线钉龙门板，使龙门板上沿与龙门桩上的±0标高对齐。钉完后应对龙门板上沿的标高进行检查，常用的检核方法有仪高法、测设已知高程法等。

(4) 设置轴线钉

采用经纬仪定线法或顺小线法，将轴线投测到龙门板上沿，并用小钉标定，该小钉称为轴线钉。投测点的容许误差为±5mm。

(5) 检测

用钢尺沿龙门板上沿检查轴线钉间的间距，是否符合要求。一般要求轴线间距检测值与设计值的相对精度为1/2000~1/5000。

(6) 设置施工标志

以轴线钉为准，将墙边线、基础边线与基槽开挖边线等标定于龙门板上沿。然后根据基槽开挖边线拉线，用石灰在地面上撒出开挖边线。

龙门板的优点是标志明显，使用方便，可以控制±0标高，控制轴线以及墙、基础与基槽的宽度等，但其耗费的木材较多，占用场地且有时有碍施工，尤其是采用机械挖槽时常常遭到破坏，所以，目前在施工测设中，较多地采用轴线控制桩。

第五节 基础施工测量

1. 基槽（或基坑）开挖的抄平放线

施工中基槽是根据所设计的基槽边线（灰线）进行开挖的，当挖土快到槽底设计标高时，应在基槽壁上测设离基槽底设计标高为某一整数（如0.500m）的水平桩（又称腰桩），如图 14-12 所示，用以控制基槽开挖深度。

基槽内水平桩常根据现场已测设好的 ±0 标高或龙门板上沿高进行测设。例如，槽底标高为 -1.500m（即比 ±0 低 1.500m），测设比槽底标高高 0.500m 的水平桩。将后视水准尺置于龙门板上沿（标高为 ±0），得后视读数 $a=0.685$，则水平桩上皮的应有前视读数 $b=\pm0+a-(-1.500+0.500)=0.685+1.000=1.685$m。立尺于槽壁上下移动，当水准仪视线中丝读数为 1.685m 时，即可沿水准尺尺底在槽壁打入竹片（或小木桩），槽底就在距此水平桩上沿往下 0.5m 处。施工时常在槽壁每隔 3m 左右以及基槽拐弯处测设一水平桩，有时还根据需要，沿水平桩上表面拉上白线绳，或在槽壁上弹出水平墨线，作为清理槽底抄平时的标高依据。水平桩标高容许误差一般为 ±10mm。

当基槽挖到设计高度后，应检核槽底宽度。如图 14-13 所示，根据轴线钉，采用顺小线悬挂垂球的方法将轴线引测至槽底，按轴线检查两侧挖方宽度是否符合槽底设计宽度 a、b。当挖方尺寸小于 a 或 b 时，应予以修整。此时可在槽壁钉木桩，使桩顶对齐槽底应挖边线，然后再按桩顶进行修边清底。

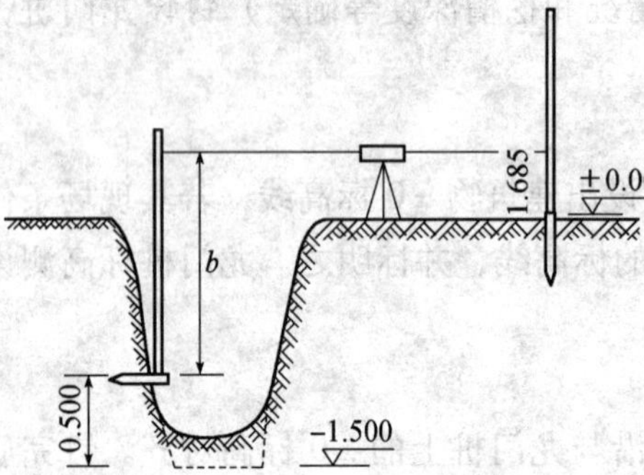

图 14-12　设置水平桩

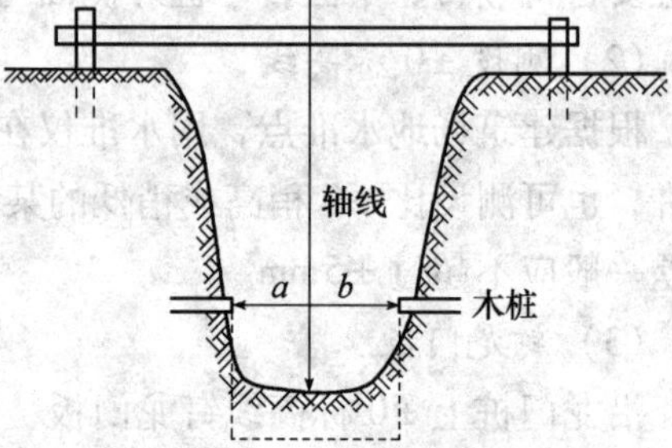

图 14-13　检核槽底宽度

2. 基础施工的抄平放线

（1）控制垫层施工标高

基槽挖土完成后，在槽底敷设垫层。垫层标高的控制可以采用水平线控制法，即沿基槽水平桩上表面，在槽壁弹出一条水平墨线，该线既用作清理槽底又作为控制垫层标高的依据；也可以采用槽底桩顶控制法，即采用测设已知高程方法，用水准仪抄平，在槽底设置小木桩，使桩顶高程等于垫层顶面的设计标高，通常小木桩间距为 3m 左右。此外，还可根据 ±0 水准点，如龙门板上沿标高，直接控制基础垫层标高。若垫层需要支模，则可采用测设已知高程的方法，直接在模板上标定标高控制线。

（2）基础放线

1）测设外部轮廓轴线

当垫层施工结束后，根据轴线控制桩或龙门板上的轴线钉，将外部轮廓轴线投测到垫层上。投测时，可采用经纬仪定线法或用顺小线悬挂垂球，如图 10-17 所示。

2）测设内部轴线

按设计图纸上所标注的尺寸，沿已弹出的外部轮廓轴线测设水平距离，标定各轴线的交点，再沿内部轴线的两个端点在垫层上弹出墨线，标定各内部轴线。

3）测设基础边线

按设计图纸中基础边线的宽度，由内部轴线向两侧测设设计距离标定基础边界点，并沿相应边界点弹墨线，从而在垫层上标定基础边线。若采用龙门板，也可以直接按龙门板上的基础边线标志弹线。在弹基础边线时，同时也把墙砖垛、管道穿墙孔洞位置弹出，以便施工。基础砌砖线的一角如图 14-14 所示。

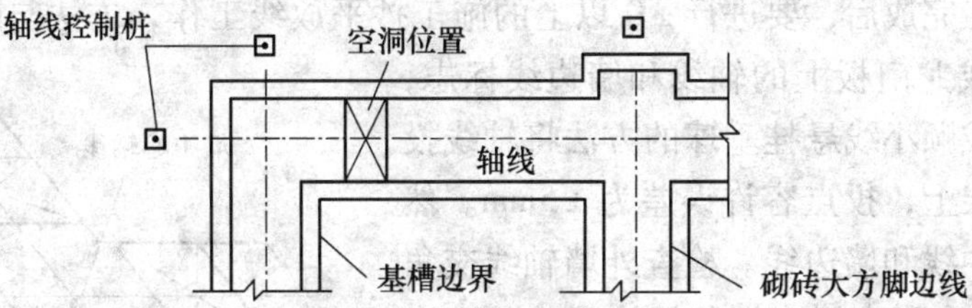

图 14-14　基础砌砖线一角

因为基础放线是整个墙体施工的基础，所以保证基础放线的正确性非常重要，要认真检核，杜绝差错。

3. 基础墙标高控制

在垫层上弹出轴线和基础边线后，便可砌筑基础墙（±0 以下的墙体）。基础墙的高度是利用基础皮数杆来控制的。基础皮数杆是一根木杆，如图 14-15（a）所示，其上标明了 ±0 的高度，并按照设计尺寸，画有每皮砖和灰缝厚度，以及防潮层的位置与需要预留洞口的标高位置等。立皮数杆时，先在立杆处打一木桩，按测设已知高程的方法用水准仪抄平，在桩的侧面抄出高于垫层某一数值（如 10cm）的水平线。然后，将皮数杆上高度与其相同的一条线与木桩上的水平线对齐并用大铁钉把皮数杆与木桩钉在一起，作为砌墙时控制标高的依据。

当基础墙砌到 ±0 标高下一皮砖时，要测设防潮层标高［图 14-15（b）］，容许误差为 ≤ ±5mm。有的防潮层是在基础墙上抹一层防水砂浆，也作为墙身砌筑前的抹平层。为使防潮层顶面高程与设计标高一致，可以在基础墙上相间 10m 左右及拐角处做防水砂浆灰墩，按测设已知高程的方法用水准仪抄平灰墩表面，使灰墩上表面标高与防潮层设计高程相等，然后，再由施工人员根据灰墩的标高进行防潮层的抹灰找平。

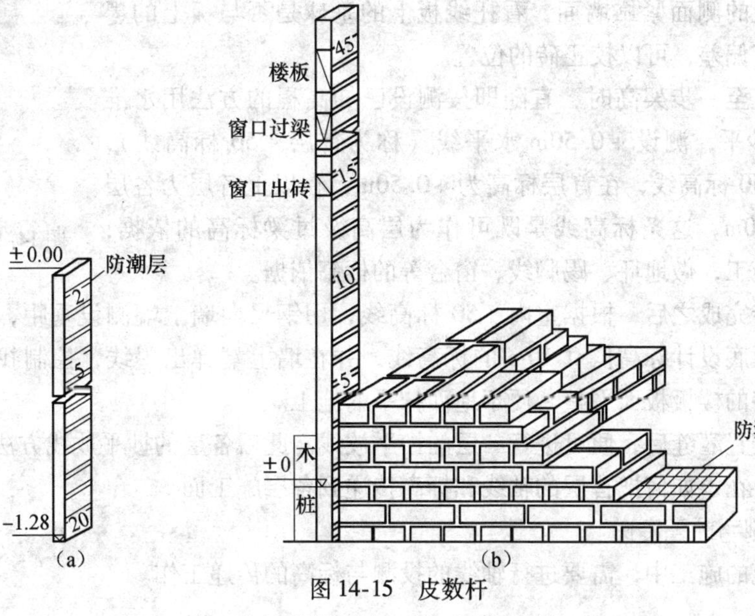

图 14-15　皮数杆

（a）基础皮数杆；（b）墙身皮数杆

第六节　墙体施工测量

1. 墙体定位

在基础层施工完成后，要进行 ±0 以上的施工抄平放线工作，方法与基础施工时类似。利用轴线控制桩或龙门板上的轴线和墙边线标志，用经纬仪定线法或顺小线悬挂垂球的方法将轴线投测到基础面防潮层上，投点容许误差为 ±5mm。然后用墨线弹出墙中线和墙边线。检查外墙轴线交角是否等于 90°，符合要求后，把墙轴线延伸并画在基础墙的立面上，同时用红三角形将其标定，如图 14-16 所示，作为向上投测轴线的依据。此外，也把门、窗和其他洞口的边线在外墙基础立面上画出。

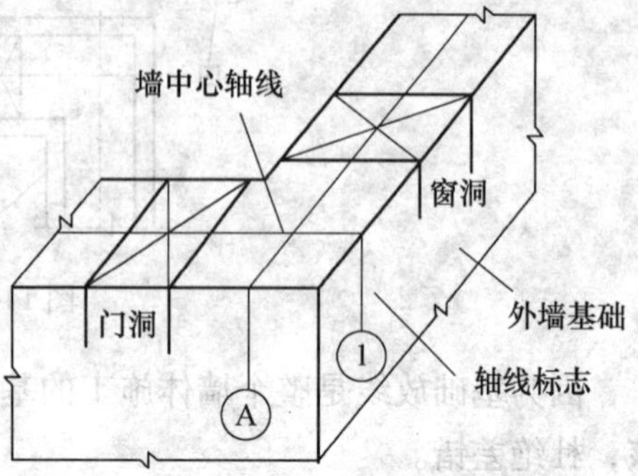

图 14-16　砌筑过程中轮廓轴线放线

2. 墙体标高控制

在砌墙体时，先在基础上根据控制桩或龙门板上的轴线弹出墙的边线和门洞的位置，并在建筑物的转角和墙边每隔 10～15m 树立一根皮数杆［图 14-15（b）］，采用里脚手架时立在墙外侧，采用外脚手架时立在内侧，为使皮数杆稳定，可加钉斜撑。立墙身皮数杆的方法与基础皮数杆类似，先在立杆处打一木桩；使墙身皮数杆与木桩上 ±0 标高线对齐、钉牢即可。用水准仪在木桩上测设 ±0 标高线的容许误差为 ±3mm。

当墙的边线在基础上弹出后，就可以根据墙的边线和皮数杆砌墙。在皮数杆上每一层砖和灰缝的厚度都已标出，并且在皮数杆上还画出了门、窗及梁板面等的位置和标高，因此在砌墙时门、窗和楼板面等的标高，都是用皮数杆来控制的。

当墙砌到窗台时，应在外墙面上根据房屋的轴线量出窗的位置，以便砌墙时预留窗洞的位置。墙的竖直用托线板进行校正，如图 14-17 所示。把托线板的侧面紧靠墙面，看托线板上的垂球是否与板上的墨线对准，如果有偏差，可以校正砖的位置。

图 14-17　托线板

当砖墙砌筑至一步架高时，宜随即按测设已知高程的方法用水准仪在墙内进行抄平，测设 +0.50m 水平线（称为首层 +50 标高线），并弹出墨线。+50 标高线，在首层标高为 +0.50m，在以上各层为各层设计标高加 0.50m，这条标高线是既可作为层高及过梁标高的依据，也是室内装饰施工，做地坪、踢脚线、窗台等的标高依据。

在一层砌砖完成之后，根据室内 +50 标高线，用钢尺向墙上端测设垂距，通常是测设出比搁置楼板板底设计标高低 0.10m 的标高线，并在墙上端弹出墨线，控制找平层顶面标高，以保证吊装的楼板板面平整，便于地面抹平的施工。

首层楼板搁置灌缝后，便可进行二层的抄平放线。此后各层的抄平放线方法都与首层类似，其差异主要在于如何把首层的轴线和标高传递到各层施工面。

3. 轴线投测与标高传递

在多层建筑的施工中，需要进行轴线的投测与标高的传递工作。

（1）轴线投测

轴线投测是指将首层轴线沿竖直方向投影到二层及二层以上楼层的地坪上，从而建立该层面轴线控制的测设工作。通常，用吊锤法和经纬仪正倒镜取中法投测轴线。

吊锤法是用悬挂垂球的铅垂线传递轴线。在楼板或柱顶边缘悬挂垂球，当垂球尖对准基础墙立面上的红色三角形轴线标志（图 14-16）时，按铅垂线在施工面标定轴线端的投影位置。同样标定轴线另一端的投影位置，将两投影点相连，即得到定位轴线。

如图 14-18 所示，在轴线控制桩或轴线钉上安置经纬仪，正镜，以基础墙立面上的轴线标志定向，抬升望远镜物镜端，沿经纬仪视准轴方向在施工面上标定一点；倒镜，再标定一点，取这两点的中点作为轴线端的投影位置。同样标定轴线另一端的投影位置，将两投影点相连，即得到定位轴线。

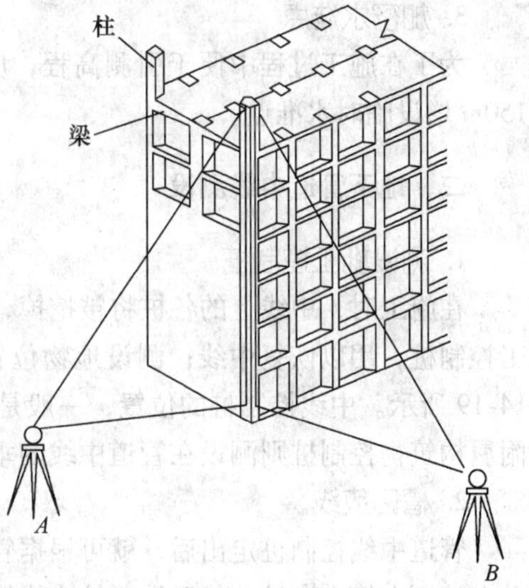

图 14-18　经纬仪正倒镜取中法

当把轴线投测到楼板上后，应用钢尺实测其间距离，丈量值与设计值之相对精度不应低于 1/2000 ~ 1/5000，合格后方可在楼板上进行弹线。

为了保证投点精度，投测前应仔细地检校经纬仪，尤其应使照准部水准管垂直于竖轴；投测时应仔细地安置仪器，严格整平。同时，应设法减少竖直角，仪器与建筑物之间的距离应大于建筑物的高度。当用全站仪进行投测时，可使用电子气泡来进行整平，对于要求垂直精度特别高（如≤1/10000）的工程，可使用水准仪来进行轴线投测。

（2）标高传递

标高传递是指将建筑物的相对高程系统传递到不同的工作面上。常用的楼层标高传递有两种：

1）皮数杆法。即每层砌好后，以首层皮数杆起，逐层向上衔接。

2）钢尺直接测设法。即通过悬吊钢尺，沿墙角自 ±0 标高线起用检定过的钢尺直接向上测设，把高程传递上去。

第七节　地下管道施工测量

公园地下管道工程主要包括给水、排水、热力及煤气管道等。为了合理地敷设各种管道，首先进行规划设计，确定管道中线的位置并给出定位的数据，即管道的起点、转向点及终点的坐标、高程。然后将图纸上所设计的中线测设于实地，作为施工的依据。管道施工测量的主要任务，是根据工程进度的要求向施工人员随时提供中线方向和标高位置。

一、准备工作

1. 熟悉图纸和现场情况

施工前要收集管道测设所需要的管道平面图、断面图、附属构筑物图以及有关资料，熟悉和核对设计图纸，了解精度要求和工程进度安排等，还要深入施工现场，熟悉地形，找出各桩点的位置。

2. 校核中线

若设计阶段地面上标定的中线位置就是施工时所需要的中线位置，且各桩点完好，则仅需校核一次，不重新测设。若有部分桩点丢损或施工的中线位置有所变动，则应根据设计资料重新恢复旧点或按改线资料测设新点。

3. 加密水准点

为了在施工过程中便于引测高程，应根据设计阶段布设的水准点，于沿线附近每隔约150m 增设临时水准点。

二、地下管道中线测设

1. 测设施工控制桩

在施工时，中线上的各桩将被挖掉，应在不受施工干扰、便于引测和保存点位处测设施工控制桩，用以恢复中线；测设地物位置控制桩，用以恢复管道附属构筑物的位置，如图14-19 所示。中线控制桩的位置，一般是测设在管道起止点及各转点处中心线的延长线上，附属构筑物控制桩则测设在管道中线的垂直线上。

2. 槽口放线

管道中线控制桩定出后，就可根据管径大小、埋设深度以及土质情况，决定开槽宽度，并在地面上钉上边桩，然后沿开挖边线撒出灰线，作为开挖的界限。如图 14-20 所示，若横断面上坡度比较平缓，开挖宽度可用下列公式计算：

$$B = b + 2mh$$

式中 b——槽底宽度；

h——中线上的挖土深度；

m——管槽放坡系数。

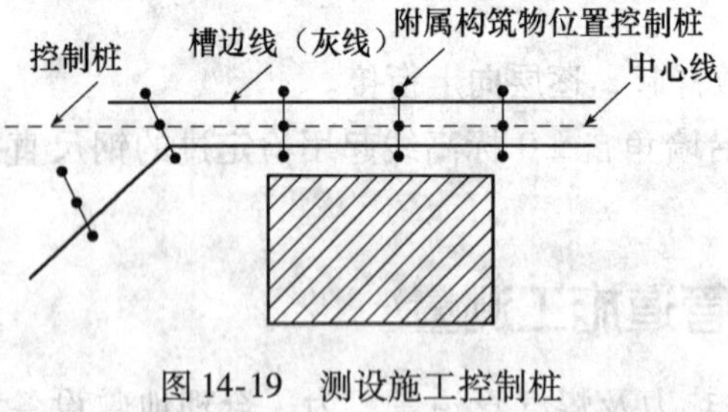

图 14-19　测设施工控制桩

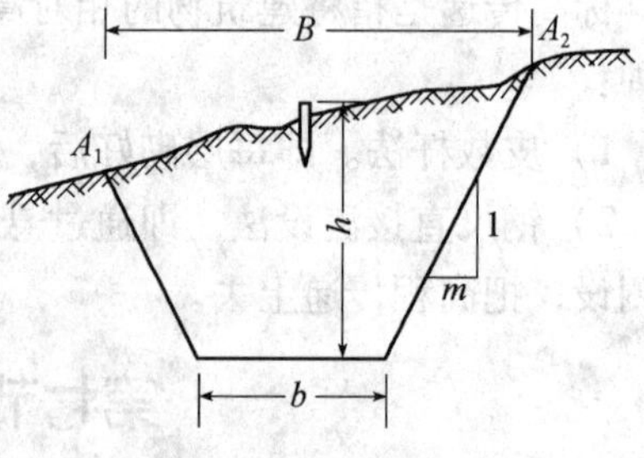

图 14-20　槽口放线

三、地下管道施工测量

管道的埋设要按照设计的管道路中线和坡度进行，因此施工中应设置施工测量标志，以使管道埋设符合设计要求。

1. 龙门板法

龙门板由坡度板和高程板组成，如图 14-21 所示。沿中线每隔 10 ~ 20m 以及检查井处应设置龙门板。中线测设时，根据中线控制桩，用经纬仪将管道中线投测到坡度板上，并钉小钉标定其位置，此钉叫中线钉。各龙门板中线钉的连线标明了管道的中线方向，在连线上挂垂球，可将中线投测到管槽内，以控制管道中线。

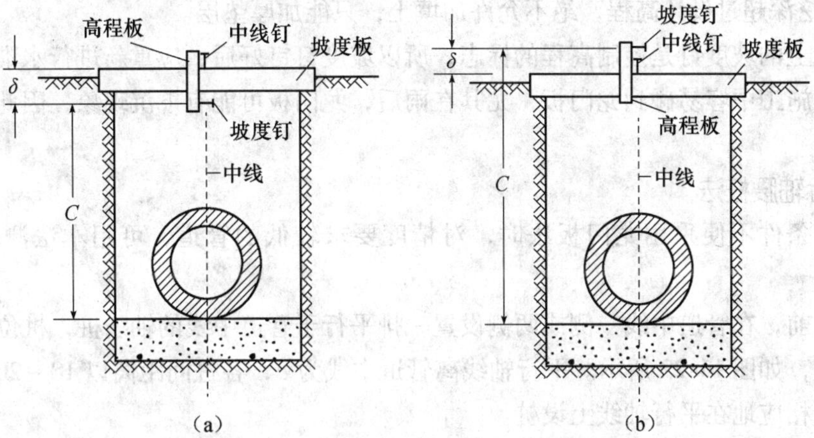

图 14-21　龙门板

（a）调整数为负；（b）调整数为正

为了控制管槽开挖深度，应根据附近的水准点，用水准仪测出各坡度板顶的高程。根据管道设计坡度，计算出该处管道的设计高程，则坡度板顶与管道设计高程之差，就是从坡度板顶向下开挖的深度，通称下反数。下反数往往不是一个整数，并且各坡度板的下反数都不一致，施工、检查都很不方便，因此，为使下反数成为一个整数 C，必须计算出每一坡度板顶向上或向下量的调整数 δ，如图 14-21 所示，计算公式为：

$$\delta = C - (H_{顶} - H_{底})$$

式中　$H_{顶}$——坡度板顶的高程；

$H_{底}$——龙门板处管底或垫层底高程；

C——坡度钉至管底或垫层底的距离，即下反数；

δ——调整数。

根据上式计算出各龙门板的调整数，进而确定坡度钉在高程板上的位置。若调整数为负，表示自坡度板顶往下量 δ 值，并在高程板上钉上坡度钉，如图 14-21（a）所示；若调整数为正，表示自坡度板顶往上量 δ 值，并在高程板上钉上坡度钉，如图 14-21（b）所示。

坡度钉定位之后，根据下反数及时测出开挖深度是否满足设计要求，是检查欠挖或避免超挖的最简便方法。

测设坡度钉时，应注意以下几点：

1）坡度钉是施工中掌握高程的基本标志，必须准确可靠。为了防止误差超过限值或发生差错，应该经常校测，在重要工序施工（如浇混凝土基础、稳管等）之前和雨雪天之后，一定要做好校核工作，保证高程的准确。

2）在测设坡度钉时，除校核本段外，还应联测已建成管道或已测设好的坡度钉，以防止因测量误差造成各段无法衔接的事故。

3）在地面起伏较大的地方，常需分段选取合适的下反数，在变换下反数处，一定要特别注明，正确引测，避免错误。

4）为了便于施工中掌握高程，每块龙门板上都应写上有关高程和下反数，供随时取用。

5）如挖深超过设计高程，绝不允许加填土，只能加厚垫层。

高程板上的坡度钉是控制高程的标志，所以坡度钉钉好后，应重新进行水准测量，检查是否有误。施工中容易碰到龙门板，尤其在雨后，龙门板可能有下沉现象，因此还要定期进行检查。

2. 平行轴腰桩法

当现场条件不便采用龙门板法时，对精度要求较低的管道，可用本法测设施工控制标志。

开工之前，在管道中线一侧或两侧设置一排平行于管道中线的轴线桩，桩位应落在开挖槽边线以外，如图 14-22 所示。平行轴线离管道中线为 a，各桩间距离以 10～20m 为宜，各检查井位也相应地在平行轴线上设桩。

为了控制管底高程和中线，在槽沟坡上（距槽底约 1m）打一排与平行轴线桩相对应的桩，这排桩称为腰桩，如图 14-23 所示。在腰桩上钉一小钉，并用水准仪测出各腰桩上小钉的高程，小钉高程与该处管底设计高程之差 h，即为下反数。施工时只需用水准尺量取小钉到槽底的距离，与下反数比较，便可检查是否挖到管底设计高程。

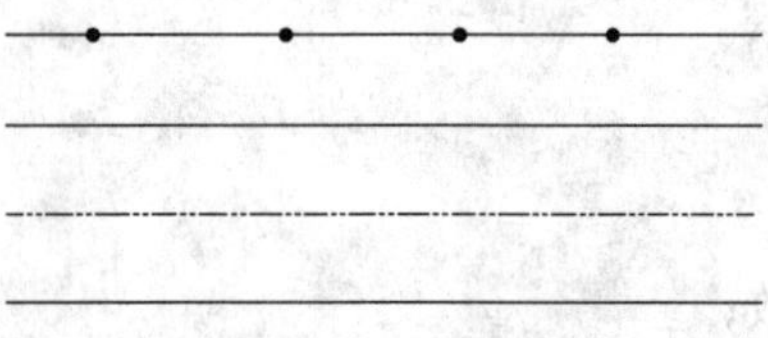

图 14-22　轴线桩

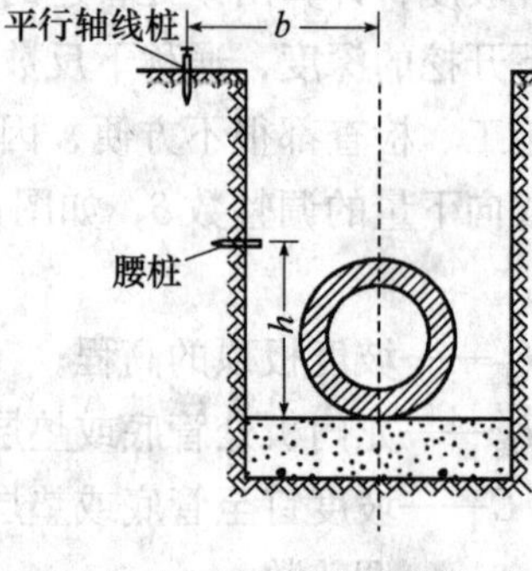

图 14-23　平行轴腰桩法

腰桩法施工和测量都比较麻烦，且各腰桩的下反数不一，容易出错。为此，先选定到管底的下反数为某一整数，并计算出各腰桩的高程。然后再测设出各腰桩，并用小钉标明其位置，此时各桩小钉的连线与设计坡度平行，并且小钉的高程与管底设计高程之差为一常数。

第八节　纵断面测量及绘制

1. 纵断面测量

纵断面测量的主要任务，是根据水准点高程测定中线上各里程桩和加桩处的地面高程，然后根据测得的高程和相应里程桩号绘制纵断面图。纵断面图表示道路中线上地面的高低起伏和坡度陡缓情况，是道路设计中确定道路挖填、坡度和计算土方量的主要依据。

纵断面水准测量和一般水准测量方法基本相同。从起点附近的水准点出发，沿中线上的里程桩和加桩逐一立水准尺，测得这些点的水准读数，前视读数记录在中间视栏内，转点前最后一个桩上读数记录在前视栏内。此桩起到传递高程的作用，见表 14-1。

纵断面水准测量的记录与普通水准测量记录方法相同，经过平差计算得到各桩号的高程，为横断面水准测量作准备。

表 14-1　纵断面水准测量记录表

测点	后视读数/m	视线高/m	前视读数/m		高程/m	备注
			转点	中间点		
水准点 1	1.050	41.052			40.002	$H_1=40.002$m
0+000	1.001	40.728	1.325		39.727	
0+050				0.99	39.738	
0+060				0.96	39.768	
0+100	0.920	41.102	0.546		40.182	
0+150				0.44	40.662	
0+200				1.05	40.052	
0+250				1.07	40.032	
0+300	0.905	40.887	1.120		39.982	
0+350				0.99	39.897	
0+400				1.09	39.797	
0+450				1.18	39.707	
0+500	0.674	4.0305	1.256		39.631	
水准点 2			0.758		39.547	$H_2=39.559$m

2. 纵断面图的绘制

根据纵断面的测量结果，以中线距离为水平轴，以高程为纵轴，画出纵断面图。纵断面图应包括地面高程线、渠顶线、渠底线等。画图时，水平方向和竖直方向可以采用不同的比例尺，一般高程的比例尺比较大，能增加直观感，如图 14-24 所示。

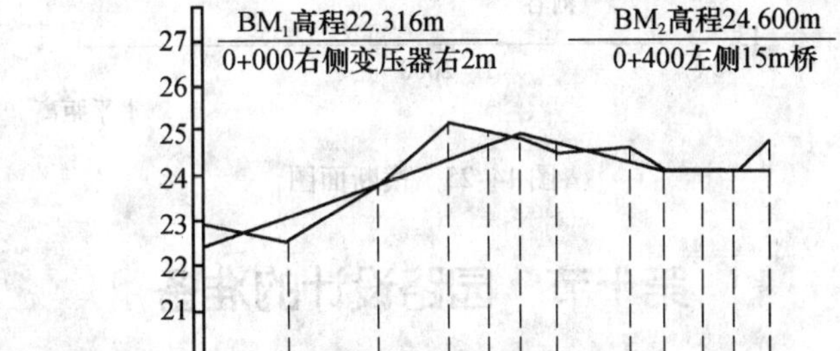

图 14-24　纵断面图

第九节　横断面测量及绘制

1. 横断面测量

横断面测量的任务是测量与道路中心线上各个里程桩和加桩垂直方向上地面的高程变化情况。具体方法是：在中心线附近安置水准仪，后视较近的里程桩或加桩的水准尺，得到视线高程；在与中心线垂直方向线上的高程变化处立水准尺，读出这些点上水准尺读数，用视线高减去这些点上水准尺读数即得高程。

表 14-2　横断面测量记录

前视读数（左侧） 水平距离	后视读数 水平距离	（右侧）前视读数 水平距离
$\frac{2.25}{24}$ $\frac{1.69}{15.8}$ $\frac{1.45}{12.9}$ $\frac{1.50}{9.9}$ $\frac{1.53}{7.2}$	$\frac{1.75}{0+050}$	$\frac{1.01}{24}$ $\frac{0.56}{15.8}$

注：表中记录的“左”“右”表示该点在中心线前进方向的左或右，其后的数字表示该点距中心线的距离。

2. 横断面图的绘制

横断面图是根据横断面测量成果绘制而成的（图 14-25）。绘图时，以中线地面高程为准，以水平距离为横坐标，以高程为纵坐标，将地面特征点绘在毫米方格纸上，依次连接各点即成横断面的地面线。

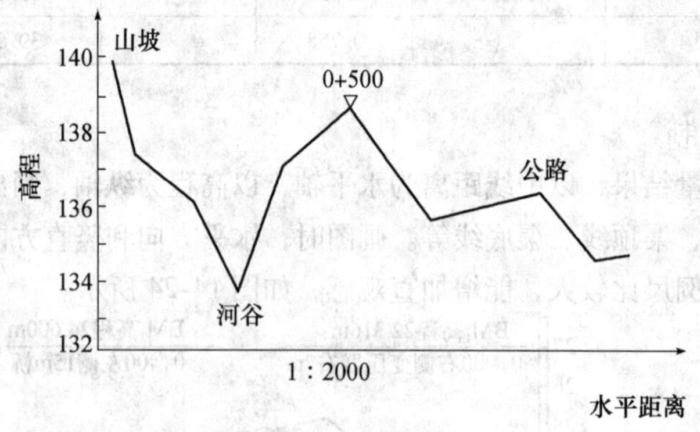

图 14-25　横断面图

第十节　园路设计的准备

1. 实地勘察

熟悉设计场地及周围的情况，对园路的客观环境进行全面的认识。勘察时应注意以下的几点：

1）了解拟测线路现场的地形地貌情况，并核对图纸。

2）了解拟测线路土壤、地质情况、地下水位、地表积水情况，原因及范围。

3）了解拟测线路内原有建筑物、道路、河池及植物种植的情况，要特别注意保护大树和名贵树木。

4）了解地下管线（包括煤气、供电缆、电话、给排水等）的分布情况。

5）了解园外道路的宽度及公园出入口处园外道路的标高。

2. 涉及的有关资料

1）公园的原地形图，比例尺 1∶500、1∶1000、1∶2000 等。

2）公园设计图，包括地形设计（即竖向设计）、建筑、道路规划、种植设计等图纸和说明书。图纸比例为 1∶500 或 1∶1000。要明确各段园路的性质、交通量、荷载要求和园景特色。

3）搜集水文地质的勘测资料及现场勘察的补充资料。

第十一节　园路中线测设

园路中线（或称中桩）测设就是把园路中线测量时设置的各桩号，如交点桩（或转点桩）、直线桩、曲线桩（主要是圆曲线的主点桩）的位置在实地上重新测设出来。在进行测设时，首先在实地找到各交点桩位置，若部分桩点已丢失，可根据园路测量时的数据用极坐标法或其他方法把丢失的桩点在实地上重新恢复起来。在进行测设时，圆曲线主点桩的位置可根据交点桩的位置和切线长 T、外距 E 等曲线元素进行测设；直线段上的桩号根据交点桩的位置和桩距用钢尺（或皮尺）丈量测设出来。

第十二节　园路路基测设

路基施工前必须在每个里程桩和加桩上进行线路横断面的测设工作，即把设计的边坡线和原地面的交点在地面上用木桩标定出来，称为路基放样。

路基测设也就是把图纸上设计好的路基横断面在实地构成轮廓，作为填土或挖土依据。分为路堑测设和路堤测设。

1. 路堑测设

路的横断面为挖土平整而成的称为路堑，分为全挖土路面［图 14-26（a）、（b）断面］和半填半挖路面［图 14-26（c）断面］。

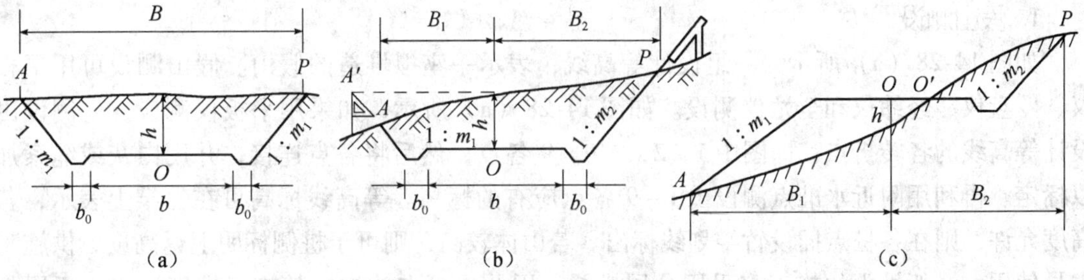

图 14-26　路堑测设示意图

（1）平坦地面上路堑测设

如图 14-26（a）所示，在图上量出 $B/2$ 长度，然后在实地从中心桩向左右两边垂直方向量取 $B/2$ 长度，定出开挖边桩 A，P 两点，并在桩上标出挖深数。

（2）斜坡上路堑测设

如图 14-26（b），（c）所示，先在图上量取 B_1，B_2 长度，再在实地坡上定出两边桩 A，P 的实地位置。为了施工方便，可以制作坡度板，作为边坡施工时的依据，并在两边桩上注明填挖数。

对于半填半挖的路基，如图 14-26（c）所示。除按上述方法测设坡脚 A 和坡顶 P 桩，并注明填挖数外，一般要测出施工量为零的点 O'，对于填土较多断面，应架设施工坡架，以方便施工。

对于挖方路基，在相邻边桩的连线上撒石灰即得开挖边线。

2. 路堤测设

由填土而成的道路横断面称为路堤。路堤放样也分平坦地面和倾斜地面两种。

（1）平坦地面路堤测设

如图 14-27（a）所示，从中心桩向左、右各量 $B/2$ 长度，钉设 A，P 坡脚桩，在距离中心桩左、右两边 $b/2$ 宽处竖立竹竿，并在竿上量出填土高度 h，得坡顶桩 C，D，然后用细绳将 A，C，D，P 连接起来，即得路堤断面轮廓。施工中可在断面坡脚连线上撒白灰作为填方的边界线。

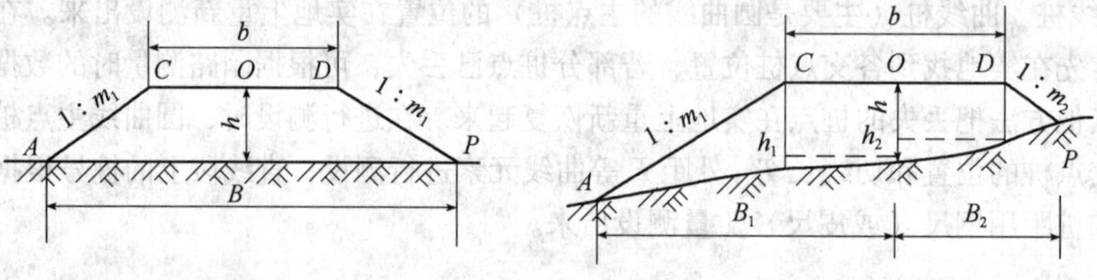

图 14-27　路堤测设示意图

（2）倾斜地面路堤测设

如图 14-27（b）所示，先在设计图上量取 B_1，B_2 的距离，在实地上测设出坡脚桩 A，P，再按上述方法测设出坡顶桩 C，D 即可。

若路基位于弯道上应把有加宽和加高的数值测设进去。

第十三节　堆山与挖湖测设

1. 假山测设

如图 14-28（a）所示为一组设计等高线，表示一座拟堆造的假山。假山测设可用平板仪、罗盘仪、经纬仪和全站仪测设。如图 14-28（a）所示，如果用平板仪测设，先测设出设计等高线的各转折点，即图中 1，2，3…，9 各点，然后将各点连接，并用白灰或绳索加以标定。再利用附近水准点测设出 1 ~9 各点应有的标高。等高线标高可在竹竿上表示，若高度允许，则在各桩点插设竹竿划线标出。若山体较高，则可于桩侧标明上返高度，供施工人员使用。一般堆山的施工多采用分层堆叠，因此也可在放样中随施工进度测设，逐层打桩。图中心点 10 为山顶，其位置和标高也应同法测出。

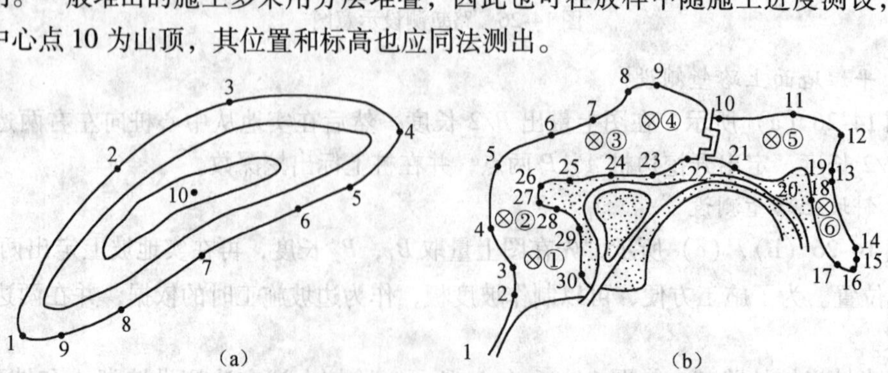

图 14-28　堆山与挖湖放样示意图

如果用机械堆土，只要标出堆山的边界线，司机参考堆山设计模型，就可堆土，等堆到一定高度以后，用水准仪检查标高，不符合设计的地方，用人工加以修整，使之达到设计要求。

2. 人工湖的测设

挖湖或其他公园水体的测设与堆山的测设基本相似。首先把水体周界的转折点测设到地面上，如图 14-29（b）所示的 1，2，3…，30 各点；然后在水体内设定若干点位，打上木桩。根据设计的水体基底标高在桩上进行测设，划线标明开挖深度。如图 14-29（b）所示的①，②，③，④，⑤，⑥等点即为此类桩点。在施工中，各桩点不要破坏，可留出土台，待水体开挖接近完成时，再将此土台挖掉。

水体的边坡坡度，可按设计坡度制成边坡样板置于边坡各处，以控制和检查各边坡坡度。

如果用推土机施工，定出湖边线和边坡样板就可动工，开挖快到设计深度时，用水准仪检查挖深，然后继续开挖，直至达到设计深度。

第十四节　园林植物种植测设

在实施园林植物种植前，需要对园林树木种植进行定点放线。放线时应选定一些点或线作为依据，例如设计图上的建筑物、构筑物、道路或地面上的导线点等，然后将种植设计图上的园林植物的种植位置在地面用木桩或白灰线标定出来，作为种植的依据。园林植物的种植形式一般分为孤植型、丛植型、行植型和片植型四种。根据其种植形式的不同，结合施工现场情况，可灵活运用前面所学的点位测设的方法，用不同的仪器和工具进行定点放线。

1. 孤植型

孤植树即单株，它们每株树的中心位置在图纸上都有明确的表示。其种植位置的测设方法视现场情况可用距离交会法、支距法或极坐标法等。点位定位后打下木桩做好标记，并在桩上写明植物名称及其大小规格等，标出它的挖穴范围。

2. 丛植型

把几株或十几株甚至几十株乔、灌木配植在一起称为丛植。树种一般在两种以上。丛植的放样方法分两步进行：第一步，用极坐标法或支距法或距离交会法把丛植区域的中心位置测设出来；第二步，根据中心位置定出其他植物种植点的位置（方法是根据有关的方向和距离关系定出）。打下木桩做好标记，并在桩上写明植物名称数量及其大小规格等。

3. 行（带）植型

将树木种植成行或呈带状叫行（带）植。如道路两侧的绿化树、道路中间的分车绿化带和绿篱等。放样时，可利用支距法或距离交会法测设，在施工中多用支距法。如行道树定植放线，在有道牙的道路上，以路牙为依据进行定植点放线。无路牙的找出道路中线，并以此为定点的依据用皮尺定出行距，大约每 10 株钉一木桩，作为控制标记，每 10 株与路另一边的 10 株一一对应（应校核），最后用白灰标定出每个单株的位置。

4. 片植型

成片规则种植一或两个树种称片植。片植又分为矩形种植和三角形种植两种。放样时，可用极坐标法或支距法等把种植区域的界线在实地上标定出来，然后根据其种植的方式再定出每一植株的具体位置。

（1）矩形种植

如图 14-29（a）所示，种植区域界线为矩形 *ABCD*。假定种植的行距为 *a*、株距为 *b*。首先放样出种植区域界线 *ABCD*，然后每一植株定植位置按如下方法放样：

1）沿 *AD* 方向量取距离 $d'_{A-1}=0.5a$，$d'_{A-2}=1.5a$，$d'_{A-3}=2.5a$，定出 1，2，3，…，各点；同法在 *BC* 方向上定出相应的 1′，2′，3′，…各点。

2）在纵向 1—1′，2—2′，3—3′，…，连线上按株距 *b* 定出各种植点的位置（连线上的第一株和最后一株离边界线的距离按 *b*/2 测设），撒上白灰标记。

（2）三角形种植

三角形种植如图 14-29（b）所示，放样方法为：

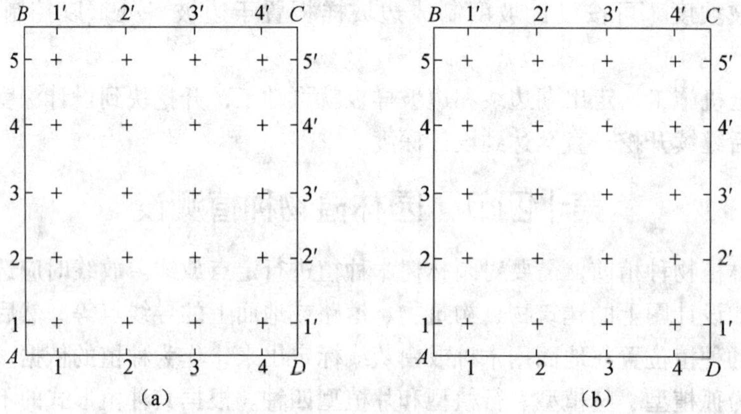

图 14-29　片植型种植测设示意图

1）与矩形种植法相同，在 *AD* 和 *BC* 上分别定出 1，2，3，…和相应的 1′，2′，3′，…点；

2）在第一纵行（单数行）上按 0.5*b*，*b*…，*b*，0.5*b* 间距定出各种植点位置，在第二纵行（双数行）上按 *b*，*b*，…，*b* 间距定出各种植点位置。

第十五节　竣工测量

园林工程由于施工过程中的设计变更、施工误差和建筑物的变形等原因，使得建（构）筑物的竣工位置往往与原设计位置不完全相符。为了确切地反映工程竣工后的现状，为工程验收和以后的管理、维修、扩建、改建、事故处理提供依据，需要进行竣工测量和编绘竣工总平面图。

竣工总平面图的内容和设计总平面图的内容一样，包括坐标系统、园林建（构）筑物、园路、植物、水体、堆山的平面位置和周围地形，主要地物点的解析数据，此外还应附必要的验收数据、说明、变更设计书及有关附图等资料。竣工总平面图的编绘包括竣工测量和资料编绘两方面内容。

1. 竣工测量

在每一个单项工程完成后，必须由施工单位进行竣工测量，提出工程的竣工测量成果，作为编绘竣工总平面图的依据。竣工测量的内容包括：

（1）园林建筑物

各房角坐标、几何尺寸，地坪及房角标高，附注房屋结构层数、面积和竣工时间等。

（2）地下管线

测定检修井、转折点、起终点的坐标、井盖、井底、沟槽和管顶等的高程，附注管道及检修井的标号、名称、管径、管材、间距、坡度和流向。

（3）特种构筑物

测定沉淀池、烟囱、煤气罐等及其附属构筑物的外形和四角坐标，圆形构筑物的中心坐标，基础面标高，烟囱高度和沉淀池深度等。

（4）交通线路

测定线路起终点、交叉点和转折点坐标、曲线元素、路面、人行道、绿化带界限等。

（5）室外场地

测定围墙拐角点坐标，绿化地边界等。

竣工测量与地形图测量的方法相似，不同之处主要是竣工测量要测定许多细部点的坐标和高程，因此图根点的布设密度要大一些，细部点的测量精度要精确至厘米。

2. 竣工总平面图的编绘

编绘竣工总平面图时，需掌握的资料有设计总平面图、系统工程平面图、纵横断面图及变更设计的资料，施工放样资料，施工检查测量及竣工测量资料。

编绘时，先在图纸上绘制坐标格网，再将设计总平面图上的图面内容，按其设计坐标用铅笔展绘在图纸上，以此作为底图，并用红色数字在图上表示出设计数据。每项工程竣工后，根据竣工测量成果用黑色绘出该工程的实际形状，并将其坐标和高程注在图上。黑色与红色数据之差，即为施工与设计之差，随着施工的进展，逐步在底图上将铅笔线都绘成黑色线。经过整饰和清绘，即成为完整的竣工总平面图。此外，地形设计（竖向设计）和种植设计如果在施工过程中有较大的变动也要作修测和改正，使之符合现状。

园区地上和地下所有建筑物、构筑物如果都绘在一张竣工总平面图上，线条过于密集而不便于使用时，可以采用分类编图，如综合竣工总平面图、交通运输竣工总平面图，管线竣工总平面图等。比例尺一般采用 1∶1000。如不能清楚地表示某些特别密集的地区，也可局部采用 1∶500 的比例尺。

如果施工单位较多，多次转手，造成竣工测量资料不全，图面不完整或与现场情况不符时，只能进行实地施测，重新编绘竣工总平面图。

竣工总平面图的符号应与原设计图的符号一致。原设计图没有的图例符号，可使用新的图例符号，但应符合现行总平面设计的有关规定。在竣工总平面图上一般要用不同的颜色表示不同的工程对象。

竣工总平面图编绘完成后，应经原设计及施工单位技术负责人审核、会签。

第十五章　架空输电线路测量

第一节　架空输电线路概述

架空输电线路是指架设在电厂升压变电站和用户中心降压变电站之间的输电导线，一般通过绝缘子悬挂在杆塔上。输电线路采用三相三线制，一般单回路杆塔上有三根导线。架空输电线路采用的导线是由许多根钢芯铝裹线绞织而成的钢芯铝绞线。绝缘子又称瓷瓶，分为针式瓷瓶和悬式绝缘子串两类。

杆塔依地形和设计要求排列成一条直线或折线。杆塔的形式主要有单杆、门形双杆和铁塔，根据杆塔的受力情况也可分为直线杆塔和耐张转角杆塔。竖立在线路直线部分的杆塔，只承受导线和绝缘子等的垂直载荷和水平载荷，结构简单，称为直线杆塔。竖立在线路转角点上的杆塔，需承受相邻两挡导线拉力所产生的合力，是一种耐张杆塔。相邻两杆塔导线悬挂点之间的水平距离，称为档距。相邻两耐张杆塔之间的水平距离，称为耐张段长度。35kV 以下的线路，档距为 150m 左右；110kV 的线路，档距为 250m 左右，耐张段长度大约为 3 ~ 5km。在一个耐张段内，由于各处地形情况不同，各杆塔之间的档距也不相等。为了计算导线的应力和弛度，需选择一个理想的档距，称这一档距为该耐张段的代表档距。若各杆塔间相应档距为 l_i，则代表档距 l_r，按下式计算

$$l_r = \sqrt{\frac{\sum l_i^3}{\sum l_i}}$$

两杆塔间的导线中间自然下垂，从悬挂点到导线下垂最低点的铅垂距离称为弛度，也称弧垂，以 f 表示。如果两悬挂点等高时，弛度恰好发生在档距中央；如果两悬挂点不等高，则有两个弛度，如图 15-1 中所示的 f_A 和 f_B。在实际工作中，当两悬挂点等高时，常以连接两悬挂点的直线 AB 与导线所形成的曲线之间最大的铅垂距离代表弛度，称为斜弛度，如图 15-1 中所示的 f。理论证明，斜弛度产生在档距的中央，并不是导线的最低点，即

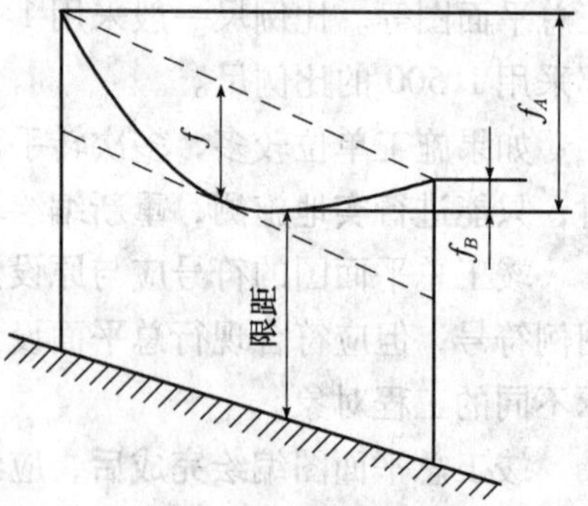

图 15-1　导线的弛度和限距

$$f = \frac{H_A + H_B}{2} - H_C$$

式中　H_A，H_B，H_C——分别为两个悬挂点和档距中点上导线的高程。

斜弛度常与导线最低点的弛度 f_A 和 f_B 有如下关系，即

$$f = \left(\frac{\sqrt{f_A} + \sqrt{f_B}}{2}\right)^2$$

弛度的力学意义与档距 l、导线的单位重量 g（包括额外负荷如复冰、风力等）以及导

线的应力 σ 等因素有关，它是用下式计算的，即

$$f = \frac{gl^2}{8\sigma}$$

导线的悬挂高度与杆塔横担高度有关，从地面到最低横担面的高度称为杆塔呼称高，如图 15-2 所示。为安全起见，导线与地面或其他设施必须保持一定的距离，其允许的最小安全距离称为限距，如图 15-1 所示。限距的大小与输电线路的电压和地物类别有关，例如，对于居民区而言，6 ~ 10kV 的限距是 6.5m，35 ~ 110kV 的限距为 7.0m。小于规定限距的地面点称危险点。一般危险点应及时处理，使其满足限距要求。

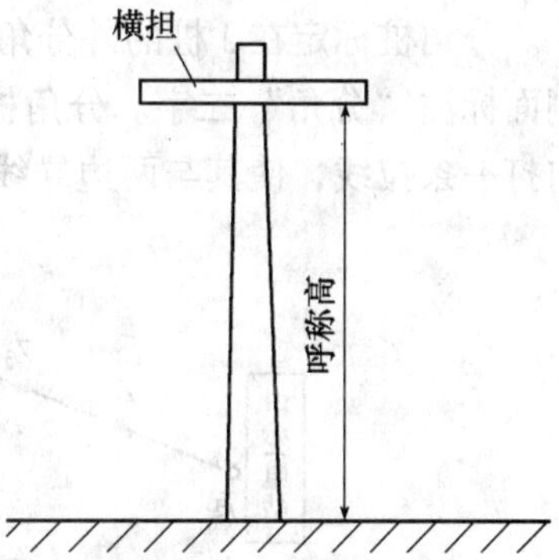

图 15-2　杆塔呼称高

架空线路测量的主要工作就是根据设计要求测量架空线路的路径、杆塔的排列、拉线的位置方向、弛度和限距的大小等。其中包括架空线路选线、定线、平断面测量、杆塔定位和施工放样等内容和工序。

第二节　路径方案的选择和定线测量

1. 路径方案的选择

路径指架空线路所经过的地面。所选路径应当合理、经济、便于施工运行，这就要求路径短且直、转弯少、转角小、交叉跨越不多，当导线最大弛度时，对地面建筑物满足限距要求。此外，在选择路径方案时还应注意以下几点：

1）当线路与公路、铁路以及其他高压线平行时，至少应与它们隔开一个安全到杆距离，即最大杆塔高度加 3m。与重要通信线特别是国际线平行时，其最小允许间距必须经过大地导电率测量和通信干扰计算来确定。

2）线路应尽量设法绕过居民区和厂矿区，特别应该远离油库、火药库等危险品仓库和飞机场。线路离飞机场的允许最小距离应和有关主管部门共同研究确定，并定出协议。

3）当线路与公路、铁路、河流以及其他高压线、重要通信线交叉跨越时，其交角应不小于 30°。

4）线路应尽量避免穿越林区，特别是重要的经济林区和绿化区。当不可避免时，应严格遵守有关砍伐规定，尽量减少砍伐数量。

5）杆塔附近应无地下坑道、矿井和滑坡、塌方等不良地质现象；转角点附近的地面必须坚实平坦，有足够的施工场地。

6）沿线应有可通车辆的道路或通航的河流，便于施工运输和维护、检修。

选线工作一般先在小比例尺图上选一条合理路线，然后实地踏勘，标定线路起讫点、转角点和主要交叉跨越点的大体位置。在勘察过程中，如发现方案不符实际情况，可以进一步调查，及时修改路线。

2. 定线测量

定线测量的主要任务是正式标定线路的起讫点、转角点和主要交叉跨越点的位置，定出方向桩和直线桩，测定转角大小，并在转角点上定出分角桩，如图 15-3 所示。转角桩在图上和实地上都要在编号前加一个“J”表示，一般称为 J 桩。线路转角的大小，以来线方向

的延长线转至去线方向的角值表示，用正倒镜一测回观测并记录。在图 15-3 中，J_2 是右转一个 α_2 角，J_3 是左转一个 α_3 角。在 J 桩附近要标出来线和去线的方向，表示这个方向的木桩称为方向桩，一般标定在离 J 桩 5m 左右的路径中线上，并在木桩侧面标注“方向”二字。分角桩标定在 J 桩的外分角线（大于 180°的钝角分角线）上，也离 J 桩 5m 左右，木桩侧面标注“分角”二字。分角桩与两边导线合力的方向相反，杆塔竖立以后，要在分角方向打一条拉线，使其与两边导线拉力所产生的合力抗衡，保证杆塔不致偏倒。

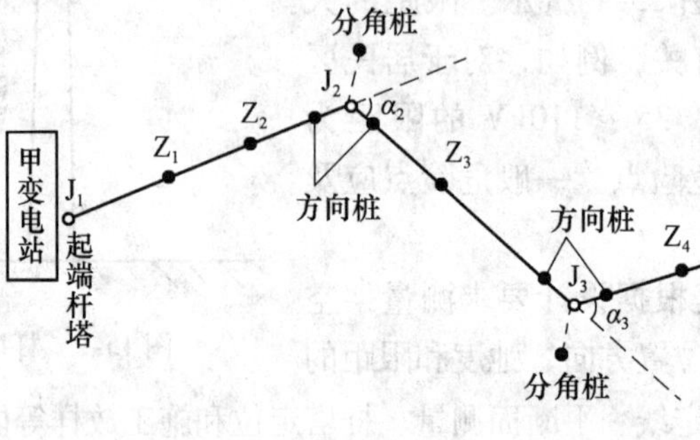

图 15-3　定线测量应标定的各种桩位

直线桩是指位于两个转角桩中心连线上，不在转角点附近的路径方向桩。它是平断面测图和施工定位的依据，一般在直线桩前加一个“Z”表示，如图 15-3 所示。直线桩的位置应选在路径中心线上突出明显，便于观测地形的地方。相邻两直线桩的距离一般不超过 400m。

在定线测量时，在无障碍物影响且通视良好的情况下，可用经纬仪正倒镜法延长直线。遇到障碍物时，常采用等腰三角形法或矩形法绕过障碍。采用 DJ6 经纬仪定线，方向点偏离直线应在 180° ±1°以内。

第三节　平断面测量

平断面测量主要工作包括：测定各桩位高程及间距，计算线路累积距离；测定路径中线上各碎部点对桩位的距离和高差，绘制纵断面图和平面示意图；测量可能小于限距的危险圆和风偏断面。

1. 桩位高程和间距的测量

首先利用水准测量的方法从邻近的水准点引测路径起点的高程，线路上其他桩位的高程和间距可用全站仪光电三角高程导线、光学经纬仪视距高程导线法等方法确定。当最大视距不超过 400m 时可采用视距高程导线测定，要求视距要用三丝，竖直角观测一测回，测距误差同向不应大于 1/200，对向观测不应大于 1/150。视距高程采用 DJ6 仪器对向观测高差较差的限差，可按下式计算

$$\delta_h = S\alpha$$

式中　δ_h——对向观测的高差较差；

S——边长（0.1km）；

α——垂直角（°），当 α 小于 3°时，可按 3°计算。

当视距高程导线和水准点闭合时，其高程闭合差，应符合下式规定

$$W_h \leqslant \pm 0.1\alpha_p \frac{L}{\sqrt{n}}$$

式中　W_h——高差闭合差；

α_p——平均垂直角（°），当 α 小于3°时，可按3°计算；

L——线路长度（km）；

n——导线边数。

2. 路径纵断面图的测绘

架空输电线路径中线的纵断面图和其他纵断面图的绘制方法基本相同，另有如下一些不同要求：

1）在断面图上除了反映地面的起伏情况外，还应显示出线路跨越的地面突出建筑物的高度。如果地面建筑物恰好位于路径中线上，称为正跨，图中以实线表示；如果地面建筑物仅被输电线路的左右两边的导线所跨，称为边跨，图中以虚线表示。

2）采用光学经纬仪断面测量时，视距不宜大于300m；当超过300m时，应用正倒镜观测或加设测站施测。当用正倒镜观测时，距离的相对误差不应大于1/200，垂直角较差不应大于1′。

3）当线路跨越通信线和高压线时，除了以电杆符号表示它们的顶高外，还应注明高压线的伏数和通信线的线数，并注明上线高。

4）导线跨越的河流、湖泊、水库，应调查和测定最高洪水位，并在图中表示出来。

为了便于设计人员在图上作排杆设计，通常采用横向比例尺1:5000，纵向比例尺1:500。在绘图之前，应根据图例从左至右定出里程标；里程标的零点就是线路的起点。标高线绘在靠近起点的左边，并标出高程。为了保证路径上最高断面和最低断面不至于落到图外，每张图标高线起点的高程应定的合适。

3. 危险点、边线断面和风偏断面的测绘

（1）危险点

凡是靠近路径中心线（35kV离中线5m以内，110kV离中线6m以内）的地面突出物体，如果它们至导线的距离可能小于限距，就可认为是危险点。在断面图上应显示出危险点的高程位置；在平面图上应显示出它至路径中线的距离和左右位置。危险点在图上以“⊙”表示。

（2）边线断面

当左右两条导线经过的地面高出路径中线地面0.5m以上时，需测绘边线断面。考虑边线断面的方向和路径中线平行，而位置比中线断面高，可将其绘于中线断面的上方。在平面图上也应显示出边线断面的左右位置。边线断面的表示方法如下：

路径前进方向左边的边线断面用：“-·-·-·-·-·-·-·-·-·-·-·-·-”表示。

路径前进方向右边的边线断面用：“·························”表示。

（3）风偏断面

当线路沿山坡而过，且垂直于路径方向的山坡坡度在1:3以上时，为避免导线因风吹摆而靠近山坡，应测绘此方向的断面，以便于设计人员考虑杆塔高度或调整杆塔位置。这种垂直于路径方向的断面称为风偏断面，一般此类断面宽度为15m，用纵横一致的比例尺绘在相应中断面点位旁边的空白处。

4. 平面示意图的测绘

一般平面示意图绘在断面图下面的标框内，路径中线左右各绘50m范围，比例尺为

1∶5000，和纵断面横向比例一致。绘图时，先在标框中部画一条直线表示路径中线。中线两边的地物、地貌通常采用仪器测量结合目测的方法确定。

对于比较重要的交叉地段，还要根据设计要求测绘专门的地形图或交叉跨越平面图，采用的比例尺一般为1∶500。

第四节　杆塔定位测量

平面图测量以后，设计人员便可根据图上反映的实际情况，合理设计杆塔位置，选择合适的杆型和杆高。杆位确定后就可从图上量它与相邻断面桩之间的平距，从而可以在实地测设杆塔的位置。由于转角杆塔的位置就是J桩位置，杆塔的定位测量多指直线杆塔定位。

定位测量时，将全站仪或经纬仪安置在与所定杆位邻近的断面桩上，根据欲定杆位至断面桩的平距，沿中线方向定出杆位桩。由于断面图上反映的实地情况不可能十分准确，如果按照设计距离定出的杆塔位置不利于竖杆时，在征得设计人员同意后，可以稍许前后移动，但移动范围一般不超过±3m。实地标定杆塔桩位后，应重新测定杆位桩至断面桩的距离和杆位高程。

杆塔定位测量后，应当编制成果表。在成果表中应列出杆塔编号、实地杆桩关系、档距、累距、杆位高程、转角方向等。为避免施工准备期间杆位桩被毁坏后无法恢复，进行定位测量时，必须在杆位桩前后中线上设置副桩，用红漆在副桩上注明至杆位桩的前后距离（以“±”表示），以便施工时查找。

第五节　线路施工测量

架空输电线路的施工包括基础开挖、竖立杆塔以及挂置导线三道主要工序，相应于这三道工序的测量工作有施工基面测量、拉线测量和弛度放样。

一、施工基面测量

施工基面就是竖立杆塔时作为计算基础埋深和杆塔高度的起始平面。在线路施工中，杆塔基础的埋置深度是以水平地面为基准规定的，一般根据杆塔基础的埋深和宽度以及斜坡的工程地质指标选择合适的施工基面。施工基面如果定的很低，虽然对保证基础稳定有好处，但增加了基坑开挖的土方量，而且降低了悬挂点的高程，减少了导线对地距离。施工基础测量的目的就是根据规范要求定出适当的施工基面，测定基础开挖的土方量。为此，先要标定杆塔各个基脚的位置，这步工作又称分坑。

1. 直线杆塔

位于直线部分的单杆的杆脚位于杆位桩上，门型双杆和正方锥型铁塔的各杆则以杆位桩为对称中心，分布在路径中线的两边，如图15-4所示。

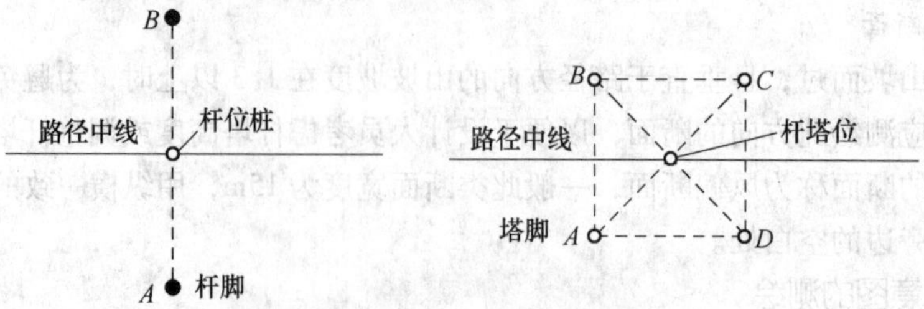

图15-4　直线杆塔基脚位置

2. 转角杆塔

位于转角点上的杆塔，除了转角很小（10°以内）时，可以直接以转角桩（J 桩）作杆塔中心桩外，也可以位移桩作杆塔中心桩，如图 15-5 所示。

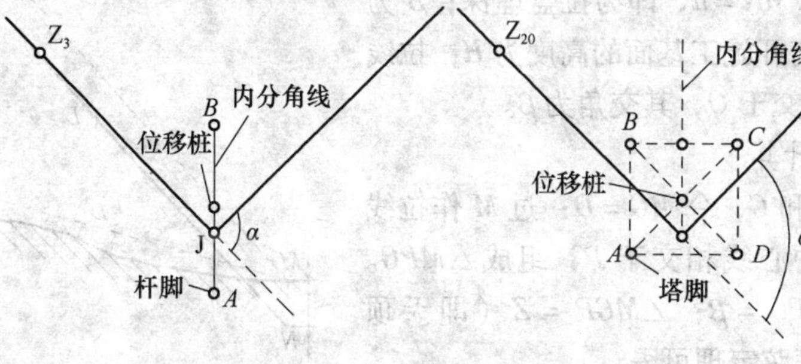

图 15-5　转角杆塔基脚位置

在测定转角杆塔各脚位置之前，应先测定位移桩。具体方法是：首先在转角桩上安置经纬仪，定出内分角线（角值为 $180° - \alpha$ 的角度平分线），从 J 桩沿内分角线量出一段平距 S，即

$$S = S_1 + \frac{e}{2}\tan\frac{\alpha}{2}$$

式中　S_1——为使横担两边绝缘子串之间的跳线与杆身保持应有的间隙而设计的预偏距离；

e——横担和绝缘子串挂板（也称挂线板）两边的宽度；

α——转角角度。

式中数据可从杆塔设计图中查得。

杆塔基脚位置标定后，从靠外坡方向的杆脚位置朝坡下量出一段平距 D，标定地面点，定出施工基面桩，如图 15-6 所示。D 的大小根据基础底盘大小和埋深确定。一般单杆和门型双杆采用 1 ~ 2m；铁塔采用 2 ~ 3m；转角杆塔按此要求放大 0.5m 左右。定出施工基面桩后，测定它对杆位中心桩的高差。

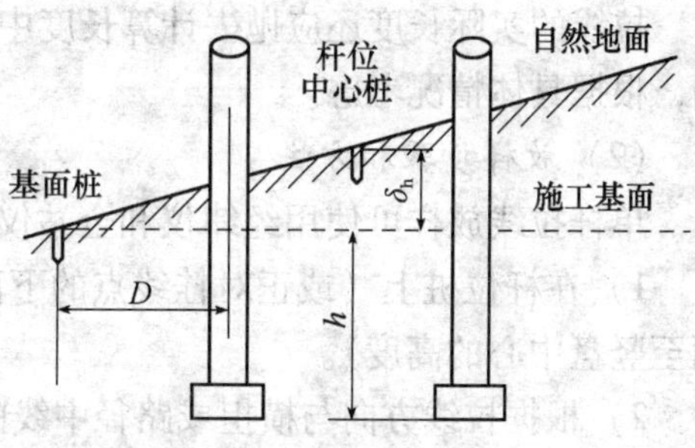

图 15-6　标定施工基面的方法

单杆和门型杆均不平整地基，直接从杆脚地面按基坑要求大小放坡切口开挖；铁塔需先按施工基面标高平整地基，平整后恢复塔脚中心位置，再按基坑要求大小放坡切口开挖。基坑开挖深度均从施工基面桩起算，需用水准测量测定，使基坑地面标高符合设计要求。

二、拉线放样

拉线的种类很多，但放样方法基本相同。在杆塔设计图中，通常载有拉线与横担之间的水平角 α、拉线的最大垂距 H（即从杆上的拉线挂线点至施工基面的高度，又称拉高）、拉线与杆身的夹角 β（一般为 30°或 45°）和拉盘埋深 h。拉盘上有一根斜伸出土的带圈拉棒，从杆上扯下的拉线，绑紧拴在拉棒上。放样的目的就是竖杆之前，按照设计要求在地面上标定拉盘埋设的中心位置，保证所安的拉线与杆身的夹角符合设计标准，其误差在 ±1°以内。

1. 单杆拉线的放样

如图15-7所示，设G为杆脚，以杆身中心线PG代表杆身；N为拉盘中心，M为N在地面的投影，即应标定的中心桩位；$MN=h$，即为拉盘埋深；B为拉线上部的挂线点，离开施工基面的高度为H；拉线NB延长与杆身中心相交于O，其交角为β。

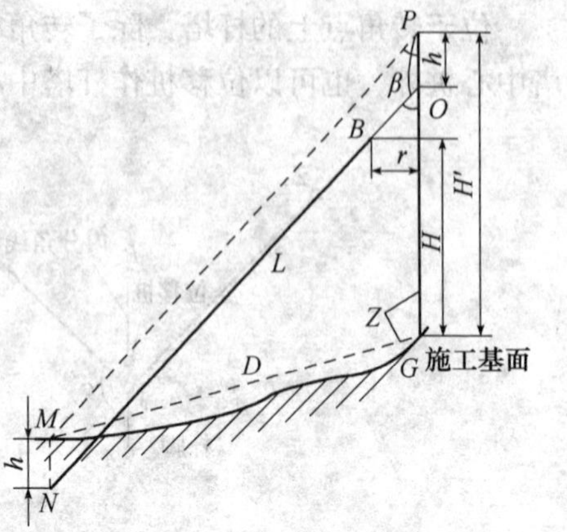

图15-7　拉盘中心桩的标定

（1）*放样数据的计算*

现以直线连接M和G，令$MG=D$；过M作拉线NB的平行线与杆身中心线相交于P，组成$\triangle MPG$。在此三角形中：$\angle MPG=\beta$；$\angle MGP=Z$（即天顶距）；$PG=H'$。根据正弦定理可得

$$D=\frac{H'\sin\beta}{\sin(\beta+Z)}$$

式中　H'——$H'=H+r\cot\beta+h$；

r——挂线点B对杆身中心线的距离。可在杆塔设计上查到。

如果放样时经纬仪正好安置在挂线点的下面，则$r=0$，$H'=H+h$。

此外，由图15-7可知，$NO=MP$。通常以NO作为拉线的计算长度，并以L表示

$$L=\frac{H'\sin Z}{\sin(\beta+Z)}$$

拉线的实际长度还应抛去计算长度中包含的拉棒和挂线板等金具长度以及杆身半径的影响，根据具体情况考虑。

（2）*放样步骤和方法*

单杆拉线放样可使用经纬仪和全站仪进行现场标定，具体步骤如下：

1）在杆位桩上（或正对挂线点的下面）安置经纬仪或全站仪，量取仪高i（从施工基面至竖盘中心的高度）。

2）根据拉线方向与横担或路径中线的夹角α，用盘左位置标定望远镜方向。

3）在拉线方向估计大致接近拉盘位置的地方竖立标尺或棱镜，以中丝照准尺上读数等于仪器高i或棱镜高i处，读取天顶距Z；再直接获取竖盘中心至中丝读数处的斜距D'。

4）比较计算的D与D'是否相等；若不相等，则根据其差值大小前后移动标尺或棱镜，重新观测、计算，直至算出的D与量得的D'之差在允许范围（0.1m）为止，此时，立尺点即是拉盘中心桩的位置。

2. 双杆V形拉线的放样

门形双杆的正V形拉线，如图15-8所示，其拉线平面与杆身平面的夹角也是β；拉盘一般埋设在路径中线上。测定拉盘中心桩时，仪器安置在杆位桩G上，测定方法与前面所述相同。但按上式求出的拉线“计

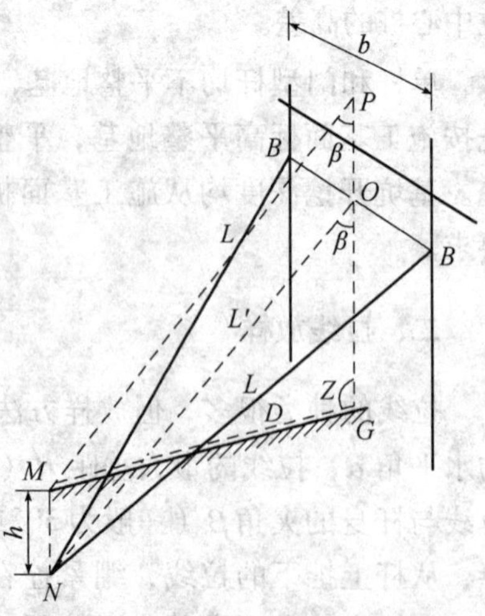

图15-8　门形双杆正V形拉线

算长度”$NO=L'$，不是正 V 形拉线两边应有的长度 L，还必须考虑门形双杆两塔脚间的距离的影响。正 V 形拉线两边应有长度为

$$L = \sqrt{L'^2 + \left(\frac{b}{2}\right)^2}$$

它的实际长度同样还应减去拉棒和挂线板等金具的长度。

三、弛度放样

在挂线时，需要通过测量放样弛度 f。f 的数值每条线路各不相同，可以从专门的设计弛度表中查得。弛度放样一般在紧线段（耐张段）内中间一档进行，放样精度要求达到 1/100。

1. 平行四边形法

如图 15-9 所示，分别在观测档的两根杆塔上，由导线悬挂点向下量取一段长度 f，定出观测点，在此点上绑一块觇板。紧线时通过两块觇板进行观测，当导线恰好与视线相切，即得到相应的弛度 f。

2. 中点天顶距法

如图 15-10 所示，在档距中垂线上适当位置架设经纬仪，使竖盘安置在预定的读数上，通过望远镜进行观测。设测站 M 的地面高程为 H_m，仪器高为 i，而测站至导线中点 C 的平距为 D，根据垂弧和高差公式可算得天顶距为

$$Z = \arctan \frac{D}{H_C - (H_m + i)}$$

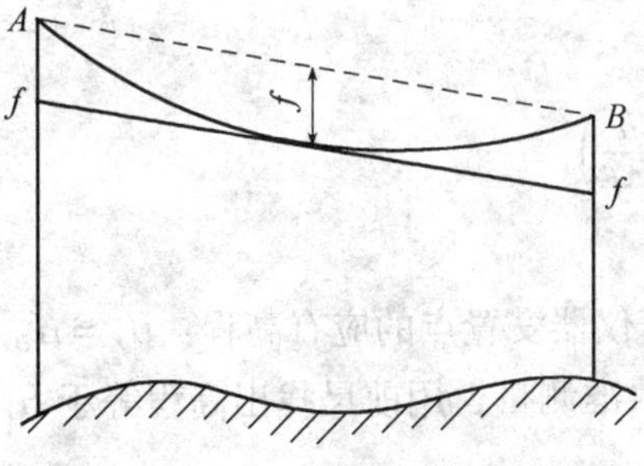

图 15-9　平行四边形法放样弛度

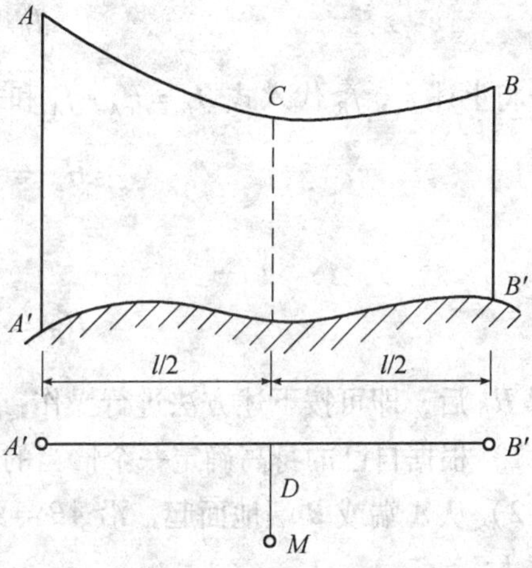

图 15-10　中点天顶距观测法放样弛度

因此只需定出档距的中垂线，选定测站，测出测站点至导线中点的平距 D；假定一个仪器的高程为 H_m+i，以此为基准再测定两悬挂点的高程 H_A 和 H_B。根据公式计算出 H_C 和应有的天顶距 Z，在竖盘上配置相应的读数；固定望远镜，照准中垂线方向进行观测，当导线落到中丝上时，即得到应放样的弛度 f。

3. 平视法

在导线正跨河流和山谷的观测档中，采用上述方法放样弛度不合适，此时可采用平视

法。平视法的关键在于确定水准仪架设时应有的视线高 H_D。由图 15-11 可知

$$H_D = H_A - f_A$$

式中 H_A——A 悬挂点的高程；

f_A——导线最低点 D 对 A 点的弛度。

对 B 悬挂点而言，它的弛度为 f_B；由于 B 点比 A 点高，故 $f_B = f_A + h$（h 为悬挂点间的高差）。于是又有

$$H_D = H_B - f_B$$

为了求得水准仪应架设的高度 H_D，必须知道 f_A 或 f_B。但是设计一般只给出导线中点的弛度 f，因此必须根据弛度 f 和两悬挂点间的高差 h 算出导线最低点的弛度 f_A 或 f_B。由式 $f = \left(\frac{\sqrt{f_A} + \sqrt{f_B}}{2}\right)^2$ 可得

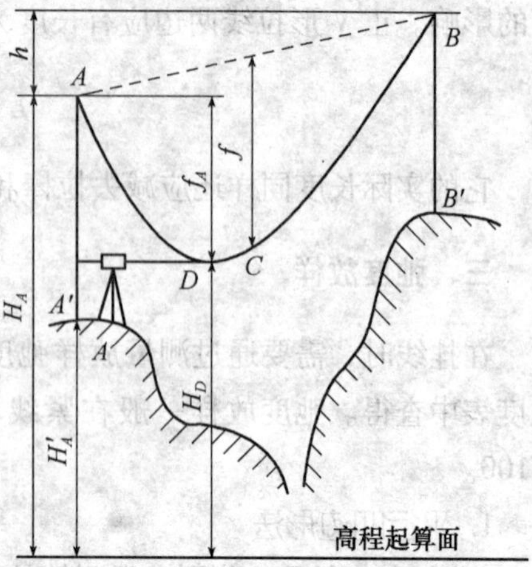

图 15-11　平视法弛度放样

$$\sqrt{f_B} = 2\sqrt{f} - \sqrt{f_A}$$

两边开方展开后，考虑到 $f_A = f_B - h$，以此代替等式右端第末项 f_A，移项整理得到

$$4\sqrt{ff_A} = 4'f - h$$

由此解得

$$f_A = f\left(1 - \frac{h}{4f}\right)^2$$

同理可得

$$f_B = f\left(1 + \frac{h}{4f}\right)^2$$

将上述 f_A，f_B 代入式 $H_D = H_A - f_A$ 和式 $H_D = H_B - f_B$ 得

$$H_D = H_A - f\left(1 - \frac{h}{4f}\right)^2$$

或

$$H_D = H_B - f\left(1 + \frac{h}{4f}\right)^2$$

求得 H_D 后，即可按下述方法进行操作：

1）根据自己的身高确定一个恰当的仪高 i，计算仪器安置点的应有高程：$H_K = H_D - i$。

2）从 A 端或 B 端地面起，沿 AB 导线方向进行水准测量，用前尺找出高程等于 H_K 的地面点 K。

3）在 K 点安置水准仪，使整平后的仪高等于 i，然后朝着导线方向观测，当导线落到与中丝相切时，便得到应放样的弛度 f。

另外，对于弛度的放样工作可采用全站仪的悬高测量功能实现。

四、线路竣工后检测

为了保证输电线路的安全运行，施工完成后，应进行必要的检查。如对某些档内的弛度和限距是否合乎设计要求感到怀疑时，必须用仪器进行测量。

1. 限距检测

检测时，将经纬仪安置在与线路大致垂直的方向上，在导线下面立尺，用三角高程测定该地面点对仪器的高差，同时求出平距；再照准立尺点上空的导线，观测天顶距，根据此天顶距和立尺点的平距计算出导线对仪器的高差。两个高差相减，即得导线对地面的距离，应满足限距要求。此项检核也可利用全站仪的悬高测量功能实现。

2. 弛度检测

检测限距的方法很多，最简单的一种方法是利用求垂弧公式，即在档距的中垂线上安置经纬仪，用上述测定限距的方法测定两悬挂点和导线中间点的相对高程计算弛度。对于检测弛度的地方是在跨越河流和主要交通线的挡内，如图 15-12 所示用档端天顶距法求弛度。在 A 端安置经纬仪，先用望远镜中丝切着导线，读得天顶距 Z_1，再照准悬挂点 B，读得天顶距 Z_2，于是可求得 $b = D\ (\cot Z_2 - \cot Z_1)$；此外，在杆塔设计图中可查得悬挂点 A 对施工基面的高程 H，而仪高 i 可以直接量取，于是可求得 $a = H - i$。最后，按下式计算弛度 f。

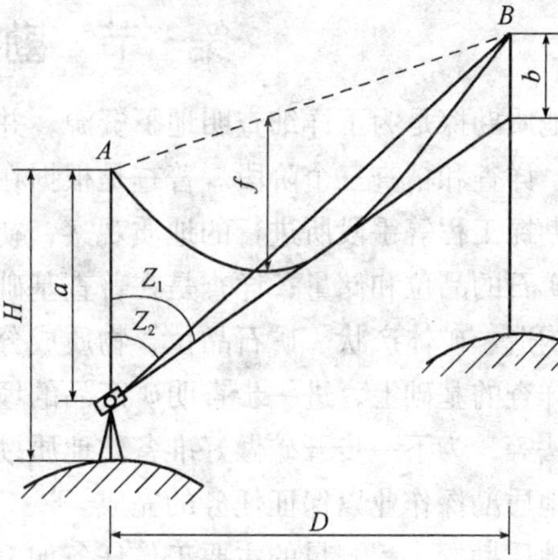

图 15-12　档端天顶距法求弛度

$$f = \left(\frac{\sqrt{a}}{2} + \frac{\sqrt{b}}{2}\right)^2$$

此项检核也可利用全站仪的悬高测量功能实现。

第十六章　地质勘探工程测量

第一节　勘探工程测量概述

地质勘探是为了详细查明地下资源，并确定矿物位置、形状和储量。地质勘探一般分为普查、详查和精查三个阶段。普查是根据在地表上所发现的矿点以及配合地表揭露工程和少量的勘探工程等手段所进行的地质观察，初步查明矿产的品种、矿体的规模、形状和产状，确定矿石的品位和储量；详查是在普查基础上对矿区进行更详细的勘察，目的是查明矿区的地质构造、矿体产状、矿石品位、物质成分和储量等，获得更可靠的地质资料；精查是在普查和详查的基础上，进一步查明矿产品的埋藏情况，确定矿体的品位、储量、开采价值、开采方法等，为下一步开矿做好准备。地质勘探工程测量是为地质勘探提供可靠的测绘资料，配合地质勘探作业以保证任务的完成。

地质勘探工程测量的主要工作任务如下：

1）为勘探工程的设计和研究地质构造提供勘探区域的控制测量和各种比例尺的地形图。

2）根据地质工程的设计，在实地给出工程施工的位置和方向。

3）竣工后测出工程点的平面坐标和高程。

4）提供编制地质报告和储量计算的有关图纸资料。

为了进行上述测量工作，应首先在勘探区建立测量控制网，控制网的等级应以《地质勘察测量规程》为依据，并结合勘探区的地形条件和勘探网的密度和精度要求，还应同时满足矿区所需比例尺地形图测量的需要。其他测量工作在控制测量的基础上进行。一般情况下，地质勘探区的首级平面控制网可根据勘探面积、勘探网密度和地形条件，布设四等或5″级导线网。若有GPS接收机，也可布设相应等级的GPS控制网，再在此基础上进行加密。高程控制网根据不同精度的要求进行布设，方法可采用水准测量、三角高程测量或GPS测高等。

勘探区的地形测量是为地质勘探工程服务的，测图比例尺的大小是随地质勘探对矿石储量计算精度要求的不同而变化的。储量计算越精确，测图比例尺就要求越大，随着勘探工程的进展，勘探工程所需的地形图比例尺也逐渐变大。

第二节　勘探矿区控制网测量和地形测量

一、测设起始基点

1. 计算测设数据

根据测区地形及已知控制点的分布情况，首先要确定哪一点作为起始基点。例如，在图16-1中，可选定P点作为起始基点，编号为$\frac{2000}{2000}$（勘探网的编号一般是以分式表示的。编号从网的左下角开始，分母代表线号，沿基线方向增大；分子代表点号，沿测线方向增大）。

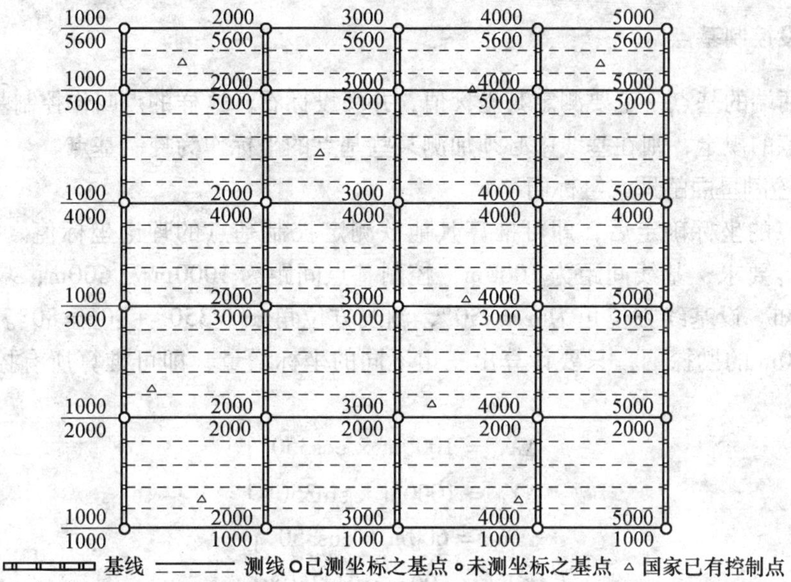

图 16-1　物探网设计

从地形图上量出 P 点的设计坐标值 X_P，Y_P。然后根据欲测定点 P 的设计坐标及已知控制点的坐标反算出坐标方位角与水平距离。如图 16-2 所示，A，B 为已知控制点，P 为欲测定的点，按下列公式：

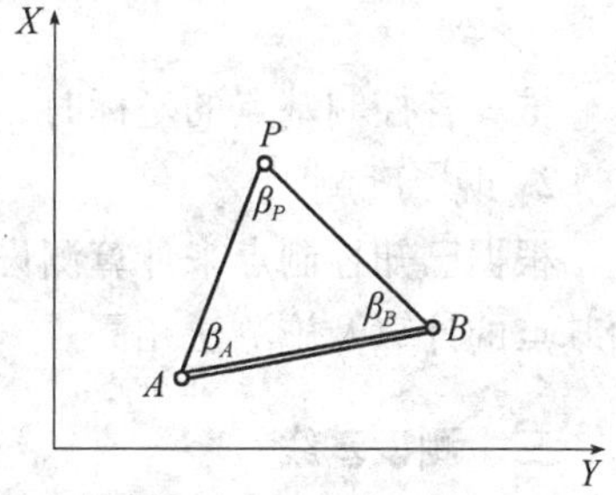

图 16-2　计算测设数据

$$\left.\begin{aligned}\tan_{AP} &= \frac{Y_P - Y_A}{X_P - X_A} \\ \tan_{BP} &= \frac{Y_P - Y_B}{X_P - X_B}\end{aligned}\right\}$$

即可计算出已知控制点 A，B 到起始基点 P 的坐标方位角 α_{AP} 及 α_{BP}。同理，根据 A，B 两已知点的坐标，可求得它们的坐标方位角 α_{AB} 及 α_{BA}。

根据坐标方位角，按 A，B，P 三点在实地所构成的图形计算水平角 β_A，β_B

$$\left.\begin{aligned}\beta_A &= \alpha_{AB} - \alpha_{AP} \\ \beta_B &= \alpha_{BP} - \alpha_{BA}\end{aligned}\right\}$$

根据下列求距公式

$$\left.\begin{aligned}D_{AP} &= \sqrt{(X_P - X_A)^2 + (Y_P - Y_A)^2} \\ D_{BP} &= \sqrt{(X_P - X_B)^2 + (Y_P - Y_B)^2}\end{aligned}\right\}$$

已知控制点 A，B 到起始基点 P 的水平距离即可求得。

2. 现场施测

施测起始基点的方法通常采用交会法或极坐标法。下面简单介绍利用极坐标法施测起始基点。

如图 16-2 所示，将全站仪安置在 A 点上，经对中、整平后，瞄准 B 点，设置直线 AB 方向为零度方向，逆时针转动 β_A 角，则此时望远镜视线的方向即是 AP 的方向。在此方向上按

计算数据 D_{AP} 量取水平距离，即得 P 点的实际位置。

二、测设控制基点

基线上两端的基点一定要测定其坐标值，并埋设标石，这样的点叫作控制基点。若基线长度超过规范的规定，则在基线中必须加测某些基点的坐标作为控制基点。

1. 计算控制基点的理论坐标值

起始基点的坐标确定后，即可推算其他欲测定控制基点的理论坐标值。如图 16-1 所示，根据设计要求，基线间距为 1000m，控制基点间距为 1000m 及 600m，基线和测线的方位角为已知。设基线方位角为 $\alpha=350°$，测线方位角 $\alpha'=350°+90°=80°$。这样，对于 4000m×4600m 的勘探网，只要计算出三组不同的坐标增量，即可推算所有控制基点的理论坐标值

$$\left.\begin{aligned}\Delta X_1 &= 1000\text{m}\times\cos350° \\ \Delta Y_1 &= 1000\text{m}\times\sin350°\end{aligned}\right\}$$

$$\left.\begin{aligned}\Delta X_2 &= 600\text{m}\times\cos350° \\ \Delta Y_2 &= 600\text{m}\times\sin350°\end{aligned}\right\}$$

$$\left.\begin{aligned}\Delta X_3 &= 1000\text{m}\times\cos80° \\ \Delta Y_3 &= 1000\text{m}\times\sin80°\end{aligned}\right\}$$

推算各控制基点的坐标时，要注意推算路线的选择应使其构成闭合（或附合）的图形。

2. 现场施测

根据已知控制点来计算测设控制基点的 β 角和距离 D 以及现场施测的方法，完全与起始基点的计算及施测法相同。

三、测设基线

测设基线可用经纬仪视距法，或以经纬仪配合钢卷尺进行。下面简单介绍当基线遇到障碍物时的施测方法。

1. 90°转站法

如图 16-3 所示，若沿着直线 $ABCD$ 前进，至 B 点处因障碍物而不能通视，可在 B 点设站，瞄准 A 点定为零方向，转 90°测出 B'点；越过障碍物，迁站到 B'点后瞄准 B 点定为零方向，转 270°测出 C'点；越过障碍物，再迁站到 C'点后瞄准 B'点定为零方向，转 270°测出 C 点，若使 CC'距离等于 BB'距离，则 C 点即在原测线方向上。此后，在 C 点上安置仪器，以 C'为零方向，转 90°而测定 D 点。

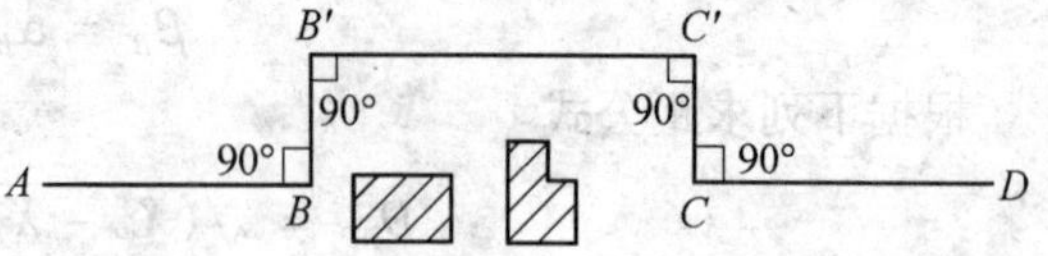

图 16-3 90°转站法

2. 自由角测量法

如图 16-4 所示，若在 A 站前进方向上遇到障碍物时，可转动角度 α，并测定 AB 间的水平距离，越过障碍物定出 B 点；再解算直角三角形求出 AC 及 BC 的边长；迁站到 B 点，瞄准 A 点定为零方向，旋转 $270°+\alpha$，根据边长 BC 计算值，即可定出 C 点；迁站到 C 点并瞄准 B 点定为零方向，转 90°后即为原测线方向。

3. 等腰三角形法

如图16-5所示，在A点上设站，以任意角度（如30°）躲过障碍物定出B点，并测定AB边长；迁站到B点，瞄准A点定为零方向，转动角度（180°－2×30°）＝120°，定出C点；再使$BC=AB$，并迁站到C点，瞄准B点定为零方向，再旋转120°，此即在原测线方向上。

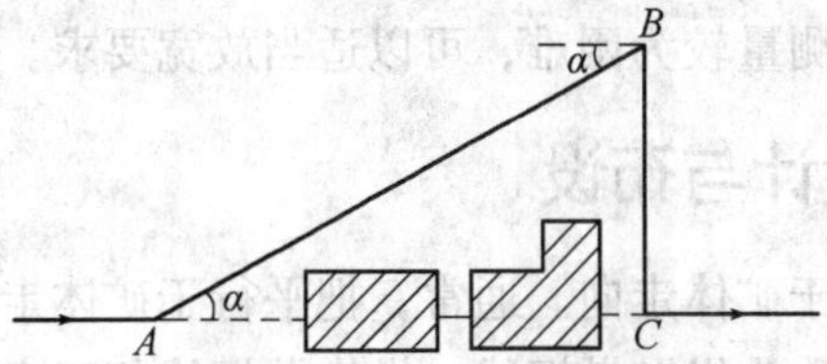

图16-4　自由角测量法

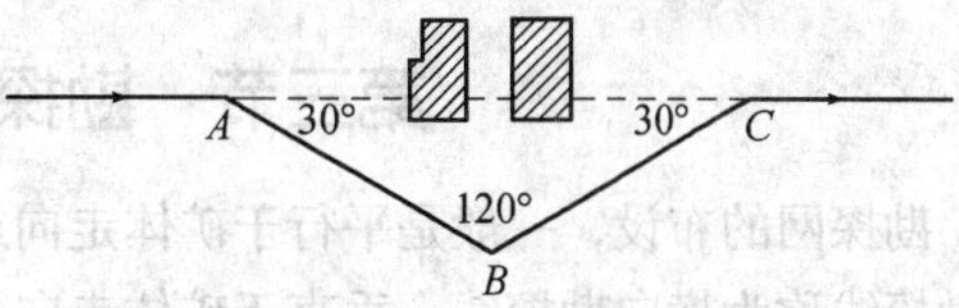

图16-5　等腰三角形法

由图中的等腰三角形，可计算出AC的线长为

$$D_{AC} = 2D_{AB}\cos 30°$$

四、施测测线

当基线测设完毕后，即可施测测线。根据设计要求和地形情况，在测线上测设测点可以采用以下两种方法。

1. 用极坐标法测定测点

在地形开阔、通视良好的地区，采用极坐标法测定测点比较简便。测量时，可在中间一条测线上设站，同时测定两相邻测线的各测点，如图16-6所示。

在直角三角形ABC中，因直角边a及b是已知的，则测站到测点间的距离d及偏离主测线AC的角度α，可由下式求得

$$\tan\alpha = \frac{a}{b}$$

$$d = \sqrt{a^2 + b^2}$$

在施测前，可根据规定的测网密度，应用此法计算出各测点的测设数据（d及α值），并排列成表绘制成一草图，再将角度值α化为以主测线为0°的角值，以便于测量时直接应用。

2. 视距直伸导线法

如图16-7所示，将仪器安置在测线一端的基点上，对中、整平、定向后，即可按规定的点距在测线上施测测点。定向可瞄准相邻基点转90°或270°；测点的标记一般不打木桩，用编好号的红纸条或红布条贴在竹竿上插于地面；用经纬仪视距法测量距离。转站点必须在地面钉木桩，转站前应检查测线的方向，由测线一端点测至另一端点时，应及时检查闭合差。

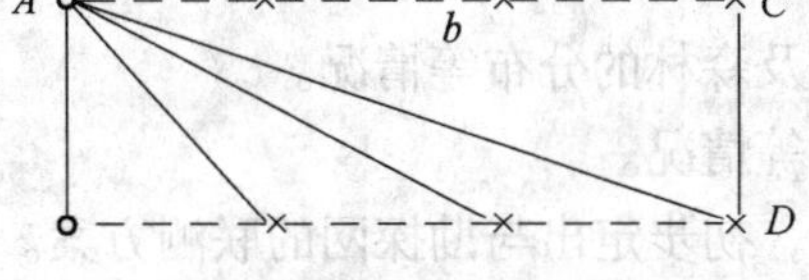

图16-6　极坐标法测定测点

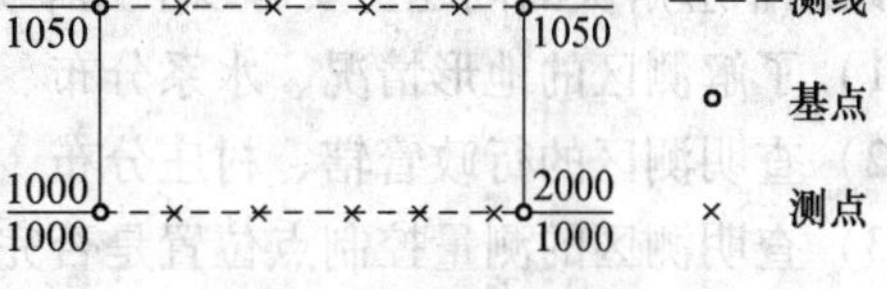

图16-7　视距直伸导线法测点

五、高程测量

根据要求的精度不同，高程测量可以采用水准测量、三角高程测量等方法，或者采用地形图量取高程。在高精度金属矿勘探时，要求高程测量允许误差小于0.1m。这样的精度要求，一般应进行水准测量才能满足。在山区进行高程测量较为困难，可以适当放宽要求。

第三节 勘探网的设计与布设

勘探网的布设，一般是平行于矿体走向或者垂直于矿体走向。通常，把平行于矿体走向的勘探线称为横向勘探线，垂直于矿体走向的勘探线称为纵向勘探线，纵横勘探线相互交叉构成勘探网。勘探网的形状和密度由矿体的种类及产状确定，一般有正方形、矩形、菱形和平行线形，如图16-8所示。

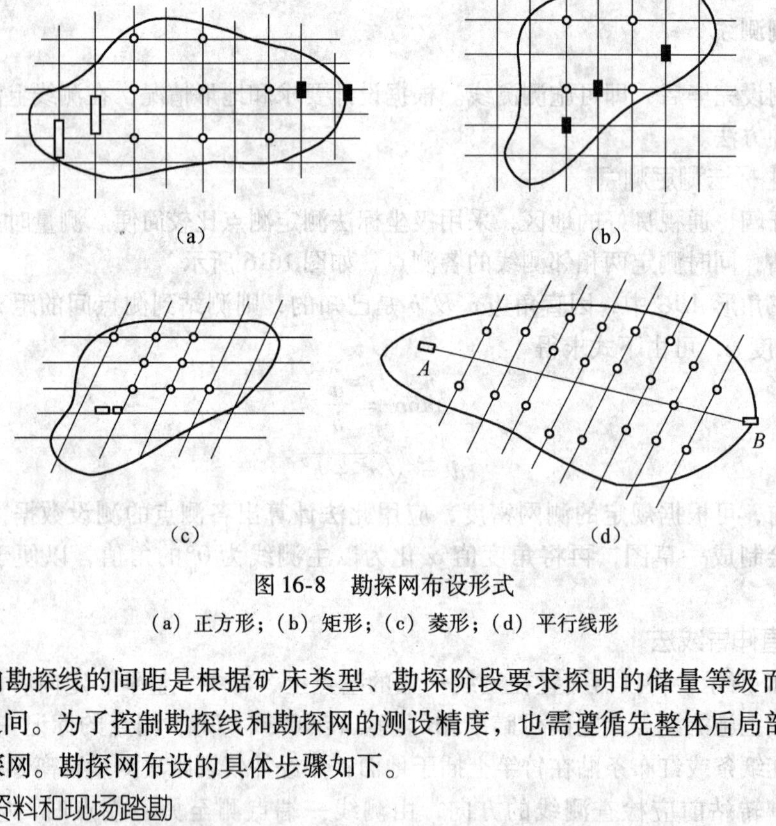

图16-8 勘探网布设形式

(a) 正方形；(b) 矩形；(c) 菱形；(d) 平行线形

勘探网内勘探线的间距是根据矿床类型、勘探阶段要求探明的储量等级而定，一般在20~1000m之间。为了控制勘探线和勘探网的测设精度，也需遵循先整体后局部的原则布设勘探线和勘探网。勘探网布设的具体步骤如下。

1. 收集资料和现场踏勘

首先应收集工作区及邻近的控制点资料、已有的地形图等，并对收集来的资料进行分析，以便使用。接着可开始现场踏勘。在踏勘前应在图上进行物探网的初步设计，大致划定测区范围，然后携带有关资料会同物探人员踏勘测区。

踏勘中应解决的问题主要有以下几个方面：

1）了解测区的地形情况、水系分布、地面农作物及森林的分布等情况。

2）查明测区的行政管辖、村庄分布、生活及交通等情况。

3）查明测区的测量控制点位置是否完好可以利用，初步定出与勘探网的联测方案。

4）会同勘探人员初步确定测区边界坐落位置及勘探网的基线位置。

2. 划定测区范围

划定测区范围应根据勘探网工作任务书的要求，结合测区的具体情况来确定。普查工作的测区，一般包括的面积较大；而详查工作是要根据普查的异常来划定测区范围的，为了使探测结果的轮廓完整，要使异常位于测区的中央。

3. 勘探网设计

勘探网设计的主要任务是：设计基线和测线的线距和点距、起始基点的位置，并提出测设方法及精度要求。

在详查工作的测区中，对于大测区，若基线较长，宜将起始基点布设在测区中央的制高点上，以便延伸布设基线；对于小测区，则可以将起始基点布设在基线的一端。

在勘探网中，还应明确规定以下内容：勘探网的线距和点距，基线上控制基点的点距，在布设数条平行基线时两基线间的间距等。

布网方法的设计主要根据勘探的目的以及测区内测量控制点的分布情况为依据，可有以下几种情况：

1）在详查阶段，测区有足够的控制点时，采取先在地形图上设计，然后将图上设计的勘探网测设于实地。

2）测区内无测量控制点（或控制点很少）时，所进行的勘探工作仅属普查阶段，可先在图上设计，然后到现场，根据地形地质条件决定起始基点及基线方向后，即可布设测网，最后将测网与国家控制点进行联测。

3）若所进行的物探工作为大比例尺详查阶段，而测区内的控制点不能满足勘探测量的需要时，应先做控制测量，然后再进行勘探测量工作。

勘探网的编号，一般是以分式表示的。编号从网的左下角开始，分母代表线号，沿基线方向增大；分子代表点号，沿测线方向增大。

第四节　地质点、探井和钻孔的定位测量

1. 地质点定位测量

地质点是指勘探矿区地表上反映地质构造的点，如露头点、构造点、岩体和矿体界线点、水文点等。它们是地质人员进行地质调查的地质观察点，是填绘地形图的重要依据。地质点的位置是地质人员在实地观察确定的，确定后用红油漆或插一小红旗作为标记，并编号。

测定地质点前，应当准备好作为底图的地形图和控制点资料，并要求对控制点进行检查。要充分利用测区内已有的控制点，如果控制点不足，可采用导线测量等方法进行加密。地质点的测量作业方法、程序和要求与地形测图的碎部点测量完全相同，地质点测量一般由地质人员与测量人员共同完成。地质人员在选择地质点，描述地质内容和绘制地质草图时，可以兼职立尺员，测量人员按照地形图中测碎部点的方法，测定地质点的平面位置和高程，最后制成地质地形图。

2. 探井定位测量

探井属于轻型山地工程，主要在覆盖地区内揭露地质现象时使用。其测量工作主要包括以下两个步骤：

1）初测。将图上设计的探井位置用全站仪交会法或极坐标法测设于实地上。

2）定测。探井施工完毕后，再测定探槽两端点及探井的坐标和高程。

3. 钻孔的定位测量

通常，钻孔布置在勘探线上，但有时根据地形条件可以允许孔位偏离勘探线一定的距离。钻孔的定位应由地质人员、钻探技术人员和测量人员共同研究决定。

钻孔定位测量一般可分为初测、复测和定测三个阶段。

（1）*初测*

根据钻孔的设计坐标，将钻孔施测于实地上，施测方法是以图根点为依据，可采用交会法或极坐标法进行。孔位在实地上一经确定，应立即在其附近建立校正点。校正点要建在不妨碍平整机台的地方，以免遭受破坏。校正点的建立应根据钻孔位置周围的地形情况而采用以下两种方法。

十字交叉法：在孔位四周近于垂直的地方，选择四个校正点，使相对两点连线的交点通过孔位，如图 16-9 所示。

直线通过法：在钻孔前后确定两个校正点，使两点的连线通过孔位中心，然后量出孔位至两端点的距离，如图 16-10 所示（剖面图）。

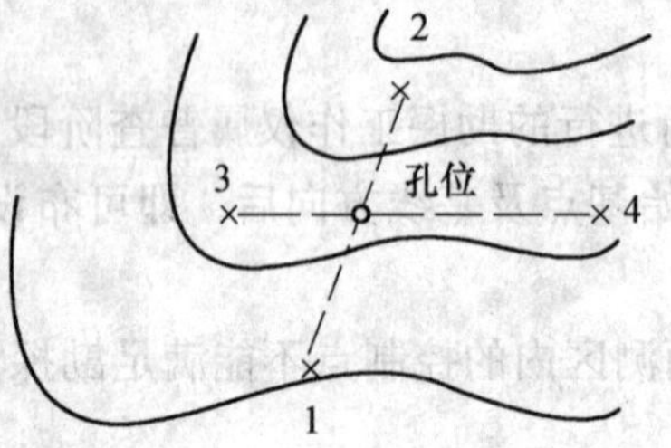

图 16-9　十字交叉法

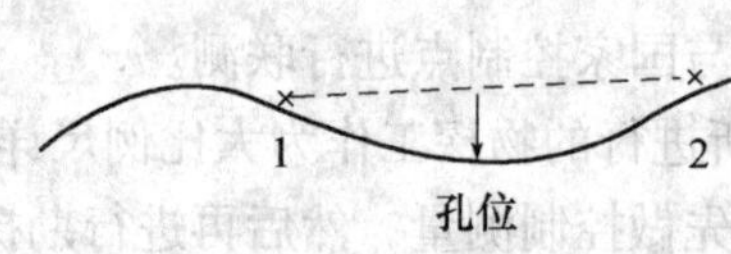

图 16-10　直线通过法

（2）*复测*

钻孔位置的复测是在平整机台后进行的。根据校正点及其记录数据，对钻孔位置进行校核。若孔位偏差超过 0.1m 时，应检查校正点是否有错误。一般情况下，平整机台后，孔位的木桩大部分会丢失。此时，即可利用校正点重新测定孔位。若校正点的木桩确已丢失，或对校正点有怀疑时，则需重新测定孔位。

（3）*定测*

钻孔钻进完毕并进行封孔后，再测定封孔套管中心的坐标及高程。可采用前方交会、后方交会和侧方交会等方法测定其坐标。高程可采用水准测量或三角高程测量测定。对于不参加储量计算的钻孔，其坐标和高程可采用经纬仪视距导线施测。

第五节　勘探线剖面测量

地质剖面测量通常是沿着勘探线方向，测定位于该方向线上的地形特征点、地物点、勘探工程点以及地质点的平面位置和高程，并按一定比例绘制成横剖面图。

剖面测量的目的在于提供勘探设计、工程布设、储量计算和综合研究资料。正确地设计勘探工程的位置和加密勘探工程的位置都需要剖面图作为设计依据，以便有效地掌握工程间的相互关系和矿体变化情况。在储量计算中，各个剖面的间距和同一剖面线上各个勘探工程间的间距，是控制矿体位置和大小的基本数据。剖面测量贯穿在地质普查和勘探的整个过程中。普查剖面等精度要求不高的剖面可以在已有的地形地质图上切绘，对于精度要求高的剖面图必须实测。

地质剖面测量的比例尺是根据矿床类型、矿床成因和勘探储量级别等因素决定的。对于矿层薄、面积小和品种变化大的稀有贵重的矿种，剖面图的比例尺要大些；大面积沉积矿的矿体，剖面图的比例尺要小些。前者的比例尺通常为1∶500～1∶2000，后者的剖面比例尺常为1∶2000～1∶10000。而特种工业原料地质勘探剖面图的比例尺更大，可采用1∶200。

地质剖面测量的顺序：首先进行剖面定线，建立剖面线上的起点、转点和终点，并在其间加设控制点；然后进行剖面测量，最后展绘地质剖面图。

1. 剖面线端点的测设

测设剖面线端点的目的是确定剖面线的位置和方向，剖面线一般就是勘探线。按照设计坐标将剖面端点测设于地面后，应立即根据周围的控制点，采用前方交会、后方交会或其他方法重新测定其坐标和高程。重新测定的坐标与设计坐标之差应在规定范围内。高程测定可采用三角高程测量或水准测量的方法完成。

2. 剖面控制测量

剖面控制测量的任务是在剖面线端点及定向点测量的基础上，在剖面线上建立必要数量的控制点，测站间距不应超过表16-1的规定。控制点的布设方法根据地形条件而定。

表16-1　不同比例尺的测站点间距限值

剖面横比例尺	间距/m
1∶500	100
1∶1000	200
1∶2000	350
1∶5000	500

1）在地形起伏不大、通视良好的地区，可将全站仪设在任一端点上，经对中、整平后，瞄准另一端点，在此剖面线上找出欲定剖面控制点的位置，并以木桩标记之；然后，用测定端点的方法测定其坐标和高程，并同时计算出剖面控制点至剖面端点以及剖面控制点之间的水平距离和高差。

2）在地形起伏较大，通视不良的地区，则根据图上的设计坐标，用极坐标法或交会法将剖面控制点测设于地面上，然后，再测定其坐标和高程。

在第一种情况下测定剖面控制点时，点位应可沿剖面线前后移动，并选在视野开阔的地方。在第二种情况下，当在图上量取剖面控制点的设计坐标时，要估计到该点的位置是否便于观测。

对未建立控制网的地区，可先进行剖面测量，待控制网点建立后，再测端点及剖面控制点的坐标和高程。

3. 剖面测量方法

剖面测量的任务是测定剖面线上地形点、地物点及工程点的位置和高程。进行剖面测量时，剖面线端点、定向点、控制点均可设站，根据剖面图的比例尺、精度要求、设备和地形条件，可采用全站仪数字测图法、经纬仪视距法等。剖面点的密度取决于剖面图的比例尺、地形条件等，通常是剖面图上间距为1cm测一个剖面点。

4. 剖面图的绘制

剖面测量完成后，即可着手绘制剖面图。剖面图的比例尺一般为地形地质图比例尺的1~4倍，垂直比例尺一般与水平比例尺一致，也可放大1~2倍。剖面图是根据各点高程和各点水平距离绘制的。传统的绘制剖面图的方法和步骤如下。

1）如图16-11所示，先在方格纸上定一水平距离，从水平线的左端向上绘一垂线表示点的高程。按照垂直比例尺标出十米或百米整倍数的高程注记，并绘出平行于水平线的基线。

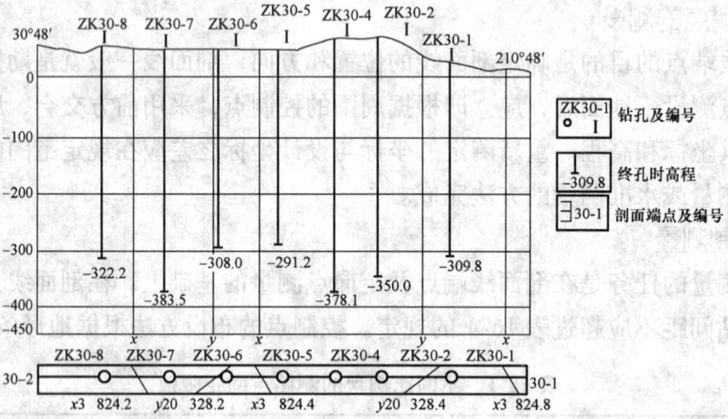

图16-11 勘探线剖面图

2）根据各点间的水平距离，按比例尺将各点标出；再根据各点高程，按竖直比例尺分别在各点的竖直线上定出各剖面点的位置，并依次将各剖面点用圆滑的曲线连接起来就绘成剖面图。在剖面图的下面标出剖面线在地形图上与坐标格网线相交的位置，并注记格网的坐标值。

3）地质剖面图绘制完毕后，应在其下方绘制剖面投影平面图，比例尺与剖面图相同。首先，在欲绘的平面图图廓中央绘一条与高程线平行的直线，作为剖面投影线；然后将剖面端点、地质工程点、主要地质点以规定的图例符号绘制到平面图上，并加编号注记，在剖面上的两端点还应注记剖面线的方位角；最后写明剖面线的名称、编号、比例尺、绘图时间和图内用到的图例符号等。

现代剖面图绘制方法为：外业用全站仪测出剖面上各点的水平距离和高程，记录采用电子手簿或全站仪内存记录；内业采用相应的通信程序，将数据传输到计算机，经预处理，使数据格式符合绘图软件的要求，运行绘制剖面图软件，即可绘制出剖面图。

第十七章　房产测量

第一节　房产测量概述

一、房产测量的目的和作用

1. 房产测量的目的

房产测量主要是采集和表述房屋和房屋用地的有关信息，为房产产权、产籍管理、房地产开发利用、交易、征收税费以及城镇规划建设提供数据和资料。

2. 房产测量的基本内容

房产测量的基本内容包括：房产平面控制测量、房产调查、房产要素测量、房产图绘制、房产面积测算、变更测量、成果资料的检查与验收等。

3. 房产测量的成果

房产测量成果包括：房产簿册、房产数据和房产图集。

二、房产测量的基本精度要求

1. 房产测量的精度指标与限差

本书以中误差作为评定精度的标准，以两倍中误差作为限差。

2. 房产平面控制测量的基本精度要求

末级相邻基本控制点的相对点位中误差不超过 ±0.025m。

3. 房产分幅平面图与房产要素测量的精度

1）模拟方法测绘的房产分幅平面图上的地物点，相对于邻近控制点的点位中误差不超过图上 ±0.5mm。

2）利用已有的地籍图、地形图编绘房产分幅图时，地物点相对于邻近控制点的点位中误差不超过图上 ±0.6mm。

3）对全野外采集数据或野外解析测量等方法所测的房地产要素点和地物点，相对于邻近控制点的点位中误差不超过 ±0.05m。

4）采用已有坐标或已有图件，展绘成房产分幅图时，展绘中误差不超过图上 ±0.1mm。

4. 房产界址点的精度要求

房产界址点（以下简称界址点）的精度分三级，各级界址点相对于邻近控制点的点位误差和间距超过 50m 的相邻界址点的间距误差不超过表 17-1 的规定；间距未超过 50m 的界址点间的间距误差限差不应超过下式计算结果。

$$\Delta D = \pm(m_j + 0.02 m_j D)$$

式中　m_j——相应等级界址点的点位中误差（m）；

D——相邻界址点间的距离（m）；

ΔD——界址点坐标计算的边长与实量边长较差的限差（m）。

表 17-1　房产界址点的精度要求　m

界址点等级	界址点相对于邻近控制点的点位误差和相邻界址点间的间距误差	
	限差	中误差
一	±0.04	±0.02
二	±0.10	±0.05
三	±0.20	±0.10

5. 房角点的精度要求

需要测定房角点的坐标时，房角点坐标的精度等级和限差执行与界址点相同的标准；不要求测定房角点坐标时则将房屋按“3.”的精度要求表示于房产图上。

6. 房产面积的精度要求

房产面积的精度分为三级，各级面积的限差和中误差不超过表 17-2 计算的结果。

表 17-2　房产面积的精度要求　m

房产面积的精度等级	限差	中误差
一	$0.02\sqrt{S}+0.0006S$	$0.01\sqrt{S}+0.0003S$
二	$0.04\sqrt{S}+0.002S$	$0.02\sqrt{S}+0.001S$
三	$0.08\sqrt{S}+0.006S$	$0.04\sqrt{S}+0.003S$

注：S 为房产面积（m^2）。

第二节　房产平面控制测量

一、一般规定

1. 房产平面控制网点的布设原则

房产平面控制点的布设，应遵循从整体到局部、从高级到低级，分级布网的原则，也可越级布网。

2. 房产平面控制点的内容

房产平面控制点包括二、三、四等平面控制点和一、二、三级平面控制点。房产平面控制点均应埋设固定标志。

3. 房产平面控制点的密度

建筑物密集区的控制点平均间距在 100m 左右，建筑物稀疏区的控制点平均间距在 200m 左右。

4. 房产平面控制测量的方法

房产平面控制测量可选用：三角测量，三边测量，导线测量，GPS 定位测量等方法。

5. 各等级三角测量的主要技术指标

1）各等级三角网的主要技术指标应符合表 17-3 的规定。

表 17-3 各等级三角网的技术指标

等级	平均边长/km	测角中误差/(″)	起算边边长相对中误差	最弱边边长相对中误差	水平角观测测回数			三角形最大闭合差/（″）
					DJ1	DJ2	DJ6	
二等	9	±1.0	1/300000	1/120000	12			±3.5
三等	5	±1.8	1/200000（首级） 1/120000（加密）	1/80000	6	9		±7.0
四等	2	±2.5	1/120000（首级） 1/80000（加密）	1/45000	4	6		±9.0
一级	0.5	±5.0	1/60000（首级） 1/45000（加密）	1/20000		2	6	±15.0
二级	0.2	±10.0	1/20000	1/10000		1	3	±30.0

2）三角形内角不应小于30°，确有困难时，个别角可放宽至25°。

6. 三边测量

各等级三边网的主要技术指标应符合表 17-4 的规定。

表 17-4 各等级三边网的技术指标

等级	平均边长/km	测距相对中误差	测距中误差/mm	使用测距仪等级	测距测回数	
					往	返
二等	9	1/300000	±30	Ⅰ	4	4
三等	5	1/160000	±30	Ⅰ、Ⅱ	4	4
四等	2	1/120000	±16	Ⅰ Ⅱ	2 4	2 4
一级	0.5	1/33000	±15	Ⅱ	2	
二级	0.2	1/17000	±12	Ⅱ	2	
三级	0.1	1/8000	±12	Ⅰ	2	

7. 导线测量

1）各等级测距导线的主要技术指标应符合表 17-5 的规定。

表 17-5 各等级测距导线的技术指标

等级	平均边长/km	附合导线长度/km	每边测距中误差/mm	测角中误差/(″)	导线全长相对闭合差	水平角观测的测回数			方位角闭合差/（″）
						DJ1	DJ2	DJ6	
三等	3.0	15	±18	±1.5	1/60000	8	12		$\pm 3\sqrt{n}$
四等	1.6	10	±18	±2.5	1/40000	4	6		$\pm 5\sqrt{n}$
一级	0.3	3.6	±15	±5.0	1/14000		2	6	$\pm 10\sqrt{n}$
二级	0.2	2.4	±12	±8.0	1/10000		1	3	$\pm 16\sqrt{n}$
三极	0.1	1.5	±12	±12.0	1/6000		1	3	$\pm 24\sqrt{n}$

注：n 为导线转折角的个数。

2）导线应尽量布设成直伸导线，并构成网形。

3）导线布成结点网时，结点与结点，结点与高级点间的附合导线长度，不超过表 17-5 中的附合导线长度的 0.7 倍。

4）当附合导线长度短于规定长度的 1/2 时，导线全长的闭合差可放宽至不超过 0.12m。

5）各级导线测量的测距测回数等规定，依照表 17-4 相应等级执行。

8. GPS 静态相对定位测量

1）各等级 GPS 静态相对定位测量的主要技术要求应符合表 17-6 和表 17-7 的规定。

表 17-6　各等级 GPS 相对定位测量的仪器

等级	平均边长 D/km	GPS 接收机性能	测量量	接收机标称精度优于	同步观测接收机数量
二等	9	双频（或单频）	载波相位	10mm + 2ppm	≥2
三等	5	双频（或单频）	载波相位	10mm + 3ppm	≥2
四等	2	双频（或单频）	载波相位	10mm + 3ppm	≥2
一级	0.5	双频（或单频）	载波相位	10mm + 3ppm	≥2
二级	0.2	双频（或单频）	载波相位	10mm + 3ppm	≥2
三级	0.1	双频（或单频）	载波相位	10mm + 3ppm	≥2

表 17-7　各等级 GPS 相对定位测量的技术指标

等级	卫星高度角/(°)	有效观测卫星总数	时段中任一卫星有效观测时间/min	观测时段数	观测时段长度/min	数据采样间隔/s	点位几何图形强度因子 PDOP
二等	≥15	≥6	≥20	≥2	≥90	15 ~ 60	≤6
三等	≥15	≥4	≥5	≥2	≥10	15 ~ 60	≤6
四等	≥15	≥4	≥5	≥2	≥10	15 ~ 60	≤8
一级	≥15	≥4		≥1		15 ~ 60	≤8
二级	≥15	≥4		≥1		15 ~ 60	≤8
三级	≥15	≥4		≥1		15 ~ 60	≤8

2）GPS 网应布设成三角网形或导线网形，或构成其他独立检核条件可以检核的图形。

3）GPS 网点与原有控制网的高级点重合应不少于三个。当重合不足三个时，应与原控制网的高级点进行联测，重合点与联测点的总数不得少于三个。

9. 对已有控制成果的利用

控制测量前，应充分收集测区已有的控制成果和资料，按规定和要求进行比较和分析，凡符合要求的已有控制点成果，都应充分利用，对达不到要求的控制网点，也应尽量利用其点位，并对有关点进行联测。

二、水平角观测

1. 水平角观测的仪器

水平角观测使用 DJ1，DJ2、DJ6 三个等级系列的光学经纬仪或电子经纬仪，其在室外试验条件下的一测回水平方向标准偏差分别不超过 ±1″，±2″，±6″。

2. 水平角观测的限差

水平角观测一般采用方向观测法，各项限差不超过表 17-8 的规定。

表 17-8 水平角观测限差

经纬仪型号	半测回归零差（″）	一测回内 2C 互差/（″）	同一方向值各测回互差/（″）
DJ1	6	9	6
DJ2	8	13	9
DJ6	18	30	24

三、距离测量

1. 光电测距的作用

各级三角网的起始边、三边网或导线网的边长，主要使用相应精度的光电测距仪测定。

2. 光电测距仪的等级

光电测距仪的精度等级，按制造厂家给定的 1km 的测距中误差 m_0 的绝对值划分为二级：

Ⅰ级： $|m_0| \leqslant 5\text{mm}$

Ⅱ级： $5\text{mm} < |m_0| \leqslant 10\text{mm}$

3. 光电测距限差

光电测距各项较差不得超过表 17-9 的规定。

表 17-9 光电测距限差

仪器精度等级	一测回读数较差/mm	单程读数差/mm	往返测或不同时段观测结果较差
Ⅰ级	5	7	$2(a+b\times D)$
Ⅱ级	10	15	

注：a、b 为光电测距仪的标称精度指标；a 为固定误差（mm）；b 为比例误差；D 为测距边长（m）。

4. 气象数据的测定

光电测距时应测定气象数据。二、三、四等边的温度测记至 0.2℃，气压测记至 0.5hPa；一、二、三级边的温度测记至 1℃，气压测记至 1hPa。

四、平面控制测量成果的检验和整理

1. 三角测量的检验

1）当三角形个数超过 20 个时，测角中误差按下式计算：

$$m_\beta = \pm\sqrt{\frac{[WW]}{3n}}$$

式中 W——三角形闭合差（″）；

n——三角形个数。

2）三角网极条件，边条件和方位角条件自由项的限差，分别按下列各式计算：

$$W_{极允} = \pm\frac{2m_\beta}{\rho''}\sqrt{\sum\cot^2\beta}$$

$$W_{边允}=\pm 2\sqrt{\left(\frac{m_\beta}{\rho''}\right)^2\sum\cot^2\beta+\left(\frac{m_{D_1}}{D_1}\right)^2+\left(\frac{m_{D_2}}{D_2}\right)^2}$$

$$W_{方允}=\pm 2\sqrt{nm_\beta^2+m_{a1}^2+m_{a2}^2}$$

式中 m_β——相应等级规定的测角中误差（″）；

β——传距角；

$\frac{m_{D_1}}{D_1}$，$\frac{m_{D_2}}{D_2}$——起算边边长相对中误差；

m_{a1}，m_{a2}——起算方位角中误差（″）；

n——方位角推算路线的测站数；

$\rho''=206265$。

2. 三边测量的检验

1）用光电测距仪往返观测或不同时段观测时，距离测量的单位权中误差按下式计算：

$$\mu=\sqrt{\frac{[pdd]}{2n}}$$

根据 μ 及 p_i 估算任一边的实际测距中误差。按下式计算：

$$m_{D_i}=\pm\mu\sqrt{\frac{1}{p_i}}$$

式中 d——往返测距离的较差（m）；

n——测距边数；

p——距离测量的先验权，$p_i=\frac{1}{\delta_{D_i}^2}$，$\delta_{D_i}$ 为测距的先验中误差，可以测距仪的标称精度计算；

μ——距离测量的单位权中误差。

2）三边网中观测一个角度的观测值与由测距边计算的角值较差的检核。

①根据各边平均测距中误差检核，按下式计算限差：

$$W_{允}=\pm 2\sqrt{\left(\frac{m_D}{h_0}\rho''\right)^2(\cos^2\alpha+\cos^2\beta+1)+m_\beta^2}$$

②根据各边的平均测距相对中误差检核，按下式计算限差：

$$W_{允}=\pm 2\sqrt{2\left(\frac{m_D}{D}\rho''\right)^2(\cot^2\alpha+\cot^2\beta+\cot\alpha\cot\beta)+m_\beta^2}$$

式中 m_D——观测边的平均测距中误差（m）；

h_0——观测角顶点至对边垂线长度（m）；

α、β——三角形中观测角以外的另两个角度；

m_β——相应等级规定的测角中误差（″）；

$\frac{m_D}{D}$——各边的平均测距相对中误差；

$\rho''=206265$。

3）三边网角条件，包括圆周角条件与组合角条件自由项的检核按下式计算限差：

$$W_{角允}=\pm 2m_D\sqrt{[aa]}$$

式中 m_D——观测边的平均测距中误差（mm）；

a——圆周角条件或组合条件方程式的系数。

3. 导线测量的检核

1）按左右角观测的三、四等导线测量的测角中误差按下式计算：

$$m_\beta = \pm\sqrt{\frac{\Delta\Delta}{2n}}$$

式中 Δ——测站圆周角闭合差（″）；

n——测站圆周角闭合差的个数。

2）以导线方位角闭合差计算测角中误差按下式计算：

$$m_\beta = \pm\sqrt{\frac{1}{N}\left[\frac{f_\beta^2}{n}\right]}$$

式中 f_β——附合导线或闭合导线环的方位角闭合差（″）；

n——计算 f_β 的测站数；

N——附合导线或闭合导线环的个数。

4. GPS 静态相对定位测量成果的检核

（1）同步观测量成果的检核

1）三边同步环的闭合差的限差按下式计算：

$$\left.\begin{aligned} W_X &= \sum_1^n \Delta X \leqslant \frac{\sqrt{3}}{5}\sigma \\ W_Y &= \sum_1^n \Delta Y \leqslant \frac{\sqrt{3}}{5}\sigma \\ W_Z &= \sum_1^n \Delta Z \leqslant \frac{\sqrt{3}}{5}\sigma \\ W &= \sqrt{W_X^2 + W_Y^2 + W_Z^2} \leqslant \frac{3}{5}\sigma \end{aligned}\right\}$$

2）多边同步环闭合差的限差下按式计算：

$$\left.\begin{aligned} W_X &= \frac{\sqrt{n}}{5}\sigma \\ W_Y &= \frac{\sqrt{n}}{5}\sigma \\ W_Z &= \frac{\sqrt{n}}{5}\sigma \\ W &= \sqrt{W_X^2 + W_Y^2 + W_Z^2} \leqslant \frac{\sqrt{3n}}{5}\sigma \end{aligned}\right\}$$

式中 W_X，W_Y，W_Z——各坐标差分量的闭合差；

σ——相应等级规定的精度（按平均边长计算）；

n——闭合环的边数。

（2）不同时段观测成果的检核

1）同一边任何两个时段的成果互差，应小于接收机标称精度的 $2\sqrt{2}$ 倍。

2）若干个独立观测边组成闭合环时，各坐标差分量闭合差应符合下式规定：

$$\left.\begin{aligned} W_X &= \sum_1^n \Delta X \leqslant 3\sigma\sqrt{n} \\ W_Y &= \sum_1^n \Delta Y \leqslant 3\sigma\sqrt{n} \\ W_Z &= \sum_1^n \Delta Z \leqslant 3\sigma\sqrt{n} \end{aligned}\right\}$$

式中　W_X，W_Y，W_Z——各坐标差分量的闭合差；

σ——相应等级规定的精度（按平均边长计算）；

n——闭合环的边数。

5. 平差计算

二、三、四等和一、二、三级平面控制网都应分级进行统一平差或联合整体平差。平差后应进行精度评定。

6. 计算取位

平差计算和数据处理的数字取位应符合表17-10的规定。

表17-10　平差计算和数据处理的数字取位

等级	水平角观测方向值及各项改正数/（″）	边长观测值及各项改正数/m	边长与坐标/m	方位角/（″）
二等	0.01	0.0001	0.001	0.01
三、四等	0.1	0.001	0.001	0.1
一、二、三级	1	0.001	0.001	1

第三节　房 产 调 查

1. 一般规定

（1）房产调查的内容

房产调查，分房屋用地调查和房屋调查，包括对每个权属单元的位置、权界、权属、数量和利用状况等基本情况，以及地理名称和行政境界的调查。

（2）房产调查表

房产调查应利用已有的地形图、地籍图、航摄像片，以及有关产籍等资料，按“房屋调查表”和“房屋用地调查表”以丘和幢为单位逐项实地进行调查。

2. 房产单元的分类

（1）房屋用地的调查与测绘单元

房屋用地调查与测绘以丘为单元分户进行。

（2）房屋的调查与测绘单元

房屋调查与测绘以幢为单元分户进行。

3. 丘与丘号

（1）丘的定义

丘是指地表上一块有界空间的地块。一个地块只属于一个产权单元时称独立丘，一个地块属于几个产权单元时称组合丘。

(2) 丘的划分

有固定界标的按固定界标划分，没有固定界标的按自然界线划分。

(3) 丘的编号

1）丘的编号按市、市辖区（县）、房产区、房产分区、丘五级编号。

2）房产区是以市行政建制区的街道办事处或镇（乡）的行政辖区，或房地产管理划分的区域为基础划定，根据实际情况和需要，可以将房产区再划分为若干个房产分区。

3）丘以房产分区为单元划分。

4）编号方法：市、市辖区（县）的代码采用《中华人民共和国行政区划代码》（GB/T 2260—2007）规定的代码。

房产区和房产分区均以两位自然数字从01至99依序编列；当未划分房产分区时，相应的房产分区编号用“01”表示。

丘的编号以房产分区为编号区，采用4位自然数字从0001至9999编列；以后新增丘接原编号顺序连续编立。

丘的编号格式如下：

市代码 + 市辖区(县)代码 + 房产区代码 + 房产分区代码 + 丘号
(2位)　(2位)　　　　(2位)　　　(2位)　　　　(4位)

丘的编号从北至南，从西至东以反S形顺序编列。

4. 幢与幢号

(1) 幢的定义

幢是指一座独立的，包括不同结构和不同层次的房屋。

(2) 幢号的编立

幢号以丘为单位，自进大门起，从左到右，从前到后，用数字1，2，…的顺序按S形编号。幢号注在房屋轮廓线内的左下角，并加括号表示。

(3) 房产权号

在他人用地范围内所建的房屋，应在幢号后面加编房产权号，房产权号用标识符A表示。

(4) 房屋共有权号

多户共有的房屋，在幢号后面加编共有权号，共有权号用标识符B表示。

5. 房屋用地调查

(1) 房屋用地调查的内容

房屋用地调查的内容包括用地座落、产权性质、等级、税费、用地人（用地单位）所有制性质、使用权来源、四至、界标、用地用途分类、用地面积和用地纠纷等基本情况，以及绘制用地范围略图。

(2) 房屋用地座落

房屋用地座落是指房屋用地所在街道的名称和门牌号。房屋用地座落在小的里弄、胡同和小巷时，应加注附近主要街道名称；缺门牌号时，应借用毗连房屋门牌号并加注东、南、西、北方位；房屋用地座落在两个以上街道或有两个以上门牌号时，应全部注明。

(3) 房屋用地的产权性质

房屋用地的产权性质按国有、集体两类填写。集体所有的还应注明土地所有单位的全称。

(4) 房屋用地的等级

房屋用地的等级按照当地有关部门制定的土地等级标准执行。

(5) 房屋用地的税费

房屋用地的税费是指房屋用地的使用人每年向相关部门缴纳的费用，以年度缴纳金额为准。

(6) 房屋用地的使用权主

房屋用地的使用权主是指房屋用地的产权主的姓名或单位名称。

(7) 房屋用地的使用人

房屋用地的使用人是指房屋用地的使用人的姓名或单位名称。

(8) 用地来源

房屋用地来源是指取得土地使用权的时间和方式，如转让、出让、征用、划拨等。

(9) 用地四至

用地四至是指用地范围与四邻接壤的情况，一般按东、南、西、北方向注明邻接丘号或街道名称。

(10) 用地范围的界标

用地范围的界标是指用地界线上的各种标志，包括道路、河流等自然界线；房屋墙体、围墙、栅栏等围护物体，以及界碑、界桩等埋石标志。

(11) 用地用途分类

用地用途分类按《房产测量规范　第1单元：房产测量规定》（GB/T 17986.1—2000）附录A中的A3执行。

(12) 用地略图

用地略图是以用地单元为单位绘制的略图，表示房屋用地位置、四至关系、用地界线、共用院落的界线，以及界标类别和归属，并注记房屋用地界线边长。

房屋用地界线是指房屋用地范围的界线。包括共用院落的界线，由产权人（用地人）指界与邻户认证来确定。提供不出证据或有争议的应根据实际使用范围标出争议部位，按未定界处理。

6. 房屋调查

(1) 房屋调查的内容

房屋调查内容包括房屋座落，产权人、产别、层数、所在层次、建筑结构、建成年份、用途、墙体归属、权源、产权纠纷和他项权利等基本情况，以及绘制房屋权界线示意图。

(2) 房屋的座落

房屋的座落按“5.（2）”要求调查。

(3) 房屋产权人

1）私人所有的房屋，一般按照产权证件上的姓名。产权人已死亡的，应注明代理人的姓名；产权是共有的，应注明全体共有人姓名。

2）单位所有的房屋，应注明单位的全称。两个以上单位共有的，应注明全体共有单位名称。

3）房地产管理部门直接管理的房屋，包括公产、代管产、托管产、拨用产四种产别。

公产应注明房地产管理部门的全称；代管产应注明代管及原产权人姓名；托管产应注明托管及委托人的姓名或单位名称；拨用产应注明房地产管理部门的全称及拨借单位名称。

(4) 房屋产别

房屋产别是指根据产权占有不同而划分的类别。按两级分类调记，具体分类标准按《房产测量规范　第1单元：房产测量规定》（GB/T 17986.1—2000）附录A中的A4执行。

(5) 房屋产权来源

房屋产权来源是指产权人取得房屋产权的时间和方式，如继承、分析、买受，受赠、交换、自建、翻建、征用、收购、调拨、价拨、拨用等。

产权来源有两种以上的，应全部注明。

(6) 房屋总层数与所在层次

1）房屋层数是指房屋的自然层数，一般按室内地坪±0以上计算；采光窗在室外地坪以上的半地下室，其室内层高在2.20m以上的，计算自然层数。房屋总层数为房屋地上层数与地下层数之和。

假层、附层（夹层)、插层、阁楼（暗楼)、装饰性塔楼，以及突出屋面的楼梯间、水箱间不计层数。

2）所在层次是指本权属单元的房屋在该幢楼房中的第几层。地下层次以负数表示。

(7) 房屋建筑结构

房屋建筑结构是指根据房屋的梁、柱、墙等主要承重构件的建筑材料划分类别，具体分类标准按《房产测量规范" 第1单元：房产测量规定》(GB/T 17986.1—2000）附录A中的A5执行。

(8) 房屋建成年份

房屋建成年份是指房屋实际竣工年份。拆除翻建的，应以翻建竣工年份为准。

一幢房屋有两种以上建成年份，应分别注明。

(9) 房屋用途

房屋用途是指房屋的实际用途。具体分类标准按《房产测量规范　第1单元：房产测量规定》(GB/T 17986.1—2000）附录A中的A6执行。

一幢房屋有两种以上用途，应分别调查注明。

(10) 房屋墙体归属

房屋墙体归属是房屋四面墙体所有权的归属，分别注明自有墙、共有墙和借墙三类。

(11) 房屋产权的附加说明

在调查中对产权不清或有争议的，以及设有典当权、抵押权等他项权利的，应作出记录。

(12) 房屋权界线示意图

房屋权界线示意图是以权属单元为单位绘制的略图，表示房屋及其相关位置、权界线、共有共用房屋权界线，以及与邻户相连墙体的归属。并注记房屋边长，对有争议的权界线应标注部位。

房屋权界线是指房屋权属范围的界线，包括共有共用房屋的权界线，以产权人的指界与邻户认证来确定，对有争议的权界线，应作相应记录。

7. 行政境界与地理名称调查

(1) 行政境界调查

行政境界调查，应依照各级人民政府规定的行政境界位置，调考区、县和镇以上的行政区划范围，并标绘在图上。街道或乡的行政区划，可根据需要调绘。

(2) 地理名称调查

1）地理名称调查（以下简称地名调查）包括居民点、道路、河流、广场等自然名称。

2）自然名称应根据各地人民政府地名管理机构公布的标准名或公安机关编定的地名进行。凡在测区范围内的所有地名及重要的名胜古迹，均应调查。

(3) 行政机构名称调注

行政机构名称只对镇以上行政机构进行调查。

(4) 企事业单位名称的调注

应调查实际使用该房屋及其用地的企事业单位的全称。

第四节　房产要素测量

一、房产要素测量的主要内容

(1) 界址测量

1）界址点的编号，以高斯投影的一个整公里格网为编号区，每个编号区的代码以该公里格网西南角的横纵坐标公里值表示。点的编号在一个编号区内从 1 ~ 99999 连续顺编。点的完整编号由编号区代码、点的类别代码、点号三部分组成，编号形式如下：

编号区代码	类别代码	点的编号
(9 位)	(1 位)	(5 位)
* * * * * * * * *	*	* * * * *

编号区代码由 9 位数组成，第 1、第 2 位数为高斯坐标投影带的带号或代号，第 3 位数为横坐标的百公里数，第 4、第 5 位数为纵坐标的千公里和百公里数，第 6、第 7 位和第 8、第 9 位数分别为横坐标和纵坐标的十公里和整公里数。

类别代码用 1 位数表示，其中 3 表示界址点。

点的编号用 5 位数表示，从 1 ~ 99999 连续顺编。

2）界址点测量从邻近基本控制点或高级界址点起算，以极坐标法、支导线法或正交法等野外解析法测定，也可在全野外数据采集时和其他房地产要素同时测定。

3）丘界线测量，需要测定丘界线边长时，用预检过的钢尺丈量其边长，丘界线丈量精度应符合规定，也可由相邻界址点的解析坐标计算丘界线长度。对不规则的弧形丘界线，可按折线分段丈量。测量结果应标示在分丘图上，为计算丘面积及复丈检测之依据。

4）界标地物测量，应根据设立的界标类别、权属界址位置（内、中、外）选用各种测量方法测定，其测量精度应符合规定，测量结果应标示在分丘图上。

界标与邻近较永久性的地物宜进行联测。

(2) 境界测量

行政境界测量，包括国界线以及国内各级行政区划界。测绘国界时，应根据边界条约或有关边界的正式文件精确测定，国界线上的界桩点应按坐标值展绘，注出编号，并尽量注出高程。国内各级行政区划界应根据勘界协议、有关文件准确测绘，各级行政区划界上的界桩、界碑按其坐标值展绘。

(3) 房屋及其附属设施测量

1）房屋应逐幢测绘。不同产别、不同建筑结构、不同层数的房屋应分别测量；独立成幢房屋，以房屋四面墙体外侧为界测量；毗连房屋四面墙体，在房屋所有人指界下，区分自有、共有或借墙，以墙体所有权范围为界测量。每幢房屋除按要求的精度测定其平面位置外，应分幢分户丈量作图。丈量房屋以勒脚以上墙角为准；测绘房屋以外墙水平投影为准。

2）房屋附属设施测量。柱廊以柱外围为准；檐廊以外轮廓投影、架空通廊以外轮廓水平投影为准，门廊以柱或围护物外围为准，独立柱的门廊以顶盖投影为准；挑廊以外轮廓投影为准。阳台以底板投影为准；门墩以墩外围为准；门顶以顶盖投影为准；室外楼梯和台阶以外围水平投影为准。

3）房角点测量。指对建筑物角点测量，其点的编号方法除点的类别代码外，其余均与界址点相同，房角点的类别代码为4。

房角点测量不要求在墙角上都设置标志，可以房屋外墙勒脚以上（100±20)cm 处墙角为测点。房角点测量一般采用极坐标法、正交法测量。对正规的矩形建筑物，可直接测定三个房角点坐标，另一个房角点的坐标可通过计算求出。

4）其他建筑物。构筑物测量是指不属于房屋，不计算房屋建筑面积的独立地物以及工矿专用或公用的贮水池、油库、地下人防干（支）线等。

独立地物的测量，应根据地物的几何图形测定其定位点。亭以柱外围为准，塔、烟囱、罐以底部外围轮廓为准，水井以中心为准。构筑物按需要测量。

共有部位测量前，须对共有部位认定。认定时可参照购房协议、房屋买卖合同中设定的共有部位，经实地调查后予以确认。

(4) 陆地交通、水域测量

1）陆地交通测量是指铁路、道路桥梁测量。铁路以轨距外缘为准；道路以路缘为准；桥梁以桥头和桥身外围为准测量。

2）水域测量是指河流、湖泊、水库、沟渠、水塘测量。河流、湖泊、水库等水域以岸边线为准；沟渠、池塘以坡顶为准测量。

(5) 其他相关地物测量

其他相关地物是指天桥、站台、阶梯路、游泳池、消火栓、检阅台、碑以及地下构筑物等。

消火栓、碑不测其外围轮廓，以符号中心定位。天桥、阶梯路均依比例绘出，取其水平投影位置。站台、游泳池均依边线测绘，内加简注。地下铁道、过街地道等不测出其地下物的位置，只表示出入口位置。

二、野外解析法测量

1. 极坐标法测量

1）采用极坐标法时，由平面控制点或自由设站的测量站点，通过测量方向和距离，来测定目标点的位置。

2）界址点的坐标一般应有两个不同测站点测定的结果，取两成果的中数作为该点的最后结果。

3）对间距很短的相邻界址点应由同一条线路的控制点进行测量。

4）可增设辅助房产控制点，补充现有控制点的不足；辅助房产控制点参照三级房产平面控制点的有关规定执行，但可以不埋设永久性的固定标志。

5）极坐标法测量可用全站型电子速测仪。也可用经纬仪配以光电测距仪或其他符合精度要求的测量设备。

2. 正交法测量

正交法又称直角坐标法，它是借助测线和短边支距测定目标点的方法。

正交法使用钢尺丈量距离配以直角棱镜作业。支距长度不得超过50m。

正交法测量使用的钢尺须经检定合格。

3. 线交会法测量

线交会法又称距离交会法，它是借助控制点、界址点和房角点的解析坐标值。按三边测量定出测站点坐标，以测定目标点的方法。

三、航空摄影测量

利用航空摄影测量方法测绘1∶500、1∶1000房产分幅平面图，可采用精密立体测图仪、解析测图仪，精密立体坐标量测仪机助测图和数字测图方法。

1. 像片控制点测量

1）像片控制点分为平面控制点、高程控制点和平高控制点。

2）像片控制点的起算点为基本控制点。

3）平面控制点和平高控制点相对邻近基本控制点的点位中误差不超过图上±0.1mm。高程控制点和平高控制点相对邻近高程控制点的高程中误差不超过±0.1m。

4）像片控制点可以采用全野外布点法或解析空中三角测量区域网平差布点法。

5）像片控制点的平面坐标，一般采用三角网、三边网、测距导线和GPS静态相对定位测量等方法测定。用GPS静态相对定位方法测定时，GPS观测应使用优于10mm+3ppm标称精度的接收机进行。

6）位于高层建筑物上的像片控制点，允许用GPS方法测定平面位置的同时，同步测定拟合计算平高控制点的高程。

7）内业加密点分为平面加密点、高程加密点和平高加密点。

8）内业加密控制点对邻近野外控制点的平面点位中误差和高程中误差不超过表17-11的规定。

表17-11　加密点平面和高程中误差　m

比例尺	加密点平面中误差（平地、丘陵地）	加密点高程中误差（平地、丘陵地）
1∶1000	0.35	0.5
1∶500	0.18	0.5

界址点和房角点如采用航测法内业加密测量时，其精度分别应符合房产测量的基本精度要求及房角点的精度要求。

9）选用的区域网平差计算程序应能对像点坐标分别进行系统误差的改正，相对定向限差不超过表17-12的规定；模型连接较差不超过表17-13的规定。

表17-12 相对定向限差 mm

仪器 \ 项目	标准点残余上下视差	检查点残余上下视差
精密坐标量测仪	±0.02	±0.03
解析测图仪联机空三加密	±0.005	±0.008

表17-13 模型连接较差 m

仪器 \ 项目	平面位置较差 Δl	高程较差 Δz
精密坐标量测仪	$\Delta l \leqslant 0.08 \cdot m_t \cdot 10^{-3}$	$\Delta z \leqslant 0.05 \cdot m_t f_k 10^{-3}/b$
解析测图仪联机空三加密	$\Delta l \leqslant 0.06 \cdot m_t \cdot 10^{-3}$	$\Delta z \leqslant 0.04 \cdot m_t f_k 10^{-3}/b$

注：Δl——平面位置较差（m）；
Δz——高程较差（m）；
m_t——像片比例尺分母；
f_k——航摄仪焦距（mm）；
b——像片基线长度（mm）。

10）绝对定向后基本定向点残差、多余控制点不符值及区域网间公共点较差不超过表17-14的规定。

表17-14 绝对定向限差 m

比例尺	基本定向点残差		多余控制点不符值		区域网间公共点较差	
	平面	高程	平面	高程	平面	高程
1:1000	0.26	0.38	0.44	0.6	0.70	1.0
1:500	0.14	0.38	0.22	0.6	0.36	1.0
中误差倍数	0.75倍		1.25倍		2.0倍	

11）加密点中误差以全区或单个区域为单位按一下两式进行估算：

$$m_q = \pm\sqrt{\frac{[\Delta\Delta]}{n}}$$

$$m_g = \pm\sqrt{\frac{[dd]}{3n}}$$

式中 m_q——控制点中误差（m）；
m_g——公共点中误差（m）；
Δ——多余野外控制点不符值（m）；
d——相邻航线或相邻区域网之间公共点较差（m）；
n——评定精度点数。

2. 像片调绘与调绘志

1）用航空摄影测量方法测绘房产图，一般采用全野外像片调绘和立体测图仪测绘的方法。当采用立体测绘仪测绘时，可以在室内用精密立体测绘仪或解析测图仪进行地物要素的测绘，然后用所测绘的原图到外业进行地物要素的补调或补测。要求判读准确，描绘清楚。图式符号运用恰当，各种注记正确无误。

2）调绘像片和航测原图上各种要素应分红、绿、黑三色表示。其中房产要素、房产编号和说明用红色，水系用绿色，其他用黑色。

3）像片上无影像、影像模糊和被影像或阴影遮盖的地物，应在调绘期间进行补调或补测。

4）外业直接在像片上表示某些要素有一定困难，可采用“调绘志”方法，即在调绘片上蒙附等大的聚酯薄膜，划出调绘面积与像片上准确套合，作业中着重对界址、权属界线、阴影、屋檐改正等有关情况及数字，记录在上面，表述有关地物的形状、尺寸及其相关位置或某些说明资料，为内业提供应用。

3. 外业补测

对像片上无影像的地物，影像模糊的地物，被阴影或树木影像覆盖的地物，作业期间应进行补调或补测。补调可采用以明显地物点为起点的交会法或截距法，在像片上或调绘志上标明与明显地物点的相关距离2～3处，取位至0.01m；补测或补调难度较大且影响精度时采用平板仪作业。对航摄后拆除的地物，则应在像片相应位置用红色划去，成片的应标出范围并加文字说明。

4. 屋檐宽度测量与屋檐改正

当屋檐宽度大于图上0.2mm时，应在像片或采集原图上相应位置注明实量的宽度，丈量取位至0.01m。内业立体测图或图形编辑时应根据实量长度对屋檐进行改正。

5. 数据采集

1）利用航空摄影像片时，在解析测图仪或数字化扫描仪上采用航测效字测图的原理和方法获得数字图，以满足房产管理的需要。

2）数据采集可以选用各类解析测图仪或精密立体测图仪与图形工作站联机作业。

3）解析测图仪内定向的框标坐标量测误差不超过±0.005mm，个别不得超过±0.008mm；绝对定向的平面坐标误差不超过图上±0.3mm，个别不得超过±0.4mm；高程定向误差不超过加密点的高程中误差；绘图桌定向的平面误差不超过图上±0.3mm。定向残差要配赋至最小，且配赋合理。

4）建立统一的符号库和控制点文件库。

5）相邻图幅图形文件必须严格接边。

6）数据量测主要是规定量测模型的比例尺、数据量测间距、量测元素的颜色等；量测有方向性的线状地物符号应用符号部分落在量测方向的左侧，图像轮廓明显清晰的房屋、围护物等地物，按图式要求用测标中心切准地物外轮廓和定位点、定位线，不得遗漏，变形、移位。

7）房产数字图的数据采集成果应进行检核，在保证数据采集成果无误的基础上才能进行数据处理与图形编辑。

6. 数据处理与图形编辑

数据处理包括数据的检查和更新、数据的选取和运算，图形的变换和表示等。图形编辑包括按有关技术规定建立符号库、规定图形要素的层次及颜色、数字注记和文字注记应符合

《房产测量规范 第2单元：房产图图示》（GB/T 17986.2—2000）的规定。

7. 建立文件

根据要求的文件格式建立数据文件与图形文件。

四、全野外数据采集

1. 全野外数据采集的主要内容

全野外数据采集系指利用电子速测仪和电子记簿或便携式计算机所组成的野外数据采集系统，记录的数据可以直接传输至计算机，通过人机交互处理生成图形数据文件，可自动绘制房地产图。

2. 主要技术指标与技术要求

1）每个测站应输入测站点点号和测站点坐标，仪器号，指标差，视准轴误差，观测日期，仪器高等参数。

2）仪器对中偏差不超过 ±3mm；仪器高、觇点高取至厘米；加、乘常数改正不超过1cm时可不进行改正。

3）以较远点定向，以另一已知点作检核，检核较差不得超过 ±0.1m，数据采集结束后，应对起始方向进行检查。

4）观测时，水平角和垂直角读至1′，测距读到1mm，最大距离一般不超过200m，施测困难地区可适当放宽，但距离超过100m时，水平角读至0.1′。

5）观测棱镜时，棱镜气泡应居中，如棱镜中心不能直接安置于目标点的中心时，应作棱镜偏心改正。

6）野外作业过程中应绘制测量草图。草图上的点号和输入记录的点号应一一对应。

3. 作业代码

野外作业时可以使用自编的房地产要素代码，代码应以有利于对数据的编辑处理，且易为观测人员记忆和减少野外作业的工作量。

4. 数据采集的软件

每日施测前，应对数据采集软件进行测试；当日工作结束以后，应检查录入数据是否齐全和正确。

5. 图形编辑

将外业采集的图形数据在计算机屏幕上进行编辑修改和检查，形成图形文件。

生成绘图文件，通过数控绘图仪可自动绘制房地产图。

6. 测绘精度

全野外数据的采集精度应符合相关的要求。

五、测量草图

1. 测量草图的作用

测量草图是地块、建筑物、位置关系和房地调查的实地记录，是展绘地块界址、房屋、计算面积和填写房产登记表的原始依据。在进行房地产测量时应根据项目的内容用铅笔绘制测量草图。

测量草图包括房屋用地测量草图和房屋测量草图。

2. 房屋用地测量草图的内容

1）平面控制网点及点号。

2）界址点、房角点相应的数据。

3）墙体的归属。

4）房屋产别、房屋建筑结构、房屋层数。

5）房屋用地用途类别。

6）丘（地）号。

7）道路及水域。

8）有关地理名称，门牌号。

9）观测手簿中所有未记录的测定参数。

10）测量草图符号的必要说明。

11）指北方向线。

12）测量日期，作业员签名。

3. 房屋测量草图内容及要求

1）房屋测量草图均按概略比例尺分层绘制。

2）房屋外墙及分隔墙均绘单实线。

3）图纸上应注明房产区号、房产分区号、丘（地）号、幢号、层次及房屋座落，并加绘指北方向线。

4）住宅楼单元号、室号、注记实际开门处。

5）逐间实量、注记室内净空边长（以内墙面为准）、墙体厚度。数字取至厘米。

6）室内墙体凸凹部位在0.1m以上者如柱垛、烟道、垃圾道、通风道等均应表示。

7）凡有固定设备的附属用房如厨房、厕所、卫生间、电梯楼梯等均须实量边长，并加必要的注记。

8）遇有地下室、复式房、夹层、假层等应另绘草图。

9）房屋外廓的全长与室内分段丈量之和（含墙身厚度）的较差在限差内时，应以房屋外廓数据为准，分段丈量的数据按比例配赋。超差须进行复量。

4. 测量草图的图纸规格

草图用纸可用787mm×1092mm的1/8、1/16、1/32规格的图纸。

5. 测量草图的比例尺

测量草图选择合适的概略比例尺，使其内容清晰易读。在内容较集中的地方可绘制局部图。

6. 测量草图的绘制要求

测量草图应在实地绘制，测量的原始数据不得涂改擦拭。汉字字头一律向北，数字字头向北或向西。

7. 测量草图图式

测量草图的图式符号参照《房产测量规范　第2单元：房产图图示》（GB/T 17986.2—2000）执行。

第五节　房产图绘制

房产图是房产产权、产籍管理的重要资料。按房产管理的需要可分为房产分幅平面图（以下简称分幅图）、房产分丘平面图（以下简称分丘图）和房屋分户平面图（以下简称分户图）。

一、房产分幅图的绘制

分幅图是全面反映房屋及其用地的位置和权属等状况的基本图，是测绘分丘图和分户图的基础资料。

1. 分幅图的测绘范围

分幅图的测绘范围包括城市、县城、建制镇的建成区和建成区以外的工矿企事业等单位及其毗连居民点。

2. 分幅图的规格

1）分幅图采用50cm×50cm 正方形分幅。

2）建筑物密集区的分幅图一般采用1∶500 比例尺，其他区域的分幅图可以采用1∶1000比例尺。

3）分幅图的图纸采用厚度为0.07～0.1mm 经定型处理、变形率小于0.02%的聚酯薄膜。

4）分幅图的颜色一般采用单色。

3. 分幅图绘制的技术要求

1）展绘图廓线，方格网和控制点，各项误差不超过表17-15的规定。

表17-15　图廓线、方格网、控制点的展绘限差　　mm

仪　　器	方格网长度与理论长度之差	图廓对角线长度与理论长度之差	控制点间图上长度与坐标反算长度之差
仪器展点	0.15	0.2	0.2
格网尺展点	0.2	0.3	0.3

2）房地产要素的点位精度按房产分幅平面图与房产要素测量精度的规定执行。

3）图幅的接边误差不超过地物点点位中误差的$2\sqrt{2}$倍，并应保持相关位置的正确和避免局部变形。

4. 分幅图应表示的基本内容

分幅图应表示控制点、行政境界、丘界、房屋、房屋附属设施和房屋围护物，以及与房地产有关的地籍地形要素和注记。

5. 分幅图的编号

分幅图编号以高斯-克吕格坐标的整公里格网为编号区，由编号区代码加分幅图代码组成（图17-1），编号区的代码以该公里格网西南角的横纵坐标公里值表示。

编号形式如下：

分幅图的编号：	编号区代码	分幅图代码
完整编号：	* * * * * * * * * （9位）	* * （2位）
简略编号：	* * * * （4位）	* * （2位）

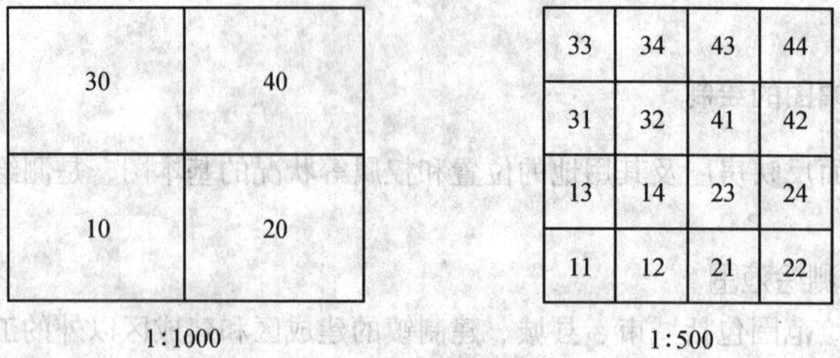

图 17-1　分幅图分幅和代码

编号区代码由 9 位数组成，代码含义如下：

第 1、第 2 位数为高斯坐标投影带的带号或代号，第 3 位数为横坐标的百公里数。第 4、第 5 位数为纵坐标的千公里和百公里数，第 6、第 7 位和第 8、第 9 位数分别为横坐标和纵坐标的十公里和整公里散。

分幅图比例尺代码由 2 位数组成，按图 17-1 规定执行。

在分幅图上标注分幅图编号时可采用简略编号，简略编号略去编号区代码中的百公里和百公里以前的数值。

6. 分幅图绘制中各要素的取舍与表示方法

1）行政境界一般只表示区、县和镇的境界线，街道办事处或乡的境界根据需要表示，境界线重合时，用高一级境界线表示，境界线与丘界线重合时，用丘界线表示，境界线跨越图幅时，应在内外图廓间的界端注出行政区划名称。

2）丘界线表示方法。明确无争议的丘界线用丘界线表示，有争议或无明显界线又提不出凭证的丘界线用未定丘界线表示。丘界线与房屋轮廓线或单线地物线重合时用丘界线表示。

3）房屋包括一般房屋、架空房屋和窑洞等。房屋应分幢测绘，以外墙勒脚以上外围轮廓的水平投影为准，装饰性的柱和加固墙等一般不表示；临时性的过渡房屋及活动房屋不表示；同幢房屋层数不同的应绘出分层线。

窑洞只绘住人的，符号绘在洞口处。

架空房屋以房屋外围轮廓投影为准，用虚线表示；虚线内四角加绘小圈表示支柱。

4）分幅图上应绘制房屋附属设施。包括柱廊、檐廊、架空通廊、底层阳台、门廊、门楼、门、门墩和室外楼梯，以及和房屋相连的台阶等。

①柱廊以柱的外围为准，图上只表示四角或转折处的支柱；

②底层阳台以底板投影为准；

③门廊以柱或围护物外围为准，独立柱的门廊以顶盖投影为准；

④门顶以顶盖投影为准；

⑤门墩以墩的外围为准；

⑥室外楼梯以水平投影为准，宽度小于图上 1mm 的不表示；

⑦与房屋相连的台阶按水平投影表示，不足五阶的不表示。

5）围墙、栅栏、栏杆、篱笆和钢丝网等界标围护物均应表示，其他围护物根据需要表示。临时性或残缺不全的和单位内部的围护物不表示。

6）分幅图上应表示的房地产要素和房产编号包括丘号、房产区号、房产分区号、丘支号、幢号、房产权号、门牌号、房屋产别、结构、层数、房屋用途和用地分类等，根据调查资料以相应的数字、文字和符号表示。当注记过密容纳不下时，除丘号、丘支号、幢号和房产权号必须注记，门牌号可首末两端注记、中间跳号注记外，其他注记按上述顺序从后往前省略。

7）与房产管理有关的地形要素包括铁路、道路、桥梁、水系和城墙等地物均应表示。亭、塔、烟囱以及水井、停车场、球场、花圃、草地等可根据需要表示。

①铁路以两轨外缘为准，道路以路缘为准；桥梁以外围投影为准；城墙以基部为准；沟、渠、水塘、游泳池等以坡顶为准；其中水塘、游泳池等应加简注。

②亭以柱的外围为准；塔、烟囱和罐以底都外围轮廓为准；水井以井的中心为准；停车场、球场、花圃、草地等以地类界线表示，并加注相应符号或加简注。

7. 地理名称注记

1）地名的总名与分名应用不同的字级分别注记。

2）同一地名被线状地物和图廓分割或者不能概括大面积和延伸较长的地域、地物时，应分别调注。

3）单位名称只注记区、县级以上和使用面积大于图上 $100cm^2$ 的单位。

8. 图边处理与图面检查

1）接边差不得大于规定的界址点、地物点位中误差的 $2\sqrt{2}$倍，并应保证房屋轮廓线、丘界线和主要地物的相互位置及走向的正确性。

2）自由图边在测绘过程中应加强检查，确保无误。

9. 图廓整饰

1）分幅图图幅编号按“5.”的规定执行。

2）分幅图、分丘图上每隔 10cm 展绘坐标网点，图廓线上坐标网线向内侧绘 5.0mm 短线，图内绘 10.0mm 的十字坐标线。

3）分幅图上一般不注图名，如注图名时图廓左上角应加绘图名结合表。

4）采用航测法成图时，图廓左下角应加注航摄时间和调绘时间。

二、房产分丘图的绘制

分丘图是分幅图的局部图，是绘制房屋产权证附图的基本图。

1. 分丘图的规格

1）分丘图的幅面可在 787mm × 1092mm 的 1/32 ~ 1/4 之间选用。

2）分丘图的比例尺，根据丘面积的大小，可在 1∶100 ~ 1∶1000 之间选用。

3）分丘图的图纸一般采用聚酯薄膜，也可选用其他材料。

2. 分丘图的技术要求

1）展绘图廓线，方格网和控制点的各项误差不超过分幅图绘制的基本要求。

2）分丘图的坐标系统与分幅图的坐标系统应一致。

3. 分丘图上应表示的内容

分丘图上除表示分幅图的内容外，还应表示房屋权界线、界址点点号、窑洞使用范围，挑廊、阳台、建成年份、用地面积、建筑面积、墙体归属和四至关系等各项房地产要素。

4. 分丘图上周邻关系的描述

分丘图上，应分别注明所有周邻产权所有单位（或人）的名称，分丘图上各种注记的字头应朝北或朝西。

5. 毗邻墙体的表示与测量

测量本丘与邻丘毗连墙体时，共有墙以墙体中间为界，量至墙体厚度的1/2处；借墙量至墙体的内侧；自有墙量至墙体外侧并用相应符号表示。

6. 重合要素的表示与处理

房屋权界线与丘界线重合时，表示丘界线；房屋轮廓线与房屋权界线重合时，表示房屋权界线。

7. 图面检查与图廓整饰

分丘图的图廓位置，根据该丘所在位置确定，图上需要注出西南角的坐标值，以公里数为单位注记至小数后三位。

三、房产分户图的绘制

1. 分户图的主要用途

分户图是在分丘图基础上绘制的细部图，以一户产权人为单位，表示房屋权属范围的细部图，以明确异产毗连房屋的权利界线供核发房屋所有权证的附图使用。

2. 分户图的技术要求

1）分户图的方位应使房屋的主要边线与图框边线平行，按房屋的方向横放或竖放，并在适当位置加绘指北方向符号。

2）分户图的幅面可选用787mm×1092mm的1/32或1/16等尺寸。

3）分户图的比例尺一般为1:200，当房屋图形过大或过小时，比例尺可适当放大或缩小。

4）分户图上房屋的丘号、幢号，应与分丘图上的编号一致。房屋边长应实际丈量，注记取至0.01m，注在图上相应位置。

3. 分户图应表示的主要内容

分户图表示的主要内容包括房屋权界线、四面墙体的归属和楼梯、走道等部位以及门牌号、所在层次、户号、室号、房屋建筑面积和房屋边长等。

4. 分户图上的文字注记

1）房屋产权面积包括套内建筑面积和共有分摊面积，标注在分户图框内。

2）本户所在的丘号、户号、幢号、结构、层数、层次标注在分户图框内。

3）楼梯、走道等共有部位，需在范围内加简注。

5. 墙体归属与周邻关系的表述

房屋权界线，包括墙体、归属的表示按《房产测量规范　第2单元：房产图图示》（GB/T 17986.2—2000）执行。

6. 图面整饰

图面整饰按《房产测量规范　第2单元：房产图图示》（GB/T 17986.2—2000）执行，文字注记应相对集中。

四、房产图的绘制方法

1. 全野外采集数据成图

利用全站仪或经纬仪测距仪、电子平板、电子记簿等设备在野外采集的数据。通过计算机屏幕编辑，生成图形数据文件，经检查修改，准确无误后，可通过绘图仪绘出所需成图比例尺的房产图。

2. 航摄像片采集数据成图

将各种航测仪器量测的测图数据，通过计算机处理生成图形数据文件；在屏幕上对照调绘片进行检查修改。对影像模糊的地物，被阴影和树林遮盖的地物及摄影后新增的地物应到实地检查补测。待准确无误后，可通过绘图仪按所需成图比例尺绘出规定规格的房产图。

3. 野外解析测量数据成图

利用正交法、交会法等采集的测图数据通过计算机处理，编辑成图形文件。在视屏幕上，对照野外记录草图检查修改，准确无误后，可通过绘图仪，绘出所需规格的房产图，或计算出坐标，展绘出所需规格的房产图。

4. 平板仪测绘房产图

平板仪测绘是指大平板仪（或小平板仪）配合皮尺量距测绘。

1）测站点点位精度相对于邻近控制点的点位中误差不超过图上 ±0. 3mm。

2）当现有控制不能满足平板测图控制时，可布设图根控制。图根控制点相对于起算点的点位中误差不超过图上 ±0. 1mm。

3）采用图解交会法测定测站点时，前、侧方交会不得少于三个方向，交会角不得小于30°或大于150°，前、侧方交会的示误三角形内切圆直径应小于图上0. 4mm。

4）平板仪对中偏差不超过图上0. 05mm。

5）平板仪测图时，测图板的定向线长度不小于图上6cm，并用另一点进行检校，检校偏差不超过图上0. 3mm。

6）地物点测定，其距离一般实量。使用皮尺丈量时，最大长度1∶500测图不超过50m，1∶1000测图不超过75m；采用测距仪时，可放长。

7）采用交会法测定地物点时，前、侧方交会的方向不应少于三个，其长度不超过测板定向距离。

8）原图的清绘整饰根据需要和条件可采用着色法、刻绘法。各项房产要素必须按实测位置或底图位置准确着色（刻绘），其偏移误差不超过图上0. 1mm。各种注记应正确无误，位置恰当，不压盖重要地物。着色线条应均匀光滑，色浓饱满；刻绘线划应边缘平滑，光洁透亮。线划粗细、符号大小，应符合图式规格和复制的要求。

5. 编绘法绘制房产图

房产图根据需要可利用已有地形图和地籍图进行编绘。作为编绘的已有资料，必须符合实测图的精度要求，比例尺应等于或大于绘制图的比例尺。编绘工作可在地形原图复制或地籍原图复制的等精度图（以下简称二底图）上进行，其图廓边长，方格尺寸与理论尺寸之差不超过表17-15的规定。补测应在二底图上进行，补测后的地物点精度应符合规定。

补测工作结束后，将调查成果准确转绘到二底图上，对房产图所需的内容经过清绘整饰，加注房产要素的编码和注记后，编成分幅图底图。底图的清绘整饰要求按规定执行。

第六节 房产面积测算

一、一般规定

1. 房产面积测算的内容

面积测算系指水平面积测算。分为房屋面积和用地面积测算两类，其中房屋面积测算包括房屋建筑面积、共有建筑面积、产权面积、使用面积等测算。

2. 房屋的建筑面积

房屋建筑面积系指房屋外墙（柱）勒脚以上各层的外围水平投影面积，包括阳台、挑廊、地下室、室外楼梯等，且具备有上盖，结构牢固，层高 2. 20m 以上（含 2. 20m）的永久性建筑。

3. 房屋的使用面积

房屋使用面积系指房屋户内全部可供使用的空间面积，按房屋的内墙面水平投影计算。

4. 房屋的产权面积

房屋产权面积系指产权主依法拥有房屋所有权的房屋建筑面积。房屋产权面积由直辖市、市、县房地产行政主管部门登记确权认定。

5. 房屋的共有建筑面积

房屋共有建设面积系指各产权主共同占有或共同使用的建筑面积。

6. 面积测算的要求

各类面积测算必须独立测算两次，其较差应在规定的限差以内，取中数作为最后结果。

量距应使用经检定合格的卷尺或其他能达到相应精度的仪器和工具。面积以平方米为单位，取至 0. 01m^2。

二、房屋建筑面积测算的规定

1. 计算全部建筑面积的范围

1）永久性结构的单层房屋，按一层计算建筑面积；多层房屋按各层建筑面积的总和计算。

2）房屋内的夹层、插层、技术层及其梯间，电梯间等其高度在 2. 20m 以上部位计算建筑面积。

3）穿过房屋的通道，房屋内的门厅、大厅，均按一层计算面积。门厅、大厅内的回廊部分，层高在 2. 20m 以上的，按其水平投影面积计算。

4）楼梯间、电梯（观光梯）井、提物井、垃圾道、管道井等均按房屋自然层计算面积。

5）房屋天面上，属永久性建筑，层高在 2. 20m 以上的楼梯间、水箱间、电梯机房及斜面结构屋顶高度在 2. 20m 以上的部位，按其外围水平投影面积计算。

6）挑楼、全封闭的阳台按其外围水平投影面积计算。

7）属永久性结构有上盖的室外楼梯，按各层水平投影面积计算。

8）与房屋相连的有柱走廊，两房屋间有上盖和柱的走廊，均按其柱的外围水平投影面积计算。

9）房屋间永久性的封闭的架空通廊，按外围水平投影面积计算。

10）地下室、半地下室及其相应出入口，层高在2.20m以上的，按其外墙（不包括采光井、防潮层及保护墙）外围水平投影面积计算。

11）有柱或有围护结构的门廊、门斗，按其柱或围护结构的外围水平投影面积计算。

12）玻璃幕墙等作为房屋外墙的，按其外围水平投影面积计算。

13）属永久性建筑有柱的车棚、货棚等按柱的外围水平投影面积计算。

14）依坡地建筑的房屋，利用吊脚做架空层，有围护结构的，按其高度在2.20m以上部位的外围水平面积计算。

15）有伸缩缝的房屋，若其与室内相通的，伸缩缝计算建筑面积。

2. 计算一半建筑面积的范围

1）与房屋相连有上盖无柱的走廊、檐廊，按其围护结构外围水平投影面积的一半计算。

2）独立柱、单排柱的门廊、车棚、货棚等属永久性建筑的，按其上盖水平投影面积的一半计算。

3）未封闭的阳台、挑廊，按其围护结构外围水平投影面积的一半计算。

4）无顶盖的室外楼梯按各层水平投影面积的一半计算。

5）有顶盖不封闭的永久性的架空通廊，按外围水平投影面积的一半计算。

3. 不计算建筑面积的范围

1）层高小于2.20m的夹层、插层、技术层和层高小于2.20m的地下室和半地下室。

2）突出房屋墙面的构件、配件、装饰柱、装饰性的玻璃幕墙、垛、勒脚、台阶、无柱雨篷等。

3）房屋之间无上盖的架空通廊。

4）房屋的天面、挑台、天面上的花园、泳池。

5）建筑物内的操作平台，上料平台及利用建筑物的空间安置箱、罐的平台。

6）骑楼、过街楼的底层用作道路街巷通行的部分。

7）利用引桥、高架路、高架桥、路面作为顶盖建造的房屋。

8）活动房屋、临时房屋、简易房屋。

9）独立烟囱、亭、塔、罐、池、地下人防干（支）线。

10）与房屋室内不相通的房屋间伸缩缝。

三、用地面积测算

1. 用地面积测算的范围

用地面积以丘为单位进行测算，包括房屋占地面积、其他用途的土地面积测算，各项地类面积的测算。

2. 土地不计入用地面积的土地

1）无明确使用权属的冷巷、巷道或间隙地。

2）市政管辖的道路、街道、巷道等公共用地。

3）公共使用的河涌、水沟、排污沟。

4）已征用、划拨或者属于原房地产证记载范围，经规划部门核定需要作市改建设的用地。

5）其他按规定不计入用地的面积。

3. 用地面积测算的方法

用地面积测算可采用坐标解析计算、实地量距计算和图解计算等方法。

四、面积测算方法与精度要求

1. 坐标解析法

1）根据界址点坐标成果表上数据，按下式计算面积。

$$S = \frac{1}{2}\sum_{i=1}^{n} X_i(Y_{i+1} - Y_{i-1})$$

或

$$S = \frac{1}{2}\sum_{i=1}^{n} Y_i(X_{i-1} - X_{i+1})$$

式中 S——面积（m^2）；

X_i——界址点的纵坐标（m）；

Y_i——界址点的横坐标（m）；

n——界址点个数；

i——界址点序号，按顺时针方向顺编。

2）面积中误差按下式计算。

$$m_s = \pm m_j \sqrt{\frac{1}{8}\sum_{i=1}^{n} D_{i-1,i+1}^2}$$

式中 m_s——面积中误差（m^2）；

m_j——相应等级界址点规定的点位中误差（m）；

$D_{i-1,i+1}$——多边形中对角线长度（m）。

2. 实地量距法

1）规则图形，可根据实地丈量的边长直接计算面积；不规则图形，将其分割成简单的几何图形，然后分别计算面积。

2）面积误差按规定计算，其精度等级的使用范围，由各城市的房地产行政主管部门根据当地的实际情况决定。

3. 图解法

图上量算面积，可选用求积仪法、几何图形法等方法。图上面积测算均应独立进行两次。

两次量算面积较差不得超过下式规定：

$$\Delta S = \pm 0.0003M\sqrt{S}$$

式中 ΔS——两次量算面积较差（m^2）；

S——所量算面积（m^2）；

M——图的比例尺分母。

使用图解法量算面积时，图形面积不应小于5cm^2。图上量距应量至0.2mm。

第七节 变更测量

一、一般规定

1. 变更测量的分类

变更测量分为现状变更测量和权属变更测量。

2. 现状变更测量内容

1）房屋的新建、拆迁、改建、扩建、房屋建筑结构、层数的变化。

2）房屋的损坏与灭失，包括全部拆除或部分拆除、倒塌和烧毁。

3）围墙、栅栏、篱笆、钢丝网等围护物以及房屋附属设施的变化。

4）道路，广场、河流的拓宽、改造，河、湖、沟渠、水塘等边界的变化。

5）地名、门牌号的更改。

6）房屋及其用地分类面积增减变化。

3. 权属变更测量内容

1）房屋买卖、交换、继承、分割、赠与、兼并等引起的权属的转移。

2）土地使用权界的调整，包括合并、分割、塌没和截弯取直。

3）征拨、出让、转让土地而引起的土地权属界线的变化。

4）其他项权利范围的变化和注销。

4. 变更测量的程序

变更测量应根据房地产变更资料，先进行房地产要素调查，包括现状、权属和界址调查，再进行分户权界和面积的测定，调整有关的房地产编码，最后进行房地产资料的修正。

二、变更测量的方法

1. 变更测量方法的选择

1）变更测量应根据现有变更资料，确定变更范围。按平面控制点的分布情况，选择测量方法。

2）房地产的合并和分割，应根据变更登记文件，在当事人或关系人到现场指界下，实地测定变更后的房地产界址和面积。

3）修测之后，应对现有房产、地籍资料进行修正与处理。

2. 变更测量的基准

1）变更测量以变更范围内平面控制点和房产界址点作为测量的基准点，所有已修测过的地物点不得作为变更测量的依据。

2）变更范围内和邻近的符合精度要求的房角点，也可作为修测的依据。

3. 变更测量的精度要求

1）变更后的分幅、分丘图图上精度，新补测的界址点的精度都应符合规定。

2）房产分割后各户房屋建筑面积之和与原有房屋建筑面积的不符值应在限差以内。

3）用地分割后各丘面积之和与原丘面积的不符值应在限差以内。

4）房产合并后的建筑面积，取被合并房屋建筑面积之和；用地合并后的面积，取被合并的各丘面积之和。

4. 变更测量的业务要求

1）变更测量时，应做到变更有合法依据，对原已登记发证而确认的权界位置和面积等合法数据和附图不得随意更改。

2）房地产合并或分割，分割应先进行房地产登记，且无禁止分割文件，分割处必须有固定界标；位置毗连且权属相同的房屋及其用地可以合并应先进行房地产登记。

3）房屋所有权发生变更或转移，其房屋用地也应随之变更或转移。

三、房地产编号的变更与处理

1. 丘号

1）用地的合并与分割都应重新编丘号，新增丘号。按编号区内的最大丘号续编。

2）组合丘内，新增丘支号按丘内的最大丘支号续编。

2. 界址点、房角点点号

新增的界址点或房角点的点号，分别按编号区内界址点或房角点的最大点号续编。

3. 幢号

房产合并或分割应重新编幢号，原幢号作废，新幢号按丘内最大幢号续编。

第八节　成果资料的检查与验收

1. 一般规定

（1）成果检查、验收的制度

房产测量成果实行二级检查一级验收制。一级检查为过程检查，在全面自检、互查的基础上，由作业组的专职或兼职检查人员承担。二级检查由施测单位的质量检查机构和专职检查人员在一级检查的基础上进行。

（2）检查、验收中问题的登记和处理

各级检查验收中发现的问题，必须做好记录并提出处理意见。

（3）检查、验收报告书

1）检查验收工作应在二级检查合格后由房产测绘单位的主管机关实施。二级检查和验收工作完成后应分别写出检查、验收报告。

2）产品成果最终验收工作由任务的委托单位组织实施。验收工作结束后应写出检查报告和验收书。

（4）上交成果资料内容

1）房产测绘技术设计书。

2）成果资料索引及说明。

3）控制测量成果资料。

4）房屋及房屋用地调查表、界址点坐标成果表。

5）图形数据成果和房产原图。

6）技术总结。

7）检查验收报告。

2. 检查、验收项目及内容

(1) 控制测量

1) 控制测量网的布设和标志埋设是否符合要求。

2) 各种观测记录和计算是否正确。

3) 各类控制点的测定方法、扩展次数及各种限差、成果精度是否符合要求。

4) 起算数据和计算方法是否正确，平差的成果精度是否满足要求。

(2) 房产调查

1) 房产要素调查的内容与填写是否齐全、正确。

2) 调查表中的用地略图和房屋权界线示意图上的用地范围线、房屋权界线、房屋四面墙体归属，以及有关说明、符号和房产图上是否一致。

(3) 房产要素测量

1) 房产要素测量的测量方法、记录和计算是否正确。

2) 各项限差和成果精度是否符合要求。

3) 测量的要素是否齐全、准确，对有关地物的取舍是否合理。

(4) 房产图绘制

1) 房产图的规格尺寸，技术要求，表述内容，图廓整饰等是否符合要求。

2) 房地产要素的表述是否齐全、正确，是否符合要求。

3) 对有关地形要素的取舍是否合理。

4) 图面精度和图边处理是否符合要求。

(5) 面积测算

1) 房产面积的计算方法是否正确，精度是否符合要求。

2) 用地面积的测算是否正确，精度是否符合要求。

3) 共有与共用面积的测定和分摊计算是否合理。

(6) 变更与修测成果的检查

1) 变更与修测的方法，测量基准、测绘精度等是否符合要求。

2) 变更与修测后房地产要素编号的调整与处理是否正确。

3. 成果质量的评定

(1) 成果质量评定等级

成果质量实行优级品、良级品和合格品三级评定。

(2) 成果质量评定标准

1) 成果质量由专职或兼职检查验收人员评定。

2) 成果质量评定标准，可参照《测绘产品质量评定标准》(CH 1003—1995) 执行。

第十八章　现代测量仪器的应用

第一节　数字化测量概述

一、几何信息与属性信息

信息是自然界物质间变化、运动、发展及相互作用的物质媒体，它的物理载体可以多种多样。信息作用于物质系统一般要引起物质系统的变化，利用物质的两个状态来表达和记录信息，给电系统处理信息提供了可能。最初，电力电子系统只用于照明或动力，后来开始用于表达、传递信息和运算。20 世纪初，人们发现了电磁介质和数字电路系统在表示、存贮、处理信息中的巨大价值，于 1946 年发明了世界上第一台电子管计算机。最初的信息代码存贮介质是穿孔纸带，它预示着人类又一次划时代的技术革命的到来。

20 世纪 50 年代末期，随着计算机技术的飞速发展，人们越来越认识到信息数字化对于促进人类发展的巨大价值，认识到信息数字化是计算机及自动化技术飞速发展的必然产物，也是社会发展的必然要求。今天，它已经成为人类社会与技术发展的必然趋势，正改变着许多技术领域的面貌。

测绘是人类技术一个古老的领域，历经数千年的发展，推动着数学、精密机械制造、印刷业等众多技术的发展。测绘技术主要侧重于对人类能触及的空间中物质系统的几何状态信息的获取和追踪，属于“查明现状”的信息勘察与测试技术的基础和主要组成部分。事实上即便是在传统的“测量”工作中，也包含有大量的“勘察”工作，即确定“对象”属性的工作。这些工作一般可以划分为“取得信息”（几何与属性信息）、“传递信息”、“信息的处理及加工”，直至提供“成果（成品）”等几个过程。

由于人类发明了文字、数字、纸张、印刷术和机械光学制造，使这些工作在技术与手段上不断进步，使之变得日益快捷、准确、方便和系统化。而测绘技术的发展大致可分为“尺估时期”、“机械光学时期”、“电仪时期”，以及 20 世纪 80 年代初期进入的所谓“数字时期”。

数字化测量技术是以对象几何与属性数据采集的数字化、数据记录数字化、成果处理与应用数字化为核心的一整套技术。以数字化测量仪器与计算机及通信技术结合为标志的数字化测量技术，代表了现代测绘及土木工程技术正向自动化、智能化、高可靠度的方向发展，并朝着较传统技术与方法大大提高适应性、灵活性、可靠性的方向发展。

在上述过程中，最先使用数字化技术的是在勘测信息的处理和加工方面。电子计算机出现后不久，开始用作计算工具，从原始资料处理到严密平差。但在很长一段时间，这种测量信息的数字化过程仅限于计算机内部。

电子测距工具相当长一个时期是采用模拟电路，20 世纪 70 年代以后才出现数字电路的测距仪。因其信息数字化程度较低，许多早期的测距仪仍然不具备数据处理、存贮和由外部设备源取得或者控制的功能。80 年代初以后，各种数字化的测量、测试、传递、计算、记录工具相继出现，如小型计算器、掌上机、电子经纬仪、数字应变仪等，工程测量各个方面的自动化、数字化程度大为提高。进入 90 年代，更加先进的、综合的数字化测量及数据处理系统相继出现，勘察测量技术进入全面数字化、自动化时代。

数字化测量（绘）的基本含义是，在对象的几何、属性信息的采集、传输、处理和成果提交的整个过程，实现用电子计算机及其他数字系统可以识别、利用的数字化形式表达全部可用信息和辅助信息，以实现更大程度的勘测作业自动化。科学技术的发展，特别是电子计算机技术、精密机械技术、自动化技术以及通信技术的发展，使我们初步具备了实现工程勘测更高精度的数字化与自动化的条件，一场以全球卫星定位技术（GPS）、地理信息数字化与分析技术（GIS）、智能全站仪（TPS）以及现代测量通信技术为代表的巨大革命，使这一传统产业的面貌发生重大变化。

工程勘测自动化包括：数据采集自动化，数据传输自动化，数据分析分处理自动化，以及成果运用的自动化。

二、信息的采集与数字化

1. 数据的“传感”与记录系统

对象的勘测信息分为几何信息与属性信息两大类。表达几何信息和属性信息的数据分别称为几何数据与属性数据（包括自然界的和社会的）。

任何数据的采集都是某种“传感”作用，即获取隐含信息的数据并将其记录下来。充当这种传感器作用的就是人和仪器。几何要素“传感器”主要包括角度、距离、位移；物理要素主要包括时间、外观、气压、强度等，“传感器”可以是人或借助于其他勘察试验工具。社会属性（包括种类、权属、物理力学性质等）传感器目前只能由人完成。人本身也可看作一种特殊的传感器。

在数据发生现场，与数据采集器同时存在的是现场数据的记录与处理。当数据为“非数字化”时，数据采集器（传感器）兼有将“非数字化”数据“数字化”的功能。数据记录器已经成为数字化勘测数据采集系统不可缺少的组成部分，在现代勘测工作中具有越来越重要的地位与作用。

工程勘测作业中的“传感器”一般是指温测、感仪器和设备，它是原始数据的发生点。但由于有用信息的多样化，有相当一部分数据来源于非测试途径，因此，广义的传感器也包括“人”。在传感器之前是一个数据采集环境，我们称为勘测对象。

可以实现自动传感的量包括几何要素，如角度、距离、位移等；某些物理参数，如时间、温度、气压、湿度、质量、应力等。模式识别技术提高了机器通过数字影像到识别属性的能力。因此，越来越多的属性提取有可能实现自动化或半自动化。但是在目前，社会属性及深层次属性的摞取，实现自动化是不可能的。

2. 采集

测量主要是采集指定地理体几何信息的工作。地理实体一般是以其是否具有某些属性来定义的，这些实体属性包括自然属性和社会属性。实体的属性明确以后，其边界也就可以确定了。

任何地理实体都包含着大量的属性信息，而往往其边界的几何信息是最重要的。除了其几何属性之外，还有其物理及自然属性。这些属性可以分为表面属性及内部属性。社会属性主要是涉及自然、历史及其他社会关系要求。此外，对象可能还有一些在测绘作业时需要的一些属性，如点名、点号、工作区、图号等，我们称之为“工作属性”。

属性信息的获取，有时是为了区别实体，或是为了满足委托方的需求。获取属性信息（或确定属性）的手段主要有：

(1) 图像加经验方法

主要是通过肉眼观察，结合经验确定对象的自然属性。受过训练的人还可推测其物理力学性质和某些社会属性。

(2) 实地简单试验法

主要用于确定对象的某些物理力学性质。

(3) 取样测试法

用于确定对象的重复自然、物理、力学属性。

(4) 调查询问法

主要用于获取对象的社会属性。在有些情况下，确定和获取用户所需的对象的属性数据，比其几何要素还重要。在勘测成果中，属性数据特别是社会属性所占的比重在不断提高。

“有用信息”主要是指委托人要求的信息。勘测服务将面临越来越多的需求，可服务于工程、科研、管理等多种用途。

在上述几类信息的采集方法中，还可根据是否需要接触对象而分为接触式与不接触式方法。不接触式方法主要有目视、摄影，这类方法加上经验已经能够获得大多数的外表区的直观属性。这也是传统测绘中确定对象属性的主要方法。

3. 数字化

表达地理实体属性的方法是用数据，其形式主要有：

(1) 数字

描述几何属性和一部分物理、力学和社会属性。

(2) 符号

简化表示某些具有复杂性质的对象，处理时需用解释程序。

(3) 文字

通常用于描述自然属性，同时也用于社会属性。

当语音和图像能反映研究对象的有用属性时，也属于“采集到的数据”范围，我们称它们为原始数据。原始数据的数字化是上述信息的自动化传输与处理的先决条件。我们按原始数据数字化的时间分为以下几种方式：

(1) 立即数字化

一般指使用数字化仪器工具获取的原始数据，或是使用电子记录工具，在现场记录下的数字化调查资料。

(2) 测站数字化

指用非数字化的仪器、工具或调查询问获取的数据，在数据发生点立即输入电子记录器，同时被数字化。

（3）试验地或内业数字化

有时限于条件有限，须将纸面记录的数据在试验地或者基地通过计算加以数字化，并做各类处理。

（4）间断数字化

勘测成果在以后的处理、加工、输运及得到最后成果的过程中，有时表现为数字形式，有时表现为书面形式。其原因在于技术条件所限，或是委托方的要求。

三、数据传输与处理系统

1. 数据传输系统

勘测数据的传输是整个数据的采集、整理、提供数据成果过程的必要环节，是实现数据采集与处理实时化、自动化的重要组成部分。数字化勘测成果的“运输”主要有以下途径：

（1）现场纸面记录，由人工携带递送。

（2）使用电子记录器记录，由人工送回驻地由计算机读取。

（3）将传感器中记录媒体取出，由人工送回驻地，由计算机自动读取。

（4）无线记录器，采取发生即传输方式（无线数字化传输）。

（5）将现场记录器中的数据通过公用通信系统（有线或无线）传输到主基地。

2. 数据处理系统

几何与属性数据的处理主要指原始数据、中间数据的校验（核）、改正、转换、运算等，以得到满足设计及其他各种使用的数据质量要求，可分为前期处理、中间处理和最后成果处理等几种。

按数据处理的地点可分为现场处理、驻地处理和基地处理等几种情况。从最初的数据发生到按要求的成果提交，数据处理理论上可以在各个阶段一次完成或分别在多个阶段中完成。

完成勘察数据加工处理的系统单元称为“数据处理系统”，常与“数据记录系统”合二为一，如在大多数测量手簿处理器上的情况就是如此。但涉及到多种勘测的数据处理时，数据综合处理系统往往自成为独立的系统。

四、数字化测绘成果

数字化测绘成果的基本要素如下：

1）数字化测绘成果的所有信息必须是“数字化”的。

2）数字化测绘成果的所有信息应当是计算机可以识别的。计算机可以识别的信息有三个条件：一是可以读取，二是可以修改，三是可以分类。其中第三条较难实现，一般需要附加属性信息和拓扑关系信息。

3）数字化测绘成果的所有信息应当是标准化的。数字化测绘成果的标准化，一是为了便于计算机处理，二是为了勘测成果的通用性与可复用性。即使是为某些特殊用途采集的数据，一般也应以标准化的形式提交。规范化和标准化一般包括以下几个方面含义：

①几何数据和属性数据格式的标准化。

②几何数据和属性数据的定义和代码标准化；非数量化数据“数量化”的标准化。

③记录格式、记录方式的统一与标准化。

④文件命名的标准化。

经过十余年的发展，数字化测绘成果已逐渐为我国工程界所接受和普遍使用，数字化勘测正在成为商品化勘测成果的主流。一个主要原因是作为勘测成果的主要使用部门——规划、设计、管理机构，其计算机辅助分析决策需求与水平日益提高。按照以上标准，目前多数测绘成果的数字化形式和水平都只属初步阶段。例如，可以将数字相片、扫描图等数字化测绘资料称为“简单数字化”资料，将外业采集的具有属性的数据成果称为“离散数字化”成果，将具有完全拓扑关系的测绘信息称为“完全数字化”成果。

测量（绘）项目一般是受业主或政府的委托，在一定时间内按一定质量完成一定的几何信息与属性信息的采集、加工、整理工作，并提交所要求的信息产品（成果）。这种信息采集加工工作的特点，决定了其技术发展方向必然且能够实现完全数字化和基本自动化。这既是由产业性质与特点决定的，也是信息数字化时代的必然要求。

数字化测绘成果与普通测绘成果在本质上是一致的，只是表现形式上的不同。数字化测绘成果同样由几何数据和属性数据构成，所不同的是用户在取得这些数据后，可以直接在计算机上使用这些数据，并直接用于研究与设计，以图形或数字形式观察这些数据。

现代设计、决策以及状态监控与问题诊断，日益趋向于计算机辅助化与实时化。测绘成果作为反映研究对象真实状况的调查数据，要适应这一要求，测绘成果要求全部或大部分数字化。如何更快地向用户提供达到满足要求的全数字化的测绘成果，是数字化测绘技术研究的基本问题。

第二节　测量仪器的发展趋势

一、测量仪器发展的基本方向

1. 精度

精度一直是各种新型测量仪器与方法研制所追求的主要技术指标。目前的测量仪器与方法所能达到的精度尽管已较过去有很大的提高，但是仍然不能满足不断发展的科研与生产的某些特殊需要。

2. 测程

随着距离的增加，高精度测量的难度加大。高精度远程测量长期以来一直是人们追求的目标，虽然在人们的不懈努力下，测程不断扩大，显示了人类研究能力的拓展，尤其是 GPS 的出现使这问题在一定程度上得到了解决，但是更长距离的测定仍然较为困难。

3. 精度的稳定性

在不同的作业、运输和工作条件温度环境、使用时间因素下保证精度的稳定性，一直是衡量测量仪器质量的一个重要指标。

4. 具有更好的可操作性

主要体现在仪器设计便于使用，在操作上更加符合人的操作习惯，以利于提高观测速度，减少错误的发生。

5. 质量轻，便于携带与搬运

近几十年来，同等精度经纬仪的质量减少了 30% ~50%。

6. 仪器安置自动化程度

如自动对中、自动整平、读数自动补偿功能等。目前，许多测量仪器的安置时间仍然占整个观测时间的很大部分。

7. 自动跟踪、识别、瞄准目标的要求

这一环节的自动化将可以进一步减少野外观测时间，提高观测精度。目前已经取得了显著的进展。

8. 自动读数、记录

新一代测量仪器更多地要求自动读数和记录，这是实现数据自动采集的关键环节。20世纪90年代以来，以电子经纬仪为代表的新一代测量仪器在这一方面已经取得了实质性的进展。

9. 数据的自动记录、发送

有许多场合和应用问题要求测量仪器具有数据自动记录、自动发送的功能，以省去人工记录存在的读错、记错、数据转抄错误，同时实时提供数据给使用者。

10. 测站处理的范围扩大

已有趋势表明，仪器的计算功能正向包括部分或整个后续处理功能的方向发展。这一特点目前已成为一些低等级控制测量和工程应用问题的要求。它具有及时发现错误、评定精度和及时提供平差成果的功能。

11. 耗电小

使用高能长效电池，以延长一次充电的作业时间，减少备用电池的携带。

12. 成本更低

虽然在整个工程造价中，测绘成本仅占很小一部分，但绝不是说减小其成本没有意义。例如，全站仪在最近十年已从最初的每台近百万元下降到了几万元，经济效益明显。

13. 其他要求

测量仪器具有可以重复利用，便于维修，便于功能扩展，零部件具有通用性，多重数据安全功能等性能。最新的仪器设计思想主张从用户需求着想，一切为了满足用户的个性化需求，尽可能适应复杂条件下的特殊要求。

此外，随着GPS定位技术的不断完善和普及，新一代测量系统的研究、设计与生产也在迅速发展，新产品将不断问世。目前的发展趋势主要表现为以下几方面：

（1）硬件方面

1）向小型化、轻型化发展。

2）结构模块化，减少易损接口。

3）控制器小型化，以方便用户操作，提高自动化程度。

4）降低功率消耗。

5）改善存储管理，增大存储容量。

6）信号接收、跟踪、处理与测量单元一体化，以减少信号损失。

7）进一步降低价格。

（2）软件方面

1）进一步增强数据的综合处理能力，以满足不同用户的要求。

2）加强网平差、坐标系统转换以及成果分析能力。

3）增强绘图功能。

4）提高自动发现和修复周跳的能力。

5）发展快速解算整周待定值技术，以缩短观测时间，提高作业效率。

6）提高数据处理的自动化水平。

二、测量相关技术的发展趋势

测量仪器的发展密切相关于现代光学、机械、电子和计算机技术等现代技术的发展。在16世纪以前，测量工具以绳尺等丈量工具为主，称为无望远镜时期；随着精密机械及制造技术的出现，推动了光学水准仪和游标经纬仪等光学测量仪器时代的来临，光学技术的发展进一步改善了测微与读数装置，提高了瞄准精度，大大改善了测量仪器的性能；而光电传感技术、模拟电子技术、激光技术等的出现带来了测量仪器的又一次以模拟电子技术为中心的大发展；到数字化技术、微处理技术和计算机等技术的出现，则带来了现代测量仪器发展的第四次飞跃，也是意义最大的一次技术进步。纵观测量仪器的发展与进步的过程不难看出，相关技术领域每一次科学技术的发展与进步，都会推动测量仪器的发展与进步。

1. 材料科学与技术

每次材料的进步都引起建筑业与制造业的进步。精密光机电测量仪器某些性能的进一步提高受制于材料的问题。例如，高精度仪器机械元件的加工精度的提高受到金属材料性能的制约；光学元件的像差与畸变的克服与玻璃材料有密切关系。

2. 光学技术

近几十年光学元件与系统的设计和制造技术发生了很大变革，使测量仪器存在的性能问题很少是因为光学系统的设计或制造问题所致。但是有些仪器性能问题的确是因为光学系统的设计制造不完善所致。现在的电子测量仪器中虽然取消了复杂的光学读数系统，但是仍然强烈地依赖光学元件，如仍使用光学瞄准、光栅度盘以及激光的发射与接收系统等光学系统。

光学系统的设计与制造工艺影响着仪器的性能。例如，透镜的色差等引起影像的变形不均或瞄准精度的下降。光学瞄准的精度受到望远镜放大率的限制，仍然没有达到极限。但是总的来说，在一般工程测量甚至包括最精密的工程测量中，仪器光学系统引起的问题已不是最主要的。

3. 精密机械制造技术

精密机械制造技术的进步一直推动着精密仪器的发展。但是，光学零件和光栅度盘的加工精度由于受到精密制造技术的限制，导致轴系的误差在高精度时变得突出起来。

由制造工艺决定的加工精度还可能影响仪器的几何关系和稳定性与一致性，系统误差的不稳定影响到仪器的使用寿命。但这些问题也只有在超高精度或极端条件（如超高低温度等）下才可能表现出来。精密机械的设计制造技术，一定程度上决定着仪器的精度、稳定性和其他性质。但从目前来看，当前的机械加工技术尚能够满足一般应用对仪器的要求。

4. 电子技术

电子器件的最基本单元是电子元件，即阻容元件、电感元件、晶体管（单向导通与可控元件）等。

20世纪最大的一次技术进步是由半导体晶体管技术带来的一场微电子革命，它使得计算机技术、自动控制技术等迅速发展。在过去的30年中，半导体集成电路从小规模（SSI）、中规模（MSI）、大规模（LSI）到超大规模集成电路（VLSI）。在几平方厘米的晶片上可做到数十万只晶体管，使晶体管密度已接近了物质的晶体尺寸。

测量仪器的电子电路主要完成信息的采集、转换、放大、驱动和存贮等功能。可以分为模拟电路和数字电路两类。数模和模数转换电路则成为这两类系统之间的桥梁。

数字集成电路是能够实现数字运算的电路，这种电路是通过数字逻辑运算来进行的，又称为逻辑集成电路，在测量仪器中主要使用数字电路实现各种功能。数字集成电路具有体积小、质量轻、技术指标先进、寿命长、速度快、调整维修工作量小、功耗低、可靠性高、成本低、便于大批量生产等许多优点。模拟电路除了在前端信息处理和在少数仪器（如陀螺经纬仪等）上仍需使用外，多数功能均由数字电路取代。以下电子线路或器件是构成计算机和复杂系统的基本单元。

(1) 与非门电路（DTL）

开关速度较低，使用于低速系统。而TTL电路则具有开关速度高，负载能力好等优点。

(2) 双稳态触发器R—S触发器

结构简单，但存在“空翻”问题。D触发器也称延迟触发器，属于以时钟脉冲前沿触发方式工作的触发器，利用维持一阻塞线路来保证其可靠工作。而J—K触发器则是以主从触发方式来保证其可靠工作的。

(3) 时钟脉冲发生电路

包括多谐振荡器、鉴幅器、单稳态触发器。多谐振荡器主要用作脉冲源，产生不同的矩形脉冲。鉴幅器具有脉冲整形（如将正弦波变为方波等）和电位触发翻转功能。单稳态触发器用于控制脉冲宽度、脉冲延时、波形变换等，主要有积分型和微分型两种。

(4) 计数器

脉冲数字电路中的核心部件，用于记录作用脉冲的个数。分为二进制计数器（4位、8位、16位等），也作为二分频器使用，可以降低脉冲的频率。十进制计数器可以8421码代表十进制数，直接用于显示十进制数。

(5) 译码器

十进制译码器将8421码译成十进制数的模式供显示用。

(6) 寄存器

用于寄存供运算用的变量。现有两种：一种是由R—S触发器组成的寄存器（并行输入输出）；另一种是实现乘除法功能的移位寄存器，由D触发器组成。

生物电子技术是20世纪90年代出现的一种新技术，它利用细胞的单向导电特性，制作成为生物半导体电路的各种器件。生物半导体器件具有体积更小、稳定性高等优点。生物电子技术将导制出速度更快、稳定性更高的新式电子器件。

5. 计算机技术

数字式计算机（其中包括单片机）用于测量数据处理大约是在20世纪70年代初期，直接用在测量仪器中则更晚，最早是用在数字式测距仪上，但是发展速度较快。今天，数字式测量仪器的功能很大程度上取决于单片机技术。

数字式电子计算机经历了第一代、第二代、第三代到第四代（微型计算机）的发展过程。微处理器在近三十年中，经历了从4位机、8位机、16位机一直到32位机的发展过程。

微型计算机由微处理器（中央处理器）、存贮器、接口部件三大部分组成。微处理器是计算机的核心，负责完成数据的算术运算、逻辑运算等。单板机和单片机都属于微机范畴，但却是两个不同的概念，前者是三大部分安装在同一块电路板上，后者是三大部件集成在同一块大规模集成电路上（LSI）。单片机主要用于中、低档计算机领域，现已成为计算机发展的重要分支。电子测量仪器中的数据处理与控制都是由单片机来完成的。当前一些全站仪等仪器则是装有一个单板式的高档微机。

1946 年世界上第一台以数字逻辑电路实现的运算次数为 5000 次电子管计算机在美国诞生，从此人类进入了信息时代。到 20 世纪 50 年代末期，晶体管计算机的运算次数从每秒几万次到几十万次。20 世纪 60 年代后，集成电路计算机的运算次数达到每秒几十万次至几百万次；小型计算机开始出现并获得迅速发展。20 世纪 70 年代大规模集成电路计算机出现，使运算速度达每秒几千万次乃至上亿次，个人计算机开始普及。到 20 世纪 90 年代，个人计算机的芯片运算速度达到每秒 300 兆（3 亿次），内存达到 1000MB 以上，并出现了计算机网络。

测量仪器中广泛使用的单片机，在很大程度上决定着仪器的功能。单片机性能的不断提高，芯片集成度进一步加大使得电路体积越来越小，运算速度和数据存储量进一步加大，给勘测仪器的发展开辟了更加广阔的空间。

单片机（中央处理器 + 储备器 + 接口电路）加上外设、程序、电源等就构成了微型计算机，一般就成为测量仪器的电子部分。

6. 自动控制技术

自动控制技术的发展是测量仪器进一步向高标准发展的重要条件。例如，最新出现的自动全站仪已具备了较为精确的自动瞄准系统。自动控制是一种复合技术，其依赖于电子技术、微型计算机（单片机）技术、传感与换能技术、微电机技术、通信技术、精密机械以及软件技术的发展，从而使得勘测仪器的高度自动化与智能化成为可能。自动控制在测量仪器上的应用主要表现在以下方面：

1）微小精密角度控制由于步进电机和精密传动技术的应用得以实现，可使仪器的自动对中和整平、自动寻找目标等问题得到较好的解决。

2）仪器轴线系统误差的自动传感，得益于自动控制中传感器技术的进步。其中包括光电传感、力学与机械传感、图像识别等技术的发展，使仪器的传感能力与测量精度大为提高。

3）自动实时控制技术，使自动观测系统的反应时间大为缩短，从而能够实现高速精密跟踪功能，并且使许多过去无法实现的功能成为可能。

7. 通信技术

现代通信技术的应用为现代测量系统走向综合化、实时化、一体化创造了条件，并成为区别过去仪器的重要标志。无线数字传输成为多个固定（或流动）测站共同作业，以及实现数据共享的基础和前提。这也是实现从测站间、测站与基地间、测站与数据使用单位之间的控制、交流的必要途径。

目前，测量仪器的数据传输开始走向使用自身通信系统，或使用公共无限通信系统传输数据的方向。例如，先进的自动全站仪就设计有自身的数据通信系统。短波数据传输是目前应用较广泛的方法，但容易受到障碍物的遮挡。通过编码、多载波等先进技术，使测量数据传输的抗干扰能力大为提高，误码率大为降低，可实现耗电省，传输距离长。

第三节　数字水准仪

一、条形码技术

条形码自动识别技术与其他自动识别输入技术相比，具有速度快、准确度高、可靠性强和成本低等优点，已广泛应用于商品流通、工业生产自动化、办公自动化等许多领域。目前，世界性的物品统一编码活动已经在各国迅速开展起来。随着这项活动的深入发展和广泛普及，条形码自动识别技术已成为全球物品管理和贸易往来的共同语言，并进而渗透到测绘等许多技术领域。电子水准仪的出现就是条形码技术在测绘仪器中成功应用的一个范例。

1. 条形码基本概念

条形码是一种信息代码，用特殊的图形来表示数字、字母信息和某些符号，如图 18-1 所示。

图 18-1　条形码

条形码是由一组宽度不同、反射率不同的条和空，按规定的编码规则组合起来，用以表示一组数据的符号。

(1) 条形码符号

由静区和一组条形码字符组合起来，用以表示一个完整数据的符号。通常，将人眼可识别的字符标注在条形码符号的下面。

(2) 条形码元素

用以表示条形码的条和空，简称为元素。

(3) 条形码字符

用以表示一个数字、字母及特殊符号的一组条形码元素。

(4) 条

在条形码符号中，反射率较低的元素。

(5) 空

在条形码符号中，反射率较高的元素。

(6) 位空

在条形码符号中，位于两个相邻的条形码字符之间且不代表任何信息的空。

(7) 条高

在条的二维尺寸中较长的尺寸。

（8）条宽

在条的二维尺寸中较短的尺寸。

（9）条形码符号长度

在条形码符号中，排除两侧静区的那部分长度。

（10）单位元素宽度

在条形码符号中，窄元素的标称宽度称为单位元素宽度，用 X 表示。

（11）两种元素宽条形码

在条形码字符中，如果元素的宽度只有两种，即宽元素和窄元素，则称此种码制为两种元素宽条形码。

（12）多种元素宽条形码

在条形码字符中，如果元素的宽度有三种或三种以上，则称此种码制为多种元素宽条形码。

（13）条形码逻辑值

对于两种元素宽条形码，宽元素的逻辑值为1，窄元素的逻辑值为0；对于多种元素宽条形码，若单位元素宽度上是条，则逻辑值为1，若单位元素宽度上是空，则逻辑值为0。

（14）连续型、离散型条形码

在条形码符号中，如果两个相邻的条形码字符之间存在位空，则称此种码制为离散型条形码，否则称为连续型条形码。

（15）长度固定与长度可变条形码

在条形码符号中，如果符号所包含的条形码字符的个数是固定的，则称此种码制是长度固定条形码；否则称为长度可变条形码。

（16）自校验条形码

如果一个印刷错误不会引起一个字符被译成此码制中的另一个字符，则称此种码制为自校验条形码。

（17）条形码符号密度

是指单位长度中所能表示的条形码字符的个数。

（18）条形码字符集

条形码字符集是指在一种条形码码制中所给定的数据字符的范围。在各种条形码码制中，字符集主要有两种，一种是数字式字符集，它包含数字0～9及一些特殊字符；另一种是字母、数字式字符集，它包含数字0～9、字母A～Z及一些特殊字符。

（19）疵点

条中出现的与空的反射率相近的点。

（20）对比度

条形码符号空的反射率 R_L 和条的反射率 R_D 之差与空的反射率 R_L 的比值，用符号PCS表示，即：

$$PCS = (R_L - R_D)/R_L$$

2. 条形码符号的结构

一个完整的条形码符号是由两个静区、起始字符、数据字符、校验字符（可选）和终止字符组成。图18-2示出了一个条形码符号的完整结构。

静区	起始字符	数据字符	校验字符	终止字符	静区

图 18-2　条形码符号的完整结构

（1）静区

没有任何印刷符或条形码信息，它通常是白的，位于条形码符号的两侧。静区的作用是提示阅读器即扫描器准备扫描条形码符号。

（2）起始字符

条形码符号的第一位字符是起始字符，它的特殊条空结构用于识别一个条形码符号的开始。阅读器首先确认此字符的存在，然后处理由扫描器获得的一系列脉冲。

（3）数据字符

由条形码字符组成，用于代表一定的原始数据信息。

（4）终止字符

条形码符号的最后一位字符是终止字符，它的特殊条空结构用于识别一个条形码符号的结束。阅读器识别终止字符，便可知道条形码符号已扫描完毕。若条形码符号有效，阅读器就向计算机传送数据信息，并向操作者提供“有效读入”的反馈。终止字符的使用，避免了不完整信息的输入。当采用校验字符时，终止字符还指示阅读器对数据字符实施校验计算。

起始字符、终止字符的条、空结构通常是不对称的二进制序列。这一非对称性，允许扫描器进行双向扫描。当条形码符号被反向扫描时，阅读器会在进行校验计算和传送信息前把条形码各字符重新排列成正确的顺序。

（5）校验字符

在条形码码制中定义了校验字符。有些码制的校验字符是确定的，有些码制的校验字符则是可选的。校验字符是通过对数据字符进行一种算术运算而确定的。当符号中的各字符被解码时，译码器将对其进行同一种算术运算，并将结果与校验字符比较。若两者一致时，说明读入的信息有效，图 18-3 示出了一个条形码符号的分区。

图 18-3　一个条形码符号的分区

3. 条形码编码

目前，国际上流行的条形码有几十种，下面介绍几种常用的编码方式。

（1）EAN 和 UPC 码

该码制被广泛用于超级市场标识商品，是较常用的一种条形码。UPC 是北美分配行业使用的一种条形码制，最早在美国用于标识零售杂货商品。EAN 是欧洲多数国家在分配行业共同遵守的标准，UPC 是 EAN 的一个子集，EAN 由 UPC 发展而来。

EAN&UPC 条形码块由前缀、中缀、后缀码将其分成左右两部分：左部是生产厂商代码，用于标识国家，例如，00 ~ 09：UPC 系统，30 ~ 37：法国，40 ~ 43：德国，80 ~ 83：意大利等；右部是货物代码。

EAN&UPC 码字符集是 0 ~ 9 这十个数字，每个数字由 7 个单位黑白条纹组成，且左、右部编码"互补"，即：黑条纹用白条纹表示，反之也是。条纹的宽度有 4 种，皆由单位条纹组合而成。它是一种定长码制，且总含有一位校验码，例如，UPC—E 码由定长的六位数字组成之中含有一个隐含的 0；UPC—E1 码除含有一隐含的 1 外，其他与 UPC—E 相同，EAN—8 码由 8 位数字组成，前 7 位是编码，第 8 位是校验位；EAN—13 码由 13 位数字组成，前 12 位是编码，第 13 位是校验位。

(2) 交叉 25 码的编码

交叉 25 码（Interleaved 2 of 5 Code）是一种长度可变的连续型自校验数字式码制。它的字符集为数字 1 ~ 9。这种码采用两种元素宽度，每个条和空是宽元素或是窄元素。交叉 25 码实际上是以两个字符为单位将数据编码，其中一个字符以条编码，另一个字符则以空编码。以条编码的字符中两个是宽条、三个是窄条；以空编码的字符中两个是宽空、三个是窄空。这种码符号的编码字符个数为偶数，所有奇数位置上的数据以条编码，偶数位置上的数据以空编码。如果为奇数个数据编码，则在数据前补一位 0，以使数据为偶数个数位。

交叉 25 码的自校验特性及校验字符的使用虽然提高了交叉 25 码的数据可靠性，但对交叉 25 码局部扫描（扫描路径没有包括两个静区）时往往易产生误读。因此，交叉 25 码常用于识别长度固定的数据，此时译码器可编程只接收正确长度的数据信息，短的数据可在开头附加 0 以达到固定长度的要求。另外，交叉 25 码常采用托架条的形式，以防止局部扫描产生的误读。

(3) 39 码的编码

39 码（Code 3 of 9）于 1974 年由 Intermec 公司推出。它是第一个字母数字式码制。39 码是长度可变的离散型自校验字母数字式码制。它的字符集是：数字 0 ~ 9、26 个大写字母 A ~ Z 及 7 个特殊字符—、?、Space、$、/、+和%，共 43 个字符。39 码的每个字符由 9 个元素组成，其中 5 个是条，4 个是空。5 个条中有 2 个宽条 3 个窄条，4 个空中有 1 个宽空，3 个窄空，即 9 个元素中有 3 个宽元素、6 个窄元素。39 码是两种元素宽的代码。39 码符号均以★号开始和结尾，即★号是 39 码的起始、终止字符。39 码是离散码，符号中两个相邻字符之间用一个位空分隔开，此位空不包含任何信息。

在 39 码字符集中，只有 43 个数据字符，但若使用 39 码的全 ASCⅡ码特性，则可将全 ASCⅡ码的 128 个字符编码。如果阅读器处于 39 码的全 ASCⅡ码状态，那么符号 $、/、+、% 便充当 26 个字母的前置代码。这里注意，符号/M 和/N 分别代表 - 和 · 两个符号，而符号/P 到/y 代表数字 0 ~ 9。

39 码具有自校验功能。通常，这种编码不采用校验字符。校验字符只是在一些数据可靠性要求很高的情况下才使用。39 码具有串联特性，即可将长的 39 码符号分成两或多个易于阅读的短符号进行输入，几个短的数据就可以被串联成一个长的数据。

(4) 128 码的编码

128 码（Code 128）出现于 1981 年，是一种长度可变的连续型字母数字式码制。它采用 4

种元素宽度，每个字符有3个条和3个空，共11个单位元素宽度，所以又称为（11，3）码。

128码有106个不同条形码字符，每个条形码字符可以有3个不同的含义。含义的不同依赖于所使用的字符集。128码有3种含义不同的字符集，分别为A、B、C。它使用这3个交替的字符集可将128个ASCⅡ码编码。

字符集中的Code A、Code B、Code C字符在符号中使用，可以改变当前符号所使用的字符集，这个改变可以一直保持到符号的结束或遇到另一个变换字符时为止。Shift字符可以改变当前符号所使用的字符集，但是，这个改变只能从字符集A到字符集B，或从字符集B到字符集A。字符集C包括00~99的两位数，当印刷数字式数据时，使用字符集C编码可以将两位数字用一个字符编码，从而使其密度加倍增大。

128码符号包括两侧静区、起始字符、终止字符、数据字符、校验字符和一个两个单位元素宽的结束条。它提供了三个起始字符，选择其中一个用在符号的开始，以表示符号开始所使用的字符集是A、B或是C。在128码的字符集中，还包含有变换码，用在数据字符中可以中途改变符号所使用的字符集。符号中这种起变换作用的字符，通常不印刷成可读的信息。

（5）93码的编码

93码（Code 93）是长度可变的连续型字母数字式码制。它的字符集是数字0~9，26个大写字母A~Z，7个特殊字符—、Space、$、%、/和+以及4个控制字符$、%、/和+。

93码的每个字符有3个条和3个空，共9个单位元素宽度，故又称为（9，3）码。93码采用4种元素宽度，每个元素可以是1、2、3或4倍单位元素宽度。

一个93码符号包含两侧静区、起始字符、数据字符、第一个校验字符“C”、第二个校验字符“K”、终止字符和一个一位宽的结束条。在93码中，除终止字符后附加一个结束条外，它的起始字符和终止字符是一样的。93码用字符“#”代表起始、终止字符。

与39码一样，93码也具有串联特性。它能将所有以一个空字符开头且连续被阅读的93码符号串联起来，使几个短的数据串联成一个长的数据。

4. 条形码的应用

条形码自动识别技术与其他自动识别技术相比，具有许多独特的优点，在国内外市场具有广阔的发展前景，能形成规模生产，将带来可观的经济效益和社会效益。条形码技术在我国作为主要的自动识别技术，广泛应用于工业自动化控制和各类管理信息系统中，并将渗透到许多技术领域和高新技术的产品中。

二、CCD扫描器

在条形码技术运用上，光电扫描器是一个主要的硬件设备。条形码数据的自动采集和光电信号的转换都要由光电扫描器来完成。光电扫描器的种类繁多，但它们的工作原理基本相同，都是利用光学系统读取条形码符号，由光电转换器将光信号转换成电信号，并通过电路系统对电信号进行放大和整形，最后以二进制脉冲信号输出给译码器。为了实现对条形码符号的自动扫描，有些光电扫描器还设计了光束自动扫描运动机构。光电扫描器外观虽小，但它却是光、电、机技术相结合的产物。

CCD扫描器与一般的扫描器扫描机理不同，其主要区别是采用了CCD（Charge Coupled Device）——电荷耦合装置。CCD元件是一种电子自动扫描的光电转换器，也叫CCD图像感应器。它可以代替移动光束的扫描运动机构，不需要增加任何运动机构，便可以实现对条形码符号的自动扫描。

CCD 扫描器通常有两种类型：手持式和固定式。它们均属于非接触式，只是形状和操作方式不同，其扫描机理和主要元器件完全相同，如图 18-4 所示。扫描景深和操作距离取决于照射光源的强度和成像镜头的焦距。

CCD 元件采用半导体器件技术制造，通常选用具有电荷耦合性能的光电二极管或 MOS 电路制成。可将光电二极管排列成一维的线阵和二维的面阵。用于扫描条形码符号的 CCD 扫描器通常选用一维的线阵；而用于平面图像扫描的通常选用二维的面阵（也可选用一维的线阵），一维 CCD 的构成如图 18-5 所示。光电转换元件（光敏部分）排成阵列状，其两侧均设有传送门电路和 CCD 移位寄存器。光电转换元件的奇数编号部分和偶数编号部分分别由不同的 CCD 移位寄存器传送，在输出部分再进行合并。

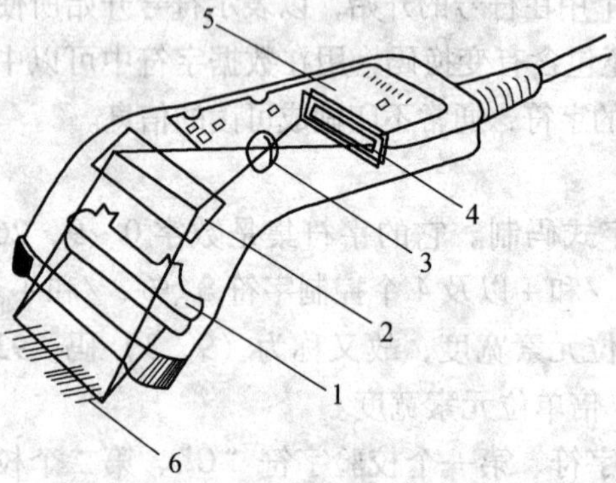

图 18-4 手持式 CCD 扫描器

1—照明光源（LED）；2—反光镜；3—透镜；4—CCD 图像感应器；5—电路板；6—条形码

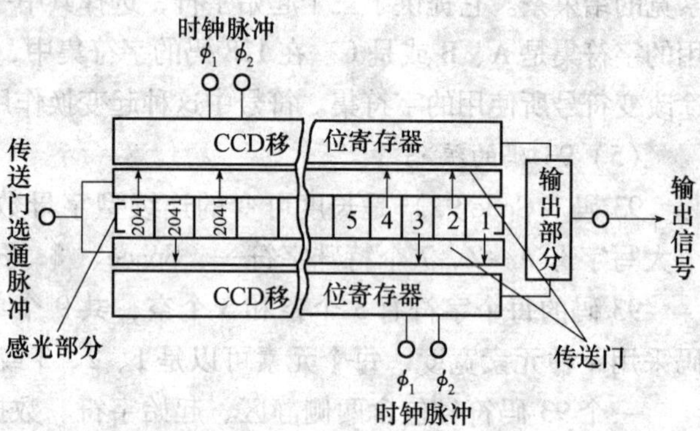

图 18-5 一维 CCD 的构成

CCD 元件工作原理是：关闭传送门，将电压加到感光部分的电极上以形成耗尽层，存储由光激励产生的电荷［图 18-6（a）］。然后于打开传送门的同时，在传送电极下面形成耗尽层，把感光部分的存储电荷向 CCD 移位寄存器传送［图 18-6（b）］。接着再关闭传送门，一边由 CCD 移位寄存器顺次传送电荷，一边在输出部分执行读出操作。在读出动作同时，在感光部分执行光电变换动作，并在耗尽层存储电荷。感光部分的光电转换元件采用 MOS 电容或者光电二极管等材料。

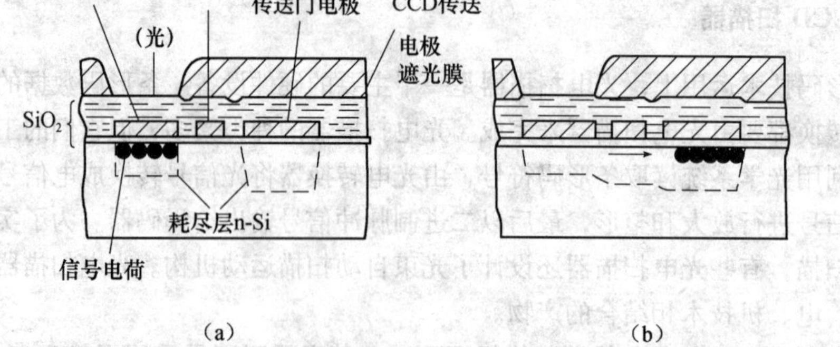

图 18-6 电压加到感光部分的电极上形成耗尽层

（a）关闭传送门；（b）打开传送门

CCD 元件光谱特性如图 18-7 所示。图中实线代表光电转换元件中使用的光电二极管；虚线代表使用 MOS 电容。CCD 扫描器的响应波长在 400 ~ 1100nm 之间，其峰值波长为 780nm 左右。CCD 扫描器通常选用红光泛光源，其波长为 633nm。

CCD 扫描器的工作机理是：使用多个发光二极管固定泛光源照射系统，以照明条形码符号。通过平面镜改变光的方向，再经透镜和光栅等光学系统将条形码符号映像到 CCD 元件上。当条形码符号映像到光电二极管阵列上时，由于条和空的反光强度不同，产生的电信号强度也不同。通过采集光电二极管阵列中每个光电二极管的电信号，从而可实现对条形码符号的自动扫描，如图 18-8 所示。

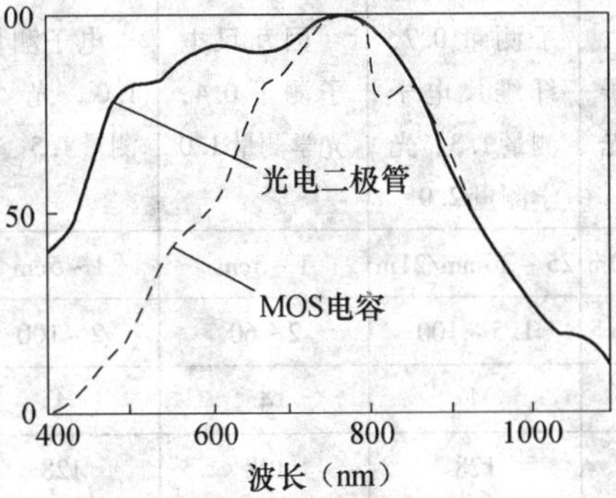

图 18-7　CCD 元件光谱特性

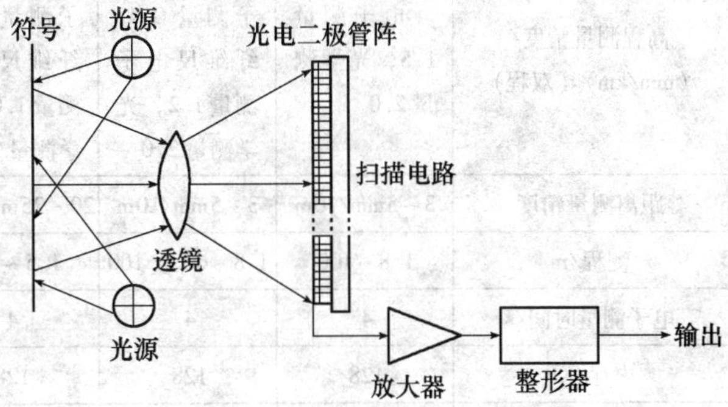

图 18-8　CCD 扫描器的工作机理

CCD 扫描器的电路系统主要是由放大电路、整形电路、CCD 控制电路等组成。放大电路是将 CCD 输出的微弱电流进行放大；整形电路是将放大后的模拟脉冲信号整形为数字信号；CCD 控制电路主要是为 CCD 元件提供工作条件，如工作电压、移位脉冲信号等。有些 CCD 扫描器与译码器制成一体，如手持便携式条形码阅读器。

在 CCD 元件中，光电二极管阵列的排列密度和长度将决定 CCD 扫描器的分辨率和所能扫描的条形码符号的长度。其排列密度要保证条形码符号最窄的元素至少应被 2 ~ 3 个光电二极管所覆盖，以保证扫描的可靠性，提高扫描精度和首读率。常见的光电二极管阵列数有 1024、2048、4096 等。

CCD 扫描器具有如下特点：

1）CCD 扫描器操作非常方便，只要在有效景深范围内，光源照射到条形码符号即可自动完成扫描，方便操作。

2）对于不易接触的物品，如表面不平的物品、软质的物品、贵重物品、易损伤的物品等，均能方便地进行阅读。

3）CCD 扫描器无任何运动部件，因此性能可靠，使用寿命较长。

4）可内设译码电路，将扫描器和译码器制成一体。

5）与激光枪相比具有耗电省，可用电池供电，体积小，便于携带的优点。

不足之处是阅读条形码符号的长度受扫描器的 CCD 元件尺寸限制，扫描景深不如采用激光器作光源的扫描器景深长。

三、基本原理

1990 年 3 月，瑞士徕卡（Leica）公司推出世界上第一台数字水准仪 NA2000。至今已有多种型号，目前世界上已有部分数字水准仪的型号和技术指标见表18-1。

表18-1 部分数字水准仪的型号和技术指标

指标	NA2000	NA3003	DINI10	DINI20	DL-101	DL-102
望远镜放大倍率	24	24	32	26	32	30
物镜孔径/mm	36	36	40	40	45	45
补偿器工作范围/(′)	±12	±12	±15	±15	±12	±15
补偿器安平精度/(″)	±0.8	±0.4	±0.2	±0.5	±0.3	±0.5
高程测量精度/(mm/km)(双程)	电子测量1.5，光学测量2.0	因瓦尺电子测量0.4，纤维尺电子测量1.2，光学测量2.0	因瓦尺电子测量0.3，纤维尺电子测量1.0，光学测量1.5	因瓦尺电子测量0.7，纤维尺电子测量1.3，光学测量2.0	因瓦尺电子测量0.4，光学测量1.0	电子测量1.0，光学测量1.5
距离测量精度	3～5mm/10m	3～5mm/10m	20～25mm/20m	25～30mm/21m	1～5cm	1～5cm
测程/m	1.8～100	1.8～60或100	1.5～100	1.5～100	2～60	2～100
电子测量时间/s	4	4	4	4	4	4
内存/KB	128	128	128	128	128	128
圆水准器格值/(′)	8	8	8	8	10	10
水准标尺长/m	1.35；2.7；4.05	3；2；1	3；2；1	1.35；2.7；4.05	3；2；1	1.05；2.7；4.05
标尺分划载体	玻璃纤维	因瓦带	因瓦带	玻璃纤维	因瓦带	玻璃纤维
标尺分划	一面是条码，一面是E分划	条码	条码	条码	条码	条码
标尺膨胀系数(10^{-6}/℃)	<10	<1	<1	<10	<1	<10
质量/kg	2.5	2.5	3	3	2.8	2.8
用途	工程或三、四等水准测量	精密水准测量	精密水准测量	工程或三、四等水准测量	精密水准测量	工程或三、四等水准测量

数字水准仪和传统水准仪相比较，相同点是：两类水准仪具有基本相同的光学、机械和补偿器结构；光学系统也是沿用光学水准仪的；水准标尺一面具有用于电子读数的条码，另一面具有传统水准标尺的E型分划；既可用于数字水准测量，也可用于传统水准测量、摩托化测量、形变监测和适当的工业测量。其不同点是：传统水准仪用人眼观测，数字水准仪用光电传感器（CCD行阵）（即探测镜）代替人眼；数字水准仪与其相应条码水准标尺配用；仪器内装有图像识别器，采用数字图像处理技术；这些都是传统水准仪所没有的；同一根编码标尺上的条码宽度不同，各型数字水准仪的条码尺有自己的编码规律，但均含有黑白两种条块，这与传统水准标尺不同；另外，对精密水准仪而言，传统的利用测微器读数，而数字水准仪没有测微器。

数字水准仪的基本原理是：水准标尺上宽度不同的条码通过望远镜成像到像平面上的

CCD 传感器，CCD 传感器将黑白相间的条码图像转换成模拟视频信号，再经仪器内部的数字图像处理，可获得望远镜中丝在条码标尺上的读数（图 18-9）。此数据一方面显示在屏幕上，另一方面可存储在仪器内的存储器中。具体而言，目前数字水准仪有三种测量原理，即相关法、相位法和几何法。

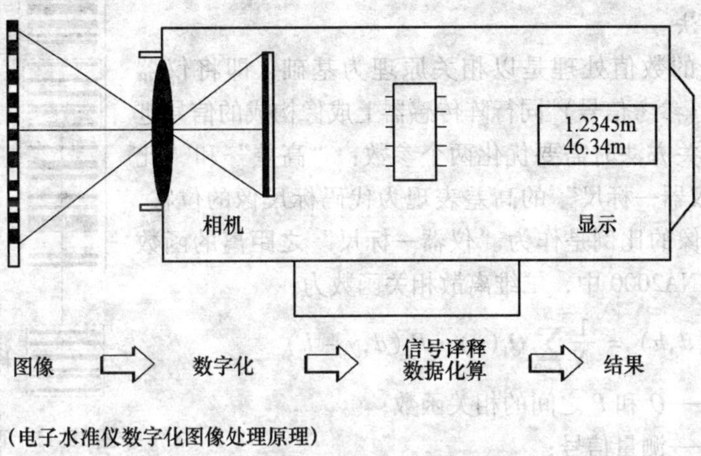

图 18-9　电子水准仪数字图像处理原理

1. 相关法的 NA2000 数字水准仪

徕卡的 NA2000，利用电子工程学原理自动进行观测、信息处理和获取并自动记录每一个观测值。使用时，作业员只要粗略整平仪器，将望远镜对准标尺并调焦，然后按一下有关按键，仪器就能自动地精确测定视距和水平标尺读数。

数字水准仪 NA2000 具有与传统水准仪基本相同的光学和机械结构，实际上就是采用 Wild NA-24 自动安平水准仪的光学机械部分。配套的水准标尺一面是用于电子读数的条码——条码尺，另一面则是用于目视观测的常规 E 型分划线尺。

在数字水准仪中，标尺条码的像经光学系统成像在仪器的行阵探测器上（图 18-10）。长约 6.5mm 的行阵探测器是由 256 个间距为 25μm 的光敏二级管（像素）组成。光敏二极管的口径为 25μm，由于 Wild NA-24 的视场角约为 2°，因此在 1.8m 的最短视距上，标尺截距有 70mm；视距为 100m 时，标尺截距有 3.5m 成像到行阵探测器上，行阵探测器将接收到的图像转换成模拟视频信号，读出电子部件将视频信号进行放大和数字化。

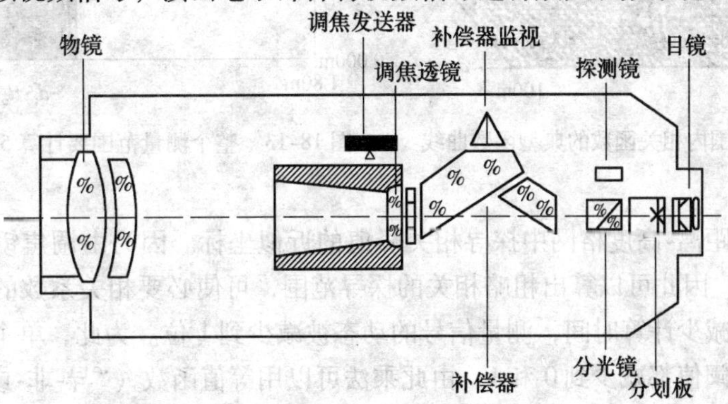

图 18-10　成像在仪器的行阵探测器

数字化水准仪的数值辨识是以相关技术为基础，将仪器内存的“已知”代码（参考信号）与行阵控测器上的成像所构成的信号（测量信号），按相关方法进行比较，直至两个信号最佳符合，由此获得标尺读数和视距（图 18-11）。

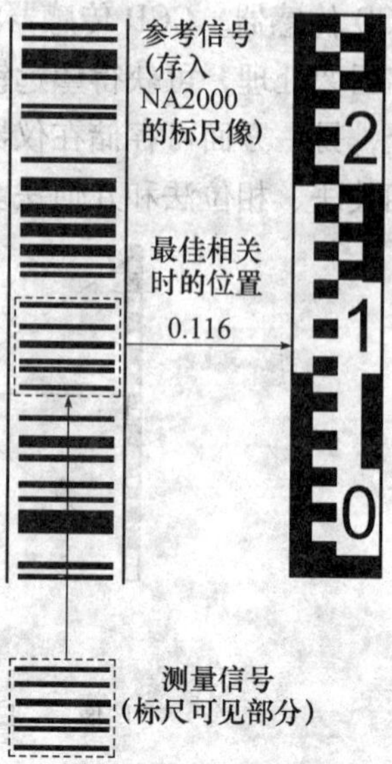

图 18-11　两个信号最佳符合

(1) 运算方法

数字水准仪的数值处理是以相关原理为基础，即将仪器“已知的”代码（参考信号）同行阵传感器上成像构成的信号进行比较。运用相关方法时需要优化两个参数：“高差”和“比例”。一方面“仪器—标尺”的高差表现为代码标尺像的位移，另一方面代码成像的比例是作为“仪器—标尺”之距离的函数变化的。因此在 NA2000 中，二维离散相关函数为：

$$P_{PQ}(d,h)=\frac{1}{N}\sum_{i=0}^{N}Q_i(y)\cdot P_i(d,y-h)$$

式中　P_{PQ}——Q 和 P 之间的相关函数；

$Q_i(y)$——测量信号；

$P_i(d,\ y-h)$——参考信号（计算得出）。

图 18-12 表示测量范围内相关函数的典型函数曲线。测量信号与参考信号相关的最优的地方就是要识别出的函数曲线的明显峰值，由最大坐标确定距离 d 和高 h。

(2) 最大相关的确定

为了找到相关函数的最大坐标，必须在整个测量范围内（$d=1.8\sim100$m 及 $h=0\sim4.05$m）进行系统搜索。对整个测量范围（图 18-13）进行计算大约需要运算 50000 个相关系数，也就是运用上式计算 5×10^4 次。在 NA2000 中为了减少计算次数，可采用粗优化和精优化的方法。

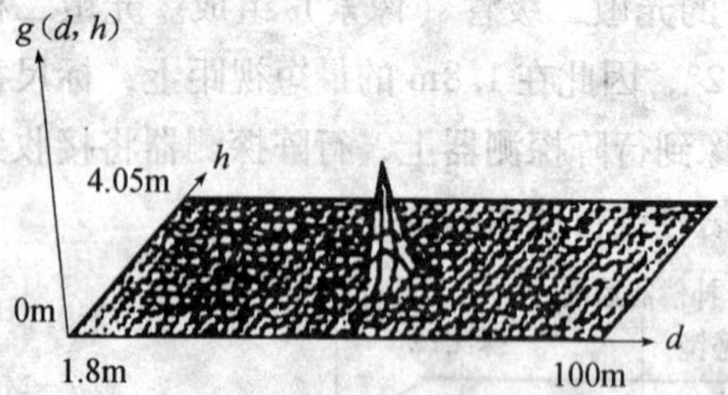

图 18-12　测量范围内相关函数的典型函数曲线

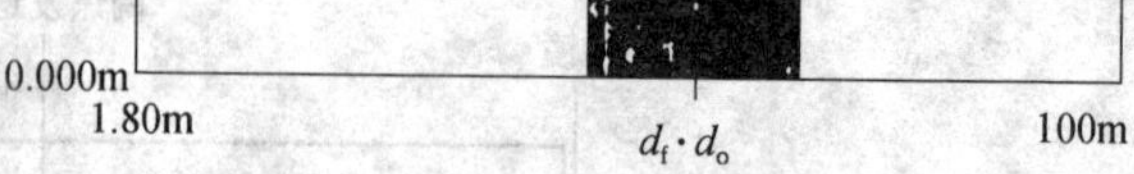

图 18-13　整个测量范围要计算 50000 个相关系数

1) 粗优化

粗优化是在距离-高度格网中探寻相关峰值的近似坐标。因为由调焦镜位置已经算出初始概略距离值 d，因此可以算出粗略相关的探寻范围，可使必要相关系数的计算次数减少约 80%。为了继续减少计算时间，测量信号的动态被减少到 1 位。为此，单个像素的信号强度和由信号算出的阈值都减少到 0 和 1，由此乘法可以用等值函数（“异-非-或”逻辑EXNOR）代替。在数学上，NA2000 中的这种 1 位相关由下列关系式确定：

$$P_{PQ}(d,h) = \frac{1}{N}\sum_{i=0}^{N-1} Q_i(y) \oplus P_i(d, y-h)$$

式中　$P_{PQ}(d, h)$ ——一位相关函数；

$Q_i(y)$ ——探测器信号；

$P_i(d, y-h)$ ——参考信号；

$\oplus$——EXNOR 逻辑运算。

在距离-高度格网的每一个交点上都进行相关系数计算。在参考信号同测量信号重合的位置上会出现明显突出于其他相关系数噪声的相关峰值。

2）精优化

精优化的目的是以最高精度确定标尺代码相对于行阵传感器的位置，以及标尺代码比例。在精优化探寻区（图 18-13）测量信号和参考信号采用 8 位信息进行相关，此时测量和参考信号会出现不同幅值。所以二维离散相关函数可用下式规格化：

$$P_{PQ}(d,h) = \frac{\frac{1}{N}\sum_{0}^{N-1} Q_i P_i - \overline{Q}\cdot\overline{P}}{\sqrt{\frac{1}{N}\sum_{0}^{N-1} Q_i^2 - \overline{Q^2}}\sqrt{\frac{1}{N}\sum_{0}^{N-1} P_i^2 - \overline{P^2}}}$$

此外，通过规格化还可使相关系数总是处在 ±1.0 以内，这样在优化结束时就可使测量结果合格。

（3）测量信号的整理

1）测量信号的调整

在优化之后标尺像的非均匀光强度得到分析和考虑后，标尺分划可能被遮挡而引起有缺陷的代码单元在计算中被识别，并在下一步相关中被剔除。多次试验表明，标尺像被遮挡 30% 都不致损害精度和可靠性。这意味着在成像范围的一些位置上，代码图像被遮挡或干扰将不起作用。

2）探测器灵敏度函数的顾及

在运算过程中必须考虑到探测器单个像素是呈现梯形光强灵敏度的。参考信号由代码函数 $C(d, y-h)$ 和探测器灵敏度函数 $D(y)$ 的褶积（卷积）产生。于是在数学上参考信号由下式给出：

$$P_i(d,h) = \int_{-\infty}^{\infty} C(d, y-h)\cdot D(y)\,dy$$

式中　$P_i(d, h)$ ——像素 i 的参考值；

$D(y)$ ——像素 i 的灵敏度函数；

$C(d, y-h)$ ——代码函数；

h——高度；

y —代码与探测器的相对位置；

d——成像距离。

图 18-14 可这样理解，首先是白色码区的分划与成像距离 d 相应，其位移与视线高 h 相应，然后分别采集到探测器的各单元中（在此只考虑白色码区，因为只有它才反射标尺上的光线）。

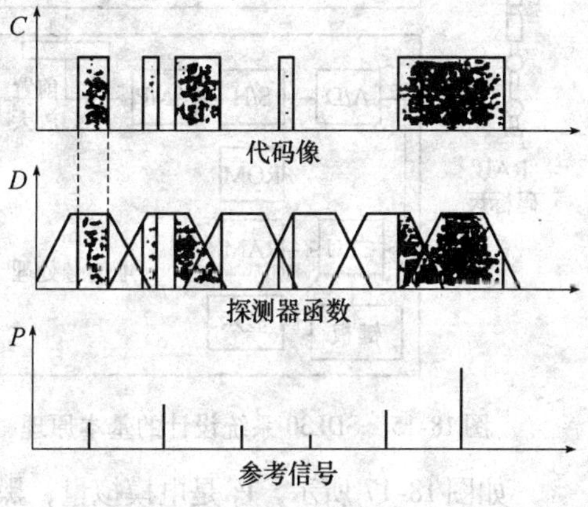

图 18-14　探测器灵敏度函数

(4) 标尺的代码

标尺代码要用二进制码表示，因为它只能由黑白码区构成。基本码区约 2mm 长，在 4050mm 长的标尺上整个代码包含 2000 个码区。因为标尺代码用相关法运算，所以选用了伪随机代码作为代码模型。这种代码具有可以在 1.8～100m 距离范围内使用相关法的特点。

2. 相位法的 SDL30 数字水准仪

SDL30 数字水准仪，每公里往返标准差为 1.0mm，与电子手簿连接可以实现观测与数据记录的自动化。

(1) 数字水准仪 SDL30 的基本原理

数字水准仪 SDL30 系统设计的基本原理如图 18-15 所示，主要由编码尺部分、自动安平光路部分、电信号处理部分组成。SDL30 的 CCD 线性传感器特点为：总共有 3500 个像素，用于数码信息测量的为 1800 个像素，像素距为 8μm，相应于分划板横丝区域约有 900 个像素，这 900 个像素所对应的相关码信息作为常数存储于 CPU 内，以备运算。

编码水准尺是用玻璃钢材制成的，水准尺的正面为刻画十分精密的 RAB 码（随机双向码），反面是标准分划，可作普通水准测量。RAB 码的条码宽度分别为 3mm、4mm、7mm、8mm、11mm、12mm，条码之间的中心距离为 16mm，采用 6 进制码和 3 进制码两种编码形式，并把标尺的相关数码信息预置在仪器的 CPU 内。1.6～9.0m 短距离测量时取 6 进制码的 5 个以上数码作计算依据，而 9.0～100m 长距离测量时则取 3 进制码的 8 个以上数码作为计算依据。另外对 RAB 码标尺的编码信息扫描有两种方式：短距离测量采用边缘探测方式；长距离测量采用初级傅里叶转换探测方式。图 18-16 表示 RAB 码标尺的有关数据。

由图 18-15 可见，电耦合器件 CCD 把编码尺上数码影像的物理量转换为电模拟量，经信号放大后输入 A/D 模数转换器中，进行取样、保持、量化、编码 4 个程序，然后被 CPU 运算处理。把经过放大后的同一个时间上连续变化的电模拟量进行取样，实际上是使其转换为时间上断续变化（离散化）的模拟量，或者说转换为一串等间隔的脉冲，其幅度取决于输入的模拟量。

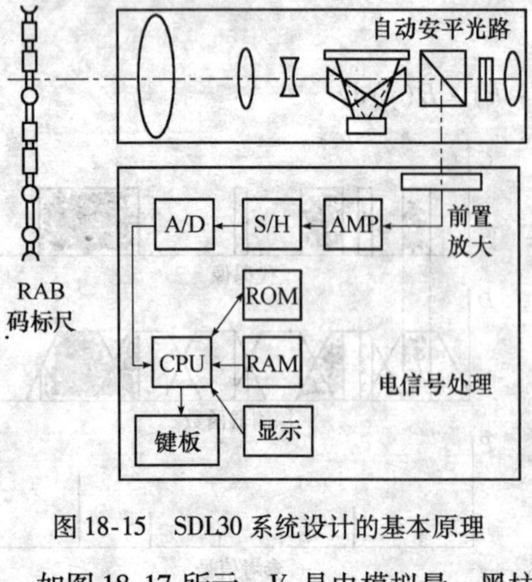

图 18-15　SDL30 系统设计的基本原理

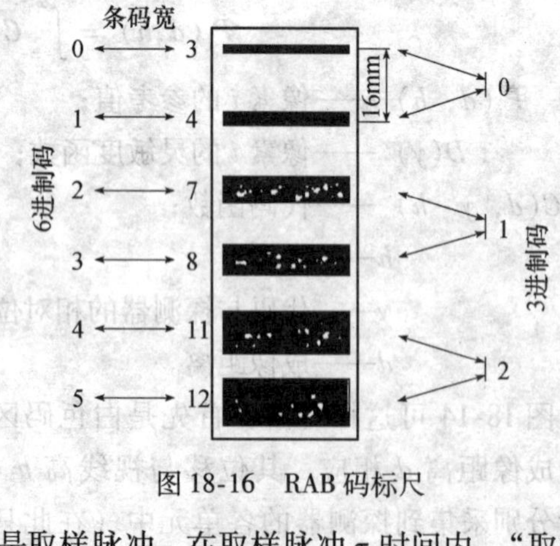

图 18-16　RAB 码标尺

如图 18-17 所示，V_i 是电模拟量，黑柱状的是取样脉冲。在取样脉冲 τ 时间内，“取样—保持”后的输出电压 V_0 与输入的模拟电压 V_i 是相等的，在两次取样间隔时间 τ' 内，V_0 保持不变，这段时间是供量化和编码用的。由图18-17可见，“取样—保持”后的电压幅度是阶梯状的，其高度是连续可变的，把整量变成离散量时，即完成了量化过程，然后对量化后的量进行编码，形成一串编码形式的信息被CPU处理，计算结果由数字显示器显示。

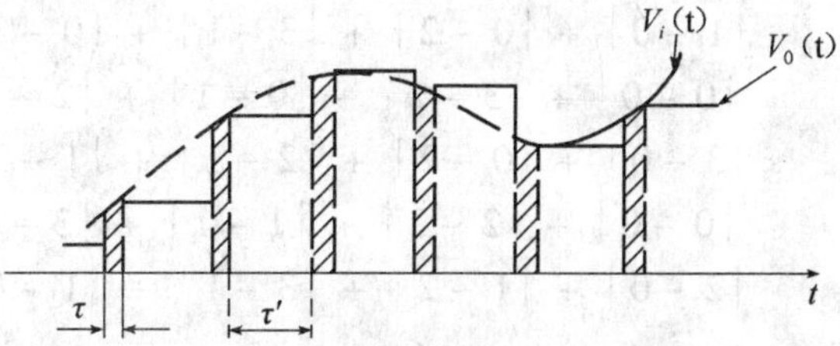

图18-17　输出电压 V_0 与输入的模拟电压 V_i

（2）编码标尺的光学影像原理

如图18-18所示，物镜到CCD的焦距 $F=280$mm，标尺条码中心间距为16mm；标尺到物镜的水平距离为 H_d，SP 是CCD拾取的标尺条码的影像线性单位（mm），SP 的倒数 $1/SP$ 为频率。由原理可得比例式：

$$16/H_d = SP/280$$

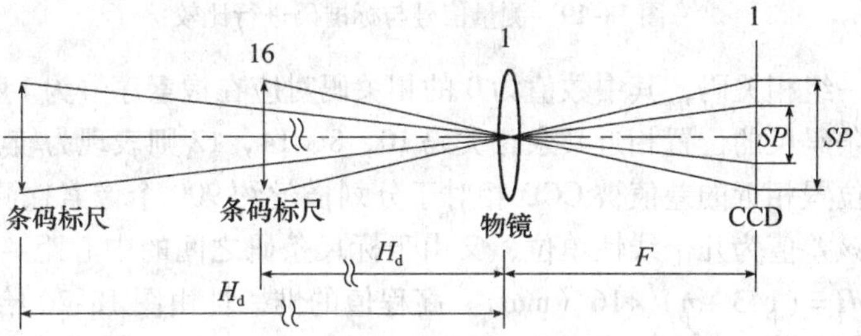

图18-18　水平距离 H_d 计算

经整理得：

$$H_d = \frac{16 \times 280}{SP \times 1000}$$

即

$$H_d = \frac{4.48 \times 1}{SP}$$

显然只要测出 SP（单位mm），水平距离 H_d（单位m）即可由上式很简单计算出。

由于每个像素为8μm，假设某段距离的标尺条码影像被CCD探测到有300个像素，则 $SP=300\times 8$（μm）$=2.4$（mm），$H_d=4.48\times 1/2.4\text{mm}=1.867\text{m}$；如果探测到10个像素的条码影像，那么 $SP=10\times 8$（μm）$=0.08$（mm），而这段水平距离 $H_d=4.48\times 1/0.08=56$（m），可见短距离 SP 值较大，长距离 SP 值较小。

（3）数码影像处理

在高程测量时，分划板横丝截取标尺某一段条码，同时CCD探测到分划板横丝区域条码影像。CCD输出的影像信息是一个在像素序号上连续变化的模拟量，A/D（模—数）转换中，以周期为 $T_s=1/2F_{max}$ 的脉冲，对模拟量进行连续性取样，经高阶傅里叶级数变换后，除了保留原有频率成分之外，还产生了许多新的频率成分，经过低通滤波器，恢复原始输入信号频谱，滤除其余频率，在取样周期内的脉冲数即是CCD获取目标点的高程数码信息，量化后输出的是一个数字脉冲串的编码。例如，0、2、1、3、1、0、3（图18-19），这组码（测量信号）与存储在CPU内的标准码（参考信号）进行比较，当确认这组编码所对应的像素序号区域后，然后进行运算。其算法如下：

$$|1-0|+|0-2|+|3-1|+|0-3|+|2-1|+|1-0|+|3-3|=10$$
$$|0-0|+|3-2|+|0-1|+|2-3|+|1-1|+|3-0|+|1-3|=8$$
$$|3-0|+|0-2|+|2-1|+|1-3|+|3-1|+|1-0|+|0-3|=14$$
$$|0-0|+|2-2|+|1-1|+|3-3|+|1-1|+|0-0|+|3-3|=0$$
$$|2-0|+|1-2|+|3-1|+|1-3|+|0-1|+|3-0|+|2-3|=12$$

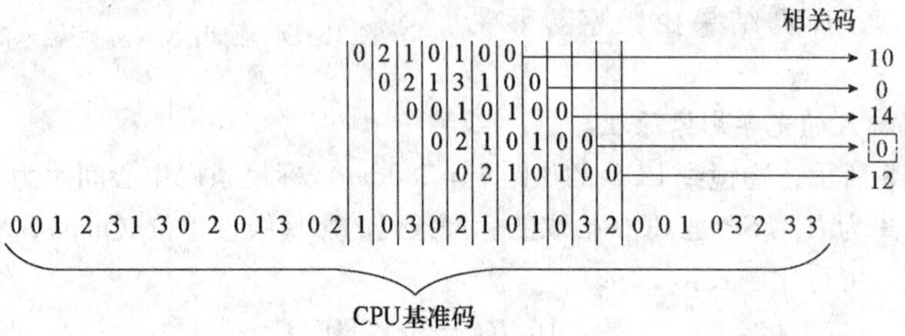

图 18-19　测量信号与标准码进行比较

运算结果是一组相关码，其中数值为 0 的相关码对应在像素序号为 143 的条码尺上，与分划板横丝截取条码尺的位置相近其余相关码 10，8，14，12 则表现为较大的离散性。

而上述两个位置相近的差值被 CCD 相对于分划横丝约 900 个像素探测到，经 CPU 的内插计算可以得出该差值为几个线性单位，又由于标尺条码之间的中心距离为 16mm，所以很容易计算出高程 $H=(143+n)\times16$（mm）。高程值的惟一性由图 18-20 给出更直观的表达。纵坐标是 CCD 像素序号，横坐标是标尺条码的线性单位符号，相关码在坐标系中所对应的点连成一条斜线，平行于横坐标的虚线与斜线相交，交点落在标尺条码的线性单位（$143+n$）处，这条虚线是分划板横丝截取标尺条码影像在纵坐标的投影，斜线上其余相关码都远离虚线，说明虚线与斜线的相交点即惟一的高程点。

3. 几何法的 DINI12 电子水准仪

几何法的 DINI12 电子水准仪外形如图 18-21 所示。该法条码标尺上每 2cm 内的条码构成一个码词，仪器在设计上保证了视距从 1.5～100m 时都能识别该码词，识别中丝处的码词后，其到标尺底面的粗略高度就可以确定。精确的视线高读数，是由中丝上下各 15cm 内的码词，通过物像比例精确求得，其视距测量与传统水准仪的视距测量类似。不过标尺截距固定为 30cm，而在成像面的 CCD 上读取该截距的像高，再由物像比例求视距。

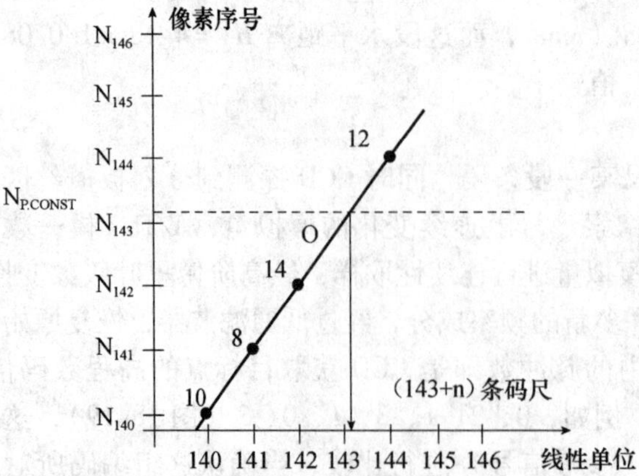

图 18-20　高程值的惟一性

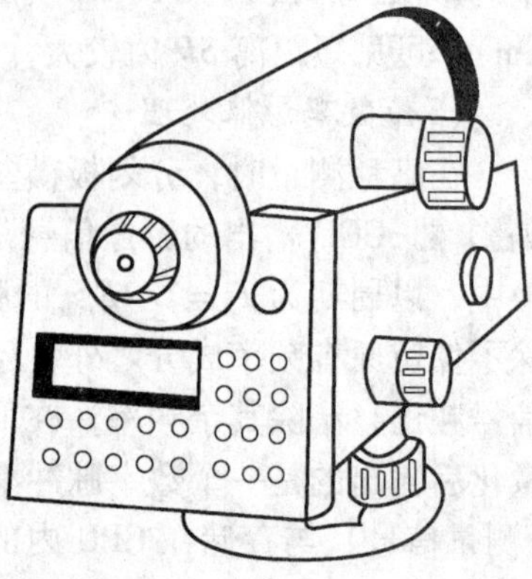

图 18-21　DINI12 电子水准仪

图 18-22 中 G_i 为某测量间距的下边界，G_i+1 为上边界，它们在 CCD 行阵上的成像为 B_i 及 B_i+1。它们到中丝的距离分别为 b_i 和 b_i+1。CCD 上像素的宽度是已知的，故这两距离在 CCD 上所占像素的个数可以由 CCD 输出的信号得知，因此 b_i 和 b_i+1 可以算出。现在，b_i 和 b_i+1 是计算视距和视线高的已知数。规定 b_i 和 b_i+1 在中丝之上取正值，在中丝之下取负值。

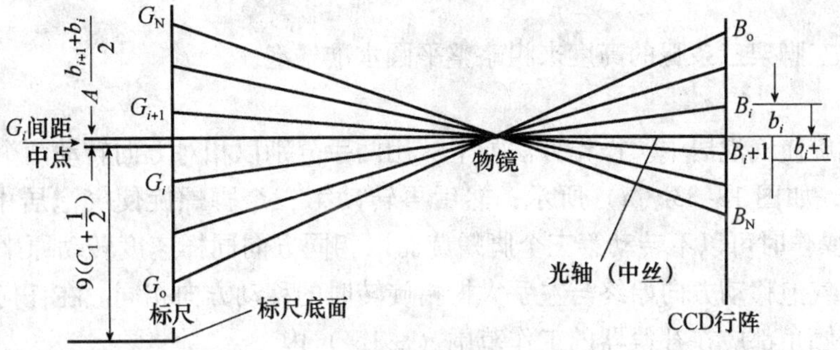

图 18-22　几何法测量原理图

设 g 为测量间距长（2cm），用第 i 个测量间距来测量时，设物像比为 A，即测量间距与该间距在 CCD 上成像之比。由图 18-22 的相似三角形得出：

$$A_i = g/(b_{i+1} - b_i)$$

于是视线高读数为：

$$H_i = g(C_i + 1/2) - A[(b_{i+1} + b_i)/2]$$

式中　　C_i——第 i 测量间距从标尺底部数起的序号，可由所属码词判读出来；

$g(C_i+1/2)$ ——标尺上第 i 个测量间距的中点到标尺底面的距离；

$A[(b_{i+1}+b_i)/2]$ ——标尺上第 i 个测量间距的中点到仪器光轴（即电视准轴）的距离。

为了提高测量精度，DINI 系列取 n 个测量间距平均计算，即取标尺上距中丝上下各 15cm 的范围。此时物像比如下式：

$$A = \frac{gN}{(b_N - b_0)}$$

式中　b_N 和 b_0——分别为 CCD 行阵上 30cm 测量截距上下边界到中线的距离。

视线高的计算公式为：

$$H = \frac{1}{N} \cdot \Sigma\left\{g\left(C_i + \frac{1}{2}\right) - A\left[\frac{(b_i + 1 + b_i)}{2}\right]\right\}$$

根据计算出的物像比，运用视距丝进行视距测量的原理计算视距。所不同的是，此时固定基线在标尺上，而传统视距测量的基线是十字丝分划板上的上下视距丝间距。

四、使用方法

1. 电子水准仪的一般使用

电子水准仪的一般使用比较方便简单，打开开关按测量键即可。下面以 DINI 12T 为例简要介绍如下：

(1) 安置仪器

分开三脚架至适当的观测高度，然后用三脚架上的蝴蝶螺旋固定，用连接螺旋将仪器固定在三脚架平台的中间，仪器脚螺旋最好处于中间位置。

(2) 粗略对中(仅对 DINI 12T)

在测站点(地面标志点)上将仪器安置稳当,三脚架平台应大致水平。将铅垂线挂在三脚架顶端下部的连接螺旋上,然后以地面标志点为中心,将仪器安置稳当。

(3) 整平和精确对中

1) 粗平

通过调整三脚架三条腿的高度来粗略整平圆水准气泡。

2) 精平

调节脚螺旋使气泡居中。操作方法如下:用两手分别以相对方向转动两个脚螺旋,使气泡由 a 移至 b,如图 18-23(a)所示;然后再转动第三个脚螺旋使气泡居中,如图 18-23(b),在实际操作时可以不转动第三个脚螺旋而以相同方向同样速度转动原来的两个脚螺旋使气泡居中。气泡移动方向始终与左手大拇指旋转时的移动方向相同。在任何情况下,气泡居中后的残余倾角都应在补偿器的工作范围(±15′)内。

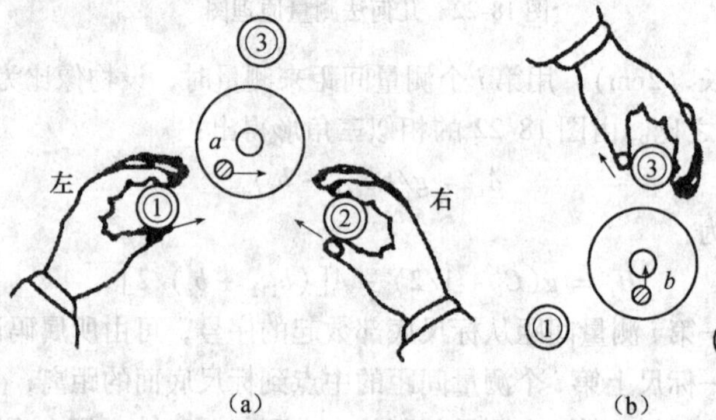

图 18-23 水准仪的精平

3) 精确对中(仅对 DINI 12T)

在三脚架平台上平移基座,使铅垂线正好悬在地面标志点上方。如有必要,可重复调整几次。

(4) 望远镜调焦

1) 十字丝调焦

选择一个明亮的背景,调节目镜对光螺旋,直到能清晰地看到十字丝。

2) 目标的调焦

调节望远镜调焦螺旋,直至能清晰地看到目标。

3) 检测望远镜视差

稍微移动眼睛,通过目镜观察,十字丝与目标间应该没有相对移动;若有相对移动现象,应重新调整,直至没有相对位移现象为止。

(5) 开始测量

既可按控制面板上的 MEAS 按钮,也可按仪器右侧面的⊙(开关)按钮。

2. 电子水准仪的测量模式

DINI 12T 有下列四种测量模式:

(1) 常规测量(数字标尺读数)

用望远镜对数字标尺调焦后,使仪器的十字丝和标尺重合,然后按下开始键。标尺读数和距离在 2 ~ 3s 内就会显示出来。

(2) 人工测量（INP）

在特殊情况下，可能需要从米尺上人工读数，然后再输入仪器。

在这种情况下，考虑到人工读数较数字标尺读数精度要差些，因此，仪器采用电子方式进行了修正测量（根据电子修正将分划线移到正常的位置）(电子标记和光学水平线)。

(3) 重复测量（RPT）

可以定义重复测量次数（n），以便达到需要的精度；或定义重复测量次数，及最大容许标准差（s）——最多可进行 10 次重复测量。

1）$n=1$，只进行一次测量。

2）$n>1$；$s=0$ 进行所有 n 次测量。

3）$n>1$；$s>1$ 进行观测，直到达到定义的测量次数，或者达到标准差。

在重复测量中，每次测量后显示标尺读数平均值、距离和标准差。如果定义了标准差，至少应进行 3 次测量。当达到要求的标准差后，可以按软键 ESC 来终止程序。但是请注意避免按按钮时振动仪器；否则，最后一个值会出现较大的偏差。

(4) 全站模式和坐标模式

电子水准度盘不仅可以存储标尺的水平角和对应的标尺读数、距离，还可以计算/存储标尺在以仪器所在点为原点的坐标系中的坐标。为了存储这个坐标，系统建立两个数据行来存储这个坐标。

3. 软件功能

(1) 线路水准测量

测量每个点的高程，然后把它们相加。输入起、讫点高程后，就可得出闭合差。在线路内和其延长线上都可以立即进行旁视观测（Int M）和放样（Sout）。

在任何情况下，最后一步测量工作都能进行重测。可以使用 cRNo 和 iPNo 键在连续点和独立点点号输入之间切换。连续点点号从 1 开始，在线路水准测量中，需要输入后视点和最末点的点号。

为了保证测量精度，可以选控制或自动控制（INFO）检验最大视线距离、最小视线高度和最大测站读数误差。也可以选择交替测量方式，即偶数站和奇数站用不同方法观测（表 18-2）。

表 18-2　非交替顺序与交替顺序测量步骤对比表

不采用交替顺序		采用交替顺序	
1 测站	2 测站	1 测站	2 测站
后前	后前	后前	后前
后前前后	后前前后	后前前后	后前前后
后前后前	后前后前	后前后前	前后前后
后后前前	后后前前	后后前前	前前后后

在程序运行的任何时候都可以关闭仪器。当再次打开仪器时，程序将从上次停止的地方继续运行而不会丢失任何数据。在线路测量迁站前，请务必关闭仪器。

（2）线路平差

“线路平差”程序允许将存在的偏差按视距长度分配到各测站，从而求得平差后的高程值。在此操作中，测量值（标尺读数，距离）不会改变。旁视观测值只随单个测站精度的改善而改善。

线路平差只有在完成了该线路的水准测量，并和旁测高程一起保存在存储器后才能进行。线路平差只适于使用 V2.00 或更高版本的软件测量的线路。

有可能出现完成线路测量后，后视点的定义高程仍不知道的情况。在此时，可以在线路平差中输入定义高程值，也可以进行闭合线路平差，闭合线路就是起终点相同的水准线路。

线路平差有以下要求：

1）整条水准线路应保存在 PC 存储卡的一个工程档案里。

2）在任何情况下，请设置 RMC 存储模式（DINI 12），或设置 R、HD、Z 数据记录（DINI 12T）。否则，由于工程中没有存储平差高程的存储空间，测量将不能进行线路平差。

3）在测量一个站点时，水准线路不能因为此站的测量被跳过而中断。

4）连续线路只有在其各部分使用“延伸线路”选项连接后才能进行普通平差，但工程中各点的测量值可以按时间顺序保存在工程中。在上述每种情况下，使用“新线路”选项测量线路的各部分，只能单独进行平差。

5）线路平差不包括前后视读数的平均值。

6）不能进行重复平差。

7）开始线路平差前，确保电池电量充足。

8）保存在存储器中的数据在线路测量和平差中不能改变。在线路平差实际开始前，通过重测线路来检验该水准线路。程序接受以下原始值和重测值之间的差值。

①高差：0.00002m；

②距离：0.02m。

4. 软键功能总汇

各软键有如下功能：

Line—开始或继续一组水准测量

RPT—重复测量

Int M—居中视线测量（地区测量高差）

Sout—立杆标出高程

Esc—取消操作，退出子菜单

LEND—结束或取消一组水准测量

↑—前一个菜单项或 iMEM 的选择/工程地址

↓—后一个菜单项或 iMEM 的选择/工程地址

←—删除一个输入符号（退格键）

MOD—显示值改正

↑↓—设置修改

Yes—接受一个选择

No—放弃一个选择

OK—确定一个信息

Old—保持原值

New—采用新值

Text—输入附加信息

Date—把数据传输到附加信息里

Time—把时间传输到附加信息里

HD—直接输入距离

DR—通过输入视距仪器的读数进行距离测量（可视距离）

Disp—显示 iMEM/工程数据

Del—删除 iMEM/工程数据

Edt—编辑 iMEM/工程数据

INP—把数据行输入并填到 iNEM/工程里

PNO—在 iMEM/工程里的点号

LNO—点的标志即行号

Adr—在 iMEM/工程里的地址

Cod—在 iMEM/工程里的站点名

↓—用同样的标准继续查找

All—全部 iMEM/工程数据行的选择

Adr1—选择第一个数据行/工程地址

1Adr—选择最后一个地址

iPNo—改变成输入的一个单独的点号

cPNo—改变成输入的一个连续的点号

AM—输入一个上午时间，用以设置时钟

PM—输入一个下午时间，用以设置时钟

R-1S—记录仪器状态

←Hz→—改变 Hz 计数方向

Set—设一个给定的 Hz 方向

→Hz—Hz 方向设置为顺时针计数

←Hz—Hz 方向设置为逆时针计数

CD—改变在 PC 存储卡上的方向

PRJ—激活工程管理

U—转换成数字输入

b—转换成小写字母输入

B—转换成大写字母输入

5. 警告与提示

警告与提示主要有以下内容：

1）一般使用者不要对仪器和附件进行随意的改变或修理，最好由服务小组或专业人士进行维修。

2）不要将望远镜直接对准太阳。

3）不要将仪器和附件置于有爆炸危险的地方。

4）仪器只能在规定的操作条件下使用。

5）应在测量地点（如建筑工地、公路等）确保操作人员和仪器的安全，查看有关的规范和道路交通法规。

6）应将三脚架在地面上架稳，避免在松软、不安全的地方架设仪器。

7）从仪器箱中取出仪器后放在三脚架上，迅速用三脚架旋钮拧紧，仪器在三脚架上必须安置牢固。当松开三脚架悬钮后，应立即将仪器装箱。

8）当标尺在电器设备附近（如电线、架空明线、中转站等）工作时，测量人员的生命将受到严重威胁，危险与标尺材料无关（如铝制或木制）。这种情况下，请向权威人士咨询安全规则，并遵照他们的建议进行作业。

9）定期检测仪器，以避免因仪器造成测量错误，特别是仪器受到摇动和重击后。

10）下雨时，不要长时间使用仪器；工作间隙时，用保护套盖住仪器；在作业地点擦干仪器和仪器箱，然后在室内打开仪器箱，让它彻底自然风干。

11）雷雨天气时，不要进行测量工作，以免遭受雷击。

12）拆卸和长时间不使用时，应取出电池；充电时应使用专用充电器。

13）依据有关的国家标准，恰当地处理电池和设备；避免废弃仪器的不当使用。

14）每次使用前，确保仪器处于良好状态，特别是长途运输，跌落或任何其他不当使用后；在高强度测量前后对系统的进行特殊的检校，有利于避免错误的测量。

15）不要在潮湿环境下操作电池充电器和 PC 卡驱动器（避免电子冲击）；确保充电器上设定的电压和电源的电压相同；设备湿的时候不要使用。

16）PC 卡应放在保护盒里，以避免环境的损坏（水、灰尘）。

17）不要使用损坏了的插头和电线作为仪器的附件。

18）在重复测量中，每次测量后显示标尺读数平均值、距离和标准差；如果定义了标准差，至少进行 3 次测量；当达到要求的标准差后，可以按软键 Esc 来终止程序；但是请注意避免按按钮时振动仪器；否则，最后一个值会出现较大偏差。

19）在程序运行的任何时候都可以关闭仪器。当再次打开仪器时，程序将从上次停止的地方继续运行而不会丢失任何数据。在线路测量迁站前，请务必关闭仪器。

20）由于较大的不对称性会影响测量精度，所以，当障碍物遮住十字丝上部超过几厘米，测量将终止。

21）存储器的初始化将删除所有数据。

22）阳光。不能将望远镜直接对准太阳，因为这对眼睛有害，并可能导致测量失败；如果在望远镜里能够观察到阳光的反射（太阳低于地平线时），请用手遮住望远镜，直到反射消失；阳光在标尺上反射时，转动标尺，直到观测员不再看到反射时为止。

23）强光。如果逆着强光进行测量，测量时间可能变长，且测量数据的精度可能降低。

24）亮度变化/感光过度。如果在测量过程中光线的变化导致单个测量时感光过度（如太阳出来），仪器将自动进行重测；如果这种情况反复出现，测量将被终止，并显示错误信息“亮度变化过大”。

25）微光/照明不足。如果微光条件下测量信号太弱，以致不能得到可靠的测量数据，或者测量时可用标尺区域不足，或者看不到标尺，将会显示错误信息 323 或 324“标尺不能读数”；如果亮度恰好能够进行测量，则测量时间会显著增长；如果测量时间超过5s，得到的测量数据的精度将降低；在这种情况下，标尺需要照明。

26）标尺照明。如果标尺需要照明，建议在标尺侧面的前方安置一盏日光灯；如果日光灯安置的高度大约等于视线高度，则一盏10W的灯（12V，22V）就足够；不推荐使用直接光源，如聚光灯，因为不同步的照明，影子的形状和折射将导致测量错误。

27）测量光束的间断。在阳光下，测量光束一个短时间的间断由于曝光时间太短并不会影响测量；如果测量由于交通阻挡而中断，造成测量数据的丢失，则测量所需时间会相应加长。

28）振动。仪器显示的读数是几次测量的平均值，如果各个测量值间存在较大偏差，则不会接受此次测量值，并显示错误信息325“超出标准差范围”；这只能消除粗差，不会对测量数据的精度进行评估；在振动和空气湍流的情况下，已经发现在要求显示最小偏差的测量中不能提供最佳测量数据。

29）复合测量。在此情况下我们推荐使用复合选项；在剧烈振动中，如当重型汽车通过的时候，应避免仪器被移动，可通过视觉检查出来。

30）5m伸缩标尺。DINI仪器提供最长为5m的DINI代码标尺，为此，可以使用5m长的Td24和Td25伸缩标尺。在测量时，欲测高程下部的标尺区域须全部抽出来，并且固定好。如果使用部分或全部收起的标尺进行测量，如不必使用标尺的整个长度的时候，注意不要瞄准已经收起的标尺区域；否则，会得出错误或没有意义的测量结果，这种结果仪器不会自动排除。

31）精确水准测量提示。数字水准仪是可以进行自动数据计算、数据存储和数据处理的光学水准仪。因此，数字水准仪测量的极限条件和普通光学水准仪相同。

①不要将三脚架和仪器的一侧直接受阳光照射；避免瞄准阳光强烈照射的区域，如中午时分。

②应考虑数字水准仪需要充足的时间适应周围的温度；以下是高精度测量时经验公式的应用：开尔文温标表示的温度差×2＝仪器适应新温度所需要的分钟数。在进行一般精度测量时，例如，使用折叠尺，至少需要上述时间的一半进行温度适应。

③DINI仪器配有一个不能从外面读数的温度传感器；仪器视线的温度梯度由工厂决定并储存在仪器里；在测量过程中，仪器可以立即对视线进行必要的修正；这种修正只有在仪器已经完全适应周围温度后才能实现，因此，避免进行不必要的温度适应。

④可以使用等视距的方法来消除由温度可能造成的视线变化、机械应力和仪器影响（调焦长度）。

⑤不要选择超过大约30m的视距。

⑥要达到仪器的标定精度，并消除补偿器的残余误差，确保圆水准气泡已经调好，并使用下述任一种方法进行测量：

a. 使用称为“红裤子”的方法（RVVR，RVVR）进行交替测量。

b. 开始测量前，确信引起仪器颤动和振动（例如，由于重型汽车通过引起的）以及强风的影响已经衰退（通过望远镜或经验决定）。

6. 错误信息及处理

错误信息及处理见表18-3。

表 18-3　错误信息及处理表

错误信息	如何处理
BATT Change battery	在给电池充电前应关掉 DINI
BATT Change backup battery	测量已被结束，立刻与厂商联系
!! Comp!!	倾斜范围超过了工作范围，重新整平仪器
1. ROM 错误	与厂商联系，测量不能继续，仪器的基本设置已改变
2. RAM 错误	
3. NV-RAM 错误	
202 补偿器超出补偿范围	校正仪器否则与厂商联系
320 运行/时间错误	重新测量
321 亮度改变过大	重新测量
322 超出测量范围	看不到标尺，将标尺置于测量范围内
323 标尺不能被读数	检查测量步骤： 1. 正向/反向测量的设置是否正确 2. 聚焦是否正确 3. 刻度是否被对准 4. 刻度是否被遮住 5. 视线距离是否在允许范围内 6. 是否有充足的光源
324 标尺不能被读数	改正测量过程的条件，因为它们不够充分（例如，振动，不充足的光线）
325 标准偏差超出范围	重新测量
326 标尺部分太小	在全站/坐标模式下，标尺部分对于测量不够充分，可将测量转为水平式下，如果所有的要求都满足，轻微地改变视线角度后重新测量
070 角度测量错误	保持不受外部干扰（振动）
4AX 工程地址未找到	1. 检查输入的数据行 2. 保存数据 3. 格式化 PCM CIA 卡
4MVPC 卡装满	1. 输出所有的数据后，把卡上的数据删除 2. 置入一张新卡
460 来自 PC 卡的错误信息	先关闭仪器然后重启
461PC 卡—时间超出	如果错误仍然存在，则更新 DINI 软件
470PC 卡数据传输错误	
471PC 卡数据传输错误	
350 所有标尺行在工程中被使用	Elta 工程——重建一个新工程
4RD 读出错误	先关闭仪器后启动
4RW 写入错误	如果错误仍然存在则保存数据并重新初始化 PC 卡
491PC 被写保护	检查写保护和/或取消保护
492PC 卡被更换	插入新卡按 Esc 键退出
493PC 卡系统错误	保存数据并重新初始化 PC 卡
494PC 卡电源过低	保存数据

续表

错误信息	如何处理
489PC 卡电池用尽	1. 更换电池或给电池充电 2. 确保是否明确厂商说明
495 错误的工程名	检查 PC 卡的结构文件
496 目录用完	读出数据文件或使用新卡
498PC 卡系统错误	重新格式化步骤
41X PC 卡系统错误	更换新卡
499 错误的工程名	读出数据文件或使用新卡
401PCNCIA 结构 ROM 有缺陷	保存数据和重新初始化 PC 卡，如果错误仍然存在，请与厂商联系
4NV 目录用完	读出数据文件或使用新卡
4NX 程序不能运行	保存数据并重新初始化 PC 卡
4AX 在 iMEM 内的地址未找到	数据预先被删除
4MX iMEM 占用完	把数据输出后再把 iMEM 的数据删除
410 iMEM 未被初始化	初始化 iMEM 并输出数据
411 系统区缺陷	
412 系统区缺陷	重新记录
412 系统区缺陷，仍可读数	如果错误仍然存在，则检查结构参数、电缆和较远测站的记录程序
415iMEM 读出错误	
416iMEM 写入错误	
581I/O 接受错误	
584I/O 超时	重新记录
585I/O 超时	如果错误仍然存在，则输出数据后重新初始化内存
586REC500 协议错误	
587I/O 超时	
588REC500 协议错误	

五、精度问题及解决办法

数字水准仪的精度问题及解决办法如下：

1）补偿器可能产生的摆动和空气波动对数字水准仪的测量精度有影响。

蔡司仪器的解决办法是通过仪器完成对码标尺截距的 4 次曝光，求取 4 个测量值的平均值来减小或消除这两种影响，但此法目前存在争议。

2）补偿器应力释放，补偿器剩余误差，迟滞安平精度，传感器时性改变对测量精度有影响，目前尚无解决办法。

3）温度影响。数字水准仪与温度有很大关系，温度对仪器 i 角有影响。解决办法是观测前使仪器适应观测条件温度，以避免仪器 i 角的剧烈变化。

4）插接式水准仪标尺插接处分划有明显突跳，当前只能尽量避开在插接处读数，今后应该从根本上解决问题。

5）温度对玻璃纤维和因瓦标尺都有影响。玻璃纤维标尺还受湿度影响，对此用湿度和标尺膨胀系数进行改正。

6）标尺分划质量的影响。虽然采用“整体测量法”使单个分划位置不再重要，但分划误差对标尺读数的影响是成像在探测器上所有分划线分划误差的平均值，因此要尽量使读数位置在标尺中央小于 +0.01mm 范围“离散”。

7）测量精度与视距有关。视距过长明显受气象条件影响，视距过短不仅有精度损失，还会产生系统畸变。一般视距应控制在 30 ~ 50m 为好。

8）标尺照明情况影响精度，照明不够，可能会出现 50% 的精度损失。在建筑物内或隧道建筑内进行测量时会碰到这种情况。

9）玻璃纤维条码尺的尺面在使用中容易损坏和脱落。

10）提供的软件，其测量程序与数据存储有待改进。

11）光照强度对仪器有影响。光照过强探测器无法探测而不显示读数，解决办法是望远物镜前安装太阳罩或打伞遮光。

12）热闪烁的影响。热闪烁极大地减小标尺影像的对比度，也能导致影像局部变形。

13）望远镜调焦不清晰导致观测精度降低，读数显示时间延长。观测时除了要调焦清晰外，还要用竖丝切准条码左边缘。

14）观测时圆水准器不居中或标尺晃动，读数时间延长。

15）启动效应也有影响。

数字水准仪是一种功能很强的测量系统。其操作简单，测量速度比光学水准仪提高 50% ~ 60%，易于实现内外业一体化，是今后几何水准测量继续发展的方向之一。

第四节　光电测距仪

一、光电测距仪的基本类型

脉冲法和相位法是光电测距的主要工作方式，测距精度高、应用广泛，下面重点予以介绍。表 18-4 为光电测距仪的类型划分、简况及说明。

表 18-4　光电测距仪的类型划分、简介及说明

类　型	分　类	简　况	说　明
按测程大小划分	短程测距仪	测程为 3km 及 3km 以内	根据中华人民共和国专业标准《中、短程光电测距规范》（GB/T 16818—2008）规定
	中程测距仪	测程为 3 ~ 15km	
	远程测距仪	测程超过 15km	
按结构划分	分离式测距仪	由测距仪和基座组成（单测距式），测斜距	
	整体式测距仪	由测距仪与经纬仪组合而成（将测距仪架在经纬仪上）。若经纬仪为电子经纬仪与测距仪组合即可成为全站仪	
	组合式测距仪	以发射、接收和控制显示系统与测角系统成为一个整体	

续表

类　型	分　类	简　况	说　明
按光源划分	普通光源测距仪	以白炽灯、高压汞灯为光源	
	红外测距仪	以砷化镓（GaAs）发光二极管为光源。红外测距仪体积小、效率高；能直接调制、结构简单、耗电省、寿命长等优点，广泛采用于中、短程测距仪	
	激光测距仪	以激光技术为光源，适用于远程测距仪	
按功能划分	只测距不测角的测距仪		
	测距仪作为经纬仪附件的（测距）仪器		
	自动测距与测角的（测距）仪器		
按精度划分	Ⅰ级（测距仪）	$\|m_0\| \leq 5mm$（误差小于 5mm）	依据《中、短程光电测距规范》(GB/T 16818—2008）要求，测距仪出厂的标称精度［仪器说明书中技术规格所载明的测距标准差，如 ±（5mm + 5 × 10^{-6} · *D*）的绝对值］，均以 1km 标称精度 m_D 为标准
	Ⅱ级（测距仪）	$\|m_0\| \leq 10mm$（误差小于 5mm）	
	Ⅲ级（测距仪）	$10mm < \|m_0\| \leq 20mm$（误差在 5mm）	
按测定传播时间方式不同划分	相位式测距仪	以测定调制光波在往返传播生产的相位差的方式。相位式测距精度高，一般精度均可在厘米以下。工程测量中使用的测距仪均为相位测距	
	脉冲式测距仪	脉冲式测距是采用激光技术，因而脉冲发射的瞬时功率极大，都用于远程测距	
按使用方法划分	固定式测距仪	把测距仪固定在光学经纬仪或电子经纬仪上测距	
	手持式测距仪	手持式激光测距仪（如瑞士徕卡公司生产 DISTO）仅手电筒大小，无须棱镜，测程为 0.3～300m	

二、光电测距仪的构造

如图 18-24 所示，为国产 DCH—1 型红外光电测距仪，它是由照准头，用固定锁杆连接在 DJ2 型光学经纬仪的水平轴上组合而成，最大测程 1km。

照准头上装有发射筒及接收筒光学系统（如图中 2 和 3）。振荡器和混频器则挂于三脚架上，以减轻经纬仪上的负荷。

仪器另附有一控制箱，内装有电子线路系统。箱的面板上有操作按钮和距离显示窗。国产 DCH—2 型红外测距仪，则将面板装于照准头的后部，使仪器更为轻便，其最大测程为 2km。

电源为 12V 2A 的银锌蓄电池组，或用 12V 6A 的镍镉蓄电池组，挂在三脚架上。

仪器另附有一套反射棱镜，如图 18-25 所示，为三块棱镜组合。如供短距离测量用时，为单块反射棱镜。

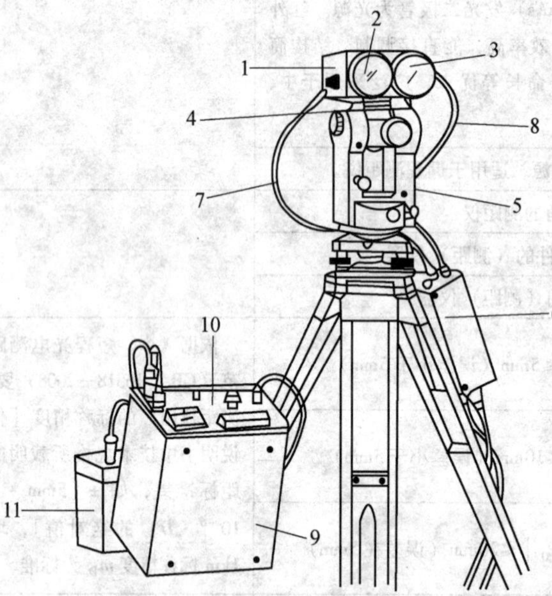

图 18-24　红外光电测距仪

1—照准头；2—接收筒；3—发射筒；4—固定锁杆；5—DJ2 光学经纬仪；6—振荡器及混频器；7—接收电缆；8—发射电缆；9—控制箱；10—面板；11—电池

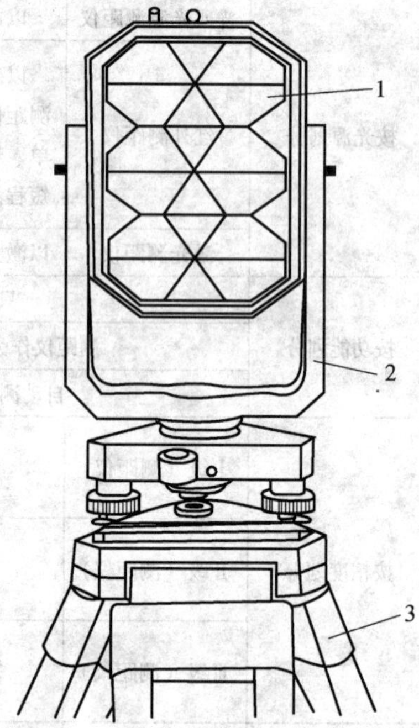

图 18-25　反射棱镜

1—反射棱镜；2—支架；3—三脚架

近年来国产红外光电测距仪又有很大改进。主要是改用砷化镓（GaAs）半导体发光二极管作光源，照准头改称为主机，包括发射望远镜、接收望远镜，在发射、接收及照准目标时，三者均同轴。主机上还有操作键盘、显示屏及电池盒，下为座架，用座架固定螺旋安装于经纬仪的望远镜支架上，与照准头的安装相似（图 18-24）。

由于新型红外光电测距仪不另附控制箱、电池及发射和接收电缆，仪器更为轻便。

三、光电测距的基本原理

1. 脉冲式测距

光电测距是一种通过测定光波（电磁波）在两点间传播的时间来计算距离的技术，由此原理制作的以光波为载体的测距仪叫光电测距仪。

如图 18-26 所示，欲测定 A，B 两点间的距离时，将测距仪主机安放在一端 A 点，另一端点 B 安放反射棱镜，则其距离 S 可按下式计算：

$$S=\frac{1}{2}ct$$

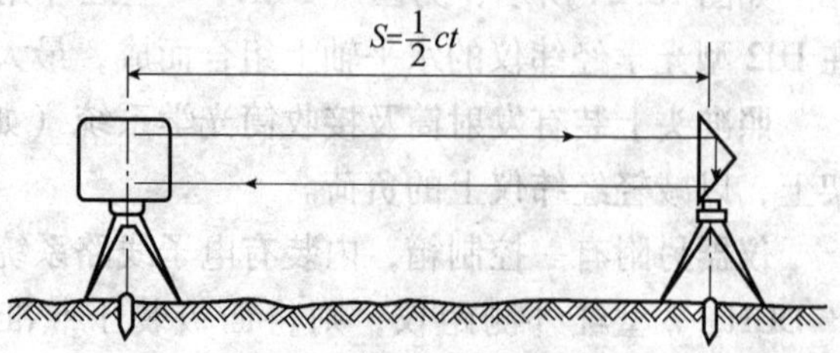

图 18-26　光电测距

A，B 点一般为不同高程，光电测距测定的为斜距 S。通过垂直角观测，可将

斜距归算为平距 D 和高差 h。

光在真空中的传播速度（光速）为一个重要的物理量，通过近代科学实验可知，光在真空中传播速度的精确值为 $c_0 = 299792458 \pm 1.2\text{m/s}$，在大气中的传播速度为：

$$c = c_0/n$$

式中　n——大气折射率。

n 是光的波长 λ_g、大气温度 t 和大气气压 p 等的函数，即：

$$n = f(\lambda_g, t, p)$$

红外测距仪可采用砷化镓（GaAs）发光二极管发出的红外光作为光源，其波长 $\lambda_g = 0.82 \sim 0.93\mu\text{m}$（作为一架具体的红外测距仪，则为一个定值）。由于影响光速的大气折射率随大气的温度、气压而变，因此，在光电测距作业中，必须测定现场的大气温度和气压，对所测距离做气象改正。

光速是接近于 $3.0 \times 10^5\text{km/s}$ 的已知数，其相对误差甚小，测距的精度主要取决于测定时间 t 的精度。例如，利用先进的计数式电子脉冲技术，能精确测定到 $\pm 10^{-8}$，由此引起的测距误差为 $\pm 1.5\text{m}$。近年来出现的计时式脉冲精密光电测距技术已能够达到亚厘米级的测距精度。为了进一步提高光电测距的精度，可采用精度较高性能较稳定的间接测时方法——相位法测时，据此测定距离称为相位式测距。

2. 相位法测距

在式 $S = \frac{1}{2}ct$ 中将 t 使用载波频率、相位变化总量表示后，得到相位法测距的一般公式如下，激光调制如图 18-27 所示。

$$D = \frac{c}{2}\left(\frac{\Phi}{2\pi f}\right)$$

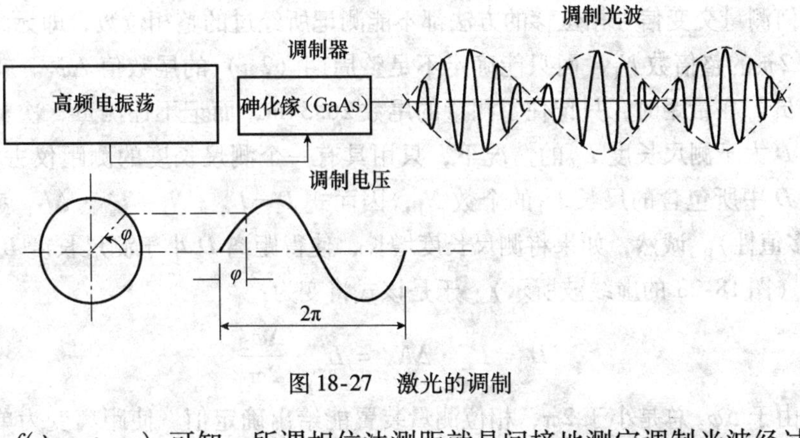

图 18-27　激光的调制

由式 $n = f(\lambda_g, t, p)$ 可知，所谓相位法测距就是间接地测定调制光波经过时间 t 产生的相位移 Φ 来代替测定时间 D，从而求得光波所走过的路程。在图 18-28 中，A 表示调制光波的发射点，B 表示安置反射器的测点，A'表示所发出的调制光波经反射器反射后的接收地点（实际上，A 点就是测距仪中的光波发射点，A'点就是测距仪中光波的接收点）。$A-A'$两点间的距离就是光波所走过的路程，它等于需测距离 D 的两倍。所以相位移 Φ 实际上就代表了光波走过往返距离时所需的时间 t_{2D}。由图 18-28 可知，当用较短波长的光波测量时

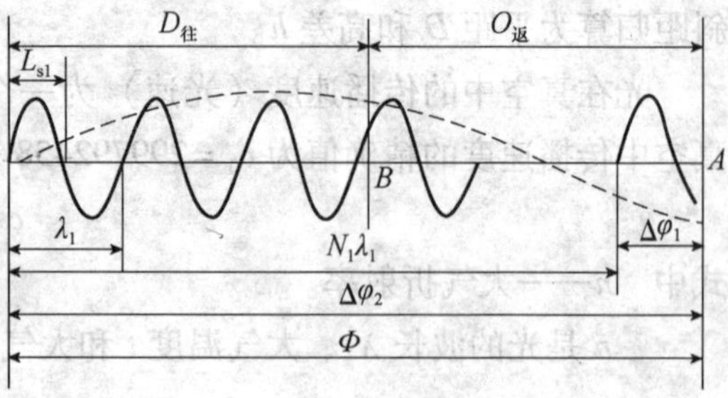

图 18-28 相位式光电测距原理

(图中实线波)，则得：

$$\Phi = N_1 \cdot 2\pi + \Delta\varphi_1$$
$$= 2\pi(N_1 + \Delta N_1)$$

式中 N_1——零或正整数；

$$\Delta N_1 = \frac{\Delta\varphi_1}{2\pi}$$

$\Delta\varphi_1$——不足整周期（2π）的相位尾数。

将 Φ 代入求 D 式中，则得：

$$D = \frac{C}{2}\left[\frac{2\pi(N_1 + \Delta N_1)}{2\pi f_1}\right] = N_1 \cdot \frac{C}{2f_1} + \Delta N_1 \cdot \frac{C}{2f_1}$$

因为$\frac{C}{f_1} = \lambda_1$，令$\frac{\lambda_1}{2} = L_{s1}$，称为单位长度（也称为测尺长度），则上式可变为：

$$D = L_{s1} \cdot N_1 + L_{s1} \cdot \Delta N_1$$

该式说明，测量距离 D 的问题就变成了求调制波在往返距离上所经过的光波个数 N_1 及不足光波长 L_{s1} 的尾数（$\Delta N_1 \cdot L_{s1}$）的问题。形象地说，用波长为 $\lambda_1(\lambda_1 = 2L_{s1})$ 的调制波长测量距离，就好像我们通常用 50m（或 30m、100m 等）长的钢尺丈量某段距离一样，先记住量了几个整尺长，再量取不足整尺长的尾数，最后将两者结合起来就是我们所需求得的完整距离。例如，有一段距离为 276.34m，用 50m 钢尺去丈量，可知 D 中共包含 5 个整尺，所余尾数为 26.34m。则得：

$$D = 50 \times 5 + 26.34 = 276.34$$

将上式和式 $D = L_{s1} \cdot N_1 + L_{s1} \cdot \Delta N_1$ 加以对照，可以看出，50m 就相当于 $N_1 \cdot L_{s1}$ 相当于 5，$\Delta N_1 \cdot L_{s1}$ 相当于 26.34m。

由于任何测量交变信号相位移的方法都不能测记所经过的整相位数，即无法确定相位移 Φ 中包含的 2π 的整倍数 N_1，而只能确定不足整周期（2π）的尾数值 $\Delta\varphi_1$。就好像测距仪这个"测量员"在量距时，只记住了测量的尾数 26.34m，而记不住测量 5 次整尺一样。显然，在距离 D 大于测尺长度 L_{s1} 的情况下，只用具有一个测尺长度的测距仪去测量距离 D，就无法确定 D 中所包含的尺长 L_{s1} 的个数 N_1，因而式 $D = L_{s1} \cdot N_1 + L_{s1} \cdot \Delta N_1$ 就产生不定解（即产生了多值性）。诚然，如果将测尺长度增长，使得距离 D 小于测尺长度 L_{s2} 时，该式中 N 将等于零（图 18-28 的虚线波所示），于是该式将变为：

$$D = L_{s2} \cdot \Delta N_2 = L_{s2} \cdot \frac{\Delta\varphi_2}{2\pi}$$

此时，由于 $\Delta\varphi_2$ 总是小于 2π，相位测量装置能给出确定值，使距离变为单值解。由此可得到启示，当待测的距离较长时，为了既保证必需的测距精度，又不使距离测量结果产生不定解，考虑到无论哪种测相系统都有测相误差，可以在测距仪中设置几种不同的测尺频率，即相当于设置了几把长度不同、最小分划值也不相同的尺子，用它们同测某段距离，然后将各自所测的结果组合起来，就可得到单一的、精确的距离值。

例如，为了测量 276.34m 的这段距离，我们选用了两把精度皆为 1‰的尺子，一把尺长为 $L_{s1} = 10\text{m}$，精度为 1cm；另一把尺长为 $L_{s2} = 1000\text{m}$，精度为 1m。用 L_{s2} 测量时得 270m，用

L_{s1}测量时得6.34m，组合结果得到完整距离值D为276.34m。

3. 测尺频率的方式

如上所述，为使测距仪所测的距离能满足不同的测程和精度要求，仪器内必须设置一组测尺长度——测尺频率。目前，在各种类型的长、中、短程测距仪中，测尺频率的方式基本上有两种：分散的直接测尺频率方式和集中的间接测尺频率方式。

(1) 分散的直接测尺频率方式

中、短程相位式光电测距仪一般都采用这种测尺频率方式。例如，某短程红外测距仪采用的测尺频率及其对应的测尺长度为：

精测频率：$f_1=15\text{MHz}$，对应的精测尺长：$L_{s1}=C/2f_1\cong 10\text{m}$；

精测频率：$f_2=150\text{kHz}$，对应的粗测尺长：1000m。

此例说明，测尺频率和测尺长度直接相对应，即测尺长度可直接由测尺频率来确定，而且各测尺频率之间相差较大（即较分散），所以，称这种选择频率的方式为“分散的直接测尺频率方式”。

在测相精度一定的条件下，如要进一步扩大测程，而且又保持测距精度不变，就必须增加测尺频率，见表18-5。

表18-5　分散的直接测尺频率

测尺频率	15MHz	150kHz	15kHz	1.5kHz
测尺长度	10m	1km	10km	100km
精　　度	1cm	1m	10m	100m

(2) 集中的间接测尺频率方式

由上表可知，此时最高测尺频率和最低测尺频率之间相差悬殊（达10^4倍），使得放大器和调制器难以对各种测尺频率具有相同的增益和相移稳定性。而测程小于20km的中、短程测距仪，由于测尺频率数目较少，分散性也不大，故其测尺频率的选择多采用分散的直接测尺频率方式。对于长程测距仪，为了避免测尺频率过于分散，采用集中的间接测尺频率方式。当我们用f_1和f_2两个测尺频率的光波分别测量同一段距离时，则得两波的相位移分别为：

$$\Phi_2=2\pi f_2 t=2\pi(N_2+\Delta N_2)$$
$$\Phi_1=2\pi f_1 t=2\pi(N_1+\Delta N_1)$$

其相位移之差为：

$$\Delta\varphi=\Phi_1-\Phi_2=2\pi[(N_1-N_2)+(\Delta N_1-\Delta N_2)]=2\pi(N+\Delta N)$$

式中　$N=N_1-N_2$，$\Delta N=\Delta N_1-\Delta N_2$。

若用(f_1-f_2)差频作为光波的调制频率，其相位移为：

$$\Delta\varphi'=2\pi(f_1-f_2)t=2\pi[(N_1-N_2)+(\Delta N_1-\Delta N_2)]=2\pi(N+\Delta N)$$

因以上两式相等，故得：

$$\Delta\varphi=\Delta\varphi'$$

上式说明，对同一段距离作相位法测量时，两个测尺频率分别测相的相位尾数之差$\Delta\varphi$，等于以这两个测尺频率的差频来测相而得到的相位尾数$\Delta\varphi'$。

由前述可知，当我们用f_1和f_2两个测尺频率的光波测量同一段距离时，可得到：

$$\left.\begin{aligned} D &= L_{s1}(N_1 + \Delta N_2) = \frac{C}{4f_1}(N_1 + \Delta N_1) \\ D &= L_{s2}(N_2 + \Delta N_2) = \frac{C}{4f_2}(N_2 + \Delta N_2) \end{aligned}\right\}$$

将两式变换并相减，则得：

$$\frac{4f_1D}{C} - \frac{4f_2D}{C} = N_1 - N_2 + \Delta N_1 - \Delta N_2$$

所以，
$$D = \frac{C}{4(f_1 - f_2)}[(N_1 - N_2) + (\Delta N_1 + \Delta N_2)] = \frac{C}{4f_s}(N + \Delta N)$$

$$D = L_s(N + \Delta N)$$

式中　f_s——相当测尺频率（其中及称为间接测尺频率），$f_s = f_1 - f_2$；

L_s——相当测尺长度 $L_s = \frac{C}{4f_s}$

$$N = N_1 - N_2;$$

$$\Delta N = \Delta N_1 - \Delta N_2。$$

此式即为以差频（$f_1 - f_2$）作为新测尺频率f_s（也称相当测尺频率）的距离公式。

在表18-6中，列出了我国生产的精密激光测距仪中所采用的5个间接测尺频率、相当测尺频率和测尺长度。

表18-6　几种精密激光测距仪间接测尺频率

间接测尺频率f_1	相当测尺频率$f_s = f_1 - f_i$	相当测尺长度L_s
$f_1 = 30$MHz	30MHz	2.5m
$f_2 = 0.9f_1$	$0.1f_1 = 3$MHz	25m
$f_3 = 0.99f_1$	$0.01f_1 = 300$kHz	250m
$f_4 = 0.999f_1$	$0.001f_1 = 30$kHz	2500m
$f_5 = 0.9999f_1$	$0.0001f_1 = 3$kHz	25000m

由上表可知，这种方式中各测尺频率的最大差值仅3MHz，因此，不仅放大器能对各频率获得相接近的增益，调制器对各频率的相移也较稳定，而且各频率石英晶体的类型也可以统一，这对仪器的生产制造是有利的。

4. 测尺频率的确定

测尺频率方式选定之后，就必须解决各测尺长度及测尺频率的确定问题。一般将用于决定仪器测距精度的频率称为精测频率（或称基本测尺频率），而将用于扩展测程的频率称为粗测频率（或称辅助测尺频率）。

对于采用分散的直接测尺频率方式的测距仪，精测频率的确定主要考虑仪器的精度指标、测相精度、电路元件的高频性能，以使确定的测尺长度便于计算。粗测频率则主要考虑测相精度、测量结果的准确衔接以及仪器的测程，还要使确定的测尺长度便于计算。例如，短程半导体红外测距仪，确定精测尺长 $L_{s1} = 10$m，粗测尺长 $L_{s2} = 1000$m。

此时，测尺频率可依下式确定：

$$f_i = \frac{c}{2L_{s1}} = \frac{c_0}{2nL_{s1}}$$

式中　c——光波（或电磁波）在大气中的传播速度；

n——大气折射率，它是大气的温度 t、压力 p、湿度 e 及波长的函数；

f_i——调制频率（测尺频率）；

c_0——光波在真空中的传播速度。一般均取 $c_0 = 299792458 \pm 1.2\text{m/s}$。

为求得在给定气象条件下的光速值 c，一般选取气象参考点为：$t = 0℃$ 或 $15℃$，$p = 760\text{mmHg}$，（湿度）。

对于非调制的单色光在上述气象条件下的大气折射率为：

$$n_\lambda = 1 + \left(2876.04 + \frac{16.288}{\lambda^2} + \frac{0.136}{\lambda^4}\right) \times 10^{-7}$$

根据国际大地测量协会的决定，对调制光一律采用群速 c_g，相应于群速 c_g 的大气折射率 n_g，可按下式计算：

$$c_g = \frac{c_0}{n_g} \quad n_g = n_1 - \frac{dn_\lambda}{d\lambda}$$

将求 n_λ 的原式及它的微分式代入上式，得：

$$n_g = n_1 - \lambda\left(-3 \cdot \frac{16.288}{\lambda^3} - 5 \cdot \frac{0.136}{\lambda^5}\right) \times 10^{-7}$$

$$= 1 + \left(2876.04 + \frac{48.564}{\lambda^2} + \frac{0.680}{\lambda^4}\right) \times 10^{-7}$$

半导体 GaAs 发光的光波长为 0.93μm。利用式 $f_i = \frac{c}{2L_{s1}} = \frac{c_0}{2nL_{s1}}$，并分别代入相应的测尺长度 10m 及 1000m 后，即可求得对应的精测频率及粗测频率为：

$$f_1 = \frac{c_0}{2ng \cdot L_{s1}} = 14.985520\text{MHz}$$

$$f_2 = \frac{c_0}{2ng \cdot L_{s2}} = 149.85520\text{kHz}$$

按集中的间接测尺频率方式，确定测距仪中精测频率与间接测尺频率的原则同前述。由于这类仪器的测相周期为 π，所以此时精测尺 L_s 长应用下式计算：

$$L_s = \frac{\lambda}{4} = \frac{c}{4f}$$

为了计算方便，这类测距仪的精测尺一般取 $L_s = 2.5\text{m}$。特别是：若采用波长为 $6328 \times 10^{-10}\text{m}$ 的 He—Ne 激光作光源，按照前述方法，即可求得给定气象参考点条件下的精测频率值 f_1：

$$f_1 = \frac{c}{4L_s} = \frac{c_0}{4n_g L_s}$$

除精测频率 f_1 外，一般还设置 4 个测尺频率，以求得相当测尺长度，从而确定式 $D = L_s(N + \Delta N)$ 中的 N 值。为了便于计算测量结果，相当测尺长度（也叫距离的概长值）选用十进制，即分别为 25m、250m、2500m 及 25000m。由相当测尺长度的公式可得各间接测尺频率 f_i 的表达式：

$$L_{s2}=\frac{c}{4f_{s2}}=\frac{c_0}{4n_g(f_1-f_2)}$$

经变

$$f_2=f_1-\frac{c_0}{4n_g\cdot L_{s2}}$$

将 $L_{s2}=25\text{m}$ 及相应的 c_0、n_g、f_1 值代入后，则得：

$$f_2=f_1-0.1f_1=0.9f_1$$

所以

$$f_2=26.973227\text{MHz}$$

同理可得

$$f_3=0.99f_1=29.670550\text{MHz}$$

$$f_4=0.999f_1=29.940282\text{MHz}$$

$$f_5=0.9999f_1=29.967255\text{MHz}$$

四、相位测量的方法

1. 差频测相原理

在目前测相精度（一般为1‰左右）的情况下，为了保证必要的测距精度，基本测尺（精测尺）的频率必须选得很高，一般为十几兆赫到几十兆赫，甚至几百兆赫。例如，一些型号仪器的频率 $f_1\cong 30\text{MHz}$。目前一些国家正在研制的超高频激光测距仪调制频率高达500MHz。在这样高的频率下直接对发射波和接收波进行相位比较（测相），在技术上将遇到极大的困难。例如，高频电路中的寄生参量的影响将产生显著的附加相移，降低测相精度。另外，由于检相器的读数直接和频率有关，若对不同的测尺频率直接测相，就必须有几套测相电路，这将使电路结构复杂化，也不经济。为此，目前所有相位式测距仪都采用差频来测相，即在测距仪内通过主振频率和本振频率的混频，将参考信号（也称基准信号）和测距信号（也称被测信号）变成中频或低频信号，然后对该差频进行相位比较。目前我国的测距仪混频后大都变为4kHz或2kHz。

图18-29表示各主要电路单元之间的相位关系。若 f_T 表示主振测量信号频率，它的角频率为 $2\pi f_T=\omega_T$。以 α_T 表示初始相角，它的相位可表示为 $\omega_T t+\varphi_T$；同样若以 f_R 表示本振信号频率，φ_R 表示初始相角，它的角频率即为 $\omega_T=2\pi f_R$，它的相位可表示为 $\omega_R t+\varphi_R$。一般 $f_T>f_R$，所以 $\varphi_T>\varphi_R$。

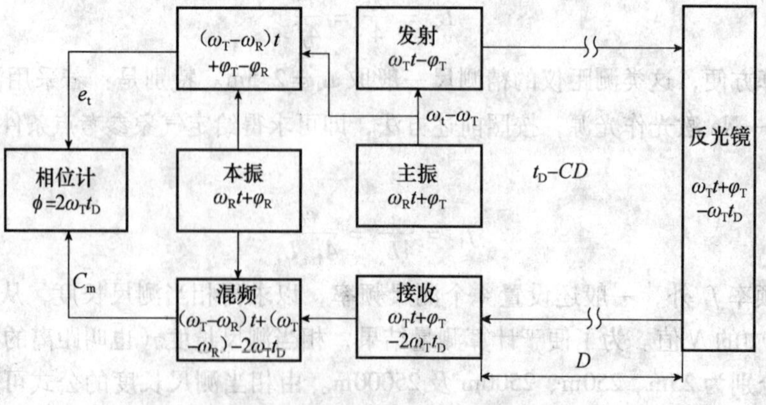

图18-29 中短程激光测距仪的差频测相系统

主振信号频率和本振信号频率混频（差频）后所得到的中频或低频信号（称为参考信号或基准信号），仍保持着原高频信号间的相位关系（即混频只改变频率，而不改变相位）。在不考虑电子线路附加相位移的条件下，混频后参考信号的相位为：

$$\Phi_1 = (\omega_T t + \omega_R)t + \varphi_T - \varphi_R$$

由图 18-29 可知，主振信号经发射反射回到达光探测器的相位变化为：

$$\Phi_2 = \omega_T t + \varphi_T - 2\omega_T t_D$$

此信号与本振混频后，产生的中、低频测距信号，在不考虑电子线路的附加相位移时，其相位变化应为：

$$\Delta\Phi = (\omega_T - \omega_R)t + (\varphi_T - \varphi_R) - 2\omega_T t_D$$

若以 Φ 表示到达测相系统时两个中频或低频信号（$f_{参}$ 和 $f_{测}$）的相位差，为 Φ_1 与 $\Delta\Phi$ 之差，即：

$$\Phi = [(\omega_T - \omega_R)t - \omega_R] - [(\omega_T - \omega_R)\cdot t - 2\omega_T \cdot t_D + \omega_T - \omega_R] = 2\omega_T \cdot t_D$$

上述过程和上式说明：

1）混频后所得到的两个中频或低频参考信号和测距信号之间的相位差 Φ，就是主振测量信号经过 2 倍距离 D 后产生的相位延迟。故测量中或低频参考信号和测距信号之间的相位差 Φ，等于测量主振测距信号经 2 倍距离 D 后所产生的相位延迟。

2）由于进入测相系统的中频或低频信号的频率较之主振测量信号的频率降低了许多倍（例如，由主振的 30MHz 降低到 4kHz，降了约 10^4 倍），使得相位周期也扩展了许多倍，这就大大地提高了测相精度，有利于相位测量。

因此，目前几乎所有的相位式测距仪都采用差频测相。在中频、低频条件下对参考信号和测距信号进行测相，既可采用平衡式移相—鉴相法，也可采用自动数字法（也称电子相位计法）。目前，长程测距仪多采用前者，而中、短程测距仪则多采用后者。

实现差频测相的基本措施，就是在仪器设置本机的振荡器（简称本振），它的频率较相应的主振频率低一中频或低频，因此，对应于每一测尺频率就应有一相应的本振频率。典型的高频电路原理框图如图 18-30 所示。

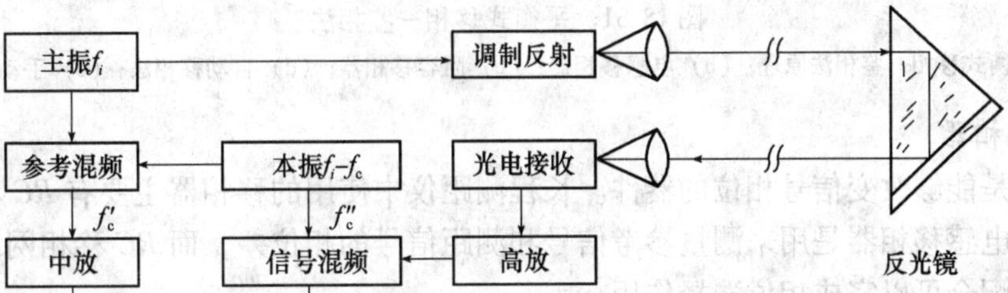

图 18-30　典型的高频电路原理框图

2. 平衡式移相—鉴相法

属于传统的模拟式测相方法，也称为补偿法测相，分为高频法和差频法两种，其精度相当，但是差频法较为稳定且制造工艺简单，主要用在中长程仪器上。

平衡式移相鉴相法（差频法）是将混频后的低频参考信号 e_r 送入移相器。移相器的输入信号与输出信号之间的相位差与它的机械转角有关。转动移相器的转子，则参考信号被移相。移相后的信号送入鉴相器中与测距信号 e_m 比相。转动鉴相器达到平衡（指示电表为零），由移相器的机械转角就能确定两信号间的相位差［图 18-31（a）］。以下简述移相器和鉴相器的工作原理。

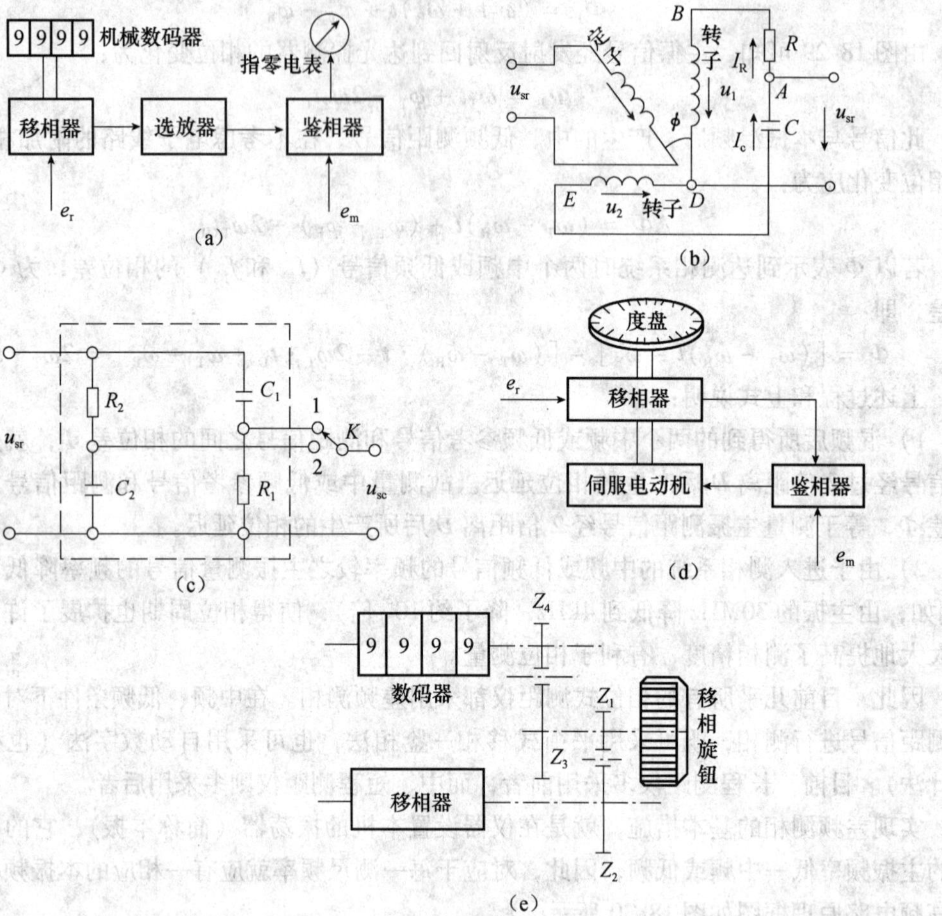

图 18-31　平衡式移相—鉴相法

（a）平衡式移相—鉴相法原理；（b）电感移相器；（c）阻容移相器；（d）自动移相法；（e）手动移相法

（1）移相器

移相器是能够改变信号相位的器件。长程测距仪中使用的移相器主要有 *RC* 移相器和电感移相器。电感移相器是用来测量参考信号和测距信号的相位差，而 *RC* 移相网络经开关和电感移相器配合可以完成相位选择作用。

1）电感移相器

由定子和转子线圈构成［18-31（b）］。输入与输出电压 u_{sr} 的相位移动就是转子线圈的机械转角 φ。即：

$$u_{sc} = \frac{u_{sr}}{\sqrt{2}} \cdot e^{j(\varphi - \frac{\pi}{4})}$$

电感移相器的精度和线性度主要与制造工艺、漏磁量、输入性信号频率等有关。我国电感移相器的精度分为三个等级：Ⅰ级为 ±10′，Ⅱ级为 ±20′，Ⅲ级为 ±30′，工作频率从 135 ~ 3000Hz，分为十多个固定值。

2）电阻电容移相器（RC 移相器）

RC 移相网络由图［18-31（c）］所示。开关在 1 位置时形成 R_1C_1 网络，可以证明，输出电压 u_{sc} 与输入电压 u_{sr} 的最大相移量为 90°，其相移量与阻容值有关：

$$\varphi_1 = \tan^{-1}\frac{1}{\omega R_1 C_1}$$

开关置 2 位置时形成 R_2C_2 网络，这时输入与输出电压的相位移为：

$$\varphi_1 = \tan^{-1}(-\omega R_2 C_2)$$

可见，只要改变网路中的阻容值，就可以达到移相的目的。

移相器的移相操作既可以采用人工手动移相，又可以采用由直流伺服电动机传动的自动跟踪移相。移相结果的显示方法，既可由移相器传动机械数码器的方法，也可以采用由移相器带动数字盘的方法。手动移相法的传动系统如图 18-31（e）所示，包括移相旋钮、齿轮组、移相器和机械数码器。当转动移相旋钮时，通过齿轮组 Z_1、Z_2 和 Z_4 的咬合，使移相器慢速转动，而机械数码器则快速转动，该移相器的最大相移为 π。数码器为十进制的，因此四位数码轮共有 1000 个数。自动跟踪移相的原理如图 18-31（d）所示。它的测相方法基本和手动移相法一样，主要区别在于用直流伺服电动机代替人工手动移相。其工作过程是，将低频参考信号 e_r 经移相器送入鉴相器与测距信号 e_m 比相，只要两信号之间的相位差不满足一定的关系值，鉴相器就有信号输出，此信号经放大后推动直流伺服电动机转动，从而带动移相器转动，则参考信号继续被移相，直至鉴相器达到平衡（即说明输入鉴相器的两信号之间满足了一定的相位关系），电动机即停转，移相器停止移相，由数字盘显示移相器的机械转角。

（2）鉴相器

所谓鉴相器实质就是相敏检波器，其输出信号的大小不但与两个同频率输入信号的幅度有关，还与两输入信号的相位差有关。目前主要有环形二极管鉴相器和三极管鉴相器两种，二极管鉴相器用作比相器，或用作锁相器；三极管鉴相器与移相器配合完成测相。

1）环形二极管鉴相器

主要由四个二极管组成环形电桥回路构成。可以证明，这种电路输出电压平均值与两输入信号相位差的余弦成正比关系。相敏检波器的作用是，对两个输入信号 u_1、u_2 的相位差 φ 进行检测，当 $\varphi=0$ 时输出正的最大值，当 $\varphi=180°$ 时输出负的最大值，当 $\varphi=\pi/2$ 或 $\varphi=3/2\pi$ 时，输出为零，说明电路平衡。当不满足时，鉴相器就输出电压，推动伺服电动机转动直到鉴相器平衡。

2）三极管鉴相器

将参考信号 u_2 和测距信号 u_1，作为输入信号，三极管导通电流 $\bar{I}$ 的大小是与两信号相位差 φ 的余弦函数成正比。据此原理可以用作鉴相器，与电磁式移相器一起构成所谓手动式移相—鉴相法测相系统。

3. 自动数字测相

自动数字测相法也称电子相位计测相，分为高频直接数字测相和差频自动数字测相两种。由上节的分析可知，高频直接测相比较差频测相，无论在精度还是在技术上都具有明显的优越性。自动数字测相主要用在中、短程仪器上，以下简单介绍其基本概念与原理。

半导体、集成电路和数字技术的高速发展，为在光电测距仪中采用自动数字测相方法提供了充分有利的条件。自动数字测相不仅测距精度高、速度快，而且便于实现数据的测量、记录和处理的自动化，这对减轻测量人员的体力劳动，多、快、好、省地完成测距任务，满足高速发展的社会主义建设事业的要求有着重要的意义。自动数字测相的不足在于，电路较平衡式移相—鉴相法复杂，成本亦较高。目前，短程测距仪几乎都采用自动数字测相方法。

（1）自动数字测相的工作原理

自动数字测相的原理框图如图 18-32 所示。因为检相双稳态触发器（由 *RS* 触发器组成）需要负跳变触发使之翻转，故在比相之前应首先将正弦波形的参考信号 e_r 与测距信号 e_m 经过通道Ⅰ、Ⅱ进行放大整形，变成方波。之后，两个方波信号分别加至检相触发器的 *R*、*S* 端。e_r 方波的下降沿（负跳变）使触发器“置位”，*Q* 端输出高电平——相当于用 e_r 方波的下降作为检相器的“关门”信号。因此，由检相触发器输出端所得到的检相脉冲宽度（即触发器的置位时间），对应着两比相信号的相位差 φ。在触发器“置位”期间，第 1“与门”打开，时标脉冲 *CP*（也称填充脉冲）可以通过它进入计数器。所以计数器内所累计的时标脉冲数就反映了检相脉冲的宽度，也即反映了测距信号 e_m 和参考信号之间 e_r 的相位差 φ。毫无疑问，触发器“置位”时间越长，则通过“与门”1 的时标脉冲数就愈多，说明 e_m 和 e_r 之间的相位差也越大，这就是单次检相的过程。

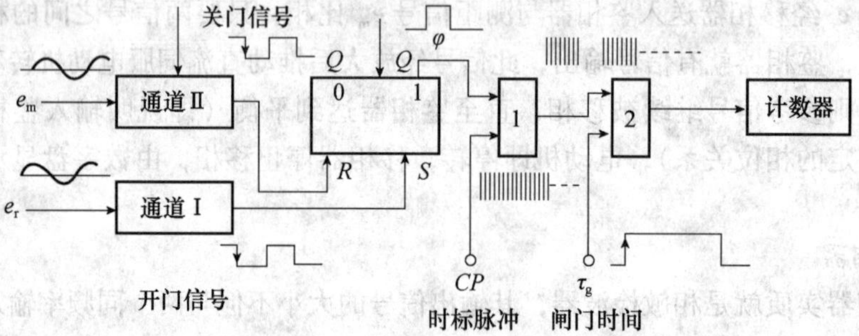

图 18-32　自动数字测相原理框图

计数器所计的单次检相的脉冲数 m 为：

$$m = f_{cp} \cdot t_c = f_{cp} \cdot \frac{\varphi}{2\pi f_c}$$

所以

$$m = \frac{f_{cp}}{f_c} \cdot \frac{\varphi}{2\pi}$$

式中　f_{cp}——时标脉冲的频率；

t_c——触发器的“置位”时间；

f_c——低频参考信号 e_r 和测距信号 e_m 的频率 $\left(f_c = \frac{1}{T_c}\right)$；

T_c——低频信号 e_r 和 e_m 的周期；

φ——e_r 与 e_m 间的相位差。

上式说明，通过“与门”1 的脉冲数 m 与 φ 成正比。

众所周知，在使用钢尺测量距离时，由于种种因素的影响，往往使一次量距的读数带有较大的误差，为了减小误差影响，提高测距精度，在量距时总是进行多次读数，取平均值为最终结果。自动数字测相法的激光测距仪中，为了消除大气抖动及接收电路噪声等的影响，以减小偶然误差，提高测距精度，一般是在检相电路中增加的一个闸门时间 τ_g 内“与门”2打开，则通过“与门”1的检相脉冲可以全部通过“与门”2进入计数器。

闸门时间 τ_g 内控制的检相次数 n 可依下式来计算：

$$n = \frac{\tau_g}{T_c} = \tau_g \cdot f_c$$

在闸门时间 τ_g 内，总的测相脉冲数 M 为：

$$M = m \cdot n$$

将 m、n 代入上式，则得：

$$M = f_{cp} \cdot \tau_g \cdot \frac{\varphi}{2\pi}$$

当两信号间之相位 $\varphi = 2\pi$ 时，计数器得到的脉冲数最多，即得：

$$M_{max} = f_{cp} \cdot \tau_g$$

由此前公式可得：

$$\varphi = 2\pi \cdot \frac{M}{f_{cp} \cdot \tau_g}$$

因上式中的 f_{cp} 和 τ_g 对某一仪器来说是固定值，故该式可表明，计数器累计的脉冲数 M 多少就反映了两信号 e_r 与 e_m 相位差 φ 的大小。上述检相原理的波形如图18-33所示。

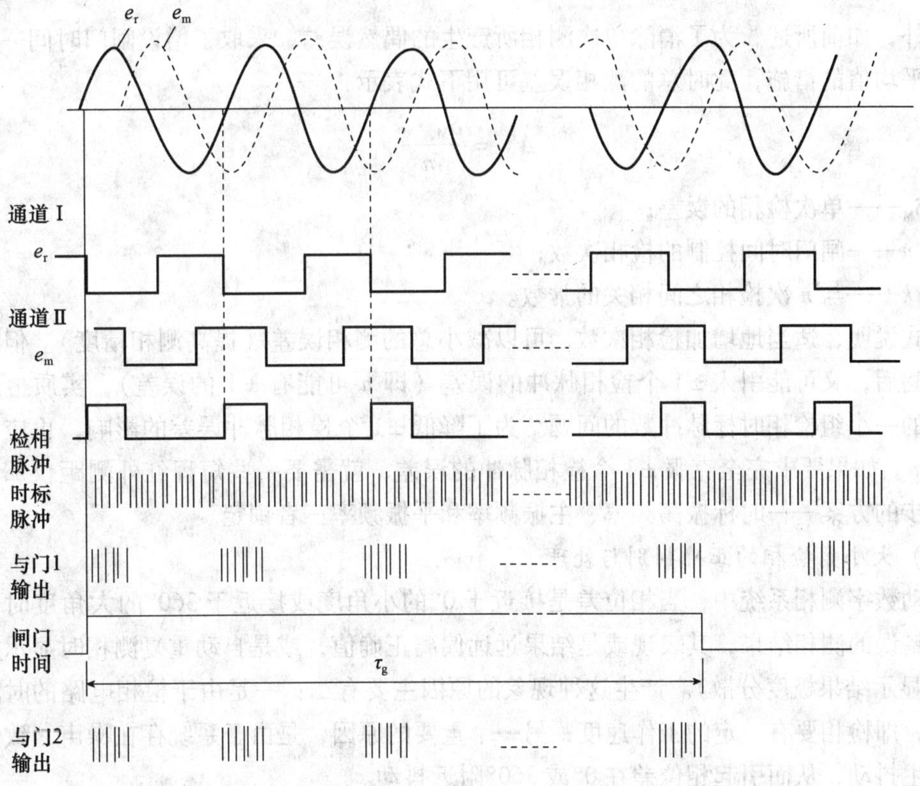

图18-33　检相原理的波形

上述过程说明，自动数字测相中，影响单次检相精度的因素有检相触发器、与门电路的开关速度以及时标脉冲的频率等。一般说来，检相触发器、与门电路的开关愈高，则检相精度也愈高。此外，被检相信号波形的好坏对检相精度也有很大影响。

引起波形变坏的主要原因是偶次谐波所造成的波形不对称。由图18-34可知，波形不对称会引起信号在经过通道而进行放大整形时，产生过零触发时间的前后移动，从而使检相触发器“置位”时间长短发生变化——即使检相脉冲宽度发生变化，造成测距误差增大。为了减小波形不对称的影响，一般采用提高仪器性能、降低噪声、差分放大以及限幅放大等措施，以减小波形失真。

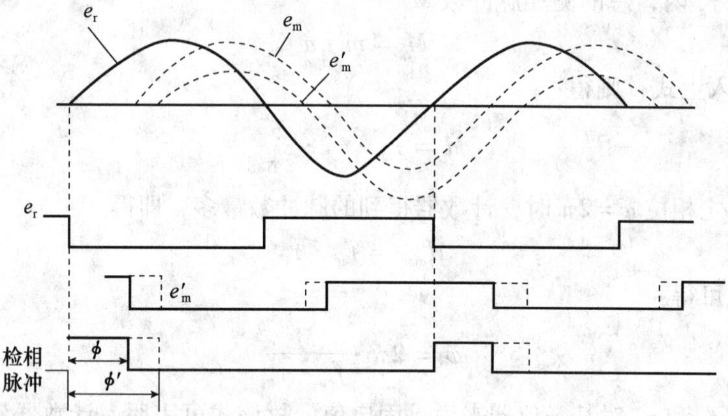

图18-34　波形不对称的影响

另外，如前所述，为了消除单次测相所产生的偶然误差，采取了增设闸门时间——取多次检相平均值的措施，此时总的测相误差可用下式表示：

$$\Delta_M = \frac{\delta_M \cdot k}{n}$$

式中　δ_M——单次检相的误差；

n——闸门时间控制的检相次数；

k——与 n 次检相之间相关的常数。

上式说明，适当地增加检相次数，可以减小总的测相误差（提高测相精度）。但是，加闸门时间后，又可能引入±1个检相脉冲的误差（即 n 可能有±1的误差），实质上就是或多或少的一小组检相时标脉冲数的问题。为了降低±1个检相脉冲误差的影响，也应增大检相次数 n。如果要求完全克服±1个检相脉冲的误差，就需要一些短程红外测距仪那样，采用全同步的方案——时标振荡频率、主振频率和平振频率三者锁定。

（2）大小角检相的正确判别与处理

自动数字测相系统中，当相位差是接近于0°的小角度或接近于360°的大角度时，有可能出现错误的测相结果，其表现或是结果远远偏离正确值，或是自动重复测相时显示数字乱跳（即显示结果极度分散）。产生这种现象的原因主要有二：一是由于检相电路的时间分辨力所限，即检相要有一定的工作速度；另一个重要的原因，是由于系统存在噪声，致使测相信号发生抖动，从而引起相位差在0°或360°附近抖动。

1）“移π检相”法

移π检相的工作原理是当参考信号 e_r 和测距信号的相位差处于大、小角时，把整形后 e_m 方波的反相方波 e_r 作为双稳触发器的置“0”输入（R），使触发器复位。由图18-35可知，因 e_r 对于 e_m 而言相当于移相180°（移π），故称此法为“移π检相”。移π后 e_r 与 e_m

的相位差变为（$\varphi_s+\pi$）或（$\varphi_s-\pi$），即无论是小角度 φ_s，或是大角度 φ_h，移 π 后都变成了接近 180°的中等角度，克服了因检相器的时间分辨力相位抖动而产生检相错误。然而，由于移 π 又产生了新矛盾，此时所测得的大小角度值相对于原角值产生了 π 的固定差值。因此，只要将测相结果再加一固定 π，问题就解决了。

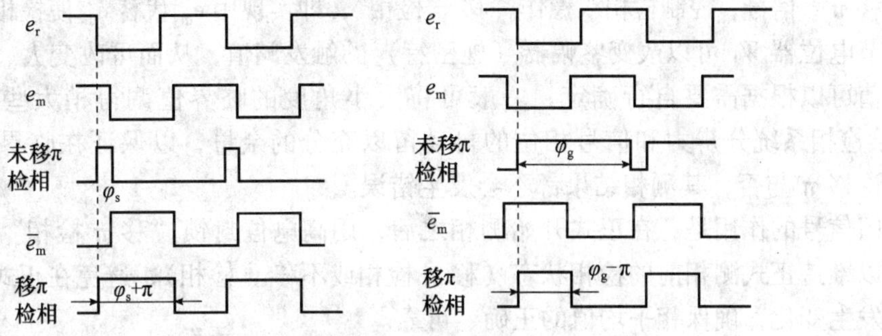

图 18-35　移 π 检相的工作原理

对于大角度测相而言，则得：

$$(\varphi_g-\pi)+\pi=\varphi_g$$

对于小角度测相而言，则得：

$$(\varphi_s+\pi)+\pi=\varphi_s+2\pi$$

由上两式可知：移 π 又加 π 后，大角度恢复了原来值；而小角度虽然表面上变成了 $\varphi_s+2\pi$，但由测距原理可知，因自动数字测相是以 2π 为周期的，在计数器中对应于 2π 的脉冲数是自动溢出的（即不累计数），所以计数器中累计的角值就是小角度的原来值 φ_s。因此，实现“移 π 检相”的方法较多，其中之一是利用检查 e_r 与 e_m 波形的重叠时间长短自动判别检相时要否“移 π”。如图 18-36 所示，当信号 e_r 与 e_m 间的相位差 φ 处于大、小角度

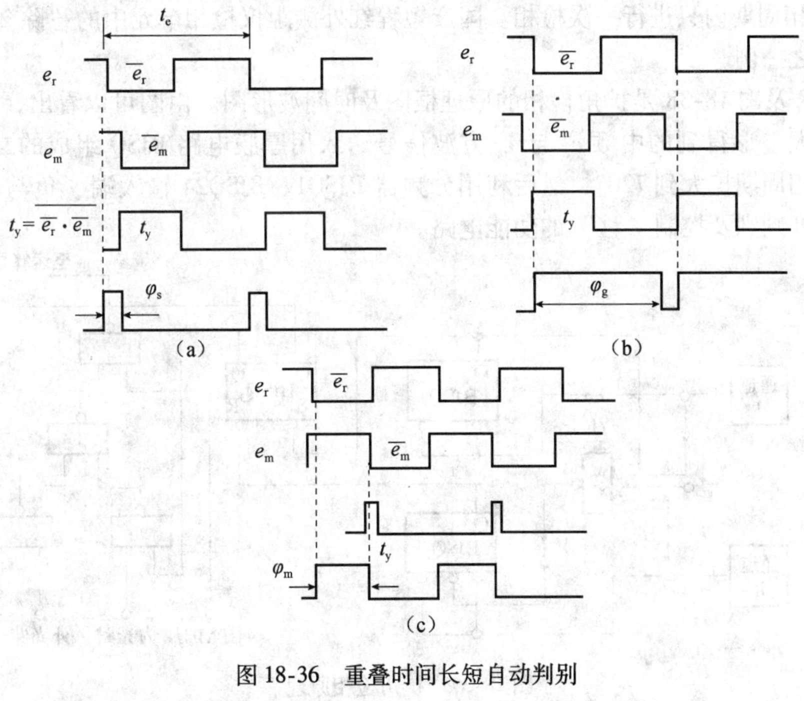

图 18-36　重叠时间长短自动判别

时，两信号重叠时间较长 $t_y=\bar{e}_r\cdot\bar{e}_m$。随着 φ_s 的增大或 φ_g 的减小，角度变为中等角度，重叠时间 t_y 将变短，当相位差 φ 接近 180°（π）时，重叠时间 t_y 将接近零。如果对 t_y 信号积分，当 φ_s 愈小或 φ_g 愈大时，说明重叠时间 t_y 越长，则积分时间当然也愈长，积分电压愈高，因而选取电压鉴幅器一定的阈值电压值，就可鉴别出大、小角度，从而使“移 π 标志电路”发出“移 π”信号，控制检相双稳作“移 π 检相”，即实现用 $\bar{e}_m$ 代替 e_m 使检相双稳复位。

调节电位器 W_1 可以改变鉴幅器（施密特）的触发阈值，从而可改变大、小角度的临界值，其值可以根据需要自行确定，一般可将大小角度的临界值调得稍大些（如正负几十度），给检相系统分辨力和信号相位的抖动留以充分的余量，以保证在临界角度附近检相时，不论移 π 与否，其测相结果都不会发生错误。

闸门信号的作用是：在正式开始测相之后，用高电位封锁“移 π 检相”触发器的置位输入，以维持正式测相前的检相状态（移 π 检相或不移 π 检相），避免在正式测相过程中检相状态发生变化，确保相平均值的正确、可靠。

“移 π 检相”方法的缺点是当测距信号波形不对时，则 $\bar{e}_m$ 代替 e_m 信号占空比必然不为 1:1，因此将造成大、小角度检相时并非真正移 π，导致测相结果收入较大误差，影响测距精度。

2）控制分频检相法——扩角检相

扩角检相法是目前解决大、小角度正确检相的一种较为完善的方法，在国内短、中程测距仪中应用频多。基本思路是设法把原来检相周期 360°扩大到 720°，使 360°附近的角度不再成为易于错误检相的角度。具体做法为：检相时遇小角度 φ_s，先加 360°（2π），使之变为稍大于 360°的角度；当为大角度时，则不加 360°。这样，大小角度检相都将在 360°附近进行。实质上，从扩角后的检相周期来看，大、小角度检相均相当于在中等角度下进行。由自动数字测相原理可知，对应于 360°的数值在计数器中是自动溢出的，故检相结果大、小角度均显示原来值，保证了大、小角度的正确检相。在实施扩角检相的各种方案中，考虑到扩角及对小角加 360°的方便，一般多采用控制分类的方法，把 φ_s 原来 360°的检相周期扩大到 720°的检相周期内只进行一次检相。国产短程红外测距仪检相单元中的“除 2 + 180°”电路就是其中之一例。

图 18-37 及图 18-38 是扩角检相的原理框图及时间波形图。由图可以看出，首先将由通道Ⅰ、Ⅱ放大整形得到的中频 e_r 与 e_m 方波信号送入用厚膜电路 BJSQ 组成的二分频器中，经分频把检相周期扩大到 720°，然后利用分频器 BJSQ1、BJSQ24 输入端“负与非门”组成的大、小角度判别及控制“移”的功能电路。

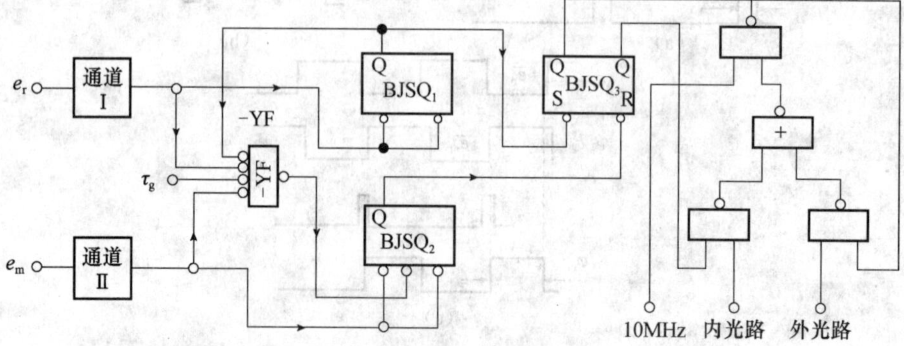

图 18-37　扩角检相原理

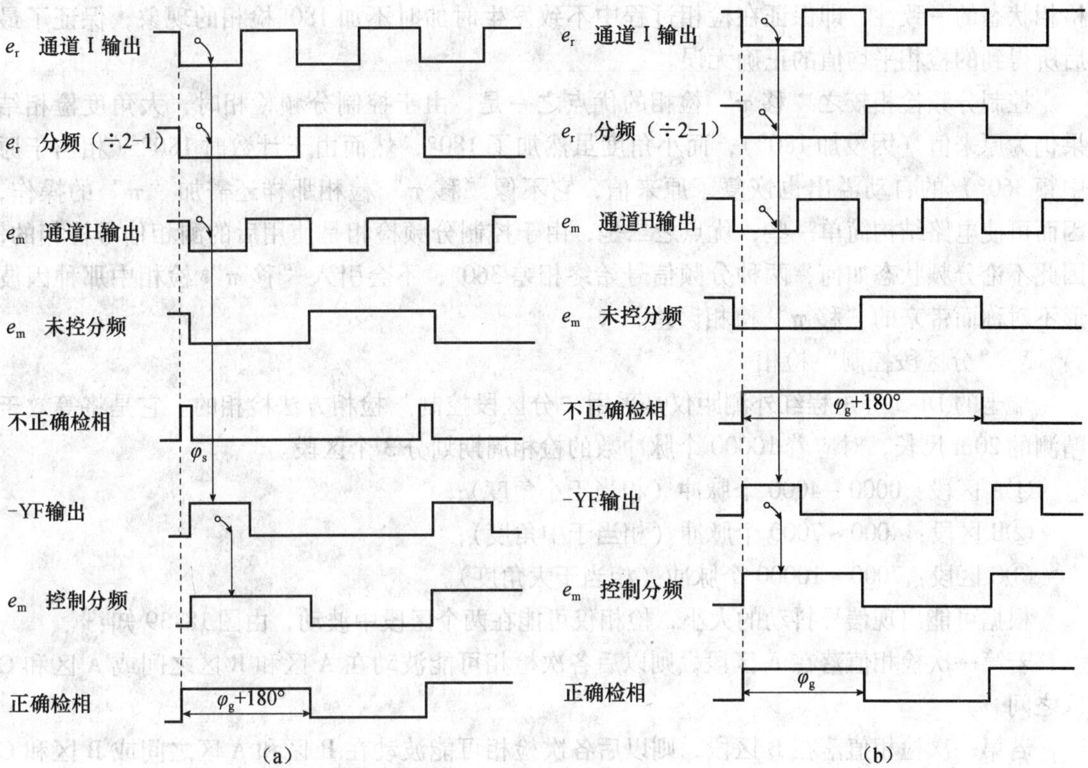

图 18-38　扩角检相时间波形图

（a）角度小于180°；（b）大角度（180°～360°）

波形图18-38（a）说明，当角度小于小角度的临界角（180°——相当于分频后半中频的90°）时，e_r 和分频器 BJSQ1 输出 e_r 与 e_m 三信号的负半周有重叠，在非闸门时间之内，负半周（－YF）输出高电位，控制 BJSQ2“置位”，它的 Q 端输出高电位。等下一个 e_m 的负跳变到来时 BJSQ2“复位”，Q 端输出低电位，从而触发检相器 BJSQ3“复位”，给小角度 φ_s 加 180°（相对于原中频而言，则等于加 360°）。如果没有－YF 对 e_m 分频的控制，则检相结果仍为小角度 φ_s，易发生错误检相。

由图 18-38（b）可知，当角度为大角度 φ_s（处于 180～360°之间）时，如不用－YF 对 e_m 的分频进行控制，则检相结果为 φ_g＋180°（相对于原中频而言相当于加 360°），变成了接近于 720°的更大的角度，十分接近于扩角后的检相周期，此时也变成了易于错误检相角度。但当 e_m 的分频受到－YF 输出控制时，保证了对大角度 φ_g 不加 180°（相对于原中频的 360°），仍按原角度进行检相。

当相位差 φ 处于中等角度（180°）时，e_r 分频器 BJSQ1 输出的 e_r 及 e_m3 个信号的负半周举发牛重叠现象，－YF 没有高电位输出，分频器 BJSQ2 的状态无控制作用，以维持按原来检相状态进行检相，避免在正式检相过程中检相状态发生变化，确保了检相的可靠性。也就是说，若正式检相前已对小角度 φ_s 作了加 180°处理，那么正式检相过程中由于分频器 BJSQ2 已被“置位”，显然检相器 BJSQ3 将始终将按加 180°进行检相；若正式检相前未作加 180°处理（即大角度检相），那么正式检相过程中亦由于分频器 BJSQ2 已被“置位”，则检相器 BJSQ3 仍将按不加 180°进行检相。这种控制作用可以保证在闸门时间 τ_g 的检相过程中检相状态的一致性，即保证在检相过程中不致发生时加时不加180°检相的现象，保证了最后所得到的检相平均值的正确无误。

控制分频检相较之“移π”检相的优点之一是，由于控制分频检相时，大角度检相结果仍为原来值（因没加180°），而小角度虽然加了180°，然而由于计数时180°（相当于原中频360°）的自动溢出也恢复了原来值，它不像“移π”检相那样还需加“π”的操作，因而可使电路结构简单一些；优点之二是，由于控制分频检相是使用后的测相信号检相的，因此不论分频状态如何，两种分频信号始终相差360°，不会引入“移π”检相中那种因波形不对称而带来的“移π”检相误差。

3）“分区段控制”检相

瑞士的DI-3等短程红外测距仪是采用“分区段控制”检相方法检相的。它是将等效于精测的20m尺长，对应着10000个脉冲数的检相周期划分3个区段。

①A区段：0000～4000个脉冲（相当于小角度）；

②B区段：4000～7000个脉冲（相当于中角度）；

③C区段：7000～10000个脉冲（相当于大角度）。

根据可能出现信号抖动的大小，检相仅可能在两个区段中波动，由图18-39知：

若第一次检相值落在A区段，则以后各次检相可能波动在A区和B区之间或A区和C区之间。

若第一次检相值落在B区段，则以后各次检相可能波动在B区和A区之间或B区和C区之间。

若第一次检相值落在C区段，则以后各次检相可能波动在C区和B区之间或C区和A区之间。

为了避免相位差处于大、小角度时，由于相位抖动而产生错误检相，该仪器是根据第一次检相值所落在的区段，按表18-7和图18-39所示的规则，对以后各次测量值依所落入区段的不同，进行加2π（加10000个脉冲）或不加2π的处理，因为这样就可以保证每一次检相值所落在区段永远位于处理后的新的检相范围（2π）的中间区段（如图18-39所示），而其余各次检相值即使有些分散，也不至于落在2相位附近，从而保证了大、小角度的正确检相。这就是“分区段控制”检相的出发点。

表18-7 处理规则

第一次检相区	各个区段处理方法		
	A	B	C
A	加2π		不改正
B	不改正		
C	加2π	不改正	

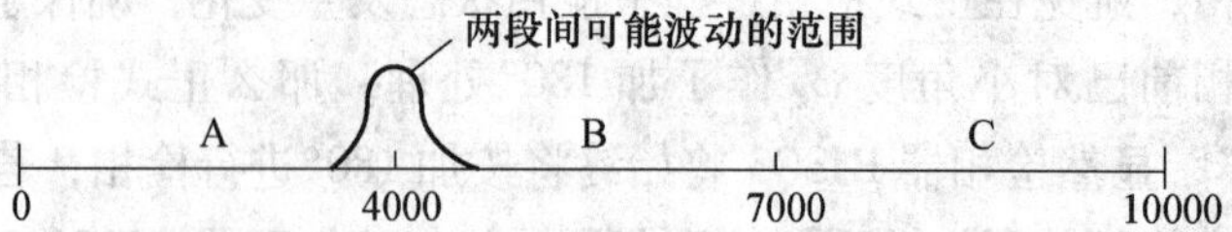

图18-39 检相仅可能在两个区段中波动

4. 相位—距离信息转换及处理

以上介绍的各种测相方法解决了相位差的测量问题，虽然相位差的大小反映了距离的长短，但是以度、分、秒来表示距离与我们习惯上所用的表示距离的方法不一致，也不够直观。为此，要将相位计算得到的相位差信息，变成通用的“米制”距离信息。此外，由于内在因素和外部因素的影响，往往使各测尺频率的测量结果带有一定的误差，造成各测尺频率测量值衔接的不正确，得不出正确的距离值，因而还须采用一定的方法对各测尺频率的测量结果进行技术处理，确保它们之间的正确衔接。

（1）相位—距离信息的转换

1）平衡式手动移相—鉴相测距仪

国内外生产的多数中长程气体激光测距仪一般采用平衡式手动移相—鉴相法，其距离和相位的关系为：

$$D = L's \cdot \frac{\Delta\varphi}{\pi} = \frac{\lambda}{4} \cdot \frac{\Delta\varphi}{\pi}$$

这类仪器的基本测尺长度均为2.5m，对应着一个检相周期 π。由机械移相器原理可知，为了显示移相器机械转角大小，移相器通过齿轮传动了一个机械数码器，由数码器的指示值就可知移相器相移的大小，即可知距离尾数大小。例如，某型测距仪中，π 的相移量（即2.5m 基本尺长）对应着数码器625 个数字，所以，数码器每个数字代表2500/625 =4mm。

为了消除各种不对称因素的影响，以提高测量精度，作业时均利用4 个相位置的观测结果取平均值为最终结果。通常，应先将每个测量的读数乘4 变成以毫米为单位的距离尾数值，然后相加再除4。由于4 个相位测量数字的满数为625 ×4 =2500 个数字，此时每个数字恰好代表2500/2500mm。所以用这种仪器测量时，只要将4 个相位测量的读数相加，即可得到以毫米为单位的距离尾数值。但有的测距仪与前两种仪器略有不同，它们的 π 相移量（即2.5m 基本尺长）却对应着数码器1000 个数字，此时1 个数字代表2500/1000 =2.5mm，把测量所得到的数码器数乘2.5mm，即可得到相位差对应的距离尾数值。进行4 个相位测量时，只要把各相位测量的距离值相加再除4，即可得距离尾数平均值。

2）自动数字测相法的测距仪

由前文可知，多次测相得到的最多脉冲数 $M_{max} = f_{cp} \cdot \tau_g \pi$ 由于 M_{max} 对应的是一个检相周期，而又代表着一个测尺长度 L_s，因此，只要将 M_{max} 除以适当的数，就可得到一个脉冲所代表的距离数。例如，测距仪的填充脉冲（时标脉冲）$f_{cp} = 10MHz$，闸门时间 $\tau_g = 0.1892s$。由于它采用“控制分频检相”法（扩角检相）测相，此时，多次测相在2π 周期内填充的最多脉冲数 M_{max} 应为：

因为
$$M_{max} = \frac{1}{2} f_{cp} \cdot \tau_g$$

所以
$$M_{max} = \frac{1}{2} \times 10 \times 10^6 \times 0.8192 = 4096000(\text{个脉冲})$$

它所对应的精测尺长为 $L_{s1} = 10m = 1000cm$，对应的粗测尺长为1000m。如将4096000 个脉冲除以4096，则一个脉冲精测时将代表 $1000cm/\left(\frac{4096000}{4096}\right) = 1cm$，而粗测时将代表 $1000m/\left(\frac{4096000}{4096}\right) = 1m$。

在数字电路中一般用分频的办法实现除法运算。该仪器在检相填充门和计数器之间加设了4个二分频器和4个四分频器，其作用就是为了将检相总脉冲数 M 除4096，即进行 $2^4 \times 4^4 = 2^{12} = 4096$ 次分频。原理如图18-40所示。

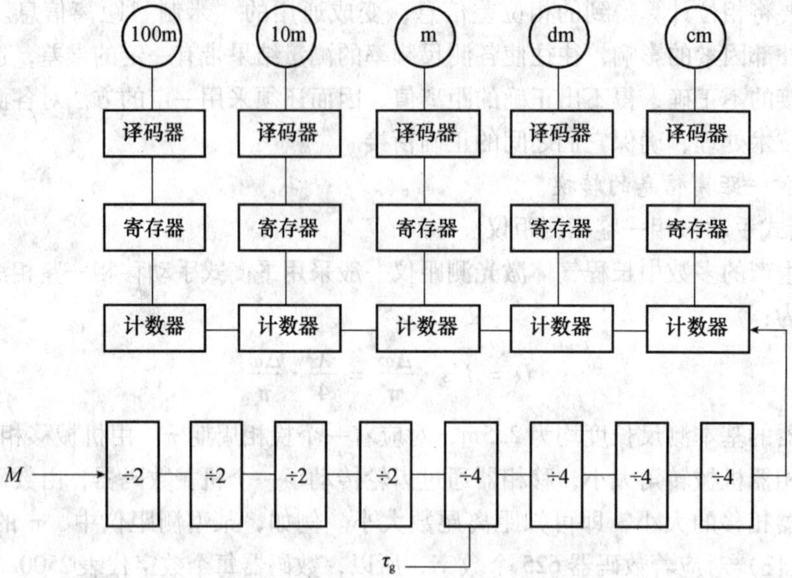

图18-40　用分频的办法实现除法运算

（2）各测尺频率测定值的衔接

相位式测距仪为了保证测程范围内的测距精度和距离单值解，必须采用一组测尺频率（分散的或集中的）——即一组长度不同的测尺分别测量同一段距离，然后把各测尺的测量结果组合起来得到一个完整的距离值。但由于噪声的影响，高频电路的干扰以及测相系统本身的问题，使得各测量值总带有一定的误差，从而造成用各测定值组合起来的距离数字有错误。因此必须由人工或仪器自动对各测尺的测量值进行判断，并加以适当调整，以保证测尺频率测量值间的正确衔接，使距离数值不发生错误。

目前，大部分长、中程测距仪及少数短程测距仪均采用人工记录各测尺频率的测定值，然后依据一定的原则对数据进行调整、组合，得到完整的正确距离值。

1）短程测距仪

英国的MA-100和德国的EOK-2000型短程测距仪采用一组集中的间接测尺频率方式测相（两者区别是：前者使用5个测尺频率，后者只用3个测尺频率），用差频的办法获得相当测尺长的读数，由测量人员记录下各次观测的结果，经调整、组合后得到完整的正确距离值。如表18-8所示，当各档观测值没有误差时，将各档的测量数据自前而后地连起来，即可得到完整的距离值741.9447m。然而由于种种因素的影响，使各档测量值均带有不同程度的误差，从而造成各档测量首尾不能恰当衔接，如表18-9所示，此时应当用相邻测量值中较短测尺测量值的最高位数字，去校正较长测尺测量值的同一位数字，因较短测尺测量值的最高位数字是正确无误差的。对此例而言，应当用“mm”档0.9447中的0.9去校正“mm×10”的数字，将2.2调整-0.3，即2.2-0.3=1.9。同理，应对“m”档的数字73调整+1，得73+1=74，对“m×10”档的数字08调整-1，得08-1=07。调整后各档的距离测量值和表18-8相同，相邻档测量值首尾就可恰当衔接了。仿前例组合法即可得到完整的正确距离 741.9447m。

表 18-8　各档测量数据的理论组合

开关位置	相当测尺频率	相当测尺长度	观测读数
m×10	≈15kHz	10000m	07
m	≈150kHz	1000m	74
mm×100	≈1500kHz	100m	41
mm×10	≈15MHz	10m	1.9
mm	≈150MHz	1m	0.9447
组合距离值 741.9447m			

表 18-9　首尾测量值不能恰当衔接时的组合

开关位置	相当测尺频率	相当测尺长度	观测读数
m×10	≈15kHz	10000m	07
m	≈150kHz	1000m	74
mm×100	≈1500kHz	100m	41
mm×10	≈15MHz	10m	1.9
mm	≈150MHz	1m	0.9447
组合距离值 741.9447m			

在人工记录、判断和调整的过程中，应调整的数字为 ±5 时，为避免错误判断，应重新测量一次，以便决定是 +5，还是 −5。

2）长、中程测距仪

某些气体激光测距仪虽然也是采用一组集中的间接测尺频率方式测相，人工记录各测尺的测量结果（相位尾数），从而组合求出距离值，但它的组合方法不同于短程测距仪。

DCX-30 型测距仪各测尺频率测量值的组合及距离解算，使用 5 个测尺频率进行测量。它的距离计算公式为：

$$D - K = A + B + C + E + \overline{L}$$

式中　$A = 10\ (L_1 - L_2) - L_1$ 为和 2.5m 倍数最接近的数；

$B = 10^2\ (L_1 - L_3) - 10\ (L_1 - L_2)$ 为和 25m 倍数最接近的数；

$C = 10^3\ (L_1 - L_4) - 10^2\ (L_1 - L_3)$ 为和 250m 倍数最接近的数；

$E = 10^3\ (L_1 - L_5) - 10^3\ (L_1 - L_4)$ 为和 2500m 倍数最接近的数。

式中 $\overline{L}$ 为以米为单位的测相读数平均值，L_1、L_2、L_3、L_4、及 L_5 为用 4 个相位、内外光路测量结果求得的各测尺频率的尾数，K 为测距仪的加常数。

五、观测值的改正和换算

测距仪所显示的斜距值由于各种测量误差的影响，都与实际斜距值有一些差异，为了求得两测点间的实际倾斜距离值，还要加入一些改正数。此外，为了工程上的需要，还要将斜距换算为水平距离，再将水平距离换算至平均海平面上和高斯投影面上的距离。下面所列的改正数项目和换算项目，并不是任何情况下都必须进行的，而是根据需要有选择地进行。目前，许多光电测距仪可通过内置程序自动计算以下改正：

1）气象改正数。由于观测时大气的折射系数（率）n 不等于标准气象条件（也称仪器的气象参考点）下的大气折射系数而引起的。

2）波道弯曲改正数（也称曲率改正数）。由于光束在大气中弯曲传播所引起的。

3）调整头改正数。由于测距仪调整头基板不水平而引起的。

4）仪器和反射器加常数改正。由于测距仪和反射器的参考点与仪器和反射器中心（挂垂球处）不重合引起的。

5）测距仪和反射器归心改正数。由于仪器和反射器偏离测点标志中心而引起的。

6）倾斜距离改化为水平距离改正。

7）地面斜距改化为参考椭球面上的长度的改正。

8）参考椭球面上的长度化算为高斯投影面上的长度改正。

9）地面斜距改化为测区平均高程面的长度改正。

10）平均高程面上的长度改化为高斯投影面上的长度改正。

1. 气象改正数

激光测距仪的气象改正，都是依据 $D=L_s(N+\Delta N)$ 来求解两测站点间的倾斜距离的。公式中的 L_s 值为 $L_s=c/(2nf)$。可见，对于某仪器而言，其 L_s 值与光波传播路径上的大气折射系数 n 密切相关。大气折射系数（率）n 又是随时间、地点、大气的温度 t、压力 p 及湿度 e 的变化而变化的。研究证明 n 还与光波的波长 λ 有关，故 L_s 是 t、p、及 e 的函数。对某种仪器而言，基本测尺频率的确定一般是在选定的标准气象（参考气象）条件下，用凑整的办法使对应的基本测尺长度等于方便计算的数值（一般为 2.5m、5m、10m 或 20m），故仪器测得的斜距都是相应于标准气象条件下的斜距。然而测距时的实际气象条件一般不同于标准气象条件，为了求得实际气象条件下的斜距值，必须对测得的斜距值加入相应的改正数。

（1）基本公式

根据 1963 年召开的第十三届国际大地测量协会的决议，计算光速折射系数的公式有三个：

1）对于单色性好的激光而言，当未调制时，在标准气象条件下它的折射系数可按巴热尔-赛尔斯（Parrell-Sears）公式来计算：

$$(n_\lambda-1)\times10^7=2876.04+\frac{16.288}{\lambda^2}+\frac{0.136}{\lambda^4}$$

式中　λ——单色光的波长，单位为 μm（$1\mu m=10^{-6}m$）；

标准气象条件：取 $p=760mmHg$；$t=0℃$；水蒸汽压力 $e=0mmHg$。

2）对于强度调制光而言，激光是以群速度传播的，故应采用群速度来求它在大气中传播时的折射系数 n_g。所谓群波速度就是不同波长光波速度的合成速度。在标准气象条件下，n_g 与 n_λ 有如下关系：

$$n_g=n_\lambda-\lambda\frac{dn_\lambda}{d\lambda}$$

对巴热尔-赛尔斯公式求微分，则得：

$$\frac{dn_\lambda}{d\lambda}=\left(-\frac{2\times16.288}{\lambda^3}-\frac{4\times0.136}{\lambda^5}\right)10^{-7}$$

将上式代入式 $n_g = n_\lambda - \lambda \dfrac{dn_\lambda}{d\lambda}$，则得：

$$n_g = 1 + \left(2876.04 + \frac{3 \times 16.288}{\lambda^2} + \frac{5 \times 0.136}{\lambda^2}\right)10^{-7}$$

3）对于实际气象条件下，调制光在大气中传播时的折射系数 n 与 n_g 又有如下关系：

$$n = 1 + \frac{n_g - 1}{1 + at} \cdot \frac{p}{760} - \frac{5.5 \times 10^8}{1 + at} \cdot e$$

式中　$a = 1/273.16 = 0.003661$，称为空气膨胀系数；

p——实际的大气压力（mmHg）；

t——实际的大气干温度（℃）；

e——实际的水汽压力（mmHg）。

(2) 实用算法波长为 6.328×10^{-7}m 的氦氖气体激光测距仪的气象改正数 ΔD_n 的计算

1）这类仪器标准气象条件下折射系数 n_g 的计算所用氦氖气体激光的波长 $\lambda = 0.6328\mu m$，将它代入上式，则得：.

$$n_g = 1 + \left(2876.04 + \frac{3 \times 16.288}{(0.6328)^2} + \frac{5 \times 0.136}{(0.6328)^4}\right)10^{-7}$$

$$= 1 + 300.23 \times 10^{-6}$$

这就是 DCX—30 型等仪器所采用的基准折射系数 $n_0 = n_g = 1.00030023$。

2）这类仪器实际气象条件下折射系数 n。将 n_g 值代入求 n 公式，可求得这类仪器在实际气象条件下的折射系数 n 为：

$$n = 1 + \left(\frac{300.23}{1 + at} \cdot \frac{p}{760} - \frac{0.055}{1 + at} \cdot e\right) \times 10^{-6}$$

3）该类仪器所测距离的气象改正数 ΔD_n 的计算式。用电磁波测距的一般公式 $D = \dfrac{C_0 t_{2D}}{2n}$，对 n 求微分得：

$$\Delta D_n = -\frac{C_0 t_{2D}}{2n^2} \cdot \Delta n$$

考虑到 $D = \dfrac{C_0 t_{2D}}{2n}$，则上式可写成如下形式，得：

$$\Delta D_n = -\frac{\Delta n}{n} \cdot D$$

由于 $n \approx 1$ 及 $\Delta n = n - n_g$，所以上式又可写成如下形式，得：

$$\Delta D_n = D(n_g - n)$$

将 $n_g = 1 + 300.23 \times 10^{-6}$ 及式 $n = 1 + \left(\dfrac{300.23}{1 + at} \cdot \dfrac{p}{760} - \dfrac{0.055}{1 + at} \cdot e\right) \times 10^{-6}$ 代入上式，则距离的气象改正数 ΔD_n 为：

$$\Delta D_n = \left(300.23 - \frac{107.91p - 15.02e}{273.16 + t}\right) \times 10^{-6} \cdot D$$

上式中的 p、e 以 mmHg（毫米汞柱）为单位，t 以℃为单位计算。当式中的 p 及 e 以 mb（毫巴）为单位时，由于 1mmHg = 1.33322368mb（反之 1mb = 0.75005mmHg），则上式又可写成如下形式：

$$\Delta D_n = \left[300.23 - \frac{80.94p - 11.27 \cdot e}{273.16 + t}\right] \times 10^{-6} \cdot D$$

4）气象改正数 ΔD_n 的计算方法直接用上式计算，得：

$$\Delta D_n = \left[300.23 - \frac{80.94p - 11.27 \cdot e}{273.16 + 7}\right] \times 10^{-6} \cdot D$$

式中的 p 和 t 是根据观测时在测站与镜站测得的气象值求得平均值而取得的。e 可以根据干温平均值 p 和湿温平均值 t' 求得。这类仪器目前的适用温度范围为 $-20 \sim +40$℃，此时水汽压可用下式计算：

$$e = E^{冰} - 0.000662(t - t') \cdot (1 + 0.001146t')p$$

式中　$E^{冰}$——湿温为 t' 未结冰时的饱和水汽压，$E^{冰} = 4.580 \times 10^{\frac{7.5t}{237.3+t'}}$。

此外，e 值也可由国家气象局编印的“湿度查找表”或仪器所附的“水汽压表”中查取。值得注意的是，由“湿度查找表”取得的 e 是以 mb 为单位的，因此应该用上式计算距离改正数 ΔD_n。依气象测定值和上式求得 p、t 和 e 之后，代入式 $\Delta D_n = \left[300.23 - \frac{80.94p - 11.27 \cdot e}{273.16 + t}\right] \times 10^{-6} \cdot D$ 即可求得气象改正数 ΔD_n。

(3) 短程红外测距仪气象改正数 ΔD_n 的计算

目前国内外短程红外测距仪由于所采用的光源的有效波长各不相同，故仪器的载波波长不一。各仪器所用载波的波长不同，选用的气象参考点也不相同，所以计算各仪器气象改正数的公式也有所不同。现将目前国内常见的几种仪器的气象改正数的计算方法简介如下：

距离气象改正数的计算式：

①标准气象条件下的折射系数 n_g 的计算，将各波长值依次代入式 $n_g = 1 + \left(2876.04 + \frac{3 \times 16.288}{\lambda^2} + \frac{5 \times 0.136}{\lambda^2}\right)10^{-7}$，则得：

a. 载波波长为 0.875μ 的 n_g 值为：$n_g = 1 + 294.10 \times 10^{-6}$；

b. 载波波长为 0.900μ 的 n_g 值为：$n_g = 1 + 293.74 \times 10^{-6}$；

c. 载波波长为 0.930μ 的 n_g 值为：$n_g = 1 + 293.35 \times 10^{-6}$。

②实际气象条件下的距离气象改正数 ΔD_n 的计算是将相应于各载波波长的 n_g 及所选定的气象参考点，依次代入式 $\Delta D_n = \left[300.23 - \frac{80.94p - 11.27 \cdot e}{273.16 + t}\right] \times 10^{-6} \cdot D$ 及式 $\Delta D_n = D(n_1 - n)$，即可得到相应载波的距离气象改正数 ΔD_n 的计算式。

对于载波波长为 $0.875\mu m$ 的仪器，选取的气象参考点为 $p = 760$mmHg、$t = 12$℃、$e = 0$mmHg。将 $n_g = 1 + 294.10 \times 10^{-6}$ 及 p、e、t 值代入式，则得：

$$n_g = 1 + \frac{294.10 \times 10^{-6} \times 760 \times 273.16}{(273.16 + 12)760} = 1.0002817$$

所以　$\Delta D_n = \left(281.7 - \frac{105.71 \cdot p - 15.02 \cdot e}{273.16 + t}\right)10^{-6}D$　（当 p、e 以 mmHg 为单位时）

或　$\Delta D_n = \left(281.7 - \frac{79.29 \cdot p - 11.27 \cdot e}{273.16 + t}\right)10^{-6}D$　（当 p、e 以 mb 为单位时）

因一般情况下 $e \ll p$，对于测程 5km 以下的短程测距仪可舍去含 e 项，则上两式可写成如下形式：

$$\Delta D_n = \left(281.7 - \frac{105.71p}{273.16 + t}\right)10^{-6} \cdot D \quad D < 5\text{km}$$

或
$$\Delta D_n = \left(281.7 - \frac{79.29p}{273.16 + t}\right)10^{-6} \cdot D$$

对于载波波长为 0.900μm，参考点 $p = 740$mmHg，$t = 15$℃ 仪器的距离气象改正数 ΔD_n 可依下式计算：

$$\Delta D_n = \left(278.45 - \frac{105.57p}{273.16 + t}\right) \times 10^{-6} \cdot D \quad (\text{当} p \text{以 mmHg 为单位时})$$

或
$$\Delta D_n = \left(278.45 - \frac{79.18p}{273.16 + t}\right) \times 10^{-6} \cdot D \quad (\text{当} p \text{以 mb 为单位时})$$

对于载波波长为 0.930μm 仪器时，其气象参考点为 $p = 760$mmHg，$t = 20$℃，则距离的气象改正数 ΔD_n 应依下式计算：

$$\Delta D_n = \left(273.5 - \frac{105.43p}{273.16 + t}\right) \times 10^{-6} \cdot D \quad (\text{当} p \text{以 mmHg 为单位时})$$

或
$$\Delta D_n = \left(273.5 - \frac{79.07p}{273.16 + t}\right) \times 10^{-6} \cdot D \quad (\text{当} p \text{以 mb 为单位时})$$

目前多数仪器已设有气象自动改正装置，故勿须对所测距离另加改正。有些仪器在运算电路或附带的计算器中进行比例因数运算，最后显示出经过气象改正后的距离值。例如，某仪器的专用计算器可使 300m 以内的距离自动进行归算，而不致影响本仪器的 ±5mm 的测量精度。其做法是：测得的距离被显示之前，将比例因数开关置于相应位置（以 p 和 t 为引数，由所配卡片图查得相对应的开关挡位），则各种改正数（包括气象改正数、海平面归算及投影改化因数）自动进入计算器，最后显示的就是改正后的距离。这种自动改正法精度较低，但未超出仪器的测量精范围（±5mm）。当所测距离超过 300m 时，则应采用公式计算法或查图表法计算距离的气象改正数。

有的仪器内设置气象自动修正装置，把与温度 t、气压 p 相对应的气象状态修正指数用开关分挡送入仪器，仪器即可自动调整测尺频率，以得到与实际气象条件相对应的测尺长度，因而此时测得的距离值即是经过气象改正后的距离值。

2. 波道弯曲改正数 ΔD_ρ

测距仪测得的距离应是仪器到反光镜的直线距离，但由于大气折射系数 n 是高度的函数，如图 18-41 所示，设大气由若干等指数球面组成，则光束从一个球面到下一个球面时将发生弯曲。测距仪光波的路径是弯曲的，其光路曲率与地球的半径 R 有关，光路半径约为 $8R$。而且光路半径又随折光系数 K 的变化而变化。因此，测距仪测得的距离不是直线距离，而是曲线距离，所以测得的距离必须加两项改正。

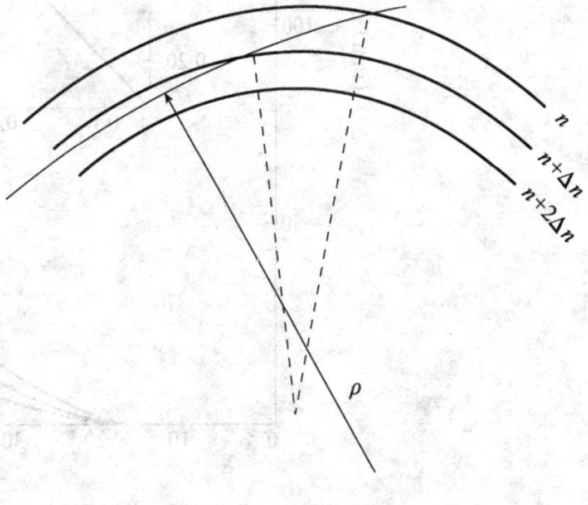

图 18-41 波道弯曲

1）由于大气垂直折光影响而使光束路径呈向上弯曲的弧线，为将弧线改化成统长应加路径曲率改正，也称波道几何改正，或第一速度改正，用 Hopeke 教授推导出的公式，可表示为：

$$K_1 = -K^2 \frac{D^3}{24R^2}$$

式中　K——折光系数 $\left(K=\frac{R}{\rho}\right)$；

R——地球半径（$R=6378$km）；

ρ——光束弧线曲率半径；

D——所测距离。

2）由于实际大气折光系数仅用测线两端所测定的气象参数的平均值代替沿线气象积分平均值，因而产生折射系数的代表性改正。其实质是沿测线光束传播速度变化的改正，也称为第二速度改正。用 Hopeke 教授推导的公式，可表示为：

$$K_2 = -(K-K^2)\frac{D^3}{12R^2}$$

波道弯曲改正数（也称光束曲率改正数）ΔD_ρ 为上述两项改正数之和：

$$\Delta D_\rho = K_1 + K_2 = -(2K-K^2)\frac{D^3}{24R^2}$$

波道弯曲改正数 ΔD_ρ 既可采用上式直接计算，也可采用预先编绘的图查找。图 18-42 为某仪器的改正数图，以 D 和 K 为引数查找。但无论是公式计算还是查图表，均需首先确定出垂直折光系数 K 的数值，而折光系数 K 随气候条件、地区和测线条件的不同而不同，因此要精确地求定 K 值是困难的。目前测定 K 值的方法有两种：其一是当已知测距仪和反光镜站间的高差时，可由单向观测垂直角来求 K 值；其二是根据两点间同时观测天顶距或垂直角的资料来求 K 值。解算 K 值的详细方法可参考《大地测量学》的有关内容。在直接测定 K 值不可能时，可参考表 18-10 所示的数值。

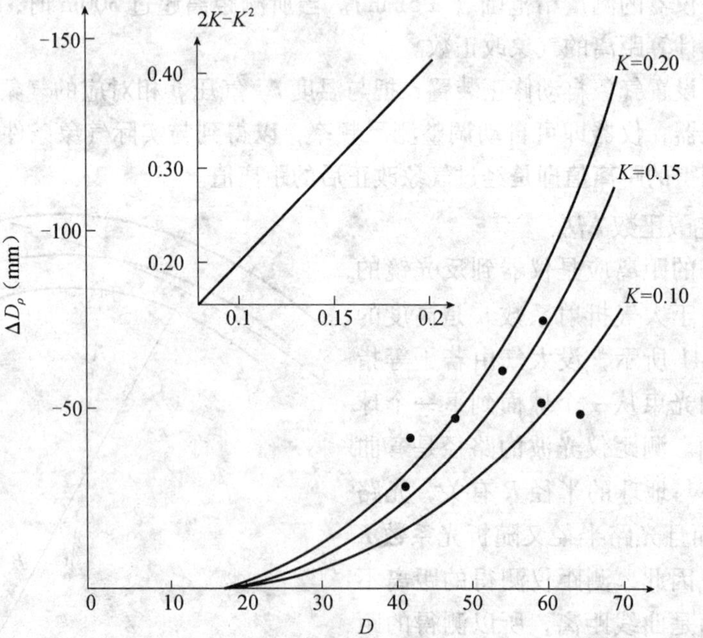

图 18-42　波道弯曲改正图

表 18-10　垂直折光系数 *K* 的数值

		国内 *K* 值		国外 *K* 值
晴天	昼夜	0. 13 0. 25	0. 20 0. 30	0. 13 0. 30
阴天昼或夜		0. 20	0. 25	0. 20
波道距地面的高度		40m 以上	40m 以下	

必须指出，这些数值仅是平均值，在特殊条件下，尤其当气候平稳而且光路贴近地面经过时，*K* 值可能出现相当大的偏差。由图 18-41 可知，当距离小于 20km 时，波道弯曲改正数几乎为零（小于 10kmΔD_{ρ} 即为零），故短程测距不加此项改正数。

3. 仪器加常数改正 *K*

由于测距仪的发射中心、接收中心与仪器的置中（对中）轴线不在和测线相垂直的同一铅垂面内，以及反光镜的偏心等因素的影响，使得仪器测距时的光程不等于被测距离的两倍，因而用仪器测得的距离值与距离的实际值之间有一差数，此差数称仪器加常数。如图 18-43 所示，设 D 为被测距离，L_a 为光在测线上往返所走过的路程（光程），L_i 为光在内光路系统的有效光程，L_r 为光在反射镜内入射、反射折合到空气中的有效光程。由前述可知，外光路测量时的相位移 $\varphi_{0l}=2L_a+L_r$，而内光路测量时的相位移 $\varphi_i=L_i$，由于（$2L_a+L_r-L_i$）不一定等于 $2D$，故内光路测量相位移之差（$\varphi_{0l}-\varphi_i$）$=\Phi'$不一定等于光径两倍距离所产生的相位移 Φ。因此，由测距仪测得的距离值与距离实际值有一固定差值，它称为仪器加常数。实际上，这一差值中包括了测距仪的加常数和反射器的加常数，在短程测距中这两项常数合称为仪器加常数，而在长程测距仪中，则常将两者分开，以便作业中不同测距仪和反射器间的互配使用。不同类型的测距仪，其仪器加常数是不相同的，即是同一型号的仪器，各台之间加常数也往往不一样。所以仪器出厂前要精确地测定其加常数，以便进行此项改正。

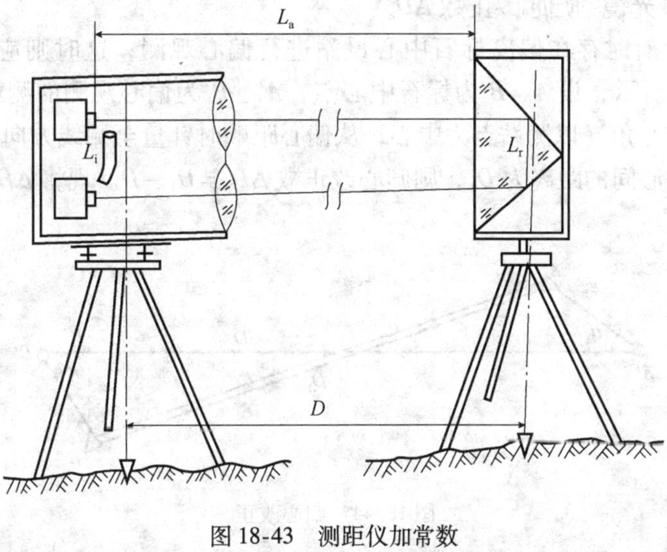

图 18-43　测距仪加常数

加常数的测定方法：在已知的高精度短基线上进行测距，将改正（气象、周期误差等改正）后的观测值与基线值之差的平均值作为仪器的加常数 *K*，即为：

$$K = \frac{\sum_{1}^{n}(D_0 - D_i)}{n}$$

式中 D_0——已知基线的长度；

D_i——仪器的观测值（经改正后的）；

n——为观测的次数。

由于仪器常数 K 要对每条测线的观测成果进行改正，故仪器常数的测定误差必将影响所有的距离观测成果。为了提高仪器加常数的测定精度，通常可采用以下措施：其一是对中、长程测距仪而言，已知基线要尽量缩短，目前多在数百米或 1～2km 的短基线上进行，以减小或消除气象代表性误差。对于短程测距仪而言，一般应在 400～600m 的短基线上进行，一般认为这是短程测距仪的最佳测程；其二是增加观测的时间段和测回数，以减弱或消除各种误差的影响，提高测定精度。目前国产 DCX—30 型测距仪采用的时间段为 6 个（即白天 3 个，晚上 3 个），每个时间段测 4 组成果，每组 3 个测回（即用 f_1、f_2、f_3 等 3 个测尺频率各测一个测回）。

仪器加常数的改正方法有如下三种：

1）由测量人员在整理测量记录的过程中加入仪器常数 K，此法主要用于自动化程度不高的中、长程测距仪测量成果的计算。

2）由测量人员在进行测距的过程中加入仪器加常数。如早期威尔特测距仪，用望远镜瞄准反光镜之后，转动控制箱面板上的 CAL 旋钮，把细度盘读数放置到 CAL 值上。此操作即是为了加入仪器加常数。

3）在自动数字法测距仪中，仪器能在测量前后自动加入仪器常数改正，故显示的距离值已经加入了仪器常数改正，这种方法称自动预置仪器常数，较为先进的短程测距仪一般都采用预置加常数方法，用户不再考虑此项改正。

4. 测距仪和反光镜的归心改正数 ΔD_e

高精度测距，有时存在偏离标石中心设站进行偏心观测，这时则应加入归心改正数 ΔD_e。如图 18-44 所示，设 A、B 为标石中心点，A'、B'为偏心观测的测站点，e_1、e_2 为偏心距，θ_1、θ_2 为偏心角（以测站点为中心，从偏心距顺时针量至测线方向的角度），实测的距离为 D，标石中心间的距离为 D_1，则归心改正数 $\Delta D_e = D_1 - D$。现将 ΔD_e 的计算公式推导如下。

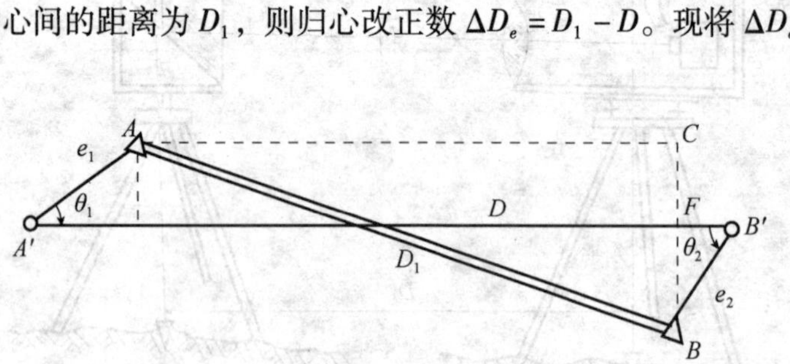

图 18-44 归心改正

在图 18-44 中，作直线 AC 平行于 $A'B'$的垂线与 $A'B'$交于 E，过 B 点作 $A'B'$垂线 BC 且交于 F。从图中可以看出：

$$AC = A'B' - A'E - B'F$$

而
$$A'E = e_1\cos\theta_1 \quad 及\ B'F = e_2\cos\theta_2$$
$$AC = D - (e_1\cos\theta_1 + \cos\theta_2)$$

在直角三角形 ABC 中：
$$AB = \sqrt{AC^2 + BC^2} = AC\sqrt{1 + \left(\frac{BC}{AC}\right)^2}$$

由于 $AC \gg BC$，则上式可按级数展开，当仅取一次项时，则得：
$$AB = AC\left[1 + \frac{1}{2}\left(\frac{BC}{AC}\right)^2\right]$$

设以观测值 D 代替上式第二项中的 AC 时得：
$$D_1 = AC + \frac{BC^2}{2D}$$

因为
$$BC = CF + BF = e_1\cos\theta_1 + e_2\cos\theta_2$$

所以
$$D_1 = AC + \frac{1}{2D}(e_1\cos\theta_1 + e_2\cos\theta_2)^2$$

将 $AC = D - (e_1\cos\theta_1 + \cos\theta_2)$ 代入上式，可得归心改正数的计算式为：
$$\Delta D_e = -(e_1\cos\theta_1 + e_2\cos\theta_2) + \frac{1}{2D}(e_1\sin\theta_1 + e_2\sin\theta_2)^2$$

当偏心距不大时［即当 $(e_1 + e_2)$（以米为单位）$< \sqrt{D}$（以公里为单位）时］，可略去上式的第二项，归心改正数算式可简化为：
$$\Delta D_e = -(e_1\cos\theta_1 + e_2\cos\theta_2)$$

5. 斜距的总改正数 ΔD

综合前述，斜距的总改正数 ΔD 为：
$$\Delta D = \Delta D_n + \Delta D_\rho + \Delta D_a + K + \Delta D_e$$

斜距的正确值 D_0 则为：
$$D_0 = D + \Delta D = D + \Delta D_n + \Delta D_\rho + \Delta D_a + \Delta D_e + K$$

现对上式讨论如下：

1）对于中、长程测距仪而言，由于所测距离一般较长（数公里以上），上述几项改正数一般都不可缺少。

2）短程测距仪测程较短（数十米至几公里），波道弯曲改正为零；又因一般测量时勿须偏心设站，故 $\Delta D_e = 0$。

3）调整头改正数 ΔD_e 用于有专用机座的中长程测距仪。专用机座主要用于补偿三角架头不平引起的基板不平，但调整头自动置平一般会引起测距仪参考点偏心。此项改正一般很小。

4）仪器的照准头一般都安装在经纬仪的望远镜上，或安置在特制的机座上。测距时是从照准头而不是从望远镜横轴测量的；即从图 18-45 可见，是以距离 D 代替 D_1，因此又产生了照准头偏心的改正数 $\Delta D'_e$。

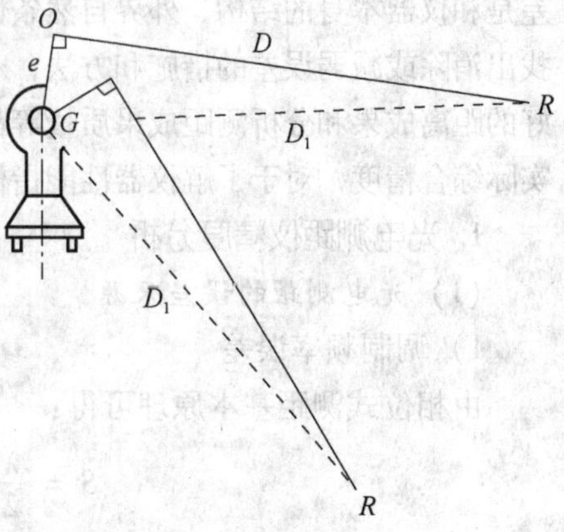

图 18-45　照准头偏心改正

设照准头的偏心距为 e，当用 T_2 仪器时，$e =$

90mm，$D_1 - D = \Delta D'_e$。

由直角三角形 GOR 得：

$$D_1 = \sqrt{D^2 + e^2} = D\sqrt{1 + \left(\frac{e}{D}\right)^2}$$

将 $D_1 = D\sqrt{1 + \left(\frac{e}{D}\right)^2}$ 展成级数形式，且只取一次项，则得：

$$D_1 = D + \frac{e^2}{2D}$$

从而可求得偏心改正数 $\Delta D'_e$，为：

$$\Delta D'_e = D_1 - D = \frac{e^2}{2D}$$

若 $D = 4\text{m}$，$e = 100\text{mm}$，代入上式则得 $\Delta D'_e = 1.25\text{mm}$。距离越长，$\Delta D'_e$ 越小，一般可以不考虑 e 的影响。此外，由图 18-44 可以看出，$\Delta D'_e$ 的大小与视线倾斜角 β 无关。总之，对短程测距仪而言，斜距的改正一般只考虑气象改正这一项（因仪器常数可预置）。

由此可见，依式 $D_0 = D + \Delta D = D + \Delta D_n + \Delta D_\rho + \Delta D_a + \Delta D_e + K$ 进行斜距改正计算时，加某项改正数要具体情况具体分析，即主要依据它的影响程度大小而定。

6. 距离的换算

由于地形测图及工程测量所需要的点位坐标是平面坐标，而我们的测距工作又是在地球表面进行的。为此需进行测距成果的换算，主要包括两步换算：

1）将地面距离换算为参考椭球体面（基准面）上的距离。对小范围控制区或施工区而言，则是将地面距离换算为该地区的平均高程面上的距离。

2）将参考椭球体面（或平均高程面）上的距离换算为高斯投影平面上的距离。

这些换算的计算公式和计算方法在有关的《大地测量学》或《控制测量学》等书籍中都有详细的介绍，故此不赘述。

六、测距仪的误差分析

光电测距仪（包括激光和红外测距仪）的精度是仪器的重要技术指标之一。由于光电测距仪是光、电、机相结合的新型测量仪器，测量工作又是在自然界进行的，所以仪器的测距误差是和仪器本身的结构、外界自然条件等因素密切相关的。分析测距误差的来源和影响程度，找出消除或减弱误差的措施和方法，对于正确、合理地使用仪器和维护仪器，以便测出精度较好的距离成果和分析测距成果质量等都是很必要的。同时运用切实可行的检测方法确定仪器的实际综合精度，对于了解仪器性能指标，验收新购仪器以及合理使用仪器等都十分重要。

1. 光电测距仪精度分析

（1）光电测距的误差来源

1）调制频率误差

由相位式测距基本原理可得：

$$S = \frac{\lambda}{2}[N + (\Delta\varphi/2\pi)],\lambda = \frac{c}{f}$$

对上式的距离 S 及仪器的调制频率 f 进行微分，可得：

$$\frac{dS}{S} = -\frac{df}{f}$$

上式表明频率的相对误差使测定的距离产生相同的相对误差，因而距离误差的大小与距离的长度成正比。由于仪器使用中电子元件的老化，会使原来设计的标准频率发生变化，因此，通过测距仪检定、测定乘常数 R，对距离进行改正，主要就是为了消除或减少仪器的调制频率误差。测距时是否需要进行这项改正，视测距所需要的精度及乘常数的大小而定。

2）气象参数误差

测距时测定的气象参数为大气温度 t 及气压 p。根据前文介绍，可以计算出：测定气温时每 1℃的误差或测定气压时每 0.4kPa 或 3mmHg 的误差，对于 1km 的距离，将产生 1mm 的误差。因此，气象参数的测定并进行改正只有在参数与标准状态相差很大时才有必要。大气温度不容易测得准确，因此，在精度测距时，成为不容忽视的误差来源。

3）仪器对中误差

光电测距是测定测距仪中心至棱镜中心的距离，因此，仪器和棱镜的对中误差有多大，对测距的影响也有多大。对中误差的大小与距离的长短无关，因此，对于短距离的情况，尤其应注意仪器及棱镜的对中精度，一般要求用光学对中，使此项误差不大于 2mm。

4）测相误差

从相位式测距的原理及基本公式可知，不论距离长短，均从测定参考信号和测距信号的相位差中间接推算出距离，而测定相位差是有一定的误差。测相误差包括自动数字测相系统的误差和测距信号在大气转播中的信噪比误差等（信噪比为接收到的测距信号强度与大气中杂散光的强度之比）。前者决定与测距仪的性能和精度，后者决定与测距时的自然环境，如空气的透明程度、干扰因素的多少、视线离地面及障碍物的远近等。

测相误差对测距的影响与距离的长短基本无关。

（2）光电测距的精度

根据上述对光电测距仪误差来源的分析，可知有一部分误差（如测相误差等）对测距的影响与距离的长短无关，称为长误差（固定误差），表示为 a，而另一部分误差（如气象参数测定误差等）对测距的影响与斜距的长度 S 成正比，称为比例误差，其比例系数为 b。因此，光电测距的中误差 m_S（又称为测距仪的标称精度）以下式表示：

$$m_S = \pm(a + bS)$$

比例系数 b 一般以百万分率表示，即 b 的单位为 mm/km。如表 18-4 中各种测距仪的测距精度（即中误差）为 $\pm$（$5\text{mm} + 5\times10^{-6}D$），即相当于上式中 $a=5\text{mm}$，$b=5\text{mm/km}$，此时，S 的单位为 km。

2. 光电测距仪误差的主要来源

分析测距的测距误差也和分析一切测量成果的误差一样，可由测距公式和仪器使用情况来寻找误差的各种来源。目前光电测距仪大多数都采用相位法测距，其测距的一般公式为：

$$D = \frac{C_0}{2nf}\left(N + \frac{\Delta\varphi}{2\pi}\right) + K$$

式中，各字母符号的含义同前文所述。

对上式求全微分，可得：

$$dD = D\frac{dc_0}{c_0} - D\frac{dn}{n} - D\frac{df}{f} + \frac{\lambda}{4\pi}d\varphi + dK$$

根据中误差的累积规律，则可将上式表示为中误差的公式：

$$M_{D^2} = \left[\left(\frac{m_{c_0}}{c_0}\right) + \left(\frac{m_n}{n}\right)^2 + \left(\frac{m_f}{f}\right)^2\right]D^2 + \left(\frac{\lambda}{4\pi}\right)^2 m_\varphi^2 + m_K^2$$

式中 m_{c_0}、m_n、m_f、m_φ 及 m_K——分别代表各因素的测定中误差。

由上式知：方括弧内的三项是与距离成比例变化的误差；后两项误差影响则与距离远近无关。此外，由作业实距可知，还应包括式中没有反应出来但事实上存在的仪器和反射镜对中误差 m_g、m_R 及周期误差 m_z。因此从误差影响的性质来看，可将上述误差分为两大类：一类是与距离远近有关的误差（如 m_{c_0}、m_n、m_f）及基本不变的误差（如 m_K），称为系统误差，它们构成了仪器精度指标中的比例误差点；另一类是与距离远近无关，且为随机变化的误差（如 m_φ、m_g、m_R），称为偶然误差，即仪器精度指标中的固定误差部分。而周期误差（m_z）从影响性质讲属系统误差，但有它的特殊性，故另列一类。

光电测距仪的测尺长度可用公式 $L_s = c_0/2nf$ 或 $L_s = c_0/4nf$ 来表示，故光速误差 m_{c_0}、晶体振荡器的频率误差 m_f 以及大气折射率的误差 m_n，均将使测尺长度产生误差，所以，有时也将这三者称为标尺误差。

3. 光电测距各项误差分析

(1) 真空光速值的误差 m_{c_0}

以往各类光电测距仪都采用国际大地测量与地球物理学会于 1957 年建议采用的真空光速值：$c_0 = 299792.5\text{km/s}$。以后均采用 1973 年此组织建议的真空光速值则为 $c_0' = 299792458 \pm 1.2\text{m/s}$。

可知新的光速值 c_0' 的求定精度为 $\frac{m'_{c_0}}{c_0} = \pm\frac{1.2}{299792458} \approx 0.4\times10^{-7}$。此项误差对目前光电测距精度（一般为 $10^{-6}\cdot D$ 或 $10^{-5}\cdot D$，影响甚小，完全可以忽略不计）。

即使仍用 $c_0 = 299792.5\text{km/s}$ 作为真空光速值，相对 c_0' 而言也可达到 $\pm0.12\times10^{-6}$ 精度 [(299792.5 - 299792.459)/299792458 = 0.12×10^{-8}]，它比目前的光电测距精度仍高近一个量级，故此项误差影响可略而不计。

(2) 主控晶体振荡器的频率误差 m_f

光电测距仪中的主振频率误差 m_f 主要指精测频率误差而言，因为它决定了仪器的测距精度。此项误差包括两方面，即频率的校准误差和频率的漂移误差，前者取决于频率的准确度，后者由取决于频率的稳定度。当用高精度的频率计（高于 10^{-7}）作频率校准时，频率的校准误差可略而不计。

产生频率漂移的原因有：振荡线路元件性能的变化；晶体老化或质量欠佳，有恒温装置的仪器，预热时间不够，恒温范围过大；无恒温装置的仪器，由于温度变化引起频率漂移；电源电压不足或不稳定等等。如果只考虑频率误差，由此而引起的测距误差可按下式计算：

$$\frac{m_{Df}}{D} = \frac{m_f}{f}$$

上式表明，欲使测距精度达到 $10^{-5}\sim10^{-6}$ 量级。而一般石英晶体在 -20 ~ 50℃ 的温度范围内工作时，较难达到 10^{-6} 的稳定度。为此，可采用加恒温措施或晶体温度补偿以及电子线路设计上的锁频或锁相等办法来减弱频率漂移的影响。目前我国 10km 以上的精密激光测距仪均采用了恒温及锁频措施。而短程的红外测距仪，考虑到仪器的小型化，一次测量周期甚短（只有几秒钟），故均未加恒温措施，但有的采取了晶体温度补偿措施。对于未加恒温或温补措施的仪器短程红外测距仪，在做较长及精度要求高的长距测量时，则应根据仪器所用晶体的“温度频偏曲线”，对测距结果加入“温度频偏改正”。

此外，对于因晶体质量不佳或晶体老化等原因而引起的频率偏移（偏离仪器设计的标称值），则应定期对仪器的频率进行校正若调整不到原标称值时，则应依下式对测距结果加入频偏改正：

$$\Delta D_{\mathrm{f}} = \frac{f - f_0}{f_0}$$

式中　f——频率实际检定值；

f_0——为频率的设计标称值；

ΔD_{f}——为距离的频偏改正值。

因此，对用于精密测距或长边测量的短程测距仪，则应对它的精测晶振频率进行定期检验（频率计的精度要高于 10^{-6}），以便掌握精测频率的变化值。

由于短程测距仪中都采用了精粗测定值衔接的运算电路，故粗测值一般只要求有 10^{-4} 精度就足够了，这个要求石英晶振荡器完全可以满足。

（3）大气折射率的求定误差

大气折射率的变化将使光在大气中的传播速度发生变化，从而影响测尺长度，引起测距误差。它主要包括四方面的来源：用测线两端点气象参数（P——气压、t——温度、e——水汽压）；平均值代替测线沿线气象参数积分平均值，而引起的气象代表性误差；气象仪表的读定误差；计算大气折射率公式的误差等。

对于测距时的实际气象条件不同于确定测尺频率时所选用的参考气象条件，而引起的折射率的变化，可用加入气象改正数的方法加以消除。

如前所述，波长为 0.6328μm 的气体激光测距仪的大气折射率的计算为：

$$n = 1 + \left(\frac{300.23}{1 + at} \cdot \frac{p}{760} - \frac{0.055}{1 + at} \cdot e\right) \times 10^{-6}$$

对上式求全微分，则得：

$$\mathrm{d}n = \left[-\frac{300.23 \times 10^{-6}}{(1 + at)^2} \cdot \frac{p}{760} + \frac{0.055 \times 10^{-6}}{(1 + at)^2}\right]\mathrm{d}t + \left[-\frac{300.23 \times 10^{-6}}{(1 + at) \cdot 760}\right]\mathrm{d}p - \left[\frac{0.055 \times 10^{-6}}{1 + at}\right]\mathrm{d}e$$

为了说明它们之间的数量关系，我们取一般气象条件（$p = 760$mmHg，$t = 20$℃ 及 $e = 10$mmHg）代入上式，可得：

$$\mathrm{d}n = 0.95 \times 10^{-6}\mathrm{d}t + 0.37 \times 10^{-6}\mathrm{d}p - 0.05 \times 10^{-6}\mathrm{d}e$$

由上式可以大致看出：干温 t 的误差对折射率 n 的影响最大；其次是气压 p 的误差影响；水汽压 e 误差的影响最小。它们之间的比率约为 19∶7∶4∶1。该比例关系对其他波长的仪器也是适用的。

由上式还可看出：若温度误差为 1℃，将导致折射率产生约 1×10^{-6} 的误差。若气压误差为 2.6mmHg，亦可使折射率主产生约 1×10^{-6} 的误差。由此可见，要保证测距成果的高精度，必须十分重视气象参数的测定及气象条件变化的影响。

气象参数（p、t、e）的测定误差指的是用气象仪器测定 p、t、e 时所产生的误差。主要包括：气象仪器（干、湿温度计与气压计）的刻度误差、读数误差等。

为了减少气象参数的测定误差，要定期将气象仪器送有关部门进行检验，取得改正资料，以便进行仪器刻度改正；作业时要提前按规定将气象仪器安放于无阳光照射的通风处，并注意避免热反射和热辐射的影响；读数时要仔细，力求消除视差；测温度时手不要握温度计下部，还要保护仪器免受剧震；由上述分析可知，为了保证 1×10^{-6} 的测距精度，则温度的测定精度要高于1℃，气压的测定精度要高于2mmHg。

1）气象参数的代表性误差

所谓气象参数的代表性误差，就是计算大气折射率 n 时所用的气象参数（p、t、e），本来应是测距时光束路径沿线各气象参数的积分平均值，但由于客观上各气象参数的积分平均值难以求得，故均采用测线两端点所测定的气象参数的中值来代替积分平均值。由此而引起的求定折射率的误差，称为气象参数的代表性误差。此项误差与测线地形条件，测线长短（距离远近）及测量时的气象条件等密切相关。光电测距仪的实际精度往往受到此项误差的限制。例如，尽管一般光电测距仪的内部符合精度很高（可达几百万分之一），然而，往往由于距离较长，气象和地形条件不利，将使测距精度显著降低（即外部符合精度很差）。

2）温度代表性误差

大气温度分布状况与地形条件、天气阴晴、风力大小以及地面覆盖物的种类、性能等有关。一般近地面上空，大气等温层有大致平行地面分布的规律，离地面越高处，等温层越趋于水平分布。因此，当测线地形为两端点是高山，中间是低谷的地形时，若是晴朗的白昼，在测站附近地面测定温度，则所得的温度中值将高于沿线温度积分平均值（即代表性误差为正）；反之，夜间观测所得的温度中值将低于积分平均值（即代表性误差为负）。当测线在两高标上设测站，且距离又不太远时，由于光速离地面较高，温度代表性误差就小。

不同天气条件下的温度代表性误差也各不相同：平静无风的晴天，由于大气具有稳定而复杂的温度梯度，温度代表性误差必然大；有较大风的阴天，由于大气混合较好，温度梯度将趋于一致，温度代表性误差也将显著减小；即使晴天，如果有较大的风，代表性误差也将减弱。

不同的地面覆盖物吸热性能是各不相同的，如水田和旱田、陆地和水系、有农作物、城市和农村、工业区和一般地区等的上空，其温度梯度是不相同的。因此当地面覆盖物不同时，就构成了复杂的温度梯度分布，如果光束由该地区附近上空经过，将会产生较大的代表性误差。尽管如此，但如果光束离地面较高时，代表性误差也会相对小些。

图18-46为某地区试验资料，其试验表明气象参数、大气折射率和距离观测值在一天之内均有近似正弦变化的波动规律。由图可知，距离观测值的变化趋势和大气折射率的变化趋势基本一致，而折射的变化趋势双和温度的变化趋势相吻合。因此，分别在同日内不同时间段进行距离观测，求得的距离中值将抵消一些代表性误差的影响，有利于提高测距精度。

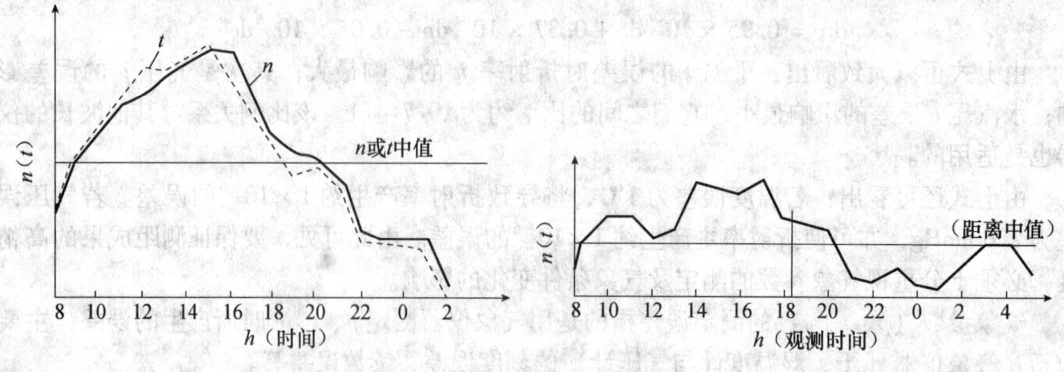

图18-46　不同时间的温度与大气折射率趋势

综合上述，为了减弱温度代表性误差影响，可采取如下措施：选择测线位置时，光束离地面要尽量高一些，同时应尽量避免通过吸热、散热性能差别很大的地区上空；距离测量应在阴天有风或晴天多云有风的条件下进行，并应在不同时间段下观测；测线避免选在两端高山、中间低凹的地形上，且两端高差不宜过大；测定气象参数的仪器应放在离地面高一些的地方，且要防止阳光照射和反射热、辐射热的影响。

3）气压代表性误差

大气压力是高程的递减函数，即气压随测站高程的增加而减小。当测线两端点高差过大时，气压代表性误差就大，反之则小。气压梯度分布与温度梯度分布相反，有风则说明气压存在着水平梯度分布，将产生气压代表性误差。然而在一般风力的情况下，这种水平梯度是不大的，考虑到气压误差对大气折射率的影响较温度的影响小两倍多，所以气压代表性误差相对来说可以放宽些。但测定气压的工作仍要认真对待，切不可粗心大意。

4）大气折射率计算公式本身的误差

据有的资料介绍，在正常条件下，计算公式的精度不低于 $\pm 2.0\times10^{-7}D$。此项误差影响可略而不计。

(4) 仪器加常数的测定误差 m_K

对每条所测边长都要进行仪器加常数的改正，因此，加常数的测定误差对每一条边将形成系统误差。如前所述，无论何类仪器出厂前都必须对仪器加常数进行精心而严格的检测，求出仪器加常数的精确值。对于中、长程测距仪，在计算时对距离加入改正。在短、中程测距仪中，则用预置仪器加常数的办法加以消除。

为了减小加常数的测定误差，提高测定加常数的精度，仪器加常数的测定，应在高精度的短基线上进行，对于中、长程测距仪而言，观测的时间段和测回数应比一般测距增加一倍；对于短程测距仪，可用“六段法”或其他方法进行。

(5) 测相误差

测相误差包括移相器或数字相位计的原理误差、瞄准误差（实质是光束的空间相位不均匀误差）、幅相误差以及由信噪比决定的误差。

1）移相器的原理误差

移相—鉴相系统的原理误差与电感移相器的非线性、电路元件的质量、鉴相系统的灵敏度以及机械计数装置的质量有关。此外还与接收信号的强度有关。至于因 RC 网络失谐信号频率偏离移相器固有工作频率而产生的以为周期的误差下面另作介绍。

2）数字相位计的原理误差

由数字测相原理可知，相位计的原理误差与检相电路的时间分辨力、计数填充脉冲的频率以及一次测相的平均检相次数等有关。一般来说，检相双稳触发器和与门电路的开关时间愈短，计数填充脉冲频率愈高，则测相精度就愈高；反之，测相精度就低。另外，大气抖动和噪声影响也是造成测相原理误差的重要原因。由此而引起的测相误差是随机变化的，符合高斯分布规律，其影响随信噪比的增大而减弱。为了消除或减弱大气抖动和噪声的影响，目前自动数字测相仪器的检相电路总是设计成取几百次至上万次检相的平均值的形式，以提高测相结果的精度。尽管如此，偶然大的干扰常常使单位测量结果并不可靠，所以无论任何情况下，也都要进行多次测量，以保证测量成果的可靠性。即使如此，在测距作业中，当信噪比太低时，多次测距结果的分散性可能较大。此时，一方面应检查测线附近有无干扰的因素存在（如烟雾、烈日下光的抖动、发热体如生火的烟囱、骤然扬起尘埃等）；另一方面应适当增加测量次数，并把偏大或偏小的成果舍去后，再取平均值。

（6）幅相误差

在使用光电测距仪时，我们可以看到，当外光路信号过强或过弱而与内光路信号强度相差悬殊的情况下，测距误差都较大。这种由于接收信号强弱不同而引起的测误差，称为仪器的幅相误差。因此，为了减小幅相差，除在测距线路的中放或低放单元加自动增益控制（即 AGC）电路外，在自动数字测相仪器中，内光路信号强度调整以后是基本固定不变的。为了测距时控制外光路信号强度，使之与内光路信号强度相接或位于适当的范围，仪器内部设置了手动控制的减光板（如 JCY-2 等），或手动控制的孔径光栏（如 HGC-1 等），或自动控制的减光板（如 DI-3 等），并安置了用以监视接收信号强度大小的指示电表。

作业时，为了减小或消除幅相误差，应根据电表指示，调整接收光强使之与内光路信号强度相近或限制在仪器说明书中规定的范围内，尤其是进行精密测距时，更应该如此。

顺便指出，近几年来的短程测距仪由于具有较高的电路稳定性及良好的幅相特性。允许回波信号有较大的变化范围，所以仪器的幅相误差都很小。

（7）瞄准误差及发光管或调制器空间相位不均匀的误差

如图 18-47（a）所示，设光束的发散角为 α，随着距离 D 的增加，光斑面积 S 成正比增大。一般情况下，反射器的通光面积 R 远小于光斑面积 S，因而反射器每次只能截获光束的一部分，所以，当反射器位于光斑不同位置时，测得的相位差将不同，从而造成测距误差。同时，由于内、外光路测量时，难以保证截获同一位置光束及更换反射镜数目时，截获的光束面积要发生变化，这些都将因相位不均匀而引起测距误差。光电测距仪的瞄准误差和经纬仪测角时的瞄准误差形式上相似，但本质不相同。表面上看，当反射镜位于发射光束横截面不同位置时，测距结果不相同，因而造成测距误差。从本质上讲，这是由于调制器或 GaAs 发光二极管的空间相位不均匀性，因而使发出的调制光束在同一横截面上各部分的相位是不同的，即 $\Phi \text{Ⅰ} \neq \Phi \text{Ⅱ} \neq \Phi \text{Ⅲ} \neq \Phi \text{Ⅳ}$，如图 18-47（b）所示。

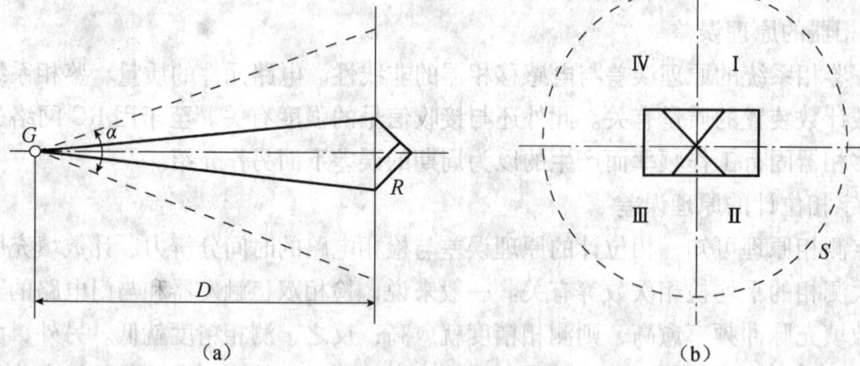

图 18-47　瞄准误差及发光管或调制器空间相位不均匀的误差

以上所述称为光电测距仪的瞄准误差，这是目前光电测距仪误差的主要来源。为了减小瞄准误差：一方面要提高调制器或发光管的制造工艺，以提高它的空间相位均匀性，也可在短程测距仪 GaAs 发光管前加“混相”措施（如有的仪器加“混相”透镜或“混相”光导管），以提高发射光束的相位均匀性，但这种做法对仪器测程影响较大；也可以通过光学方法选用相位均匀区域；在操作方法上可以采用"电瞄准"的办法提高仪器的瞄准精度。所谓"电瞄准"，就是先用望远镜瞄准反射器（称光瞄准）后，再根据控制箱面板上电表的光强指示，调整仪器的水平和垂直微动螺旋进行精确瞄准，直至光强指示达最大值时，才说明仪器已处于瞄准位置（该操作称"电瞄准"），方可进行测距。

(8) 对中误差 m_g 与 m_R

包括测距仪和反射器的对中误差，它的含义与经纬仪的对中误差相同。对中可以采用光学对中器也可采用垂球对中，一般光学对中精度高于也优于垂球对中。采用光学对中时，只要静心操作，对中误差可以限制在 ±2mm 之内。

为了减小对中误差，除应对光学对中器进行精确检校外，作业时应精心整平、对中，还应注意由于地面松软造成仪器或反射器脚架下沉倾斜。用垂球对中时，更应注意风力的影响。

(9) 周期误差 m_z

在这类仪器中，周期误差主要来源于仪器内部固定信号（包括电信号和光信号）的串扰。如发射信号通过电子开关、电源线或空间等渠道耦合、串到接收部分，形成相位固定不变的串扰信号。这时相位计测得的相位差，就不仅是测距信号走过 $2D$ 产生的相位延迟，而且还包含串扰信号的附加相位移的影响，即相位计实际测量的是测距信号与串扰信号之合成信号的相位移，这就引起了测距误差（图 18-48）。下面对这种误差的性质与影响规律进行分析。

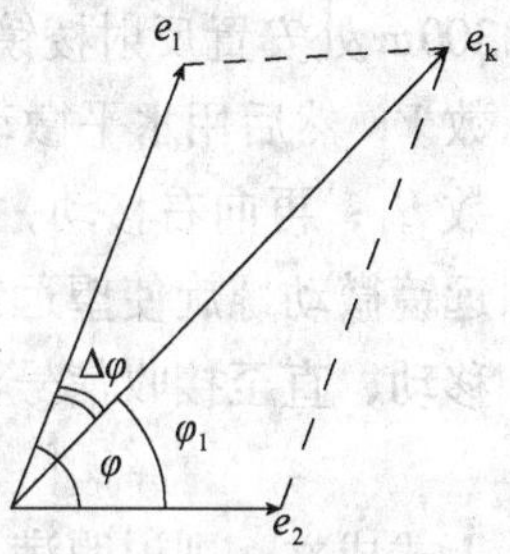

图 18-48　测距信号 e_1 与串扰信号 e_2

如图 18-48 所示，设测距信号为 e_1，它与串扰信号 e_2 之间的相位差为 φ，φ 是距离的函数，周期为一个测尺长度。串扰信号的频率是多种的，在此只讨论影响最严重的同频率串扰。设 e_{1m} 和 e_{2m} 为两信号的振幅。

令 $e_{2m}/e_{1m}=K$，则

$$e_1 = e_{1m}\sin(\omega t+\varphi)$$

$$e_2 = e_{2m}\sin\omega t\omega t$$

$$= K\cdot e_{1m}\sin\omega t$$

两者的合成信号 e_K 为：

$$e_K = e_1 + e_2$$

$$= e_{1m}[\sin(\omega t+\varphi)+K\sin\omega t]$$

根据图 18-48，考虑到余弦关系式 $C=\sqrt{a^2+b^2}-2ab\cos\varphi$，上式可写成如下形式：

$$e_K = e_{1m}\sin(\omega t+\varphi_1)$$

式中　$e'_{1m}=e_{1m}\sqrt{(K+\cos\varphi)^2+\sin\varphi}$；

$\varphi_1=\tan^{-1}\dfrac{\sin\varphi}{K+\cos\varphi}$；

e_{1m}，e_{2m} 分别为信号 e_1 和 e_2 的振幅。

由此可得，由于串扰信号而产生的附加相位差 $\Delta\varphi$（周期误差）随所测距离不同做正弦关系变化，其变化周期为 2π（一个测尺长度）；周期误差 $\Delta\varphi$ 的大小与串扰信号和测距信号

强度的比值（$K=e_{2m}/e_{1m}$）有关。K 值愈小，周期误差 $\Delta\varphi$ 亦愈小，即串扰信号越弱，测距信号越强，串扰引起的周期误差越小；反之，K 值越大，周期误差也越大。因此减小 K 值（增大测距信号强度）有利于减小周期误差。

减小或消除周期误差的措施主要是：在设计、制造时，采用合理的电子开关，发射和接收系统等的电子线路的供电要单独设立电源；加强屏蔽，防止信号通过地线或空间发生耦合串扰。例如，某短程测距仪由于发光二极管座和接收光电二极管座的接地绝缘不好，引起信号串扰，竟产生数厘米的周期误差。

七、测距仪的检验方法

1. 发射、接收、照准三轴关系正确性的检验

测距仪测距时，是用望远镜视准轴瞄准，使发射光轴和接收光轴对准反光棱镜，因此三轴应保持平行或重合。如果满足这一条件，在用望远镜瞄准棱镜后，接收信号最强。发射光轴与接收光轴平行性的检验校正，只能由制造厂家和指定的专门维修点进行。

对于发射、接收光轴与视准轴平行的检验工作可以在野外进行。在距离测距仪 200～300m 处安置反射棱镜，用望远镜精确地瞄准棱镜中心，读取水平度盘读数 H 和竖直度盘读数 V，然后用水平微动螺旋先使望远镜向左移动，直至接收信号消失为止，读取水平度盘读数 H_1；再向右移动，直至接收信号消失为止，读取 H_2。现在重新精确瞄准棱镜中心，用望远镜微动螺旋使望远镜向上移动，直至接收信号消失为止，读取竖盘读数 V_1；然后再向下移动，直至接收信号消失为止，读取竖盘读数 V_2。如果条件：

$$[(H_1+H_2)/2]-H\leqslant 30'' \text{ 和 } [(V_1+V_2)/2]-V\leqslant 30''$$

上式成立，则说明满足平行条件。如果平行条件不满足，有的仪器设有发射、接收光轴与视准轴平行的校正机构，可按使用说明书中的校正方法进行校正。

2. 周期误差的测定

周期误差是由仪器内部的光电信号串扰而引起的，使得“精尺”的尾数值呈现出一种周期性的误差。检定的目的是了解它的大小，以便在观测中对所测距离进行改正。周期的误差改正 ΔD_φ 可由下式表示：

$$\Delta D_\varphi = A\sin[\varphi+(D\cdot 360^\circ)/u]$$

式中 A——周期误差的振幅；

φ——起始相位角；

D——观测距离；

u——精尺长度。

周期误差的测定一般采用“平台法”。在室内设置一平台，平台距地面应有适当高度，其长度应略大于精尺的尺长，台面呈水平。台面铺设导轨，并刻有精确的刻划，或者在台上铺一经过检定的钢带尺，并在尺子两端施加检定施加检定时的标准拉力。反射棱镜可沿导轨移动，根据刻划精确地安置它的位置。仪器安置在导轨中心线的延长线上，距平台的距离应在 15～100m 之间，不宜过长，以免受比例误差的影响。仪器高度应与棱镜同高，以免加入倾斜改正。

“平台法”测定周期误差检定时，将仪器安置在仪器墩上，通过升降仪器或棱镜使望远镜照准棱镜中心时视准轴水平。观测时由近及远地将棱镜安置在各测点上，测点间距一般取

精测尺长度的1/40（如精测尺长度为10m，间距可取0.25m，测点个数为40个）。无论精测尺长度如何，测点数均不应少于20个。在每个测点上读数4次，取其平均值作为测点的距离观测值。观测时应提高观测速度，以减少大气变化的影响。通过各测点的距离观测值，根据最小二乘法原理，用计算机解算出周期误差的振幅 A 和起始相位角 φ，即可按式上述方法对距离进行周期误差改正。

3. 仪器常数的测定

仪器常数包括加常数和乘常数。仪器常数检定的质量会直接影响到测距精度。仪器常数的测定方法较多，六段比较法是其中较好的一种。它能同时测定加常数和乘常数，而且计算工作量较小，检验结果精确可靠，但需要有一个精密的基线场。

“六段法”是一条直线分成6段，它们的21个组合距离已用因瓦基线尺或用专门测量基线的测距仪精确测定，并以此作为标准长度，这条直线称为基线。用被检定的测距仪对该基线进行全组合观测，并与标准长度进行比较，按照最小二乘法原理，采用一元线性回归的方法解出加常数和乘常数。

野外检定加常数的方法：在一个平坦的场地上选150～200m左右长的直线 AB，并定出 AB 直线的中点 C，将测距仪置于 A 点测平距 AB 和 AC；置于 B 点测平距 AB 和 BC；置于 C 点测平距 AC 和 BC，必要时应进行气象改正。在操作中应尽可能减少对中误差的影响。测距使用同一棱镜，计算 AB、BC 和 AC 的平均值 AB、BC 和 AC，则加常数 K 为：

$$K = AB + BC - AC$$

4. 内部符合精度的检验

内部符合精度反映一定的距离范围内仪器重复读数之间的符合程度。它表现为仪器本身测相的偶然误差，是仪器测量稳定性的主要表征。

在做这项检验时，可选择气象条件良好的场地，布设50～100m的直线，在其两端分别安置仪器和反射棱镜，然后用望远镜瞄准棱镜，连续读取30个以上的距离观测值，记为 D_i（$i=1, 2, 3, \cdots, n$；n 为读数次数）。

平均值为 $D=[D]/n$；

观测值的改正数为 $V_i=D-D_i$；

内部符合精度为：

$$m = \pm\sqrt{[VV]/(n-1)}$$

该值即一次测距中误差。

5. 外部符合精度的检定

外部符合精度亦称综合精度，检定的目的是检核仪器的实际测量精度是否与仪器标称精度一致。通常是利用六段比较法测定加、乘常数的21个观测值，经过加、乘常数等改正，再与基线作比较，采用一元线形回归分析法进行计算，从而得到外部符合精度。

外部符合精度的表示形式与仪器出厂时给出的标称精度采用同样的形式：

$$m = \pm(A + BD)$$

式中　A——固定误差（mm）；

B——比例误差系数（mm/km）；

D——距离值（km）。

6. 测程的检验

测距仪的测程是指在规定的大气能见度及棱镜组个数的情况下，能满足仪器标称精度的测量距离。检验可按以下几点方法进行：

1）按测距仪说明书上的规定的长度，在已知精度长度的基线上选择相应棱镜个数的距离。

2）在选定的距离两段分别安置仪器和反射棱镜。对选定的每段距离各观测 4 测回，取其平均值作为观测值。

3）对各观测值加入气象、仪器常数、周期误差和倾斜改正，然后与基线值比较，求出一测回观测中误差，不应大于仪器标称测距中误差。

八、测距仪的辅助设备

1. 反射棱镜

反射棱镜是光电测距时必不可少的辅助设备之一，它是由三个相互垂直的反射面和一个斜交的入射面构成的四面光学玻璃锥体，如同在正方体玻璃上切下的一角，如图 18-49 所示。图中 *ABC* 为测距光束的入射穿透射面，呈等边三角形；另外三个面 *ABD*、*BCD* 和 *CAD* 为反射面，呈等腰直角三角形。反射面镀银，面与面之间相互垂直。这种结构的棱镜能够使光线无论从哪个方向入射，反射光线能基本上沿着平行于入射光线的方向反射回到测距仪。因此测量时，只要棱镜的透射面大致垂直于测线方向，仪器便会接收到回光信号。

由于光在玻璃中的折射率为 1.5～1.6，而在空气中的折射率近似等于 1，也就是说，光在玻璃中的传播要比在空气中慢，因此，光在反射棱镜中传播所用的超量时间会使所测距离稍增大一些数值，它是产生棱镜常数的原因之一。棱镜常数的大小与棱镜直角玻璃锥体的尺寸、玻璃的类型及安装定心等因素有关，可按下式确定 p_c（棱镜常数）：

$$p_c = -[NG/NR(a-b)]$$

式中 NG——光通过棱镜玻璃的群折射率；

NR——光在空气中的群折射率；

a——棱镜前平面（透射面）到棱镜锤顶的高；

b——棱镜前平面到棱镜装配支架竖轴之间的距离，如图 18-50 所示。

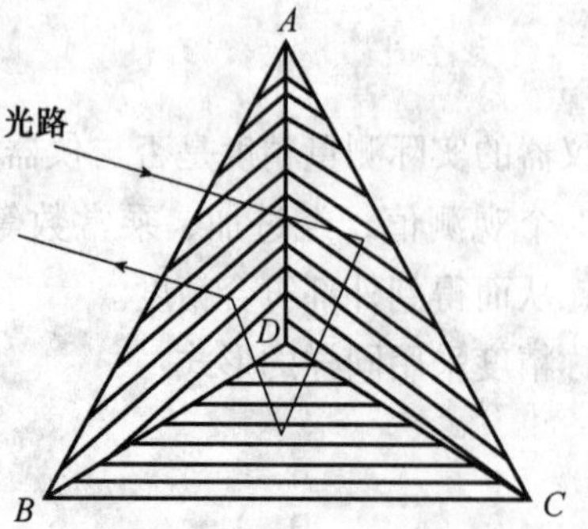

图 18-49　反射棱镜

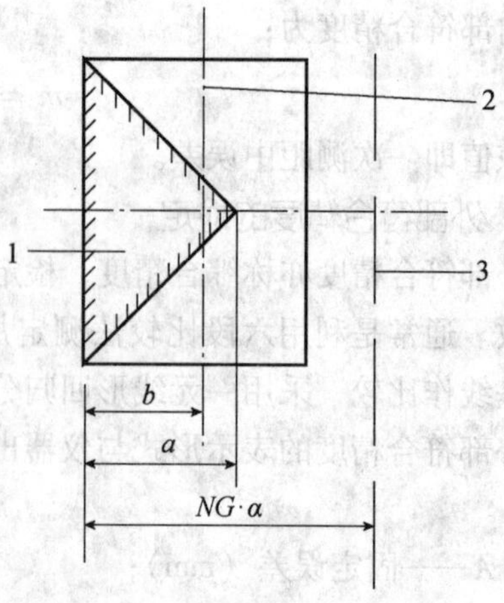

图 18-50　棱镜直角玻璃锥体尺

1—棱镜；2—支架竖轴；3—棱镜“零位”

通常棱镜常数已在厂家所附的说明书或在棱镜上标出，供测距时使用。在精密测量中，为减少误差，应使用经检定过的棱镜。

观测时采用一块棱镜，称为单棱镜。根据测程的不同，可以选用三块棱镜、九块棱镜等。根据测量的精度要求和用途，可以选用三脚架安置棱镜或测杆棱镜。

（1）在三脚架上安置棱镜

如图 18-51 所示。将棱镜装在照准牌框上，再将其装在棱镜底座上，然后通过三脚架的连接螺旋固定。棱镜觇牌应便于仪器精确瞄准。棱镜框上设有瞄准器，可使棱镜面朝测线方向。棱镜底座上设有圆水准器、水准管和光学对中器，用来对中和整平。松开基座上的固定螺旋，上部即可与基座分离，便于采用“三联脚架法”进行导线测量。另外，棱镜底座能调整其高度，使棱镜中心至基座的高度等于仪器横轴中心至基座的高度。

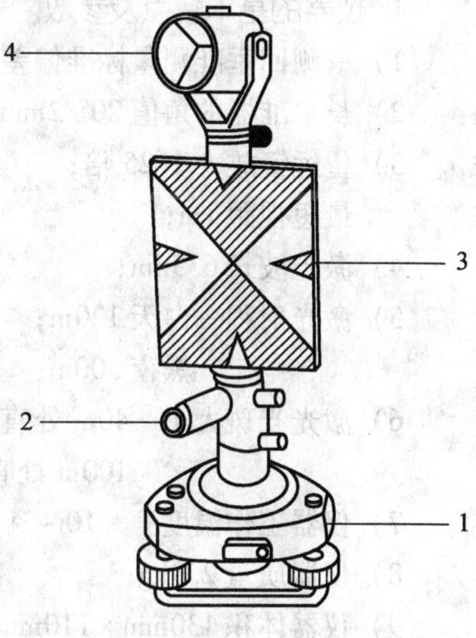

图 18-51 三脚架安置棱镜情况
1—基座；2—光学对中器目镜；3—照准觇牌；4—反射棱镜

（2）测杆棱镜

在放样测量和精度要求不高的测量中采用测杆棱镜是十分便利的。如图 18-51 所示，它由棱镜、测杆、圆水准器和轻型三脚架组成。必要时也可以安装觇标。

使用时，将测杆尖部对在测点上，利用圆水准器使测杆垂直，并用轻型脚架固定。放样测量时则可手持测杆，加快放样的速度。

2. 温度计和气压计

大气折射率随大气条件而改变。由于仪器作业使的大气条件一般不与仪器选定的基准大气条件（通常称为气象参考点）相同，光尺长度会发生变化，使测距产生误差，因此必须进行气象改正（或称大气改正）。大气条件主要是指大气的温度和气压。精密的测量，还应考虑大气湿度。

若 t 温度为 15℃，p 气压为 1013mb（1.013×10^5Pa）时，则大气改正的 ppm 值为零（ppm = parts per million），即 $\times10^{-6}$。这里可理解为 1km 的距离改正的毫米数。当输入观测时的温度和气压时，仪器的 ppm 值应按以下式计算，单位（mm）：

$$ppm = 278.96 - [(0.294\times p)\div(1+0.003661\times t)]$$

将上式计算出的 ppm 值乘以观测距离（公里数）即可得到该段距离的大气改正数。也可将观测时的温度和气压输入测距仪，测距仪就自动按上式对距离进行改正。

测定气温通常使用通风干湿温度计。测程较短或测程精度要求不高时，可用普通温度计。

测定气压通常使用空盒气压表。气压表使用的单位为：mb（毫巴）和 mmHg（毫米汞柱）两种，其换算关系为：

$$1mb = 0.7500617mmHg$$

$$1mmHg = 1.333224mb$$

第五节　激光垂准仪

激光垂准仪（又称激光铅垂仪），可发射一条铅垂的红色激光束，供测量建（构）筑物的垂直轮廓线及垂直方位。广泛使用于高层建筑及高塔、烟囱、筒仓、电梯的施工安装、工程监理及变形观测。

1. 仪器的基本特点及参数

1）一测回垂准测量标准偏差 1/40000；

2）长水准器的角值 20″/2mm；

3）望远镜放大率 25 倍；
　　最短视距 1m；

4）激光波长 635nm；

5）激光射程　白天 120m；
　　　　　　　黑夜 300m；

6）激光光斑大小　40m 处直径≤4mm；
　　　　　　　　　100m 处直径≤6mm；

7）仪器工作温度　－10～＋40℃；

8）仪器质量 2.9kg；

9）仪器体积 130mm×110mm×244mm；

10）两节 5 号碱性新电池，可连续使用 2～3h。

该仪器下对点具有自动延时关闭功能，可延长激光管寿命，并节约电源。

仪器配有激光靶（与激光经纬仪的激光觇牌相似），可提高观测精度。

根据需要可配波带片，装上后，在目标处可见小光斑变为红色十字线，使观测更为方便、准确。

仪器还配有可卸式滤光片，装上后发射激光，人眼仍可通过望远镜观测目标。

仪器有水平度盘，使观测、校正更加方便。

DZJ3—L1 激光垂准仪，体积小、重量轻、精度高，在垂准测量工作中，由于它轻便、精确，多用它代替 J2—JD 型激光经纬仪。

2. 激光垂准仪的使用

（1）仪器的安置

与安置经纬仪方法相同，不同点是利用向下发射的激光束对中。在仪器安置于基准点上后，用水准器严格整平仪器，打开激光开关及下对点开关，发射激光，在三脚架头上平移仪器，使向下的激光束对准基准点，对中工作即告完成。此时应检查长水准器的气泡是否仍居中，否则重作上述对点工作，至满意为止。仪器向上发射的激光束，即为一铅垂线。

（2）高层建筑的定位放线

近年来，我国城镇建设，由于用地日趋紧张，高层建筑发展很快。在高层建筑施工过程中，各楼层建筑轴线的定位放线及标高传递，是施工技术和监理人员必须具备的专业技能。

高层建筑轴线的测设，需先在底层平面图上选择适宜的位置，布设不少于三个控制点及三根竖向轴线。各控制点应避开建筑轴线（一般与建筑轴线相距 500～800mm），因建筑轴线上有梁柱等构件，将妨碍竖向轴线向以上各层楼面的引测。在每一楼层完工后，立即将这些轴线点引测到楼面上，以便准确地控制建筑物的垂直度、标高，及各层楼面主体结构的定位。

由于激光垂准仪的问世，使高层建筑物及高耸构筑物施工的定位放线得到便捷、精确并不受场地限制的好工具，国内施工企业广泛采用这一新技术。自20世纪70年代以来，一些著名的高层建筑及高耸构筑物，均采用激光垂准仪作垂直定位测量，获得满意结果。

用激光垂准仪作高层建筑的定位放线，它发射的红色激光束，必须是一根精确的铅垂线。除严格整平仪器外，在安置仪器对中后，应用下述方法检验激光束的垂直度：

按下激光开关后，可见红色激光束发出，在上部楼面预留孔上放置激光觇牌，使中心点与激光斑重合。旋转度盘，使度盘指标线分别对准0°、90°、270°，再重回0°，如激光斑始终不离中心点，表示激光束为精确的铅垂线。如光斑在觇牌上画圆圈，偏离靶心，应分析原因，再对中、整平仪器，至符合要求为止。亦可求出圆环中心，作为投射点的正确位置。

如图18-52所示，为某饭店塔楼底层平面图。在避开建筑定位轴线布设三个控制点 *A*、*B*、*C*，使 *AB* 平行于纵向定位轴线，*A*、*B* 相距26.6m，*B*、*C* 平行于横向定位轴线，*B*、*C* 相距11.4m，两者互相垂直，即∠*ABC* = 90°。根据设计图求各柱网轴线交点与 *A*、*B*、*C* 控制点的坐标关系，以便在各层楼面作轴线定位放线及施工质量监测的依据。

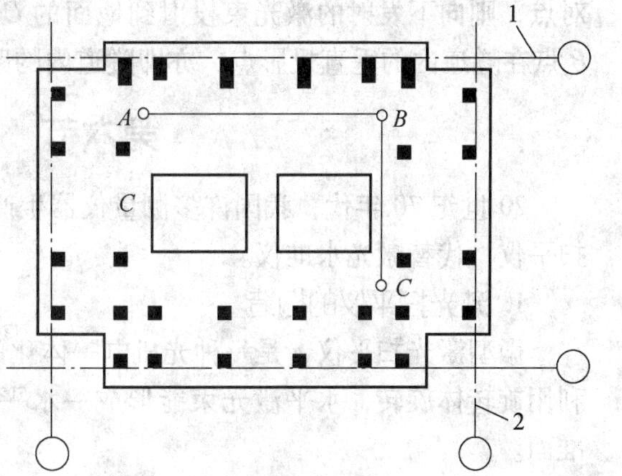

图18-52　某饭店塔楼底层平面图

1—纵向定位轴线；2—横向定位轴线

在浇灌底层地面混凝土时，根据现场施工控制网，精密测设 *A*、*B*、*C* 三点于预埋的钢板上，钢板尺寸为150mm × 150mm × 10mm，量距容许误差不超过 ±2mm，并用经纬仪测回法精密测定∠*ABC*，与90°的差值，不得超过 ±20″。

测设 *A*、*B*、*C* 三控制点后，在其上各安置一台激光垂准仪，严格对中、整平。在仪器上各建一坚固的防护棚遮盖，以保护仪器及点位。

当施工至二层楼面时，分别将 *A*、*B*、*C* 三点的激光垂准仪发射红色激光束，将三点投测到楼面上，投测点处楼面，各留有一150mm见方的预留孔，以便激光束穿过楼面，向上传递三控制点位。预留孔上有钢盖板，在不测量时将孔洞盖上，以免工作人员误踩入孔中，扭伤足部，或落下重物，撞坏底层的防护棚。

当测设二层各柱网的点位时，揭开预留孔钢盖板，在孔洞上覆盖激光觇牌，一人在底层操作激光垂准仪，观测人员用手机联系操作，再次对中、整平仪器后，发射红色激光束，另一人在楼上移动觇牌，使激光斑投射到觇牌的中心点上，则此中心点即为底层控制点 *A*、*B*、*C* 在楼层上的投射点。据此即可根据各柱网点位的坐标值，在二层楼面上测设各点位，以便施工或检验各柱网施工中的轴线偏差，及时予以纠正，确保施工质量。

同法可层层往上投测 *A*、*B*、*C* 三控制点，作为各该层楼面柱网轴线测设和施工质量检测的根据。

将 *A*、*B*、*C* 三点投设到各层楼面后，均应用钢尺精密量距法，检验 *AB* 及 *BC* 的边长，并用经纬仪测回法检验∠ABC，量距容许误差不得超过±2mm；角度与90°的容许误差不得超过±20″。否则应查明原因，及时加以校正，方可作为定位放线的依据。

(3) 隧道方位的垂直传递

隧道开凿工程，需将地面已知方位的中心线，通过竖井传递到地下隧道中。用垂准仪作垂直传递，方便而精确。

如图18-53所示，直线AB为已知方位的路线，在A、B点各安置一激光觇牌，竖井下方正对A、B点架设激光铅垂仪C、D，旋动望远镜目镜，使十字丝成像清晰。旋转调焦手轮，看清激光觇牌，用脚螺旋整平仪器，发射激光，平移垂准仪，使红色激光束正对觇牌中心，再严格整平仪器并向上对点，则向下发射的激光束投射到地面的C、D点，即为A、B点在隧道内的垂直投影点，亦即隧道内的路线方位。

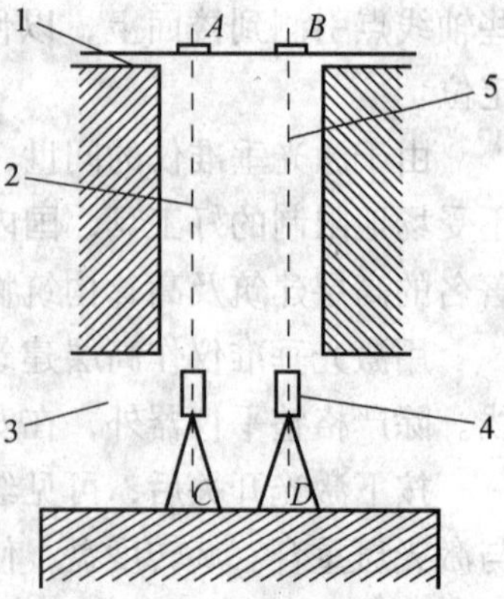

图18-53　用垂准仪作垂直传递
1—路线中心线；2—竖井；3—隧道；4—激光垂准仪；5—激光铅垂线

第六节　激光扫平仪

20世纪70年代，我国许多测量仪器生产厂家，均制成激光水准仪。现多已改生产激光扫平仪，代替激光水准仪。

1. 激光扫平仪的构造

微型激光扫平仪，是一种光机电一体化的新型测量仪器。它可发射一水平红色激光束，利用旋转体旋转，水平激光束能形成一水平面，故能标定水平方向，也可扫描成一水平基准面。

如图18-54所示，为SJ2微型激光扫平仪的两个侧面。下方圆形底座中心有螺孔，可安装在三脚架上。

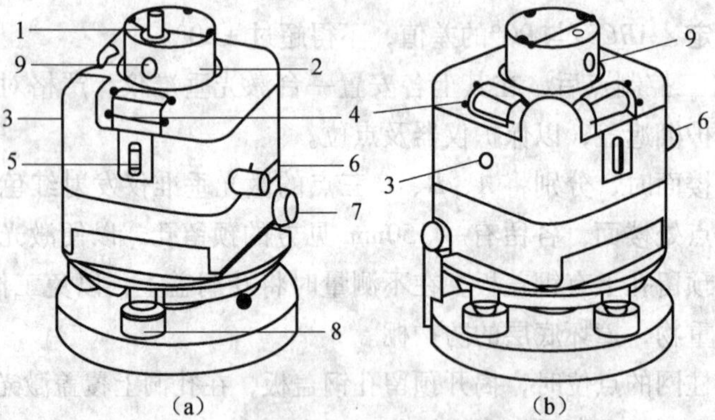

图18-54　激光扫平仪的两个侧面
1—柱面镜；2—旋转体；3—稳压电源插口；4—水平长水准器；5—竖直长水准器；6—电源开关手轮；7—锁紧手轮；8—脚螺旋；9—激光发射孔

2. 仪器的基本特点及参数

SJ2型激光扫平仪也用半导体激光二极管，激光波长亦为635mm。它由仪器与下部支架组成，用锁紧手轮7（图18-54）将两部分联结后，再一起装于三脚架上。

它的基本参数为：

1）水平长水准器角值3′/2mm；

2）电源5号电池6节；

3）连续工作时间12h；

4）工作温度 -10～+40℃；

5）仪器外形尺寸75mm×80mm×95mm；

6）仪器质量0.8kg；

7）测量范围12～20m。

3. 仪器的使用

（1）水平线的发射

如图18-54（b）所示，将仪器连支架安置于三脚架上，调节脚螺旋，使两个水平长水准器气泡严格居中。顺时针旋转电源开关手轮，即可见水平红色激光束自激光发射孔射出。继续旋转电源开关手轮，仪器旋转体旋转，激光束在空间扫描成一水平面。通过电源开关手轮，使旋转体旋转速度可快可慢或停止。转速越慢，激光束越亮。

（2）扫平仪的用途

1）装修工程中作水平画线，在室内装修工程中，常需在四周墙面画等高的水平线，即可利用扫平仪的激光射线，在空间扫描的水平面与墙面的交界，画出水平线，来控制墙裙、踢脚线等的安装。

2）可代替原来的激光水平仪，作水准测量。

3）场地平整测量时，可利用扫平仪提供的水平面，来控制或检验填挖土方的高程。

4. 使用激光测量仪器应注意的事项

1）各类仪器都有使用环境温度的限度，超过这一规定的限度范围，不得使用该仪器。

2）应避免强烈撞击、振动仪器，使用时注意轻拿轻放。长途搬运时，仪器应装箱。

3）保护仪器的镜片，注意事项同光学经纬仪、水准仪、平板仪。

4）发射激光时，避免直射眼睛，以免损伤眼球。

5）使用氦—氖激光器的仪器，不用时应每月通电一次，点亮激光器半小时，关闭电源，收存仪器。如为半导体激光管，不要擅自拆卸安装。

6）激光亮度明显变暗时，应立即更换电池，更换时应注意电池的正负极。长期不使用仪器，应取出电池，防止电池漏液，损坏仪器。

7）仪器如有损坏，应送专门的测量仪器修理部门维修，不得自行拆卸修理。

第七节　激光经纬仪

激光是20世纪60年代发展起来的一门新技术。作为一种新光源，激光具有亮度高、方向性好、单色性纯等优点，为普通光源所不及。因此，从1960年诞生以来，发展十分迅速，在生产、科研、医疗、国防等方面，得到广泛应用。60年代晚期，国外制成了激光水准仪和激光经纬仪。70年代初激光技术也开始在我国得到发展。苏州第一光学仪器厂，1975年制成了J2—JD型激光经纬仪，受到测量、基建工程施工等单位的好评。

1. 激光经纬仪的构造

如图18-55所示，其主要组成部分为：

1）J2 光学经纬仪如图中之 1，构造与 J6 型光学经纬仪相似。长水准器角值为 20″/2mm，最短视距 1.6m。

2）半导体激光器如图中之 2。发射红色激光束，发散度很小，光斑在 100m 远处，直径只有 5mm。激光的有效射程在白天可达 200m，夜间可达 2500m，波长为 635mm。

J2—JDA 型激光经纬仪，通过望远镜发射激光，激光束与望远镜视准轴保持同轴、同焦。该仪器完全具备 DJ2 光学经纬仪的所有功能，可在 -10 ~ +50℃的环境中工作。

半导体激光器发射的激光，经棱镜转向，进入望远镜与视准轴重合，从物镜端射出一条红色的激光束，在观测目标处可见到一红色小光斑。其光路图，如图 18-56 所示。

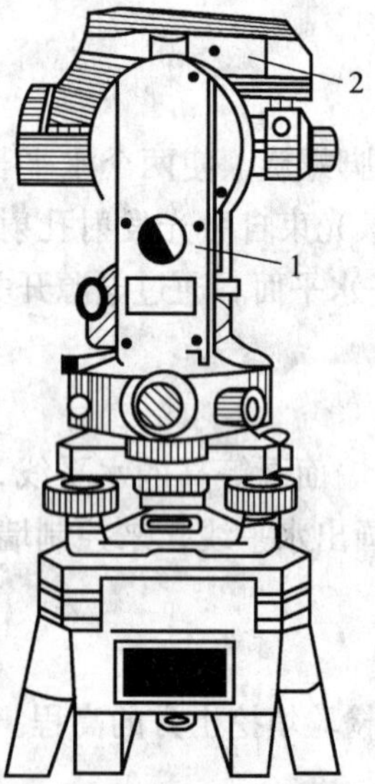

图 18-55　激光经纬仪

1—J2 型光学经纬仪；2—激光器

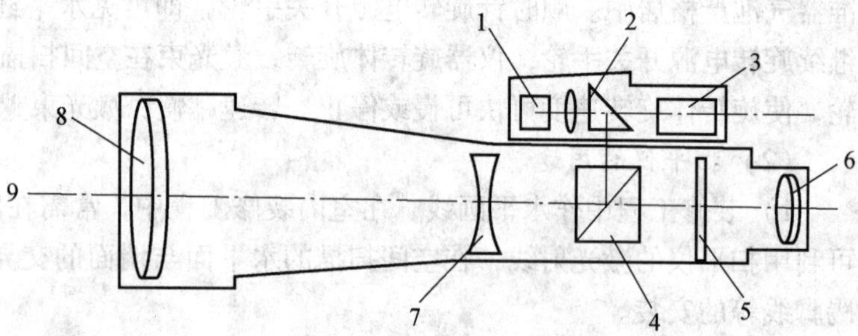

图 18-56　激光经纬仪望远镜的光路图

1—激光器；2—反射棱镜；3—电池；4—分光棱镜；5—十字丝分划板；6—目镜；7—调焦镜组；8—物镜；9—激光束

激光经纬仪可提供一条可见的激光束，在土建工程施工中，广泛应用于高层建筑、隧道、井巷、桥梁工程、管线铺设等的施工，准确而方便。由于不另附老式的激光电源（净重 4kg），经纬仪亦因改用半导体激光器，净重由原 6.2kg 减为 5.9kg。木质仪器箱改为红色塑包箱，携带轻便。

当建（构）筑物间距不大，需要望远镜向上倾角较大以观测天顶方向时，仪器附有 FJ3 弯管目镜，如图 18-57 所示，装于望远镜的目镜端，观测十分方便。

仪器还附有一激光觇牌，可置于观测点处，激光斑如投射到靶心，表示已正确观测到目标。仪器所附的激光觇牌，如图 18-58 所示。

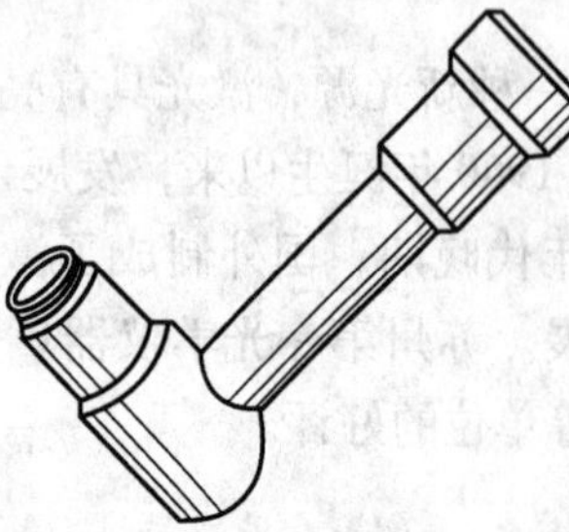

图 18-57　FJ3 弯管目镜（J2—JDA 用）

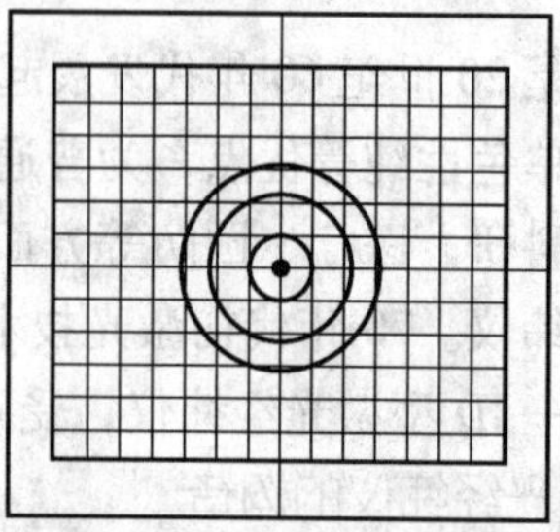

图 18-58　激光觇牌

2. 激光经纬仪的应用

激光经纬仪能发射红色可见光束，故在黑夜或地下工程（如隧道、矿井等处）进行测量工作最为适宜。特别在施工测量中，准直、对中测量，使用激光经纬仪更为便捷。它的主要用途为：

(1) 建（构）筑物的垂直度观测

以检验钢筋混凝土柱的垂直度为例，说明用激光经纬仪较用普通经纬仪更为方便、精确。如图 18-59 所示，改用两架激光经纬仪安置于柱基的纵、横两轴线上，严格对中、整平，分别照准柱脚的中线，开启激光电源开关（在激光器上），发射激光束，用照准部微动螺旋使激光斑正对中线，缓缓仰起望远镜，观测激光斑是否偏离柱身弹出的中线，如有偏离，说明柱身不垂直，可指挥吊装工调整。同时，柱身垂直度偏差尺寸，亦可根据激光斑偏离中线的位置，用钢尺直接量得，十分方便。

同法也可用激光经纬仪发射的激光斑，检验建筑物的墙角线是否垂直；对建（构）筑物倾斜度的观测，也同样便捷。

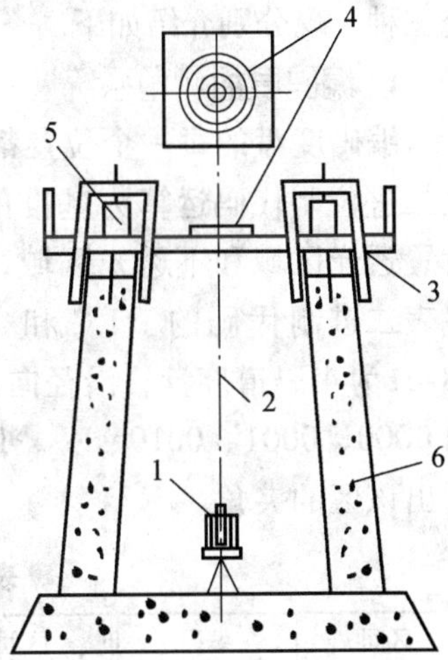

图 18-59　用激光经纬仪控制轴线垂直度

1—激光经纬仪；2—铅垂方向的激光束；3—工作平台；4—觇牌；5—千斤顶；6—已浇好的烟囱壁

烟囱、筒仓施工，控制轴线的垂直度要求较高。国内某电厂 180m 高的钢筋混凝土烟囱，采用滑模施工，即用激光经纬仪作对中、准直测量。如图 18-59 所示，将仪器置于烟囱基础的地下室中，经严格对中、整平，使镜管向上取铅垂位置，发射垂直方向的激光束，以显示烟囱的轴线位置。上部工作平台上安置激光觇牌，其中心位于该处烟囱横截面的圆心。如激光束的光斑不偏离觇牌中心，表示工作平台的中心未偏离烟囱的轴线。否则，应立即校正平台的位置，以确保烟囱的垂直度。该工程竣工验收，顶部中心偏离轴线 1.2cm，仅为国家施工验收技术规范容许偏差 18cm 的 1/15。

(2) 隧道轴线的测设

如图 18-60 所示，隧道施工常用导井分段向两端掘进，对轴线测设，精度要求高。在黑暗的地下操作，用激光经纬仪测设隧道的轴线，更显示它的优越性。在开挖好的导井中，放入激光经纬仪，在隧道轴线下方安置仪器，使望远镜的视准轴与隧道轴线一致，精确调平仪器，发射激光。根据可见的红色激光束，确定隧道的轴线，指示隧道开挖。这种方法对隧道施工的轴线定位、导向，准确而方便。

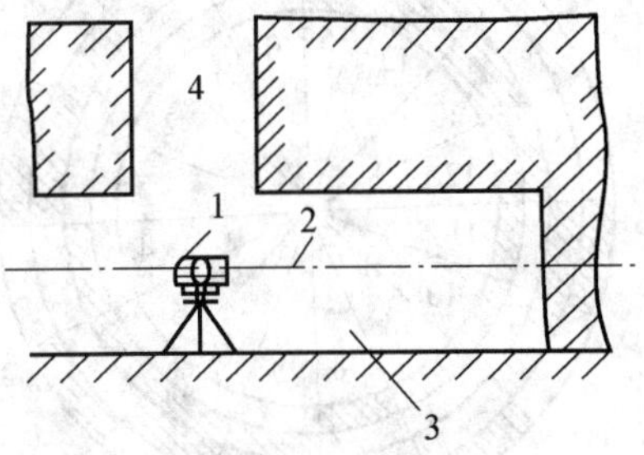

图 18-60　用激光经纬仪控制隧道轴线

1—激光经纬仪；2—红色激光束指示的隧道轴线；3—正在开挖的隧道；4—导井

激光经纬仪在不发射激光时，完全可作为 DJ2 型光学经纬仪使用。

第八节　电子经纬仪

一、光电角度读数装置

电子经纬仪的光电角度读数装置有编码度盘测角系统、光栅度盘测角系统、动态测角系统三种，现分别介绍如下。

1. 编码度盘测角系统

编码度盘的每一个位置都可以读出度、分、秒的值。光学编码度盘（简称码盘）是以二进位制代码运算为基准的绝对值式的编码器，在度盘上刻有数道同心圆，等间隔地设置透光区域和不透光区域，由它们组成的分度圈称为码道。用透光和不透光两种状态代表二进制代码的“1”和“0”两个状态，里圈代表高位数，外圈代表低位数，如图18-61为4码道度盘，沿径向由里向外可读出4位二进制数，如图中顺时针方向依次可读出0000、0001、0010、…、1111，各区间的状态见表18-11。依据两区不同的状态，便可测出该区的夹角。

表18-11　电子度盘各区间的状态与编码

区间	编码	区间	编码	区间	编码	区间	编码
0	0000	4	0100	8	1000	12	1100
1	0001	5	0101	9	1001	13	1101
2	0010	6	0110	10	1010	14	1110
3	0011	7	0111	11	1011	15	1111

读数系统原理如图18-62所示，在度盘半径方向的直线上，在每一码道设置两个接触片，一个为电源，另一个为输出。测角时，接触片固定，当度盘随照准部旋转到某个目标制动之后，接触片就和某一区间相接触，由于该区的导电或不导电，得到该区间的电信号状态。图中为1001，若照准部旋转到第二个目标，输出端状态为1101，则可知该角值为9~13区间的角度。

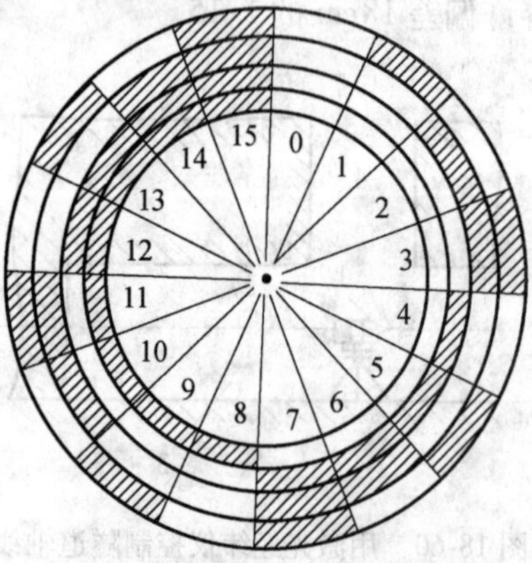

图18-61　编码度盘

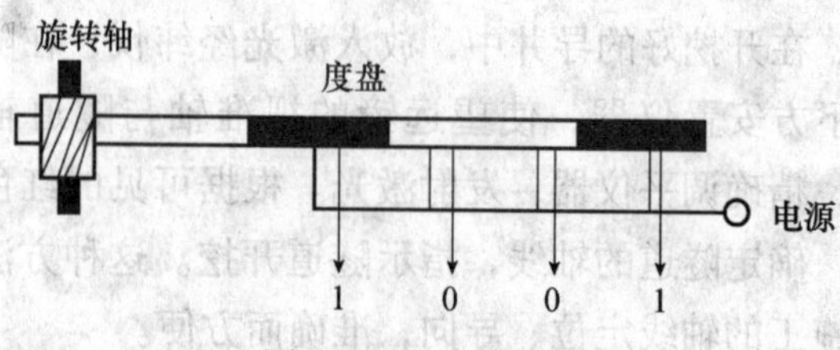

图18-62　读数系统

2. 光栅度盘的测角系统

均匀地刻有许多等间隔狭缝的圆盘，称为光栅度盘。如图18-63所示，光栅的基本参数是刻线密度（每毫米的刻线条数）和栅距（相邻两栅之间的距离）。光栅的线条处为不透光区，缝隙处为透光区。在圆形光栅盘上下对应位置上装上照明器和光电接收管，将光栅的透光与不透光信号转变为电信号。当照明器和接收管随照准部相对于光栅盘移动，由计数器累计求得所移动的栅距数，即可求得所转动的角度值。该系统属于累计计数，通常称为增量式读数系统。

一般光栅的栅距已很小，例如，在 80mm 直径的度盘上刻有 12500 条刻线（刻线密度为 50 线/mm），光栅距的分划值为 1′44″，显然仍不能满足测角要求，为了提高测角精度，还必须将其放大，再进行细分。在光栅测角系统中采用莫尔条纹技术来解决这个问题。产生莫尔条纹的方法是：取一小块与光栅盘具有相同密度和栅距的光栅，称为指示光栅，将指示光栅与光栅盘以微小的间距重叠起来，并使其刻线互成一微小的夹角 θ，当光栅盘与指示光栅之间相对运动时，就会出现放大的明暗交替的条纹（栅距由 d 放大到 W），如图 18-64 所示。

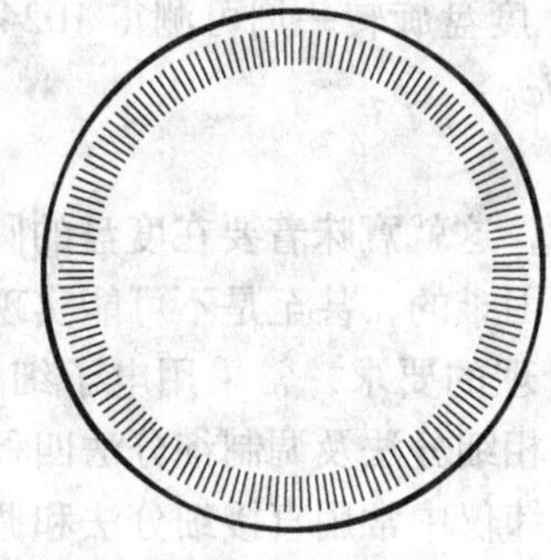

图 18-63　光栅度盘

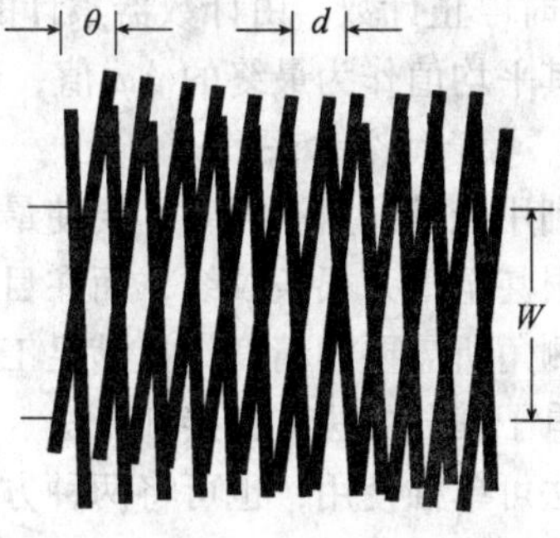

图 18-64　光栅莫尔条纹

(1) 光栅度盘静态测角原理

如图 18-65 所示，指示光栅和光栅读数头与照准部固连在一起，进行测角时，主光栅盘不动，照准部连同指示光栅和光栅读数头相对于主光栅移动。欲测 OB 与 OA 方向的夹角，开机后瞄准 A 目标，照准部开始旋转时，指示光栅相对于主光栅盘每移过一个栅距 W，即转过一个栅角，光探器上就掠过一个莫尔条纹，输出一个正弦信号；经过整形电路形成一个计数脉冲，直到瞄准 B 目标为止，电子计数器累计出指示光栅相对于主光栅移过的整栅角数 φ_0 的值，则该角度为 $\varphi = n \cdot \varphi_0 + \Delta\varphi$，$\Delta\varphi$ 为不足一个栅角的尾数，用电子细分的方法求得。

光栅动态测角系统如图 18-66 所示，度盘圆周经向刻有 1024 条刻线，刻线栅角为 $\varphi_0 = 360°/1024$。在光栅盘的外边缘对径处设置了一对与基座或支架固连的固定光栅 L_S。对水平盘来说，L_S 相当于零位置；对竖盘来说，L_S 相当于竖盘指标线。在光栅盘的内边缘处，设置了一对与照准部固连的活动光栅 L_R。L_S 和 L_R 均由发光二极管和光控器组成。

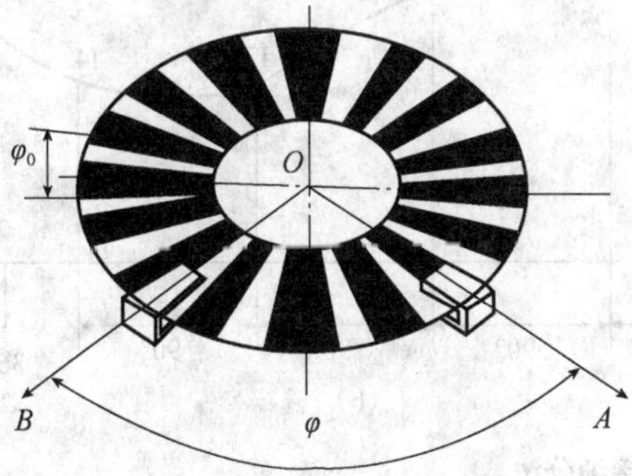

图 18-65　指示光栅和光栅读数头

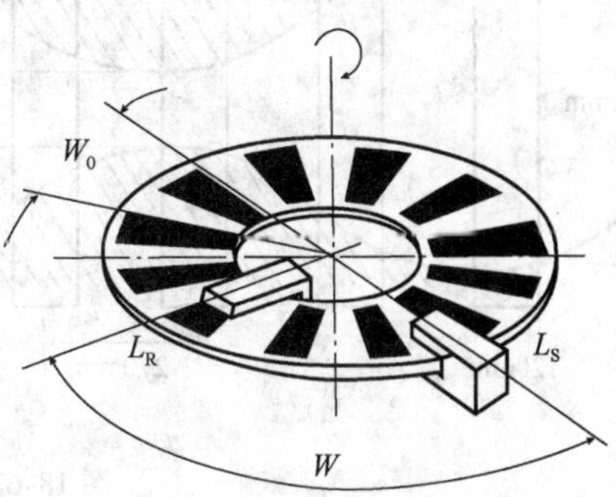

图 18-66　光栅动态测角系统

测角时，光栅盘由电动机驱动绕中心轴作匀速旋转，计取通过两个指标光栅间的分划信息通过粗测与精测而求得测角值。

1）粗测

即求出 L_S 的莫尔条纹个数 N。在度盘同一径向的外边缘上设有两个标记 a 和 b，度盘旋转时，以标记 a 通过 L_a 时起，记数器开始记取整间隙 φ_0 的莫尔条纹个数，当另一标记 b 通过 L_R 时记数器停止记数，此时记数器所得到的数值即为 φ_0 的莫尔条纹个数 N。

2）精测

测角精度取决于精测的精度。精测即求出不满一个 φ_0 的尾值 $\Delta\varphi$，通过光栅 L_S 和 L_R 产生两个信号 S 和 R，$\Delta\varphi$ 可由 S 和 R 的相位差求得。精测开始后，当某一分划通过 L_S 时开始精测计数，计取通过的计数脉冲个数，一个脉冲代表一定的角度值（如2″），而另一个分划通过 L_R 时停止计数。由计数器累计的数值求得 $\Delta\varphi$ 的值，度盘旋转一周可测得 1024 个 $\Delta\varphi$，然后取其平均值作为最终的 $\Delta\varphi$ 值，最后求得角值：$\varphi = N\varphi_0 + \Delta\varphi$。

（2）电子细分方法

在利用光栅度盘测角时，要使最小读数达到1″或0.1″，这就意味着要在度盘的圆周上刻划百万根甚至千万根条纹线，而在目前工艺上，这是极其困难的，甚至是不可能实现的。为了达到测角所需要的精度，且满足工艺上可能、经济上合理的要求，常采用电子细分技术。常用的电子细分方法有直接细分法、幅值分割细分法、移相细分法及调制细分法四种。这几种细分法可单独使用，也可将两种方法组合使用。电子经纬仪中常用直接细分法和调制细分法，现介绍如下。

1）四倍频直接细分法

在相当于度盘正弦光迹缝隙或莫尔条纹的一个周期内，彼此相隔90°相角（即四分之一周期）设置4个条形光探测器，如图18-67所示。由于每个光探测器所对应的光迹或莫尔条纹的位置不同，受光的面积也不同，故输出的信号大小也不同。设与第一只光探测器中心相对的正弦光迹的起始相位为0°，则4个光探测器中的电信号分别为：

$$\left.\begin{aligned}U_1 &= U_0 + U\cdot\sin(\omega t + 0) = U_0 + U\sin\omega t\\U_2 &= U_0 + U\cdot\sin(\omega t + \pi/2) = U_0 + U\cos\omega t\\U_3 &= U_0 + U\cdot\sin(\omega t + \pi) = U_0 - U\sin\omega t\\U_4 &= U_0 + U\cdot\sin(\omega t + 3\pi/2) = U_0 - U\cos\omega t\end{aligned}\right\}$$

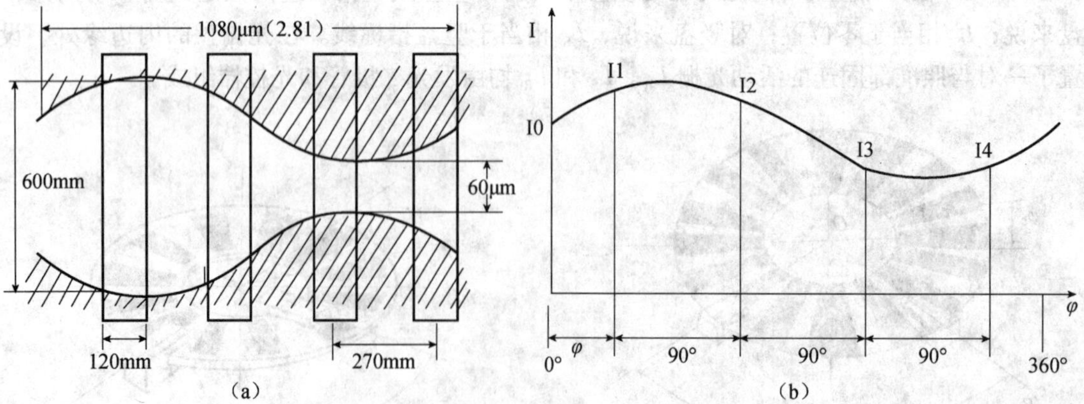

图18-67　四倍频直接细分法

（a）正弦光迹与条形光二极管；（b）内插所用光电流

为了消除直流分量 U_0 和放大所得到的 4 个信号，可以利用差分放大电路来实现。通过图 18-68 所示的网路，可得到如下 4 个信号：

$$\left.\begin{aligned} U_{13} &= U_1 - U_3 = 2U\sin\omega t \\ U_{24} &= U_2 - U_4 = 2U\cos\omega t \\ U_{31} &= U_3 - U_1 = -2U\sin\omega t \\ U_{42} &= U_4 - U_2 = -2U\cos\omega t \end{aligned}\right\}$$

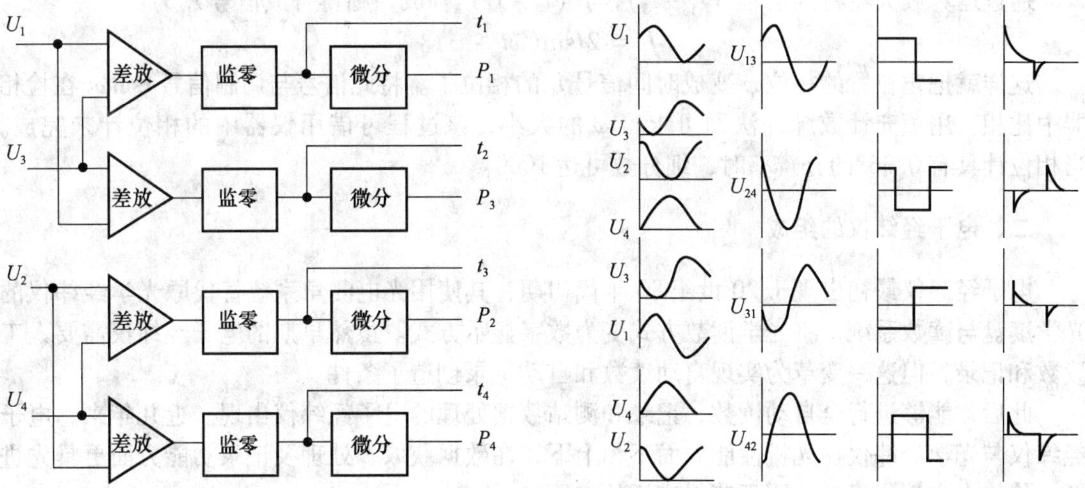

图 18-68　差分放大电路

通过零鉴别器将 4 个交变信号整形为方波信号，该方波信号一方面经微分输出尖脉冲用于细分计数，另一方面用作正逆转向时的判向信号。

在一周期内正弦信号有 4 个过零点，可形成 4 个计数脉冲。即每通过一个正弦光迹或莫尔条纹可记录 4 个脉冲，故称四频倍。在该法中，光电信号经整形后直接产生计数脉冲，中间不再提取测微信息，故称为直接细分法，总称四倍频直接细分法。

2）调制细分法

直接细分法由于细分数少，只适用于中等精度的电子经纬仪。当要求测角最小分辨率达到 1″或 0.1″时，通常采用细分数可达 1000 的调制细分法。和直接细分法相似，调制细分法也是在正弦光迹缝隙或莫尔条纹的一个周期内，彼此相隔 90°相角设置 4 个条形光探测器，如图 18-68 所示。由于各探测器相对正弦光迹或莫尔条纹的位置不同，受光的面积不同，产生的电流也不同。设第一只光探测器中线相对于正弦波的起时相位为 φ，则各光探测器输出的电流为：

$$\left.\begin{aligned} I_1 &= I_0 + I'\sin\varphi \\ I_2 &= I_0 + I'\sin(\varphi + \pi/2) = I_0 + I'\cos\varphi \\ I_3 &= I_0 + I'\sin(\varphi + \pi) = I_0 - I'\sin\varphi \\ I_4 &= I_0 + I'\sin(\varphi + 3\pi/2) = I_0 - I'\cos\varphi \end{aligned}\right\}$$

通过差分电路消去直流分量 I_0，则得：

$$\left.\begin{aligned} I_1 - I_3 &= 2I\sin\varphi \\ I_2 - I_4 &= 2I\cos\varphi \end{aligned}\right\}$$

当照明光迹缝隙的光源以交流电馈电时，则 I 为时间 t 的函数，即：

$$I = I(t) = I\sin\omega t$$

于是上一公式组现可写成：

$$(I_1 - I_3) = 2I\sin\varphi\sin\omega t$$
$$(I_2 - I_4) = 2I\cos\varphi\sin\omega t$$

将 $(I_1 - I_3)$ 相对于 $(I_2 - I_4)$ 移相90°，则有：

$$(I_1 - I_3) = 2I\sin\varphi\cos\omega t$$

通过运算放大器将两信号 $(I_1 - I_3)$ 与 $(I_2 - I_4)$ 合成，则得合成信号 I_t 为：

$$I_t = 2I\sin(\omega t + \varphi)$$

这样就把角位置的相位 φ 变成时间信号 I_t 的相位了。将此信号与调制信号 $I\sin\omega t$ 在检相器中比相，用填充计数脉冲法即可求得 φ 的大小，该过程可借用仪器中的相位计来完成。当相位计具有0.36°的分辨率时，细分数可达1000。

二、电子经纬仪的组成

电子经纬仪最初出现于20世纪80年代初期，其使用光电测角系统替代原光学经纬仪的光学度盘与读数系统，将光学读数方式变为数字显示方式。虽然早期的电子经纬仪需要人工读数和记录，但这一变革为实现自动读数和自动记录创造了条件。

此后，能够进行全自动读数、记录和测站数据处理的电子经纬仪出现。近几年来，电子经纬仪与光学经纬仪在光机性能方面不相上下，在数据获取、处理及记录功能方面更具先进性，价格也在逐年降低，因而获得广泛的应用。

与光学经纬仪相比，电子经纬仪的最大的特点是：一是采用了光电角度传感装置；二是增加了电子数据处理与存储系统。

电子经纬仪的光机系统与光学经纬仪类似，可以分为照准部、水平度盘和基座三大部分。其主要区别是去掉了光学读数系统，增加了实现数据的记录、处理和存储的电子系统。

1. 电子系统

最初的光栅电信号为模拟信号，经过放大、模数转换、整形等处理后，变为规则的数字信号。包括计数电路、显示电路、存储电路等，实现电子经纬仪的数据管理功能。图18-69是电子经纬仪的工作方框图。电子经纬仪若用单片机控制则要比全站仪差一些，程序指令也要简单一些。

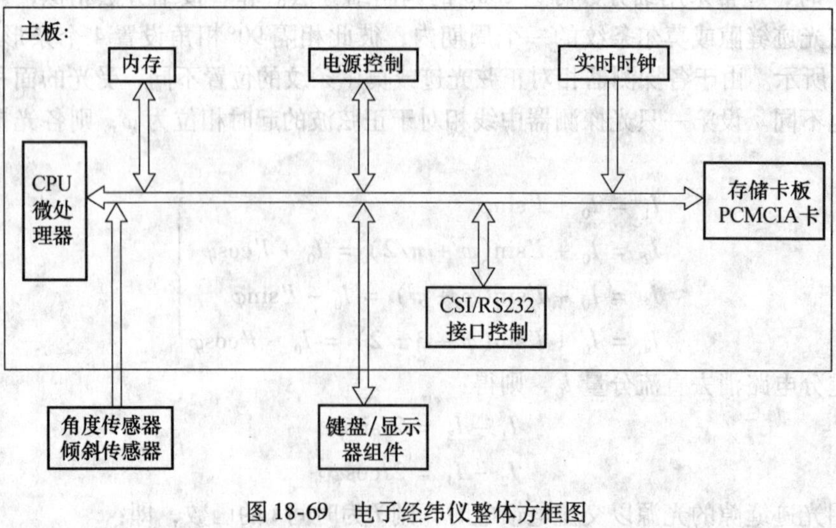

图18-69　电子经纬仪整体方框图

2. 电子经纬仪的光学系统

由于免除了光学经纬仪复杂的光学测微和读数系统，电子经纬仪的光学系统大为简化。但在照准光学系统（望远镜等）方面，两者差别不大。

在读数光学系统上，电子经纬仪只剩下包括光栅度盘、光源（发光二管）、测微光栅、光电接收器等极少量的光电子元件，因此只保留了一些较简单的光学系统。

3. 电子经纬仪的机械系统

电子经纬仪的机械系统与光学经纬仪基本相同，即主要由安置系统、整平系统、制动与微动系统、轴系、支撑和防护系统等多种功能的200余个独立的机械元件组成。电子经纬仪的主要创新并非机械系统，其相应结构可参阅光学经纬仪的有关书籍。这里主要介绍电子经纬仪中普遍使用的竖盘指标自动归零装置。

4. 电子经纬仪的倾斜补偿器

在测量工作中，有许多方面的因素影响着测量精度，其中竖直轴、水平轴和水准管轴的不正确安装或整置是最重要的因素。为了减少测量误差，人们常采用盘左、盘右取平均值的测量方法。有不少工程有时只需一个盘位测量就能满足精度要求，另外有些工程放线等工作并非由专业测量人员进行，这就要求仪器能自动减少轴系误差的影响。现代电子经纬仪一般都设置了补偿器，竖轴剩余倾斜对观测结果的影响能进行自动补偿。

在光学经纬仪中为了克服竖轴剩余倾斜对竖直角的影响，通常采用竖盘指标水准管指标自动归零补偿器使指标处于正确位置。在过去的电子经纬仪中，一般都设置了一个倾斜传感器（或称整平传感系统），以代替竖盘指标水准管或竖盘指标自动归零装置，即为单轴补偿。而现代电子经纬仪，由于传感器可做两个方向的补偿，即双轴补偿，仪器作业时，只要用圆水准粗略整平，其竖轴剩余倾斜可通过倾斜传感器以信号形式输入机内微处理机，对所测的竖直角和水平角进行自动改正。

补偿器的作用就是通过寻找仪器在垂直和水平方向的倾斜信息，自动地对测量值进行改正，从而提高采集数据的精度。

（1）补偿器的分类

按补偿范围一般可分为：

1）单轴补偿。只能补偿由于垂直轴倾斜而引起的竖盘读数误差。

2）双轴补偿。可同时补偿由于垂直轴倾斜而引起的竖盘和水平盘的读数误差。

3）三轴补偿。不仅补偿由于垂直轴倾斜引起竖盘和水平盘读数误差，还能补偿由于水平轴倾斜误差和视准轴误差引起的水平盘读数误差。

（2）补偿器类型

补偿器的类型一般有两种，即摆式补偿器和液体补偿器。前者为老式补偿器，多见于早期电子经纬仪，如T1000、T1600等；当今所有的电子经纬仪和全站仪几乎都采用液体补偿器。

（3）补偿范围

补偿范围是指仪器允许偏离水平面的程度，在此范围内补偿器测量横向的倾斜量，进而对仪器的竖盘和水平盘读数进行修正。

（4）补偿精度

仪器使用手册上给出的通常是仪器的设置精度，是指仪器对倾斜量的测量精度。

5. 电子经纬仪的倾斜传感器

各种电子经纬仪中倾斜传感器的结构形式各异，但工作原理基本相同。

（1）液体式

液体式倾斜传感器的典型结构之一如图 18-70 所示，静态液面的法线方向即为铅垂直方向，T_1T_1 为平行于仪器横轴的轴线，T_2T_2 为垂直于横轴、平行于竖盘面的轴线，并假设横轴垂直于竖轴。当竖轴处于铅垂状态时，竖轴即与液面正交。此时从位于 T_2T_2 轴线上的发光二极管（简称为 LED）射出的光束经液面反射后，会聚于光电二极管阵列上。入射角为 θ 的光束（图中以中心光线表示）经液面反射后，投射到阵列中间第三个光电二极管上，从而产生光致电流信号。该信号输入到机内控制微处理器中，这就表明该轴线处于水平位置。类似布置于 T_1T_1 轴线上的另一组光电二极管阵列，光线亦投射到阵列中的第三个光电二极管上，产生光致电流信号。这两个信号同时输入到微处理器中，这就表明仪器竖轴是铅垂的，由水平和竖直度盘读得的角度值是正确的。

若竖轴相对液面法线方向倾斜了一小角度 i，并将它分解为经纬仪横轴方向的分量 τ_0 及望远镜视准轴方向（即平等于竖盘盘面的方向）的分量 τ_{p0}，假设从轴线 T_2T_2 上发光二极管射出的光束与液面法线成 τ_1 入射角，若经液面反射至第 5 个光电二极管，产生电流信号，经精心设计后，可使第 5 个光电二极管输出的电信号与 τ_p 角值对应。由机内微处理器的预存程序对竖盘读数进行自动改正，相当于竖盘指标自动归零。同理，由平行于横轴轴线 T_1T_1 上的光电二级管可得到对应的角值，亦可由微处理器程序对水平读数进行改正。由此可知，具有双轴线倾斜传感装置的电子经纬仪，一般只配置圆水准器即可，而只具有单轴线倾斜传感器的仪器，除配置圆水准器外，还须配置照准部水准管，以保证水平盘和竖盘读数的正确性。

图 18-71 为倾斜传感器的光学系统。底部有水银槽，水银上表面的法线方向即是铅垂方向，水银层上面有硅油阻尼层，以防止水银氧化并起阻尼作用。其上嵌装了一块镀有增透膜的平板玻璃。照明透镜由一片正透镜和一片负透镜组成，其光学系统的等效焦距为 163mm。

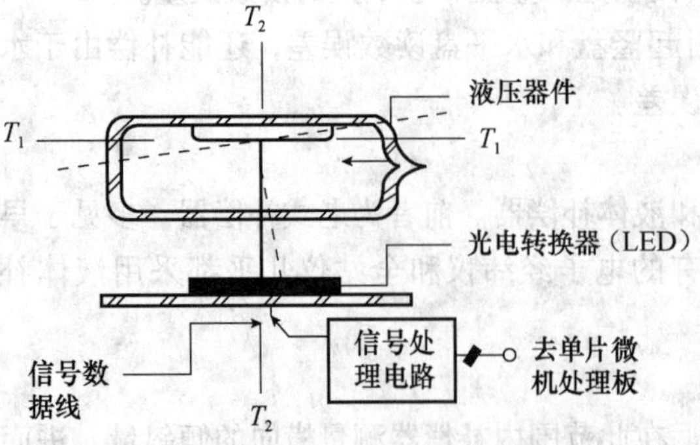

图 18-70　液体式倾斜传感器典型结构之一

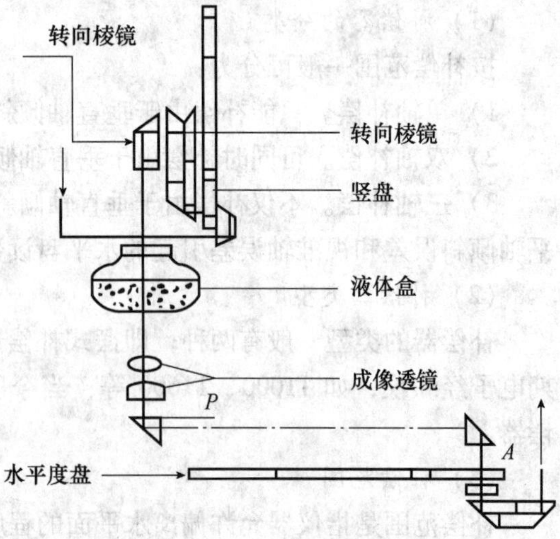

图 18-71　倾斜传感器光路

竖盘上的刻划线通过转向棱镜及液体盒后，由成像透镜成像于水平度盘刻划面 A 处，然后两个度盘的刻划线同时成像于指标平面上。当仪器倾斜角时，竖盘倾斜变化的弧度值为

$r \cdot \alpha$，而光线通过液体产生的偏折角为β，考虑到补偿条件，则得：

$$r \cdot \alpha = \beta \cdot g$$

式中　r——竖盘刻划；

g——补偿器液面至竖盘刻划面的距离。

因为$\beta = (n-1)\ \alpha$，取$n = 1.5$，则$\beta = 0.5\alpha$，所以补偿摆的角放大系数为：

$$N = \frac{\beta}{\alpha} = \frac{r}{g} = 0.5$$

所以

$$g = 2r$$

倾斜传感装置检测倾斜量的范围（即工作范围）因仪器实际尺寸的不同而不同，一般若仪器斜置超出了范围，它就会自动发出音响或显示光信号，以警示操作者。

HP3820A 型电子速测仪的测量即是双轴线倾斜传感器的应用实例之一。

双轴线排列的正弦形透明缝隙（也称透明光迹）和 4 只光电二极管，安置在准直系统的焦平面处，如图 18-72 所示。设置两组正弦透明缝隙和光电二级管陈列的目的，是为了分别检测竖轴在平行横轴方向与平行竖盘方向时的倾斜分量。将图 18-71 和图 18-72 结合起来可以看出，当仪器倾斜时，活动的水银面仍保持水平，水银面的反射使正弦光迹的投影相对于光电二极管阵列发生位移，因而产生电信号的相移。利用前章所述电子测相细分的方法，可分别求出两轴线方向的倾斜改正值。该仪器的测定精度可达 ±0.3″（即 ±1cc）。

为了防止倾斜传感器超出极限工作范围，另外设置了极限传感器。当竖轴倾斜量在工作范围以内时，经方形图样射出的光束将投射到极限传感器上。若竖轴倾斜超出了工作范围，经方形图样射出的光束就投射到极限传感器上，这时仪器便自动发出警告信号给操作者。这类仪器的极限工作范围为 ±150″。

（2）电容式

电容式倾斜传感器属单轴线倾斜传感器，其结构如图 18-73 所示，水准管内壁下部全长镀银层，上部对称镀两段银层，管内充电容量与电介系数 ε 成正比，而与平板间距 d 成反比，可用下式表示：

$$C = \frac{\varepsilon \cdot s}{4\pi d}$$

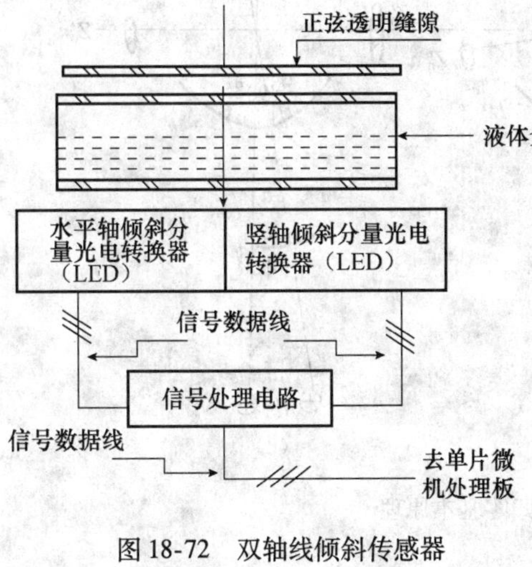

图 18-72　双轴线倾斜传感器

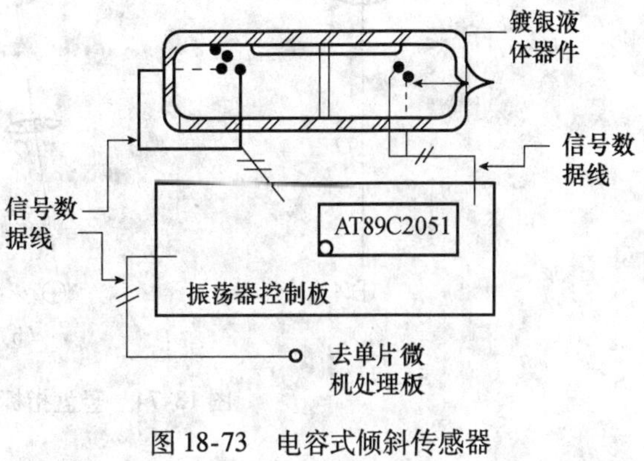

图 18-73　电容式倾斜传感器

由电子技术可知，RC 振荡器及 LC 振荡器（包括晶体振荡器）的谐振频率 f_0 分别可由电容量 C 决定。由图 18-73 可知，电容器极板面积 S 随气泡位置的变化而变化，从而改变电容量 C，由式 $(I_2-I_4)=2I\cos\varphi\sin\omega t$ 知，亦可改变振荡器的输出频率 f_0。

设计制造时使气泡居中，即电容量 C_1 或 C_2 相等，故振荡器输出频率 f_1 与 f_2 也相等。气泡不居中时，由于 $S_1\neq S_2$，则 $C_1\neq C_2$，故振荡器输出的频率 f_1 与 f_2 也不相等。设计时使 f_1 与 f_2 一定量的差值 Δf_1 对应一定的气泡偏移量。

测量竖直角时，电子开关使电容 C_1 和 C_2 依次分别接入振荡回路中，振荡器相应地输出振荡频率 f_1 和 f_2 至微处理机，微处理机依频率差值 $\Delta f=f_1-f_2$ 的大小，对所测竖直角进行修正，以消除竖轴剩余倾斜对竖直角观测值的影响。

为了消除温度变化对电容式倾斜传感器气泡灵敏度的影响，仪器内设置了电子温度传感器。它将测得的环境温度参数输入微处理机，以修正温度对 C_1、C_2 及 f_1、f_2 的影响。

6. 竖盘指标自动归零装置

电子经纬仪上一般使用竖盘指标自动归零补偿器，不但加快了作业速度，简化了仪器结构，也扩大了仪器使用范围，其基本原理与光学经纬仪的竖盘指标自动归零补偿器相似。下面介绍光学经纬仪竖盘指标自动归零装置的原理。

（1）基本原理

在图 18-74 中，Z_0Z_0' 表示视准轴，与标有注记的竖盘一同旋转。指标线 A（通过反射棱镜展开与 90°成一直线），通过透镜 O 成像于竖盘分划线位置。图 18-74（a）表示为理想关系，即望远镜水平，竖轴铅垂，指标 A 成像于 90°分划处。如图 18-74（b）所示，当仪器倾斜一角度 α（此角值在照准部水准器安平精度范围以内，一般不大于 ±1′），由于是整个仪器倾斜，指标水准器气泡未居中，此时竖盘读数仍为 90°未变。虽然指标线位置由 A 移至 A'，但 A'、O、90°三者的相对位置未变。图 18-74（c）表示将倾斜视准轴重新安平后的情况，此时指标线仍处于原位置，则读数不等于 90°，而为 K。此时可将指标水准管居中读数变为 90°，此时仪器虽倾斜了 α 角，但竖盘读数仍为 90°，视准轴水平，即不受仪器倾斜的影响。

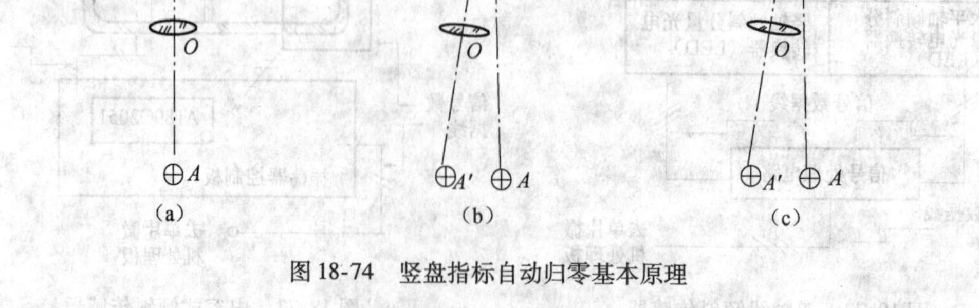

图 18-74　竖盘指标自动归零基本原理

现在，不再用指标水准器微动螺旋使气泡居中（即不使 $A' \to A$），而是通过某种方法使 A' 能自动地摆到 A，或者使 A' 能永远在 90°处成像。例如，OA 为一悬挂垂球的线，不管仪器倾斜与否，它永远处在铅垂位置，即实现了自动归零的目的。

在精度更高的光学经纬仪上，竖盘以及水平盘的读数指标线相对仪器是固定的，在使指标水准器气泡居中的过程中，指标线是不动的，与指标水准器一起偏转的是指标与度盘之间的成像光具组。如图 18-74 中的 O，用成像光具组的位移造成指标线影像的移动，也可以视为改变竖盘分划线影像与指标线之间的相对位置。以下介绍几种自动安平补偿器的结构与基本原理。

1）悬吊透镜补偿器

实现悬吊透镜补偿的方法是，将指标线与竖盘之间的某一个（或组）光学零件进行悬吊，如将成像透镜 O 进行悬吊［图 18-74（c）］。

当仪器倾斜了 α 角，指标线位移至 A' 点，望远镜视准轴水平后，只要 A' 的像能位于 90°处，如图 18-75（a），则实现了自动归零。仪器倾斜后透镜若是固定于仪器上，则随仪器倾斜至 O（图上虚线所示），A' 通过透镜中心成像于 K 处。但由于透镜用柔丝进行悬吊，在重力作用下由 O 摆至 Q'。指标线 A' 通过摆动以后的透镜的边部，则产生折射，成像于度盘的 90°处（图上粗虚线所示）。这种悬吊透镜补偿器结构简单，只是将原有的成像透镜进行悬吊，在未增加任何光学零件下，既起成像作用又起补偿作用。

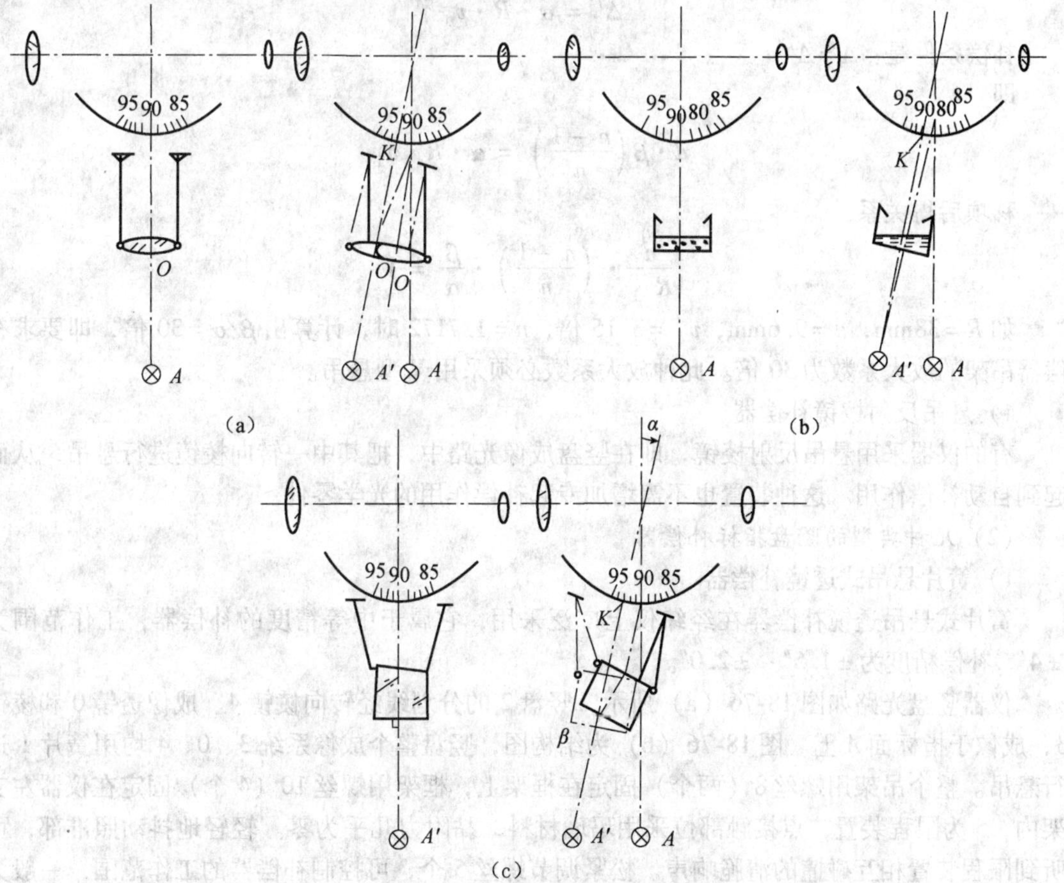

图 18-75　几种竖盘指标自动补偿器的原理

（a）悬吊透镜补偿器；（b）“液体盒”补偿器；（c）悬吊平板玻璃补偿器

2）“液体盒”补偿器

图 18-75（b）所示为“液体盒”式补偿器原理图。当仪器倾斜后，由于“液体盒”是固定在仪器上的，将随仪器一同倾斜，但在重力作用下液面恒保持水平，则“液体盒”变成一光楔，A'通过它产生折射仍成像于竖盘 90°处。

3）悬吊平板玻璃补偿器

图 18-75（c）所示为悬吊平板玻璃补偿器原理图。在仪器竖盘成像光路上加挂一块厚的平板玻璃，采用 V 型悬吊，以扩大平板玻璃转动的角度。当仪器顺时针方向倾斜 α 角后，平板玻璃若是固定在仪器上，它将随仪器倾斜至虚线位置，A'垂直地通过它成像于 K。但平板玻璃是用柔丝进行 V 型悬吊，由于重力作用摆至实线位置时，相对于固定位置转动了 β 角，β 与 α 为同一方向，指标线 A'通过转动后的平板玻璃产生一段平移，使成像仍位于竖盘的 90°处。

设 d 为悬吊平板玻璃的厚度，n 为悬吊平板玻璃的折射率，β 为平板玻璃旋转角，则光线平移量 Δ 可按折射条件求得：

$$\Delta = d \cdot \beta \left(\frac{n-1}{n} \right)$$

设 R 为竖盘分划半径，$v_{\perp}$上为竖盘成像透镜组的放大率。由于仪器倾斜 α 角后，竖盘分划线的影像位置变化量 Δ'为：

$$\Delta' = \alpha \cdot R \cdot v_{\perp}$$

补偿条件是：$\Delta = \Delta'$

即

$$d \cdot \beta \left(\frac{n-1}{n} \right) = \alpha \cdot R \cdot v_{\perp}$$

移项后得关系：

$$\frac{d}{Rv_{\perp}} \cdot \left(\frac{n-1}{n} \right) \cdot \frac{\beta}{\alpha} = 1$$

如 $R = 38\text{mm}$，$d = 9.6\text{mm}$，$v_{\perp} = 3.15$ 倍，$n = 1.7172$ 时，计算出 $\beta/\alpha = 30$ 倍，即要求补偿器吊架的放大系数为 30 倍。此种放大系数必须采用 V 型悬吊。

4）悬吊反射棱镜补偿器

有的仪器采用悬吊反射棱镜，即在竖盘成像光路中，把其中一转向棱镜进行悬吊，从而起到自动补偿作用。这种装置也不需增加专起补偿作用的光学零件。

（2）几种典型的竖盘指标补偿器

1）簧片悬吊式透镜补偿器

簧片式悬吊透镜补偿器在经纬仪上广泛采用，它属于中等精度的补偿器，工作范围为 ±4′，补偿精度为 ±1.5″～±2.0″。

仪器竖盘光路如图 18-76（a）所示，竖盘 2 的分划线经转向棱镜 4、成像透镜 0 和棱镜 3，成像于指标面 A 上。图 18-76（b）为结构图，竖盘整个成像系统 3、0、4 均用簧片 1 进行悬吊。整个吊架用螺丝 8（两个）固定在框架上，框架用螺丝 10（4 个）固定在仪器左支架内，5 为限程装置，点接触部位采用玛瑙材料，黏附力几乎为零。轻轻地抖动照准部，可听到限程装置相互碰撞的清脆响声。松紧调节螺丝 5 个，可控制补偿器的工作范围，一般为 ±4′～±5′。7 为活塞式空气阻尼器的活塞，对称布置两个，活塞套固定在框架上，它与活塞的相对位置可以从框架两侧进行调整。9 为螺母。

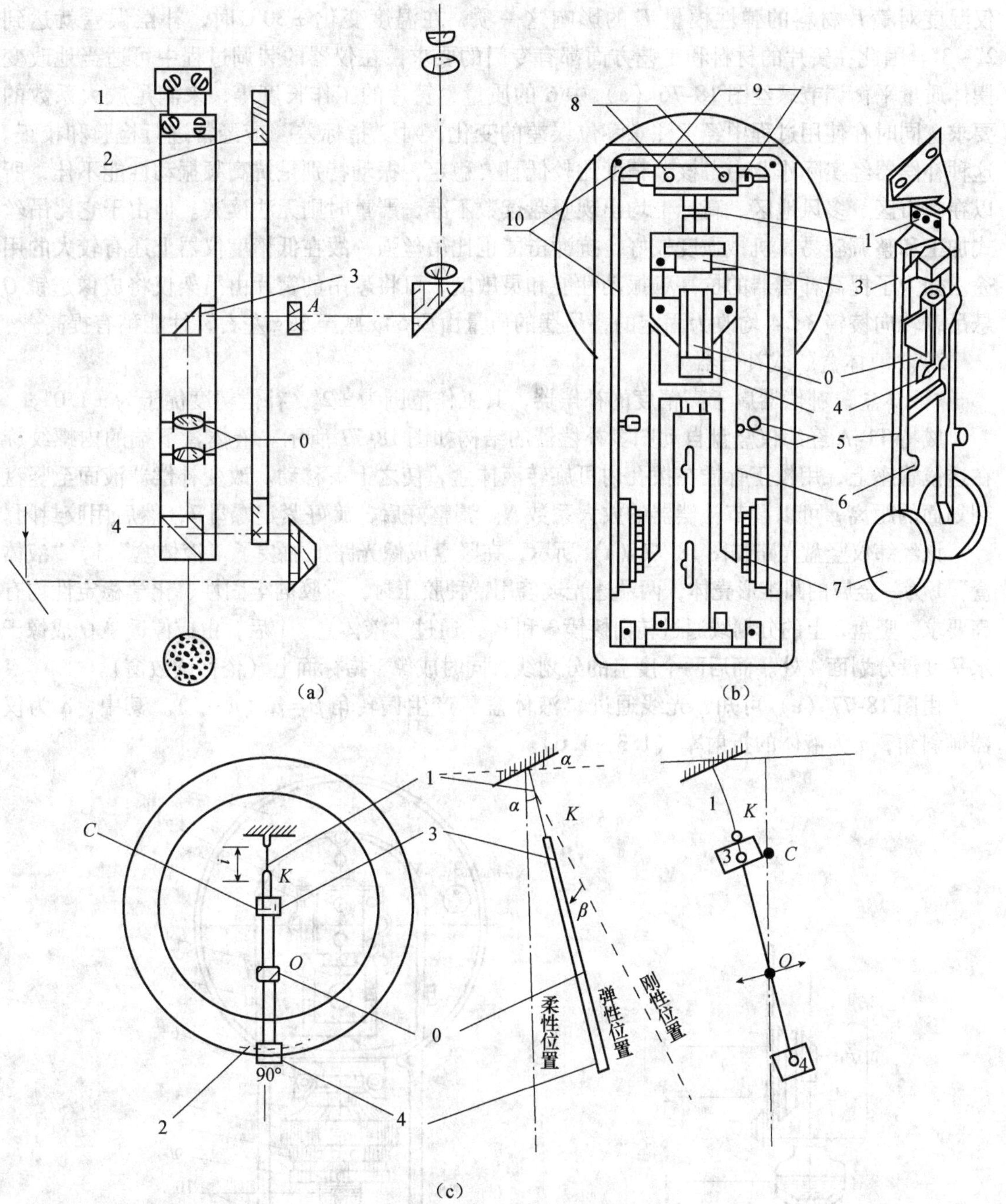

图 18-76　簧片悬吊式透镜补偿器

(a) 光路图；(b) 结构图；(c) 原理图

如图 18-76（c）说明补偿原理，当仪器倾斜 α 角后（逆时针），由于悬吊簧片的弹性回力，补偿器仅摆动了 β 角（顺时针），若是采用柔丝悬吊，补偿器将摆至铅垂位置。由于簧片的固定点在竖盘分划中心 C 以上，当补偿器摆动 β 角后，成像透镜 O 的中心仍处在通过 C 的铅垂线上，即指标线 A 经透镜 O 仍成像于竖盘 90°分划线位置，实现了自动归零的目的。

从图 18-76 可看出，在此：$\beta/\alpha<1$。

要保证这一比例关系不变，在这种簧片式补偿器上是很难做到的。从分析中我们可知，仅湿度对簧片材料的弹性模量 E 的影响这一项，在温度变化 ±30℃时，补偿误差就达到 2″~3″。因此在簧片的材料和工艺方面都有专门的要求，在仪器的装调过程中可适当地改变摆体质量平衡调节螺丝图 18-76（a）中 6 的质量、簧片的工作长度等，来满足放大系数的要求。同时在使用过程中经常注意零位误差的变化，对“指标差”应经常进行检验和校正。这种补偿器经实际作业中考核，精度比较低且欠稳定，振动特别是抗高频振动性能不佳，所以在闹市区、多风地区、高标上均出现竖盘读数不准，严重时则无法读数。但由于它比吊丝式加工和整调容易，机械强度较好，抗冲击能也比吊丝强，故在低精度仪器上还有较大的用途。如为了提高补偿器的抗高频振动性能和灵敏度，可将悬吊的簧片由吊架仅将成像透镜 O 悬吊，转向棱镜 3、4 均改为固定的，吊摆的质量由原 54g 减至 33g 左右，性能稍有提高。

2）“液体盒”式补偿器

“液体盒”补偿器属于高精度的补偿器，其工作范围为 ±2′，补偿精度优于为 ±1.0″。

威特 T1-A 经纬仪竖盘自动归零补偿器的结构如图 18-77 所示。液体盒下端的内螺纹旋在透镜管座上，用校正针插在拨孔内可旋转液体盒，使之上下移动。改变补偿器液面至竖盘刻划面的距离 g 可以调节补偿器的放大系数 N。调整好后，旋好紧定螺母 7，然后用胶封闭。

该经纬仪竖盘光路如图 18-77（a）所示，在竖盘成像光路上加装了“液体盒”1，“液体盒”1 为一金属的圆锥形壳体，两端透光玻璃用特种胶压封，对胶的牢固性、化学稳定性均有高要求。竖盘 2 上的分划线通过转向棱镜 3 和 P_1，通过“液体盒”1 后，由成像透镜 O 成像于水平度盘分划面 4 处。而后两个度盘的分划线，同时成像于指标面上（俗称读数窗）。

由图 18-77（a）可知，光线通过“液体盒”产生偏转角 $\beta=\alpha(n-1)$。其中，α 为仪器倾斜角，n 为液体的折射率（1.3~1.6）。

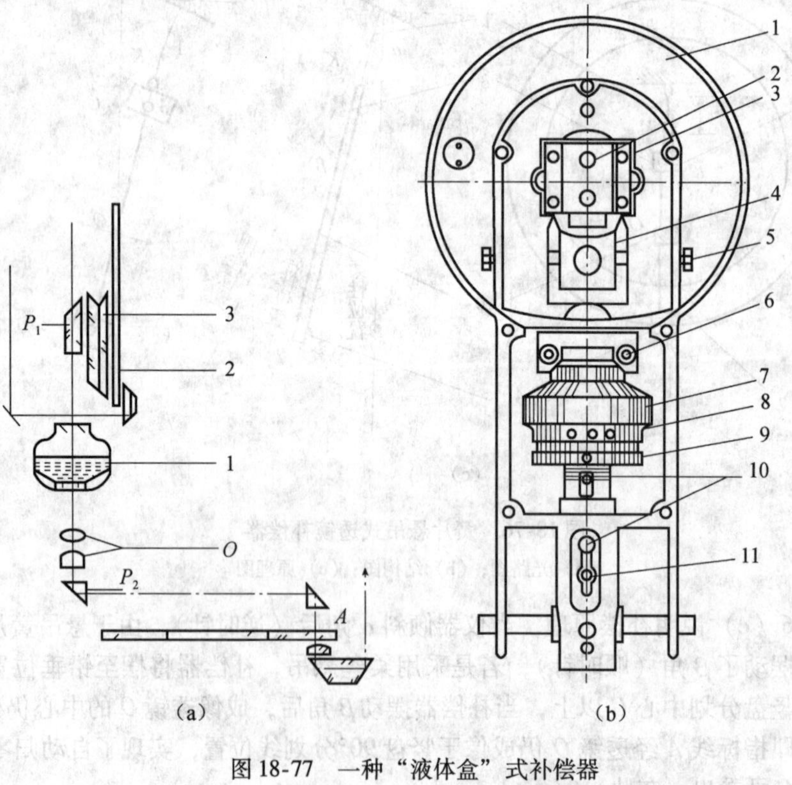

图 18-77　一种“液体盒”式补偿器

（a）光路图；（b）器件结构图

若选用 $n=1.5$，则 $\beta=0.5\alpha$。当仪器倾斜 α 角时，竖盘倾斜变化的弧值为 $R\cdot\alpha$。补偿条件为：

$$R\cdot\alpha=\beta\cdot g$$

式中　R——竖盘分划半径；

g——补偿器液面至竖盘分划面的距离。

上式用放大系数表示，可得：

$$v=\frac{\beta}{\alpha}=\frac{R}{g}$$

当 $\beta=0.5\alpha$，则得

$$g\approx 2R$$

上式说明，补偿器液面至竖盘分划面之间的距离相当长，因此，只有特定仪器竖盘光路的布置方案才能采用。

图 18-77（b）为仪器支架左侧盖板拆下后的情况：1 为竖盘护盖，2 为竖盘转向棱镜套固定螺丝，3 为竖盘转向棱镜固定螺丝，4 为棱镜 3 的固定座，5 为指标差校正螺旋，6 为照明棱镜座固定螺旋。“液体盒”7 用下端的内螺纹旋在成像透镜 O 管座 10 上，用校正针插在拨孔 8 内，旋转“液体盒”，使之能上下移动，用以调节补偿器的放大系数，即调节求 v 式中的 g 值，调好后拨紧并紧螺母 9，然后用胶封固。指标差的校正螺丝 5 露在仪器外部，松紧对应的两个校正螺丝，可使固定着棱镜 3［图 18-77（a）］的圆板作微量转动，圆板上部的小转轴是插在横轴套内旋转。11 为棱镜 P_2 的固定螺丝。

三、电子经纬仪的使用

1. 仪器的设置

仪器在出厂时各厂家均进行了初始设置，其数据列于说明书中，用户可以根据需要更改设置。如 ZH · ET 系列电子经纬仪的初始设置见表 18-12。

表 18-12　ZH · ET 系列电子经纬仪的初始设置

项　目	型　号	
	ZH · ET-1	ZH · ET-2
最小读数显示	1″	1″
测距仪连接	关	关
补偿器	开	开
自动关机	开（10min 后）	开（10min 后）

对仪器设置的更改在第一次使用前进行，使用中如果没有变动要求，可不再进行设置，仪器保持第一次设置状态。

（1）仪器状态设置

1）按 ON/OFF 键并释放，仪器开机；

2）仪器显示屏显示“上下转动望远镜”；

3）同时按住 HOLD 和 R/L 键，并上下转动望远镜；

4）仪器进入设置状态，并显示设置项目；

5）按相应键进入相应设置项目。设置项目编号与按键对应关系如下：

1——V/%　2——HOLD　3——OSET　4——R/L　5——UNIT

仪器状态设置流程如下：

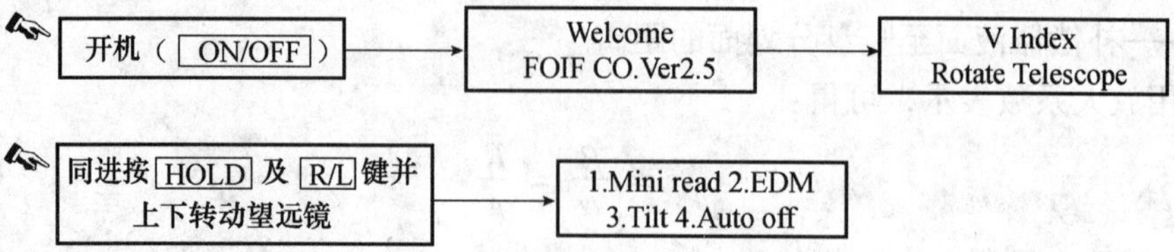

（2）最小显示读数的设置

1）按（1）步骤操作进入仪器设置状态；

2）按 V/% 键（选择 1. Mini-read），进入最小显示读数设置选择；

3）仪器显示 4 个可供选择的选项，分别为：

1″——最小显示读数为 1″；2. 5″——最小显示读数为 5″；10″——最小显示读数为 10″；20″——最小显示读数为 20″。

4）按相应键进行设置。各键对应关系为：

V/%——1.1″　HOLD——2.5″　OSET——3.10″　R/L——4.20″

最小显示读数选择操作流程如下：

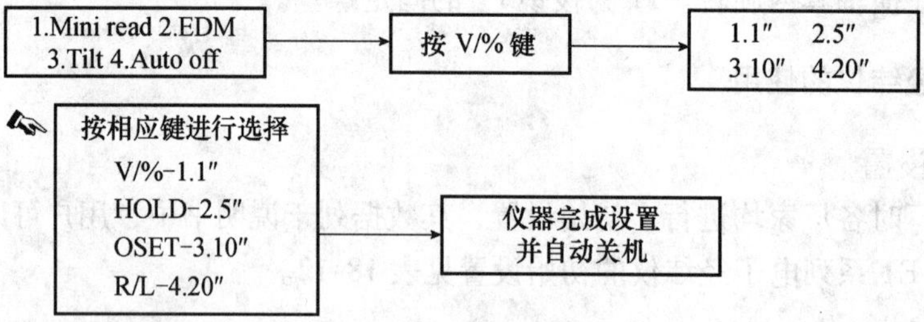

（3）与测距仪联接选择设置

1）按（1）之操作进入仪器设置状态；

2）按 HOLD 键（选择 2. EDM），进入与测距仪联接设置选择；

3）仪器显示可供选择的 2 个选项，分别为：

With EDM——联接测距仪；Without EDM——不联接测距仪。

4）按相应键进行设置，对应关系为：

V/%——With EDM；　HOLD——Without EDM

测距仪联接选择操作流程如下：

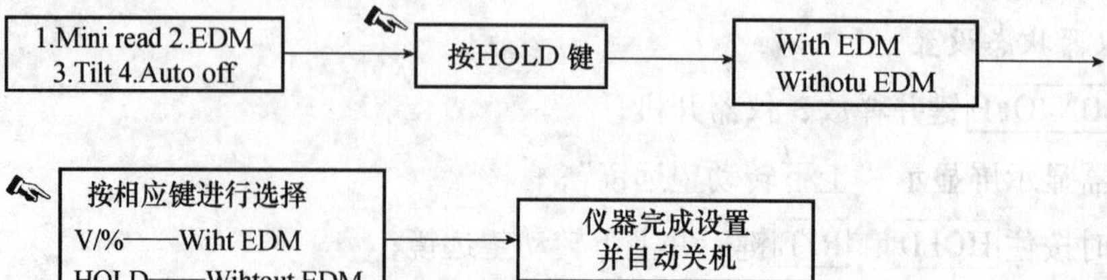

(4) 竖盘补偿器设置

1) 按 (1) 之操作进入仪器设置状态;

2) 按 OSET 键 (选择 3. Tilt), 进入竖盘补偿器设置选择;

3) 仪器显示可供选择的三个选项, 分别为:

Modify——补偿器校正; Check——补偿器检查; Tilt On (Off) ——开启 (关闭) 倾斜补偿器。

4) 按 OSET 键进行设置。对应关系为: 如果显示 Tilt On, 则表示仪器原先设置为补偿器关闭, 按 OSET 键是开启补偿器; 若显示 Tilt Off, 则表示仪器原先设置补偿器打开, 按 OSET 键则关闭补偿器。

竖盘补偿器设置选择操作流程如下:

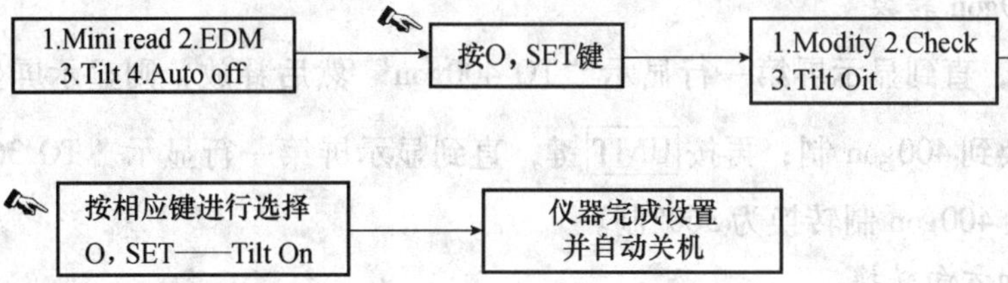

(5) 仪器自动关机设置

1) 按 (1) 步骤操作进入仪器设置状态;

2) 按 R/L 键 (选择 4. Auto off), 进入仪器自动关机设置;

3) 仪器显示可供选择的 2 个选项, 分别为:

Auto off 自动关机功能开启; Not Auto off 自动关机功能关闭。

4) 按相应键进行设置。对应关系为:

V/% ——Auto off; HOLD ——Not Auto off

如果选择自动关机功能开启, 且仪器在 10min 内无任何操作 (包括按键、转动仪器), 则仪器自动关机。自动关机设置的操作流程如下:

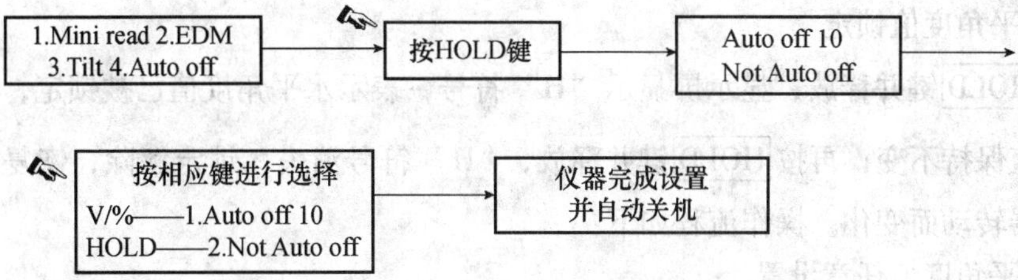

2. 仪器使用操作

(1) 开机

按住 ON/OFF 键, 液晶屏显示是欢迎词、公司及软件版本信息。

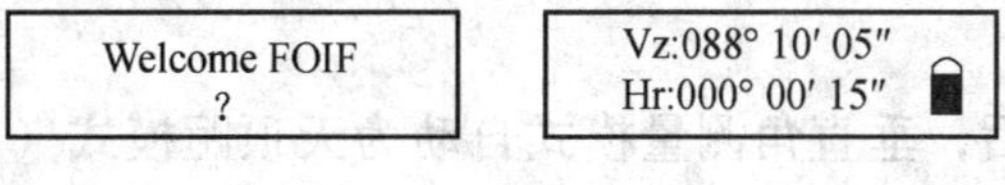

然后液晶屏显示 | V Index / Rotate Telescope | ON/OFF，液晶屏显示，意为“竖盘指标”、“上下转动望远镜”。再上下转动望远镜，使仪器初始化，液晶显示水平盘角度值、竖盘角度值及电池容量。

(2) 关机

按住 ON/OFF 键，液晶屏第二行显示“RECU OFF”，再按 ON/OFF 键，仪器关机。

若不想关机，则按 UNIT 键，返回测量状态。

(3) 照明打开/关闭

按住 UNIT 键，并马上释放，液晶显示屏、望远镜分划板照明同时打开；再按并马上释放，则关闭。

(4) 360°/400gon 转换

按住 UNIT 键，直到显示屏第一行显示“TO 400gon”然后释放，则显示屏显示的角度值自动从360°转换到400gon制；再按 UNIT 键，直到显示屏第一行显示“TO 360°”，然后释放，则角度值从400gon制转换为360°制。

(5) 角度增加方向转换

电子经纬仪可顺时针方向转动使照准部水平角度值增加，也可逆时针转动使照准部水平角度值增加，即HR模式和HL模式，可根据需要选择。

仪器每次开机并初始化，显示屏水平角度值显示为 Hl：xxx°xx′xx″，表示顺时针转动仪器水平角度值增加（HR模式）。若需逆时转动仪器为水平角度增加方向时，可按 R/L 键并释放，显示屏水平角度显示为 Hl：xxx°xx′xx″，表示水平角度按逆时针方向转动仪器增加方向的HL模式。

(6) 水平角度值置零

按住 0SET 键，直到显示屏显示“SET 0”并释放，则水平角值自动显示为 000°00′00″。

(7) 水平角度值锁定及任意设置

1）水平角度值锁定

按住 HOLD 键并释放，显示屏显示“H”符号，表示水平角度值已被锁定，此时转动仪器，该角值保持不变；再按 HOLD 键并释放，“H”符号消失，锁定解除，恢复原状态，水平角随仪器转动而变化。操作流程如下：

2）水平角度值任意设置

转动照准部，直至显示屏显示所需要的水平角度值，按 HOLD 键并释放，该角度值被锁定，转动照准部瞄准目标，再按 HOLD 键并释放，则锁定解除，进行下一步测量工作。

(8) 竖直角测量模式转换

1）天顶距模式

仪器开机并初始化后，垂直角测量模式自动为天顶距模式（Vz），显示角度值范围为

0°~360°，天顶为0°，如图18-78所示。

2）坡度模式的转换

在天顶距模式（Vz）状态下，按V%键并释放，则垂直角模式转换为坡度模式（V%）；显示坡度范围为-100%~+100%，水平方向为0°，相应角度值范围为-45°~+45°，如图18-79所示。若超出范围，显示屏会显示“超出范围”（!! Over range!!）。

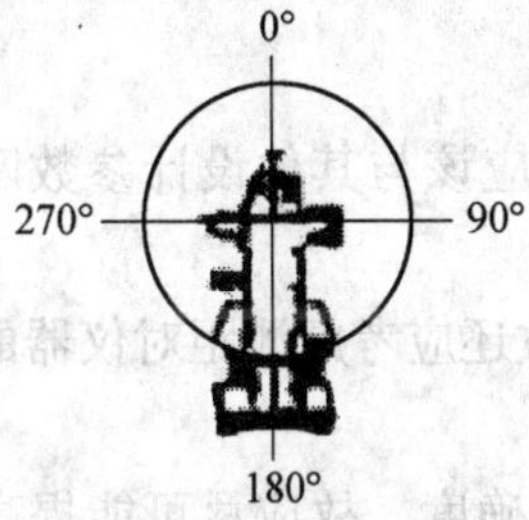

图18-78　天顶距模式

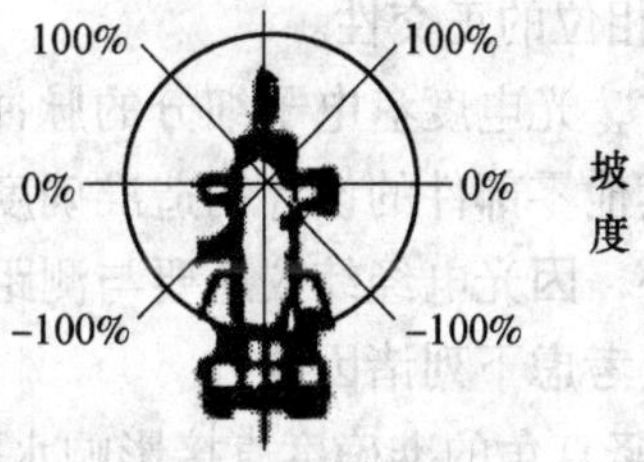

图18-79　坡度模式

在坡度模式V%状态下，按V%键并释放，则可恢复到天顶距模式（Vz）状态。

3. 水平角观测

如图18-80所示，欲测水平角β，操作步骤如下：

1）在B点安置仪器，开机，上下转动望远镜使仪器初始化；

2）确定电池容量是否足够及是否需要打开照明，若需打开照明按上文中“2.”的（3）进行操作；

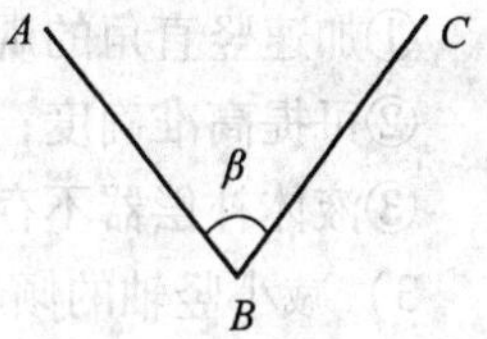

图18-80　水平角观测

3）盘左瞄准目标A，选择水平角度增加方向Hr，按0SET键，使显示屏显示“000°00′00″”；

4）顺时针转动照准，瞄准目标C并读数，上半测回完成；

5）盘右瞄准目标C读数，逆时针转动照准部，瞄准目标A并读数，下半测回完成。

若需观测第二测回或更多，则转动照准部，显示屏显示需置角度值后，按HOLD键将其锁定，然后转动照准部瞄准A后，再按HOLD键，解除锁定，进行观测即可。

4. 垂直角度测量

垂直角度测量操作步骤如下：

1）开机，转动望远镜，仪器初始化；

2）确定电池容量是否足够及是否需要打开照明；

3）选择测量角度单位（360°或400gon）；

4）选择垂直角度测量模式（天顶距Vz或坡度V%）；

5）瞄准目标读数；

6）进行下一步测量工作。

四、电子经纬仪的检验和校正

如前所述，光电经纬仪（电子经纬仪）从内部结构上已经大大不同于普通的光学经纬仪，无论是编码度盘还是光栅盘，电子细分的脉冲当量越小，仪器的灵敏度也越高。但是仪器的总准确度主要决定于下列几方面的因素：

1）望远镜成像质量，包括望远镜鉴别率和像差，望远镜调焦时视轴变动误差；

2）轴的制造准确度、轴与轴套之间的间隙、竖轴与横轴的垂直度、视准轴与横轴的垂直度、竖轴不铅垂、照准部旋转正确性等；

3）偏心差：偏心差包括照准偏心差、水平度盘偏心差、竖直度盘偏心差；

4）竖盘指标自动补偿器准确度；

5）码盘或光栅盘的准确度和测微光栅的分划误差；

6）电器元件的可靠性；

7）相位的正交性。

同时，光电度盘电子细分的脉冲当量（测角分辨率）应该与其他设计参数匹配，相应地提高其他零部件的设计制造准确度。

此外，因光电经纬仪还要与测距仪组成电子速测仪，故还应考虑测距对仪器的要求。总的来说应考虑下列诸因素：

1）竖直角的准确度直接影响水平距离和高差测量的准确度，故应尽可能提高竖直度盘的准确度，使之等于或接近于水平度盘的准确度。

2）竖盘指标自动补偿器尽可能采用液体补偿器。其优点有三：

①加速竖直角的观测；

②可提高准确度；

③液体补偿器不存在停摆和卡死现象。

3）减小竖轴的倾斜，其方法有二：

①在制造上保证；

②仪器自检程序中编制出相应的程序，对竖轴的倾斜进行检定，并调整之。

4）其他零部件也要相应地提高加工准确度。

根据测角原理，经纬仪各轴之间应满足一定的几何条件，保证仪器的竖轴竖直，水平度盘水平和望远镜绕轴旋转所形成的为一竖直面。为此，在作业前必须进行检验和校正，以保证观测成果的质量。

经纬仪的各主要轴系之间应满足下列三个主要条件（图18-81）：

1）照准部水准管轴垂直于竖轴（$LL \perp VV$）；

2）视准轴垂直于横轴（$CC \perp HH$）；

3）横轴垂直与竖轴（$HH \perp VV$）。

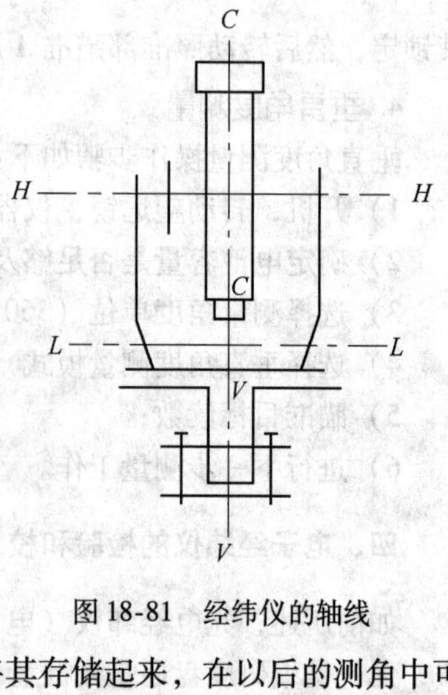

图18-81 经纬仪的轴线

电子经纬仪读数系统主要部分大多是电子系统。角度测量按增量法或绝对法进行，通过光电接收器、检测光栏、电子计数及电子细分装置，实现了仪器上运动部分的定向，并把采集到的定向数据输入微处理机按指定的程序进行处理；计算的结果则通过显示窗或按要求输入数据记录器储存起来。数据记录器通过接口与打印机或微机连接，把记录结果按规定格式打印或存入微机作进一步处理。这类仪器可通过正倒镜两位置测定望远镜视准差，并将其存储起来，在以后的测角中可直接输出经过改正的观测数据，如T2000。大部分电子经纬仪都能自动改正因竖轴倾斜而引起的测角误差。电子经纬仪的功能多于光学经纬仪，目前市场产品种类较多，各类仪器必须熟读使用说明书后方可操作。一般来说，电子经纬仪应进行下列项目的检验和校正：

1）长水准器的检验和校正；

2）圆水准器的检验和校正；

3）光学对点器的检验和校正；

4）望远镜分划板竖丝的检验和校正；

5）视准差 C 的检验和校正；

6）竖盘指标差的检验和校正；

7）竖盘补偿器的检验和校正等。

其中1）~4）项为一般检验，和光学经纬仪相同；而5）~7）项由于不同型号电子经纬仪的功能各异，检校方法有所不同。

电子经纬仪的上述指标应该达到同等精度光学经纬仪的标准，表18-13是目前国内光学经纬仪的相应标准，电子经纬仪检验时可以参照。

表18-13　经纬仪几何关系限差要求一览表

项　目	仪器级别及限差					
	J15	J6	J2	J1	限差表示方式	备　注
照准部长水准器轴与竖轴不垂直度误差	$\leqslant \frac{1}{2}$格				以照准部旋转至任何位置时，长水准器气泡偏离格数表示	
十字丝竖丝不铅垂度误差	无明显偏离				使目标由竖丝的一端移到另一端后，目标与竖丝偏离的程度表示	
望远镜视准轴与横轴不垂直度误差	15″	10″	8″	6″	以正倒镜观测同一目标，由平盘两次读数所计算出来的照准差 C 值的大小表示	
横轴与竖轴不垂直度（或横轴不水平）误差	40″	20″	15″	10″	以平高点或高低点法测定后，由公式计算出来的横轴倾斜角 α 值的表示	对J2级以上仪器，必须用高低点法测定
竖直度盘指标差	30″	12″	10″	8″	由计算出来的 i 值表示	
圆水准器轴与竖轴不平行误差	不超出水准器的分划圈				以照准部旋转任何位置时，圆水准器气泡的偏离程度表示	
望远镜水准器轴与视准轴不平行误差	15″	—	—	—	以两轴所夹的锐角大小表示	
对点器轴与竖轴不重合误差	—	0.5mm	0.5mm	0.5mm	以1.5m高度目标偏离分划圈的距离大小表示	

第九节　陀螺经纬仪

一、陀螺经纬仪的作用

陀螺经纬仪是陀螺仪和经纬仪结合在一起的仪器。陀螺经纬仪与陀螺罗盘的作用原理一样，能在陀螺灵敏部件本身的重力和地球自转力的共同作用下，使陀螺轴精确地指示真北方向，并在经纬仪水平度盘上读出该方向读数。因此，陀螺经纬仪可以精确地测定地面隐蔽地区和井下巷道的地理方位角，然后加入子午线收敛角即可求出实用的坐标方位角。

由于技术先进，使用方便、紧凑，陀螺经纬仪可在隧道内或其他封闭环境的条件下测定方向，为道路、铁道、输电线及其他带状工程施工提供定向和方向检核；用于运载工具的导航设备的动态检测；也可用于进行地磁测量、无线电通信、无线定向等复杂测量工作。此外，陀螺仪可以非常方便地从经纬仪或全站仪上取下，经纬仪或全站仪可单独使用，这进一步拓宽了陀螺经纬仪的应用领域。表18-14是不同定向测量方法的特点和适用条件的比较。

表18-14　不同直线定向方法的特点比较

方位角测定的比较				
测定方法	使用环境	阴　天	精　度	备　注
陀螺仪经纬仪	○	○	○	精度高，自动化程度高，定向时间短，动态工作原理可在封闭环境使用。多用途，可进行实时动态定向
以联测点定向	×	○	○	精度较高，需有已知控制点，需设第二个可直视的联测作后视点，或进行联系测量
天文观测定向	△	×	○	精度有限，需在晴天观测太阳或夜晚观测北极星等，受天气因素干扰较大。不能直接用于封闭环境中的定向
磁罗盘	△	○	×	精度低，在受外部环境（如电磁场）干扰较大，基准方向和磁偏角均不稳定。适用于检查粗差、次要独立的工程控制网的起始方向的确定等

注：○表示不受限制；△表示受完全限制；×表示受重大限制。

目前有不少厂家研制出了全站型自动陀螺仪（如SOKKIA、AGP1等），在无需进行反向点测量和时间测量的情况下，10min内便可以6″的精度，自动测定出真北方向，操作过程简便。

二、陀螺定向的基本原理

现以图18-82（a）所示的杠杆陀螺仪来描述陀螺的进动特性。首先假设陀螺不旋转时，右端的重物与左端的陀螺平衡，杠杆是静止的，这时要把重物向右（向左）移动，左端就要升起（或下降）。其次在杠杆平衡时，使陀螺高速旋转起来，转动方向如图中所示，此时如将右端的重物向右移动，杠杆并不发生倾斜，而是整个系统绕支点顺时针［图18-82（b）］旋转起来；如将右端重物向左移动，整个系统就要逆时针旋转［图18-82（c）］。这种现象很容易用动量矩向外加力矩方向进动来解释。图中$\vec{H}$为转子角动矢量，$\vec{M}$为外力矩矢量，$\vec{\omega}$为进动角速度矢量。

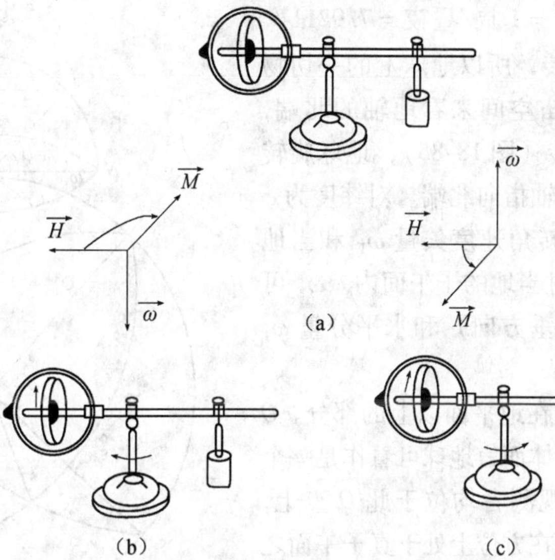

图 18-82　杠杆陀螺仪

图 18-83 是上挂式陀螺仪的工作过程。图中陀螺轴指向东西水平方向—陀螺旋转方向如图中箭头所示。现假设在右端加一向下的力 F，那么外力控指向北，陀螺的动量矩向外加力矩方向进动，即陀螺轴向北方向转动，这与杠杆陀螺中看到的现象一致。

由于轴承间摩擦力矩所引起的主轴的进动是没有规律的，目前用于定向的陀螺仪是采用两个完全的自由度和一个不完全的自由度，也称为两个自由度的所谓钟摆式陀螺仪。

如果把自由陀螺仪的重心从中心下移（图 18-84），即在自由陀螺仪轴上加以悬重 Q，则陀螺仪灵敏部的重心由中心 O 下移到 O_1 点，这样，便限制了自由陀螺仪绕 y 轴旋转的自由度，亦即 x 轴因悬重 Q 的作用，而永远趋于和水平面平行的状态。此时它具有两个完全的自由度和一个不完全的自由度。因为它的灵敏部和钟摆相似（重心位于过中心的铅垂线上，且低于中心），所以称为钟摆式陀螺仪。如用悬挂带悬挂起来，陀螺既能绕自身轴高速旋转，又能绕悬挂轴摆动（进动）。

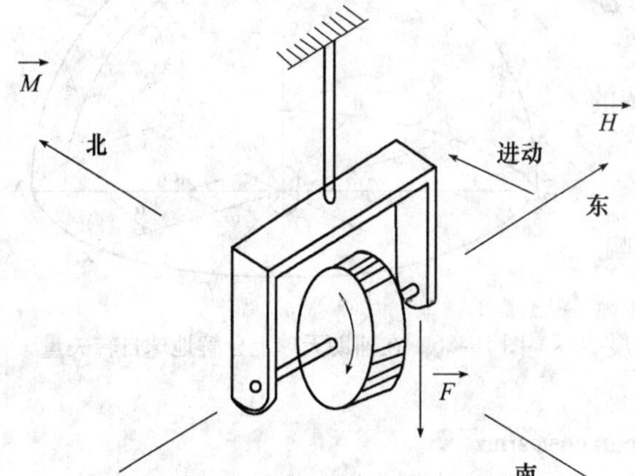

图 18-83　上挂式陀螺仪

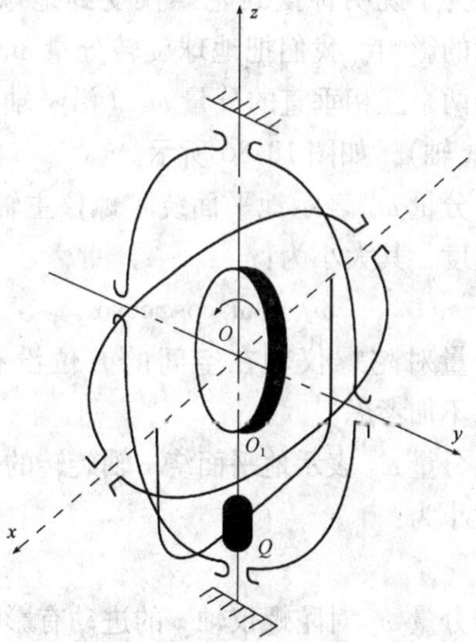

图 18-84　钟摆式陀螺仪原理示意图

地球以角速度 ω_E（$\omega_E = 1$ 周/昼夜 $= 7.9211 \times 10^{-6}$rad/s）绕其自转轴旋转，所以地球上的一切物体都随着地球转动。从宇宙空间来看地轴的北端，地球是在做逆时针方向旋转（图 18-85），地球旋转角速度的矢量 ω_E 沿其自转轴指向北端。对纬度为 φ 的地面点 P 而言，地球自转角速度矢量 ω_E 和当地的水平面成 φ 角，且位于过当地的子午面内。ω_E 可分解为垂直分量 ω_2（沿铅垂方向）和水平分量 ω_1（沿子午线方向）。

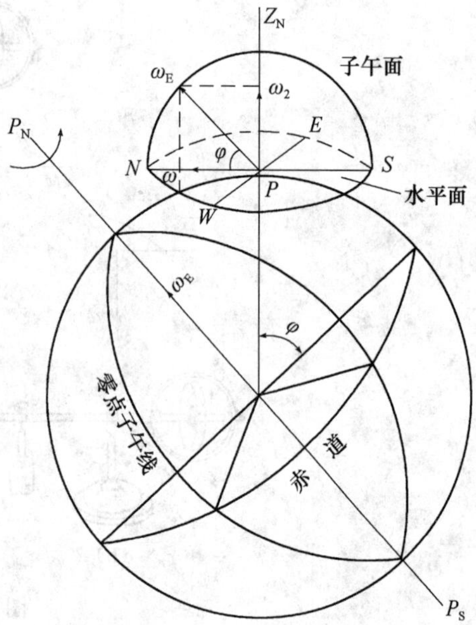

图 18-85　地球自转矢量的分解

图 18-86 表示辅助天球在地平面以上的部分。O 点为地球的中心，因为对天体而言地球可看作是一个点。故可设想，陀螺仪与观测者均位于此 O 点上，且陀螺仪主轴呈水平位置，在方位上处于真子午面之东，与真子午面夹角为 α。图中 NP_NZ_NS 为观测者真子午面；$NWSE$ 为真地平面；OP_N 为地球旋转轴；OZ_N 为铅垂线；NS 为子午线方向；φ 为纬度。

这时角速度矢量 ω_E 应位于 OP_N 上，且向着北极 P_N 那一端。将 ω_E 分解成互相正交的两个分量 ω_1 和 ω_2。ω_1 叫作地球旋转的水平分量，表示地平面在空间绕子午线旋转的角速度，且地平面的东半面降落，西半面升起，在地球上的观测者感到就像太阳和其他星体的高度变化一样。地球水平分量的大小为：

$$\omega_1 = \omega_E \cos\varphi$$

分量 ω_2 表示子午面在空间绕铅垂线亦即万向结构 z 轴旋转的角速度，并且表示子午线的北端向西移动。这个分量称为地球旋转的垂直分量。观测者在地球上感到的正如太阳和其他星体的方位变化一样。分量 ω_2 的大小为：

$$\omega_2 = \omega_E \sin\varphi$$

为了说明钟摆式陀螺仪受到地球旋转角速度的影响，我们把地球旋转分量 ω_1 再分解成为两个互相垂直的分量 ω_3（沿 y 轴）和 ω_4（沿 x 轴），如图 18-86 所示。

分量 ω_4 表示地平面绕陀螺仪主轴旋转的角速度，其大小为：

$$\omega_4 = \omega_E \cos\varphi \cos\alpha$$

此分量对陀螺仪轴在空间的方位没有影响，所以不加考虑。

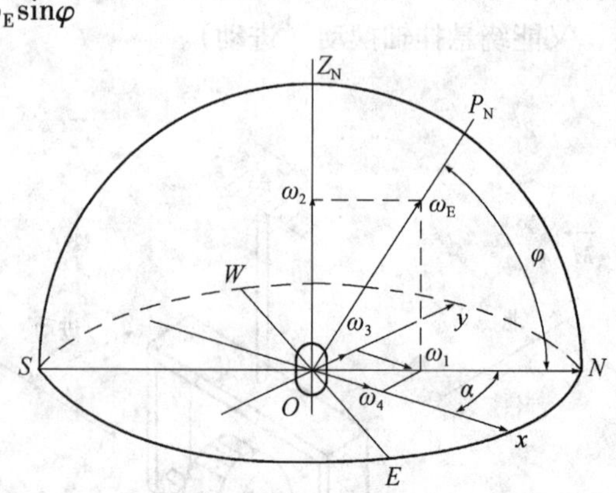

图 18-86　在辅助天球上分解地球自转矢量

分量 ω_3 表示地平面绕 y 轴旋转的角速度，其大小为：

$$\omega_3 = \omega_E \cos\varphi \sin\alpha$$

分量 ω_3 对陀螺仪轴 x 的进动有影响，所以 ω_3 叫作地转有效分量。该分量使陀螺仪的主轴发生高度的变化，向东的一端仰起（因东半部地平面下降），向西的一端倾降。

由此不难理解，当地球旋转时，钟摆式陀螺仪上的悬重 Q 将使主轴 x 产生回到子午面的进动，其关系表示于图 18-87。其情况与图 18-82 的实验相类似。当陀螺仪主轴 x 平行地平面的时刻［图 18-87（a)］，则悬重 Q 不产生重力力矩，所以对于 x 轴的方位没有影响。但在下一时刻，地平面依角速度 ω_3 绕 y 轴旋转，地平面不再平行于 x 轴，而与之呈某一夹角。设 x 轴的正端偏离子午面之东，那么当地平面降落后，观测者感到的是 z 轴的正端仰起至地平面之上，并与地平面呈夹角度 θ［图 18-87（b)］。因而悬重 Q 产生力矩使 x 轴的北端进动并回到子午面方向，反之亦然。因此，钟摆式陀螺仪在地转有效分量 ω_S 的影响下，其主轴 x 总是向子午面方向移动。若陀螺仪灵敏部重力为 P，且认为是集中作用于重心 O_1，重心 O_1 至悬挂点 O 的距离为 l，则此时因地平面绕 y 轴旋转而引起的力矩为：

$$M_B = Pl\sin\theta = M\sin\theta$$

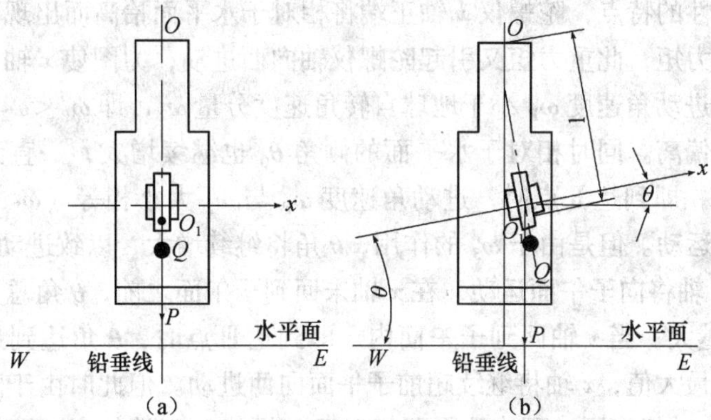

图 18-87　陀螺轴与重力矩的关系

（a）陀螺轴平行于地平面；（b）陀螺轴与地平面不平行

由此，可知这时 x 轴进动的角速度为：

$$\omega_P = \frac{M}{H}\sin\theta$$

由于与地球转动的同时，子午面亦在按地转铅垂分量 ω_2 不断地变换位置，所以即使某一时刻陀螺仪与地面平行且位于子午面内，因此陀螺仪与子午面之间有相对运动。当陀螺仪轴的进动角速度 ω_P 与角速度分量 ω_2 相等时，则陀螺仪轴与仪器所在地点的子午面保持相对静止，因而有：

$$\frac{M}{H}\sin\theta = \omega_E\sin\varphi \quad 或 \quad \sin\theta = \frac{H\omega_E}{M}\sin\varphi$$

因 θ 角较小，故可写成：

$$\theta'' = \rho''\frac{H\omega_E}{M}\sin\varphi$$

也就是说，陀螺仪轴正端自地平面倾起 θ 角时，陀螺仪 x 轴便与子午面保持相对静止，此时的 θ 角称为补偿角，并以 θ_0 表示。

陀螺仪轴对子午面所作的相对运动过程如图 18-88 所示。通过陀螺仪的中心 O 作水平面 $ESWN$ 和子午面 SZ_NP_NN，竖直投影面 H 垂直于子午面，纵轴 $M—M$ 为子午面的投影，横轴为地平面的投影，陀螺仪轴正端偏离子午面的角度 α 用水平线段表示，x 轴对地平面的倾角 θ 用垂直线段表示。

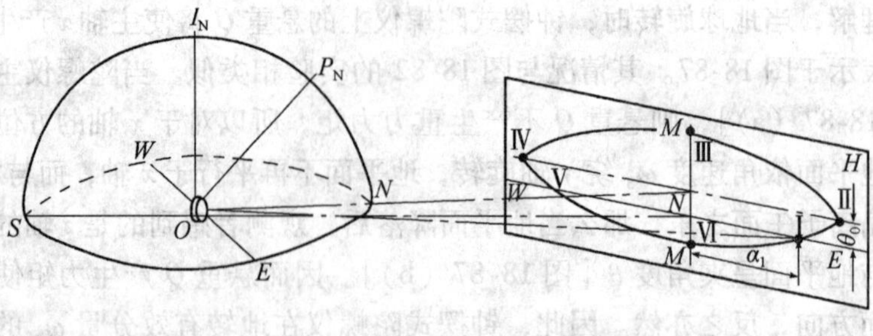

图 18-88　陀螺仪轴对地球的相对运动

假设开始时陀螺仪轴正端向东偏离子午面 α_1 角位于Ⅰ点，并位于过 O 点的水平面内，但由于地球自转有效分量 ω_3 的作用，过 O 点水平面的东半部将要不断下降，西半部不断上升。根据陀螺定轴性的特点，陀螺仪 x 轴正端将相对于水平面抬高而出现仰角，这就产生作用于灵敏部上的重力矩，此重力矩又引起陀螺仪轴向西进动，力图使 x 轴回到子午面内。但此时重力矩很小，进动角速度 ω_P 小于地球自转角速度分量 ω_2，即 $\omega_P < \omega_2$，因此 x 轴仍继续相对于子午面向东偏离。同时相对于水平面的倾角 θ_0 也继续增大，一直到 x 轴相对于水平面的倾角为 0 为止，即到达Ⅱ点时，进动角速度 ω_P 与 ω_2 大小相等（$\omega_P = \omega_2$），方向相同，此时 x 轴不再向东运动。但是由于 ω_3 的作用，θ 角将继续增大，以致进动角速度 ω_P 大于 ω_2（$\omega_P > \omega_2$），此时 x 轴将向子午面运动，在 x 轴未回到子午面之前，θ 角总是增加的，进动角速度 ω_P 也是越来越大。当 x 轴回到子午面内，即到达Ⅲ点时，θ 角达到最大值，重力矩和进动角速度也达到最大值，x 轴将继续超前子午面向西进动。但此时由于陀螺仪轴正端偏向子午面以西，由于 ω_3 的作用，西边地平面相对于陀螺仪轴正端抬高，即 θ 角逐渐减小。当到达Ⅳ点时，仰角又减到 θ_0，这时 x 轴进动角速度 ω_P 的大小和方向均等于地转垂直分量 ω_2（$\omega_P = \omega_2$），x 轴与子午面保持相对静止，x 轴处于子午面以西，偏离子午面最远。再过片刻，因为 x 轴位于地平面的西半部，地平面以最大速度倾起，即 x 轴以最大速度倾降，x 轴的倾角即开始小于补偿角 θ_0。由悬重而引起的 x 轴进动的角度 ω_P 开始小于地转垂直分量 ω_2（$\omega_P < \omega_2$），x 轴的进动落后于子午面的转动，所以 x 轴向东旋转逐渐向子午面靠近。当到达Ⅴ点时，x 轴平行于地平面，θ 等于零，没有引起进动。但由于地平面的西半部不断上升，θ 角逐渐减小，此时 x 轴正端低于水平面，重力矩出现负值，x 轴向东进动，从而加速了向子午面方向运动。由于负 θ 角的绝对值越来越大，x 轴又回到子午面内，即到达Ⅵ点，此时 x 轴正端处于最低点。由于最大负重力矩的作用，x 轴又以最大进动角速度向东偏离子午面。往后就是重复原来的过程。

钟摆式陀螺仪轴就是这样在子午面（M—M）附近作连续不断的、不衰减的椭圆简谐摆动。x 轴在沿椭圆轨迹的运动中，稍停而又向相反的方向运动的时刻叫做陀螺仪轴的逆转时刻。点Ⅱ与Ⅳ称作陀螺仪轴的逆转点，取东西逆转点读数的平均值即可得出子午面的方向值。这就是陀螺仪定向的基本原理。x 轴正端沿椭圆走完全行程又回到起点所需的时间叫做陀螺仪不衰减的周期 T。

三、陀螺经纬仪的使用

1. 陀螺经纬仪基本结构

目前使用的陀螺经纬仪都是由陀螺仪、经纬仪、陀螺电源和三脚架四部分构成。陀螺仪测定真北方向的基本原理在于高速旋转体陀螺有两个基本特性，即定轴性与进动性。

(1) 陀螺仪

陀螺仪是由陀螺灵敏部、悬挂装置、光学系统、锁紧及限幅机构、磁屏蔽及支承壳体等主要部件组成。国产 JD15 陀螺仪的基本结构如图 18-89 所示。陀螺仪的核心是装在密封的充氢的陀螺房中陀螺电动机，通过悬挂柱由悬挂带悬挂起来，用两根导流丝和悬挂带及旁路结构给其供电。在悬挂柱上装有反光镜。它们共同构成了陀螺仪的灵敏部。

与陀螺支架固连在一起的光标线经反光棱镜、反光镜反射后，再通过物镜组成像在目镜分划板上，构成了反射式光学系统（图 18-90）。光标像在目镜视场摆动反映了陀螺灵敏部的摆动。反射式光路系统有以下特点：

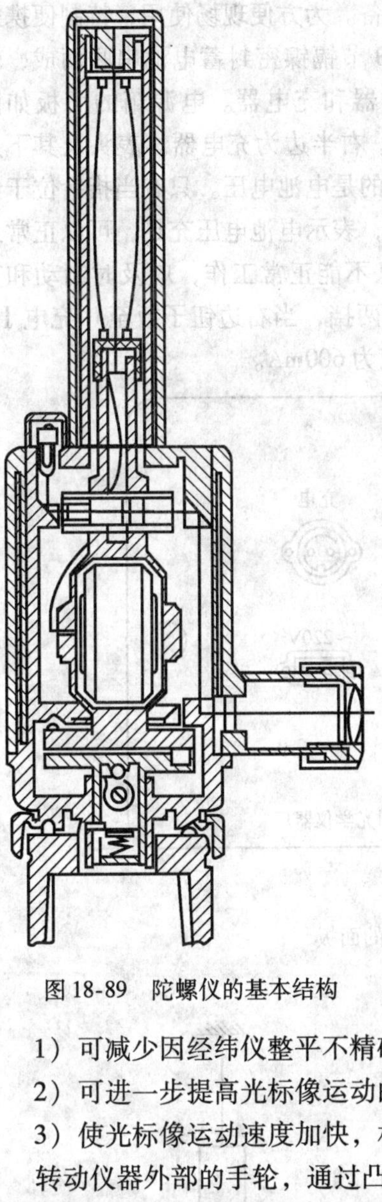

图 18-89　陀螺仪的基本结构

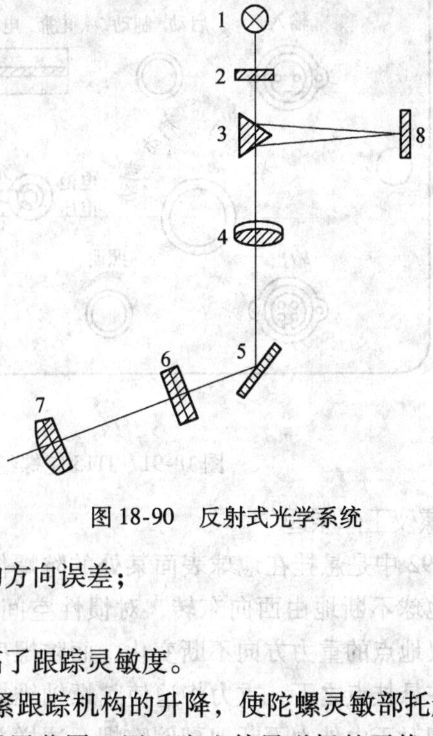

图 18-90　反射式光学系统

1）可减少因经纬仪整平不精确而引起的方向误差；

2）可进一步提高光标像运动的平整度；

3）使光标像运动速度加快，相应地提高了跟踪灵敏度。

转动仪器外部的手轮，通过凸轮带动锁紧跟踪机构的升降，使陀螺灵敏部托起（锁紧）式下放（摆动）。仪器外壳内壁和底部装有磁屏蔽罩，用于防止外界磁场的干扰。磁屏蔽的材料为坡莫合金。导磁率不低于 0.125H/m（相当于以往的 10^4Gs/Oe）。

(2) 经纬仪及三脚架

陀螺仪和经纬仪的连接，靠经纬仪上部的桥形支架及罗纹压环的压紧来实现。二者连接的稳定性是通过桥形支架顶部三个球形顶针插入陀螺仪底部三条向心“V”形槽达到强制归心目的。

国产 JT15 陀螺仪采用徐州光学仪器厂生产的 J6 级经纬仪及三脚架安置。经纬仪一测回水平方向测量的方向中误差不大于 ±6″，竖直角测量中误差不大于 ±10″。仪器具有镜上中心与光学对光器。经纬仪净重 3.81kg，仪器箱质量为 3.4kg。三脚架质量为 4.6kg，高度为 970～1600mm。全套仪器质量为 12kg。

（3）陀螺电源箱

JT15 陀螺经纬仪采用 DT_4 电动陀螺电动机。它要求电压 36V、频率 400Hz 的三相交流电源来驱动。因此，陀螺电源是一个直流变交流的电子设备。为方便现场使用，特制便携式电源箱。箱内为上、下两部分：下部为一蓄电池组，由 20 节镉镍密封蓄电池串联而成，输出 24V 直流电，通过专用导线输给逆变器；上部为逆变器和充电器。电源箱的面板如图 18-91所示，面板上以小表头为分界线，左半边为逆变器，右半边为充电器。表头及其下边的钮子开关可为两者公用。当钮子开关扳到左边时，指示的是电池电压。只有当指针位于红区内，才可以启动陀螺电动机。在启动后，指针仍在红区，表示电池电压充足，可以正常工作。指针位于黑区，则表示电池电压不足，陀螺电动机已不能正常工作，应及时制动和充电。当钮子开关扳在右边时，指示的是充电电源。此时分两挡，当右边钮子扳至“充电Ⅰ”是充电电流 300mA，当扳至“充电Ⅱ”时，表示充电电流为 600mA。

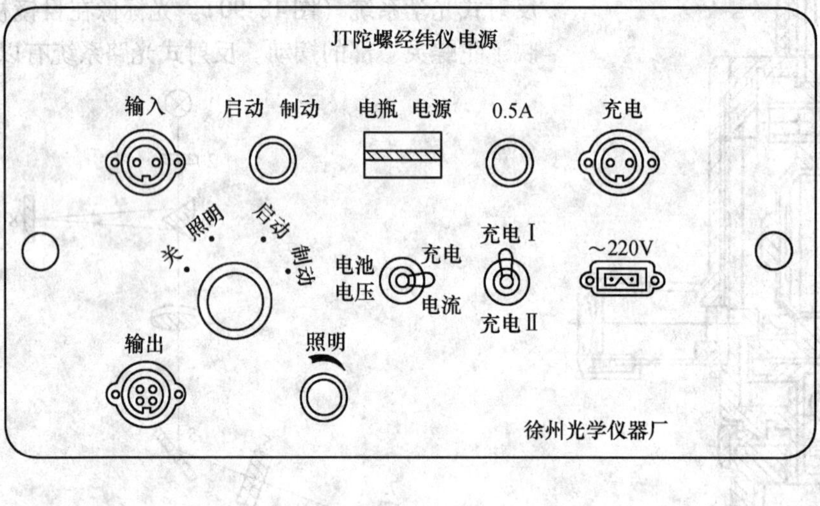

图 18-91　JT15 陀螺经纬仪电源箱的面板

2. 陀螺仪工作原理

图 18-92 中是悬挂在地球表面某处的陀螺仪示意图。由于地球不断地由西向东转，对惯性空间来说，悬挂陀螺仪地点的重力方向不断变化，而陀螺房系统的重心又在悬挂点之下，重力将迫使陀螺轴维持在水平方向，相对于由外力不断地翻倒陀螺，这样总有一个指北方向的外力矩（重力矩）作用在陀螺房上，陀螺的动量矩按最小夹角方向，向外力矩方向进动，陀螺轴就作寻北运动。当进动到陀螺轴指真北时，陀螺动量矩与重力矩重合，应停止运动，但由于惯性，整个陀螺房仍停不下来。后由于空气的阻力、悬挂带的扭矩等作用，到一定位置（逆转点）停了下来，再向相反的方向重复前次的进动。结果就构成了一个围绕地轴（真北）的往复摆动，这摆动中心即是真北

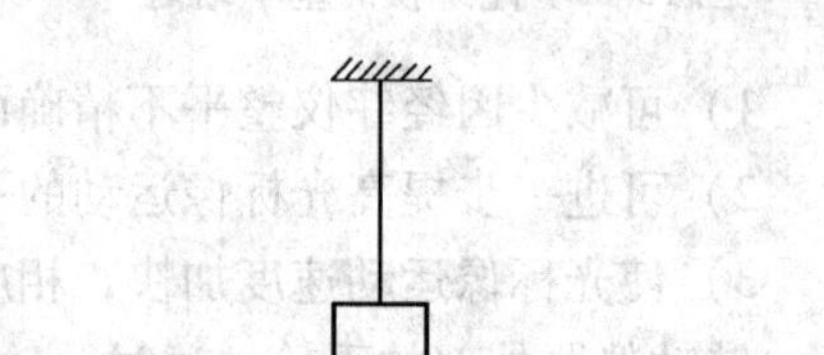

图 18-92　悬挂的陀螺仪

方向。

如图 18-92 所示，在工作时转子接近水平，而重心朝下。假如开始转子轴处于水平而指向东北向，由于地球自转，子午线以东地面不断下降，使转子轴上翘，此时由于重力作用存在朝西向的一个摆性力矩，引起转子轴绕铅垂线方向朝子午线进动。地球不停地自转，使陀螺转子轴继续上翘直至子午线上，摆动力矩最大，因此转子轴将继续进动而穿过子午线，当转子轴处于子午线以西时，由于西部地平面不断上升，而使转子轴下倾，于是摆性力矩减小。在同开始的东北向等距离的西北向上，转子轴又一次处于水平位置。但地球的自转使转子轴继续下倾而低于水平面位置时，产生东向摆性力矩，这个力矩又使转子轴朝子午线方向进动，最后通过子午线返回到它的起始位置，整个过程如此重复进行。所以陀螺罗盘的主轴围绕子午线和水平线的运动呈椭圆轨迹。通过阻尼，使稳态时转子轴处于子午线上，它的北端稍微向上仰起，以便提供使陀螺以等于地球的恒星角度的铅垂分量（$\omega_{IE}\sin\varphi$）来进动所需的力矩。

设 J 为转子的转动惯量，$\vec{\omega}$ 为角速度矢量，$\vec{\varepsilon}$ 为角加速度矢量，则角动量矩 $H = J\varepsilon$，所需外力矩 $M = J\omega$。

陀螺经纬仪就是通过适当的光学系统观测陀螺摆动的停止位置（逆转点）来测定地球真北方向的仪器。整个陀螺房系统所受外力矩有重力矩、空气摩擦阻力矩和悬挂带系扭矩等，当陀螺电动机不转时，陀螺房只相对于壳体运动，此时可以把它作为刚体围绕固定轴转动来加以分析。

这里还需说明一点，实际上，由于灵敏部的轴承里有摩擦，则使陀螺仪轴的摆动振幅在方位和高度上逐渐衰减。衰减程度决定于摩擦力矩的大小。摆动的性质决定于摩擦力矩是否保持一定，当摩擦力矩的大小和方向都不变时，陀螺轴衰减微弱的摆动具有规律性，即衰减系数 f 保持常数（图 18-93）。

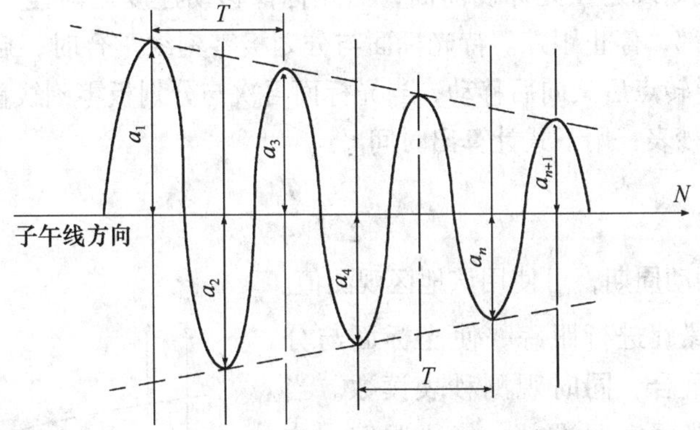

图 18-93　衰减系数 f 保持常数

$$f = \frac{a_1}{a_2} = \frac{a_2}{a_3} = \frac{a_3}{a_4} = \cdots = \frac{a_n}{a_{n+1}}$$

关于悬带扭矩可分为如下四种情况：

1）跟踪法零位为 0 时，此时悬带系扭矩项为零，即：

$$\vec{M}_{扭跟} = 0$$

2）跟踪法零位为 $\Delta\alpha$ 时，设扭矩系数为 D_B，扭力矩方向沿 O_x 轴，得：

$$\vec{M}_{扭跟} = D_B \cdot \Delta\alpha\vec{K}$$

3）中天法零位为0时，悬带系扭矩为：

$$\overrightarrow{M}_{扭中} = D_B \cdot \alpha\overrightarrow{K}$$

4）中天法零位为 $\Delta\alpha$ 时，悬带系扭矩为：

$$\overrightarrow{M}_{扭中} = -D_B \cdot (\alpha - \Delta\alpha)\overrightarrow{K}$$

3. 陀螺经纬仪的近似指北观测（初定向）

用陀螺经纬仪观测待定边的陀螺方位角，目的是把经纬仪望远镜视准轴置于近似北方。首先在待定测站点上安置陀螺经纬仪，脚架必须设置牢固，避免阳光直射，在井下巷道应避免在滴水和流水的地方设置仪器。将望远镜视准轴大致指向北方，指北观测可用以下几种方法进行。

（1）*一般方法*

启动陀螺电动机；达到额定转速时，下放陀螺灵敏部；松开经纬仪水平制动螺旋，用手转动照准部跟踪灵敏部的摆动，使陀螺仪目镜视场中移动的光标像与分划板零刻划线随时重合。当接近摆动逆转点时，光标像移动慢下来，此时制动照准部改用水平微动螺旋继续跟踪，达到东逆转点，读取水平度盘读数 a_1'；松开制动类型，按上述方法继续反方向跟踪，达到西逆转点，再读取水平度盘读数 a_2'。锁紧灵敏部，制动陀螺电动机，计算近似指北方向在水平度盘上的读数为：

$$N' = \frac{1}{2}(a_1' + a_2')$$

旋转照准部，把望远镜摆在 N' 读数位置，这时视准轴就指向了近似北方，然后进行下步精确指北观测。用此方法可使视准轴指向偏离真北方向30′以内，观测时间不超过10min。

（2）*四分之一周期法*

启动陀螺电动机，达到额定转速后，下放陀螺灵敏部。用手转动照准部进行跟踪，让陀螺仪目镜分划板零刻划线走在光标线前面，当光标像移动速度逐渐慢下来时（此时已接近逆转点），固定照准部，停止跟踪。待光标面与分划板零刻线重合时，启动秒表，光标线继续向前移动，到达逆转点后又向后移动，当光标面再次与分划板零刻线重合时，在秒表上读取时间 t。此时不停秒表，用下式计算出时间 t'：

$$t' = \frac{t}{2} + \frac{T_1}{4}$$

式中　T_1——跟踪摆动周期，可使用该地区观测值。

松开水平制动螺旋进行跟踪，使光标面与分划板零刻划线始终重合，同时观测秒表读数。当跟踪到 t' 时刻，立即固定照准部，停止跟踪，这时望远镜视准轴就指向近似北方。图18-94为观测过程示意图。用这种方法进行近似指北观测，可使望远镜指向偏离真北±10′以内，观测时间不超过6min。

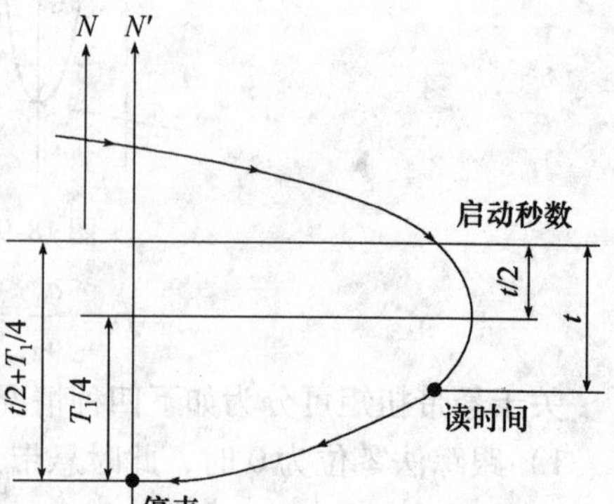

图18-94　四分之一周期法原理图

（3）*摆幅法*

摆幅方法的精度比前述两方法稍高，但要求近似初始定向精度也较高，一般要求近似北方在1°以内。仪器结构不同，此法的操作程序也不一样。在 JT 15 和 GAK—1 等上架式陀螺仪附件中，要求摆幅不超过读数目镜视场。望远镜固定在近似北方后，仪器不再转动。陀螺移动到额定转速后，限幅并放下灵敏部，在读数视场内观测摆动，记录摆动指标线到达东、西逆转点时分划板上的读数 a_E 和 a_W。a_E 和 a_W 的代数和与真北偏差成正比，是近似北方 N' 与真北 N 之间的夹角，即：

$$\Delta NK = (a_E + a_W)$$

K 值随仪器分划尺格值和结构的不同而不同，也随纬度变化而变化。有些仪器的说明书给出了 K 值，如 GAK—1 型在纬度 45°时 $K=6.2'$，在纬度 26°时 $K=5.9'$。一般可用试验法求出 K 值。第一次试验让 N'_1 偏东约 1°，第二次试验让 N'_2 偏西约 1°，则得：

$$N = N'_1 + K(a_E + a_W)_1$$
$$N = N'_2 + K(a_E + a_W)_2$$

解上述两式求 K，则得：

$$K = \frac{N'_2 - N'_1}{(a_E + a_W)_1 + (a_E + a_W)_2}$$

将近似北方的度盘读数加上仪器常数和 ΔN，转动照准部使度盘读数等于该值，此时望远镜便指向北方。此法所需时间约为 4～7min，其精度就 GAK—1 型而言约为 30′。

4. 精密定向（逆转点法）

近似指北观测后，可按下述方法之一进行精确指北观测，也就是精确测定已知边和定向边的陀螺方位角。精确定向方法可分为两大类：一类是仪器照准部处于跟踪状态，多年来国内外都采用的逆转点法；另一类是仪器照准部固定不动，国外研究和提出的方法很多，如中天法、时差法、摆幅法及记时摆幅法等。目前广泛使用的主要有中天法。

逆转点法也称跟踪转点法。采用此法观测时，陀螺经纬仪在一个测站的操作程序如下：

1）严格整置经纬仪，架上陀螺仪，以一个测回测量待定侧线的方向值，然后将仪器大致对正北方。就是把望远镜视准轴摆在近似指北观测确定的近似北方在水平度盘上读数 N' 的位置，固定照准部，把水平微动螺旋调整到微动范围的中间位置。

2）测前零位观测。零位是指陀螺电动机不转时，陀螺灵敏部受悬挂带和导流丝扭力作用而引起的扭摆，其扭摆的平衡位置，就是扭力矩为零的位置，这个位置应在目镜分划板的零刻划线上。采用跟踪逆转点法观测时，灵敏部摆动的光标面应随时与目镜分划板零刻划线重合。如果悬挂带零位偏离分划板零刻划线，即产生零位变动，势必造成扭力影响。这个误差属于系统性误差，可通过零位改正加以补偿。若零位偏离过大，则应进入调整。

零位观测方法：下放陀螺灵敏部，观察目镜视场上光标面在分划板上的摆动，读出左与右摆动逆转点在分划板上的正与负格值，记入表 18-15“测前零位”栏内。连续读入 3 个逆转点读数，观测过程如图 18-95 所示。按下式计算零位：

$$A = \frac{1}{2}\left(\frac{a_1 + a_3}{2} + a_2\right)$$

式中　a_1、a_2、a_3——逆转点计数，以格计。

表 18-15　陀螺仪定向观测记录手簿

测线名称：A-B　　　　　　　　　　　　　　　　观测者：

仪器编号：DJ2-T 20-　　　　号（逆转点法）　　　记录者　　　　　　　日期：

	左方	中值	右方
逆转点读数	40°21′29″ （20 56） 40 20 24 （19 57） 40 19 30	39°25′29″ 39 25 35 39 25 44	38°30′02″ （30 46） 38 31 30
	平均中值周期	39°25′36″ T_1 =9 分 18 秒 T_2 =7 分 51 秒	

测前零位			测后零位		
左方	中值（格）	右方	左方	中值（格）	右方
−10. 6					+9. 5
（−10. 6）	−0. 5	+9. 6	−10. 5	−0. 5	（+9. 5）
−10. 6					+9. 5
周期	T_3 =38s		T_3 =38s		

测线方向					
测线方向	正镜 倒镜 平均	测　前	155°50′30″ 335°50′38″ 155°50′34″	测后	155°50′32″ 335°50′40″ 155°50′36″

计算			
计算	侧线方向值	B　155°50′35″	附　注
	陀螺北方向值	N_T　39 25 36	
	零位改造值	λ_1　Δ_α　−60	
	陀螺方位角	α_T　116 23 59	
	仪器常数	Δ　+20	
	地理方位角	α_N　116 24 19	
	子午线收敛角	γ　−03 12	
	坐标方位角	α　116 21 07	

同时还需用秒表测定周期，即光标面穿过分划板零刻线的瞬时启动秒表，待光标面摆动一周又穿过零刻线的瞬间制动秒表，其读数称为自由摆动周期 T_3。零位观测完毕，锁紧灵敏部。

3）启动陀螺电动机，达到额定转速后，缓慢地下放灵敏部到半脱离位置，稍停 3 ~ 5s，再全部下放。如果光标面移动过快，则使用半脱离阻尼限幅，使摆幅大约在 1° ~ 3°范围为宜。用水平微动螺旋微动照准部，让光标面与分划板零刻线随时重合，即时跟踪。在跟踪时，要做到平稳、连续，切忌跟踪不及时。例如，时而落后于灵敏部的摆动，

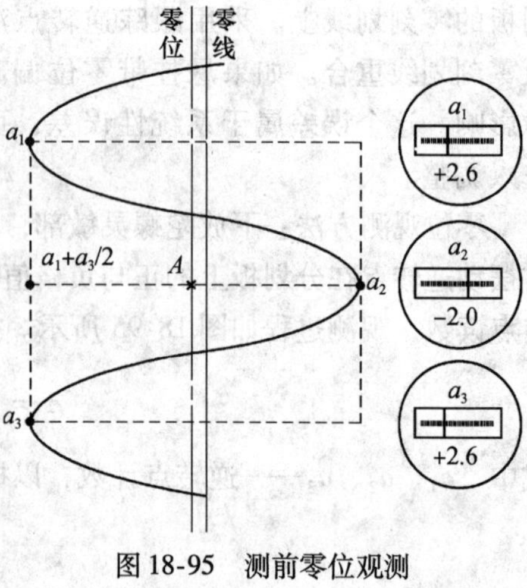

图 18-95　测前零位观测

时而又很快赶上或超前很多，这些情况都会影响观测结果的精度。

陀螺轴在子午线左右的摆动如图 18-96 所示，在平衡位置上，光标像行进速度最快，当接近逆转点时，速度渐渐慢下来，到达逆转点时，稍微停留片刻，此时应准确地使光标像与零刻划线重合，并地把逆转点相应于水平度盘上的读数计下来。然后向反方向继续跟踪，一次连续观测 4 ~ 5 个逆转点，读数 u_1、u_2、…、u_5 后，锁紧灵敏部，制动陀螺电动机。

跟踪时，还需要用秒表测定连续两次同一方向经过逆转点的时间（图 18-97 中 u_1 到 u_3 或 u_2 到 u_4 的时间）。摆动平衡位置 N_T 就是陀螺子午线在水平度盘上的读数，用下式计算：

$$N_1 = \frac{1}{2}\left(\frac{u_1 + u_3}{3} + u_2\right)$$

$$N_2 = \frac{1}{2}\left(\frac{u_2 + u_4}{2} + u_3\right)$$

$$\vdots$$

$$N_n = \frac{1}{2}\left(\frac{u_n + u_{n+2}}{2} + u_{n+1}\right)$$

$$N_T = \frac{1}{n}(N_1 + N_2 + \cdots + N_n)$$

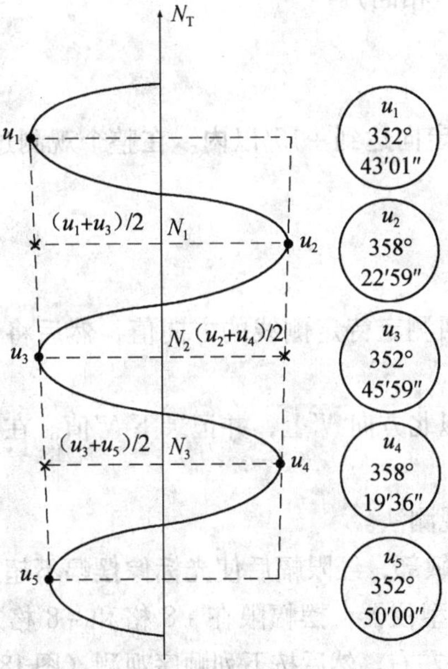

图 18-96　陀螺轴在子午线左右的摆动

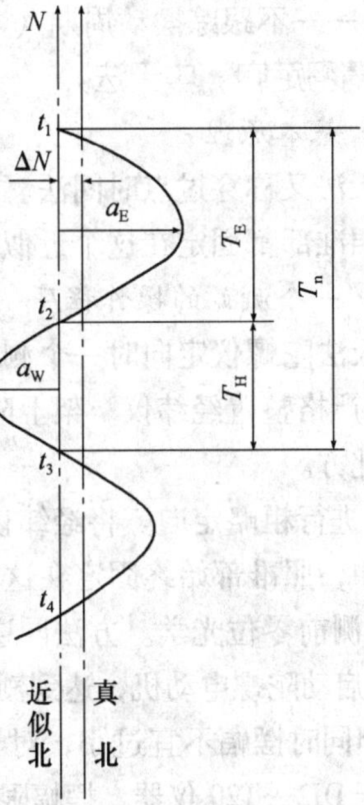

图 18-97　中天法观测顺序

摆动中值的计算方法除舒勒平均值法外，还有相关平差法（即对称平均值法）。相关平差法即对称平均值法的计算公式为：

$$N_T = \frac{1}{2}\left(\frac{u_1 + u_3 + u_5}{3} + \frac{u_2 + u_4}{2}\right)$$

经分析研究，在满足定向精度要求的前提下，若从定向作业时便于检核观测成果，利于计算等因素来考虑，则舒勒平均值法优于其他方法，所以建议用逆转点法定向时，用舒勒平均值法计算陀螺摆动值。

4）测后零位观测：方法同测前零位观测。

5）以一测回测定待定侧线的方向值，前后两次观测结果的互差对 J2 和 J6 级经纬仪分别不得超过 10″和 24″。取测前测后两个测回的平均值作为侧线方向值。

6）按下式计算待定侧线陀螺方位角：

$$a_{\mathrm{T}} = B - N_{\mathrm{T}} + \lambda_1 \cdot \Delta\alpha$$

式中 B——测线方向值；

N_{T}——陀螺北方向值；

$\lambda_1 \cdot \Delta\alpha$——零位改正项。

其中 $\Delta\alpha$ 为零位变动，按下式计算：

$$\Delta\alpha = m \cdot h$$

m——目镜分划板分划值；

h——零位格数；

λ_1——零位改正系数，按下式计算：

$$\lambda_1 = \frac{T_1^2 - T_2^2}{T_2^2}$$

T_1——跟踪摆动周期；

T_2——不跟踪摆动周期（与自由摆动周期测法相同）。

5. 精密定向（中天法）

（1）基本原理

中天法又称穿过点时间法。此法要求起始近似定向达到 +15′以内。在整个观测过程中，经纬仪照准部都固定在这个近似北方向上。

（2）一个测站的操作程序

中天法陀螺仪定向时一个测站的操作程序如下：

1）严格整置经纬仪，架上陀螺仪，以一个测回测定待定侧线的方向值，然后将仪器大致对正北方。

2）进行粗略定向。将经纬仪照准部固定在近似北方向 N' 上，并记录下 N' 值。在整个定向过程中，照准部始终固定在这个方向上。

3）测前零位光学。方法同逆转点的测前零位观测法。

4）启动陀螺电动机，达到额定转速后，下放灵敏部，经限幅后使光标像摆幅不超过目镜视场，但同时摆幅不宜过小，对于 JT15 和 GAK—1 型仪器，摆幅限在 +8 格和 -8 格左右较好。对于 DJ2—T20 仪器，摆幅限在 +20 格和 -20 格左右。然后按下列顺序观测（图 18-97）。

灵敏部光标线经过分划板零刻划线时启动专用秒表（或用两只秒表，启动其中一秒表），依次记录光标面每次经过零刻划线的时间，称为中天时间，并记录如表 18-16。相邻两次中天时间之差称为灵敏部摆动半周期。如果光标面经过中天后向东（右方）移动达到逆转点后，又向西移动而再次到中天时，则该两次中天时刻之差，对于 DJ2—T 20 仪器称为陀螺北端轴经东大距摆动半周期 T_{wE}，并记为正号（对于 DJ2—T 60 和 GAK—1 仪器则为西大距摆动半周期 T_{w}，记为负号），反之为西大距摆动半周期 T_{w}，记为负号（对于 DJ2—T 60 和 GAK—1 仪器则为东大距摆动半周期 T_{E}，记为正号）。取 T_{E} 和 T_{w} 的代数和；求出时间差 Δt。$\Delta t/2$ 是光标面从分划板零刻划线（近似北）至摆动平衡位置（子午线）的运动时间。

表 18-16　中天法定向观测手簿

测线名称：B-D　　　　　　　　　　　　　　　　观测者：

仪器编号：DJ2—T20　　　　号（中天法）　　　记录者：　　　　　日期：

N'度盘读数	中天时间	摆动半周期	时间差（s）	摆幅 a（格）
359°49′30″	t_1 0 分 00 秒			a_w −22.5
$\Delta N = C \cdot a \cdot \Delta t$	t_2 3 56	T_w3 分 56 秒	+17	a_E +25.3
+08′58″	t_3 8 09	t_E +4 13	+18	
$N_T = N' + \Delta N$	t_4 12 04	t_W −3 55	+19	
359°58′28″	t_5 16 18	t_E +4 14		
			Δ_t +18	a 23.9

测前零位			测后零位		
左方（格）	中值（格）	右方（格）	左方（格）	中值（格）	右方（格）
		+7.8			+6.0
−7.2	+0.3	（+7.8）	−5.6	+0.2	（+6.0）
		+7.8			+6.0
周期	T_3 =43s		周期	T_3 =43s	

测线方向		测前	测后
	正镜	155°50′30″	155°50′32″
	倒镜	335°50′38″	335°50′40″
	平均	155°50′34″	155°50′36″

计算			附　注
	侧线方向值	B　155°50′35″	
	陀螺北方向值	N_T　3　25　36	
	零位改造值	λ　$\Delta\alpha$　−60	
	陀螺方位角	α_T　116　23　59	$C = 1.25''$/格·s
	仪器常数	Δ　+20	T_1 =9 分 00 秒
	地理方位角	α_N　116　24　19	T_2 =8 分 09 秒
	子午线收敛角	γ　−03　12	
	坐标方位角	α　116　21　07	

一次定向一般连续测定 4～5 个中天时刻。此外，当光标面到达逆转点时，须读取在分划板上的读数，以格数计，东为 a_E 西为 a_w，取 a_E 和 a_w 绝对值的平均值，称为摆幅值 a，只取一次读数即可满足要求观测完毕，锁紧灵敏部，制动陀螺电动机。

5）测后零位观测：方法同前。

6）以一测回观测待定侧线方向值。取前、后两次平均值作为待定侧线的最后方向值。

（3）测站计算

1）测线陀螺方位角计算

如图 18-98 和表 18-16 所列，以 t_1，t_2，…，t_5 表示连续中天时刻，则摆动半周期：

$$T_w(\text{或 } T_E) = t_2 - t_1,$$

$$T_E(\text{或 } T_w) = t_3 - t_2,$$

$$\vdots$$

时间差：$\Delta t = T_{w}（-）+T_{E}（+）$，摆幅值：$a = \frac{|a_{E}| + |a_{w}|}{2}$

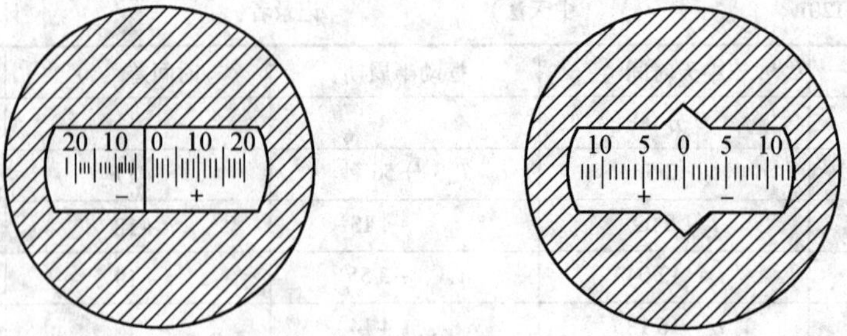

图 18-98　分划板视场

按下式计算改正数（近似北偏离平衡位置的改正数）：

$$\Delta N = C \cdot a \cdot \Delta t$$

式中　C——比例系数。

陀螺子午线（摆动平衡位置）在水平度盘上的读数应为：

$$N_{T} = N' + \Delta N = N' + C \cdot a \cdot \Delta t$$

按下式计算测量陀螺方位角：

$$\alpha_{T} = B - N_{T} + \lambda_{2} \cdot \Delta\alpha = B - (N' + C \cdot a \cdot \Delta t) + \lambda_{2} \cdot \Delta\alpha$$

式中　B——侧线方向值；

N'——近似北度盘读数；

$\lambda_{2} \cdot \Delta\alpha$——零位改正项，其中为零位变动，$\lambda_{2}$ 为不跟踪零位改正系数，按下式计算：

$$\lambda_{2} = \frac{T_{1}^{2} - T_{2}^{2}}{T_{1}^{2}}$$

2）利用实际观测数据求定比例系数 C

把经纬仪精确地安置在地面已知边的一端，架上陀螺仪，继续粗略定向（安装边的坐标方位角、子午线收敛角及仪器常数均考虑进去）。然后做两次试验，即将经纬仪照准部摆在偏东 10′和偏西 10′左右，分别用中天法观测，求出时间差 Δt_{1} 和 Δt_{2}，以及摆幅值 a_{1} 和 a_{2}（表 18-15、表 18-16），这样就可列出如下方程式，以求解 C 值。

$$\left.\begin{aligned} N_{T} &= N_{1}' + C \cdot a_{1} \cdot \Delta t_{1} \\ N_{T} &= N_{2}' + C \cdot a_{2} \cdot \Delta t_{2} \end{aligned}\right\}$$

解得：

$$C = \frac{N_{2}' - N_{1}'}{a_{1} \cdot \Delta t_{1} - a_{2} \cdot t_{2}}$$

C 值与地理纬度有关，在同一地区南北不超过 500km 范围内，可使用同一 C 值，超过这个范围须重新测定，隔一定时间后应抽测检查。当仪器更换了悬挂带或进行修理后也应重测 C 值。

3）利用摆动周期计算比例系数 C

根据力学推导可得中天法比例系数近似为：

$$C = m \cdot \frac{\pi}{2} \cdot \frac{T_1^2}{T_2^3}$$

式中 m——分划板分划值；

T_1——跟踪摆动周期；

T_2——不跟踪摆动周期。

因为上式是取正弦函数一级近似推导出来的，只有 Δt 小到一定程度才符合这种近似式，所以要求 Δt 不大于 30s，不小于 15s。

四、陀螺经纬仪的精度与检校

1. 陀螺经纬仪的精度评定

陀螺经纬仪的精度检测有两种方法：一是在地面的高精度方位边上进行，二是在陀螺经纬仪定向过程中进行精度评定。陀螺经纬仪定向即是使用陀螺仪测定洞内或地面待定边的坐标方位角，其中包括：在地面已知边上测定仪器常数；在待定边上测定该边的陀螺方位角；计算待定点的子午线收敛角，以及待定边的坐标方位角；进行定向精度的评定等。

图 18-99 所示为陀螺经纬仪进行隧道定向时的几何关系。为了测定井下待定边 ab 的坐标方位角，首先须将陀螺经纬仪安设在地面已知边 AB 的一个端点上，测定该边的陀螺方位角 α_{Tob}。因为 AB 边的坐标方位角 α_{AB} 和子午线收敛角为已知，则仪器常数：

$$\Delta = \alpha_{AB} + \gamma_A - \alpha_{\mathrm{Tab}}$$

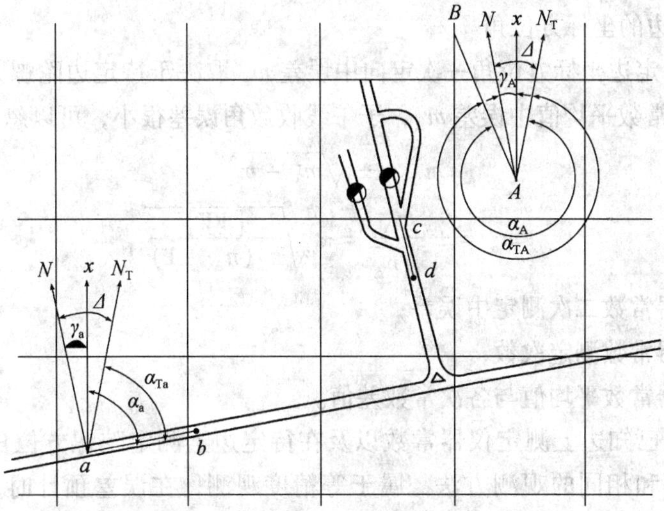

图 18-99 陀螺经纬仪定向的几何关系

在井下待定边的一个端点 a 上安置陀螺经纬仪，测定 ab 边的陀螺方位角 α_{Tab}，按下式计算 ab 边的坐标方位角：

$$\alpha_{\mathrm{ab}} = \alpha_{\mathrm{Tab}} + \Delta - \gamma_{\alpha}$$

式中 γ_{α}——α 点子午线收敛角。

陀螺定向程序和要求如下：

（1）测定仪器常数

在定向之前，首先须在地面上选择一条可靠的已知边，测定仪器常数。这条已知边可以是三、四等三角网的边；或是在三、四等网的基础上，用插网、插点或铺设经纬仪导线等方法测设的后视点，其边长不应小于30m。

每次进行待定边陀螺定向测定之前和测量后，都要分别在已知边端点上安置陀螺经纬仪测定该边的陀螺方位角，计算出仪器常数Δ。一般在第一天的定向之前，测定仪器常数两到三次，井下定向后，返回地面再测两次。如果待定边是若干条，第二天或第三天仍须继续对待定边定向，可在待定边向前测常数一次，待定边定向完成后再测一次。连续三天内所测常数，任意两个互差对于60″级仪器应小于2′，20″级仪器应小于1′，最终用平均值作为改正值。以后新的定向如能够须重新测定仪器常数。

（2）待定边的陀螺定向

1）为了保证定向结果的可靠，待定边两端的测点必须设置牢固，边长不应小于30m。

2）在待定边的一个端点上安置陀螺经纬仪。在进行测站陀螺子午线方向值观测之前和之后，均应以一个测回测定待定边的方向值。前后两测回的互差，对于J2和J6经纬仪分别不得超过10″和24″。最终取用前后两次测回的平均值作为待定边的方向值。

3）测定侧重陀螺子午线方向值，并按公式计算待定边陀螺方位角。一条待定边至少独立定向两次，一次在一端测定测其前方位角；第二次是在另一端测定测其后方位角。如果条件限制，也可在其中一端测定上独立进行两次。连续两次观测中间需要20～30mm。两次独立定向所求出的陀螺方位角互差：对于60″级陀螺经纬仪应小于2′；对于20″级仪器应小于40″。

4）计算待定边的坐标方位角

由上式知，待定边坐标方位角一次定向中误差m_α取决于待定边陀螺方位角一次测定中误差m_T以及仪器常数平均值中误差m_Δ，子午线收敛角误差很小，可以忽略，则：

$$m_\alpha = \pm\sqrt{m_T^2 + m_\Delta^2}$$

$$m_\alpha = \pm\frac{m_\Delta}{\sqrt{n_\Delta}} = \pm\sqrt{\frac{[VV]}{n_\Delta(n_\Delta - 1)}}$$

式中　m_Δ——仪器常数二次测定中误差；

n_Δ——仪器常数测定次数；

V——仪器常数平均值与各次常数差值。

如果考虑到在已知边上测定仪器常数以及在待定边上测定陀螺方位角，均是同一台仪器、同一个人观测和相同的观测方法，属于等精度观测，在误差预计时，可取$m_T = m_\Delta = m$，则：

$$m_\alpha = \pm m\sqrt{\frac{n_\Delta + 1}{n_\Delta}}$$

式中　m——陀螺经纬仪一次测定中误差；它是衡量仪器的精度标准。

可以根据多次等精度观测某一边的陀螺方位角，取其平均值与观测值的差值V，按以下公式计算一次测定中误差：

$$m = \pm\sqrt{\frac{[VV]}{n - 1}}$$

当待定边定向有多条时，可按双次独立定向的互差d，按上式得：

$$m_T = \pm \sqrt{\frac{[dd]}{2n}}$$

待定边经多次陀螺经纬仪定向，所求得的坐标方位角平均值的中误差为：

$$M_\alpha = \pm \sqrt{\frac{m_T^2}{n_T} + \frac{m_\Delta^2}{n_\Delta}}$$

式中　n_T、n_Δ——待定边陀螺方位角和仪器常数观测次数。

2. 经纬仪的检验校正

陀螺经纬仪经长途运输或长期闲置后，使用前后都应检验与校正。

3. 陀螺电源的检验

安装镉镍电池的特点，电池组在不使用时应处于放电状态保存。JT15 型陀螺仪设备附件有放电器，充电器则与逆变器合放于电箱内。

（1）充电操作顺序

1）将开关钮扳到“充电电流”一侧。

2）选定充电电流。一般情况下，以小电流充电为最佳。

3）充电电流接通，表头指针应相应指示在“Ⅰ”或“Ⅱ”上。

4）如表针毫无反应，有可能存在下列情况，可逐一排除之：

①充电电源无电；

②充电器或电池组的保险丝熔断；

③充电器内部产生故障，送厂检修。

（2）放电与电压检查

1）放电

电池组不使用时，应将存电放掉，这时可将插在面板“输入”座上的插头拔出，移插到放电器的插座上，电池组即可开始放电。请随时观察充电器指示，终止电压为22V（不允许低于22V，以防损坏电池组）。

2）电压检查

用放电器来检查电池组的当天电压值，连接方法同上。切记不要用万用表测量电池组的电压值，那样容易引起短路而烧毁插头。

4. 陀螺灵敏部的检查、校正和故障排除

陀螺灵敏部是仪器的核心部分，又是易损坏的部分。由于操作不当，受震或使用期太长，都会引起定向精度下降或出现故障。更换元部件时，必须在无尘房间内进行。

（1）悬挂带零位的检查

陀螺仪悬挂带零位的稳定性及其大小，对定向观测精度是直接相关的。一台精度稳定的陀螺仪，它的悬挂带零位必定是稳定的，且零位格值也应居于一允许范围内。所以仪器使用前应对悬挂带零位进行检查。

检查方法：安置陀螺仪，固定照准部；陀螺仪照明给光，下放陀螺灵敏部，观察目镜视场中光柱面在分划板上的摆动，连续读取5格逆转点读数，按下式计算出3格零位值，即：

$$\delta_1 = \frac{1}{2}\left(\frac{a_1 + a_3}{2} + a_2\right); \quad \delta_2 = \frac{1}{2}\left(\frac{a_2 + a_4}{2} + a_3\right); \quad \delta_3 = \frac{1}{2}\left(\frac{a_3 + a_5}{2} + a_4\right);$$

若 δ_1、δ_2、δ_3 的互差小于0.15格，则认为悬挂带零位稳定。观测时还应用秒表测定自

摆周期 T_3，在同一地区，陀螺灵敏部的自摆周期对每台仪器应是一个变值。这也是检查仪器稳定性的一个指标。

(2) 悬挂带零位的调整

悬挂带零位值一般在 ±0.5 格内时，可不必调整，只用加零位改正值的方法消除影响，否则应调整。旋下陀螺仪上部外壳，可看到悬挂架上端有两组调整螺钉，上面一组用于调整悬挂带上端，下面一组用于调整导流丝上端。在调整之前，首先松开顶部两个固定螺丝，然后对拧校正螺钉，以调整悬挂带为主，完成四分之三的调整量，四分之一的余量由调整导流丝来完成。反复进行几次，即可达到要求。每次调整后应随即固紧顶部固定螺钉，拧好上部外罩。

(3) 陀螺灵敏部工作时稳定性的检查

安置被检陀螺经纬仪，使照准部指向近似北方，按下列逐项检验：

1) 陀螺不转时，下放灵敏部，用秒表测定自由摆动周期 T_3，反复托起，下放测定几次，周期 T_3 不变，认为正常。否则须检查灵敏部是否有接触，排除故障。

2) 锁紧灵敏部，启动电动机，达到额定转速后，下放灵敏部，用秒表测定不跟踪摆动周期 T_2，与此前测定值比较；无变化，认为正常。

3) 用跟踪逆转点法，连续测定 5 格逆转点读数和跟踪摆动周期 T_1，摆动平衡位置最大变动，对于 60″级仪器不超过 1′，20″级仪器不超过 30″；跟踪摆动周期 T_1 与以前测定值相同，则认为正常。

4) 从目镜观察光标面摆动，如果始终存在跳动（除初始下放的振动外），则认为陀螺电动机已呈现运动不平衡，需要更换电动机。

5) 陀螺电动机消耗能量比以前增加超过规定 20% 以上者，或轴承磨耗严重，则需要换电动机。

5. 仪器常数的检测

在理想的情况下，陀螺仪测定的子午线应与测站子午线一致。但是，实际上由于陀螺轴与陀螺仪光学系统的光轴以及经纬仪望远镜光轴，不可能在同一竖直面内，陀螺轴虽然指示出真北方向 N，但这个方向须借助陀螺仪光学系统观测，最终在经纬仪水平度盘上读出方向值。因为固定在陀螺灵敏部上的反光镜法线（或光标分划板）不一定平行于陀螺轴，形成夹角 Δ_1；此外，经纬仪望远镜光轴与陀螺光学系统光轴不一致形成夹角 Δ_2，因此陀螺经纬仪测定的子午线 N_T 与真子午线 N 存在一定差值，这个差值称为仪器常数 Δ。如果陀螺仪子午线位于地理子午线的东边，Δ 为正；反之，则为负。

仪器常数 Δ 可以在已知方位角的三角网或精密导线的一条边上安置陀螺经纬仪，测定已知边的陀螺方位角，则：

$$\Delta = A_0 - \alpha_T$$

式中 A_0——已知边的地理方位角；

α_T——同一已知边的陀螺方位角。

也可写成：

仪器常数 = 地理方位角 - 陀螺方位角

在待定边上进行陀螺经纬仪定向的前后，都要分别在已知边上测定仪器常数。测定仪器常数应进行 2 ~ 3 次。各测回之间的互差 JT15 等型号的仪器，应不大于 25″。每次测量后，要停止陀螺运转10~15min，经纬仪度盘位置应变换180°/2~180°/3。

仪器经过长途运输、长期保存或受到大的振动，仪器常数发生变化，应及时进行检测，而不必校正。对待定边的陀螺方位角加入仪器常数改正即可。

6. 陀螺经纬仪使用注意要点

陀螺经纬仪是一种光、机、电结合的复杂精密仪器。工作时，陀螺灵敏部具有较大的惯性，必须合理使用，妥善保管，才能保持仪器的精度和寿命。在仪器使用时，必须注意下列事项：

1）必须在熟悉陀螺经纬仪性能的基础上，由有一定操作经验的人员来使用仪器。

2）在启动陀螺电动机达到额定转速之前和制动陀螺电动机的过程中，陀螺灵敏部必须处于锁紧状态，否则悬挂带、导流丝将受损失。

3）在陀螺灵敏部处于锁紧状态，电动机又在高速旋转时，严禁搬动和水平转动仪器。否则将产生很大的力，压迫轴承，以致损坏仪器。

4）在使用陀螺电压逆变器时，要注意接线的正确性，在没有负载时，不得开启逆变器。

5）陀螺仪存放时，要装入仪器箱内，放入干燥剂，仪器要平置存放，不要倒置和躺卧。

6）仪器应放在干燥、清洁、通风良好的环境里，切忌置于热源附近。环境温度以10~30℃为宜。

7）仪器用车辆运输时，要使用专用防震包运输。

8）在野外观测时，仪器要避免太阳光直接照射。

9）目镜或其他光学零件受污时，先用软毛刷轻轻拭去灰尘，然后用软布揩拭，以免损伤光洁度和表面涂层。

10）冬季室内外温差大时，仪器搬出室外或由室外带入室内应隔一段时间再开箱。

第十节　全　站　仪

一、基本结构与原理

全站仪（Total Station）的学名为电子速测仪（Electrouic Tacheometer），是一种兼有电子测距、电子测角、计算和数据自动记录及传输功能的自动化、数字化的三维坐标测量与定位系统。它广泛应用于控制测量、地形测量、地籍与房产测量、施工放样、工业测量和海洋定位等方面。

1. 全站仪的结构组成

全站仪融光、机、电等先进技术于一身，整个系统的主要构成包括：

1）电子测距单元，外部称之为测距仪。

2）电子测角及微处理器单元，外部称之为电子经纬仪。

3）电子记录单元或称存储单元。

图18-100是以徕卡TPS1000系统为代表的全站仪结构组成示意图。其电子部分主要是主板、存储卡板和电动机。主板是系统的核心，确保角度测量、电动机功能和输入/输出部分的正常工作。从总体上看，全站仪又可以分为以下两大部分：

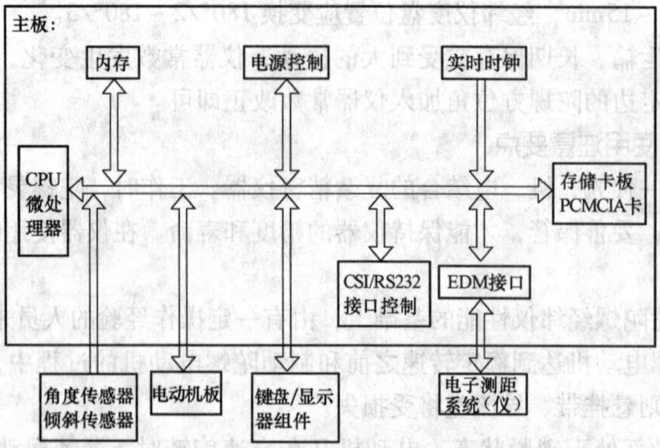

图 18-100　自动全站仪结构组成框图

①为采集数据而设置的专用设备。主要有电子测角系统、电子测距系统、数据存储系统，还有自动补偿设备等。

②过程控制机。主要用于有序地实现上述每一专用设备的功能。过程控制机包括与测量数据相联接的外围设备及进行计算、产生指令的微处理机。只有上面两大部分有机结合，才能真正体现“全站”功能——既要自动完成数据采集，又要自动处理数据和控制整个测量过程。

图 18-101 是全站仪电子系统的原理框图。若将自动全站仪方框图中测距、电动机板 EDM 接口部分去掉即为电子经纬仪。由此可见，实质上全站仪就是电子经纬仪与测距仪的完美组合。全站仪的光路和电路结构比电子经纬仪复杂。电子元件全为贴片元件，均采用多层线路板表面安装技术。通常全站仪的控制数据处理程序为封闭式（使用者无法修改）。现在有一种尼康全站仪为开放式控制程序，使用者可根据自己要求进行编程。

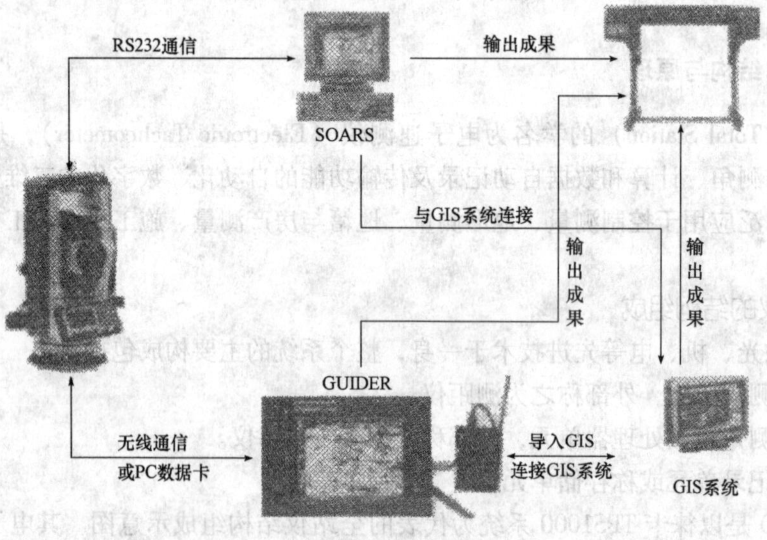

图 18-101　全站仪电子系统的原理框图

2. 全站仪测量原理及分类

全站仪按其结构可分为整体型和积木型两类。

（1）整体型（Integrated）

整体型，也称集成式，它是把测距、测角与电子计算单元和仪器的光学、机械系统设计成一个整体，不可分离。

（2）积木型（Modular）

积木型，也称作组合型，它是把电子测距仪（又称测距头）、电子经纬仪（简称半站仪）作为一个独立的整体，既可单独使用，又可组合在一起使用。

在全站仪发展初期，半站型电子速测仪较为普及。半站仪是一种以光学方法测角的电子速测仪，它也分为整体型与积木型两种。它工作时，通常情况下是在光学经纬仪上架装测距仪，再加上计算记录部分组成仪器系统，即形成积木型半站仪。此外还有将光学经纬仪与电子测距仪设计成一台独立的仪器，表面上很像整体型全站仪，实际上却是整体型半站仪。在使用半站仪时可将光学角度读数通过键盘输入到测距仪里，对斜距进行化算，最后得出平距、高差、方向角和坐标差，这些结果都可以自动传输到外部记录设备中去。

全站仪的测距仪部分，是一种利用电磁波进行距离测量的仪器，因此，按载波和发射光源的不同，可分为三类：微波测距仪、激光测距仪、红外测距仪。20 世纪 90 年代初，市场上的全站仪多为红外光作载波的相位式测距仪。到了 90 年代末，以红外激光作为载波的相位式全站仪和以激光作为光源的整体型脉冲式全站仪相继出现，不仅给全站仪家族增添了新的成员，同时也使以激光作为光源的全站仪和以红外光作光源的全站仪并驾齐驱。

如果按测程分类，测距仪可分为三类。

（1）短程测距仪

测程小于 3km，一般测距精度为（$\pm5\text{m}\pm5\times10^{-6}D$），用于普通工程测量和城市测量。

（2）中程测距仪

测程为 3～15km，一般测距精度为（$\pm5\text{m}\pm2\times10^{-6}D$）～（$\pm2\text{m}\pm2\times10^{-6}D$），通常用于一般等级的控制测量。

（3）长程测距仪

测程大于 15km，一般测距精度为（$\pm5\text{m}\pm1\times10^{-6}D$），通常用于三角网及特级导线测量。

随着 GPS 技术的迅速发展，作为长距离测量的微波测距仪激光测距仪，正在逐步退出历史舞台。特别是微波测距仪，目前市场上已不多见。而以激光和红外光作光源的全站仪，几乎全部为中、短程测距仪。

按照我国国家计量检定规程的规定，全站仪中电子测距仪和电子经纬仪的准确度等级划分见表 18-17。

表 18-17　全站仪的精准等级

准确度等级	测角标准偏差	测距标准偏差/mm
Ⅰ	$\lvert m_\beta \rvert \leqslant 1''$	$\lvert m_0 \rvert \leqslant 5$
Ⅱ	$1'' < \lvert m_\beta \rvert \leqslant 2''$	$\lvert m_0 \rvert \leqslant 5$
Ⅲ	$2'' < \lvert m_\beta \rvert \leqslant 6''$	$5 < \lvert m_0 \rvert \leqslant 10$
Ⅳ	$6'' < \lvert m_\beta \rvert \leqslant 10''$	$\lvert m_0 \rvert \leqslant 10$

注：测角标准偏差实为一测回水平方向标准偏差：m_0 为 1km 测距标准偏差。

二、全站仪的使用

1. 基本测量

(1) 角度测量功能

全站仪具有电子经纬仪的测量水平角和竖直角的功能，其操作方法可参见电子经纬仪部分。

(2) 距离测量功能

全站仪具有光波测距仪的测距部分，除测量至反射棱镜距离（斜距外），还具有以下功能。

1）最大测程

不同类型的全站仪，反射棱镜数目和气象条件不同，其最大测程也不相同，需根据测量的目的和内容来选取。

2）测量模式变换

按具体情况，能进行高精度和快速测量。一般仪器都可以进行如下多种工作状态选择。

①最小分辨率的选择：可以选 1cm，1mm，0.1mm 等。

②测距次数的选择：可以选择单次测量和多次测量。

③单次测量：能显示一次测量结果，然后停止测量。

④连续测量：可进行不间断地测量，但只要按停止键，测量马上中止。

⑤指定次数的测量：可以将多次测量平均值自动计算，根据所需的测量次数，测量后显示平均值。

⑥测量精度和时间的选择如下：

a. 正常测量。距离、角度测量精度高，需数秒钟。

b. 简易测量。测量精度低，可快速测量。

c. 跟踪与非跟踪测量选择。跟踪测量可以一定的时间追踪观测目标。

3）各种改正功能

距离测量的改正应考虑反射棱镜常数的改正、气象（气温和气压）的改正和球差的改正。

4）斜距归算功能

全站仪最大的特点是：从测量的天顶距（或竖直角）和直线距离（斜距）瞬时计算出仪器至反射棱镜的平距和高差，并马上显示。

5）距离换算功能

一次测距后，按操作键可立即读出斜距、平距、高差中的任意一个值。

(3) 坐标测量功能

首先，在测量之前输入仪器高和目标高（反射棱镜高），必要时才输入 Z 坐标值（高程）。然后再输入测站点的坐标值，照准另一已知点，使水平度盘读数与已知方向值相符。按着再照准目标点上的反射棱镜，一按坐标测量键，即能显示目标的坐标值（X、Y、Z）。

输入测站点的坐标，设定方位角，测出至目标点的距离和角度，目标点的坐标值可由下列公式来计算：

$$X = X_0 + S \cdot \sin\theta_z \cdot \cos\alpha$$
$$Y = Y_0 + S \cdot \sin\theta_z \cdot \sin\alpha$$

$$Z = Z_0 + S \cdot \sin\theta_z (i - v)$$

式中　（X_0、Y_0、Z_0）——测站点坐标；

S——斜距；

θ_z——天顶距；

α——方位角；

i——仪器高；

v——目标高。

2. 高级测量

目前出厂的电子全站仪，由于内置 CPU，具有强大的计算功能。因此现在市场上的全站仪可以处理许多复杂的测量工作，现以 Sokkia SET2100/3100/3100s/4100/4100s 全站仪为例，介绍自由设站功能（后方交会）（Resection）。

（1）*后方交会测量*（Resection）*方法概述*

后方交会通过对多个已知点的测量来定出测站点的坐标，如图 18-102 所示。

输入值或观测值：N_i、E_i、Z_i 为已知点的坐标值；H_i 为水平角观测值；V_i 为垂直角观测值；D_i 为距离观测值。

输出值 N_0、E_0、Z_0：测站点的坐标值。

SET 系列全站仪通过观测 2～10 个已知点便可计算出测站的坐标。计算条件如下：

1）可测距时，最少观测 2 个已知点。

2）无法测距时，最少观测 3 个已知点。但观测的已知点越多，观测距离越长，计算所得坐标精度也就越高。

3）坐标计算过程：测站点 N、E 坐标通过列出角度和边长误差方程，采用最小二乘法求取，而 Z 坐标则通过计算平均值求取。计算过程如图 18-103 所示。

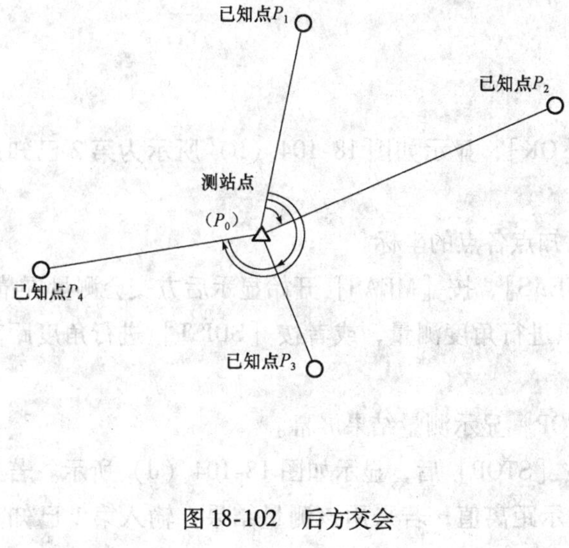

图 18-102　后方交会

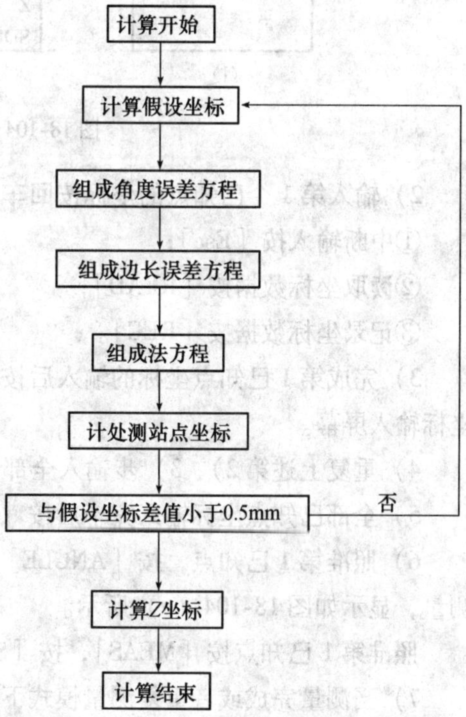

图 18-103　坐标计算过程图

(2) 后方交会测量操作步骤

按［RESEC］显示已知点坐标输入屏幕：

1）在测量模式的第 3 页菜单下按［RESEC］，显示如图 18-104（a）所示。

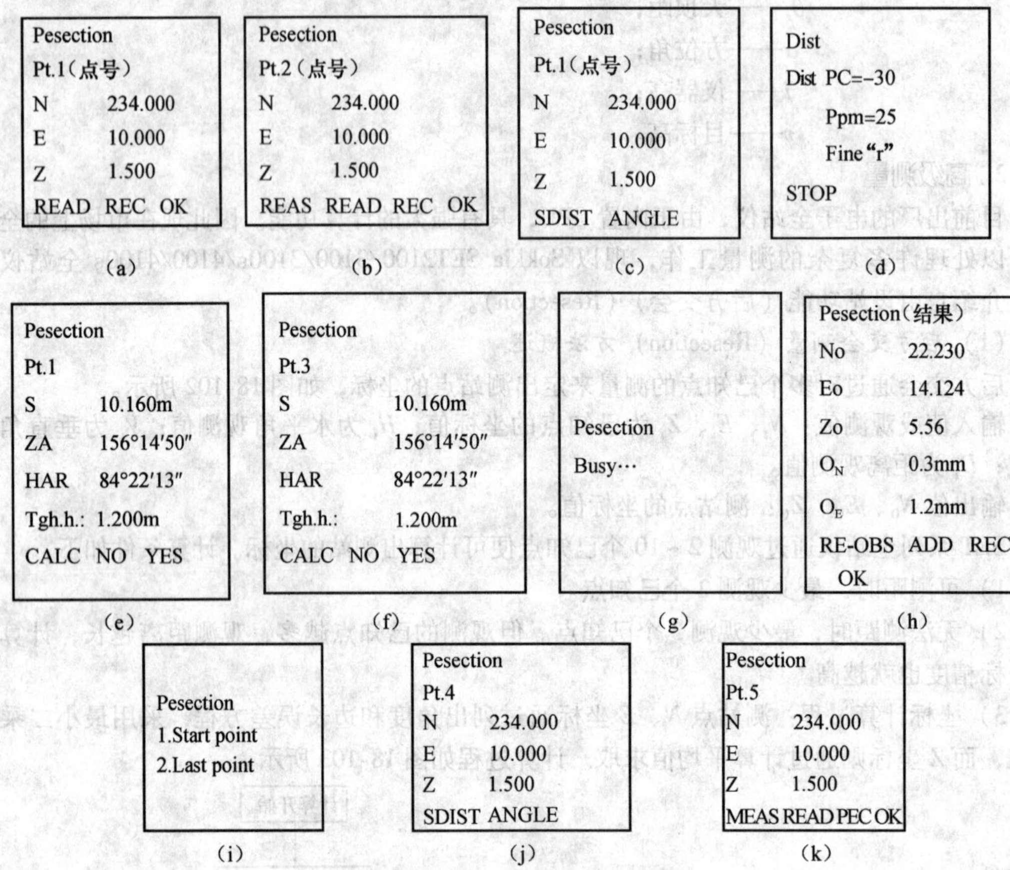

图 18-104 计算过程屏幕显示图

2）输入第 1 个已知点的坐标按回车。

①中断输入按［Esc］；

②读取坐标数据按［READ］；

③记录坐标数据按［REC］。

3）完成第 1 已知点坐标的输入后按［OK］，显示如图 18-104（b）所示为第 2 已知点坐标输入屏幕。

4）重复上述第 2)、3）步输入全部已知点各点的坐标。

5）全部已知点坐标输入完毕后按［MEAS］，按［MEAS］开始显示后方交会测量屏幕。

6）照准第 1 已知点，按［ANGLE］只进行角度测量，或者按［SDIST］进行角度距离测量，显示如图 18-104（c）所示。

照准第 1 已知点按［MEAS］，按［STOP］显示测量结果屏幕。

7）当测量完成或者重复测量模式下按［STOP］后，显示如图 18-104（d）所示。若是按［ANGLE］只进行角度测量，则将不显示距离值；若采用该测量结果，输入第 1 已知点的目标高后按［YES］。随之屏幕提示进下一已知点的观测，按［YES］，随之屏幕提示进行下一已知点的观测。放弃该结果按［NO］，测量结果屏幕如图18-104（e）。

8）重复第6）、7）步进行对第2及其他已知点的测量。当计算测站坐标所需的最少观测值数时得到满足后，屏幕上将显示出［CALC］，如图18-104（f）所示。完成对全部已知点的测量后，按［YES］仪器自动开始坐标计算，操作过程如下：

①重新观测同一点按［NO］；

②观测下点按［YES］；

③计算测站点坐标按［CALC］。

测站点坐标计算屏幕：进行测站点坐标计算时，屏幕显示如图18-104（g）所示。

后方交会结果显示屏幕：计算完成后，显示计算结果如图18-104（h）所示，其中标准差O_N、O_E体现了交会测量结果的精度。

9）按［OK］采用所计算的结果，该结果被作为测站坐标进行记录显示恢复方位角设置屏幕，步骤如下：

①放弃计算结果停止观测按［SEC］；

②放弃计算结果重新观测按［RE—OBS］；

③放弃计算结果增加已知点按［ADD］；

④采用计算结果并记入工作文件按［REC］，需要设定方位角按［OK］，否则按［SCE］。

(3) 重新观测步骤

重新观测可以从第1已知点开始，也可以仅对最后的已知点进行重测，按［RE—OBS］显示重新观测菜单屏幕。

1）在后方交会结果显示屏幕下，按［RE—OBS］，显示如图18-104（i）所示，其中“1. Start Point”从第1已知点开始重测；“2. Last Point”仅对最后的已知点重测。

2）选取后按回车，用光标选取“1. Start Point”或“2. Last Point”后按回车，显示如图18-104（i）所示（开始后方交会测量屏幕）。

此后的操作与“后方交会测量”中的第6）步以后的操作完全相同。

(4) 增加已知点

按［ADD］显示开始后交后测量屏幕。

1）在后方交会结果显示屏幕下按［ADD］

当原来的已知点未观测完毕时，显示如图18-104（j）（后交后测量屏幕）所示。在增加已知点时显示如图18-104（k）（增加已知点屏幕）所示。

2）若原来的已知点尚未观测完毕，按后方交会测量中的第5）步开始的相同步骤操作。在增加已知点时，按后方交会测量中第2）、3）步进行操作。

(5) 后方交会测量注意事项

当测站点与已知点位于同一圆周上时，测站点的坐标在某些情况下是无法确定的。在图18-105（a）图所示的图形是可取的。对图18-105（b）而言，有时无法计算出正确的结果。当已知点位于同一圆周上时，可采取如下措施：

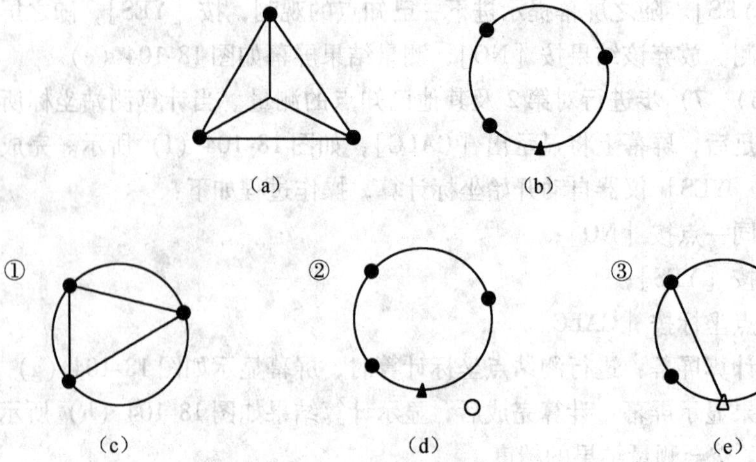

图 18-105　危险圆和小夹角

▲△：未知点；○●：已知点

1）将测站点尽可能地设在由已知点构成的三角形的中心上。

2）增加一不位于圆周上的已知点。

3）至少对其中一个已知点进行距离测量。

当已知点间的距离一定，测站与已知点间的距离越远，则所构成的夹角就越小，已知点就容易位于同一圆周上。但是，若已知点间的夹角过小，将无法计算出测站点的坐标。

3. 放样测量

放样测量用于实地上设定所要求的点。在放样测量中，通过地照准点的水平角、距离或坐标的测量，仪器所显示的是预先输入的待放样值与实测值之差。放样测量使用盘左位置进行（图 18-106）。

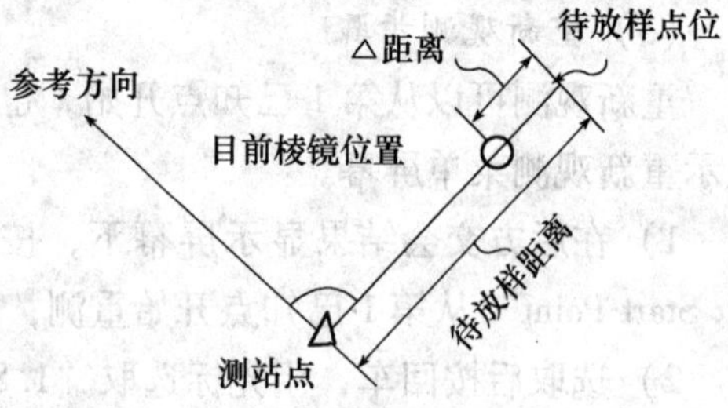

图 18-106　距离放样

显示差值 = 实测值 - 放样值

（1）距离放样测量

根据某参考方向转过的水平角和至测站点的距离来设定所要求的点。在菜单模式下选取“2. S-O”也可以进行放样测量。

距离放样测量步骤：

1）照准参考方向。

2）在测量模式的第 2 页菜单下按两次［0 SET］，将参考方向设置为零［图 18-107 (a)］，在测站上照准参考方向。

3）在测量模式第 2 页菜单下按［S-O］，屏幕显示如图 18-107（b）（放样测量菜单屏幕）所示。选取“2. S-Odate”后按回车。

4）选取“2. S-O”后按显示如图 18-107（c）所示，放样数据输入屏幕。

5）输入下列数据项：

①放样距离（SO dist）；

②放样的角度（SO Hang）。

```
Meas.  PC   -30
       PPM  0
            3
            1
ZA  89°59′54″
HAR  0°00′00″
P2
OSET COORD S-O REC
```

（a）

```
S-O
1.Observation
2.S-O data
3.Stn data
4.Set h angle
```

（b）

```
S-O
Np:          0.000
Ep:          0.000
Zp:          0.000
Tgt.h:0.000
SO dist:0.000m
SO Hang:0.000m
REC OK
```

（c）

```
S-O
S-O S
S
ZA      89°52′54″
HAR     150°16′15″
DHA     -0°00′02″
SDIST……
```

（d）

```
S-O↑     ←
0°00′00″
ZA  90°00′00″
HAR  30°00′00″
SDIST S-O EDM
```

（e）

```
S-O
Dist       PC=-30
Ppm=25
        Fine“r”
STOP
```

（f）

```
S-O
           0°00001
           2.345
S        100.123m
ZA        90°0000
HAR       150°16′15″
SDIST   S-O    EDM
```

（g）

```
S-O
       →    0°00001
       ←  2.345
S=12554m
HAR=150°16′15″
SDIST   S-O   EDM
```

（h）

```
Dist
Dist  PC=-30
Ppm=25
Fine“r”
```

（i）

```
Meas      PC   -30
          Ppm   0
                3
S         10.234m
ZA   89°58′50″
HAR   111°20′31″
SDIST  SHV  Ho  ANG
EDM
```

（j）

图 18-107　距离放样测量屏幕显示图

每输完一数据项后按回车。

6）按［OK］显示如图 18-107（d）（放样观测屏幕）所示。

其中 S-OS：至待放样点的距离值；DHA：至待放样点的水平角差值；中断输入按［ESC］。

7）按［←→］键引导屏幕，屏幕显示如图 18-107（e）（放样引导屏幕）所示。在第 2 行中所显示的角度为角度实测值和放样值之差值，而箭头方向为仪器照准部应转动的方向。

8）旋转仪器照准部至使第 2 行所显示的角度值为 0°。

当角度实测值与放样值之差值在 ±3°范围内时，屏幕上显示两个箭头。箭头的含义如下：［←］从测站上看去向左移动棱镜，［↑］从测站上看去向上移动棱镜，恢复放样观测屏幕按［←→］键。

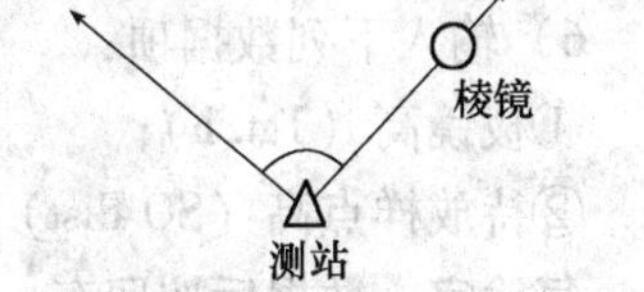

图 18-108　安置棱镜并照准

9）在望远镜照准方向上安置棱镜并照准（图 18-108）。

10）按斜距［S-O］选取放样测量模式［图 18-107（f）］。每按一次［S-O］，放样测量模式变化如下。

①［SDIST］→［HDIST］→［VDIST］→［COORD］→［HT］；

②［SDIST］：斜距放样测量；

③［HDIST］：平距放样测量；

④［VDIST］：高差放样测量（仪器高标志与棱镜中心之高差）；

⑤［COORD］：坐标放样测量；

⑥［HT］：悬高放样测量。

11）按［SDIST］、［HDIST］、［VDIST］显示距离放样观测屏幕，按［SDIST］开始距离放样测量。

放样引导屏幕，距离测量进行后，屏幕显示如图 18-107（g）所示。在第 3 行中所显示的距离值为距离放样值与实测值之差值，而箭头方向为棱镜应移动的方向。

12）箭头方向前后移动棱镜至使第 3 行显示的距离值为 0m，再次按［SDIST］、［HDIST］、［VDIST］进行测量。

当距离放样值与实测值之差值在 ±1cm 范围内时，屏幕上显示两个箭头，如图 18-107（h）所示。

选用重复测量或者跟踪测量进行放样时，无需任何按键操作，照准移动的棱镜可显示测量结果，如图 18-107（i）所示。

箭头的含义：向测站方向移动棱镜，向远离测站方向移动棱镜。

13）使距离放样值与实测值之差值为 0m 定出待放样点位。

14）按 ESC 返回放样测量菜单屏幕，距离测量参数设置使用［EDM］，如图 18-107（i）所示。

（2）悬高放样测量

悬高放样测量用于在实地上设定出由于位置过高或过低，而无法在其位置上设置棱镜的所要求点。

1）将棱镜安置在待放样点的正上或者正下方，用带尺取棱镜高（棱镜中心至地面测点的距离），按［STOP］显示测量模式屏幕。

2）照准棱镜，在测模式下按［SDIST］，显示如图 18-109（a）(照准棱镜后按［SDIST］开始测量屏幕）。

3）屏幕显示出测量结果（若在重复测量模式下按［STOP］，如图 18-109（b）所示，其中 S、ZA 和 HAR 分别为至棱镜的斜距、垂直角和水平角，按［S-O］放样测量菜单屏幕。

4）在测量模式第 2 页菜单下按［S-O］，屏幕如图 18-109（c）所示。

选取“2. S-O data”后将放样数据输入屏幕。

5）选取“2. S-O data”后按回车。

6）输入下列数据项：

①棱镜高（Tgt. h）；

②待放样点高（SO dist）待放样点至地面的位置。

每输完一数据后按回车，中断输入按［ESC］。

7）按［OK］显示放样观测屏幕，如图 18-109（d）所示。

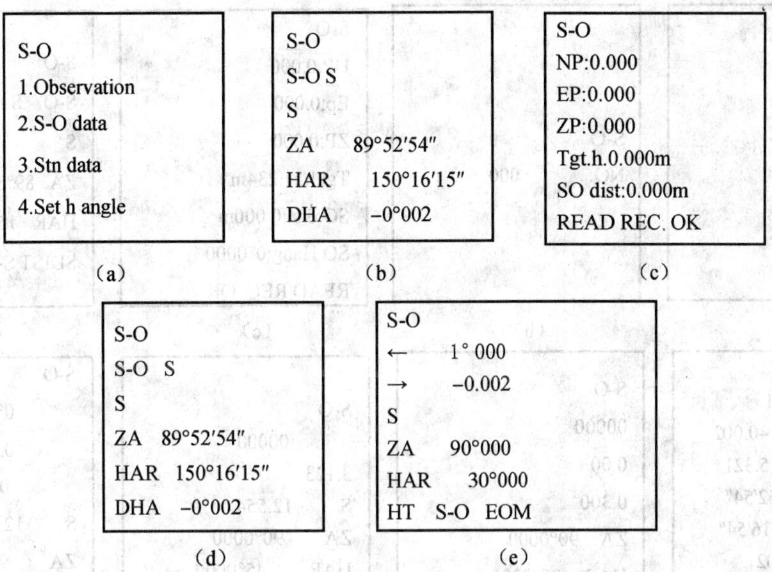

图 18-109　悬高放样测量屏幕显示图

8）按［S-O］使屏幕底行显示出［HT］。

9）按［HT］开始放样测量，0.7s 后屏幕上的第 3 行显示出悬高放样值与实测值之差值［S-O-H］，并每间隔 0.5s 显示一次。

按［←］、［→］后按［HT］，屏幕显示如图 18-109（e）（放样引导屏幕）所示。

其中第 4 行位置上所显示的值为望远镜照准点与放样点间的距离，而由两个三角形组成的箭头指示望远镜应转动的方向。

箭头的含义：向上转动望远镜；向下转动望远镜。

10）上下转动望远镜至使第 3 行处的显示值为 0m（当该值接近于 0m 时，屏幕上显示出两个箭头），此时，望远镜十字丝所照准点即为待放样点位置。

11）按［ESC］结束并返回放样测量菜单屏幕。

（3）坐标放样测量（Set out coords）

坐标放样测量用于在实地上设定出其坐标值为已知的点（图 18-110）。在输入待放样点的坐标后，SET 系列全站仪计算出放样所需水平角值和平距值，并存储于内部存储器中，借助于角度放样和距离放样功能便可设定待放样点位置。在菜单模式下选取“2. S-O”也可以进行坐标放样，预先输入仪器的坐标数据可以输出和作为打桩的桩位坐标。为进行高程 Z 坐标的放样，将棱镜安置在测杆等物上，使棱镜高相同。

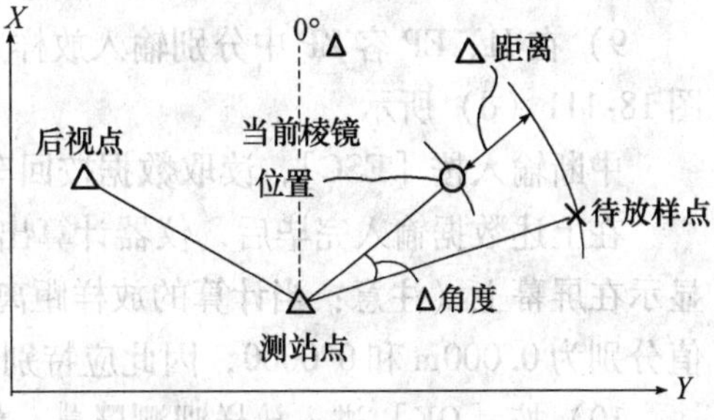

图 18-110　坐标放样

坐标放样测量步骤如下：

1）按［S-O］键，放样测量菜单屏幕如图 18-111（a）所示。

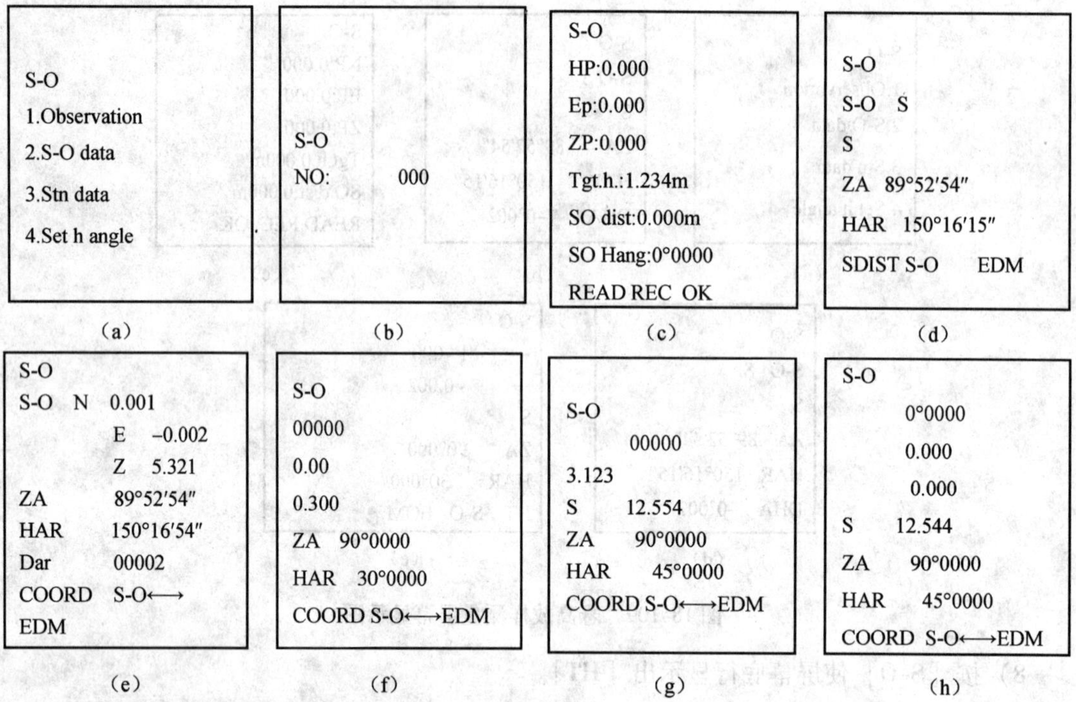

图 18-111 坐标放样测量屏幕显示图

2）在测量模式的第 2 页菜单下按［S-O］［图 18-111（b）］。

3）选取“3. Stn data”后按回车。

4）输入测站数据；输入棱镜高时，再取由棱镜中心至测杆底部的距离，按［OK］。

5）测站数据输完毕，按［OK］进入放样测量菜单屏幕图［图 18-111（c）］。选取“4. Set Hangle”后按回车。

6）选取“4. Sethagte”后按进入角度设置屏幕。

7）按“方位设置”中介绍的方法设置好方位角，随之显示出放样测量菜单屏幕。选取“2. S-O data”按回车，将放样数据输入屏幕。

8）选取“2. S-O data”后按回车键。

9）在 H、EP 客 ZP 中分别输入放样点的 3 个坐标值，每输入一个数据项后按回车，如图 18-111（d）所示。

中断输入按［ESC］，读取数据按回车键。

在上述数据输入完毕后，仪器计算出放样所需距离（SO dist）和水平角（SO Hang）并显示在屏幕上（注意：当计算的放样距离大于 9999. 99m 时，所显示的放样距离值和水平角值分别为 0. 000m 和 0°0000，因此应特别小心）。

10）按［OK］进入放样观测屏幕。放样观测屏幕，如图 18-111（e）所示。

11）按“距离放样测量”中介绍的第 7）至第 13）步骤操作定出待放样点的平面位置。

12）为了确定出待放样点的高程，按［S-O］使之显示［COORD］。

13）按［COORD］开始高程放样测量，屏幕显示如图 18-111（f）所示。按［COORD］开始放样观测屏幕。

测量停止后显示放样观测屏幕，按［←→］后按［COORD］使之显示放样引导屏幕，如图18-111（g）所示。

其中第4行位置上所显示的值为至待放样点的高差，由两个三角形组成的箭头则指示棱镜应移的方向。

若欲使至待放样的差值以坐标形式显示，在测量停止后再按一次［←→］。

14）向上或者向下移动棱镜至使所显示的高差值为0m（当该值接近于0m时，屏幕上显示出两个箭头）。当第2、3、4行的显示值均为0时，测杆底部所对应的位置即为待放样点的位置［图18-111（h）］。箭头的含义：“↑”向上移动棱镜；“↓”向下移动棱镜。

15）按［ESC］返回放样测量菜单屏幕，从第9）步开始放样下一个点。

4. 偏心测量（Offsetting）

偏心测量用于测定测站至通视但无法设置棱镜的点，或者测站至不通视点间的距离和角度。测量时，将棱镜（偏心点）设在待测点（目标点）附近，通过对测站至棱镜（偏心点）间距离和角度和测量来定出测站至待测点（目标点）间的距离和角度（图18-112）。下面介绍仪器提供的三种偏心测量方法：

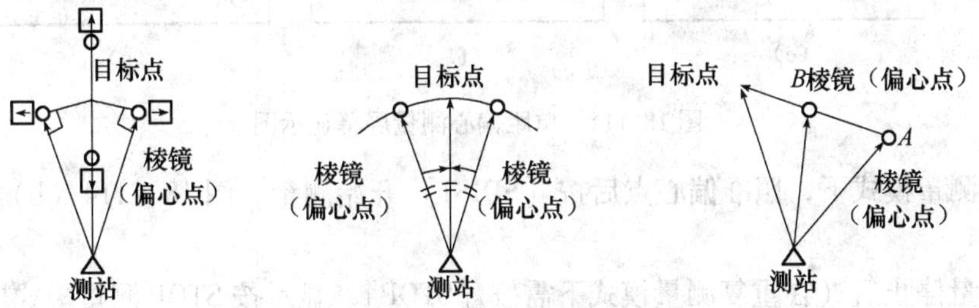

图18-112　偏心测量

1）当偏心点设在目标点的左侧或者右侧时，应使偏心点和目标点的连线形成的夹角大约等于90°。

2）当偏心点设在目标点的前侧或者后侧时，应使之位于测站点与目标点的连线上。将偏心点设在尽可能靠近目标点的左侧成右侧，并使偏心点至测站点的距离与目标点至测站点的距离大致相等。

3）将偏心点A和B设在由目标点引出的直线上，通过对偏心点A、B的测量，并输入B点与目标点间的距离来定出目标点。进行此项操作，应首先按“键功能分配”的方法，将“Offset”功能定义到键上。

在菜单模式下选取“3. Offset”也可以进行偏心测量。所用的模式与在偏心测量的所用模式相同。

（1）单距偏心测量（图18-113）

单距偏心测量应将偏心点（棱镜）设在目标点的左侧或右侧，或者前侧或后侧。当偏心点设在目标点的左侧或者右侧时，应使偏心点和目标点的连线形成的夹角大致为90°。当偏心点设在目标点前侧或后侧时，应使之位于测站点与目标点的连线上。

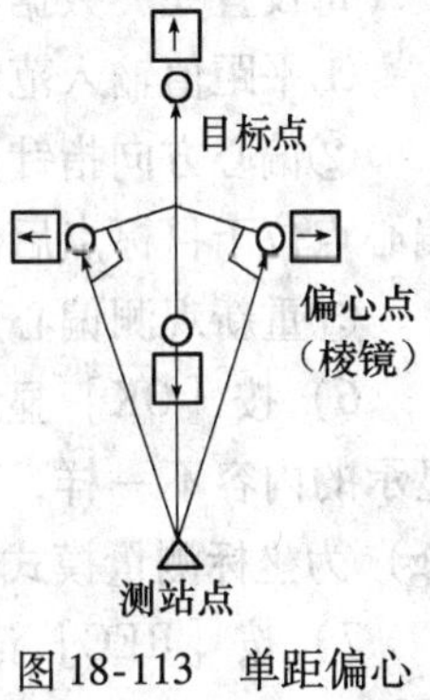

图18-113　单距偏心

照准偏心点后按［SDIST］，显示偏心测量开始，测量屏幕如图 18-114（a），步骤如下：

Dist
Dist PC=-30
Ppm=25
Fine“r”
STOP

（a）

Meas PC -30
Ppm 0
3
S 10.234
ZA 89°58′50″
HAR 111°20′31″
PI HANG EDM

（b）

Offset
1.Offset Dist
2.Offset/Angle
3.Offset/2D
4.Stn data

（c）

Offset/Dist
S 10.234m
ZA 89°58′50″
HAR 111°20′31″
Dist:0.000m
Direc:
OBS OK

（d）

Offset/Dist
S 15.567m
ZA 89°52′54″
HAR 90°16′15″

（e）

Offset/Dist
N 2.345
E 1.234
Z 0.567

（f）

REC/Dist
120rec
S 10.160m
ZA 761450
HAR 642213
Pt:
POINT2000000005
Code: ABCD
Tot.h 0.00m
OK

（g）

图 18-114 单距偏心测量屏幕显示图

1）在测量模式下，照准偏心点后按［SDIST］开始测量。图 18－114（b）显示仪器的初始状态。

2）测量停止后（在重复测量模式下需按［STOP］，显示按 STOP 测量模式屏幕），其中将显示出测站点至偏心点的斜距、垂直角和水平角，如图 18-114（c）所示。

3）在测量模式下使之显示出“Offer”功能。按［OFFSET］键，出现偏心测量菜单屏幕，如图 18-114（d）所示。

4）按［OFFSET］键进入偏心测量菜单屏幕。选取“1. Offset/Dist”后按回车显示单距偏心测量屏幕［图 18-114（e）］。

5）设置下列各数据项：

①Dist 偏心点至目标点的平距值；

②Disrec 偏心点的方向。

每设置完一数据项后按回车。

①平距值输入范围：±9999. 999m；输入单位：0. 001m（测距模式下）。

②偏心方向指针：“→”偏心点位于目标点右侧；“←”偏心点位于目标点左侧；“↑”偏心点位于目标点后侧；“↓”偏心点位于目标点前侧。

③重新观测偏心点：按［OBS］键。

6）按［OK］显示偏心测量结果屏幕。在不同的测量模式下（第 1 步中所用测量模式）显示的内容不一样，例如，图 18-114（f）显示的是测距模式下的测量结果，而图 18-114（g）为坐标测量模式下的测量结果（坐标测量模式下）。

7）按［REC］记录测量结果（测距模式下）。

8）输入下列各数据：

①Pt：目标点点号；

②Code：特征码；

③Tgth：目标高。

每输完一数据项按回车，点号最大长度为14字符，特征码最大长度为16字符。

9）按［OK］返回偏心测量菜单屏幕，退出偏心测量菜单屏幕按［ESC］。

（2）角度偏心测量

角度偏心测量是将偏心点（棱镜）设在尽可能靠近目标点的左侧或右侧的位置上，并使两者目标高相同，如图18-115所示。

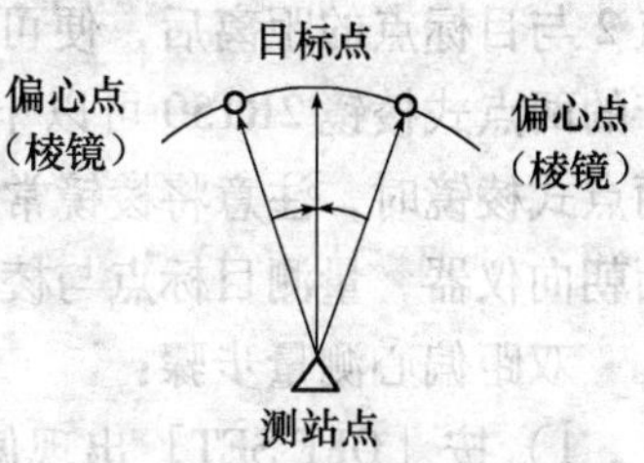

图18-115 角度偏心测量

角度偏心测量步骤如下：

1）照准偏心点，在测量模式下按［SDIST］，开始测量。出现开始测量屏幕。

2）测量停止后（在重复测量模式下时需按［STOP］），显示测量模式屏幕。显示出测站点偏心点的斜距、垂直角和水平角，如图18-116（a）所示。

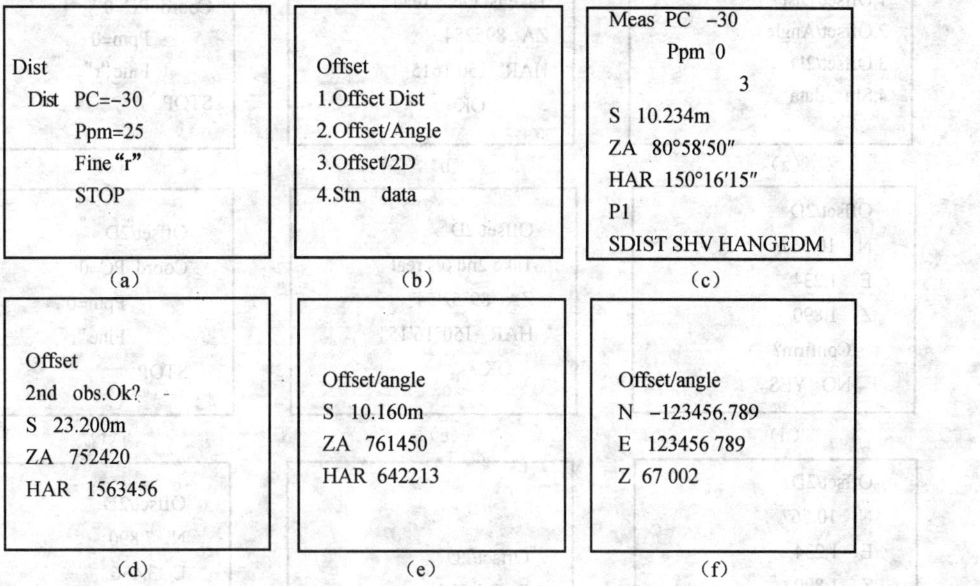

图18-116 角度偏心测量屏幕显示图

3）按［OFF SET］，显示偏心测量菜单屏幕。在测量模式下使之显示出［OFF SET］功能［图18-116（b）］。

4）按［OFF SET］进入偏心测量菜单屏幕，选取“2. Offset angle”后按回车，屏幕显示如图18-116（c）所示。

5）选取“2. Offset angle”后按回车，显示偏心点观测值屏幕。重新观测偏心点按［OBS］，偏心点观测值屏幕如图18-116（d）所示，并显示提问“第二目标点准备好了吗？”

6）精确照准目标点方向后，按［OK］显示偏心测量结果屏幕，在不同的测量模式下（第1步中所用测量模式）显示的内容不一样，例如，图18-116（e）显示的是测距模式下的测量结果，而图 18-116（f）为坐标测量模式下测量结果。

7）在屏幕上显示偏心测量结果（坐标测量模式下）。

8）按［REC］记录测量结果，按［OK］返回偏心测量菜单屏幕。

（3）双距偏心测量（图 18-117）

双距离偏心测量，需要在过目标点的直线上设置两个偏心点（棱镜 1 和棱镜 2）。通过对两个偏心点的测量，在输入偏心点 2 与目标点的距离后，便可确定目标点的位置（使用索佳生产的两点式棱镜 2RT50 可以十分方便地进行此类测量，在使用两点式棱镜时，注意将棱镜常数置为零）。将两点式棱镜的顶点面朝向仪器，量测目标点与棱镜 2 间的距离。

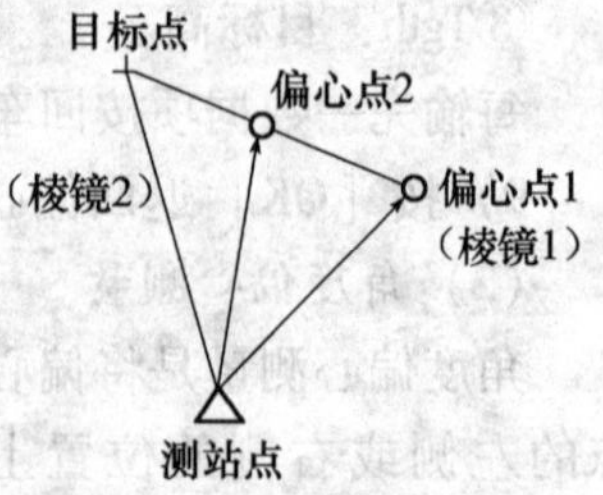

图 18-117　双距偏心

双距偏心测量步骤：

1）按［OFF SET］出现偏心测量菜单屏幕［图 18-118（a）］。可选择：“1”距离偏心，“2”角度偏心，“3”双距偏心，“4”为数据。

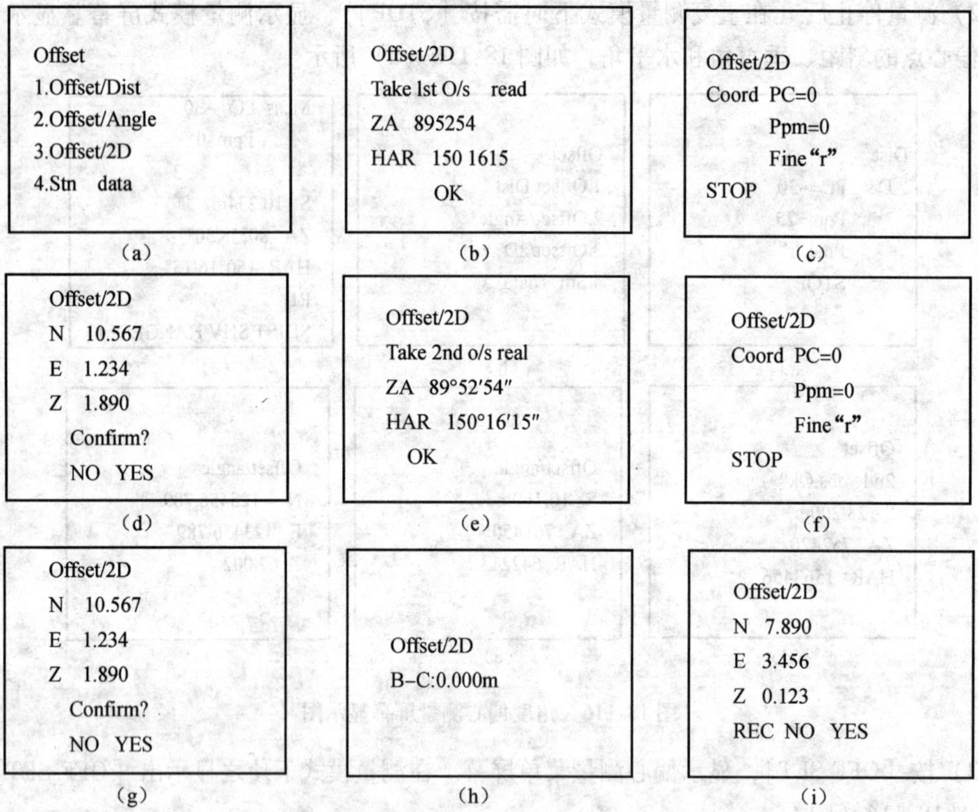

图 18-118　双距偏心测量屏幕示意图

2）在测量模式下使之显示［OFF SET］功能。

3）按［OFF SET］进入偏心测量菜单屏幕。先选取“3. Offset/2D”后，按棱镜 1 观测屏幕。

4）选取“3. Offset/2D”显示如图 18-118（d）所示，照准棱镜 1 后按［OK］。

5）照准棱镜 1 后按［OK］开始测量，开始棱镜 1 观测屏幕。

6）测量停止后按［STOP］。在重复测量模式下时按［STOP］显示出棱镜1的坐标观测值。棱镜1观测量结果屏幕按［YES］。

7）按［YES］，显示如图18-118（d）所示，重新观测棱镜1按［NO］。棱镜2观测屏幕，照准棱镜2后按［OK］，开始棱镜2观测屏幕。

8）照准棱镜2后按［OK］开始测量［图18-118（e）］。

9）测量停止后按［STOP］（在重复测量模式下时按［STOP］）显示出棱镜2测量结果屏幕［图18-118（f）］。

10）按［YES］显示偏心距输入屏幕，如图18-118（g）所示。重新观测棱镜2按［NO］，输入偏心距后按回车［图18-118（h）］。

11）输入偏心距离后按回车，仪器计算并显示目标点的坐标。图18-118（i）为偏心测量结果屏幕。

12）按［OK］返回偏心测量菜单屏幕。

①偏心距输入范围：±9999.999m，最小输入单位0.001m；

②放弃结果重新观测：按［NO］；

③将结果存入工作文件：按［REC］。

5. 对边测量

对边测量用于在不搬动仪器的情况下，直接测量某一起始点（P_1）与任何一个其他点间的斜距、平距和高差。在测量两点间高差时，将棱镜安置在测杆上，并使所有各点的目标高相同（图18-119）。

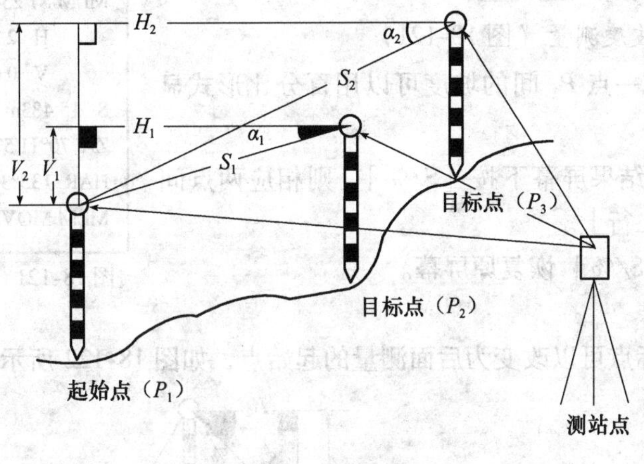

图18-119　对边测量

（1）多点间距离测量

在菜单模式下选取“5. MLM”也可以进行对边测量，出现测量模式屏幕。如图18-120所示。

1）在测量模式下，照准起始点P_1后按［SDIST］开始测量。

2）测量停止后（在重复测量模式下时）按［STOP］，屏幕显示如图18-120（a）所示。

3）照准目标点P_2在测量模式第3页菜单下按［MLM］开始对边测量。按［MLM］开始对边测量屏幕，按［STOP］出现对边测量结果屏幕［图18-120（b）］。

4）测量停止后显示如［图18-120（c）］所示的对边测量结果：

```
Meas PC  -30
    Ppm  0
S  10.57m
ZA  70°11′57″
HAR  135°31′27″
             P1
SDIST SHVH.ANG EDM
```

（a）

```
MLM
  MLM  PC=-30
        Ppm=25
        Fine "r"
STOP
```

（b）

```
MLM
MLM    S      20.757m
       H      27.354m
       V       1.012m
S  15.483m
ZA  70°11′57″
HAR  135°31′27″
MLM MOVE S/%  OBS
```

（c）

```
MLM
MLM S 48.755%
    H 20.757m
    V 1.012m
S  15.483m
ZA  79°20′00″
HAR  89°53′20″
MLM MOVE S/%  OBS
```

（d）

图 18-120　多点间距离测量屏幕显示图

MLM S：起始点 P_1 与目标点 P_2 间的斜距；

H：起始点 P_1 与目标点 P_2 间的平距；

V：起始点 P_1 与目标点 P_2 间的高差；

S：测站点与目标点 P_2 间的斜距；

ZA：测站点与目标点 P_2 间的垂直角；

HAR：测站点与目标点 P_2 间的水平角。

5）照准目标点 P_3 后按［MLM］开始对边测量。测量停止后显示起始点 P_1 与目标点 P_2 间的斜距、平距和高差。用同样的方法，可以测量起始点与其他任一点间的斜距、平距和高差［图 18-120（d）］。重新观测起始点按［OBS］。

6）按［ESC］结束对边测量。

（2）两点间的坡度测量（图 18-121）

起始点 P_1 与任一点 P_2 间的坡度可以用百分比形式显示出来，步骤如下：

1）在对边测量结果屏幕下按［S/%］，则相应两点间的坡度被显示在第二行上。

2）再按一次［S/%］恢复原屏幕。

```
MLM
MLM S1.234m
     H  2.234m
     V  0.678m
S  15.483m
ZA  70°11′57″
HAR  135°31′27″
MLM MOVE S/%  OBS
```

图 18-121　两点间的坡度测量屏幕显示图

（3）改变起始点

最后测量的目标点可以改变为后面测量的起始点，如图 18-122 所示。

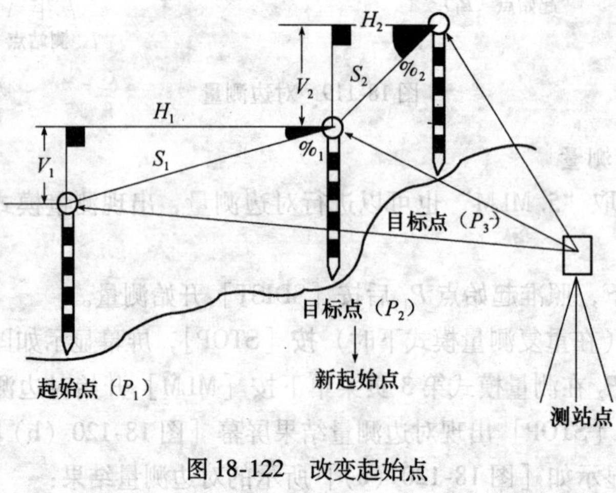

图 18-122　改变起始点

操作步骤如下：

1）按“测量多点间的距离”中介绍的第 1 ~4 步对起始点的目标点进行观测。在对边测量结果屏幕下按［MOVE］显示改变起始点屏幕［图 18-123（a)]。

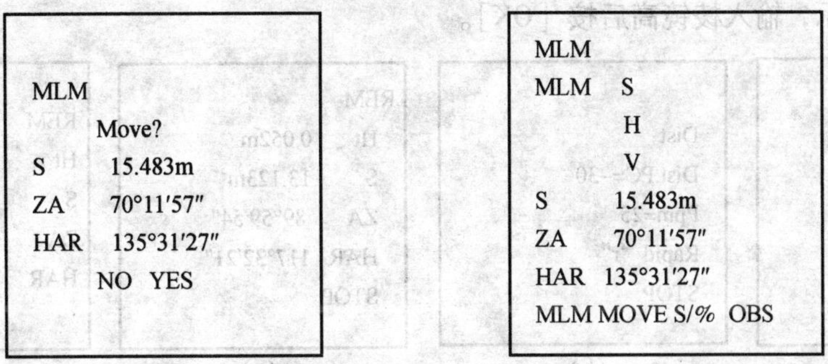

（a）　　　　　　　　　　（b）

图 18-123　改变起始点测量屏幕显示图

按［MOVE］将最后观测的目标点设为起始，显示改变起始点屏幕，按［YES］确认。

2）按［YES］确认，出现对边测量屏幕，如图 18-123（b）所示。

3）按“测量多点间的距离”介绍中第 3 步的方法进行下一目标点的测量。

6. 悬高测量

悬高测量（Remote Elenation）用于对不能设置棱镜的目标（如高压输电线、桥架等）高度的测量，其基本原理如下。

目标高计算公式：

$$H_1 = h_1 + h_2$$

$$h_2 = S\sin\varphi_{z1} \times \cot\varphi_{z2} - S\cos\varphi_{z1}$$

式中　h_1——棱镜高；

h_2——悬高；

H_t——目标高；

φ_{z1}——棱镜天顶距；

φ_{z2}——目标天顶距；

S——斜距。

进行悬高测量时，不论选用何种测距模式，初次测量时间均为 0.7s，其后每间隔 0.5s 测一次。进行此项操作，应首先按“键功能分配”中介绍的方法将［REM］功能定义到键上。在菜单模式下选取“6. REM”也可以进行悬高测量。

悬高测量步骤如下（图 18-124)：

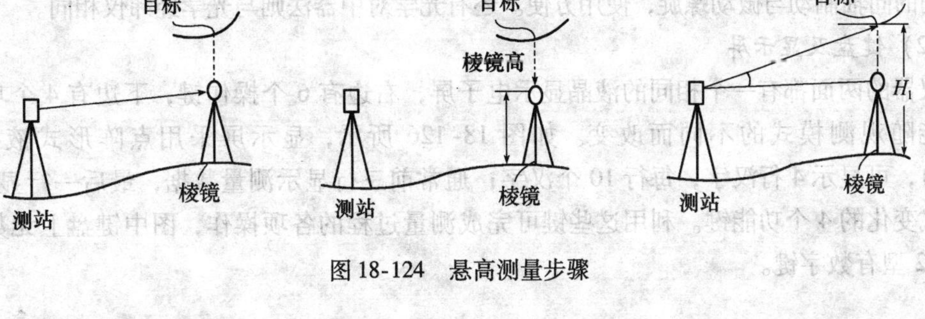

图 18-124　悬高测量步骤

1）将棱镜设于被测目标的正上方或者正下方，用带尺量取棱镜高（测点至棱镜中心的距离）。

2）在测量模式第 3 页菜单下按［HT］进入仪器高度设置屏幕。高度设置屏幕如图 18-125（a)所示，输入棱镜高后按［OK］。

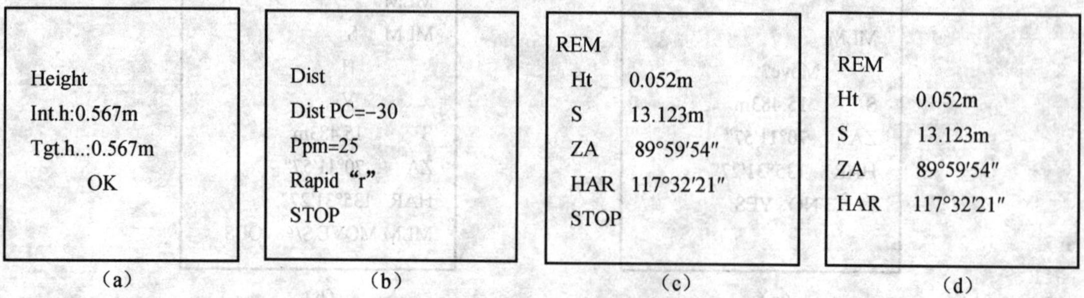

图 18-125 悬高测量屏幕显示图

3）照准棱镜，在测量模式第 4 页菜单下按［SDIST］开始进行距离测量（距离类型可以是斜距、平距或高差）［图 18-125（b)］。

4）照准目标，在测量模式下使之显示［REM］功能，悬高测量屏幕如图 18-125（c）所示。

5）按［REM］开始进行悬高测量，0.7s 后在“HT”一栏中显示出目标至测点的高度，此后，每间隔 0.5s 显示一次测量值。测量停止后显示出测量结果［图 18-125（d)］。

6）按［STOP］结束悬高测量操作。

①重新观测棱镜（测距）：按［OBS］（然后从第 7 步开始）；

②开始悬高测量：按［REM］。

7）按［ESC］退回测量模工屏幕。

①最大观测角度：水平 ±89°；

②最大测量高度：±9999.999m。

三、苏一光 OTS 全站仪

1. 苏一光 OTS 全站仪的结构

（1）OTS 全站仪的各部件

我国苏州一光仪器有限公司生产的 OTS（激光免棱镜型）系列电子全站仪，属整体式全站仪。它主要包括望远镜、水准器、电池、电源开关、显示屏、操作键、基座等。手簿通信接口是使机内数据与外接电子手簿或计算机进行通信。水平方向同轴制动与微动螺旋以及望远镜上下转动的同轴制动与微动螺旋，使用方便。还有光学对中器法则与光学经纬仪相同。

（2）键盘及显示屏

仪器的两面都有一个相同的液晶显示电子屏，右边有 6 个操作键，下边有 4 个功能键，其功能随观测模式的不同而改变。如图 18-126 所示，显示屏采用点阵形式液晶显示（LCD)，可显示 4 行汉字，每行 10 个汉字；通常前三行显示测量数据，最后一行显示随测量模式变化的 4 个功能键。利用这些键可完成测量过程的各项操作，图中键盘上无数字键，OTS632 型有数字键。

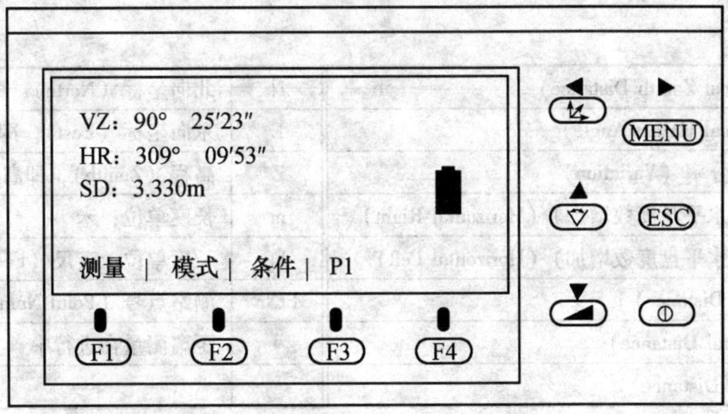

图 18-126　苏一光 OTS 全站仪显示屏

以上各键的具体功能见表 18-18。

表 18-18　各种按键的功能

按　键	名　称	功　能	
		测量模式	菜单模式
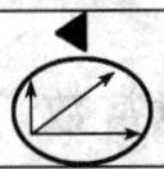	坐标测量键、左移键	进入坐标测量模式	进入菜单模式后的左移键
	角度测量键、上移键	进入角度测量模式	进入菜单模式后的上移键
	距离测量键、下移键	进入距离测量模式	进入菜单模式后的下移键
MENU	菜单键、右移键	进入菜单模式	进入菜单模式后的右移键
ESC	退出键	退回到上一级菜单或返回测量模式	
F1 ~ F4	功能键	对应显示屏上的相应功能，与电源键组成快捷键	
	电源键 第二功能键	控制电源的开和关 第二功能，与 F1 ~ F4 组成快捷键	

（3）显示屏两种显示模式：测量模式与菜单模式

1）测量模式示例如图 18-127 所示。

2）菜单显示模式示例如图 18-128 所示。

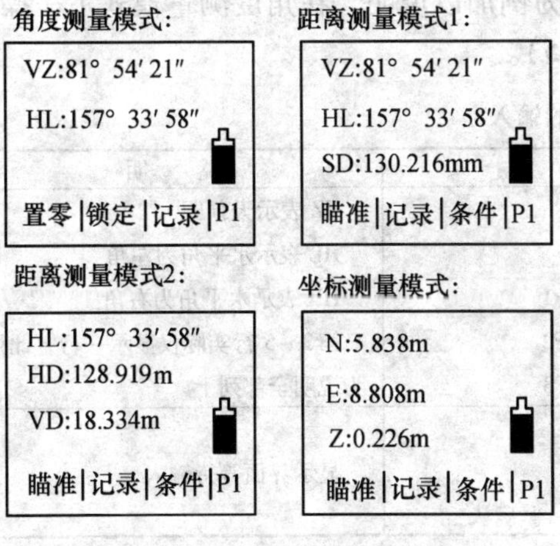

图 18-127　测量显示模式示例

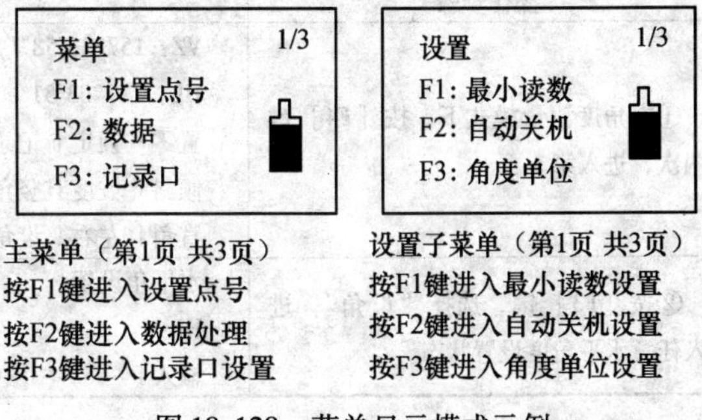

图 18-128　菜单显示模式示例

显示符号说明：

VZ	天顶距（Vertical Zenith Distance）	N	北向坐标（North），即纵坐标 X
VH	高度角（Vertical Height Angle）	E	东向坐标（East），即横坐标 Y
V	坡度或倾斜百分率（Variation）	Z	高程（Zenith），即高程 H
HR	水平角（右旋水平盘度数增加）（Horizontal Right）	m	长度单位：米
HL	水平角（左旋水平盘度数增加）（Horizontal Left）	Ft	长度单位：英尺（Feet）
SD	斜距（Sloping Distance）	PtNr	测站点号（Point Number）
HD	平距（Horizontal Distance）	•	距离测量在进行中
VD	高差（Vertical Distance）		

2. 苏一光 OTS 全站仪的使用

测量前的准备工作

1）安置仪器

将仪器安置在三脚架上，精确整平和对中，以保证测量成果的精度。

2）开机

按住电源键，直到液晶显示屏显示相关信息为“请转动望远镜，以及棱镜常数、大气修正值和仪器软件版本号”，转动望远镜一周，仪器蜂鸣器发出一短声并进行初始化，仪器自动进入测量模式显示。

注：仪器开机时显示的测量模式为上一次关机时仪器所显示的测量模式。

仪器开机时，要确认显示窗中显示有足够的电池电量，当电池电量不足时，应及时更换电池或对电池进行充电。

关机时按住电源键后，并按 F1 键（即同时按电源键和 F1 键），仪器显示“关机”，然后放开按键，仪器进入关机状态。仪器也可选择自动关机功能，若选择自动关机，则 10min 内如果无任何操作，仪器自动关机。

3）数字的输入

仪器在使用过程中，有时需要输入数字，如输入棱镜常数、气压、温度、任意水平角度、放样点坐标等。苏州一光仪器有限公司生产的 OTS 系列电子全站仪没有在显示屏旁设置数字键，而是通过不同的功能键实现的，其中，F1 对应“1，2，3，4”，F2 对应“5，6，7，8”，F3 对应“9，0，°，－”，F4 对应“ENT”。

这里以输入一个任意水平角度（159°30′25″）为例加以说明，在角度测量模式下，操作步骤见表 18-19（159°30′25″输入的形式为 159.3025）。

表 18-19　数字的输入

操作步骤	显　示	说　明
①在角度测量模式下，按［F4］键两次，进入第 3 页	VZ：157°33′58″ HL：327°03′51″ 置零 ǀ 锁定 ǀ 记录 ǀ P1 倾斜 ǀ 坡度 ǀ 竖角 ǀ P2 直角 ǀ 左右 ǀ 设角 ǀ P3	VZ 表示天顶距 HL 表示水平角为左角 HR 表示水平角为右角 第 3～5 行实际仅显示一行，此处为说明全部列上
②按［F3］键，选择“设角”，进入任意水平角度设置状态	水平角设置 HL： 输入 ǀ －　－ ǀ －　－ ǀ 确认	显示界面等待输入

续表

操作步骤	显　示	说　明
③按［F1］键，选择输入，进入数字输入状态	水平角设置 HL： 1 2 3 4 5 6 7 8 9 0. －ENT	F1 对应 1、2、3、4 F2 对应 5、6、7、8 F3 对应 9、0、°、－
④按［F1］键，显示“1、2、3、4”	水平角设置 HL： （1）（2）（3）（4）	F1 对应 1，F2 对应 2，F3 对应 3，F4 对应 4
⑤按［F1］键，选择“1”，数字输入后，显示自动回到上一级，显示“1234567890. －ENT”	水平角设置 HL：1 1 2 3 4 5 6 7 8 9. －ENT	
⑥按［F2］键，显示“5、6、7、8”	水平角设置 HL：1 （5）（6）（7）（8）	F1 对应 5，F2 对应 6，F3 对应 7，F4 对应 8
⑦按［F1］键，选择“5”，数字输入后，显示自动回到上一级，显示“1234567890. －ENT”	水平角设置 HL：15 1 2 3 4 5 6 7 8 9 . －ENT	
⑧依此类推，输入 9、.、3、0、2、5，（分、秒之间没有分隔符“.”）	水平角设置 HL：159. 3025 1 2 3 4 5 6 7 8 9. －ENT	度数输完后应输分隔符“.”，但是，分、秒之间不必输分隔符“.”
⑨按［F4］键，选择“ENT”	水平角设置 HL：159. 3025 输入｜　－　－　｜　－　－　｜确认	
⑩按［F4］键，选择“确认”	VZ：157°33′58″ HL：159°30′25″ 置零｜锁定｜记录｜P1	

在输入过程中或输入完毕，尚未按［F4］键选择“ENT”之前，可以用“左移”键或“右移”键移动光标进行修改。若已经按了“ENT”后发现设置错误，只能重新输入一次。

3. 标准测量模式

OTS 系列电子全站仪设有标准测量模式和应用程序测量模式。标准测量模式包括角度测量、距离测量和坐标测量等。

（1）角度测量

仪器开机后，在测量模式下，按角度测量键，进入角度测量模式。

1）水平角（右角）和垂直角测量

确认在角度测量模式下，将望远镜照准目标，仪器显示天顶距（VZ）及水平角右角（HR），操作见表 18-20。

表 18-20　水平角（右角）和垂直角测量

操作步骤	显　示	说　明
①进入角度测量模式，照准第一个目标（*A*）	VZ：89°25′55″ HR：157°33′58″ 置零｜锁定｜记录｜P1	显示目标 *A* 的天顶距及度盘水平角的读数（HR 为向右增加度数）

续表

操作步骤	显　示	说　明
②按［F1］键，选“置零”使 *A* 目标为0°0′0″	水平角置零 确认吗？ －－｜－－｜是｜否	欲测量∠*AOB* 角度，瞄准 *A* 目标后，度盘置零
③按［F3］键，确认水平度盘置零，屏幕返回角度测量模式	VZ：89°25′55″ HR：0°00′00″ 置零｜锁定｜记录｜P1	
④照准第二个目标（*B*）。仪器显示∠*AOB* 的水平角，目标 *B* 垂直角	VZ：87°22′45″ HR：243°37′52″ 置零｜锁定｜记录｜P1	

2）水平角测量模式（右角/左角）的变换

确认在角度测量模式下，操作见表18-21。

表18-21　水平角测量模式（右角/左角）的变换

操作步骤	显　示	说　明
①在角度测量模式下，按［F4］键两次，进入第3页	VZ：89°25′55″ HR：304°46′53″ 置零｜锁定｜记录｜P1 倾斜｜坡度｜竖角｜P2 直角｜左右｜设角｜P3	VZ 表示天顶距 HR 表示水平角为右角（向右即顺时针增加度数） 第3～5行实际仅显示一行，此处为说明全部列上
②按［F2］（左右）键，水平度盘测量右角模式（HR）转换为左角模式（HL）	VZ：89°25′55″ HL：55°13′07″ 直角｜左右｜设角｜P3	HL 表示水平角为左角（向左即逆时针增加度数）
●每按一次［F2］（左右）键，右角/左角便依次切换		

3）水平度盘的设置

①水平角度值的置零

确认在角度测量模式下，操作见表18-22。

表18-22　水平角度值的置零

操作步骤	显　示	说　明
①在角度测量模式下，照准目标点	VZ：89°25′55″ HR：157°33′58″ 置零｜锁定｜记录｜P1	
②按［F1］键，选择“置零”	水平角置零 确认吗？ －－｜－－｜是｜否	
③按［F3］（是）键，确定水平度盘置零，屏幕返回角度测量模式	VZ：89°25′55″ HR：0°00′00″ 置零｜锁定｜记录｜P1	
●按［F4］键选择“否”，仪器不进行水平角度置零操作，并返回角度测量模式，同时水平角度值显示原有值		

②水平角度值的锁定

确认在角度测量模式下，操作见表18-23。

表 18-23　水平度盘的设置（锁定水平角）

操作步骤	显　示	说　明
①照准在角度测量模式下，照准目标点	VZ：89°25′55″ HR：157°33′58″ 置零 ǀ 锁定 ǀ 记录 ǀ P1	
②按［F2］键，选择“锁定”	水平角锁定 HR：157°33′58″ 确认吗？ － － ǀ － － ǀ 是 ǀ 否	
③照准目标点，按［F3］（是）键，确定水平度盘锁定，屏幕返回角度测量模式	VZ：89°25′55″ HR：157°33′58″ 置零 ǀ 锁定 ǀ 记录 ǀ P1	
●按［F4］键选择“否”，仪器不进行水平角度锁定，并返回角度测量模式，同时水平角度值显示仪器转动后的水平角度值		

③任意水平角度值的设置

确认在角度测量模式下，操作见表 18-24。

表 18-24　任意水平角度值的设置

操作步骤	显　示	说　明
①照准目标点，按［F4］键两次，进入第 3 页	VZ：89°25′55″ HR：304°46′53″ 置零 ǀ 锁定 ǀ 记录 ǀ P1 倾斜 ǀ 坡度 ǀ 竖角 ǀ P2 直角 ǀ 左右 ǀ 设角 ǀ P3	VZ 表示天顶距 HR 表示水平角为右角（顺时针增加度数） 第 3～5 行实际仅显示一行，此处全部列上
②按［F3］（设角）键，准备输入角值	水平角设置 HR： 输入 ǀ － － ǀ － － ǀ 确认	
③输入所需的角度值		

（2）距离测量

1）距离测量的显示模式有两种：

一为斜距测量显示模式，一为高差/平距测量模式，见表 18-25。

表 18-25　距离测量的显示界面

操作步骤	显　示	说　明
开机后，在测量模式下，按距离测量键◢ 一次或两次，进入斜距测量模式	VZ：72°37′53″ HR：157°33′58″ SD：120.530m 瞄准 ǀ 记录 ǀ 条件 ǀ P1	VZ 表示天顶距 HR 表示右增水平角 SD 表示斜距

续表

操作步骤	显示	说明
开机后，在测量模式下，按距离测量键◢ 一次或两次，进入高差/平距测量模式	HR：157°33′58″ HD：120.530m VD：35.980m 瞄准 | 记录 | 条件 | P1	HR 表示右增水平角 HD 表示水平距 VD 表示高差
●反复按距离测量键◢，可选择斜距测量模式或高差/平距测量模式		

2）测距条件的设置：测量时，温度、气压以及测量目标条件对测距有直接影响，因此在测距前应予以设置。

①温度、气压的设置

在距离测量模式下，其设置方法见表 18-26。

表 18-26 温度、气压的设置

操作步骤	显示	说明
①开机后，在测量模式下，按距离测量键◢ 一次或两次，进入斜距测量模式	VZ：72°37′53″ HR：157°33′58″ SD：120.530m 瞄准 | 记录 | 条件 | P1	
②按［F3］（条件）键，进入测距条件设置	设置测距条件 PSM：000m PPM：000 信号：20 棱常 | PPM | T－P | 目标	PSM 为棱镜常数 PPM 为气象修正值 信号指测距回光信号值
③按［F3］（T－P）键，进入温度、气压的设置	温度和气压设置 温度：>0020 气压：1013 输入 | －－ | －－ | 确认	
④输入所需的角度值		
●温度、气压值的输入显示中共有两项输入；当前可输入项的标志为“>”号，“>”号在哪一项（如：温度>0020），则表示现在可进行该项（温度值）的输入；当一项输入完成以后（如：温度>0025），按“▼”键使可输入项标志移到另外一项（如：气压>1013），并进行该项（气压值）的输入 ●开机后，如进入高差/平距测量模式，其操作步骤同上		

②测量目标条件、测距次数及棱镜常数的设置

测量目标条件包括：目标为反射棱镜、反射片和免棱镜（利用自然物体的表面）。厂家配套的棱镜，其常数为 0；使用其他的棱镜，常数应重新设置。这些设置步骤见表 18-27。

表 18-27 测量目标条件、测距次数及棱镜常数的设置

操作步骤	显示	说明
①开机后，在测量模式下，按距离测量键◢ 一次或两次，进入高差/平距测量模式	HR：157°33′58″ VD：35.980m HD：115.034m 瞄准 | 记录 | 条件 | P1	HR：为水平角度 VD：为高差 HD：为平距

续表

操作步骤	显　示	说　明
②按［F3］键，进入测距条件的设置	设置测距条件 PSM：000m PPM：000 信号：20 棱常 ǀ PPM ǀ T－P ǀ 目标	PSM：为棱镜常数 PPM：为气象修正值 信号：指测距回光信号值
③按［F1］（棱常）键，进入反射棱镜常数的设置，按确认返回设置测距条件界面	棱镜常数设置 棱常：000mm 输入 ǀ －－ ǀ －－ ǀ 确认	
④在测距条件界面，按 F4 键，进入目标条件的设置，根据实际情况选按 F1 或 F2 按 F3，最后按 F4（ENT）键后又返回设置测距条件界面	目标 F1：NO PRISM F2：SHEET F3：PRISM　ENT	有三种目标供选择： F1：为无棱镜 F2：为反射片 F3：为棱镜
⑤按 MENU 键，进入主菜单，按"▼"键 2 次进入主菜单第 3 页；再按 F1 键进入"设置"子菜单第 1 页	设置　1/3 F1：最小单位 F2：自动关机 F3：角度单位	F1 显示测角最小单位 F2 自动关机有 ON 与 OFF 两种选择 F3 角度单位有 360°、400°、密位制等选择
⑥按▼进入设置子菜单第 2 页	设置　2/3 F1：长度单位 F2：测距次数 F3：二差改正	长度单位有米（m）和英尺（ft）两种。二差改正有三种设置：OFF，0.14 及 0.20
⑦按 F2 选择测距次数，进入测距设置项目，仪器显示上一次设置的测距次数	测距次数设置 次数：005 输入 ǀ －－ ǀ －－ ǀ 确认	

3）测距模式的设置

由于工程项目要求不同，对测距精度要求不同，全站仪提供了三种测距模式设置。

①精测模式：测距精度为 $\pm(3mm+3ppm\times D)$，显示精确到 0.001m。

②跟踪模式：测距精度为 $\pm(10mm+3ppm\times D)$，显示精确到 0.01m。

③粗测模式：测距精度为 $\pm(4.5mm+3ppm\times D)$，显示精确到 0.01m。

精测/跟踪/粗测模式的选择操作见表 18-28。

表 18-28　精测/跟踪/粗测模式的选择

操作步骤	显　示	说　明
①在距离测量模式下，按［F4］键，进入功能键信息第 2 页	VZ：72°37′53″ HR：157°33′58″ SD：120.530m 瞄准 ǀ 记录 ǀ 条件 ǀ P1 偏心 ǀ 放样 ǀ 模式 ǀ P2	在距离测量模式下显示左图 4 行，即第 1 页。按［F4］键进入第 2 页，即左图 1～3 行和第 5 行

续表

操作步骤	显示	说明
②按［F3］（模式）键，进入测距模式选择	VZ：72°37′53″ HR：157°33′58″ SD：120.530m 粗测 | 跟踪 | 精测 | C	粗测：精度低，精确到0.01m，速度快 跟踪：精确到0.01m，适用于放样 精测：精确到0.001m
③按［F3］键，选择精测模式。屏幕右下角字母显示“F”	VZ：72°37′53″ HR：157°33′58″ SD：120.530m 粗测 | 跟踪 | 精测 | F	
④仪器自动完成设置，并返回距离测量模式	VZ：72°37′53″ HR：157°33′58″ SD：120.530m 瞄准 | 记录 | 条件 | P1	
●在第③步可以选择不同的测距模式，其他步骤相同		

4）距离测量

确认在距离测量模式下，操作见表18-29。

表18-29　距离测量

操作步骤	显示	说明
①在距离测量模式下，进入功能键信息第1页。 望远镜瞄准镜站的棱镜中心，准备测距	VZ：72°37′53″ HR：157°33′58″ SD：　　m 瞄准 | 记录 | 条件 | P1	VZ表示天顶距 HR表示右增加水平角 SD表示斜距
②按［F1］（瞄准）键，仪器发出光束，准备测距	VZ：72°37′53″ HR：157°33′58″ SD：　　m 测距 | 记录 | 条件 | P1	
③按［F1］（测距）键，仪器开始测距	VZ：72°37′53″ HR：157°33′58″ SD＊：120.530m 停止 | 记录 | 条件 | P1	SD＊表示有回光信息，正在测量斜距
④按［F1］（停止）键，仪器停止测距，显示屏显示最后的一次测量结果	VZ：72°37′53″ HR：157°33′58″ SD：120.530m 瞄准 | 记录 | 条件 | P1	

注：1. 表中列举的为斜距测量显示模式，高差/平距测量显示模式的操作方法相同。

2. 仪器在进行距离测量时，当SD或VD后有“＊”号闪烁时，表示有回光信号；当SD或VD后没有“＊”号闪烁时，表示没有回光信号；每次距离值更新时，距离单位“m”闪烁一次，同时蜂鸣器鸣叫一次。

3. 当仪器为粗测或跟踪模式时，按一次“测距”（即F1键），仪器进行连续的距离跟踪测量，直至按一次“停止”（即F1键），仪器停止测量，显示屏显示最后一次测量的结果。

4. 当距离测量为精测模式时，按一次“测距”（即F1键），仪器进行连续的距离测量，直至测距次数达到设置的次数，仪器自动停止测量，显示屏显示测量结果的平均值；如果测距次数没有达到设置的次数，中途需要停止测量，则再按一次“停止”（即F1键），仪器停止测量，显示屏显示最后一次测量的结果。

（3）坐标测量

1）设置测站点坐标

测站点坐标（NEZ）可以预先设置在仪器内，以便计算未知点坐标。仪器开机后，在测量模式下，按坐标测量键，进入坐标测量模式。

测站点坐标的设置见表 18-30。

表 18-30 测站点坐标的设置

操作步骤	显示	说明
①在坐标测量模式下，按［F4］键，进入功能键信息第 2 页	N： -0.328m E： -6.610m Z： 0.290m 瞄准 ｜ 放样 ｜ 记录 ｜ P1 镜高 ｜ 仪高 ｜ 测站 ｜ P2	显示坐标为上一次观测输入的坐标值
②按［F3］（测站）键，进入测站坐标输入显示	N＞ -0.328m E： -6.610m Z： 0.290m 输入 ｜ －－ ｜ －－ ｜ 确认	
③按［F1］（输入）键，进入数字输入状态，按表 15-3 数字的输入方法所示，输入测站坐标 N 的数值。测站坐标 N 的数值输入完成后，按“▼”键，使“＞”号出现在“E”的后面，显示“E＞”，然后进行 E 坐标的输入；E 坐标输入完成以后，按“▼”键，使“＞”号出现在“Z”的后面，显示“Z＞”，然后进行 Z 坐标的输入		

2）设置仪器高/棱镜高

确认在坐标测量模式下，操作见表 18-31。

表 18-31 仪器高/棱镜高的设置

操作步骤	显示	说明
①在坐标测量模式下，按［F4］键，进入功能键信息第 2 页	N： -0.328m E： -6.610m Z： 0.290m 瞄准 ｜ 放样 ｜ 记录 ｜ P1 镜高 ｜ 仪高 ｜ 测站 ｜ P2	
②按［F1］（镜高）键，进入棱镜高输入	棱镜高输入 RHT： 0.000m 输入 ｜ －－ ｜ ｜ 确认	
③按［F1］（输入）键，进入数字输入状态，按表 17-17 数字的输入方法所示，输入棱镜高的数值，如 1.324m	棱镜高输入 RHT： 1.324m 输入 ｜ －－ ｜ －－ ｜ 确认	

续表

操作步骤	显示	说明
④按［F4］（确认）键，仪器返回到第2页	N：　-0.328m E：　-6.610m Z：　0.290m 镜高 ǀ 仪高 ǀ 测站 ǀ P2	
⑤按［F2］（仪高）键，进入仪器高输入	输入仪器高 RHT：　0.000m 输入 ǀ －－ ǀ －－ ǀ 确认	
⑥依棱镜高输入的方法一样，输入仪器高的数值		

3）后视点坐标的输入

确认在坐标测量模式下，操作见表18-32。

表18-32　后视点坐标的输入

操作步骤	显示	说明
①在坐标测量模式下，按［F4］键两次，进入功能键信息第3页	N：　-0.328m E：　-6.610m Z：　0.290m 瞄准 ǀ 放样 ǀ 记录 ǀ P1 镜高 ǀ 仪高 ǀ 测站 ǀ P2 偏心 ǀ 模式 ǀ 后视 ǀ P3	
②按［F3］（后视）键，进入后视点坐标的输入	N：　0.000m E：　0.000m 输入 ǀ －－ ǀ －－ ǀ 确认	
③按［F1］（输入）键，进入数字输入状态，按表17-17数字的输入方法所示，输入后视点的N坐标数值，N的数值输入完成后，按“▼”键，使“>”号出现在“E”的后面，显示“E>”，然后进行E坐标的输入，直至输完		
④按［F4］（确认）键，仪器自动计算出方位角，并显示	方位角设置 HR：270°00′00″ >照准？　　是　否	>照准？询问望远镜是否已精确照准后视点？“是”按F3，“否”按F4
⑤如果要进行坐标测量，则照准后视目标后，按［F3］键选择“是”，仪器返回到坐标测量信息第1页界面		

在坐标测量模式中，输入测站点坐标、仪器高、棱镜高和后视点的坐标后，仪器将保持最后一次输入的值，即使仪器关机也不会丢失。

4）坐标测量的操作

在完成了测站点坐标、仪器高、棱镜高和后视点的坐标输入后，坐标测量的操作步骤见表18-33。

表 18-33　坐标测量的操作

操作步骤	显示	说明
①设置测站点坐标、仪器高/棱镜高和后视点坐标，若未输入以上数据，则仪器将保持最后一次输入的值	方位角设置 HR：270°00′00″ >照准？是　否	在坐标测量模式中，测站至后视点方位角仪器自动算出
②照准后视目标，按［F3］（是）键，仪器返回到坐标测量信息第 1 页界面	N：－0.328m E：－6.610m Z：0.290m 瞄准丨放样丨记录丨P1	此时显示的坐标值为上次观测站的坐标
③照准镜站点，按［F1］（瞄准）键，仪器发出光束，准备测距	N：　　m E：　　m Z：　　m 测距丨放样丨记录丨P1	
④按［F1］（测距）键，仪器开始测距	N：－5.678m E：8.540m Z：0.290m 停止丨记录丨条件丨P1	此时显示的坐标为镜站的坐标
⑤按［F1］（停止）键，仪器停止测距，显示屏显示最后的一次测量结果	N：－5.678m E：8.540m Z：0.290m 瞄准丨记录丨条件丨P1	

• 坐标测量和距离测量虽然含义不同，但两项工作的操作步骤是相同的。同时，测距条件和测距模式的设置也和距离测量的设置一样

4. 仪器使用的注意事项

电子全站仪是一种结构复杂且价格昂贵的先进仪器，在使用和保管中应严格按说明书的要求和步骤进行，做到专人保管与维护。

1）安置测站时，首先把三脚架安稳妥，然后再装上全站仪。

2）当作业迁站时，仪器电源要关闭，仪器要从三脚架上取下装箱，近距离迁站可不装箱，但务必握住仪器的提手稳步行进。

3）未装滤光片不要将仪器直接对准阳光，否则会损坏仪器内部元件。

4）在未加保护的情况下，绝不可置仪器于高温环境中，仪器内部的温度太高，会减少其使用寿命。

5）在需要进行高精度的观测时，应采取遮阳措施，防止阳光直射仪器和三脚架。

6）清洁仪器透镜表面时，应先用箱内干净的毛刷扫去灰尘，再用干净的绒棉布蘸酒精，由透镜中心向外一圈圈的轻轻擦拭，仪器的镜头千万不要用手去摸。

7）仪器装箱时，应先将仪器的电源关掉，然后取下电池（外接电源），确保仪器与箱内的安置标志相吻合，且仪器的目镜向上。

8）和仪器配套使用的棱镜应保持干净，不用时应放在安全的地方，有箱子的应放在箱内，以免碰坏。

四、宾得 R—100 系列全站仪

宾得是世界著名光学企业，多年来，生产了许多优秀的产品，如照相机、镜头、显微镜、望远镜、测绘仪器等。作为宾得集团中制造测绘仪器及 CCTV 镜头的旭精密株式会社成立于 1933 年 2 月 15 日，半个多世纪来，制造出光学经纬仪、光学水准仪、电子经纬仪、测距仪、全站仪、GPS 和激光水平仪等一系列产品，并在全世界率先生产出自动调焦水准仪和自动调焦免棱镜全站仪，并把相机技术应用于测绘仪器中，生产的新宾得 R—100 全站仪已在全球网络销售服务。

1. 宾得 R—100 系列

R—100 系列全站仪是世界上第一台免棱镜自动调焦全站仪。该系列电子全站仪型号有 R—115N/125N/135N/122N，技术参数见表 18-34。

表 18-34　R—100 系列技术参数

型号	测角精度/（″）	测距精度		测程	
		反射棱镜	N 免棱镜	反射棱镜/km	N 免棱镜/m
R115	5	$\pm 5mm + 3\times10^{-6}D$		5	
R125	5	$\pm 5mm + 3\times10^{-6}D$		5	
R125N	5	$\pm 5mm + 3\times10^{-6}D$	$\pm 5mm + 3\times10^{-6}D$	5	85
R122	5	$\pm 2mm + 2\times10^{-6}D$		5	
R122N	2	$\pm 2mm + 2\times10^{-6}D$	$\pm 5mm + 3\times10^{-6}D$	5	85

具有以下特点：

1）免棱镜自动调焦，目标立即精确显现，世界首创三重调焦系统。

2）可视激光点。

3）高级的应用程序软件。根据不同的目标类型方便地选择不同的测量模式。

R—100 系列全站仪允许使用者在三种可用的测量模式外，根据不同类型的反射目标来选择测量模式。

4）方便瞄准。操作 R—100 系列全站仪的三种调焦系统让使用者在进行各种测量时轻松瞄准，从而保护使用者的视力，可快速、清晰、简单地瞄准目标。按自动调焦键，调焦将自动进行。所有的工作在一个既快又简单的动作中完成。

5）高级的光学系统。新一代的 R—100 系列全站仪融合了世界的 Pentax 光学制造工艺，可使成像锐利、清晰，具有高对比度、大视野及高分辨率。

6）更多可能、方便地使用附件。众多不同类型的附件可应用于不同工作条件，如弯管目镜、长型罗盘、日光过滤器、黏性反射片、棱镜、迷你棱镜、三脚架。

7）红外字母键盘遥控器（MU—72 可选附件）。用 MU—72 遥控器上独特设计的字母，数字模式可方便地完成使用者的工作，因为其可方便快速地键入字符。

8）双轴补偿 R—100 采用双轴补偿。这样可以校正由于仪器倾斜而造成的水平角和垂直角误差，能够提高测量精度和速度。

9）绝对旋转度盘、绝对位置。绝对连续的角度编码器免除了开机后寻找度盘的必要，即使关掉仪器结果依然继续测量/计算。

10）AF(自动调焦)。世界首创三重调焦：自动调焦、电动调焦、手动调焦。用照准部粗瞄器瞄准目标，按自动调焦键，目标立即清晰可见，即可测量，十分快速。近距离可用电动调焦，目标更清晰。

11）完全中文版。各级菜单和提示全为中文，使操作简单易懂，而且中、英文显示可互换。

12）NP(免棱镜测距)。在距离测量中，采用二级激光，光束集中、功率小、距离远，对人眼伤害小。免棱镜可测85m，有可见红激光。对地籍、隧道、桥梁等测量有很大帮助。

13）AE(绝对编码器)。开机无需初始化，重新开机后，角度不变，不影响测量。

14）更长的测程。单棱镜测距可达4000m，无需三棱镜，节约成本，且解决了因测量程不够而影响工作的问题。

15）更大的内存量。7500MB的数据存储量，不需再为内存不够而烦恼。

16）更耐用的电池。耐用的镍氢内置电池，体积小、容量大，快速充电2h可完成一天的工作。

17）独有的CAD功能。有坐标时，仪器可画出图形。放样时仪器也显示图形，提示放样情况，且图形可以放大、缩小、移动，十分直观。

18）独特的偏心测量。偏心测量无需输入偏心距，只需在目标旁立棱镜测量，然后照准目标既可测得坐标值。

19）导线测量及平差。测量导线再也不用手工记录，手工输入，平差软件进行平差，内置软件即可完成记录及单导线平差。输出成果可转换成规范要求格式及直接转换进行导线网平差。

20）存储可以人工选择，避免测错记入内存的危险。

21）可配红外字母键盘遥控器（MU—72）。MU—72具有独特设计的字母、数字键，可快速方便地键入字符和数字，且能采取007编码直接控制程序。MU—72可像电视遥控器一样远距离大范围控制仪器，这样测量起来更轻松。由于无需触碰仪器即可测量，故保证测量结果有更高精度。

新型R—100系列全站仪是世界上第一种免棱镜自动对焦全站仪，其卓越功能使测量工作变得快速、轻松，大大提高生产力，提高效益，使测绘单位在激烈的市场竞争中脱颖而出，其服务性能见表18-35。

表18-35　R—100系列全站仪

性能	
文件：存储、新建、选择、删除	计算：COGO计算 （坐标怎么算、点坐标、线到线） RDM(遥距测量) VPM(垂直面测理)、导线（未决定的）
测量：偏移量（半径、垂直、距离、切线）	I/O：进行输出、输入的传输设置
查看：图形查看、文本查看、编辑	偏好设置：坐标系统、语言、字符输入方式
自由建站：距离和角度，角度（最多面20个后视点）	内部存储：7500点（包括测量和输入的坐标值）

2. 宾得 ATS 系列全站仪

ATS 系列全站仪是一种高档全站仪，首创的三轴补偿技术使精度大为提高，软件功能强大，能进行精确复杂的测量工作。ATS 系列包括 ATS—101/102/105 等。

首创三轴补偿技术，能精确地对测量误差进行自动补偿。内置自动大气感应器，温度、气压自动感应。先进的开放式 DOS 计算机操作系统，程序无限升级，更可度身定制供其专用测量程序。独特的红外接口，配遥控字符键盘，无需操作仪器，即可完成强大的测量功能。32 倍的望远镜放大倍数，使成像更明亮、清晰。有电子整平和时钟记录。遥控字符键盘（选配件）。使用 MU72 红外遥控键盘，使输入更快、更容易。由于照准目标后无需触碰仪器即可完成测量，因此保证了测量成果具有更高的精度。测距最小读数 0.1mm，测量更精确。国际标准的 PCMCIA 数据存储卡拥有海量存储空间，数据处理速度更快，数据保存更安全。宽大的草绿色屏幕，可显示测量图形。内置功能强大的 PowerTopo 测量程序，随机奉送 PowerTopo PC 机演示程序。DL—01 数据通信软件，直接将数据转换成需要的格式，如 DXF、TDS、SDR、JS—info 等。

ATS 系列全站仪的优点如下：

(1) 全面测量解决方案

Pentax ATS 系列全站仪是高水准硬件技术、光学技术及 DOS 兼容计算机技术的完美结合。

(2) 灵活性，方便的键盘操作

仅操作一排软键即可实现强大的内部程序功能。菜单的选择仅需使用方向键或数字键。这种方式使键盘更简洁，操作更具有逻辑性、指导性。培训时间更短，生产效率更高。

(3) 遥控字符键盘

使用 MU72 红外遥控键盘，使输入更快、更容易。由于照准目标后无需触碰仪器即可完成测量，因此保证了测量成果具有更高精度。

(4) 高效率、更精确

采用独特的相对式光电编码器，有效地消除非正常偏差，保证仪器具有更高的水平角垂直角测量精度。

(5) 三轴改正

相对于双轴改正，Pentax 的 ATS 系列全站仪提供了独一无二的三轴改正功能，三轴改正功能对来自于垂直轴、水平轴及视准轴交会处的误差可进行更精确的自动补偿。

(6) 功能强大数据传输

数据可以通过电缆或 PCMCIA 卡读器直接与任何一台计算机通信，进行传输数据。

(7) 速度

根据需要可以使用各种不同类型、不同容量的 PCMCIA 存储卡，使数据处理速度更快。

(8) Pentax 原装数据存储卡

Pentax 原装数据存储卡具有高强度、更大的温度使用范围、更好的数据保存性能。

使用成熟、高效的 Pentax EDM 测距系统，单棱镜可以测距 2700m。

(9) PowerTopo 软件

来自 Pentax 的最新工程应用程序，界面友好、开放，功能更实用。基于图标的 PowerTopo

软件使用界面更友好，软件结构设计简洁，其与软键盘的完美结合使 PowerTopo 使用起来更具有效率。使有经验的测量工程师工作效率更高，而初学者亦可在最短的时间内掌握软件的使用。

（10）功能强大

强大的 PowerTopo 功能使全站仪操作比以前更快、更高效。开发工具 Pentax 提供了开放的开发环境，用户可以根据需要开发自己的应用程序。

（11）高效率

外业快速采集，PowerTopo 提供相当数量的增强功能，解决任何高级的测量应用。

（12）PowerTopo 演示盘

PowerTopo 演示程序在 PC 机上模拟 PowerTopo 软件，提供每一项功能的帮助说明，在计算机屏幕上同时显示仪器的显示窗及仪器的面板。该软件用于在办公室中进行计算及测量工作准备。

（13）外部数据采集器

PowerTopo 软件可以无缝接驳各种外部数据采集器，提高用户的工作效率。

（14）功能强大

外业测量的数据可以在野外直接以图形的形式显示出来，并伴随文字描述。可以保证在回到办公室进一步处理数据前在野外对数据的正确性进行检查。

（15）先进的算法、准确的算法

准确的计算在极短的时间里可以得到可靠的结果。

（16）DL—01 数据通信软件

DL—01 是基于 Windows TM 的功能强大的数据传输及转换软件。

除具有普通全站仪功能外，ATS 全站仪还具内置强大的 PowerTopo 软件，有以下特殊功能：测量点图形显示，多语言帮助功能，体积计算，COGO 功能，悬高测量 REM、遥距测量 RDM、竖面测量和导线测量，图形指示放样，具有 3D 平面和距离计算，道路设计功能，测量结果可转换到不同的坐标系。

PowerTopo 软件特性如下：

1）自由建站（最多可有 20 个点），测量点图形显示，多语言帮助功能，体积计算，COGO 功能。

2）悬高测量 REM，遥距测量 RDM，竖面测量 VPM，导线测量。

3）图形指示放样，具有 3D 平面和距离计算，道路设计功能测量结果可转换到不同坐标系，选择不同的测量程序。

4）通过 Pentax DL—01 通信程序与外部计算机双向通信，实现数据传输及数据格式转换，DL—01 传输软件的特点：通过 RS—232C 接口的传输电缆连接宾得测量仪器和电脑，则利用 DL—01 传输软件可完成数据文件的上传和下载，同时该软件也能进行数据的转换。

5）在 Windows 95/98/2000 或 NT 系统下进行安装、操作。DL—01 利用固化在 Windows 中的强大应用程序/数据可转换成以下格式：Pythagoras（毕达哥拉斯）格式、Files 格式、DXF 格式、JS—Info、TDS、SDR、TAB separated ASCⅡ、DC—1Z、三种用户定义格式、其他认可的格式等。

ATS 系列技术指标见表 18-36。

表 18-36　ATS 系列技术指标

望远镜		
成像	正像	
放大倍率	32 倍	
解析力	2.5″	
物镜有效直径	45mm(EDM54mm)	
视野	1°30′（2.6%）	
最短焦距	1.3m	
距离测量		
ATS—101/102	能见度 20km	能见度 40km
单棱镜	2400m	2700m
三棱镜	3100m	3600m
ATS—105		
单棱镜	2000m	2300m
三棱镜	2600m	3100m
测量精度		
普通		
ATS—101/102	$\pm(2+2\times10^{-6}D)$ mm	
ATS—105	$\pm(2+2\times10^{-6}D)$ mm	
自动大气改正状态		
ATS—101/102	$\pm(2+2\times10^{-6}\times D)$ mm	
ATS—105	$\pm(2+2\times10^{-6}\times D)$ mm	
最小读数		
精确测量模式下	0.1mm	
普通测量模式下	1mm	
快速测量模式下	1mm	
跟踪测量模式下	1cm(10mm)	
测量时间		
精确测量模式下	3s	
普通测量模式下	2s	
快速测量模式下	0.8s	
跟踪测量模式下	0.4s	
大气改正		
大气改正		
（开/关）可选		
开	PPM 参与 EDM 测距改正	
关	PPM 不参与 EDM 测距改正	
自动大气测量		
（开/关可选）		
开	内置感应器自动测量温度和气压	
关	通过键盘手工输入温度和气压	
棱镜常数改正	通过键盘输入棱镜常数	
大气折射与地球曲率改正	是/否（可选）	

（大气折射系数＝0.14/0.2）		
距离单位（m/ft 可选）		
角度测量		
角度识别方法		
180°对径观测（垂直角和水平角）最小显示		
ATS—101	ATS—102	ATS—105
0.5″/1″	1″/5″	5″/10″
精度（DINI18723）		
1″	2″	5″
补偿器		
类型	双轴	
补偿范围	±3″	
气泡精度		
水准气泡		
ATS—101	ATS—102	ATS—105
20″/2mm	30″/2mm	30″/2mm
圆水准气泡		
ATS—101	ATS—102	ATS—105
8′/2mm	8′/2mm	8′/2mm
电子气泡		
光学对中器		
放大倍数	3 倍	
视野	3°30′	
调焦范围	0.5～∞	
显示部分		
显示屏：图形液晶显示屏（20 字符×8 行、160×64 点）		
屏幕底行显示程序功能键		
具有背光照明		
面板上的按键数		
电源键　1		
程序功能键　5		
功能键　2		
数字键　10		
照明键　1		
一般特性		
使用温度范围：－20～＋20℃		
尺寸：343mm(H)×189mm(W)×185mm(L)		
仪器高：223mm（到望远镜中心的高度）		
质量：7.0kg(包括 0.5kg 的电池)		

五、伺服型全站仪

1. 蔡司 S 系列测量机器人

蔡司 S 系列测量机器人，集测量先进技术于一身，居目前全球测量机器人的最高水平，将会大大减轻测量员的劳动强度，实现自动测量。主要应用于监测、工业测量等方面。主要特点如下：

1）电动机驱动，自动跟踪：真正的伺服全站仪，是最快速、最具适应性的仪器。

2）快速锁定（Quick Lock），卓越的快速 360°全方位感应器，几秒钟即可锁定目标，用于全站仪快速搜寻、锁定目标。

3）搜索光（Search Light）：辅助快速搜索。

4）定位光（Position Light）：方便快速施工放样。

5）自动化操作：Reclink－s 带遥控电脑及双向无线电的遥控器来指挥测量，可实现单人测量。

6）面向对象设计的软件，能简易、快速地完成特殊的测量任务。

7）操作方便：宽大的控制面板、人性化设计的操作键盘（Qwerty 键盘）。

8）Point、Track、Arc、Space 四种机型，能满足用户的任何测量需求。

9）双轴补偿：补偿范围 ±5′，补偿精度 ±0.3″。

10）内置 486 标准的 MS—DOS 操作平台，兼容性强，全站仪中速度最快。

11）温度气压自动感应。

精度标准见表 18-37。

表 18-37　精度标准

精确锁定（FineLock）：同轴的棱镜感应器集成在望远镜中，在几秒钟内为高精度角度测量锁定目标。锁定范围 1km，锁定跟踪速度 5m/s（100m 处）型号	精度
EltaS10（Point 型）	$1'' \pm 1mm + 2 \times 10^{-6}D$
EltaS10（Track 型）	$1'' \pm 1mm + 2 \times 10^{-6}D$
EltaS10（Arc 型）	$1'' \pm 1mm + 2 \times 10^{-6}D$
EltaS10（Space 型）	$1'' \pm 1mm + 2 \times 10^{-6}D$
EltaS10（Point 型）	$2'' \pm 1mm + 2 \times 10^{-6}D$
EltaS10（Track 型）	$2'' \pm 1mm + 2 \times 10^{-6}D$
EltaS10（Arc 型）	$2'' \pm 1mm + 2 \times 10^{-6}D$
EltaS10（Space 型）	$2'' \pm 1mm + 2 \times 10^{-6}D$

2. 美国天宝全站仪集成测量系统

美国天宝的 Trimble 5600 系列全站仪可将带用户进入测量技术的更高境界——显著的工作效率和简便的操作。Trimble 5600 系列电动全站仪主要特点如下：

1）自动锁定和遥控可大大提高生产率；

2）4 速伺服电动机驱动快速精确；

3）主动搜索系统，不受外界干扰；

4）无缝数据流。

Trimble 5600 系列的优势如下：

（1）属于具有伺服驱动的高效的测量系统

可升级到自动锁定和遥控测量，伺服系统使用户的生产率提高 30%。5600 系列配备了 4 速伺服电动机，它能够提供可变的照准速度。使用户更快速、更平滑和更精确地瞄准目标。伺服系统是测量自动化和将来升级以提高生产率的基础。

（2）升级到自动锁定功能，生产效率将提高 50%

当全站仪用来测量和记录时，自动锁定技术（Autolock）能够进行智能操作。

（3）自动找出 RMT 有源棱镜并锁定

当被测点移动时，5600 系列全站仪自动找出 RMT 有源棱镜并锁定，无需微调，更不用调焦，在黑暗中亦可进行。工作上由于应用 Trimble 独有的源自主发光（RMT）棱镜技术，全站仪可以不受外界干扰地锁定棱镜，不会因为不规则的无效运动造成效率降低。在大多数情况下，自动锁定的性能使全站仪放样和数据采集与跑尺员移动速度一致。

（4）升级到遥控功能生产效率将提高 80%

遥控操作功能提供和自动锁定一样的优点，除此以外还支持测量员单人工作。自动测量功能提供给用户的好处不仅提高了生产效率，减少了人员费用，而且也提高了测量质量，所有的控制初始化和记录都在测量点进行，由镜站控制全站仪可保证最高的数据质量。

（5）遥控功能与 DR200 + 无棱镜测距结合

双倍提高生产效率，远距离无反射直接测距（激光 EDM）系统 DR200 +。使 5600 系列全站仪可以对 600m 的白色目标和在 200m 的距离上对柯达灰色目标进行测量（无反射全站仪测距的国际标准）。这比任何其他无反射全站仪的测程远了 3.3 倍，如使用单棱镜作用范围将是 5.5km。把 DR200 +（无反射激光测距）的功能与全自动操作相结合就可以得到最佳配置的全站仪。

（6）Trimble 集成测量解决方案，提供以上两领域中最好选择

只需简单地将 TSC—1 控制器从一个系统连接到另一个系统，只要几秒钟时间就可继续测量。软件环境是相同的，可实现无缝数据流动。

Trimble 5600 系列电动全站仪主要指标见表 18-38。

表 18-38　Trimble 5600 系列电动全站仪主要指标

型号	5601	5602	5603	5605
算术平均值(D-bar)：	$\pm(1mm+1\times10^{-6}D)$	$\pm(2mm+2\times10^{-6}D)$	$\pm(2mm+2\times10^{-6}D)$	$\pm(3mm+3\times10^{-6}D)$
标准测量(STD)	$\pm(2mm+2\times10^{-6}D)$	$\pm(3mm+2\times10^{-6}D)$	$\pm(3mm+2\times10^{-6}D)$	$\pm(5mm+3\times10^{-6}D)$
快速标准(FSTD)	$\pm(4mm+2\times10^{-6}D)$	$\pm(8mm+2\times10^{-6}D)$	$\pm(8mm+2\times10^{-6}D)$	$\pm(8mm+3\times10^{-6}D)$
快速跟踪 m/s(TRK)	$\pm(6mm+2\times10^{-6}D)$	$\pm(10mm+2\times10^{-6}D)$	$\pm(10mm+2\times10^{-6}D)$	$\pm(10mm+3\times10^{-6}D)$
最短视距/m	0.2	0.2	0.2	0.2
算术平均值(D-bar)/mm	0.1	1	1	1
标准测量(STD)/mm	1	1	1	1
快速标准(FSTD)/mm	1	1	1	1
快速跟踪(TRK)/mm	10	10	10	10

续表

型号	5601	5602	5603	5605
		测量时间		
算术平均值（D-bar）	使用者决定	使用者决定	使用者决定	使用者决定
标准测量(STD)/s	3.5	3.5	3.5	3.5
快速标准(FSTD)/s	1.3	1.3	1.3	1.3
快速跟踪(TRK)/s	0.4	0.4	0.4	0.4
光源	经外砷化镓二极管	经外砷化镓二极管	经外砷化镓二极管	经外砷化镓二极管
光束发散度	16cm/100m	16cm/100m	16cm/100m	16cm/100m
大气改正	$-60\sim195\times10^{-6}$连续	$-60\sim195\times10^{-6}$连续	$-60\sim195\times10^{-6}$连续	$-60\sim195\times10^{-6}$连续
精度	5601 DR200 +	5602 DR200 +	5603 DR200 +	5605 DR200 +
5～200m	$\pm(3mm+3\times10^{-6}D)$	$\pm(3mm+3\times10^{-6}D)$	$\pm(3mm+3\times10^{-6}D)$	$\pm(3mm+3\times10^{-6}D)$
200m 以外	$\pm(5mm+3\times10^{-6}D)$	$\pm(5mm+3\times10^{-6}D)$	$\pm(5mm+3\times10^{-6}D)$	$\pm(5mm+3\times10^{-6}D)$
最短视距/m	2	2	2	2
最小读数算术平均值（D-bar）/mm	0.1	1	1	1
标准测量(STD)/mm	1	1	1	1
快速标准(FSTD)/mm	1	1	1	1
跟踪(TRK)/mm	10	10	10	10
测量时间（有反射镜）算术平均值（D-bar）	使用者决定	使用者决定	使用者决定	使用者决定
标准测量(STD)/s	2	2	2	2
快速标准(FSTD)/s	2	2	2	2
跟踪(TRK)/s	0.4	0.4	0.4	0.4
测量时间（无反射镜）算术平均值（D-bar）	使用者决定	使用者决定	使用者决定	使用者决定
标准测量(STD)/s	2～10	2～10	2～10	2～10
快速标准(FSTD)/s	2～10	2～10	2～10	2～10
跟踪(TRK)/s	0.4	0.4	0.4	0.4
光源/nm	红外激光二极管 850	850	850	850
光束发散度水平	4cm/100m	4cm/100m	4cm/100m	4cm/100m
垂直	8cm/100m	8cm/100m	8cm/100m	8cm/100m
大气改正	$-60\sim195\times10^{-6}$连续	$-60\sim195\times10^{-6}$连续	$-60\sim195\times10^{-6}$连续	$-60\sim195\times10^{-6}$连续
仪器	5601 5601 DR200 +	5602 5602 DR200 +	5603 5603 DR200 +	5605 5605 DR200 +
精度（标准差基于 DIN 18723）/(″)	1	2	3	5
算术平均值（D-bar）/(″)	0.1	1	1	1
快速跟踪/(″)	2	2	2	2
自动水平补偿器				
双轴补偿工作范围/(′)	6	6	6	6

*标准能见度：无雾、阴天或中等强度光照并带轻微闪烁。测程和精度取决于天气情况和不同物体表面的反射质量变化。

续表

型号	5601	5602	5603	5605
全自动测量描述				
全自动测程 *	至700m，取决于RMT类型	测量时间		
全自动锁定测程 *	至1000m，取决于RMT类型	标准测量/s	5～10s	
最小搜索距离/m	1.5	快速跟踪/s	0.4	
200m处的定位精度/mm	<2	搜索时间/s	<10s * *	
角度读数（最小计数）		搜索范围/s	360°或限定搜索窗口	
算术平均值/(″)	1			
标准测量/(″)	1	* 范围和精度是取决于大气环境和背景辐射		
快速跟踪/(″)	2	* * 取决于搜索窗口		
5600的测程范围	模式1选择	模式2选择	模式3选择	模式4选择 模式5标准
使用Geodimeter棱镜的测程标准能见度				
单棱镜/m	2500	2000	1500	1800 1200
单棱镜：长距离模式/m	3500	2800		
三个棱镜/m	3500	2800	2100	2500 2800
三个棱镜：长距离模式/m	4600	3900		
八个棱镜/m	4500	3800		
三个棱镜：长距离模式/m	5800	5000	2900	
5600 DR200+测程单棱镜测程				
使用Geodimeter棱镜的测程标准能见度/m		5500		
使用塑料反射片/m		1500		
使用反射胶带/m	800			
直接反射测量的测程				
柯达灰色（18%）/m		>200		
柯达白色（90%）/m	>600			
白色表面/m	200～600			
水泥/m	200～300			
木制结构/m	150～300			
金属结构/m	150～200			
亮石/m	150～250			
暗石/m	100～150			

Trimble 5600的常规性能如下：

1）瞄准：伺服驱动，无限微调；

2）置平：三角基座上的圆水准器8′/2mm；

3）电子双轴水准器的液晶显示分辨率：6″；

4）对中：三角基座上的光学对中器；

5）望远镜：同轴；

6）放大倍数：26倍（可选30倍）；

7）聚焦范围：1.7m至无穷大；

8）视场：100m时2.6m；

9）十字丝照明：有，可变（15级）；

10）工作温度：-20～+50℃可选-30℃；

11）数据输入/输出RS—232双向数据通信；

12）电池：中央单元/侧盖：可充电镍氢电池12V，1.6Ah；外部：可充电镍氢电池12V，3.5Ah；功耗：0.4～0.9A取决于伺服、跟踪器及电台的使用和测量方式。

13）质量：仪器（包括测量控制器）：6.3；三脚基座：0.7；内置电池：0.4；自动测理仪器（包括无线装置中的跟踪器）：7.4。

3. Profiler4000断面测量系统

瑞士Amberg公司（AMT）生产的Profiler4000断面测量系统可用于地下采矿的掘进开挖，巷道日常测量，土方量计算；道路工程中的控制，地形测量；土方工程中及构造物工程的石方破碎测量，挖填土方量测量，墩台、立面及桥梁测量；建筑工程中的变形测量；以及工业测量中的目标定位等。

中心测量模式可完成有效的正确测量。可完成真二维360°垂直断面测量。测站仪器可在三角架或汽车上完成准确测量，悬挂仪器可以测量基于仪器的工业环境。

（1）系统硬件

野外硬件系统按土建和工业的要求特殊设计。整个仪器被密封以防水、灰尘和化学腐蚀。由电池驱动，温度范围大。仪器质量较轻，设计轻盈。Profiler4000主要由以下几个部分组成：

1）无反光镜脉冲红外测距仪，任何固体表面部可以反射；

2）标识激光器作为目标；

3）具有角度编码器的，由驱动的水平和竖轴；

4）电子斜补偿器；

5）水准器；

6）大面积易冷显示器；

7）接触反馈式键盘；

8）用精密码区驱动的调整机构，能够调整水平轴和竖轴；

9）MS—DOS操作系统用于外部操作和数据存贮；

10）附件：三角架（如徕卡GBD21）；

11）具有5/8ft的三角架；

12）GEB71电池。

主机7.5kg，工作温度-20～+50℃，水平和竖盘均为360°，折合60000脉冲（1脉冲=22″），最小步长增量4″，360°双轴自由旋转，12V昼夜供电，竖角使用电子弹轴补偿器，128×64像素LCD显示器，伺服电动机驱动水平和竖角轴系。

测距头：时间脉冲式红外激光器（EDM），波长 0.860μm，无反光镜测量为 0.8 ~ 350m，精度 3 ~ 5mm + 1 × $10^{-6}$$D$(每点测 3.5s)、± 7 ~ 10mm + 1 × $10^{-6}$$D$(每点测 0.8s) 或 15 ~ 25mm + 1 × $10^{-6}$$D$(每点测 0.07s)。

数据记录器：200 × 200 像素 LCD 显示器，47 键盘，ROM 为 256K 供原放 BIOS 和 DOS5.0 及通信和设置程序；2 ~ 8MB 的 RAM，RAM 磁盘和 EMS 存贮器，PCMCIA 接口程序，操作系统为 MS—DOS5.0。

(2) 优化测量

通过菜单选择可以使用户选择对每一次测量优化精确的测量频率。每秒可高达 14 次测量，测量精度可达 3mm 之内。当反射表面良好时，测程达 500m 以上。此外，仪器操作非常简单。

1) 手工操作

大屏幕显示器连续显示测量轴的垂直和水平角以及倾斜距离，此外水平距离和高差，测量（反射员）的 X、Y、V、H 坐标也被显示。用定位螺旋方便精密转动，以便目标被十分精确地瞄准和测量。

2) 目的操作

外部计算和能够自动照准目标，测量、记录测量点断面和表面。

(3) 内置智能程序

由微处理器控制以防止伪测量，并完成当前系统诊断和自测。内置的设置程序使 Profiler4000 满足各种用户要求：

1) 电子补偿器 ON/OFF 开关；

2) RS—232 接口设置；

3) 设置距离测量模式；

4) 选择角度距离单位；

5) 自动确认中心或编测量模式；

6) 省电功能，电池状态；

7) RS—232 接口允许用户自定义倾斜进入系统。

(4) 操作

1) 定位仪器

Profiler4000 的位置可在测前或测后确定，要以手动或电子数据输入仪器里，可在现场也可在办公室预置，它们有下列方法：

①X/Y 方法：关于一个或两个可见轴线，如轨道轴或经向激光轴，可借助于钢尺和垂线，或对该轴线的直接观测，确定仪器偏距（支距和高量）。

②棱镜方法：安装一个棱镜（反光镜），使用 Profiler4000 定位，关于隧道轴线的测量就容易进行。

③自定位方法：使用内置的自动自标中心确定程序，通过瞄准 2001 个控制点进行仪器自定位。

④对真法：Profiler4000 可以直接安装在一个控制板上，并通过另一个已知点控制定向。

2) 自动测量

①断面：垂直断面和水平断面可以在仪器平面上测量，偏心状态下可以测量一个完整的 360°断面。

②平行断面：从同一测量位置可以测量几个平行的垂直和水平断面，断面的间隔与数值可由用户定义。

③锥形断面：在同一仪器位置可以沿不同的方向测量几个竖直断面，以及具有相同竖角的水平断面。测量方向与点的密度可由用户定义。

④表面测量：用户可以通过测量4点表面定义一个窗，然后将按用户定义的拨网测量比范围表面。

⑤手动操作：此模式中用户可以设置成手动，仪器自动测量的记录。通过设置角度和距离的限制值可以防止伪测量。用户可以通过设置角度间隔、距离间隔或手动速度控制测点密度，可以按ASCⅡ或DXF模式输出，这些数据的分析和应用十分广泛。

(5) 测量软件PRO—SCAN6.0

控制软件包括几个预定义的测量和定位分片，它们是专为Profiler4000而设计的，配合内业PRO—WIN分析软件，形成断面测量系统。

(6) PRO—WIN 6.0分析软件

这个运行于Windows下的软件几乎是使一切分析成为可能。这个系统设计仔细，极易使用，界面自由。许多平台可用于文档制作，数据可用ASCⅡ和DXF38输出，以求证数据的统一性和扩展能力。分析软件系统如下：

1) 目的定义。各种项目存在分开的文件中，重复使用要素放在一起可供应多个项目。

2) 项目数据。项目数据是理论数据与实测数据相比较的基性，它们主要有项目名、轴定义和理论断面。

3) 测量点数据库。如果测量数据要参照集坐标等进行评价，那么测量固定点将存于该坐标系下。

4) 数据管理。标准功能，如数据拷贝、删去转移等，完成项目管理和数据监视，ASCⅡ码和DXF码的输入输出则能够被完成。

5) 数据传输。测量数据简单无错的卸载可通过实地计算机的集成通设程序完成。

6) 分析。各种事物对于隧道设计轴形成的计算和分析程序，大量的分析可以自动或交互地完成：

①相对于一个轴建立的仪器位置，直接或用地面坐标。

②测量点位的相对和绝对坐标。

③实际测量点和理论断面的二维或三维图形表示。二维断面或者按实测，或者按垂直轴线表示；可以用几个断面通过三维模型，按透视图或等高线表示。

④面积和体积计算提供详细信息。

⑤测量点与理论点间的距离可以数据字化或图形显示，当前断面可以与上次断面比较以确定下一步行为。

第十一节　卫星全球定位系统

一、GPS全球定位系统的建立

1973年12月，美国国防部批准它的陆海空三军联合研制GPS全球定位系统。该系统的英文全称为“Navigation by Satellite Timing and Ranging/Global Positioning System (NAVSTAR/GPS)”，其中文意思为“用卫星定时和测距进行导航/全球定位系统”，简称GPS。自1974

年以来，GPS 计划已经历了方案论证（1974 ~ 1978 年）、系统论证（1979 ~ 1987 年）、生产实验（1988 ~ 1993 年）三个阶段。总投资超过 300 亿美元。整个系统分为卫星星座、地面控制和监测站、用户设备三大部分。

1. GPS 卫星星座

GPS 卫星星座如图 18-129 所示。其基本参数如下：

卫星颗数为 21 + 3(21 颗工作卫星，3 颗备用卫星)，6 个卫星轨道面（A ~ F），卫星高度为 20200km。轨道倾角为 55°，卫星运行周期为 11h 58min(12 恒星时)，载波频率为 1.575GHz 和 1.227GHz，卫星通过天顶时，卫星的可见时间为 5h，在地球表面上任何地点任何时刻，在卫星高度角 15°以上，平均可同时观测到 6 颗卫星，最多可达 11 颗卫星。例如在我国北纬 34°48′，东经 114°28′一天内能够看到的 GPS 卫星数为：全天有 50% 的时间，能够看到 7 颗 GPS 卫星；有 30% 的时间，能够看到 6 颗 GPS 卫星；有 15% 的时间，能够看到 8 颗 GPS 卫星；有 5% 的时间，能够看到 5 颗 GPS 卫星。这表明，在我国境内全天能够见到 5 ~ 8 颗 GPS 卫星，已利于我国用户进行连续不断的导航定位测量。GPS 卫星的发射情况见表 18-39。

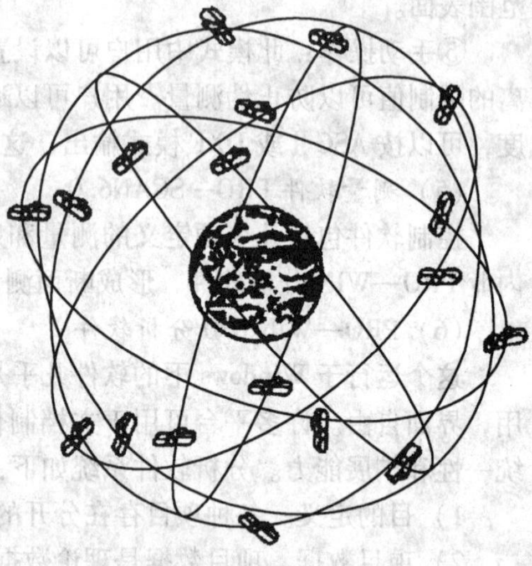

图 18-129　GPS 卫星星座

表 18-39　GPS 卫星的发射情况

顺　序	卫星类型	卫星数量/颗	发射时间/年	用途
第一代	BLOCK Ⅰ	11	1978 ~ 1985	试验
第二代	BLOCKⅡ，ⅡA	9，15	1989 ~ 1996	正式工作
第三代	BLOCKⅡR，ⅡF	33	1997 ~ 2010	改进 GPS 系统
第四代	BLOCKⅢ	未知	2010	增强 GPS 系统

注：BLOCKⅡA（A 即 Advanced），ⅡR（R 即 Replacement），ⅡF（F 即 Follow on）。

如图 18-130 所示，GPS 工作卫星的主体呈圆柱形，直径为 1.5m，在轨重为 843.68kg，两侧安装有 4 片拼接成的双叶太阳能电池翼板，总面积为 7.2m²，设计寿命为 7.5 年，实际上均能超过该设计寿命而正常工作。卫星上安设有四台高精度的原子钟（一台使用，三台备用），两台铷原子钟（频率稳定度为 1×10^{-12}），两台铯原子钟（频率稳定度为 1×10^{-13}），以减少时间误差引起的站星距离误差。卫星姿态采用三轴稳定方式，致使螺旋天线阵列所辐射的电磁波束对准卫星的可见地面。

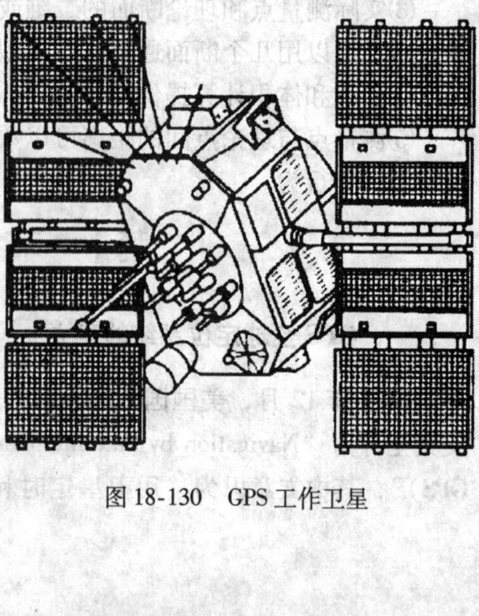

图 18-130　GPS 工作卫星

GPS 工作卫星的作用可概括为如下几点。

1）用L波段的两个无线载波（19cm和24cm波段）向地面用户连续不断地发送导航定位信号（简称GPS信号），并用导航电文报告自己的现势位置以及其他在轨卫星的概略位置。

2）在飞越地面注入站上空时，接受由地面注入站用S波段（10cm波段）发送的导航电文和其他有关信息，适时地发送给广大用户。

3）接受由地面主控站通过注入站发送的卫星调度命令，适时地改正运行偏差或启用备用时钟等。

2. GPS地面监控系统

如图18-131所示，GPS的地面监控系统，目前主要由分布在全球的5个地面站所组成，其中包括卫星主控站、监测站和注入站。

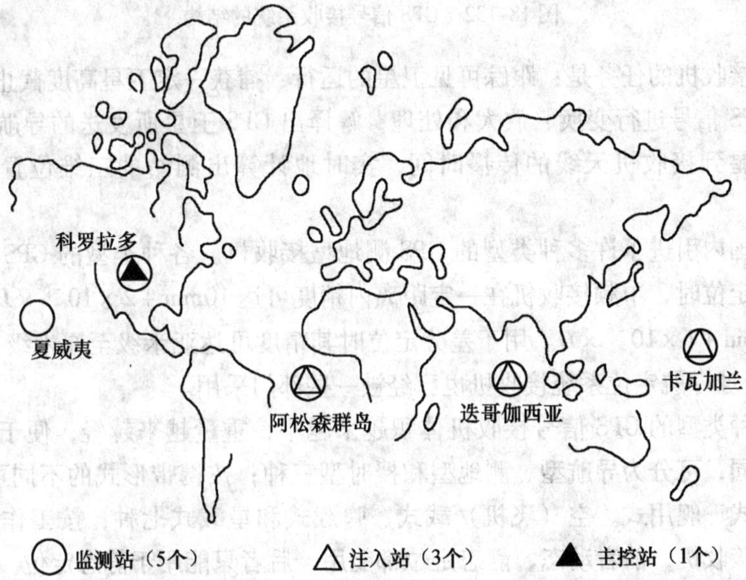

图18-131　地面监控系统分布图

(1) 主控站（1个）主要任务

根据所有观测资料编算各卫星的星历、卫星钟差和大气层的修正参数，提供全球定位系统的时间基准，调整卫星运行姿态，启用备用卫星。

(2) 监测站（5个）主要任务

对GPS卫星进行连续观测，以采集数据和监测卫星的工作状况，经计算机初步处理后，将数据传输到主控站。

(3) 注入站（3个）主要任务

在主控站的控制下，将主控站编算的卫星星历、钟差、导航电文和其他控制指令等，注入到相应的卫星存储系统，并监测注入信息的正确性。

3. GPS用户设备部分

用户接收部分的基本设备，就是GPS信号接收机、机内软件以及GPS数据的后处理软件包。GPS接收机硬件一般包括主机、天线和电源，也有的将主机和天线制作成一个整体，观测时将其安置在测站点上。

GPS 用户设备主要包括有 GPS 接收机及其天线，微处理机及其终端设备和电源等。其中接收机和天线是用户设备的核心部分，它们的基本结构如图 18-132 所示。

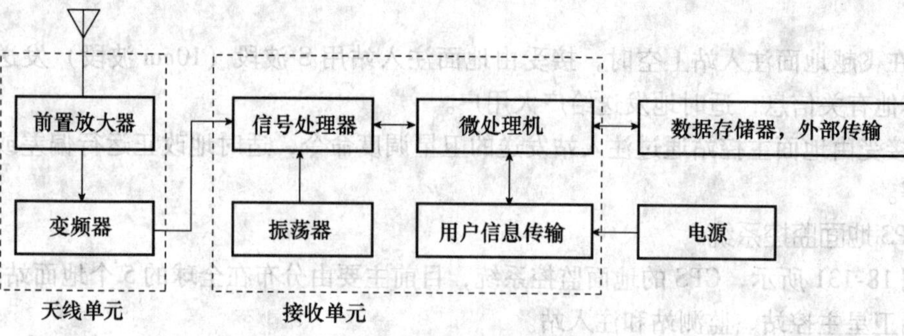

图 18-132　GPS 信号接收系统的结构

GPS 信号接收机的任务是：跟踪可见卫星的运行，捕获一定卫星高度截止角的待测卫星信号，并对 GPS 信号进行变换、放大和处理，解译出 GPS 卫星所发送的导航电文，测量出 GPS 信号从卫星到接收机天线的传播时间，实时地计算出测站的三维位置、三维速度和时间。

近年来，国内引进了许多种类型的 GPS 测地型接收机。各种类型的 GPS 测地型接收机用于精密相对定位时，单频接收机在一定距离内精度可达 $10mm + 2 \times 10^{-6} \times D$，其双频接收机精度可达 $5mm + 1 \times 10^{-6} \times D$。用于差分定位时其精度可达亚米级至厘米级。GPS 和 GLONASS 兼容的全球导航定位系统接收机也已经被一些部门采用。

目前，各种类型的 GPS 信号接收机体积越来越小，重量越来越轻，便于野外观测。它们按用途的不同，可分为导航型、测地型和授时型三种；按携带形式的不同可分为袖珍式、背负式、车载式、舰用式、空（飞机）载式、弹载式和星载式七种；按工作原理可分为码接收机和无码接收机，前者动态、静态定位都能用，后者只能用于静态定位。按使用载波频率的多少可分为单频接收机（用一个载波频率 L_1）、用两个载波频率（L_1、L_2）的双频接收机和双星接收机（同时接收 GPS 和 GLONASS 卫星信号），以双频和双星接收机为今后精确定位的主要用机。三星接收机（同时接收 GPS、GLONASS 和 Galileo 卫星信号），由于 Galileo 卫星星座还未布成，故其功能目前与双星接收机相同。按型号分，种类就更多。

4. GPS 现代化

GPS 现代化的主要目的是军民分离，强化军用。其政策是：保护战区内的美方军用；防止敌方开拓 GPS 军用；保护战区外的 GPS 民用。

（1）分离军民用户伪噪声码的频带，增强军用伪噪声码的发射功率

GPS 系统的建设初衷，是为美国的陆海空三军服务的，民用只是一种后续开发的意外结果。从有限资料分析可知，军民分离，复用频谱，将成为首选技术。第三民用信号（L_5）按计划已在 2005 年始发的 Block Ⅱ F 卫星上付诸实施。

（2）GPS 新型工作卫星在轨自主更新星历，提高 GPS 系统的抗毁能力

2003 年开始发射的 Block Ⅱ R－M 卫星具有下列特点：

1）能够作 GPS 卫星之间的距离测量。

2）能够在轨自主更新和精化 GPS 卫星的广播星历和星钟参数。

3）能够进行 GPS 卫星之间的在轨数据通讯。

4）无需地面监控系统的干预，Block Ⅱ R—M 卫星能够自主运行 180d 作导航定位服务，且在 180d 时，用户测距误差仍可达到 ±7.4m；比 Block Ⅱ A 卫星的测距误差小 1350 倍。

5）在 180d 的自主运行周期内，为了使测距误差达到 ±5.3m，每隔 30d 由地面监控系统作 210d 的星历和星钟参数的更新。

（3）第二导航定位信号增设 C/A 码和军用 M_E 码

2003 年开始发射的 Block Ⅱ R－M 卫星，其第二导航定位信号（L_2）将增设 C/A 码，并在第一、二导航定位信号上各增设一个军用伪噪声码。当用 L_1—C/A 码和 L_2—C/A 码作导航定位时，民间用户将能实现精确实时的电离层改正数，从而提高定位、测速和定时的精度。

在军事上还能进行导弹截击前期预警、航天器速度控制、停航辅助、航路变更和行驶状态改进。

（4）Block Ⅱ F 卫星增设第三导航定位信号（L_5）

2005 年发射的 Block Ⅱ F 卫星增设了第三民用信号（L_5），其载波频率为 1176.45MHz。分为载波频道和数据频道，该信号既提供民用，又提供军用。

（5）第四代 GPS 工作卫星 BLOCK Ⅲ

第四代 GPS 工作卫星 BLOCK Ⅲ正在研制中，其目标是能够达到 20～50cm 的实时定位精度。BLOCK Ⅲ卫星除了具有现行 GPS 卫星的全部功能以外，还将增强下列作用：维护航空、航天和火车行驶的安全；提供飞机精密着陆导航服务；跟踪货物安全运输；精细农业；城市规划；矿藏开采。

预计将在 2010 年发射第一颗 BLOCK Ⅲ卫星，当 GPS Ⅲ卫星全部投入运行后，将改变现行的六轨道 24 颗 GPS Ⅱ/Ⅱ A/Ⅱ R 卫星星座的布局和结构，用 33 颗卫星构建成高椭圆轨道（HEO）和地球静止轨道（GEO）相结合的新型 GPS 混合星座。将大大改善现有的定位精度和定位速度，使测量工作提高到一个崭新的阶段。

二、GPS 卫星系统的基本原理

1. GPS 卫星信号的组成

（1）载波信号

为提高测量精度，GPS 卫星使用两种不同频率的载波，L_1 载波，波长 $\lambda_1=19.03$cm，频率 $f_1=1575.42$MHZ；L_2 载波，波长 $\lambda_2=24.42$cm，频率 $f_2=1227.60$MHz。

（2）测距码

GPS 卫星信号中有两种测距码，即 C/A 码和 P 码。

C/A 码：C/A 码是英文粗码/捕获码（Coarse/Acquisition code）的缩写。它被调制在 L_1 载波上。C/A 码的结构公开，不同的卫星有不同的 C/A 码。C/A 码是普通用户用以测定测站到卫星间距离的一种主要的信号。

P 码：P 码的测距精度高于 C/A 码，又被称为精码，它被调制在 L_1 和 L_2 载波上。因美国的 AS（反电子欺骗）技术，一般用户无法利用 P 码来进行导航定位。

（3）数据码（D码）

数据码即导航电文。数据码是卫星提供给用户的有关卫星的位置，卫星钟的性能、发射机的状态、准确的GPS时间以及如何从C/A码捕获P码的数据和信息。用户利用观测值以及这些信息和数据就能进行导航和定位。

2. GPS的常用坐标系

GPS是一个全球性的定位和导航系统，其坐标也是全球性的，为了使用的方便，通常通过国际协议，确定一个协议地球坐标系（Conventional Terrestrial System）。目前，GPS测量中所使用的协议地球坐标系称为WGS—84世界大地坐标系（World Geodetic System）。

WGS—84世界大地坐标系的几何定义是：原点是地球的质心，Z轴指向国际时间局BIH1984.0定义的协议地球北极（CTP）方向，X轴指向BIH1984.0的零子午面和CTP相对应的赤道交点，Y轴垂直于ZOX平面且与Z、X轴构成右手坐标系，如图18-133所示。

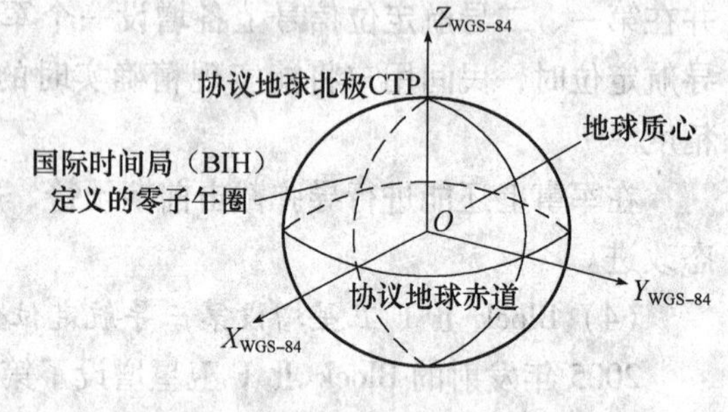

图18-133　WGS-84世界大地坐标系

在实际测量定位工作中，各国一般采用当地坐标系，如我国采用的C80坐标系。因此，应将WGS—84坐标系坐标转化为当地坐标值。

3. GPS定位原理

GPS定位的基本原理是空中后方交会。如图18-134所示，用户用GPS接收机在某一时刻同时接收三颗以上的GPS卫星信号，测量出测站点（接收机天线中心）至三颗卫星的距离ρ_i（i=1、2、3、…），通过导航电文可获得卫星的坐标（x_i，y_i，z_i）（i=1、2、3、…），据此即可求出测站点的坐标（X、Y、Z）。

$$\left.\begin{aligned}\rho_1^2 &= (x_1 - X)^2 + (y_1 - Y)^2 + (z_1 - Z)^2 \\ \rho_2^2 &= (x_2 - X)^2 + (y_2 - Y)^2 + (z_2 - Z)^2 \\ \rho_3^2 &= (x_3 - X)^2 + (y_3 - Y)^2 + (z_3 - Z)^2\end{aligned}\right\}$$

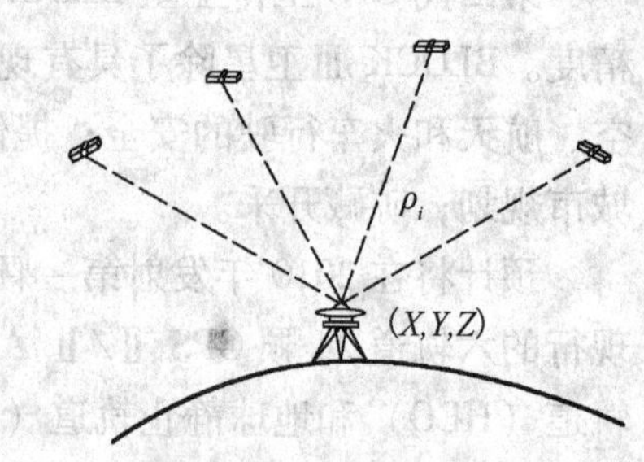

图18-134　GPS定位原理

为了获得距离观测量，主要采用两种方法：一是测量GPS卫星发射的测距码信号到达用户接收机的传播时间，即伪距测量；另一个是测量具有载波多普勒频移的GPS卫星载波信号与接收机产生的参考载波信号之间的相位差，即载波相位测量。采用伪距观测量定位速度最快，而采用载波相位观测量定位精度最高。

4. 伪距测量与载波相位测量

（1）伪距测量

从上面的公式组可知，欲求测站点的坐标（X、Y、Z），关键的问题是要测定用户接收机天线至GPS卫星之间的距离。站星的距离可利用测距码从卫星发射至接收机天线所经历的时间乘以其在真空中传播速度求得。但应注意，GPS采用的单程测距原理，它不同于电磁波测距仪中的双程测距。这就要求卫星时钟与接收机时钟要严格同步。但实际上，两者难以严格同步，因此存在不同步误差，另外，测距码在大气中传播还受到大气电离层折射及大气对流层的影响，产生延迟误差。因此，测距码所求得距离值并非真正的站星几何距离，习惯上称其为“伪距”。

由于卫星钟差、电离层折射和大气对流的影响，可以通过导航电文中所给的有关参数加以修正，而接收机的钟差却难以预先准确地确定，所以把接收机的钟差当作一个未知数，与测站坐标一起解算。这样，在一个观测站上要解出4个未知参数，即3个点位坐标分量和1个钟差参数，因此至少同时观测4颗卫星。

一般来说，利用C/A码进行实时绝对定位，各坐标分量精度在5～10m。

(2) 载波相位测量

利用GPS卫星发射的载波作为测距信号，由于载波的波长（$\lambda_1=19\text{cm}$，$\lambda_2=24\text{cm}$）比测距码波长短很多，因此，对载波进行相位测量，就可能得到较高的定位测量精度，实时单点定位，各坐标分量精度在0.1～0.3m。

假设在某一时刻接收机所产生的基准信号（即频率、初相都与卫星载波信号完全一致）的相位为$\Phi^0(\mathrm{R})$，接收到的来自卫星的载波信号的相位为$\Phi^0(\mathrm{S})$，二者之间的相位差为$[\Phi^0(\mathrm{R})-\Phi^0(\mathrm{S})]$，已知载波的波长$\lambda$就可以求出该瞬间从卫星至接收机的距离：

$$\rho=\lambda[\Phi^0(\mathrm{R})-\Phi^0(\mathrm{S})]=\lambda(N_0+\Delta\Phi)$$

式中　N_0——整周数；

$\Delta\Phi$——不足一整周的小数部分。

在进行载波相位测量时，仪器实际能测出的只是不足一整周的部分$\Delta\Phi$。因为载波只是一种单纯的余弦波，不带有任何识别标志，所以我们无法知道正在量测的是第几周的信号。如是在载波信号测量中便出现了一个整周未知数N_0（又称整周模糊度），通过其他途径解算出N_0后，就能求得卫星至接收机的距离。

5. GPS定位方法

GPS定位的方法有多种，根据接收机的运动状态可分为静态定位和动态定位，根据定位的模式又可分为绝对（单点）定位和相对定位（差分定位），按数据的处理方式可分为实时定位和后处理定位。

(1) 绝对定位

绝对定位又称为单点定位，它是利用一台接收机观测卫星，独立地确定接收机天线在WGS—84坐标系的绝对位置。绝对定位的优点是只需一台接收机，如图18-134所示。该法外业方便，数据处理简单，缺点是定位精度低，受各种误差的影响比较大，只能达到米级。绝对定位一般用于导航和精度要求不高的情况。

(2) 相对定位

如图18-135所示，用两台GPS接收机分别安置在基线两端，同步观测相同的卫星，以确定基线端点在WGS—84坐标系统中的相对位置或基线向量（基线两端坐标差）。由于同步观测相同的卫星，卫星的轨道误差，卫星的钟差，接收机的钟差以及电离层、对流层的折射误差等对观测量具有一定的相关性，因此利用这些观测量的不同组合，进行相对定位，可以有效地消除、削弱上述误差的影响，从而提高定位精度。

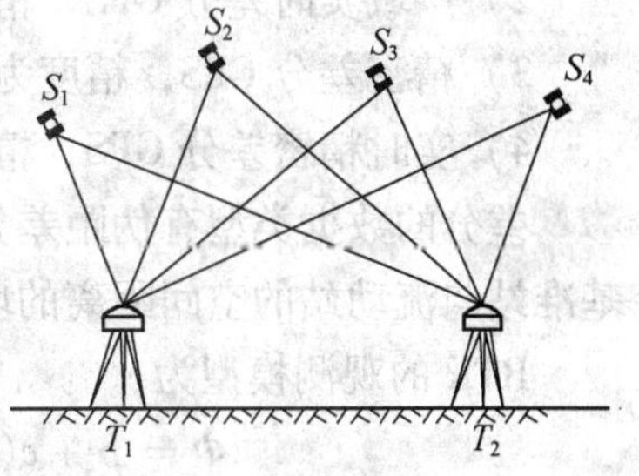

图18-135　GPS相对定位

此法的缺点是至少需要两台精密测地型 GPS 接收机，并要求同步观测，外业组织和实施比较复杂。

(3) 实时定位和后处理定位

对 GPS 信号的处理，从时间上可划分为实时处理及后处理。实时处理就是一边接收卫星信号一边进行计算，实时地解算出接收机天线所在的位置、速度等信息。后处理是指把卫星信号记录在一定的介质上，回到室内统一进行数据处理以进行定位的方法。

(4) 静态定位和动态定位

所谓静态定位，就是待定点的位置在观测过程中固定不变。在测量中，静态定位一般用于高精度的测量定位。静态定位由于接收机位置不动，可以进行大量的反复观测，所以可靠性强，定位精度高。

所谓动态定位，就是待定点在运动载体上，在观测过程中是变化的。动态定位的特点是可以测定一个动态点的实时位置，多余观测量少，定位精度较低。

静态相对定位的精度一般在几毫米到几厘米范围内，动态相对定位的精度一般在几厘米到几米范围内。

一般说来，静态定位多采用后处理，而动态定位多采用实时处理。

(5) 实时动态定位测量

随着快速静态测量、准动态测量、动态测量尤其是实时动态定位测量工作方式的出现，GPS 在测绘领域中的应用开始深入到各种测量工作之中。

实时动态定位测量，即 GPS RTK 测量技术（其中 RTK 为实时动态的意思，英文是 Real Time Kinematic）。GPS RTK 测量技术原理：

RTK 的原理很容易理解，在基准站上安置一台 GPS 接收机，对所有可见 GPS 卫星进行连续地观测，实时地发送给流动站。在流动站上，GPS 接收机在接收 GPS 卫星信号的同时，通过无线电接收设备，接收基准站传输的观测数据，然后根据相对定位的原理，实时地计算并显示用户站的三维坐标及其精度。

实时动态（RTK）定位技术既具有静态测量的精度，又能够实时地提供测站点在指定坐标系中的三维坐标，并达到厘米级的高精度。

精密 GPS 定位都采用相对技术。无论是在几点间进行同步观测的后处理（RTK），还是从基准站将改正值及时地传输给流动站（DGPS）都称为相对技术。以采用值的类型为依据可分为 4 类。

1）实时差分 GPS，精度为 1 ~ 3m；

2）广域实时差分 GPS，精度为 1 ~ 2m；

3）精密差分 GPS，精度为 1 ~ 5cm；

4）实时精密差分 GPS，精度为 1 ~ 3cm。

差分的数据类型有伪距差分、坐标差分和相位差分三类，前两类定位误差的相关性会随基准站与流动站的空间距离的增加其定位精度迅速降低。故 RTK 采用第三种方法。

RTK 的观测模型为

$$\Phi = \rho + c(d_T - d_t) + \lambda N + d_{\text{trop}} - d_{\text{ion}} + d_{\text{pral}} + \varepsilon(\Phi)$$

式中 Φ——相位测量值（m）；

ρ——星站间的几何距离（m）；

c——光速；

d_T——接收机钟差；

d_t——卫星钟差；

λ——载波相位波长；

N——整周未知数；

d_{trop}——对流层折射影响；

d_{ion}——电离层折射影响；

$d_{\rho ral}$——相对论效应；

$\varepsilon(\Phi)$ ——观测噪声参数。

因轨道误差、钟差、电离层折射及对流层折射影响难于精确模型化，所以实际的数据处理中常用双差观测值方程来解算，在定位前需先确定整周未知数，这一过程称为动态定位的“初始化”（On The Fly 即 OTF）。实现 OTF 的方法有很多种，美国天宝导航有限公司的做法是：采用伪距和相位相结合的方法。首先用伪距求出整周未知数的搜索范围，再用 L_1 和 L_2 相位组合和后继观测历元解算和精化。利用伪距估计初始位置和搜索空间，快速定出精确的初始位置。

6. GPS 系统定位的特点

GPS 定位以其高精度、全球性、全天候、高效率、多功能、操作简便、应用广泛等特点著称。

（1）定位精度高

实践证明：伪距观测单点实时定位精度，P 码为 10m 左右，C/A 码为 40m 左右，若事后处理精度可达 3 ~5m。载波相位测量，相对定位精度可达 10^{-7} ~ 10^{-8}。在 300 ~1500m 工程精密定位中，1 小时以上的观测，解其平面位置误差小于 1mm。

（2）观测时间短

目前，20km 以内的相对静态定位，仅需 15 ~20 分钟，实时动态定位时，每个流动站与基准站相距在 15km 以内时，流动站观测只需 1 ~2 分钟。

（3）全天候全球覆盖

由于 GPS 有 24 颗卫星，且分布合理，轨道高达 20200km，所以地球上任何地方在任何时间至少都可以同时观测到 4 颗 GPS 卫星，因而可以提供全天候的导航定位服务。由于用户只需接收 GPS 信号，无需发射任何信号，因此，隐蔽性能好，可同时容纳无限量用户使用的特点。

（4）测站间无需通视

GPS 定位测站间无需通视，只需测站上空较为开阔即可，因而节省了大量造标费用，并且选点灵活，可稀可密。

（5）操作简单

随着 GPS 接收机的不断改进，自动化程度越来越高，接收机体积越来越小，重量越来越轻，操作十分简便，使野外工作变得轻松愉快。

（6）功能多，应用广

GPS 系统不仅可用于测量、导航，还可用于测速、测时。测速的精度可达 0.1m/s，测时的精度可达几十毫微米。应用领域从军事、公安到民用各个部门，交通、邮电、石油、煤矿、建筑、气象、地质、测绘、农业、林业、水利、土地管理等都有十分广泛的应用。

三、GPS 网络 RTK 技术

GPS 实时差分定位 RTK 技术是目前广泛使用的测量技术之一，但它的应用受到电离层延迟和对流层延迟的影响，使原始数据产生了系统误差并导致以下缺点：

1）用户需要架设本地参考站；

2）误差随距离的增加而增长；

3）误差增长使流动站和参考站的距离受到限制，一般小于 15km；

4）精度为 1cm + 1ppm，可靠性随距离增大而降低。

GPS 网络 RTK 技术的出现，弥补了 GPS 实时差分定位 RTK 技术的缺点，它代表了未来 GPS 发展的方向，由此可带来巨大的社会效益和经济效益。目前在我国一些发达的城市主要利用天宝的虚拟参考站法（Virtual Reference Station——VRS）或徕卡的主辅站技术，这两种技术都是同一种思想，就是将全网架设的所有基准站的数据发送到一个数据处理中心，经过解算，然后统一发送改正数据，这样可以让基准站间的距离增大，而且避免了一台基准站不能工作该基准站区域就不能测量的问题。

1. Trimble 的 VRS 技术

VRS 就是虚拟参考站的意思，如图 18-136所示，它需要移动站先将接收机的位置信息发送到数据处理中心。数据处理中心会根据移动站的位置“虚拟”出一个参考站，然后将虚拟出的参考站改正数据播发给移动站，所以在这条通讯线路上是双向通讯的。而通用的位置信息就是 NMFA－0183 中的 GGA 信息，所以，Trimble 的 CORS 都需要用户以一定的频率播发 GGA 信息。

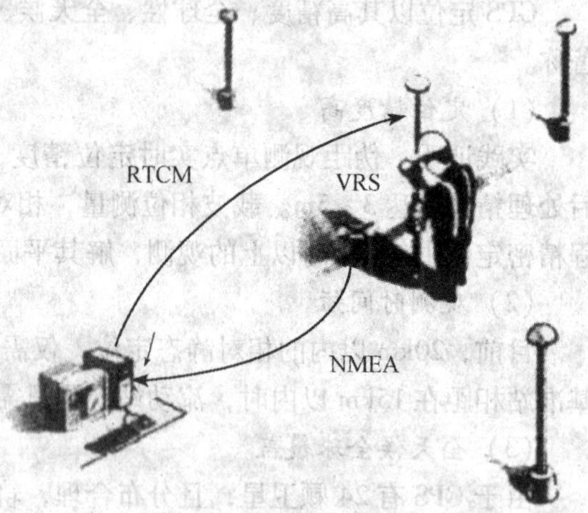

图 18-136　虚拟参考站法

虚拟参考站法 VRS 的实施将使一个地区的测绘工作成为一个有机的整体，改变了以往 GPS 作业单打独斗的局面，同时它使 GPS 技术的应用更为广泛，精度和可靠性得到进一步的提高，使许多从前难以完成的任务成为可能，最重要的是建立 GPS 网络的成本反而降低了很多。由于 VRS 技术的种种先进性，一经问世就受到世界各国的广泛关注，并得到积极实施，自 1998 年以来，VRS 的应用得到迅速发展。德国、瑞士、瑞典、日本、新加坡、香港等地先后建成了区域性或全国范围的 VRS 系统。我国的深圳市第一个建成了 VRS 技术卫星定位服务系统，为深圳市的经济发展、城市信息化和数字化发挥了重要的作用。

所有参考站与控制中心相连接。控制中心的计算机运行 GPS—Network 软件，该软件也是整个概念的神经中枢。GPS－Network 连接网络中所有的接收机，它将执行几个重要的任务，包括：导入原始数据并进行质量检查；存储 RINEX 和压缩 RINEX 数据；改正天线相位中心（IGS 模式）；系统误差的模型化及估算；产生数据，为流动站接收机创建虚拟基站位置；产生流动站在位置上的 RTK 改正数据流；发送 RTK 改正数据到野外的流动站。

VRS 网络可以有多个站，但最少需要 3 个。若按边长 70km 计算，一个三角形可覆盖的面积为 2122km^2。

RTK 数据将以 RTCM 或者 Trimble CMR 格式传播。GPS—Network 将使用这些参数重新计算所有 GPS 数据，内插到与流动站相匹配的位置，流动站可以位于网络中任何地点。这样，RTK 的系统误差就被相应的消除掉。可以看出，VRS 系统实际上是一种多基站技术。它在处理上利用了多个参考站的联合数据。

2. Leica 的主辅站技术

如图 18-137 所示，Leica 的数据处理中心播发给移动站的数据是由两个部分组成的。一部分是主参考站的位置信息及改正信息，另外一部分是辅参考站相对于主参考站的改正信息。一个参考站网中只有一个主站，剩下的都是辅站，当然这个主站是不固定的。Leica 的主辅站技术不需要用户播发位置信息，所以在这条通讯线路上是单向通讯的（最新的 Leica 技术也需要移动站发数据给基准站）。

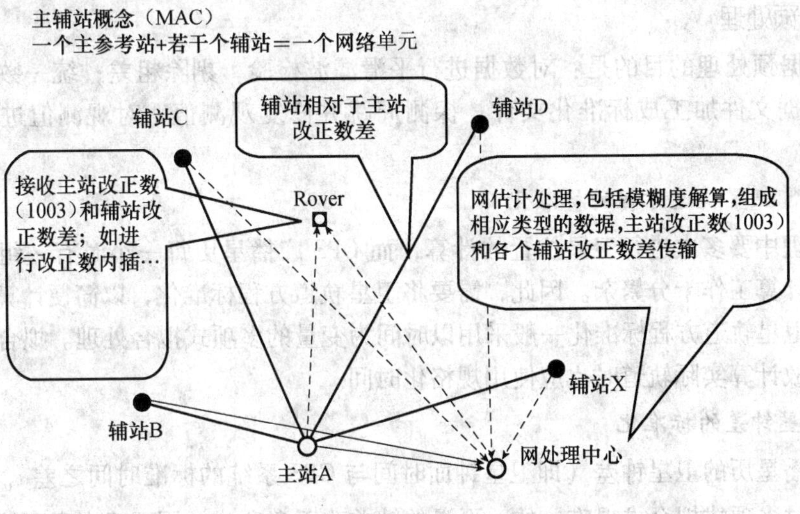

图 18-137 Leica 的主辅站技术

与传统的 RTK 相比，网络 RTK 的优势具有下列明显的特点：

1）自动化程度高。卫星信号的接受、传输、存储、计算等过程全部自动化，不需要人工干预，而且不需要每次架设基准站，节省了人力。

2）精度高。网络 RTK 解决了常规 RTK 定位中作业距离与定位精度之间的矛盾，误差不随距离的增加而增加，且在系统有效覆盖范围之内精度大致均匀。

3）覆盖面积大。通过组网方式，网络 RTK 定位的作业半径大大提高。

4）效率高。每个参考站连续采样，数据中心实时发送改正数据，充分提高了仪器设备和观测数据的利用率。

5）成果的可靠性更强，而且不存在误差的积累。

6）低成本，施工周期短，容易建设；根据需要也可以随时升级、扩展和改造；加密控制点埋点数量也大大减少。

网络 RTK 技术集最新兴的计算机网络管理技术、Internet 技术、无线通讯技术和 Trimble 优秀的 GPS 定位技术于一身，是 GPS 技术的突破。它将使 GPS 的应用领域极大地扩展，代表着 GPS 发展的方向。

四、GPS 控制测量数据处理

GPS 测量数据处理要从原始的观测值出发，到获得最终的测量定位成果，其数据处理过程大致分为：数据传输、数据预处理、基线向量解算、基线向量解算结果分析、无约束平差、约束平差等几个阶段。这些处理工作均可由后处理软件自动完成，只需启动程序后，选择相应的菜单命令。

1. 数据传输

大多数的 GPS 接收机，采集的数据都记录在接收机的内存模块上。数据传输使用专用电缆（随机附件）将接收机与计算机连接，并在后处理软件的菜单中选择传输数据选项后，便可将观测数据传输至计算机。数据在传输的同时进行数据分流，生成四个数据文件：载波相位和伪距观测值文件、星历参数文件、电离层参数和 UTC 参数文件、测站信息文件（有的机型无此文件）。

2. 数据预处理

GPS 数据预处理的目的是：对数据进行平滑滤波检验，剔除粗差；统一数据文件格式并将各类数据文件加工成标准化文件；探测周跳并修复观测值；对观测值进行各种模型改正。

（1）GPS 卫星轨道方程的标准化

数据处理中要多次进行卫星位置的计算，而 GPS 广播星历每一小时有一组独立的星历参数，使得计算工作十分繁杂。因此，需要将卫星轨道方程标准化，以简便计算，节省内存空间。GPS 卫星轨道方程标准化一般采用以时间为变量的多项式拟合处理。拟合时引进了规格化时间，故计算实际轨道时也应使用规格化时间。

（2）卫星钟差的标准化

来自广播星历的卫星钟差（即卫星钟面时间与 GPS 系统的标准时间之差 v_{ta}）是多个数值，需要通过多项式拟合求得唯一的、平滑的钟差改正多项式。用于确定真正的信号发射时刻并计算该时刻的卫星在轨位置；同时也用于将各站对各卫星的时间基准统一起来，以估算它们之间的相对钟差。当多项式拟合的精度优于 ±0.2ns 时，可精确探测周跳，估算整周未知数。

（3）观测值文件的标准化

在进行基线向量解算之前，观测值文件必须规格化、标准化。具体包括以下几方面。

1）记录格式标准化：各种接收机输出的数据文件应在记录类型、记录长度和存取方式方面采用相同的记录格式。

2）记录项目标准化：每一种记录应包含相同数据项。如果某些数据缺项，则应以特定数据如“0”或空格填上。

3）采样密度标准化：各接收机的数据采样间隔可能不同，如有的 15s，有的 20s 记录一次。标准化后应将数据采样间隔统一成一个标准长度。标准长度应大于或等于外业采样间隔的最长的标准值。

4）数据单位的标准化：数据文件中，同一数据项的量纲和单位应是统一的，例如，载波相位观测值统一以“周”为单位。

3. 基线向量解算及结果分析

(1) 基线向量解算

GPS 相对定位的目的是确定测站点之间的相对位置关系。这种相对位置关系通常用空间直角坐标差（Δx，Δy，Δz）或大地坐标差（ΔB，ΔL，ΔH）表示。我们称这种点位间的相对位置量为基线向量，点位间的长度为基线长度。

测站之间基线向量的解算，一般均取载波相位观测值的（二次）差分模型作为观测量，以测站间的基线向量为未知数，建立误差方程式，组成法方程求解基线向量，并评定其精度。平差计算的全过程均由后处理软件自动完成。

(2) 基线向量解算结果分析

基线处理完成后，应对其结果作如下分析。

1）观测值残差分析

平差处理时假定观测值仅存在偶然误差，当存在系统误差或粗差时，处理结果将有偏差。理论上，载波相位观测精度为 1% 周，即对于 L_1 波段信号观测误差只有 2mm。因而，当偶然误差达 1cm 时，应认为观测质量存在严重问题。当系统误差达分米级时，应认为处理软件中的模型不适用。当残差分布中出现跳或尖峰时，表明周跳未处理成功。

平差后单位权中误差一般为 0.05 周以下，否则，表明观测值中存在某些问题。可能有多路径干扰、外界电磁干扰或接收机时钟不稳定等影响的低精度观测值存在；观测值改正模型不适宜，周跳修复不完全；也可能是整周未知数解算不成功是观测值存在系统误差；单位权中误差较大也可能是起算数据存在问题，如基线固定端点坐标误差或作为基准数据的卫星星历误差的影响。

2）基线长度的精度

处理后的基线长度中误差应在标称精度值内。双频机的标称精度为 $5 \pm 1 \times 10^{-6} D$(mm)，单频机为 $10 \pm 2 \times 10^{-6} D$(mm)。对于 20km 以内的短基线，单频数据的差分处理可有效地消除电离层的影响，确保定位精度。当基线增长时，双频机的消除出效果将明显地优于单频机。

3）基线向量环闭合差的计算检核

基线向量组成的同步环和异步环，其闭合差值应小于相应等级的限差值。

(3) 基线向量网平差

GPS 基线向量网的平差分为三种类型：无约束平差、约束平差和联合平差，且有三维平差与二维平差之分。

1）无约束平差

GPS 基线向量网的无约束平差属于经典的自由网平差。平差的主要目的是检验网本身的内部符合精度以及基线向量之间有无明显的系统误差和粗差，同时为用 GPS 大地高与公共点的正高（或正常高）联合确定 GPS 网点的正高（或正常高）提供平差处理后的大地高程数据。

GPS 基线向量网的无约束平差常用的是三维无约束平差法。尺度与定向基准已由基线向量提供，属于 WGS—84 坐标系，且与网的平差方法无关；而网的位置基准则与平差方法密切相关，需要引入的位置基准不应引起观测值的变形和改正。引入位置基准的常用方法有两种：一是网中有高级的 GPS 点时，将高级 GPS 点的 WGS—84 坐标值作为无约束平差的位置基准；二是无高级点时，取网中任一点（最好是观测条件好、连续观测时间长）的伪距定位坐标作为无约束平差的位置基准。

2）约束平差

三维约束平差，就是以国家坐标系或地方坐标系某些点的固定坐标、固定边长及固定方位作为网的基准和平差约束条件，并在平差计算中完成GPS网与地面网的坐标转换。

二维约束平差是以国家或地方坐标系的一个已知点和一个已知基线的方向作为起算数据，平差时将GPS基线向量观测值及其方差阵转换到国家或地方坐标系的二维平面（或球面）上，然后在国家或地方坐标系中进行二维约束平差。这种方法避免了三维基线网转换成二维基线向量时，地面网的大地高不准确引起的尺度误差和变形，保证GPS网转换后整体及相对几何关系的不变性。

3）联合平差

当地面网除了已知数据（已知点坐标、已知边长和已知方位角）以外，还有常规观测值（如方向、边长等），则将GPS基线向量观测值与地面已知数据和常规观测值一起进行平差叫做联合平差。联合平差可以两网的原始观测量为根据，也可以两网单独平差的结果为根据。平差中引入坐标系的转换参数，同时完成坐标转换。

五、GPS接收机的使用

1. 仪器的选择与检验

（1）接收机的选择

GPS接收机是完成测量任务的关键设备，其性能要求和所需的接收机数量与测量的精度有关，工作中可根据情况按表18-40的要求选择。

表18-40　接收机的选择原则

观测精度等级	A级	B级	C级
接收机类型	双频	双频	双频/单频
同步观测的接收机数	≥4台	≥3台	≥2台

GPS测量的精度通常是用相邻点间的距离误差来表示的。A级观测精度的常量误差不大于10(mm)，比例误差不大于0.5×10^{-6}；B级观测精度的常量误差不大于15(mm)，比例误差不大于2×10^{-6}；C级观测精度的常量误差不大于25(mm)，比例误差不大于$5\sim50\times10^{-6}$。可根据不同用途选择不同的观测精度等级。

（2）检验

观测中所采用的接收设备，都必须对其性能与可靠性进行检验，合格后方能参加作业。尤其对于新购置的设备，应按规定进行全面的检验。接收机全面检验的内容，包括一般性检视、通电检验和试测检验。

1）一般性检验

主要检查接收设备的各部件及其附件是否齐全、完好，紧固部件有否松动、脱落，设备的使用手册及资料是否齐全等。

2）通电设备

检验的主要项目包括：设备通电后有关信号灯、按键、显示系统和仪表的工作情况，以及自测试系统的工作情况。当自测试正常后，按操作步骤进行卫星的捕获与跟踪，以检验其工作情况。

3）试测设备

试测检验应在不同长度的标准基线上或专设的 GPS 测量检验场上进行。标准基线的相对精度应不低于被检验设备的标称精度。试测检验是接收设备检验的主要内容，凡是用于精密定位的接收设备，都应按作业时间的长短至少在每年出测前进行一次。

另外，天线底座的圆水准仪和光学对中器，也都要在每年出测前进行检验和校正。对于作业中所使用的气象测量仪表（通风干湿表、气压表、温度计），也定期送气象部门检验，以保障其正常工作。

GPS 接收机属贵重的精密电子仪器，为了确保设备的安全和正常工作，用户必须制定严格的使用、运输与保管办法。

2. 观测工作

观测工作主要包括：天线安置，观测作业，观测记录和观测数据的质量判定等。

（1）天线安置

天线的妥善安置是实现精密定位的主要条件之一。其安置工作一般应满足以下要求：

1）静态相对定位时，天线应尽可能利用三角架，并安置在标志中心的上方直接对中观测。在特殊情况下，方可进行偏心观测，但归心元素应以解析法精密测定。

2）当天线需安置在三角点觇标的基板上时，应先将觇标顶部拆除，以防止对信号的干扰。这时可将标志中心投影到基板上作为安置天线的依据。

3）天线底板的圆水准器气泡必须居中。

4）天线的定向标志线应指向正北，并顾及当地磁偏角影响，以减弱相位中心偏差的影响。定向的误差以定位的精度不同而异，一般应不超过 3°～5°。

5）雷雨天气安置天线时，应注意将其底盘接地，以防止雷击。

天线安置后，应在观测时段的前后各量测天线高一次，两次量测结果之差不应超过 3°，若满足取其平均值。

所谓天线高，系指天线的相位中心至观测点标志中心顶端的垂直距离。一般分为上、下两段。上段是从相位中心至天线底面的距离，这一段的数值由厂家给出，并作为常数；下段是从天线底面至观测点标志中心顶端的距离，这一段由用户测定。天线高的量测值为上下两段距离之和。

（2）观测作业

在开机实施观测工作之前，接收机一般需按规定经过预热和静置。观测作业的主要任务是捕获 GPS 卫星信号，并对其进行跟踪、处理和量测，以获取所需要的定位信息和观测数据。

关于利用接收机作业的具体操作步骤和方法，随接收机的类型和作业模式不同而异。而且，随着接收设备软件和硬件的不断发展，接收设备的操作方法也将有所变化，自动化的水平将不断提高。用户可按随机的操作手册执行。

一般来说，在外业观测工作中，操作人员应注意以下事项：

1）当确认外接电源电缆及天线等各项连接完全无误后，方可接通电源，启动接收机。

2）开机后接收机的有关指示和仪表数据显示正常时，方能进行自测试和输入有关测站和时段控制信息。

3）接收机在开始记录数据后，隐含应注意查看有关观测卫星数据数量、卫星号、相应测量残差、适时定位结果及其变化、存储介质记录等情况。

4）在观测过程中，接收机不得关闭并重新启动，不准改变卫星高度角的限值，不准改变天线高。

5）每个观测时段，气象资料一般应在时段始末及中间各观测记录一次，当时段较长时（如超过60min），应适当增加观测次数。

6）观测站的全部预定作业项目，经检查均已按规定完成，且记录与资料均完整无误后方可迁站。

（3）观测记录

在外业观测过程中，所有的观测数据和资料均须妥善记录。记录形式主要有以下两种：

1）观测记录

观测记录由接收设备自动形成，均经保存在存储介质（如磁带、磁卡或记忆卡等）上，其内容包括：

①载波细微观测值及相应的观测历元；

②同一历元的测码伪距观测值；

③GPS卫星星历及卫星钟差参数；

④实时绝对定位结果；

⑤测站控制信息及接收机故障状态信息。

2）测量手簿

测量手簿是在接收机启动前及观测过程中，由用户随时填写的。其中，观测记事栏应记载观测过程中发生的重要问题，问题出现的时间及处理方式。

为了保证记录的准确性，测量手簿必须在作业过程中随时填写，不得事后补记。

上述观测记录和测量手簿都是GPS精密定位的依据，必须妥善保管。

3. 作业模式

GPS相对定位的作业模式，亦即利用GPS确定观测站之间相对位置所采用的作业方式，它与GPS接收设备的软件与硬件密切相关。同时，不同的作业模式应作业方法、观测时间和应用范围的不同而有所差异。

近年来，特别由于GPS测量后处理软件系统的发展，为确定两点之间基线向量，目前已有多种作业模式可供选择。例如，Wild200-GPS测量系统，在其硬件和软件的支持下，作业模式就有静态相对定位、快速静态相对定位、准动态相对定位和动态相对定位等。现将这些不同作业模式的特点及其适用范围简单地介绍如下。

（1）静态相对定位模式（图18-138）

1）作业方法

采用两套（或两套以上）接收设备，分别安置在一条（或数条）基线的端点，同步观测4颗卫星1h左右，或同步观测5颗卫星20min左右。当基线超过100km时，观测时间应当适时延长。

2）定位精度

定位的相对定位精度可达$5mm + 1 \times 10^{-6} D$，D为基线长度。

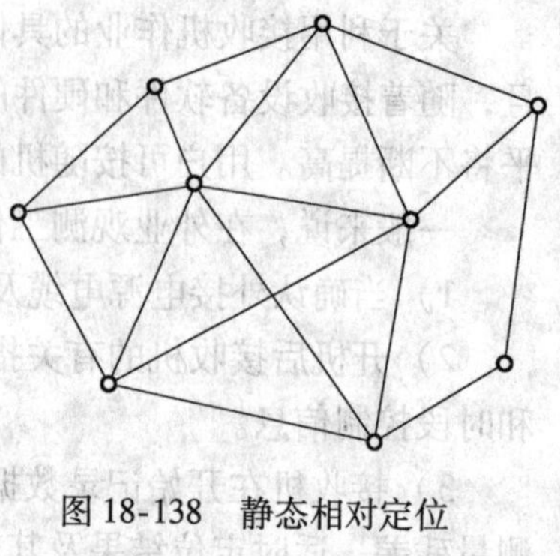

图18-138　静态相对定位

3）特点

这种作业模式所观测过的基线，应构成某种闭合图形（如图 18-139），以便于观测成果的检核，提高成果的可靠性和 GPS 网平差后的精度。基线长度超过可由二十公里至几百公里。

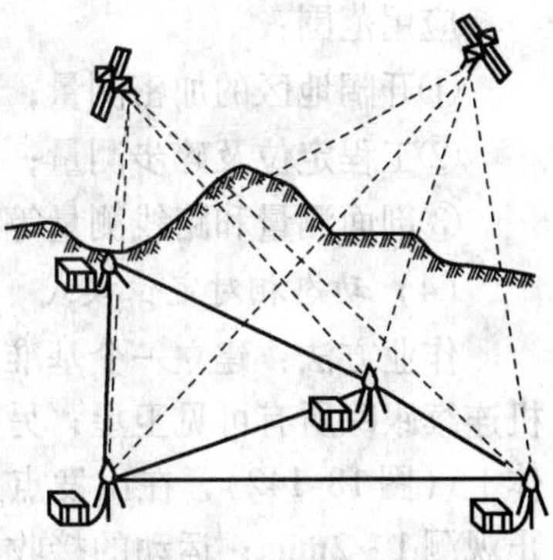
图 18-139　多台接收机相对定位

4）适用范围

①建立全球性或国家级大地控制网；

②建立地壳运动或工程变形监测网；

③建立长距离检校基线；

④进行岛屿与大陆联测；

⑤钻井精密定位。

（2）快速静态相对定位模式

作业方法：在测区的中部选择一个基准站，并安置一台接收设备连续跟踪所有可见卫星，另一台接收机依次到各点流动设站，并且在每个流动站上观测 1 ~ 2min。如图 18-140 所示。该作业模式要求，在观测时段中必须有 5 颗卫星可供观测；同时流动站与基准站相距不超过 15km。

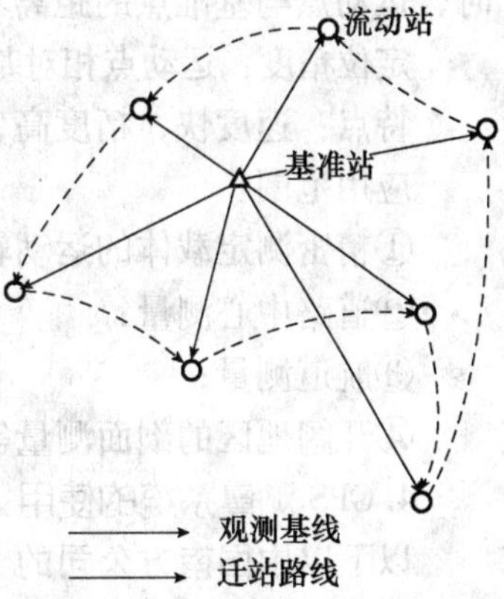

图 18-140　快速静态相对定位

定位精度：流动站相对基准站的基线中误差可达 $5mm + 1 \times 10^{-6}D$。

特点：接收机在流动站之间移动时，不必保持对所测卫星的连续跟踪，因而可关闭电源以降低能耗。该模式作业速度快、精度高。缺点是直接观测边不构成闭合图形，可靠性较差。

适用范围：

①控制测量及其加密；

②工程测量、边界测量；

③地籍测量及碎步测量等。

（3）准动态相对定位模式

作业方法：

在测区选择一基准站，并在其上安置一台接收机连续跟踪所有可见卫星；置另一台流动的接收机于起点（图 18-141 的 1 号点）观测 1 ~ 2min。在保持对所测卫星连续跟踪的情况下，流动的接收机依次迁到 2、3、…号流动点各观测数秒钟。

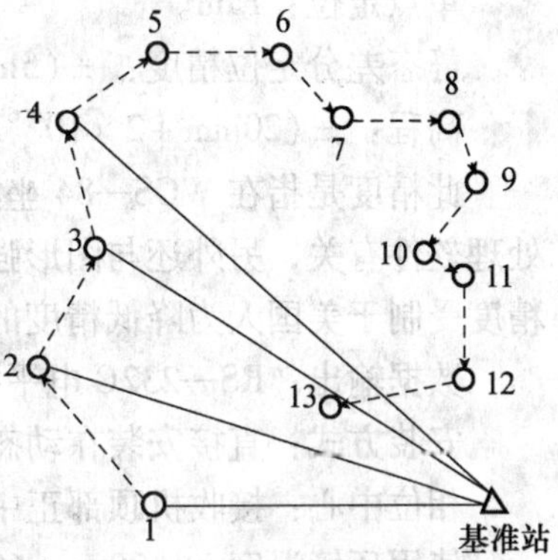

图 18-141　准动态定位

该作业模式要求：在观测时段上必须有 5 颗以上卫星可供观测；在观测过程中流动接收机对所测卫星信号不能失锁；一旦发生失锁现象，应在失锁后的流动点上，将观测时间延长 1 ~ 2min；流动点与基准点相距不超过 15km。

定位精度：基线的中误差可达 1 ~ 2cm。

特点：作业只需两台接收设备，效率甚高。即使偶然发生失锁，主要在失锁的流动点上延长观测 1 ~ 2min，仍可继续按该模式作业。

应用范围：

①开阔地区的加密测量；

②工程定位及碎步测量；

③剖面测量和路线测量等。

(4) 动态相对定位模式

作业方法：建立一个基准点，并在其上安置一台接收机连续跟踪所有可见卫星；另一台接收机安置在运动的载体上（图 18-142），在出发点按快速静态相对定位法，静止观测 1 ~ 2mim；运动的接收机从出发点开始，在运动过程中按预定的时间间隔自动观测。该作业模式要求：同步观测 5 颗卫星，其中至少 4 颗卫星应保持连续跟踪；同时，运动点与基准点的距离不超过 15km。

定位精度：运动点相对基准点之点位精度可达 1 ~ 2cm。

特点：速度快，精度高，可实现载体的连续定位。

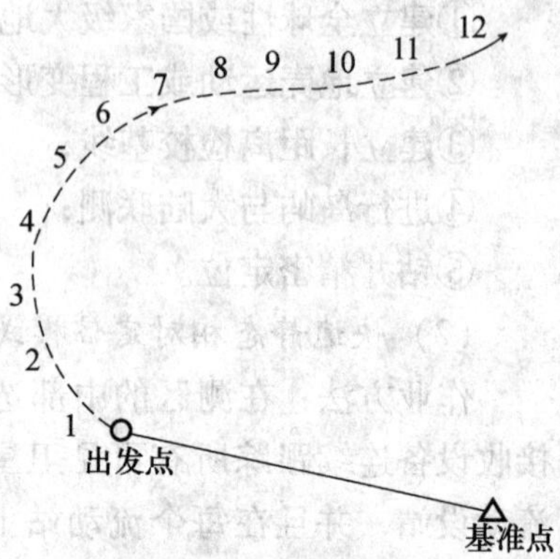

图 18-142　动态相对定位

应用范围：

①精密测定载体的运动轨迹；

②道路中心测量；

③航道测量；

④开阔地区的剖面测量等。

4. GPS 测量系统的使用

以下以中国南方公司的 NGS—200 为例说明 GPS 的基本使用方法。

(1) 系统性能

NGS—200 型 GPS 接收机，是南方测绘仪器公司生产的静态单频机。主要技术指标与性能如下：

信号：借助 C/A 码重建的 L_1。载波，经载波相位平滑的 C/A 码伪距，广播星历，频载波相位，C/A 码伪距，1575.42MHz。

通道数：8 个独立的并行通道，可同时接收 8 颗卫星。

单点定位：15m。

静态差分定位精度：$\pm(5\text{mm}+2\times10^{-6}D)$。

高程：$\pm(20\text{mm}+2\times10^{-6}D)$。

此精度是指在 WGS—84 坐标系下精度；高程系指 WGS—84 坐标系下的椭球高。精度同处理软件有关，另外还与图形强度、星历及信号质量、观测时间长短有关。单点定位及导航精度受制于美国人为降低精度的选择性服务政策（SA 政策）。

数据输出：RS—232C 电平接口。

安装方式：直接安装在动态杆上或利用基座安装在三脚架上。

相位中心：接收机顶部正中。

使用环境温度：$-20 \sim +60$℃。

贮存环境温度：$-40 \sim +70$℃。

电源输入：直流 6V。

功耗：<1.8W。

质量：1.5kg。

同步观测时间为40min左右，同步观测时间的多少与所测距离有关，当达到30km以上时，观测时段长度必须有两个小时以上；同时还与要求达到的精度有关，若要求精度高，则观测时间应长一点，精度要求稍低则可稍短一点。另外，同步观测时间还与观测时间段及卫星图形强度等因素有关。例如，如在夜间进行观测，其观测时间可比白天稍短，因为夜间电离层的影响小。

为达到高精度的大地测量要求，NGS—200型GPS测量系统采用静态相对定位模式。此时外业部分需两台或两台以上GPS接收机。同时，为方便野外观测，提高野外作业的效率，建议用户在经济条件许可下尽量多拥有几台GPS接收机。标准配置为三台套，用户可视自己需要而增减。扁平微带有源天线带内装式抑径板，根据卫星高度及运行状态自动选择卫星。

NGS—200型GPS测量系统还可扩展成RTD（Real－Time Difference），用于实时差分定位（测码）达±1m。

（2）NGS—200型GPS测量系统的硬件组成与使用

南方S—200型GPS接收机单台NGS—200由以下部分组成：接收机一台（含仪器箱）；采集器托盘、采集软件一套；6V/4Ah可充电电池一只；充电器一只；基座及对点器一副；数据采集电缆线一根，电源电缆一根；《NGS—200型GPS测量系统操作手册》一本；三角架或对中杆一副。

另外，系统用户还应拥有下列软件：NGS—200基线向量处理软件，测量系统网平差及坐标转换软件；采集器与计算机通信软件及数据传输电缆。由于该系统接收机的主要元部件均来自于国外，并经过严格检测，因而接收机的品质良好。

1）组成单元特点

NGS—200型GPS接收机将天线、接收单元、数据采集单元、电源等合为一体，防水的外壳使NGS—200型GPS接收机可适应各种恶劣的气候，一体化的设计使其极为坚固且电磁兼容性能优良，简便的操作很适合野外测量。

天线单元：扁平微带有源高增益天线内置于接收机内，中心频率为1575.42MHz。

接收单元：NGS—200型GPS测量系统接收单元由8个独立的行通道组成，采集的数据为L_1载波相位、C/A码伪距及广播星历。

数据采集单元：数据采集单元采用32位微控制器进行运算，保证在各种情况下都能迅速地进入一位状态（正常情况下仅需数秒）并选择最佳观测卫星。

2）电池及充电器

NGS—200型GPS接收机采用的电池为6V/4Ah的可充电镍镉电池，充足电的电池可连续给NGS—200供电12h。与之相配的大电流脉冲充电器需充电8h，便可将电池充足。充电时，将充电器插入220V交流电插座中，电缆线一端插入电池插座中，这时充电指示灯亮，当电池被充足之后，指示灯熄灭。电源电缆用于联接接收机和电池，供野外采集用。

3）基座及对中器

NGS—200型GPS接收机使用标准的三爪基座（脚架为英制）。

4）数据采集器

GPS采集器的作用是对野外观测时的GPS接收机的工作状态进行监控，并且记录野外观测的数据。NGS—200型GPS测量系统的采集器是一种掌上型电脑。

数据采集器有以下特点：

①与 IBMPC 兼容，内驻 DOS 操作系统。

②采用与 Windows 类似的图形界面，操作非常简便。

③该机小巧、可靠性高，功耗低。

④具有多种应用软件，如通信录、电话记录簿等，可作其他用途。

⑤该机内存有 1MB 和 2MB 两种，足够野外 GPS 观测时记录数据用（1MB 可连续采集 20h 的观测数据），NGS—200 型 GPS 测量系统的标准配套是 1MB 内存，可以连续采集 8h 数据。

⑥采集器可通过数据通信电缆与 PS 机进行通信。

⑦该机配有标准的 RS—232C 通信接口，且有一个 PCMCIA 插槽，与 CGA 显示兼容。

通常采集器的集软件、数据文件可通过数据传输电缆进行文件拷贝，也可通过 PCMCIA 存储卡进行拷贝。

采集器实际上是一台掌上计算机，装有许多应用软件。由于其采用与 Windows 类似的界面，因此在操作时是与 Windows 基本一致的，例如，进入应用程序时，可以按［TAB］键选择相应的图标，再按［ENTER］键即可进入应用程序，或者按图标下相应的关键字母。如需进入 DOS 状态，则按 D(Dos)；需进入文件管理，则按 F(Filer)。

掌上机的功能是很多的，在这里仅仅介绍一些与 GPS 作业时数据采集有关的一些操作，至于其他功能的详细操作，请查阅随机的英文用户指南（User's Guide）。

5）电池的安装（图 18-143）

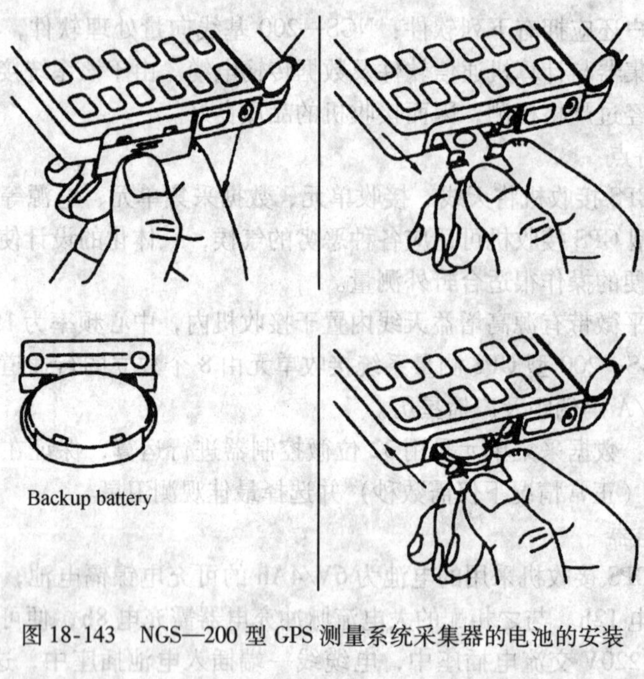

图 18-143　NGS—200 型 GPS 测量系统采集器的电池的安装

采集器的电池包括两个从（5 号）电池及一个后备电池，随机配备好的 AA 电池为 AA 碱性电池，备电池的型号为 CR2032。

①主机电池的安装

将主机背面的电池盖移去，按图标的指示安装好 AA 电池。

②装入和更换信息保护电池

采集器以一个钮扣电池 RS2032 作为辅助电池，以起信息保护作用，钮扣电池一般仅能使用一年左右，将用尽时会有信息提示即在屏幕左上角显示（“Backup Batterylow——

PressESC”)，且蜂鸣器鸣叫，用户必须及时更换。更换方法是：打开采集器右侧的后备电池盖，可见有一灰白色的塑料电池套，将其拉出，将电池放下（切记将有“+”标注一面朝下对电池套），然后将电池套连同电池一同推入，盖上即可。

注意：

1. 更换或新装钮扣电池时，要保证装有主机使用的电池（两节 AA 电池）；否则，数据会丢失。
2. 不要在无后备电池或后备电池没电的情况下更换主电池，否则将导致所有的信息丢失。

6）主要功能键说明

［MENU］键：菜单键，在不同的状态下按此键，则出现当前状态下的操作菜单。

［Fn］键：第二功能键，按这个键后再按对应的有紫色字样的键（如［DEL］键）则可实现紫色字样的功能。

［↑］键：［Shift］键。

［&］键：按此键，则出现类似 Windows 的图形界面，通过选择图标可进入各种应用程序。蓝色的键为应用程序功键。各键功能如图 18-144 所示。

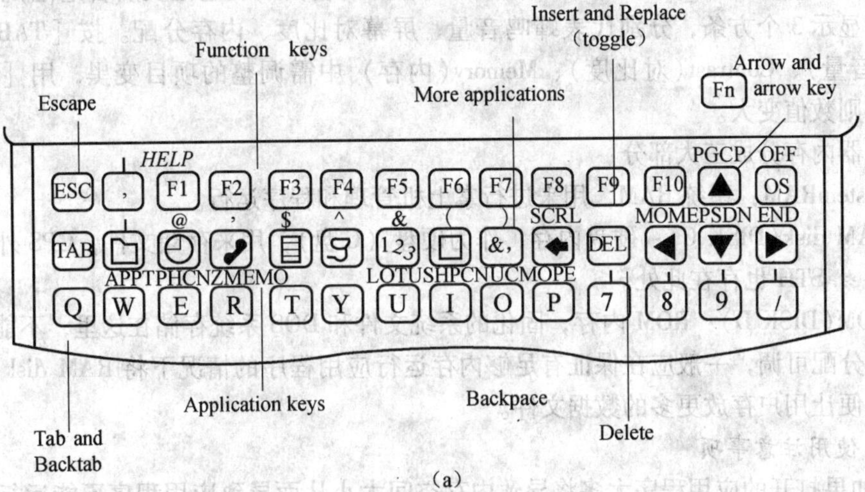

（a）

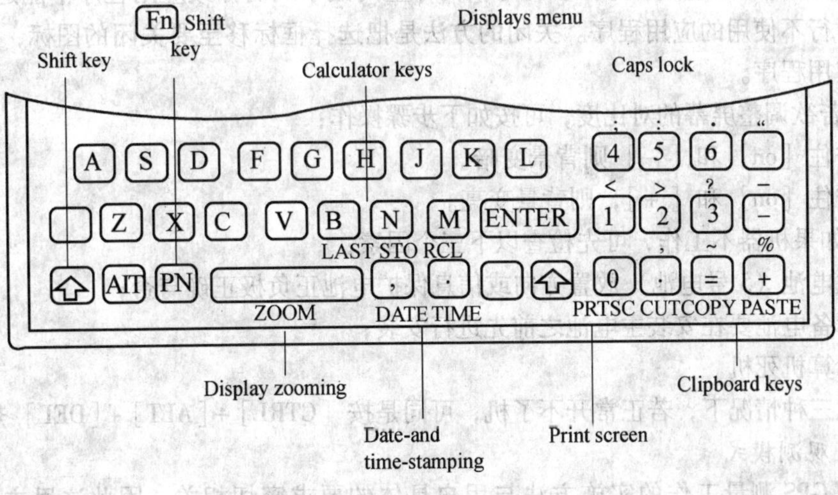

（b）

图 18-144　主要功能键

(3) 应用程序使用

1) 进入 MS—DOS 命令状态

在启动掌上机后，按［&…］键，用［←、↑、→、↓］键使方框移动至“C：>”图标处，按［ENTER］键在 MS—DOS 状态下键入 DOS 命令则可执行相应的命令，如查看文件为“C:DIR”等。在此，［↙］符号代表回车键。采集器的 DOS 系统文件是固化在 D 盘（ROM 盘），其版本为 MS—DOS5.0，用户不能修改增删。

2) 文件管理功能

按［&］键，同上，选择［filter］图标进入文件管理器，可通 F1 ~ F10 功能键来进行文件管理，很方便地进行文件的拷贝、移动、查看等，亦可以建立与其他微机的联系，进行联机操作。

3) 采集器系统管理

在图形界面上选择有 Setup 字样的图标，或者按［S］键，即可进入系统设置应用程序。屏幕显示系统信息，包括内存的分配和电源的情况（包括主机电池及后备电池）。按［F5］键，屏幕显示 3 个方条，分别代表蜂鸣音量、屏幕对比度、内存分配。按［TAB］键，使 Volume（音量）、Contrast（对比度）、Memory（内存）中需调整的项目变黑，用［→］来移动，右移则数值变大。

采集器内存分成三大部分：

①SystemRAM：系统 RAM，用来进行掌上机管理和程序运行。

②RAM disk（DISK C）：硬盘内存，作为硬盘（C 盘），用来存储文件，GPS 外业采集的数据文件 *.STH 也存在此处。

③ROM（DISK D）：ROM 内存，固化的系统文件和 DOS 系统存储在这里，不能写入。

内存分配可调，一般应在保证有足够内存运行应用程序的情况下将 RAM disk 部分尽量调大，以便让用户存放更多的数据文件。

(4) 使用注意事项

1) 如果打开的应用程序太多将导致内存空间太小从而导致应用程序不能运行。必须关闭一些暂行不使用的应用程序。关闭的方法是把选择框标移至要关闭的图标，按“F6”键关闭该应用程序。

2) 若欲调整屏幕的对比度，可按如下步骤操作：

①按住［on］和［-］则背景变暗。

②按住［on］和［+］，则背景变亮。

3) 如果机器不工作，可先检查以下三个因素：

①主电池（5 号电池）放置方向或信息保护电池正负极正确与否；

②后备电池要在安装主电池之前先进行安装；

③计算机死机。

在此三种情况下，若正常开不了机，可同是按［CTRL］+［ALT］+［DEL］热键启动。

(5) 观测模式

由于 GPS 测量工作的实施方法与用户具体的要求密切相关，因此这里主要是对使用 NGS—200 型 GPS 测量系统建立控制网的一般过程、作业的方法和原则进行介绍。至于有特殊要求的用户还可参照国家有关部门颁发的测量规范。

GPS 测量工作与经典测量工作相类似，可以分为外业和内业两大部分。其中，外业工作主要包括选点、建立测站标志、野外观测作业以及成果质量的检核等；内业工作主要包括GPS测量的技术设计、测后数据的处理以及技术总结等。南方NGS—200型测量系统GPS测量的工作程序如图18-145所示。

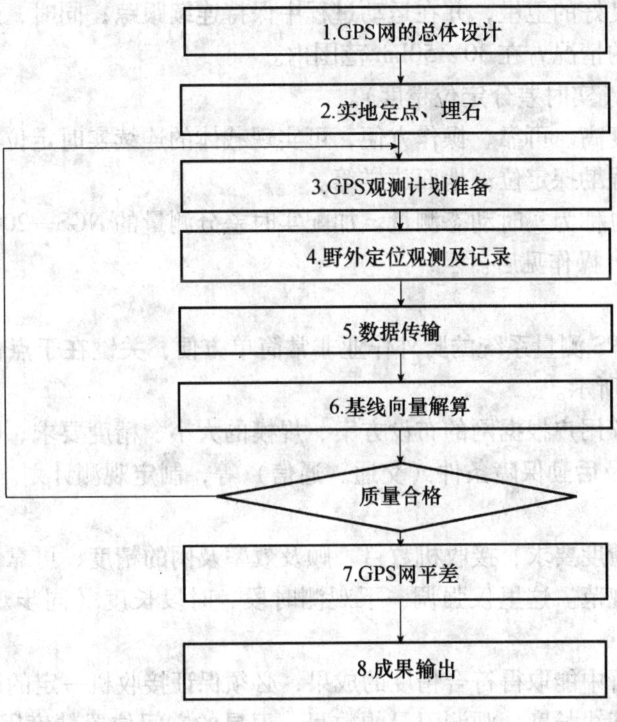

图18-145　NGS—200测量工作流程图

GPS测量的作业模式是指利用GPS定位技术，确定观测站之间相对位置所采用的作业方式。它主要由GPS接收设备的软件和硬件来决定，不同的作业模式其作业的方法和观测时间亦有所不同，因此亦有不同的应用和范围。

南方NGS—200型GPS测量系统主要作控制测量用，采取的是静态相对定模式。具体操作根据用户的要求，还可以把NGS—200型GPS测量系统扩展成为RTD（Real－Time Difference）。下面简单介绍NGS—200型GPS测量系统测量模式。

1）静态相对定位模式

作业方法：采用两台（或两台以上）南方NGS—200接收机，分别安置在一条（或数条）基线的端点，根据基线长度和要求的精度，按NGS—200型GPS测量系统外业的要求同步观测四颗以上的卫星数时段，时段从30分钟至几个小时不等。

定位精度：基线测量和精度可以 $\pm(5\text{mm}+2\times10^{-6}D)$，$D$ 为基线长度，以km计。

作业要求：采取这种作业模式所观测的独立基线边，就构成闭合图形（如三角形、多边形），以利于观测成果的检核，增强网的强度，提高成果的可靠性和精确性。基线长度可达一百公里以上。

适用范围：建立国家大地控制网（二等或二等以下）；建立精密工程控制网，如桥梁测量、隧道测量等；建立各种加密控制网，如城市测量、图根点测量、道路测量、勘界测量等。

2）RTD（测码实时差分）动态相对定位模式

作业方法：建立一个基准站，并在其上安置一台 NGS—200 型 GPS 接收机，连续跟踪所有可见卫星，并通过通信设备发射差分信号；另一台接收机，安置在运动的载体上，并让其接收差分信号，在运动的过程中，按预定的采样间隔自动观测。该作业模式要求，至少同步观测四颗以上分布良好的卫星，并在运动过程中保持连续跟踪；同时，运动点与基准站的距离，可以根据配置的情况，在 30 ~ 50km 范围内。

定位精度：1m（实时差分定位精度）。

特点：定位精度高、可靠、操作方便，可实现载体的连续实时定位。

应用范围：工程勘探定位；地面放样等。

实时差分测量也称为实时动态测量。加配实时差分测量的 NGS—200 型 GPS 测量系统的 RTD（也称为 RTK）操作见后。

（6）观测计划

NGS—200 型 GPS 测量系统的野外作业非常简单方便，关键在于点位观测和记录，详细的过程如图 18-145 所示。

在施测前，建议用户根据网的布设方案、规模的大小、精度要求、GPS 卫星星座、参与作业的 GPS 数量以及后勤保障条件（交通、通信）等，制定观测计划。

1）确定工作量

用户根据网的精度要求、接收机数目，顾及效率及网的精度、可靠性而确定工作量。具体方法可参考有关规范。这里仅强调一下观测时段、时段长度（同步观测时间）与基线长度的关系。

为了在后续分析中能取得符合精度的成果，必须保证接收机一定的同步观测时间。其取决于众多的因素：基线长度、观测卫星的数目、卫星的空间位置精度因子（PDOP）及大气层（主要指电离层）状况而定，如果用户在 4 颗以上的卫星且 PDOP 值小于 4.0 的情况下进行观测，那么观测时间将主要取决于基线的长度及电离层扰动。

电离层的扰动是随时间及点位的位置而变化的。由于电离层的扰动在夜间要小得多，因此夜间的观测时间通常可以减小一半，或者测程增强一倍。所以，夜间将有利于 10km 以上的长基线测量。除非有特别的限制条件，否则要规定精确的观测时间是不客观的。表 18-41 仅就一般情况下同步观测的时段数及时段的长度必须满足的要求提供一个参考值。

表 18-41　GPS 静态定位的观测时间长度

级　别	项　目			
	卫星高度角/(°)	观测时段数	基线平均距离/km	时段长度/min
C	≥15	≥2	15	60 ~ 120
D	≥15	≥2	10	50 ~ 100
E	≥15	≥2	5	40 ~ 80

注：夜间可以将观测时间缩短一半，或者把距离延长一倍。

当采用边连接方式可以用下式估算所需时段总数 N_r：

$$N_r = \left(1 + \frac{\eta_p - k_i}{k_i - 2}\right)\eta_r$$

式中　k_i——接收机的数目；

η_p——GPS 网的点数；

η_r——相对定位的观测时段数。

2）控制点分区

若 GPS 网的点数较多，而参与同步观测时段的 NGS—200 型 GPS 接收机数目有限时，建议用户分区进行观测。但必须在相邻分区设置公共点，且公共点的数量一般不得不少于 3 个。然而相邻分区的公共点点数过少，将使网的整体性变差，从而影响网的精度；如增加公共点数，则又会延缓测量工作的进程，这一点请用户根据网的用途慎重考虑。

在一个观测分区内，用户还可根据参加作业的接收机数量，分成若干个同步观测的子区（每个子区必须有两台以上的接收机），这样整个测区就很容易进行作业管理，从而有利于作业效率的提高。

3）选择观测时段

在 GPS 测量中，所测卫星与观测站所组成的几何图形，其强度可取空间位置精度因子（PDOP）来表示。无论是绝对定位或相对定位，其值均不应超过一定的要求。对应各精度等级，PDOP 值应不超过表 18-42 所列限值。

表 18-42　空间位置精度因子（PDOP）的限值

级别	C	D	E
PDOP	≤8	≤10	≤10

注：为了保证观测的质量，实际上 PDOP 一般在 4.0 以下才采集数据。

4）确定观测进程

最佳观测时间确定后，在观测工作开始之前，须制定观测工作的进程表及接收机的调度计划。尤其当 GPS 网的规模较大，参加作业的仪器较多时。建议用户仔细制定和选择这些计划的优化方案，这对于顺利地实现预定的观测任务极为重要。

观测工作的进程计划，涉及网的规模、精度要求、作业的接收机数目和后勤保障条件等，在实际工作中，用户应根据最优化的原则合理制定。

(7) 一个测站的观测基本操作

GPS 静态测量的观测工作主要包括安置仪器、观测作业、观测记录等。

1）安置仪器

安置仪器的步骤如下：

①在选好的观测站点上安放三角架。注意周围的环境必须符合净空条件好，远离反射源，避开电磁场干扰等条件。因此，安放时用户应量避免将接收机放在树荫、建筑物下，也不要在太靠近接收机的地方使用对讲机等无线设备。

②小心打开仪器箱，取出基座及对中器，将其安放在脚架上，在测点上对中、整平基座。

③从仪器箱中取出接收机，将其安放在对中器上，并将其锁紧，再分别取出电池、采集器及其托盘，将它们安装在脚架上。

在安置仪器时用户要注意下面的几点：

①当仪器需要安置在三角点觇标点的基板时，应先将觇标顶部拆除，以防止对信号的干扰，这时，可将标志的中心投影在基板上，作为安置仪器的依据。

②基座上的水准管必须严格居中。

安置了仪器后，用户应在各观测时段的前后，各量测天线高一次，精度至毫米。量测时，由标石（或其他标志）中心顶端量至天线下沿。

采用下面公式计算天线高：

$$H = \sqrt{h^2 - R_0^2} + h_0$$

式中 h——标石或其他标志中心顶端到天线下沿所量距离；

R_0——天线半径（天线相位中心为准）215mm；

h_0——天线相位中心至天线下沿的距离32mm。

所算 H 即为天线高，两次量测的结果之差不应超过3mm，并取其平均值。

2）启动仪器

①在接收机机采集器电源均关闭的情况下，分别连上电源电缆、数据采集电缆。注意数据采集电缆与采集器连接一端的10孔插头之凸槽应与采集器接口凹槽对应插入，否则将损害接收机和采集器。

②先按接收机开关靠近指示灯的一端，打开接收机电源。若指示灯为绿色，则表示电量充足；若指示灯为红色，则表示电量不足，应尽快停止测量。

用户必须注意以下几点：

①如果仪器从与室外温度相差较大的室内或汽车内取出，必须让其有一个预热的过程，时间大约为30min。

②用户在插拔电缆时，必须牢记关掉接收机电源，否则将使采集器串口设备保护性关闭而不能正常工作。

③确认外接电源及天线等各项连接无误后才接通电源，启动接收机。

3）进入监控状态

按采集器上的ON/OFF键，在采集器的DOS状态下，按［F］+［ZOOM(空格键)］组合键，使显示屏上的字符为最大状态，执行NGC＊＊(＊＊代表接收机产品序号的最后两位数字，在天线的下盖刻有)，则出现图18-146的界面。稍后，自动进入监控状态。注意：若出现“The error!”的出错提示，则表示该采集器软件与接收机不配套，采集器将不能采集数据。若弹出“No Response”的出错提示且蜂鸣器响时，则表示电源或数据线未接通，或者串口不正常，请用户将采集器冷启动后再试（具体操作方法见有关说明）。

监 控

时间 9时14分50.000282921秒　　日期1997年8月14日

通道	卫星号	信噪比	模式	信 息
1	5	61	8*	经度 23：07：50.137
2	9	143	8*	纬度 113：19：01.693
3	17	158	8*	大地高 59.840
4	21	73	8*	
5	23	122	8*	精度因子 1.9
				定位模式 3D
6	18	64	8*	
7	—	—	—	
8	—	—	—	跟踪卫星数 6

ESC-退出　　F2-采集数据　　Shift F1-自检

图18-146 进入监控状态

进入监控状态时，显示界面如图 18-146 所示。该监控窗口的中文意义：已经显示出了该测站的主要信息。其中：时间和日期是在 GPS 时间系统（GPST）下的时间和日期，与当地的时间有所区别（大约与北京时间相差 8h）。

经纬度和大地高则基于 WGS—84 坐标系。当跟踪卫星数不到 3 颗时，定位模式为 NO FIX，即不能定位，精度因子为 0；达到 3 颗时，定位模式为 2D，即二维定位，精度因子为 HDOP，即平面位置精度因子；超过 3 颗且卫星分布良好时的定位模式为 3D，即三维定位，精度因子为 PDOP，即空间位置精度因子。精度因子越小，说明卫星的空间几何分布越好，当精度因子大于 8h，说明卫星的空间分布极差，不能观测。通常当 PDOP≤4 时，观测条件比较有利。

信噪比表示各通道的信号强度与噪声强度之比，一般要求在 80 左右，越大越好。

模式是指通道的跟踪状态，NGS—200 共有 9 个观测状态，依次为 0、1、2、3、4、5、6、7、8，除 8 以外的状态均不能用于定位，刚开机时，通道由 0 逐步逼近到 8，故测量中“*”越多，结果越好。

NGS—200 的高度截止角为 15°。

4）NGS—200 型接收机的自检

当接收机出现故障提示，或接收机经长期放置再重新使用时，可以对 NGS—200 进行自检，按“Shift” +“F1”组合键便可，这时，屏幕弹出自检窗口。稍后，若自检通过，则窗口中出现图 18-147 的信息。按任意键退回到监控状态；否则表示自检未通过，自动退出。

采 集 器

星历：6　9　10　17　24　26

通道	卫星号	历元数	信　息	
1	6	10*	时间:	6:　34:　50
2	10	10*		
3	24	10*	文件:	ST012251.STH
4	26	10*	天线高:	1.653m
5	9	10*	定位模式:	3D
6	17	10*	精度因子:	1.9
7	—	—	历元数:	10
8	—	—	剩余磁盘空间:	584KB

按　[ESC]　键　　退　　出

图 18-147　输入四个字符的测站名

5）采集数据

在监控状态下，按［F2］键，进入数据采集状态。首先弹出图 18-147 的对话框。表示要求输入 4 个字符的测站名。输入后按回车（Enter），出现对话框要求输入当大所测同步观测时段序号（注意：不要对某一测站的时段，而是整天所测时段，例如，当天已测了 2 个同步观测时段，现在准备测第 3 个同步观测时段，就输入“3”）。输入后按回车，出现对话框要求输入天线高，单位为 m，若直接回车，则天线高以 0.0m 计。这时可将前计算所得的天线高输入采集器回车，则进入采集状态。

假如键入的前后两测站名和时段序号相同，则出现提示是否覆盖原记录文件，如果覆盖则按［Y］键。

在同一天（GPS 时）内，键入的测站名及时段序号一样可能会出现同名。用户在出测前一定要合理安排好，尽量避免出现重名的情况。

值得注意的是，由于 GPS 时和北京时间相差大约 8h，因此如果在北京时间凌晨 0 时至早上 8 时前施测，GPS 时仍然是北京时间的前一天，因此用户一定要注意此时输入的时段序号不要重复（例如，又从 1 开始，这就和北京时间的前一天的第一个时段重复），建议用户最好仍然是按 GPS 时业计算时段序号，即每天凌晨0 时至早上的 8 点仍然算前一天的时段序号。

采集器的中文意思为：星历一行表示这些卫星的星历已经收到；历元数表示通道及采集器连续跟踪卫星的历元数；NGS—200 的采集器每 15s 采集一次数据，故历元数每 15s 加 1，假如右下角的历元数为 200，则表示采集完毕。

用户在使用：NGS—200 型 GPS 接收机的时候，要注意以下的事项，以免不合适的操作而造成不必要的麻烦：

①必须严格按照本操作手册进行接线和操作以保证能够获得符合要求的成果。例如，选点时按规程规定，避开树荫、建筑物、构筑物等，同时 NGS—200 型 GPS，接收机使用时应避开强电磁场的干扰，如高压线、电动机、对讲机等。

②不应在电压低的情况下（电源指示灯为红色）长时间工作，否则数据的质量有可能受到影响。

③搬运 NGS—200 时，要十分小心，开箱前轻轻放好箱子，让其盖朝上，打开箱子的锁栓。

④NGS—200 型 GPS 接收机应存放在干燥、安全地方，避免受潮及碰撞。

⑤应保证接收机每三个月使用一次以上，否则，NGS—200 型 GPS 接收机内存储的数据将有可能丢失，这样下次定位就需要较长的时间。

（8）后处理软件的使用

外业采集的数据由文件保存供后处理。在阿士泰克的数据文件中，以文本文件形式记录了所有相关数据供分析用。在“. sp3”为后缀的文件中记录了相对于 COU 时间和加权平极的加权平均卫星轨道参数；在“. 02n”为后缀的文件中包括观测数据（A_0，A_1，T，W），以及电离层改正模型参数；在“. 02”为后缀的文件中包括观测日期、观测起止时间、近似位置、波长因子、观测值类型（L_1，L_2，C_1，P_2，D_1，D_2）和观测值大小。在“. 15”为后缀的文件为解算结果数据文件，项目信息、已知测站信息、未知测站信息、运行时间参数、基线计算结果：三差观测组成方式、双差观测组成方式、浮点双差解、整周模糊值等。

文件管理器。在室内可由后处理软件进行平差和解算基线向量。各种机型的后处理软件可以有所不同，但是基本功能是一致的。在图 18-144 中，后处理工作为 6 ~ 8 步的内容。后处理计算将对每一个观测值（Epoch）进行检查，包括周跳检查和粗差检查；组成单差、双差、三差观测方程；选择整周待定值的解算方法及解算之；进行基线计算；全网平差计算；成果打印输出。

不同的定位方法的后处理计算内容与方法是不一致的。目前一般的 GPS 用户系统都有多种计算初始整周模糊值的方式，以及根据观测和已知的数据条件，选择静态相对定位、准动态相对定位、快速静态测量、动态后处理等计算模式等。

六、GPS 接收机的检校

GPS 测量用户系统一般包括多台套 GPS 接收机、外业和内业处理软件、数据通信设备等。GPS 定位的精度既取决于用户系统，还取决于控制系统以及空间系统。

1. GPS 定位精度和系统误差的检验

用户 GPS 定位系统的定位精度和系统误差的检验，可以使用坐标检验和投影后的边长检验两个途径。

（1）坐标对比检验

1）直接使用 WGS—84 坐标对比

此方法直接检验 GPS 的绝对定位精度，并可排除坐标系转换的误差影响。但是由于精确的 WGS—84 坐标的基准点获取十分困难，此方法目前不适用于用户使用。

2）使用国家控制网的坐标

可以使用地理坐标和高斯平面坐标比较，但需要已知两坐标系的转换参数。

（2）边长对比检验

1）直接与高精度基线边进行比较。

2）直接与高精度的测距仪测量结果进行比较。

3）在专门的 GPS 鉴定网上进行比较。

进行 GPS 精度检验时，作为基准的点坐标或边长的精度必须可靠，并且足以作为基准。

2. GPS 用户系统误差的校正

由于 GPS 定位的精度既取决于用户系统，还取决于控制系统以及空间系统。检验揭示的偶然误差与系统误差，有时很难进行分析。从用户系统来说，存在仪器天线的偏心误差、多路径效应、电子系统的老化、软件系统中模型的不完善等因素引起的系统误差。因此，目前的 GPS 用户系统中提供给用户进行系统误差校正的硬件机构很少，系统误差模型还不完善。主要通过建立一定的系统误差模型基础，作为未知数求解出来，用于修改模型。

如果通过检验发现系统误差过大或偶然误差过大，因用户一般难以对 GPS 软硬件进行干预修理，应交由生产厂家处理。

七、GPS 观测量误差分析

1. GPS 误差的分类

在 GPS 测量中，影响观测量精度的主要误差来源可分为三类：第一类是与 GPS 卫星有关的误差；第二类是与信号传播有关的误差；第三类是与接收设备有关的误差。

这些误差的种类及其影响参见表 18-43。为了便于理解，通常均把各种误差的影响投影到观测站至卫星的距离上，以相应的距离误差表示，并称为等效距离偏差。表中所列对观测距离的影响，即为与相应误差等效的距离偏差。如果根据误差的性质，上述误差尚可分为系统误差与偶然误差两类。

表 18-43　GPS 测量的主要误差

误差来源	对距离测量的影响
卫星： 轨道误差、钟误差	1.5 ~ 15m
信号传播： 对流层误差、电离层误差、多路效应误差	1.5 ~ 15m
接收机： 钟差、观测误差、相位中心变化等	1.5 ~ 5m

（1）系统误差

系统误差主要包括：卫星的轨道误差、卫星钟差、接收机钟差以及大气折射的误差等。为了减弱和修正系统误差对观测量的影响，一般根据系统误差产生的原因而采取不同的措施，其中包括：

1）引入相应的未知参数，在数据处理中同其他未知参数一并解算；

2）建立系统误差模型，对观测量加以修正；

3）将不同观测站对相同卫星的同步观测值求差，以减弱或消除系统误差的影响；

4）简单地忽略某些系统误差的影响。

（2）偶然误差

偶然误差主要包括信号的多种路径效应引起的误差和观测误差等。

2. 与卫星有关的误差

与 GPS 卫星有关的误差，主要包括卫星的轨道误差和卫星钟的误差。

（1）卫星钟差

由于卫星的位置是时间的函数，所以 GPS 的观测量均以精密测时为依据。而与卫星位置相应的时间信息是通过卫星信号的编码信息传送给用户的。在 GPS 测量中，无论是码相位观测或载波相位观测，均要求卫星钟与接收机钟保持严格同步。实际上，尽管 GPS 卫星均设有高精度的原子钟（铷钟和铯钟），但它们与理想的 GPS 时之间仍存在着难以避免的偏差或漂移。这些偏差的总量均在 1ms 以内，由此引起的等效距离误差均可达 300km。

对于卫星钟的这种偏差，一般可以通过对卫星钟运行状态的连续检测而精确地确定，并表示为以下二阶多项式的形式：

$$\delta t^{j} = a_0 + a_1(t - t_{0e}) + a_2(t - t_{0e})^2$$

式中　t_{0e}——为参考历元；

a_0——卫星钟的钟差；

a_1——卫星钟的钟速（或频率偏差）

a_2——卫星钟的钟速变率（或老化率）。

这些数值由卫星的主控站测定，并通过卫星的导航电文提供给用户。

经以上钟差模型改正后，各卫星钟之间的同步差可保持在 20ns 以内，由此引起的等效距离偏差将不会超过 6m。卫星钟差或经改正后的残差，在相对定位中可通过观测量求差（或差分）的方法消除。

（2）轨道偏差

估计与处理卫星的轨道误差一般比较困难，其主要原因是卫星在运行中要受到多种摄动力的复杂影响，而通过地面监测站又难以充分可靠地测定这些作用掌握它们的作用规律。目前用户通过导航电文所得到的卫星轨道信息，其相应的位置误差约为20~50m。但随着摄动力模型和定轨技术的不断完善，预计上述卫星的位置精度将可提高到5~10m。

卫星的轨道误差是当前利用GPS定位的重要误差来源之一。GPS卫星距地面观测站的最大距离约为25000km，如果基线测量的允许误差为1cm，则当基线长度不同时，允许的轨道误差大致见表18-44。可见，在相对定位中随着基线长度的增加，卫星轨道误差将成为影响定位精度的主要因素。

表18-44　基线长度与容许轨道误差

基线长度/km	基线相对误差（$\times10^{-6}$）	容许轨道误差/m
1.0	10	250.0
10.0	1.0	25.0
100.0	0.1	2.5
1000.0	0.01	0.25

在GPS测量中，根据不同的要求，处理卫星轨道误差的方法原则上有三种：

1）忽略轨道误差

这是简单地认为由导航电文所获知的卫星轨道信息是不含误差的。很明显，这时卫星轨道实际存在的误差将成为影响定位精度的主要因素之一。这一方法广泛地应用于实时定位工作。

2）采用轨道改进法处理观测数据

其基本思想是在数据处理中引入表征卫星轨道偏差的改正参数，并假设在短时间内这些参数为常量，将其作为待估计量与其他未知参数一并求解。

由前面的讨论已知，卫星的轨道偏差主要是由于各种摄动力的综合作用而产生的。由于摄动力对卫星轨道6个参数的影响并不相同（表18-45），而且在对卫星轨道摄动进行修正时，所采用的各摄动力模型精度也不一样，所以在以轨道改进法进行数据处理时，根据引入轨道偏差改正数的不同，又分为短弧法和半短弧法：

表18-45　摄动力对卫星轨道的影响（以m计）（1987.5.14，4h积累量）

轨道参数	摄动位J_2项	摄动位高阶项	月球摄动	太阳光压
a_s	2600	20	220	5
e_s	1600	5	140	5
i	800	5	80	5
Ω	4800	3	80	5
$M_s+\omega_s$	1200	40	500	10

①短弧法。即引入全部6个轨道偏差改正数作为待估参数，在数据处理中与其他待估参数一并求解。这种方法可明显地减弱轨道偏差的影响，从而提高定位的精度，但其计算工作量较大。

②半短弧法。根据摄动力对轨道参数的不同影响，只对其中影响较大的参数引入相应的改正数作为待估参数。由表18-46可见，月球摄动力对轨道参数$M_s+\omega_s$和a_s的影响较大，

也就是说对轨道的切向和径向影响较大。所以，当采用半短弧法处理观测成果时，一般普通引入轨道切向、径向和法向（垂直轨道面方向）3 个改正数作为待估量。半短弧法计算工作量较短弧法明显减少，但同样可以有效地减弱轨道偏差的影响。根据分析，目前经半短弧法修正后的卫星轨道偏差将不会超过 10m。轨道改进法一般用于精度要求较高的定位工作，需要测后处理。

3）同步观测求值

这一方法是利用在两个或多个观测站上，对同一卫星的同步观测值求差，以减弱卫星轨道误差的影响。由于同一卫星的位置误差，对不同观测站同步观测量的影响具有系统性质，所以通过上述求差的方法，可以明显地减弱卫星轨道误差的影响，尤其当基线较短时，其有效性甚为明显。这种方法对于精密相对定位具有极其重要的意义。

(3) 卫星几何分布的影响

GPS 定位中，观测精度与测站同卫星的几何分布状态关系密切。几何分布的强度因子也称为卫星的精度因子，即 PDOP 和 GDOP 两个参数，决定于观测时刻的可见卫星数目、卫星的高度角和方位。无论是绝对定位还是相对定位，其值不能超过一定的限度。现行规范规定：A 级、B 级及 C 级定位时的 PDOP 应分别≤4、6、8。图 18-148 表示几何因子与观测次数的关系。可知，相同的观测次数，图形强度因子越低，观测值精度越低。

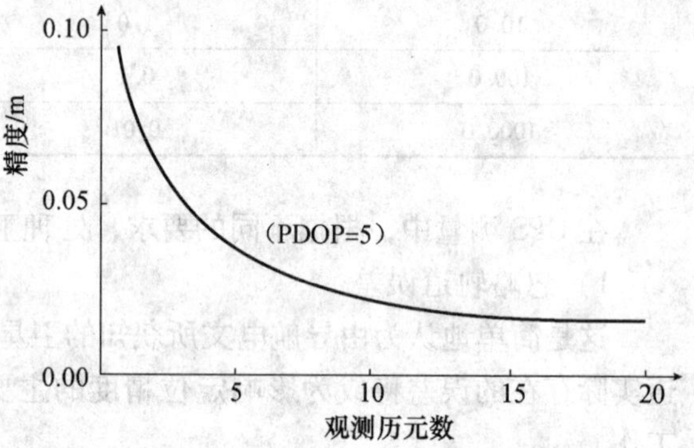

图 18-148　图形因子与观测次数的影响

3. 卫星信号的传播误差

地球大气层 90% 以上物质分布在约 30km 高度以内。在研究大气层对电磁波的影响时，一般将其分为对流层和电离层两个层次。卫星信号的传播误差主要包括大气折射误差和多路径效应。

(1) 电离层折射的影响与减弱措施

电离层是离子化的大气层，电离气体分子的弥散作用，使折射率下降。GPS 卫星信号和其他电磁波信号一样，当其通过电离层时将受到这一介质弥散特性的影响，使信号的传播相位（时间）延迟，距离增长。假设由此引起电磁波信号传播路径的变化为 Δ_I：

$$\Delta_I = \int^s (n-1)\,ds$$

式中　n——电离层的折射率；

s——信号的传播路径。

对码相位观测，按群折射率引起的传播路径差为：

$$\Delta_{I_g}^* \approx 40.28\frac{N_\Sigma}{f^2}$$

对载波相位观测，按相折射率计算的传播路径差为：

$$\Delta_{I_p} \approx -40.28\frac{N_\Sigma}{f^2}$$

式中　$N_{\sum}$——信号传播路径上的电子总量，$N_{\sum}=\int^{s}N_{e}\mathrm{d}s$；

N_e——电子密度。

可见，电离层对信号传播路径影响的大小，主要取决于电子总量 $N_{\sum}$ 和信号的频率 f。

对于 GPS 卫星信号来说，在夜间当卫星处于天顶方向时，电离层折射对距离的影响将小于 5m；而在日间正午前后，当卫星接近地平线时，其影响可能大于 150m。为了减弱电离层的影响，GPS 测量中通常采取以下措施：

1）计算改正量

GPS 单频接收机，为了减弱电离层影响，一般利用由导航台提供的电离层模型或其他适宜的电离层模型计算改正量，但是目前的有效性不会高于 75%，即当电离层延迟为 50m 时，改正后仍可能有 12.5m 的残差。目前，这种模型至今仍在完善中。

2）利用双频观测

由于电离层的影响是信号频率的函数，所以利用不同频率的电磁波信号进行观测，便可能确定其影响的大小，以便对观测量加以修正。

假设 $\Delta_{I_g}(L_1)$ 为用 L_1 载波的码观测时电离层对距离观测值的影响，$\bar{\rho}_{f_1}$ 和 $\bar{\rho}_{f_2}$ 分别为 L_1 和 L_2 同步观测所得的测站至卫星的距离，取 $\delta\rho=\bar{\rho}_{f_1}-\bar{\rho}_{f_2}$。

对于 GPS 的载波 L_1 和 L_2 的频率，则电离层对 L_1 载波的传波路径的影响可以由伪距差估计：

$$\Delta_{I_g}(L_1)=-1.5457\delta\rho$$

对于 L_1 载波相位观测量的影响可以用两频率的相位观测量估计：

$$\delta\phi_{I_p}(L_1)=-1.5457(\phi_{f_1}-1.2833\phi_{f_2})$$

式中　$\delta\phi_{I_p}$——用频率的 f_1 载波观测时，电离层折射对相位观测量的影响；

ϕ_{f_1} 和 ϕ_{f_2}——相应于频率 f_1 和 f_2 的载波相位观测量。

上式证明如下：

结合 f_1 和 f_2 可得：

$$\delta\phi_{f_2}=\delta\phi_{f_1}\frac{f_1}{f_2}$$

于是有：

$$\phi_{f_1}=\phi_{f_1}^0+\delta\phi_{f_1}$$

$$\phi_{f_1}=\phi_{f_2}^0+\delta\phi_{f_1}\frac{f_1}{f_2}$$

由于两波在无电离层影响时的时间相等，得：

$$\frac{\phi_{f_1}^0}{f_1}=\frac{\phi_{f_2}^0}{f_2}=t^0$$

将上述两 ϕ_{f_1} 式相减，可得利用两种不同频率进行观测时的相位差，得：

$$\phi_{f_1}-\phi_{f_2}\frac{f_1}{f_2}=\delta\phi_{f_1}\left(\frac{f_2{}^2-f_1{}^2}{f_2{}^2}\right)$$

于是可得改正量：

$$\delta\phi_{f_1}=\left(\phi_{f_1}-\phi_{f_2}\frac{f_1}{f_2}\right)\left(\frac{f_2{}^2}{f_2{}^2-f_1{}^2}\right)$$

对于 GPS 来说，已知 $f_1=1.57542\text{GHz}$，$f_2=1.22760\text{GHz}$，所以延迟改正量可得：

$$\left.\begin{aligned}\delta\rho_{f_1}&=-1.5473\delta\rho\\ \delta\phi_{f_1}&=-1.54576(\phi_{f_1}-1.28333\phi_{f_2})\end{aligned}\right\}$$

将各个频率值代入后可得式 $\phi_{f_1}=\phi_{f_1}^0+\delta\phi_{f_1}$。经电离层折射改正后的相位值由上式得：

$$\phi_{f_1}^2=\phi_{f_1}-\left(\phi_{f_1}-\phi_{f_2}\frac{f_1}{f_2}K\right)\left(\frac{f_2{}^2}{f_2{}^2-f_1{}^2}\right)$$

实践表明，采用 1.57542GMz 和 1.22760GMz 的双频观测，进行修正，其消除电离层影响的有效性将不低于 95%。因此，具有双频的 GPS 接收机，在精密定位工作中得到了广泛地应用。不过应当指出，在太阳辐射强烈的正午或在太阳黑子活动的异常期，虽经上述模型修正，但由于模型的不完善而引起的残差仍可能是明显的，这在拟定精密定位的观测计划时应慎重考虑。

目前，为进行高精度的卫星导航和定位，普遍采用双频观测技术，以有效地减弱电离层折射影响。不过，若采用频率不同的双频组合，其对电离层影响的改善程度也将不同。表 18-46 列出了经不同双频观测改正后，仍可能含有的电离层折射的残差。与表 18-45 相比较，显然可见，利用双频技术可有效地减弱电离层折射的影响是显而易见的。

表 18-46　经不同双频改正后电离层折射的残差

双频	150/400MHz	400/2000MHz	1227/1572MHz	2000/8000MHz
平均	0.6m	0.9cm	0.3cm	0.04cm
90% 小于	10m	6.6cm	1.7cm	0.21cm
最大	36m	22cm	4.5cm	0.43cm

实际资料分析表明，经 GPS 双频观测修正后的距离残差为厘米级。但是，在太阳黑子活动高峰期内，于中午观测时这种残差将明显增大。

3）利用电离层模型修正

对于单频机用户，一般采用由导航电文提供的电离层模型，或其他适宜的电离层修正模型来进行修正。目前使用模型修正的有效性可能低于 75%，即当影响为 50m 时改正后还余 12.5m，这些修正模型至今仍在发展中。

4）利用同步观测值求差

这一方面是利用两台或多台接收机对同一组卫星的同步观测值求差，以减弱电离层折射的影响。尤其当观测站的距离较近时（如小于 10km），由于卫星到达不同观测站的路径相近，所经过的介质状况相似，所以通过不同观测站对相同卫星的同步观测值求差，便可显著地减弱电离层折射影响，其残差将不会超过 1×10^{-6}。对具有单频接收机的用户，这一方法的重要意义尤为明显。

用两台接收机在基线的两端进行同步观测并取其观测量之差，可以减弱电离层折射的影响。这是因为当观测站相距不太远时，由卫星至两观测站电磁波传播路径上的大气状况甚为相似，因此大气状况的系统影响便可能过同步观测量的求差而减弱。所以在 GPS 测量中，对于短距离的相对定位，使用单频接收机也可达到相当高精度。但随着基线长度的增加，其精度将随之明显降低。

（2）对流层的影响和改正

对流层指从地面向上约40km的大气底层。对流层的大气基本属于中性，电磁波的速度基本与频率无关，但是其中的各种天气现象、水滴、尘埃等对电磁波有很大影响。折射系数随高度下降。由于对流层的介质对GPS信号没有弥散效应，所以其群折射率与相折射率可认为相等。

对流层折射对观测值的影响可分为干分量与湿分量两部分，干分量主要与大气的温度与压力有关，而湿分量主要与信号传播路径的大气湿度和高度有关。

设测站至卫星的距离为ρ_0，折射的影响为观测距离与真实距离之差。一种估计方法是假定它为对流层干分量（主要由气压决定）和湿分量（主要由湿度决定）构成。有如下列公式：

$$d\rho = \rho - \rho_0 = \delta\rho_d + \delta\rho_w$$

$$\delta\rho_d = 1.552 \times 10^{-5} \frac{p}{T_K}[40136 + 148.72(T_K - 273.16) - H_T]$$

$$\delta\rho_w = 7.46521 \times 10^{-2} \frac{e_0}{T_K^2}(11000 - H_T)$$

式中　p——地面大气压（mbar）；

e_0——水汽压（mbar）；

T_K——绝对温度（K）；

H_T——测站的高程（m）。

由于对流层折射的影响，当卫星处于天顶方向时，对流层干分量对距离观测值的影响约占对流层影响的90%，且这种影响可以应用地面的大气资料计算。若地面平均大气压为1013mba，则在天顶方向向干分量对所测距离的影响约为2.3m，而当高度角为10°时其影响约为20m。湿分量的影响虽数值不大，但由于难于可靠地确定信号传播路径上的大气物理参数，所以湿分量尚无法准确地测定。因此，当要求定位精度较高或基线较长时（如大于50km），它将成为误差的主要来源之一。

减小对流层影响的主要措施有：

1）定位精度要求不高时，可以简单地忽略。

2）尽可能充分掌握测站周围地区的实时气象资料；采用对流层模型加以改正。为此，可取以上两式之一来计算距离观测值的改正量。理论分析和实验表明，各种对流层改正模型，即使用实测的气象资料，也难以将对流层影响减小92%～95%。

3）利用水汽辐射计，测定传播路径上的水汽积累量，以便计算大气湿分量的改正项。虽然这一方法精度很高，但是设备昂贵，难以广泛使用。

4）引入描述对流层影响的附加待估参数，在数据处理中一并求解。

5）观测量求差。利用相对定位的差分方法，减弱对流层大气折射的影响。基线小于10km时，在稳定的大气条件下，基线两端的水气含量、大气压以及大气稳定条件均相似，使用同步观测量求差，可以有效地减弱大气折射的影响。与电离层的影响相类似，当两观测站相距不太远时（如小于10km），由于信号通过对流层的路径相近，对流层的物理特性相似，所以对同一卫星的同步观测值求差，可以明显地减弱对流层折射的影响。因此，这一方法在精密相对定位中应用甚为广泛。不过，随着同步观测站之间距离的增大，地区大气状况的相关性很快减弱，这一方法的有效性也将随之降低。根据经验，当距离大于50～100km时，对流层的折射对GPS定位精度的影响将成为决定性的因素之一。

(3) 多路径效应影响

与卫星信号传播有关的误差主要包括大气折射误差和多路径效应。所谓多路径效应，即接收机天线除直接接收到卫星的信号外，尚可能收到经天线周围地物反射的卫星信号（图18-149）。两种信号叠加将会引起测量参考点（相位中心）位置的变化，而且这种变化随天线周围反射面的性质而异，难以控制。多路径效应具有周期性的特征，其变化幅度可达数厘米。在同一地点，当所测卫星的分布相似时，多路径效应将会重复出现。减弱多路径效应影响的主要办法有：

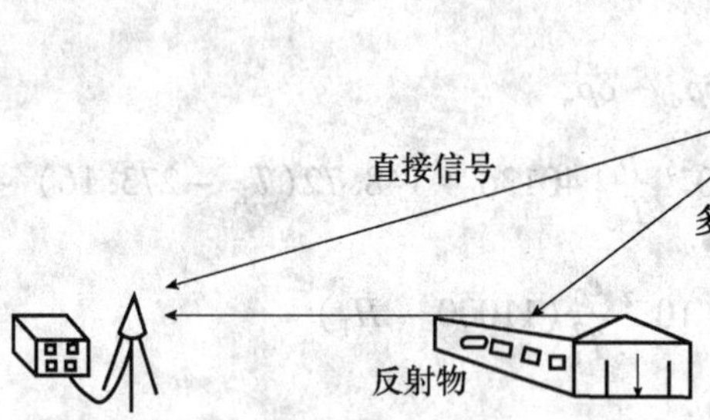

图18-149　多路径效应

1）选择造型适宜且屏蔽良好的天线。

2）安置接收机天线的环境应避开较强的反射面，如水面、平坦光滑的地面和平整的建筑物表面等。

3）用较长观测时间的数据取平均值。

4. 与接收设备有关的误差

与用户接收设备有关的误差主要包括：观测误差、接收机钟差、相位中心误差和载波相位观测的整周不定性误差。

(1) 观测误差

这类误差除观测的分辨误差之外，尚包括接收机天线相对测站点的安置误差。根据经验，一般认为观测的分辨误差约为信号波长的1%。由此，对GPS码信号和载波信号的观测精度见表18-47。观测误差属偶然性质的误差，适当增加观测量将会明显地减弱其影响。

表18-47　码相位与载波相位的分辨误差

信号	波长	观测误差
P码	29.3m	0.3m
C/A码	293m	2.9m
载波L_1	19.05cm	2.0mm
载波L_2	24.45cm	2.5mm

接收机天线相对观测站中心的安置误差，主要有天线的置平与对中误差和量取天线相位中心高度（天线高）的误差。例如，当天线高度为1.6m时，则由此引起光学对中器的对中误差约为3mm。因此，在精密定位工作中必须仔细操作，以尽量减少这种误差的影响。

(2) 接收机的钟差

GPS 接收机一般设有高精度的石英钟，其稳定度约为 10^{-11}。如果接收机钟与卫星钟之间的同步差为 1μs，则由此引起的等效距离误差约为 300m。

处理接收机钟差比较有效的方法，是在每个观测站上引入一个钟差参数作为未知数，在数据处理中与观测站的位置参数一并求解。这时，如假设在每一观测瞬间钟差都是独立的，则处理较为简单，所以，这一方法广泛应用于实时定位。在静态绝对定位中，也可像卫星钟那样，将接收机钟差表示为多项式的形式，并在观测量的平差计算中求解多项式的系数。不过这将涉及到构成钟差模型时，对钟差特性所作假设的正确性。

在定位精度要求较高时，可以采用高精度的外接频标（即时间标准），如铷原子钟或铯原子钟，以提高接收机时间标准的精度。在精密相对定位中，还可以利用观测值求差的方法有效地消除接收机钟差的影响。

(3) 载波相位观测的整周待定值误差

前已指出，载波相位观测法是当前普遍采用的最精密的观测方法，它可精确地测定卫星至观测站的距离。但是，由于接收机只能测定载波相位差非整周的小数部分，以及从某一起始历元至观测历元间载波相位变化的整周数，而无法直接测定载波相位相应该起始历元在传播路径上变化的整周数。因而，在测相伪距观测值中，将存在整周待定值的影响，这是载波相位观测法的主要缺点。

另外，已知载波相位观测除了存在上述整周待定值之外，在观测过程中还可能发生正周变跳问题。当用户接收机收到卫星信号并进行实时跟踪（锁定）后，载波信号的整周数便可由接收机自动地计数。但是在中途，如果卫星的信号被阻挡或受到干扰，则接收机的跟踪便可能中断（失锁）。而当卫星信号被重新锁定后，被测量载波相位的小数部分将仍和未发生中断的情形一样，是连续的，可这时整周数却不再是连续的。这种情况称为整周变跳或周跳。周跳现象在载波相位观测中是经常发生的，它对距离观测的影响和整周待定值的影响相似，在精密定位的数据处理中，都是一个非常重要的问题。

(4) 天线的相位中心位置偏差

在 GPS 测量中，无论是测码伪距或测相伪距，观测值都是以接收机天线的相位中心位置为准，而天线的相位中心与其几何中心，在理论上应保持一致。可是实际上，天线的相位中心随着信号输入的强度和方向不同而有所变化，即观测时相位中心的瞬时位置（一般称视相位中心）与理论上的相位中心有所不同。天线相位中心的偏差对相对定位结果的影响，根据天线性能的好坏可达到数毫米至数厘米。所以对于精密相对定位来说，这种影响也是不容忽视的，而如何减小相位中心的偏移是天线设计中的一个迫切问题。

在实际工作中，如果使用同一类型的天线，在相距不远的两个或多个观测站上同步观测了同一组卫星，那么，便可以通过观测值的求差来削弱相位中心偏移的影响。不过，这时各观测站的天线均应按天线附的方位标进行定向，使之根据罗盘指向磁北极。根据不同的精度要求，定向偏差应保持在 3°～5°以内。

5. 其他误差来源

除上述三类误差的影响外，这里再简单地介绍一下其他一些理论上可能存在的误差来源，如地球自转以及相对论效应对 GPS 测量的影响。

(1) 地球自转的影响

在协议地球坐标系中，如果卫星的瞬时位置是根据信号发播的瞬时计算的。那么尚应考虑到地球自转的改正。因为当卫星信号传播到观测站时，与地球相固联的协议地球坐标系相对卫星的上述瞬时位置已产生了旋转（绕 Z 轴）。若取为地球的自转速度，则旋转的角度为：

$$\Delta\alpha = \omega\Delta\tau_i^j$$

式中 $\Delta\tau_i^j$——卫星信号传播到观测站的时间延迟。

由此引起卫星在上述坐标系中的坐标变化（ΔX，ΔY，ΔZ）为：

$$\begin{bmatrix}\Delta X\\ \Delta Y\\ \Delta Z\end{bmatrix} = \begin{bmatrix}0 & \sin\Delta\alpha & 0\\ -\sin\Delta\alpha & 0 & 0\\ 0 & 0 & 0\end{bmatrix} = \begin{bmatrix}X^j\\ Y^j\\ Z^j\end{bmatrix}$$

式中 （X^j，Y^j，Z^j）——卫星的瞬时坐标

由于旋转角 $\Delta\alpha < 1.5''$，所以当取至一次微小项时，上式可简化为：

$$\begin{bmatrix}\Delta X\\ \Delta Y\\ \Delta Z\end{bmatrix} = \begin{bmatrix}0 & \Delta\alpha & 0\\ -\Delta\alpha & 0 & 0\\ 0 & 0 & 0\end{bmatrix} = \begin{bmatrix}X^j\\ Y^j\\ Z^j\end{bmatrix}$$

(2) 相对论效应的影响

根据狭义相对论的观点，一个频率为 f 的振荡器安装在飞行的载体上，由于载体的运动，对地面的观测者来说将产生频率偏移。因此在地面上具有频率为 f_0 的时钟，安设在以速度 v_s 运行的卫星上后，钟频将发生变化，其改变量已知为：

$$\Delta f_s = \frac{v_s^2}{2c^2}f_0$$

这说明在狭义相对论的影响下，时钟安装在卫星上之后将变慢。若应用已知关系式：

$$v_s^2 = ga_m\left(\frac{a_m}{R_s}\right)$$

代入前一式：

$$\Delta f_s = -\frac{ga_m}{2c^2}\left(\frac{a_m}{R_s}\right)f_0$$

式中 g——地面重力加速度；

c——光速；

a_m——地球平均半径；

R_s——卫星轨道平均半径。

另外，根据广义相对论，处于不同等位面的振荡器，其频率将由于引力位不同而产生变化。这种现象常称为引力频移，其大小可按下式估算：

$$\Delta f_2 = \frac{\Delta W}{c^2}f_0$$

式中 ΔW——不同等位面的位差，$\Delta W = ga_m\left(1-\frac{a_m}{R_s}\right)$。

由此卫星钟的引力频率可写为：

$$\Delta f_2 = \frac{g a_m}{c^2}\left(1 - \frac{a_m}{R_s}\right) f_0$$

在狭义与广义相对论的综合影响下，卫星钟频率的变化应为：

$$\Delta f = \Delta f_1 + \Delta f_2 = \frac{g a_m}{c^2}\left(1 - \frac{3a_m}{2R_s}\right) f_0$$

GPS 卫星钟的标准频率 $f_0 = 10.23\text{MHz}$，所以可得：

$$\Delta f = 0.00455\text{Hz}$$

这说明 GPS 的卫星钟比地面钟要快，每秒约差 0.45ms。消除这一影响的办法，一般是将 GPS 卫星钟的标准频率减小约 4.5×10^{-3}Hz。但是，由于地球的运动和卫星轨道高度的变化以及地球重力场的变化，上述相对论效应的影响并非常数。所以经上述改正后仍有残差，其对卫星钟差的影响约为：

$$\delta t^j = -4.4443\times10^{-10} e_s \sqrt{a_s}\sin E_s$$

式中　e_s——卫星轨道偏心率；

a_s——卫星轨道长半径；

E_s——偏近点角。

而对卫星钟速（频偏）的影响为：

$$\delta \dot{t}^j = -4.443\times10^{-10} e_s \sqrt{a_s}\cos E_s \frac{dE_s}{dt}$$

考虑到 $\frac{dE_s}{dt} = \frac{n}{1 - e_s\cos E_s}$，上式可改写为：

$$\delta \dot{t}^j = -4.443\times10^{-10} e_s \sqrt{a_s}\frac{n\cos E_s}{1 - e_s\cos E_s}$$

数字分析表明，上述残差对 GPS 时的影响最大可达 70ns，对卫星钟速的影响可达 0.1ns/s。显然，对于精密的定位工作来说，这种影响是不应忽略的。

最后需要指出的是，在 GPS 测量中除上述各种误差外，卫星钟和接收机钟振荡器的随机误差、大气折射模型和卫星轨道摄动模型的误差、地球潮汐以及信号传播的相对论效应等，也都会对 GPS 的观测量产生影响。随着对长距离定位精度要求的不断提高，研究这些误差来源并确定它们的影响规律具有重要意义。

第十九章　测绘作业人员安全防范

第一节　一般要求

1）测绘生产单位应坚持安全第一、预防为主、综合治理的方针，遵守《中华人民共和国安全生产法》等有关安全生产的法律、法规，建立、健全安全生产管理机构、安全生产责任制度和安全保障及应急救援预案，配备相应的安全管理人员，完善安全生产条件，强化安全生产教育培训，加强安全生产管理，确保安全生产。

2）测绘作业单位应根据本部门、各工种和作业区域的实际特点，制定安全生产操作细则，指导和规范职工安全生产作业。测绘作业单位应设置安全员，安全员须经过安全生产知识与安全管理能力培训，具备与所从事的测绘专业活动相应的安全生产知识和管理能力。

3）作业人员（组）应遵守本单位的安全生产管理制度和操作细则，爱护和正确使用仪器、设备、工具及安全防护装备，服从安全管理，了解其作业场所、工作岗位存在的危险因素及防范措施；外业人员还应掌握必要的野外生存、避险和相关应急技能。

第二节　内业生产

1. 作业场所

1）照明、噪声、辐射等环境条件应符合作业要求。

2）计算机等生产仪器设备的放置，应有利于减少放射线对作业人员的危害。各种设备与建（构）筑物之间，应留有满足生产、检修需要的安全距离。

3）作业场所中不得随意拉设电线，防止电线、电源漏电。通风、取暖、空调、照明等用电设施要有专人管理、检修。

4）面积大于$100m^2$的作业场所的安全出口应不少于两个。安全出口、通道、楼梯等应保持畅通并设有明显标志和应急照明设施。

5）作业场所应按《中华人民共和国消防法》规定配备灭火器具，小于$40m^2$的重点防火区域，如资料、档案、设备库房等，也应配置灭火器具。应定期进行消防设施和安全装置的有效期和能否正常使用检查，保证安全有效。

6）作业场所应配置必要的安全（警告）标志，如配电箱（柜）标志、资料重地严禁烟火标志、严禁吸烟标志、紧急疏散示意图、上下楼梯警告线以及玻璃隔断提醒标志等，且保证标志完好清晰。

7）禁止在作业场所吸烟以及使用明火取暖，禁止超负荷用电。使用电器取暖或烧水，不用时要切断电源。

8）严禁携带易燃易爆物品进入作业场所。

2. 安全操作

1）仪器设备的安装、检修和使用，须符合安全要求。凡对人体可能构成伤害的危险部位，都要设置安全防护装置。所有用电动力设备，必须按照规定埋设接地网，保持接地良好。

2）仪器设备须有专人管理，并进行定期的检查、维护和保养，禁止仪器设备带故障运行。

3）作业人员应熟悉操作规程，必须严格按有关规程进行操作。作业前要认真检查所要操作的仪器设备是否处于安全状态。

4）禁止用湿手拉合电闸或开关电钮。饮水时，应远离仪器设备，防止泼洒造成电路短路。

5）擦拭、检修仪器设备应首先断开电源，并在电闸处挂置明显警示标志。修理仪器设备，一般不准带电作业，由于特殊情况而不能切断电源时，必须采取可靠的安全措施，并且须有两名电工现场作业。

6）因故停电时，凡用电的仪器设备，应立即断开电源。

第三节 外 业 生 产

一、出测、收测前的准备

1）针对生产情况，对进入测区的所有作业人员进行安全意识教育和安全技能培训。

2）了解测区有关危害因素，包括动物、植物、微生物、流行传染病种、自然环境、人文地理、交通、社会治安等状况，拟订具体的安全防范措施。

3）按规定配发劳动防护用品，根据测区具体情况添置必要的小组及个人的野外救生用品、药品、通讯或特殊装备，并应检查有关防护用品及装备的安全可靠性。

4）掌握人员身体健康情况，进行必要的身体健康检查，避免作业人员进入与其身体状况不适应的地区作业。

5）组织赴疫区、污染区和有可能散发毒性气体地区作业的人员学习防疫、防污染、防毒知识，并注射相应的疫苗和配备防污染、防毒装具。对于发生高致病的疫区，应禁止作业人员进入。

6）所有作业人员都应该熟练使用通讯、导航定位等安全保障设备，以及掌握利用地图或地物、地貌等判定方位的方法。

7）出测、收测前，应制定行车计划，对车辆进行安全检查，严禁疲劳驾驶。

二、行车安全防范

1. 基本要求

1）驾驶员应严格遵守《中华人民共和国道路交通安全法》等有关的法律、法规、安全操作规程和安全运行的各种要求，具备野外环境下驾驶车辆的技能，掌握所驾驶车辆的构造、技术性能、技术状况、保养和维修的基本知识或技能。

2）驾驶员应了解所运送物品的性能，保证人员和物品的安全。运送易燃易爆危险品时，应防止碰撞、泄漏，严禁危险物品与人员混装运送。

3）货运汽车车厢内载人，应按公安交通部门的有关规定执行。行车时人要坐在安全位置上，人身不能超过车厢以外。车厢以外的任何部位严禁坐人和站人。

2. 行车前的准备

1）编制行车计划，明确负责人。单车行驶，应配有押车人员。

2）外业生产车辆应配备必要的检修工具和通信设备。

3）驾驶员应检查各部件是否灵敏，油、水是否足够，轮胎充气是否适度，应特别注意检查传动系统、制动系统、方向系统、灯光照明等主要部件是否完好，发现故障即行检修，禁止勉强出车。

4）机动车载货不得超过行驶证上核定的重量。运送的物资器材须装牢捆紧，其重量要分布均匀。

5）在戈壁、沙漠和高原等人员稀少、条件恶劣的地区应采用双车作业，作业车辆应加固，配备适宜的轮胎，每车应有双备胎。

3. 行车

1）途中停车休息或就餐，应锁好车门，关闭车窗。

2）夜间行车要保持灯光完好，降低行驶速度，充分判断地形及行进方向。

3）遇有暴风骤雨、冰雹、浓雾等恶劣天气时应停止行车。视线不清时不准继续行车。

4）在雨、雪或泥泞、冰冻地带行车时应慢速，必要时应安装防滑链，避免紧急刹车。遇陡坡时，助手或乘车人员应下车持三角木随车跟进，以备车辆下滑时抵住后轮。

5）高温炎热天气行车应注意检查油路、电路、水温、轮胎气压；频繁使用刹车的路段应防止刹车片温度过高，导致刹车失灵。

6）高原、山区行车要特别注意油压表、气压表及温度表。气压低时应低挡行驶，少用制动，严禁滑行。遇到危险路段如落石、滑坡、塌陷等，要仔细观察，谨慎驾驶。

7）沙土地带行车应停车观察，选择行驶路线，低挡匀速行驶，避免中途停车。若沙土松软，难以通过，应事先采取铺垫等措施。

8）车辆穿越河流时，要慎重选择渡口，了解河床地质、水深、流速等情况，采取防范措施安全渡河。

三、饮食安全防范

1）禁止食用霉烂、变质和被污染过的食物，禁止食用不易识别的野菜、野果、野生菌菇等野生植物。禁止酒后生产作业。不接触和不食用死、病畜肉。禁止饮用异味、异色和被污染的地表水和井水。

2）生熟食物应分别存放，并应防止动物侵害。

3）使用煤气、天然气等灶具应保证其连接件和管道完好，防止漏气和煤气中毒。禁止点燃灶具后离人。

四、住宿安全防范

1. 室内住宿

1）外业作业人员应尽量居住民房或招待所。住宿的房屋应进行安全性检查，了解住宿环境和安全通道位置。禁止人宿存在安全隐患的房屋。

2）应注意用电安全。便携式发电机应置于通风条件下使用，做到人、机分开，专人管理。应防止发电机漏电和超负荷运行对人员造成伤害。

3）使用煤油灯应安装防风罩。离开房间或休息时，应及时熄灭煤油灯或蜡烛。取暖使用柴灶或煤炉前应先进行检修，防止失火和煤气中毒。

4）禁止在草料旁堆放油料、易燃物品，禁止在仓库、木料场、木质建筑以及其他易燃物体附近用火。

2. 野外宿营

1）备好防寒、防潮、照明、通信等生活保障物品。

2）搭设帐篷时应了解地形情况，选择干燥避风处，避开滑坡、觇标、枯树、大树、独立岩石、河边、干涸湖、输电设备及线路等危险地带，防止雷击、崩陷、山洪、高辐射等伤害。

3）帐篷周围应挖排水沟。在草原、森林地区，周围应开辟防火道。

4）治安情况复杂或野兽经常出没的地区，应设专人值勤。

五、外业作业环境

1. 一般要求

1）应持有效证件和公函与有关部门进行联系。在进入军事要地、边境、少数民族地区、林区、自然保护区或其他特殊防护地区作业时，应事先征得有关部门同意，了解当地民情和社会治安等情况，遵守所在地的风俗习惯及有关的安全规定。

2）进入单位、居民宅院进行测绘时，应先出示相关证件，说明情况再进行作业。

3）遇雷电天气应立刻停止作业，选择安全地点躲避，禁止在山顶、开阔的斜坡上、大树下、河边等区域停留，避免遭受雷电袭击。

4）在高压输电线路、电网等区域作业时，应采取安全防范措施，优先选用绝缘性能好的标尺等辅助测量设备，避免人员和标尺、测杆、棱镜支杆等测量设备靠近高压线路，防止触电。

5）外业作业时，应携带所需的装备以及水和药品等用品，必要时应设立供应点，保证作业人员的饮食供给；野外一旦发生水、粮和药品短缺，应及时联系补给或果断撤离，以免发生意外。

6）外业作业时，所携带的燃油应使用密封、非易碎容器单独存放、保管，防止暴晒。洒过易燃油料的地方要及时处理。

7）进入沙漠、戈壁、沼泽、高山、高寒等人烟稀少地区或原始森林地区，作业前须认真了解掌握该地区的水源、居民、道路、气象、方位等情况，并及时记入随身携带的工作手册中。应配备必要的通信器材，以保持个人与小组、小组与中队之间的联系；应配备必要的判定方位的工具，如导航定位仪器、地形图等。必要时要请熟悉当地情况的向导带路。

8）外业测绘必须遵守各地方、各部门相关的安全规定，如在铁路和公路区域应遵守交通管理部门的有关安全规定；进入草原、林区作业必须严格遵守《森林防火条例》、《草原防火条例》及当地的安全规定；下井作业前必须学习相关的安全规程，掌握井下工作的一般安全知识，了解工作地点的具体要求和安全保护规定。

9）安全员必须随时检查现场的安全情况，发现安全隐患立即整改。

10）外业测绘严禁单人夜间行动。在发生人员失踪时必须立即寻找，并应尽快报告上级部门，同时与当地公安部门取得联系。

2. 城镇地区

1）在人、车流量大的街道上作业时，必须穿着色彩醒目的带有安全警示反光的马夹，并应设置安全警示标志牌（墩），必要时还应安排专人担任安全警戒员。迁站时要撤除安全警示标志牌（墩），应将器材纵向肩扛行进，防止发生意外。

2）作业中骑用自行车要遵守交通规则，严禁超速、逆行和撒把骑车。

3. 铁路、公路区域

1）沿铁路、公路作业时，必须穿着色彩醒目的带有安全警示反光的马夹。

2）在电气化铁路附近作业时，禁止使用铝合金标尺、镜杆，防止触电。

3）在桥梁和隧道附近以及公路弯道和视线不清的地点作业时，应事先设置安全警示标志牌（墩），必要时安排专人担任安全指挥。

4）工间休息应离开铁路、公路路基，选择安全地点休息。

4. 沙漠、戈壁地区

1）作业小组应配备容水器、绳索、地图资料、导航定位仪器、风镜、药品、色彩醒目的工作服和睡袋等。

2）在距水源较远的地区作业，应制定供水计划，必要时可分段设立供水站。

3）应随时注意天气变化，防止沙漠寒潮和沙暴的侵袭。

5. 沼泽地区

1）应配备必要的绳索、木板和长约1.5m的探测棒。

2）过沼泽地时，应组成纵队行进，禁止单人涉险。遇有繁茂绿草地带应绕道而行。发生陷入沼泽的情况要冷静，及时采取妥善的救援、自救措施。

3）应注意保持身体干燥清洁，防止皮肤溃烂。

6. 人烟稀少或草原、林区

1）在人烟稀少或草原、林区作业应携带手持导航定位仪器及地形图，着装要扎紧领口、袖口、衣摆和裤脚，防止蛇、虫等的叮咬。要特别注意配备防止蛇、虫叮咬的面罩及药品，并注射森林脑炎疫苗。

2）行进路线及点位附近，均应留下能为本队人员所共同识别的明显标志。

3）禁止夜间单人外出，特殊情况确需外出时，应两人以上。应详细报告自己的去向，并要携带电源充足的照明和通信器材，以保持随时联系；同时，宿营地应设置灯光引导标志。

7. 高原、高寒地区

1）进入高海拔区域前要进行气候适应训练，掌握高原基本知识。

2）应配带防寒装备和充足的给养，配置氧气袋（罐）及高原反应防治专用药品，注意防止感冒、冻伤和紫外线灼伤。在高海拔区域发生高原反应、感冒、冻伤等疾病时，应立即采取有效的治疗措施。

3）在冰川、雪山作业时，应带雪镜，穿色彩醒目的防寒服。

4）应按选定路线行进，遇无路情况，则应选择缓坡迂回行进。遇悬崖、绝壁、滑坡、崩陷、积雪较深及容易发生雪崩等危险地带时应该绕行，无安全防护保障不得强行通过。

8. 涉水渡河

1）涉水渡河前，应观察河道宽度，探明河水深度、流速、水温及河床沙石等情况，了解上游水库和电站放水情况。根据以上情况选择安全的涉水地点，并应做好涉水时的防护措施。

2）水深在 0.6m 以内、流速不超过 3m/s，或者流速虽然较大但水深在 0.4m 以内时允许徒涉。水深过腰，流速超过 4m/s 的急流，应采取保护措施涉水过河，禁止独自一人涉水过河。

3）遇较深、流速较大的河流，应绕道寻找桥梁或渡口。通过轻便悬桥或独木桥时，要检查木质是否腐朽，若可使用，应逐人通过，必要时应架防护绳。

4）骑牲畜涉水时一般只限于水深 0.8m 以内，同时应逆流斜上，不应中途停留。要了解牲畜的水性，必要时给牲畜蹄上采取防滑措施。

5）乘小船或其他水运工具时，应检查其安全性能，并雇用有经验的水手操纵，严禁超载。

6）暴雨过后要特别注意山洪的到来，严禁在无安全防护保障的条件下和河流暴涨时渡河。

9. 水上

1）作业人员应穿救生衣，避免单人上船作业。

2）应选择租用配有救生圈、绳索、竹竿等安全防护救生设备和必要的通信设备的船只，行船应听从船长指挥。

3）租用的船只必须满足平稳性、安全性要求，并具有营业许可证。雇用的船工必须熟悉当地水性并有载客的经验。

4）风浪太大的时段不能强行作业。对水流湍急的地段要根据实地的具体情况采取相应安全防护措施后方可作业。

5）海岛、海边作业时，应注意涨落潮时间，避免事故发生。

10. 地下管线

1）无向导协助，禁止进入情况不明的地下管道作业。

2）作业人员必须配戴防护帽、安全灯，身穿安全警示工作服，应配带通信设备，并保持与地面人员的通信畅通。

3）在城区或道路上进行地下管线探测作业时，应在管道口设置安全隔离标志牌（墩），安排专人担任安全警戒员。打开窨井盖作实地调查时，井口要用警示栏圈围起来，必须有专人看管。夜间作业时，应设置安全警示灯。工作完毕必须清点人员，确保井下没有留人的情况下及时盖好窨井盖。

4）对规模较大的管道，在下井调查或施放探头、电极导线时，严禁明火，并应进行有害、有毒及可燃气体的浓度测定，有害、有毒及可燃气体超标时应打开连续的三个井盖排气通风半小时以上，确认安全并采取保护措施后方可下井作业。

5）禁止选择输送易燃、易爆气体管道作为直接法或充电法作业的充电点。在有易燃、易爆隐患环境下作业时，应使用具备防爆性能的测距仪、陀螺经纬仪和电池等设备。

6）使用大功率电器设备时，作业人员应具备安全用电和触电急救的基础知识。工作电压超过 36V 时，供电作业人员应使用绝缘防护用品，接地电极附近应设置明显警告标志，并设专人看管。雷电天气禁止使用大功率仪器设备作业。井下作业的所有电气设备外壳都应接地。

7）进入企业厂区进行地下管线探测的作业人员，必须遵守该厂安全保护规定。

11. 高空

1）患有心脏病、高血压、癫痫、眩晕、深度近视等高空禁忌症人员禁止从事高空作业。

2）现场作业人员应配戴安全防护带和防护帽，不得赤脚。作业前，要认真检查攀登工具和安全防护带，保证完好。安全防护带要高挂低用，不能打结使用。

3）应事先检查树、杆、梯、站台以及觇标等各部位结构是否牢固，有无损伤、腐朽和松脱，存在安全隐患的应经过维修后才能作业。到达工作位置后要选坚固的枝干、桩作为依托，并扣好安全防护带后再开始作业；返回地面时严禁滑下或跳下。高楼作业时，应了解楼顶的设施和防护情况，避免在楼顶边缘作业。

4）传递仪器和工具时，禁止抛投。使用的绳索要结实，滑轮转动要灵活，禁止使用断股或未经检查过的绳索，以防脱落伤人。

5）造（维修）标、拆标工作时，应由专人统一指挥，分工明确，密切配合。在行人通过的道路或居民地附近造（维修）标、拆标时，必须将现场围好，悬挂“危险”标志，禁止无关人员进入现场。作业场地半径不得小于15m。

参考文献

[1] 国家标准．国家三、四等水准测量规范 GB 12898—2009［S］．北京：中国标准出版社，2009.

[2] 国家标准．国家基本比例尺地形图新的分幅和编号 GB/T 13989—1992［S］．北京：中国标准出版社，1992.

[3] 国家标准．国家三角测量规范 GB/T 17942—2000［S］．北京：中国标准出版社，2000.

[4] 国家标准．房产测量规范　第 1 单元：房产测量规定 GB/T 17986. 1—2000［S］．北京：中国标准出版社，2000.

[5] 国家标准．房产测量规范　第 2 单元：房产图图示 GB/T 17986. 2—2000［S］．北京：中国标准出版社，2000.

[6] 国家标准．全球定位系统（GPS）测量规范 GB/T 18314—2009［S］．北京：中国标准出版社，2009.

[7] 国家标准．国家一、二等水准测量规范 GB/T 12897—2006［S］．北京：中国标准出版社，2006.

[8] 国家标准．工程测量规范 GB 50026—2007［S］．北京：中国标准出版社，2007.

[9] 行业标准．水电水利工程施工测量规范 DL/T 5173—2003［S］．北京：中国电力出版社，2003.

[10] 行业标准．公路勘测规范 JTG C10—2007［S］．北京：人民交通出版社，2007.

[11] 李金哲，朱俊英，黄增满等．条形码自动识别技术［M］．北京：国防工业出版社，1991.

[12] 余建国．数字水准仪基本原理及其调试［M］．上海：上海测绘，2000.

[13] 周丙申，蒋芷华，孙鹤群．光电大地测量仪器学［M］．徐州：中国矿业大学出版社，2003.

[14] 王文斗．园林测量［M］．北京：中国科学技术出版社，2004.

[15] 陈学平．测量学［M］．北京：中国建材工业出版社，2004.

[16] 潘正风，杨正尧．数字测图原理与方法［M］．武汉：武汉大学出版社，2002.

[17] 周建郑．建筑工程测量［M］．北京：中国建筑工业出版社，2004.

[18] 钟孝顺，聂让．测量学［M］．北京：人民交通出版社，2004.

[19] 李仕东．工程测量［M］．北京：人民交通出版社，2005.